高等学校数学系列教材

（第二版）

高等代数

邱　森　编著

U0250488

WUHAN UNIVERSITY PRESS

武汉大学出版社

图书在版编目(CIP)数据

高等代数/邱森编著.—2 版.—武汉：武汉大学出版社，2012.9(2019.1 重印)

高等学校数学系列教材

ISBN 978-7-307-09692-9

Ⅰ.高…　Ⅱ.邱…　Ⅲ.高等代数—高等学校—教材　Ⅳ.O15

中国版本图书馆 CIP 数据核字(2012)第 063368 号

责任编辑:顾素萍　　责任校对:黄添生　　版式设计:支　笛

出版发行：**武汉大学出版社**　(430072　武昌　珞珈山)

(电子邮件：cbs22@ whu.edu.cn　网址：www.wdp. com.cn)

印刷：湖北金海印务有限公司

开本:720×1000　1/16　印张:39.75　字数:731 千字　插页:1

版次:2008 年 2 月第 1 版　2012 年 9 月第 2 版

2019 年 1 月第 2 版第 4 次印刷

ISBN 978-7-307-09692-9/O · 473　定价:55. 00 元

第二版序

本书是在第一版的基础上，根据教学实践中反馈的意见和建议全面修订的，我们订正了一些印刷错误、欠妥之处，并将某些段落进行改写，某些内容作了顺序调整，使教材特色更能凸显。同时，为了更新知识，开拓视野，反映近年来世界上本课程改革的新进展，我们增加了一些适应现代化要求的内容，考虑到篇幅，也删弃了一些内容，所作增删如下：

1. 增加了第 2 章探究与发现“CT 图像重建的联立方程法”。

2. 增加了第 4 章阅读材料“严格对角占优矩阵”和阅读与思考“离散线性动态系统”，删去了阅读材料“线性差分方程组模型”。

3. 增加了第 7 章 7.7 节“若尔当基定理”和阅读与思考“广义特征向量的直接求法”。

4. 删去了第 9 章阅读与思考“根子空间分解”。

5. 增加了第 10 章阅读与思考“矩阵的奇异值分解与数字图像压缩技术”，删去了阅读材料“应用：最小二乘法”。

6. 各章设置了“章课题”栏目（例如：多元二次函数的最值，多项式方程的轮换矩阵解法，矩阵的上核与上值域等），以更大的时间和空间跨度，让学生观察和思考问题，初步尝试数学研究的过程，丰厚积累。

最后，对曾经使用过本书的同行和对本书提出过宝贵意见的专家和读者表示衷心的感谢。

编　者

2012 年 7 月

第一版序

高等代数由线性代数和多项式两部分组成，它是大学数学重要的基础课程之一，与微积分、常微分方程、抽象代数、泛函分析、概率统计等其他数学课程都有密切的联系。随着科学技术、生产的迅速发展，越来越多的学科及实际问题都要用到高等代数的知识，特别是，许多重要问题的数学模型都是线性的，线性代数也就成为研究和解决这些问题的得心应手的工具。

本书的内容涵盖了本课程所要求的全部教学内容，其中矩阵是线性代数最基本的工具，它贯穿于线性代数的各个方面，是线性代数的一条主线；第6章和第7章讲的线性空间和线性变换都是由具体的几何背景或其他背景，经抽象概括而形成的概念，因而更具有一般性，应用也更广泛，利用它们，还能帮助我们从较高的层次来理解线性代数的内容，从而得到深一层次的认识；第8章“多项式”不仅在线性代数中要用到，可作为第9章“λ-矩阵”的准备知识，将来在代数的后继课程中也很有用。

编写本书的基本指导思想是：

1. 降低知识起点，加大教材使用弹性。

在引入一些抽象概念时，我们利用直观“模型”作载体，降低知识起点，化难为易，使学生易于理解，也易于利用这些载体进行理性思维，学会以简御难，我们也返璞归真，努力揭示其中原创性的数学思想，因为它们往往是简单而精彩，学生又易于接受的。

在内容设计上，我们关注了学生数学发展的不同需求，注意弹性。在保证基础的前提下，为学生学习不同层次的内容提供了学习台阶，使学生在有限的时间内能学得更好，学到更多有用的本质性的知识。本书中打有“*”号的章节是为对数学基础要求较高的学生编写的，可以作为选学内容或学生自学用。各章复习题也适合于学生考研复习之用。

2. 展现知识的发生发展过程以及知识间的内在联系，揭示其数学本质。

我们采用围绕中心问题逐层展开的叙述方式，用非常具体的问题引出概念，在解决问题的过程中，又力求使学生知其所以然，了解每一步讨论的目的，定理、公式等的推导思路，以及每个概念和每个定理所处的地位和作用，了解知识的来龙去脉以及知识间的内在联系，通过理解，逐步领会代数学的一些重要思想方法，逐步掌握本门课程的数学本质，从而提高数学素养。

3. 更加强调数学知识的背景与应用。

本书十分注意突出线性代数的应用背景，不仅在新的数学概念或方法引进时这样做，而且还通过"阅读材料"、"阅读与思考"等栏目，穿插一些具有应用背景的实例，以了解运用数学思想、方法和知识解决实际问题的全过程，感受数学的应用价值，开阔视野，增强学习的兴趣。

4. 倡导探究性学习，努力改善教与学的方式。

数学在不断地发展与创新，学习数学的方式也要与时俱进，有所创新。本书设置了"探究与发现"、"探究题"等栏目，选用较合适的题材与问题，引导学生自主探究，让学生通过观察、尝试，特例探讨，归纳、类比，合情推理，猜想、验证，失败反思，改进扩充等活动，逐步掌握独立探求新知识的方法，以获得不断深造的能力和创造能力。这些栏目都具有一定的趣味性、探究性、以及不同层次的发展性，学习时，宜提倡独立思考，使学生在探究过程中能够积累做数学和"再创造"的体验（这并不是单单依靠做习题就能感悟的），并使他们的种种独特的想法也能够得以开拓和发展，学生之间还可以采用各种形式开展讨论，互相报告，合作交流。学习、探究、交流，身体力行，日就月将，总会有水滴石穿之时。

在本书中，我们也注意了与信息技术的整合。在附录中，介绍了"MATLAB"，以便于了解计算机在解决线性代数计算问题中的应用。

在教材编写和出版过程中，我们得到了武汉大学出版社的协助，在此深表谢意。最后，对书中的不妥之处，我们也企盼同行、读者批评指正。

编　者

2007 年 10 月

目　录

第1章 行 列 式

在中学代数中，曾学习过用代入(或加减) 消元法求二元线性方程组和三元线性方程组的解. 是否能由公式直接利用方程组的全部系数来求解呢？ 为此，我们引入了行列式的概念. 它不仅能用于解决 n 元线性方程组公式解问题，而且在线性代数的其他内容和数学的其他分支中都有广泛的应用.

这一章主要讨论下面 3 个问题：

1） 行列式概念的形成.

2） 行列式的基本性质和计算方法.

3） 利用行列式来解线性方程组.

1.1 2 阶行列式与 3 阶行列式

本节的目的是阐述行列式的来源. 它是从二元、三元线性方程组的公式解中引出来的. 故首先讨论解线性方程组的问题.

设有二元线性方程组

$$\begin{cases} a_{11}x_1 + a_{12}x_2 = b_1, \\ a_{21}x_1 + a_{22}x_2 = b_2. \end{cases} \tag{1.1}$$

用消元法解此线性方程组：以 a_{22} 乘(1.1) 第 1 式各项，得

$$a_{22}a_{11}x_1 + a_{22}a_{12}x_2 = a_{22}b_1; \tag{1.2}$$

再用 a_{12} 乘(1.1) 第 2 式各项，得

$$a_{12}a_{21}x_1 + a_{12}a_{22}x_2 = a_{12}b_2; \tag{1.3}$$

然后由(1.2) 减(1.3) 可消去 x_2，得

$$(a_{11}a_{22} - a_{12}a_{21})x_1 = b_1a_{22} - b_2a_{12}.$$

若 $a_{11}a_{22} - a_{12}a_{21} \neq 0$，则得出

$$x_1 = \frac{b_1a_{22} - b_2a_{12}}{a_{11}a_{22} - a_{12}a_{21}}.$$

同理，在(1.1) 中用 a_{21} 乘(1.1) 第 1 式各项，再用 a_{11} 乘(1.1) 第 2 式各项，然后相减，若 $a_{11}a_{22} - a_{12}a_{21} \neq 0$，则得出

$$x_2=\frac{b_2a_{11}-b_1a_{21}}{a_{11}a_{22}-a_{12}a_{21}}.$$

故方程组(1.1) 只要适合条件 $a_{11}a_{22}-a_{12}a_{21}\neq 0$，其解就可以立即求得：

$$x_1=\frac{b_1a_{22}-b_2a_{12}}{a_{11}a_{22}-a_{12}a_{21}},\quad x_2=\frac{b_2a_{11}-b_1a_{21}}{a_{11}a_{22}-a_{12}a_{21}}. \tag{1.4}$$

这就是二元线性方程组(1.1) 的公式解.

但(1.4) 不易记忆，为此，我们引入 2 阶行列式的概念. 令

$$D=\begin{vmatrix} a_{11} & a_{12} \\ a_{21} & a_{22} \end{vmatrix}=a_{11}a_{22}-a_{12}a_{21}, \tag{1.5}$$

其中 $\begin{vmatrix} a_{11} & a_{12} \\ a_{21} & a_{22} \end{vmatrix}$ 叫做一个 **2 阶行列式**.

利用 2 阶行列式，方程组(1.1) 的解可以很有规律地写成

$$x_1=\frac{\begin{vmatrix} b_1 & a_{12} \\ b_2 & a_{22} \end{vmatrix}}{D},\quad x_2=\frac{\begin{vmatrix} a_{11} & b_1 \\ a_{21} & b_2 \end{vmatrix}}{D}. \tag{1.6}$$

我们可以看出，(1.6) 中居分母位置的行列式都是 D，而且 D 是由(1.1) 中未知量的系数按照原来的相对位置排成的，这样看，(1.6) 的分母一下子就记住了. 下面再来看分子. 我们可以看出 x_1 解的分子就是把行列式 D 中第 1 列的元素换成方程组(1.1) 中的两个常数项 b_1, b_2；而 x_2 解的分子则是用(1.1) 中常数项去换行列式 D 中第 2 列元素而成的.

总之，当(1.1) 中未知量的系数所排成的行列式 $D\neq 0$ 时，(1.1) 的解立即可由(1.6) 算出.

例 1.1 解方程组 $\begin{cases} 2x_1+3x_2=13, \\ 5x_1-4x_2=-2. \end{cases}$

解 因为

$$D=\begin{vmatrix} 2 & 3 \\ 5 & -4 \end{vmatrix}=2\times(-4)-3\times 5=-23\neq 0,$$

所以

$$x_1=\frac{\begin{vmatrix} 13 & 3 \\ -2 & -4 \end{vmatrix}}{D}=\frac{13\times(-4)-3\times(-2)}{-23}=2,$$

$$x_2=\frac{\begin{vmatrix} 2 & 13 \\ 5 & -2 \end{vmatrix}}{D}=\frac{2\times(-2)-13\times 5}{-23}=3.$$

现在来看三元线性方程组：

$$\begin{cases} a_{11}x_1+a_{12}x_2+a_{13}x_3=b_1, \\ a_{21}x_1+a_{22}x_2+a_{23}x_3=b_2, \\ a_{31}x_1+a_{32}x_2+a_{33}x_3=b_3. \end{cases} \tag{1.7}$$

同样，由消元法可得，当

$$\begin{aligned} D=&a_{11}a_{22}a_{33}+a_{12}a_{23}a_{31}+a_{13}a_{21}a_{32} \\ &-a_{13}a_{22}a_{31}-a_{12}a_{21}a_{33}-a_{11}a_{23}a_{32} \\ \neq&\, 0 \end{aligned}$$

时，(1.7) 的解为

$$\left.\begin{aligned} x_1=&\frac{1}{D}(b_1a_{22}a_{33}+a_{12}a_{23}b_3+a_{13}b_2a_{32} \\ &-a_{13}a_{22}b_3-a_{12}b_2a_{33}-b_1a_{23}a_{32}), \\ x_2=&\frac{1}{D}(a_{11}b_2a_{33}+b_1a_{23}a_{31}+a_{13}a_{21}b_3 \\ &-a_{13}b_2a_{31}-b_1a_{21}a_{33}-a_{11}a_{23}b_3), \\ x_3=&\frac{1}{D}(a_{11}a_{22}b_3+a_{12}b_2a_{31}+b_1a_{21}a_{32} \\ &-b_1a_{22}a_{31}-a_{12}a_{21}b_3-a_{11}b_2a_{32}). \end{aligned}\right\} \tag{1.8}$$

同前面一样，为了方便记忆，我们引进 3 阶行列式的概念. 令

$$\begin{aligned} D=&\begin{vmatrix} a_{11} & a_{12} & a_{13} \\ a_{21} & a_{22} & a_{23} \\ a_{31} & a_{32} & a_{33} \end{vmatrix} \\ =&a_{11}a_{22}a_{33}+a_{12}a_{23}a_{31}+a_{13}a_{21}a_{32} \\ &-a_{13}a_{22}a_{31}-a_{12}a_{21}a_{33}-a_{11}a_{23}a_{32}, \end{aligned} \tag{1.9}$$

并称

$$\begin{vmatrix} a_{11} & a_{12} & a_{13} \\ a_{21} & a_{22} & a_{23} \\ a_{31} & a_{32} & a_{33} \end{vmatrix}$$

为一个 **3 阶行列式**①.

这个行列式含有3行、3列，是6个项的代数和. 这6个项，我们可用一个

① 行列式起源于解线性方程组. 1693 年，德国数学家莱布尼茨(G. Leibniz, 1646—1716)曾用行列式来判定3个未知量、3个方程的线性方程组是否有解(1683年，日本数学家关孝和也做过类似的工作). “行列式”(determinant) 这一名称是法国数学家柯西(A. Cauchy, 1789—1857) 于 1815 年首先提出的，英国数学家凯莱(A. Cayley, 1821—1895) 则于 1841 年首先创用行列式记号$|\quad|$.

简单的规律来记忆，就是所谓 3 阶行列式的**对角线规则**：

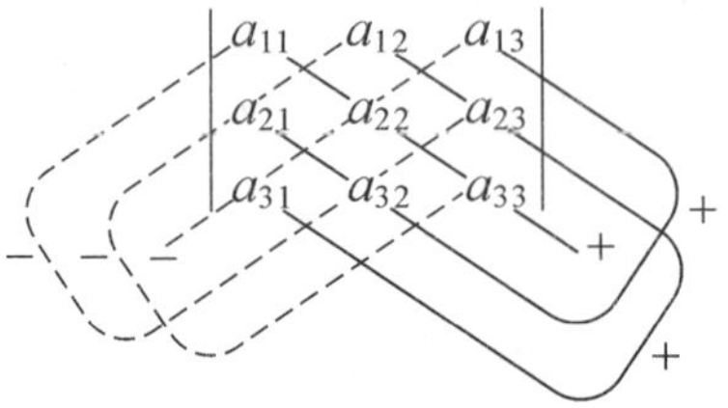

即实线上 3 个元的乘积构成的 3 项都取正号，虚线上 3 个元的乘积构成的 3 项都取负号.

例 1.2 计算行列式 $\begin{vmatrix} 2 & 1 & 2 \\ -4 & 3 & 1 \\ 2 & 3 & 5 \end{vmatrix}$.

解

$$\begin{aligned}\begin{vmatrix} 2 & 1 & 2 \\ -4 & 3 & 1 \\ 2 & 3 & 5 \end{vmatrix} &= 2\times 3\times 5+1\times 1\times 2+2\times(-4)\times 3 \\ &\quad -2\times 3\times 2-1\times(-4)\times 5-2\times 3\times 1 \\ &= 30+2-24-12+20-6 \\ &= 10.\end{aligned}$$

例 1.3 展开行列式 $\begin{vmatrix} b_1 & a_{12} & a_{13} \\ b_2 & a_{22} & a_{23} \\ b_3 & a_{32} & a_{33} \end{vmatrix}$.

解 按对角线规则展开，得

$$\begin{aligned}\begin{vmatrix} b_1 & a_{12} & a_{13} \\ b_2 & a_{22} & a_{23} \\ b_3 & a_{32} & a_{33} \end{vmatrix} &= b_1a_{22}a_{33}+a_{12}a_{23}b_3+a_{13}b_2a_{32} \\ &\quad -a_{13}a_{22}b_3-a_{12}b_2a_{33}-b_1a_{23}a_{32}.\end{aligned}$$

有了 3 阶行列式后，(1.8) 可以很有规律地表示为

$$\left.\begin{aligned} &x_1=\frac{\begin{vmatrix} b_1 & a_{12} & a_{13} \\ b_2 & a_{22} & a_{23} \\ b_3 & a_{32} & a_{33} \end{vmatrix}}{D}, \quad x_2=\frac{\begin{vmatrix} a_{11} & b_1 & a_{13} \\ a_{21} & b_2 & a_{23} \\ a_{31} & b_3 & a_{33} \end{vmatrix}}{D}, \\ &x_3=\frac{\begin{vmatrix} a_{11} & a_{12} & b_1 \\ a_{21} & a_{22} & b_2 \\ a_{31} & a_{32} & b_3 \end{vmatrix}}{D}. \end{aligned}\right\} \tag{1.10}$$

上面 3 式右边居分母位置的 3 个行列式都是 D，它是线性方程组(1.7) 中的系

数按原有相对位置而排成的 3 阶行列式，而在 x_1, x_2, x_3 的表达式中的分子分别是把行列式 D 中第 1,2,3 列换成常数项 b_1, b_2, b_3 而得到的 3 阶行列式. 这与二元线性方程组的解有相同的规律. 不仅如此，以后我们还将看到：n 元线性方程组的解也同样可以用"n 阶行列式"来表达，其情况与二元、三元线性方程组解的表达式完全类似.

例 1.4 解方程组

$$\begin{cases} 2x_1 + 2x_2 + 5x_3 = -14, \\ \qquad\quad x_2 - x_3 = 5, \\ x_1 - x_2 + 3x_3 = -8. \end{cases}$$

解 因为 $\begin{vmatrix} 2 & 2 & 5 \\ 0 & 1 & -1 \\ 1 & -1 & 3 \end{vmatrix} = -3 \neq 0$，故有

$$x_1 = \frac{\begin{vmatrix} -14 & 2 & 5 \\ 5 & 1 & -1 \\ -8 & -1 & 3 \end{vmatrix}}{-3} = \frac{-27}{-3} = 9,$$

$$x_2 = \frac{\begin{vmatrix} 2 & -14 & 5 \\ 0 & 5 & -1 \\ 1 & -8 & 3 \end{vmatrix}}{-3} = \frac{3}{-3} = -1,$$

$$x_3 = \frac{\begin{vmatrix} 2 & 2 & -14 \\ 0 & 1 & 5 \\ 1 & -1 & -8 \end{vmatrix}}{-3} = \frac{18}{-3} = -6.$$

我们的目的，是要把 2 阶、3 阶行列式推广到 n 阶行列式，然后利用 n 阶行列式解 n 元线性方程组. 为此，我们必须弄清 2 阶、3 阶行列式的结构规律，才能推广得 n 阶行列式.

无论 2 阶行列式或 3 阶行列式，我们都可以看到，其行列式的展开式中，有的项取正号，有的项取负号. 那么，每一项前面的符号按什么规则来确定呢？ 为了精确地叙述这一规则，必须引入排列的概念，它是下一节讨论的内容.

习题 1.1

1. 计算下列行列式：

1) $\begin{vmatrix} 1 & 2 & 3 \\ 2 & 3 & 1 \\ 3 & 1 & 2 \end{vmatrix}$；　　2) $\begin{vmatrix} 0 & a & 0 \\ b & 0 & c \\ 0 & d & 0 \end{vmatrix}$；

3) $\begin{vmatrix} 0 & x & y \\ -x & 0 & z \\ -y & -z & 0 \end{vmatrix}$；　　4) $\begin{vmatrix} a & b & c \\ b & c & a \\ c & a & b \end{vmatrix}$.

2. 验证下列等式成立：

1) $\begin{vmatrix} a+a_1 & b \\ c+c_1 & d \end{vmatrix} = \begin{vmatrix} a & b \\ c & d \end{vmatrix} + \begin{vmatrix} a_1 & b \\ c_1 & d \end{vmatrix}$；

2) $\begin{vmatrix} a_{11} & a_{12} & a_{13} \\ a_{21} & a_{22} & a_{23} \\ a_{31} & a_{32} & a_{33} \end{vmatrix} = \begin{vmatrix} a_{11} & a_{21} & a_{31} \\ a_{12} & a_{22} & a_{32} \\ a_{13} & a_{23} & a_{33} \end{vmatrix}$；

3) $\begin{vmatrix} a_{11} & a_{12} & a_{13} \\ a_{21} & a_{22} & a_{23} \\ a_{31} & a_{32} & a_{33} \end{vmatrix} = a_{11}\begin{vmatrix} a_{22} & a_{23} \\ a_{32} & a_{33} \end{vmatrix} - a_{12}\begin{vmatrix} a_{21} & a_{23} \\ a_{31} & a_{33} \end{vmatrix} + a_{13}\begin{vmatrix} a_{21} & a_{22} \\ a_{31} & a_{32} \end{vmatrix}$；

4) $\begin{vmatrix} a_{11} & a_{12} & a_{13} \\ a_{21} & a_{22} & a_{23} \\ a_{31} & a_{32} & a_{33} \end{vmatrix} = -\begin{vmatrix} a_{21} & a_{22} & a_{23} \\ a_{11} & a_{12} & a_{13} \\ a_{31} & a_{32} & a_{33} \end{vmatrix}$；

5) $\begin{vmatrix} a_{11} & a_{12} & a_{13} \\ ka_{21} & ka_{22} & ka_{23} \\ a_{31} & a_{32} & a_{33} \end{vmatrix} = k\begin{vmatrix} a_{11} & a_{12} & a_{13} \\ a_{21} & a_{22} & a_{23} \\ a_{31} & a_{32} & a_{33} \end{vmatrix}$.

3. 利用行列式解下列方程组：

1) $\begin{cases} 5x+2y=3, \\ 11x-7y=1; \end{cases}$

2) $\begin{cases} x\cos\alpha - y\sin\alpha = a; \\ x\sin\alpha + y\cos\alpha = b; \end{cases}$

3) $\begin{cases} x_1-2x_2+x_3=1, \\ 2x_1+x_2-x_3=1, \\ x_1-3x_2-4x_3=-10. \end{cases}$

1.2 排　　列

本节介绍排列的一些基本概念，为定义 n 阶行列式作准备.

在上节(1.9)的展开式中，每项按第1个下标(称为行标)从小到大的顺序(即自然顺序)排列成 $a_{1j_1}a_{2j_2}a_{3j_3}$ 后，第2个下标 j_1,j_2,j_3 依次写下来为

$$1,2,3;\ 2,3,1;\ 3,1,2;\ 3,2,1;\ 2,1,3;\ 1,3,2.$$

这是3个数码1,2,3的所有排列. 一般地有下述定义：

定义 1.1　由 $1,2,\cdots,n$ 组成的有序数组称为一个 n **阶排列**.

例如：1,2,3;2,3,1 都是3阶排列. 4,1,5,3,6,2 是一个6阶排列.

实际上，这里所说的n阶排列就是我们熟知的n个不同元素的全排列. 因此n阶排列共有

$$n!=n(n-1)\cdot\cdots\cdot 3\cdot 2\cdot 1\text{ 个}.$$

$n!$ 读做n阶乘. 例如：3阶排列共有 $3!=3\times 2\times 1=6$ 个.

例 1.5　写出全部4阶排列.

解　4阶排列共有 $4!=24$ 个，它们是

1,2,3,4；　2,1,3,4；　3,1,2,4；　4,1,2,3；　1,2,4,3；
2,1,4,3；　3,1,4,2；　4,1,3,2；　1,3,2,4；　2,3,1,4；
3,2,1,4；　4,2,1,3；　1,3,4,2；　2,3,4,1；　3,2,4,1；
4,2,3,1；　1,4,2,3；　2,4,1,3；　3,4,1,2；　4,3,1,2；
1,4,3,2；　2,4,3,1；　3,4,2,1；　4,3,2,1.

在所有$n!$个n阶排列中$1,2,3,\cdots,n$是唯一的一个按自然顺序构成的排列，称它为**标准排列**. 例如：1,2,3,4是一个4阶标准排列. 而在其他的排列中，都可以找到一个较大的数排在较小的数前面. 例如：4阶排列

$$1,4,3,2$$

中，4排在3之前，4也排在2之前. 3排在2之前. 这样的次序与自然顺序相反，我们称它为反序(或逆序)，一般定义如下：

定义 1.2　在一个排列中的两个数，如果排在前面的数大于后面的数，则称它们构成一个**反序**(或**逆序**). 一个排列中全部反序的个数称为这个**排列的反序数**.

反之，在一个排列中，如果一个较小的数排在一个较大数之前，称这两个数构成一个**顺序**.

例如：在排列2,3,1中，2,1和3,1都成反序，2,3为顺序，所以2,3,1的反序数是2. 读者不难算出排列4,1,5,3,6,2的反序数为7.

给定任意一个排列，我们可以按照以下方法来计算它的反序数：

先看有多少个数排在1的前面，设为m_1个，那么就有m_1个数与1构成反序；然后把1画去，再看有多少个数排在2的前面，设为m_2个，那么就有m_2个数与2构成反序；再画去2，计算有多少个数排在3的前面；如此继续下去，最后设n之前有m_n个数(显然$m_n=0$). 因此这个排列的反序数等于

$$m_1+m_2+\cdots+m_n.$$

例如：排列4,1,5,3,6,2中，

$$m_1=1,\ m_2=4,\ m_3=2,\ m_4=0,\ m_5=0,\ m_6=0,$$

所以这个排列的反序数为7.

为了使用方便起见，我们把排列$j_1,j_2,\cdots,j_n$的反序数记为$\tau(j_1,j_2,\cdots,j_n)$. 例如：

$$\tau(2,3,1)=2,\quad \tau(4,1,5,3,6,2)=7,\quad \tau(1,2,3,\cdots,n)=0.$$

一个排列的反序数可以是偶数，也可以是奇数.

定义 1.3 如果 $\tau(j_1,j_2,\cdots,j_n)$ 是偶数(零也是偶数)，则排列 $j_1,j_2,\cdots,j_n$ 称为**偶排列**；如果 $\tau(j_1,j_2,\cdots,j_n)$ 是奇数，则排列 $j_1,j_2,\cdots,j_n$ 称为**奇排列**.

例如：2,3,1 和 $1,2,3,\cdots,n$ 都是偶排列，而 4,1,5,3,6,2 是奇排列.

在所有 6 个 3 阶排列中，1,2,3;2,3,1;3,1,2 是偶排列，而 1,3,2;2,1,3;3,2,1 是奇排列. 在这里，奇、偶排列各占一半. 这一事实并非偶然现象. 一般来说，在所有 $n!$ 个 n 阶排列中，奇排列与偶排列各占一半. 为了证明这一事实，我们还须进一步研究排列的奇偶性.

把一个排列中某两个数的位置互换，而其余的数保持不动，就得到一个新排列，这样的一个变换称为**对换**.

例如：经 1,2 对换，排列 2,4,3,1 就变成 1,4,3,2；排列 2,1,4,3 就变成 1,2,4,3. 显然，如果连续施行两次相同的对换，那么排列就还原了. 例如：排列 2,4,3,1 经 1,2 对换变成 1,4,3,2，而 1,4,3,2 再经 1,2 对换就还原为 2,4,3,1.

下面考查对换对排列的奇偶性的影响.

先看一个例子，排列 3,1,4,5,2 经过相邻位置的两个数 1,4 对换变成排列 3,4,1,5,2. 这两个排列只是 1 与 4 的位置不同，1,4 在 3,1,4,5,2 中构成顺序，在 3,4,1,5,2 中构成反序，而其他数之间的顺序关系都没有改变，因此 3,4,1,5,2 较 3,1,4,5,2 多一个反序. 所以排列 3,4,1,5,2 和 3,1,4,5,2 的奇偶性是相反的. 又如：排列 3,1,4,5,2 经不相邻位置的两个数 3,5 对换变成排列 5,1,4,3,2. 虽然只有 3 与 5 的位置不同，但对换后不仅把原来的顺序 3,5 变为反序 5,3，而且影响 3 与 1,4 之间的顺序关系，以及 5 与 1,4 之间的顺序关系. 原来的反序 3,1 变为顺序 1,3，而原来的顺序 3,4;3,5;1,5;4,5 分别变为反序 4,3;5,3;5,1;5,4. 因此

$$\tau(5,1,4,3,2)=\tau(3,1,4,5,2)-1+4=\tau(3,1,4,5,2)+3.$$

故排列 5,1,4,3,2 和 3,1,4,5,2 的奇偶性是相反的.

定理 1.1 一个对换改变排列的奇偶性.

这就是说，经过一个对换，奇排列变成偶排列，偶排列变成奇排列.

证 先看一个特殊情况，即对换的两个数在排列中是相邻的情况，排列

$$\cdots,j,k,\cdots, \tag{2.1}$$

经 j,k 对换变成排列

$$\cdots,k,j,\cdots, \tag{2.2}$$

这里"…"表示不变动的数. 显然在排列(2.1)与(2.2)中，j 或k 与前面和后面的不动的各数构成的反序或顺序都是相同的，不同的只是 j 与 k 的次序变了. 若 j,k 原为反序，则经对换后，新排列(2.2)的反序数比原排列(2.1)的反序数少1；若 j,k 原为顺序，则经对换后反序数增加1. 无论减少1或增加1，排列的奇偶性都改变了. 因此在这种情况下，定理结论成立.

再看一般情况，即对换的两个数在排列中不相邻. 设排列为

$$\cdots,j,i_1,i_2,\cdots,i_s,k,\cdots. \tag{2.3}$$

经 j,k 对换，排列(2.3)变为

$$\cdots,k,i_1,i_2,\cdots,i_s,j,\cdots. \tag{2.4}$$

不难看出，这样一个不相邻的两数的对换可以通过若干次相邻两数的对换来实现. 从(2.3)出发，把 k 与 i_s 对换，再与 i_{s-1} 对换……与 i_1 对换，最后与 j 对换. 共经 $s+1$ 次相邻两数的对换，排列(2.3)变成

$$\cdots,k,j,i_1,i_2,\cdots,i_s,\cdots. \tag{2.5}$$

再从(2.5)出发，把 j 与 $i_1,i_2,\cdots,i_s$ 一个个地对换，共经 s 次相邻两数的对换，排列(2.5)变成排列(2.4). 因此，j 与 k 的对换可经 $2s+1$ 次(奇数次)相邻两数的对换来实现. 前面已证明：相邻两数的一个对换改变排列的奇偶性. 因此经过奇数次相邻两数对换最终也改变排列的奇偶性. ∎

推论　奇数次对换改变排列的奇偶性，偶数次对换不改变排列的奇偶性.

这是因为，作一次对换改变排列的奇偶性，作两次对换则排列的奇偶性不变. 于是作奇数次对换时，排列的奇偶性改变了；作偶数次对换时，不改变排列的奇偶性.

利用定理1.1，可以证明一个重要的事实：

定理1.2　当 $n\geqslant 2$ 时，在 $n!$ 个 n 阶排列中，奇排列的个数与偶排列的个数相等，各有$\dfrac{n!}{2}$ 个.

证　设在 $n!$ 个 n 阶排列中，有 p 个各不相同的奇排列，q 个各不相同的偶排列，这样有 $p+q=n!$. 我们来证明 $p=q$.

对这 p 个不同奇排列施行同一个对换(1,2)，由定理1.1，我们就得到 p 个偶排列. 若再对这 p 个偶排列施行同一个对换(1,2)，我们又得到原来的 p 个不同的奇排列，所以，这 p 个偶排列必各不相同. 而由假设，$n!$ 个排列中不同偶排列的个数为 q，所以

$$p\leqslant q.$$

同理，对 q 个不同偶排列施行对换(1,2)，就得到 q 个不同的奇排列，因而又有

$$q \leqslant p.$$

由此得 $p=q$，即奇排列的个数与偶排列的个数一样. 又 $p+q=n!$，所以奇、偶排列各应有 $\frac{n!}{2}$ 个. ∎

习题 1.2

1. 计算下列各排列的反序数：

1） 3,5,7,8,2,1,4,6；　　2） 6,4,2,7,5,3,1；

3） $n,n-1,\cdots,2,1$；　　4） $2n+1,2n,2n-1,\cdots,3,2,1$.

2. 判断排列 2,4,5,3,1,6,7 的奇偶性，并用若干次对换将它变成标准排列.

3. 选择 i 与 k 使

1） $1,2,7,4,i,5,6,k,9$ 成偶排列；　　2） $1,i,2,5,k,4,8,9,7$ 成奇排列.

4. 设 $\cdots,i,j,k,\cdots$ 是偶排列，试确定下面两个排列的奇偶性：

1） $\cdots,k,i,j,\cdots$，　　2） $\cdots,j,k,i,\cdots$.

5. 如果排列 $j_1,j_2,\cdots,j_{n-1},j_n$ 的反序数是 k，求排列 $j_n,j_{n-1},\cdots,j_2,j_1$ 的反序数.

1.3　n 阶行列式

有了上节排列的预备知识，本节就可以给出 n 阶行列式的定义了.

我们用

$$\begin{vmatrix} a_{11} & a_{12} & \cdots & a_{1n} \\ a_{21} & a_{22} & \cdots & a_{2n} \\ \vdots & \vdots & \ddots & \vdots \\ a_{n1} & a_{n2} & \cdots & a_{nn} \end{vmatrix}$$

表示一个 n **阶行列式**. 行列式中横排称为**行**，竖的称为**列**. 数 a_{ij} 从其下标可以立即看出，它位于行列式第 i 行、第 j 列的位置上. 前一个下标 i 称为 a_{ij} 的**行标**，第 2 个下标 j 称为 a_{ij} 的**列标**. 我们有时也称数 a_{ij} 为**元素**.

现在，让我们来分析 2 阶、3 阶行列式的构造规律，然后推广到 n 阶行列式中.

我们知道

$$\begin{vmatrix} a_{11} & a_{12} \\ a_{21} & a_{22} \end{vmatrix} = a_{11}a_{22} - a_{12}a_{21}, \tag{3.1}$$

$$\begin{vmatrix} a_{11} & a_{12} & a_{13} \\ a_{21} & a_{22} & a_{23} \\ a_{31} & a_{32} & a_{33} \end{vmatrix} = a_{11}a_{22}a_{33} + a_{12}a_{23}a_{31} + a_{13}a_{21}a_{32} - a_{13}a_{22}a_{31} - a_{12}a_{21}a_{33} - a_{11}a_{23}a_{32}. \tag{3.2}$$

由此，可以看出 2 阶、3 阶行列式的一些规律：

1) 首先(3.2) 中每项都是 3 个数的乘积，并由行标与列标可以看出，这 3 个数取自行列式的不同行、不同列，且每项中 3 个数的行标按自然顺序排列，我们称这样的项写成了**标准形式**. 如(3.2) 右边的任一项都已写成标准形式 $a_{1j_1}a_{2j_2}a_{3j_3}$，这里 j_1,j_2,j_3 是 1,2,3 的一个排列.

2) (3.2) 正好有 3! =6 项，它恰好是 j_1,j_2,j_3 的可能个数，即 1,2,3 全排列的个数.

3) 每项 $a_{1j_1}a_{2j_2}a_{3j_3}$ 前面的符号为 $(-1)^{\tau(j_1,j_2,j_3)}$. 如项 $a_{12}a_{23}a_{31}$，因为 $\tau(2,3,1)=2$，所以前面符号为 $(-1)^{\tau(2,3,1)}=(-1)^2=1$，即 $a_{12}a_{23}a_{31}$ 前带正号. 而对项 $a_{13}a_{22}a_{31}$，因为 $\tau(3,2,1)=3$，所以前面符号为

$$(-1)^{\tau(3,2,1)}=(-1)^3=-1,$$

即 $a_{13}a_{22}a_{31}$ 前面带负号.

于是 3 阶行列式的展开式中，写成标准形式的每项 $a_{1j_1}a_{2j_2}a_{3j_3}$ 按其列标的排列 j_1,j_2,j_3 的奇偶性，赋予符号 $(-1)^{\tau(j_1,j_2,j_3)}$，得

$$(-1)^{\tau(j_1,j_2,j_3)}a_{1j_1}a_{2j_2}a_{3j_3},$$

再把所有的项相加，得

$$\sum_{j_1,j_2,j_3}(-1)^{\tau(j_1,j_2,j_3)}a_{1j_1}a_{2j_2}a_{3j_3},$$

这里 $\sum\limits_{j_1,j_2,j_3}$ 表示对 1,2,3 的全排列求和①，即

$$\begin{vmatrix} a_{11} & a_{12} & a_{13} \\ a_{21} & a_{22} & a_{23} \\ a_{31} & a_{32} & a_{33} \end{vmatrix}=\sum_{j_1,j_2,j_3}(-1)^{\tau(j_1,j_2,j_3)}a_{1j_1}a_{2j_2}a_{3j_3}.$$

上述 3 条规律，对 2 阶行列式同样适用. 即 2 阶行列式(3.1) 的任一项写成标准形式是 $a_{1j_1}a_{2j_2}$，j_1,j_2 是 1,2 的一个排列；共有 2! =2 项，2 是 1,2 全排列的个数；每项 $a_{1j_1}a_{2j_2}$ 前面的符号为 $(-1)^{\tau(j_1,j_2)}$，所以我们有

$$\begin{vmatrix} a_{11} & a_{12} \\ a_{21} & a_{22} \end{vmatrix}=\sum_{j_1,j_2}(-1)^{\tau(j_1,j_2)}a_{1j_1}a_{2j_2},$$

$\sum\limits_{j_1,j_2}$ 表示对 1,2 的全排列求和.

---

① $\sum$ 称为连和号，用它可将 n 项之和 $a_1+a_2+\cdots+a_n$ 缩写成 $\sum\limits_{i=1}^{n}a_i$，其中 a_i 表示一般项，而连加号上、下的写法表示 i 的取值由 1 到 n. $\sum\limits_{j_1,j_2,\cdots,j_n}a_{j_1j_2\cdots j_n}$ 中的 $\sum\limits_{j_1,j_2,\cdots,j_n}$ 表示对所有的 n 阶排列求和，因为 n 个数字的全排列共有 n! 个，故它表示 n! 项之和.

如果把上述 3 条规律用到 n 阶行列式中去，我们就自然引出 n 阶行列式的概念.

定义 1.4 n 阶行列式

$$\begin{vmatrix} a_{11} & a_{12} & \cdots & a_{1n} \\ a_{21} & a_{22} & \cdots & a_{2n} \\ \vdots & \vdots & \ddots & \vdots \\ a_{n1} & a_{n2} & \cdots & a_{nn} \end{vmatrix}$$

是 n! 项的代数和；每项是取自不同行、不同列的 n 个数的乘积，写成标准形式为 $a_{1j_1}a_{2j_2}\cdots a_{nj_n}$；每项带有符号 $(-1)^{\tau(j_1,j_2,\cdots,j_n)}$，即

$$\begin{vmatrix} a_{11} & a_{12} & \cdots & a_{1n} \\ a_{21} & a_{22} & \cdots & a_{2n} \\ \vdots & \vdots & \ddots & \vdots \\ a_{n1} & a_{n2} & \cdots & a_{nn} \end{vmatrix} = \sum_{j_1,j_2,\cdots,j_n} (-1)^{\tau(j_1,j_2,\cdots,j_n)} a_{1j_1}a_{2j_2}\cdots a_{nj_n}, \quad (3.3)$$

这里 $\sum\limits_{j_1,j_2,\cdots,j_n}$ 是对 $1,2,\cdots,n$ 的全排列求和. (3.3) 称为 n **阶行列式的展开式**.

例 1.6 计算行列式

$$D=\begin{vmatrix} 0 & 0 & 0 & 1 \\ 0 & 0 & 2 & 0 \\ 0 & 3 & 0 & 0 \\ 4 & 0 & 0 & 0 \end{vmatrix}.$$

解 这是一个 4 阶行列式. 在其展开式中应有 4! =24 项，每一项都是取自不同行、不同列的 4 个数的乘积. 若这 4 个数之一为 0，则这乘积为零. 所以不等于零的项只有 $a_{14}a_{23}a_{32}a_{41}$ 这一项. 而

$$\tau(4,3,2,1)=6,$$

故这项前面符号应该是正的. 所以

$$D=1\times2\times3\times4=24.$$

例 1.7 计算上三角形行列式(行列式从左上角到右下角的对角线称为**主对角线**. 主对角线下面元素全为零的行列式称为**上三角形行列式**)：

$$D=\begin{vmatrix} a_{11} & a_{12} & \cdots & a_{1,n-1} & a_{1n} \\ 0 & a_{22} & \cdots & a_{2,n-1} & a_{2n} \\ \vdots & \vdots & \ddots & \vdots & \vdots \\ 0 & 0 & \cdots & a_{n-1,n-1} & a_{n-1,n} \\ 0 & 0 & \cdots & 0 & a_{nn} \end{vmatrix}.$$

解 D 的展开式中一般项的标准形式是 $a_{1j_1}a_{2j_2}\cdots a_{nj_n}$. 由于这个行列式

的第 n 行中除 a_{nn} 外，其他的元素都是零，所以 $j_n \neq n$ 的项都应该为零，因而只需考虑 $j_n = n$ 的那些项即可. 再看第 $n-1$ 行，这一行中除 $a_{n-1,n-1}$ 及 $a_{n-1,n}$ 外，其他元素都等于零，因此，不为零的项只有当 j_{n-1} 取 $n-1$ 及 n. 但因 $j_{n-1} \neq j_n$，所以只有 $j_{n-1} = n-1$. 这样逐步推上去可知，在 D 的展开式中除 $a_{11}a_{22}\cdots a_{nn}$ 这一项外，其余的项全是零. 而这项的列标所成的排列 $1,2,\cdots,n$ 是偶排列($\tau(1,2,\cdots,n)=0$)，所以这一项带正号. 于是

$$D = a_{11}a_{22}\cdots a_{nn}.$$

换言之，上三角形行列式等于主对角线上元素的乘积.

特别有

$$\begin{vmatrix} d_1 & 0 & \cdots & 0 \\ 0 & d_2 & \cdots & 0 \\ \vdots & \vdots & \ddots & \vdots \\ 0 & 0 & \cdots & d_n \end{vmatrix} = d_1 d_2 \cdots d_n,$$

以及

$$\begin{vmatrix} 1 & 0 & \cdots & 0 \\ 0 & 1 & \cdots & 0 \\ \vdots & \vdots & \ddots & \vdots \\ 0 & 0 & \cdots & 1 \end{vmatrix} = 1.$$

这种主对角线以外元素全为零的行列式称为**对角形行列式**.

在行列式的定义中，要求每一项的 n 个元素的行标排成自然顺序(即项写成标准形式)，方可按其列标排列的奇偶性确定其符号. 但由于数的乘法是可以交换的，因而 n 阶行列式中的一般项也可写成

$$a_{i_1 s_1} a_{i_2 s_2} \cdots a_{i_n s_n}, \tag{3.4}$$

其中 $i_1,i_2,\cdots,i_n$ 及 $s_1,s_2,\cdots,s_n$ 是两个 n 阶排列. 这时，可以证明(3.4)这一项前面所带的符号是

$$(-1)^{\tau(i_1,i_2,\cdots,i_n)+\tau(s_1,s_2,\cdots,s_n)}. \tag{3.5}$$

事实上，若根据定义来决定项(3.4)所带的符号，就要把(3.4)中各因子作适当调换，使其行标排列成自然顺序，即

$$a_{1s_1'} a_{2s_2'} \cdots a_{ns_n'}, \tag{3.6}$$

因而它前面所带的符号为

$$(-1)^{\tau(s_1',s_2',\cdots,s_n')}. \tag{3.7}$$

现在必须证明(3.5)与(3.7)是一致的. 我们知道(3.4)中两个因子每作一次调换时，行标的排列 $i_1,i_2,\cdots,i_n$ 与列标的排列 $s_1,s_2,\cdots,s_n$ 都同时作一次对换，即 $\tau(i_1,i_2,\cdots,i_n)$ 与 $\tau(s_1,s_2,\cdots,s_n)$ 都同时改变奇偶性，因而它们的和

$$\tau(i_1,i_2,\cdots,i_n)+\tau(s_1,s_2,\cdots,s_n)$$

的奇偶性不变. 这说明，对(3.4)作一次两个因子的调换不改变(3.5)的值. 那么，经过若干次因子调换后(3.4)变为(3.6)，同时 $\tau(i_1,i_2,\cdots,i_n)+\tau(s_1,s_2,\cdots,s_n)$ 与 $\tau(1,2,\cdots,n)+\tau(s_1',s_2',\cdots,s_n')$ 有相同的奇偶性，所以

$$(-1)^{\tau(i_1,i_2,\cdots,i_n)+\tau(s_1,s_2,\cdots,s_n)}=(-1)^{\tau(1,2,\cdots,n)+\tau(s_1',s_2',\cdots,s_n')}=(-1)^{\tau(s_1',s_2',\cdots,s_n')},$$

即(3.5)与(3.7)是一致的.

例如：$a_{21}a_{32}a_{14}a_{43}$ 是4阶行列式的一项，其行标排列的反序数 $\tau(2,3,1,4)=2$，列标排列的反序数 $\tau(1,2,4,3)=1$. 因此这项前面所带符号为 $(-1)^{2+1}=-1$，即带负号. 若把此项写成标准形式 $a_{14}a_{21}a_{32}a_{43}$，其符号为 $(-1)^{\tau(4,1,2,3)}=(-1)^3=-1$，同样是带负号.

由此可知，如果 n 阶行列式的某一项的 n 个因子，按列标排列成自然顺序，即写为

$$a_{i_11}a_{i_22}\cdots a_{i_nn},$$

那么这项前面所带的符号是

$$(-1)^{\tau(i_1,i_2,\cdots,i_n)+\tau(1,2,\cdots,n)}=(-1)^{\tau(i_1,i_2,\cdots,i_n)}.$$

由此，行列式的定义又可写成

$$\begin{vmatrix} a_{11} & a_{12} & \cdots & a_{1n} \\ a_{21} & a_{22} & \cdots & a_{2n} \\ \vdots & \vdots & \ddots & \vdots \\ a_{n1} & a_{n2} & \cdots & a_{nn} \end{vmatrix}=\sum_{i_1,i_2,\cdots,i_n}(-1)^{\tau(i_1,i_2,\cdots,i_n)}a_{i_11}a_{i_22}\cdots a_{i_nn}. \quad (3.8)$$

为了区别(3.3)与(3.8)两种不同的展开式，我们又称(3.3)为行列式按行的自然顺序展开，而(3.8)称为 n 阶行列式按列的自然顺序的展开式.

根据这一事实，可以证明行列式的一个极其重要的性质，即下一节的性质1.1.

> **思考题** 用消元法解例1.4，对于消元过程的每一步(例如：互换第1个方程和第3个方程的位置)所得的方程组，都用公式(1.10)去解，观察其中行列式的变化，你能发现什么规律吗?

习题 1.3

1. 确定下列行列式的项前面所带的符号：

1) $a_{13}a_{21}a_{32}a_{44}$；　　2) $a_{32}a_{21}a_{43}a_{14}$；

3) $a_{12}a_{33}a_{41}a_{24}a_{56}a_{65}$；　　4) $a_{25}a_{34}a_{51}a_{72}a_{66}a_{17}a_{43}$.

2. 写出4阶行列式

$$\begin{vmatrix} a_{11} & a_{12} & a_{13} & a_{14} \\ a_{21} & a_{22} & a_{23} & a_{24} \\ a_{31} & a_{32} & a_{33} & a_{34} \\ a_{41} & a_{42} & a_{43} & a_{44} \end{vmatrix}$$

中一切带负号且含元素 a_{23} 的项.

3. 证明：$\sum\limits_{s1,s2,\cdots,sn}(-1)^{\tau(s1,s2,\cdots,sn)}=0$，这里 $\sum\limits_{s1,s2,\cdots,sn}$ 表示对 $1,2,\cdots,n$ 的全排列求和.

4. 用定义计算下列行列式：

1) $\begin{vmatrix} 0 & 0 & \cdots & 0 & 1 \\ 0 & 0 & \cdots & 2 & 0 \\ \vdots & \vdots & \ddots & \vdots & \vdots \\ 0 & n-1 & \cdots & 0 & 0 \\ n & 0 & \cdots & 0 & 0 \end{vmatrix}$；　　2) $\begin{vmatrix} a & 0 & 0 & b \\ 0 & c & d & 0 \\ 0 & e & f & 0 \\ g & 0 & 0 & h \end{vmatrix}$；

3) $\begin{vmatrix} 0 & 1 & 0 & 0 \\ 0 & 0 & 2 & 2 \\ 3 & 0 & 0 & 3 \\ 4 & 0 & 0 & 4 \end{vmatrix}$；　　4) $\begin{vmatrix} a & b & 0 & 0 \\ c & d & 0 & 0 \\ x & y & e & f \\ j & w & y & h \end{vmatrix}$；

5) $\begin{vmatrix} x & y & 0 & 0 & 0 \\ 0 & x & y & 0 & 0 \\ 0 & 0 & x & y & 0 \\ 0 & 0 & 0 & x & y \\ y & 0 & 0 & 0 & x \end{vmatrix}$.

5. 设一个行列式的任一行、任一列只有一个元素为 1，其余元素全为 0，求此行列式的值.

6. 证明：若一个 n 阶行列式的**副对角线**(从左下角到右上角的对角线) 下方的元素全为零，则这个行列式等于其副对角线上各个元素的乘积乘以$(-1)^{\frac{n(n-1)}{2}}$.

7. 证明：如果 n 阶行列式 D 含有多于 n^2-n 个元素为零，则 $D=0$.

1.4 行列式的性质

上节已经介绍了行列式的定义，紧接着要讨论的就是行列式的计算.

由行列式的定义可知，一个 n 阶行列式的展开式共有 $n!$ 项，而每一项都是 n 个元素的乘积，并且要确定每项所带的符号，因此直接用定义来计算行列式一般是困难的. 为了更简便地计算行列式的值，本节将给出行列式的主要性质，以便利用这些性质，简化行列式的计算.

首先介绍转置行列式的概念. 一个 n 阶行列式

$$D=\begin{vmatrix} a_{11} & a_{12} & \cdots & a_{1n} \\ a_{21} & a_{22} & \cdots & a_{2n} \\ \vdots & \vdots & \ddots & \vdots \\ a_{n1} & a_{n2} & \cdots & a_{nn} \end{vmatrix},$$

如果把它的行变为列，就得到一个新的行列式

$$D^{\mathrm{T}}=\begin{vmatrix} a_{11} & a_{21} & \cdots & a_{n1} \\ a_{12} & a_{22} & \cdots & a_{n2} \\ \vdots & \vdots & \ddots & \vdots \\ a_{1n} & a_{2n} & \cdots & a_{nn} \end{vmatrix}.$$

此时，D^{T} 叫做 D 的**转置行列式**. 一般地，行列式 D 的转置行列式就记为 D^{T}.

例如：令 $D=\begin{vmatrix} 3 & 2 & -1 \\ 1 & 0 & 5 \\ 2 & -3 & 4 \end{vmatrix}$，那么 D 的转置行列式就是

$$D^{\mathrm{T}}=\begin{vmatrix} 3 & 1 & 2 \\ 2 & 0 & -3 \\ -1 & 5 & 4 \end{vmatrix}.$$

容易算出 $D=60$，$D^{\mathrm{T}}=60$，所以 $D=D^{\mathrm{T}}$. 这一事实并非偶然. 一般来说，任一行列式都与它的转置行列式相等，即我们有

性质 1.1 行列式与它的转置行列式相等，即

$$\begin{vmatrix} a_{11} & a_{12} & \cdots & a_{1n} \\ a_{21} & a_{22} & \cdots & a_{2n} \\ \vdots & \vdots & \ddots & \vdots \\ a_{n1} & a_{n2} & \cdots & a_{nn} \end{vmatrix}=\begin{vmatrix} a_{11} & a_{21} & \cdots & a_{n1} \\ a_{12} & a_{22} & \cdots & a_{n2} \\ \vdots & \vdots & \ddots & \vdots \\ a_{1n} & a_{2n} & \cdots & a_{nn} \end{vmatrix}.$$

证 把行列式

$$D=\begin{vmatrix} a_{11} & a_{12} & \cdots & a_{1n} \\ a_{21} & a_{22} & \cdots & a_{2n} \\ \vdots & \vdots & \ddots & \vdots \\ a_{n1} & a_{n2} & \cdots & a_{nn} \end{vmatrix}$$

按行的自然顺序展开，得

$$D=\sum_{j_1,j_2,\cdots,j_n}(-1)^{\tau(j_1,j_2,\cdots,j_n)}a_{1j_1}a_{2j_2}\cdots a_{nj_n}. \tag{4.1}$$

另一方面，设 $b_{ij}=a_{ji}(i,j=1,2,\cdots,n)$，那么

$$D^{\mathrm{T}}=\begin{vmatrix} a_{11} & a_{21} & \cdots & a_{n1} \\ a_{12} & a_{22} & \cdots & a_{n2} \\ \vdots & \vdots & \ddots & \vdots \\ a_{1n} & a_{2n} & \cdots & a_{nn} \end{vmatrix}=\begin{vmatrix} b_{11} & b_{12} & \cdots & b_{1n} \\ b_{21} & b_{22} & \cdots & b_{2n} \\ \vdots & \vdots & \ddots & \vdots \\ b_{n1} & b_{n2} & \cdots & b_{nn} \end{vmatrix}.$$

于是，若把行列式 D^{T} 按(3.8) 列的自然顺序展开，就得

$$\begin{aligned} D^{\mathrm{T}} &= \sum_{j_1,j_2,\cdots,j_n}(-1)^{\tau(j_1,j_2,\cdots,j_n)} b_{j_1 1} b_{j_2 2}\cdots b_{j_n n} \\ &= \sum_{j_1,j_2,\cdots,j_n}(-1)^{\tau(j_1,j_2,\cdots,j_n)} a_{1j_1} a_{2j_2}\cdots a_{nj_n}. \end{aligned} \tag{4.2}$$

由于(4.1) 的右边与(4.2) 的右边是一致的，故有

$$D=D^{\mathrm{T}}.$$ ■

性质 1.1 表明，在行列式中，行与列的地位是对称的，因此凡是有关行的性质，对列同样成立.

由例 1.7 及性质 1.1，我们可得**下三角形行列式**(即主对角线上面元素全为零的行列式) 的值也等于主对角线上元素的乘积，因为

$$\begin{vmatrix} a_{11} & 0 & \cdots & 0 \\ a_{21} & a_{22} & \cdots & 0 \\ \vdots & \vdots & \ddots & \vdots \\ a_{n1} & a_{n2} & \cdots & a_{nn} \end{vmatrix}=\begin{vmatrix} a_{11} & a_{21} & \cdots & a_{n1} \\ 0 & a_{22} & \cdots & a_{n2} \\ \vdots & \vdots & \ddots & \vdots \\ 0 & 0 & \cdots & a_{nn} \end{vmatrix}$$
$$=a_{11}a_{22}\cdots a_{nn}.$$

我们把上三角形行列式和下三角形行列式统称为**三角形行列式**.

由于计算三角形行列式的值相当简单，这就启发人们去进一步研究行列式的性质，设法把较复杂的行列式也化成三角形行列式来计算. 下面就来讨论这些性质.

性质 1.2
$$\begin{vmatrix} a_{11} & a_{12} & \cdots & a_{1n} \\ \vdots & \vdots & & \vdots \\ ka_{i1} & ka_{i2} & \cdots & ka_{in} \\ \vdots & \vdots & & \vdots \\ a_{n1} & a_{n2} & \cdots & a_{nn} \end{vmatrix}=k\begin{vmatrix} a_{11} & a_{12} & \cdots & a_{1n} \\ \vdots & \vdots & & \vdots \\ a_{i1} & a_{i2} & \cdots & a_{in} \\ \vdots & \vdots & & \vdots \\ a_{n1} & a_{n2} & \cdots & a_{nn} \end{vmatrix}.$$

这就是说，行列式中某一行元素的公因子可以提到行列式的记号外面来，或者说，用一个数来乘行列式某一行的所有元素就等于用这个数乘此行列式.

证 由行列式的定义，

$$\text{左边}=\sum_{j_1,j_2,\cdots,j_n}(-1)^{\tau(j_1,j_2,\cdots,j_n)}a_{1j_1}a_{2j_2}\cdots(ka_{ij_i})\cdots a_{nj_n}$$
$$=k\sum_{j_1,j_2,\cdots,j_n}(-1)^{\tau(j_1,j_2,\cdots,j_n)}a_{1j_1}a_{2j_2}\cdots a_{ij_i}\cdots a_{nj_n}$$
$$=\text{右边}.$$ ∎

推论 如果行列式中有一行元素全为零，则行列式的值为零.

事实上，只要在性质 1.2 中取 $k=0$，即得此结论.

性质 1.2 对列的情形也是正确的，即行列式某一列元素的公因子可以提到行列式的记号外面来，也就是

$$\begin{vmatrix} a_{11} & \cdots & ka_{1j} & \cdots & a_{1n} \\ a_{21} & \cdots & ka_{2j} & \cdots & a_{2n} \\ \vdots & & \vdots & & \vdots \\ a_{n1} & \cdots & ka_{nj} & \cdots & a_{nn} \end{vmatrix} = k\begin{vmatrix} a_{11} & \cdots & a_{1j} & \cdots & a_{1n} \\ a_{21} & \cdots & a_{2j} & \cdots & a_{2n} \\ \vdots & & \vdots & & \vdots \\ a_{n1} & \cdots & a_{nj} & \cdots & a_{nn} \end{vmatrix}.$$

现在，我们来证明这个等式.

首先，我们已知性质 1.2，再利用性质 1.1，就有

$$\begin{vmatrix} a_{11} & \cdots & ka_{1j} & \cdots & a_{1n} \\ a_{21} & \cdots & ka_{2j} & \cdots & a_{2n} \\ \vdots & & \vdots & & \vdots \\ a_{n1} & \cdots & ka_{nj} & \cdots & a_{nn} \end{vmatrix}$$
$$=\begin{vmatrix} a_{11} & a_{21} & \cdots & a_{n1} \\ \vdots & \vdots & & \vdots \\ ka_{1j} & ka_{2j} & \cdots & ka_{nj} \\ \vdots & \vdots & & \vdots \\ a_{1n} & a_{2n} & \cdots & a_{nn} \end{vmatrix} = k\begin{vmatrix} a_{11} & a_{21} & \cdots & a_{n1} \\ \vdots & \vdots & & \vdots \\ a_{1j} & a_{2j} & \cdots & a_{nj} \\ \vdots & \vdots & & \vdots \\ a_{1n} & a_{2n} & \cdots & a_{nn} \end{vmatrix}$$
$$=k\begin{vmatrix} a_{11} & \cdots & a_{1j} & \cdots & a_{1n} \\ a_{21} & \cdots & a_{2j} & \cdots & a_{2n} \\ \vdots & & \vdots & & \vdots \\ a_{n1} & \cdots & a_{nj} & \cdots & a_{nn} \end{vmatrix}.$$ ∎

从这个证明中，我们可以看出，由一个已知行列式的行的性质，再利用性质 1.1，就可以得出关于列的性质. 以后关于行列式的性质，尽管只对行来叙述，但由于性质 1.1 的缘故，所以它们对于列同样也成立.

性质 1.3
$$\begin{vmatrix} a_{11} & a_{12} & \cdots & a_{1n} \\ \vdots & \vdots & & \vdots \\ b_1+c_1 & b_2+c_2 & \cdots & b_n+c_n \\ \vdots & \vdots & & \vdots \\ a_{n1} & a_{n2} & \cdots & a_{nn} \end{vmatrix} = \begin{vmatrix} a_{11} & a_{12} & \cdots & a_{1n} \\ \vdots & \vdots & & \vdots \\ b_1 & b_2 & \cdots & b_n \\ \vdots & \vdots & & \vdots \\ a_{n1} & a_{n2} & \cdots & a_{nn} \end{vmatrix} + \begin{vmatrix} a_{11} & a_{12} & \cdots & a_{1n} \\ \vdots & \vdots & & \vdots \\ c_1 & c_2 & \cdots & c_n \\ \vdots & \vdots & & \vdots \\ a_{n1} & a_{n2} & \cdots & a_{nn} \end{vmatrix}.$$

这就是说，如果行列式的一行(如第 i 行) 元素是两组数的和，那么这个行列式等于两个行列式之和，这两个行列式分别以这两组数之一为这一行(第 i 行) 的元素，除这一行外，这两个行列式的其他行与原行列式一样.

证 由行列式定义，

$$\begin{aligned} \text{左边} &= \sum_{j_1,j_2,\cdots,j_n} (-1)^{\tau(j_1,j_2,\cdots,j_n)} a_{1j_1}a_{2j_2}\cdots(b_{j_i}+c_{j_i})\cdots a_{nj_n} \\ &= \sum_{j_1,j_2,\cdots,j_n} (-1)^{\tau(j_1,j_2,\cdots,j_n)} a_{1j_1}a_{2j_2}\cdots b_{j_i}\cdots a_{nj_n} \\ &\quad + \sum_{j_1,j_2,\cdots,j_n} (-1)^{\tau(j_1,j_2,\cdots,j_n)} a_{1j_1}a_{2j_2}\cdots c_{j_i}\cdots a_{nj_n} \\ &= \text{右边}. \end{aligned}$$ ∎

性质 1.3 可以推广到某一行元素为几组数的和的情形. 例如：

$$\begin{vmatrix} a_1+b_1+c_1 & a_2+b_2+c_2 & a_3+b_3+c_3 \\ x & y & z \\ p & q & s \end{vmatrix} = \begin{vmatrix} a_1 & a_2 & a_3 \\ x & y & z \\ p & q & s \end{vmatrix} + \begin{vmatrix} b_1 & b_2 & b_3 \\ x & y & z \\ p & q & s \end{vmatrix} + \begin{vmatrix} c_1 & c_2 & c_3 \\ x & y & z \\ p & q & s \end{vmatrix}.$$

例 1.8 计算行列式 $\begin{vmatrix} 2 & 1 & -1 \\ 4 & -1 & 1 \\ 201 & 102 & -99 \end{vmatrix}$.

解
$$\begin{vmatrix} 2 & 1 & -1 \\ 4 & -1 & 1 \\ 201 & 102 & -99 \end{vmatrix} = \begin{vmatrix} 2 & 1 & -1 \\ 4 & -1 & 1 \\ 200+1 & 100+2 & -100+1 \end{vmatrix}$$

$$=\begin{vmatrix}2 & 1 & -1\\4 & -1 & 1\\200 & 100 & -100\end{vmatrix}+\begin{vmatrix}2 & 1 & -1\\4 & -1 & 1\\1 & 2 & 1\end{vmatrix}$$

$$=100\times\begin{vmatrix}2 & 1 & -1\\4 & -1 & 1\\2 & 1 & -1\end{vmatrix}+\begin{vmatrix}2 & 1 & -1\\4 & -1 & 1\\1 & 2 & 1\end{vmatrix}$$

$$=100\times 0+(-18)=-18.$$

性质1.4 交换行列式两行，行列式改变符号，即若

$$D=\begin{vmatrix}a_{11} & a_{12} & \cdots & a_{1n}\\ \vdots & \vdots & & \vdots\\ a_{i1} & a_{i2} & \cdots & a_{in}\\ \vdots & \vdots & & \vdots\\ a_{k1} & a_{k2} & \cdots & a_{kn}\\ \vdots & \vdots & & \vdots\\ a_{n1} & a_{n2} & \cdots & a_{nn}\end{vmatrix}\begin{matrix}\\ \\ \leftarrow 第\ i\ 行\\ \\ \leftarrow 第\ k\ 行\\ \\ \\ \end{matrix},$$

$$D_1=\begin{vmatrix}a_{11} & a_{12} & \cdots & a_{1n}\\ \vdots & \vdots & & \vdots\\ a_{k1} & a_{k2} & \cdots & a_{kn}\\ \vdots & \vdots & & \vdots\\ a_{i1} & a_{i2} & \cdots & a_{in}\\ \vdots & \vdots & & \vdots\\ a_{n1} & a_{n2} & \cdots & a_{nn}\end{vmatrix}\begin{matrix}\\ \\ \leftarrow 第\ i\ 行\\ \\ \leftarrow 第\ k\ 行\\ \\ \\ \end{matrix},$$

则 $D_1=-D$.

证 D 的每一项可以写成

$$a_{1j_1}a_{2j_2}\cdots a_{ij_i}\cdots a_{kj_k}\cdots a_{nj_n},\tag{4.3}$$

而 $a_{1j_1},a_{2j_2},\cdots,a_{ij_i},\cdots,a_{kj_k},\cdots,a_{nj_n}$ 在 D_1 中仍然处于不同行不同列，所以 $a_{1j_1}a_{2j_2}\cdots a_{ij_i}\cdots a_{kj_k}\cdots a_{nj_n}$ 也是 D_1 中的一项. 反之，D_1 的每一项

$$a_{1j_1}a_{2j_2}\cdots a_{kj_i}\cdots a_{ij_k}\cdots a_{nj_n}$$

也是 D 的一项，因此 D 与 D_1 含有相同的项. (4.3) 项在 D 中的符号是

$$(-1)^{\tau(j_1,j_2,\cdots,j_i,\cdots,j_k,\cdots,j_n)}.$$

然而在 D_1 中，原行列式 D 的第 i 行变为第 k 行，而第 k 行变为第 i 行，且列的次序并无改变. 所以(4.3) 项在 D_1 中应带的符号为

$$(-1)^{\tau(1,2,\cdots,k,\cdots,i,\cdots,n)+\tau(j_1,j_2,\cdots,j_i,\cdots,j_k,\cdots,j_n)}=(-1)^{1+\tau(j_1,j_2,\cdots,j_i,\cdots,j_k,\cdots,j_n)}.$$

此即说明，(4.3) 项在 D 与 D_1 中所带的符号相反，因而 $D_1=-D$. ∎

性质 1.5 行列式有两行元素完全相同，则行列式的值为零.

证 设行列式 D 有两行元素完全相同. 我们把这两行互换，行列式仍为 D. 但由性质 1.4 知，此时行列式 D 改变符号，即 $D=-D$. 所以 $2D=0$. 于是，得 $D=0$. ∎

性质 1.6 行列式两行成比例，则行列式等于零，即

$$\begin{array}{r} \\ \\ \text{第 } i \text{ 行}\rightarrow \\ \\ \text{第 } j \text{ 行}\rightarrow \\ \\ \\ \end{array}\begin{vmatrix} a_{11} & a_{12} & \cdots & a_{1n} \\ \vdots & \vdots & & \vdots \\ a_{i1} & a_{i2} & \cdots & a_{in} \\ \vdots & \vdots & & \vdots \\ ka_{i1} & ka_{i2} & \cdots & ka_{in} \\ \vdots & \vdots & & \vdots \\ a_{n1} & a_{n2} & \cdots & a_{nn} \end{vmatrix}=0.$$

证 应用性质 1.2，我们有

$$\begin{vmatrix} a_{11} & a_{12} & \cdots & a_{1n} \\ \vdots & \vdots & & \vdots \\ a_{i1} & a_{i2} & \cdots & a_{in} \\ \vdots & \vdots & & \vdots \\ ka_{i1} & ka_{i2} & \cdots & ka_{in} \\ \vdots & \vdots & & \vdots \\ a_{n1} & a_{n2} & \cdots & a_{nn} \end{vmatrix}=k\begin{vmatrix} a_{11} & a_{12} & \cdots & a_{1n} \\ \vdots & \vdots & & \vdots \\ a_{i1} & a_{i2} & \cdots & a_{in} \\ \vdots & \vdots & & \vdots \\ a_{i1} & a_{i2} & \cdots & a_{in} \\ \vdots & \vdots & & \vdots \\ a_{n1} & a_{n2} & \cdots & a_{nn} \end{vmatrix}.$$

此时，右边行列式第 i 行与第 j 行完全相同，故由性质 1.5 知右边行列式为零. 所以左边行列式也应该为零. ∎

从这里可以看出，性质 1.5 实质上是性质 1.6 的特殊情况. 性质 1.6 还有一种特殊情况，即当行列式有某一行元素全为零时，行列式的值为零.

性质 1.7 把行列式某一行的倍数加到另一行，行列式的值不变，即

$$\begin{vmatrix} a_{11} & a_{12} & \cdots & a_{1n} \\ \vdots & \vdots & & \vdots \\ a_{i1} & a_{i2} & \cdots & a_{in} \\ \vdots & \vdots & & \vdots \\ a_{j1} & a_{j2} & \cdots & a_{jn} \\ \vdots & \vdots & & \vdots \\ a_{n1} & a_{n2} & \cdots & a_{nn} \end{vmatrix}=\begin{vmatrix} a_{11} & a_{12} & \cdots & a_{1n} \\ \vdots & \vdots & & \vdots \\ a_{i1} & a_{i2} & \cdots & a_{in} \\ \vdots & \vdots & & \vdots \\ a_{j1}+ka_{i1} & a_{j2}+ka_{i2} & \cdots & a_{jn}+ka_{in} \\ \vdots & \vdots & & \vdots \\ a_{n1} & a_{n2} & \cdots & a_{nn} \end{vmatrix}.$$

证 利用性质 1.3 及性质 1.6，得

$$
\text{原式右边}=\begin{vmatrix} a_{11} & a_{12} & \cdots & a_{1n} \\ \vdots & \vdots & & \vdots \\ a_{i1} & a_{i2} & \cdots & a_{in} \\ \vdots & \vdots & & \vdots \\ a_{j1} & a_{j2} & \cdots & a_{jn} \\ \vdots & \vdots & & \vdots \\ a_{n1} & a_{n2} & \cdots & a_{nn} \end{vmatrix}+\begin{vmatrix} a_{11} & a_{12} & \cdots & a_{1n} \\ \vdots & \vdots & & \vdots \\ a_{i1} & a_{i2} & \cdots & a_{in} \\ \vdots & \vdots & & \vdots \\ ka_{i1} & ka_{i2} & \cdots & ka_{in} \\ \vdots & \vdots & & \vdots \\ a_{n1} & a_{n2} & \cdots & a_{nn} \end{vmatrix}
$$

$$
=\begin{vmatrix} a_{11} & a_{12} & \cdots & a_{1n} \\ \vdots & \vdots & & \vdots \\ a_{i1} & a_{i2} & \cdots & a_{in} \\ \vdots & \vdots & & \vdots \\ a_{j1} & a_{j2} & \cdots & a_{jn} \\ \vdots & \vdots & & \vdots \\ a_{n1} & a_{n2} & \cdots & a_{nn} \end{vmatrix}+0
$$

$=$原式左边. ∎

需要再重申一下，以上性质 1.2 ~ 性质 1.7，虽然仅对行列式的行来证明，但根据性质 1.1，这些性质对列来说同样成立.

利用以上的行列式性质，我们就能简化行列式的计算. 下面来看几个例子.

例 1.9 计算行列式

$$
\begin{vmatrix} -2 & 5 & -1 & 3 \\ 1 & -9 & 13 & 7 \\ 3 & -1 & 5 & -5 \\ 2 & 8 & -7 & -10 \end{vmatrix}.
$$

解
$$
\begin{vmatrix} -2 & 5 & -1 & 3 \\ 1 & -9 & 13 & 7 \\ 3 & -1 & 5 & -5 \\ 2 & 8 & -7 & -10 \end{vmatrix}=-\begin{vmatrix} 1 & -9 & 13 & 7 \\ -2 & 5 & -1 & 3 \\ 3 & -1 & 5 & -5 \\ 2 & 8 & -7 & -10 \end{vmatrix}
$$

$$
=-\begin{vmatrix} 1 & -9 & 13 & 7 \\ 0 & -13 & 25 & 17 \\ 0 & 26 & -34 & -26 \\ 0 & 26 & -33 & -24 \end{vmatrix}
$$

$$
=-\begin{vmatrix}1 & -9 & 13 & 7\\0 & -13 & 25 & 17\\0 & 0 & 16 & 8\\0 & 0 & 17 & 10\end{vmatrix}=-\begin{vmatrix}1 & -9 & 13 & 7\\0 & -13 & 25 & 17\\0 & 0 & 16 & 8\\0 & 0 & 0 & \frac{3}{2}\end{vmatrix}
$$

$$
=-1\times(-13)\times 16\times\frac{3}{2}=312.
$$

这里第 1 步是互换 1,2 两行(注意行列式变号). 第 2 步把第 1 行的 2 倍、-3 倍、-2 倍分别加到第 2,3,4 行上，使第 1 列除第 1 个元素外全是零. 以下对第 2,3 列重复以上做法，将行列式化成三角形行列式. 最后应用上节例 1.7 的结果，即得.

一般而言，一个 n 阶行列式(其元素是数)，总能如上例一样用行列式性质化为三角形行列式，最后求出其值.

例 1.10 计算行列式

$$
\begin{vmatrix}6 & 10 & 3 & 4\\7 & 18 & 5 & 2\\5 & 8 & 2 & 1\\3 & 0 & 2 & 4\end{vmatrix}.
$$

解 可以像上例一样，化这个行列式为三角形行列式，然后算出其值. 但为了避免计算中出现过多的分数，我们先把行列式的第 3 行乘以 -1 加到第 1 行上，这时行列式第 1 行第 1 列位置上出现 1，然后计算，便能减少计算中出现分数，即

$$
\begin{vmatrix}6 & 10 & 3 & 4\\7 & 18 & 5 & 2\\5 & 8 & 2 & 1\\3 & 0 & 2 & 4\end{vmatrix}=\begin{vmatrix}1 & 2 & 1 & 3\\7 & 18 & 5 & 2\\5 & 8 & 2 & 1\\3 & 0 & 2 & 4\end{vmatrix}=\begin{vmatrix}1 & 2 & 1 & 3\\0 & 4 & -2 & -19\\0 & -2 & -3 & -14\\0 & -6 & -1 & -5\end{vmatrix}
$$

$$
=\begin{vmatrix}1 & 2 & 1 & 3\\0 & 2 & 3 & 14\\0 & 4 & -2 & -19\\0 & -6 & -1 & -5\end{vmatrix}=\begin{vmatrix}1 & 2 & 1 & 3\\0 & 2 & 3 & 14\\0 & 0 & -8 & -47\\0 & 0 & 8 & 37\end{vmatrix}
$$

$$
=\begin{vmatrix}1 & 2 & 1 & 3\\0 & 2 & 3 & 14\\0 & 0 & -8 & -47\\0 & 0 & 0 & -10\end{vmatrix}
$$

$$
=1\times 2\times(-8)\times(-10)=160.
$$

例 1.11 计算 n 阶行列式

$$\begin{vmatrix} a & 1 & 1 & \cdots & 1 \\ 1 & a & 1 & \cdots & 1 \\ 1 & 1 & a & \cdots & 1 \\ \vdots & \vdots & \vdots & \ddots & \vdots \\ 1 & 1 & 1 & \cdots & a \end{vmatrix}.$$

解 这个行列式的特点是每一行有一个元素 a，其余 $n-1$ 个元素都是 1，因而每行元素的和都是$(n-1)+a$. 于是应用性质 1.7 于列：把第 2 列、第 3 列 …… 第 n 列都加到第 1 列上去，行列式的值不变，再提出第 1 列的公因子$(n-1)+a$，即

$$\begin{vmatrix} a & 1 & 1 & \cdots & 1 \\ 1 & a & 1 & \cdots & 1 \\ 1 & 1 & a & \cdots & 1 \\ \vdots & \vdots & \vdots & \ddots & \vdots \\ 1 & 1 & 1 & \cdots & a \end{vmatrix} = \begin{vmatrix} (n-1)+a & 1 & 1 & \cdots & 1 \\ (n-1)+a & a & 1 & \cdots & 1 \\ (n-1)+a & 1 & a & \cdots & 1 \\ \vdots & \vdots & \vdots & \ddots & \vdots \\ (n-1)+a & 1 & 1 & \cdots & a \end{vmatrix}$$

$$= (n-1+a)\begin{vmatrix} 1 & 1 & 1 & \cdots & 1 \\ 1 & a & 1 & \cdots & 1 \\ 1 & 1 & a & \cdots & 1 \\ \vdots & \vdots & \vdots & \ddots & \vdots \\ 1 & 1 & 1 & \cdots & a \end{vmatrix}$$

$$= (n-1+a)\begin{vmatrix} 1 & 1 & 1 & \cdots & 1 \\ 0 & a-1 & 0 & \cdots & 0 \\ 0 & 0 & a-1 & \cdots & 0 \\ \vdots & \vdots & \vdots & \ddots & \vdots \\ 0 & 0 & 0 & \cdots & a-1 \end{vmatrix}$$

$$= (n-1+a)(a-1)^{n-1}.$$

这里，第 3 个等式是把第 1 行的 -1 倍分别加到第 2 行至第 n 行上而得的，结果化成一个三角形行列式，然后算出其值.

把行列式化为三角形行列式，是行列式计算的常用方法之一.

例 1.12 计算 n 阶行列式

$$D = \begin{vmatrix} a_1-b_1 & a_2 & a_3 & \cdots & a_n \\ a_1 & a_2-b_2 & a_3 & \cdots & a_n \\ a_1 & a_2 & a_3-b_3 & \cdots & a_n \\ \vdots & \vdots & \vdots & \ddots & \vdots \\ a_1 & a_2 & a_3 & \cdots & a_n-b_n \end{vmatrix},$$

其中 $b_i \neq 0\ (i=1,2,\cdots,n)$.

解 把第1行的-1倍分别加到第2行至第n行上，各列分别再提出公因子 $b_1,b_2,\cdots,b_n$，有

$$D=\begin{vmatrix} a_1-b_1 & a_2 & a_3 & \cdots & a_n \\ b_1 & -b_2 & 0 & \cdots & 0 \\ b_1 & 0 & -b_3 & \cdots & 0 \\ \vdots & \vdots & \vdots & \ddots & \vdots \\ b_1 & 0 & 0 & \cdots & -b_n \end{vmatrix}$$

$$=b_1b_2\cdots b_n\begin{vmatrix} \frac{a_1}{b_1}-1 & \frac{a_2}{b_2} & \frac{a_3}{b_3} & \cdots & \frac{a_n}{b_n} \\ 1 & -1 & 0 & \cdots & 0 \\ 1 & 0 & -1 & \cdots & 0 \\ \vdots & \vdots & \vdots & \ddots & \vdots \\ 1 & 0 & 0 & \cdots & -1 \end{vmatrix}$$

$$=b_1b_2\cdots b_n\begin{vmatrix} \sum\limits_{i=1}^{n}\frac{a_i}{b_i}-1 & \frac{a_2}{b_2} & \frac{a_3}{b_3} & \cdots & \frac{a_n}{b_n} \\ 0 & -1 & 0 & \cdots & 0 \\ 0 & 0 & -1 & \cdots & 0 \\ \vdots & \vdots & \vdots & \ddots & \vdots \\ 0 & 0 & 0 & \cdots & -1 \end{vmatrix}$$ （把第 2 列至第 n 列加到第 1 列）

$$=(-1)^{n-1}b_1b_2\cdots b_n\left(\sum_{i=1}^{n}\frac{a_i}{b_i}-1\right).$$

例 1.13 n 阶行列式

$$D=\begin{vmatrix} 0 & a_{12} & a_{13} & \cdots & a_{1n} \\ -a_{12} & 0 & a_{23} & \cdots & a_{2n} \\ -a_{13} & -a_{23} & 0 & \cdots & a_{3n} \\ \vdots & \vdots & \vdots & \ddots & \vdots \\ -a_{1n} & -a_{2n} & -a_{3n} & \cdots & 0 \end{vmatrix}$$

叫做**反对称行列式**(D 中元素满足：$a_{ij}=-a_{ji}$). 证明：n 为奇数时 $D=0$，即奇数阶反对称行列式必为零.

证 将 D 的每一行提出公因子 -1，则有

$$D=(-1)^n\begin{vmatrix} 0 & -a_{12} & -a_{13} & \cdots & -a_{1n} \\ a_{12} & 0 & -a_{23} & \cdots & -a_{2n} \\ a_{13} & a_{23} & 0 & \cdots & -a_{3n} \\ \vdots & \vdots & \vdots & \ddots & \vdots \\ a_{1n} & a_{2n} & a_{3n} & \cdots & 0 \end{vmatrix}=(-1)^nD^{\mathrm{T}},$$

又因为 $D=D^{\mathrm{T}}$ 且 n 为奇数，所以 $D=(-1)^n D=-D$. 因此，$D=0$.

习题 1.4

1. 证明下列等式：

1) $\begin{vmatrix} ab & ac & ae \\ bd & -cd & ed \\ bf & cf & -ef \end{vmatrix} = 4abcdef$;

2) $\begin{vmatrix} \sin^2\alpha & \cos^2\alpha & \cos 2\alpha \\ \sin^2\beta & \cos^2\beta & \cos 2\beta \\ \sin^2\gamma & \cos^2\gamma & \cos 2\gamma \end{vmatrix} = 0$;

3) $\begin{vmatrix} b+c & c+a & a+b \\ b'+c' & c'+a' & a'+b' \\ b''+c'' & c''+a'' & a''+b'' \end{vmatrix} = 2\begin{vmatrix} a & b & c \\ a' & b' & c' \\ a'' & b'' & c'' \end{vmatrix}$.

2. 计算下列行列式：

1) $\begin{vmatrix} 1 & 1 & 1 & 1 \\ 1 & 2 & 4 & 8 \\ 1 & 3 & 9 & 27 \\ 1 & 4 & 16 & 64 \end{vmatrix}$; 2) $\begin{vmatrix} 2 & 0 & -4 & -1 \\ 3 & 6 & 1 & 1 \\ 3 & -13 & 12 & -1 \\ 2 & 3 & 3 & 1 \end{vmatrix}$;

3) $\begin{vmatrix} 3 & 1 & 1 & 1 \\ 1 & 3 & 1 & 1 \\ 1 & 1 & 3 & 1 \\ 1 & 1 & 1 & 3 \end{vmatrix}$; 4) $\begin{vmatrix} 1 & 1 & 1 & 1 \\ a_1 & a & a_2 & a_2 \\ a_2 & a_2 & a & a_3 \\ a_3 & a_3 & a_3 & a \end{vmatrix}$;

5) $\begin{vmatrix} 1+a & 1 & 1 & 1 \\ 1 & 1-a & 1 & 1 \\ 1 & 1 & 1+b & 1 \\ 1 & 1 & 1 & 1-b \end{vmatrix}$.

3. 计算 n 阶行列式：

$$\begin{vmatrix} a & b & b & \cdots & b \\ b & a & b & \cdots & b \\ b & b & a & \cdots & b \\ \vdots & \vdots & \vdots & \ddots & \vdots \\ b & b & b & \cdots & a \end{vmatrix}.$$

4. 计算行列式：

1) $D_n = \begin{vmatrix} a_1+b_1 & a_1+b_2 & \cdots & a_1+b_n \\ a_2+b_1 & a_2+b_2 & \cdots & a_2+b_n \\ \vdots & \vdots & \ddots & \vdots \\ a_n+b_1 & a_n+b_2 & \cdots & a_n+b_n \end{vmatrix}$;

2) $\begin{vmatrix} a_0 & 1 & 1 & \cdots & 1 \\ 1 & a_1 & 0 & \cdots & 0 \\ 1 & 0 & a_2 & \cdots & 0 \\ \vdots & \vdots & \vdots & \ddots & \vdots \\ 1 & 0 & 0 & \cdots & a_n \end{vmatrix} \quad (a_1 a_2 \cdots a_n \neq 0).$

5. 证明:

1) $\begin{vmatrix} a^2 & (a+1)^2 & (a+2)^2 & (a+3)^2 \\ b^2 & (b+1)^2 & (b+2)^2 & (b+3)^2 \\ c^2 & (c+1)^2 & (c+2)^2 & (c+3)^2 \\ d^2 & (d+1)^2 & (d+2)^2 & (d+3)^2 \end{vmatrix} = 0;$

2) $\begin{vmatrix} 1+a_1 & 1 & 1 & \cdots & 1 \\ 1 & 1+a_2 & 1 & \cdots & 1 \\ 1 & 1 & 1+a_3 & \cdots & 1 \\ \vdots & \vdots & \vdots & \ddots & \vdots \\ 1 & 1 & 1 & \cdots & 1+a_n \end{vmatrix} = a_1 a_2 \cdots a_n \left(1 + \sum_{i=1}^{n} \frac{1}{a_i}\right),$

其中 $a_1 a_2 \cdots a_n \neq 0$.

1.5 行列式按行(列)展开与拉普拉斯(Laplace)定理

行列式的计算是一个重要问题，也是一个复杂的问题. 若按定义计算，在一般情况下很麻烦. 上节给出行列式的基本性质，利用这些性质可使行列式计算简化. 通常须把行列式化为三角形行列式，这样计算还比较呆板. 本节将进一步研究行列式的展开，使行列式的计算更加灵活、方便.

2 阶行列式比 3 阶行列式要容易计算得多. 一般来说，行列式的阶数越低越容易计算. 因此自然提出这样的问题：能否把一个高阶行列式化为一些阶数较低的行列式来计算呢?

先看 3 阶行列式的情况:

$$\begin{vmatrix} a_{11} & a_{12} & a_{13} \\ a_{21} & a_{22} & a_{23} \\ a_{31} & a_{32} & a_{33} \end{vmatrix} = a_{11}(a_{22}a_{33} - a_{23}a_{32}) + a_{12}(a_{23}a_{31} - a_{21}a_{33}) + a_{13}(a_{21}a_{32} - a_{22}a_{31})$$

$$= a_{11}\begin{vmatrix} a_{22} & a_{23} \\ a_{32} & a_{33} \end{vmatrix} - a_{12}\begin{vmatrix} a_{21} & a_{23} \\ a_{31} & a_{33} \end{vmatrix} + a_{13}\begin{vmatrix} a_{21} & a_{22} \\ a_{31} & a_{32} \end{vmatrix},$$

这说明，3 阶行列式可以化成若干 2 阶行列式来计算.

下面我们要说明，对高阶行列式也有类似的结果，即可把 n 阶行列式的计算化为若干 $n-1$ 阶行列式来计算.为此，先介绍余子式与代数余子式的概念.

定义 1.5 在 n 阶行列式

$$D=\begin{vmatrix} a_{11} & \cdots & a_{1j} & \cdots & a_{1n} \\ \vdots & & \vdots & & \vdots \\ a_{i1} & \cdots & a_{ij} & \cdots & a_{in} \\ \vdots & & \vdots & & \vdots \\ a_{n1} & \cdots & a_{nj} & \cdots & a_{nn} \end{vmatrix}$$

中画去元素 a_{ij} 所在的第 i 行、第 j 列，剩下的元素按原来的次序构成一个 $n-1$ 阶行列式

$$\begin{vmatrix} a_{11} & \cdots & a_{1,j-1} & a_{1,j+1} & \cdots & a_{1n} \\ \vdots & & \vdots & \vdots & & \vdots \\ a_{i-1,1} & \cdots & a_{i-1,j-1} & a_{i-1,j+1} & \cdots & a_{i-1,n} \\ a_{i+1,1} & \cdots & a_{i+1,j-1} & a_{i+1,j+1} & \cdots & a_{i+1,n} \\ \vdots & & \vdots & \vdots & & \vdots \\ a_{n1} & \cdots & a_{n,j-1} & a_{n,j+1} & \cdots & a_{nn} \end{vmatrix},$$

称它为 D 中元素 a_{ij} 的**余子式**，并记为 M_{ij}.

定义 1.6 n 阶行列式 D 中元素 a_{ij} 的余子式 M_{ij} 乘以符号项 $(-1)^{i+j}$ 后，叫做元素 a_{ij} 的**代数余子式**，并记为 A_{ij}，即 $A_{ij}=(-1)^{i+j}M_{ij}$.

例如：在 3 阶行列式

$$D=\begin{vmatrix} a_{11} & a_{12} & a_{13} \\ a_{21} & a_{22} & a_{23} \\ a_{31} & a_{32} & a_{33} \end{vmatrix}$$

中，元素 a_{11},a_{12},a_{13} 的余子式依次为

$$M_{11}=\begin{vmatrix} a_{22} & a_{23} \\ a_{32} & a_{33} \end{vmatrix},\quad M_{12}=\begin{vmatrix} a_{21} & a_{23} \\ a_{31} & a_{33} \end{vmatrix},\quad M_{13}=\begin{vmatrix} a_{21} & a_{22} \\ a_{31} & a_{32} \end{vmatrix}.$$

而其代数余子式分别为

$$A_{11}=(-1)^{1+1}M_{11}=\begin{vmatrix} a_{22} & a_{23} \\ a_{32} & a_{33} \end{vmatrix},$$

$$A_{12}=(-1)^{1+2}M_{12}=-\begin{vmatrix} a_{21} & a_{23} \\ a_{31} & a_{33} \end{vmatrix},$$

$$A_{13}=(-1)^{1+3}M_{13}=\begin{vmatrix} a_{21} & a_{22} \\ a_{31} & a_{32} \end{vmatrix}.$$

引入了元素的余子式和代数余子式概念后，容易看到3阶行列式

$$D=a_{11}M_{11}-a_{12}M_{12}+a_{13}M_{13}=a_{11}A_{11}+a_{12}A_{12}+a_{13}A_{13},$$

即3阶行列式 D 等于它的第1行所有元素与它们的代数余子式对应乘积之和.

例 1.14 求行列式

$$D=\begin{vmatrix}1&0&-1\\1&2&0\\-1&3&2\end{vmatrix}$$

的余子式 M_{11},M_{12},M_{13} 及代数余子式 A_{11},A_{12},A_{13}，并由此算出 D 的值.

解 $M_{11}=\begin{vmatrix}2&0\\3&2\end{vmatrix}=4$，$M_{12}=\begin{vmatrix}1&0\\-1&2\end{vmatrix}=2$，$M_{13}=\begin{vmatrix}1&2\\-1&3\end{vmatrix}=5.$

$$A_{11}=(-1)^{1+1}M_{11}=4,$$

$$A_{12}=(-1)^{1+2}M_{12}=-2,$$

$$A_{13}=(-1)^{1+3}M_{13}=5.$$

$$\begin{aligned}D&=a_{11}A_{11}+a_{12}A_{12}+a_{13}A_{13}\\&=1\times4+0\times(-2)+(-1)\times5\\&=-1.\end{aligned}$$

一般地，我们有

定理1.3（行列式按行(列)展开定理） n 阶行列式 D 等于它的任一行(列)所有元素与它们的代数余子式对应乘积之和，即

$$D=a_{i1}A_{i1}+a_{i2}A_{i2}+\cdots+a_{in}A_{in}=\sum_{j=1}^{n}a_{ij}A_{ij}\quad(i=1,2,\cdots,n)\tag{5.1}$$

或

$$D=a_{1k}A_{1k}+a_{2k}A_{2k}+\cdots+a_{nk}A_{nk}=\sum_{i=1}^{n}a_{ik}A_{ik}\quad(k=1,2,\cdots,n).\tag{5.2}$$

证 我们先对特殊情况证明，然后对一般情况加以证明.

1） 首先看 $i=1$，且 $a_{12}=a_{13}=\cdots=a_{1n}=0$ 的情况，这时

$$D=\begin{vmatrix}a_{11}&0&\cdots&0\\a_{21}&a_{22}&\cdots&a_{2n}\\\vdots&\vdots&\ddots&\vdots\\a_{n1}&a_{n2}&\cdots&a_{nn}\end{vmatrix}.$$

要证明的(5.1)变为

$$D=a_{11}A_{11}=a_{11}(-1)^{1+1}M_{11}=a_{11}M_{11}$$

$$=a_{11}\begin{vmatrix} a_{22} & \cdots & a_{2n} \\ \vdots & \ddots & \vdots \\ a_{n2} & \cdots & a_{nn} \end{vmatrix}.$$

根据行列式的定义，由于 $a_{12}=a_{13}=\cdots=a_{1n}=0$，则

$$D=\sum_{j_2,j_3,\cdots,j_n}(-1)^{\tau(1,j_2,\cdots,j_n)}a_{11}a_{2j_2}\cdots a_{nj_n},$$

这里，$\sum\limits_{j_2,j_3,\cdots,j_n}$ 表示对 $2,3,\cdots,n$ 的所有排列求和. 于是

$$D=a_{11}\sum_{j_2,j_3,\cdots,j_n}(-1)^{\tau(1,j_2,\cdots,j_n)}a_{2j_2}a_{3j_3}\cdots a_{nj_n}.$$

求和下的项 $a_{2j_2}a_{3j_3}\cdots a_{nj_n}$ 也是 M_{11} 的项，它在 M_{11} 中应带的符号为

$$(-1)^{\tau(j_2-1,j_3-1,\cdots,j_n-1)}.$$

因为排列 $j_2-1,j_3-1,\cdots,j_n-1$ 与排列 $1,j_2,j_3,\cdots,j_n$ 有相同的反序数，即

$$\tau(1,j_2,j_3,\cdots,j_n)=\tau(j_2-1,j_3-1,\cdots,j_n-1),$$

故

$$D=a_{11}\sum_{j_2,j_3,\cdots,j_n}(-1)^{\tau(j_2-1,j_3-1,\cdots,j_n-1)}a_{2j_2}a_{3j_3}\cdots a_{nj_n}$$

$$=a_{11}M_{11}.$$

2) 第 i 行中除元素 a_{ij} 外，其他元素全为零的情况，即 $a_{i1}=\cdots=a_{i,j-1}=a_{i,j+1}=\cdots=a_{in}=0$ $(i>1)$. 这时，待证的(5.1)变为 $D=a_{ij}A_{ij}$. 我们来证明此式成立，这时

$$D=\begin{vmatrix} a_{11} & \cdots & a_{1,j-1} & a_{1j} & a_{1,j+1} & \cdots & a_{1n} \\ \vdots & & \vdots & \vdots & \vdots & & \vdots \\ a_{i-1,1} & \cdots & a_{i-1,j-1} & a_{i-1,j} & a_{i-1,j+1} & \cdots & a_{i-1,n} \\ 0 & \cdots & 0 & a_{ij} & 0 & \cdots & 0 \\ a_{i+1,1} & \cdots & a_{i+1,j-1} & a_{i+1,j} & a_{i+1,j+1} & \cdots & a_{i+1,n} \\ \vdots & & \vdots & \vdots & \vdots & & \vdots \\ a_{n1} & \cdots & a_{n,j-1} & a_{nj} & a_{n,j+1} & \cdots & a_{nn} \end{vmatrix}.$$

我们设法变动行列式 D 的行列，使 a_{ij} 位于第 1 行第 1 列的位置上，并且使 a_{ij} 的余子式不变，即把情况 2) 化为情况 1). 为了达到这个目的，我们把 D 的第 i 行依次与第 $i-1$ 行、第 $i-2$ 行……第 2 行、第 1 行对换. 这样，一共经历 $i-1$ 次交换两行的步骤，就把 D 的第 i 行换到了第 1 行. 然后，再将第 j 列依次与第 $j-1$ 列、第 $j-2$ 列……第 2 列、第 1 列对换，一共经历 $j-1$ 次交换两列的步骤，a_{ij} 就被换到第 1 行第 1 列的位置上. 这时，D 变成了下

面的行列式：

$$D_1=\begin{vmatrix} a_{ij} & 0 & \cdots & 0 & 0 & \cdots & 0 \\ a_{1j} & a_{11} & \cdots & a_{1,j-1} & a_{1,j+1} & \cdots & a_{1n} \\ \vdots & \vdots & & \vdots & \vdots & & \vdots \\ a_{i-1,j} & a_{i-1,1} & \cdots & a_{i-1,j-1} & a_{i-1,j+1} & \cdots & a_{i-1,n} \\ a_{i+1,j} & a_{i+1,1} & \cdots & a_{i+1,j-1} & a_{i+1,j+1} & \cdots & a_{i+1,n} \\ \vdots & \vdots & & \vdots & \vdots & & \vdots \\ a_{nj} & a_{n1} & \cdots & a_{n,j-1} & a_{n,j+1} & \cdots & a_{nn} \end{vmatrix}.$$

由于 D_1 是由 D 经过 $(i-1)+(j-1)$ 次交换两行及两列的步骤而得到的，由行列式性质 1.4（交换行列式的两行或两列，行列式改变符号）知

$$D=(-1)^{(i-1)+(j-1)}D_1=(-1)^{i+j}D_1.$$

在 D_1 中的第 1 行除位于第 1 行第 1 列的 a_{ij} 外，其余元素都是零，由 1) 得

$$D_1=a_{ij}\begin{vmatrix} a_{11} & \cdots & a_{1,j-1} & a_{1,j+1} & \cdots & a_{1n} \\ \vdots & & \vdots & \vdots & & \vdots \\ a_{i-1,1} & \cdots & a_{i-1,j-1} & a_{i-1,j+1} & \cdots & a_{i-1,n} \\ a_{i+1,1} & \cdots & a_{i+1,j-1} & a_{i+1,j+1} & \cdots & a_{i+1,n} \\ \vdots & & \vdots & \vdots & & \vdots \\ a_{n1} & \cdots & a_{n,j-1} & a_{n,j+1} & \cdots & a_{nn} \end{vmatrix}=a_{ij}M_{ij}.$$

因此

$$D=(-1)^{i+j}D_1=(-1)^{i+j}a_{ij}M_{ij}=a_{ij}(-1)^{i+j}M_{ij}=a_{ij}A_{ij}.$$

3) 一般情况先把行列式 D 写成如下形式：

$$D=\begin{vmatrix} a_{11} & a_{12} & \cdots & a_{1n} \\ \vdots & \vdots & & \vdots \\ a_{i1}+0+\cdots+0 & 0+a_{i2}+0+\cdots+0 & \cdots & 0+\cdots+0+a_{in} \\ \vdots & \vdots & & \vdots \\ a_{n1} & a_{n2} & \cdots & a_{nn} \end{vmatrix},$$

即是把 D 的第 i 行的每一元素写成 n 个数的和，根据行列式性质 1.3，D 等于 n 个行列式的和：

$$D=\begin{vmatrix} a_{11} & a_{12} & \cdots & a_{1n} \\ \vdots & \vdots & & \vdots \\ a_{i1} & 0 & \cdots & 0 \\ \vdots & \vdots & & \vdots \\ a_{n1} & a_{n2} & \cdots & a_{nn} \end{vmatrix}+\begin{vmatrix} a_{11} & a_{12} & a_{13} & \cdots & a_{1n} \\ \vdots & \vdots & \vdots & & \vdots \\ 0 & a_{i2} & 0 & \cdots & 0 \\ \vdots & \vdots & \vdots & & \vdots \\ a_{n1} & a_{n2} & a_{n3} & \cdots & a_{nn} \end{vmatrix}+\cdots$$

$$+\begin{vmatrix} a_{11} & a_{12} & \cdots & a_{1n} \\ \vdots & \vdots & & \vdots \\ 0 & 0 & \cdots & a_{in} \\ \vdots & \vdots & & \vdots \\ a_{n1} & a_{n2} & \cdots & a_{nn} \end{vmatrix}.$$

在这 n 个行列式的每一个中，除了第 i 行外，其余的各行都与 D 的相应行相同. 因此，每一个行列式的第 i 行元素的代数余子式与 D 的第 i 行的对应元素的代数余子式相同. 这样，由 2) 知

$$D = a_{i1}A_{i1} + a_{i2}A_{i2} + \cdots + a_{in}A_{in} \quad (i = 1, 2, \cdots, n),$$

即(5.1) 成立. 利用行列式性质 1.1 可知，(5.2) 也成立. ∎

(5.1) (或(5.2)) 通常称为行列式按一行(或一列) 的展开公式.

行列式按一行或一列展开可用来计算行列式. 它对于行列式中某一行(或某一列) 含有较多的零时特别适用.

例 1.15 计算行列式

$$D = \begin{vmatrix} 5 & 3 & -1 & 2 & 0 \\ 1 & 7 & 2 & 5 & 2 \\ 0 & -2 & 3 & 1 & 0 \\ 0 & -4 & -1 & 4 & 0 \\ 0 & 2 & 3 & 5 & 0 \end{vmatrix}.$$

解 第 5 列含零元素最多，先按第 5 列展开，得

$$D = 2 \times (-1)^{2+5} \begin{vmatrix} 5 & 3 & -1 & 2 \\ 0 & -2 & 3 & 1 \\ 0 & -4 & -1 & 4 \\ 0 & 2 & 3 & 5 \end{vmatrix} = (-2) \times \begin{vmatrix} 5 & 3 & -1 & 2 \\ 0 & -2 & 3 & 1 \\ 0 & -4 & -1 & 4 \\ 0 & 2 & 3 & 5 \end{vmatrix}.$$

这样一来，我们就把计算 5 阶行列式的问题化成计算 4 阶行列式的问题了. 然后，我们还可对上面的 4 阶行列式按第 1 列展开，得

$$D = (-2) \times 5 \times (-1)^{1+1} \begin{vmatrix} -2 & 3 & 1 \\ -4 & -1 & 4 \\ 2 & 3 & 5 \end{vmatrix}$$

$$= (-10) \times \begin{vmatrix} -2 & 3 & 1 \\ -4 & -1 & 4 \\ 2 & 3 & 5 \end{vmatrix}.$$

这样，我们又把 D 化成计算 3 阶行列式的问题了. 对这个 3 阶行列式，我们把第 1 行的 -2 倍加到第 2 行上去，再把第 1 行加到第 3 行上，得

$$D=(-10)\times\begin{vmatrix}-2 & 3 & 1\\ 0 & -7 & 2\\ 0 & 6 & 6\end{vmatrix}.$$

最后，对上面这个 3 阶行列式按第 1 列展开，就有

$$\begin{aligned}D&=(-10)\times(-2)\times(-1)^{1+1}\begin{vmatrix}-7 & 2\\ 6 & 6\end{vmatrix}\\&=20\times\begin{vmatrix}-7 & 2\\ 6 & 6\end{vmatrix}=-1\,080.\end{aligned}$$

例 1.16 计算 n 阶行列式

$$D=\begin{vmatrix}a & b & 0 & \cdots & 0 & 0\\ 0 & a & b & \cdots & 0 & 0\\ 0 & 0 & a & \cdots & 0 & 0\\ \vdots & \vdots & \vdots & \ddots & \vdots & \vdots\\ 0 & 0 & 0 & \cdots & a & b\\ b & 0 & 0 & \cdots & 0 & a\end{vmatrix}.$$

解 将 D 按第 1 列展开，得

$$\begin{aligned}D&=a\begin{vmatrix}a & b & \cdots & 0 & 0\\ 0 & a & \cdots & 0 & 0\\ \vdots & \vdots & \ddots & \vdots & \vdots\\ 0 & 0 & \cdots & a & b\\ 0 & 0 & \cdots & 0 & a\end{vmatrix}_{(n-1)\times(n-1)}\\&\quad+b(-1)^{n+1}\begin{vmatrix}b & 0 & \cdots & 0 & 0\\ a & b & \cdots & 0 & 0\\ \vdots & \vdots & \ddots & \vdots & \vdots\\ 0 & 0 & \cdots & b & 0\\ 0 & 0 & \cdots & a & b\end{vmatrix}_{(n-1)\times(n-1)}\\&=a\cdot a^{n-1}+b(-1)^{n+1}\cdot b^{n-1}\\&=a^n+(-1)^{n+1}b^n.\end{aligned}$$

例 1.17 证明：**范德蒙德[①]行列式**

---

① 首先将行列式脱离开线性方程组，而把行列式作为独立的数学对象来研究的是法国数学家范德蒙德(A. T. Vandermonde，1735—1796)，他将行列式理论系统化，是行列式理论的奠基人之一. 行列式理论在 19 世纪又被柯西、凯莱和西尔维斯特(J. Sylvester，1814—1897，英国数学家) 等人进一步发展. 1841 年德国数学家雅可比(C. G. J. Jacobi，1804—1851) 发表论文《论行列式的形成与性质》，标志着行列式系统理论的形成.

$$D_n=\begin{vmatrix}1 & 1 & 1 & \cdots & 1\\ a_1 & a_2 & a_3 & \cdots & a_n\\ a_1^2 & a_2^2 & a_3^2 & \cdots & a_n^2\\ \vdots & \vdots & \vdots & \ddots & \vdots\\ a_1^{n-1} & a_2^{n-1} & a_3^{n-1} & \cdots & a_n^{n-1}\end{vmatrix}$$

$$\begin{aligned}=&(a_2-a_1)(a_3-a_1)\cdots(a_n-a_1)\\ &(a_3-a_2)\cdots(a_n-a_2)\\ &\cdots\\ &(a_n-a_{n-1})\\ =&\prod_{1\leqslant j<i\leqslant n}(a_i-a_j),\end{aligned}$$

即 n 阶范德蒙德行列式等于 $a_1,a_2,\cdots,a_n$ 这 n 个数的所有可能的差 a_i-a_j $(1\leqslant j<i\leqslant n)$ 的乘积①.

证 在 D_n 中，从第 n 行减去第 $n-1$ 行的 a_n 倍，再从第 $n-1$ 行减去第 $n-2$ 行的 a_n 倍……从第 3 行减去第 2 行的 a_n 倍，从第 2 行减去第 1 行的 a_n 倍，得到

$$D_n=\begin{vmatrix}1 & 1 & \cdots & 1 & 1\\ a_1-a_n & a_2-a_n & \cdots & a_{n-1}-a_n & 0\\ a_1^2-a_1a_n & a_2^2-a_2a_n & \cdots & a_{n-1}^2-a_{n-1}a_n & 0\\ \vdots & \vdots & \ddots & \vdots & \vdots\\ a_1^{n-1}-a_1^{n-2}a_n & a_2^{n-1}-a_2^{n-2}a_n & \cdots & a_{n-1}^{n-1}-a_{n-1}^{n-2}a_n & 0\end{vmatrix}$$

$$\xlongequal[\text{列展开}]{\text{按第}n}(-1)^{n+1}\begin{vmatrix}a_1-a_n & a_2-a_n & \cdots & a_{n-1}-a_n\\ a_1^2-a_1a_n & a_2^2-a_2a_n & \cdots & a_{n-1}^2-a_{n-1}a_n\\ \vdots & \vdots & \ddots & \vdots\\ a_1^{n-1}-a_1^{n-2}a_n & a_2^{n-1}-a_2^{n-2}a_n & \cdots & a_{n-1}^{n-1}-a_{n-1}^{n-2}a_n\end{vmatrix}.$$

提出后面这个行列式第 1 列的公因子 a_1-a_n，第 2 列的公因子 a_2-a_n……第 $n-1$ 列的公因子 $a_{n-1}-a_n$，得

---

① $\prod$ 称为连乘号，用它可将 n 项连乘积 $a_1a_2\cdots a_n$ 记为 $\prod\limits_{i=1}^{n}a_i$，其中连乘号上、下的写法表示 i 的取值由 1 到 n. $\prod\limits_{1\leqslant j<i\leqslant n}$ 表示求积时，j 可以从 1 开始取值，一直取到 $i-1$，而 i 的取值，可以从大于 j 起一直取到 n.

$$D_n=(-1)^{n+1}(a_1-a_n)(a_2-a_n)\cdots(a_{n-1}-a_n)$$

$$\cdot\begin{vmatrix} 1 & 1 & \cdots & 1 \\ a_1 & a_2 & \cdots & a_{n-1} \\ a_1^2 & a_2^2 & \cdots & a_{n-1}^2 \\ \vdots & \vdots & \ddots & \vdots \\ a_1^{n-2} & a_2^{n-2} & \cdots & a_{n-1}^{n-2} \end{vmatrix}$$

$$=(a_n-a_1)(a_n-a_2)\cdots(a_n-a_{n-1})D_{n-1}.$$

对 $n-1$ 阶范德蒙德行列式 D_{n-1}，重复上面的计算过程可得

$$D_{n-1}=(a_{n-1}-a_1)(a_{n-1}-a_2)\cdots(a_{n-1}-a_{n-2})D_{n-2}.$$

依次类推，最后得到

$$D_2=(a_2-a_1)D_1=a_2-a_1.$$

于是有

$$\begin{aligned} D_n=&(a_n-a_1)(a_n-a_2)\cdots(a_n-a_{n-2})(a_n-a_{n-1}) \\ &(a_{n-1}-a_1)(a_{n-1}-a_2)\cdots(a_{n-1}-a_{n-2}) \\ &\cdots \\ &(a_2-a_1) \\ =&\prod_{1\leqslant j<i\leqslant n}(a_i-a_j). \end{aligned}$$

从代数余子式的定义可以看出，行列式中元素 a_{ij} 的代数余子式 A_{ij} 只与 a_{ij} 本身所处的位置有关，而与 a_{ij} 本身的值无关. 利用这一特点，我们可以证明关于代数余子式的另一个很重要的公式. 它和定理 1.3 将是下一节证明克拉默法则的主要依据.

定理1.4 n 阶行列式

$$D=\begin{vmatrix} a_{11} & a_{12} & \cdots & a_{1n} \\ a_{21} & a_{22} & \cdots & a_{2n} \\ \vdots & \vdots & \ddots & \vdots \\ a_{n1} & a_{n2} & \cdots & a_{nn} \end{vmatrix}$$

中某一行(列)元素与另一行(列)元素的代数余子式对应乘积之和等于零，即

$$a_{k1}A_{i1}+a_{k2}A_{i2}+\cdots+a_{kn}A_{in}=0 \quad (k\neq i)$$

或

$$a_{1l}A_{1j}+a_{2l}A_{2j}+\cdots+a_{nl}A_{nj}=0 \quad (l\neq j).$$

证 把行列式

$$D=\begin{vmatrix} a_{11} & a_{12} & \cdots & a_{1n} \\ \vdots & \vdots & & \vdots \\ a_{i1} & a_{i2} & \cdots & a_{in} \\ \vdots & \vdots & & \vdots \\ a_{k1} & a_{k2} & \cdots & a_{kn} \\ \vdots & \vdots & & \vdots \\ a_{n1} & a_{n2} & \cdots & a_{nn} \end{vmatrix} \begin{matrix} \\ \\ (\text{第 } i \text{ 行}) \\ \\ (\text{第 } k \text{ 行}) \\ \\ \\ \end{matrix}$$

的第 i 行元素换成第 k 行的元素，得到一个新的行列式

$$D_1=\begin{vmatrix} a_{11} & a_{12} & \cdots & a_{1n} \\ \vdots & \vdots & & \vdots \\ a_{k1} & a_{k2} & \cdots & a_{kn} \\ \vdots & \vdots & & \vdots \\ a_{k1} & a_{k2} & \cdots & a_{kn} \\ \vdots & \vdots & & \vdots \\ a_{n1} & a_{n2} & \cdots & a_{nn} \end{vmatrix} \begin{matrix} \\ \\ (\text{第 } i \text{ 行}) \\ \\ (\text{第 } k \text{ 行}) \\ \\ \\ \end{matrix}.$$

D 与 D_1 只有第 i 行元素不一样，其他各行元素全一致，所以 D_1 的第 i 行元素的代数余子式与 D 的第 i 行元素的代数余子式完全一样. 因此，D_1 按第 i 行展开得

$$D_1=a_{k1}A_{i1}+a_{k2}A_{i2}+\cdots+a_{kn}A_{in}.$$

但另一方面，D_1 的第 i 行元素与第 k 行元素完全相同，所以 $D_1=0$，故

$$a_{k1}A_{i1}+a_{k2}A_{i2}+\cdots+a_{kn}A_{in}=0 \quad (k\neq i).$$

由行列式性质 1.1 知，行与列是对称的，因此对列也有

$$a_{1l}A_{1j}+a_{2l}A_{2j}+\cdots+a_{nl}A_{nj}=0 \quad (l\neq j).$$ ■

将定理 1.3 与定理 1.4 综合起来，则有

$$a_{k1}A_{i1}+a_{k2}A_{i2}+\cdots+a_{kn}A_{in}=\begin{cases} D, & \text{当 } k=i; \\ 0, & \text{当 } k\neq i \end{cases}$$

及

$$a_{1l}A_{1j}+a_{2l}A_{2j}+\cdots+a_{nl}A_{nj}=\begin{cases} D, & \text{当 } l=j; \\ 0, & \text{当 } l\neq j. \end{cases}$$

应用连加号，上面两式可简写成

$$\sum_{s=1}^{n}a_{ks}A_{is}=\begin{cases} D, & \text{当 } k=i; \\ 0, & \text{当 } k\neq i \end{cases} \tag{5.3}$$

及

$$\sum_{s=1}^{n}a_{sl}A_{sj}=\begin{cases} D, & \text{当 } l=j; \\ 0, & \text{当 } l\neq j. \end{cases} \tag{5.4}$$

(5.3)和(5.4)这两个公式很重要，以后我们讨论线性方程组时，经常要用到.

下面，我们再介绍行列式的拉普拉斯(Laplace)定理. 这个定理将给出行列式按 k 行(列)展开的公式，它是行列式按一行(列)展开定理的推广. 首先我们把余子式与代数余子式的概念加以一般化.

定义 1.7 在 n 阶行列式 D 中，任取 k 行、k 列($k<n$)，位于这些行和列的交叉点上的 k^2 个元素按原来的位置组成一个 k 阶行列式 M，称 M 为行列式 D 的一个 k **阶子式**. 在 D 中画去这 k 行、k 列后余下的元素按原来的位置组成一个 $n-k$ 阶行列式 M'，称 M' 为**子式 M 的余子式**.

从定义可以看出，M 也是 M' 的余子式，所以 M 和 M' 可以称为 D 的一对**互余子式**.

例 1.18 在 4 阶行列式

$$D=\begin{vmatrix}1 & 2 & 1 & 4\\0 & -1 & 2 & 1\\1 & 0 & 1 & 3\\0 & 1 & 3 & 1\end{vmatrix}$$

中，选定第 1,3 两行，写出其所有 2 阶子式及相应的余子式.

解 任取两列与第 1,3 行皆可构成一个 2 阶子式，因此第 1,3 行上的 2 阶子式有

$$M_1=\begin{vmatrix}1 & 2\\1 & 0\end{vmatrix},\quad M_2=\begin{vmatrix}1 & 1\\1 & 1\end{vmatrix},\quad M_3=\begin{vmatrix}1 & 4\\1 & 3\end{vmatrix},$$

$$M_4=\begin{vmatrix}2 & 1\\0 & 1\end{vmatrix},\quad M_5=\begin{vmatrix}2 & 4\\0 & 3\end{vmatrix},\quad M_6=\begin{vmatrix}1 & 4\\1 & 3\end{vmatrix}.$$

它们相应的余子式分别为

$$M_1'=\begin{vmatrix}2 & 1\\3 & 1\end{vmatrix},\quad M_2'=\begin{vmatrix}-1 & 1\\1 & 1\end{vmatrix},\quad M_3'=\begin{vmatrix}-1 & 2\\1 & 3\end{vmatrix},$$

$$M_4'=\begin{vmatrix}0 & 1\\0 & 1\end{vmatrix},\quad M_5'=\begin{vmatrix}0 & 2\\0 & 3\end{vmatrix},\quad M_6'=\begin{vmatrix}0 & -1\\0 & 1\end{vmatrix}.$$

定义 1.8 设行列式 D 的 k 阶子式 M 在 D 中所在的行标、列标分别是 i_1, $i_2,\cdots,i_k;j_1,j_2,\cdots,j_k$，则 M 的余子式 M' 乘以符号项

$$(-1)^{(i_1+i_2+\cdots+i_k)+(j_1+j_2+\cdots+j_k)}$$

后，称为 M 的**代数余子式**.

例 1.19 求例 1.18 中各子式的代数余子式.

解 M_1 的代数余子式

$$A_1=(-1)^{(1+3)+(1+2)}\begin{vmatrix}2&1\\3&1\end{vmatrix}=-\begin{vmatrix}2&1\\3&1\end{vmatrix}.$$

M_2 的代数余子式

$$A_2=(-1)^{(1+3)+(1+3)}\begin{vmatrix}-1&1\\1&1\end{vmatrix}=\begin{vmatrix}-1&1\\1&1\end{vmatrix}.$$

M_3 的代数余子式

$$A_3=(-1)^{(1+3)+(1+4)}\begin{vmatrix}-1&2\\1&3\end{vmatrix}=-\begin{vmatrix}-1&2\\1&3\end{vmatrix}.$$

M_4 的代数余子式

$$A_4=(-1)^{(1+3)+(2+3)}\begin{vmatrix}0&1\\0&1\end{vmatrix}=-\begin{vmatrix}0&1\\0&1\end{vmatrix}.$$

M_5 的代数余子式

$$A_5=(-1)^{(1+3)+(2+4)}\begin{vmatrix}0&2\\0&3\end{vmatrix}=\begin{vmatrix}0&2\\0&3\end{vmatrix}.$$

M_6 的代数余子式

$$A_6=(-1)^{(1+3)+(3+4)}\begin{vmatrix}0&-1\\0&1\end{vmatrix}=-\begin{vmatrix}0&-1\\0&1\end{vmatrix}.$$

为得到行列式 D 按 k 行(列)展开的公式(拉普拉斯定理)，我们先讨论 D 的 k 级子式 M 有什么特性. 由定义知，M 与它的代数余子式 A 位于行列式 D 中不同行和不同列，那么它们的乘积 MA 有什么特性呢？下述引理回答了这个问题.

引理 行列式 D 的任一子式 M 与它的代数余子式 A 的乘积中的每一项都是行列式 D 的展开式中的一项，而且符号也一致.

证 首先讨论 M 位于行列式 D 的左上方(它的余子式 M' 位于右下方)的情形：

$$D=\left|\begin{array}{ccc:ccc}a_{11}&\cdots&a_{1k}&a_{1,k+1}&\cdots&a_{1n}\\\vdots&\ddots&\vdots&\vdots&&\vdots\\a_{k1}&\cdots&a_{kk}&a_{k,k+1}&\cdots&a_{kn}\\\hdashline a_{k+1,1}&\cdots&a_{k+1,k}&a_{k+1,k+1}&\cdots&a_{k+1,n}\\\vdots&&\vdots&\vdots&\ddots&\vdots\\a_{n1}&\cdots&a_{nk}&a_{n,k+1}&\cdots&a_{nn}\end{array}\right|,$$

$$M=\begin{vmatrix}a_{11}&\cdots&a_{1k}\\\vdots&\ddots&\vdots\\a_{k1}&\cdots&a_{kk}\end{vmatrix},\quad M'=\begin{vmatrix}a_{k+1,k+1}&\cdots&a_{k+1,n}\\\vdots&\ddots&\vdots\\a_{n,k+1}&\cdots&a_{nn}\end{vmatrix}.$$

此时 M 的代数余子式 A 为

$$A=(-1)^{(1+2+\cdots+k)+(1+2+\cdots+k)}M'=M'.$$

M 的展开式中的一般项是

$$(-1)^{\tau(j_1,j_2,\cdots,j_k)}a_{1j_1}a_{2j_2}\cdots a_{kj_k},$$

其中 $j_1,j_2,\cdots,j_k$ 是 $1,2,\cdots,k$ 的一个排列. M' 的展开式中的一般项是

$$(-1)^{\tau(l_{k+1},l_{k+2},\cdots,l_n)}a_{k+1,l_{k+1}}a_{k+2,l_{k+2}}\cdots a_{nl_n},$$

其中 $l_{k+1},l_{k+2},\cdots,l_n$ 是 $k+1,k+2,\cdots,n$ 的一个排列.

上述两项的乘积(不计符号)为

$$a_{1j_1}a_{2j_2}\cdots a_{kj_k}a_{k+1,l_{k+1}}a_{k+2,l_{k+2}}\cdots a_{nl_n},$$

其中列标 $j_1,j_2,\cdots,j_k,l_{k+1},l_{k+2},\cdots,l_n$ 是 $1,2,\cdots,n$ 的一个排列，所以是行列式 D 的展开式中的项.

因为每个 l_s 比每个 j_t 大，所以排列 $j_1,j_2,\cdots,j_k$ 与 $l_{k+1},l_{k+2},\cdots,l_n$ 之间没有逆序，因此，上述乘积项的符号为

$$(-1)^{\tau(j_1,j_2,\cdots,j_k)+\tau(l_{k+1},l_{k+2},\cdots,l_n)}=(-1)^{\tau(j_1,j_2,\cdots,j_k,l_{k+1},l_{k+2},\cdots,l_n)},$$

故这个乘积项是行列式 D 的展开式中的一项而且符号相同.

下面来证明一般情形. 设子式 M 位于 D 的第 $i_1,i_2,\cdots,i_k$ 行、第 $j_1,j_2,\cdots,j_k$ 列，其中

$$i_1<i_2<\cdots<i_k,\quad j_1<j_2<\cdots<j_k.$$

为把子式 M 移动到左上角去，先把第 i_1 行依次与第 $i_1-1,i_1-2,\cdots,2,1$ 行对换，共经过 i_1-1 次对换后把第 i_1 行换到第 1 行，并保持其余的行的顺序不变. 再把第 i_2 行依次与第 $i_2-1,i_2-2,\cdots,2$ 行对换，共经过 i_2-2 次对换后把第 i_2 行换到第 2 行 …… 一共经过了

$$\begin{aligned}&(i_1-1)+(i_2-2)+\cdots+(i_k-k)\\&=(i_1+i_2+\cdots+i_k)-(1+2+\cdots+k)\end{aligned}$$

次对换把第 $i_1,i_2,\cdots,i_k$ 行依次换到第 $1,2,\cdots,k$ 行. 再用同样的方法，可以将第 $j_1,j_2,\cdots,j_k$ 列依次换到第 $1,2,\cdots,k$ 列，一共要作

$$\begin{aligned}&(j_1-1)+(j_2-2)+\cdots+(j_k-k)\\&=(j_1+j_2+\cdots+j_k)-(1+2+\cdots+k)\end{aligned}$$

次列对换. 如果把变换后所得的新行列式记为 D_1，那么

$$\begin{aligned}D&=(-1)^{(i_1+i_2+\cdots+i_k)-(1+2+\cdots+k)+(j_1+j_2+\cdots+j_k)-(1+2+\cdots+k)}D_1\\&=(-1)^{i_1+i_2+\cdots+i_k+j_1+j_2+\cdots+j_k}D_1.\end{aligned}$$

由此看出，D_1 和 D 的展开式中除符号外有相同的项，其中每一项都只相差符号 $(-1)^{i_1+i_2+\cdots+i_k+j_1+j_2+\cdots+j_k}$ (记为 τ).

现在 D 的子式 M 及其余子式 M' 分别位于 D_1 的左上角和右下角，根据

上述已证的结果，$M \cdot M'$ 中每一项都是 D_1 的展开式中的一项而且符号相同，因而都是 D 的展开式中的一项，只是符号相差一个因子 τ，而在 D 中 M 的代数余子式 A 与余子式 M' 的符号也是相差 τ，故有

$$M \cdot A = (-1)^{i_1+i_2+\cdots+i_k+j_1+j_2+\cdots+j_k} M \cdot M' = \tau M \cdot M',$$

因此，MA 中每一项都是 D 的展开式中的一项，而且符号也一致. ∎

定理 1.5（**拉普拉斯定理**） 设在行列式 D 中任意取定 k $(1 \leqslant k < n)$ 行(列)，由这 k 行(列)上所有 k 阶子式与它们的代数余子式对应乘积之和等于行列式 D，即若含于此 k 行(列)的所有 k 阶子式为 $M_1, M_2, \cdots, M_s \left(s = C_n^k = \dfrac{n!}{k!\,(n-k)!}\right)$，而其相应的代数余子式分别为 $A_1, A_2, \cdots, A_s$，则

$$D = M_1A_1 + M_2A_2 + \cdots + M_sA_s. \tag{5.5}$$

通常把这个定理称为**行列式 D 按给定的 k 行(列)展开的拉普拉斯定理.**

证 由引理知，(5.5) 右边的每一项都是行列式 D 中的项，而且符号相同. 由于 M_iA_i 和 $M_jA_j\,(i \neq j)$ 无公共项，为了证明定理，只要证明(5.5) 两边项数相等就可以了. 现在 k 阶子式有 $s = C_n^k$ 个，每个 k 阶子式有 $k!$ 项，它的代数余子式有 $(n-k)!$ 项，所以(5.5) 右边共有

$$C_n^k \cdot k! \cdot (n-k)! = n!$$

项，而左边的行列式 D 也有 $n!$ 项，定理得证. ∎

例 1.20 利用拉普拉斯定理计算行列式

$$D = \begin{vmatrix} 1 & 2 & 1 & 4 \\ 0 & -1 & 2 & 1 \\ 1 & 0 & 1 & 3 \\ 0 & 1 & 3 & 1 \end{vmatrix}.$$

解 在 D 中取定第 1,3 两行，例 1.18 已给出这两行上的一切子式 M_1，M_2, M_3, M_4, M_5, M_6. 例 1.19 给出了相应的代数余子式 A_1, A_2, A_3, A_4，A_5, A_6，所以由拉普拉斯定理有

$$\begin{aligned} D &= M_1A_1 + M_2A_2 + M_3A_3 + M_4A_4 + M_5A_5 + M_6A_6 \\ &= \begin{vmatrix} 1 & 2 \\ 1 & 0 \end{vmatrix} \cdot \left(-\begin{vmatrix} 2 & 1 \\ 3 & 1 \end{vmatrix}\right) + \begin{vmatrix} 1 & 1 \\ 1 & 1 \end{vmatrix} \cdot \begin{vmatrix} -1 & 1 \\ 1 & 1 \end{vmatrix} \\ &\quad + \begin{vmatrix} 1 & 4 \\ 1 & 3 \end{vmatrix} \cdot \left(-\begin{vmatrix} -1 & 2 \\ 1 & 3 \end{vmatrix}\right) + \begin{vmatrix} 2 & 1 \\ 0 & 1 \end{vmatrix} \cdot \left(-\begin{vmatrix} 0 & 1 \\ 0 & 1 \end{vmatrix}\right) \\ &\quad + \begin{vmatrix} 2 & 4 \\ 0 & 3 \end{vmatrix} \cdot \begin{vmatrix} 0 & 2 \\ 0 & 3 \end{vmatrix} + \begin{vmatrix} 1 & 4 \\ 1 & 3 \end{vmatrix} \cdot \left(-\begin{vmatrix} 0 & -1 \\ 0 & 1 \end{vmatrix}\right) \end{aligned}$$

$$=(-2)\times 1+0\times(-2)+(-1)\times 5+2\times 0$$
$$+6\times 0+(-1)\times 0$$
$$=-7.$$

例 1.21 证明：

$$\begin{vmatrix} a_{11} & \cdots & a_{1k} & 0 & \cdots & 0 \\ \vdots & \ddots & \vdots & \vdots & & \vdots \\ a_{k1} & \cdots & a_{kk} & 0 & \cdots & 0 \\ c_{11} & \cdots & c_{1k} & b_{11} & \cdots & b_{1r} \\ \vdots & & \vdots & \vdots & \ddots & \vdots \\ c_{r1} & \cdots & c_{rk} & b_{r1} & \cdots & b_{rr} \end{vmatrix} = \begin{vmatrix} a_{11} & \cdots & a_{1k} \\ \vdots & \ddots & \vdots \\ a_{k1} & \cdots & a_{kk} \end{vmatrix} \cdot \begin{vmatrix} b_{11} & \cdots & b_{1r} \\ \vdots & \ddots & \vdots \\ b_{r1} & \cdots & b_{rr} \end{vmatrix}.$$

证 对左边的行列式按前面 k 行展开，这 k 行上的所有 k 阶子式除左上角组成的 k 阶子式

$$M=\begin{vmatrix} a_{11} & \cdots & a_{1k} \\ \vdots & \ddots & \vdots \\ a_{k1} & \cdots & a_{kk} \end{vmatrix}$$

外，其余的 k 阶子式全为零(因为它们都至少有一列元素全为零)，而子式 M 的代数余子式

$$A=(-1)^{(1+2+\cdots+k)+(1+2+\cdots+k)}\begin{vmatrix} b_{11} & \cdots & b_{1r} \\ \vdots & \ddots & \vdots \\ b_{r1} & \cdots & b_{rr} \end{vmatrix}$$
$$=\begin{vmatrix} b_{11} & \cdots & b_{1r} \\ \vdots & \ddots & \vdots \\ b_{r1} & \cdots & b_{rr} \end{vmatrix}.$$

于是，由拉普拉斯定理得

$$\text{原式左边}=MA=\begin{vmatrix} a_{11} & \cdots & a_{1k} \\ \vdots & \ddots & \vdots \\ a_{k1} & \cdots & a_{kk} \end{vmatrix} \cdot \begin{vmatrix} b_{11} & \cdots & b_{1r} \\ \vdots & \ddots & \vdots \\ b_{r1} & \cdots & b_{rr} \end{vmatrix}.$$

习题 1.5

1. 求行列式

$$D=\begin{vmatrix} a & 1 & 2 & 3 \\ b & -1 & 0 & 1 \\ c & 0 & 2 & 3 \\ d & 1 & -1 & -2 \end{vmatrix}$$

的第 1 列各元素的代数余子式.

2. 求行列式

$$D=\begin{vmatrix}0&1&2&3\\0&-1&0&1\\0&0&2&3\\0&1&-1&-2\end{vmatrix}$$

的第1列各元素的代数余子式，它与第1题是否一致？

3. 计算下列行列式：

1) $\begin{vmatrix}0&1&0&0\\1&0&1&0\\0&1&0&1\\0&0&1&0\end{vmatrix}$； 2) $\begin{vmatrix}5&1&-1&1\\-11&1&3&-1\\0&0&1&0\\-5&-5&3&0\end{vmatrix}$.

4. 已知行列式

$$D=\begin{vmatrix}5&6&0&0&0\\1&5&6&0&0\\0&1&5&6&0\\0&0&1&5&6\\0&0&0&1&5\end{vmatrix}.$$

试求出 D 的第 1,2 两行的所有非零子式，并计算相应的代数余子式，然后用拉普拉斯定理计算 D.

5. 计算下列行列式(用拉普拉斯定理)：

1) $\begin{vmatrix}1&2&0&0\\2&1&0&0\\0&0&1&2\\0&0&3&4\end{vmatrix}$； 2) $\begin{vmatrix}5&6&1&0&0\\7&8&0&3&2\\9&0&0&5&4\\1&2&0&0&0\\3&4&0&0&0\end{vmatrix}$；

3) $\begin{vmatrix}a_{11}&a_{12}&a_{13}&a_{14}&a_{15}\\a_{21}&a_{22}&a_{23}&a_{24}&a_{25}\\0&0&0&a_{34}&a_{35}\\0&0&0&a_{44}&a_{45}\\0&0&0&a_{54}&a_{55}\end{vmatrix}$； 4) $\begin{vmatrix}a&0&0&0&0&b\\0&a&0&0&b&0\\0&0&a&b&0&0\\0&0&b&a&0&0\\0&b&0&0&a&0\\b&0&0&0&0&a\end{vmatrix}$.

1.6 克拉默(Cramer)法则

这一节讨论本章开始提出的问题：用行列式解方程个数与未知量个数相等的线性方程组. 至于一般的情况，留到第2章讨论.

利用行列式，我们很容易把二元、三元线性方程组的解的公式(1.6)和

(1.10) 推广到 n 个方程 n 个未知量的线性方程组的情形，可以得到如下定理：

定理1.6 如果线性方程组

$$\begin{cases} a_{11}x_1+a_{12}x_2+\cdots+a_{1n}x_n=b_1, \\ a_{21}x_1+a_{22}x_2+\cdots+a_{2n}x_n=b_2, \\ \cdots\cdots\cdots\cdots\cdots\cdots\cdots\cdots\cdots\cdots \\ a_{n1}x_1+a_{n2}x_2+\cdots+a_{nn}x_n=b_n \end{cases} \tag{6.1}$$

的系数行列式

$$D=\begin{vmatrix} a_{11} & a_{12} & \cdots & a_{1n} \\ a_{21} & a_{22} & \cdots & a_{2n} \\ \vdots & \vdots & \ddots & \vdots \\ a_{n1} & a_{n2} & \cdots & a_{nn} \end{vmatrix} \neq 0,$$

则线性方程组(6.1) 有唯一解

$$x_1=\frac{D_1}{D},\ x_2=\frac{D_2}{D},\ \cdots,\ x_n=\frac{D_n}{D}, \tag{6.2}$$

其中

$$D_i=\begin{vmatrix} a_{11} & \cdots & a_{1,i-1} & b_1 & a_{1,i+1} & \cdots & a_{1n} \\ a_{21} & \cdots & a_{2,i-1} & b_2 & a_{2,i+1} & \cdots & a_{2n} \\ \vdots & & \vdots & \vdots & \vdots & & \vdots \\ a_{n1} & \cdots & a_{n,i-1} & b_n & a_{n,i+1} & \cdots & a_{nn} \end{vmatrix},$$

即 D_i 是把行列式 D 的第 i 列换成方程组(6.1) 的常数项.

证 把行列式 D_i 按第 i 列展开得

$$D_i=b_1A_{1i}+b_2A_{2i}+\cdots+b_kA_{ki}+\cdots+b_nA_{ni} \quad (i=1,2,\cdots,n),$$

这里，A_{li} 是 D 的元素 a_{li} 的代数余子式，也是 D_i 中 b_l 的代数余子式($l=1,2,\cdots,n$；$i=1,2,\cdots,n$). 为了证明(6.2) 确是线性方程组(6.1) 的解，我们把

$$x_i=\frac{D_i}{D} \quad (i=1,2,\cdots,n)$$

代入(6.1) 的第 k 个方程的左边($k=1,2,\cdots,n$)，再注意 D_i 的展开式，得

$$\begin{aligned} & a_{k1}\frac{D_1}{D}+a_{k2}\frac{D_2}{D}+\cdots+a_{kn}\frac{D_n}{D} \\ & =\frac{1}{D}(a_{k1}D_1+a_{k2}D_2+\cdots+a_{kn}D_n) \end{aligned}$$

$$\begin{aligned}
&=\frac{1}{D}\big[a_{k1}(b_1A_{11}+b_2A_{21}+\cdots+b_kA_{k1}+\cdots+b_nA_{n1})\\
&\quad+a_{k2}(b_1A_{12}+b_2A_{22}+\cdots+b_kA_{k2}+\cdots+b_nA_{n2})\\
&\quad+\cdots\\
&\quad+a_{kn}(b_1A_{1n}+b_2A_{2n}+\cdots+b_kA_{kn}+\cdots+b_nA_{nn})\big]\\
&=\frac{1}{D}\big[b_1(a_{k1}A_{11}+a_{k2}A_{12}+\cdots+a_{kn}A_{1n})\\
&\quad+b_2(a_{k1}A_{21}+a_{k2}A_{22}+\cdots+a_{kn}A_{2n})\\
&\quad+\cdots\\
&\quad+b_k(a_{k1}A_{k1}+a_{k2}A_{k2}+\cdots+a_{kn}A_{kn})\\
&\quad+\cdots\\
&\quad+b_n(a_{k1}A_{n1}+a_{k2}A_{n2}+\cdots+a_{kn}A_{nn})\big].
\end{aligned}$$

根据行列式按一行展开的公式(5.3)，可以看出，上面最后一式的方括号中只有 b_k 的系数是 D，而其他 $b_l\ (l\neq k)$ 的系数全为零，故得

$$a_{k1}\frac{D_1}{D}+a_{k2}\frac{D_2}{D}+\cdots+a_{kn}\frac{D_n}{D}=\frac{1}{D}(b_kD)=b_k \quad (k=1,2,\cdots,n).$$

这说明(6.2) 代入方程组(6.1) 的各个式子得到一组恒等式，所以(6.2) 是线性方程组(6.1) 的解.

现在进一步证明，方程组(6.1) 只有唯一的一个解. 若不然，设 $x_1=c_1$，$x_2=c_2$，…，$x_n=c_n$ 为(6.1) 的任一解，那么将 $x_i=c_i\ (i=1,2,\cdots,n)$ 代入(6.1) 后，得出 n 个恒等式

$$\left.\begin{aligned}
&a_{11}c_1+a_{12}c_2+\cdots+a_{1n}c_n=b_1,\\
&a_{21}c_1+a_{22}c_2+\cdots+a_{2n}c_n=b_2,\\
&\cdots,\\
&a_{n1}c_1+a_{n2}c_2+\cdots+a_{nn}c_n=b_n.
\end{aligned}\right\}\tag{6.3}$$

用系数行列式 D 的第 i 列的代数余子式 $A_{1i},A_{2i},\cdots,A_{ni}$ 依次去乘(6.3) 中 n 个恒等式，得

$$\begin{aligned}
&a_{11}A_{1i}c_1+a_{12}A_{1i}c_2+\cdots+a_{1n}A_{1i}c_n=b_1A_{1i},\\
&a_{21}A_{2i}c_1+a_{22}A_{2i}c_2+\cdots+a_{2n}A_{2i}c_n=b_2A_{2i},\\
&\cdots,\\
&a_{n1}A_{ni}c_1+a_{n2}A_{ni}c_2+\cdots+a_{nn}A_{ni}c_n=b_nA_{ni}.
\end{aligned}$$

将此 n 个等式相加，并把含 c_i 的项合并，得

$$\begin{aligned}&(a_{11}A_{1i}+a_{21}A_{2i}+\cdots+a_{n1}A_{ni})c_1\\&\quad+(a_{12}A_{1i}+a_{22}A_{2i}+\cdots+a_{n2}A_{ni})c_2\\&\quad+\cdots\\&\quad+(a_{1i}A_{1i}+a_{2i}A_{2i}+\cdots+a_{ni}A_{ni})c_i\\&\quad+\cdots\\&\quad+(a_{1n}A_{1i}+a_{2n}A_{2i}+\cdots+a_{nn}A_{ni})c_n\\&=b_1A_{1i}+b_2A_{2i}+\cdots+b_nA_{ni}.\end{aligned}$$

利用行列式按列展开公式

$$\sum_{s=1}^{n}a_{sl}A_{sj}=\begin{cases}D, & l=j;\\0, & l\neq j,\end{cases}$$

得 $c_iD=D_i$，因此 $c_i=\dfrac{D_i}{D}$. 这就是说，方程组(6.1)的任一解都为 $x_i=\dfrac{D_i}{D}$ $(i=1,2,\cdots,n)$，所以方程组只有唯一解. ∎

这个定理通常称为**克拉默法则**①.

例 1.22 解线性方程组

$$\begin{cases}2x_1+x_2-5x_3+x_4=8,\\x_1-3x_2-6x_4=9,\\2x_2-x_3+2x_4=-5,\\x_1+4x_2-7x_3+6x_4=0.\end{cases}$$

解 方程组的系数行列式

$$D=\begin{vmatrix}2&1&-5&1\\1&-3&0&-6\\0&2&-1&2\\1&4&-7&6\end{vmatrix}=27\neq 0,$$

所以方程组有唯一解. 而

$$D_1=\begin{vmatrix}8&1&-5&1\\9&-3&0&-6\\-5&2&-1&2\\0&4&-7&6\end{vmatrix}=81,$$

① 1750 年，瑞士数学家克拉默(G. Cramer，1704—1752)在《代数曲线分析引论》一书中提出了利用行列式来解线性方程组的一种方法，这就是我们今天常用的“克拉默法则”.(英国数学家麦克劳林(C. Maclaurin，1698—1746)在《代数论》一书中，开创了用行列式的方法解含有 2 个、3 个和 4 个未知量的线性方程组的先例. 虽然该书中的记叙不太完善，但他的法则实质上就是克拉默法则.)

$$D_2=\begin{vmatrix}2 & 8 & -5 & 1\\1 & 9 & 0 & -6\\0 & -5 & -1 & 2\\1 & 0 & -7 & 6\end{vmatrix}=-108,$$

$$D_3=\begin{vmatrix}2 & 1 & 8 & 1\\1 & -3 & 9 & -6\\0 & 2 & -5 & 2\\1 & 4 & 0 & 6\end{vmatrix}=-27,$$

$$D_4=\begin{vmatrix}2 & 1 & -5 & 8\\1 & -3 & 0 & 9\\0 & 2 & -1 & -5\\1 & 4 & -7 & 0\end{vmatrix}=27,$$

应用克拉默法则，方程组的唯一解为

$$x_1=\frac{81}{27}=3,\quad x_2=\frac{-108}{27}=-4,\quad x_3=\frac{-27}{27}=-1,\quad x_4=\frac{27}{27}=1.$$

例 1.23 求一个二次多项式 $f(x)$，使 $f(1)=1$，$f(-1)=9$，$f(2)=3$.

解 设二次多项式为 $f(x)=ax^2+bx+c$，于是，

$$f(1)=a+b+c=1,$$
$$f(-1)=a-b+c=9,$$
$$f(2)=4a+2b+c=3.$$

把 a,b,c 看成未知量，即得方程组

$$\begin{cases}a+b+c=1,\\a-b+c=9,\\4a+2b+c=3.\end{cases}$$

它的系数行列式

$$D=\begin{vmatrix}1 & 1 & 1\\1 & -1 & 1\\4 & 2 & 1\end{vmatrix}=6,$$

而

$$D_1=\begin{vmatrix}1 & 1 & 1\\9 & -1 & 1\\3 & 2 & 1\end{vmatrix}=12,\quad D_2=\begin{vmatrix}1 & 1 & 1\\1 & 9 & 1\\4 & 3 & 1\end{vmatrix}=-24,$$

$$D_3=\begin{vmatrix}1 & 1 & 1\\1 & -1 & 9\\4 & 2 & 3\end{vmatrix}=18,$$

所以

$$a=\frac{D_1}{D}=2,\quad b=\frac{D_2}{D}=-4,\quad c=\frac{D_3}{D}=3.$$

因而所求二次多项式为 $f(x)=2x^2-4x+3$.

在线性方程组中，常数项全为零的方程组称为**齐次线性方程组**. 显然，齐次线性方程组总是有解的，因为 $x_i=0\ (i=1,2,\cdots,n)$ 就是它的一个解，称它为**零解**或**平凡解**. 若有 $x_i(i=1,2,\cdots,n)$ 不全为零的解，称为**非零解**. 对于齐次线性方程组来说，我们所关心的主要是它有没有非零解. 应用克拉默法则，我们立即可得如下结果：

定理 1.7 *n 个未知量 n 个方程的齐次线性方程组*

$$\begin{cases}a_{11}x_1+a_{12}x_2+\cdots+a_{1n}x_n=0,\\ a_{21}x_1+a_{22}x_2+\cdots+a_{2n}x_n=0,\\ \cdots\cdots\cdots\cdots\cdots\cdots\cdots\cdots\cdots\cdots\cdots\cdots\\ a_{n1}x_1+a_{n2}x_2+\cdots+a_{nn}x_n=0,\end{cases}\tag{6.4}$$

如果它的系数行列式 $D\neq0$，那么它只有零解. 换言之，如果齐次线性方程组(6.4) 有非零解，那么必有 $D=0$.

证 若 $D\neq0$，由克拉默法则，方程组必有唯一解

$$x_i=\frac{D_i}{D}\quad(i=1,2,\cdots,n).$$

然而，方程组(6.4) 的常数项全为零，即 D_i 的第 i 列全为零，知 $D_i=0$，所以 $x_i=0\ (i=1,2,\cdots,n)$ 是它的唯一解，也就是说，方程组(6.4) 只有零解.

既然 $D\neq0$ 时方程组(6.4) 只有零解，若方程组 (6.4) 有非零解则必定 $D=0$. ∎

定理 1.7 给出了齐次线性方程组(6.4) 有非零解的必要条件：方程组的系数行列式 $D=0$. 这个条件不仅是必要的，在第 2 章中，我们还将证明它是充分的，也就是说，如果齐次线性方程组(6.4) 的系数行列式 $D=0$，那么它必有非零解.

例 1.24 若齐次线性方程组

$$\begin{cases}\lambda x_1+x_2=0,\\ x_1+\lambda x_2=0\end{cases}$$

有非零解，求 λ 应为何值.

解 由定理 1.7 知，此方程组有非零解的必要条件为 $D=0$，即

$$D=\begin{vmatrix}\lambda & 1\\ 1 & \lambda\end{vmatrix}=\lambda^2-1=0.$$

所以得 $\lambda=\pm1$. 不难验证，当 $\lambda=\pm1$ 时，方程组确有非零解.

克拉默法则的意义主要在于它给出了线性方程组(6.1)有唯一解的判定条件($D\neq0$)以及解与系数之间的明显关系式，这一点在以后许多问题的讨论中是重要的. 但是，用克拉默法则来解方程组是不方便的，它需要计算 $n+1$ 个 n 阶行列式，计算量非常大. 关于一般线性方程组的求解问题，我们将在下一章中讨论.

习题 1.6

1. 解下列线性方程组(必须验算结果)：

1) $\begin{cases}x_1+2x_2+3x_3+4x_4=0,\\x_1+x_2+2x_3+3x_4=0,\\x_1+5x_2+x_3+2x_4=0,\\x_1+5x_2+5x_3+2x_4=0;\end{cases}$ 2) $\begin{cases}3x_1+2x_2+x_3=5,\\2x_1+3x_2+x_3=1,\\2x_1+x_2+3x_3=11;\end{cases}$

3) $\begin{cases}2x_1+x_2+x_3-2x_4+x_5=1,\\5x_1+2x_2-x_3-x_4-x_5=0,\\4x_1-x_2-3x_3-2x_4=0,\\2x_1+x_2+6x_3-x_4=0,\\6x_1-4x_2-3x_4=0.\end{cases}$

2. 验算齐次线性方程组

$$\begin{cases}2x_1-3x_2+4x_3-3x_4=0,\\3x_1-x_2+11x_3-13x_4=0,\\4x_1+5x_2-7x_3-2x_4=0,\\13x_1-25x_2+x_3+11x_4=0\end{cases}$$

有解 $x_1=1$, $x_2=1$, $x_3=1$, $x_4=1$. 并由此不通过计算，求此方程组系数行列式的值.

3. 若齐次线性方程组 $\begin{cases}\lambda x_1+x_2+x_3=0,\\x_1+\lambda x_2+x_3=0,\\\lambda^2x_1+2x_2+\lambda x_3=0\end{cases}$ 有非零解，求 λ 应为何值.

4. 证明：齐次线性方程组

$$\begin{cases}x_1+x_2+\cdots+x_n=0,\\2x_1+4x_2+\cdots+2^nx_n=0,\\\cdots\cdots\cdots\cdots\cdots\cdots\cdots\cdots\cdots\cdots\\nx_1+n^2x_2+\cdots+n^nx_n=0\end{cases}$$

有唯一解.

5. 设 $a_1,a_2,\cdots,a_{n+1}$ 是 $n+1$ 个不同的数，$b_1,b_2,\cdots,b_{n+1}$ 是任意 $n+1$ 个数. 证明：存在唯一的一个次数不超过 n 的多项式 $f(x)$，使 $f(a_i)=b_i$，$i=1,2,\cdots,n+1$.

6. 假定 a,b,c,d 不全为零，证明：齐次线性方程组

$$\begin{cases} ax_1+bx_2+cx_3+dx_4=0, \\ -bx_1+ax_2-dx_3+cx_4=0, \\ -cx_1+dx_2+ax_3-bx_4=0, \\ -dx_1-cx_2+bx_3+ax_4=0 \end{cases}$$

有唯一解.

阅读材料 应用：两种商品的市场均衡模型

一个经济社会是由若干成员组成的，其中一部分成员称为消费者，一部分成员称为生产者，当然也有些成员既是消费者又是生产者. 为了建立经济问题的数学模型，就有必要作一些假设，其中之一是经济社会中所有成员（不管是消费者还是生产者）的行为准则都是使自己得到尽可能大的效益. 一个经济模型是由属于此经济社会成员（消费者和生产者）的行为准则以及各种平衡关系构成的. 例如：考虑一个仅有一种商品的市场模型，它包括3个变量：商品的需求量(Q_d)、商品的供给量(Q_s)和商品的价格(P). 我们假设市场均衡条件是当且仅当超额需求(即 Q_d-Q_s)为零时，也就是当且仅当市场出清时，市场就实现均衡. 现在的问题是供给与需求究竟怎样相互作用，使市场达到均衡. 一般地，当商品价格 P 上涨时，需求量 Q_d 会随之减少，而供给量 Q_s 却随之增加. 于是，我们假设 Q_d 是 P 的单调递减连续函数，Q_s 是 P 的单调递增连续函数(图 1-1).

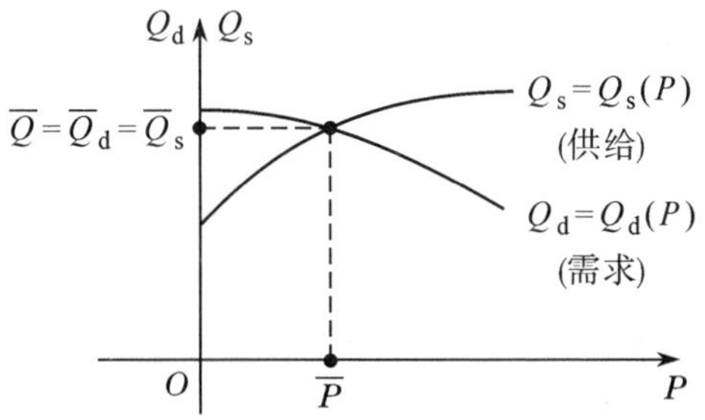

图 1-1

用数学语言表述，模型可以写成：

$$\begin{cases} Q_d=Q_s \quad (\text{市场均衡条件}), \\ Q_d=Q_d(P) \quad (\text{反映消费者行为的需求函数}), \\ Q_s=Q_s(P) \quad (\text{反映生产者行为的供给函数}). \end{cases}$$

现在的问题归结为求解同时满足上述3式的3个变量 Q_d,Q_s 和 P 的值. 我们

将解值分别以 $\overline{Q}_{\mathrm{d}}, \overline{Q}_{\mathrm{s}}, \overline{P}$ 表示. 我们看到，当价格为 $\overline{P}$ 时，市场达到均衡，市场上既没有剩余的商品，也没有短缺的商品. 这时的价格称为均衡价格. 如果其他条件没有变化，价格和供求数量将稳定在这个水平上，没有理由再发生变动，这时的供求数量称为均衡数量. 由于 $\overline{Q}_{\mathrm{d}}=\overline{Q}_{\mathrm{s}}$，我们也可将它记为 $\overline{Q}$. 当商品供不应求时，价格就将上涨. 当供过于求时，价格就将下降. 当需求量和供给量都为均衡数量 $\overline{Q}$ 时，价格处于均衡状态，市场达到平衡.

下面我们考虑 n 种商品市场的一般市场均衡问题. 为了说明问题以及了解克拉默法则在经济学均衡分析中的应用，我们仅讨论一种只包含两种相互关联的商品的线性模型. 在这个模型中，我们用 $Q_{\mathrm{d}i}, Q_{\mathrm{s}i}$ 和 P_i 分别表示第 i 种商品的需求量、供给量和价格($i=1,2$)，并假设两种商品关于价格变量 P_1, P_2 的需求函数和供给函数均为线性的，即

$$Q_{\mathrm{d}1}=a_0+a_1P_1+a_2P_2, \qquad ①$$

$$Q_{\mathrm{s}1}=b_0+b_1P_1+b_2P_2, \qquad ②$$

$$Q_{\mathrm{d}2}=\alpha_0+\alpha_1P_1+\alpha_2P_2, \qquad ③$$

$$Q_{\mathrm{s}2}=\beta_0+\beta_1P_1+\beta_2P_2, \qquad ④$$

其中系数 a_i 和 b_i($i=0,1,2$) 分别属于第1种商品的需求和供给函数，系数 α_i 和 β_i($i=0,1,2$) 分别属于第 2 种商品的需求和供给函数. 这些系数在实际问题中均为具有经济意义的给定的数值(在例 1.25 中将予以说明).

按照一般经济均衡思想，消费者追求其消费的最大效用，生产者追求其生产的最大利润，从而经过完全的市场价格竞争(完全竞争是指不存在丝毫垄断因素的市场结构)，当 P_1 和 P_2 达到某特定价格(称为均衡价格) $\overline{P}_1$ 和 $\overline{P}_2$ 时，供需达到平衡，即需求等于供给：

$$Q_{\mathrm{d}1}=Q_{\mathrm{s}1}, \qquad ⑤$$

$$Q_{\mathrm{d}2}=Q_{\mathrm{s}2}. \qquad ⑥$$

现在的问题是，求使均衡条件 ⑤ 和 ⑥ 成立的均衡价格 $\overline{P}_1$ 和 $\overline{P}_2$.

作为求解此模型的第 1 步，我们将 ①,② 和 ③,④ 分别代入 ⑤ 和 ⑥. 模型简化为含有未知量 P_1 和 P_2 的二元线性方程组

$$\begin{cases}(a_1-b_1)P_1+(a_2-b_2)P_2=-(a_0-b_0),\\(\alpha_1-\beta_1)P_1+(\alpha_2-\beta_2)P_2=-(\alpha_0-\beta_0).\end{cases} \qquad ⑦$$

据克拉默法则，方程组 ⑦ 当系数行列式

$$D=\begin{vmatrix}a_1-b_1 & a_2-b_2\\ \alpha_1-\beta_1 & \alpha_2-\beta_2\end{vmatrix}\neq 0$$

时，有唯一解

$$\overline{P}_1=\frac{\begin{vmatrix}-(a_0-b_0) & a_2-b_2\\ -(\alpha_0-\beta_0) & \alpha_2-\beta_2\end{vmatrix}}{D}, \tag{8}$$

$$\overline{P}_2=\frac{\begin{vmatrix}a_1-b_1 & -(a_0-b_0)\\ \alpha_1-\beta_1 & -(\alpha_0-\beta_0)\end{vmatrix}}{D}. \tag{9}$$

求出均衡价格 $\overline{P}_1$ 和 $\overline{P}_2$ 后，代入 ① 和 ③（或 ② 和 ④），还可以求出均衡数量 $\overline{Q}_1$ 和 $\overline{Q}_2$.

例 1.25 假设两商品市场模型的需求和供给函数分别为

$$\left.\begin{aligned}Q_{d1}&=10-2P_1+P_2,\\ Q_{s1}&=-2+3P_1,\\ Q_{d2}&=15+P_1-P_2,\\ Q_{s2}&=-1+2P_2,\end{aligned}\right\} \tag{10}$$

求均衡价格 $\overline{P}_1$ 和 $\overline{P}_2$ 以及均衡数量 $\overline{Q}_1$ 和 $\overline{Q}_2$.

在求解此题前，我们先分析一下上述函数中各系数的经济意义. 对于每一商品，Q_{si} 仅取决于 P_i，但 Q_{di} 是两种商品价格的函数. 在 Q_{d1} 中，P_1 的系数为负，说明第 1 种商品的价格上升，将使其需求量 Q_{d1} 减少，而 P_2 的系数为正，说明 P_2 上升使 Q_{d1} 增加，这意味着这两种商品互为替代品，在 Q_{d2} 中 P_1 的作用也有类似的解释.

将 ⑩ 中系数直接代入 ⑧ 和 ⑨，得

$$\overline{P}_1=\frac{\begin{vmatrix}-[10-(-2)] & 1\\ -[15-(-1)] & -1-2\end{vmatrix}}{\begin{vmatrix}-2-3 & 1\\ 1 & -1-2\end{vmatrix}}=\frac{52}{14}=\frac{26}{7},$$

$$\overline{P}_2=\frac{\begin{vmatrix}-2-3 & -[10-(-2)]\\ 1 & -[15-(-1)]\end{vmatrix}}{14}=\frac{92}{14}=\frac{46}{7}.$$

将 $\overline{P}_1$ 和 $\overline{P}_2$ 代入 ② 和 ④，得 $\overline{Q}_1=\dfrac{64}{7}$，$\overline{Q}_2=\dfrac{85}{7}$.

上述模型是极为简单和粗糙的，但是许多更为复杂的市场均衡模型也可以用上述模型的原理加以建立和分析. 例如：当更多的商品进入模型时，就要讨论多种商品市场模型. 一般而言，具有 n 种商品的需求函数和供给函数可以表述为

$$Q_{di}=Q_{di}(P_1,P_2,\cdots,P_n),\quad Q_{si}=Q_{si}(P_1,P_2,\cdots,P_n)\quad (i=1,2,\cdots,n)$$

（这些函数不必都是线性的），而均衡条件由 n 个方程组成：

$$Q_{di}-Q_{si}=0\quad(i=1,2,\cdots,n).$$

上述 $3n$ 个方程组合在一起，便构成完整的模型.如果联立方程组确实有解，解得 n 个价格 $\overline{P}_i$，那么 $\overline{Q}_i$ 可以从需求函数或供给函数推导出来. 一般经济均衡理论是 19 世纪 70 年代由法国经济学家瓦尔拉斯(Walras) 首先提出的，瓦尔拉斯为他的一般经济均衡体系建立了数学模型，从而也使他成为对数理经济学影响最大的创始人之一.

练　习

两商品市场模型的需求和供给函数如下：

$$Q_{d1}=18-3P_1+P_2,$$

$$Q_{s1}=-2+4P_1,$$

$$Q_{d2}=12+P_1-2P_2,$$

$$Q_{s2}=-2+3P_2,$$

求均衡价格 $\overline{P}_i$ 和均衡数量 $\overline{Q}_i\,(i=1,2)$.

探究与发现　“杨辉三角形”中的行列式问题

从杨辉三角形

1
1　1
1　2　1
1　3　3　1
1　4　6　4　1
1　5　10　10　5　1
1　6　15　20　15　6　1
1　7　21　35　35　21　7　1
……………………………………………………

即

C_0^0
C_1^0　C_1^1
C_2^0　C_2^1　C_2^2
……………………
C_{n-1}^0　C_{n-1}^1　$\cdots$　C_{n-1}^{n-2}　C_{n-1}^{n-1}
C_n^0　C_n^1　$\cdots$　C_n^{n-1}　C_n^n
……………………………………………

中，每次取一部分，可以构成一系列行列式：

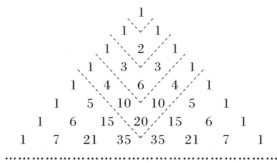

$$D_1=|1|,\quad D_2=\begin{vmatrix}1&1\\1&2\end{vmatrix},\quad D_3=\begin{vmatrix}1&1&1\\1&2&3\\1&3&6\end{vmatrix},$$

$$D_4=\begin{vmatrix}1&1&1&1\\1&2&3&4\\1&3&6&10\\1&4&10&20\end{vmatrix}.$$

探究 计算行列式 D_1,D_2,D_3,D_4 的值，你有什么发现？

由计算可得，$D_1=D_2=D_3=D_4=1$. 于是，猜测

$$D_n=\begin{vmatrix}C_0^0&C_1^1&C_2^2&\cdots&C_{n-2}^{n-2}&C_{n-1}^{n-1}\\C_1^0&C_2^1&C_3^2&\cdots&C_{n-1}^{n-2}&C_n^{n-1}\\\vdots&\vdots&\vdots&&\vdots&\vdots\\C_{n-2}^0&C_{n-1}^1&C_n^2&\cdots&C_{2n-4}^{n-2}&C_{2n-3}^{n-1}\\C_{n-1}^0&C_n^1&C_{n+1}^2&\cdots&C_{2n-3}^{n-2}&C_{2n-2}^{n-1}\end{vmatrix}=1.\qquad ①$$

练　习

证明：对任一正整数 n，① 式成立.（提示：用数学归纳法和组合公式 $C_{n+1}^m=C_n^{m-1}+C_n^m$.）

章课题　斐波那契行列式序列

设数列 $\{f_n\}$ 满足递推关系

$$f_n=f_{n-1}+f_{n-2},\quad n=2,3,\cdots,\qquad ①$$

以及初始条件

$$f_0=a,\quad f_1=b,\qquad ②$$

则称它为**斐波那契数列**. 当 ② 中取 $a=0$，$b=1$ 时，由 ① 得到的是标准斐波那契数列：0,1,1,2,3,5,8,13,21,34,⋯.

如同复习题 B 组第 1 题 4)，除主对角线、下对角线和上对角线外，其余元素皆为零的 n 阶行列式称为**三对角行列式**. 本课题将探讨如何用三对角行列式来构造斐波那契数列.

问题 1 设 D_n 是主对角线元素皆为 1，上、下对角线元素皆为 i 的 n 阶三对角行列式，即

$$D_n = \begin{vmatrix} 1 & i & 0 & \cdots & 0 \\ i & 1 & i & \ddots & \vdots \\ 0 & i & \ddots & \ddots & 0 \\ \vdots & \ddots & \ddots & 1 & i \\ 0 & \cdots & 0 & i & 1 \end{vmatrix}.$$

计算行列式 D_n，$n=1,2,\cdots,5$. 从中你发现什么规律?

问题 2 如果将问题 1 中三对角行列式 D_n 中(2,2)位置上的元素 1 改为 2，则得到 n 阶三对角行列式

$$L_n = \begin{vmatrix} 1 & i & 0 & \cdots & 0 \\ i & 2 & i & \ddots & \vdots \\ 0 & i & 1 & \ddots & 0 \\ \vdots & \ddots & \ddots & \ddots & i \\ 0 & \cdots & 0 & i & 1 \end{vmatrix}.$$

试探求行列式序列$\{L_n\}$与斐波那契数列的对应关系.

问题 3 试用三对角行列式再构造一些斐波那契行列式序列.

我们在用有限差分法解常微分方程(或偏微分方程)边值问题和求样条函数等实际问题中，常会遇到系数行列式为三对角行列式的线性方程组(见[13]中课题3、课题38，[15]中课题68、课题69). 比三对角行列式更一般的行列式有海森堡(Hessenberg)行列式(即上对角线以上的元素皆为零，但上对角线的元素不全为零的行列式)，利用海森堡行列式也可以构造斐波那契行列式序列(见[14]中课题1).

复 习 题

A 组

1. 填空题

1) 设行列式

$$D = \begin{vmatrix} 2x & 1 & 2 & 0 \\ 1 & 1 & -x & 2 \\ 0 & 2 & 1 & 3x \\ x & x & 2 & 1 \end{vmatrix},$$

则在 D 的展开式中，x^4 的系数是________，x^3 的系数是________.

2） 如果 $\begin{vmatrix} a_1 & b_1 & c_1 \\ a_2 & b_2 & c_2 \\ a_3 & b_3 & c_3 \end{vmatrix} = k$，则 $\begin{vmatrix} a_1+2b_1 & b_1+3c_1 & 2c_1+a_1 \\ a_2+2b_2 & b_2+3c_2 & 2c_2+a_2 \\ a_3+2b_3 & b_3+3c_3 & 2c_3+a_3 \end{vmatrix} =$ ______.

3） 设行列式 $D=\begin{vmatrix} 3 & 0 & 4 & 0 \\ 2 & 2 & 2 & 2 \\ 0 & -7 & 0 & 0 \\ 5 & 3 & -2 & 2 \end{vmatrix}$，则第4行各元素的余子式之和的值为______.

4） 设 $f(x)=\begin{vmatrix} 1 & 3 & 5 & 7 \\ 1 & x & 5 & 7 \\ 1 & 3 & x & 7 \\ 1 & 3 & 5 & x \end{vmatrix}$，则方程 $f(x)=0$ 的根为______.

2. 选择题

1） 如果 $D=\begin{vmatrix} a_1 & b_1 & c_1 \\ a_2 & b_2 & c_2 \\ a_3 & b_3 & c_3 \end{vmatrix}=k$，则行列式 $\begin{vmatrix} ka_1 & ka_2 & ka_3 \\ kb_1 & kb_2 & kb_3 \\ kc_1 & kc_2 & kc_3 \end{vmatrix}=$（　　）.

（A） k　　（B） k^2　　（C） k^3　　（D） k^4

2） 若行列式 $D=\begin{vmatrix} 0 & 0 & 0 & a \\ 0 & 0 & b & c \\ 0 & d & e & f \\ g & h & i & j \end{vmatrix}$，则 D 等于（　　）.

（A） $-abdg$　　（B） $abdg$

（C） $-abdg-ceh-fi-j$　　（D） $abdg+ceh+fi+j$

3） 4阶行列式 $\begin{vmatrix} a_1 & 0 & 0 & a_4 \\ 0 & b_2 & b_3 & 0 \\ 0 & c_2 & c_3 & 0 \\ d_1 & 0 & 0 & d_4 \end{vmatrix}$ 的值等于（　　）.

（A） $a_1b_2c_3d_4-a_4b_3c_2d_1$　　（B） $a_1b_2c_3d_4+a_4b_3c_2d_1$

（C） $(a_1b_2-a_4b_3)(c_3d_4-c_2d_1)$　　（D） $(b_2c_3-b_3c_2)(a_1d_4-a_4d_1)$

4） 若行列式 $D=\begin{vmatrix} a_1 & a_2 & a_3 & a_4 \\ b_1 & b_2 & b_3 & b_4 \\ c_1 & c_2 & c_3 & c_4 \\ d_1 & d_2 & d_3 & d_4 \end{vmatrix}$，则

$$\begin{vmatrix} a_1-b_1 & a_2-b_2 & a_3-b_3 & a_4-b_4 \\ b_1-c_1 & b_2-c_2 & b_3-c_3 & b_4-c_4 \\ c_1-d_1 & c_2-d_2 & c_3-d_3 & c_4-d_4 \\ d_1-a_1 & d_2-a_2 & d_3-a_3 & d_4-a_4 \end{vmatrix} = (\quad).$$

(A) D　　(B) $-D$

(C) 0　　(D) $2D$

3. 设行列式

$$\begin{vmatrix} 2x & x & 1 & 2 \\ 1 & x & 3 & 1 \\ 1 & 1 & x & 2 \\ 2 & 1 & 2 & x \end{vmatrix} = f(x),$$

计算 $f(x)$ 的 3 阶导数 $f^{(3)}(x)$.

4. 计算行列式：

1) $\begin{vmatrix} 1 & 3 & 1 & 2 \\ 1 & 5 & 3 & -4 \\ 0 & 4 & 1 & -1 \\ -5 & 1 & 3 & -6 \end{vmatrix}$；　　2) $\begin{vmatrix} 9 & -9 & 7 & 6 \\ -3 & 6 & 8 & -5 \\ -6 & 9 & -3 & -7 \\ 12 & -8 & 6 & 4 \end{vmatrix}$.

5. 解线性方程组：

1) $\begin{cases} x_1+2x_2+3x_3+4x_4=-1, \\ x_1+x_2+2x_3+3x_4=-1, \\ x_1+5x_2+x_3+2x_4=4, \\ x_1+5x_2+5x_3+2x_4=4; \end{cases}$

2) $\begin{cases} x_1+x_2+\cdots+x_n=1, \\ a_1x_1+a_2x_2+\cdots+a_nx_n=0, \\ a_1^2x_1+a_2^2x_2+\cdots+a_n^2x_n=0, \\ \cdots\cdots\cdots\cdots\cdots\cdots\cdots\cdots \\ a_1^{n-1}x_1+a_2^{n-1}x_2+\cdots+a_n^{n-1}x_n=0, \end{cases}$

其中 $a_1,a_2,\cdots,a_n$ 为各不相同的数.

6. 计算以下行列式，求 $f(x)$ 和 $g(x)$ 的根：

1) $f(x)=\begin{vmatrix} x & -1 & -1 & 1 \\ -1 & x & 1 & -1 \\ -1 & 1 & x & -1 \\ 1 & -1 & -1 & x \end{vmatrix}$；

2) $$g(x)=\begin{vmatrix} 1 & 1 & 1 & \cdots & 1 \\ 1 & 1-x & 1 & \cdots & 1 \\ 1 & 1 & 2-x & \cdots & 1 \\ \vdots & \vdots & \vdots & \ddots & \vdots \\ 1 & 1 & 1 & \cdots & (n-1)-x \end{vmatrix}.$$

B 组

1. 证明下列等式：

1) $$\begin{vmatrix} 1 & 2 & 3 & \cdots & n-1 & n \\ 1 & 3 & 3 & \cdots & n-1 & n \\ 1 & 2 & 5 & \cdots & n-1 & n \\ \vdots & \vdots & \vdots & \ddots & \vdots & \vdots \\ 1 & 2 & 3 & \cdots & 2n-3 & n \\ 1 & 2 & 3 & \cdots & n-1 & 2n-1 \end{vmatrix}=(n-1)!;$$

2) $$\begin{vmatrix} a^2 & (a+1)^2 & (a+2)^2 \\ b^2 & (b+1)^2 & (b+2)^2 \\ c^2 & (c+1)^2 & (c+2)^2 \end{vmatrix}=4(a-b)(a-c)(b-c);$$

3) $$\begin{vmatrix} a+x_1 & a & \cdots & a & a \\ a & a+x_2 & \cdots & a & a \\ \vdots & \vdots & \ddots & \vdots & \vdots \\ a & a & \cdots & a+x_n & a \\ a & a & \cdots & a & a \end{vmatrix}=ax_1x_2\cdots x_n;$$

4) n 阶行列式

$$D_n=\begin{vmatrix} \cos\alpha & 1 & 0 & \cdots & 0 & 0 \\ 1 & 2\cos\alpha & 1 & \cdots & 0 & 0 \\ 0 & 1 & 2\cos\alpha & \cdots & 0 & 0 \\ \vdots & \vdots & \vdots & \ddots & \vdots & \vdots \\ 0 & 0 & 0 & \cdots & 2\cos\alpha & 1 \\ 0 & 0 & 0 & \cdots & 1 & 2\cos\alpha \end{vmatrix}=\cos n\alpha.$$

2. 计算 n 阶行列式：

1) $$\begin{vmatrix} a & a & \cdots & a & x \\ a & a & \cdots & x & a \\ \vdots & \vdots & \ddots & \vdots & \vdots \\ a & x & \cdots & a & a \\ x & a & \cdots & a & a \end{vmatrix};$$

2) $\begin{vmatrix} 0 & 1 & 2 & \cdots & n-1 \\ 1 & 0 & 1 & \cdots & n-2 \\ 2 & 1 & 0 & \cdots & n-3 \\ \vdots & \vdots & \vdots & \ddots & \vdots \\ n-1 & n-2 & n-3 & \cdots & 0 \end{vmatrix}$.

3. 证明：

$$\begin{vmatrix} a_0 & -1 & 0 & \cdots & 0 & 0 \\ a_1 & x & -1 & \cdots & 0 & 0 \\ a_2 & 0 & x & \cdots & 0 & 0 \\ \vdots & \vdots & \vdots & \ddots & \vdots & \vdots \\ a_{n-1} & 0 & 0 & \cdots & x & -1 \\ a_n & 0 & 0 & \cdots & 0 & x \end{vmatrix} = a_0x^n + a_1x^{n-1} + \cdots + a_{n-1}x + a_n.$$

4. 计算 n 阶行列式：

1) $D_n = \begin{vmatrix} 7 & 5 & 0 & \cdots & 0 & 0 \\ 2 & 7 & 5 & \cdots & 0 & 0 \\ 0 & 2 & 7 & \cdots & 0 & 0 \\ \vdots & \vdots & \vdots & \ddots & \vdots & \vdots \\ 0 & 0 & 0 & \cdots & 7 & 5 \\ 0 & 0 & 0 & \cdots & 2 & 7 \end{vmatrix}$；

2) $D_n = \begin{vmatrix} x & y & y & \cdots & y \\ z & x & y & \cdots & y \\ z & z & x & \cdots & y \\ \vdots & \vdots & \vdots & \ddots & \vdots \\ z & z & z & \cdots & x \end{vmatrix}$；

3) $D_n = \begin{vmatrix} 1+x^2 & 1 & 1 & \cdots & 1 \\ 1 & 1+x^4 & 1 & \cdots & 1 \\ 1 & 1 & 1+x^6 & \cdots & 1 \\ \vdots & \vdots & \vdots & \ddots & \vdots \\ 1 & 1 & 1 & \cdots & 1+x^{2n} \end{vmatrix}$.

5. 利用线性方程组的理论证明：多项式

$$f(x) = a_0 + a_1x + \cdots + a_nx^n$$

若有 $n+1$ 个不同的根，则 $f(x)$ 是零多项式.

6. 证明：齐次线性方程组

$$\begin{cases}-x_1+ax_2+bx_3+cx_4=0,\\ ax_1+x_2=0,\\ bx_1+x_3=0,\\ cx_1+x_4=0\end{cases}$$

只有零解.

探究题

1. 设

$$D_n=\begin{vmatrix}a_{11} & a_{12} & \cdots & a_{1n}\\ a_{21} & a_{22} & \cdots & a_{2n}\\ \vdots & \vdots & \ddots & \vdots\\ a_{n1} & a_{n2} & \cdots & a_{nn}\end{vmatrix},$$

其中 $a_{ij}=\begin{cases}-1, & 当\ i>j;\\ 1, & 当\ i\leqslant j.\end{cases}$ 计算行列式 D_2,D_3,D_4,D_5. 对任一正整数 n，猜测 D_n 的值，并加以验证.

2. 设

$$D_n=\begin{vmatrix}a_{11} & a_{12} & \cdots & a_{1n}\\ a_{21} & a_{22} & \cdots & a_{2n}\\ \vdots & \vdots & \ddots & \vdots\\ a_{n1} & a_{n2} & \cdots & a_{nn}\end{vmatrix},$$

其中 $a_{ij}=\begin{cases}-j, & 当\ j<i;\\ 1, & 其他.\end{cases}$ 计算行列式 D_2,D_3,D_4,D_5. 对任一正整数 n，猜测 D_n 的值，并加以验证.

第 2 章　线性方程组

在第 1 章中，我们从解线性方程组的需要引进了行列式，然后，利用行列式给出了解线性方程组的克拉默法则. 但是，应用克拉默法则是有条件的，它要求线性方程组中方程的个数与未知量的个数相等，且由它们的系数所组成的行列式还要不等于零.

在一些实际问题中，所碰到的线性方程组并不这样简单. 有时虽然方程组中方程的个数与未知量的个数相等，但由其系数所组成的行列式却等于零. 又有时，甚至方程的个数不等于未知量的个数，这时无系数行列式可言. 对这样的线性方程组，就不能像上章所说的那样，直接应用克拉默法则来求解.

本章的目的就是讨论一般线性方程组的求解问题，我们将主要研究下面 3 个问题：

1） 线性方程组有没有解？ 有解的条件是什么？

2） 若有解，有多少解？ 又有哪些方法去求解？

3） 若解不止一个，是有限个解还是无限多解？ 在无限多解时，它们可否用有限个解表示出来？ 又如何表示？

一般线性方程组的讨论建立在消元法的基础上，所以本章 2.1 节首先介绍一般消元法解线性方程组的问题，然后逐步展开.

2.1　消　元　法

在这一章，我们讨论一般线性方程组，所谓**一般线性方程组**是指形式为

$$\begin{cases} a_{11}x_1 + a_{12}x_2 + \cdots + a_{1n}x_n = b_1, \\ a_{21}x_1 + a_{22}x_2 + \cdots + a_{2n}x_n = b_2, \\ \cdots\cdots\cdots\cdots\cdots\cdots\cdots\cdots \\ a_{m1}x_1 + a_{m2}x_2 + \cdots + a_{mn}x_n = b_m \end{cases} \tag{1.1}$$

的方程组，其中 $x_1, x_2, \cdots, x_n$ 代表 n 个**未知量**，m 是方程的个数，$a_{ij}(i=1,2,\cdots,m;\ j=1,2,\cdots,n)$ 称为**方程组的系数**，$b_j(j=1,2,\cdots,m)$ 称为**常数项**. 方程组中未知量的个数 n 与方程的个数 m 不一定相等. 系数 a_{ij} 的第 1 个指标

i 表示 a_{ij} 在第 i 个方程，第 2 个指标 j 表示 a_{ij} 是 x_j 的系数.

在对线性方程组(1.1) 作进一步探讨之前，首先需要介绍方程组的解及有关概念. 所谓方程组(1.1) 的一个**解**是指由 n 个数 $k_1,k_2,\cdots,k_n$ 组成的有序数组 $(k_1,k_2,\cdots,k_n)$，当 $x_1,x_2,\cdots,x_n$ 分别用 $k_1,k_2,\cdots,k_n$ 代入后，(1.1) 中每个等式都变成恒等式. 此种解可能唯一存在，可能不存在，也可能存在无穷多个. 一个方程组解的全体称为这个方程组的**解集合**. 解方程组，实际上就是找出这个方程组的全部解，或者说，求出它的解集合. 如果两个方程组有相同的解集合，就称这两个方程组是**同解**的.

在中学代数里，我们学过用加减消元法和代入消元法解二元、三元线性方程组. 实际上，这个方法比用行列式解方程组更方便，更具普遍性.

先看一个例子.

例 2.1 解方程组

$$\begin{cases}2x_1-x_2+3x_3=1,\\4x_1+2x_2+5x_3=4,\\2x_1+2x_3=6.\end{cases}$$

解 第 2 个方程减去第 1 个方程的 2 倍，第 3 个方程减去第 1 个方程，就变成

$$\begin{cases}2x_1-x_2+3x_3=1,\\4x_2-x_3=2,\\x_2-x_3=5.\end{cases}$$

第 2 个方程减去第 3 个方程的 4 倍，把第 2,3 两个方程的次序互换，即得

$$\begin{cases}2x_1-x_2+3x_3=1,\\x_2-x_3=5,\\3x_3=-18.\end{cases}$$

第 1 个方程乘以 $\frac{1}{2}$，第 3 个方程乘以 $\frac{1}{3}$，我们有

$$\begin{cases}x_1-\frac{1}{2}x_2+\frac{3}{2}x_3=\frac{1}{2},\\x_2-x_3=5,\\x_3=-6.\end{cases}$$

第 1 个方程减去第 3 个方程的 $\frac{3}{2}$ 倍，第 2 个方程加上第 3 个方程，又得

$$\begin{cases}x_1-\frac{1}{2}x_2=\frac{19}{2},\\x_2=-1,\\x_3=-6.\end{cases}$$

第 1 个方程加上第 2 个方程的$\frac{1}{2}$倍，最后得

$$\begin{cases} x_1 \qquad\qquad = 9, \\ \qquad x_2 \qquad = -1, \\ \qquad\qquad x_3 = -6. \end{cases}$$

我们得出方程组的解为(9，－1，－6).

分析一下消元法的过程，不难看出，它实际上是反复地对方程组进行一些变换，而所作的变换也只是由以下 3 种基本的变换所构成的：

1） 互换两个方程的位置(位置变换)；

2） 用非零的数乘某一个方程(倍法变换)；

3） 把一个方程的倍数加到另一个方程上(消法变换).

于是，我们给出

定义 2.1 变换 1)，2)，3) 称为**线性方程组的初等变换**.

消元法的过程就是反复施以初等变换的过程. 但是经过初等变换后，所得的新方程组与原方程组是两个不同的方程组，我们所得的解是新方程组的解，这个解是否还是原方程组的解呢？ 下面的定理回答了这个问题.

定理 2.1 初等变换把一个线性方程组变为一个与它同解的方程组.

证 我们仅对第 3 种初等变换作证明. 对方程组

$$\begin{cases} a_{11}x_1 + a_{12}x_2 + \cdots + a_{1n}x_n = b_1, \\ \cdots\cdots\cdots\cdots\cdots\cdots\cdots\cdots\cdots\cdots \\ a_{i1}x_1 + a_{i2}x_2 + \cdots + a_{in}x_n = b_i, \\ \cdots\cdots\cdots\cdots\cdots\cdots\cdots\cdots\cdots\cdots \\ a_{j1}x_1 + a_{j2}x_2 + \cdots + a_{jn}x_n = b_j, \\ \cdots\cdots\cdots\cdots\cdots\cdots\cdots\cdots\cdots\cdots \\ a_{m1}x_1 + a_{m2}x_2 + \cdots + a_{mn}x_n = b_m \end{cases} \tag{1.2}$$

进行第 3 种初等变换，把第 i 个方程的 k 倍加到第 j 个方程上，得

$$\begin{cases} a_{11}x_1 + a_{12}x_2 + \cdots + a_{1n}x_n = b_1, \\ \cdots\cdots\cdots\cdots\cdots\cdots\cdots\cdots\cdots\cdots \\ a_{i1}x_1 + a_{i2}x_2 + \cdots + a_{in}x_n = b_i, \\ \cdots\cdots\cdots\cdots\cdots\cdots\cdots\cdots\cdots\cdots \\ (a_{j1} + ka_{i1})x_1 + (a_{j2} + ka_{i2})x_2 + \cdots \\ \qquad + (a_{jn} + ka_{in})x_n = b_j + kb_i, \\ \cdots\cdots\cdots\cdots\cdots\cdots\cdots\cdots\cdots\cdots \\ a_{m1}x_1 + a_{m2}x_2 + \cdots + a_{mn}x_n = b_m. \end{cases} \tag{1.3}$$

现在证明(1.2)与(1.3)同解. 为此只需证明(1.2)的任一解都是(1.3)的解. 反之，(1.3)的任一解也是(1.2)的解即可.

设$(c_1, c_2, \cdots, c_n)$是方程组(1.2)的任一解，因为(1.2)与(1.3)除第j个方程外，其他方程全一样，故有$(c_1, c_2, \cdots, c_n)$满足除第j个方程外的任一方程. 现证明它也满足(1.3)的第j个方程. 因为$(c_1, c_2, \cdots, c_n)$满足(1.2)的第i、第j个方程，所以有

$$a_{i1}c_1 + a_{i2}c_2 + \cdots + a_{in}c_n = b_i,$$
$$a_{j1}c_1 + a_{j2}c_2 + \cdots + a_{jn}c_n = b_j.$$

把第1式乘以k倍加到第2式，得

$$(a_{j1} + ka_{i1})c_1 + (a_{j2} + ka_{i2})c_2 + \cdots + (a_{jn} + ka_{in})c_n = b_j + kb_i.$$

此式表明$(c_1, c_2, \cdots, c_n)$满足(1.3)的第j个方程，因而它是(1.3)的一个解.

由于(1.3)的第i个方程乘以$-k$倍加到第j个方程上，就得到(1.2)，所以类似于上面的证明，可知(1.3)的任一解也是(1.2)的解. 故(1.2)与(1.3)同解. ∎

既然方程组通过初等变换变为同解方程组，下面我们把一个较复杂的线性方程组通过初等变换化为简单的、易于求解的方程组，从而得出其解，整个求解过程称为**用消元法解线性方程组**①.

下面我们来说明，如何利用初等变换解一般的线性方程组.

对方程组(1.1)首先检查x_1的系数，如果x_1的系数$a_{11}, a_{21}, \cdots, a_{m1}$全为零，那么方程组(1.1)对$x_1$没有任何限制，$x_1$可取任意值，这时，方程组(1.1)可看做$x_2, x_3, \cdots, x_n$的方程组来求解. 因此我们不妨设$x_1$的系数不全为零，故利用初等变换1)，可以设$a_{11} \neq 0$. 此时，利用初等变换3)，分别地把第1个方程的$-\dfrac{a_{i1}}{a_{11}}$倍加到第$i$个方程$(i = 2, 3, \cdots, m)$上，于是方程组(1.1)变成

$$\begin{cases} a_{11}x_1 + a_{12}x_2 + \cdots + a_{1n}x_n = b_1, \\ \qquad\qquad a'_{22}x_2 + \cdots + a'_{2n}x_n = b'_2, \\ \qquad\qquad \cdots\cdots\cdots\cdots\cdots\cdots \\ \qquad\qquad a'_{m2}x_2 + \cdots + a'_{mn}x_n = b'_m, \end{cases} \tag{1.4}$$

① 这种解线性方程组的方法在我国古典数学最重要的著作《九章算术》(根据现在的考证，成书年代最迟在公元前1世纪)中早有记载(参见本章阅读材料"《九章算术》方程术"). 南宋数学家秦九韶(约1202—1261)在《数书九章》(1247年写成)中改进了连续相减的直除法，采用互乘相消法，相当于对增广矩阵施行初等变换(见定义2.3). 西方文献中把解线性方程组的消元法称为高斯(C. Gauss，1777—1855，德国数学家)消元法，实际上比《九章算术》晚了一千多年. 线性方程组的一般理论直到18世纪(1779年)才由法国数学家别朱(E. Bezout，1730—1783)建立.

其中

$$a'_{ij}=a_{ij}-\frac{a_{i1}}{a_{11}}a_{1j}\quad (i=2,3,\cdots,m;\ j=2,3,\cdots,n).$$

这样，解方程组(1.1)的问题就归结为解方程组

$$\begin{cases}a'_{22}x_2+\cdots+a'_{2n}x_n=b'_2,\\ \cdots\cdots\cdots\cdots\cdots\cdots\cdots\cdots\\ a'_{m2}x_2+\cdots+a'_{mn}x_n=b'_m\end{cases}\tag{1.5}$$

的问题.

显然(1.5)的一个解代入(1.4)的第1个方程就定出 x_1 的值，这就得出(1.4)的一个解，而(1.4)有解自然(1.5)有解. 这就是说，方程组(1.4)有解的充分必要条件为方程组(1.5)有解，而(1.4)与(1.1)是同解的，因此，方程组(1.1)有解的充分必要条件是(1.5)有解.

对(1.4)的后 $m-1$ 个方程再按上面的步骤进行变换，并且这样一步步做下去，最后就得到一个**阶梯形方程组**. 为了讨论方便，不妨设所得的阶梯形方程组为(必要时可互换未知量位置)

$$\begin{cases}c_{11}x_1+c_{12}x_2+\cdots+c_{1r}x_r+\cdots+c_{1n}x_n=d_1,\\ \qquad c_{22}x_2+\cdots+c_{2r}x_r+\cdots+c_{2n}x_n=d_2,\\ \qquad\qquad \cdots\cdots\cdots\cdots\cdots\cdots\cdots\cdots\\ \qquad\qquad\qquad c_{rr}x_r+\cdots+c_{rn}x_n=d_r,\\ \qquad\qquad\qquad\qquad 0=d_{r+1},\\ \qquad\qquad\qquad\qquad 0=0,\\ \qquad\qquad\qquad\qquad \cdots\cdots\\ \qquad\qquad\qquad\qquad 0=0,\end{cases}\tag{1.6}$$

其中 $c_{ii}\neq 0\ (i=1,2,\cdots,r)$，方程组(1.6)中"$0=0$"是一些恒等式，可以去掉，并不影响方程组的解.

我们知道(1.6)是由(1.1)经过方程组的初等变换得来的，所以(1.1)与(1.6)同解. 根据上面分析，方程组(1.6)是否有解取决于第 $r+1$ 个方程

$$0=d_{r+1}$$

是否有解. 换句话说，就取决于它是不是恒等式. 这就给出了判别方程组(1.1)是否有解的一个方法：

用初等变换把方程组(1.1)化成阶梯形方程组(1.6)，方程组(1.1)有解的充分必要条件为 $d_{r+1}=0$.

在有解的情况下，我们来求解，分两种情况讨论：

1) 当 $r=n$ 时，这时阶梯形方程组为

$$\begin{cases} c_{11}x_1 + c_{12}x_2 + \cdots + c_{1n}x_n = d_1, \\ \qquad\quad c_{22}x_2 + \cdots + c_{2n}x_n = d_2, \\ \qquad\qquad\qquad \cdots\cdots\cdots\cdots \\ \qquad\qquad\qquad\quad c_{nn}x_n = d_n, \end{cases}$$

其中 $c_{ii} \neq 0\ (i=1,2,\cdots,n)$. 由最后一个方程开始去解，逐次往上回代，$x_n$，$x_{n-1},\cdots,x_1$ 的值就可以逐个地唯一决定了(这就是消元法的回代过程). 这时方程组(1.1) 有唯一解.

2) 当 $r < n$ 时，这时阶梯形方程组为

$$\begin{cases} c_{11}x_1 + c_{12}x_2 + \cdots + c_{1r}x_r + c_{1,r+1}x_{r+1} + \cdots + c_{1n}x_n = d_1, \\ \qquad\quad c_{22}x_2 + \cdots + c_{2r}x_r + c_{2,r+1}x_{r+1} + \cdots + c_{2n}x_n = d_2, \\ \qquad\qquad \cdots\cdots\cdots\cdots\cdots\cdots\cdots\cdots\cdots\cdots \\ \qquad\qquad\qquad c_{rr}x_r + c_{r,r+1}x_{r+1} + \cdots + c_{rn}x_n = d_r, \end{cases}$$

其中 $c_{ii} \neq 0$, $i=1,2,\cdots,r$. 把它改写成

$$\begin{cases} c_{11}x_1 + c_{12}x_2 + \cdots + c_{1r}x_r = d_1 - c_{1,r+1}x_{r+1} - \cdots - c_{1n}x_n, \\ \qquad\quad c_{22}x_2 + \cdots + c_{2r}x_r = d_2 - c_{2,r+1}x_{r+1} - \cdots - c_{2n}x_n, \\ \qquad\qquad \cdots\cdots\cdots\cdots\cdots\cdots\cdots\cdots\cdots\cdots \\ \qquad\qquad\qquad c_{rr}x_r = d_r - c_{r,r+1}x_{r+1} - \cdots - c_{rn}x_n. \end{cases} \tag{1.7}$$

由此可见，任给出 $x_{r+1},\cdots,x_n$ 的一组值，通过回代过程，就唯一地定出 x_1，$x_2,\cdots,x_r$ 的值，也就是给出方程组(1.7) 的一个解.

一般地，由(1.7) 我们可以把 $x_1,x_2,\cdots,x_r$ 通过 $x_{r+1},\cdots,x_n$ 表示出来. 这样一组表达式称为方程组(1.1) 的**一般解**，而 $x_{r+1},\cdots,x_n$ 称为**自由未知量**(即 $x_{r+1},\cdots,x_n$ 可以任意取值). 此时方程组有无穷多个解. 值得注意的是，这里自由未知量的个数为 $n-r$.

例 2.2 解方程组

$$\begin{cases} x_1 + 2x_2 - x_3 + 2x_4 = 1, \\ 2x_1 + 4x_2 + x_3 + x_4 = 5, \\ -x_1 - 2x_2 - 2x_3 + x_4 = -4. \end{cases} \tag{1.8}$$

解 用初等变换消去第 2,3 个方程的 x_1，得

$$\begin{cases} x_1 + 2x_2 - x_3 + 2x_4 = 1, \\ \qquad\qquad 3x_3 - 3x_4 = 3, \\ \qquad\quad -3x_3 + 3x_4 = -3. \end{cases}$$

将第 2 个方程加到第 3 个方程，并去掉恒等式“$0=0$”，得

$$\begin{cases} x_1 + 2x_2 - x_3 + 2x_4 = 1, \\ \qquad\qquad 3x_3 - 3x_4 = 3. \end{cases}$$

第 2 个方程乘以$\frac{1}{3}$，得

$$\begin{cases}x_1+2x_2-x_3+2x_4=1,\\ \qquad\qquad x_3-x_4=1.\end{cases}$$

这便是与原方程组同解的阶梯形方程组. 改写一下，有

$$\begin{cases}x_1-x_3=1-2x_2-2x_4,\\ \qquad x_3=1+x_4.\end{cases}$$

最后，将第 2 个方程加到第 1 个方程，得出一般解

$$\begin{cases}x_1=2-2x_2-x_4,\\ x_3=1+x_4,\end{cases}$$

其中 x_2,x_4 是自由未知量，故方程组的全部解为

$$\begin{cases}x_1=2-2c_1-c_2,\\ x_2=c_1,\\ x_3=1+c_2,\\ x_4=c_2,\end{cases}$$

其中 c_1,c_2 为任意常数.

必须注意，自由未知量的取法不是唯一的，在上例中也可以把阶梯形方程组改写成

$$\begin{cases}2x_2-x_3=1-x_1-2x_4,\\ \qquad x_3=1+x_4.\end{cases}$$

这样，若把 x_1,x_4 取做自由未知量，得到一般解为

$$\begin{cases}x_2=1-\frac{1}{2}x_1-\frac{1}{2}x_4,\\ x_3=1+x_4.\end{cases}$$

最后，我们注意到 $r>n$ 的情况是不可能出现的.

把以上结果归纳一下，我们有：

用初等变换把线性方程组化为阶梯形方程组，把最后一些恒等式"$0=0$"去掉，如果剩下的方程中最后的一个等式中零等于一个非零的数，那么方程组无解，否则有解. 在有解的情况下，如果阶梯形方程组中方程的个数 r 等于未知量的个数 n，那么方程组有唯一解；如果阶梯形方程组的个数 r 小于未知量的个数 n，那么方程组就有无穷多个解.

把以上结果应用到**齐次线性方程组**(即常数项全为零的线性方程组)，就有

定理2.2 在齐次线性方程组

$$\begin{cases}a_{11}x_1+a_{12}x_2+\cdots+a_{1n}x_n=0,\\a_{21}x_1+a_{22}x_2+\cdots+a_{2n}x_n=0,\\\cdots\cdots\cdots\cdots\cdots\cdots\cdots\cdots\cdots\cdots\\a_{m1}x_1+a_{m2}x_2+\cdots+a_{mn}x_n=0\end{cases}$$

中，如果方程个数 m 小于未知量个数 n，那么它必有非零解.

证 因为方程组在化成阶梯形方程组后，方程的个数自然不会超过原方程组中方程的个数，即有

$$r\leqslant m<n.$$

由 $r<n$ 知，它的解不是唯一的，而是有无穷多个解，因而必有非零解. ∎

在上面用消元法解线性方程组的过程中，可以看出，我们只是对各方程的系数和常数项进行运算，因此，我们可以略去未知量而把方程组的系数和常数项分离出来，排成一个表，用这个表代替方程组，直接对这个表进行初等变换. 为此，我们下面将引入矩阵的概念，并介绍用矩阵的行初等变换来化线性方程组成为阶梯形方程组.

显然，如果知道了一个线性方程组的全部系数和常数项，那么这个线性方程组就确定了，确切地说，线性方程组(1.1) 可以用表

$$\begin{pmatrix}a_{11}&a_{12}&\cdots&a_{1n}&b_1\\a_{21}&a_{22}&\cdots&a_{2n}&b_2\\\vdots&\vdots&&\vdots&\vdots\\a_{m1}&a_{m2}&\cdots&a_{mn}&b_m\end{pmatrix}\tag{1.9}$$

来表示. 实际上，有了(1.9) 之后，除去代表未知量的文字外，线性方程组(1.1) 就确定了，而采用什么文字代表未知量当然不是实质性的. 例如：例2.2 的线性方程组(1.8) 可以用表

$$\begin{pmatrix}1&2&-1&2&1\\2&4&1&1&5\\-1&-2&-2&1&-4\end{pmatrix}$$

来表示，我们称它为一个 3 行 5 列的矩阵，或 3×5 矩阵.

矩阵的一般定义如下：

定义 2.2 由 mn 个数 $a_{ij}\,(i=1,2,\cdots,m;\ j=1,2,\cdots,n)$ 排成的 m 行 n 列的表

$$\begin{pmatrix}a_{11}&a_{12}&\cdots&a_{1n}\\a_{21}&a_{22}&\cdots&a_{2n}\\\vdots&\vdots&&\vdots\\a_{m1}&a_{m2}&\cdots&a_{mn}\end{pmatrix}$$

称为一个 m 行 n 列的**矩阵**(或 $m\times n$ **矩阵**)，a_{ij} 叫做这个矩阵的**元素**.

通常用大写黑体字母表示矩阵. 若记上述矩阵为 $\boldsymbol{A}$，即矩阵 $\boldsymbol{A}$ 中第 i 行第 j 列的元素为 a_{ij}，则矩阵 $\boldsymbol{A}$ 又常简写成

$$\boldsymbol{A}=(a_{ij})_{m\times n}.$$

当 $m=n$ 时，矩阵 $\boldsymbol{A}=(a_{ij})_{n\times n}$ 称为 n **阶矩阵**(或称为 n **阶方阵**). 这里要注意 n 阶行列式与 n 阶矩阵的区别：n 阶行列式是一个数值，而 n 阶矩阵是由 n^2 个数排成的一个表.

我们把线性方程组(1.1) 的系数所组成的矩阵

$$\boldsymbol{A}=\begin{pmatrix} a_{11} & a_{12} & \cdots & a_{1n} \\ a_{21} & a_{22} & \cdots & a_{2n} \\ \vdots & \vdots & & \vdots \\ a_{m1} & a_{m2} & \cdots & a_{mn} \end{pmatrix}$$

称为线性方程组(1.1) 的**系数矩阵**，而线性方程组(1.1) 的系数及常数项所组成的矩阵

$$\widetilde{\boldsymbol{A}}=\begin{pmatrix} a_{11} & a_{12} & \cdots & a_{1n} & b_1 \\ a_{21} & a_{22} & \cdots & a_{2n} & b_2 \\ \vdots & \vdots & & \vdots & \vdots \\ a_{m1} & a_{m2} & \cdots & a_{mn} & b_m \end{pmatrix}$$

称为(1.1) 的**增广矩阵**.

如果知道了线性方程组的全部系数和常数项，那么这个线性方程组就完全确定了，也就是说，线性方程组(1.1) 可由它的增广矩阵来表示.

我们对照线性方程组的初等变换，引入矩阵的初等变换的概念.

定义 2.3 **矩阵的行初等变换**指的是对一个矩阵施以下列变换：

1) 交换矩阵的两行(位置变换)；

2) 以一个非零的数 k 乘矩阵某一行的所有元素(倍法变换)；

3) 把矩阵某一行的若干倍加到另一行上去(消法变换).

类似于矩阵的行初等变换，我们还有**矩阵的列初等变换**，即

1) 交换矩阵的两列(位置变换)；

2) 把矩阵的某一列的元素乘以非零的数 k (倍法变换)；

3) 把矩阵某一列的若干倍加到另一列上去(消法变换).

我们把矩阵的行初等变换、列初等变换统称为**矩阵的初等变换**.

这样，对线性方程组(1.1) 施以初等变换就相当于对其增广矩阵 $\widetilde{\boldsymbol{A}}$ 施以相应的行初等变换. 因此用初等变换化方程组(1.1) 成阶梯形方程组相当于用行初等变换化增广矩阵成阶梯形矩阵，所以解线性方程组的工作可以通过

简化其增广矩阵 $\widetilde{\boldsymbol{A}}$ 成阶梯形来达到，从简化成的阶梯形矩阵就可判别方程组有解还是无解. 在有解的情况下，回到阶梯形方程组中可求得其解.

例 2.3 解线性方程组

$$\begin{cases}2x_1 - x_2 + 3x_3 = 1,\\ 4x_1 - 2x_2 + 5x_3 = 4,\\ 2x_1 - x_2 + 4x_3 = 0.\end{cases}$$

解 对它的增广矩阵作行初等变换：

$$\widetilde{\boldsymbol{A}} = \begin{pmatrix}2 & -1 & 3 & 1\\ 4 & -2 & 5 & 4\\ 2 & -1 & 4 & 0\end{pmatrix} \xrightarrow[③-①]{②-2①} \begin{pmatrix}2 & -1 & 3 & 1\\ 0 & 0 & -1 & 2\\ 0 & 0 & 1 & -1\end{pmatrix}$$

$$\xrightarrow{③+②} \begin{pmatrix}2 & -1 & 3 & 1\\ 0 & 0 & -1 & 2\\ 0 & 0 & 0 & 1\end{pmatrix}.$$

这里第 1 个箭号表示将矩阵 $\widetilde{\boldsymbol{A}}$ 的第 2 行加上第 1 行的 -2 倍，把第 3 行加上第 1 行的 -1 倍而得到一个新矩阵，这个新矩阵与原矩阵 $\widetilde{\boldsymbol{A}}$ 已不一样，所以不能用等号，只能用箭号. 而第 2 个箭号表示把刚才所得到的新矩阵的第 3 行加上第 2 行而得到一个**阶梯形矩阵**.

从阶梯形矩阵的最后一行 $(0,0,0,1)$ 可以看出，原方程组无解，因为若把它代回到阶梯形方程组中，则其最后一个方程应为 $0=1$，所以无解.

例 2.4 解线性方程组

$$\begin{cases}x_1 - 2x_2 + 3x_3 - 4x_4 = 4,\\ x_2 - x_3 + x_4 = -3,\\ x_1 + 3x_2 - 3x_4 = 1,\\ -7x_2 + 3x_3 + x_4 = -3.\end{cases}$$

解 对方程组的增广矩阵 $\widetilde{\boldsymbol{A}}$ 施以行初等变换：

$$\widetilde{\boldsymbol{A}} = \begin{pmatrix}1 & -2 & 3 & -4 & 4\\ 0 & 1 & -1 & 1 & -3\\ 1 & 3 & 0 & -3 & 1\\ 0 & -7 & 3 & 1 & -3\end{pmatrix}$$

$$\xrightarrow{③-①} \begin{pmatrix}1 & -2 & 3 & -4 & 4\\ 0 & 1 & -1 & 1 & -3\\ 0 & 5 & -3 & 1 & -3\\ 0 & -7 & 3 & 1 & -3\end{pmatrix}$$

$$\xrightarrow[\text{④}+7\text{②}]{\text{③}-5\text{②}}\begin{pmatrix}1 & -2 & 3 & -4 & 4\\0 & 1 & -1 & 1 & -3\\0 & 0 & 2 & -4 & 12\\0 & 0 & -4 & 8 & -24\end{pmatrix}$$

$$\xrightarrow{\text{④}+2\text{③}}\begin{pmatrix}1 & -2 & 3 & -4 & 4\\0 & 1 & -1 & 1 & -3\\0 & 0 & 1 & -2 & 6\\0 & 0 & 0 & 0 & 0\end{pmatrix}. \tag{1.10}$$

由此可知方程组有解. 回到与原方程组同解的阶梯形方程组，得

$$\begin{cases}x_1-2x_2+3x_3-4x_4=4,\\ \qquad x_2-\ x_3+\ x_4=-3,\\ \qquad\qquad x_3-2x_4=6.\end{cases} \tag{1.11}$$

改写这个方程组成

$$\begin{cases}x_1-2x_2+3x_3=4+4x_4,\\ \qquad x_2-\ x_3=-3-x_4,\\ \qquad\qquad x_3=6+2x_4.\end{cases}$$

由最后一个方程 $x_3=6+2x_4$ 代入第 2 个方程，得

$$x_2=3+x_4.$$

把 x_2,x_3 的值代入第 1 个方程，得

$$x_1=-8.$$

所以原方程组的一般解为

$$\begin{cases}x_1=-8,\\x_2=3+x_4,\\x_3=6+2x_4,\end{cases}$$

其中 x_4 是自由未知量，可取任何数，即此方程组有无穷多个解.

我们把一个阶梯形矩阵的每个非零行的第 1 个不为零的元素称为它的**主元**. 例如：阶梯形矩阵(1.10)中第 1,2,3 行都是非零行，它们的第 1 个不为零的元素分别为 1,1,1，都是矩阵(1.10)的主元. 我们可以利用增广矩阵执行阶梯形方程组(1.11)的回代过程，也就是对阶梯形矩阵(1.10)继续施以行初等变换，使得其中对应于主元的元素都等于 1，而主元所在列的其他元素都等于 0.

$$\begin{pmatrix}1 & -2 & 3 & -4 & 4\\0 & 1 & -1 & 1 & -3\\0 & 0 & 1 & -2 & 6\\0 & 0 & 0 & 0 & 0\end{pmatrix}\xrightarrow[\text{②}+\text{③}]{\text{①}-3\text{③}}\begin{pmatrix}1 & -2 & 0 & 2 & -14\\0 & 1 & 0 & -1 & 3\\0 & 0 & 1 & -2 & 6\\0 & 0 & 0 & 0 & 0\end{pmatrix}$$

$$\xrightarrow{①+2②}\begin{pmatrix}1&0&0&0&-8\\0&1&0&-1&3\\0&0&1&-2&6\\0&0&0&0&0\end{pmatrix}. \tag{1.12}$$

回到与原方程组同解的阶梯形方程组，得

$$\begin{cases}x_1 = -8,\\ x_2 - x_4 = 3,\\ x_3 - 2x_4 = 6.\end{cases}$$

所以原方程组的一般解为

$$\begin{cases}x_1 = -8,\\ x_2 = 3 + x_4,\\ x_3 = 6 + 2x_4,\end{cases}$$

其中 x_4 是自由未知量.

如同矩阵(1.12)，如果一个阶梯形矩阵的主元都是1，并且每个主元所在的列的其他元素都是零，那么称它为**简化阶梯形矩阵**. 消元法的消元过程就是将主元以下的未知量都消去(相当于将增广矩阵用行初等变换化成阶梯形矩阵)，而回代过程就是反方向将主元以上的未知量也都消去(相当于将阶梯形矩阵再化成简化阶梯形矩阵)，于是，我们只要施行行初等变换把增广矩阵化成简化阶梯形矩阵，回到与原方程组同解的简化阶梯形方程组，就可以直接写出原方程组的一般解了.

例 2.5　解线性方程组

$$\begin{cases}x_1 - 2x_2 + x_3 + x_4 + x_5 = 1,\\ 2x_1 + x_2 + 3x_3 + 2x_4 + x_5 = 0,\\ x_1 + 3x_2 + 2x_3 + 2x_4 + 3x_5 = 2,\\ 3x_1 - 11x_2 + 2x_3 + 2x_4 + x_5 = 2.\end{cases}$$

解　对方程组的增广矩阵 $\widetilde{\boldsymbol{A}}$ 施以行初等变换，使其成阶梯形矩阵：

$$\widetilde{\boldsymbol{A}} = \begin{pmatrix}1&-2&1&1&1&1\\2&1&3&2&1&0\\1&3&2&2&3&2\\3&-11&2&2&1&2\end{pmatrix}$$

$$\xrightarrow[④-3①]{②-2①\\ ③-①}\begin{pmatrix}1&-2&1&1&1&1\\0&5&1&0&-1&-2\\0&5&1&1&2&1\\0&-5&-1&-1&-2&-1\end{pmatrix}$$

$$\xrightarrow[\text{④}+\text{②}]{\text{③}-\text{②}}\begin{pmatrix}1&-2&1&1&1&1\\0&5&1&0&-1&-2\\0&0&0&1&3&3\\0&0&0&-1&-3&-3\end{pmatrix}$$

$$\xrightarrow[\text{④}+\text{③}]{\frac{1}{5}\text{②}}\begin{pmatrix}1&-2&1&1&1&1\\0&1&\frac{1}{5}&0&-\frac{1}{5}&-\frac{2}{5}\\0&0&0&1&3&3\\0&0&0&0&0&0\end{pmatrix}$$

$$\xrightarrow{\text{①}-\text{③}}\begin{pmatrix}1&-2&1&0&-2&-2\\0&1&\frac{1}{5}&0&-\frac{1}{5}&-\frac{2}{5}\\0&0&0&1&3&3\\0&0&0&0&0&0\end{pmatrix}$$

$$\xrightarrow{\text{①}+2\text{②}}\begin{pmatrix}1&0&\frac{7}{5}&0&-\frac{12}{5}&-\frac{14}{5}\\0&1&\frac{1}{5}&0&-\frac{1}{5}&-\frac{2}{5}\\0&0&0&1&3&3\\0&0&0&0&0&0\end{pmatrix}.$$

由于第 1,2,4 列的主元分别是未知量 x_1,x_2,x_4 的系数，故原方程组的一般解为

$$\begin{cases}x_1=-\frac{14}{5}-\frac{7}{5}x_3+\frac{12}{5}x_5,\\x_2=-\frac{2}{5}-\frac{1}{5}x_3+\frac{1}{5}x_5,\\x_4=3-3x_5,\end{cases}$$

这里 x_3,x_5 为自由未知量. 因此，方程组的全部解为

$$\begin{cases}x_1=-\frac{14}{5}-\frac{7}{5}c_1+\frac{12}{5}c_2,\\x_2=-\frac{2}{5}-\frac{1}{5}c_1+\frac{1}{5}c_2,\\x_3=c_1,\\x_4=3-3c_2,\\x_5=c_2,\end{cases}$$

其中 c_1,c_2 为任意常数.

例 2.6 求 λ 为何值时，方程组

$$\begin{cases}x_1+\lambda x_2+x_3+x_4=1,\\ x_1+x_2+\lambda x_3+x_4=\lambda,\\ x_1+x_2+x_3+\lambda x_4=\lambda^2+\lambda\end{cases}$$

有解，并求它的解.

解 对方程组的增广矩阵施以行初等变换，把第2行的-1倍加到第3行上，再把第1行的-1倍加到第2行上，则有

$$\begin{pmatrix}1&\lambda&1&1&1\\1&1&\lambda&1&\lambda\\1&1&1&\lambda&\lambda^2+\lambda\end{pmatrix}\to\begin{pmatrix}1&\lambda&1&1&1\\0&1-\lambda&\lambda-1&0&\lambda-1\\0&0&1-\lambda&\lambda-1&\lambda^2\end{pmatrix}=\boldsymbol{B}.$$

当$\lambda-1=0$，即$\lambda=1$时，有

$$\boldsymbol{B}=\begin{pmatrix}1&1&1&1&1\\0&0&0&0&0\\0&0&0&0&1\end{pmatrix}\to\begin{pmatrix}1&1&1&1&1\\0&0&0&0&1\\0&0&0&0&0\end{pmatrix},$$

所以方程组无解.

当$\lambda-1\neq0$，即$\lambda\neq1$时，有

$$\boldsymbol{B}=\begin{pmatrix}1&\lambda&1&1&1\\0&1-\lambda&\lambda-1&0&\lambda-1\\0&0&1-\lambda&\lambda-1&\lambda^2\end{pmatrix}$$

$$\to\begin{pmatrix}1&\lambda&1&1&1\\0&1&-1&0&-1\\0&0&1&-1&\dfrac{\lambda^2}{1-\lambda}\end{pmatrix}$$

$$\to\begin{pmatrix}1&\lambda&0&2&\dfrac{1-\lambda-\lambda^2}{1-\lambda}\\0&1&0&-1&\dfrac{\lambda^2+\lambda-1}{1-\lambda}\\0&0&1&-1&\dfrac{\lambda^2}{1-\lambda}\end{pmatrix}$$

$$\to\begin{pmatrix}1&0&0&\lambda+2&\dfrac{1-\lambda^3-2\lambda^2}{1-\lambda}\\0&1&0&-1&\dfrac{\lambda^2+\lambda-1}{1-\lambda}\\0&0&1&-1&\dfrac{\lambda^2}{1-\lambda}\end{pmatrix},$$

由此得出原方程组的一般解为

$$\begin{cases} x_1 = \dfrac{1-\lambda^3-2\lambda^2}{1-\lambda} - (\lambda+2)x_4, \\ x_2 = \dfrac{\lambda^2+\lambda-1}{1-\lambda} + x_4, \\ x_3 = \dfrac{\lambda^2}{1-\lambda} + x_4, \end{cases}$$

这里，x_4 为自由未知量. 其全部解为

$$\begin{cases} x_1 = \dfrac{1-\lambda^3-2\lambda^2}{1-\lambda} - (\lambda+2)c, \\ x_2 = \dfrac{\lambda^2+\lambda-1}{1-\lambda} + c, \\ x_3 = \dfrac{\lambda^2}{1-\lambda} + c, \\ x_4 = c, \end{cases}$$

其中 c 为任意常数.

从以上例子我们可以看到，矩阵提供了一种描述线性方程组的简捷方式，可以利用增广矩阵的行初等变换，直接解线性方程组(注意，对于增广矩阵的列初等变换，虽然有时为了方便，允许交换两个系数列(这相当于交换方程组两个未知量的位置)，但是，对于矩阵的另外两种列初等变换，在解线性方程组时是不允许的，这是因为变换后得到的方程组与原方程组一般不同解. 例如：若将增广矩阵第 1 列乘以 k，则相对应的方程组第 1 个未知量 x_1 的系数就改变了，如 a_{11} 变为 ka_{11}，这时，这个方程组与原方程组一般来说不会同解. 至于矩阵的列初等变换的用处，下文就能见到). 如果使用计算机软件，更能直接把输入的矩阵化成简化阶梯形(见附录："MATLAB 使用简介").

矩阵作为"数表"的用处，远不止于此，它在以后各章中都有应用，它是研究线性代数的重要工具.

习题 2.1

1. 用消元法解下列线性方程组：

1) $\begin{cases} x_1 - 2x_2 + 3x_3 - x_4 - x_5 = 2, \\ x_1 + x_2 - x_3 + x_4 - 2x_5 = 1, \\ 2x_1 - x_2 + x_3 - 2x_5 = 2, \\ 2x_1 + 2x_2 - 5x_3 + 2x_4 - x_5 = 5; \end{cases}$

2) $\begin{cases} x_1 - 2x_2 + x_3 + x_4 = 1, \\ x_1 - 2x_2 + x_3 - x_4 = -1, \\ x_1 - 2x_2 + x_3 + 5x_4 = 5; \end{cases}$

3) $\begin{cases}2x_1+x_2+x_3=2,\\ x_1+2x_2+x_3=3,\\ x_1+x_2+5x_3=-7,\\ 2x_1+2x_2-3x_3=12;\end{cases}$

4) $\begin{cases}2x_1-2x_2+x_3-x_4+x_5=2,\\ x_1-4x_2+2x_3-2x_4+3x_5=3,\\ 4x_1-10x_2+5x_3-5x_4+7x_5=8,\\ x_1+2x_2-x_3+x_4-2x_5=-1.\end{cases}$

2. 选择 λ，使方程组 $\begin{cases}2x_1-x_2+x_3+x_4=1,\\ x_1+2x_2-x_3+4x_4=2,\\ x_1+7x_2-4x_3+11x_4=\lambda\end{cases}$ 有解，并求它的解.

3. 证明：线性方程组

$$\begin{cases}x_1-x_2=a_1,\\ x_2-x_3=a_2,\\ x_3-x_4=a_3,\\ x_4-x_5=a_4,\\ x_5-x_1=a_5\end{cases}$$

有解的充分必要条件为 $a_1+a_2+a_3+a_4+a_5=0$. 在有解的情况下，求它的一般解.

4. 解下列齐次线性方程组：

1) $\begin{cases}x_1+2x_2+3x_3+4x_4=0,\\ x_1+x_2+2x_3+3x_4=0,\\ x_1+5x_2+x_3+2x_4=0,\\ x_1+5x_2+5x_3+2x_4=0;\end{cases}$

2) $\begin{cases}x_1-x_2+5x_3-x_4=0,\\ x_1+x_2-2x_3+3x_4=0,\\ 3x_1-x_2+8x_3+x_4=0,\\ x_1+3x_2-9x_3+7x_4=0.\end{cases}$

5. a ,b 取何值时，线性方程组

$$\begin{cases}x_1+x_2+x_3+x_4+x_5=1,\\ 3x_1+2x_2+x_3+x_4-3x_5=a,\\ x_2+2x_3+2x_4+6x_5=3,\\ 5x_1+4x_2+3x_3+3x_4-x_5=b\end{cases}$$

有解？ 在有解的情况下，求它的一般解.

6. 证明：第 1 种、第 2 种初等变换把一个线性方程组变为一个与它同解的方程组.

7*. 线性方程组的初等变换把线性方程组变为同解的线性方程组. 那么，两个同解的线性方程组是否一定可以通过初等变换互化呢？

8.(成本问题) 某工厂在一次投料的生产过程中能同时获得 4 种产品①，但是对每种产品的单位成本难以确定，于是通过几次测试来求解. 现通过 4 次测试，每次测试所得的总成本如下：

批　次	产品 /kg				总成本 / 千元
	A	B	C	D	
第 1 批生产	200	100	100	50	2 900
第 2 批生产	500	250	200	100	7 050
第 3 批生产	100	40	40	20	1 360
第 4 批生产	400	180	160	60	5 500

试求每种产品的单位成本(即每千克的成本).

9.(利润问题) 某企业经营 4 类商品，由于有些费用难以划分，因此不能确定每类商品的利润率$\left(=\dfrac{\text{利润(千元)}}{\text{销售额(千元)}}\right)$. 于是通过计算不同时期的总利润来求解. 下表列出了 4 个月的销售额与利润额：

商品 / 月次	销售额 / 千元				总利润 / 千元
	A	B	C	D	
1	250	200	300	600	80
2	200	100	500	800	85
3	160	300	400	750	90
4	300	250	500	500	95

试求每类商品的利润率.

2.2　n 维向量空间 $\mathbf{R}^n$

上一节我们介绍了消元法，对于解具体的线性方程组，它是最基本的行之有效的方法. 但是，用消元法化方程组成阶梯形，剩下来的方程的个数是否会因化简的途径不同而不同？ 这个问题消元法无法解答.

对于一般线性方程组，什么时候有解，什么时候无解的原因也还不清楚. 另外，在线性方程组有无穷多个解的情况下，解与解之间的关系如何？ 解的

① 一个工厂使用同种原料，经过同一加工过程而同时生产出来的两种或两种以上的主要产品称为联产品. 例如：煤气厂在生产过程中，会同时生产出煤气、焦炭和煤焦油等联产品.

结构又是怎样的？弄清解的结构在理论上有着重要的意义.

在研究线性方程组有解的判定定理和解的结构等问题之前，我们必须先学习 n 维向量及其有关概念.

2.2.1 n 维向量及其线性运算

我们知道，线性方程组实质上是由它的系数及常数项完全决定的，与未知量(其记号采用 x 或者 y) 无关. 假如我们从一个线性方程组的一个方程中把它的未知量抽去，剩下的就是一组有序的数. 因此一个线性方程组中的每个方程都各自对应一个有序数组. 在研究其他问题时，也常遇到有序数组问题. 例如：在解析几何中，平面上以坐标原点 O 为起点、$P(a,b)$ 为终点的 2 维向量$\overrightarrow{OP}$ 可用两个数的有序数组(a,b) 表示；同样，空间中以 O 为起点、$P(a,b,c)$ 为终点的 3 维向量$\overrightarrow{OP}$，也可用 3 个数的有序数组(a,b,c) 表示. 将解析几何中 2 维向量和 3 维向量的概念推广到 n 个数的有序数组，就产生了 n 维向量的概念.

定义 2.4 n 个有顺序的数 $a_1,a_2,\cdots,a_n$ 组成的数组

$$\boldsymbol{\alpha}=(a_1,a_2,\cdots,a_n)$$

叫做 n **维向量**，$a_1,a_2,\cdots,a_n$ 叫做 $\boldsymbol{\alpha}$ 的**分量**，a_i 叫做向量 $\boldsymbol{\alpha}$ 的**第 i 个分量**.

分量全为零的向量$(0,0,\cdots,0)$ 称为**零向量**. 为了方便，我们用 $\mathbf{0}$ 表示零向量，即 $\mathbf{0}=(0,0,\cdots,0)$. 这样，也表示了向量 $\mathbf{0}$ 与数 0 的区别.

两个线性方程如果它们对应的系数及常数项相等，那么这两个方程就相同，反之亦然. 据此我们规定，两个 n 维向量 $\boldsymbol{\alpha}=(a_1,a_2,\cdots,a_n)$，$\boldsymbol{\beta}=(b_1,b_2,\cdots,b_n)$ 当且仅当其对应分量相等时，称它们**相等**，写成 $\boldsymbol{\alpha}=\boldsymbol{\beta}$，即

$$(a_1,a_2,\cdots,a_n)=(b_1,b_2,\cdots,b_n)$$

当且仅当 $a_i=b_i$，$i=1,2,\cdots,n$.

正如解析几何中向量有加法与数乘运算一样，我们也可以给 n 维向量之间定义下面两种运算：

定义 2.5 设 $\boldsymbol{\alpha}=(a_1,a_2,\cdots,a_n)$，$\boldsymbol{\beta}=(b_1,b_2,\cdots,b_n)$ 为两个 n 维向量，那么向量$(a_1+b_1,a_2+b_2,\cdots,a_n+b_n)$ 叫做**向量 $\boldsymbol{\alpha}$ 与 $\boldsymbol{\beta}$ 的和**，写成

$$\boldsymbol{\alpha}+\boldsymbol{\beta}=(a_1+b_1,a_2+b_2,\cdots,a_n+b_n).$$

定义 2.6 若 k 是数，那么向量$(ka_1,ka_2,\cdots,ka_n)$ 叫做数 k 与向量 $\boldsymbol{\alpha}=(a_1,a_2,\cdots,a_n)$ 的**数量乘积**(简称**数乘**)，写成 $k\boldsymbol{\alpha}$，即

$$k\boldsymbol{\alpha}=(ka_1,ka_2,\cdots,ka_n).$$

向量$(-a_1,-a_2,\cdots,-a_n)$ 称为向量 $\boldsymbol{\alpha}=(a_1,a_2,\cdots,a_n)$ 的**负向量**，记为 $-\boldsymbol{\alpha}$，即 $-\boldsymbol{\alpha}=(-1)\boldsymbol{\alpha}$.

由向量加法及负向量的定义，可定义向量减法如下：

$$\begin{aligned}\boldsymbol{\alpha}-\boldsymbol{\beta}&=\boldsymbol{\alpha}+(-\boldsymbol{\beta})\\&=(a_1,a_2,\cdots,a_n)+(-b_1,-b_2,\cdots,-b_n)\\&=(a_1-b_1,a_2-b_2,\cdots,a_n-b_n),\end{aligned}$$

$\boldsymbol{\alpha}-\boldsymbol{\beta}$ 称为**向量 $\boldsymbol{\alpha}$ 与 $\boldsymbol{\beta}$ 的差**(或称**向量 $\boldsymbol{\alpha}$ 减 $\boldsymbol{\beta}$**).

向量的加法、减法与数量乘积的运算，统称为**向量的线性运算**. 由定义不难证明，向量的线性运算满足下面的运算律，也就是说，对任意 n 维向量 $\boldsymbol{\alpha},\boldsymbol{\beta},\boldsymbol{\gamma}$ 及任意数 k,l，有下列性质：

1° $\boldsymbol{\alpha}+\boldsymbol{\beta}=\boldsymbol{\beta}+\boldsymbol{\alpha}$ (向量加法的**交换律**)；

2° $(\boldsymbol{\alpha}+\boldsymbol{\beta})+\boldsymbol{\gamma}=\boldsymbol{\alpha}+(\boldsymbol{\beta}+\boldsymbol{\gamma})$ (**结合律**)；

3° 对 n 维向量 $\boldsymbol{\alpha}$ 与 n 维零向量 $\mathbf{0}$，有 $\boldsymbol{\alpha}+\mathbf{0}=\boldsymbol{\alpha}$；

4° $\boldsymbol{\alpha}+(-\boldsymbol{\alpha})=\mathbf{0}$；

5° $k(\boldsymbol{\alpha}+\boldsymbol{\beta})=k\boldsymbol{\alpha}+k\boldsymbol{\beta}$ (**分配律**)；

6° $(k+l)\boldsymbol{\alpha}=k\boldsymbol{\alpha}+l\boldsymbol{\alpha}$ (**分配律**)；

7° $k(l\boldsymbol{\alpha})=(kl)\boldsymbol{\alpha}$ (**结合律**)；

8° $1\cdot\boldsymbol{\alpha}=\boldsymbol{\alpha}$.

1° ～ 4° 是向量加法的 4 条运算律，5° ～ 8° 是关于数乘的 4 条运算律.

分量全为实数的向量称为**实向量**，分量为复数的向量称为**复向量**. 实 n 维向量全体所组成的集合记为 $\mathbf{R}^n$. 我们称 $\mathbf{R}^n$ 为**实 n 维向量空间**，还指在 $\mathbf{R}^n$ 中定义了向量加法与数乘这两种运算(这里，数乘时的数均为实数)，以及这两种运算满足以上 8 条运算律.

按上述定义，平面上(或空间中) 所有向量(写成坐标形式) 构成实 2 维(或 3 维) 向量空间 $\mathbf{R}^2$(或 $\mathbf{R}^3$)，但当 $n>3$ 时，$\mathbf{R}^n$ 中的向量就没有直观几何意义了，只是我们仍把它们叫做向量. 虽然在第 4 章中，解析几何中向量内积(也称数量积) 的概念也可推广到 $\mathbf{R}^n$ 中，但两者毕竟不同，例如：解析几何中向量的向量积概念就无法再推广到 $\mathbf{R}^n$ 中来.

在第 6 章中，还将对实 n 维向量空间的概念，再进一步抽象，引入更一般的数域上的线性空间概念，以便得到更加广泛的应用. 在第 5 章之前，如果不加说明，数都是指实数，向量都是指实向量.

2.2.2 向量的线性相关性

n 维向量的线性关系是本节讨论的主要对象，包括线性组合、线性相关、线性无关、等价向量组、向量组的极大线性无关组、向量组的秩等概念及其性质.

在解析几何中，若空间 3 维向量 $\boldsymbol{\beta}$ 与 $\boldsymbol{\alpha}$ 共线，$\boldsymbol{\alpha}\neq\mathbf{0}$，则 $\boldsymbol{\beta}$ 可表示为 $\boldsymbol{\alpha}$ 的倍数：

$$\boldsymbol{\beta}=l\boldsymbol{\alpha}\quad(l\text{ 为数});$$

若 $\boldsymbol{\beta}$ 与 3 维向量 $\boldsymbol{\alpha}_1,\boldsymbol{\alpha}_2$ 共面，且 $\boldsymbol{\alpha}_1,\boldsymbol{\alpha}_2$ 不共线，那么 $\boldsymbol{\beta}$ 可表示为

$$\boldsymbol{\beta}=l_1\boldsymbol{\alpha}_1+l_2\boldsymbol{\alpha}_2\quad(l_1,l_2\text{ 为数}).$$

将解析几何中空间向量之间的共线和共面关系，推广到一般的 n 维向量，有

定义 2.7 设 $\boldsymbol{\alpha}_1,\boldsymbol{\alpha}_2,\cdots,\boldsymbol{\alpha}_s$ 是一组 n 维向量，$l_1,l_2,\cdots,l_s$ 是数，则称向量

$$\boldsymbol{\beta}=l_1\boldsymbol{\alpha}_1+l_2\boldsymbol{\alpha}_2+\cdots+l_s\boldsymbol{\alpha}_s$$

为向量组 $\boldsymbol{\alpha}_1,\boldsymbol{\alpha}_2,\cdots,\boldsymbol{\alpha}_s$ 的一个**线性组合**，也说向量 $\boldsymbol{\beta}$ 可由向量组 $\boldsymbol{\alpha}_1,\boldsymbol{\alpha}_2,\cdots,\boldsymbol{\alpha}_s$ **线性表示**.

例 2.7 在 4 维向量中，取 $\boldsymbol{\beta}=(5,-7,5,4)$，$\boldsymbol{\alpha}_1=(1,-1,0,2)$，$\boldsymbol{\alpha}_2=(0,2,1,3)$，$\boldsymbol{\alpha}_3=(1,-1,2,1)$.

因为 $\boldsymbol{\beta}=2\boldsymbol{\alpha}_1-\boldsymbol{\alpha}_2+3\boldsymbol{\alpha}_3$，所以 $\boldsymbol{\beta}$ 是 $\boldsymbol{\alpha}_1,\boldsymbol{\alpha}_2,\boldsymbol{\alpha}_3$ 的线性组合，或说 $\boldsymbol{\beta}$ 可由 $\boldsymbol{\alpha}_1,\boldsymbol{\alpha}_2,\boldsymbol{\alpha}_3$ 线性表示.

下面我们说明线性表示这个概念在讨论线性方程组求解问题中的作用.

把线性方程组

$$\begin{cases}5x_1-7x_2+5x_3=4,\\ x_1-x_2=2,\\ 2x_2+x_3=3,\\ x_1-x_2+2x_3=1\end{cases}$$

中的未知量抽去，由 4 个方程可得到相应的 4 个 4 维向量 $\boldsymbol{\beta},\boldsymbol{\alpha}_1,\boldsymbol{\alpha}_2,\boldsymbol{\alpha}_3$. 已知 $\boldsymbol{\beta}=2\boldsymbol{\alpha}_1-\boldsymbol{\alpha}_2+3\boldsymbol{\alpha}_3$，即 $\boldsymbol{\beta}$ 是 $\boldsymbol{\alpha}_1$，$\boldsymbol{\alpha}_2$，$\boldsymbol{\alpha}_3$ 的线性组合. 换句话说，线性方程组中第 1 个方程是由第 2 个方程的 2 倍减去第 3 个方程再加上第 4 个方程的 3 倍组合而成的. 既然第 1 个方程可由其他方程组合而成，故把第 1 个方程舍去，得到的线性方程组

$$\begin{cases}x_1-x_2=2,\\ 2x_2+x_3=3,\\ x_1-x_2+2x_3=1\end{cases}$$

与原方程组同解. 这也说明原方程组的第 1 个方程是多余的，而把多余的方程舍去必然有利于方程组的求解. 讨论一个方程组是否有多余方程的问题，实质上就是讨论方程组所对应的向量组是否有向量可以由其他向量来线性表示的问题.

例 2.8 任一 n 维向量 $\boldsymbol{\alpha}=(a_1,a_2,\cdots,a_n)$ 都是向量组

$$\boldsymbol{\varepsilon}_1=(1,0,\cdots,0),\ \boldsymbol{\varepsilon}_2=(0,1,\cdots,0),\ \cdots,\ \boldsymbol{\varepsilon}_n=(0,0,\cdots,1)$$

的一个线性组合.

事实上，$\boldsymbol{\alpha}=a_1\boldsymbol{\varepsilon}_1+a_2\boldsymbol{\varepsilon}_2+\cdots+a_n\boldsymbol{\varepsilon}_n$，所以$\boldsymbol{\alpha}$是$\boldsymbol{\varepsilon}_1,\boldsymbol{\varepsilon}_2,\cdots,\boldsymbol{\varepsilon}_n$的一个线性组合，这里向量组$\boldsymbol{\varepsilon}_1,\boldsymbol{\varepsilon}_2,\cdots,\boldsymbol{\varepsilon}_n$称为$n$**维单位向量组**.

由定义 2.7 立即可推出线性表示的若干性质：

1° n维零向量可由任一n维向量组$\boldsymbol{\alpha}_1,\boldsymbol{\alpha}_2,\cdots,\boldsymbol{\alpha}_s$线性表示.

这是因为$\mathbf{0}=0\cdot\boldsymbol{\alpha}_1+0\cdot\boldsymbol{\alpha}_2+\cdots+0\cdot\boldsymbol{\alpha}_s$，所以零向量可由$\boldsymbol{\alpha}_1,\boldsymbol{\alpha}_2,\cdots,\boldsymbol{\alpha}_s$线性表示.

2° n维向量组$\boldsymbol{\alpha}_1,\boldsymbol{\alpha}_2,\cdots,\boldsymbol{\alpha}_s$中每一向量都可由这个向量组本身线性表示.

这是因为对任一$\boldsymbol{\alpha}_i(i=1,2,\cdots,s)$，都有

$$\boldsymbol{\alpha}_i=0\cdot\boldsymbol{\alpha}_1+\cdots+0\cdot\boldsymbol{\alpha}_{i-1}+1\cdot\boldsymbol{\alpha}_i+0\cdot\boldsymbol{\alpha}_{i+1}+\cdots+0\cdot\boldsymbol{\alpha}_s,$$

故每一向量$\boldsymbol{\alpha}_i$皆可由此向量组本身来线性表示.

3° 若向量$\boldsymbol{\alpha}$可由向量组$\boldsymbol{\beta}_1,\boldsymbol{\beta}_2,\cdots,\boldsymbol{\beta}_s$线性表示，又每一$\boldsymbol{\beta}_i(i=1,2,\cdots,s)$可由向量组$\boldsymbol{\gamma}_1,\boldsymbol{\gamma}_2,\cdots,\boldsymbol{\gamma}_t$线性表示，则$\boldsymbol{\alpha}$可由向量组$\boldsymbol{\gamma}_1,\boldsymbol{\gamma}_2,\cdots,\boldsymbol{\gamma}_t$线性表示.

证 设$\boldsymbol{\alpha}=\sum\limits_{i=1}^{s}k_i\boldsymbol{\beta}_i$，$\boldsymbol{\beta}_i=\sum\limits_{j=1}^{t}l_{ij}\boldsymbol{\gamma}_j(i=1,2,\cdots,s)$，则

$$\begin{aligned}\boldsymbol{\alpha}&=\sum_{i=1}^{s}k_i\boldsymbol{\beta}_i=\sum_{i=1}^{s}k_i\left(\sum_{j=1}^{t}l_{ij}\boldsymbol{\gamma}_j\right)=\sum_{i=1}^{s}\sum_{j=1}^{t}k_il_{ij}\boldsymbol{\gamma}_j\\&=\sum_{j=1}^{t}\left(\sum_{i=1}^{s}k_il_{ij}\right)\boldsymbol{\gamma}_j,\end{aligned}$$

而$\sum\limits_{i=1}^{s}k_il_{ij}$是数，所以$\boldsymbol{\alpha}$可以由$\boldsymbol{\gamma}_1,\boldsymbol{\gamma}_2,\cdots,\boldsymbol{\gamma}_t$线性表示. ■

这一性质称为线性表示的**传递性**.

给定一个向量$\boldsymbol{\alpha}$及一组向量$\boldsymbol{\beta}_1,\boldsymbol{\beta}_2,\cdots,\boldsymbol{\beta}_s$，如何判断$\boldsymbol{\alpha}$是否可由$\boldsymbol{\beta}_1,\boldsymbol{\beta}_2,\cdots,\boldsymbol{\beta}_s$线性表示？根据定义，就是可否找到一组数$k_1,k_2,\cdots,k_s$，使得

$$\boldsymbol{\alpha}=k_1\boldsymbol{\beta}_1+k_2\boldsymbol{\beta}_2+\cdots+k_s\boldsymbol{\beta}_s$$

成立. 如果这样的$k_1,k_2,\cdots,k_s$能找得到，则$\boldsymbol{\alpha}$能由$\boldsymbol{\beta}_1,\boldsymbol{\beta}_2,\cdots,\boldsymbol{\beta}_s$线性表示，否则不能. 那么这样的$k_1,k_2,\cdots,k_s$如何找呢？下面我们通过具体例子来说明.

例 2.9 设$\boldsymbol{\alpha}=(1,2,1,1)$，$\boldsymbol{\beta}_1=(1,1,1,1)$，$\boldsymbol{\beta}_2=(1,1,-1,-1)$，$\boldsymbol{\beta}_3=(1,-1,1,-1)$，$\boldsymbol{\beta}_4=(1,-1,-1,1)$. 问$\boldsymbol{\alpha}$能否表示为$\boldsymbol{\beta}_1,\boldsymbol{\beta}_2,\boldsymbol{\beta}_3,\boldsymbol{\beta}_4$的线性组合？

解 设 $\boldsymbol{\alpha}=k_1\boldsymbol{\beta}_1+k_2\boldsymbol{\beta}_2+k_3\boldsymbol{\beta}_3+k_4\boldsymbol{\beta}_4$，即

$$\begin{aligned}(1,2,1,1)&=k_1(1,1,1,1)+k_2(1,1,-1,-1)\\&\quad+k_3(1,-1,1,-1)+k_4(1,-1,-1,1)\\&=(k_1+k_2+k_3+k_4,k_1+k_2-k_3-k_4,k_1-k_2\\&\quad+k_3-k_4,k_1-k_2-k_3+k_4).\end{aligned}$$

比较等号两边的分量，得

$$\begin{cases}k_1+k_2+k_3+k_4=1,\\k_1+k_2-k_3-k_4=2,\\k_1-k_2+k_3-k_4=1,\\k_1-k_2-k_3+k_4=1.\end{cases}$$

解此线性方程组，得

$$k_1=\frac{5}{4},\quad k_2=\frac{1}{4},\quad k_3=-\frac{1}{4},\quad k_4=-\frac{1}{4}.$$

故 $\boldsymbol{\alpha}$ 能表示成 $\boldsymbol{\beta}_1,\boldsymbol{\beta}_2,\boldsymbol{\beta}_3,\boldsymbol{\beta}_4$ 的线性组合，即

$$\boldsymbol{\alpha}=\frac{5}{4}\boldsymbol{\beta}_1+\frac{1}{4}\boldsymbol{\beta}_2-\frac{1}{4}\boldsymbol{\beta}_3-\frac{1}{4}\boldsymbol{\beta}_4.$$

例 2.10 设 $\boldsymbol{\alpha}=(2,3,-4,1)$，$\boldsymbol{\beta}_1=(1,2,3,-4)$，$\boldsymbol{\beta}_2=(2,-1,2,5)$，$\boldsymbol{\beta}_3=(2,-1,5,-4)$. 问 $\boldsymbol{\alpha}$ 能否由 $\boldsymbol{\beta}_1,\boldsymbol{\beta}_2,\boldsymbol{\beta}_3$ 线性表示？

解 设 $\boldsymbol{\alpha}=k_1\boldsymbol{\beta}_1+k_2\boldsymbol{\beta}_2+k_3\boldsymbol{\beta}_3$，即

$$\begin{aligned}(2,3,-4,1)&=k_1(1,2,3,-4)+k_2(2,-1,2,5)\\&\quad+k_3(2,-1,5,-4)\\&=(k_1+2k_2+2k_3,2k_1-k_2-k_3,\\&\quad 3k_1+2k_2+5k_3,-4k_1+5k_2-4k_3).\end{aligned}$$

比较等号两边的分量，得

$$\begin{cases}k_1+2k_2+2k_3=2,\\2k_1-k_2-k_3=3,\\3k_1+2k_2+5k_3=-4,\\-4k_1+5k_2-4k_3=1.\end{cases}$$

此方程组无解，所以不存在数 k_1,k_2,k_3 使 $\boldsymbol{\alpha}=k_1\boldsymbol{\beta}_1+k_2\boldsymbol{\beta}_2+k_3\boldsymbol{\beta}_3$，故 $\boldsymbol{\alpha}$ 不能由 $\boldsymbol{\beta}_1,\boldsymbol{\beta}_2,\boldsymbol{\beta}_3$ 线性表示.

例 2.11 试将 $\boldsymbol{\alpha}=(4,5,1,1)$ 表示成 $\boldsymbol{\beta}_1=(1,2,1,1)$，$\boldsymbol{\beta}_2=(1,1,0,0)$，$\boldsymbol{\beta}_3=(2,1,-1,-1)$ 的线性组合.

解 设 $\boldsymbol{\alpha}=k_1\boldsymbol{\beta}_1+k_2\boldsymbol{\beta}_2+k_3\boldsymbol{\beta}_3$，则得

$$\begin{cases} k_1+k_2+2k_3=4, \\ 2k_1+k_2+\ \ k_3=5, \\ k_1\qquad\ \ -\ k_3=1, \\ k_1\qquad\ \ -\ k_3=1. \end{cases}$$

解此方程组，得

$$\begin{cases} k_1=1+k_3, \\ k_2=3-3k_3 \end{cases} \quad (k_3 \text{ 可取任意数}).$$

所以方程组有无穷多个解，任取其中一解：$k_1=2$，$k_2=0$，$k_3=1$，得

$$\boldsymbol{\alpha}=2\boldsymbol{\beta}_1+\boldsymbol{\beta}_3.$$

如果取方程组另一解：$k_1=1$，$k_2=3$，$k_3=0$，则得

$$\boldsymbol{\alpha}=\boldsymbol{\beta}_1+3\boldsymbol{\beta}_2.$$

由于上述方程组有无穷多个解，所以 $\boldsymbol{\alpha}$ 表示为 $\boldsymbol{\beta}_1,\boldsymbol{\beta}_2,\boldsymbol{\beta}_3$ 的线性组合的形式也有无穷多种.

与线性表示密切联系的有线性相关、线性无关两个概念. 这两个概念反映向量组 $\boldsymbol{\alpha}_1,\boldsymbol{\alpha}_2,\cdots,\boldsymbol{\alpha}_s$ 中是否存在某个向量能由其余向量线性表示，也即反映一个向量组的线性相关性.

定义 2.8 若 n 维向量组 $\boldsymbol{\alpha}_1,\boldsymbol{\alpha}_2,\cdots,\boldsymbol{\alpha}_s(s\geqslant 2)$ 中有一个向量是其余向量的线性组合，则称向量组 $\boldsymbol{\alpha}_1,\boldsymbol{\alpha}_2,\cdots,\boldsymbol{\alpha}_s$ **线性相关**. 若向量组 $\boldsymbol{\alpha}_1,\boldsymbol{\alpha}_2,\cdots,\boldsymbol{\alpha}_s$ 中没有一个向量是其余向量的线性组合，则称向量组 $\boldsymbol{\alpha}_1,\boldsymbol{\alpha}_2,\cdots,\boldsymbol{\alpha}_s$ **线性无关**. 对单个向量，我们规定，由一个零向量 $\mathbf{0}$ 构成的单个向量的向量组是线性相关的，而由一个非零向量构成的单个向量的向量组是线性无关的.

例如：向量组 $\boldsymbol{\alpha}_1=(-1,-2,-2)$，$\boldsymbol{\alpha}_2=(-2,1,-1)$，$\boldsymbol{\alpha}_3=(1,-3,-1)$ 是线性相关的，这是因为 $\boldsymbol{\alpha}_1=\boldsymbol{\alpha}_2+\boldsymbol{\alpha}_3$，即 $\boldsymbol{\alpha}_1$ 可表示为 $\boldsymbol{\alpha}_2,\boldsymbol{\alpha}_3$ 的线性组合，所以 $\boldsymbol{\alpha}_1,\boldsymbol{\alpha}_2,\boldsymbol{\alpha}_3$ 线性相关.

又如：向量组 $\boldsymbol{\alpha}_1=(1,0)$，$\boldsymbol{\alpha}_2=(0,1)$ 是线性无关的. 因为 $\boldsymbol{\alpha}_1$ 不能表示为 $\boldsymbol{\alpha}_2$ 的线性组合，$\boldsymbol{\alpha}_2$ 也不能表示为 $\boldsymbol{\alpha}_1$ 的线性组合，所以 $\boldsymbol{\alpha}_1,\boldsymbol{\alpha}_2$ 是线性无关的.

例 2.12 两个 n 维向量 $\boldsymbol{\alpha}_1=(a_1,a_2,\cdots,a_n)$，$\boldsymbol{\alpha}_2=(b_1,b_2,\cdots,b_n)$ 线性相关的充分必要条件是它们的对应分量成比例.

解 事实上，若 $\boldsymbol{\alpha}_1,\boldsymbol{\alpha}_2$ 线性相关，必有一向量可由另一向量线性表示，不妨设 $\boldsymbol{\alpha}_1=k\boldsymbol{\alpha}_2$，即

$$(a_1,a_2,\cdots,a_n)=k(b_1,b_2,\cdots,b_n)=(kb_1,kb_2,\cdots,kb_n).$$

因而

$$a_i=kb_i \quad (i=1,2,\cdots,n),$$

也就是 $\boldsymbol{\alpha}_1$ 与 $\boldsymbol{\alpha}_2$ 的对应分量成比例.

反之，若 $\boldsymbol{\alpha}_1$ 与 $\boldsymbol{\alpha}_2$ 的对应分量成比例，即

$$a_i = kb_i \quad (i=1,2,\cdots,n),$$

则有 $\boldsymbol{\alpha}_1 = k\boldsymbol{\alpha}_2$，所以 $\boldsymbol{\alpha}_1,\boldsymbol{\alpha}_2$ 线性相关.

由此，我们知道，两向量线性无关当且仅当其对应分量不成比例. 例如：向量 $\boldsymbol{\alpha}_1=(-1,-2,-2)$ 和 $\boldsymbol{\alpha}_2=(-2,1,-1)$ 因它们对应分量不成比例，所以 $\boldsymbol{\alpha}_1,\boldsymbol{\alpha}_2$ 线性无关.

从定义出发，我们若要判别向量组线性无关，就得证明此向量组每个向量都不能表示为其余向量的线性组合，这显然是够麻烦的. 为此，我们引进下面的定理(它给出了向量组线性相关与线性无关的等价条件(即充分必要条件))，它能更清楚地揭示线性相关、线性无关的本质.

定理2.3 向量组 $\boldsymbol{\alpha}_1,\boldsymbol{\alpha}_2,\cdots,\boldsymbol{\alpha}_s$ 线性相关的充分必要条件是存在一组不全为零的数 $k_1,k_2,\cdots,k_s$ 使得

$$k_1\boldsymbol{\alpha}_1+k_2\boldsymbol{\alpha}_2+\cdots+k_s\boldsymbol{\alpha}_s=\mathbf{0}$$

成立.

证 当 $s=1$ 时，向量组只含一个向量 $\boldsymbol{\alpha}_1$，若 $\boldsymbol{\alpha}_1$ 线性相关，即 $\boldsymbol{\alpha}_1=\mathbf{0}$，于是对任何数 $k_1\neq 0$，有 $k_1\boldsymbol{\alpha}_1=k_1\mathbf{0}=\mathbf{0}$. 反之，若有 $k_1\neq 0$ 使 $k_1\boldsymbol{\alpha}_1=\mathbf{0}$，必有 $\boldsymbol{\alpha}_1=\mathbf{0}$，即 $\boldsymbol{\alpha}_1$ 线性相关.

下面对 $s\geqslant 2$ 的情况来证明.

必要性　设 $\boldsymbol{\alpha}_1,\boldsymbol{\alpha}_2,\cdots,\boldsymbol{\alpha}_s$ 线性相关，那么有一向量可由其余向量线性表示. 不妨设 $\boldsymbol{\alpha}_s$ 可由 $\boldsymbol{\alpha}_1,\boldsymbol{\alpha}_2,\cdots,\boldsymbol{\alpha}_{s-1}$ 线性表示，即

$$\boldsymbol{\alpha}_s=l_1\boldsymbol{\alpha}_1+l_2\boldsymbol{\alpha}_2+\cdots+l_{s-1}\boldsymbol{\alpha}_{s-1}.$$

移项得

$$l_1\boldsymbol{\alpha}_1+l_2\boldsymbol{\alpha}_2+\cdots+l_{s-1}\boldsymbol{\alpha}_{s-1}+(-1)\boldsymbol{\alpha}_s=\mathbf{0}.$$

令

$$k_1=l_1,\ k_2=l_2,\ \cdots,\ k_{s-1}=l_{s-1},\ k_s=-1\neq 0,$$

它自然是一组不全为零的数(因为至少 $k_s=-1\neq 0$)，且使得

$$k_1\boldsymbol{\alpha}_1+k_2\boldsymbol{\alpha}_2+\cdots+k_s\boldsymbol{\alpha}_s=\mathbf{0}.$$

故必要性得证.

充分性　若存在一组不全为零的数 $k_1,k_2,\cdots,k_s$ 使得

$$k_1\boldsymbol{\alpha}_1+k_2\boldsymbol{\alpha}_2+\cdots+k_s\boldsymbol{\alpha}_s=\mathbf{0},$$

不妨设 $k_s\neq 0$，则有

$$\boldsymbol{\alpha}_s=-\frac{k_1}{k_s}\boldsymbol{\alpha}_1-\frac{k_2}{k_s}\boldsymbol{\alpha}_2-\cdots-\frac{k_{s-1}}{k_s}\boldsymbol{\alpha}_{s-1},$$

即 $\boldsymbol{\alpha}_s$ 可由 $\boldsymbol{\alpha}_1,\boldsymbol{\alpha}_2,\cdots,\boldsymbol{\alpha}_{s-1}$ 线性表示，因而 $\boldsymbol{\alpha}_1,\boldsymbol{\alpha}_2,\cdots,\boldsymbol{\alpha}_s$ 线性相关. ∎

将此定理换成另一种说法，即有

定理 2.3′ n 维向量组 $\boldsymbol{\alpha}_1,\boldsymbol{\alpha}_2,\cdots,\boldsymbol{\alpha}_s$ 线性无关的充分必要条件是等式

$$k_1\boldsymbol{\alpha}_1+k_2\boldsymbol{\alpha}_2+\cdots+k_s\boldsymbol{\alpha}_s=\mathbf{0}$$

成立当且仅当 $k_1=k_2=\cdots=k_s=0$.

例如：向量组 $\boldsymbol{\alpha}_1=(5,2,1)$，$\boldsymbol{\alpha}_2=(-1,3,3)$，$\boldsymbol{\alpha}_3=(9,7,5)$，因为有不全为零的数 $2,1,-1$ 使得

$$2\boldsymbol{\alpha}_1+\boldsymbol{\alpha}_2-\boldsymbol{\alpha}_3=\mathbf{0},$$

故 $\boldsymbol{\alpha}_1,\boldsymbol{\alpha}_2,\boldsymbol{\alpha}_3$ 线性相关.

例 2.13 n 维单位向量组 $\boldsymbol{\varepsilon}_1=(1,0,\cdots,0)$，$\boldsymbol{\varepsilon}_2=(0,1,\cdots,0)$，…，$\boldsymbol{\varepsilon}_n=(0,0,\cdots,1)$ 线性无关.

解 因为若 $k_1\boldsymbol{\varepsilon}_1+k_2\boldsymbol{\varepsilon}_2+\cdots+k_n\boldsymbol{\varepsilon}_n=\mathbf{0}$，即得

$$(k_1,k_2,\cdots,k_n)=\mathbf{0},$$

于是，$k_1=k_2=\cdots=k_s=0$. 故 $\boldsymbol{\varepsilon}_1,\boldsymbol{\varepsilon}_2,\cdots,\boldsymbol{\varepsilon}_n$ 线性无关.

由定理 2.3 我们容易得出下面的推论：

推论 1 设向量组 $\boldsymbol{\alpha}_1,\boldsymbol{\alpha}_2,\cdots,\boldsymbol{\alpha}_n$ 线性无关，而向量组 $\boldsymbol{\alpha}_1,\boldsymbol{\alpha}_2,\cdots,\boldsymbol{\alpha}_s,\boldsymbol{\beta}$ 线性相关，则 $\boldsymbol{\beta}$ 可以由 $\boldsymbol{\alpha}_1,\boldsymbol{\alpha}_2,\cdots,\boldsymbol{\alpha}_s$ 线性表示，且表示法唯一.

证 先证 $\boldsymbol{\beta}$ 可由 $\boldsymbol{\alpha}_1,\boldsymbol{\alpha}_2,\cdots,\boldsymbol{\alpha}_s$ 线性表示. 因为 $\boldsymbol{\alpha}_1,\boldsymbol{\alpha}_2,\cdots,\boldsymbol{\alpha}_s,\boldsymbol{\beta}$ 线性相关，所以存在一组不全为零的数 $k_1,k_2,\cdots,k_s,k$ 使得

$$k_1\boldsymbol{\alpha}_1+k_2\boldsymbol{\alpha}_2+\cdots+k_s\boldsymbol{\alpha}_s+k\boldsymbol{\beta}=\mathbf{0}.$$

倘若 $k=0$，则上式变为

$$k_1\boldsymbol{\alpha}_1+k_2\boldsymbol{\alpha}_2+\cdots+k_s\boldsymbol{\alpha}_s=\mathbf{0},$$

且 $k_1,k_2,\cdots,k_s$ 不全为零，这显然与 $\boldsymbol{\alpha}_1,\boldsymbol{\alpha}_2,\cdots,\boldsymbol{\alpha}_s$ 线性无关矛盾. 因此 $k\neq 0$，于是，

$$\boldsymbol{\beta}=-\frac{k_1}{k}\boldsymbol{\alpha}_1-\frac{k_2}{k}\boldsymbol{\alpha}_2-\cdots-\frac{k_s}{k}\boldsymbol{\alpha}_s,$$

即 $\boldsymbol{\beta}$ 可由 $\boldsymbol{\alpha}_1,\boldsymbol{\alpha}_2,\cdots,\boldsymbol{\alpha}_s$ 线性表示.

再证表示法唯一. 假设

$$\boldsymbol{\beta}=l_1\boldsymbol{\alpha}_1+l_2\boldsymbol{\alpha}_2+\cdots+l_s\boldsymbol{\alpha}_s,$$

$$\boldsymbol{\beta}=t_1\boldsymbol{\alpha}_1+t_2\boldsymbol{\alpha}_2+\cdots+t_s\boldsymbol{\alpha}_s.$$

两式相减，得

$$(l_1-t_1)\boldsymbol{\alpha}_1+(l_2-t_2)\boldsymbol{\alpha}_2+\cdots+(l_s-t_s)\boldsymbol{\alpha}_s=\mathbf{0}.$$

由已知 $\boldsymbol{\alpha}_1,\boldsymbol{\alpha}_2,\cdots,\boldsymbol{\alpha}_s$ 线性无关，得

$$l_1-t_1=0,\ l_2-t_2=0,\ \cdots,\ l_s-t_s=0,$$

即 $l_1=t_1$，$l_2=t_2$，…，$l_s=t_s$. 故表示法是唯一的. ■

推论 2 若一向量组有一个部分向量组线性相关，那么向量组本身也线性相关；若向量组线性无关，那么它的任一部分向量组也线性无关.

证 若 $\boldsymbol{\alpha}_1,\boldsymbol{\alpha}_2,\cdots,\boldsymbol{\alpha}_r,\boldsymbol{\alpha}_{r+1},\cdots,\boldsymbol{\alpha}_s$ 有一部分向量组 $\boldsymbol{\alpha}_1,\boldsymbol{\alpha}_2,\cdots,\boldsymbol{\alpha}_r$ 线性相关，那么存在不全为零的数 $k_1,k_2,\cdots,k_r$ 使

$$k_1\boldsymbol{\alpha}_1+k_2\boldsymbol{\alpha}_2+\cdots+k_r\boldsymbol{\alpha}_r=\mathbf{0},$$

从而也应有

$$k_1\boldsymbol{\alpha}_1+k_2\boldsymbol{\alpha}_2+\cdots+k_r\boldsymbol{\alpha}_r+0\cdot\boldsymbol{\alpha}_{r+1}+\cdots+0\cdot\boldsymbol{\alpha}_s=\mathbf{0},$$

且 $k_1,k_2,\cdots,k_r,0,\cdots,0$ 不全为零(因为 $k_1,k_2,\cdots,k_r$ 已不全为零)，所以 $\boldsymbol{\alpha}_1,\boldsymbol{\alpha}_2,\cdots,\boldsymbol{\alpha}_{r+1},\cdots,\boldsymbol{\alpha}_s$ 线性相关.

若向量组线性无关，而有部分向量组线性相关，则由上面事实知向量组本身应线性相关，这是一个矛盾. 所以，若向量组线性无关，则其部分向量组也必线性无关. ■

例 2.14 判定向量组 $\boldsymbol{\alpha}_1=(1,-1,2,4)$，$\boldsymbol{\alpha}_2=(0,3,1,2)$，$\boldsymbol{\alpha}_3=(3,0,7,14)$ 是否线性相关.

解 令 $x_1\boldsymbol{\alpha}_1+x_2\boldsymbol{\alpha}_2+x_3\boldsymbol{\alpha}_3=\mathbf{0}$，即得

$$\begin{cases} x_1+3x_3=0, \\ -x_1+3x_2=0, \\ 2x_1+x_2+7x_3=0, \\ 4x_1+2x_2+14x_3=0. \end{cases}$$

用初等变换将系数矩阵化为阶梯形矩阵：

$$\begin{pmatrix} 1 & 0 & 3 \\ -1 & 3 & 0 \\ 2 & 1 & 7 \\ 4 & 2 & 14 \end{pmatrix} \to \begin{pmatrix} 1 & 0 & 3 \\ 0 & 3 & 3 \\ 0 & 1 & 1 \\ 0 & 2 & 2 \end{pmatrix} \to \begin{pmatrix} 1 & 0 & 3 \\ 0 & 1 & 1 \\ 0 & 0 & 0 \\ 0 & 0 & 0 \end{pmatrix},$$

因此

$$\begin{cases} x_1+3x_3=0, \\ x_2+x_3=0. \end{cases}$$

所以原方程组的一般解为

$$\begin{cases} x_1=-3x_3, \\ x_2=-x_3. \end{cases}$$

任取一非零解 $x_1=-3$，$x_2=-1$，$x_3=1$，得

$$-3\boldsymbol{\alpha}_1-\boldsymbol{\alpha}_2+\boldsymbol{\alpha}_3=\mathbf{0},$$

所以 $\boldsymbol{\alpha}_1,\boldsymbol{\alpha}_2,\boldsymbol{\alpha}_3$ 线性相关.

一般地，对于 $m\leqslant n$，如何判定 m 个 n 维向量是否线性相关呢？ 由例 2.14 可以看到，这个问题可归结为判定齐次线性方程组是否有非零解的问题.

设有向量组 $\boldsymbol{\alpha}_1=(a_{11},a_{12},\cdots,a_{1n})$，$\boldsymbol{\alpha}_2=(a_{21},a_{22},\cdots,a_{2n})$，…，$\boldsymbol{\alpha}_m=(a_{m1},a_{m2},\cdots,a_{mn})$. 令

$$x_1\boldsymbol{\alpha}_1+x_2\boldsymbol{\alpha}_2+\cdots+x_m\boldsymbol{\alpha}_m=\mathbf{0}.$$

按其分量写出来，比较等式两边得

$$\begin{cases}a_{11}x_1+a_{21}x_2+\cdots+a_{m1}x_m=0,\\ a_{12}x_1+a_{22}x_2+\cdots+a_{m2}x_m=0,\\ \cdots\cdots\cdots\cdots\cdots\cdots\cdots\cdots\cdots\cdots\\ a_{1n}x_1+a_{2n}x_2+\cdots+a_{mn}x_m=0.\end{cases}$$

这是一个齐次线性方程组，若它有非零解，则 $\boldsymbol{\alpha}_1,\boldsymbol{\alpha}_2,\cdots,\boldsymbol{\alpha}_m$ 线性相关；若它仅有零解，则 $\boldsymbol{\alpha}_1,\boldsymbol{\alpha}_2,\cdots,\boldsymbol{\alpha}_m$ 线性无关.

思考题 当 $m>n$ 时，m 个 n 维向量构成的向量组是否线性相关？

以上我们由线性表示的概念引出了向量组线性相关性的概念. 在线性方程组中可以找到它们相应的概念，这就是方程组中方程之间的独立性，也就是说，如果线性方程组所对应的向量组线性相关，那么方程组中的方程不相互独立，必有多余的方程. 反之，如果对应的向量组线性无关，那么方程组的方程之间是互相独立的，不存在多余的方程.

类似地，两个线性方程组同解的概念在向量组中也能找到相应的概念，这就是两个向量组等价的概念.

定义 2.9 若向量组 $\boldsymbol{\alpha}_1,\boldsymbol{\alpha}_2,\cdots,\boldsymbol{\alpha}_s$ 中每一个向量 $\boldsymbol{\alpha}_i\,(i=1,2,\cdots,s)$ 都可由向量组 $\boldsymbol{\beta}_1,\boldsymbol{\beta}_2,\cdots,\boldsymbol{\beta}_t$ 线性表示，我们称向量组 $\boldsymbol{\alpha}_1,\boldsymbol{\alpha}_2,\cdots,\boldsymbol{\alpha}_s$ 可由向量组 $\boldsymbol{\beta}_1,\boldsymbol{\beta}_2,\cdots,\boldsymbol{\beta}_t$ **线性表示**.

若向量组 $\boldsymbol{\alpha}_1,\boldsymbol{\alpha}_2,\cdots,\boldsymbol{\alpha}_s$ 与向量组 $\boldsymbol{\beta}_1,\boldsymbol{\beta}_2,\cdots,\boldsymbol{\beta}_t$ 可以互相线性表示，则称这两个**向量组等价**，并记为

$$\{\boldsymbol{\alpha}_1,\boldsymbol{\alpha}_2,\cdots,\boldsymbol{\alpha}_s\}\sim\{\boldsymbol{\beta}_1,\boldsymbol{\beta}_2,\cdots,\boldsymbol{\beta}_t\}.$$

由于线性表示具有传递性，故等价概念也具有**传递性**，即若 $\{\boldsymbol{\alpha}_1,\boldsymbol{\alpha}_2,\cdots,\boldsymbol{\alpha}_s\}\sim\{\boldsymbol{\beta}_1,\boldsymbol{\beta}_2,\cdots,\boldsymbol{\beta}_t\}$，且 $\{\boldsymbol{\beta}_1,\boldsymbol{\beta}_2,\cdots,\boldsymbol{\beta}_t\}\sim\{\boldsymbol{\gamma}_1,\boldsymbol{\gamma}_2,\cdots,\boldsymbol{\gamma}_u\}$，则

$$\{\boldsymbol{\alpha}_1,\boldsymbol{\alpha}_2,\cdots,\boldsymbol{\alpha}_s\}\sim\{\boldsymbol{\gamma}_1,\boldsymbol{\gamma}_2,\cdots,\boldsymbol{\gamma}_u\}.$$

例 2.15 判定向量组 $\boldsymbol{\alpha}_1=(1,2,3)$，$\boldsymbol{\alpha}_2=(1,0,2)$ 与向量组 $\boldsymbol{\beta}_1=$

(3,4,8)，$\boldsymbol{\beta}_2=(2,2,5)$，$\boldsymbol{\beta}_3=(0,2,1)$ 是否等价.

解 因为 $\boldsymbol{\alpha}_1=\boldsymbol{\beta}_1-\boldsymbol{\beta}_2$，$\boldsymbol{\alpha}_2=-\boldsymbol{\beta}_1+2\boldsymbol{\beta}_2$，且

$$\boldsymbol{\beta}_1=2\boldsymbol{\alpha}_1+\boldsymbol{\alpha}_2,\quad \boldsymbol{\beta}_2=\boldsymbol{\alpha}_1+\boldsymbol{\alpha}_2,\quad \boldsymbol{\beta}_3=\boldsymbol{\alpha}_1-\boldsymbol{\alpha}_2,$$

故 $\boldsymbol{\alpha}_1,\boldsymbol{\alpha}_2$ 与 $\boldsymbol{\beta}_1,\boldsymbol{\beta}_2,\boldsymbol{\beta}_3$ 可互相线性表示，所以

$$\{\boldsymbol{\alpha}_1,\boldsymbol{\alpha}_2\}\sim\{\boldsymbol{\beta}_1,\boldsymbol{\beta}_2,\boldsymbol{\beta}_3\}.$$

在例 2.15 中的两向量组 $\boldsymbol{\alpha}_1,\boldsymbol{\alpha}_2$ 与 $\boldsymbol{\beta}_1,\boldsymbol{\beta}_2,\boldsymbol{\beta}_3$ 分别对应两线性方程组

$$\begin{cases}x_1+2x_2=3,\\ x_1\qquad\ \ =2\end{cases}\quad 和 \quad \begin{cases}3x_1+4x_2=8,\\ 2x_1+2x_2=5,\\ \qquad\ \ 2x_2=1.\end{cases}$$

向量组 $\boldsymbol{\alpha}_1,\boldsymbol{\alpha}_2$ 可由向量组 $\boldsymbol{\beta}_1,\boldsymbol{\beta}_2,\boldsymbol{\beta}_3$ 线性表示，即

$$\boldsymbol{\alpha}_1=\boldsymbol{\beta}_1-\boldsymbol{\beta}_2,\quad \boldsymbol{\alpha}_2=-\boldsymbol{\beta}_1+2\boldsymbol{\beta}_2,$$

相应地，用方程组的语言来说，即是第 1 个方程组的每个方程都可由第 2 个方程组的方程来表示. 具体地说，第 1 个方程组的第 1 个方程可表示成第 2 个方程组中第 1 个方程减第 2 个方程，而第 1 个方程组的第 2 个方程为第 2 个方程组的第 2 个方程的 2 倍减去第 1 个方程. 既然第 1 个方程组是第 2 个方程组的组合，故第 2 个方程组的解，必定是第 1 个方程组的解. 反之，由于 $\boldsymbol{\beta}_1,\boldsymbol{\beta}_2$，$\boldsymbol{\beta}_3$ 可由 $\boldsymbol{\alpha}_1,\boldsymbol{\alpha}_2$ 线性表示，故同理可得第 1 个方程组的任一解也是第 2 个方程组的解. 因此两个线性方程组同解.

我们已经看到，在线性方程组中，我们关心的是将一个线性方程组中多余的方程都舍去，剩下仅由相互独立的方程所组成的线性方程组，与此相对应的概念，就是下面将引入的极大线性无关组.

定义 2.10 若向量组 $\boldsymbol{\alpha}_1,\boldsymbol{\alpha}_2,\cdots,\boldsymbol{\alpha}_s$ 的一部分向量 $\boldsymbol{\alpha}_{i1},\boldsymbol{\alpha}_{i2},\cdots,\boldsymbol{\alpha}_{i_r}$ 满足：

1） $\boldsymbol{\alpha}_{i1},\boldsymbol{\alpha}_{i2},\cdots,\boldsymbol{\alpha}_{i_r}$ 线性无关；

2） 每一个向量 $\boldsymbol{\alpha}_j\,(j=1,2,\cdots,s)$ 都可由 $\boldsymbol{\alpha}_{i1},\boldsymbol{\alpha}_{i2},\cdots,\boldsymbol{\alpha}_{i_r}$ 线性表示，则称此部分向量组 $\boldsymbol{\alpha}_{i1},\boldsymbol{\alpha}_{i2},\cdots,\boldsymbol{\alpha}_{i_r}$ 为原向量组的一个**极大线性无关组**.

当向量组中的向量个数无限多，且有有限个部分向量满足 1),2)，我们也称这有限个部分向量是向量组的极大线性无关组.

显然，若向量组线性无关，那么它的极大线性无关组就是它本身.

由极大线性无关组的定义，我们容易得出：

若将向量组 $\boldsymbol{\alpha}_1,\boldsymbol{\alpha}_2,\cdots,\boldsymbol{\alpha}_s$ 中的任一向量 $\boldsymbol{\alpha}_j\,(1\leqslant j\leqslant s)$ 添加于其极大线性无关组 $\boldsymbol{\alpha}_{i1},\boldsymbol{\alpha}_{i2},\cdots,\boldsymbol{\alpha}_{i_r}$ 中，则所得的向量组 $\boldsymbol{\alpha}_{i1},\boldsymbol{\alpha}_{i2},\cdots,\boldsymbol{\alpha}_{i_r},\boldsymbol{\alpha}_j$ 必线性相关.

事实上，由于 $\boldsymbol{\alpha}_{i1},\boldsymbol{\alpha}_{i2},\cdots,\boldsymbol{\alpha}_{i_r}$ 是极大线性无关组，所以依定义，任一向量 $\boldsymbol{\alpha}_j$ 必为 $\boldsymbol{\alpha}_{i1},\boldsymbol{\alpha}_{i2},\cdots,\boldsymbol{\alpha}_{i_r}$ 的线性组合，于是 $\boldsymbol{\alpha}_{i1},\boldsymbol{\alpha}_{i2},\cdots,\boldsymbol{\alpha}_{i_r},\boldsymbol{\alpha}_j$ 线性相关，也就是说，向量组的极大线性无关组再添上该向量组中任一向量则必线性相

关，此即是“极大”的意义所在.

例 2.16 求向量组 $\boldsymbol{\alpha}_1=(1,0,0)$，$\boldsymbol{\alpha}_2=(0,1,0)$，$\boldsymbol{\alpha}_3=(1,1,0)$ 的极大线性无关组.

解 容易看出 $\boldsymbol{\alpha}_1,\boldsymbol{\alpha}_2$ 线性无关. 而 $\boldsymbol{\alpha}_3=\boldsymbol{\alpha}_1+\boldsymbol{\alpha}_2$，所以 $\boldsymbol{\alpha}_1,\boldsymbol{\alpha}_2$ 是向量组 $\boldsymbol{\alpha}_1,\boldsymbol{\alpha}_2,\boldsymbol{\alpha}_3$ 的一个极大线性无关组.

同样，我们可得 $\boldsymbol{\alpha}_1,\boldsymbol{\alpha}_3$ 或 $\boldsymbol{\alpha}_2,\boldsymbol{\alpha}_3$ 也都是 $\boldsymbol{\alpha}_1,\boldsymbol{\alpha}_2,\boldsymbol{\alpha}_3$ 的极大线性无关组. 这说明，一个向量组的极大线性无关组可以不止一个.

例 2.17 求向量组 $\boldsymbol{\alpha}_1=(1,0,0)$，$\boldsymbol{\alpha}_2=(1,1,0)$，$\boldsymbol{\alpha}_3=(1,1,1)$ 的极大线性无关组.

解 令 $k_1\boldsymbol{\alpha}_1+k_2\boldsymbol{\alpha}_2+k_3\boldsymbol{\alpha}_3=\mathbf{0}$，即

$$(k_1+k_2+k_3,k_2+k_3,k_3)=\mathbf{0},$$

于是得 $k_1=k_2=k_3=0$，故 $\boldsymbol{\alpha}_1,\boldsymbol{\alpha}_2,\boldsymbol{\alpha}_3$ 线性无关，自然 $\boldsymbol{\alpha}_i(i=1,2,3)$ 都可由 $\boldsymbol{\alpha}_1,\boldsymbol{\alpha}_2,\boldsymbol{\alpha}_3$ 线性表示，故 $\boldsymbol{\alpha}_1,\boldsymbol{\alpha}_2,\boldsymbol{\alpha}_3$ 的极大线性无关组还是 $\boldsymbol{\alpha}_1,\boldsymbol{\alpha}_2,\boldsymbol{\alpha}_3$.

上面我们定义了向量组的极大线性无关组的概念，那么，向量组与极大线性无关组之间关系如何呢？ 我们有

1° 向量组与它的任意一个极大线性无关组等价.

事实上，每一极大线性无关组当然可由原向量组线性表示. 而按定义，向量组又可由其极大线性无关组表示，即它们可以互相线性表示. 于是向量组与其极大线性无关组等价.

2° 同一向量组中任意两个极大线性无关组等价.

由 1°知，每一极大线性无关组皆与原向量组等价. 再由等价的传递性知，同一向量组中任意两个极大线性无关组等价.

在例 2.16 中，我们看到向量组 $\boldsymbol{\alpha}_1=(1,0,0)$，$\boldsymbol{\alpha}_2=(0,1,0)$，$\boldsymbol{\alpha}_3=(1,1,0)$ 中尽管有 3 组不同的极大线性无关组 $\boldsymbol{\alpha}_1,\boldsymbol{\alpha}_2$；$\boldsymbol{\alpha}_1,\boldsymbol{\alpha}_3$ 及 $\boldsymbol{\alpha}_2,\boldsymbol{\alpha}_3$，但注意到其向量个数皆为两个，对于一般的情况我们有

3° 同一向量组中的所有极大线性无关组皆包含有相同个数的向量.

为证明性质 3°，我们需要下面的定理及其推论.

定理 2.4 *若向量组 $\boldsymbol{\alpha}_1,\boldsymbol{\alpha}_2,\cdots,\boldsymbol{\alpha}_s$ 中每个向量都可以由向量组 $\boldsymbol{\beta}_1,\boldsymbol{\beta}_2,\cdots,\boldsymbol{\beta}_t$ 线性表示，且 $s>t$，则向量组 $\boldsymbol{\alpha}_1,\boldsymbol{\alpha}_2,\cdots,\boldsymbol{\alpha}_s$ 线性相关(为方便记忆，可记为：以少表多，多者线性相关).*

证 设 $\boldsymbol{\alpha}_i=\sum\limits_{j=1}^{t}k_{ji}\boldsymbol{\beta}_j(i=1,2,\cdots,s)$. 为了证明 $\boldsymbol{\alpha}_1,\boldsymbol{\alpha}_2,\cdots,\boldsymbol{\alpha}_s$ 线性相关，

只需找到不全为零的数 $k_1,k_2,\cdots,k_s$ 使

$$k_1\boldsymbol{\alpha}_1+k_2\boldsymbol{\alpha}_2+\cdots+k_s\boldsymbol{\alpha}_s=\mathbf{0}.$$

为此，考查 $\boldsymbol{\alpha}_1,\boldsymbol{\alpha}_2,\cdots,\boldsymbol{\alpha}_s$ 的线性组合 $\sum\limits_{i=1}^{s}x_i\boldsymbol{\alpha}_i$，有

$$\sum_{i=1}^{s}x_i\boldsymbol{\alpha}_i=\sum_{i=1}^{s}x_i\left(\sum_{j=1}^{t}k_{ji}\boldsymbol{\beta}_j\right)=\sum_{j=1}^{t}\left(\sum_{i=1}^{s}k_{ji}x_i\right)\boldsymbol{\beta}_j.$$

令

$$\sum_{i=1}^{s}k_{ji}x_i=0\quad(j=1,2,\cdots,t),$$

这是 t 个方程 s 个未知量的齐次线性方程组，具体写出来即为

$$\begin{cases}k_{11}x_1+k_{12}x_2+\cdots+k_{1s}x_s=0,\\k_{21}x_1+k_{22}x_2+\cdots+k_{2s}x_s=0,\\\cdots\cdots\cdots\cdots\cdots\cdots\cdots\cdots\\k_{t1}x_1+k_{t2}x_2+\cdots+k_{ts}x_s=0.\end{cases}$$

由于 $s>t$，即未知量个数大于方程个数，由定理 2.2 知，此齐次线性方程组有非零解

$$x_1=k_1,\ x_2=k_2,\ \cdots,\ x_s=k_s,$$

也就是存在不全为零的数 $k_1,k_2,\cdots,k_s$ 使得

$$\sum_{i=1}^{s}k_i\boldsymbol{\alpha}_i=\sum_{j=1}^{t}\left(\sum_{i=1}^{s}k_{ji}k_i\right)\boldsymbol{\beta}_j=\sum_{j=1}^{t}0\cdot\boldsymbol{\beta}_j=\mathbf{0},$$

即

$$k_1\boldsymbol{\alpha}_1+k_2\boldsymbol{\alpha}_2+\cdots+k_s\boldsymbol{\alpha}_s=\mathbf{0}.$$

因而 $\boldsymbol{\alpha}_1,\boldsymbol{\alpha}_2,\cdots,\boldsymbol{\alpha}_s$ 线性相关. ■

将定理 2.4 写成逆否命题的形式，也同样成立. 由此即得

推论 1 如果向量组 $\boldsymbol{\alpha}_1,\boldsymbol{\alpha}_2,\cdots,\boldsymbol{\alpha}_s$ 中的每个向量可由向量组 $\boldsymbol{\beta}_1,\boldsymbol{\beta}_2,\cdots,\boldsymbol{\beta}_t$ 线性表示，且 $\boldsymbol{\alpha}_1,\boldsymbol{\alpha}_2,\cdots,\boldsymbol{\alpha}_s$ 线性无关，则 $s\leqslant t$.

根据定理 2.4，我们还可得出如下推论：

推论 2 两个等价的线性无关的向量组含有相同个数的向量.

证 设 $\boldsymbol{\alpha}_1,\boldsymbol{\alpha}_2,\cdots,\boldsymbol{\alpha}_s$ 与 $\boldsymbol{\beta}_1,\boldsymbol{\beta}_2,\cdots,\boldsymbol{\beta}_t$ 是两个等价的线性无关的向量组. 因 $\boldsymbol{\alpha}_1,\boldsymbol{\alpha}_2,\cdots,\boldsymbol{\alpha}_s$ 可由 $\boldsymbol{\beta}_1,\boldsymbol{\beta}_2,\cdots,\boldsymbol{\beta}_t$ 线性表示，且 $\boldsymbol{\alpha}_1,\boldsymbol{\alpha}_2,\cdots,\boldsymbol{\alpha}_s$ 线性无关，故由定理 2.4 的推论 1 知 $s\leqslant t$. 同理 $\boldsymbol{\beta}_1,\boldsymbol{\beta}_2,\cdots,\boldsymbol{\beta}_t$ 可由 $\boldsymbol{\alpha}_1,\boldsymbol{\alpha}_2,\cdots,\boldsymbol{\alpha}_s$ 线性表示，又 $\boldsymbol{\beta}_1,\boldsymbol{\beta}_2,\cdots,\boldsymbol{\beta}_t$ 线性无关，故必 $t\leqslant s$. 既然 $s\leqslant t$，又 $t\leqslant s$，所以只有 $s=t$. ■

下面我们证明性质 3°. 事实上，由 2° 知，同一向量组中的任意两个极大线性无关组等价，因而由定理 2.4 的推论 2，它们必须含有相同个数的向量.

由此我们可以给出下面的定义.

定义 2.11 向量组的任何一个极大线性无关组所含向量的个数称为该**向量组的秩**.

如例 2.16，向量组 $\boldsymbol{\alpha}_1=(1,0,0)$，$\boldsymbol{\alpha}_2=(0,1,0)$，$\boldsymbol{\alpha}_3=(1,1,0)$ 的秩是 2.

只含零向量的向量组的秩认为是零.

关于如何求一向量组的秩及其一个极大线性无关组，我们将在下一节中讨论.

因为线性无关的向量组就是它自身的极大线性无关组，所以一个向量组线性无关的充分必要条件是它的秩等于它所含的向量个数.

由定理 2.4 也即刻可得

推论 3 如果 $m>n$，则 m 个 n 维向量构成的向量组必线性相关.

这是因为，任一 n 维向量都可以由 n 维单位向量组 $\boldsymbol{\varepsilon}_1,\boldsymbol{\varepsilon}_2,\cdots,\boldsymbol{\varepsilon}_n$ 来表示，也即 m 个向量所组成的向量组中每个向量都可由 $\boldsymbol{\varepsilon}_1,\boldsymbol{\varepsilon}_2,\cdots,\boldsymbol{\varepsilon}_n$ 来表示，且 $m>n$，于是由定理 2.4 知，向量组线性相关(推论 3 表明，向量组所含向量个数 m 大于向量维数 n 时，它必线性相关).

注意，推论 3 也可由定理 2.2 直接推出. 这是因为若 $\boldsymbol{\alpha}_1,\boldsymbol{\alpha}_2,\cdots,\boldsymbol{\alpha}_m$ 是 m 个 n 维向量且 $m>n$，则齐次线性方程组

$$x_1\boldsymbol{\alpha}_1+x_2\boldsymbol{\alpha}_2+\cdots+x_m\boldsymbol{\alpha}_m=\mathbf{0}$$

中未知量个数 m 大于方程个数 n，此齐次线性方程组有非零解，所以 $\boldsymbol{\alpha}_1,\boldsymbol{\alpha}_2,\cdots,\boldsymbol{\alpha}_m$ 线性相关.

最后，我们再给出一个推论.

推论 4 任何两个等价的向量组必有相同的秩.

证 假若 $\{\boldsymbol{\alpha}_1,\boldsymbol{\alpha}_2,\cdots,\boldsymbol{\alpha}_s\}\sim\{\boldsymbol{\beta}_1,\boldsymbol{\beta}_2,\cdots,\boldsymbol{\beta}_t\}$，且设它们的秩分别为 r,p，而其极大线性无关组分别为 $\{\boldsymbol{\alpha}_{i1},\boldsymbol{\alpha}_{i2},\cdots,\boldsymbol{\alpha}_{ir}\}$ 及 $\{\boldsymbol{\beta}_{j1},\boldsymbol{\beta}_{j2},\cdots,\boldsymbol{\beta}_{jp}\}$，则

$$\{\boldsymbol{\alpha}_1,\boldsymbol{\alpha}_2,\cdots,\boldsymbol{\alpha}_s\}\sim\{\boldsymbol{\alpha}_{i1},\boldsymbol{\alpha}_{i2},\cdots,\boldsymbol{\alpha}_{ir}\},$$

及 $\{\boldsymbol{\beta}_1,\boldsymbol{\beta}_2,\cdots,\boldsymbol{\beta}_t\}\sim\{\boldsymbol{\beta}_{j1},\boldsymbol{\beta}_{j2},\cdots,\boldsymbol{\beta}_{jp}\}$，由已知条件 $\{\boldsymbol{\alpha}_1,\boldsymbol{\alpha}_2,\cdots,\boldsymbol{\alpha}_s\}\sim\{\boldsymbol{\beta}_1,\boldsymbol{\beta}_2,\cdots,\boldsymbol{\beta}_t\}$，按等价的传递性，我们就有

$$\{\boldsymbol{\alpha}_{i1},\boldsymbol{\alpha}_{i2},\cdots,\boldsymbol{\alpha}_{ir}\}\sim\{\boldsymbol{\beta}_{j1},\boldsymbol{\beta}_{j2},\cdots,\boldsymbol{\beta}_{jp}\}.$$

而它们皆是线性无关的，于是由推论 2 知，它们的向量个数相同，即 $r=p$. 所以等价向量组的秩相等. ∎

注意，推论 4 的逆命题不真. 例如：向量组 $\boldsymbol{\alpha}_1=(1,0,0)$ 与向量组 $\boldsymbol{\beta}_1=(0,1,0)$ 的秩都是 1，但它们并不等价.

通过本节，我们已经看到，线性方程组中方程之间的关系，实际上可看做向量之间的关系. 在 2.4 节中，我们还将看到，线性方程组每个解也可看做一个解向量，解与解之间的关系，也可转化为向量与向量之间的关系. 因此为了深入探讨线性方程组的理论，我们在本节对向量之间的线性关系作了专门研究.

虽然我们在本章里研究的向量主要用于代表线性方程，但是向量的概念具有更高的概括性，例如：3 维向量 (a,b,c) 不仅可代表方程 $ax+by=c$；在解析几何中，也可看做空间中一个向量的坐标；还可以看做二次多项式 ax^2+bx+c，等等，因此向量概念的引进，其意义是相当深远的，这在第 6 章的学习中将会进一步看到.

习题 2.2

1. $\boldsymbol{\alpha}_1=(2,5,1,3)$，$\boldsymbol{\alpha}_2=(10,1,5,10)$，$\boldsymbol{\alpha}_3=(4,1,-1,1)$. 求一个 4 维向量 $\boldsymbol{\alpha}$，使得 $3(\boldsymbol{\alpha}_1-\boldsymbol{\alpha})+2(\boldsymbol{\alpha}_2+\boldsymbol{\alpha})=5(\boldsymbol{\alpha}_3+\boldsymbol{\alpha})$.

2. 证明：1) $0\cdot\boldsymbol{\alpha}=\mathbf{0}$；2) $k\cdot\mathbf{0}=\mathbf{0}$；3) 如果 $k\boldsymbol{\alpha}=\mathbf{0}$，则必有 $k=0$ 或 $\boldsymbol{\alpha}=\mathbf{0}$.

3. 把向量 $\boldsymbol{\beta}$ 表示为向量 $\boldsymbol{\alpha}_1,\boldsymbol{\alpha}_2,\boldsymbol{\alpha}_3$ 的线性组合：

1) $\boldsymbol{\beta}=(1,2,1)$，$\boldsymbol{\alpha}_1=(1,1,1)$，$\boldsymbol{\alpha}_2=(1,1,-1)$，$\boldsymbol{\alpha}_3=(1,-1,-1)$；

2) $\boldsymbol{\beta}=(5,8,8)$，$\boldsymbol{\alpha}_1=(1,3,5)$，$\boldsymbol{\alpha}_2=(6,3,-2)$，$\boldsymbol{\alpha}_3=(3,1,0)$.

4. 已知向量 $\boldsymbol{\beta}=(1,2,1,1)$，$\boldsymbol{\alpha}_1=(1,1,1,1)$，$\boldsymbol{\alpha}_2=(1,1,-1,-1)$，$\boldsymbol{\alpha}_3=(1,-1,1,-1)$，$\boldsymbol{\alpha}_4=(1,-1,-1,1)$. 试将 $\boldsymbol{\beta}$ 表示成 $\boldsymbol{\alpha}_1,\boldsymbol{\alpha}_2,\boldsymbol{\alpha}_3,\boldsymbol{\alpha}_4$ 的线性组合.

5. 判别下面向量组是否线性相关：

1) $\boldsymbol{\alpha}_1=(1,1,1)$，$\boldsymbol{\alpha}_2=(1,2,3)$，$\boldsymbol{\alpha}_3=(1,3,6)$；

2) $\boldsymbol{\alpha}_1=(3,2,-5,4)$，$\boldsymbol{\alpha}_2=(2,1,-3,-5)$，$\boldsymbol{\alpha}_3=(3,5,-13,11)$；

3) $\boldsymbol{\alpha}_1=(1,-1,2,4)$，$\boldsymbol{\alpha}_2=(0,3,0,2)$，$\boldsymbol{\alpha}_3=(2,1,1,2)$，$\boldsymbol{\alpha}_4=(3,2,1,2)$；

4) $\boldsymbol{\alpha}_1=(1,7,8,9)$，$\boldsymbol{\alpha}_2=(9,10,20,23)$，$\boldsymbol{\alpha}_3=(99,78,60,2)$，$\boldsymbol{\alpha}_4=(39,27,2,1)$，$\boldsymbol{\alpha}_5=(101,213,3,2)$.

6. 设 $a_1,a_2,\cdots,a_n$ 是互不相同的数，令

$$\boldsymbol{\alpha}_1=(1,a_1,a_1^2,\cdots,a_1^{n-1}),\ \boldsymbol{\alpha}_2=(1,a_2,a_2^2,\cdots,a_2^{n-1}),\ \cdots,$$
$$\boldsymbol{\alpha}_n=(1,a_n,a_n^2,\cdots,a_n^{n-1}).$$

证明：任一 n 维向量都可由向量组 $\boldsymbol{\alpha}_1,\boldsymbol{\alpha}_2,\cdots,\boldsymbol{\alpha}_n$ 线性表示.

7. 证明：

1) 包含零向量的任何向量组是线性相关的；

2) 包含向量 $\boldsymbol{\alpha}$ 及 $\lambda\boldsymbol{\alpha}$ (λ 为数) 的向量组必线性相关.

8. 判别下列论断哪些是对的，哪些是错的. 对的，加以证明；错的，请举出反例.

1) 若 $\boldsymbol{\alpha}_1,\boldsymbol{\alpha}_2,\cdots,\boldsymbol{\alpha}_s$ 线性相关，则其中每一个向量都是其余向量的线性组合.

2）若存在一组全为零的数，使 $0\boldsymbol{\alpha}_1+0\boldsymbol{\alpha}_2+\cdots+0\boldsymbol{\alpha}_s=\mathbf{0}$，则向量组 $\boldsymbol{\alpha}_1,\boldsymbol{\alpha}_2,\cdots,\boldsymbol{\alpha}_s$ 线性相关.

3）若向量组 $\boldsymbol{\alpha}_1,\boldsymbol{\alpha}_2,\cdots,\boldsymbol{\alpha}_r$ 线性无关，而 $\boldsymbol{\alpha}_{r+1}$ 不能由 $\boldsymbol{\alpha}_1,\boldsymbol{\alpha}_2,\cdots,\boldsymbol{\alpha}_r$ 线性表示，则向量组 $\boldsymbol{\alpha}_1,\boldsymbol{\alpha}_2,\cdots,\boldsymbol{\alpha}_r,\boldsymbol{\alpha}_{r+1}$ 线性无关.

4）若两个 n 维向量组 $\boldsymbol{\alpha}_1,\boldsymbol{\alpha}_2,\cdots,\boldsymbol{\alpha}_s$ 与 $\boldsymbol{\beta}_1,\boldsymbol{\beta}_2,\cdots,\boldsymbol{\beta}_s$ 皆线性无关，则向量组 $\boldsymbol{\alpha}_1,\boldsymbol{\alpha}_2,\cdots,\boldsymbol{\alpha}_s,\boldsymbol{\beta}_1,\boldsymbol{\beta}_2,\cdots,\boldsymbol{\beta}_s$ 也线性无关.

9. 若 $\boldsymbol{\alpha}_1,\boldsymbol{\alpha}_2,\cdots,\boldsymbol{\alpha}_s$ 与 $\boldsymbol{\beta}_1,\boldsymbol{\beta}_2,\cdots,\boldsymbol{\beta}_s$ 皆是线性相关的向量组，有人断言，此时 $\boldsymbol{\alpha}_1+\boldsymbol{\beta}_1,\boldsymbol{\alpha}_2+\boldsymbol{\beta}_2,\cdots,\boldsymbol{\alpha}_s+\boldsymbol{\beta}_s$ 一定线性相关. 其证法如下：

因为 $\boldsymbol{\alpha}_1,\boldsymbol{\alpha}_2,\cdots,\boldsymbol{\alpha}_s$ 与 $\boldsymbol{\beta}_1,\boldsymbol{\beta}_2,\cdots,\boldsymbol{\beta}_s$ 皆线性相关，所以存在不全为零的数 $k_1,k_2,\cdots,k_s$，使

$$k_1\boldsymbol{\alpha}_1+k_2\boldsymbol{\alpha}_2+\cdots+k_s\boldsymbol{\alpha}_s=\mathbf{0},$$
$$k_1\boldsymbol{\beta}_1+k_2\boldsymbol{\beta}_2+\cdots+k_s\boldsymbol{\beta}_s=\mathbf{0},$$

所以

$$k_1(\boldsymbol{\alpha}_1+\boldsymbol{\beta}_1)+k_2(\boldsymbol{\alpha}_2+\boldsymbol{\beta}_2)+\cdots+k_s(\boldsymbol{\alpha}_s+\boldsymbol{\beta}_s)=\mathbf{0}.$$

由于 $k_1,k_2,\cdots,k_s$ 不全为零，所以 $\boldsymbol{\alpha}_1+\boldsymbol{\beta}_1,\boldsymbol{\alpha}_2+\boldsymbol{\beta}_2,\cdots,\boldsymbol{\alpha}_s+\boldsymbol{\beta}_s$ 线性相关.

这种证法是否正确？为什么？若此断言不正确，请举出反例.

10. 设 $\boldsymbol{\alpha}_1,\boldsymbol{\alpha}_2,\boldsymbol{\alpha}_3$ 线性无关，证明：$\boldsymbol{\alpha}_1+\boldsymbol{\alpha}_2,\boldsymbol{\alpha}_2+\boldsymbol{\alpha}_3,\boldsymbol{\alpha}_3+\boldsymbol{\alpha}_1$ 也线性无关.

11. 若向量 $\boldsymbol{\beta}$ 可以由向量组 $\boldsymbol{\alpha}_1,\boldsymbol{\alpha}_2,\cdots,\boldsymbol{\alpha}_s$ 线性表示：

$$\boldsymbol{\beta}=k_1\boldsymbol{\alpha}_1+k_2\boldsymbol{\alpha}_2+\cdots+k_s\boldsymbol{\alpha}_s,$$

问其中的系数 $k_1,k_2,\cdots,k_s$ 是否唯一？$\boldsymbol{\alpha}_1,\boldsymbol{\alpha}_2,\cdots,\boldsymbol{\alpha}_s$ 应满足什么条件，系数 $k_1,k_2,\cdots,k_s$ 才唯一？

12. 证明：若向量组 $\boldsymbol{\alpha}_1=(a_{11},a_{12},\cdots,a_{1r})$，$\boldsymbol{\alpha}_2=(a_{21},a_{22},\cdots,a_{2r})$，$\cdots$，$\boldsymbol{\alpha}_s=(a_{s1},a_{s2},\cdots,a_{sr})$ 线性无关，则向量组

$$\begin{aligned}\boldsymbol{\beta}_1&=(a_{11},a_{12},\cdots,a_{1r},a_{1,r+1},\cdots,a_{1n}),\\ \boldsymbol{\beta}_2&=(a_{21},a_{22},\cdots,a_{2r},a_{2,r+1},\cdots,a_{2n}),\\ &\cdots,\\ \boldsymbol{\beta}_s&=(a_{s1},a_{s2},\cdots,a_{sr},a_{s,r+1},\cdots,a_{sn})\end{aligned}$$

也线性无关(注意，这里 $\boldsymbol{\beta}_i$ 是由 $\boldsymbol{\alpha}_i$ 增加 $n-r$ 个分量而得的，称 $\boldsymbol{\beta}_1,\boldsymbol{\beta}_2,\cdots,\boldsymbol{\beta}_s$ 是向量组 $\boldsymbol{\alpha}_1,\boldsymbol{\alpha}_2,\cdots,\boldsymbol{\alpha}_s$ 的延伸组).

13. 设向量 $\boldsymbol{\beta}$ 可以由向量组 $\boldsymbol{\alpha}_1,\boldsymbol{\alpha}_2,\cdots,\boldsymbol{\alpha}_s$ 线性表示，但不能由 $\boldsymbol{\alpha}_1,\boldsymbol{\alpha}_2,\cdots,\boldsymbol{\alpha}_{s-1}$ 线性表示. 证明：向量组 $\boldsymbol{\alpha}_1,\boldsymbol{\alpha}_2,\cdots,\boldsymbol{\alpha}_{s-1},\boldsymbol{\alpha}_s$ 与向量组 $\boldsymbol{\alpha}_1,\boldsymbol{\alpha}_2,\cdots,\boldsymbol{\alpha}_{s-1},\boldsymbol{\beta}$ 等价.

14. 若 n 维单位向量组 $\boldsymbol{\varepsilon}_1,\boldsymbol{\varepsilon}_2,\cdots,\boldsymbol{\varepsilon}_n$ 可由 n 维向量组 $\boldsymbol{\alpha}_1,\boldsymbol{\alpha}_2,\cdots,\boldsymbol{\alpha}_n$ 线性表示，证明：向量组 $\boldsymbol{\alpha}_1,\boldsymbol{\alpha}_2,\cdots,\boldsymbol{\alpha}_n$ 线性无关.

15. 若向量组(Ⅰ) $=\{\boldsymbol{\alpha}_1,\boldsymbol{\alpha}_2,\cdots,\boldsymbol{\alpha}_s\}$ 可由向量组(Ⅱ) $=\{\boldsymbol{\beta}_1,\boldsymbol{\beta}_2,\cdots,\boldsymbol{\beta}_t\}$ 线性表示，证明：

向量组(Ⅰ)的秩 $\leqslant$ 向量组(Ⅱ)的秩.

16. 设 $\boldsymbol{\alpha}_i=(a_{i1},a_{i2},\cdots,a_{in})$, $i=1,2,\cdots,n$, 行列式

$$D=\begin{vmatrix} a_{11} & a_{12} & \cdots & a_{1n} \\ a_{21} & a_{22} & \cdots & a_{2n} \\ \vdots & \vdots & \ddots & \vdots \\ a_{n1} & a_{n2} & \cdots & a_{nn} \end{vmatrix}\neq 0.$$

证明：向量组 $\boldsymbol{\alpha}_1,\boldsymbol{\alpha}_2,\cdots,\boldsymbol{\alpha}_n$ 线性无关.

2.3 矩阵的秩

在线性方程组的理论中，矩阵的秩起着重要的作用. 本节将介绍矩阵秩的概念，以及利用初等变换求矩阵的秩的方法，从而给出求一向量组的秩的方法. 首先，我们给出矩阵的行秩和列秩的概念.

一个 m 行 n 列的矩阵 $\boldsymbol{A}=(a_{ij})_{m\times n}$ 的每一行都可看做一个 n 维向量，而每一列又可看做一个 m 维向量，我们把它们分别称为矩阵 $\boldsymbol{A}$ 的**行向量**与**列向量**. 例如：矩阵 $\boldsymbol{A}$ 的第 i 行的行向量可记为

$$\boldsymbol{\alpha}_i=(a_{i1},a_{i2},\cdots,a_{in}),\quad i=1,2,\cdots,m,$$

而 $\boldsymbol{A}$ 的第 j 列的列向量可记为

$$\boldsymbol{\beta}_j=\begin{pmatrix} a_{1j} \\ a_{2j} \\ \vdots \\ a_{mj} \end{pmatrix} \text{ 或 } \boldsymbol{\beta}_j=(a_{1j},a_{2j},\cdots,a_{mj})^{\mathrm{T}},\quad j=1,2,\cdots,n.$$

定义 2.12 矩阵的行向量组的秩称为矩阵的**行秩**. 矩阵的列向量组的秩称为矩阵的**列秩**.

例 2.18 求矩阵

$$\boldsymbol{A}=\begin{pmatrix} 1 & 1 & 3 & 1 \\ 0 & 2 & -1 & 4 \\ 0 & 0 & 0 & 5 \\ 0 & 0 & 0 & 0 \end{pmatrix}$$

的行秩与列秩.

解 $\boldsymbol{A}$ 的行向量组为 $\boldsymbol{\alpha}_1=(1,1,3,1)$, $\boldsymbol{\alpha}_2=(0,2,-1,4)$, $\boldsymbol{\alpha}_3=(0,0,0,5)$, $\boldsymbol{\alpha}_4=(0,0,0,0)$. 容易看出，$\boldsymbol{\alpha}_1,\boldsymbol{\alpha}_2,\boldsymbol{\alpha}_3$ 是向量组 $\boldsymbol{\alpha}_1,\boldsymbol{\alpha}_2,\boldsymbol{\alpha}_3,\boldsymbol{\alpha}_4$ 的一个极大线性无关组，所以 $\boldsymbol{A}$ 的行秩是 3.

$\boldsymbol{A}$ 的列向量组为 $\boldsymbol{\beta}_1=(1,0,0,0)^{\mathrm{T}}$, $\boldsymbol{\beta}_2=(1,2,0,0)^{\mathrm{T}}$, $\boldsymbol{\beta}_3=(3,-1,0,0)^{\mathrm{T}}$, $\boldsymbol{\beta}_4=(1,4,5,0)^{\mathrm{T}}$. 不难得出，此向量组有一个极大线性无关组为 $\boldsymbol{\beta}_1,\boldsymbol{\beta}_2,\boldsymbol{\beta}_4$,

故 $\boldsymbol{A}$ 的列秩也是 3.

由上述定义，我们容易看到，如果将线性方程组中每个方程看做它的增广矩阵的行向量，那么方程组中独立方程的个数就是它的增广矩阵的行秩.

由于方程组的初等变换不改变方程组的同解性，所以对应的矩阵的行初等变换也不改变增广矩阵的行秩. 这就启发我们，利用矩阵的行(列)初等变换的工具来研究矩阵的行(列)秩，我们先给出矩阵行秩的两个性质：

1° 矩阵 $\boldsymbol{A}$ 经行初等变换后，不改变它的行秩.

事实上，设矩阵 $\boldsymbol{A}$ 的行向量为 $\boldsymbol{\alpha}_1,\boldsymbol{\alpha}_2,\cdots,\boldsymbol{\alpha}_m$，$\boldsymbol{A}$ 经行初等变换后化为 $\boldsymbol{B}$，$\boldsymbol{B}$ 的行向量设为 $\boldsymbol{\beta}_1,\boldsymbol{\beta}_2,\cdots,\boldsymbol{\beta}_m$，由于 $\boldsymbol{B}$ 是由 $\boldsymbol{A}$ 经行初等变换而得的，故 $\boldsymbol{B}$ 的每一行皆为 $\boldsymbol{A}$ 的行的线性组合，即每一个 $\boldsymbol{\beta}_i$ 都是 $\boldsymbol{\alpha}_1,\boldsymbol{\alpha}_2,\cdots,\boldsymbol{\alpha}_m$ 的线性组合 $(i=1,2,\cdots,m)$. 反过来，显然 $\boldsymbol{B}$ 又可经行初等变换化回成 $\boldsymbol{A}$（例如：对于第 3 种行初等变换，如果把 $\boldsymbol{A}$ 的第 j 行的 k 倍加到第 i 行化为 $\boldsymbol{B}$，那么只要再把 $\boldsymbol{B}$ 的第 j 行的 $-k$ 倍加到第 i 行，就重新得到 $\boldsymbol{A}$），于是我们又有每一 $\boldsymbol{\alpha}_i$ 也是 $\boldsymbol{\beta}_1,\boldsymbol{\beta}_2,\cdots,\boldsymbol{\beta}_m$ 的线性组合. 因此，向量组 $\boldsymbol{\alpha}_1,\boldsymbol{\alpha}_2,\cdots,\boldsymbol{\alpha}_m$ 与向量组 $\boldsymbol{\beta}_1,\boldsymbol{\beta}_2,\cdots,\boldsymbol{\beta}_m$ 等价，所以它们的秩相同，也就是说，$\boldsymbol{A}$ 的行秩与 $\boldsymbol{B}$ 的行秩相等.

2° 阶梯形矩阵的行秩等于不为零的行的数目.

事实上，设阶梯形矩阵

$$\boldsymbol{A}=\begin{pmatrix} a_{11} & a_{12} & \cdots & a_{1l} & \cdots & a_{1k} & \cdots & a_{1n} \\ 0 & 0 & \cdots & a_{2l} & \cdots & a_{2k} & \cdots & a_{2n} \\ \vdots & \vdots & & \vdots & & \vdots & & \vdots \\ 0 & 0 & \cdots & 0 & \cdots & a_{rk} & \cdots & a_{rn} \\ 0 & 0 & \cdots & 0 & \cdots & 0 & \cdots & 0 \\ \vdots & \vdots & & \vdots & & \vdots & & \vdots \\ 0 & 0 & \cdots & 0 & \cdots & 0 & \cdots & 0 \end{pmatrix}$$

有 r 行不为零，且 $a_{11}\neq 0$，$a_{2l}\neq 0$，$\cdots$，$a_{rk}\neq 0$，$\boldsymbol{A}$ 的不为零的行向量为

$$\begin{aligned} \boldsymbol{\alpha}_1 &= (a_{11},a_{12},\cdots,a_{1l},\cdots,a_{1k},\cdots,a_{1n}), \\ \boldsymbol{\alpha}_2 &= (0,0,\cdots,a_{2l},\cdots,a_{2k},\cdots,a_{2n}), \\ &\cdots, \\ \boldsymbol{\alpha}_r &= (0,0,\cdots,0,\cdots,a_{rk},\cdots,a_{rn}). \end{aligned}$$

现在只需证明 $\boldsymbol{\alpha}_1,\boldsymbol{\alpha}_2,\cdots,\boldsymbol{\alpha}_r$ 线性无关即可.

令 $\sum\limits_{i=1}^{r} x_i\boldsymbol{\alpha}_i=\boldsymbol{0}$，则得

$$(a_{11}x_1,a_{12}x_1,\cdots,a_{1l}x_1+a_{2l}x_2,\cdots,a_{1k}x_1+a_{2k}x_2+\cdots+a_{rk}x_r,$$
$$\cdots,a_{1n}x_1+a_{2n}x_2+\cdots+a_{rn}x_r)=\boldsymbol{0},$$

因而有

$$\begin{cases}a_{11}x_1=0,\\a_{1l}x_1+a_{2l}x_2=0,\\\cdots\cdots\cdots\cdots\cdots\cdots\\a_{1k}x_1+a_{2k}x_2+\cdots+a_{rk}x_r=0.\end{cases}$$

解此线性方程组，立得

$$x_1=0,\ x_2=0,\ \cdots,\ x_r=0.$$

所以，向量组 $\boldsymbol{\alpha}_1,\boldsymbol{\alpha}_2,\cdots,\boldsymbol{\alpha}_r$ 线性无关，即 $\boldsymbol{A}$ 的行秩是 r，也就是说，$\boldsymbol{A}$ 的行秩等于它的不为零的行的数目.

利用矩阵行秩的两个性质，我们可以把矩阵化为阶梯形矩阵，而阶梯形矩阵的行秩等于矩阵中非零行的个数，这样，就能快速地求出矩阵的行秩. 为了得出线性方程组有解的判定定理，我们进一步研究矩阵的行秩和列秩之间的关系. 在例 2.18 中，$\boldsymbol{A}$ 是阶梯形矩阵，不为零的行数是 3，所以 $\boldsymbol{A}$ 的行秩确实是 3，另一方面，$\boldsymbol{A}$ 的列秩也是 3，于是有

$$\boldsymbol{A}\text{ 的行秩}=\boldsymbol{A}\text{ 的列秩}=3.$$

这不是偶然现象，事实上，对一般矩阵，我们都有

$$\text{矩阵的行秩}=\text{其列秩}.$$

为了用行列式来证明这个结论，我们先引入矩阵子式的概念，它类似于行列式的子式概念.

定义 2.13 在一个 m 行 n 列的矩阵 $\boldsymbol{A}$ 中，任取 k 行、k 列($1\leqslant k\leqslant\min\{m,n\}$)，位于这 k 行与 k 列交点处的元素按其原来位置构成的 k 阶行列式称为 $\boldsymbol{A}$ 的一个 k **阶子式**.

例如：在例 2.18 中，取 $\boldsymbol{A}$ 的第 1,2,3 行、第 1,2,3 列，就得到一个 $\boldsymbol{A}$ 的 3 阶子式

$$\begin{vmatrix}1&1&3\\0&2&-1\\0&0&0\end{vmatrix}(=0);$$

取 $\boldsymbol{A}$ 的第 1,2,3 行、第 1,2,4 列，就得到 3 阶子式

$$D=\begin{vmatrix}1&1&1\\0&2&4\\0&0&5\end{vmatrix}(\neq 0).$$

我们发现，$\boldsymbol{A}$ 有一个 3 阶子式 $D\neq 0$，且含 D 的 4 阶子式(即 $\boldsymbol{A}$ 的行列式 $|\boldsymbol{A}|$) 等于零，同时 D 所在的行 $\boldsymbol{\alpha}_1,\boldsymbol{\alpha}_2,\boldsymbol{\alpha}_3$ 是 $\boldsymbol{A}$ 的行向量组的一个极大线性无关组，它所在的列 $\boldsymbol{\beta}_1,\boldsymbol{\beta}_2,\boldsymbol{\beta}_4$ 是 $\boldsymbol{A}$ 的列向量组的一个极大线性无关组，$\boldsymbol{A}$ 的行秩和列秩都是 3 (即子式 D 的阶数). 这结果是否能推广到一般的情形呢?

回答是肯定的.

定理2.5 若在矩阵$\boldsymbol{A}=(a_{ij})_{m\times n}$中有一个$r$阶子式$D$不等于零，而所有的$r+1$阶子式(如果有的话)均为零，则$\boldsymbol{A}$的行秩为$r$.

证 不妨设D位于$\boldsymbol{A}$的左上角，即

$$\boldsymbol{A}=\begin{pmatrix} a_{11} & \cdots & a_{1r} & a_{1,r+1} & \cdots & a_{1n} \\ \vdots & \ddots & \vdots & \vdots & & \vdots \\ a_{r1} & \cdots & a_{rr} & a_{r,r+1} & \cdots & a_{rn} \\ a_{r+1,1} & \cdots & a_{r+1,r} & a_{r+1,r+1} & \cdots & a_{r+1,n} \\ \vdots & & \vdots & \vdots & \ddots & \vdots \\ a_{n1} & \cdots & a_{nr} & a_{n,r+1} & \cdots & a_{nn} \end{pmatrix}, \quad D=\begin{vmatrix} a_{11} & \cdots & a_{1r} \\ \vdots & \ddots & \vdots \\ a_{r1} & \cdots & a_{rr} \end{vmatrix},$$

则$\boldsymbol{A}$的前r个行向量线性无关，否则由定义2.8知，其中某个行向量是其余$r-1$个行向量的线性组合，因而用行列式性质1.7(相当于消法变换)可将D中该行的元素全化成零，从而$D=0$与假设矛盾. 只要再证$\boldsymbol{A}$的第l个行向量可以由前r个行向量线性表示，其中$l=r+1,r+2,\cdots,m$，那么$\boldsymbol{A}$的行秩就是r.

作一个$r+1$阶辅助行列式

$$D_k=\begin{vmatrix} a_{11} & \cdots & a_{1r} & a_{1k} \\ \vdots & \ddots & \vdots & \vdots \\ a_{r1} & \cdots & a_{rr} & a_{rk} \\ a_{l1} & \cdots & a_{lr} & a_{lk} \end{vmatrix},$$

当$1\leqslant k\leqslant r$时，D_k中有两列相同，故$D_k=0$；当$k>r$时，D_k是$\boldsymbol{A}$的$r+1$阶子式，由假设知，$D_k=0$，因而

$$D_k=0, \quad k=1,2,\cdots,n.$$

将D_k按最后一列展开，得

$$a_{1k}A_1+a_{2k}A_2+\cdots+a_{rk}A_r+a_{lk}D=0,$$

其中

$$A_j=(-1)^{r+1+j}\begin{vmatrix} a_{11} & \cdots & a_{1r} \\ \vdots & & \vdots \\ a_{j-1,1} & \cdots & a_{j-1,r} \\ a_{j+1,1} & \cdots & a_{j+1,r} \\ \vdots & & \vdots \\ a_{r1} & \cdots & a_{rr} \\ a_{l1} & \cdots & a_{lr} \end{vmatrix}, \quad j=1,2,\cdots,r$$

是一些与 k 无关的数，又因 $D \neq 0$，故有

$$a_{lk} = -\frac{1}{D}(A_1 a_{1k} + A_2 a_{2k} + \cdots + A_r a_{rk}), \quad k = 1, 2, \cdots, n.$$

这表明 $\boldsymbol{A}$ 的第 l 个行向量（$l = r+1, r+2, \cdots, m$）可由前 r 个行向量线性表示，因此，$\boldsymbol{A}$ 的行秩为 r. ∎

我们可以看到，若矩阵 $\boldsymbol{A}$ 中有一个 r 阶子式 D 不等于零，而所有的 $r+1$ 阶子式（如果有的话）均为零，则 r 就是 $\boldsymbol{A}$ 中非零子式的最大阶数. 事实上，由于 $\boldsymbol{A}$ 的所有 $r+1$ 阶子式均为零，由此可知 $\boldsymbol{A}$ 的任何 $r+2$ 阶子式（若存在的话）也必为零. 这是因为，设 $\widetilde{D}$ 是 $\boldsymbol{A}$ 的一个 $r+2$ 阶子式，那么 $\widetilde{D}$ 可按任一行展开，表示为该行元素与其代数余子式乘积之和，而这些代数余子式除所带的符号外，即为 $\boldsymbol{A}$ 的 $r+1$ 阶子式. 由于 $\boldsymbol{A}$ 的所有 $r+1$ 阶子式皆为零，从而 $\widetilde{D} = 0$. 依次类推，阶数大于 r 的 $\boldsymbol{A}$ 的任何子式都为零，因此，r 就是 $\boldsymbol{A}$ 中非零子式的最大阶数.

利用定理 2.5，我们就可证明下面的结论：

定理 2.6 *矩阵 $\boldsymbol{A}$ 的行秩等于列秩等于 $\boldsymbol{A}$ 中非零子式的最大阶数.*

证 由定理 2.5 知，$\boldsymbol{A}$ 的行秩等于 $\boldsymbol{A}$ 中非零子式的最大阶数（设为 r），而行列式的转置不改变行列式的值，故 $\boldsymbol{A}^{\mathrm{T}}$ 中非零子式的最大阶数也是 r，但 $\boldsymbol{A}^{\mathrm{T}}$ 的行秩等于 $\boldsymbol{A}$ 的列秩，因此，$\boldsymbol{A}$ 的行秩等于 $\boldsymbol{A}$ 的列秩等于 r. ∎

由定理 2.6，我们可以给出矩阵的秩的定义.

定义 2.14 矩阵 $\boldsymbol{A}$ 的行秩与列秩统称为 $\boldsymbol{A}$ 的**秩**，记为 $\mathrm{r}(\boldsymbol{A})$. 零矩阵的秩规定为零.

显然，根据定义有 $\mathrm{r}(\boldsymbol{A}) \leqslant \min\{m, n\}$，即 $\boldsymbol{A}$ 的秩不超过 $\boldsymbol{A}$ 的行数及列数.

由定理 2.6 我们容易得出下面的推论：

推论 1 *初等变换不改变矩阵的秩.*

证 由于行初等变换不改变矩阵的行秩，行秩等于列秩，故也不改变它的列秩. 同理可证，列初等变换不改变矩阵的列秩与行秩. 因此，初等变换不改变矩阵的行秩与列秩（即矩阵的秩）. ∎

对于一个给定的 n 阶矩阵

$$\boldsymbol{A} = \begin{pmatrix} a_{11} & a_{12} & \cdots & a_{1n} \\ a_{21} & a_{22} & \cdots & a_{2n} \\ \vdots & \vdots & \ddots & \vdots \\ a_{n1} & a_{n2} & \cdots & a_{nn} \end{pmatrix},$$

相应地可作一个 n 阶行列式

$$|\boldsymbol{A}|=\begin{vmatrix} a_{11} & a_{12} & \cdots & a_{1n} \\ a_{21} & a_{22} & \cdots & a_{2n} \\ \vdots & \vdots & \ddots & \vdots \\ a_{n1} & a_{n2} & \cdots & a_{nn} \end{vmatrix},$$

通常称 $|\boldsymbol{A}|$ 为**矩阵 $\boldsymbol{A}$ 的行列式**.

推论 2 一个 n 阶矩阵 $\boldsymbol{A}$ 的秩等于 n 的充分必要条件是它的行列式 $|\boldsymbol{A}|\neq 0$，等价地说，n 阶行列式等于零的充分必要条件是它的行(列)向量组线性相关.

证 $\mathrm{r}(\boldsymbol{A})=n \Leftrightarrow \boldsymbol{A}$ 中非零子式的最大阶数 $=n \Leftrightarrow |\boldsymbol{A}|\neq 0$. ∎

例 2.19 求矩阵 $\boldsymbol{A}=\begin{pmatrix} 1 & -4 & 2 & 9 \\ 3 & -12 & -1 & 13 \\ 0 & 0 & 1 & 2 \end{pmatrix}$ 的秩.

解 对 $\boldsymbol{A}$ 的一切 3 阶子式，有

$$\begin{vmatrix} 1 & -4 & 2 \\ 3 & -12 & -1 \\ 0 & 0 & 1 \end{vmatrix}=0,\quad \begin{vmatrix} 1 & -4 & 9 \\ 3 & -12 & 13 \\ 0 & 0 & 2 \end{vmatrix}=0,$$

$$\begin{vmatrix} 1 & 2 & 9 \\ 3 & -1 & 13 \\ 0 & 1 & 2 \end{vmatrix}=0,\quad \begin{vmatrix} -4 & 2 & 9 \\ -12 & -1 & 13 \\ 0 & 1 & 2 \end{vmatrix}=0,$$

而有一个 2 阶子式 $\begin{vmatrix} 1 & 2 \\ 3 & -1 \end{vmatrix}=-7\neq 0$，故 $\boldsymbol{A}$ 的秩为 2.

从本例中可以看出，对一般矩阵，用它的非零子式的最大阶数来求其秩是非常麻烦的. 但对阶梯形矩阵来说，求它的秩就相当方便了，这是因为阶梯形矩阵的行秩(即秩)等于不为零的行的数目. 因此，利用推论 1 求矩阵的秩，只要用初等变换把它化为阶梯形矩阵后再求.

例 2.20 求矩阵 $\boldsymbol{A}=\begin{pmatrix} 1 & -1 & 2 & 1 \\ -1 & 4 & 7 & -4 \\ 3 & -1 & 5 & 8 \\ -2 & 5 & -2 & 2 \end{pmatrix}$ 的秩.

解 将 $\boldsymbol{A}$ 化为阶梯形：

$$\boldsymbol{A}=\begin{pmatrix} 1 & -1 & 2 & 1 \\ -1 & 4 & 7 & -4 \\ 3 & -1 & 5 & 8 \\ -2 & 5 & -2 & 2 \end{pmatrix}\to\begin{pmatrix} 1 & -1 & 2 & 1 \\ 0 & 3 & 9 & -3 \\ 0 & 2 & -1 & 5 \\ 0 & 3 & 2 & 4 \end{pmatrix}$$

$$\to\begin{pmatrix}1&-1&2&1\\0&1&3&-1\\0&2&-1&5\\0&3&2&4\end{pmatrix}\to\begin{pmatrix}1&-1&2&1\\0&1&3&-1\\0&0&-7&7\\0&0&-7&7\end{pmatrix}$$

$$\to\begin{pmatrix}1&-1&2&1\\0&1&3&-1\\0&0&-7&7\\0&0&0&0\end{pmatrix}.$$

最后一个阶梯形矩阵有 3 行不全为零，所以 $\mathrm{r}(\boldsymbol{A})=3$.

> **思考题** 设 $m\times n$ 矩阵 $\boldsymbol{A}$ 的秩为 r，则由 $\boldsymbol{A}$ 的不为零的 r 阶子式所在的行(或列)组成的行(或列)向量组有什么特性?

下面我们再介绍如何利用矩阵的初等变换，求向量组的一个极大线性无关组，我们先给出两向量组有相同的线性关系的概念，然后证明，仅对矩阵施以行初等变换并不改变矩阵的列向量之间的线性关系，利用这个结论，就可以较方便地求出向量组的极大线性无关组.

定义 2.15* 两个向量组 $\boldsymbol{\alpha}_1,\boldsymbol{\alpha}_2,\cdots,\boldsymbol{\alpha}_s$ 与 $\boldsymbol{\beta}_1,\boldsymbol{\beta}_2,\cdots,\boldsymbol{\beta}_s$ 称为**有相同的线性关系**，如果 $k_1\boldsymbol{\alpha}_1+k_2\boldsymbol{\alpha}_2+\cdots+k_s\boldsymbol{\alpha}_s=\boldsymbol{0}$ 当且仅当

$$k_1\boldsymbol{\beta}_1+k_2\boldsymbol{\beta}_2+\cdots+k_s\boldsymbol{\beta}_s=\boldsymbol{0}.$$

从这个定义可以看出，当两向量组 $\boldsymbol{\alpha}_1,\boldsymbol{\alpha}_2,\cdots,\boldsymbol{\alpha}_s$ 与 $\boldsymbol{\beta}_1,\boldsymbol{\beta}_2,\cdots,\boldsymbol{\beta}_s$ 有相同的线性关系时，若部分组 $\boldsymbol{\alpha}_{i1},\boldsymbol{\alpha}_{i2},\cdots,\boldsymbol{\alpha}_{i_r}$ 线性相关(无关)，则相应的部分组 $\boldsymbol{\beta}_{i1},\boldsymbol{\beta}_{i2},\cdots,\boldsymbol{\beta}_{i_r}$ 也线性相关(无关). 这是因为

$$k_1\boldsymbol{\alpha}_{i1}+k_2\boldsymbol{\alpha}_{i2}+\cdots+k_r\boldsymbol{\alpha}_{i_r}=\boldsymbol{0}\Leftrightarrow k_1\boldsymbol{\beta}_{i1}+k_2\boldsymbol{\beta}_{i2}+\cdots+k_r\boldsymbol{\beta}_{i_r}=\boldsymbol{0}.$$

定理2.7* 矩阵 $\boldsymbol{A}$ 经过行初等变换化为矩阵 $\boldsymbol{B}$，那么 $\boldsymbol{A}$ 与 $\boldsymbol{B}$ 的列向量组有相同的线性关系.

证 仅对第 3 种行初等变换证明，其他类似证之. 设

$$\boldsymbol{A}=\begin{pmatrix}a_{11}&a_{12}&\cdots&a_{1n}\\\vdots&\vdots&&\vdots\\a_{i1}&a_{i2}&\cdots&a_{in}\\\vdots&\vdots&&\vdots\\a_{j1}&a_{j2}&\cdots&a_{jn}\\\vdots&\vdots&&\vdots\\a_{m1}&a_{m2}&\cdots&a_{mn}\end{pmatrix}.$$

将 $\boldsymbol{A}$ 的第 j 行的 t 倍加到第 i 行上，得

$$\boldsymbol{B}=\begin{pmatrix} a_{11} & a_{12} & \cdots & a_{1n} \\ \vdots & \vdots & & \vdots \\ a_{i1}+ta_{j1} & a_{i2}+ta_{j2} & \cdots & a_{in}+ta_{jn} \\ \vdots & \vdots & & \vdots \\ a_{j1} & a_{j2} & \cdots & a_{jn} \\ \vdots & \vdots & & \vdots \\ a_{m1} & a_{m2} & \cdots & a_{mn} \end{pmatrix}.$$

再设 $\boldsymbol{A}$ 的列向量为 $\boldsymbol{\alpha}_1,\boldsymbol{\alpha}_2,\cdots,\boldsymbol{\alpha}_n$，$\boldsymbol{B}$ 的列向量为 $\boldsymbol{\beta}_1,\boldsymbol{\beta}_2,\cdots,\boldsymbol{\beta}_n$. 若 $\boldsymbol{A}$ 的列向量组有线性关系

$$k_1\boldsymbol{\alpha}_1+k_2\boldsymbol{\alpha}_2+\cdots+k_n\boldsymbol{\alpha}_n=\boldsymbol{0},$$

即

$$\begin{cases} k_1a_{11}+k_2a_{12}+\cdots+k_na_{1n}=0, \\ \cdots\cdots\cdots\cdots\cdots\cdots\cdots\cdots\cdots \\ k_1a_{i1}+k_2a_{i2}+\cdots+k_na_{in}=0, \\ \cdots\cdots\cdots\cdots\cdots\cdots\cdots\cdots\cdots \\ k_1a_{j1}+k_2a_{j2}+\cdots+k_na_{jn}=0, \\ \cdots\cdots\cdots\cdots\cdots\cdots\cdots\cdots\cdots \\ k_1a_{m1}+k_2a_{m2}+\cdots+k_na_{mn}=0. \end{cases}$$

将其第 j 个等式乘以 t 然后加到第 i 个等式上，我们有

$$\begin{cases} k_1a_{11}+k_2a_{12}+\cdots+k_na_{1n}=0, \\ \cdots\cdots\cdots\cdots\cdots\cdots\cdots\cdots\cdots \\ k_1(a_{i1}+ta_{j1})+k_2(a_{i2}+ta_{j2})+\cdots+k_n(a_{in}+ta_{jn})=0, \\ \cdots\cdots\cdots\cdots\cdots\cdots\cdots\cdots\cdots \\ k_1a_{j1}+k_2a_{j2}+\cdots+k_na_{jn}=0, \\ \cdots\cdots\cdots\cdots\cdots\cdots\cdots\cdots\cdots \\ k_1a_{m1}+k_2a_{m2}+\cdots+k_na_{mn}=0. \end{cases}$$

这个等式组等价于

$$k_1\boldsymbol{\beta}_1+k_2\boldsymbol{\beta}_2+\cdots+k_n\boldsymbol{\beta}_n=\boldsymbol{0}.$$

且因为初等变换是可逆的变换，故由

$$l_1\boldsymbol{\beta}_1+l_2\boldsymbol{\beta}_2+\cdots+l_n\boldsymbol{\beta}_n=\boldsymbol{0},$$

同样可推得

$$l_1\boldsymbol{\alpha}_1+l_2\boldsymbol{\alpha}_2+\cdots+l_n\boldsymbol{\alpha}_n=\boldsymbol{0}.$$

所以 $\boldsymbol{A}$ 与 $\boldsymbol{B}$ 的列向量组有相同的线性关系. ∎

从以上可知，求矩阵的列向量组的线性关系，只允许进行矩阵的行初等变换.

下面利用定理 2.7，来求一向量组的极大线性无关组.

例 2.21[*] 已知向量组

$$\boldsymbol{\alpha}_1=(1,2,1),\ \boldsymbol{\alpha}_2=(2,1,3),\ \boldsymbol{\alpha}_3=(3,0,5),\ \boldsymbol{\alpha}_4=(5,1,6).$$

求此向量组的一个极大线性无关组.

解 以 $\boldsymbol{\alpha}_1,\boldsymbol{\alpha}_2,\boldsymbol{\alpha}_3,\boldsymbol{\alpha}_4$ 为列作矩阵

$$\boldsymbol{A}=\begin{pmatrix}1&2&3&5\\2&1&0&1\\1&3&5&6\end{pmatrix}.$$

对 $\boldsymbol{A}$ 施以行初等变换，得阶梯形矩阵 $\boldsymbol{B}$：

$$\boldsymbol{A}=\begin{pmatrix}1&2&3&5\\2&1&0&1\\1&3&5&6\end{pmatrix}\to\begin{pmatrix}1&2&3&5\\0&-3&-6&-9\\0&1&2&1\end{pmatrix}$$

$$\to\begin{pmatrix}1&2&3&5\\0&1&2&3\\0&1&2&1\end{pmatrix}\to\begin{pmatrix}1&2&3&5\\0&1&2&3\\0&0&0&-2\end{pmatrix}=\boldsymbol{B}.$$

由此知 $\boldsymbol{B}$ 的秩为 3，即 $\boldsymbol{B}$ 的列向量组秩为 3. 设 $\boldsymbol{\beta}_1,\boldsymbol{\beta}_2,\boldsymbol{\beta}_3,\boldsymbol{\beta}_4$ 是 $\boldsymbol{B}$ 的列向量组，由 $\boldsymbol{B}$ 的阶梯形属性，容易看出，列向量 $\boldsymbol{\beta}_1,\boldsymbol{\beta}_2,\boldsymbol{\beta}_4$ 线性无关. 再由定理 2.7 知，$\boldsymbol{A}$ 与 $\boldsymbol{B}$ 的列向量组有相同线性关系，所以 $\boldsymbol{\alpha}_1,\boldsymbol{\alpha}_2,\boldsymbol{\alpha}_4$ 也线性无关. 故 $\boldsymbol{\alpha}_1,\boldsymbol{\alpha}_2,\boldsymbol{\alpha}_4$ 就是向量组 $\boldsymbol{\alpha}_1,\boldsymbol{\alpha}_2,\boldsymbol{\alpha}_3,\boldsymbol{\alpha}_4$ 的极大线性无关组.

进一步，我们还可对阶梯形矩阵 $\boldsymbol{B}$ 继续施以行初等变换，使得每一行的第 1 个非零元素成为 1，且使这些 1 所在的列的其他元素全成为零，即

$$\boldsymbol{B}=\begin{pmatrix}1&2&3&5\\0&1&2&3\\0&0&0&-2\end{pmatrix}$$

$$\xrightarrow{\text{第 3 行乘以 }-\frac{1}{2}}\begin{pmatrix}1&2&3&5\\0&1&2&3\\0&0&0&1\end{pmatrix}$$

$$\xrightarrow[\text{第 1 行减第 3 行的 5 倍}]{\text{第 2 行减第 3 行的 3 倍，}}\begin{pmatrix}1&2&3&0\\0&1&2&0\\0&0&0&1\end{pmatrix}$$

$$\xrightarrow{\text{第 1 行减第 2 行的 2 倍}}\begin{pmatrix}1&0&-1&0\\0&1&2&0\\0&0&0&1\end{pmatrix}=\boldsymbol{B}_1.$$

在 $\boldsymbol{B}_1$ 中，设 $\boldsymbol{B}_1$ 的列向量组为 $\boldsymbol{\gamma}_1,\boldsymbol{\gamma}_2,\boldsymbol{\gamma}_3,\boldsymbol{\gamma}_4$，从而不难看出

$$\boldsymbol{\gamma}_3=-\boldsymbol{\gamma}_1+2\boldsymbol{\gamma}_2.$$

于是由定理 2.7，我们得到矩阵 $\boldsymbol{A}$ 的列向量也有相应的线性关系，即

$$\boldsymbol{\alpha}_3=-\boldsymbol{\alpha}_1+2\boldsymbol{\alpha}_2.$$

一般来说，要求向量组中向量之间的线性关系，都可以利用上述方法达到.

由此可见，矩阵的初等变换，不但在计算矩阵的秩时要用到它；而且在本节的一些基本结论的证明中也离不开它；同时，在用消元法解线性方程组时，我们也要利用增广矩阵的行初等变换来求它的解. 以后，在第 3 章的矩阵求逆和第 4 章的二次型化标准形时，我们还要利用矩阵的初等变换来给出较简明的计算方法.

习题 2.3

1. 在秩是 r 的矩阵$\boldsymbol{A}$ 中，有没有等于零的 $r-1$ 阶子式？ 有没有等于零的 r 阶子式？有没有不等于零的 $r+1$ 阶子式？

2. 计算下列矩阵的秩：

1) $\begin{pmatrix}1&4&10&0\\7&8&18&4\\17&18&40&10\\3&7&17&1\end{pmatrix}$；　　2) $\begin{pmatrix}2&1&11&2\\1&0&4&-1\\11&4&56&5\\2&-1&5&-6\end{pmatrix}$；

3) $\begin{pmatrix}1&0&0&1&4\\0&1&0&2&5\\0&0&1&3&6\\1&2&3&14&32\\4&5&6&32&77\end{pmatrix}$；　　4) $\begin{pmatrix}2&0&3&1&4\\3&-5&4&2&7\\1&5&2&0&1\end{pmatrix}$；

5) $\begin{pmatrix}3&2&-1&-3&-2\\2&-1&13&1&-3\\4&5&55&-6&1\end{pmatrix}$.

3. 求下列矩阵的秩：

1) $\begin{pmatrix}a_1b_1&a_1b_2&\cdots&a_1b_n\\a_2b_1&a_2b_2&\cdots&a_2b_n\\\vdots&\vdots&\ddots&\vdots\\a_nb_1&a_nb_2&\cdots&a_nb_n\end{pmatrix}$；　　2) $\begin{pmatrix}1&a&\cdots&a\\a&1&\cdots&a\\\vdots&\vdots&\ddots&\vdots\\a&a&\cdots&1\end{pmatrix}_{n\times n}$.

4. 试证明：第 1 种行初等变换(即互换两行) 不改变矩阵的秩.

5. 已知向量组 $\boldsymbol{\alpha}_1=(14,12,6,8,2)$，$\boldsymbol{\alpha}_2=(6,104,21,9,17)$，$\boldsymbol{\alpha}_3=(7,6,3,4,1)$，$\boldsymbol{\alpha}_4=(35,30,15,20,5)$. 试求此向量组的秩.

6. 设

$$A=\begin{pmatrix} a_{11} & a_{12} & \cdots & a_{1s} \\ a_{21} & a_{22} & \cdots & a_{2s} \\ \vdots & \vdots & & \vdots \\ a_{m1} & a_{m2} & \cdots & a_{ms} \end{pmatrix},\quad B=\begin{pmatrix} b_{11} & b_{12} & \cdots & b_{1s} \\ b_{21} & b_{22} & \cdots & b_{2s} \\ \vdots & \vdots & & \vdots \\ b_{m1} & b_{m2} & \cdots & b_{ms} \end{pmatrix}$$

的秩分别为 r_A 与 r_B，而

$$C=\begin{pmatrix} a_{11} & a_{12} & \cdots & a_{1s} & b_{11} & b_{12} & \cdots & b_{1s} \\ a_{21} & a_{22} & \cdots & a_{2s} & b_{21} & b_{22} & \cdots & b_{2s} \\ \vdots & \vdots & & \vdots & \vdots & \vdots & & \vdots \\ a_{m1} & a_{m2} & \cdots & a_{ms} & b_{m1} & b_{m2} & \cdots & b_{ms} \end{pmatrix}$$

的秩是 r_C，试证明：$\max\{r_A, r_B\} \leqslant r_C \leqslant r_A + r_B$.

7. 求下列各向量组的极大线性无关组：

1) $\boldsymbol{\alpha}_1=(1,3,3,1)$, $\boldsymbol{\alpha}_2=(1,4,1,2)$, $\boldsymbol{\alpha}_3=(1,0,2,1)$, $\boldsymbol{\alpha}_4=(1,7,2,2)$;

2) $\boldsymbol{\alpha}_1=(1,2,-1,3)$, $\boldsymbol{\alpha}_2=(2,4,1,-2)$, $\boldsymbol{\alpha}_3=(3,6,-1,-7)$, $\boldsymbol{\alpha}_4=(1,2,-4,11)$, $\boldsymbol{\alpha}_5=(2,4,-5,14)$;

3) $\boldsymbol{\alpha}_1=(1,0,3,4)$, $\boldsymbol{\alpha}_2=(3,0,5,10)$, $\boldsymbol{\alpha}_3=(2,0,2,6)$, $\boldsymbol{\alpha}_4=(-1,1,0,5)$, $\boldsymbol{\alpha}_5=(-1,0,1,-3)$.

2.4 线性方程组的解

有了前几节的准备知识，本节就可以着手解决本章初提出的有关线性方程组有解的判定和解的结构等方面的理论问题了.

2.4.1 解的判定

在 2.1 节中，我们用行初等变换将线性方程组

$$\begin{cases} a_{11}x_1+a_{12}x_2+\cdots+a_{1n}x_n=b_1, \\ a_{21}x_1+a_{22}x_2+\cdots+a_{2n}x_n=b_2, \\ \cdots\cdots\cdots\cdots\cdots\cdots\cdots\cdots \\ a_{m1}x_1+a_{m2}x_2+\cdots+a_{mn}x_n=b_m \end{cases} \tag{4.1}$$

化为阶梯形方程组(1.6)，给出了方程组(4.1)有解的充分必要条件"$d_{r+1}=0$"，而"$d_{r+1}=0$"表示阶梯形方程组(1.6)的系数矩阵与增广矩阵的秩相等. 那么，我们是否能从方程组(4.1)的系数矩阵的秩与增广矩阵的秩，不用解方程组，直接来判定它是否有解呢？下面给出的定理就是根据它们的秩是否相等来判定此方程组是否有解的.

定理2.8 线性方程组(4.1)有解的充分必要条件是它的系数矩阵$\boldsymbol{A}$与增广矩阵$\widetilde{\boldsymbol{A}}$有相同的秩.

证 线性方程组(4.1)经初等变换后(必要时,可交换未知量的位置),可化为阶梯形方程组

$$\begin{cases} c_{11}x_1+c_{12}x_2+\cdots+c_{1r}x_r+\cdots+c_{1n}x_n=d_1, \\ \qquad c_{22}x_2+\cdots+c_{2r}x_r+\cdots+c_{2n}x_n=d_2, \\ \qquad\qquad \cdots\cdots\ \cdots\cdots\cdots\cdots\cdots\cdots\cdots\cdots \\ \qquad\qquad\qquad c_{rr}x_r+\cdots+c_{rn}x_n=d_r, \\ \qquad\qquad\qquad\qquad\qquad 0=d_{r+1}, \\ \qquad\qquad\qquad\qquad\qquad 0=0, \\ \qquad\qquad\qquad\qquad\qquad \cdots\cdots \\ \qquad\qquad\qquad\qquad\qquad 0=0, \end{cases} \tag{4.2}$$

其中$c_{ii}\neq 0$, $i=1,2,\cdots,r$. 那么,相应的矩阵的行初等变换将方程组(4.1)的系数矩阵$\boldsymbol{A}$化为

$$\boldsymbol{C}=\begin{pmatrix} c_{11} & c_{12} & \cdots & c_{1r} & \cdots & c_{1n} \\ 0 & c_{22} & \cdots & c_{2r} & \cdots & c_{2n} \\ \vdots & \vdots & \ddots & \vdots & & \vdots \\ 0 & 0 & \cdots & c_{rr} & \cdots & c_{rn} \\ 0 & 0 & \cdots & 0 & \cdots & 0 \\ 0 & 0 & \cdots & 0 & \cdots & 0 \\ \vdots & \vdots & & \vdots & & \vdots \\ 0 & 0 & \cdots & 0 & \cdots & 0 \end{pmatrix},$$

而把(4.1)的增广矩阵$\widetilde{\boldsymbol{A}}$化为

$$\widetilde{\boldsymbol{C}}=\begin{pmatrix} c_{11} & c_{12} & \cdots & c_{1r} & \cdots & c_{1n} & d_1 \\ 0 & c_{22} & \cdots & c_{2r} & \cdots & c_{2n} & d_2 \\ \vdots & \vdots & \ddots & \vdots & & \vdots & \vdots \\ 0 & 0 & \cdots & c_{rr} & \cdots & c_{rn} & d_r \\ 0 & 0 & \cdots & 0 & \cdots & 0 & d_{r+1} \\ 0 & 0 & \cdots & 0 & \cdots & 0 & 0 \\ \vdots & \vdots & & \vdots & & \vdots & \vdots \\ 0 & 0 & \cdots & 0 & \cdots & 0 & 0 \end{pmatrix},$$

其中$c_{ii}\neq 0$, $i=1,2,\cdots,r$. 此时$\boldsymbol{C},\widetilde{\boldsymbol{C}}$都是阶梯形矩阵,所以立即可以看出$\mathrm{r}(\boldsymbol{C})=r$,而

$$\mathrm{r}(\widetilde{\boldsymbol{C}})=\begin{cases}r+1, & \text{当 } d_{r+1}\neq 0 \text{ 时;}\\ r, & \text{当 } d_{r+1}=0 \text{ 时.}\end{cases}$$

因初等变换不改变矩阵的秩，所以有 $\mathrm{r}(\boldsymbol{A})=\mathrm{r}(\boldsymbol{C})=r$,

$$\mathrm{r}(\widetilde{\boldsymbol{A}})=\mathrm{r}(\widetilde{\boldsymbol{C}})=\begin{cases}r+1, & \text{当 } d_{r+1}\neq 0 \text{ 时;}\\ r, & \text{当 } d_{r+1}=0 \text{ 时.}\end{cases}$$

从消元法中，我们知道，方程组(4.4)有解(即方程组(4.5)有解)的充分必要条件为 $d_{r+1}=0$，所以方程组有解的充分必要条件为

$$\mathrm{r}(\boldsymbol{A})=\mathrm{r}(\widetilde{\boldsymbol{A}}).$$ ■

利用这个定理，可以较容易地判别一个线性方程组是否有解. 所以，我们又称这个定理为线性方程组**有解判定定理**.

现在我们还可以把 2.1 节关于解的个数的结果用矩阵的秩的语言表述如下(当方程组(4.1)有解时，只要在(4.2)中取 $d_{r+1}=0$ 就可立即推得)：

推论 设线性方程组(4.1)的系数矩阵和增广矩阵有相同的秩 r，那么当 r 等于方程组的未知量的个数 n 时，方程组(4.1)有唯一解；当 $r<n$ 时，方程组有无穷多个解.

对于齐次线性方程组，我们知道，它总有零解，所以关心的是有没有非零解的判定. 由这个推论知，如果它的系数矩阵的秩 r 小于未知量的个数 n，则它有无穷多个解，其中必有非零解. 下面的定理证明了，条件 $r<n$ 不仅是充分的，它还是必要的.

定理 2.9 若齐次线性方程组

$$\begin{cases}a_{11}x_1+a_{12}x_2+\cdots+a_{1n}x_n=0,\\ a_{21}x_1+a_{22}x_2+\cdots+a_{2n}x_n=0,\\ \cdots\cdots\cdots\cdots\cdots\cdots\cdots\cdots\cdots\cdots\\ a_{m1}x_1+a_{m2}x_2+\cdots+a_{mn}x_n=0\end{cases}\tag{4.3}$$

的系数矩阵

$$\boldsymbol{A}=\begin{pmatrix}a_{11} & a_{12} & \cdots & a_{1n}\\ a_{21} & a_{22} & \cdots & a_{2n}\\ \vdots & \vdots & & \vdots\\ a_{m1} & a_{m2} & \cdots & a_{mn}\end{pmatrix},$$

则方程组(4.3)有非零解的充分必要条件是 $\boldsymbol{A}$ 的秩 r 小于未知量的个数 n，即 $r<n$.

证 充分性已证. 下面证必要性.

若方程组(4.3)有非零解，我们以 $\boldsymbol{\alpha}_1,\boldsymbol{\alpha}_2,\cdots,\boldsymbol{\alpha}_n$ 表示矩阵 $\boldsymbol{A}$ 的列向量，此时，方程组(4.3)可改写成

$$\sum_{j=1}^{n} x_j \boldsymbol{\alpha}_j = \boldsymbol{0}.$$

因为方程组(4.3)有非零解，所以存在不全为零的数 $x_j(j=1,2,\cdots,n)$ 使得 $\sum\limits_{j=1}^{n} x_j \boldsymbol{\alpha}_j = \boldsymbol{0}$，即 $\boldsymbol{\alpha}_1,\boldsymbol{\alpha}_2,\cdots,\boldsymbol{\alpha}_n$ 线性相关，因而向量组 $\boldsymbol{\alpha}_1,\boldsymbol{\alpha}_2,\cdots,\boldsymbol{\alpha}_n$ 的秩小于 n，也就是说，$\boldsymbol{A}$ 的列秩小于 n. 因矩阵的列秩等于它的秩，所以矩阵 $\boldsymbol{A}$ 的秩 $r<n$. ■

由定理 2.9，我们可以得到如下推论：

推论 齐次线性方程组

$$\begin{cases} a_{11}x_1 + a_{12}x_2 + \cdots + a_{1n}x_n = 0, \\ a_{21}x_1 + a_{22}x_2 + \cdots + a_{2n}x_n = 0, \\ \cdots\cdots\cdots\cdots\cdots\cdots\cdots\cdots\cdots \\ a_{n1}x_1 + a_{n2}x_2 + \cdots + a_{nn}x_n = 0 \end{cases} \tag{4.4}$$

有非零解的充分必要条件是它的系数行列式

$$|\boldsymbol{A}| = \begin{vmatrix} a_{11} & a_{12} & \cdots & a_{1n} \\ a_{21} & a_{22} & \cdots & a_{2n} \\ \vdots & \vdots & \ddots & \vdots \\ a_{n1} & a_{n2} & \cdots & a_{nn} \end{vmatrix} = 0.$$

证 必要性 若 $|\boldsymbol{A}| \neq 0$，由克拉默法则知齐次线性方程组(4.4)有唯一零解，这与题设有非零解矛盾. 因而齐次线性方程组(4.4)有非零解必推得 $|\boldsymbol{A}|=0$.

充分性 若 $|\boldsymbol{A}|=0$，即(4.4)的系数矩阵 $\boldsymbol{A}$ 的秩小于 n，则由定理 2.9 知，方程组(4.4)必有非零解. ■

例 2.22 讨论 λ 取什么值时方程组

$$\begin{cases} \lambda x_1 + x_2 + x_3 = 1, \\ x_1 + \lambda x_2 + x_3 = \lambda, \\ x_1 + x_2 + \lambda x_3 = \lambda^2 \end{cases}$$

有解，并求出它的解.

解 方程组系数行列式

$$D=\begin{vmatrix}\lambda & 1 & 1\\ 1 & \lambda & 1\\ 1 & 1 & \lambda\end{vmatrix}=(\lambda+2)(\lambda-1)^2.$$

1） 当 $\lambda\neq-2$ 且 $\lambda\neq1$ 时，有 $D\neq0$. 由克拉默定理，此时方程组有唯一解：

$$x_1=\frac{1}{D}\begin{vmatrix}1 & 1 & 1\\ \lambda & \lambda & 1\\ \lambda^2 & 1 & \lambda\end{vmatrix}=\frac{-(\lambda^2-1)(\lambda-1)}{(\lambda+2)(\lambda-1)^2}=-\frac{\lambda+1}{\lambda+2},$$

$$x_2=\frac{1}{D}\begin{vmatrix}\lambda & 1 & 1\\ 1 & \lambda & 1\\ 1 & \lambda^2 & \lambda\end{vmatrix}=\frac{(\lambda-1)^2}{(\lambda+2)(\lambda-1)^2}=\frac{1}{\lambda+2},$$

$$x_3=\frac{1}{D}\begin{vmatrix}\lambda & 1 & 1\\ 1 & \lambda & \lambda\\ 1 & 1 & \lambda^2\end{vmatrix}=\frac{(\lambda^2-1)^2}{(\lambda+2)(\lambda-1)^2}=\frac{(\lambda+1)^2}{\lambda+2}.$$

2） 当 $\lambda=1$ 时，方程组的系数矩阵与增广矩阵分别为

$$\boldsymbol{A}=\begin{pmatrix}1 & 1 & 1\\ 1 & 1 & 1\\ 1 & 1 & 1\end{pmatrix},\quad \widetilde{\boldsymbol{A}}=\begin{pmatrix}1 & 1 & 1 & 1\\ 1 & 1 & 1 & 1\\ 1 & 1 & 1 & 1\end{pmatrix}.$$

不难看出，此时 $\mathrm{r}(\boldsymbol{A})=\mathrm{r}(\widetilde{\boldsymbol{A}})=1$，所以由定理 2.8，方程组有解. 原方程组等价于

$$x_1+x_2+x_3=1,$$

即得 $x_1=1-x_2-x_3$，其中 x_2,x_3 为自由未知量. 此时方程组有无穷多个解.

3） 当 $\lambda=-2$ 时，

$$\boldsymbol{A}=\begin{pmatrix}-2 & 1 & 1\\ 1 & -2 & 1\\ 1 & 1 & -2\end{pmatrix},\quad \widetilde{\boldsymbol{A}}=\begin{pmatrix}-2 & 1 & 1 & 1\\ 1 & -2 & 1 & -2\\ 1 & 1 & -2 & 4\end{pmatrix}.$$

此时，$\mathrm{r}(\boldsymbol{A})=2$，$\mathrm{r}(\widetilde{\boldsymbol{A}})=3$，$\mathrm{r}(\boldsymbol{A})\neq\mathrm{r}(\widetilde{\boldsymbol{A}})$. 故当 $\lambda=-2$ 时，原方程组无解.

思考题 1. 设方程组(4.1) 的系数矩阵 $\boldsymbol{A}$ 的列向量组是 $\boldsymbol{\alpha}_1,\boldsymbol{\alpha}_2,\cdots,\boldsymbol{\alpha}_n$，增广矩阵 $\widetilde{\boldsymbol{A}}$ 的列向量组是 $\boldsymbol{\alpha}_1,\boldsymbol{\alpha}_2,\cdots,\boldsymbol{\alpha}_n,\boldsymbol{\beta}$，试以 $\boldsymbol{A}$ 与 $\widetilde{\boldsymbol{A}}$ 有相同的列秩作为判定条件，给出定理 2.8 的另一个证明.

2. 如果一个线性方程组有解，则它可能恰好有 k 个解(其中 $k\geqslant2$，是正整数)吗？

2.4.2 解的结构

我们知道，给定一个线性方程组，它可能无解，也可能有唯一解或有无穷多个解. 在方程组有无穷多个解的情况下，这许多解之间有什么联系？ 这就是本小节要讨论的线性方程组解的结构的问题.

下面我们将证明，尽管一个线性方程组有无穷多个解，但是全部的解都可以用有限多个解表示出来. 这正是本小节要讨论的中心问题和要得到的主要结果.

本小节讨论的线性方程组都是对有解的情况而言的，这一点就不再每次说明了.

n 元线性方程组(4.1) 的一个解

$$x_1=k_1,\quad x_2=k_2,\quad \cdots,\quad x_n=k_n$$

可以看做一个 n 维列向量

$$\begin{pmatrix} k_1 \\ k_2 \\ \vdots \\ k_n \end{pmatrix},$$

通常称它为方程组的**解向量**. 在方程组有许多解的情况下，解向量之间有什么关系呢？ 首先我们讨论齐次线性方程组的问题.

齐次线性方程组

$$\begin{cases} a_{11}x_1+a_{12}x_2+\cdots+a_{1n}x_n=0, \\ a_{21}x_1+a_{22}x_2+\cdots+a_{2n}x_n=0, \\ \cdots\cdots\cdots\cdots\cdots\cdots\cdots\cdots\cdots \\ a_{m1}x_1+a_{m2}x_2+\cdots+a_{mn}x_n=0 \end{cases} \tag{4.5}$$

的解向量具有下面两个重要性质：

1° *齐次线性方程组(4.5) 的两个解向量之和仍为解向量.*

证 设 $\boldsymbol{\alpha}=(k_1,k_2,\cdots,k_n)^{\mathrm{T}}$，$\boldsymbol{\beta}=(l_1,l_2,\cdots,l_n)^{\mathrm{T}}$ 是齐次线性方程组(4.5) 的两个解向量，把它们代入方程组(4.5) 后，每个方程都成恒等式，即

$$\sum_{j=1}^{n}a_{ij}k_j=0\quad(i=1,2,\cdots,m),$$

$$\sum_{j=1}^{n}a_{ij}l_j=0\quad(i=1,2,\cdots,m),$$

那么对两个解向量的和 $\boldsymbol{\alpha}+\boldsymbol{\beta}=(k_1+l_1,k_2+l_2,\cdots,k_n+l_n)^{\mathrm{T}}$，有

$$\sum_{j=1}^{n} a_{ij}(k_j + l_j) = \sum_{j=1}^{n} a_{ij}k_j + \sum_{j=1}^{n} a_{ij}l_j = 0+0=0 \quad (i=1,2,\cdots,m).$$

此即说明 $\boldsymbol{\alpha}+\boldsymbol{\beta}$ 也是线性方程组(4.5)的解向量. ■

2° 齐次线性方程组的一个解向量乘以一个常数，仍为方程组的解向量.

证 设 $\boldsymbol{\alpha}=(k_1,k_2,\cdots,k_n)^{\mathrm{T}}$ 为方程组(4.5)的解向量，即

$$\sum_{j=1}^{n} a_{ij}k_j = 0 \quad (i=1,2,\cdots,m).$$

设 c 是任一常数，那么 $c\boldsymbol{\alpha}=(ck_1,ck_2,\cdots,ck_n)^{\mathrm{T}}$，于是，

$$\sum_{j=1}^{n} a_{ij}(ck_j) = c\left(\sum_{j=1}^{n} a_{ij}k_j\right) = c\cdot 0 = 0 \quad (i=1,2,\cdots,m),$$

所以 $c\boldsymbol{\alpha}$ 也是方程组(4.5)的解向量. ■

由上述的性质1°和性质2°不难得出，齐次线性方程组的解向量的任意线性组合仍然是它的解向量. 基于这个事实，我们要问：齐次线性方程组的全部解是否能够通过它的有限个解的线性组合给出来？回答是肯定的. 为此，我们引入下面的定义.

定义 2.16 设 $\boldsymbol{\alpha}_1,\boldsymbol{\alpha}_2,\cdots,\boldsymbol{\alpha}_t$ 是齐次线性方程组(4.5)的 t 个解向量. 如果

1) $\boldsymbol{\alpha}_1,\boldsymbol{\alpha}_2,\cdots,\boldsymbol{\alpha}_t$ 线性无关；

2) (4.5)的任一解向量都可以由 $\boldsymbol{\alpha}_1,\boldsymbol{\alpha}_2,\cdots,\boldsymbol{\alpha}_t$ 线性表示，

那么，称 $\boldsymbol{\alpha}_1,\boldsymbol{\alpha}_2,\cdots,\boldsymbol{\alpha}_t$ 为齐次线性方程组(4.5)的一个**基础解系**.

这里，条件1)保证了基础解系中向量个数达到最小数目，而没有多余的解可删去. 否则，若 $\boldsymbol{\alpha}_1,\boldsymbol{\alpha}_2,\cdots,\boldsymbol{\alpha}_t$ 线性相关，则其中必有一向量可由其他向量线性表示. 譬如说，$\boldsymbol{\alpha}_t$ 可由 $\boldsymbol{\alpha}_1,\boldsymbol{\alpha}_2,\cdots,\boldsymbol{\alpha}_{t-1}$ 线性表示，则 $\boldsymbol{\alpha}_1,\boldsymbol{\alpha}_2,\cdots,\boldsymbol{\alpha}_{t-1}$ 也满足条件2)，此时 $\boldsymbol{\alpha}_t$ 就成为多余的了.

下面我们证明只要齐次线性方程组有非零解，那么它一定有基础解系，同时也给出求基础解系的方法.

定理 2.10 若齐次线性方程组

$$\begin{cases} a_{11}x_1 + a_{12}x_2 + \cdots + a_{1n}x_n = 0, \\ a_{21}x_1 + a_{22}x_2 + \cdots + x_{2n}x_n = 0, \\ \cdots\cdots\cdots\cdots\cdots\cdots\cdots\cdots\cdots\cdots \\ a_{m1}x_1 + a_{m2}x_2 + \cdots + a_{mn}x_n = 0 \end{cases} \tag{4.6}$$

的系数矩阵 $\boldsymbol{A}$ 的秩 $r<n$，则它有基础解系，且基础解系中所含向量的个数为 $n-r$.

证 因为系数矩阵 $\boldsymbol{A}=(a_{ij})_{m\times n}$ 的秩为 r，故(4.6)经初等变换后，简化

阶梯形方程组应为(如果必要，可以交换未知量的位置，使得 r 个主元位于第 $1,2,\cdots,r$ 列上)

$$\begin{cases} x_1 \qquad\qquad + c_{1,r+1}x_{r+1} + \cdots + c_{1n}x_n = 0, \\ \qquad x_2 \qquad + c_{2,r+1}x_{r+1} + \cdots + c_{2n}x_n = 0, \\ \qquad\cdots\cdots\cdots\cdots\cdots\cdots\cdots\cdots\cdots \\ \qquad\qquad x_r + c_{r,r+1}x_{r+1} + \cdots + c_{rn}x_n = 0. \end{cases} \tag{4.7}$$

令 $l_{ij} = -c_{ij}$，由(4.7)得(4.6)的一般解：

$$\begin{cases} x_1 = l_{1,r+1}x_{r+1} + \cdots + l_{1n}x_n, \\ x_2 = l_{2,r+1}x_{r+1} + \cdots + l_{2n}x_n, \\ \cdots\cdots\cdots\cdots\cdots\cdots\cdots\cdots \\ x_r = l_{r,r+1}x_{r+1} + \cdots + l_{rn}x_n, \end{cases} \tag{4.8}$$

其中 $x_{r+1},\cdots,x_n$ 作为自由未知量. 依次取自由未知量的 $n-r$ 组值如下：

$$\begin{pmatrix} x_{r+1} \\ x_{r+2} \\ \vdots \\ x_n \end{pmatrix} = \begin{pmatrix} 1 \\ 0 \\ \vdots \\ 0 \end{pmatrix}, \begin{pmatrix} 0 \\ 1 \\ \vdots \\ 0 \end{pmatrix}, \cdots, \begin{pmatrix} 0 \\ 0 \\ \vdots \\ 1 \end{pmatrix},$$

从(4.8)相应得到 $n-r$ 个解向量：

$$\boldsymbol{\eta}_1 = \begin{pmatrix} l_{1,r+1} \\ \vdots \\ l_{r,r+1} \\ 1 \\ 0 \\ \vdots \\ 0 \end{pmatrix}, \boldsymbol{\eta}_2 = \begin{pmatrix} l_{1,r+2} \\ \vdots \\ l_{r,r+2} \\ 0 \\ 1 \\ \vdots \\ 0 \end{pmatrix}, \cdots, \boldsymbol{\eta}_{n-r} = \begin{pmatrix} l_{1n} \\ \vdots \\ l_{rn} \\ 0 \\ 0 \\ \vdots \\ 1 \end{pmatrix}.$$

容易看出，这 $n-r$ 个解向量是线性无关的. 事实上，若

$$k_1\boldsymbol{\eta}_1 + k_2\boldsymbol{\eta}_2 + \cdots + k_{n-r}\boldsymbol{\eta}_{n-r} = \mathbf{0},$$

将左边各向量加起来得

$$\left(\sum_{j=1}^{n-r} k_j l_{1,r+j}, \cdots, \sum_{j=1}^{n-r} k_j l_{r,r+j}, k_1, k_2, \cdots, k_{n-r}\right)^{\mathrm{T}} = \mathbf{0},$$

只要看左边向量的后面 $n-r$ 个分量，就有

$$k_1 = k_2 = \cdots = k_{n-r} = 0,$$

此即说明 $\boldsymbol{\eta}_1, \boldsymbol{\eta}_2, \cdots, \boldsymbol{\eta}_{n-r}$ 线性无关.

另一方面，齐次线性方程组(4.6)的任一解 $\boldsymbol{\alpha}$，如果是自由未知量取值 $k_{r+1}, k_{r+2}, \cdots, k_n$ 而得的，那么由(4.8)得

$$\boldsymbol{\alpha}=\left(\sum_{j=r+1}^{n}l_{1j}k_j,\cdots,\sum_{j=r+1}^{n}l_{rj}k_j,k_{r+1},k_{r+2},\cdots,k_n\right)^{\mathrm{T}}.$$

于是有

$$\boldsymbol{\alpha}=\sum_{j=1}^{n-r}k_{r+j}\boldsymbol{\eta}_j,$$

即(4.6)的任一解向量 $\boldsymbol{\alpha}$ 都可由 $\boldsymbol{\eta}_1,\boldsymbol{\eta}_2,\cdots,\boldsymbol{\eta}_{n-r}$ 线性表示，所以 $\boldsymbol{\eta}_1,\boldsymbol{\eta}_2,\cdots,\boldsymbol{\eta}_{n-r}$ 确是方程组(4.6)的一个基础解系. 这里基础解系是由 $n-r$ 个解向量组成的，至于(4.6)可能还有其他基础解系. 但由基础解系的定义可知，一个方程组的任意两个基础解系彼此等价，以及由基础解系的线性无关性知，任意两个基础解系必含相同个数的解向量，即基础解系所含向量个数皆为 $n-r$. ∎

本定理的证明过程，同时也给出了一个具体找基础解系的方法.

例 2.23 求齐次线性方程组

$$\begin{cases}3x_1+x_2-8x_3+2x_4+x_5=0,\\2x_1-2x_2-3x_3-7x_4+2x_5=0,\\x_1+11x_2-12x_3+34x_4-5x_5=0,\\x_1-5x_2+2x_3-16x_4+3x_5=0\end{cases}\tag{4.9}$$

的一个基础解系.

解 对它的系数矩阵 $\boldsymbol{A}$ 施以行初等变换，化为简化阶梯形：

$$\boldsymbol{A}=\begin{pmatrix}3&1&-8&2&1\\2&-2&-3&-7&2\\1&11&-12&34&-5\\1&-5&2&-16&3\end{pmatrix}$$

$$\to\begin{pmatrix}1&-5&2&-16&3\\2&-2&-3&-7&2\\1&11&-12&34&-5\\3&1&-8&2&1\end{pmatrix}$$

$$\to\begin{pmatrix}1&-5&2&-16&3\\0&8&-7&25&-4\\0&16&-14&50&-8\\0&16&-14&50&-8\end{pmatrix}$$

$$\to\begin{pmatrix}1&-5&2&-16&3\\0&8&-7&25&-4\\0&0&0&0&0\\0&0&0&0&0\end{pmatrix}$$

$$\rightarrow\begin{pmatrix}1 & -5 & 2 & -16 & 3\\ 0 & 1 & -\frac{7}{8} & \frac{25}{8} & -\frac{1}{2}\\ 0 & 0 & 0 & 0 & 0\\ 0 & 0 & 0 & 0 & 0\end{pmatrix}$$

$$\rightarrow\begin{pmatrix}1 & 0 & -\frac{19}{8} & -\frac{3}{8} & \frac{1}{2}\\ 0 & 1 & -\frac{7}{8} & \frac{25}{8} & -\frac{1}{2}\\ 0 & 0 & 0 & 0 & 0\\ 0 & 0 & 0 & 0 & 0\end{pmatrix},$$

得(4.9)的一般解：

$$\begin{cases}x_1=\frac{19}{8}x_3+\frac{3}{8}x_4-\frac{1}{2}x_5,\\ x_2=\frac{7}{8}x_3-\frac{25}{8}x_4+\frac{1}{2}x_5,\end{cases}$$

其中 x_3,x_4,x_5 为自由未知量. 令自由未知量 x_3,x_4,x_5 分别取下述3组值：

$$\begin{pmatrix}x_3\\ x_4\\ x_5\end{pmatrix}=\begin{pmatrix}1\\ 0\\ 0\end{pmatrix},\ \begin{pmatrix}0\\ 1\\ 0\end{pmatrix},\ \begin{pmatrix}0\\ 0\\ 1\end{pmatrix},$$

可得3个解：

$$\boldsymbol{\eta}_1=\begin{pmatrix}\frac{19}{8}\\ \frac{7}{8}\\ 1\\ 0\\ 0\end{pmatrix},\quad \boldsymbol{\eta}_2=\begin{pmatrix}\frac{3}{8}\\ -\frac{25}{8}\\ 0\\ 1\\ 0\end{pmatrix},\quad \boldsymbol{\eta}_3=\begin{pmatrix}-\frac{1}{2}\\ \frac{1}{2}\\ 0\\ 0\\ 1\end{pmatrix}.$$

$\boldsymbol{\eta}_1,\boldsymbol{\eta}_2,\boldsymbol{\eta}_3$ 就是方程组的一个基础解系.

由于齐次线性方程组的常数项都是零，所以例2.23中只需对系数矩阵作行初等变换，而不必用其增广矩阵，最后列出同解的简化阶梯形方程组时，应该注意到这一点.

由于齐次线性方程组(4.6)的基础解系实际上是它的解向量组的极大线性无关组，而一向量组的极大线性无关组可以不止一个，因而方程组(4.6)的基础解系也有多种取法. 定理2.10给出的求基础解系的方法仅仅是其中一个最基本和常用的方法. 例如：在例2.23中，我们很容易看出，向量组

$$\boldsymbol{\eta}_1' = (19,7,8,0,0)^{\mathrm{T}}, \quad \boldsymbol{\eta}_2' = (3,-25,0,8,0)^{\mathrm{T}},$$

$$\boldsymbol{\eta}_3' = (-1,1,0,0,2)^{\mathrm{T}}$$

也是其方程组的一个基础解系.

从定理 2.10 的证明过程及例 2.23，我们可以看出，求齐次线性方程组的基础解系的基本步骤是：

1） 将方程组的系数矩阵进行行初等变换化为简化阶梯形矩阵，然后写成相对应的简化阶梯形方程组.

2） 通过简化阶梯形方程组，确定自由未知量，得出方程组的一般解.

3） 将第 1 个自由未知量取值 1，其余自由未知量取零值得出一个解 $\boldsymbol{\eta}_1$；再将第 2 个自由未知量取值 1，而其余取值零又得一个解 $\boldsymbol{\eta}_2$…… 将最后一个自由未知量取值 1，余者取值零，最后得解 $\boldsymbol{\eta}_{n-r}$. 这样得出的 $n-r$ 个解就是齐次线性方程组的一个基础解系.

下面讨论一般线性方程组的解的结构.

设有非齐次线性方程组

$$\begin{cases} a_{11}x_1 + a_{12}x_2 + \cdots + a_{1n}x_n = b_1, \\ a_{21}x_1 + a_{22}x_2 + \cdots + a_{2n}x_n = b_2, \\ \cdots\cdots\cdots\cdots\cdots\cdots\cdots\cdots\cdots\cdots \\ a_{m1}x_1 + a_{m2}x_2 + \cdots + a_{mn}x_n = b_m, \end{cases} \tag{4.10}$$

其中常数项 $b_1, b_2, \cdots, b_m$ 不全为零.

若将(4.10) 的常数项改为零，其他项不变，则得一相应齐次线性方程组

$$\begin{cases} a_{11}x_1 + a_{12}x_2 + \cdots + a_{1n}x_n = 0, \\ a_{21}x_1 + a_{22}x_2 + \cdots + a_{2n}x_n = 0, \\ \cdots\cdots\cdots\cdots\cdots\cdots\cdots\cdots\cdots\cdots \\ a_{m1}x_1 + a_{m2}x_2 + \cdots + a_{mn}x_n = 0. \end{cases} \tag{4.11}$$

我们称齐次线性方程组(4.11) 为方程组(4.10) 的**导出组**.

定理 2.11 设 $\boldsymbol{\gamma}_0 = (k_1, k_2, \cdots, k_n)^{\mathrm{T}}$ 是线性方程组(4.10) 的一个特定的解（简称**特解**），$\boldsymbol{\eta} = (l_1, l_2, \cdots, l_n)^{\mathrm{T}}$ 是它的导出组(4.11) 的任一解，则 $\boldsymbol{\gamma}_0 + \boldsymbol{\eta}$ 是方程组(4.10) 的一个解，且(4.10) 的任一解 $\boldsymbol{\gamma}$ 可以表示成 $\boldsymbol{\gamma} = \boldsymbol{\gamma}_0 + \boldsymbol{\eta}_1$，其中 $\boldsymbol{\eta}_1$ 是导出组(4.11) 的一个解.

证 因为 $\boldsymbol{\gamma}_0$ 是(4.10) 的一个解，所以有

$$\sum_{j=1}^{n} a_{ij}k_j = b_i, \quad i = 1, 2, \cdots, m.$$

而 $\boldsymbol{\eta}$ 是(4.11) 的一个解，所以

$$\sum_{j=1}^{n} a_{ij} l_j = 0, \quad i = 1, 2, \cdots, m.$$

故有

$$\sum_{j=1}^{n} a_{ij}(k_j + l_j) = \sum_{j=1}^{n} a_{ij} k_j + \sum_{j=1}^{n} a_{ij} l_j$$
$$= b_i + 0 = b_i, \quad i = 1, 2, \cdots, m,$$

此即说明 $\boldsymbol{\gamma}_0 + \boldsymbol{\eta} = (k_1 + l_1, k_2 + l_2, \cdots, k_n + l_n)^{\mathrm{T}}$ 是方程组(4.10) 的一个解.

其次，若 $\boldsymbol{\gamma} = (p_1, p_2, \cdots, p_n)^{\mathrm{T}}$ 是方程组(4.10) 的任一解，则

$$\boldsymbol{\gamma} - \boldsymbol{\gamma}_0 = (p_1 - k_1, p_2 - k_2, \cdots, p_n - k_n)^{\mathrm{T}}.$$

于是，

$$\sum_{j=1}^{n} a_{ij}(p_j - k_j) = \sum_{j=1}^{n} a_{ij} p_j - \sum_{j=1}^{n} a_{ij} k_j$$
$$= b_i - b_i = 0, \quad i = 1, 2, \cdots, m.$$

这说明，$\boldsymbol{\gamma} - \boldsymbol{\gamma}_0$ 是导出组(4.11) 的解. 令 $\boldsymbol{\gamma} - \boldsymbol{\gamma}_0 = \boldsymbol{\eta}_1$，因而

$$\boldsymbol{\gamma} = \boldsymbol{\gamma}_0 + \boldsymbol{\eta}_1,$$

此处，$\boldsymbol{\eta}_1$ 为(4.11) 的一个解，$\boldsymbol{\gamma}_0$ 为(4.10) 的一个特解，定理得证. ■

由本定理可知，当 $\boldsymbol{\gamma}_0$ 为方程组(4.10) 的任一特解，而 $\boldsymbol{\eta}$ 取遍导出组的全部解时，$\boldsymbol{\gamma} = \boldsymbol{\gamma}_0 + \boldsymbol{\eta}$ 就给出了(4.10) 的全部解. 导出组是齐次线性方程组，而一个齐次线性方程组的全部解可由其基础解系线性表示. 因此，我们可用导出组的基础解系来表达一般线性方程组的全部解：

取定方程组(4.10) 的一个特解 $\boldsymbol{\gamma}_0$，找出导出组的一个基础解系 $\boldsymbol{\eta}_1, \boldsymbol{\eta}_2, \cdots, \boldsymbol{\eta}_{n-r}$. 那么方程组(4.10) 的任一解 $\boldsymbol{\gamma}$ 都可表示成

$$\boldsymbol{\gamma} = \boldsymbol{\gamma}_0 + k_1 \boldsymbol{\eta}_1 + k_2 \boldsymbol{\eta}_2 + \cdots + k_{n-r} \boldsymbol{\eta}_{n-r},$$

其中 $k_1, k_2, \cdots, k_{n-r}$ 是一组常数.

推论 在方程组(4.10) 有解的前提下，解是唯一的充分必要条件是它的导出组(4.11) 只有零解.

证 必要性 如果导出组(4.11) 有非零解，那么，这个非零解与方程组(4.10) 的一个解之和就是(4.10) 的另一个解. 这说明(4.10) 不止一个解，因而如果方程组(4.10) 有唯一解，则导出组(4.11) 只有零解.

充分性 如果方程组(4.10) 有两个不同解 $(k_1, k_2, \cdots, k_n)^{\mathrm{T}}$ 与 $(l_1, l_2, \cdots, l_n)^{\mathrm{T}}$，那么应有

$$\sum_{j=1}^{n} a_{ij} k_j = b_i, \quad i = 1, 2, \cdots, m;$$

$$\sum_{j=1}^{n} a_{ij} l_j = b_i, \quad i=1,2,\cdots,m.$$

从而

$$\sum_{j=1}^{n} a_{ij}(k_j - l_j) = \sum_{j=1}^{n} a_{ij} k_j - \sum_{j=1}^{n} a_{ij} l_j$$
$$= b_i - b_i = 0, \quad i=1,2,\cdots,m.$$

这说明，两不同解之差为导出组的一个解，且因 $(k_1,k_2,\cdots,k_n)^{\mathrm{T}} \neq (l_1,l_2,\cdots,l_n)^{\mathrm{T}}$，所以

$$(k_1-l_1,k_2-l_2,\cdots,k_n-l_n)^{\mathrm{T}} \neq \mathbf{0},$$

即导出组有非零解. 因此，当导出组只有零解时，方程组(4.10) 只可能有唯一解. ∎

例 2.24 求方程组

$$\begin{cases} x_1 - 2x_2 + x_3 - x_4 + x_5 = 1, \\ 2x_1 + x_2 - x_3 + 2x_4 - 3x_5 = 2, \\ 3x_1 - 2x_2 - x_3 + x_4 - 2x_5 = 2, \\ 2x_1 - 5x_2 + x_3 - 2x_4 + 2x_5 = 1 \end{cases}$$

的全部解(用导出组的基础解系来表达).

解 用行初等变换将它的增广矩阵 $\widetilde{\mathbf{A}}$ 化为简化阶梯形：

$$\widetilde{\mathbf{A}} = \begin{pmatrix} 1 & -2 & 1 & -1 & 1 & 1 \\ 2 & 1 & -1 & 2 & -3 & 2 \\ 3 & -2 & -1 & 1 & -2 & 2 \\ 2 & -5 & 1 & -2 & 2 & 1 \end{pmatrix}$$

$$\rightarrow \begin{pmatrix} 1 & -2 & 1 & -1 & 1 & 1 \\ 0 & 5 & -3 & 4 & -5 & 0 \\ 0 & 4 & -4 & 4 & -5 & -1 \\ 0 & -1 & -1 & 0 & 0 & -1 \end{pmatrix}$$

$$\rightarrow \begin{pmatrix} 1 & -2 & 1 & -1 & 1 & 1 \\ 0 & 1 & 1 & 0 & 0 & 1 \\ 0 & 4 & -4 & 4 & -5 & -1 \\ 0 & -1 & -1 & 0 & 0 & -1 \end{pmatrix}$$

$$\rightarrow \begin{pmatrix} 1 & -2 & 1 & -1 & 1 & 1 \\ 0 & 1 & 1 & 0 & 0 & 1 \\ 0 & 0 & -8 & 4 & -5 & -5 \\ 0 & 0 & 0 & 0 & 0 & 0 \end{pmatrix}$$

$$
\rightarrow\begin{pmatrix}1 & -2 & 1 & -1 & 1 & 1\\ 0 & 1 & 1 & 0 & 0 & 1\\ 0 & 0 & 1 & -\frac{1}{2} & \frac{5}{8} & \frac{5}{8}\\ 0 & 0 & 0 & 0 & 0 & 0\end{pmatrix}
$$

$$
\rightarrow\begin{pmatrix}1 & -2 & 0 & -\frac{1}{2} & \frac{3}{8} & \frac{3}{8}\\ 0 & 1 & 0 & \frac{1}{2} & -\frac{5}{8} & \frac{3}{8}\\ 0 & 0 & 1 & -\frac{1}{2} & \frac{5}{8} & \frac{5}{8}\\ 0 & 0 & 0 & 0 & 0 & 0\end{pmatrix}
$$

$$
\rightarrow\begin{pmatrix}1 & 0 & 0 & \frac{1}{2} & -\frac{7}{8} & \frac{9}{8}\\ 0 & 1 & 0 & \frac{1}{2} & -\frac{5}{8} & \frac{3}{8}\\ 0 & 0 & 1 & -\frac{1}{2} & \frac{5}{8} & \frac{5}{8}\\ 0 & 0 & 0 & 0 & 0 & 0\end{pmatrix},
$$

得一般解：

$$
\begin{cases}x_1=\frac{9}{8}-\frac{1}{2}x_4+\frac{7}{8}x_5,\\ x_2=\frac{3}{8}-\frac{1}{2}x_4+\frac{5}{8}x_5,\\ x_3=\frac{5}{8}+\frac{1}{2}x_4-\frac{5}{8}x_5,\end{cases}
$$

其中 x_4, x_5 为自由未知量. 令 $x_4=x_5=0$，得一特解

$$
\boldsymbol{\gamma}_0=\begin{pmatrix}\frac{9}{8}\\ \frac{3}{8}\\ \frac{5}{8}\\ 0\\ 0\end{pmatrix}.
$$

下面求导出组的基础解系. 因为导出组的系数矩阵与原方程组的系数矩阵一致，所以从 $\widetilde{\boldsymbol{A}}$ 的简化阶梯形中的前 5 列立即得出导出组的一般解为

$$\begin{cases} x_1 = -\dfrac{1}{2}x_4 + \dfrac{7}{8}x_5, \\ x_2 = -\dfrac{1}{2}x_4 + \dfrac{5}{8}x_5, \\ x_3 = \dfrac{1}{2}x_4 - \dfrac{5}{8}x_5. \end{cases}$$

令$\begin{pmatrix} x_4 \\ x_5 \end{pmatrix} = \begin{pmatrix} 1 \\ 0 \end{pmatrix}, \begin{pmatrix} 0 \\ 1 \end{pmatrix}$，得一基础解系：

$$\boldsymbol{\eta}_1 = \begin{pmatrix} -\dfrac{1}{2} \\ -\dfrac{1}{2} \\ \dfrac{1}{2} \\ 1 \\ 0 \end{pmatrix}, \quad \boldsymbol{\eta}_2 = \begin{pmatrix} \dfrac{7}{8} \\ \dfrac{5}{8} \\ -\dfrac{5}{8} \\ 0 \\ 1 \end{pmatrix}.$$

所以原方程组的全部解可表示为

$$\begin{aligned} \boldsymbol{\gamma} &= \boldsymbol{\gamma}_0 + k_1\boldsymbol{\eta}_1 + k_2\boldsymbol{\eta}_2 \\ &= \begin{pmatrix} \dfrac{9}{8} \\ \dfrac{3}{8} \\ \dfrac{5}{8} \\ 0 \\ 0 \end{pmatrix} + k_1 \begin{pmatrix} -\dfrac{1}{2} \\ -\dfrac{1}{2} \\ \dfrac{1}{2} \\ 1 \\ 0 \end{pmatrix} + k_2 \begin{pmatrix} \dfrac{7}{8} \\ \dfrac{5}{8} \\ -\dfrac{5}{8} \\ 0 \\ 1 \end{pmatrix} \quad (k_1, k_2 \text{ 为任意常数}). \end{aligned}$$

本节通过线性方程组的系数矩阵和增广矩阵的秩，给出了齐次线性方程组有非零解和非齐次线性方程组有解的判定条件，同时，还利用向量作为工具，研究线性方程组在无穷多个解的情况下，解与解之间的关系，解决了线性方程组解的结构问题，这些都有很大的理论意义. 一般来说，如果仅是为了解方程组，通常还是用消元法.

习题 2.4

1. 证明：线性方程组

$$\begin{cases} x_1 + 2x_2 + 3x_3 + a_1x_4 = b_1, \\ 2x_1 + x_2 \qquad\quad + a_2x_4 = b_2, \\ \qquad\qquad\qquad x_3 + a_3x_4 = b_3 \end{cases}$$

对任何数 $a_1, a_2, a_3, b_1, b_2, b_3$ 都有解.

2. 证明：含 n 个未知量、$n+1$ 个方程的线性方程组

$$\begin{cases} a_{11}x_1 + a_{12}x_2 + \cdots + a_{1n}x_n = b_1, \\ \cdots\cdots\cdots\cdots\cdots\cdots\cdots\cdots\cdots\cdots \\ a_{n1}x_1 + a_{n2}x_2 + \cdots + a_{nn}x_n = b_n, \\ a_{n+1,1}x_1 + a_{n+1,2}x_2 + \cdots + a_{n+1,n}x_n = b_{n+1} \end{cases}$$

有解的必要条件是行列式

$$\begin{vmatrix} a_{11} & a_{12} & \cdots & a_{1n} & b_1 \\ \vdots & \vdots & & \vdots & \vdots \\ a_{n1} & a_{n2} & \cdots & a_{nn} & b_n \\ a_{n+1,1} & a_{n+1,2} & \cdots & a_{n+1,n} & b_{n+1} \end{vmatrix} = 0.$$

这个条件不是充分的，试举一反例.

3. 已知 n 阶矩阵 $\boldsymbol{A} = \begin{pmatrix} a_{11} & a_{12} & \cdots & a_{1n} \\ a_{21} & a_{22} & \cdots & a_{2n} \\ \vdots & \vdots & \ddots & \vdots \\ a_{n1} & a_{n2} & \cdots & a_{nn} \end{pmatrix}$，$n+1$ 阶矩阵

$$\boldsymbol{B} = \begin{pmatrix} a_{11} & a_{12} & \cdots & a_{1n} & b_1 \\ a_{21} & a_{22} & \cdots & a_{2n} & b_2 \\ \vdots & \vdots & \ddots & \vdots & \vdots \\ a_{n1} & a_{n2} & \cdots & a_{nn} & b_n \\ b_1 & b_2 & \cdots & b_n & 0 \end{pmatrix}$$

是由 $\boldsymbol{A}$ 加 1 行 1 列而得的. 若 $\mathrm{r}(\boldsymbol{A}) = \mathrm{r}(\boldsymbol{B})$，证明：线性方程组

$$\begin{cases} a_{11}x_1 + a_{12}x_2 + \cdots + a_{1n}x_n = b_1, \\ a_{21}x_1 + a_{22}x_2 + \cdots + a_{2n}x_n = b_2, \\ \cdots\cdots\cdots\cdots\cdots\cdots\cdots\cdots\cdots\cdots \\ a_{n1}x_1 + a_{n2}x_2 + \cdots + a_{nn}x_n = b_n \end{cases}$$

必有解. 逆命题是否成立？ 为什么？

4. 证明：线性方程组

$$\begin{cases} a_{11}x_1 + a_{12}x_2 + \cdots + a_{1n}x_n = b_1, \\ a_{21}x_1 + a_{22}x_2 + \cdots + a_{2n}x_n = b_2, \\ \cdots\cdots\cdots\cdots\cdots\cdots\cdots\cdots\cdots\cdots \\ a_{n1}x_1 + a_{n2}x_2 + \cdots + a_{nn}x_n = b_n \end{cases}$$

对任何 $b_1, b_2, \cdots, b_n$ 都有解的充分必要条件是，它的系数行列式

$$|\boldsymbol{A}| = \begin{vmatrix} a_{11} & a_{12} & \cdots & a_{1n} \\ a_{21} & a_{22} & \cdots & a_{2n} \\ \vdots & \vdots & \ddots & \vdots \\ a_{n1} & a_{n2} & \cdots & a_{nn} \end{vmatrix} \neq 0.$$

5. 讨论 λ, a, b 取何值时，下列线性方程组有解. 有解时，试求出 1),2) 两题的解.

1) $\begin{cases}(\lambda+3)x_1+x_2+2x_3=\lambda,\\ \lambda x_1+(\lambda-1)x_2+x_3=2\lambda,\\ 3(\lambda+1)x_1+\lambda x_2+(\lambda+3)x_3=3\lambda;\end{cases}$

2) $\begin{cases}x_1+x_2+x_3=4,\\ x_1+bx_2+x_3=3,\\ x_1+2bx_2+x_3=4;\end{cases}$

3) $\begin{cases}ax+6y+z=1,\\ x+6ay+z=6,\\ x+6y+az=1.\end{cases}$

6. 求下列齐次线性方程组的基础解系：

1) $\begin{cases}x_1+x_2+x_3+x_4+x_5=0,\\ 3x_1+2x_2+x_3+x_4-x_5=0,\\ 5x_1+4x_2+3x_3+3x_4+x_5=0,\\ x_2+2x_3+2x_4+4x_5=0;\end{cases}$

2) $\begin{cases}3x_1+2x_2-5x_3+4x_4=0,\\ 3x_1-x_2+3x_3-3x_4=0,\\ 3x_1+5x_2-13x_3+11x_4=0;\end{cases}$

3) $x_1+x_2+x_3+x_4+x_5=0$;

4) $\begin{cases}x_1-2x_2+3x_3-4x_4=0,\\ x_2-x_3+x_4=0,\\ x_1+3x_2-3x_4=0,\\ x_1-4x_2+3x_3-2x_4=0.\end{cases}$

7. 试用导出组的基础解系表示下列线性方程组的全部解：

1) $\begin{cases}2x_1+x_2-x_3+x_4=1,\\ x_1+2x_2+x_3-x_4=2,\\ x_1+x_2+2x_3+x_4=3;\end{cases}$

2) $\begin{cases}x_1+x_2-3x_4-x_5=1,\\ x_1-x_2+2x_3-x_4=1,\\ 4x_1-2x_2+6x_3+3x_4-4x_5=4,\\ 2x_1+4x_2-2x_3+4x_4-7x_5=2.\end{cases}$

8. 设齐次线性方程组

$$\begin{cases}a_{11}x_1+a_{12}x_2+\cdots+a_{1n}x_n=0,\\ a_{21}x_1+a_{22}x_2+\cdots+a_{2n}x_n=0,\\ \cdots\cdots\cdots\cdots\cdots\cdots\cdots\cdots\\ a_{m1}x_1+a_{m2}x_2+\cdots+a_{mn}x_n=0\end{cases}$$

的系数矩阵的秩是 r. 证明：方程组的任意 $n-r$ 个线性无关的解，都是它的一个基础解系.

9. 设齐次线性方程组

$$\begin{cases} a_{11}x_1+a_{12}x_2+\cdots+a_{1n}x_n=0, \\ a_{21}x_1+a_{22}x_2+\cdots+a_{2n}x_n=0, \\ \cdots\cdots\cdots\cdots\cdots\cdots\cdots\cdots\cdots \\ a_{n1}x_1+a_{n2}x_2+\cdots+a_{nn}x_n=0 \end{cases}$$

的系数矩阵 $\boldsymbol{A}$ 的秩是 $n-1$，并且系数行列式 $|\boldsymbol{A}|$ 中的一个元素 a_{kl} 的代数余子式 $A_{kl}\neq 0$，证明：$(A_{k1},A_{k2},\cdots,A_{kn})^{\mathrm{T}}$ 是此齐次线性方程组的一个基础解系.

10. 设 $\boldsymbol{\eta}_1,\boldsymbol{\eta}_2,\cdots,\boldsymbol{\eta}_t$ 是某个线性方程组的 t 个解向量，且常数 $u_1,u_2,\cdots,u_t$ 的和等于 1. 证明：$u_1\boldsymbol{\eta}_1+u_2\boldsymbol{\eta}_2+\cdots+u_t\boldsymbol{\eta}_t$ 也是这个线性方程组的一个解向量.

阅读材料

《九章算术》方程术

历史上线性代数的第 1 个问题是求解线性方程组. 线性方程组的一般解法最早记载于《九章算术》，其中的第 8 章“方程”的主要内容是线性方程组的应用题，共有二元的 8 题，三元的 6 题，四元和五元的各 2 题，所采用的解法都是“遍乘直除法”. 以“方程”章第 1 题为例：

“今有上禾(指上等稻子) 三秉(指捆)，中禾二秉，下禾一秉，实(指打下来的谷子) 三十九斗；上禾二秉，中禾三秉，下禾一秉，实三十四斗；上禾一秉，中禾二秉，下禾三秉，实二十六斗. 问上、中、下禾实一秉各几何？”

这一题若按现代的记法，设 x,y,z 分别为上、中、下禾各一捆的谷子数，则上述问题就是求解三元一次方程组

$$\begin{cases} 3x+2y+\ \ z=39, \\ 2x+3y+\ \ z=34, \\ \ \ x+2y+3z=26. \end{cases}$$

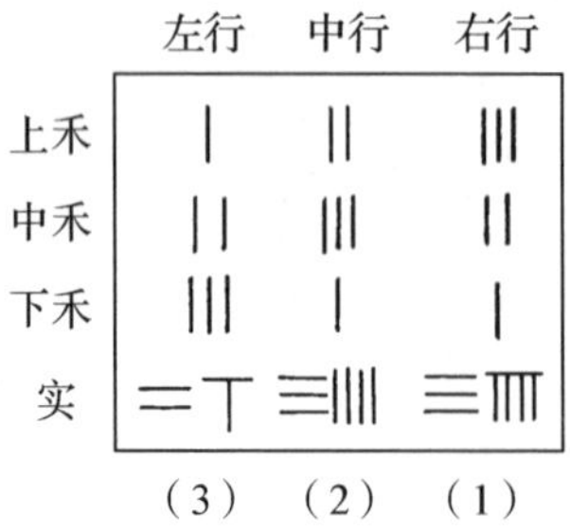

图 2-1

《九章算术》没有表示未知数的符号，而是用算筹将 x,y,z 的系数和常数项排列成一个(长) 方阵(图 2-1)，这就是“方程”这一名称的来源，这里采取的是自右至左纵向排列，其中每一竖行相当于一个方程.

“方程术”的关键算法叫“遍乘直除”，《九章算术》“方程”曰：“置上禾三秉，中禾二秉，下禾一秉，实三十九斗

于右方. 中、左行列如右方(图 2-1). 以右行上禾编乘(即遍乘)中行而以直除(这里'除'是减,'直除'即连续相减),又乘其次,亦以直除……"(引文下略).

现把图 2-1 中的筹算数码换成阿拉伯数字,将遍乘直除法的解法解释如下:

用图 2-2 (1) 右行上禾(x)的系数 3 "遍乘"中行(或左行)各数,然后从所得结果按行分别"直除"右行,即连续减去右行对应各数,直至中行(或左行)上禾(x)的系数为零时为止,就得到图 2-2 (2) 所示的新方程组.

其次以图 2-2 (2) 中行中禾(y)的系数 5 遍乘左行各数,从所得结果直除中行并约分,又得到图 2-2 (3) 所示的新方程组,其中,左行未知量系数只剩一项,以 4 除 11,即得下禾(z) $=2\frac{3}{4}$(斗).

为求上禾(x)和中禾(y),重复"遍乘直除"程序,以图 2-2 (3) 左行下禾(z)的系数 4 遍乘中行和右行各数,从所得的结果按行分别直除左行并约分…… 最后得到图 2-2 (4) 所示的新方程组,由此方程组计算得上、中、下禾一秉之实分别是 $9\frac{1}{4}$, $4\frac{1}{4}$ 和 $2\frac{3}{4}$ 斗.

《九章算术》方程术的遍乘直除法,实质上就是本章所介绍的解线性方程组的消元法,可见,它确是世界数学史上的一颗明珠.

(1)

左行	中行	右行
1	2	3
2	3	2
3	1	1
26	34	39

↓

(2)

左行	中行	右行
0	0	3
4	5	2
8	1	1
39	24	39

↓

(3)

左行	中行	右行
0	0	3
0	5	2
4	1	1
11	24	39

↓

(4)

左行	中行	右行
0	0	4
0	4	0
4	0	0
11	17	37

图 2-2

阅读与思考　应用:单臂直流电桥的原理

我们先举一个电路计算的例子.

例 2.25　求如图 2-3 所示的电路中的电流 I_1, I_2, I_3.

解　将基尔霍夫第二定律(沿任一闭合回路中电动势的代数和等于回路中电阻上电势降落的代数和)用于回路 $BCAB$ 和 $BDCB$ 上,得

$$\begin{cases} 4I_1+3I_2=2, & (BCAB) \\ -3I_2+4I_3=-4. & (BDCB) \end{cases}$$

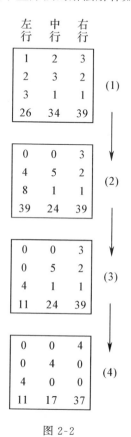

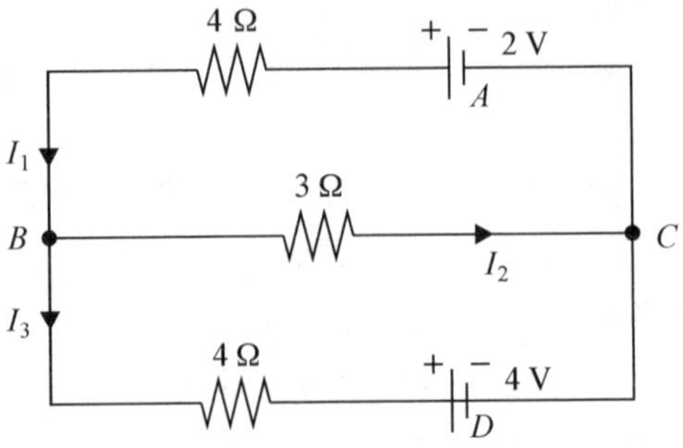

图 2-3

将基尔霍夫第一定律(在任一节点处，流向节点的电流和流出节点的电流的代数和等于零) 用于节点 B 处，得 $I_1=I_2+I_3$，即

$$I_1-I_2-I_3=0.$$

用消元法解线性方程组

$$\begin{cases}I_1-I_2-I_3=0,\\4I_1+3I_2=2,\\-3I_2+4I_3=-4,\end{cases}$$

得

$$I_1=0.05\text{ A},\quad I_2=0.6\text{ A},\quad I_3=-0.55\text{ A}.$$

因为 I_3 是负数，所以电流 I_3 的方向应改为从节点 D 到节点 B.

直流电桥中最常用的是单臂直流电桥(又称惠斯登电桥)，是用来测量中值(约 1 Ω 到 0.1 MΩ) 电阻的，其电路如图 2-4 所示. 中间支路是一检流计，其电阻为 R_G. 当检流计 G 中无电流通过(即 $I_G=0$) 时，我们说电桥达到平衡.

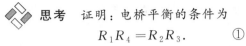

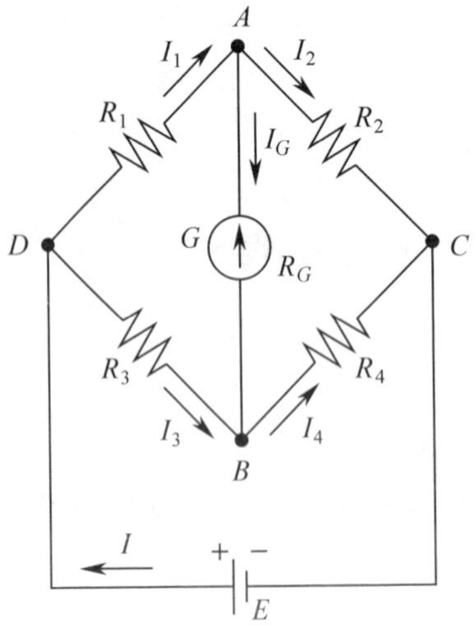

图 2-4

思考 证明：电桥平衡的条件为

$$R_1R_4=R_2R_3. \qquad ①$$

(提示：应用基尔霍夫定律于节点 A,B,C 处和回路 $ABDA$,$ACBA$,$DBCD$ 上，求出 I_G.)

设 $R_1=R_x$ 为被测电阻，则由 ① 式得

$$R_x=\frac{R_2}{R_4}R_3,$$

式中 $\frac{R_2}{R_4}$ 称为电桥的比臂，R_3 称为较臂.

测量时，先将比臂$\left(\frac{R_2}{R_4}\right)$调到一定比值，而后再调节较臂($R_3$)直到电桥平衡为止. 当电桥平衡时，由公式$R_x=\frac{R_2}{R_4}R_3$就可求出$R_x$的值.

以上的几个电路都是比较简单的电网络，从电路图中利用基尔霍夫定律，可以直接找出求n个支路电流所需的n个独立的方程. 对复杂的电网络，如何来寻找这种由独立的方程组成的线性方程组呢？关于一般的电网络的计算可以参阅[13]中课题20.

练　习

求下列电路中各支路的电流：

1)

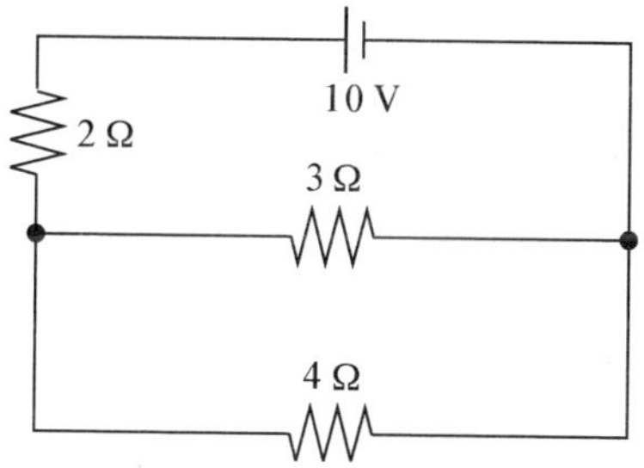

2)

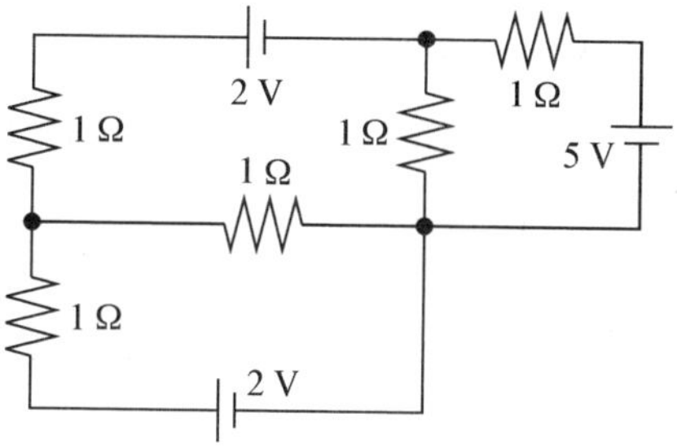

探究与发现　CT图像重建的联立方程法

CT是一种功能齐全的病情探测仪器，它是电子计算机X射线断层扫描技术的简称. CT的工作程序是：X射线射入人体，被人体吸收而衰减，其衰减的程度与受检层面的组织、器官和病变(如肿瘤等)的密度有关，密度越高，对X射线衰减越大，应用灵敏度极高的探测器采集衰减后的X射线信号，获取数据，由于健康的组织和器官与病变的衰减值不同，因而将所获取的这些数据输入电子计算机，进行处理后，就可摄下人体被检查部位的各断层的图像，发现体内任何部位的细小病变.

普通的X射线摄影像与CT摄影像相比，具有极大的不同. 前者是多器官的重叠图像，如图 2-5 (a) 所示的 X 射线底片上得到的是球体和长方体的重叠图像；而后者是清晰的各水平面断层图像，如图 2-5 (b) 所示的是某一断层的非重叠像(球体和长方体的截面分别为圆和长方形，它们不重叠).

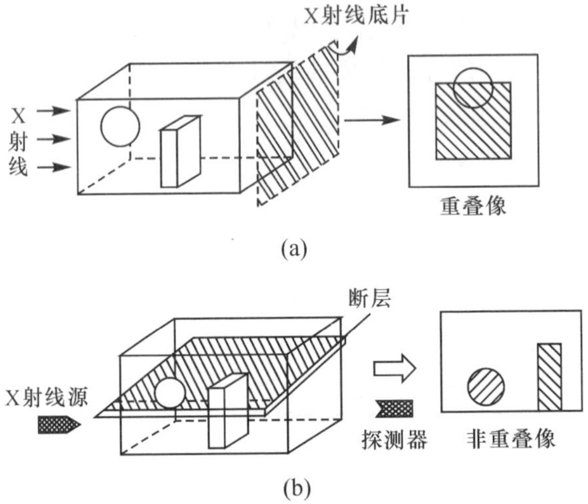

图 2-5　普通 X 射线摄影和 CT 断层摄影示意图

所谓断层是指在受检体内接受检查欲建立图像的薄层，如图 2-6 (a) 所示的是一个竖直方向的头部断层. 为了显示整个器官，需要建立多个相互平行的连续的断层图像，图像的个数按断层的厚度(为 3 ～ 15 mm) 而定. 由于 CT 分辨率高，可使器官和结构清楚显影，能清楚显示出病变，因而对脑瘤、肺癌等疾病，用 CT 检查做出的诊断都是比较可靠的，可为医生确切诊断提供详细和精确的信息.

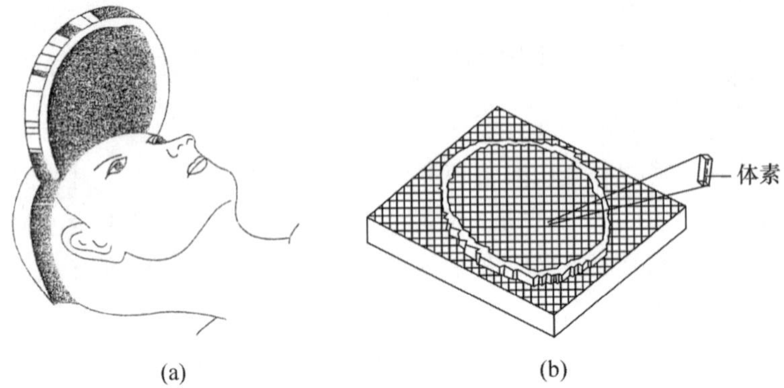

图 2-6　头部断层

各断层的CT图像是如何得来的？我们在受检体内欲成像的断层表面上，按一定大小(长或宽为1～2 mm)和一定坐标人为地划分成很小的体积元(它的高就是断层的厚度)，称为体素，如图2-6(b)所示. 将断层划分成体素的方案有多种，比如有：160×160(=25 600个体素)，256×256(=65 536个体素)，320×320(=102 400个体素)，512×512(=262 144个体素)等. 建立CT图像的核心思想，是求解X射线通过一个断层的各体素时的各个衰减值(也称衰减系数，它反映X射线通过一个体素时的衰减程度)，从而通过既定的计算程序，将各体素对X射线吸收本领大小的信息(即衰减值)转换成图像.

现让一窄束X射线穿过受检体(见图2-7)，由探测器可以测得它所穿过的各体素的衰减量 $\mu_1,\mu_2,\cdots,\mu_n$ 之和，称为投影值，记为 p，则

$$p=\mu_1+\mu_2+\cdots+\mu_n, \quad ①$$

其中 p 为已知数，$\mu_1,\mu_2,\cdots,\mu_n$ 为未知量.

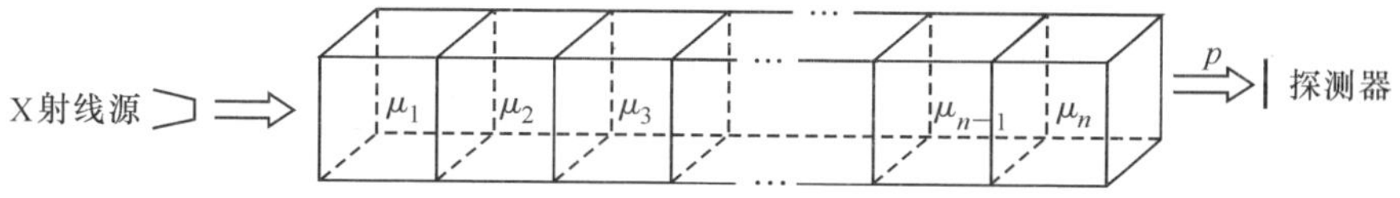

图 2-7　X射线穿过 n 个小体积元(体素)

如何通过由X射线束沿不同路径对受检体进行投照(即对受检体进行扫描)从而从探测器上接收的一系列投影值，来求出受检体中各断层上所有的各小体素的衰减值？

下面以3个(或4个)体素组成的断层为例，探讨求一个断层各体素的衰减值的联立方程法，以此理解复杂的CT图像建立的基本原理.

如图2-8所示，有3个体素 A,B,C，设X射线束穿过它们后的衰减值分别为 x,y,z，则X射线束1穿过体素 A 和 B 后，由探测器测得的投影值为

$$p_1=x+y; \quad ②$$

同样，X射线束2与3分别穿过体素 A 和 C 与 B 和 C 后，可测得投影值

$$p_2=x+z, \quad ③$$

$$p_3=y+z. \quad ④$$

图 2-8

当 $p_1=0.8$，$p_2=0.55$，$p_3=0.65$ 时，由②,③,④联立的线性方程组可以求得体素 A,B,C 的衰减值：

$x=0.35$，$y=0.45$，$z=0.2$.①

探究 设3个病人甲、乙、丙的3个体素 A,B,C 被X射线束1,2,3分别透射后，所测得的投影值 p_1,p_2,p_3 由下表给出：

病人	p_1	p_2	p_3
甲	0.45	0.44	0.39
乙	0.65	0.64	0.47
丙	0.66	0.64	0.70

设X射线束穿过健康器官、肿瘤、骨质的体素的衰减值和被吸收的百分数②如下：

组织类型	体素衰减值	被吸收的百分数
健康器官	0.162 5 ～ 0.287 7	15% ～ 25%
肿瘤	0.267 9 ～ 0.393 0	23.5% ～ 32.5%
骨质	0.385 7 ～ 0.510 8	32% ～ 40%

对照上表，分析3个病人的检测情况，判断哪位患有肿瘤.

探究 如图2-9所示，有4个体素 A,B,C,D，设X射线束穿过它们后的衰减值分别为 x_A,x_B,x_C,x_D.

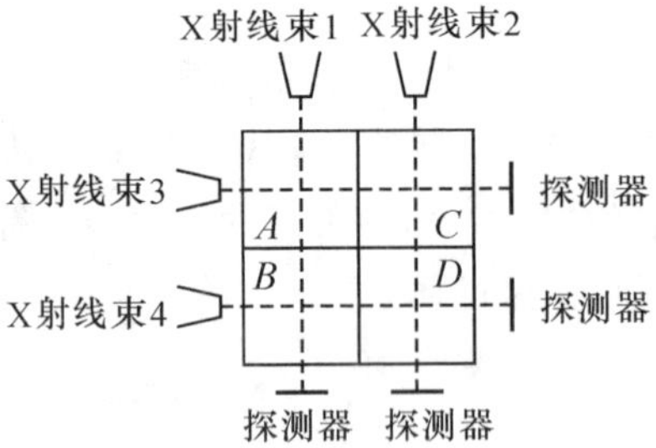

图 2-9

1) 假设X射线束1,2,3,4如图2-9穿过这些体素，由探测器分别

① 用解线性方程组求各体素的衰减值的联立方程法，用计算机计算时费时较多，现代CT图像的建立普遍采用滤波反投影法.

② 设X射线穿过一个体素时的衰减值和被吸收的百分数分别为 L 和 a，则

$$L=-\ln(1-a).$$

测得的投影值为

$$p_1=0.60,\quad p_2=0.75,\quad p_3=0.65,\quad p_4=0.70,$$

问：由以上信息，是否能求出衰减值 x_A, x_B, x_C, x_D？说明理由.

2）如果在图 2-9 中再增加两个 X 射线束 5 和 6（见图 2-10），设 X 射线束 5 和 6 分别穿过体素 B, C 和体素 A, D，由探测器测得的投影值为

$$p_5=0.85,\quad p_6=0.50,$$

求衰减值 x_A, x_B, x_C, x_D.

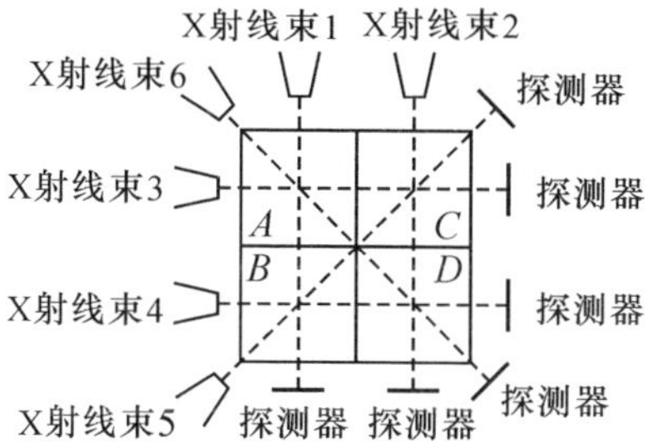

图 2-10

3）在图 2-10 中 6 个 X 射线束是不必要的，只要适当选取其中 4 个就足够了. 问：为求得 x_A, x_B, x_C, x_D 的唯一解，只需在 X 射线束 1，2，3，4，5，6 中选取 4 个，建立四元一次方程组求解，你选取其中哪 4 个，共有几种选法，这些选法有什么共性？

章课题　行秩等于列秩的直接证明

设 $m\times n$ 矩阵 $\mathbf{A}$ 的行秩为 r，则 $r\leqslant m$. 如果 $\mathbf{A}$ 的行秩 r 等于它的行数 m，那么我们称 $\mathbf{A}$ 为**行满秩矩阵**. 如果 $\mathbf{A}$ 不是行满秩矩阵，则 $r<m$. 于是 $\mathbf{A}$ 的行向量组线性相关，因而存在一个行向量可以由其他的行向量线性表示，我们把这样的向量称为**额外向量**. 实际上，$\mathbf{A}$ 的行向量组的一个极大线性无关组有 r 个行向量，而不属于这 r 个行向量的其他 $m-r$ 个行向量都可以由这个极大线性无关组线性表示，因此，这 $m-r$ 个行向量中的每一个都可以作为额外向量(也就是说，极大线性无关组外的向量是额外向量). 显然，我们删去矩阵 $\mathbf{A}$ 的这 $m-r$ 个额外向量后就得到一个行满秩的子矩阵.

如果一个 $m\times n$ 矩阵 $\mathbf{A}$ 的列秩 r 等于它的列数 n，那么我们称 $\mathbf{A}$ 为**列满秩矩阵**. 当 $r<n$ 时，我们同样可以定义 $\mathbf{A}$ 的列向量组的额外向量.

本课题将探讨不用矩阵的初等变换，直接根据行秩和列秩的定义，用删去 $m\times n$ 矩阵 $\boldsymbol{A}$ 的额外行和额外列的方法，来证明它们相等.

问题1 设 $m\times n$ 矩阵 $\boldsymbol{A}$ 的行向量为 $\boldsymbol{v}_1,\boldsymbol{v}_2,\cdots,\boldsymbol{v}_m$，其中某个行向量 $\boldsymbol{v}_t$ 是额外的(即 $\boldsymbol{v}_t=\sum_{i\neq t}c_i\boldsymbol{v}_i$). 问：设矩阵 $\boldsymbol{A}$ 删去第 t 行(即 $\boldsymbol{v}_t$)所得的矩阵为 $\boldsymbol{A}'$，则 $\boldsymbol{A}'$ 的行秩和列秩有什么变化?

类似地，对矩阵 $\boldsymbol{A}$ 的列向量组也可以进行同样的讨论.

问题2 用删去 $m\times n$ 矩阵 $\boldsymbol{A}$ 的额外行和额外列的方法，证明：

$$\text{行秩}(\boldsymbol{A})=\text{列秩}(\boldsymbol{A}).$$

问题3 用删去 $m\times n$ 矩阵 $\boldsymbol{A}$ 的额外行和额外列的方法，证明：

$$\boldsymbol{A}\text{ 中非零子式的最大阶数}=\text{行秩}(\boldsymbol{A})=\text{列秩}(\boldsymbol{A}).$$

复 习 题

A 组

1. 填空题

1) 使向量组 $\boldsymbol{\alpha}=(a,0,1)$，$\boldsymbol{\beta}=(0,a,2)$，$\boldsymbol{\gamma}=(10,3,a)$ 线性无关的 a 的值是________.

2) 已知向量组 $\boldsymbol{\alpha}_1=(1,2,3)$，$\boldsymbol{\alpha}_2=(1,4,a)$，$\boldsymbol{\alpha}_3=(2,a,9)$ 线性相关，则 $a=$________.

3) 设向量组 $\boldsymbol{\alpha}_1=(a,0,c)$，$\boldsymbol{\alpha}_2=(b,c,0)$，$\boldsymbol{\alpha}_3=(0,a,b)$ 线性无关，则 a,b,c 必满足关系式________.

4) 已知向量组 $\boldsymbol{\alpha}_1=(1,3,6,2)^{\mathrm{T}}$，$\boldsymbol{\alpha}_2=(2,1,2,-1)^{\mathrm{T}}$，$\boldsymbol{\alpha}_3=(1,-1,a,-2)^{\mathrm{T}}$ 的秩为2，则 $a=$________.

5) 齐次线性方程组 $x_1-2x_2+3x_3-4x_4=0$ 的全部解是________.

6) 若方程个数为 m 的 n 元线性方程组的系数矩阵与增广矩阵的秩都是 r，则当 r________时，方程组有唯一解；当 r________时，方程组有无穷多个解.

7) $\boldsymbol{\alpha}_1,\boldsymbol{\alpha}_2,\cdots,\boldsymbol{\alpha}_{n-r}$ 是齐次线性方程组的基础解系，则向量组 $\boldsymbol{\beta}_1,\boldsymbol{\beta}_2,\cdots,\boldsymbol{\beta}_{n-r}$ 当且仅当与向量组 $\boldsymbol{\alpha}_1,\boldsymbol{\alpha}_2,\cdots,\boldsymbol{\alpha}_{n-r}$ 是________时，它也是方程组的基础解系.

2. 选择题

1) n 维向量组 $\boldsymbol{\alpha}_1,\boldsymbol{\alpha}_2,\cdots,\boldsymbol{\alpha}_s(2\leqslant s\leqslant n)$ 线性无关的充分必要条件

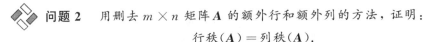

是(　　).

(A) 存在不全为零的数 $k_1, k_2, \cdots, k_s$，使 $k_1\boldsymbol{\alpha}_1 + k_2\boldsymbol{\alpha}_2 + \cdots + k_s\boldsymbol{\alpha}_s = \mathbf{0}$

(B) $\boldsymbol{\alpha}_1, \boldsymbol{\alpha}_2, \cdots, \boldsymbol{\alpha}_s$ 中任意两个向量都线性无关

(C) $\boldsymbol{\alpha}_1, \boldsymbol{\alpha}_2, \cdots, \boldsymbol{\alpha}_s$ 中存在一个向量，它不能用其余向量线性表示

(D) 仅当 $k_1 = k_2 = \cdots = k_s = 0$ 时，有 $k_1\boldsymbol{\alpha}_1 + k_2\boldsymbol{\alpha}_2 + \cdots + k_s\boldsymbol{\alpha}_s = \mathbf{0}$

2) 向量组 $\boldsymbol{\alpha}_1, \boldsymbol{\alpha}_2, \cdots, \boldsymbol{\alpha}_s (s \geqslant 2)$ 线性相关的充分必要条件是(　　).

(A) $\boldsymbol{\alpha}_1, \boldsymbol{\alpha}_2, \cdots, \boldsymbol{\alpha}_s$ 中每个向量可由其余向量线性表示

(B) $\boldsymbol{\alpha}_1, \boldsymbol{\alpha}_2, \cdots, \boldsymbol{\alpha}_s$ 中至少有两个向量成比例

(C) $\boldsymbol{\alpha}_1, \boldsymbol{\alpha}_2, \cdots, \boldsymbol{\alpha}_s$ 中至少有一个向量可由其余向量线性表示

(D) $\boldsymbol{\alpha}_1, \boldsymbol{\alpha}_2, \cdots, \boldsymbol{\alpha}_s$ 中的任一部分组线性相关

3) 下列向量组中线性相关的向量组为(　　).

(A) $\{(1,5,-4),(1,6,-4)\}$

(B) $\{(1,5,-4),(1,6,-4),(1,7,-4)\}$

(C) $\{(1,2,3),(1,4,9),(1,8,27)\}$

(D) $\{(1,1,1),(1,2,3),(12,4,3)\}$

4) 设向量组 $\boldsymbol{\alpha}_1, \boldsymbol{\alpha}_2, \boldsymbol{\alpha}_3, \boldsymbol{\alpha}_4, \boldsymbol{\alpha}_5$ 的秩为 3，且满足 $\boldsymbol{\alpha}_1 + \boldsymbol{\alpha}_3 - \boldsymbol{\alpha}_5 = \mathbf{0}$，$\boldsymbol{\alpha}_2 = 3\boldsymbol{\alpha}_4$，则为该向量组的一个极大线性无关组是(　　).

(A) $\boldsymbol{\alpha}_1, \boldsymbol{\alpha}_3, \boldsymbol{\alpha}_5$　　(B) $\boldsymbol{\alpha}_1, \boldsymbol{\alpha}_2, \boldsymbol{\alpha}_3$

(C) $\boldsymbol{\alpha}_2, \boldsymbol{\alpha}_4, \boldsymbol{\alpha}_5$　　(D) $\boldsymbol{\alpha}_1, \boldsymbol{\alpha}_2, \boldsymbol{\alpha}_4$

5) 矩阵 $\boldsymbol{A}$ 的秩为 r，则(　　).

(A) $\boldsymbol{A}$ 的 r 阶子式不全为零

(B) $\boldsymbol{A}$ 有不等于零的 $r+1$ 阶子式

(C) 只有一个不为零的 r 阶子式

(D) 有等于零的 r 阶子式

6) 矩阵 $\boldsymbol{A}$ 的秩 $\geqslant r$ 的充分必要条件为(　　).

(A) $\boldsymbol{A}$ 有一个 $r+1$ 阶子式不为零

(B) $\boldsymbol{A}$ 的所有 $r+1$ 阶子式全为零

(C) $\boldsymbol{A}$ 有一个 r 阶子式不为零

(D) $\boldsymbol{A}$ 有一个 r 阶子式不为零，所有 $r+1$ 阶子式全为零

7) 若 n 阶行列式 $|\boldsymbol{A}|=0$，则(　　)成立.

(A) 有 1 行(列)元素皆为零

(B) 有 2 行(列)元素成比例

(C) 有若干行(列)向量线性相关

(D) 任何 $n-1$ 个行向量线性相关

8) 设齐次线性方程组

$$\begin{cases}a_{11}x_1+a_{12}x_2+\cdots+a_{1n}x_n=0,\\a_{21}x_1+a_{22}x_2+\cdots+a_{2n}x_n=0,\\\cdots\cdots\cdots\cdots\cdots\cdots\cdots\cdots\cdots\cdots\cdots\\a_{m1}x_1+a_{m2}x_2+\cdots+a_{mn}x_n=0\end{cases}$$

的一个基础解系是 $\boldsymbol{\eta}_1,\boldsymbol{\eta}_2,\boldsymbol{\eta}_3,\boldsymbol{\eta}_4$，则此方程组的基础解系还可以是(　　).

(A) $\boldsymbol{\eta}_1-\boldsymbol{\eta}_2,\boldsymbol{\eta}_2-\boldsymbol{\eta}_3,\boldsymbol{\eta}_3-\boldsymbol{\eta}_4,\boldsymbol{\eta}_4-\boldsymbol{\eta}_1$

(B) $\boldsymbol{\eta}_1,\boldsymbol{\eta}_2+\boldsymbol{\eta}_3,\boldsymbol{\eta}_1+\boldsymbol{\eta}_2-\boldsymbol{\eta}_3+\boldsymbol{\eta}_4$

(C) 与 $\boldsymbol{\eta}_1,\boldsymbol{\eta}_2,\boldsymbol{\eta}_3,\boldsymbol{\eta}_4$ 等秩的向量组 $\boldsymbol{\xi}_1,\boldsymbol{\xi}_2,\boldsymbol{\xi}_3,\boldsymbol{\xi}_4$

(D) 与 $\boldsymbol{\eta}_1,\boldsymbol{\eta}_2,\boldsymbol{\eta}_3,\boldsymbol{\eta}_4$ 等价的向量组 $\boldsymbol{\xi}_1,\boldsymbol{\xi}_2,\boldsymbol{\xi}_3,\boldsymbol{\xi}_4$

3. 对下面线性方程组分别用两种方法求其解：

(a) 用消元法求一般解；

(b) 用导出组的基础解系表示全部解.

1) $\begin{cases}x_1+x_2-x_3-x_4=1,\\2x_1+x_2+x_3+x_4=4,\\4x_1+3x_2-x_3-x_4=6,\\x_1+2x_2-4x_3-4x_4=-1;\end{cases}$

2) $\begin{cases}x_1+x_2+x_3+x_4+x_5=7,\\3x_1+2x_2+x_3+x_4-3x_5=-2,\\x_2+2x_3+2x_4+6x_5=23,\\5x_1+4x_2+3x_3+3x_4-x_5=12.\end{cases}$

4. 证明：n 阶行列式等于零的充分必要条件是行列式中存在一行是其余各行的线性组合.

5. 设 $\boldsymbol{\alpha}_1,\boldsymbol{\alpha}_2,\cdots,\boldsymbol{\alpha}_r$ 是一组线性无关的向量，

$$\boldsymbol{\beta}_i=\sum_{j=1}^{r}a_{ij}\boldsymbol{\alpha}_j\quad(i=1,2,\cdots,r).$$

证明：$\boldsymbol{\beta}_1,\boldsymbol{\beta}_2,\cdots,\boldsymbol{\beta}_r$ 线性无关的充分必要条件是

$$D=\begin{vmatrix}a_{11}&a_{12}&\cdots&a_{1r}\\a_{21}&a_{22}&\cdots&a_{2r}\\\vdots&\vdots&\ddots&\vdots\\a_{r1}&a_{r2}&\cdots&a_{rr}\end{vmatrix}\neq 0.$$

6. 当 k 为何值时，矩阵 $\boldsymbol{A}=\begin{pmatrix}k&1&1&1\\1&k&1&1\\1&1&k&1\\1&1&1&k\end{pmatrix}$ 的秩为 3?

7. 当 p,q 为何值时，齐次线性方程组

$$\begin{cases}x_1+qx_2+x_3=0,\\x_1+2qx_2+x_3=0,\\px_1+x_2+x_3=0\end{cases}$$

仅有零解？有非零解？在方程组有非零解时，求它的一个基础解系和全部解.

B 组

1. 设向量组 $\boldsymbol{\alpha}_1,\boldsymbol{\alpha}_2,\boldsymbol{\alpha}_3$ 线性相关，向量组 $\boldsymbol{\alpha}_2,\boldsymbol{\alpha}_3,\boldsymbol{\alpha}_4$ 线性无关，问：

1) $\boldsymbol{\alpha}_1$ 能否由 $\boldsymbol{\alpha}_2,\boldsymbol{\alpha}_3$ 线性表示？证明你的结论.

2) $\boldsymbol{\alpha}_4$ 能否由 $\boldsymbol{\alpha}_1,\boldsymbol{\alpha}_2,\boldsymbol{\alpha}_3$ 线性表示？证明你的结论.

2. 证明：(替换定理)设向量组 $\boldsymbol{\alpha}_1,\boldsymbol{\alpha}_2,\cdots,\boldsymbol{\alpha}_s$ 线性无关，且它可由向量组 $\boldsymbol{\beta}_1,\boldsymbol{\beta}_2,\cdots,\boldsymbol{\beta}_t$ 线性表示，那么 $s\leqslant t$，且在向量组 $\boldsymbol{\beta}_1,\boldsymbol{\beta}_2,\cdots,\boldsymbol{\beta}_t$ 中恰好存在一个含有 s 个向量的部分组$\{\boldsymbol{\beta}_{i1},\boldsymbol{\beta}_{i2},\cdots,\boldsymbol{\beta}_{i_s}\}$ 可以将它用$\{\boldsymbol{\alpha}_1,\boldsymbol{\alpha}_2,\cdots,\boldsymbol{\alpha}_s\}$ 来替换，使得由$\{\boldsymbol{\beta}_1,\boldsymbol{\beta}_2,\cdots,\boldsymbol{\beta}_t\}$ 通过替换所得的向量组与原来向量组$\{\boldsymbol{\beta}_1,\boldsymbol{\beta}_2,\cdots,\boldsymbol{\beta}_t\}$ 等价(提示：对 s 用数学归纳法).

3. 已知向量组 $\boldsymbol{\alpha}_1,\boldsymbol{\alpha}_2,\cdots,\boldsymbol{\alpha}_s$ 的秩为 r. 证明：$\boldsymbol{\alpha}_1,\boldsymbol{\alpha}_2,\cdots,\boldsymbol{\alpha}_s$ 中任意 r 个线性无关的向量都构成它的一个极大线性无关组.

4. 设向量组 $\boldsymbol{\alpha}_1,\boldsymbol{\alpha}_2,\cdots,\boldsymbol{\alpha}_s$ 的秩为 r，且向量组 $\boldsymbol{\alpha}_1,\boldsymbol{\alpha}_2,\cdots,\boldsymbol{\alpha}_s$ 可由其中的 r 个向量 $\boldsymbol{\alpha}_{i1},\boldsymbol{\alpha}_{i2},\cdots,\boldsymbol{\alpha}_{i_r}$ 线性表示，证明：$\boldsymbol{\alpha}_{i1},\boldsymbol{\alpha}_{i2},\cdots,\boldsymbol{\alpha}_{i_r}$ 必定是 $\boldsymbol{\alpha}_1,\boldsymbol{\alpha}_2,\cdots,\boldsymbol{\alpha}_s$ 的一个极大线性无关组.

5. 已知向量组 $\boldsymbol{\alpha}_1,\boldsymbol{\alpha}_2,\cdots,\boldsymbol{\alpha}_t$ 与 $\boldsymbol{\alpha}_1,\boldsymbol{\alpha}_2,\cdots,\boldsymbol{\alpha}_t,\boldsymbol{\alpha}_{t+1},\cdots,\boldsymbol{\alpha}_s$ 有相同的秩. 证明：$\boldsymbol{\alpha}_1,\boldsymbol{\alpha}_2,\cdots,\boldsymbol{\alpha}_t$ 与 $\boldsymbol{\alpha}_1,\boldsymbol{\alpha}_2,\cdots,\boldsymbol{\alpha}_t,\boldsymbol{\alpha}_{t+1},\cdots,\boldsymbol{\alpha}_s$ 等价.

6. 设有向量组(Ⅰ)：$\boldsymbol{\alpha}_1=(1,0,2)^{\mathrm T}$，$\boldsymbol{\alpha}_2=(1,1,3)^{\mathrm T}$，$\boldsymbol{\alpha}_3=(1,-1,a+2)^{\mathrm T}$ 和向量组(Ⅱ)：$\boldsymbol{\beta}_1=(1,2,a+3)^{\mathrm T}$，$\boldsymbol{\beta}_2=(2,1,a+6)^{\mathrm T}$，$\boldsymbol{\beta}_3=(2,1,a+4)^{\mathrm T}$. 试问：当 a 为何值时，向量组(Ⅰ)与(Ⅱ)等价？当 a 为何值时，向量组(Ⅰ)与(Ⅱ)不等价？

7. 设有线性方程组

$$\begin{cases}x_1+\lambda x_2+\mu x_3+x_4=0,\\2x_1+x_2+x_3+2x_4=0,\\3x_1+(2+\lambda)x_2+(4+\mu)x_3+4x_4=1.\end{cases}$$

已知$(1,-1,1,-1)^{\mathrm T}$ 是该方程组的一个解，试求

1) 方程组的全部解，并用对应的齐次线性方程组的基础解系表示全部

解；

2）该方程组满足 $x_2=x_3$ 的全部解.

8. 设 $\boldsymbol{\gamma}$ 是非齐次线性方程组

$$\begin{cases}a_{11}x_1+a_{12}x_2+\cdots+a_{1n}x_n=b_1,\\ a_{21}x_1+a_{22}x_2+\cdots+a_{2n}x_n=b_2,\\ \cdots\cdots\cdots\cdots\cdots\cdots\cdots\cdots\cdots\cdots\\ a_{m1}x_1+a_{m2}x_2+\cdots+a_{mn}x_n=b_m\end{cases}$$

的一个解，$\boldsymbol{\eta}_1,\boldsymbol{\eta}_2,\cdots,\boldsymbol{\eta}_{n-r}$ 是它的导出组的基础解系，证明：

1）$\boldsymbol{\gamma},\boldsymbol{\eta}_1,\boldsymbol{\eta}_2,\cdots,\boldsymbol{\eta}_{n-r}$ 线性无关；

2）$\boldsymbol{\gamma},\boldsymbol{\gamma}+\boldsymbol{\eta}_1,\boldsymbol{\gamma}+\boldsymbol{\eta}_2,\cdots,\boldsymbol{\gamma}+\boldsymbol{\eta}_{n-r}$ 也线性无关；

3）$\boldsymbol{\gamma},\boldsymbol{\gamma}+\boldsymbol{\eta}_1,\boldsymbol{\gamma}+\boldsymbol{\eta}_2,\cdots,\boldsymbol{\gamma}+\boldsymbol{\eta}_{n-r}$ 为此非齐次线性方程组的解集合的一个极大线性无关组.

9. 设 $\boldsymbol{\alpha}_i=(a_{i1},a_{i2},\cdots,a_{in})$，$i=1,2,\cdots,s$；$\boldsymbol{\beta}=(b_1,b_2,\cdots,b_n)$. 证明：如果线性方程组

$$\begin{cases}a_{11}x_1+a_{12}x_2+\cdots+a_{1n}x_n=0,\\ a_{21}x_1+a_{22}x_2+\cdots+a_{2n}x_n=0,\\ \cdots\cdots\cdots\cdots\cdots\cdots\cdots\cdots\cdots\cdots\\ a_{s1}x_1+a_{s2}x_2+\cdots+a_{sn}x_n=0\end{cases}$$

的解全是方程 $b_1x_1+b_2x_2+\cdots+b_nx_n=0$ 的解，那么，$\boldsymbol{\beta}$ 可以由 $\boldsymbol{\alpha}_1,\boldsymbol{\alpha}_2,\cdots,\boldsymbol{\alpha}_s$ 线性表示.

10. 证明：一个向量组的任何一个线性无关组都可扩充成一个极大线性无关组.

11. 设 $\boldsymbol{\alpha}_1=(1,-1,2,4)$，$\boldsymbol{\alpha}_2=(0,3,1,2)$，$\boldsymbol{\alpha}_3=(3,0,7,14)$，$\boldsymbol{\alpha}_4=(1,-1,2,0)$，$\boldsymbol{\alpha}_5=(2,1,5,10)$.

1）证明：$\boldsymbol{\alpha}_1,\boldsymbol{\alpha}_2$ 线性无关.

2）把 $\boldsymbol{\alpha}_1,\boldsymbol{\alpha}_2$ 扩充成一个极大线性无关组.

12. 设向量组 $\boldsymbol{\alpha}_1,\boldsymbol{\alpha}_2,\cdots,\boldsymbol{\alpha}_s$ 的秩为 r，在其中任取 m 个向量 $\boldsymbol{\alpha}_{i_1},\boldsymbol{\alpha}_{i_2},\cdots,\boldsymbol{\alpha}_{i_m}$，证明：向量组 $\boldsymbol{\alpha}_{i_1},\boldsymbol{\alpha}_{i_2},\cdots,\boldsymbol{\alpha}_{i_m}$ 的秩 $\geqslant r+m-s$.

13. 设 $\boldsymbol{\eta}_0$ 是线性方程组的一个解，$\boldsymbol{\eta}_1,\boldsymbol{\eta}_2,\cdots,\boldsymbol{\eta}_t$ 是它的导出组的一个基础解系. 令

$$\boldsymbol{\gamma}_1=\boldsymbol{\eta}_0,\ \boldsymbol{\gamma}_2=\boldsymbol{\eta}_1+\boldsymbol{\eta}_0,\ \cdots,\ \boldsymbol{\gamma}_{t+1}=\boldsymbol{\eta}_t+\boldsymbol{\eta}_0.$$

证明：线性方程组的任一解 $\boldsymbol{\gamma}$ 可以表示成

$$\boldsymbol{\gamma}=u_1\boldsymbol{\gamma}_1+u_2\boldsymbol{\gamma}_2+\cdots+u_{t+1}\boldsymbol{\gamma}_{t+1},$$

其中 $u_1+u_2+\cdots+u_{t+1}=1$.

14. 已知齐次线性方程组

$$\begin{cases}(a_1+b)x_1+a_2x_2+a_3x_3+\cdots+a_nx_n=0,\\ a_1x_1+(a_2+b)x_2+a_3x_3+\cdots+a_nx_n=0,\\ a_1x_1+a_2x_2+(a_3+b)x_3+\cdots+a_nx_n=0,\\ \cdots\cdots\cdots\cdots\cdots\cdots\cdots\cdots\cdots\cdots\cdots\cdots\cdots\cdots\\ a_1x_1+a_2x_2+a_3x_3+\cdots+(a_n+b)x_n=0,\end{cases}$$

其中 $\sum_{i=1}^{n} a_i \neq 0$. 试讨论 $a_1,a_2,\cdots,a_n$ 和 b 满足何种关系时，

1) 方程组仅有零解；

2) 方程组有非零解，在有非零解时，求此方程组的一个基础解系.

探究题

1. 证明：2 维向量组 $\begin{pmatrix}1\\1\end{pmatrix},\begin{pmatrix}1\\2\end{pmatrix},\cdots,\begin{pmatrix}1\\m\end{pmatrix}$（其中 m 是大于 2 的任一自然数）中任何 2 个向量都构成它的一个极大线性无关组. 你能把这结论推广到 $\mathbf{R}^n$ 中去吗？

（提示：证明对任何大于 n 的自然数 m，一定存在由 m 个 n 维向量组成的向量组，使其中任何 n 个向量都构成它的一个极大线性无关组.）

第 3 章　矩　　阵[①]

上一章学习线性方程组理论时，我们已经初步看到了矩阵是一种有价值的工具. 实际上，矩阵的理论还在近代数学、物理学、工程技术、计算技术和国民经济的许多部门都有广泛的应用. 大量的问题涉及矩阵的理论，而这些问题的研究常常可归结为关于矩阵某方面问题的研究. 矩阵是线性代数的一个重要研究对象.

本章较为集中地介绍了矩阵的基本知识，以便后面各章使用. 本章主要讨论矩阵的运算及其性质，包括矩阵的加法、减法运算，数乘运算，乘法运算，矩阵的求逆运算，以及分块运算等，有了这些运算及其性质，矩阵将得到更广泛的应用.

3.1　矩阵的运算

在 2.1 节中，我们引进了矩阵的概念，对于线性方程组的讨论，矩阵是一个很重要的工具. 我们下面再举几个例子，说明矩阵概念还有更广泛的实际背景.

例 3.1　要将某种物资从 3 个产地 A_1, A_2, A_3 运往 4 个销地 B_1, B_2, B_3, B_4；若用 a_{ij} 表示由产地 A_i 调往销地 B_j 的物资数量，那么这一调运方案可用表 3-1 表示. 自然地，可把表中 12 个数排成 3 行 4 列的阵式：

$$\begin{pmatrix} a_{11} & a_{12} & a_{13} & a_{14} \\ a_{21} & a_{22} & a_{23} & a_{24} \\ a_{31} & a_{32} & a_{33} & a_{34} \end{pmatrix},$$

① 矩阵这个词是 1850 年西尔维斯特首先提出来的. 在欧洲，由于有了行列式的理论作基础，1850 年前后，矩阵理论得到迅速的发展，对此，凯莱和西尔维斯特的贡献最大，特别是凯莱，他做了许多开创性的工作. 例如：他介绍了矩阵的乘法，逆矩阵的性质和求法，转置矩阵，特征方程和特征根等，1857 年他写了《关于矩阵理论的研究报告》，为矩阵论和线性代数的创立打下了基础.

这就是一个 3×4 矩阵.

表 3-1

数量 销地 / 产地	B_1	B_2	B_3	B_4
A_1	a_{11}	a_{12}	a_{13}	a_{14}
A_2	a_{21}	a_{22}	a_{23}	a_{24}
A_3	a_{31}	a_{32}	a_{33}	a_{34}

例 3.2 设某工厂有 m 个车间，生产 n 种产品，那么，某一段时间的产量统计表可用一个 $m\times n$ 矩阵表示：

$$\begin{pmatrix} a_{11} & a_{12} & \cdots & a_{1n} \\ a_{21} & a_{22} & \cdots & a_{2n} \\ \vdots & \vdots & & \vdots \\ a_{m1} & a_{m2} & \cdots & a_{mn} \end{pmatrix},$$

其中 a_{ij} 表示第 i 个车间生产第 j 种产品的数量.

例 3.3 一个 n 维向量 $(a_1,a_2,\cdots,a_n)$ 可以看做一个 1 行 n 列的矩阵. 当 n 维向量写成列向量的形式

$$\begin{pmatrix} a_1 \\ a_2 \\ \vdots \\ a_n \end{pmatrix}$$

时，则可看成为一个 n 行 1 列的矩阵.

矩阵记号的应用实例还有很多，在许多实际问题中，它都能起到简化书写的作用. 现在有一个更令人感兴趣的问题，利用矩阵是否能以更简洁的方式来表示线性方程组？

给定线性方程组

$$\begin{cases} a_{11}x_1+a_{12}x_2+\cdots+a_{1n}x_n=b_1, \\ a_{21}x_1+a_{22}x_2+\cdots+a_{2n}x_n=b_2, \\ \cdots\cdots\cdots\cdots\cdots\cdots\cdots\cdots\cdots\cdots \\ a_{m1}x_1+a_{m2}x_2+\cdots+a_{mn}x_n=b_m, \end{cases} \tag{1.1}$$

令

$$\boldsymbol{A}=\begin{pmatrix} a_{11} & a_{12} & \cdots & a_{1n} \\ a_{21} & a_{22} & \cdots & a_{2n} \\ \vdots & \vdots & & \vdots \\ a_{m1} & a_{m2} & \cdots & a_{mn} \end{pmatrix}, \quad \boldsymbol{x}=\begin{pmatrix} x_1 \\ x_2 \\ \vdots \\ x_n \end{pmatrix}, \quad \boldsymbol{b}=\begin{pmatrix} b_1 \\ b_2 \\ \vdots \\ b_m \end{pmatrix},$$

则 $\boldsymbol{A}$，$\boldsymbol{x}$ 和 $\boldsymbol{b}$ 分别是 $m\times n$ 矩阵，$n\times 1$ 矩阵和 $m\times 1$ 矩阵. 能否利用矩阵 $\boldsymbol{A}$，$\boldsymbol{x}$ 和 $\boldsymbol{b}$ 将线性方程组(1.1) 表示成如同一元一次方程 $ax=b$ 的形式

$$\boldsymbol{A}\boldsymbol{x}=\boldsymbol{b}?$$

这种简化是很有价值的，其中的问题只是如何将两个矩阵 $\boldsymbol{A}$ 和 $\boldsymbol{x}$ 相乘. 这时通常两数的乘法运算已难以直接应用，所以必须定义新的运算法则. 本节将引入矩阵的运算.

正如数的运算中必须用到等号"="一样，在定义矩阵的运算之前，我们也必须首先给出两个矩阵相等的概念.

在研究两个调运方案时，容易看出，当且仅当它们的两个矩阵对应位置上的数都相等时，两个方案才是相同的. 依此，我们定义两个矩阵相等如下：

定义 3.1　设矩阵 $\boldsymbol{A}=(a_{ij})_{m\times n}$，$\boldsymbol{B}=(b_{ij})_{s\times t}$. 若它们的行数、列数对应相等，即 $m=s$，$n=t$，且 $\boldsymbol{A}$ 与 $\boldsymbol{B}$ 的对应元素相等，即 $a_{ij}=b_{ij}(i=1,2,\cdots,m;j=1,2,\cdots,n)$，则称**矩阵 $\boldsymbol{A}$ 与 $\boldsymbol{B}$ 相等**，记为 $\boldsymbol{A}=\boldsymbol{B}$. 也就是说，两个矩阵完全一样时才叫做相等.

现在我们来定义矩阵的运算. 本节先讨论矩阵的加法、减法、矩阵与数的乘法以及矩阵与矩阵的乘法运算，然后介绍这些运算的基本性质①.

1. 矩阵的加法

设

$$\boldsymbol{A}=\begin{pmatrix}1&2&3&5\\0&1&4&2\\7&1&2&0\end{pmatrix},\quad \boldsymbol{B}=\begin{pmatrix}3&6&0&8\\0&4&5&0\\9&3&2&0\end{pmatrix}$$

分别表示第1季度与第2季度完成的物资调运表，3个产地，4个销地. 现求上半年完成的物资调运表. 显然，只需把对应位置的元素相加即可，即

$$\begin{aligned}\boldsymbol{C}&=\begin{pmatrix}1+3&2+6&3+0&5+8\\0+0&1+4&4+5&2+0\\7+9&1+3&2+2&0+0\end{pmatrix}\\&=\begin{pmatrix}4&8&3&13\\0&5&9&2\\16&4&4&0\end{pmatrix}\end{aligned}$$

就是上半年完成的物资调运表. 我们称矩阵 $\boldsymbol{C}$ 为矩阵 $\boldsymbol{A}$ 与 $\boldsymbol{B}$ 的和.

---

①　对不同对象的代数运算及其性质的讨论和研究，是线性代数最重要的主题. 例如：向量的加法与数乘，矩阵和线性变换的加法、数乘与乘法及其性质的研究和讨论几乎贯穿线性代数的始末.

定义 3.2 设

$$\boldsymbol{A}=\begin{pmatrix}a_{11} & a_{12} & \cdots & a_{1n}\\ a_{21} & a_{22} & \cdots & a_{2n}\\ \vdots & \vdots & & \vdots\\ a_{m1} & a_{m2} & \cdots & a_{mn}\end{pmatrix},\quad \boldsymbol{B}=\begin{pmatrix}b_{11} & b_{12} & \cdots & b_{1n}\\ b_{21} & b_{22} & \cdots & b_{2n}\\ \vdots & \vdots & & \vdots\\ b_{m1} & b_{m2} & \cdots & b_{mn}\end{pmatrix}$$

是两个 $m\times n$ 矩阵，把它们的对应元素相加，得到一个新的 $m\times n$ 矩阵

$$\boldsymbol{C}=\begin{pmatrix}a_{11}+b_{11} & a_{12}+b_{12} & \cdots & a_{1n}+b_{1n}\\ a_{21}+b_{21} & a_{22}+b_{22} & \cdots & a_{2n}+b_{2n}\\ \vdots & \vdots & & \vdots\\ a_{m1}+b_{m1} & a_{m2}+b_{m2} & \cdots & a_{mn}+b_{mn}\end{pmatrix},$$

则称矩阵 $\boldsymbol{C}$ 是**矩阵 $\boldsymbol{A}$ 与 $\boldsymbol{B}$ 的和**，或说 $\boldsymbol{C}$ 是 $\boldsymbol{A}$ 加 $\boldsymbol{B}$ 的结果，并记为

$$\boldsymbol{C}=\boldsymbol{A}+\boldsymbol{B}.$$

我们必须注意，两个矩阵当且仅当行数与列数分别相等时才能相加.

例如：

$$\begin{pmatrix}x'\\ y'\end{pmatrix}+\begin{pmatrix}a\\ b\end{pmatrix}=\begin{pmatrix}x'+a\\ y'+b\end{pmatrix},$$

于是平面上坐标平移变换公式

$$\begin{cases}x=x'+a,\\ y=y'+b\end{cases}$$

可以写成矩阵形式：

$$\begin{pmatrix}x\\ y\end{pmatrix}=\begin{pmatrix}x'\\ y'\end{pmatrix}+\begin{pmatrix}a\\ b\end{pmatrix}.$$

由于矩阵的加法是对应元素相加，而数的加法满足交换律和结合律，因此易知，矩阵加法满足：

交换律 $\boldsymbol{A}+\boldsymbol{B}=\boldsymbol{B}+\boldsymbol{A}$；

结合律 $(\boldsymbol{A}+\boldsymbol{B})+\boldsymbol{C}=\boldsymbol{A}+(\boldsymbol{B}+\boldsymbol{C})$.

例如：若 $\boldsymbol{A}=\begin{pmatrix}2 & 3\\ 1 & 4\end{pmatrix}$，$\boldsymbol{B}=\begin{pmatrix}1 & 5\\ 3 & 0\end{pmatrix}$，则有

$$\boldsymbol{A}+\boldsymbol{B}=\begin{pmatrix}2 & 3\\ 1 & 4\end{pmatrix}+\begin{pmatrix}1 & 5\\ 3 & 0\end{pmatrix}=\begin{pmatrix}2+1 & 3+5\\ 1+3 & 4+0\end{pmatrix}=\begin{pmatrix}3 & 8\\ 4 & 4\end{pmatrix},$$

$$\boldsymbol{B}+\boldsymbol{A}=\begin{pmatrix}1 & 5\\ 3 & 0\end{pmatrix}+\begin{pmatrix}2 & 3\\ 1 & 4\end{pmatrix}=\begin{pmatrix}1+2 & 5+3\\ 3+1 & 0+4\end{pmatrix}=\begin{pmatrix}3 & 8\\ 4 & 4\end{pmatrix},$$

所以 $\boldsymbol{A}+\boldsymbol{B}=\boldsymbol{B}+\boldsymbol{A}$.

我们把元素都是零的 $m\times n$ 矩阵称为**零矩阵**，并且记为 $\boldsymbol{O}_{m\times n}$，即

$$\boldsymbol{O}_{m\times n}=\begin{pmatrix}0&0&\cdots&0\\0&0&\cdots&0\\\vdots&\vdots&&\vdots\\0&0&\cdots&0\end{pmatrix}_{m\times n},$$

在不致引起混淆时，也简记为 $\boldsymbol{O}$. 显然，对任何 $m\times n$ 矩阵 $\boldsymbol{A}$，都有

$$\boldsymbol{A}+\boldsymbol{O}=\boldsymbol{A},$$

也就是说，零矩阵在矩阵加法中具有类似于数零在数的加法中的作用.

设矩阵

$$\boldsymbol{A}=\begin{pmatrix}a_{11}&a_{12}&\cdots&a_{1n}\\a_{21}&a_{22}&\cdots&a_{2n}\\\vdots&\vdots&&\vdots\\a_{m1}&a_{m2}&\cdots&a_{mn}\end{pmatrix},$$

若把 $\boldsymbol{A}$ 的每一个元素都换为相反数，得到一个矩阵

$$\begin{pmatrix}-a_{11}&-a_{12}&\cdots&-a_{1n}\\-a_{21}&-a_{22}&\cdots&-a_{2n}\\\vdots&\vdots&&\vdots\\-a_{m1}&-a_{m2}&\cdots&-a_{mn}\end{pmatrix},$$

则称它为矩阵 $\boldsymbol{A}$ 的**负矩阵**，并记为 $-\boldsymbol{A}$. 显然有

$$\boldsymbol{A}+(-\boldsymbol{A})=\boldsymbol{O}.$$

利用矩阵的加法及负矩阵的概念，我们可以把两个 $m\times n$ 矩阵 $\boldsymbol{A}$ 与 $\boldsymbol{B}$ 的差 $\boldsymbol{A}-\boldsymbol{B}$（或说 $\boldsymbol{A}$ 减 $\boldsymbol{B}$）定义为

$$\boldsymbol{A}-\boldsymbol{B}=\boldsymbol{A}+(-\boldsymbol{B}),$$

即 $\boldsymbol{A}$ 与 $\boldsymbol{B}$ 的差实质上就是 $\boldsymbol{A}$ 与 $\boldsymbol{B}$ 的元素对应相减.

例如：若

$$\boldsymbol{A}=\begin{pmatrix}6&5&4\\1&-2&3\end{pmatrix},\quad \boldsymbol{B}=\begin{pmatrix}3&3&5\\2&1&1\end{pmatrix},$$

则

$$\boldsymbol{A}-\boldsymbol{B}=\boldsymbol{A}+(-\boldsymbol{B})=\begin{pmatrix}6&5&4\\1&-2&3\end{pmatrix}+\begin{pmatrix}-3&-3&-5\\-2&-1&-1\end{pmatrix}$$
$$=\begin{pmatrix}3&2&-1\\-1&-3&2\end{pmatrix}.$$

显然 $\boldsymbol{A}-\boldsymbol{B}=\boldsymbol{O}$ 与 $\boldsymbol{A}=\boldsymbol{B}$ 是一回事.

2. 矩阵与数的乘法

某工厂有 3 个车间，生产 5 种产品，今年完成的产量统计表用矩阵表示为

$$A=\begin{pmatrix}150 & 200 & 20 & 0 & 40\\ 80 & 180 & 60 & 30 & 70\\ 50 & 0 & 150 & 200 & 50\end{pmatrix},$$

其中第 i 行第 j 列的数表示第 i 个车间生产第 j 种产品的数量.

现在要制定明年的计划，要求配套增产 10%. 求明年的生产计划表.

显然，只需把 A 的每一元素都乘以 110%，就得到明年的生产计划表，即

$$\begin{pmatrix}110\%\times150 & 110\%\times200 & 110\%\times20 & 110\%\times0 & 110\%\times40\\ 110\%\times80 & 110\%\times180 & 110\%\times60 & 110\%\times30 & 110\%\times70\\ 110\%\times50 & 110\%\times0 & 110\%\times150 & 110\%\times200 & 110\%\times50\end{pmatrix}$$

$$=\begin{pmatrix}165 & 220 & 22 & 0 & 44\\ 88 & 198 & 66 & 33 & 77\\ 55 & 0 & 165 & 220 & 55\end{pmatrix},$$

这个矩阵称为矩阵 A 与数 110% 的数量乘积.

矩阵与数的乘法一般定义如下：

定义 3.3 设一个 $m\times n$ 矩阵

$$A=\begin{pmatrix}a_{11} & a_{12} & \cdots & a_{1n}\\ a_{21} & a_{22} & \cdots & a_{2n}\\ \vdots & \vdots & & \vdots\\ a_{m1} & a_{m2} & \cdots & a_{mn}\end{pmatrix},$$

k 是一个数，则称矩阵

$$\begin{pmatrix}ka_{11} & ka_{12} & \cdots & ka_{1n}\\ ka_{21} & ka_{22} & \cdots & ka_{2n}\\ \vdots & \vdots & & \vdots\\ ka_{m1} & ka_{m2} & \cdots & ka_{mn}\end{pmatrix}$$

为矩阵 A 与数 k 的**数量乘积**(或简称为**数乘**)，并记它为 kA 或 Ak.

也就是说，用数 k 乘矩阵 A 就是把 A 的每个元素都乘以 k.

例如：若 $A=\begin{pmatrix}6 & 5 & 4\\ 1 & -2 & 3\end{pmatrix}$，则

$$3A=\begin{pmatrix}3\times6 & 3\times5 & 3\times4\\ 3\times1 & 3\times(-2) & 3\times3\end{pmatrix}=\begin{pmatrix}18 & 15 & 12\\ 3 & -6 & 9\end{pmatrix}.$$

根据数量乘积的定义，可直接验证数量乘积满足下列运算规律：

分配律 $(k+l)A=kA+lA$，$k(A+B)=kA+kB$，

结合律 $k(lA)=(kl)A$，

其中 k,l 是数，A 与 B 是 $m\times n$ 矩阵.

例如：若 $\boldsymbol{A}=\begin{pmatrix}1 & 3 & 0\\ 2 & 4 & 5\end{pmatrix}$，则

$$(2+3)\boldsymbol{A}=5\boldsymbol{A}=\begin{pmatrix}5 & 15 & 0\\ 10 & 20 & 25\end{pmatrix},$$

而

$$2\boldsymbol{A}+3\boldsymbol{A}=\begin{pmatrix}2 & 6 & 0\\ 4 & 8 & 10\end{pmatrix}+\begin{pmatrix}3 & 9 & 0\\ 6 & 12 & 15\end{pmatrix}=\begin{pmatrix}5 & 15 & 0\\ 10 & 20 & 25\end{pmatrix},$$

所以

$$(2+3)\boldsymbol{A}=2\boldsymbol{A}+3\boldsymbol{A}.$$

显然，我们有

$$1\cdot\boldsymbol{A}=\boldsymbol{A},\quad (-1)\cdot\boldsymbol{A}=-\boldsymbol{A}.$$

3. 矩阵的乘法

让我们先看一个例子，以便了解矩阵乘法的实际意义.

设 $x_1,x_2,x_3;y_1,y_2,y_3;z_1,z_2$ 是3组变量，而 x_1,x_2,x_3 与 y_1,y_2,y_3 有如下关系：

$$\begin{cases}x_1=a_{11}y_1+a_{12}y_2+a_{13}y_3,\\ x_2=a_{21}y_1+a_{22}y_2+a_{23}y_3,\\ x_3=a_{31}y_1+a_{32}y_2+a_{33}y_3.\end{cases}$$

将它们简写成

$$x_i=\sum_{k=1}^{3}a_{ik}y_k\quad(i=1,2,3).\tag{1.2}$$

令

$$\boldsymbol{A}=\begin{pmatrix}a_{11} & a_{12} & a_{13}\\ a_{21} & a_{22} & a_{23}\\ a_{31} & a_{32} & a_{33}\end{pmatrix}.$$

再设 y_1,y_2,y_3 与 z_1,z_2 有如下关系：

$$\begin{cases}y_1=b_{11}z_1+b_{12}z_2,\\ y_2=b_{21}z_1+b_{22}z_2,\\ y_3=b_{31}z_1+b_{32}z_2,\end{cases}$$

将其简写成

$$y_k=\sum_{j=1}^{2}b_{kj}z_j\quad(k=1,2,3),\tag{1.3}$$

并令

$$\boldsymbol{B}=\begin{pmatrix} b_{11} & b_{12} \\ b_{21} & b_{22} \\ b_{31} & b_{32} \end{pmatrix}.$$

现求 x_1,x_2,x_3 与 z_1,z_2 之间的关系. 为此把(1.3) 代入(1.2)，得

$$\begin{aligned} x_i &= \sum_{k=1}^{3} a_{ik} y_k = \sum_{k=1}^{3} a_{ik}\left(\sum_{j=1}^{2} b_{kj} z_j\right) = \sum_{k=1}^{3}\sum_{j=1}^{2} a_{ik} b_{kj} z_j \\ &= \sum_{j=1}^{2}\left(\sum_{k=1}^{3} a_{ik} b_{kj}\right) z_j \quad (i=1,2,3). \end{aligned}$$

令 $c_{ij}=\sum_{k=1}^{3} a_{ik} b_{kj}$，则

$$x_i=\sum_{j=1}^{2} c_{ij} z_j \quad (i=1,2,3).$$

这个式子表明了 x_1,x_2,x_3 与 z_1,z_2 之间的关系，令

$$\boldsymbol{C}=\begin{pmatrix} c_{11} & c_{12} \\ c_{21} & c_{22} \\ c_{31} & c_{32} \end{pmatrix}.$$

这时，我们称矩阵 $\boldsymbol{C}$ 为矩阵 $\boldsymbol{A}$ 与 $\boldsymbol{B}$ 的乘积. 注意到矩阵 $\boldsymbol{C}$ 的第 i 行、第 j 列交叉位置处的元素

$$c_{ij}=\sum_{k=1}^{3} a_{ik} b_{kj}=a_{i1} b_{1j}+a_{i2} b_{2j}+a_{i3} b_{3j},$$

即是矩阵 $\boldsymbol{A}$ 的第 i 行元素与 $\boldsymbol{B}$ 的第 j 列元素对应乘积之和.

由此，我们引出矩阵乘法的一般定义如下：

定义 3.4 设 $m \times n$ 矩阵

$$\boldsymbol{A}=\begin{pmatrix} a_{11} & a_{12} & \cdots & a_{1n} \\ a_{21} & a_{22} & \cdots & a_{2n} \\ \vdots & \vdots & & \vdots \\ a_{m1} & a_{m2} & \cdots & a_{mn} \end{pmatrix},$$

$n \times p$ 矩阵

$$\boldsymbol{B}=\begin{pmatrix} b_{11} & b_{12} & \cdots & b_{1p} \\ b_{21} & b_{22} & \cdots & b_{2p} \\ \vdots & \vdots & & \vdots \\ b_{n1} & b_{n2} & \cdots & b_{np} \end{pmatrix},$$

则由元素

$$\begin{aligned} c_{ij} &= a_{i1} b_{1j}+a_{i2} b_{2j}+\cdots+a_{in} b_{nj} \\ &= \sum_{k=1}^{n} a_{ik} b_{kj} \quad (i=1,2,\cdots,m;\ j=1,2,\cdots,p) \end{aligned}$$

构成的 $m\times p$ 矩阵

$$C=\begin{pmatrix} c_{11} & c_{12} & \cdots & c_{1p} \\ c_{21} & c_{22} & \cdots & c_{2p} \\ \vdots & \vdots & & \vdots \\ c_{m1} & c_{m2} & \cdots & c_{mp} \end{pmatrix}$$

称为**矩阵 A 与 B 的乘积**，并记为 $C=AB$.

注意 1) 只有 A 的列数等于 B 的行数时，A 与 B 才能相乘.

2) 乘积 $C=AB$ 中的位于第 i 行、第 j 列位置上的元素 c_{ij} 等于 A 的第 i 行与 B 的第 j 列对应元素乘积之和.

3) 乘积 $C=AB$ 的行数等于 A 的行数，C 的列数等于 B 的列数.

例 3.4 若

$$A=\begin{pmatrix} 1 & 0 & 2 \\ 0 & 1 & -1 \\ -1 & 2 & 0 \end{pmatrix},\quad B=\begin{pmatrix} 1 & 2 \\ 2 & 1 \\ 0 & 3 \end{pmatrix},$$

则

$$AB=\begin{pmatrix} 1\times1+0\times2+2\times0 & 1\times2+0\times1+2\times3 \\ 0\times1+1\times2+(-1)\times0 & 0\times2+1\times1+(-1)\times3 \\ (-1)\times1+2\times2+0\times0 & (-1)\times2+2\times1+0\times3 \end{pmatrix}$$

$$=\begin{pmatrix} 1 & 8 \\ 2 & -2 \\ 3 & 0 \end{pmatrix}.$$

注意到，这里 BA 无意义，因为 B 的列数 2 不等于 A 的行数 3，所以 B 与 A 不能相乘.

例 3.5 给定线性方程组

$$\begin{cases} a_{11}x_1+a_{12}x_2+\cdots+a_{1n}x_n=b_1, \\ a_{21}x_1+a_{22}x_2+\cdots+a_{2n}x_n=b_2, \\ \cdots\cdots\cdots\cdots\cdots\cdots\cdots\cdots \\ a_{m1}x_1+a_{m2}x_2+\cdots+a_{mn}x_n=b_m. \end{cases} \tag{1.4}$$

令

$$A=\begin{pmatrix} a_{11} & a_{12} & \cdots & a_{1n} \\ a_{21} & a_{22} & \cdots & a_{2n} \\ \vdots & \vdots & & \vdots \\ a_{m1} & a_{m2} & \cdots & a_{mn} \end{pmatrix},\quad x=\begin{pmatrix} x_1 \\ x_2 \\ \vdots \\ x_n \end{pmatrix},\quad b=\begin{pmatrix} b_1 \\ b_2 \\ \vdots \\ b_m \end{pmatrix},$$

则

$$\boldsymbol{A}\boldsymbol{x}=\begin{pmatrix}a_{11} & a_{12} & \cdots & a_{1n}\\ a_{21} & a_{22} & \cdots & a_{2n}\\ \vdots & \vdots & & \vdots\\ a_{m1} & a_{m2} & \cdots & a_{mn}\end{pmatrix}\begin{pmatrix}x_1\\ x_2\\ \vdots\\ x_n\end{pmatrix}$$

$$=\begin{pmatrix}a_{11}x_1+a_{12}x_2+\cdots+a_{1n}x_n\\ a_{21}x_1+a_{22}x_2+\cdots+a_{2n}x_n\\ \vdots\\ a_{m1}x_1+a_{m2}x_2+\cdots+a_{mn}x_n\end{pmatrix}.$$

这是一个 m 行 1 列的矩阵，由(1.4) 知

$$\boldsymbol{A}\boldsymbol{x}=\begin{pmatrix}b_1\\ b_2\\ \vdots\\ b_m\end{pmatrix}=\boldsymbol{b}.$$

这说明，由线性方程组(1.4) 可得矩阵方程 $\boldsymbol{A}\boldsymbol{x}=\boldsymbol{b}$；反之，由矩阵方程 $\boldsymbol{A}\boldsymbol{x}=\boldsymbol{b}$，比较两边对应元素即可得线性方程组(1.4)，所以线性方程组(1.4) 可以简单地用矩阵方程

$$\boldsymbol{A}\boldsymbol{x}=\boldsymbol{b}$$

来表示. 由此，在下一节中，对 $m=n$ 的线性方程组，还可通过对方阵 $\boldsymbol{A}$ 求逆，得到一种新的求解方法.

例如：线性方程组

$$\begin{cases}2x_1+3x_2+4x_3+5x_4=1\\ 3x_1+\ \ x_2+6x_3\qquad\quad\ =2,\\ 7x_1+2x_2+3x_3+4x_4=3,\end{cases}$$

可以利用矩阵乘法，表示为矩阵方程

$$\begin{pmatrix}2 & 3 & 4 & 5\\ 3 & 1 & 6 & 0\\ 7 & 2 & 3 & 4\end{pmatrix}\begin{pmatrix}x_1\\ x_2\\ x_3\\ x_4\end{pmatrix}=\begin{pmatrix}1\\ 2\\ 3\end{pmatrix}.$$

若令

$$\boldsymbol{A}=\begin{pmatrix}2 & 3 & 4 & 5\\ 3 & 1 & 6 & 0\\ 7 & 2 & 3 & 4\end{pmatrix},\quad \boldsymbol{x}=\begin{pmatrix}x_1\\ x_2\\ x_3\\ x_4\end{pmatrix},\quad \boldsymbol{b}=\begin{pmatrix}1\\ 2\\ 3\end{pmatrix},$$

则上面线性方程组可简单地表示为 $\boldsymbol{Ax}=\boldsymbol{b}$.

我们要特别注意，矩阵的乘法不满足交换律，即 $\boldsymbol{AB}$ 与 $\boldsymbol{BA}$ 不一定相等. 如例 3.4 中，$\boldsymbol{AB}$ 有意义，而 $\boldsymbol{BA}$ 无意义，也就谈不上 $\boldsymbol{AB}$ 与 $\boldsymbol{BA}$ 是否相等了. 即使 $\boldsymbol{AB}$ 与 $\boldsymbol{BA}$ 都有意义，它们也不一定相等. 例如：若

$$\boldsymbol{A}=\begin{pmatrix}1 & 1\\ -1 & -1\end{pmatrix},\quad \boldsymbol{B}=\begin{pmatrix}1 & -1\\ -1 & 1\end{pmatrix},$$

则

$$\boldsymbol{AB}=\begin{pmatrix}1 & 1\\ -1 & -1\end{pmatrix}\begin{pmatrix}1 & -1\\ -1 & 1\end{pmatrix}=\begin{pmatrix}0 & 0\\ 0 & 0\end{pmatrix},$$

$$\boldsymbol{BA}=\begin{pmatrix}1 & -1\\ -1 & 1\end{pmatrix}\begin{pmatrix}1 & 1\\ -1 & -1\end{pmatrix}=\begin{pmatrix}2 & 2\\ -2 & -2\end{pmatrix},$$

所以 $\boldsymbol{AB}\neq\boldsymbol{BA}$.

从这里，我们还看到了，虽然 $\boldsymbol{A}\neq\boldsymbol{O}$，$\boldsymbol{B}\neq\boldsymbol{O}$，但却有 $\boldsymbol{AB}=\boldsymbol{O}$，即两个不为零的矩阵相乘可以是一个零矩阵. 因此，由 $\boldsymbol{AB}=\boldsymbol{O}$ 不能推出 $\boldsymbol{A}=\boldsymbol{O}$ 或 $\boldsymbol{B}=\boldsymbol{O}$. 这一点也是与数的乘法不相同的，值得注意.

另外，对于数的乘法来说，除零外，有消去律，即对不为零的数 a,b,c，当 $ac=bc$ 时，可消去 c，从而得 $a=b$. 但对矩阵来说，消去律不能成立. 例如：对不为零的矩阵

$$\boldsymbol{A}=\begin{pmatrix}1 & 0\\ 1 & 0\end{pmatrix},\quad \boldsymbol{B}=\begin{pmatrix}1 & 0\\ 0 & 1\end{pmatrix},\quad \boldsymbol{C}=\begin{pmatrix}1 & 1\\ 1 & 1\end{pmatrix},$$

有

$$\boldsymbol{AC}=\begin{pmatrix}1 & 1\\ 1 & 1\end{pmatrix},\quad \boldsymbol{BC}=\begin{pmatrix}1 & 1\\ 1 & 1\end{pmatrix}.$$

因此

$$\boldsymbol{AC}=\boldsymbol{BC}.$$

但这里 $\boldsymbol{C}$ 不能消去，因为 $\boldsymbol{A},\boldsymbol{B}$ 本来并不相等.

除了以上所述的情况外，矩阵的乘法也有许多与数的乘法相同的运算规律. 例如结合律、乘法对加法的分配律等，现说明如下.

矩阵的乘法满足结合律，即

$$(\boldsymbol{AB})\boldsymbol{C}=\boldsymbol{A}(\boldsymbol{BC}).$$

证　设 $\boldsymbol{A}=(a_{ij})_{m\times n}$，$\boldsymbol{B}=(b_{jk})_{n\times p}$，$\boldsymbol{C}=(c_{kl})_{p\times q}$（注意，为了保证 $\boldsymbol{A}$ 与 $\boldsymbol{B}$ 可相乘，这里 $\boldsymbol{A}$ 的列数 n 正好是 $\boldsymbol{B}$ 的行数，$\boldsymbol{B}$ 的列数 p 正好是 $\boldsymbol{C}$ 的行数）.

为了讨论方便，我们记 $\boldsymbol{A}$ 的第 i 行第 j 列位置上的元素 a_{ij} 为 $\{\boldsymbol{A}\}_{ij}$，这样，$\boldsymbol{AB}$ 的第 i 行第 j 列位置上的元素可方便地记为 $\{\boldsymbol{AB}\}_{ij}$.

由乘法定义，我们很容易得知$(\boldsymbol{AB})\boldsymbol{C}$与$\boldsymbol{A}(\boldsymbol{BC})$都是$m\times q$矩阵，因此只要证明它们对应位置上的元素相等即可，即证明：

$$\{(\boldsymbol{AB})\boldsymbol{C}\}_{ij}=\{\boldsymbol{A}(\boldsymbol{BC})\}_{ij}\quad(i=1,2,\cdots,m;\ j=1,2,\cdots,q).$$

根据乘法定义，我们知

$$\{\boldsymbol{AB}\}_{ik}=\sum_{l=1}^{n}a_{il}b_{lk},$$

于是

$$\begin{aligned}\{(\boldsymbol{AB})\boldsymbol{C}\}_{ij}&=\sum_{k=1}^{p}\{\boldsymbol{AB}\}_{ik}c_{kj}=\sum_{k=1}^{p}\left(\sum_{l=1}^{n}a_{il}b_{lk}\right)c_{kj}\\&=\sum_{k=1}^{p}\sum_{l=1}^{n}a_{il}b_{lk}c_{kj},\end{aligned}\tag{1.5}$$

而

$$\begin{aligned}\{\boldsymbol{A}(\boldsymbol{BC})\}_{ij}&=\sum_{l=1}^{n}a_{il}\{\boldsymbol{BC}\}_{lj}=\sum_{l=1}^{n}a_{il}\left(\sum_{k=1}^{p}b_{lk}c_{kj}\right)\\&=\sum_{l=1}^{n}\sum_{k=1}^{p}a_{il}b_{lk}c_{kj}=\sum_{k=1}^{p}\sum_{l=1}^{n}a_{il}b_{lk}c_{kj}.\end{aligned}\tag{1.6}$$

可见，(1.5)与(1.6)的最后一式是一致的，所以

$$\{(\boldsymbol{AB})\boldsymbol{C}\}_{ij}=\{\boldsymbol{A}(\boldsymbol{BC})\}_{ij}\quad(i=1,2,\cdots,m;\ j=1,2,\cdots,q).$$

因此，$(\boldsymbol{AB})\boldsymbol{C}=\boldsymbol{A}(\boldsymbol{BC})$. ■

矩阵的乘法和加法满足分配律，即

$$\boldsymbol{A}(\boldsymbol{B}+\boldsymbol{C})=\boldsymbol{AB}+\boldsymbol{AC},\quad(\boldsymbol{B}+\boldsymbol{C})\boldsymbol{A}=\boldsymbol{BA}+\boldsymbol{CA}.$$

由于矩阵乘法不满足交换律，所以上面两个等式不能合并为一个，所以分别称它们为左乘对加法的分配律及右乘对加法的分配律，或简称为**左分配律**及**右分配律**.

下面证明左分配律的正确性.

事实上，设$\boldsymbol{A}=(a_{ij})_{m\times n}$，$\boldsymbol{B}=(b_{ij})_{n\times p}$，$\boldsymbol{C}=(c_{ij})_{n\times p}$，则$\boldsymbol{A}(\boldsymbol{B}+\boldsymbol{C})$与$\boldsymbol{AB}+\boldsymbol{AC}$都是$m\times p$矩阵，所以只需证明它们对应位置上元素相等即可，而

$$\begin{aligned}\{\boldsymbol{A}(\boldsymbol{B}+\boldsymbol{C})\}_{ij}&=\sum_{k=1}^{n}\{\boldsymbol{A}\}_{ik}\{\boldsymbol{B}+\boldsymbol{C}\}_{kj}=\sum_{k=1}^{n}a_{ik}(b_{kj}+c_{kj})\\&=\sum_{k=1}^{n}(a_{ik}b_{kj}+a_{ik}c_{kj})=\sum_{k=1}^{n}a_{ik}b_{kj}+\sum_{k=1}^{n}a_{ik}c_{kj}\\&=\{\boldsymbol{AB}\}_{ij}+\{\boldsymbol{AC}\}_{ij}\quad(i=1,2,\cdots,m;\ j=1,2,\cdots,p),\end{aligned}$$

所以$\boldsymbol{A}(\boldsymbol{B}+\boldsymbol{C})=\boldsymbol{AB}+\boldsymbol{AC}$.

同理可以证明右分配律.

矩阵的乘法与数乘满足结合律，即

$$k(\boldsymbol{AB})=(k\boldsymbol{A})\boldsymbol{B}=\boldsymbol{A}(k\boldsymbol{B}).$$

这个式子的证明并不困难，我们留给读者自己完成.

我们称主对角线上元素全是1，其余元素全是零的 n 阶矩阵

$$\boldsymbol{E}=\begin{pmatrix}1&0&\cdots&0\\0&1&\cdots&0\\\vdots&\vdots&\ddots&\vdots\\0&0&\cdots&1\end{pmatrix}$$

为 n 阶**单位矩阵**(以后常用 $\boldsymbol{E}$ 表示它). 容易验证，对任何 n 阶矩阵 $\boldsymbol{A}$，有

$$\boldsymbol{AE}=\boldsymbol{EA}=\boldsymbol{A}.$$

这说明 $\boldsymbol{E}$ 在矩阵的乘法中起着1在数的乘法中同样的作用.

矩阵

$$k\boldsymbol{E}=\begin{pmatrix}k&0&\cdots&0\\0&k&\cdots&0\\\vdots&\vdots&\ddots&\vdots\\0&0&\cdots&k\end{pmatrix}$$

称为**数量矩阵**. 易知

$$(k\boldsymbol{E})\boldsymbol{A}=k\boldsymbol{A}.$$

此式表明数量矩阵与一个矩阵相乘，相当于用数乘这个矩阵.

有了矩阵乘法的概念，以及乘法满足结合律，我们就可以定义方阵的乘幂. 设 $\boldsymbol{A}$ 是一个 n 阶矩阵，k 是正整数，用 $\boldsymbol{A}^k$ 表示 k 个 $\boldsymbol{A}$ 的连乘积：

$$\boldsymbol{A}^k=\underbrace{\boldsymbol{A}\cdot\boldsymbol{A}\cdot\cdots\cdot\boldsymbol{A}}_{k个}.$$

特别地，规定 $\boldsymbol{A}^0=\boldsymbol{E}$. 容易验证，对于非负整数 k,l 有

$$\boldsymbol{A}^k\cdot\boldsymbol{A}^l=\boldsymbol{A}^{k+l},\quad (\boldsymbol{A}^k)^l=\boldsymbol{A}^{kl}.$$

但是要注意，一般来说，$(\boldsymbol{AB})^k\neq\boldsymbol{A}^k\boldsymbol{B}^k$，这是因为矩阵乘法不满足交换律的缘故.

结合矩阵的加法、乘法、数量乘法，我们可以讨论所谓矩阵的多项式. 设

$$f(x)=a_0+a_1x+a_2x^2+\cdots+a_mx^m$$

是 x 的多项式(其中 a_i 是数)，$\boldsymbol{A}$ 为 n 阶矩阵，则定义 $\boldsymbol{A}$ 的**矩阵多项式** $f(\boldsymbol{A})$ 为

$$a_0\boldsymbol{E}+a_1\boldsymbol{A}+a_2\boldsymbol{A}^2+\cdots+a_m\boldsymbol{A}^m.$$

例如：设 $f(x)=x^n-1$，$\boldsymbol{A}=\begin{pmatrix}1&1\\0&1\end{pmatrix}$，则

$$f(\boldsymbol{A})=\begin{pmatrix}1&1\\0&1\end{pmatrix}^n-\begin{pmatrix}1&0\\0&1\end{pmatrix}=\begin{pmatrix}1&n\\0&1\end{pmatrix}-\begin{pmatrix}1&0\\0&1\end{pmatrix}=\begin{pmatrix}0&n\\0&0\end{pmatrix}.$$

4.矩阵的转置

在以后学习若干特殊矩阵(例如：对称矩阵、正交矩阵等)，以及在一些矩阵的运算中，要用到矩阵的转置概念及性质，它们都比较简单，下面给予介绍.

定义 3.5 设 $\boldsymbol{A}$ 是一个 $m\times n$ 矩阵

$$\boldsymbol{A}=\begin{pmatrix}a_{11}&a_{12}&\cdots&a_{1n}\\a_{21}&a_{22}&\cdots&a_{2n}\\\vdots&\vdots&&\vdots\\a_{m1}&a_{m2}&\cdots&a_{mn}\end{pmatrix}.$$

将 $\boldsymbol{A}$ 的行与列互换，得到的一个 $n\times m$ 矩阵

$$\begin{pmatrix}a_{11}&a_{21}&\cdots&a_{m1}\\a_{12}&a_{22}&\cdots&a_{m2}\\\vdots&\vdots&&\vdots\\a_{1n}&a_{2n}&\cdots&a_{mn}\end{pmatrix}$$

称为矩阵 $\boldsymbol{A}$ 的**转置矩阵**，简称为 $\boldsymbol{A}$ 的**转置**. 今后我们常用 $\boldsymbol{A}^{\mathrm{T}}$ 表示 $\boldsymbol{A}$ 的转置矩阵.

例如：设 $\boldsymbol{A}=\begin{pmatrix}1&0&2\\3&-1&5\end{pmatrix}$，则 $\boldsymbol{A}$ 的转置

$$\boldsymbol{A}^{\mathrm{T}}=\begin{pmatrix}1&3\\0&-1\\2&5\end{pmatrix}.$$

矩阵的转置满足以下运算规律：

1° $(\boldsymbol{A}^{\mathrm{T}})^{\mathrm{T}}=\boldsymbol{A}$；

2° $(\boldsymbol{A}+\boldsymbol{B})^{\mathrm{T}}=\boldsymbol{A}^{\mathrm{T}}+\boldsymbol{B}^{\mathrm{T}}$；

3° $(k\boldsymbol{A})^{\mathrm{T}}=k\boldsymbol{A}^{\mathrm{T}}$；

4° $(\boldsymbol{A}\boldsymbol{B})^{\mathrm{T}}=\boldsymbol{B}^{\mathrm{T}}\boldsymbol{A}^{\mathrm{T}}$；

5° 若 $\boldsymbol{A}$ 为 n 阶矩阵，则 $\boldsymbol{A}$ 的行列式与 $\boldsymbol{A}^{\mathrm{T}}$ 的行列式相等，即 $|\boldsymbol{A}|=|\boldsymbol{A}^{\mathrm{T}}|$.

1° 式表明矩阵转置后再转置等于原来的矩阵. 这是因为行列互换后再一次互换行列自然恢复原样，所以 $(\boldsymbol{A}^{\mathrm{T}})^{\mathrm{T}}=\boldsymbol{A}$. 至于 2°,3°,5° 也都容易验证. 而 4° 则表明两矩阵乘积的转置等于先转置后按其相反次序相乘. 现在我们来证明 4° 成立.

证 设 $\boldsymbol{A}=(a_{ij})_{m\times n}$，$\boldsymbol{B}=(b_{jk})_{n\times p}$. 由定义知，$\boldsymbol{A}$ 的转置 $\boldsymbol{A}^{\mathrm{T}}$ 的第 j 行、第 i 列元素 $\{\boldsymbol{A}^{\mathrm{T}}\}_{ji}$ 正好是 $\boldsymbol{A}$ 的第 i 行、第 j 列元素 a_{ij}，即

$$\{\boldsymbol{A}^{\mathrm{T}}\}_{ji}=a_{ij}.$$

同样

$$\{\boldsymbol{B}^{\mathrm{T}}\}_{kj}=b_{jk},\quad \{(\boldsymbol{AB})^{\mathrm{T}}\}_{ki}=\{\boldsymbol{AB}\}_{ik}.$$

由于 $\boldsymbol{AB}$ 是 $m\times p$ 矩阵，所以 $(\boldsymbol{AB})^{\mathrm{T}}$ 是 $p\times m$ 矩阵，同时 $\boldsymbol{B}^{\mathrm{T}}\boldsymbol{A}^{\mathrm{T}}$ 也是 $p\times m$ 矩阵. 现在只需比较 $(\boldsymbol{AB})^{\mathrm{T}}$ 与 $\boldsymbol{B}^{\mathrm{T}}\boldsymbol{A}^{\mathrm{T}}$ 对应位置上的元素是否相等. 由于

$$\{(\boldsymbol{AB})^{\mathrm{T}}\}_{ki}=\{\boldsymbol{AB}\}_{ik}=\sum_{l=1}^{n}a_{il}b_{lk},$$

而

$$\{\boldsymbol{B}^{\mathrm{T}}\boldsymbol{A}^{\mathrm{T}}\}_{ki}=\sum_{l=1}^{n}\{\boldsymbol{B}^{\mathrm{T}}\}_{kl}\{\boldsymbol{A}^{\mathrm{T}}\}_{li}=\sum_{l=1}^{n}b_{lk}a_{il}=\sum_{l=1}^{n}a_{il}b_{lk},$$

所以 $\{(\boldsymbol{AB})^{\mathrm{T}}\}_{ki}$ 与 $\{\boldsymbol{B}^{\mathrm{T}}\boldsymbol{A}^{\mathrm{T}}\}_{ki}$ 相等($i=1,2,\cdots,m$；$k=1,2,\cdots,p$)，因此

$$(\boldsymbol{AB})^{\mathrm{T}}=\boldsymbol{B}^{\mathrm{T}}\boldsymbol{A}^{\mathrm{T}}.$$ ■

例如：设

$$\boldsymbol{A}=\begin{pmatrix}1&0&2\\3&-1&5\end{pmatrix},\quad \boldsymbol{B}=\begin{pmatrix}2&0&1\\3&1&0\\0&0&2\end{pmatrix},$$

则 $\boldsymbol{AB}=\begin{pmatrix}2&0&5\\3&-1&13\end{pmatrix}$，故 $(\boldsymbol{AB})^{\mathrm{T}}=\begin{pmatrix}2&3\\0&-1\\5&13\end{pmatrix}$. 而

$$\boldsymbol{B}^{\mathrm{T}}\boldsymbol{A}^{\mathrm{T}}=\begin{pmatrix}2&3&0\\0&1&0\\1&0&2\end{pmatrix}\begin{pmatrix}1&3\\0&-1\\2&5\end{pmatrix}=\begin{pmatrix}2&3\\0&-1\\5&13\end{pmatrix},$$

所以有 $(\boldsymbol{AB})^{\mathrm{T}}=\boldsymbol{B}^{\mathrm{T}}\boldsymbol{A}^{\mathrm{T}}$.

注意，由于矩阵乘法不满足交换律，所以一般地不能写成 $(\boldsymbol{AB})^{\mathrm{T}}=\boldsymbol{A}^{\mathrm{T}}\boldsymbol{B}^{\mathrm{T}}$.

有了转置矩阵的概念，我们不难给出对称矩阵的概念：

设 $\boldsymbol{A}$ 是一个 n 阶矩阵，当 $\boldsymbol{A}=\boldsymbol{A}^{\mathrm{T}}$ 时，称 $\boldsymbol{A}$ 为**对称矩阵**.

显然，如果 $\boldsymbol{A}=(a_{ij})_{n\times n}$ 为对称矩阵，则有

$$a_{ij}=a_{ji},\quad i,j=1,2,\cdots,n.$$

例如：

$$\begin{pmatrix}1&1&-\dfrac{1}{2}&0\\1&2&3&1\\-\dfrac{1}{2}&3&6&2\\0&1&2&5\end{pmatrix}$$

就是一个对称矩阵.

5. 矩阵乘积的行列式

根据矩阵的秩的定义，若 $|\boldsymbol{A}| \neq 0$，则方阵 $\boldsymbol{A}$ 的秩 $r=n$（即满秩），反之，若 $|\boldsymbol{A}|=0$，则 $\boldsymbol{A}$ 的秩 $r<n$（即非满秩）. 由此，我们可以给出下面的定义：

若 $|\boldsymbol{A}| \neq 0$，则称矩阵 $\boldsymbol{A}$ 为**非奇异的**（或**满秩的**）；若 $|\boldsymbol{A}|=0$，则称 $\boldsymbol{A}$ 是**奇异的**（或**非满秩的**）.

在下一节中，方阵的非奇异性将是判定它是否可逆的重要判别条件. 作为下一节的准备知识，我们还需要进一步了解，两个非奇异矩阵的乘积是否仍是非奇异的. 为此，需要下面的行列式乘法定理：

定理 3.1 设 $\boldsymbol{A},\boldsymbol{B}$ 为 n 阶矩阵，则有 $|\boldsymbol{AB}|=|\boldsymbol{A}|\cdot|\boldsymbol{B}|$.

证 设

$$\boldsymbol{A}=\begin{pmatrix} a_{11} & a_{12} & \cdots & a_{1n} \\ a_{21} & a_{22} & \cdots & a_{2n} \\ \vdots & \vdots & \ddots & \vdots \\ a_{n1} & a_{n2} & \cdots & a_{nn} \end{pmatrix}, \quad \boldsymbol{B}=\begin{pmatrix} b_{11} & b_{12} & \cdots & b_{1n} \\ b_{21} & b_{22} & \cdots & b_{2n} \\ \vdots & \vdots & \ddots & \vdots \\ b_{n1} & b_{n2} & \cdots & b_{nn} \end{pmatrix}.$$

根据矩阵乘法规则有

$$\boldsymbol{AB}=\begin{pmatrix} c_{11} & c_{12} & \cdots & c_{1n} \\ c_{21} & c_{22} & \cdots & c_{2n} \\ \vdots & \vdots & \ddots & \vdots \\ c_{n1} & c_{n2} & \cdots & c_{nn} \end{pmatrix},$$

其中 $c_{ij}=\sum\limits_{k=1}^{n} a_{ik}b_{kj}$. 设 $\boldsymbol{C}=(c_{ij})_{n\times n}$，则 $\boldsymbol{AB}=\boldsymbol{C}$.

作一个 $2n$ 阶行列式

$$D=\begin{vmatrix} a_{11} & a_{12} & \cdots & a_{1n} & 0 & 0 & \cdots & 0 \\ a_{21} & a_{22} & \cdots & a_{2n} & 0 & 0 & \cdots & 0 \\ \vdots & \vdots & \ddots & \vdots & \vdots & \vdots & & \vdots \\ a_{n1} & a_{n2} & \cdots & a_{nn} & 0 & 0 & \cdots & 0 \\ -1 & 0 & \cdots & 0 & b_{11} & b_{12} & \cdots & b_{1n} \\ 0 & -1 & \cdots & 0 & b_{21} & b_{22} & \cdots & b_{2n} \\ \vdots & \vdots & & \vdots & \vdots & \vdots & \ddots & \vdots \\ 0 & 0 & \cdots & -1 & b_{n1} & b_{n2} & \cdots & b_{nn} \end{vmatrix}.$$

根据拉普拉斯定理，将 D 按前 n 行展开. 因为 D 中前 n 行除左上角的 n 阶子式外，其余的 n 阶子式都等于零，所以

$$D=\begin{vmatrix} a_{11} & a_{12} & \cdots & a_{1n} \\ a_{21} & a_{22} & \cdots & a_{2n} \\ \vdots & \vdots & \ddots & \vdots \\ a_{n1} & a_{n2} & \cdots & a_{nn} \end{vmatrix} \cdot \begin{vmatrix} b_{11} & b_{12} & \cdots & b_{1n} \\ b_{21} & b_{22} & \cdots & b_{2n} \\ \vdots & \vdots & \ddots & \vdots \\ b_{n1} & b_{n2} & \cdots & b_{nn} \end{vmatrix} = |\boldsymbol{A}| \cdot |\boldsymbol{B}|.$$

下面我们证明 $D=|\boldsymbol{C}|$. 为此，我们要将 D 的左上角的 n 阶子式的各元素全消成零. 我们先将 D 的第 $n+1$ 行的 a_{11} 倍，第 $n+2$ 行的 a_{12} 倍……第 $2n$ 行的 a_{1n} 倍都加到第1行，得

$$D=\begin{vmatrix} 0 & 0 & \cdots & 0 & c_{11} & c_{12} & \cdots & c_{1n} \\ a_{21} & a_{22} & \cdots & a_{2n} & 0 & 0 & \cdots & 0 \\ \vdots & \vdots & \ddots & \vdots & \vdots & \vdots & & \vdots \\ a_{n1} & a_{n2} & \cdots & a_{nn} & 0 & 0 & \cdots & 0 \\ -1 & 0 & \cdots & 0 & b_{11} & b_{12} & \cdots & b_{1n} \\ 0 & -1 & \cdots & 0 & b_{21} & b_{22} & \cdots & b_{2n} \\ \vdots & \vdots & & \vdots & \vdots & \vdots & \ddots & \vdots \\ 0 & 0 & \cdots & -1 & b_{n1} & b_{n2} & \cdots & b_{nn} \end{vmatrix},$$

再依次将第 $n+1$ 行的 a_{k1} 倍，第 $n+2$ 行的 a_{k2} 倍……第 $2n$ 行的 a_{kn} 倍加到第 k 行($k=2,3,\cdots,n$)，就得

$$D=\begin{vmatrix} 0 & 0 & \cdots & 0 & c_{11} & c_{12} & \cdots & c_{1n} \\ 0 & 0 & \cdots & 0 & c_{21} & c_{22} & \cdots & c_{2n} \\ \vdots & \vdots & \ddots & \vdots & \vdots & \vdots & & \vdots \\ 0 & 0 & \cdots & 0 & c_{n1} & c_{n2} & \cdots & c_{nn} \\ -1 & 0 & \cdots & 0 & b_{11} & b_{12} & \cdots & b_{1n} \\ 0 & -1 & \cdots & 0 & b_{21} & b_{22} & \cdots & b_{2n} \\ \vdots & \vdots & & \vdots & \vdots & \vdots & \ddots & \vdots \\ 0 & 0 & \cdots & -1 & b_{n1} & b_{n2} & \cdots & b_{nn} \end{vmatrix}.$$

由拉普拉斯定理，对它按前 n 行展开得

$$D=\begin{vmatrix} c_{11} & c_{12} & \cdots & c_{1n} \\ c_{21} & c_{22} & \cdots & c_{2n} \\ \vdots & \vdots & \ddots & \vdots \\ c_{n1} & c_{n2} & \cdots & c_{nn} \end{vmatrix} \cdot (-1)^{1+2+\cdots+n+(n+1)+\cdots+2n}$$

$$\cdot \begin{vmatrix} -1 & 0 & \cdots & 0 \\ 0 & -1 & \cdots & 0 \\ \vdots & \vdots & \ddots & \vdots \\ 0 & 0 & \cdots & -1 \end{vmatrix}$$

$$= \begin{vmatrix} c_{11} & c_{12} & \cdots & c_{1n} \\ c_{21} & c_{22} & \cdots & c_{2n} \\ \vdots & \vdots & \ddots & \vdots \\ c_{n1} & c_{n2} & \cdots & c_{nn} \end{vmatrix} \cdot (-1)^{1+2+\cdots+n+(n+1)+\cdots+2n} \cdot (-1)^n.$$

因为

$$1+2+\cdots+n+(n+1)+\cdots+2n+n = \frac{2n(2n+1)}{2}+n = 2n(n+1)$$

是偶数，故

$$D = \begin{vmatrix} c_{11} & c_{12} & \cdots & c_{1n} \\ c_{21} & c_{22} & \cdots & c_{2n} \\ \vdots & \vdots & \ddots & \vdots \\ c_{n1} & c_{n2} & \cdots & c_{nn} \end{vmatrix} = |\boldsymbol{C}|.$$

因此 $|\boldsymbol{AB}| = |\boldsymbol{A}| \cdot |\boldsymbol{B}|$. ■

一般地，若 $\boldsymbol{A}_1, \boldsymbol{A}_2, \cdots, \boldsymbol{A}_r$ 都是 n 阶矩阵，则

$$|\boldsymbol{A}_1\boldsymbol{A}_2\cdots\boldsymbol{A}_r| = |\boldsymbol{A}_1| \cdot |\boldsymbol{A}_2| \cdot \cdots \cdot |\boldsymbol{A}_r|,$$

即若干 n 阶矩阵乘积的行列式等于各因子的行列式的乘积.

推论 设 $\boldsymbol{A}$ 与 $\boldsymbol{B}$ 都是 n 阶矩阵，则 $\boldsymbol{AB}$ 为非奇异矩阵的充分必要条件是 $\boldsymbol{A}$ 与 $\boldsymbol{B}$ 皆为非奇异矩阵.

证 必要性 当 $\boldsymbol{AB}$ 非奇异时，即 $|\boldsymbol{AB}| \neq 0$，于是 $|\boldsymbol{AB}| = |\boldsymbol{A}| \cdot |\boldsymbol{B}| \neq 0$，因而 $|\boldsymbol{A}| \neq 0$ 且 $|\boldsymbol{B}| \neq 0$，故 $\boldsymbol{A}$ 与 $\boldsymbol{B}$ 皆为非奇异矩阵.

充分性 若 $\boldsymbol{A}$ 与 $\boldsymbol{B}$ 皆非奇异，即 $|\boldsymbol{A}| \neq 0$，$|\boldsymbol{B}| \neq 0$，因而 $|\boldsymbol{AB}| = |\boldsymbol{A}| \cdot |\boldsymbol{B}| \neq 0$，所以 $\boldsymbol{AB}$ 为非奇异矩阵. ■

习题 3.1

1. 设 $\boldsymbol{A} = \begin{pmatrix} 2 & 1 & 0 \\ 1 & 1 & 2 \\ -1 & 2 & 1 \end{pmatrix}$，$\boldsymbol{B} = \begin{pmatrix} 3 & 1 & -2 \\ 3 & -2 & 1 \\ -3 & 1 & -1 \end{pmatrix}$，求 $\boldsymbol{A}+\boldsymbol{B}$ 及 $2\boldsymbol{A}-3\boldsymbol{B}$.

2. 设

$$\boldsymbol{a} = \begin{pmatrix} a_1 \\ a_2 \\ \vdots \\ a_n \end{pmatrix}, \quad \boldsymbol{b} = (b_1, b_2, \cdots, b_n),$$

计算 $\boldsymbol{ab}$ 及 $\boldsymbol{ba}$.

3. 设

$$A=\begin{pmatrix}3&-1&0&2\\-2&0&1&-4\end{pmatrix},\quad B=\begin{pmatrix}1&3&-2\\0&1&-3\\3&0&5\\2&-1&4\end{pmatrix},$$

计算 $\boldsymbol{AB}$.

4. 已知

$$\begin{cases}x_1=y_1+2y_2+y_3,\\x_2=y_2+2y_3,\\x_3=3y_1+y_2+y_3;\end{cases}$$
$$\begin{cases}y_1=2z_1+3z_2+z_3,\\y_2=-z_1+z_2,\\y_3=z_1+z_2-z_3.\end{cases}$$

试利用矩阵的乘法，求 x_1,x_2,x_3 与 z_1,z_2,z_3 之间的关系.

5. 计算

1) $\begin{pmatrix}2&1&1\\3&1&0\\0&1&2\end{pmatrix}^3$；　　2) $\begin{pmatrix}1&1&0\\0&1&0\\0&0&1\end{pmatrix}^n$ $(n\geqslant 2)$；

3) $\begin{pmatrix}\cos\theta&-\sin\theta\\\sin\theta&\cos\theta\end{pmatrix}^n$ $(n\geqslant 2)$.

6. 已知 $\boldsymbol{A}=\begin{pmatrix}a&b\\c&d\end{pmatrix}$, $f(x)=x^2-(a+d)x+(ad-bc)$，求 $f(\boldsymbol{A})$.

7. 设 $\boldsymbol{A}=\begin{pmatrix}0&1&0&0\\0&0&1&0\\0&0&0&1\\0&0&0&0\end{pmatrix}$，求满足 $\boldsymbol{AB}=\boldsymbol{BA}$ 的一切 4 阶矩阵 $\boldsymbol{B}$.

8. 求满足 $\boldsymbol{A}^2=\begin{pmatrix}0&0\\0&0\end{pmatrix}$ 的一切 2 阶矩阵 $\boldsymbol{A}$.

9. 求满足 $\boldsymbol{A}^2=\begin{pmatrix}1&0\\0&1\end{pmatrix}$ 的一切 2 阶矩阵 $\boldsymbol{A}$.

10. 设 n 阶矩阵 $\boldsymbol{A}=\boldsymbol{B}+\boldsymbol{E}$. 证明：$\boldsymbol{A}^2=2\boldsymbol{A}$ 当且仅当 $\boldsymbol{B}^2=\boldsymbol{E}$.

11. 已知 n 阶矩阵 $\boldsymbol{A}$ 与 $\boldsymbol{B}$ 的乘积可交换，即 $\boldsymbol{AB}=\boldsymbol{BA}$，证明：

1) $(\boldsymbol{A}+\boldsymbol{B})^2=\boldsymbol{A}^2+2\boldsymbol{AB}+\boldsymbol{B}^2$；

2) $(\boldsymbol{A}+\boldsymbol{B})(\boldsymbol{A}-\boldsymbol{B})=\boldsymbol{A}^2-\boldsymbol{B}^2$；

3) $(\boldsymbol{A}+\boldsymbol{B})^n=\sum\limits_{k=0}^{n}C_n^k\boldsymbol{A}^k\boldsymbol{B}^{n-k}$.

12. 试验证：1) $(\boldsymbol{A}+\boldsymbol{B})^{\mathrm{T}}=\boldsymbol{A}^{\mathrm{T}}+\boldsymbol{B}^{\mathrm{T}}$；2) $(k\boldsymbol{A})^{\mathrm{T}}=k\boldsymbol{A}^{\mathrm{T}}$.

3.2 矩阵的逆

上节我们介绍了矩阵的加法及它的逆运算减法，同时也定义了矩阵的乘法，那么自然会想：矩阵乘法是否也有逆运算？

我们知道，数的乘法的逆运算是除法，当数 b 除以 $a(a \neq 0)$ 时，可以写成 $b \div a = b \times a^{-1}$，即除法转化为乘法. 这里关键是找 a 的倒数 a^{-1}，而 a 的倒数 a^{-1} 适合 $aa^{-1} = a^{-1}a = 1$.

按照这个想法来考虑矩阵的情况. 前面已指出，单位矩阵 $\boldsymbol{E}$ 在矩阵的乘法中起着相当于数的乘法中 1 的作用. 这样，可以引入逆矩阵的概念如下：

定义 3.6 设 $\boldsymbol{A}$ 为 n 阶矩阵，若存在 n 阶矩阵 $\boldsymbol{B}$，使得

$$\boldsymbol{AB} = \boldsymbol{BA} = \boldsymbol{E},$$

则称 $\boldsymbol{A}$ 是**可逆矩阵**(或**可逆方阵**)，同时称 $\boldsymbol{B}$ 为 $\boldsymbol{A}$ 的**逆矩阵**(或**逆方阵**).

例如：设

$$\boldsymbol{A} = \begin{pmatrix} 2 & 0 \\ 1 & -1 \end{pmatrix}, \quad \boldsymbol{B} = \begin{pmatrix} \frac{1}{2} & 0 \\ \frac{1}{2} & -1 \end{pmatrix},$$

则

$$\boldsymbol{AB} = \begin{pmatrix} 2 & 0 \\ 1 & -1 \end{pmatrix}\begin{pmatrix} \frac{1}{2} & 0 \\ \frac{1}{2} & -1 \end{pmatrix} = \begin{pmatrix} 1 & 0 \\ 0 & 1 \end{pmatrix} = \boldsymbol{E},$$

$$\boldsymbol{BA} = \begin{pmatrix} \frac{1}{2} & 0 \\ \frac{1}{2} & -1 \end{pmatrix}\begin{pmatrix} 2 & 0 \\ 1 & -1 \end{pmatrix} = \begin{pmatrix} 1 & 0 \\ 0 & 1 \end{pmatrix} = \boldsymbol{E},$$

所以 $\boldsymbol{AB} = \boldsymbol{BA} = \boldsymbol{E}$. 因而说 $\boldsymbol{A}$ 是可逆矩阵，且 $\boldsymbol{B}$ 为 $\boldsymbol{A}$ 的逆矩阵.

从逆矩阵定义的对称性，我们知道，如果 $\boldsymbol{B}$ 是 $\boldsymbol{A}$ 的逆矩阵，则 $\boldsymbol{A}$ 也是 $\boldsymbol{B}$ 的逆矩阵，$\boldsymbol{A}$ 与 $\boldsymbol{B}$ 互为逆矩阵.

设矩阵

$$\boldsymbol{C} = \begin{pmatrix} 0 & 0 \\ 1 & 1 \end{pmatrix},$$

我们可以看出，对任何 2 阶矩阵 $\boldsymbol{D}$，乘积 $\boldsymbol{CD}$ 的第 1 行元素必全为零，故总有 $\boldsymbol{CD} \neq \boldsymbol{E}$，因而 $\boldsymbol{C}$ 不可能有逆矩阵. 这说明，不是任何方阵都有逆矩阵.

那么，一个方阵适合什么条件才能有逆矩阵呢？ 有逆矩阵时，它的逆矩

阵是否唯一？其逆矩阵又如何求得？

首先我们指出，若方阵 $\boldsymbol{A}$ 可逆，则其逆矩阵是唯一的. 事实上，设 $\boldsymbol{B}_1$，$\boldsymbol{B}_2$ 都是方阵 $\boldsymbol{A}$ 的逆矩阵，则依定义有

$$\boldsymbol{A}\boldsymbol{B}_1=\boldsymbol{B}_1\boldsymbol{A}=\boldsymbol{E},\quad \boldsymbol{A}\boldsymbol{B}_2=\boldsymbol{B}_2\boldsymbol{A}=\boldsymbol{E}.$$

于是，

$$\boldsymbol{B}_1=\boldsymbol{B}_1\boldsymbol{E}=\boldsymbol{B}_1(\boldsymbol{A}\boldsymbol{B}_2)=(\boldsymbol{B}_1\boldsymbol{A})\boldsymbol{B}_2=\boldsymbol{E}\boldsymbol{B}_2=\boldsymbol{B}_2,$$

即 $\boldsymbol{B}_1=\boldsymbol{B}_2$. 这说明 $\boldsymbol{A}$ 的逆矩阵只有一个.

既然 $\boldsymbol{A}$ 的逆矩阵只有一个，我们就可用一个符号 $\boldsymbol{A}^{-1}$ 来表示 $\boldsymbol{A}$ 的逆矩阵，即有

$$\boldsymbol{A}\boldsymbol{A}^{-1}=\boldsymbol{A}^{-1}\boldsymbol{A}=\boldsymbol{E},$$

必须注意，当 $\boldsymbol{A}$ 不可逆时，$\boldsymbol{A}^{-1}$ 无意义.

接着，让我们来考虑方阵可逆的条件.

设方阵 $\boldsymbol{A}$ 可逆，由 $\boldsymbol{A}\boldsymbol{A}^{-1}=\boldsymbol{A}^{-1}\boldsymbol{A}=\boldsymbol{E}$，即得

$$|\boldsymbol{A}|\cdot|\boldsymbol{A}^{-1}|=|\boldsymbol{E}|=1,$$

于是必定 $|\boldsymbol{A}|\neq 0$，即若 $\boldsymbol{A}$ 可逆则 $\boldsymbol{A}$ 必是非奇异的.

当方阵 $\boldsymbol{A}$ 可逆时，如何求它的逆矩阵？

思考题 已知3阶矩阵 $\boldsymbol{A}=\begin{pmatrix}a_{11}&a_{12}&a_{13}\\a_{21}&a_{22}&a_{23}\\a_{31}&a_{32}&a_{33}\end{pmatrix}$，求 $\boldsymbol{X}=\begin{pmatrix}x_{11}&x_{12}&x_{13}\\x_{21}&x_{22}&x_{23}\\x_{31}&x_{32}&x_{33}\end{pmatrix}$，使它满足 $\boldsymbol{A}\boldsymbol{X}=\boldsymbol{E}$，即

$$\begin{pmatrix}a_{11}&a_{12}&a_{13}\\a_{21}&a_{22}&a_{23}\\a_{31}&a_{32}&a_{33}\end{pmatrix}\begin{pmatrix}x_{11}&x_{12}&x_{13}\\x_{21}&x_{22}&x_{23}\\x_{31}&x_{32}&x_{33}\end{pmatrix}=\begin{pmatrix}1&0&0\\0&1&0\\0&0&1\end{pmatrix}.\qquad (*)$$

（提示：将矩阵 $\boldsymbol{X}$ 和 $\boldsymbol{E}$ 都分拆成3个列向量(即 3×1 矩阵)，那么矩阵方程(*)可以写成联立的3个线性方程组，再分别求解.）

从上述思考题可以看到，当一个3阶矩阵 $\boldsymbol{A}$ 的行列式 $|\boldsymbol{A}|\neq 0$ 时，可以通过解矩阵方程(*)求出它的逆矩阵

$$\boldsymbol{A}^{-1}=\boldsymbol{X}=\frac{1}{|\boldsymbol{A}|}\begin{pmatrix}A_{11}&A_{21}&A_{31}\\A_{12}&A_{22}&A_{32}\\A_{13}&A_{23}&A_{33}\end{pmatrix},$$

其中 A_{ij} 是 $|\boldsymbol{A}|$ 中元素 a_{ij} 的代数余子式. 下面我们把这结果推广到 n 阶情形，我们先定义 n 阶矩阵的伴随矩阵.

定义 3.7 设 n 阶矩阵

$$A=\begin{pmatrix}a_{11}&a_{12}&\cdots&a_{1n}\\a_{21}&a_{22}&\cdots&a_{2n}\\\vdots&\vdots&\ddots&\vdots\\a_{n1}&a_{n2}&\cdots&a_{nn}\end{pmatrix},$$

A_{ij} 是 $|\boldsymbol{A}|$ 中(有时，也称 $\boldsymbol{A}$ 中) 元素 a_{ij} 的代数余子式，矩阵

$$\boldsymbol{A}^*=\begin{pmatrix}A_{11}&A_{21}&\cdots&A_{n1}\\A_{12}&A_{22}&\cdots&A_{n2}\\\vdots&\vdots&\ddots&\vdots\\A_{1n}&A_{2n}&\cdots&A_{nn}\end{pmatrix}$$

称为方阵 $\boldsymbol{A}$ 的**伴随矩阵**.

在下面的定理中将验证，当 $|\boldsymbol{A}|\neq 0$ 时，$\frac{1}{|\boldsymbol{A}|}\boldsymbol{A}^*$ 确是 $\boldsymbol{A}$ 的逆矩阵.

定理3.2 方阵 $\boldsymbol{A}$ 可逆的充分必要条件是 $\boldsymbol{A}$ 为非奇异矩阵，并且当 $\boldsymbol{A}$ 可逆时，$\boldsymbol{A}$ 的逆矩阵是

$$\boldsymbol{A}^{-1}=\frac{1}{|\boldsymbol{A}|}\boldsymbol{A}^*,$$

其中 $\boldsymbol{A}^*$ 是 $\boldsymbol{A}$ 的伴随矩阵.

证 必要性 如果方阵 $\boldsymbol{A}$ 可逆，那么 $\boldsymbol{A}$ 必须是非奇异的(前面已证).

充分性 设 $\boldsymbol{A}=(a_{ij})_{n\times n}$ 为非奇异矩阵，即 $|\boldsymbol{A}|\neq 0$，而 $\boldsymbol{A}$ 的伴随矩阵

$$\boldsymbol{A}^*=\begin{pmatrix}A_{11}&A_{21}&\cdots&A_{n1}\\A_{12}&A_{22}&\cdots&A_{n2}\\\vdots&\vdots&\ddots&\vdots\\A_{1n}&A_{2n}&\cdots&A_{nn}\end{pmatrix},$$

则由行列式展开性质，可知

$$\boldsymbol{A}\boldsymbol{A}^*=\boldsymbol{A}^*\boldsymbol{A}=\begin{pmatrix}|\boldsymbol{A}|&0&\cdots&0\\0&|\boldsymbol{A}|&\cdots&0\\\vdots&\vdots&\ddots&\vdots\\0&0&\cdots&|\boldsymbol{A}|\end{pmatrix}=|\boldsymbol{A}|\cdot\boldsymbol{E}. \tag{2.1}$$

因为 $|\boldsymbol{A}|\neq 0$，将(2.1) 除以 $|\boldsymbol{A}|$，得

$$\boldsymbol{A}\left(\frac{1}{|\boldsymbol{A}|}\boldsymbol{A}^*\right)=\left(\frac{1}{|\boldsymbol{A}|}\boldsymbol{A}^*\right)\boldsymbol{A}=\boldsymbol{E}.$$

由逆矩阵定义可知，$\boldsymbol{A}$ 是可逆的，且 $\frac{1}{|\boldsymbol{A}|}\boldsymbol{A}^*$ 就是 $\boldsymbol{A}$ 的逆矩阵，即

$$\boldsymbol{A}^{-1}=\frac{1}{|\boldsymbol{A}|}\boldsymbol{A}^*.$$

▮

推论 若 n 阶矩阵 $\boldsymbol{A}$, $\boldsymbol{B}$ 满足 $\boldsymbol{AB}=\boldsymbol{E}$，则 $\boldsymbol{A}$ 与 $\boldsymbol{B}$ 都是可逆矩阵，且 $\boldsymbol{A}$ 和 $\boldsymbol{B}$ 互为逆矩阵.

证 因为 $\boldsymbol{AB}=\boldsymbol{E}$，两边取行列式得 $|\boldsymbol{AB}|=|\boldsymbol{E}|=1$，即

$$|\boldsymbol{A}|\cdot|\boldsymbol{B}|=1.$$

因而 $|\boldsymbol{A}|\neq 0$，$|\boldsymbol{B}|\neq 0$，也就是 $\boldsymbol{A}$，$\boldsymbol{B}$ 皆为非奇异矩阵，于是，由定理 3.2 知，$\boldsymbol{A}$ 和 $\boldsymbol{B}$ 皆为可逆矩阵，且

$$\boldsymbol{BA}=\boldsymbol{E}\cdot\boldsymbol{BA}=(\boldsymbol{A}^{-1}\boldsymbol{A})\boldsymbol{BA}=\boldsymbol{A}^{-1}(\boldsymbol{AB})\boldsymbol{A}=\boldsymbol{A}^{-1}\boldsymbol{EA}=\boldsymbol{A}^{-1}\boldsymbol{A}=\boldsymbol{E},$$

所以 $\boldsymbol{AB}=\boldsymbol{BA}=\boldsymbol{E}$，因而 $\boldsymbol{A}$ 与 $\boldsymbol{B}$ 互为逆矩阵. ∎

由此可知，以后凡遇到两个 n 阶矩阵 $\boldsymbol{A}$ 和 $\boldsymbol{B}$ 满足 $\boldsymbol{AB}=\boldsymbol{E}$，就可断定，$\boldsymbol{A}$，$\boldsymbol{B}$ 都是可逆矩阵，而不必再依定义去验证 $\boldsymbol{BA}$ 也等于 $\boldsymbol{E}$ 这一步骤了.

例 3.6 判断 3 阶矩阵

$$\boldsymbol{A}=\begin{pmatrix}1 & 2 & -1\\ 3 & 1 & 0\\ -1 & 0 & -2\end{pmatrix}$$

是否可逆，可逆时求出逆矩阵 $\boldsymbol{A}^{-1}$.

解 $\boldsymbol{A}$ 的行列式

$$|\boldsymbol{A}|=\begin{vmatrix}1 & 2 & -1\\ 3 & 1 & 0\\ -1 & 0 & -2\end{vmatrix}=9\neq 0,$$

所以由定理 3.2 知，$\boldsymbol{A}$ 是可逆的，且有

$$\boldsymbol{A}^{-1}=\frac{1}{|\boldsymbol{A}|}\boldsymbol{A}^{*}.$$

为了得出 $\boldsymbol{A}^{*}$，计算 $\boldsymbol{A}$ 的各元素的代数余子式，得

$$\begin{aligned}&A_{11}=-2, && A_{21}=4, && A_{31}=1,\\ &A_{12}=6, && A_{22}=-3, && A_{32}=-3,\\ &A_{13}=1, && A_{23}=-2, && A_{33}=-5,\end{aligned}$$

故 $\boldsymbol{A}$ 的伴随矩阵

$$\boldsymbol{A}^{*}=\begin{pmatrix}-2 & 4 & 1\\ 6 & -3 & -3\\ 1 & -2 & -5\end{pmatrix},$$

所以

$$\boldsymbol{A}^{-1}=\frac{1}{|\boldsymbol{A}|}\boldsymbol{A}^{*}=\frac{1}{9}\begin{pmatrix}-2 & 4 & 1\\ 6 & -3 & -3\\ 1 & -2 & -5\end{pmatrix}=\begin{pmatrix}-\frac{2}{9} & \frac{4}{9} & \frac{1}{9}\\ \frac{2}{3} & -\frac{1}{3} & -\frac{1}{3}\\ \frac{1}{9} & -\frac{2}{9} & -\frac{5}{9}\end{pmatrix}.$$

可逆矩阵 $\boldsymbol{A}$ 还有如下一些性质：

1° $(\boldsymbol{A}^{-1})^{-1}=\boldsymbol{A}$.

事实上，由定义知，$\boldsymbol{A}$ 与 $\boldsymbol{A}^{-1}$ 互为逆矩阵，故 $\boldsymbol{A}^{-1}$ 的逆矩阵是 $\boldsymbol{A}$，即 $(\boldsymbol{A}^{-1})^{-1}=\boldsymbol{A}$.

2° 若 $\boldsymbol{A}$ 可逆，则它的转置矩阵 $\boldsymbol{A}^{\mathrm{T}}$ 也可逆，且

$$(\boldsymbol{A}^{\mathrm{T}})^{-1}=(\boldsymbol{A}^{-1})^{\mathrm{T}}.$$

这是因为 $\boldsymbol{A}^{\mathrm{T}}\cdot(\boldsymbol{A}^{-1})^{\mathrm{T}}=(\boldsymbol{A}^{-1}\cdot\boldsymbol{A})^{\mathrm{T}}=\boldsymbol{E}^{\mathrm{T}}=\boldsymbol{E}$ 的缘故.

3° 若 $\boldsymbol{A},\boldsymbol{B}$ 都是 n 阶可逆矩阵，则 $\boldsymbol{AB}$ 也可逆，并且

$$(\boldsymbol{AB})^{-1}=\boldsymbol{B}^{-1}\boldsymbol{A}^{-1}.$$

证 因为 $|\boldsymbol{A}|\neq 0$，$|\boldsymbol{B}|\neq 0$，所以 $|\boldsymbol{AB}|=|\boldsymbol{A}|\cdot|\boldsymbol{B}|\neq 0$，即 $\boldsymbol{AB}$ 可逆，而且由结合律，我们有

$$(\boldsymbol{AB})(\boldsymbol{B}^{-1}\boldsymbol{A}^{-1})=\boldsymbol{A}(\boldsymbol{BB}^{-1})\boldsymbol{A}^{-1}=\boldsymbol{AEA}^{-1}=\boldsymbol{AA}^{-1}=\boldsymbol{E},$$

故 $\boldsymbol{AB}$ 的逆矩阵为 $\boldsymbol{B}^{-1}\boldsymbol{A}^{-1}$，即 $(\boldsymbol{AB})^{-1}=\boldsymbol{B}^{-1}\boldsymbol{A}^{-1}$. ∎

4° $|\boldsymbol{A}^{-1}|=\dfrac{1}{|\boldsymbol{A}|}$，即逆矩阵的行列式等于原方阵行列式的倒数.

这里因为 $\boldsymbol{AA}^{-1}=\boldsymbol{E}$，两边取行列式，得

$$|\boldsymbol{AA}^{-1}|=|\boldsymbol{E}|=1,$$

即 $|\boldsymbol{A}|\cdot|\boldsymbol{A}^{-1}|=1$，所以 $|\boldsymbol{A}|\neq 0$，且 $|\boldsymbol{A}^{-1}|=\dfrac{1}{|\boldsymbol{A}|}$.

利用逆矩阵的概念，我们还能给线性方程组解的克拉默法则一个新的证明.

考虑线性方程组

$$\begin{cases}a_{11}x_1+a_{12}x_2+\cdots+a_{1n}x_n=b_1,\\ a_{21}x_1+a_{22}x_2+\cdots+a_{2n}x_n=b_2,\\ \cdots\cdots\cdots\cdots\cdots\cdots\cdots\cdots\cdots\cdots\cdots\cdots\\ a_{n1}x_1+a_{n2}x_2+\cdots+a_{nn}x_n=b_n,\end{cases}\tag{2.2}$$

设

$$\boldsymbol{A}=\begin{pmatrix}a_{11}&a_{12}&\cdots&a_{1n}\\ a_{21}&a_{22}&\cdots&a_{2n}\\ \vdots&\vdots&\ddots&\vdots\\ a_{n1}&a_{n2}&\cdots&a_{nn}\end{pmatrix},\quad \boldsymbol{x}=\begin{pmatrix}x_1\\ x_2\\ \vdots\\ x_n\end{pmatrix},\quad \boldsymbol{b}=\begin{pmatrix}b_1\\ b_2\\ \vdots\\ b_n\end{pmatrix},$$

则线性方程组(2.2)可写成

$$\boldsymbol{Ax}=\boldsymbol{b}.\tag{2.3}$$

若 $\boldsymbol{A}$ 的行列式 $|\boldsymbol{A}|\neq 0$，那么 $\boldsymbol{A}$ 可逆，故 $\boldsymbol{A}^{-1}$ 存在. 以 $\boldsymbol{A}^{-1}$ 左乘(2.3) 两边，得

$$\boldsymbol{A}^{-1}\boldsymbol{A}\boldsymbol{x}=\boldsymbol{A}^{-1}\boldsymbol{b},$$

又 $\boldsymbol{A}\boldsymbol{A}^{-1}=\boldsymbol{E}$，所以有 $\boldsymbol{E}\boldsymbol{x}=\boldsymbol{A}^{-1}\boldsymbol{b}$，即

$$\boldsymbol{x}=\boldsymbol{A}^{-1}\boldsymbol{b}. \tag{2.4}$$

这就是说，矩阵方程(2.3) 有解，因而线性方程组(2.2) 有解. 若将 $\boldsymbol{A}^{-1}=\dfrac{1}{|\boldsymbol{A}|}\boldsymbol{A}^{*}$ 代入(2.4)，并将两个矩阵乘出来，就得到克拉默法则所给出的公式解.

我们说(2.4) 给出的解是唯一的. 事实上设 $\boldsymbol{x}=\boldsymbol{c}$ 是(2.3) 的任一解，则以 $\boldsymbol{x}=\boldsymbol{c}$ 代入(2.3) 得

$$\boldsymbol{A}\boldsymbol{c}=\boldsymbol{b}.$$

于是 $\boldsymbol{A}^{-1}\boldsymbol{A}\boldsymbol{c}=\boldsymbol{A}^{-1}\boldsymbol{b}$，即

$$\boldsymbol{c}=\boldsymbol{A}^{-1}\boldsymbol{b},$$

这就是说，任一解皆为 $\boldsymbol{A}^{-1}\boldsymbol{b}$. 所以(2.3) 的解唯一，也即方程组(2.2) 仅有唯一解.

我们还可以讨论较为一般的**矩阵方程**

$$\boldsymbol{A}\boldsymbol{X}=\boldsymbol{B}, \tag{2.5}$$

这里 $\boldsymbol{A}$ 是 n 阶矩阵，而 $\boldsymbol{B}$ 可以是一个 $n\times m$ 矩阵. 这样 $\boldsymbol{X}$ 只能是一个 $n\times m$ 矩阵. 若 $\boldsymbol{A}$ 是 n 阶可逆矩阵，则将(2.5) 两边左乘 $\boldsymbol{A}^{-1}$，得

$$\boldsymbol{X}=\boldsymbol{A}^{-1}\boldsymbol{B}.$$

这说明，当 $|\boldsymbol{A}|\neq 0$ 时，(2.5) 有唯一解 $\boldsymbol{X}=\boldsymbol{A}^{-1}\boldsymbol{B}$.

例 3.7 已知矩阵

$$\boldsymbol{A}=\begin{pmatrix}3&0&8\\3&-1&6\\-2&0&-5\end{pmatrix},\quad \boldsymbol{B}=\begin{pmatrix}1&-1&2\\-1&3&4\\-2&0&5\end{pmatrix},$$

求解 $\boldsymbol{X}$，使得 1) $\boldsymbol{A}\boldsymbol{X}=\boldsymbol{B}$；2) $\boldsymbol{X}\boldsymbol{A}=\boldsymbol{B}$.

解 1)
$$\boldsymbol{X}=\boldsymbol{A}^{-1}\boldsymbol{B}=\begin{pmatrix}3&0&8\\3&-1&6\\-2&0&-5\end{pmatrix}^{-1}\begin{pmatrix}1&-1&2\\-1&3&4\\-2&0&5\end{pmatrix}$$
$$=\begin{pmatrix}-5&0&-8\\-3&-1&-6\\2&0&3\end{pmatrix}\begin{pmatrix}1&-1&2\\-1&3&4\\-2&0&5\end{pmatrix}$$
$$=\begin{pmatrix}11&5&-50\\10&0&-40\\-4&-2&19\end{pmatrix}.$$

2） 将 $\boldsymbol{XA}=\boldsymbol{B}$ 两边右乘 $\boldsymbol{A}^{-1}$，得

$$(\boldsymbol{XA})\boldsymbol{A}^{-1}=\boldsymbol{BA}^{-1}.$$

于是 $\boldsymbol{XE}=\boldsymbol{BA}^{-1}$，所以 $\boldsymbol{X}=\boldsymbol{BA}^{-1}$，即

$$\boldsymbol{X}=\boldsymbol{BA}^{-1}=\begin{pmatrix}1&-1&2\\-1&3&4\\-2&0&5\end{pmatrix}\begin{pmatrix}-5&0&-8\\-3&-1&-6\\2&0&3\end{pmatrix}=\begin{pmatrix}2&1&4\\4&-3&2\\20&0&31\end{pmatrix}.$$

习题 3.2

1. 求下列方阵的逆矩阵：

1） $\boldsymbol{A}=\begin{pmatrix}1&2\\2&5\end{pmatrix}$；　　2） $\boldsymbol{A}=\begin{pmatrix}a&b\\c&d\end{pmatrix}$，$ad-bc\neq 0$；

3） $\boldsymbol{A}=\begin{pmatrix}1&2&-3\\0&1&2\\0&0&1\end{pmatrix}$；　　4） $\boldsymbol{A}=\begin{pmatrix}1&2&2\\1&1&1\\3&1&-1\end{pmatrix}$.

2. 设对角形矩阵

$$\boldsymbol{A}=\begin{pmatrix}a_1&0&\cdots&0\\0&a_2&\cdots&0\\\vdots&\vdots&\ddots&\vdots\\0&0&\cdots&a_n\end{pmatrix},$$

问 $\boldsymbol{A}$ 在什么条件下可逆？ 可逆时，求出 $\boldsymbol{A}^{-1}$.

3. 解下列矩阵方程：

1） $\begin{pmatrix}2&5\\1&3\end{pmatrix}\boldsymbol{X}=\begin{pmatrix}4&-6\\2&1\end{pmatrix}$；　　2） $\boldsymbol{X}\begin{pmatrix}2&5\\1&3\end{pmatrix}=\begin{pmatrix}4&-6\\2&1\end{pmatrix}$；

3） $\begin{pmatrix}2&1\\2&1\end{pmatrix}\boldsymbol{X}=\begin{pmatrix}2&1\\2&1\end{pmatrix}$；　　4） $\boldsymbol{X}\begin{pmatrix}1&-1&1\\1&1&0\\2&1&1\end{pmatrix}=\begin{pmatrix}1&2&-3\\2&0&4\\0&-1&5\end{pmatrix}$.

4. 证明：如果方阵 $\boldsymbol{A}$ 适合 $\boldsymbol{A}^k=\boldsymbol{O}$ $(k\geqslant 2)$，则

$$(\boldsymbol{E}-\boldsymbol{A})^{-1}=\boldsymbol{E}+\boldsymbol{A}+\boldsymbol{A}^2+\cdots+\boldsymbol{A}^{k-1}.$$

5. 设 n 阶矩阵 $\boldsymbol{A}$ 适合 $\boldsymbol{A}^2-\boldsymbol{A}+\boldsymbol{E}=\boldsymbol{O}$，证明：$\boldsymbol{A}$ 是可逆矩阵.

6. 设方阵 $\boldsymbol{A}$ 可逆，证明 $\boldsymbol{A}$ 的伴随矩阵 $\boldsymbol{A}^*$ 也可逆，并求出 $\boldsymbol{A}^*$ 的逆矩阵 $(\boldsymbol{A}^*)^{-1}$，然后再证：$(\boldsymbol{A}^*)^{-1}=(\boldsymbol{A}^{-1})^*$（提示：$\boldsymbol{A}^{-1}\cdot(\boldsymbol{A}^{-1})^*=|\boldsymbol{A}^{-1}|\boldsymbol{E}$).

7. 若方阵 $\boldsymbol{A}$ 和 $\boldsymbol{B}$ 可交换，即 $\boldsymbol{AB}=\boldsymbol{BA}$，且 $\boldsymbol{A}^{-1}$ 存在，证明：$\boldsymbol{A}^{-1}$ 与 $\boldsymbol{B}$ 可交换.

8. 若 $\boldsymbol{A}$ 为可逆矩阵，证明：

1） 当 $\boldsymbol{AB}=\boldsymbol{AC}$ 时，有 $\boldsymbol{B}=\boldsymbol{C}$；

2） 当 $\boldsymbol{BA}=\boldsymbol{CA}$ 时，有 $\boldsymbol{B}=\boldsymbol{C}$.

9. 主对角线下(上)面元素全为零的方阵称为上(下)三角方阵. 证明：

1) 两个上(下)三角方阵的乘积仍是上(下)三角方阵；
2) 可逆的上(下)三角方阵的逆矩阵仍是上(下)三角方阵.

3.3 初等矩阵

在第 2 章中，我们介绍了矩阵的初等变换的概念，对线性方程组用消元法求解和矩阵求秩起了重要的作用. 本节将给出用初等变换求逆矩阵的方法. 首先，通过对单位矩阵 $\boldsymbol{E}$ 施行一次初等变换，导出初等矩阵的概念，设法把对矩阵的初等变换通过左乘(或右乘)初等矩阵来实现.

定义 3.8 由单位矩阵 $\boldsymbol{E}$，经位置变换，互换 $\boldsymbol{E}$ 的第 i 行与第 j 行得到矩阵

$$\boldsymbol{P}(i,j)=\begin{pmatrix}1 &&&&&&&&& \\ &\ddots &&&&&&&& \\ &&1 &&&&&&& \\ &&&0 &&\cdots && 1 &&\\ &&&&1 &&&&& \\ &&&\vdots &&\ddots &&\vdots && \\ &&&&&&1 &&& \\ &&&1 &&\cdots &&0 && \\ &&&&&&&&1 & \\ &&&&&&&&&\ddots & \\ &&&&&&&&&&1\end{pmatrix}\begin{matrix} \\ \\ \\ (\text{第 } i \text{ 行}) \\ \\ \\ \\ (\text{第 } j \text{ 行}) \\ \\ \\ \\ \end{matrix};$$

经倍法变换，用非零的数 k 乘 $\boldsymbol{E}$ 的第 i 行，得到矩阵

$$\boldsymbol{P}(i(k))=\begin{pmatrix}1 &&&&&& \\ &\ddots &&&&& \\ &&1 &&&& \\ &&&k &&& \\ &&&&1 && \\ &&&&&\ddots & \\ &&&&&&1\end{pmatrix}(\text{第 } i \text{ 行});$$

经消法变换，把 $\boldsymbol{E}$ 的第 j 行的 k 倍加到第 i 行，得到矩阵

$$\boldsymbol{P}(i,j(k))=\begin{pmatrix}1 &&&&& \\ &\ddots &&&& \\ &&1 &\cdots &k && \\ &&&\ddots &\vdots && \\ &&&&1 && \\ &&&&&\ddots & \\ &&&&&&1\end{pmatrix}\begin{matrix} \\ \\ (\text{第 } i \text{ 行}) \\ \\ (\text{第 } j \text{ 行}) \\ \\ \\ \end{matrix}.$$

我们分别称 $\boldsymbol{P}(i,j)$,$\boldsymbol{P}(i(k))$,$\boldsymbol{P}(i,j(k))$ 为**第 1 种、第 2 种、第 3 种初等矩阵**，统称它们为**初等矩阵**(或**初等方阵**).

定理3.3 *初等矩阵都是可逆的，并且其逆矩阵也是同种类型的初等矩阵.*

证 计算各种初等矩阵的行列式，得

$$|\boldsymbol{P}(i,j)|=-1\neq 0,\quad |\boldsymbol{P}(i(k))|=k\neq 0,$$
$$|\boldsymbol{P}(i,j(k))|=1\neq 0.$$

故由定理 3.2 知，它们都是可逆矩阵.

由矩阵乘法，我们有

$$\boldsymbol{P}(i,j)\cdot\boldsymbol{P}(i,j)=\boldsymbol{E},$$

故第 1 种初等矩阵 $\boldsymbol{P}(i,j)$ 的逆矩阵仍为 $\boldsymbol{P}(i,j)$. 又

$$\boldsymbol{P}(i(k))\cdot\boldsymbol{P}\left(i\left(\frac{1}{k}\right)\right)=\boldsymbol{E},$$

故第 2 种初等矩阵 $\boldsymbol{P}(i(k))$ 的逆矩阵为 $\boldsymbol{P}\left(i\left(\frac{1}{k}\right)\right)$，它还是第 2 种初等矩阵. 最后

$$\boldsymbol{P}(i,j(k))\cdot\boldsymbol{P}(i,j(-k))=\boldsymbol{E},$$

故第 3 种初等矩阵 $\boldsymbol{P}(i,j(k))$ 的逆矩阵为 $\boldsymbol{P}(i,j(-k))$，它也是第 3 种初等矩阵. ■

下面的定理，建立了初等变换与初等矩阵的联系.

定理3.4 *对 $m\times n$ 矩阵 $\boldsymbol{A}$，左乘一个 m 阶初等矩阵，相当于对 $\boldsymbol{A}$ 进行相应的行初等变换；对 $\boldsymbol{A}$ 右乘一个 n 阶初等矩阵，相当于对 $\boldsymbol{A}$ 进行相应的列初等变换.*

证 利用矩阵乘法规则，我们有

$$\boldsymbol{P}(i,j)\cdot\boldsymbol{A}=\begin{pmatrix}
1 &&&&&&&&&& \\
& \ddots &&&&&&&&& \\
&& 1 &&&&&&&& \\
&&& 0 && \cdots && 1 &&& \\
&&&& 1 &&&&&& \\
&&& \vdots && \ddots && \vdots &&& \\
&&&&&& 1 &&&& \\
&&& 1 && \cdots && 0 &&& \\
&&&&&&&& 1 && \\
&&&&&&&&& \ddots & \\
&&&&&&&&&& 1
\end{pmatrix}$$

$$
\cdot\begin{pmatrix}
a_{11} & a_{12} & \cdots & a_{1n} \\
\vdots & \vdots & & \vdots \\
a_{i1} & a_{i2} & \cdots & a_{in} \\
\vdots & \vdots & & \vdots \\
a_{j1} & a_{j2} & \cdots & a_{jn} \\
\vdots & \vdots & & \vdots \\
a_{m1} & a_{m2} & \cdots & a_{mn}
\end{pmatrix}
=
\begin{pmatrix}
a_{11} & a_{12} & \cdots & a_{1n} \\
\vdots & \vdots & & \vdots \\
a_{j1} & a_{j2} & \cdots & a_{jn} \\
\vdots & \vdots & & \vdots \\
a_{i1} & a_{i2} & \cdots & a_{in} \\
\vdots & \vdots & & \vdots \\
a_{m1} & a_{m2} & \cdots & a_{mn}
\end{pmatrix}
\begin{matrix} \\ \\ (\text{第 } i \text{ 行}) \\ \\ (\text{第 } j \text{ 行}) \\ \\ \\ \end{matrix}.
$$

最后这个矩阵正是互换 $\boldsymbol{A}$ 的第 i 行与第 j 行而得到的矩阵.

$$
\boldsymbol{P}(i(k))\cdot\boldsymbol{A}=
\begin{pmatrix}
1 & & & & & & \\
& \ddots & & & & & \\
& & 1 & & & & \\
& & & k & & & \\
& & & & 1 & & \\
& & & & & \ddots & \\
& & & & & & 1
\end{pmatrix}
\cdot
\begin{pmatrix}
a_{11} & a_{12} & \cdots & a_{1n} \\
\vdots & \vdots & & \vdots \\
a_{i1} & a_{i2} & \cdots & a_{in} \\
\vdots & \vdots & & \vdots \\
a_{m1} & a_{m2} & \cdots & a_{mn}
\end{pmatrix}
$$

$$
=\begin{pmatrix}
a_{11} & a_{12} & \cdots & a_{1n} \\
\vdots & \vdots & & \vdots \\
ka_{i1} & ka_{i2} & \cdots & ka_{in} \\
\vdots & \vdots & & \vdots \\
a_{m1} & a_{m2} & \cdots & a_{mn}
\end{pmatrix},
$$

这个矩阵恰是以数 k ($k \neq 0$) 乘 $\boldsymbol{A}$ 的第 i 行而得的矩阵.

$$
\boldsymbol{P}(i,j(k))\cdot\boldsymbol{A}=
\begin{pmatrix}
1 & & & & & & \\
& \ddots & & & & & \\
& & 1 & \cdots & k & & \\
& & & \ddots & \vdots & & \\
& & & & 1 & & \\
& & & & & \ddots & \\
& & & & & & 1
\end{pmatrix}
\cdot
\begin{pmatrix}
a_{11} & a_{12} & \cdots & a_{1n} \\
\vdots & \vdots & & \vdots \\
a_{i1} & a_{i2} & \cdots & a_{in} \\
\vdots & \vdots & & \vdots \\
a_{j1} & a_{j2} & \cdots & a_{jn} \\
\vdots & \vdots & & \vdots \\
a_{m1} & a_{m2} & \cdots & a_{mn}
\end{pmatrix}
$$

$$
=\begin{pmatrix}
a_{11} & a_{12} & \cdots & a_{1n} \\
\vdots & \vdots & & \vdots \\
a_{i1}+ka_{j1} & a_{i2}+ka_{j2} & \cdots & a_{in}+ka_{jn} \\
\vdots & \vdots & & \vdots \\
a_{j1} & a_{j2} & \cdots & a_{jn} \\
\vdots & \vdots & & \vdots \\
a_{m1} & a_{m2} & \cdots & a_{mn}
\end{pmatrix}
\begin{matrix} \\ \\ (\text{第 } i \text{ 行}) \\ \\ (\text{第 } j \text{ 行}) \\ \\ \\ \end{matrix}.
$$

最后这个矩阵恰好是将 $\boldsymbol{A}$ 的第 j 行的 k 倍加到第 i 行上而得的矩阵.

因此，对矩阵 $\boldsymbol{A}$ 左乘 3 种初等矩阵，相当于将矩阵 $\boldsymbol{A}$ 进行相应的 3 种行初等变换.

对于右乘的情况，我们有

$$\boldsymbol{A}\cdot\boldsymbol{P}(i,j)=\begin{pmatrix} a_{11} & \cdots & a_{1i} & \cdots & a_{1j} & \cdots & a_{1n}\\ a_{21} & \cdots & a_{2i} & \cdots & a_{2j} & \cdots & a_{2n}\\ \vdots & & \vdots & & \vdots & & \vdots\\ a_{m1} & \cdots & a_{mi} & \cdots & a_{mj} & \cdots & a_{mn} \end{pmatrix}$$

$$\cdot\begin{pmatrix} 1 & & & & & & & & & & \\ & \ddots & & & & & & & & & \\ & & 1 & & & & & & & & \\ & & & 0 & & \cdots & & 1 & & & \\ & & & & 1 & & & & & & \\ & & & \vdots & & \ddots & & \vdots & & & \\ & & & & & & 1 & & & & \\ & & & 1 & & \cdots & & 0 & & & \\ & & & & & & & & 1 & & \\ & & & & & & & & & \ddots & \\ & & & & & & & & & & 1 \end{pmatrix}$$

$$=\begin{pmatrix} a_{11} & \cdots & a_{1j} & \cdots & a_{1i} & \cdots & a_{1n}\\ a_{21} & \cdots & a_{2j} & \cdots & a_{2i} & \cdots & a_{2n}\\ \vdots & & \vdots & & \vdots & & \vdots\\ a_{m1} & \cdots & a_{mj} & \cdots & a_{mi} & \cdots & a_{mn} \end{pmatrix}.$$

（第 i 列） （第 j 列）

后面这个矩阵就是 $\boldsymbol{A}$ 的第 i 列与第 j 列互换的结果.

$$\boldsymbol{A}\cdot\boldsymbol{P}(i,j(k))=\begin{pmatrix} a_{11} & \cdots & a_{1i} & \cdots & a_{1j} & \cdots & a_{1n}\\ a_{21} & \cdots & a_{2i} & \cdots & a_{2j} & \cdots & a_{2n}\\ \vdots & & \vdots & & \vdots & & \vdots\\ a_{m1} & \cdots & a_{mi} & \cdots & a_{mj} & \cdots & a_{mn} \end{pmatrix}$$

$$\cdot\begin{pmatrix} 1 & & & & & & \\ & \ddots & & & & & \\ & & 1 & \cdots & k & & \\ & & & \ddots & \vdots & & \\ & & & & 1 & & \\ & & & & & \ddots & \\ & & & & & & 1 \end{pmatrix}$$

$$=\begin{pmatrix} a_{11} & \cdots & a_{1i} & \cdots & ka_{1i}+a_{1j} & \cdots & a_{1n} \\ a_{21} & \cdots & a_{2i} & \cdots & ka_{2i}+a_{2j} & \cdots & a_{2n} \\ \vdots & & \vdots & & \vdots & & \vdots \\ a_{m1} & \cdots & a_{mi} & \cdots & ka_{mi}+a_{mj} & \cdots & a_{mn} \end{pmatrix},$$

这个矩阵相当于把 $\boldsymbol{A}$ 的第 i 列的 k 倍加到第 j 列上所得的结果.

对于 $\boldsymbol{A}\cdot\boldsymbol{P}(i(k))$ 也同样可用乘法规则直接乘之，而得出定理所要求的结果，读者可以自己验证它. ∎

这个定理表明，对矩阵作一系列的初等变换，可以通过左乘及右乘若干初等矩阵来实现.

下面我们用初等变换、初等矩阵来进一步研究可逆矩阵，以得到判定矩阵可逆的新方法.

由消元法知道，任一矩阵 $\boldsymbol{A}=(a_{ij})_{m\times n}$ 都可经过行初等变换化为阶梯形矩阵. 显然，对此阶梯形矩阵再经过列初等变换，可以化为下面形式的矩阵：

$$\boldsymbol{B}=\begin{pmatrix} 1 & & & & & \\ & \ddots & & & & \\ & & 1 & & & \\ & & & 0 & & \\ & & & & \ddots & \\ & & & & & 0 \end{pmatrix}$$

(其中“1”的个数 r 可以是 0，矩阵中空白处元素皆为 0)，我们称矩阵 $\boldsymbol{B}$ 为矩阵 $\boldsymbol{A}$ 的**标准形**. 这样，我们可以得到

定理 3.5 任意一个 $m\times n$ 矩阵 $\boldsymbol{A}=(a_{ij})$ 可经初等变换化为标准形 $\boldsymbol{B}$，这里矩阵 $\boldsymbol{B}$ 中 1 的个数就是矩阵 $\boldsymbol{A}$ 的秩.

证 如果 $\boldsymbol{A}=\boldsymbol{O}$，那么 $\boldsymbol{A}$ 本身已是标准形.

现在设 $\boldsymbol{A}\neq\boldsymbol{O}$，若 $a_{11}=0$，因为 $\boldsymbol{A}\neq\boldsymbol{O}$，所以 $\boldsymbol{A}$ 有非零元素，经过行与行及列与列的若干次互换，$\boldsymbol{A}$ 总可以变成一个左上角元素不为零的矩阵. 因此不妨设 $a_{11}\neq 0$. 用 a_{11}^{-1} 乘 $\boldsymbol{A}$ 的第 1 行元素，然后再把第 1 行的 $-a_{i1}$ 倍加到第 i 行 $(i=2,3,\cdots,m)$，$\boldsymbol{A}$ 就变成如下形式的矩阵：

$$\begin{pmatrix} 1 & a'_{12} & a'_{13} & \cdots & a'_{1n} \\ 0 & a'_{22} & a'_{23} & \cdots & a'_{2n} \\ \vdots & \vdots & \vdots & & \vdots \\ 0 & a'_{m2} & a'_{m3} & \cdots & a'_{mn} \end{pmatrix}.$$

再以 $-a'_{1j}$ 乘第 1 列加到第 j 列 $(j=2,3,\cdots,n)$，上面的矩阵就变为

$$\begin{pmatrix} 1 & 0 & 0 & \cdots & 0 \\ 0 & & & & \\ \vdots & & \boldsymbol{A}_1 & & \\ 0 & & & & \end{pmatrix},$$

其中 $\boldsymbol{A}_1$ 是一个$(m-1)\times(n-1)$ 矩阵. 若 $\boldsymbol{A}_1=\boldsymbol{O}$，标准形已经得到了. 若 $\boldsymbol{A}_1\neq\boldsymbol{O}$，对 $\boldsymbol{A}_1$ 重复以上步骤，可得到

$$\begin{pmatrix} 1 & 0 & \cdots & 0 \\ 0 & 1 & \cdots & 0 \\ \vdots & \vdots & \boldsymbol{A}_2 & \\ 0 & 0 & & \end{pmatrix},$$

其中 $\boldsymbol{A}_2$ 是一个$(m-2)\times(n-2)$ 矩阵. 若 $\boldsymbol{A}_2=\boldsymbol{O}$，则标准形也已得到，若 $\boldsymbol{A}_2\neq\boldsymbol{O}$ 再重复以上步骤. 如此一直进行下去，必然得到所需要的标准形.

因 $\boldsymbol{B}$ 是由 $\boldsymbol{A}$ 经初等变换而得到的，所以 $\boldsymbol{A}$ 与 $\boldsymbol{B}$ 的秩相等，而标准形 $\boldsymbol{B}$ 的秩等于 1 的个数，因此 $\boldsymbol{A}$ 的秩就是 $\boldsymbol{B}$ 中 1 的个数. ∎

在定理 3.5 的证明中，我们将行初等变换和列初等变换交叉使用，这不仅简化了证明，而且给具体计算操作也带来了方便(见例 3.8).

例 3.8 将矩阵 $\boldsymbol{A}$ 化为标准形，

$$\boldsymbol{A}=\begin{pmatrix} 0 & 0 & 7 & 14 \\ 2 & -8 & 4 & 18 \\ 3 & -12 & -1 & 13 \end{pmatrix}.$$

解
$$\boldsymbol{A}=\begin{pmatrix} 0 & 0 & 7 & 14 \\ 2 & -8 & 4 & 18 \\ 3 & -12 & -1 & 13 \end{pmatrix} \to \begin{pmatrix} 2 & -8 & 4 & 18 \\ 0 & 0 & 7 & 14 \\ 3 & -12 & -1 & 13 \end{pmatrix}$$
$$\to \begin{pmatrix} 1 & -4 & 2 & 9 \\ 0 & 0 & 7 & 14 \\ 3 & -12 & -1 & 13 \end{pmatrix} \to \begin{pmatrix} 1 & -4 & 2 & 9 \\ 0 & 0 & 7 & 14 \\ 0 & 0 & -7 & -14 \end{pmatrix}$$
$$\to \begin{pmatrix} 1 & -4 & 2 & 9 \\ 0 & 0 & 7 & 14 \\ 0 & 0 & 0 & 0 \end{pmatrix} \to \begin{pmatrix} 1 & 0 & 0 & 0 \\ 0 & 0 & 7 & 14 \\ 0 & 0 & 0 & 0 \end{pmatrix}$$
$$\to \begin{pmatrix} 1 & 0 & 0 & 0 \\ 0 & 0 & 1 & 0 \\ 0 & 0 & 0 & 0 \end{pmatrix} \to \begin{pmatrix} 1 & 0 & 0 & 0 \\ 0 & 1 & 0 & 0 \\ 0 & 0 & 0 & 0 \end{pmatrix},$$

所以 $\boldsymbol{A}$ 的标准形为$\begin{pmatrix} 1 & 0 & 0 & 0 \\ 0 & 1 & 0 & 0 \\ 0 & 0 & 0 & 0 \end{pmatrix}$.

由定理 3.5，我们不难得出下面几个推论.

推论1 方阵$\boldsymbol{A}$是可逆的充分必要条件是$\boldsymbol{A}$可通过初等变换化为单位矩阵$\boldsymbol{E}$.

证 充分性 若$\boldsymbol{A}$可经初等变换化为$\boldsymbol{E}$，即存在若干初等矩阵$\boldsymbol{P}_1$，$\boldsymbol{P}_2,\cdots,\boldsymbol{P}_s;\boldsymbol{Q}_1,\boldsymbol{Q}_2,\cdots,\boldsymbol{Q}_t$使得

$$\boldsymbol{P}_1\boldsymbol{P}_2\cdots\boldsymbol{P}_s\boldsymbol{A}\boldsymbol{Q}_1\boldsymbol{Q}_2\cdots\boldsymbol{Q}_t=\boldsymbol{E},$$

于是，

$$|\boldsymbol{P}_1|\cdot|\boldsymbol{P}_2|\cdots|\boldsymbol{P}_s|\cdot|\boldsymbol{A}|\cdot|\boldsymbol{Q}_1|\cdot|\boldsymbol{Q}_2|\cdots|\boldsymbol{Q}_t|=|\boldsymbol{E}|=1\neq 0,$$

所以$|\boldsymbol{A}|\neq 0$，于是$\boldsymbol{A}$可逆.

必要性 据定理3.5，设$\boldsymbol{A}$可化为标准形$\boldsymbol{B}$，于是有初等矩阵$\boldsymbol{P}_1,\boldsymbol{P}_2,\cdots$，$\boldsymbol{P}_s$及$\boldsymbol{Q}_1,\boldsymbol{Q}_2,\cdots,\boldsymbol{Q}_t$使得

$$\boldsymbol{P}_1\boldsymbol{P}_2\cdots\boldsymbol{P}_s\boldsymbol{A}\boldsymbol{Q}_1\boldsymbol{Q}_2\cdots\boldsymbol{Q}_t=\boldsymbol{B}.$$

若$\boldsymbol{A}$可逆，有$|\boldsymbol{A}|\neq 0$，且因初等矩阵的行列式不为零，所以

$$\begin{aligned}|\boldsymbol{B}|&=|\boldsymbol{P}_1\boldsymbol{P}_2\cdots\boldsymbol{P}_s\boldsymbol{A}\boldsymbol{Q}_1\boldsymbol{Q}_2\cdots\boldsymbol{Q}_t|\\&=|\boldsymbol{P}_1|\cdot|\boldsymbol{P}_2|\cdots|\boldsymbol{P}_s|\cdot|\boldsymbol{A}|\cdot|\boldsymbol{Q}_1|\cdot|\boldsymbol{Q}_2|\cdots|\boldsymbol{Q}_t|\\&\neq 0.\end{aligned}$$

由于$|\boldsymbol{B}|\neq 0$，故矩阵$\boldsymbol{B}$的对角线上元素不能出现零，而必须全是1，所以$\boldsymbol{B}=\boldsymbol{E}$，即$\boldsymbol{A}$可通过初等变换化为$\boldsymbol{E}$. ■

推论2 方阵$\boldsymbol{A}$可逆的充分必要条件是$\boldsymbol{A}$可以表示为若干初等矩阵的乘积.

证 由推论1，$\boldsymbol{A}$可逆的充分必要条件是存在初等矩阵$\boldsymbol{P}_1,\boldsymbol{P}_2,\cdots,\boldsymbol{P}_s$及$\boldsymbol{Q}_1,\boldsymbol{Q}_2,\cdots,\boldsymbol{Q}_t$使得

$$\boldsymbol{P}_1\boldsymbol{P}_2\cdots\boldsymbol{P}_s\boldsymbol{A}\boldsymbol{Q}_1\boldsymbol{Q}_2\cdots\boldsymbol{Q}_t=\boldsymbol{E}.$$

将上式两边分别左乘$\boldsymbol{P}_s^{-1}\boldsymbol{P}_{s-1}^{-1}\cdots\boldsymbol{P}_1^{-1}$及右乘$\boldsymbol{Q}_t^{-1}\boldsymbol{Q}_{t-1}^{-1}\cdots\boldsymbol{Q}_1^{-1}$，得

$$\begin{aligned}\boldsymbol{A}&=\boldsymbol{P}_s^{-1}\boldsymbol{P}_{s-1}^{-1}\cdots\boldsymbol{P}_1^{-1}\boldsymbol{E}\boldsymbol{Q}_t^{-1}\boldsymbol{Q}_{t-1}^{-1}\cdots\boldsymbol{Q}_1^{-1}\\&=\boldsymbol{P}_s^{-1}\boldsymbol{P}_{s-1}^{-1}\cdots\boldsymbol{P}_1^{-1}\boldsymbol{Q}_t^{-1}\boldsymbol{Q}_{t-1}^{-1}\cdots\boldsymbol{Q}_1^{-1}.\end{aligned}$$

由于初等矩阵的逆矩阵也是初等矩阵，因此，上式表明，$\boldsymbol{A}$可表示为若干初等矩阵的乘积. ■

推论3 可逆矩阵可经一系列的行初等变换化为单位矩阵$\boldsymbol{E}$.

证 设$\boldsymbol{A}$可逆，于是由推论2知，$\boldsymbol{A}$可表示为初等矩阵的乘积，即

$$\boldsymbol{A}=\boldsymbol{P}_1\boldsymbol{P}_2\cdots\boldsymbol{P}_s,$$

其中$\boldsymbol{P}_1,\boldsymbol{P}_2,\cdots,\boldsymbol{P}_s$都是初等矩阵. 将上式两边同时左乘以$\boldsymbol{P}_s^{-1}\boldsymbol{P}_{s-1}^{-1}\cdots\boldsymbol{P}_1^{-1}$，得

$$P_s^{-1}P_{s-1}^{-1}\cdots P_1^{-1}A = P_s^{-1}P_{s-1}^{-1}\cdots P_1^{-1}P_1P_2\cdots P_s.$$

由结合律知

$$P_s^{-1}P_{s-1}^{-1}\cdots P_1^{-1}P_1P_2\cdots P_s = P_s^{-1}P_{s-1}^{-1}\cdots(P_1^{-1}P_1)P_2\cdots P_s = E,$$

故

$$P_s^{-1}P_{s-1}^{-1}\cdots P_1^{-1}A = E.$$

因为初等矩阵的逆还是初等矩阵，所以上式说明，用若干初等矩阵左乘 A，则其积为单位矩阵 E，而左乘一个初等矩阵相当于作一次行初等变换，所以式子 $P_s^{-1}P_{s-1}^{-1}\cdots P_1^{-1}A = E$ 表明，可以用行初等变换把可逆矩阵 A 化为单位矩阵 E. ∎

应该注意推论 1 与推论 3 的差别. 推论 1 中所说的初等变换，包括行初等变换与列初等变换，而推论 3 中只使用行初等变换.

利用推论 3，我们容易得到一个求逆矩阵的新方法，即利用行初等变换求一个可逆矩阵的逆矩阵.

设 A 是可逆矩阵，于是由推论 3，有初等矩阵 $F_1, F_2, \cdots, F_m$，使

$$F_1F_2\cdots F_m A = E. \tag{3.1}$$

将上式两边右乘方阵 A^{-1}，得

$$F_1F_2\cdots F_m E = A^{-1}. \tag{3.2}$$

(3.1) 及(3.2) 说明，如果用一系列行初等变换把 A 化为 E，那么用同样系列的行初等变换正好把 E 变为 A^{-1}，这就提供了求逆矩阵的一个方法：

对给定的 n 阶可逆矩阵 A，将一个 n 阶单位矩阵 E 放在 A 的右边构成一个 $n \times 2n$ 矩阵，即

$$(A, E) = \begin{pmatrix} a_{11} & a_{12} & \cdots & a_{1n} & 1 & 0 & \cdots & 0 \\ a_{21} & a_{22} & \cdots & a_{2n} & 0 & 1 & \cdots & 0 \\ \vdots & \vdots & \ddots & \vdots & \vdots & \vdots & \ddots & \vdots \\ a_{n1} & a_{n2} & \cdots & a_{nn} & 0 & 0 & \cdots & 1 \end{pmatrix}_{n\times 2n}.$$

对这个矩阵作行初等变换，目标是把左半部分的 A 化为单位矩阵 E（由推论 3，这是办得到的），此时右半部分的 E 跟着进行了同样的行初等变换. 于是由上面所说，当 A 被化为单位矩阵后，(A, E) 中右半部分的 E 同时就被化为 A^{-1} 了，即

$$(A, E) \xrightarrow{\text{行初等变换}} (E, A^{-1}).$$

例 3.9 设 $A = \begin{pmatrix} 0 & 1 & 2 \\ 1 & 1 & 4 \\ 2 & -1 & 0 \end{pmatrix}$，求 A^{-1}.

解 作矩阵(A, E)，并对它作行初等变换，使 A 变为 E，则后面的 E 变

换后的结果就是所需要的$\boldsymbol{A}^{-1}$.

$$(\boldsymbol{A},\boldsymbol{E})=\begin{pmatrix}0&1&2&1&0&0\\1&1&4&0&1&0\\2&-1&0&0&0&1\end{pmatrix}$$

$$\xrightarrow{1,2\text{行互换}}\begin{pmatrix}1&1&4&0&1&0\\0&1&2&1&0&0\\2&-1&0&0&0&1\end{pmatrix}$$

$$\xrightarrow{\text{第 1 行乘以}(-2)\text{加到第 3 行}}\begin{pmatrix}1&1&4&0&1&0\\0&1&2&1&0&0\\0&-3&-8&0&-2&1\end{pmatrix}$$

$$\xrightarrow{\text{第 2 行乘以 3 加到第 3 行}}\begin{pmatrix}1&1&4&0&1&0\\0&1&2&1&0&0\\0&0&-2&3&-2&1\end{pmatrix}$$

$$\xrightarrow{\text{第 2 行乘以}(-1)\text{加到第 1 行}}\begin{pmatrix}1&0&2&-1&1&0\\0&1&2&1&0&0\\0&0&-2&3&-2&1\end{pmatrix}$$

$$\xrightarrow{\text{第 3 行分别加到第 1,2 行上}}\begin{pmatrix}1&0&0&2&-1&1\\0&1&0&4&-2&1\\0&0&-2&3&-2&1\end{pmatrix}$$

$$\xrightarrow{\text{第 3 行乘以}\left(-\frac{1}{2}\right)}\begin{pmatrix}1&0&0&2&-1&1\\0&1&0&4&-2&1\\0&0&1&-\frac{3}{2}&1&-\frac{1}{2}\end{pmatrix}.$$

此时，上面矩阵的左半部已变为单位矩阵，所以右半部就是$\boldsymbol{A}^{-1}$，即

$$\boldsymbol{A}^{-1}=\begin{pmatrix}2&-1&1\\4&-2&1\\-\frac{3}{2}&1&-\frac{1}{2}\end{pmatrix}.$$

对于阶数高一点的方阵，用这个方法求逆矩阵比起用公式$\boldsymbol{A}^{-1}=\frac{1}{|\boldsymbol{A}|}\boldsymbol{A}^{*}$来求逆矩阵，更为简便.

值得注意的是，我们这里对$(\boldsymbol{A},\boldsymbol{E})$所进行的初等变换，只能是行初等变换，而不能施以列初等变换，这是因为要求$\boldsymbol{A}$与$\boldsymbol{E}$产生同样的变换的缘故.

习题 3.3

1. 写出 3×4 矩阵的全部可能的标准形.

2. 将下列矩阵 $\boldsymbol{A}$ 用初等变换化为标准形，并且用初等矩阵将 $\boldsymbol{A}$ 与它的标准形联结成等式：

1) $\boldsymbol{A}=\begin{pmatrix}1&-1&1\\-2&3&-3\\0&0&3\end{pmatrix}$；　　2) $\boldsymbol{A}=\begin{pmatrix}1&0&0\\0&1&0\\-1&2&1\\1&3&0\end{pmatrix}$.

3. 用行初等变换的方法，求下列矩阵的逆矩阵：

1) $\boldsymbol{A}=\begin{pmatrix}3&1&-1\\1&1&1\\1&2&2\end{pmatrix}$；　　2) $\boldsymbol{A}=\begin{pmatrix}1&3&-5&7\\0&1&2&-3\\0&0&1&2\\0&0&0&1\end{pmatrix}$；

3) $\boldsymbol{A}=\begin{pmatrix}1&-1&2&-3&5\\0&1&-1&2&-3\\0&0&1&-1&2\\0&0&0&1&-1\\0&0&0&0&1\end{pmatrix}$；　　4) $\boldsymbol{A}=\begin{pmatrix}2&1&0&0&0\\0&2&1&0&0\\0&0&2&1&0\\0&0&0&2&1\\0&0&0&0&2\end{pmatrix}$；

5) $\boldsymbol{A}=\begin{pmatrix}1&1&0&\cdots&0&0\\0&1&1&\cdots&0&0\\\vdots&\vdots&\vdots&&\vdots&\vdots\\0&0&0&\cdots&1&1\\0&0&0&\cdots&0&1\end{pmatrix}_{2n\times 2n}$.

4. 求矩阵 $\boldsymbol{X}$，设

1) $\boldsymbol{X}\begin{pmatrix}1&1&1&1\\1&1&-1&-1\\1&-1&1&-1\\1&-1&-1&1\end{pmatrix}=\begin{pmatrix}1&1&1&1\\2&2&2&2\\3&3&3&3\end{pmatrix}$；

2) $\begin{pmatrix}1&1&1&\cdots&1&1\\0&1&1&\cdots&1&1\\0&0&1&\cdots&1&1\\\vdots&\vdots&\vdots&&\vdots&\vdots\\0&0&0&\cdots&0&1\end{pmatrix}_{n\times n}\cdot\boldsymbol{X}=\begin{pmatrix}2&1&0&\cdots&0&0\\1&2&1&\cdots&0&0\\0&1&2&\cdots&0&0\\\vdots&\vdots&\vdots&&\vdots&\vdots\\0&0&0&\cdots&1&2\end{pmatrix}_{n\times n}$.

5. 设 $\boldsymbol{A}$ 是 $m\times n$ 矩阵，$\boldsymbol{P}$ 为 m 阶可逆矩阵. 证明：矩阵 $\boldsymbol{PA}$ 与 $\boldsymbol{A}$ 的秩相等.

3.4　矩阵的等价

在本节中，我们将上一节用初等变换对可逆矩阵进行的研究推广到一般矩阵，研究行数相同和列数也相同的矩阵之间的一种关系 —— 矩阵的等价. 我们首先给出矩阵等价的概念，然后再讨论如何用矩阵的秩来刻画矩阵的等

价. 最后，给出一个矩阵等价的应用实例.

定义 3.9 如果矩阵 $\boldsymbol{B}$ 可以从矩阵 $\boldsymbol{A}$ 经过一系列的初等变换而得到，则称矩阵 $\boldsymbol{A}$ 与 $\boldsymbol{B}$ **等价**(或称矩阵 $\boldsymbol{A}$ 与 $\boldsymbol{B}$ 是**相抵的**).

因为对矩阵作一系列的初等变换相当于用若干初等矩阵去左、右乘这个矩阵，所以按等价的定义，可得

矩阵 $\boldsymbol{A}$ 与 $\boldsymbol{B}$ 等价的充分必要条件是有初等矩阵 $\boldsymbol{P}_1,\boldsymbol{P}_2,\cdots,\boldsymbol{P}_s;\boldsymbol{Q}_1,\boldsymbol{Q}_2,\cdots,\boldsymbol{Q}_t$ 使得

$$\boldsymbol{B}=\boldsymbol{P}_1\boldsymbol{P}_2\cdots\boldsymbol{P}_s\boldsymbol{A}\boldsymbol{Q}_1\boldsymbol{Q}_2\cdots\boldsymbol{Q}_t. \tag{4.1}$$

由上述结果和定理3.5的推论2，我们可以得到两个矩阵等价的又一个充分必要条件(定理 3.5 的推论 4)：

推论4 两个 $m\times n$ 矩阵 $\boldsymbol{A}$ 和 $\boldsymbol{B}$ 等价的充分必要条件是存在 m 阶可逆矩阵 $\boldsymbol{P}$ 与 n 阶可逆矩阵 $\boldsymbol{Q}$，使得 $\boldsymbol{B}=\boldsymbol{PAQ}$.

证 必要性 若 $\boldsymbol{A}$ 与 $\boldsymbol{B}$ 等价，则存在初等矩阵 $\boldsymbol{P}_1,\boldsymbol{P}_2,\cdots,\boldsymbol{P}_s$；$\boldsymbol{Q}_1,\boldsymbol{Q}_2,\cdots,\boldsymbol{Q}_t$ 使得

$$\boldsymbol{B}=\boldsymbol{P}_1\boldsymbol{P}_2\cdots\boldsymbol{P}_s\boldsymbol{A}\boldsymbol{Q}_1\boldsymbol{Q}_2\cdots\boldsymbol{Q}_t.$$

令 $\boldsymbol{P}=\boldsymbol{P}_1\boldsymbol{P}_2\cdots\boldsymbol{P}_s$，$\boldsymbol{Q}=\boldsymbol{Q}_1\boldsymbol{Q}_2\cdots\boldsymbol{Q}_t$. 由于初等矩阵是可逆的，所以，它们的乘积 $\boldsymbol{P}$ 与 $\boldsymbol{Q}$ 也都可逆，也就是有可逆矩阵 $\boldsymbol{P}$ 与 $\boldsymbol{Q}$，使得 $\boldsymbol{B}=\boldsymbol{PAQ}$.

充分性 若有可逆矩阵 $\boldsymbol{P}$ 与 $\boldsymbol{Q}$，使得 $\boldsymbol{B}=\boldsymbol{PAQ}$，则由定理3.5的推论2知，可逆矩阵 $\boldsymbol{P}$ 可表示为若干初等矩阵的乘积，设 $\boldsymbol{P}=\boldsymbol{P}_1\boldsymbol{P}_2\cdots\boldsymbol{P}_s$，其中 $\boldsymbol{P}_1,\boldsymbol{P}_2,\cdots,\boldsymbol{P}_s$ 为初等矩阵. 同样，$\boldsymbol{Q}$ 也可表示为若干初等矩阵的乘积，设 $\boldsymbol{Q}=\boldsymbol{Q}_1\boldsymbol{Q}_2\cdots\boldsymbol{Q}_t$，其中 $\boldsymbol{Q}_1,\boldsymbol{Q}_2,\cdots,\boldsymbol{Q}_t$ 皆为初等矩阵. 于是我们有

$$\boldsymbol{B}=\boldsymbol{PAQ}=\boldsymbol{P}_1\boldsymbol{P}_2\cdots\boldsymbol{P}_s\boldsymbol{A}\boldsymbol{Q}_1\boldsymbol{Q}_2\cdots\boldsymbol{Q}_t.$$

此即说明，$\boldsymbol{B}$ 可以通过对 $\boldsymbol{A}$ 进行初等变换而得到，因此，$\boldsymbol{A}$ 与 $\boldsymbol{B}$ 等价. ∎

矩阵等价是同阶矩阵之间的一种关系，它有下面 3 个性质：

1° **反身性** $\boldsymbol{A}$ 与 $\boldsymbol{A}$ 等价.

这是因为 $\boldsymbol{A}$ 可经恒等变换变为 $\boldsymbol{A}$ 的缘故.

2° **对称性** 若 $\boldsymbol{A}$ 与 $\boldsymbol{B}$ 等价，则 $\boldsymbol{B}$ 与 $\boldsymbol{A}$ 也等价.

这是因为若 $\boldsymbol{A}$ 与 $\boldsymbol{B}$ 等价，则 $\boldsymbol{B}$ 可写成(4.1) 的形式，于是有

$$\boldsymbol{A}=\boldsymbol{P}_s^{-1}\boldsymbol{P}_{s-1}^{-1}\cdots\boldsymbol{P}_1^{-1}\boldsymbol{B}\boldsymbol{Q}_t^{-1}\boldsymbol{Q}_{t-1}^{-1}\cdots\boldsymbol{Q}_1^{-1}.$$

由于初等矩阵的逆矩阵也是初等矩阵，因此，上式表明 $\boldsymbol{B}$ 与 $\boldsymbol{A}$ 也等价.

3° **传递性** 若 $\boldsymbol{A}$ 与 $\boldsymbol{B}$ 等价且 $\boldsymbol{B}$ 与 $\boldsymbol{C}$ 等价，则 $\boldsymbol{A}$ 与 $\boldsymbol{C}$ 等价.

因为 $\boldsymbol{A}$ 可经过一系列的初等变换得到 $\boldsymbol{B}$，$\boldsymbol{B}$ 又可经过另一系列的初等变换得到 $\boldsymbol{C}$. 显然，把这两个系列的初等变换依次合为一个系列后，$\boldsymbol{A}$ 经过这一系列的初等变换便变为 $\boldsymbol{C}$，因而 $\boldsymbol{A}$ 与 $\boldsymbol{C}$ 等价.

利用上述矩阵等价的性质和定理 3.5，我们又可以得到新的矩阵等价的充分必要条件. 设 $\boldsymbol{I}_r$ 表示定理 3.5 中 $m \times n$ 矩阵 $\boldsymbol{A}$ 的标准形

$$\begin{pmatrix} 1 & & & & & \\ & \ddots & & & & \\ & & 1 & & & \\ & & & 0 & & \\ & & & & \ddots & \\ & & & & & 0 \end{pmatrix},$$

其中 r 是矩阵 $\boldsymbol{A}$ 的秩，也就是标准形中 1 的个数. 因此，当两个 $m \times n$ 矩阵 $\boldsymbol{A}$ 与 $\boldsymbol{B}$ 有相同的秩时，就有相同的标准形 $\boldsymbol{I}_r$，也就是说，这两个矩阵 $\boldsymbol{A}$ 与 $\boldsymbol{B}$ 都等价于 $\boldsymbol{I}_r$. 由等价的对称性知，$\boldsymbol{I}_r$ 与 $\boldsymbol{B}$ 等价. 再由传递性，因 $\boldsymbol{A}$ 与 $\boldsymbol{I}_r$ 等价，$\boldsymbol{I}_r$ 与 $\boldsymbol{B}$ 等价，所以 $\boldsymbol{A}$ 与 $\boldsymbol{B}$ 等价. 反之，两矩阵等价则秩自然相同. 因此我们有

推论 5　两个 $m \times n$ 矩阵等价的充分必要条件是它们有相同的秩.

最后，作为矩阵等价的应用，给出一个关于矩阵乘积的秩的定理.[①]

定理 3.6　设 $\boldsymbol{A}$ 和 $\boldsymbol{B}$ 分别是 $m \times n$ 矩阵和 $n \times p$ 矩阵，那么

$$\mathrm{r}(\boldsymbol{AB}) \leqslant \min\{\mathrm{r}(\boldsymbol{A}), \mathrm{r}(\boldsymbol{B})\}, \tag{4.2}$$

即矩阵乘积的秩不超过各因子的秩.

证　设 $\mathrm{r}(\boldsymbol{A}) = r$.

1)　如果 $\boldsymbol{A} = \boldsymbol{I}_r$ 是标准形，那么 $\boldsymbol{A}$ 有 $m - r$ 行全是零，所以 $\boldsymbol{AB}$ 至少有 $m - r$ 行全是零，而 $\boldsymbol{AB}$ 是 m 行的矩阵，因此 $\mathrm{r}(\boldsymbol{AB}) \leqslant r$.

2)　如果 $\boldsymbol{A}$ 不是标准形，由定理 3.5 及其推论 4 知，存在 m 阶可逆矩阵 $\boldsymbol{P}$ 和 n 阶可逆矩阵 $\boldsymbol{Q}$ 使得 $\boldsymbol{PAQ} = \boldsymbol{I}_r$，故有 $\boldsymbol{A} = \boldsymbol{P}^{-1}\boldsymbol{I}_r\boldsymbol{Q}^{-1}$，

$$\boldsymbol{AB} = \boldsymbol{P}^{-1}\boldsymbol{I}_r\boldsymbol{Q}^{-1}\boldsymbol{B} = \boldsymbol{P}^{-1}(\boldsymbol{I}_r\boldsymbol{Q}^{-1}\boldsymbol{B}).$$

我们把 $\boldsymbol{I}_r\boldsymbol{Q}^{-1}\boldsymbol{B}$ 看做矩阵 $\boldsymbol{I}_r$ 与矩阵 $\boldsymbol{Q}^{-1}\boldsymbol{B}$ 的乘积，由 1) 得

$$\mathrm{r}(\boldsymbol{I}_r\boldsymbol{Q}^{-1}\boldsymbol{B}) \leqslant r.$$

---

①　在[14]中，课题 7 给出了矩阵乘积的秩的上、下界估计式(称为**西尔维斯特不等式**)：

$$\mathrm{r}(\boldsymbol{A}) + \mathrm{r}(\boldsymbol{B}) - \boldsymbol{A}\text{ 的列数} \leqslant \mathrm{r}(\boldsymbol{AB}) \leqslant \min\{\mathrm{r}(\boldsymbol{A}), \mathrm{r}(\boldsymbol{B})\};$$

课题 8 中(8.1) 给出了矩阵乘积的秩的计算公式.

如能再证 $\mathrm{r}(\boldsymbol{P}^{-1}(\boldsymbol{I}_r\boldsymbol{Q}^{-1}\boldsymbol{B}))=\mathrm{r}(\boldsymbol{I}_r\boldsymbol{Q}^{-1}\boldsymbol{B})$，则即刻可得

$$\mathrm{r}(\boldsymbol{AB})=\mathrm{r}(\boldsymbol{P}^{-1}(\boldsymbol{I}_r\boldsymbol{Q}^{-1}\boldsymbol{B}))=\mathrm{r}(\boldsymbol{I}_r\boldsymbol{Q}^{-1}\boldsymbol{B})\leqslant r.$$

由于 $\boldsymbol{P}$ 是可逆矩阵，由推论 4 得，$\boldsymbol{P}^{-1}(\boldsymbol{I}_r\boldsymbol{Q}^{-1}\boldsymbol{B})$ 与 $\boldsymbol{I}_r\boldsymbol{Q}^{-1}\boldsymbol{B}$ 等价，因而由推论 5 知，它们有相同的秩. 这就证明了

$$\mathrm{r}(\boldsymbol{AB})\leqslant r=\mathrm{r}(\boldsymbol{A}).$$

用类似的方法可以证明 $\mathrm{r}(\boldsymbol{AB})\leqslant\mathrm{r}(\boldsymbol{B})$. 因此有

$$\mathrm{r}(\boldsymbol{AB})\leqslant\min\{\mathrm{r}(\boldsymbol{A}),\mathrm{r}(\boldsymbol{B})\}.$$ ■

由定理 3.6 得，对若干矩阵 $\boldsymbol{A}_1,\boldsymbol{A}_2,\cdots,\boldsymbol{A}_t$ 的乘积 $\boldsymbol{A}_1\boldsymbol{A}_2\cdots\boldsymbol{A}_t$ 有

$$\mathrm{r}(\boldsymbol{A}_1\boldsymbol{A}_2\cdots\boldsymbol{A}_t)\leqslant\min\{\mathrm{r}(\boldsymbol{A}_1),\mathrm{r}(\boldsymbol{A}_2),\cdots,\mathrm{r}(\boldsymbol{A}_t)\}. \tag{4.3}$$

现在我们把由所有的 $m\times n$ 矩阵的全体所组成的集合记为 M. 从理论上来讲，由上述矩阵等价的 3 个性质，只要把相互等价的矩阵归成一类，就可以对 M 进行分类. 由于等价的矩阵有相同的秩，只要把秩数相同的矩阵归成一类，就可以分类了. 在每一类中都有一个典型代表矩阵 $\boldsymbol{I}_r$，这里，秩数 r 可取 $0,1,2,\cdots,\min\{m,n\}$，所以 M 共可分成 $1+\min\{m,n\}$ 个类. 在定理 3.6 的证明中，已经渗透了分类的思想. 要对任一 $\boldsymbol{A}\in M$ 证明(4.2) 对任意一个 $n\times p$ 矩阵 $\boldsymbol{B}$ 成立，只要对 M 中任意一个秩为 r 的类来证明就行了. 在该类中，我们先对情况最简单的标准形 $\boldsymbol{I}_r$ 进行讨论，然后再通过该类中的矩阵与 $\boldsymbol{I}_r$ 等价的关系，把一般情形归结为以上这种最简单的情形. 将同阶矩阵按"矩阵等价"进行分类只是矩阵的一种分类. 以后的相似关系或合同关系也都满足反身性、对称性和传递性，因此，矩阵还可以按相似或合同分类. 由于属于同一类的矩阵具有相同的特性，我们只需取一个代表出来研究就够了. 这样的分类方法是线性代数中相当重要的一种思想方法(详见第 6 章阅读材料"等价关系").

习题 3.4

1. 对由所有的 3×4 矩阵的全体所组成的集合按等价分类，共有多少个类？ 写出每一类中的标准形.

2. 证明：当 $\boldsymbol{A}$ 与 $\boldsymbol{B}$ 等价时，它们的转置矩阵 $\boldsymbol{A}^{\mathrm{T}}$ 与 $\boldsymbol{B}^{\mathrm{T}}$ 也等价.

3. 证明：秩为 r 的矩阵 $\boldsymbol{A}$ 可以表示成 r 个秩为 1 的矩阵之和.

3.5 矩阵的分块

本节介绍矩阵的分块，其实质，就是把一个矩阵分成若干小块. 分块后矩阵的运算如同通常矩阵运算一样，只要把每一小块当做一个数看待就可以

了. 这是对高阶矩阵运算的常用方法. 应用这个方法，可以简化矩阵的运算. 特别是在实际问题中，常遇到大规模稀疏矩阵，它有许多元素皆为0，对这种矩阵采用分块的方法进行计算，将会带来更大的方便.

设 $\boldsymbol{A}$ 是一个矩阵，我们把 $\boldsymbol{A}$ 的行与行之间及列与列之间，适当地加上一些横线及竖线，这样，$\boldsymbol{A}$ 就被分成若干小块. 我们把分成若干小块的矩阵称为**分块矩阵**.

例如：

$$\boldsymbol{A}=\begin{pmatrix} a_{11} & a_{12} & a_{13} & a_{14} \\ a_{21} & a_{22} & a_{23} & a_{24} \\ a_{31} & a_{32} & a_{33} & a_{34} \\ a_{41} & a_{42} & a_{43} & a_{44} \end{pmatrix}$$

可以按如下方式划分成4小块：

$$\left(\begin{array}{cc:cc} a_{11} & a_{12} & a_{13} & a_{14} \\ a_{21} & a_{22} & a_{23} & a_{24} \\ \hdashline a_{31} & a_{32} & a_{33} & a_{34} \\ a_{41} & a_{42} & a_{43} & a_{44} \end{array}\right),$$

其中每一小块可看成一个矩阵：

$$\boldsymbol{A}_{11}=\begin{pmatrix} a_{11} & a_{12} \\ a_{21} & a_{22} \end{pmatrix}, \quad \boldsymbol{A}_{12}=\begin{pmatrix} a_{13} & a_{14} \\ a_{23} & a_{24} \end{pmatrix},$$

$$\boldsymbol{A}_{21}=\begin{pmatrix} a_{31} & a_{32} \\ a_{41} & a_{42} \end{pmatrix}, \quad \boldsymbol{A}_{22}=\begin{pmatrix} a_{33} & a_{34} \\ a_{43} & a_{44} \end{pmatrix}.$$

这样，$\boldsymbol{A}$ 可简写成 $\boldsymbol{A}=\begin{pmatrix} \boldsymbol{A}_{11} & \boldsymbol{A}_{12} \\ \boldsymbol{A}_{21} & \boldsymbol{A}_{22} \end{pmatrix}$.

给了一个矩阵，可以根据需要，作出各种不同的分块. 例如：上面的矩阵 $\boldsymbol{A}$，还可以如下分块：

$$\boldsymbol{A}=\left(\begin{array}{c:ccc} a_{11} & a_{12} & a_{13} & a_{14} \\ a_{21} & a_{22} & a_{23} & a_{24} \\ a_{31} & a_{32} & a_{33} & a_{34} \\ \hdashline a_{41} & a_{42} & a_{43} & a_{44} \end{array}\right) \quad 或 \quad \boldsymbol{A}=\left(\begin{array}{ccc:c} a_{11} & a_{12} & a_{13} & a_{14} \\ a_{21} & a_{22} & a_{23} & a_{24} \\ a_{31} & a_{32} & a_{33} & a_{34} \\ \hdashline a_{41} & a_{42} & a_{43} & a_{44} \end{array}\right),$$

等等.

下面说明分块矩阵如何进行运算.

1. 数量乘积

设矩阵 $\boldsymbol{A}$ 分块如下：

$$\boldsymbol{A}=\begin{pmatrix}\boldsymbol{A}_{11} & \boldsymbol{A}_{12} & \cdots & \boldsymbol{A}_{1t}\\ \boldsymbol{A}_{21} & \boldsymbol{A}_{22} & \cdots & \boldsymbol{A}_{2t}\\ \vdots & \vdots & & \vdots\\ \boldsymbol{A}_{s1} & \boldsymbol{A}_{s2} & \cdots & \boldsymbol{A}_{st}\end{pmatrix},$$

其中每一个 $\boldsymbol{A}_{ij}(i=1,2,\cdots,s;\ j=1,2,\cdots,t)$ 都是一个矩阵. 若 k 是一个数，则易知

$$k\boldsymbol{A}=\begin{pmatrix}k\boldsymbol{A}_{11} & k\boldsymbol{A}_{12} & \cdots & k\boldsymbol{A}_{1t}\\ k\boldsymbol{A}_{21} & k\boldsymbol{A}_{22} & \cdots & k\boldsymbol{A}_{2t}\\ \vdots & \vdots & & \vdots\\ k\boldsymbol{A}_{s1} & k\boldsymbol{A}_{s2} & \cdots & k\boldsymbol{A}_{st}\end{pmatrix}.$$

这就是说，用一个数乘分块矩阵，相当于用这个数乘各个小块(子块).

例如：将 $\boldsymbol{A}=\begin{pmatrix}1 & 0\\ 0 & 1\\ 3 & 6\\ 1 & 2\end{pmatrix}$ 分成两块：

$$\boldsymbol{A}=\begin{pmatrix}1 & 0\\ 0 & 1\\ \hdashline 3 & 6\\ 1 & 2\end{pmatrix}=\begin{pmatrix}\boldsymbol{A}_1\\ \boldsymbol{A}_2\end{pmatrix},$$

其中 $\boldsymbol{A}_1=\begin{pmatrix}1 & 0\\ 0 & 1\end{pmatrix}$，$\boldsymbol{A}_2=\begin{pmatrix}3 & 6\\ 1 & 2\end{pmatrix}$，则

$$3\boldsymbol{A}=3\begin{pmatrix}1 & 0\\ 0 & 1\\ 3 & 6\\ 1 & 2\end{pmatrix}=\begin{pmatrix}3 & 0\\ 0 & 3\\ 9 & 18\\ 3 & 6\end{pmatrix},\quad \begin{pmatrix}3\boldsymbol{A}_1\\ 3\boldsymbol{A}_2\end{pmatrix}=\begin{pmatrix}3 & 0\\ 0 & 3\\ 9 & 18\\ 3 & 6\end{pmatrix}.$$

因此 $3\boldsymbol{A}=\begin{pmatrix}3\boldsymbol{A}_1\\ 3\boldsymbol{A}_2\end{pmatrix}$. 这便验证了数乘分块矩阵规则的正确性.

2. *加法*

设 $\boldsymbol{A}$ 与 $\boldsymbol{B}$ 是两个 $m\times n$ 矩阵，并且用同样的分法对 $\boldsymbol{A}$ 与 $\boldsymbol{B}$ 进行分块. $\boldsymbol{A}$ 分块如下：

$$\boldsymbol{A}=\begin{matrix} & n_1 & n_2 & \cdots & n_s & \\ \left(\begin{matrix} \\ \\ \\ \\ \end{matrix}\right. & \begin{matrix}\boldsymbol{A}_{11}\\ \boldsymbol{A}_{21}\\ \vdots\\ \boldsymbol{A}_{r1}\end{matrix} & \begin{matrix}\boldsymbol{A}_{12}\\ \boldsymbol{A}_{22}\\ \vdots\\ \boldsymbol{A}_{r2}\end{matrix} & \begin{matrix}\cdots\\ \cdots\\ \\ \cdots\end{matrix} & \begin{matrix}\boldsymbol{A}_{1s}\\ \boldsymbol{A}_{2s}\\ \vdots\\ \boldsymbol{A}_{rs}\end{matrix} & \left.\begin{matrix} \\ \\ \\ \\ \end{matrix}\right)\begin{matrix}m_1\\ m_2\\ \vdots\\ m_r\end{matrix}\end{matrix},$$

其中，矩阵右边的 m_i 表示同属第 i 行的诸小块 $\boldsymbol{A}_{i1},\boldsymbol{A}_{i2},\cdots,\boldsymbol{A}_{is}$ 的行数都是 $m_i(i=1,2,\cdots,r)$；n_j 表示同属第 j 列的诸小块 $\boldsymbol{A}_{1j},\boldsymbol{A}_{2j},\cdots,\boldsymbol{A}_{rj}$ 的列数都是 $n_j(j=1,2,\cdots,s)$. 因而有

$$m_1+m_2+\cdots+m_r=m,\quad n_1+n_2+\cdots+n_s=n.$$

对 $\boldsymbol{B}$ 进行同样的分块，有

$$\boldsymbol{B}=\begin{array}{c} \begin{array}{cccc} n_1 & n_2 & \cdots & n_s \end{array} \\ \begin{pmatrix} \boldsymbol{B}_{11} & \boldsymbol{B}_{12} & \cdots & \boldsymbol{B}_{1s} \\ \boldsymbol{B}_{21} & \boldsymbol{B}_{22} & \cdots & \boldsymbol{B}_{2s} \\ \vdots & \vdots & & \vdots \\ \boldsymbol{B}_{r1} & \boldsymbol{B}_{r2} & \cdots & \boldsymbol{B}_{rs} \end{pmatrix} \end{array} \begin{array}{c} \\ m_1 \\ m_2 \\ \vdots \\ m_r \end{array}.$$

对矩阵 $\boldsymbol{A}$ 与 $\boldsymbol{B}$ 作同样的分法，是为了保证 $\boldsymbol{A}$ 与 $\boldsymbol{B}$ 的对应小块 $\boldsymbol{A}_{ij}$ 与 $\boldsymbol{B}_{ij}$ 的行数与列数分别相等，即 $\boldsymbol{A}_{ij}$ 与 $\boldsymbol{B}_{ij}$ 都是 $m_i\times n_j$ 矩阵，这样它们能够相加减.

于是，由矩阵加法定义，不难得出

$$\boldsymbol{A}+\boldsymbol{B}=\begin{pmatrix} \boldsymbol{A}_{11}+\boldsymbol{B}_{11} & \boldsymbol{A}_{12}+\boldsymbol{B}_{12} & \cdots & \boldsymbol{A}_{1s}+\boldsymbol{B}_{1s} \\ \boldsymbol{A}_{21}+\boldsymbol{B}_{21} & \boldsymbol{A}_{22}+\boldsymbol{B}_{22} & \cdots & \boldsymbol{A}_{2s}+\boldsymbol{B}_{2s} \\ \vdots & \vdots & & \vdots \\ \boldsymbol{A}_{r1}+\boldsymbol{B}_{r1} & \boldsymbol{A}_{r2}+\boldsymbol{B}_{r2} & \cdots & \boldsymbol{A}_{rs}+\boldsymbol{B}_{rs} \end{pmatrix}.$$

这就是说，若两个 $m\times n$ 矩阵 $\boldsymbol{A}$ 与 $\boldsymbol{B}$ 作同样的分块，则 $\boldsymbol{A}$ 与 $\boldsymbol{B}$ 相加时，只需把对应位置小块相加即可.

例如：

$$\boldsymbol{A}=\begin{pmatrix} 1 & 0 & 2 & 3 \\ 0 & 1 & 7 & 8 \end{pmatrix},\quad \boldsymbol{B}=\begin{pmatrix} 0 & 3 & 2 & 1 \\ 4 & 0 & 1 & 5 \end{pmatrix},$$

则

$$\boldsymbol{A}+\boldsymbol{B}=\begin{pmatrix} 1 & 0 & 2 & 3 \\ 0 & 1 & 7 & 8 \end{pmatrix}+\begin{pmatrix} 0 & 3 & 2 & 1 \\ 4 & 0 & 1 & 5 \end{pmatrix}=\begin{pmatrix} 1 & 3 & 4 & 4 \\ 4 & 1 & 8 & 13 \end{pmatrix}.$$

若将 $\boldsymbol{A}$ 与 $\boldsymbol{B}$ 按同样的分法分成两块：

$$\boldsymbol{A}=\left(\begin{array}{cc:cc} 1 & 0 & 2 & 3 \\ 0 & 1 & 7 & 8 \end{array}\right)=(\boldsymbol{A}_1,\boldsymbol{A}_2),$$

$$\boldsymbol{B}=\left(\begin{array}{cc:cc} 0 & 3 & 2 & 1 \\ 4 & 0 & 1 & 5 \end{array}\right)=(\boldsymbol{B}_1,\boldsymbol{B}_2),$$

其中

$$\boldsymbol{A}_1=\begin{pmatrix} 1 & 0 \\ 0 & 1 \end{pmatrix},\quad \boldsymbol{A}_2=\begin{pmatrix} 2 & 3 \\ 7 & 8 \end{pmatrix},\quad \boldsymbol{B}_1=\begin{pmatrix} 0 & 3 \\ 4 & 0 \end{pmatrix},\quad \boldsymbol{B}_2=\begin{pmatrix} 2 & 1 \\ 1 & 5 \end{pmatrix},$$

则按矩阵分块的加法有

$$(\boldsymbol{A}_1,\boldsymbol{A}_2)+(\boldsymbol{B}_1,\boldsymbol{B}_2)=(\boldsymbol{A}_1+\boldsymbol{B}_1,\boldsymbol{A}_2+\boldsymbol{B}_2)=\begin{pmatrix}1&3&4&4\\4&1&8&13\end{pmatrix}=\boldsymbol{A}+\boldsymbol{B}.$$

从此例看，分块加法的规则是正确的.

自然地，对两个分块矩阵相减，只需把对应位置小块相减即可.

利用矩阵的分块加法，我们可以得出下面结论：

例 3.10 两个矩阵的和的秩不超过这两个矩阵秩的和，即

$$\mathrm{r}(\boldsymbol{A}+\boldsymbol{B})\leqslant \mathrm{r}(\boldsymbol{A})+\mathrm{r}(\boldsymbol{B}).$$

证 设 $\boldsymbol{A},\boldsymbol{B}$ 是两个 $s\times t$ 矩阵，用 $\boldsymbol{A}_1,\boldsymbol{A}_2,\cdots,\boldsymbol{A}_s$ 及 $\boldsymbol{B}_1,\boldsymbol{B}_2,\cdots,\boldsymbol{B}_s$ 分别表示 $\boldsymbol{A}$ 与 $\boldsymbol{B}$ 的行向量，于是 $\boldsymbol{A}$ 与 $\boldsymbol{B}$ 可分别表示成分块矩阵

$$\boldsymbol{A}=\begin{pmatrix}\boldsymbol{A}_1\\\boldsymbol{A}_2\\\vdots\\\boldsymbol{A}_s\end{pmatrix},\quad \boldsymbol{B}=\begin{pmatrix}\boldsymbol{B}_1\\\boldsymbol{B}_2\\\vdots\\\boldsymbol{B}_s\end{pmatrix}.$$

从而

$$\boldsymbol{A}+\boldsymbol{B}=\begin{pmatrix}\boldsymbol{A}_1+\boldsymbol{B}_1\\\boldsymbol{A}_2+\boldsymbol{B}_2\\\vdots\\\boldsymbol{A}_s+\boldsymbol{B}_s\end{pmatrix}.$$

这说明，$\boldsymbol{A}+\boldsymbol{B}$ 的行向量组可由 $\boldsymbol{A}$ 的行向量组 $\boldsymbol{A}_1,\boldsymbol{A}_2,\cdots,\boldsymbol{A}_s$ 及 $\boldsymbol{B}$ 的行向量组 $\boldsymbol{B}_1,\boldsymbol{B}_2,\cdots,\boldsymbol{B}_s$ 线性表示，因此

$$\begin{aligned}\mathrm{r}(\boldsymbol{A}+\boldsymbol{B})&\leqslant \text{向量组}\{\boldsymbol{A}_1,\boldsymbol{A}_2,\cdots,\boldsymbol{A}_s,\boldsymbol{B}_1,\boldsymbol{B}_2,\cdots,\boldsymbol{B}_s\}\text{的秩}\\&\leqslant \text{向量组}\{\boldsymbol{A}_1,\boldsymbol{A}_2,\cdots,\boldsymbol{A}_s\}\text{的秩}+\text{向量组}\{\boldsymbol{B}_1,\boldsymbol{B}_2,\cdots,\boldsymbol{B}_s\}\text{的秩}\\&=\mathrm{r}(\boldsymbol{A})+\mathrm{r}(\boldsymbol{B}),\end{aligned}$$

即 $\mathrm{r}(\boldsymbol{A}+\boldsymbol{B})\leqslant \mathrm{r}(\boldsymbol{A})+\mathrm{r}(\boldsymbol{B})$.

3. 乘法

分块矩阵作乘法时，由于两个矩阵相乘当且仅当第 1 个矩阵的列数等于第 2 个矩阵的行数时才有意义，所以用分块矩阵计算 $\boldsymbol{AB}$ 时，对矩阵 $\boldsymbol{A}$ 的列的分法必须与矩阵 $\boldsymbol{B}$ 的行的分法一致.

设 $\boldsymbol{A}=(a_{ij})_{m\times n}$，$\boldsymbol{B}=(b_{ij})_{n\times p}$. 把 $\boldsymbol{A}$ 和 $\boldsymbol{B}$ 进行分块，且使 $\boldsymbol{B}$ 的行的分法与 $\boldsymbol{A}$ 的列的分法一致：

$$\boldsymbol{A}=\begin{array}{c}\begin{matrix}n_1 & n_2 & \cdots & n_s\end{matrix}\\\begin{pmatrix}\boldsymbol{A}_{11}&\boldsymbol{A}_{12}&\cdots&\boldsymbol{A}_{1s}\\\boldsymbol{A}_{21}&\boldsymbol{A}_{22}&\cdots&\boldsymbol{A}_{2s}\\\vdots&\vdots&&\vdots\\\boldsymbol{A}_{r1}&\boldsymbol{A}_{r2}&\cdots&\boldsymbol{A}_{rs}\end{pmatrix}\end{array}\begin{matrix}m_1\\m_2\\\vdots\\m_r\end{matrix},$$

$$B=\begin{pmatrix} B_{11} & B_{12} & \cdots & B_{1t} \\ B_{21} & B_{22} & \cdots & B_{2t} \\ \vdots & \vdots & & \vdots \\ B_{s1} & B_{s2} & \cdots & B_{st} \end{pmatrix}\begin{matrix} n_1 \\ n_2 \\ \vdots \\ n_s \end{matrix}\quad (\text{列分块 } p_1, p_2, \cdots, p_t),$$

其中 $m_1+m_2+\cdots+m_r=m$，$n_1+n_2+\cdots+n_s=n$，$p_1+p_2+\cdots+p_t=p$；A_{ij} 是 $m_i\times n_j$ 矩阵，B_{ij} 是 $n_i\times p_j$ 矩阵. 于是

$$AB=\begin{pmatrix} C_{11} & C_{12} & \cdots & C_{1t} \\ C_{21} & C_{22} & \cdots & C_{2t} \\ \vdots & \vdots & & \vdots \\ C_{r1} & C_{r2} & \cdots & C_{rt} \end{pmatrix}\begin{matrix} m_1 \\ m_2 \\ \vdots \\ m_r \end{matrix}\quad (\text{列分块 } p_1, p_2, \cdots, p_t),$$

其中

$$\begin{aligned} C_{ij} &= A_{i1}B_{1j}+A_{i2}B_{2j}+\cdots+A_{is}B_{sj} \\ &= \sum_{k=1}^{s}A_{ik}B_{kj} \quad (i=1,2,\cdots,r;\ j=1,2,\cdots,t). \end{aligned}$$

这就是说，分块矩阵的乘法规则和通常矩阵的乘法规则一样，只需把每一小块矩阵当做数看待，按照普通乘法规则进行运算即可.

这个结果，可以根据矩阵乘法定义作一般性的证明(证明略).

值得注意的是，在分块矩阵的乘法中，由于 B 的行的分法与 A 的列的分法一致，因而乘积 $A_{ik}B_{kj}$ 有意义. 事实上 A_{ik} 是 $m_i\times n_k$ 矩阵，B_{kj} 是 $n_k\times p_j$ 矩阵，故 A_{ik} 的列数与 B_{kj} 的行数都为 n_k，所以它们可以相乘，并且 $A_{i1}B_{1j},A_{i2}B_{2j},\cdots,A_{is}B_{sj}$ 都是 $m_i\times p_j$ 矩阵，所以它们可以相加，因而 C_{ij} 有意义. 反之，如果 B 的行的分法与 A 的列的分法不一致，则无法进行分块乘法.

现举一例来检验一下分块矩阵乘法的正确性.

例 3.11 设

$$A=\begin{pmatrix} 1 & 0 & 0 & 0 \\ 0 & 1 & 0 & 0 \\ -1 & 2 & 1 & 0 \\ 1 & 1 & 0 & 1 \end{pmatrix},\quad B=\begin{pmatrix} 1 & 0 & 3 & 2 \\ -1 & 2 & 0 & 1 \\ 1 & 0 & 4 & 1 \\ -1 & -1 & 2 & 0 \end{pmatrix},$$

把 A 和 B 分块如下：

$$A=\left(\begin{array}{cc:cc} 1 & 0 & 0 & 0 \\ 0 & 1 & 0 & 0 \\ \hdashline -1 & 2 & 1 & 0 \\ 1 & 1 & 0 & 1 \end{array}\right)=\begin{pmatrix} E & O \\ A_1 & E \end{pmatrix},$$

$$\boldsymbol{B}=\left(\begin{array}{cc:cc}1&0&3&2\\-1&2&0&1\\ \hdashline 1&0&4&1\\-1&-1&2&0\end{array}\right)=\begin{pmatrix}\boldsymbol{B}_{11}&\boldsymbol{B}_{12}\\\boldsymbol{B}_{21}&\boldsymbol{B}_{22}\end{pmatrix},$$

其中 $\boldsymbol{E}$ 为 2 阶单位矩阵，$\boldsymbol{O}$ 为 2 阶零矩阵，$\boldsymbol{A}_1=\begin{pmatrix}-1&2\\1&1\end{pmatrix}$；

$$\boldsymbol{B}_{11}=\begin{pmatrix}1&0\\-1&2\end{pmatrix},\qquad \boldsymbol{B}_{12}=\begin{pmatrix}3&2\\0&1\end{pmatrix},$$

$$\boldsymbol{B}_{21}=\begin{pmatrix}1&0\\-1&-1\end{pmatrix},\quad \boldsymbol{B}_{22}=\begin{pmatrix}4&1\\2&0\end{pmatrix}.$$

按分块矩阵的乘法，有

$$\boldsymbol{AB}=\begin{pmatrix}\boldsymbol{E}&\boldsymbol{O}\\\boldsymbol{A}_1&\boldsymbol{E}\end{pmatrix}\begin{pmatrix}\boldsymbol{B}_{11}&\boldsymbol{B}_{12}\\\boldsymbol{B}_{21}&\boldsymbol{B}_{22}\end{pmatrix}=\begin{pmatrix}\boldsymbol{B}_{11}&\boldsymbol{B}_{12}\\\boldsymbol{A}_1\boldsymbol{B}_{11}+\boldsymbol{B}_{21}&\boldsymbol{A}_1\boldsymbol{B}_{12}+\boldsymbol{B}_{22}\end{pmatrix}.$$

具体计算各小块得

$$\boldsymbol{A}_1\boldsymbol{B}_{11}+\boldsymbol{B}_{21}=\begin{pmatrix}-1&2\\1&1\end{pmatrix}\begin{pmatrix}1&0\\-1&2\end{pmatrix}+\begin{pmatrix}1&0\\-1&-1\end{pmatrix}=\begin{pmatrix}-2&4\\-1&1\end{pmatrix},$$

$$\boldsymbol{A}_1\boldsymbol{B}_{12}+\boldsymbol{B}_{22}=\begin{pmatrix}-1&2\\1&1\end{pmatrix}\begin{pmatrix}3&2\\0&1\end{pmatrix}+\begin{pmatrix}4&1\\2&0\end{pmatrix}=\begin{pmatrix}1&1\\5&3\end{pmatrix},$$

所以

$$\boldsymbol{AB}=\begin{pmatrix}1&0&3&2\\-1&2&0&1\\-2&4&1&1\\-1&1&5&3\end{pmatrix}.$$

如果对 $\boldsymbol{A}$ 及 $\boldsymbol{B}$ 不分块，直接按矩阵乘法规则计算 $\boldsymbol{AB}$，我们也得到上面同样的结果.

利用分块矩阵，把子块看成元素，可将高阶矩阵的运算化为较低阶矩阵的运算. 因此，在某些情况下，对矩阵进行适当分块，可以简化矩阵的运算.

例 3.12 设 $k+r$ 阶方阵

$$\boldsymbol{P}=\begin{pmatrix}a_{11}&\cdots&a_{1k}&0&\cdots&0\\\vdots&\ddots&\vdots&\vdots&&\vdots\\a_{k1}&\cdots&a_{kk}&0&\cdots&0\\c_{11}&\cdots&c_{1k}&b_{11}&\cdots&b_{1r}\\\vdots&&\vdots&\vdots&\ddots&\vdots\\c_{r1}&\cdots&c_{rk}&b_{r1}&\cdots&b_{rr}\end{pmatrix}=\begin{pmatrix}\boldsymbol{A}&\boldsymbol{O}\\\boldsymbol{C}&\boldsymbol{B}\end{pmatrix},$$

这里，我们将 $\boldsymbol{P}$ 分成 4 块，其中 $\boldsymbol{A}=(a_{ij})_{k\times k}$，$\boldsymbol{B}=(b_{ij})_{r\times r}$，$\boldsymbol{C}=(c_{ij})_{r\times k}$. 若 $\boldsymbol{A}$,$\boldsymbol{B}$ 可逆，试求 $\boldsymbol{P}^{-1}$.

解 由拉普拉斯定理，知 $|\boldsymbol{P}|=|\boldsymbol{A}|\cdot|\boldsymbol{B}|$. 由于 $\boldsymbol{A}$,$\boldsymbol{B}$ 可逆，故

$$|\boldsymbol{P}|=|\boldsymbol{A}|\cdot|\boldsymbol{B}|\neq 0,$$

所以 $\boldsymbol{P}$ 也可逆. 假定 $\boldsymbol{P}$ 有逆矩阵 $\boldsymbol{X}$，将 $\boldsymbol{X}$ 按 $\boldsymbol{P}$ 的分法进行分块：

$$\boldsymbol{X}=\begin{pmatrix}\boldsymbol{X}_1 & \boldsymbol{X}_2\\ \boldsymbol{X}_3 & \boldsymbol{X}_4\end{pmatrix},$$

这样，应有

$$\begin{pmatrix}\boldsymbol{A} & \boldsymbol{O}\\ \boldsymbol{C} & \boldsymbol{B}\end{pmatrix}\begin{pmatrix}\boldsymbol{X}_1 & \boldsymbol{X}_2\\ \boldsymbol{X}_3 & \boldsymbol{X}_4\end{pmatrix}=\begin{pmatrix}\boldsymbol{E}_k & \boldsymbol{O}\\ \boldsymbol{O} & \boldsymbol{E}_r\end{pmatrix},$$

这里 $\boldsymbol{E}_k$ 及 $\boldsymbol{E}_r$ 分别为 k 阶及 r 阶单位矩阵. 将上面等式左边作矩阵乘法，并比较等式两边，得

$$\begin{cases}\boldsymbol{A}\boldsymbol{X}_1=\boldsymbol{E}_k,\\ \boldsymbol{A}\boldsymbol{X}_2=\boldsymbol{O},\\ \boldsymbol{C}\boldsymbol{X}_1+\boldsymbol{B}\boldsymbol{X}_3=\boldsymbol{O},\\ \boldsymbol{C}\boldsymbol{X}_2+\boldsymbol{B}\boldsymbol{X}_4=\boldsymbol{E}_r.\end{cases}\tag{5.1}$$

由第 1、第 2 式，得

$$\boldsymbol{X}_1=\boldsymbol{A}^{-1},$$

$$\boldsymbol{X}_2=\boldsymbol{A}^{-1}\boldsymbol{O}=\boldsymbol{O}.$$

将 $\boldsymbol{X}_2=\boldsymbol{O}$ 代入(5.1) 的第 4 式，得

$$\boldsymbol{X}_4=\boldsymbol{B}^{-1}.$$

由(5.1) 的第 3 式及 $\boldsymbol{X}_1=\boldsymbol{A}^{-1}$，得

$$\boldsymbol{B}\boldsymbol{X}_3=-\boldsymbol{C}\boldsymbol{X}_1=-\boldsymbol{C}\boldsymbol{A}^{-1}.$$

所以 $\boldsymbol{X}_3=-\boldsymbol{B}^{-1}\boldsymbol{C}\boldsymbol{A}^{-1}$. 于是

$$\boldsymbol{P}^{-1}=\begin{pmatrix}\boldsymbol{A}^{-1} & \boldsymbol{O}\\ -\boldsymbol{B}^{-1}\boldsymbol{C}\boldsymbol{A}^{-1} & \boldsymbol{B}^{-1}\end{pmatrix}.$$

特别当 $\boldsymbol{C}=\boldsymbol{O}$ 时，有

$$\begin{pmatrix}\boldsymbol{A} & \boldsymbol{O}\\ \boldsymbol{O} & \boldsymbol{B}\end{pmatrix}^{-1}=\begin{pmatrix}\boldsymbol{A}^{-1} & \boldsymbol{O}\\ \boldsymbol{O} & \boldsymbol{B}^{-1}\end{pmatrix}.$$

从例 3.12 可以看出，有时对矩阵进行分块运算，不仅简化了计算，而且还可揭示矩阵中某些子块的特性及它们之间的相互关系.

利用分块矩阵的乘法，我们可以给出定理 3.6 的另一种证法.

思考题 设

$$A=\begin{pmatrix}a_{11}&a_{12}&\cdots&a_{1n}\\a_{21}&a_{22}&\cdots&a_{2n}\\\vdots&\vdots&&\vdots\\a_{m1}&a_{m2}&\cdots&a_{mn}\end{pmatrix},\quad B=\begin{pmatrix}b_{11}&b_{12}&\cdots&b_{1p}\\b_{21}&b_{22}&\cdots&b_{2p}\\\vdots&\vdots&&\vdots\\b_{n1}&b_{n2}&\cdots&b_{np}\end{pmatrix}.$$

用 $\boldsymbol{B}_1,\boldsymbol{B}_2,\cdots,\boldsymbol{B}_n$ 表示矩阵 $\boldsymbol{B}$ 的行向量，则 $\boldsymbol{B}$ 可以表示成分块矩阵

$$\boldsymbol{B}=\begin{pmatrix}\boldsymbol{B}_1\\\boldsymbol{B}_2\\\vdots\\\boldsymbol{B}_n\end{pmatrix}.$$

试利用

$$\boldsymbol{AB}=\begin{pmatrix}a_{11}&a_{12}&\cdots&a_{1n}\\a_{21}&a_{22}&\cdots&a_{2n}\\\vdots&\vdots&&\vdots\\a_{m1}&a_{m2}&\cdots&a_{mn}\end{pmatrix}\begin{pmatrix}\boldsymbol{B}_1\\\boldsymbol{B}_2\\\vdots\\\boldsymbol{B}_n\end{pmatrix},$$

证明：$r(\boldsymbol{AB})\leqslant r(\boldsymbol{B})$；若用 $\boldsymbol{A}_1,\boldsymbol{A}_2,\cdots,\boldsymbol{A}_n$ 表示 $\boldsymbol{A}$ 的列向量，那么 $\boldsymbol{A}$ 可表示成分块矩阵

$$\boldsymbol{A}=(\boldsymbol{A}_1,\boldsymbol{A}_2,\cdots,\boldsymbol{A}_n).$$

试利用

$$\boldsymbol{AB}=(\boldsymbol{A}_1,\boldsymbol{A}_2,\cdots,\boldsymbol{A}_n)\begin{pmatrix}b_{11}&b_{12}&\cdots&b_{1p}\\b_{21}&b_{22}&\cdots&b_{2p}\\\vdots&\vdots&&\vdots\\b_{n1}&b_{n2}&\cdots&b_{np}\end{pmatrix},$$

证明：

$$r(\boldsymbol{AB})\leqslant r(\boldsymbol{A}),\ r(\boldsymbol{AB})\leqslant\min\{r(\boldsymbol{A}),\ r(\boldsymbol{B})\}.$$

主对角线以外的所有元素全为零的方阵

$$\boldsymbol{A}=\begin{pmatrix}a_1&&&\\&a_2&&\\&&\ddots&\\&&&a_n\end{pmatrix}$$

称为**对角矩阵**(a_i 可以是零).

同阶的对角矩阵可以相加、相乘，且它们的运算可以归结为对角线上的元素来运算. 事实上，我们容易看出

$$\begin{pmatrix} a_1 & & & \\ & a_2 & & \\ & & \ddots & \\ & & & a_n \end{pmatrix}+\begin{pmatrix} b_1 & & & \\ & b_2 & & \\ & & \ddots & \\ & & & b_n \end{pmatrix}=\begin{pmatrix} a_1+b_1 & & & \\ & a_2+b_2 & & \\ & & \ddots & \\ & & & a_n+b_n \end{pmatrix},$$

$$\begin{pmatrix} a_1 & & & \\ & a_2 & & \\ & & \ddots & \\ & & & a_n \end{pmatrix}\cdot\begin{pmatrix} b_1 & & & \\ & b_2 & & \\ & & \ddots & \\ & & & b_n \end{pmatrix}=\begin{pmatrix} a_1b_1 & & & \\ & a_2b_2 & & \\ & & \ddots & \\ & & & a_nb_n \end{pmatrix},$$

$$k\cdot\begin{pmatrix} a_1 & & & \\ & a_2 & & \\ & & \ddots & \\ & & & a_n \end{pmatrix}=\begin{pmatrix} ka_1 & & & \\ & ka_2 & & \\ & & \ddots & \\ & & & ka_n \end{pmatrix}.$$

这同时说明，两个同阶对角矩阵的和、积仍为对角矩阵，用一个数乘对角矩阵结果仍为对角矩阵.

对角矩阵可逆的充分必要条件是对角线上的元素全不为零，且它的逆矩阵仍为对角矩阵.

事实上，设对角矩阵

$$\boldsymbol{A}=\begin{pmatrix} a_1 & & & \\ & a_2 & & \\ & & \ddots & \\ & & & a_n \end{pmatrix},$$

当 $a_i \neq 0\ (i=1,2,\cdots,n)$ 时，有 $|\boldsymbol{A}|=a_1a_2\cdots a_n \neq 0$，所以 $\boldsymbol{A}$ 可逆，且不难看出，它的逆矩阵

$$\boldsymbol{A}^{-1}=\begin{pmatrix} a_1^{-1} & & & \\ & a_2^{-1} & & \\ & & \ddots & \\ & & & a_n^{-1} \end{pmatrix}.$$

而当 $\boldsymbol{A}$ 可逆时，有 $|\boldsymbol{A}|=a_1a_2\cdots a_n \neq 0$，所以一切 a_i 全不为零.

与对角矩阵相类似的，有准对角矩阵.

形为

$$\boldsymbol{A}=\begin{pmatrix} \boldsymbol{A}_1 & \boldsymbol{O} & \cdots & \boldsymbol{O} \\ \boldsymbol{O} & \boldsymbol{A}_2 & \cdots & \boldsymbol{O} \\ \vdots & \vdots & \ddots & \vdots \\ \boldsymbol{O} & \boldsymbol{O} & \cdots & \boldsymbol{A}_t \end{pmatrix}$$

的分块方阵，其中 $\boldsymbol{A}_i$ 是 n_i 阶矩阵($i=1,2,\cdots,t$)，称为**分块对角矩阵**，又称为**准对角矩阵**.

对两个有相同分块的同阶准对角矩阵

$$\boldsymbol{A}=\begin{pmatrix}\boldsymbol{A}_1 & \boldsymbol{O} & \cdots & \boldsymbol{O}\\ \boldsymbol{O} & \boldsymbol{A}_2 & \cdots & \boldsymbol{O}\\ \vdots & \vdots & \ddots & \vdots\\ \boldsymbol{O} & \boldsymbol{O} & \cdots & \boldsymbol{A}_t\end{pmatrix},\quad \boldsymbol{B}=\begin{pmatrix}\boldsymbol{B}_1 & \boldsymbol{O} & \cdots & \boldsymbol{O}\\ \boldsymbol{O} & \boldsymbol{B}_2 & \cdots & \boldsymbol{O}\\ \vdots & \vdots & \ddots & \vdots\\ \boldsymbol{O} & \boldsymbol{O} & \cdots & \boldsymbol{B}_t\end{pmatrix},$$

依据分块的运算有

$$\boldsymbol{A}+\boldsymbol{B}=\begin{pmatrix}\boldsymbol{A}_1+\boldsymbol{B}_1 & \boldsymbol{O} & \cdots & \boldsymbol{O}\\ \boldsymbol{O} & \boldsymbol{A}_2+\boldsymbol{B}_2 & \cdots & \boldsymbol{O}\\ \vdots & \vdots & \ddots & \vdots\\ \boldsymbol{O} & \boldsymbol{O} & \cdots & \boldsymbol{A}_t+\boldsymbol{B}_t\end{pmatrix},$$

$$\boldsymbol{A}\boldsymbol{B}=\begin{pmatrix}\boldsymbol{A}_1\boldsymbol{B}_1 & \boldsymbol{O} & \cdots & \boldsymbol{O}\\ \boldsymbol{O} & \boldsymbol{A}_2\boldsymbol{B}_2 & \cdots & \boldsymbol{O}\\ \vdots & \vdots & \ddots & \vdots\\ \boldsymbol{O} & \boldsymbol{O} & \cdots & \boldsymbol{A}_t\boldsymbol{B}_t\end{pmatrix},$$

$$k\boldsymbol{A}=\begin{pmatrix}k\boldsymbol{A}_1 & \boldsymbol{O} & \cdots & \boldsymbol{O}\\ \boldsymbol{O} & k\boldsymbol{A}_2 & \cdots & \boldsymbol{O}\\ \vdots & \vdots & \ddots & \vdots\\ \boldsymbol{O} & \boldsymbol{O} & \cdots & k\boldsymbol{A}_t\end{pmatrix}.$$

可以看出，它们仍是准对角矩阵.

另外，如果 $\boldsymbol{A}_1,\boldsymbol{A}_2,\cdots,\boldsymbol{A}_t$ 都是可逆矩阵，则由矩阵分块乘法有

$$\begin{pmatrix}\boldsymbol{A}_1 & \boldsymbol{O} & \cdots & \boldsymbol{O}\\ \boldsymbol{O} & \boldsymbol{A}_2 & \cdots & \boldsymbol{O}\\ \vdots & \vdots & \ddots & \vdots\\ \boldsymbol{O} & \boldsymbol{O} & \cdots & \boldsymbol{A}_t\end{pmatrix}\begin{pmatrix}\boldsymbol{A}_1^{-1} & \boldsymbol{O} & \cdots & \boldsymbol{O}\\ \boldsymbol{O} & \boldsymbol{A}_2^{-1} & \cdots & \boldsymbol{O}\\ \vdots & \vdots & \ddots & \vdots\\ \boldsymbol{O} & \boldsymbol{O} & \cdots & \boldsymbol{A}_t^{-1}\end{pmatrix}$$

$$=\begin{pmatrix}\boldsymbol{A}_1\boldsymbol{A}_1^{-1} & \boldsymbol{O} & \cdots & \boldsymbol{O}\\ \boldsymbol{O} & \boldsymbol{A}_2\boldsymbol{A}_2^{-1} & \cdots & \boldsymbol{O}\\ \vdots & \vdots & \ddots & \vdots\\ \boldsymbol{O} & \boldsymbol{O} & \cdots & \boldsymbol{A}_t\boldsymbol{A}_t^{-1}\end{pmatrix}$$

$$=\boldsymbol{E}.$$

所以

$$A^{-1}=\begin{pmatrix} A_1^{-1} & O & \cdots & O \\ O & A_2^{-1} & \cdots & O \\ \vdots & \vdots & \ddots & \vdots \\ O & O & \cdots & A_t^{-1} \end{pmatrix},$$

它还是一个准对角矩阵.

习题 3.5

1. 设

$$A=\left(\begin{array}{c:ccc} 1 & 0 & 0 & 0 \\ -1 & 0 & 0 & 0 \\ \hdashline 1 & 2 & 1 & 3 \end{array}\right),\quad B=\begin{pmatrix} 1 & 0 & 3 & 2 \\ -1 & 2 & 0 & 1 \\ -2 & 4 & 1 & 1 \\ -1 & 1 & 5 & 3 \end{pmatrix},$$

A 按上面分块，试把 B 分成 4 块，并按分块乘法规则计算 AB.

2. 已知

$$A=\begin{pmatrix} 1 & 2 & 0 & 0 & 0 & 0 \\ 2 & 1 & 0 & 0 & 0 & 0 \\ 0 & 0 & 2 & 1 & 0 & 0 \\ 0 & 0 & 1 & 3 & 0 & 0 \\ 0 & 0 & 0 & 0 & 3 & 2 \\ 0 & 0 & 0 & 0 & 2 & 1 \end{pmatrix},\quad B=\begin{pmatrix} 1 \\ 2 \\ 1 \\ 3 \\ 2 \\ 1 \end{pmatrix}.$$

试利用分块矩阵计算 AB 和 A^{-1}.

3. 已知 A^{-1}, C^{-1} 存在，且 $X=\begin{pmatrix} O & A \\ C & O \end{pmatrix}$. 试求 X^{-1}.

4. 已知 $A=\begin{pmatrix} 0 & 0 & 1 & 2 \\ 0 & 0 & 2 & 1 \\ 2 & 1 & 0 & 0 \\ 1 & 3 & 0 & 0 \end{pmatrix}$. 求 A^{-1}.

5. 已知

$$X=\begin{pmatrix} 0 & a_1 & 0 & \cdots & 0 \\ 0 & 0 & a_2 & \cdots & 0 \\ \vdots & \vdots & \vdots & & \vdots \\ 0 & 0 & 0 & \cdots & a_{n-1} \\ a_n & 0 & 0 & \cdots & 0 \end{pmatrix},$$

且 $a_1a_2\cdots a_n\neq 0$. 求 X^{-1}.

6. 已知

$$A=\begin{pmatrix}a_1 & & & \\ & a_2 & & \\ & & \ddots & \\ & & & a_n\end{pmatrix},$$

且当 $i \neq j$ 时有 $a_i \neq a_j$. 证明：与 $\boldsymbol{A}$ 可交换的方阵必为对角矩阵.

7. 设

$$\boldsymbol{A}=\begin{pmatrix}a_1\boldsymbol{E}_1 & \boldsymbol{O} & \cdots & \boldsymbol{O}\\ \boldsymbol{O} & a_1\boldsymbol{E}_2 & \cdots & \boldsymbol{O}\\ \vdots & \vdots & \ddots & \vdots\\ \boldsymbol{O} & \boldsymbol{O} & \cdots & a_r\boldsymbol{E}_r\end{pmatrix},$$

其中 $\boldsymbol{E}_i$ 是 n_i 阶单位矩阵($i=1,2,\cdots,r$)，$\sum\limits_{i=1}^{r}n_i=n$，且数 $a_i \neq a_j$(当 $i \neq j$ 时). 证明：与 $\boldsymbol{A}$ 可交换的矩阵必为准对角矩阵

$$\begin{pmatrix}\boldsymbol{A}_1 & \boldsymbol{O} & \cdots & \boldsymbol{O}\\ \boldsymbol{O} & \boldsymbol{A}_2 & \cdots & \boldsymbol{O}\\ \vdots & \vdots & \ddots & \vdots\\ \boldsymbol{O} & \boldsymbol{O} & \cdots & \boldsymbol{A}_r\end{pmatrix},$$

且 $\boldsymbol{A}_i$ 为 n_i 阶矩阵.

8*. 设 m 阶矩阵 $\boldsymbol{A}$ 和 n 阶矩阵 $\boldsymbol{B}$ 的秩分别为 $\mathrm{r}(\boldsymbol{A}),\mathrm{r}(\boldsymbol{B})$，$\boldsymbol{C}$ 为任意的 $m\times n$ 矩阵，而

$$\boldsymbol{D}=\begin{pmatrix}\boldsymbol{A} & \boldsymbol{C}\\ \boldsymbol{O} & \boldsymbol{B}\end{pmatrix},$$

证明：$\mathrm{r}(\boldsymbol{D}) \geqslant \mathrm{r}(\boldsymbol{A})+\mathrm{r}(\boldsymbol{B})$. 特别，当 $\boldsymbol{C}=\boldsymbol{O}$，或 $\boldsymbol{B}$ 可逆，或 $\boldsymbol{A}$ 可逆时，等号成立.

阅读材料　应用：马尔可夫型决策

企业管理的关键在经营，经营的中心是决策. 在经济活动(如技术引进、产品开发、原料购买、市场销售、资金去向、扩大生产等)中，常会遇到各种决策问题，要选择一个最有利的行动方案来执行. 这时，就需要借助于统计决策方法来进行决策. 本节将通过实例来介绍马尔可夫(Markov)型决策问题及其决策方法，从而了解矩阵的一些应用.

例 3.13　某地有同一类型的 A,B 两种产品在市场中销售，其生产工厂分别记为 A 厂、B 厂. B 厂总感觉自己的产品的市场占有率在降低. 为了寻找原因，该厂进行了市场调查. 调查发现：

1)　A 种产品的顾客中有 80% 的老顾客下年仍继续购买 A 种产品，而有 20% 的老顾客下年会转为购买 B 种产品；

2） B 种产品的顾客中有 60% 的老顾客下年仍继续购买 B 种产品，而有 40% 的老顾客下年会转为购买 A 种产品；

3） 在初始时刻，顾客购买 A 种和 B 种产品所占的百分比分别为 40% 和 60%.

现在的问题是，假定总顾客数 N 保持不变，按照 1）和 2）的顾客流动规律，问一年以后购买 B 种产品所占的百分比是多少？ 两年以后呢？ 3 年以后呢？ 如果按照这种顾客流动趋势继续下去，购买 A 种产品的顾客所占的百分比逐年增加，问购买 B 种产品的顾客所占的百分比最终是否会趋近于 0？

我们用 t 表示时间，时间单位为年，其中 $t=0$ 表示初始时刻. 设 $x_1^{(k)}$ 和 $x_2^{(k)}$ 分别表示 $t=k$ 时 A 种产品和 B 种产品的市场占有率，则

$$x_1^{(k)}+x_2^{(k)}=1,\quad 0\leqslant x_1^{(k)},x_2^{(k)}\leqslant 1\quad (k=0,1,2,\cdots).$$

由上述调查的 3）知

$$\begin{cases} x_1^{(0)}=40\%=0.4, \\ x_2^{(0)}=60\%=0.6. \end{cases} \tag{①}$$

我们先求 $x_1^{(1)}$ 和 $x_2^{(1)}$. 由于一年以后，购买 A 种产品的顾客数 $x_1^{(1)}N$ 是由原来购买 A 种产品的顾客的 80% 加上原来购买 B 种产品的顾客的 40% 所组成的，因此

$$x_1^{(1)}N=0.8x_1^{(0)}N+0.4x_2^{(0)}N. \tag{②}$$

同理可得，一年以后，购买 B 种产品的顾客数为

$$x_2^{(1)}N=0.2x_1^{(0)}N+0.6x_2^{(0)}N. \tag{③}$$

由 ② 和 ③，得

$$\begin{cases} x_1^{(1)}=0.8x_1^{(0)}+0.4x_2^{(0)}, \\ x_2^{(1)}=0.2x_1^{(0)}+0.6x_2^{(0)}. \end{cases} \tag{④}$$

将 ① 代入 ④，得

$$x_1^{(1)}=0.56,\quad x_2^{(1)}=0.44.$$

④ 式给出了 $x_1^{(1)},x_2^{(1)}$ 与 $x_1^{(0)},x_2^{(0)}$ 之间的线性关系，如同二元线性方程组一样，我们也可以将 ④ 写成矩阵形式：

$$\begin{pmatrix} x_1^{(1)} \\ x_2^{(1)} \end{pmatrix}=\begin{pmatrix} 0.8 & 0.4 \\ 0.2 & 0.6 \end{pmatrix}\begin{pmatrix} x_1^{(0)} \\ x_2^{(0)} \end{pmatrix}. \tag{⑤}$$

假如把购买 A,B 两种产品看做两个状态，分别记为状态 1 和状态 2，那么，列向量 $(x_1^{(k)},x_2^{(k)})^{\mathrm{T}}$ 表示 k 年后 $(t=k)$ 两个状态的市场占有率，我们把它称为 $t=k$ 时的状态向量，$k=0,1,2,\cdots$.

在 ⑤ 式中，矩阵

$$\boldsymbol{P}=\begin{pmatrix}0.8 & 0.4\\ 0.2 & 0.6\end{pmatrix}$$ ⑥

描述了从现在到一年之后状态的转变. 又因为状态转变的这种趋势一直持续下去，所以矩阵 $\boldsymbol{P}$ 也同样描述了第 k 年到第 $k+1$ 年状态的转变：

$$\boldsymbol{x}^{(k+1)}=\begin{pmatrix}x_1^{(k+1)}\\ x_2^{(k+1)}\end{pmatrix}=\boldsymbol{P}\begin{pmatrix}x_1^{(k)}\\ x_2^{(k)}\end{pmatrix}=\boldsymbol{P}\boldsymbol{x}^{(k)}\quad(k=0,1,2,\cdots).$$ ⑦

我们把 $\boldsymbol{P}$ 称为**状态转移矩阵**. 下面讨论 $\boldsymbol{P}$ 的一些性质.

令

$$\boldsymbol{P}=\begin{pmatrix}p_{11} & p_{12}\\ p_{21} & p_{22}\end{pmatrix},$$

p_{11} 和 p_{21} 分别表示原来处于状态 1 的顾客在下年继续停留在状态 1 和转移到状态 2 的百分比，于是，有

$$p_{11}+p_{21}=1,\quad 0\leqslant p_{11},p_{21}\leqslant 1.$$

同样，p_{12} 和 p_{22} 分别表示原来处于状态 2 的顾客在下年转移到状态 1 和停留在状态 2 的百分比，我们有

$$p_{12}+p_{22}=1,\quad 0\leqslant p_{12},p_{22}\leqslant 1.$$

一般地，状态转移矩阵 $\boldsymbol{P}$ 的元素 p_{ij} 表示在 $t=k$ 时处于状态 j，到下一时刻 $t=k+1$ 时转移到状态 i 的比率，且有

$$\sum_{i=1}^{2}p_{ij}=1\ (j=1,2),\quad 0\leqslant p_{ij}\leqslant 1\ (i,j=1,2).$$ ⑧

在本节中，讨论的是 p_{ij} 都不随时间变化的最简单的情况，在一般的经济现象下，$p_{ij}(i,j=1,2)$ 将随时间而变化.

在 ⑦ 式中，取 $k=1$，则有

$$\boldsymbol{x}^{(2)}=\boldsymbol{P}\boldsymbol{x}^{(1)}=\boldsymbol{P}^2\boldsymbol{x}^{(0)}.$$

同理可得，对所有的 k，有

$$\boldsymbol{x}^{(k)}=\boldsymbol{P}^k\boldsymbol{x}^{(0)}.$$ ⑨

因此，矩阵 $\boldsymbol{P}^k$ 描述了从现在到 k 年之后状态的转变.

由 ⑥ 得

$$\boldsymbol{P}^2=\begin{pmatrix}0.72 & 0.56\\ 0.28 & 0.44\end{pmatrix},\quad \boldsymbol{P}^3=\begin{pmatrix}0.688 & 0.624\\ 0.312 & 0.376\end{pmatrix}.$$

所以，由 ⑨ 得

$$\boldsymbol{x}^{(2)}=(0.624,0.376)^{\mathrm{T}},\quad \boldsymbol{x}^{(3)}=(0.6496,0.3504)^{\mathrm{T}}.$$

可见，3 年之后，B 厂的市场占有率从 60% 下降到不足 40%，继续计算下去，可以预测，B 厂的份额还有下降的趋势. 所以 B 厂决策的重点是分析

原因，采取加强经营管理的各种有效措施(例如：提高产品质量，降低产品成本和销售价格，加强促销宣传和提高服务质量等)，来改善状态转移矩阵的数据结构，提高市场占有率.

由 ⑨ 式也可以看出，k 年后两个状态的市场占有率(即状态向量 $\boldsymbol{x}^{(k)}$)可以通过计算 $\boldsymbol{P}^k$ 求得. 为了进一步讨论当 k 增大时，状态向量 $\boldsymbol{x}^{(k)}$ 变化的最终趋势，必须对 k 充分大时，$\boldsymbol{P}$ 的高次幂 $\boldsymbol{P}^k$ 进行研究. 我们已经知道，矩阵 $\boldsymbol{P}$ 具有性质 ⑧. 关于如何化简具有这类性质的矩阵的高次幂 $\boldsymbol{P}^k$ 的计算，以后可以利用第4章中矩阵的特征值与特征向量，通过将矩阵 $\boldsymbol{P}$ 对角化而得到解决(见第 4 章阅读材料"应用：线性差分方程组模型").

在上例的产品销售中，所有可能出现的状态只有购买 A 种产品或 B 种产品两种. 一般来说，一个经济现象可能有 3 种或更多种的状态. 讨论一般状态时，只需把状态向量 $\boldsymbol{x}^{(k)}$ 考虑为 n 维，状态转移矩阵考虑为 n 阶，同样可以利用 ⑨ 式进行计算，其中 n 阶状态转移矩阵

$$\boldsymbol{P}=\begin{pmatrix} p_{11} & p_{12} & \cdots & p_{1n} \\ p_{21} & p_{22} & \cdots & p_{2n} \\ \vdots & \vdots & \ddots & \vdots \\ p_{n1} & p_{n2} & \cdots & p_{nn} \end{pmatrix}$$

具有如下两个基本性质：

1) $p_{ij} \geqslant 0\ (i,j=1,2,\cdots,n)$；

2) 每一列的各元素之和为 1，即

$$\sum_{i=1}^{n} p_{ij}=1 \quad (j=1,2,\cdots,n).$$

下面再举一个具有 3 种状态的例子.

例 3.14 某粮店销售 A,B 和 C 三种大米. 据统计资料，该粮店上月份共销售大米 20 万公斤，其中 A,B 和 C 分别为 10,6,4 万公斤，购买 3 种大米的顾客的状态转移矩阵如表 3-2 所示(其中状态 1,2,3 依次表示为 A,B,C 三种大米). 试预测本月和下月该粮店销售各种大米的分布情况.

表 3-2

i \ j	1	2	3
1	0.70	0.25	0.05
2	0.20	0.60	0.05
3	0.10	0.15	0.90

解 据统计资料，反映上月大米销售分布情况的初始状态向量为

$$x^{(0)}=\left(\frac{10}{20},\frac{6}{20},\frac{4}{20}\right)^{\mathrm{T}}=(0.5,0.3,0.2)^{\mathrm{T}},$$

那么本月的状态向量为

$$x^{(1)}=Px^{(0)}=\begin{pmatrix}0.70&0.25&0.05\\0.20&0.60&0.05\\0.10&0.15&0.90\end{pmatrix}\begin{pmatrix}0.5\\0.3\\0.2\end{pmatrix}$$

$$=(0.435,0.290,0.275)^{\mathrm{T}},$$

即 A 种大米占 43.5%，B 种大米占 29%，C 种大米占 27.5%. 假如本月仍销售 20 万公斤大米，那么可以预测 A,B,C 三种大米分别销售 8.7 万公斤、5.8 万公斤、5.5 万公斤.

类似地，可计算下月状态向量

$$x^{(2)}=P^2x^{(0)}=(0.390\,8,0.274\,8,0.334\,5)^{\mathrm{T}}.$$

若当月仍销售 20 万公斤大米，那么可以预测 A,B,C 三种大米分别销售 7.8，5.5，6.7 万公斤.

从上述计算结果可以预测，A 种大米销售量在下降，而 C 种大米的销售量在增加.

如同例 3.13 和例 3.14，在市场、经营管理等方面有一大类决策问题，它们都具有这样一个特点：在经济现象中，状态的转移可以通过状态转移矩阵来刻画. 马尔可夫决策方法就是研究这类经济现象中所有可能出现的状态及其随时间而发生状态转移的统计规律，从而预测未来状态及动向，做出最佳决策的一种方法，它是一种把经济预测和决策联系起来进行研究的方法. 这种方法在市场预测和经营决策中有广泛的应用.

练　习

1. 销售某种产品，调查顾客购买该产品的百分比. 设 $x^{(0)}=(x_1,x_2)^{\mathrm{T}}$ 表示初始状态向量，其中 x_1 和 x_2 分别表示在初始时刻顾客购买和不购买该产品的百分比. 经调查知，$x^{(0)}=(0.7,0.3)^{\mathrm{T}}$；在原来购买该产品的顾客中，下年准备继续购买的占 60%，而不继续购买的占 40%；在原来未购买该产品的顾客中，下年准备购买的占 25%，仍不打算购买的占 75%.

1） 试写出状态转移矩阵.

2） 试预测未来 3 年顾客变动情况，并对市场趋势作出分析.

2. 市场上有 A,B,C 三种牌号的牙膏. 市场调查结果是：A 牌牙膏的老顾客中有 60% 仍购 A 牌，但有 20% 转购 B 牌，20% 转购 C 牌；B 牌牙膏的老顾客中有 70% 仍购 B 牌，但有 20% 转购 A 牌，10% 转购 C 牌；C 牌牙膏的老顾客中有 80% 仍购 C 牌，但有 10% 转购 A 牌，10% 转购 B 牌.

假如上月份市场共销售 100 万支牙膏，其中 A 牌 30 万支，B 牌 40 万支，C 牌 30 万支. 试预测本月和下月 3 种牌号的牙膏顾客变动情况和市场占有率，并对市场占有率的趋势作出分析.

阅读与思考

矩阵的三角分解($\boldsymbol{LU}$ 分解)[1]

类似于一个自然数可以分解为若干因数的乘积(例如：$48=2\times3\times8$)，一个矩阵也能分解成若干矩阵的乘积. 例如：对任一 n 阶矩阵 $\boldsymbol{A}$ 都可经过行初等变换化为阶梯形矩阵 $\boldsymbol{B}$，即存在初等矩阵 $\boldsymbol{P}_1,\boldsymbol{P}_2,\cdots,\boldsymbol{P}_s$ 使得

$$\boldsymbol{P}_s\boldsymbol{P}_{s-1}\cdots\boldsymbol{P}_1\boldsymbol{A}=\boldsymbol{B}, \tag{①}$$

即

$$\boldsymbol{A}=\boldsymbol{P}_1^{-1}\boldsymbol{P}_2^{-1}\cdots\boldsymbol{P}_s^{-1}\boldsymbol{B}, \tag{②}$$

这就是一个矩阵的分解.

下面来看一个具体的例子.

设

$$\boldsymbol{A}=\begin{pmatrix}1&1&3\\2&-1&3\\-1&5&5\end{pmatrix},$$

施行行初等变换将 $\boldsymbol{A}$ 化为阶梯形矩阵：

$$\boldsymbol{A}=\begin{pmatrix}1&1&3\\2&-1&3\\-1&5&5\end{pmatrix}\xrightarrow[\text{第 3 行加第 1 行}]{\text{第 2 行减第 1 行的 2 倍，}}\begin{pmatrix}1&1&3\\0&-3&-3\\0&6&8\end{pmatrix}$$

$$\xrightarrow{\text{第 3 行加第 2 行的 2 倍}}\begin{pmatrix}1&1&3\\0&-3&-3\\0&0&2\end{pmatrix}=\boldsymbol{U},$$

上述行初等变换也可以通过左乘初等矩阵 $\boldsymbol{P}(2,1(-2)),\boldsymbol{P}(3,1(1)),\boldsymbol{P}(3,2(2))$ 来实现，即

$$\boldsymbol{P}(3,2(2))\boldsymbol{P}(3,1(1))\boldsymbol{P}(2,1(-2))\boldsymbol{A}=\boldsymbol{U},$$

于是，

$$\begin{aligned}\boldsymbol{A}&=\boldsymbol{P}(2,1(-2))^{-1}\boldsymbol{P}(3,1(1))^{-1}\boldsymbol{P}(3,2(2))^{-1}\boldsymbol{U}\\&=\boldsymbol{P}(2,1(2))\boldsymbol{P}(3,1(-1))\boldsymbol{P}(3,2(-2))\boldsymbol{U}.\end{aligned}$$

---

① $\boldsymbol{LU}$ 分解是 1948 年由英国数学家图灵(A. Turing，1912—1954)在论文《在矩阵方法中的舍入误差》中提出的. 他在数理逻辑方面的工作为数字计算机和现代人工智能领域的发展打下了理论基础.

设 $\boldsymbol{L}=\boldsymbol{P}(2,1(2))\boldsymbol{P}(3,1(-1))\boldsymbol{P}(3,2(-2))$，则 $\boldsymbol{L}$ 也可通过对单位矩阵 $\boldsymbol{E}$ 施行相应的行初等变换求得：

$$\boldsymbol{E}=\begin{pmatrix}1&0&0\\0&1&0\\0&0&1\end{pmatrix}\xrightarrow{\text{第 3 行减第 2 行的 2 倍}}\begin{pmatrix}1&0&0\\0&1&0\\0&-2&1\end{pmatrix}$$

$$\xrightarrow{\text{第 3 行减第 1 行}}\begin{pmatrix}1&0&0\\0&1&0\\-1&-2&1\end{pmatrix}$$

$$\xrightarrow{\text{第 2 行加第 1 行的 2 倍}}\begin{pmatrix}1&0&0\\2&1&0\\-1&-2&1\end{pmatrix}=\boldsymbol{L}.$$

如同 $\boldsymbol{L}$，主对角线上的元素(简称主对角元)都是1的下三角方阵称为单位下三角方阵. 上例中，$\boldsymbol{A}=\boldsymbol{L}\boldsymbol{U}$ 将 $\boldsymbol{A}$ 分解成一个单位下三角方阵 $\boldsymbol{L}$ 与一个上三角方阵 $\boldsymbol{U}$ 的乘积. 所谓矩阵的三角分解(即 $\boldsymbol{LU}$ 分解)就是要把一个 n 阶矩阵 $\boldsymbol{A}$ 分解成单位下三角方阵 $\boldsymbol{L}$ 与上三角方阵 $\boldsymbol{U}$ 的乘积，即

$$\boldsymbol{A}=\boldsymbol{L}\boldsymbol{U}.$$

注意，在上例中，仅用行消法变换就能把矩阵 $\boldsymbol{A}$ 化为上三角方阵 $\boldsymbol{U}$. 一般地，当一个 n 阶矩阵 $\boldsymbol{A}$ 仅用行消法变换就能化为上三角方阵 $\boldsymbol{U}$ 时，如同①和②，存在若干第3种初等矩阵 $\boldsymbol{P}_1,\boldsymbol{P}_2,\cdots,\boldsymbol{P}_s$ 使得

$$\boldsymbol{A}=\boldsymbol{P}_1^{-1}\boldsymbol{P}_2^{-1}\cdots\boldsymbol{P}_s^{-1}\boldsymbol{U}.$$

类似于习题3.2第9题，我们可以证明，每一个单位下三角方阵的逆矩阵仍是单位下三角方阵；两个单位下三角方阵的乘积仍是单位下三角方阵. 由于第3种初等矩阵 $\boldsymbol{P}(i,j(k))$ 都是单位下三角方阵，设

$$\boldsymbol{L}=\boldsymbol{P}_1^{-1}\boldsymbol{P}_2^{-1}\cdots\boldsymbol{P}_s^{-1},$$

则 $\boldsymbol{L}$ 也是单位下三角方阵. 因此，$\boldsymbol{A}=\boldsymbol{L}\boldsymbol{U}$ 是 $\boldsymbol{A}$ 的三角分解.

思考 1. 你能否从上例计算 $\boldsymbol{L}$ 的过程中发现什么规律？

(提示：从将 $\boldsymbol{A}$ 化为上三角方阵 $\boldsymbol{U}$ 所施行的行消法变换，直接写出单位下三角方阵 $\boldsymbol{L}$. 参阅[14]中探究题9.1.)

2. 设 $\boldsymbol{A}$ 是 n 阶可逆矩阵，证明：若 $\boldsymbol{A}=\boldsymbol{L}_1\boldsymbol{U}_1=\boldsymbol{L}_2\boldsymbol{U}_2$ 都是 $\boldsymbol{A}$ 的三角分解，则 $\boldsymbol{L}_1=\boldsymbol{L}_2$，$\boldsymbol{U}_1=\boldsymbol{U}_2$(即 $\boldsymbol{A}$ 的三角分解是唯一的).

矩阵的三角分解可以用来解线性方程组. 设线性方程组

$$\boldsymbol{A}\boldsymbol{x}=\boldsymbol{b} \qquad ③$$

的系数矩阵 $\boldsymbol{A}$ 有三角分解 $\boldsymbol{A}=\boldsymbol{L}\boldsymbol{U}$. 由于 $\boldsymbol{A}\boldsymbol{x}=\boldsymbol{L}(\boldsymbol{U}\boldsymbol{x})$，令 $\boldsymbol{y}=\boldsymbol{U}\boldsymbol{x}$，则解方程组③就等价于解方程组

$$\begin{cases} \boldsymbol{L}\boldsymbol{y}=\boldsymbol{b}, \\ \boldsymbol{U}\boldsymbol{x}=\boldsymbol{y}. \end{cases}$$

在线性方程组 $\boldsymbol{L}\boldsymbol{y}=\boldsymbol{b}$ 中，其第 1 个方程只含 y_1，第 2 个方程只含 y_1 和 y_2…… 因而可以用“向前消去法”一个个地依次求出 $y_1, y_2, \cdots, y_n$，从而得到 $\boldsymbol{y}$. 然后，再解方程组 $\boldsymbol{U}\boldsymbol{x}=\boldsymbol{y}$，其第 n 个方程只含 x_n，第 $n-1$ 个方程只含 x_n 和 x_{n-1}…… 因而可以用“向后回代法”一个个地逐次求出 $x_n, x_{n-1}, \cdots, x_1$，从而解出方程组 ③.

容易看到，如果线性方程组 ③ 中的常数列 $\boldsymbol{b}$ 变化，而系数矩阵 $\boldsymbol{A}$ 保持不变，则因 $\boldsymbol{A}$ 的三角分解也不变，用矩阵三角分解法来解此类方程组就会带来更多的方便.

下面我们讨论在一个 n 阶矩阵 $\boldsymbol{A}$ 用行消法变换化为上三角方阵 $\boldsymbol{U}$ 的过程中出现某个主对角元为零的情况，这时，必须用行位置变换(即交换矩阵的两行)，才能继续进行消元. 在这种情况下，如何将矩阵 $\boldsymbol{A}$ 加以分解呢？ 同样，先看一个具体的例子.

设矩阵

$$\boldsymbol{A}=\begin{pmatrix} 1 & 1 & 3 \\ 2 & 2 & 3 \\ -1 & 5 & 5 \end{pmatrix}.$$

对 $\boldsymbol{A}$ 施行行消法变换进行消元：

$$\boldsymbol{A} \rightarrow \boldsymbol{B}=\begin{pmatrix} 1 & 1 & 3 \\ 0 & 0 & -3 \\ 0 & 6 & 8 \end{pmatrix},$$

其中 $\boldsymbol{B}$ 不是上三角方阵，且它的第 2 行第 2 列的主对角元为零，无法继续消元. 这时我们可以交换 $\boldsymbol{B}$ 的第 2 行和第 3 行，将 $\boldsymbol{B}$ 化为

$$\boldsymbol{U}=\begin{pmatrix} 1 & 1 & 3 \\ 0 & 6 & 8 \\ 0 & 0 & -3 \end{pmatrix}.$$

我们也可以先交换 $\boldsymbol{A}$ 的第 2 行和第 3 行，即用第 1 种初等矩阵

$$\boldsymbol{P}(2,3)=\begin{pmatrix} 1 & 0 & 0 \\ 0 & 0 & 1 \\ 0 & 1 & 0 \end{pmatrix}$$

左乘 $\boldsymbol{A}$，得到 $\boldsymbol{P}(2,3)\boldsymbol{A}$，再对 $\boldsymbol{P}(2,3)\boldsymbol{A}$ 施行行消法变换，将它化为 $\boldsymbol{U}$，设所得的三角分解为

$$\boldsymbol{P}(2,3)\boldsymbol{A}=\boldsymbol{L}\boldsymbol{U}.$$

由于 $\boldsymbol{P}(2,3)$ 的逆矩阵仍是 $\boldsymbol{P}(2,3)$，故

$$\boldsymbol{A}=(\boldsymbol{P}(2,3))^{-1}\boldsymbol{L}\boldsymbol{U}=\boldsymbol{P}(2,3)\boldsymbol{L}\boldsymbol{U}.$$

一般地，将一个 n 阶矩阵 $\boldsymbol{A}$ 通过行初等变换化为上三角方阵，可能要施行若干次行位置变换，即左乘若干第 1 种初等矩阵 $\boldsymbol{P}_1, \boldsymbol{P}_2, \cdots, \boldsymbol{P}_k$（其中先左乘 $\boldsymbol{P}_1$，再左乘 $\boldsymbol{P}_2$……）. 设 $\boldsymbol{P}=\boldsymbol{P}_k\boldsymbol{P}_{k-1}\cdots\boldsymbol{P}_1$. 如同 $\boldsymbol{P}$，可以写成若干第 1 种初等矩阵的乘积的矩阵称为**置换矩阵**. 注意，一个置换矩阵总可以从单位矩阵按某个顺序进行若干次行位置变换得到.

思考　1. 证明：恰好有 $n!$ 个 n 阶置换矩阵.

2. 将下列置换矩阵写成第 1 种初等矩阵之积：

1) $\begin{pmatrix} 0 & 0 & 1 \\ 1 & 0 & 0 \\ 0 & 1 & 0 \end{pmatrix}$；　2) $\begin{pmatrix} 0 & 0 & 0 & 1 \\ 0 & 0 & 1 & 0 \\ 0 & 1 & 0 & 0 \\ 1 & 0 & 0 & 0 \end{pmatrix}$；　3) $\begin{pmatrix} 0 & 1 & 0 & 0 \\ 0 & 0 & 0 & 1 \\ 1 & 0 & 0 & 0 \\ 0 & 0 & 1 & 0 \end{pmatrix}$.

3. 设 $\boldsymbol{P}$ 是一个置换矩阵，证明：$\boldsymbol{P}^{-1}=\boldsymbol{P}^{\mathrm{T}}$.

可以证明，一个 n 阶可逆矩阵 $\boldsymbol{A}$ 总有一个 $\boldsymbol{P}^{\mathrm{T}}\boldsymbol{L}\boldsymbol{U}$ 分解，其中 $\boldsymbol{P}$ 是置换矩阵，$\boldsymbol{L}$ 是单位下三角方阵，$\boldsymbol{U}$ 是上三角方阵，而且当 $\boldsymbol{P}$ 确定后，$\boldsymbol{L}$ 和 $\boldsymbol{U}$ 都是唯一的（见[13]中课题 4，该课题还给出了可逆矩阵 $\boldsymbol{A}$ 存在 $\boldsymbol{L}\boldsymbol{U}$ 分解的充分必要条件）.

思考　将 n 阶矩阵的 $\boldsymbol{L}\boldsymbol{U}$ 分解和 $\boldsymbol{P}^{\mathrm{T}}\boldsymbol{L}\boldsymbol{U}$ 分解推广到 $m\times n$ 矩阵中.

练　习

1. 试求下列矩阵的 $\boldsymbol{L}\boldsymbol{U}$ 分解：

1) $\begin{pmatrix} 2 & 1 & 3 \\ 4 & -1 & 3 \\ -2 & 5 & 5 \end{pmatrix}$；　2) $\begin{pmatrix} 2 & -4 & 0 \\ 3 & -1 & 4 \\ -1 & 2 & 2 \end{pmatrix}$.

2. 试求下列矩阵的 $\boldsymbol{P}^{\mathrm{T}}\boldsymbol{L}\boldsymbol{U}$ 分解：

1) $\begin{pmatrix} 0 & 1 & 4 \\ -1 & 2 & 1 \\ 1 & 3 & 3 \end{pmatrix}$；　2) $\begin{pmatrix} 1 & 2 & -1 \\ 3 & 6 & 2 \\ -1 & 1 & 4 \end{pmatrix}$.

探究与发现

帕斯卡(Pascal)矩阵

下列的矩阵

$$(1),\quad \begin{pmatrix} 1 & 0 \\ 1 & 1 \end{pmatrix},\quad \begin{pmatrix} 1 & 0 & 0 \\ 1 & 1 & 0 \\ 1 & 2 & 1 \end{pmatrix},\quad \begin{pmatrix} 1 & 0 & 0 & 0 \\ 1 & 1 & 0 & 0 \\ 1 & 2 & 1 & 0 \\ 1 & 3 & 3 & 1 \end{pmatrix},\quad \cdots$$

是左下角取杨辉三角形(亦称帕斯卡三角形)的前 n 行($n=1,2,3,\cdots$)而得到的下三角方阵，我们把它们称为帕斯卡矩阵. 设 $\boldsymbol{P}=(p_{ij})_{n\times n}$ 是 n 阶帕斯卡矩阵，则

$$p_{ij}=\begin{cases}C_{i-1}^{j-1}, & 若\ i\geqslant j;\\ 0, & 若\ i<j.\end{cases} \qquad ①$$

帕斯卡矩阵不仅在概率论中有其应用，它的代数性质(例如：它的逆矩阵，它的乘幂等)也引起人们的关注.

探究 通过求 $(p_{ij})_{n\times n}$ $(n=2,3,4)$ 的逆矩阵，你有什么发现?

由

$$\begin{pmatrix}1&0&0&0\\1&1&0&0\\1&2&1&0\\1&3&3&1\end{pmatrix}^{-1}=\begin{pmatrix}1&0&0&0\\-1&1&0&0\\1&-2&1&0\\-1&3&-3&1\end{pmatrix},$$

我们可以猜测

$$\begin{pmatrix}1&0&0&0&0\\1&1&0&0&0\\1&2&1&0&0\\1&3&3&1&0\\1&4&6&4&1\end{pmatrix}^{-1}=\begin{pmatrix}1&0&0&0&0\\-1&1&0&0&0\\1&-2&1&0&0\\-1&3&-3&1&0\\1&-4&6&-4&1\end{pmatrix}.$$

一般地，设 n 阶帕斯卡矩阵 $\boldsymbol{P}$ 的逆矩阵 $\boldsymbol{P}^{-1}=\boldsymbol{Q}=(q_{ij})_{n\times n}$，则可以猜测

$$q_{ij}=\begin{cases}(-1)^{i-j}C_{i-1}^{j-1}, & 若\ i\geqslant j;\\ 0, & 若\ i<j.\end{cases} \qquad ②$$

如何验证 ② 式成立呢?

显然，

$$\{\boldsymbol{PQ}\}_{ij}=\begin{cases}0, & 若\ i<j;\\ 1, & 若\ i=j,\end{cases}$$

故只需证明：当 $i>j$ 时，$\boldsymbol{PQ}$ 的第 i 行第 j 列位置上的元素 $\{\boldsymbol{PQ}\}_{ij}=0$. 设 $i=j+l$，其中 $l>0$，则

$$\begin{aligned}\{\boldsymbol{PQ}\}_{ij}&=\sum_{k=0}^{l}p_{j+l,j+k}q_{j+k,j}=\sum_{k=0}^{l}C_{j+l-1}^{j+k-1}C_{j+k-1}^{j-1}(-1)^k\\&=\sum_{k=0}^{l}\frac{(j+l-1)!}{(l-k)!\ (j-1)!\ k!}(-1)^k\\&=\frac{(j+l-1)!}{(j-1)!\ l!}\sum_{k=0}^{l}\frac{l!}{(l-k)!\ k!}(-1)^k\end{aligned}$$

$$=C_{j+l-1}^{j-1}\sum_{k=0}^{l}C_l^k(-1)^k=C_{i-1}^{j-1}(1-1)^l=0.$$

探究 设 $\boldsymbol{P}$ 是 n 阶帕斯卡矩阵，试计算 $\boldsymbol{P}^m$(m 为任一整数，当 $m<0$ 时，$\boldsymbol{P}^m=(\boldsymbol{P}^{-1})^{|m|}$).

为了计算 $\boldsymbol{P}^m$，我们先计算4阶帕斯卡矩阵的乘幂，以便发现其规律：

$$\boldsymbol{P}^2=\begin{pmatrix}1&0&0&0\\1&1&0&0\\1&2&1&0\\1&3&3&1\end{pmatrix}\begin{pmatrix}1&0&0&0\\1&1&0&0\\1&2&1&0\\1&3&3&1\end{pmatrix}=\begin{pmatrix}1&0&0&0\\2&1&0&0\\4&4&1&0\\8&12&6&1\end{pmatrix}$$

$$=\begin{pmatrix}1&0&0&0\\2&1&0&0\\2^2&2\times2&1&0\\2^3&3\times2^2&3\times2&1\end{pmatrix},$$

$$\boldsymbol{P}^3=\begin{pmatrix}1&0&0&0\\1&1&0&0\\1&2&1&0\\1&3&3&1\end{pmatrix}\begin{pmatrix}1&0&0&0\\2&1&0&0\\4&4&1&0\\8&12&6&1\end{pmatrix}=\begin{pmatrix}1&0&0&0\\3&1&0&0\\9&6&1&0\\27&27&9&1\end{pmatrix}$$

$$=\begin{pmatrix}1&0&0&0\\3&1&0&0\\3^2&2\times3&1&0\\3^3&3\times3^2&3\times3&1\end{pmatrix},$$

$$\boldsymbol{P}^4=\begin{pmatrix}1&0&0&0\\1&1&0&0\\1&2&1&0\\1&3&3&1\end{pmatrix}\begin{pmatrix}1&0&0&0\\3&1&0&0\\9&6&1&0\\27&27&9&1\end{pmatrix}=\begin{pmatrix}1&0&0&0\\4&1&0&0\\16&8&1&0\\64&48&12&1\end{pmatrix}$$

$$=\begin{pmatrix}1&0&0&0\\4&1&0&0\\4^2&2\times4&1&0\\4^3&3\times4^2&3\times4&1\end{pmatrix}.$$

由此我们猜测：当 $n=4$ 时，有

$$\boldsymbol{P}^m=\begin{pmatrix}1&0&0&0\\m&1&0&0\\m^2&2m&1&0\\m^3&3m^2&3m&1\end{pmatrix},$$

且对于 n 阶帕斯卡矩阵 $\boldsymbol{P}$，有

$$\{\boldsymbol{P}^m\}_{ij}=\begin{cases}m^{i-j}C_{i-1}^{j-1}, & 若\ i\geqslant j;\\ 0, & 若\ i<j,\end{cases} \tag{③}$$

其中 m 为任一整数.

注意，当 $i\geqslant j$ 时，$\boldsymbol{P}^{-1}$，$\boldsymbol{P}^0=\boldsymbol{E}$，$\boldsymbol{P}$ 的第 i 行第 j 列位置上的元素也分别可以写成 $(-1)^{i-j}C_{i-1}^{j-1}$，$0^{i-j}C_{i-1}^{j-1}$，$1^{i-j}C_{i-1}^{j-1}$，与 ③ 式吻合.

思考 验证 ③ 式成立.

由杨辉三角形，还可以得到下列的对称帕斯卡矩阵：$\boldsymbol{S}_1=(1)$，

$$\boldsymbol{S}_2=\begin{pmatrix}1&1\\1&2\end{pmatrix},\ \boldsymbol{S}_3=\begin{pmatrix}1&1&1\\1&2&3\\1&3&6\end{pmatrix},\ \boldsymbol{S}_4=\begin{pmatrix}1&1&1&1\\1&2&3&4\\1&3&6&10\\1&4&10&20\end{pmatrix},\ \cdots.$$

探究 求矩阵 $\boldsymbol{S}_3$ 和 $\boldsymbol{S}_4$ 的 $\boldsymbol{LU}$ 分解，从中你有什么发现？

关于帕斯卡矩阵的更多性质，有兴趣的读者可以参阅[6]及[14]中课题10. 在[7]中还研究了 $\boldsymbol{P}+\boldsymbol{E}$ 的逆矩阵，问题看似简单，但要解决它，并不容易，需要用到特殊函数论中的狄利克雷 η 函数和黎曼 ζ 函数.

章课题 分块矩阵的行列式

本课题将探讨分块矩阵的行列式的性质及其应用.

设 $\boldsymbol{A}$ 和 $\boldsymbol{D}$ 都是方阵，则由拉普拉斯定理可得

$$\begin{vmatrix}\boldsymbol{A}&\boldsymbol{O}\\\boldsymbol{O}&\boldsymbol{D}\end{vmatrix}=|\boldsymbol{A}|\,|\boldsymbol{D}|.$$

这表明分块对角矩阵有类似于对角矩阵的行列式性质.

下面我们探讨有哪些行列式的性质可以推广到分块矩阵中来.

问题 1 由行列式的性质知，

$$\begin{vmatrix}qa&qb\\c&d\end{vmatrix}=q\begin{vmatrix}a&b\\c&d\end{vmatrix},\quad \begin{vmatrix}a&b\\c+qa&d+qb\end{vmatrix}=\begin{vmatrix}a&b\\c&d\end{vmatrix}.$$

你能把上述两式推广到分块矩阵

$$\boldsymbol{Z}=\begin{pmatrix}\boldsymbol{A}&\boldsymbol{B}\\\boldsymbol{C}&\boldsymbol{D}\end{pmatrix}$$

（其中 $\boldsymbol{A}$ 是 m 阶矩阵，$\boldsymbol{D}$ 是 n 阶矩阵）中吗？

问题 2 由行列式的性质知，若 $a \neq 0$，则

$$\begin{vmatrix} a & b \\ c & d \end{vmatrix} = \begin{vmatrix} a & b \\ 0 & -ca^{-1}b+d \end{vmatrix} = a(-ca^{-1}b+d).$$

1) 你能否把上式推广到分块矩阵 $\boldsymbol{Z}=\begin{pmatrix} \boldsymbol{A} & \boldsymbol{B} \\ \boldsymbol{C} & \boldsymbol{D} \end{pmatrix}$？

2) 若 $\boldsymbol{A}$ 和 $\boldsymbol{C}$ 可交换(即 $\boldsymbol{AC}=\boldsymbol{CA}$)，结论又如何？

3) 若 $\boldsymbol{A}$ 和 $\boldsymbol{D}$ 是非满秩的，则 1) 中的 $\boldsymbol{Z}$ 是否可能是满秩的？

问题 3 设可逆矩阵 $\boldsymbol{Z}=\begin{pmatrix} a & b \\ c & d \end{pmatrix}$ 的逆矩阵为 $\boldsymbol{Z}^{-1}=\begin{pmatrix} p & q \\ r & s \end{pmatrix}$，则

$$s=\frac{a}{|\boldsymbol{Z}|}, \quad p=\frac{d}{|\boldsymbol{Z}|}.$$

试将上述结论推广到分块矩阵 $\boldsymbol{Z}=\begin{pmatrix} \boldsymbol{A} & \boldsymbol{B} \\ \boldsymbol{C} & \boldsymbol{D} \end{pmatrix}$ 和 $\boldsymbol{Z}^{-1}=\begin{pmatrix} \boldsymbol{P} & \boldsymbol{Q} \\ \boldsymbol{R} & \boldsymbol{S} \end{pmatrix}$.

下面再讨论一些特殊分块矩阵的性质.

问题 4 1) 设 $\boldsymbol{B}$ 和 $\boldsymbol{C}$ 分别是 m 阶矩阵和 n 阶矩阵，求 $\begin{vmatrix} \boldsymbol{O} & \boldsymbol{B} \\ \boldsymbol{C} & \boldsymbol{O} \end{vmatrix}$.

2) 若 1) 中 $m=n$，则结果如何？

3) 若 1) 中 $\boldsymbol{B}$ 和 $\boldsymbol{C}$ 不是方阵，则结果如何？

4) 求 $\begin{vmatrix} \boldsymbol{O} & \boldsymbol{B} \\ \boldsymbol{B}^{\mathrm{T}} & \boldsymbol{O} \end{vmatrix}$，$\begin{vmatrix} \boldsymbol{O} & \boldsymbol{B} \\ \boldsymbol{B}^{-1} & \boldsymbol{O} \end{vmatrix}$.

5) 求 $\begin{vmatrix} \boldsymbol{A} & \boldsymbol{B} \\ \boldsymbol{O} & \boldsymbol{D} \end{vmatrix}$，$\begin{vmatrix} \boldsymbol{A} & \boldsymbol{O} \\ \boldsymbol{C} & \boldsymbol{D} \end{vmatrix}$.

6) 设 $\boldsymbol{A}$ 是 m 阶非奇异矩阵，$\boldsymbol{b}$ 和 $\boldsymbol{c}$ 是 m 维列向量，求 $\begin{vmatrix} \boldsymbol{A} & \boldsymbol{b} \\ \boldsymbol{c}^{\mathrm{T}} & 0 \end{vmatrix}$.

7) 将 6) 加以推广，求 $\begin{vmatrix} \boldsymbol{A} & \boldsymbol{B} \\ \boldsymbol{C} & \boldsymbol{O} \end{vmatrix}$，其中 $\boldsymbol{A}$ 是 m 阶非奇异矩阵，$\boldsymbol{O}$ 是 n 阶矩阵.

8) 求 $\begin{vmatrix} \boldsymbol{O} & \boldsymbol{B} \\ \boldsymbol{C} & \boldsymbol{D} \end{vmatrix}$，其中 $\boldsymbol{D}$ 是 n 阶非奇异矩阵，$\boldsymbol{O}$ 是 m 阶矩阵.

问题 5 1) 计算 $\begin{vmatrix} \boldsymbol{E}_m & \boldsymbol{B} \\ \boldsymbol{C} & \boldsymbol{E}_n \end{vmatrix}$，$\begin{vmatrix} \boldsymbol{E}_n & \boldsymbol{C} \\ \boldsymbol{B} & \boldsymbol{E}_m \end{vmatrix}$，你有什么发现？

2) 设 $\boldsymbol{A}$ 和 $\boldsymbol{D}$ 分别是 m 阶可逆矩阵和 n 阶可逆矩阵，$\boldsymbol{B}$ 和 $\boldsymbol{C}$ 分别是 $m\times n$ 矩阵和 $n\times m$ 矩阵，证明：

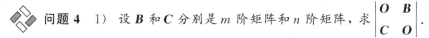

$$|A+BDC|=|A||D||D^{-1}+CA^{-1}B|.$$

3) 证明：$\begin{vmatrix} E_m & B \\ C & D \end{vmatrix}=|D-CB|$.

问题 6 设 A 和 B 都是 m 阶矩阵，试将乘法公式 $a^2-b^2=(a+b)(a-b)$ 推广到分块矩阵 $\begin{pmatrix} A & B \\ B & A \end{pmatrix}$.

复 习 题

A 组

1. 填空题

1) 已知 $\boldsymbol{\alpha}=(1,2,1)^{\mathrm{T}}$，$\boldsymbol{\beta}=\left(1,\frac{1}{2},0\right)^{\mathrm{T}}$，$A=\boldsymbol{\alpha}\boldsymbol{\beta}^{\mathrm{T}}$，则 $A^4=$________.

2) 设 $f(x)=x^2-5x+3$，矩阵 $A=\begin{pmatrix} 2 & -1 \\ -3 & 3 \end{pmatrix}$，定义 $f(A)=A^2-5A+3E$，则 $f(A)=$________.

3) 设 $A=\begin{pmatrix} 1 & 0 & 1 \\ 0 & 2 & 0 \\ 1 & 0 & 1 \end{pmatrix}$，$n$ 为正整数，则 $A^n-2A^{n-1}=$________.

4) 设 $\boldsymbol{\alpha}$ 是3维列向量. 若 $\boldsymbol{\alpha}\boldsymbol{\alpha}^{\mathrm{T}}=\begin{pmatrix} 1 & -1 & 1 \\ -1 & 1 & -1 \\ 1 & -1 & 1 \end{pmatrix}$，则 $\boldsymbol{\alpha}^{\mathrm{T}}\boldsymbol{\alpha}=$________.

5) $\begin{pmatrix} 1 & 1 \\ 0 & 1 \end{pmatrix}^k=$________（$k$ 为一正整数）.

6) n 阶矩阵 A 可逆的充分必要条件是 A 的行列式 $|A|=$________. 可逆时，$A^{-1}=$________.

7) A，B 都是 n 阶矩阵，则 AB 的行列式 $|AB|$____$|A|\cdot|B|$，$\mathrm{r}(AB)$____$\mathrm{r}(A)$.

8) A 是 n 阶矩阵，A^* 为 A 的伴随矩阵，则 $AA^*=$________.

9) 设矩阵 $A=\begin{pmatrix} 1 & -1 \\ 2 & 3 \end{pmatrix}$，$B=A^2-3A+2E$，则 $B^{-1}=$________.

10) 设矩阵 A 满足 $A^2+A-4E=O$，其中 E 为单位矩阵，则 $(A-E)^{-1}=$________.

11) 设 $\boldsymbol{A},\boldsymbol{B}$ 均为3阶矩阵，$\boldsymbol{E}$ 是3阶单位矩阵，已知 $\boldsymbol{AB}=2\boldsymbol{A}+\boldsymbol{B}$，

$$\boldsymbol{B}=\begin{pmatrix}2&0&2\\0&4&0\\2&0&2\end{pmatrix},$$

则 $(\boldsymbol{A}-\boldsymbol{E})^{-1}=$________.

12) 已知 $\boldsymbol{X}=\boldsymbol{XA}+\boldsymbol{B}$，其中 $\boldsymbol{A}=\begin{pmatrix}1&1\\1&1\end{pmatrix}$，$\boldsymbol{B}=\begin{pmatrix}1&2\\3&4\end{pmatrix}$，则 $\boldsymbol{X}=$________.

13) 使矩阵 $\boldsymbol{A}=\begin{pmatrix}1&2&4\\2&\lambda&1\\1&1&0\end{pmatrix}$ 的秩为最小的 λ 值是________.

2. 选择题

1) $\boldsymbol{A}$ 是 n 阶矩阵，则(　　).

(A) $|\boldsymbol{A}+\boldsymbol{A}|=2|\boldsymbol{A}|$　　(B) $|\boldsymbol{A}+\boldsymbol{A}|=n|\boldsymbol{A}|$

(C) $|\boldsymbol{A}+\boldsymbol{A}|=2^n|\boldsymbol{A}|$　　(D) $|\boldsymbol{A}+\boldsymbol{A}|=|\boldsymbol{A}|^2$

2) 设 n 阶矩阵 $\boldsymbol{A}$ 非奇异($n\geqslant 2$)，$\boldsymbol{A}^*$ 是 $\boldsymbol{A}$ 的伴随矩阵，则(　　).

(A) $(\boldsymbol{A}^*)^*=|\boldsymbol{A}|^{n-1}\boldsymbol{A}$　　(B) $(\boldsymbol{A}^*)^*=|\boldsymbol{A}|^{n+1}\boldsymbol{A}$

(C) $(\boldsymbol{A}^*)^*=|\boldsymbol{A}|^{n-2}\boldsymbol{A}$　　(D) $(\boldsymbol{A}^*)^*=|\boldsymbol{A}|^{n+2}\boldsymbol{A}$

3) 设 $\boldsymbol{A},\boldsymbol{B}$ 为 n 阶矩阵，$\boldsymbol{A}^*,\boldsymbol{B}^*$ 分别为 $\boldsymbol{A},\boldsymbol{B}$ 对应的伴随矩阵，分块矩阵 $\boldsymbol{C}=\begin{pmatrix}\boldsymbol{A}&\boldsymbol{O}\\\boldsymbol{O}&\boldsymbol{B}\end{pmatrix}$，则 $\boldsymbol{C}$ 的伴随矩阵 $\boldsymbol{C}^*=$(　　).

(A) $\begin{pmatrix}|\boldsymbol{A}|\boldsymbol{A}^*&\boldsymbol{O}\\\boldsymbol{O}&|\boldsymbol{B}|\boldsymbol{B}^*\end{pmatrix}$　　(B) $\begin{pmatrix}|\boldsymbol{B}|\boldsymbol{B}^*&\boldsymbol{O}\\\boldsymbol{O}&|\boldsymbol{A}|\boldsymbol{A}^*\end{pmatrix}$

(C) $\begin{pmatrix}|\boldsymbol{A}|\boldsymbol{B}^*&\boldsymbol{O}\\\boldsymbol{O}&|\boldsymbol{B}|\boldsymbol{A}^*\end{pmatrix}$　　(D) $\begin{pmatrix}|\boldsymbol{B}|\boldsymbol{A}^*&\boldsymbol{O}\\\boldsymbol{O}&|\boldsymbol{A}|\boldsymbol{B}^*\end{pmatrix}$

4) 设 n 阶矩阵 $\boldsymbol{A}$ 与 $\boldsymbol{B}$ 等价，则必有(　　).

(A) 当 $|\boldsymbol{A}|=a$ ($a\neq 0$) 时，$|\boldsymbol{B}|=a$

(B) 当 $|\boldsymbol{A}|=a$ ($a\neq 0$) 时，$|\boldsymbol{B}|=-a$

(C) 当 $|\boldsymbol{A}|\neq 0$ 时，$|\boldsymbol{B}|=0$

(D) 当 $|\boldsymbol{A}|=0$ 时，$|\boldsymbol{B}|=0$

5) $\boldsymbol{A}_{3\times 2}$ 的第3行乘以5加到第1行，相当于用一初等矩阵左乘 $\boldsymbol{A}$，这个初等矩阵是(　　).

(A) $\begin{pmatrix}1&0&0\\0&1&0\\5&0&1\end{pmatrix}$　　(B) $\begin{pmatrix}1&0&0\\0&1&0\\0&5&1\end{pmatrix}$

(C) $\begin{pmatrix}1&5&0\\0&1&0\\0&0&1\end{pmatrix}$　　(D) $\begin{pmatrix}1&0&5\\0&1&0\\0&0&1\end{pmatrix}$

6) 设

$$A=\begin{pmatrix}a_{11}&a_{12}&a_{13}\\a_{21}&a_{22}&a_{23}\\a_{31}&a_{32}&a_{33}\end{pmatrix},\quad B=\begin{pmatrix}a_{11}&a_{13}&a_{12}\\a_{21}&a_{23}&a_{22}\\a_{31}-a_{11}&a_{33}-a_{13}&a_{32}-a_{12}\end{pmatrix},$$

$$P_1=\begin{pmatrix}1&0&0\\0&0&1\\0&1&0\end{pmatrix},\quad P_2=\begin{pmatrix}1&0&-1\\0&1&0\\0&0&1\end{pmatrix},\quad P_3=\begin{pmatrix}1&0&0\\0&1&0\\-1&0&1\end{pmatrix},$$

则 $B=$(　　).

(A) P_3AP_2　　(B) P_2AP_3

(C) P_3AP_1　　(D) P_2AP_1

3. 已知 $f(x)=x^2-3x+1$，$A=\begin{pmatrix}2&1&1\\3&1&2\\1&-1&0\end{pmatrix}$，求 $f(A)$.

4. 1) 已知 $A=\begin{pmatrix}1&-1&-1&-1\\-1&1&-1&-1\\-1&-1&1&-1\\-1&-1&-1&1\end{pmatrix}$，求 A^2 和 A^n.

2) 已知 $A=\begin{pmatrix}\lambda&1&0\\0&\lambda&1\\0&0&\lambda\end{pmatrix}$，求 A^n.

5. 已知

$$\begin{pmatrix}1&-1&1\\1&1&0\\3&2&1\end{pmatrix}\cdot X\cdot\begin{pmatrix}1&-1&1\\1&1&0\\3&2&1\end{pmatrix}=\begin{pmatrix}4&2&3\\0&-1&5\\2&1&1\end{pmatrix},$$

求 X.

6. 求 A^{-1}：

1) $A=\begin{pmatrix}2&1&0&0\\3&2&0&0\\5&7&1&8\\-1&-3&-1&-6\end{pmatrix}$；

2） $\boldsymbol{A}=\begin{pmatrix}1&0&0&\cdots&0&0\\1&1&0&\cdots&0&0\\1&1&1&\cdots&0&0\\\vdots&\vdots&\vdots&&\vdots&\vdots\\1&1&1&\cdots&1&1\end{pmatrix}_{n\times n}$.

7. 设 n 阶矩阵 $\boldsymbol{A}$ 满足 $\boldsymbol{A}^2=\boldsymbol{A}$，且 $\boldsymbol{A}\neq\boldsymbol{E}$. 证明：$\boldsymbol{A}$ 是不可逆矩阵.

8. 如果 $\boldsymbol{A}$ 是对称矩阵，且 $\boldsymbol{A}^{-1}$ 存在，证明：$\boldsymbol{A}^{-1}$ 也是对称矩阵.

9. 证明：如果 n 阶矩阵 $\boldsymbol{A},\boldsymbol{B}$ 满足 $\boldsymbol{A}^2=\boldsymbol{E}$，$\boldsymbol{B}^2=\boldsymbol{E}$，则 $(\boldsymbol{AB})^2=\boldsymbol{E}$ 的充分必要条件是 $\boldsymbol{A},\boldsymbol{B}$ 可交换.

10. 设 n 阶矩阵 $\boldsymbol{A},\boldsymbol{B}$ 满足 $\boldsymbol{AB}=\boldsymbol{A}+\boldsymbol{B}$，证明：$\boldsymbol{AB}=\boldsymbol{BA}$.（提示：先证 $(\boldsymbol{A}-\boldsymbol{E})(\boldsymbol{B}-\boldsymbol{E})=\boldsymbol{E}$.）

11. 设矩阵 $\boldsymbol{A}$ 的分块矩阵为

$$\boldsymbol{A}=\begin{pmatrix}\boldsymbol{A}_{11}&\boldsymbol{A}_{12}&\cdots&\boldsymbol{A}_{1r}\\\boldsymbol{A}_{21}&\boldsymbol{A}_{22}&\cdots&\boldsymbol{A}_{2r}\\\vdots&\vdots&&\vdots\\\boldsymbol{A}_{s1}&\boldsymbol{A}_{s2}&\cdots&\boldsymbol{A}_{sr}\end{pmatrix},$$

求 $\boldsymbol{A}^{\mathrm{T}}$.

12. 用 $\boldsymbol{E}_{ij}$ 表示第 i 行、第 j 列的元素为 1，而其余元素全为零的 n 阶矩阵，且 $\boldsymbol{A}=(a_{ij})_{n\times n}$，证明：

1） 如果 $\boldsymbol{AE}_{12}=\boldsymbol{E}_{12}\boldsymbol{A}$，那么当 $k\neq1$ 时 $a_{k1}=0$，当 $k\neq2$ 时 $a_{2k}=0$；

2） 如果 $\boldsymbol{AE}_{ij}=\boldsymbol{E}_{ij}\boldsymbol{A}$，那么当 $k\neq i$ 时 $a_{ki}=0$，当 $k\neq j$ 时 $a_{jk}=0$，且 $a_{ii}=a_{jj}$；

3） 如果 $\boldsymbol{A}$ 与所有的 n 阶矩阵可交换，那么 $\boldsymbol{A}$ 一定是数量矩阵，即 $\boldsymbol{A}=a\boldsymbol{E}$.

B 组

1. 已知 $\boldsymbol{A}$ 是 n 阶矩阵，且满足 $\boldsymbol{A}^2=\boldsymbol{E}$，$\boldsymbol{A}\neq\boldsymbol{E}$，证明 $|\boldsymbol{A}+\boldsymbol{E}|=0$.

2. 设 $\boldsymbol{A}$ 是 n 阶矩阵，若 $(\boldsymbol{A}+\boldsymbol{E})^m=\boldsymbol{O}$，证明矩阵 $\boldsymbol{A}$ 可逆.

3. 已知 $\boldsymbol{A},\boldsymbol{B}$ 均为 n 阶矩阵，且 $\boldsymbol{A}$ 与 $\boldsymbol{E}-\boldsymbol{AB}$ 都是可逆矩阵，证明 $\boldsymbol{E}-\boldsymbol{BA}$ 可逆.

4. 设 $\boldsymbol{A}$ 是 n 阶矩阵，证明：存在非零的 n 阶矩阵 $\boldsymbol{B}$，使得 $\boldsymbol{AB}=\boldsymbol{O}$ 的充分必要条件是 $|\boldsymbol{A}|=0$.

5. 设 $\boldsymbol{A},\boldsymbol{B}$ 是两个 n 阶矩阵，且 $\boldsymbol{AB}=\boldsymbol{O}$，证明：

$$\mathrm{r}(\boldsymbol{A})+\mathrm{r}(\boldsymbol{B})\leqslant n.$$

（提示：将矩阵 $\boldsymbol{B}$ 按列向量进行分块，并注意 $\boldsymbol{B}$ 的列向量是 $\boldsymbol{Ax}=\boldsymbol{0}$ 的解

向量.)

6. 设 $\boldsymbol{A}$ 为 n 阶非零矩阵，且满足 $\boldsymbol{A}^2=\boldsymbol{A}$, $\boldsymbol{A}\neq\boldsymbol{E}$，证明：行列式 $|\boldsymbol{A}|=0$.

7.设 $\boldsymbol{A}^*$ 是 n 阶矩阵 $\boldsymbol{A}$ 的伴随矩阵，证明：

1） $\mathrm{r}(\boldsymbol{A}^*)=n$ 的充分必要条件是 $\mathrm{r}(\boldsymbol{A})=n$；

2） $\mathrm{r}(\boldsymbol{A}^*)=1$ 的充分必要条件是 $\mathrm{r}(\boldsymbol{A})=n-1$；

3） $\mathrm{r}(\boldsymbol{A}^*)=0$ 的充分必要条件是 $\mathrm{r}(\boldsymbol{A})<n-1$.

8. 设 $\boldsymbol{A}$ 是一个 n 阶矩阵，当 $\boldsymbol{A}=-\boldsymbol{A}^{\mathrm{T}}$ 时，称 $\boldsymbol{A}$ 为反对称矩阵. 证明：任一 n 阶矩阵总可以写成一个对称矩阵与一个反对称矩阵之和.

探究题

1. 对下列矩阵 $\boldsymbol{A}$，通过计算 $\boldsymbol{A}^2,\boldsymbol{A}^3,\boldsymbol{A}^4$，猜测 $\boldsymbol{A}^n$（n 是正整数）等于什么，并证明你的猜测：

1） $\boldsymbol{A}=\begin{pmatrix}\frac{1}{2} & \frac{1}{2}\\ \frac{1}{2} & \frac{1}{2}\end{pmatrix}$；　　2） $\boldsymbol{A}=\begin{pmatrix}1 & a & b\\ 0 & 1 & a\\ 0 & 0 & 1\end{pmatrix}$.

2. 1） 试求对称矩阵

$$\boldsymbol{A}=\begin{pmatrix}a & a & a & a & a\\ a & b & b & b & b\\ a & b & c & c & c\\ a & b & c & d & d\\ a & b & c & d & e\end{pmatrix}$$

的 $\boldsymbol{LU}$ 分解. 证明：$\boldsymbol{A}$ 可以分解为 $\boldsymbol{LDL}^{\mathrm{T}}$，其中 $\boldsymbol{L}$ 是单位下三角方阵，$\boldsymbol{D}$ 是对角矩阵.

2） 按 1) 中所给的矩阵 $\boldsymbol{A}$ 的类型，写出这种类型的 6 阶、7 阶对称矩阵，并取 $a=1$, $b=2$, $c=3$, $d=4$, $e=5$, …，求出它们的 $\boldsymbol{LU}$ 分解，从中你能发现什么？

第 4 章　矩阵的对角化

本章的主要内容是矩阵相似的概念，矩阵的特征值与特征向量，以及矩阵可对角化条件等. 这些内容不仅是矩阵理论的重要组成部分，而且在数学的其他分支(如差分方程和微分方程等)、自然科学技术和经济学等各领域也都有广泛的应用.

4.1　相似矩阵

在第 3 章例 3.13 的实际问题中，对给定的状态转移矩阵

$$\boldsymbol{P}=\begin{pmatrix}0.8 & 0.4\\ 0.2 & 0.6\end{pmatrix}, \tag{1.1}$$

我们计算过它的各次乘幂 $\boldsymbol{P}^2,\boldsymbol{P}^3,\cdots$，特别还希望知道，当 k 增大时，$\boldsymbol{P}^k$ 的变化趋势. 显然，如果直接计算，计算工作量相当大. 但是，就 $\boldsymbol{P}$ 这个矩阵，我们可以找到一个可逆矩阵

$$\boldsymbol{T}=\begin{pmatrix}2 & -1\\ 1 & 1\end{pmatrix} \tag{1.2}$$

使得

$$\boldsymbol{T}^{-1}\boldsymbol{P}\boldsymbol{T}=\begin{pmatrix}\frac{1}{3} & \frac{1}{3}\\ -\frac{1}{3} & \frac{2}{3}\end{pmatrix}\begin{pmatrix}0.8 & 0.4\\ 0.2 & 0.6\end{pmatrix}\begin{pmatrix}2 & -1\\ 1 & 1\end{pmatrix}=\begin{pmatrix}1 & 0\\ 0 & 0.4\end{pmatrix}=\boldsymbol{Q}. \tag{1.3}$$

于是，$\boldsymbol{P}=\boldsymbol{T}\boldsymbol{Q}\boldsymbol{T}^{-1}$，

$$\boldsymbol{P}^k=\underbrace{(\boldsymbol{T}\boldsymbol{Q}\boldsymbol{T}^{-1})(\boldsymbol{T}\boldsymbol{Q}\boldsymbol{T}^{-1})\cdots(\boldsymbol{T}\boldsymbol{Q}\boldsymbol{T}^{-1})}_{k\text{个}}=\boldsymbol{T}\boldsymbol{Q}^k\boldsymbol{T}^{-1}$$

$$=\boldsymbol{T}\begin{pmatrix}1 & 0\\ 0 & 0.4\end{pmatrix}^k\boldsymbol{T}^{-1}=\boldsymbol{T}\begin{pmatrix}1 & 0\\ 0 & 0.4^k\end{pmatrix}\boldsymbol{T}^{-1}.$$

这样，不论 k 取多大，计算 $\boldsymbol{P}^k$ 就变得比较简单了.

对于给定的 n 阶矩阵 $\boldsymbol{A}$，能否像上面的例子一样，存在一个可逆矩阵 $\boldsymbol{T}$ 使得 $\boldsymbol{T}^{-1}\boldsymbol{A}\boldsymbol{T}$ 变成简单的对角矩阵？ 若同上例，可逆矩阵 $\boldsymbol{T}$ 存在，那么又如

何找到 $\boldsymbol{T}$？为此，我们需进一步讨论矩阵 $\boldsymbol{P}$ 与 $\boldsymbol{Q}$ 之间的关系. 首先，我们由 $\boldsymbol{T}^{-1}\boldsymbol{P}\boldsymbol{T}=\boldsymbol{Q}$ 这一关系，引入(更一般的)矩阵相似的定义.

定义 4.1 设 $\boldsymbol{A},\boldsymbol{B}$ 都是 n 阶矩阵. 如果存在 n 阶可逆矩阵 $\boldsymbol{P}$，使

$$\boldsymbol{B}=\boldsymbol{P}^{-1}\boldsymbol{A}\boldsymbol{P},$$

则称**矩阵 $\boldsymbol{A}$ 相似于矩阵 $\boldsymbol{B}$**①，记为 $\boldsymbol{A}\sim\boldsymbol{B}$.

相似是 n 阶矩阵间的一种关系，它具有下列性质：

1° **反身性** 每一个 n 阶矩阵 $\boldsymbol{A}$ 都与它自己相似.

因为 $\boldsymbol{A}=\boldsymbol{E}^{-1}\boldsymbol{A}\boldsymbol{E}$.

2° **对称性** 如果 $\boldsymbol{A}\sim\boldsymbol{B}$，那么 $\boldsymbol{B}\sim\boldsymbol{A}$.

因为由 $\boldsymbol{B}=\boldsymbol{P}^{-1}\boldsymbol{A}\boldsymbol{P}$ ($\boldsymbol{P}$ 可逆)，可得

$$\boldsymbol{A}=\boldsymbol{P}\boldsymbol{B}\boldsymbol{P}^{-1}=(\boldsymbol{P}^{-1})^{-1}\boldsymbol{B}(\boldsymbol{P}^{-1}),$$

令 $\boldsymbol{Q}=\boldsymbol{P}^{-1}$($\boldsymbol{Q}$ 可逆)，则 $\boldsymbol{A}=\boldsymbol{Q}^{-1}\boldsymbol{B}\boldsymbol{Q}$，所以 $\boldsymbol{B}\sim\boldsymbol{A}$.

3° **传递性** 如果 $\boldsymbol{A}\sim\boldsymbol{B}$ 且 $\boldsymbol{B}\sim\boldsymbol{C}$，那么 $\boldsymbol{A}\sim\boldsymbol{C}$.

事实上，由 $\boldsymbol{B}=\boldsymbol{P}^{-1}\boldsymbol{A}\boldsymbol{P}$ 和 $\boldsymbol{C}=\boldsymbol{Q}^{-1}\boldsymbol{B}\boldsymbol{Q}$，得

$$\boldsymbol{C}=\boldsymbol{Q}^{-1}(\boldsymbol{P}^{-1}\boldsymbol{A}\boldsymbol{P})\boldsymbol{Q}=(\boldsymbol{P}\boldsymbol{Q})^{-1}\boldsymbol{A}(\boldsymbol{P}\boldsymbol{Q}).$$

令 $\boldsymbol{U}=\boldsymbol{P}\boldsymbol{Q}$，因为 $\boldsymbol{P},\boldsymbol{Q}$ 可逆，所以 $\boldsymbol{U}$ 可逆，$\boldsymbol{C}=\boldsymbol{U}^{-1}\boldsymbol{A}\boldsymbol{U}$. 所以 $\boldsymbol{A}\sim\boldsymbol{C}$.

4° 若 $\boldsymbol{A}\sim\boldsymbol{B}$，则 $|\boldsymbol{A}|=|\boldsymbol{B}|$.

因为 $\boldsymbol{A}\sim\boldsymbol{B}$，所以存在可逆矩阵 $\boldsymbol{P}$，使 $\boldsymbol{B}=\boldsymbol{P}^{-1}\boldsymbol{A}\boldsymbol{P}$，于是

$$\begin{aligned}|\boldsymbol{B}|&=|\boldsymbol{P}^{-1}\boldsymbol{A}\boldsymbol{P}|=|\boldsymbol{P}^{-1}||\boldsymbol{A}||\boldsymbol{P}|\\&=|\boldsymbol{A}||\boldsymbol{P}|^{-1}|\boldsymbol{P}|=|\boldsymbol{A}|.\end{aligned}$$

5° 若 $\boldsymbol{A}$ 可逆，且 $\boldsymbol{A}\sim\boldsymbol{B}$，则 $\boldsymbol{B}$ 可逆，且 $\boldsymbol{A}^{-1}\sim\boldsymbol{B}^{-1}$.

因为 $|\boldsymbol{A}|\neq 0$，由性质 4° 得 $|\boldsymbol{B}|\neq 0$，即 $\boldsymbol{B}$ 可逆，又由于 $\boldsymbol{A}\sim\boldsymbol{B}$，所以存在可逆矩阵 $\boldsymbol{P}$，使 $\boldsymbol{B}=\boldsymbol{P}^{-1}\boldsymbol{A}\boldsymbol{P}$，因而

$$\boldsymbol{B}^{-1}=(\boldsymbol{P}^{-1}\boldsymbol{A}\boldsymbol{P})^{-1}=\boldsymbol{P}^{-1}\boldsymbol{A}^{-1}\boldsymbol{P},$$

所以 $\boldsymbol{A}^{-1}\sim\boldsymbol{B}^{-1}$.

用相似关系的语言，可以把上述是否存在 $\boldsymbol{T}$ 使 $\boldsymbol{T}^{-1}\boldsymbol{A}\boldsymbol{T}$ 变成对角矩阵的问题复述如下：n 阶矩阵 $\boldsymbol{A}$ 相似于对角矩阵吗？如果它相似于对角矩阵，怎样找到矩阵 $\boldsymbol{T}$，使 $\boldsymbol{T}^{-1}\boldsymbol{A}\boldsymbol{T}$ 是对角矩阵？现在我们来分析，如果 $\boldsymbol{A}$ 相似于对角矩阵，那么 $\boldsymbol{A}$ 将具备什么条件. 设

① 在第 7 章"线性变换"中，我们将看到关于相似矩阵的更深刻的背景.

$$T^{-1}AT=\begin{pmatrix}\lambda_1 & & & \\ & \lambda_2 & & \\ & & \ddots & \\ & & & \lambda_n\end{pmatrix},\quad T=(t_1,t_2,\cdots,t_n),\tag{1.4}$$

其中 $t_1,t_2,\cdots,t_n$ 表示 T 的 n 维列向量，那么

$$A(t_1,t_2,\cdots,t_n)=(t_1,t_2,\cdots,t_n)\begin{pmatrix}\lambda_1 & & & \\ & \lambda_2 & & \\ & & \ddots & \\ & & & \lambda_n\end{pmatrix},$$

即 $(At_1,At_2,\cdots,At_n)=(\lambda_1t_1,\lambda_2t_2,\cdots,\lambda_nt_n)$，所以

$$At_j=\lambda_jt_j\quad(j=1,2,\cdots,n).\tag{1.5}$$

因为 T 可逆，所以列向量组 $t_1,t_2,\cdots,t_n$ 线性无关. 因此，如果 A 相似于对角矩阵，那么存在矩阵 T，其列向量组 $t_1,t_2,\cdots,t_n$ 线性无关，且存在数 λ_j $(j=1,2,\cdots,n)$ 使(1.5) 成立. 为了研究满足(1.5) 的数 λ_j 和向量 t_j，我们将在下一节引入特征值和特征向量的概念.

习题 4.1

1. 证明：若 $A\sim B$，则 $A^m\sim B^m$（m 为正整数).
2. 证明：相似的矩阵有相同的秩.
3. 设 A 和 B 分别是 r 阶矩阵和 s 阶矩阵. 已知 $A\sim C$，$B\sim D$. 证明：
$$\begin{pmatrix}A & O\\ O & B\end{pmatrix}\sim\begin{pmatrix}C & O\\ O & D\end{pmatrix}.$$
4. 设 A 可逆，证明：AB 与 BA 相似.
5. 设 $A\sim B$，证明：$A^{\mathrm{T}}\sim B^{\mathrm{T}}$.

4.2 特征值与特征向量

本节的主要内容是特征值与特征向量的概念及求法.

定义 4.2 设 A 是 n 阶矩阵. 如果存在一个数 λ 及非零的 n 维列向量 α，使得

$$A\alpha=\lambda\alpha\tag{2.1}$$

成立，则称 λ 是矩阵 A 的一个**特征值**，称非零向量 α 是矩阵 A 的属于特征值 λ 的一个**特征向量**.

例如：对于(1.1) 的 2 阶矩阵

$$\boldsymbol{P}=\begin{pmatrix}0.8 & 0.4\\0.2 & 0.6\end{pmatrix},$$

存在数 $\lambda_1=1$ 和 2 维非零列向量 $\boldsymbol{\alpha}_1=(2,1)^{\mathrm{T}}$(即(1.2) 中 $\boldsymbol{T}$ 的第 1 列) 满足 $\boldsymbol{P}\boldsymbol{\alpha}_1=\lambda_1\boldsymbol{\alpha}_1$，所以 $\lambda_1=1$ 是 $\boldsymbol{P}$ 的一个特征值，$\boldsymbol{\alpha}_1=(2,1)^{\mathrm{T}}$ 是 $\boldsymbol{P}$ 的属于特征值 $\lambda_1=1$ 的一个特征向量. 数 $\lambda_2=0.4$ 和 2 维非零列向量 $\boldsymbol{\alpha}_2=(-1,1)^{\mathrm{T}}$(即 $\boldsymbol{T}$ 的第 2 列) 也满足 $\boldsymbol{P}\boldsymbol{\alpha}_2=\lambda_2\boldsymbol{\alpha}_2$，所以 $\lambda_2=0.4$ 也是 $\boldsymbol{P}$ 的一个特征值，$\boldsymbol{\alpha}_2=(-1,1)^{\mathrm{T}}$ 是 $\boldsymbol{P}$ 的属于特征值 $\lambda_2=0.4$ 的一个特征向量.

特征值和特征向量具有下列性质：

1° 如果 λ_0 是矩阵 $\boldsymbol{A}$ 的一个特征值，$\boldsymbol{\alpha}$ 是 $\boldsymbol{A}$ 的属于 λ_0 的一个特征向量，那么对任意数 $k\neq 0$，$k\boldsymbol{\alpha}$ 也是 $\boldsymbol{A}$ 的属于特征值 λ_0 的特征向量.

这是因为

$$\boldsymbol{A}(k\boldsymbol{\alpha})=k(\boldsymbol{A}\boldsymbol{\alpha})=k\lambda_0\boldsymbol{\alpha}=\lambda_0(k\boldsymbol{\alpha}).$$

2° 如果 λ_0 是矩阵 $\boldsymbol{A}$ 的一个特征值，$\boldsymbol{\alpha}_1,\boldsymbol{\alpha}_2$ 都是 $\boldsymbol{A}$ 的属于 λ_0 的特征向量，那么当 $\boldsymbol{\alpha}_1+\boldsymbol{\alpha}_2\neq\boldsymbol{0}$ 时，$\boldsymbol{\alpha}_1+\boldsymbol{\alpha}_2$ 也是 $\boldsymbol{A}$ 的属于特征值 λ_0 的特征向量.

这是因为

$$\boldsymbol{A}(\boldsymbol{\alpha}_1+\boldsymbol{\alpha}_2)=\boldsymbol{A}\boldsymbol{\alpha}_1+\boldsymbol{A}\boldsymbol{\alpha}_2=\lambda_0\boldsymbol{\alpha}_1+\lambda_0\boldsymbol{\alpha}_2=\lambda_0(\boldsymbol{\alpha}_1+\boldsymbol{\alpha}_2).$$

由性质 1° 和性质 2° 可得

3° 如果 λ_0 是矩阵 $\boldsymbol{A}$ 的一个特征值，$\boldsymbol{\alpha}_1,\boldsymbol{\alpha}_2,\cdots,\boldsymbol{\alpha}_r$ 都是 $\boldsymbol{A}$ 的属于特征值 λ_0 的特征向量，那么任意非零线性组合 $k_1\boldsymbol{\alpha}_1+k_2\boldsymbol{\alpha}_2+\cdots+k_r\boldsymbol{\alpha}_r$ 也是 $\boldsymbol{A}$ 的属于 λ_0 的特征向量.

注意，第一，特征向量 $\boldsymbol{\alpha}$ 一定是非零向量，虽然对任意方阵 $\boldsymbol{A}$ 和任意常数 λ，零向量总满足 $\boldsymbol{A}\,\boldsymbol{0}=\lambda\,\boldsymbol{0}$，但是在实际问题中要求的是非零的特征向量. 第二，特征值和特征向量是密切关联的，特征向量不能孤立地存在，它必定是属于某个特征值的，而且每一个特征向量只能属于一个特征值，它不可能同时属于两个或多个不同的特征值. 但是反过来，由上述性质可以看到，对于每一个特征值，会有不止一个特征向量与它对应，可以有无限多个. 在 6.1 节中，我们将看到 n 阶矩阵 $\boldsymbol{A}$ 的属于 λ_0 的所有特征向量再添加一个零向量所成的集合构成 $\mathbf{R}^n$ 的一个子空间. 第三，如果 λ_1,λ_2 是矩阵 $\boldsymbol{A}$ 的两个不同的特征值，$\boldsymbol{\alpha}_1$ 是 $\boldsymbol{A}$ 的属于 λ_1 的特征向量，$\boldsymbol{\alpha}_2$ 是 $\boldsymbol{A}$ 的属于 λ_2 的特征向量，那么 $\boldsymbol{\alpha}_1+\boldsymbol{\alpha}_2$ 不再是 $\boldsymbol{A}$ 的特征向量(证明留作习题，见习题 4.3 第 1 题).

现在我们讨论如何求一个 n 阶矩阵 $\boldsymbol{A}$ 的特征值和特征向量，利用矩阵的工具，这是容易解决的.

假设 n 维非零列向量

$$\boldsymbol{\alpha}=\begin{pmatrix}x_1\\x_2\\\vdots\\x_n\end{pmatrix}\quad(x_1,x_2,\cdots,x_n\text{ 不全为零})$$

是矩阵

$$\boldsymbol{A}=\begin{pmatrix}a_{11}&a_{12}&\cdots&a_{1n}\\a_{21}&a_{22}&\cdots&a_{2n}\\\vdots&\vdots&\ddots&\vdots\\a_{n1}&a_{n2}&\cdots&a_{nn}\end{pmatrix}$$

的属于特征值 λ 的特征向量，那么有

$$\boldsymbol{A\alpha}=\lambda\boldsymbol{\alpha},$$

即

$$\boldsymbol{A}\begin{pmatrix}x_1\\x_2\\\vdots\\x_n\end{pmatrix}=\lambda\boldsymbol{E}\begin{pmatrix}x_1\\x_2\\\vdots\\x_n\end{pmatrix},$$

于是

$$(\lambda\boldsymbol{E}-\boldsymbol{A})\begin{pmatrix}x_1\\x_2\\\vdots\\x_n\end{pmatrix}=\begin{pmatrix}0\\0\\\vdots\\0\end{pmatrix}.\tag{2.2}$$

矩阵方程(2.2) 相当于齐次线性方程组

$$\begin{cases}(\lambda-a_{11})x_1 & -a_{12}x_2-\cdots & -a_{1n}x_n=0,\\ -a_{21}x_1+(\lambda-a_{22})x_2-\cdots & & -a_{2n}x_n=0,\\ \cdots\cdots\cdots\cdots\cdots\cdots\cdots\cdots\cdots\cdots\cdots\cdots \\ -a_{n1}x_1 & -a_{n2}x_2-\cdots+(\lambda-a_{nn})x_n=0.\end{cases}\tag{2.3}$$

这表明特征向量 $\boldsymbol{\alpha}=(x_1,x_2,\cdots,x_n)^{\mathrm{T}}$ 是齐次线性方程组(2.3) 的非零解，故其系数行列式等于零，即

$$|\lambda\boldsymbol{E}-\boldsymbol{A}|=\begin{vmatrix}\lambda-a_{11}&-a_{12}&\cdots&-a_{1n}\\-a_{21}&\lambda-a_{22}&\cdots&-a_{2n}\\\vdots&\vdots&\ddots&\vdots\\-a_{n1}&-a_{n2}&\cdots&\lambda-a_{nn}\end{vmatrix}=0,\tag{2.4}$$

这说明 λ 是 $|\lambda\boldsymbol{E}-\boldsymbol{A}|=0$ 的根. 反之，若 λ 满足(2.4)，则齐次线性方程组(2.3) 有非零解 $\boldsymbol{\alpha}=(x_1,x_2,\cdots,x_n)^{\mathrm{T}}$ 满足 $\boldsymbol{A\alpha}=\lambda\boldsymbol{\alpha}$，即 $\boldsymbol{\alpha}$ 为相应的特征向量.

定义 4.3 设 $\boldsymbol{A}=(a_{ij})$ 为一个 n 阶矩阵，则行列式

$$|\lambda \boldsymbol{E}-\boldsymbol{A}|=\begin{vmatrix}\lambda-a_{11} & -a_{12} & \cdots & -a_{1n}\\ -a_{21} & \lambda-a_{22} & \cdots & -a_{2n}\\ \vdots & \vdots & \ddots & \vdots\\ -a_{n1} & -a_{n2} & \cdots & \lambda-a_{nn}\end{vmatrix}$$

称为矩阵 $\boldsymbol{A}$ 的**特征多项式**(因为 $|\lambda \boldsymbol{E}-\boldsymbol{A}|$ 的展开式是 λ 的一个多项式)，$|\lambda \boldsymbol{E}-\boldsymbol{A}|=0$ 称为 $\boldsymbol{A}$ 的**特征方程**.

这样，$\boldsymbol{A}$ 的特征值就是 $\boldsymbol{A}$ 的特征多项式(或特征方程) 的根. 因此，求 $\boldsymbol{A}$ 的特征值就化为求 $\boldsymbol{A}$ 的特征多项式的根. 具体求解 $\boldsymbol{A}$ 的特征值与特征向量的步骤如下：

1) 计算 $\boldsymbol{A}$ 的特征多项式 $|\lambda \boldsymbol{E}-\boldsymbol{A}|$.

2) 求出 $|\lambda \boldsymbol{E}-\boldsymbol{A}|$ 的全部不同的特征值 $\lambda_1,\lambda_2,\cdots,\lambda_t(t\leqslant n)$.

注意，n 阶矩阵 $\boldsymbol{A}$ 的特征多项式是关于 λ 的 n 次多项式，在复数范围内，由 8.7 节定理 8.14 (复系数多项式因式分解唯一定理) 知，它有 n 个根，即有 n 个复数特征值，但是，一般地，不一定有 n 个实数特征值. 例如：$\boldsymbol{A}=\begin{pmatrix}0 & -1\\ 1 & 0\end{pmatrix}$，$\boldsymbol{A}$ 的特征多项式

$$|\lambda \boldsymbol{E}-\boldsymbol{A}|=\begin{vmatrix}\lambda & 1\\ -1 & \lambda\end{vmatrix}=\lambda^2+1$$

就没有实数特征值. 这里，我们只讨论实数特征值的情形，关于复数特征值的情形将在 4.5 节中加以讨论. 另一点需要注意的是特征多项式可能有重根.

3) 把 $\lambda_i(i=1,2,\cdots,t)$ 代入齐次线性方程组(2.2)，即

$$(\lambda_i\boldsymbol{E}-\boldsymbol{A})\begin{pmatrix}x_1\\ x_2\\ \vdots\\ x_n\end{pmatrix}=\begin{pmatrix}0\\ 0\\ \vdots\\ 0\end{pmatrix},$$

求出一个基础解系 $\boldsymbol{\xi}_{i1},\boldsymbol{\xi}_{i2},\cdots,\boldsymbol{\xi}_{is}$，它就是属于特征值 $\lambda_i(i=1,2,\cdots,t)$ 的一组线性无关的特征向量，也是属于 λ_i 的所有特征向量的一个极大线性无关组. 从而，属于 λ_i 的全部特征向量为 $\boldsymbol{\xi}_{i1},\boldsymbol{\xi}_{i2},\cdots,\boldsymbol{\xi}_{it}$ 的一切非零线性组合.

例 4.1 设矩阵 $\boldsymbol{A}=\begin{pmatrix}3 & 3 & 2\\ 1 & 1 & -2\\ -3 & -1 & 0\end{pmatrix}$. 求 $\boldsymbol{A}$ 的特征值与特征向量.

解 $\boldsymbol{A}$ 的特征多项式是

$$|\lambda \boldsymbol{E}-\boldsymbol{A}|=\begin{vmatrix}\lambda-3 & -3 & -2\\ -1 & \lambda-1 & 2\\ 3 & 1 & \lambda\end{vmatrix}=(\lambda-4)(\lambda^2+4).$$

在实数范围内它只有一个根：$\lambda=4$，所以 $\boldsymbol{A}$ 只有一个特征值 $\lambda=4$.

为求相应的特征向量，把 $\lambda=4$ 代入齐次线性方程组

$$(\lambda\boldsymbol{E}-\boldsymbol{A})\begin{pmatrix}x_1\\x_2\\x_3\end{pmatrix}=\begin{pmatrix}0\\0\\0\end{pmatrix},$$

得一齐次线性方程组

$$\begin{cases}x_1-3x_2-2x_3=0,\\-x_1+3x_2+2x_3=0,\\3x_1+x_2+4x_3=0.\end{cases}$$

其基础解系为

$$\boldsymbol{\xi}=\begin{pmatrix}1\\1\\-1\end{pmatrix}.$$

由此得属于 $\lambda=4$ 的一个线性无关的特征向量 $\boldsymbol{\xi}$，从而属于特征值 $\lambda=4$ 的全部特征向量是 $k\boldsymbol{\xi}$（k 是非零实数）.

例 4.2 设矩阵 $\boldsymbol{B}=\begin{pmatrix}3&1&0\\-4&-1&0\\4&-8&-2\end{pmatrix}$. 求 $\boldsymbol{B}$ 的特征值与特征向量.

解 $\boldsymbol{B}$ 的特征多项式是

$$|\lambda\boldsymbol{E}-\boldsymbol{B}|=\begin{vmatrix}\lambda-3&-1&0\\4&\lambda+1&0\\-4&8&\lambda+2\end{vmatrix}=(\lambda-1)^2(\lambda+2),$$

所以 $\boldsymbol{B}$ 的特征值为 $\lambda=1$（二重），$\lambda=-2$.

当 $\lambda=1$ 时，解齐次线性方程组

$$\begin{cases}-2x_1-x_2=0,\\4x_1+2x_2=0,\\-4x_1+8x_2+3x_3=0,\end{cases}$$

其基础解系为

$$\boldsymbol{\xi}_1=\begin{pmatrix}3\\-6\\20\end{pmatrix}.$$

由此得属于 $\lambda=1$ 的一个线性无关的特征向量 $\boldsymbol{\xi}_1$，从而属于 $\lambda=1$ 的全部特征向量为 $k_1\boldsymbol{\xi}_1$（k_1 是非零实数）.

当 $\lambda=-2$ 时，解齐次线性方程组

$$\begin{cases}-5x_1-\ \ x_2=0,\\ \ \ 4x_1-\ \ x_2=0,\\ -4x_1+8x_2=0,\end{cases}$$

其基础解系为

$$\boldsymbol{\xi}_2=\begin{pmatrix}0\\0\\1\end{pmatrix}.$$

由此得$\boldsymbol{B}$的属于特征值$\lambda=2$的一个线性无关特征向量$\boldsymbol{\xi}_2$，从而属于$\lambda=2$的全部特征向量为$k_2\boldsymbol{\xi}_2$(k_2是非零实数).

例 4.3 设矩阵$\boldsymbol{A}=\begin{pmatrix}1&2&2\\2&1&2\\2&2&1\end{pmatrix}$. 求$\boldsymbol{A}$的特征值与特征向量.

解 $\boldsymbol{A}$的特征多项式是

$$|\lambda\boldsymbol{E}-\boldsymbol{A}|=\begin{vmatrix}\lambda-1&-2&-2\\-2&\lambda-1&-2\\-2&-2&\lambda-1\end{vmatrix}.$$

把第2,3列加到第1列，然后提出$\lambda-5$，得

$$|\lambda\boldsymbol{E}-\boldsymbol{A}|=(\lambda+1)^2(\lambda-5).$$

所以$\boldsymbol{A}$的特征值为$\lambda_1=-1$（二重），$\lambda_2=5$.

把$\lambda_1=-1$代入齐次线性方程组

$$(\lambda\boldsymbol{E}-\boldsymbol{A})\begin{pmatrix}x_1\\x_2\\x_3\end{pmatrix}=\begin{pmatrix}0\\0\\0\end{pmatrix},$$

得

$$\begin{cases}-2x_1-2x_2-2x_3=0,\\-2x_1-2x_2-2x_3=0,\\-2x_1-2x_2-2x_3=0.\end{cases}$$

其基础解系为

$$\boldsymbol{\xi}_1=\begin{pmatrix}1\\0\\-1\end{pmatrix},\quad \boldsymbol{\xi}_2=\begin{pmatrix}0\\1\\-1\end{pmatrix}.$$

由此得属于$\lambda_1=-1$的两个线性无关的特征向量$\boldsymbol{\xi}_1,\boldsymbol{\xi}_2$，从而属于$\lambda_1=-1$的全部特征向量为$k_1\boldsymbol{\xi}_1+k_1\boldsymbol{\xi}_2$($k_1,k_2$为不全为零的实数).

再把$\lambda_2=5$代入齐次线性方程组$(\lambda\boldsymbol{E}-\boldsymbol{A})\boldsymbol{x}=\boldsymbol{0}$，得

$$\begin{cases} 4x_1-2x_2-2x_3=0, \\ -2x_1+4x_2-2x_3=0, \\ -2x_1-2x_2+4x_3=0. \end{cases}$$

它的基础解系为

$$\boldsymbol{\xi}_3=\begin{pmatrix}1\\1\\1\end{pmatrix}.$$

由此得属于特征值 $\lambda_2=5$ 的一个线性无关的特征向量 $\boldsymbol{\xi}_3$，从而属于 $\lambda_2=5$ 的全部特征向量为 $k_3\boldsymbol{\xi}_3$（k_3 为非零实数）.

特征值和特征向量是线性代数中非常重要的概念. 在下一节中，我们利用它们来讨论矩阵可对角化的条件. 在 4.4 节讨论实对称矩阵的对角化问题和 5.3 节用正交的线性替换化二次型为标准形的计算时，也要用到它们. 特征值和特征向量的概念在其他数学分支、物理、力学和经济学等各个领域都有广泛的应用.

习题 4.2

1. 求下列矩阵的特征值及特征向量：

1) $\boldsymbol{A}=\begin{pmatrix}3&4\\5&2\end{pmatrix}$；　　2) $\boldsymbol{A}=\begin{pmatrix}0&0&1\\0&1&0\\1&0&0\end{pmatrix}$；

3) $\boldsymbol{A}=\begin{pmatrix}2&-1&2\\5&-3&3\\-1&0&-2\end{pmatrix}$；　　4) $\boldsymbol{A}=\begin{pmatrix}1&1&1&1\\1&1&-1&-1\\1&-1&1&-1\\1&-1&-1&1\end{pmatrix}$.

2. 已知 n 阶矩阵 $\boldsymbol{A}$ 的特征值为 $\lambda_1,\lambda_2,\cdots,\lambda_n$.

1) 求 $k\boldsymbol{A}$ 的特征值(k 为任意实数).　　2) 求 $\boldsymbol{E}+\boldsymbol{A}$ 的特征值.

3. 设 $\boldsymbol{\alpha}$ 是方阵 $\boldsymbol{A}$ 的属于特征值 λ_0 的特征向量，证明：

1) 若 $\boldsymbol{A}$ 可逆，则 $\lambda_0\neq 0$，且 $\boldsymbol{\alpha}$ 是 $\boldsymbol{A}^{-1}$ 的属于特征值 λ_0^{-1} 的特征向量；

2) 对任意数 k，$k-\lambda_0$ 是矩阵 $k\boldsymbol{E}-\boldsymbol{A}$ 的一个特征值.

4. 已知 $\boldsymbol{A},\boldsymbol{B}$ 均为 n 阶矩阵，且 $\boldsymbol{A}$ 可逆，证明：$\boldsymbol{AB}$ 与 $\boldsymbol{BA}$ 有相同的特征值.

4.3　矩阵可对角化的条件

现在我们回过来讨论 4.1 节中提出的问题：方阵 $\boldsymbol{A}$ 具备什么条件才能相似于对角矩阵？ 如果方阵 $\boldsymbol{A}$ 与对角矩阵相似，就称 $\boldsymbol{A}$ **可对角化**.

按上面的说法，现在我们要讨论的就是方阵可对角化的条件.

由 4.1 节(1.4) 和(1.5) 两式，我们已经看到，如果 n 阶矩阵 $\boldsymbol{A}$ 相似于对角矩阵 $\boldsymbol{D}$，即存在可逆矩阵 $\boldsymbol{T}=(\boldsymbol{t}_1,\boldsymbol{t}_2,\cdots,\boldsymbol{t}_n)$ 使

$$\boldsymbol{T}^{-1}\boldsymbol{A}\boldsymbol{T}=\boldsymbol{D}=\begin{pmatrix}\lambda_1 & & & \\ & \lambda_2 & & \\ & & \ddots & \\ & & & \lambda_n\end{pmatrix},$$

那么

$$\boldsymbol{A}\boldsymbol{t}_j=\lambda_j\boldsymbol{t}_j \quad (j=1,2,\cdots,n).$$

所以 $\boldsymbol{A}$ 和 $\boldsymbol{D}$ 有相同的特征值 $\lambda_1,\lambda_2,\cdots,\lambda_n$，同时还有，可逆矩阵 $\boldsymbol{T}$ 的列向量组 $\boldsymbol{t}_1,\boldsymbol{t}_2,\cdots,\boldsymbol{t}_n$ 是 $\boldsymbol{A}$ 的 n 个线性无关的特征向量. 这使我们进一步会问，相似矩阵是否都有相同的特征值？ n 阶矩阵 $\boldsymbol{A}$ 可对角化的条件是否就是 $\boldsymbol{A}$ 有 n 个线性无关的特征向量？ 如果这两个问题都得到肯定的回答，那么就可由这 n 个线性无关的特征向量作为列向量构成可逆矩阵 $\boldsymbol{T}$，而 $\boldsymbol{T}^{-1}\boldsymbol{A}\boldsymbol{T}$ 将是对角矩阵，且其主对角线上的元素恰好就是 $\boldsymbol{A}$ 的全部特征值.

对于第 1 个问题，只要观察相似矩阵的特征多项式，就可以得到下面的结论：

定理 4.1 相似矩阵有相同的特征多项式.

证 设 $\boldsymbol{A}$ 与 $\boldsymbol{B}$ 相似，即有可逆矩阵 $\boldsymbol{P}$，使 $\boldsymbol{B}=\boldsymbol{P}^{-1}\boldsymbol{A}\boldsymbol{P}$，则

$$\lambda\boldsymbol{E}-\boldsymbol{B}=\boldsymbol{P}^{-1}\lambda\boldsymbol{E}\boldsymbol{P}-\boldsymbol{P}^{-1}\boldsymbol{A}\boldsymbol{P}=\boldsymbol{P}^{-1}(\lambda\boldsymbol{E}-\boldsymbol{A})\boldsymbol{P}.$$

于是，

$$|\lambda\boldsymbol{E}-\boldsymbol{B}|=|\boldsymbol{P}^{-1}(\lambda\boldsymbol{E}-\boldsymbol{A})\boldsymbol{P}|=|\boldsymbol{P}^{-1}|\,|\lambda\boldsymbol{E}-\boldsymbol{A}|\,|\boldsymbol{P}|=|\lambda\boldsymbol{E}-\boldsymbol{A}|.$$

所以 $\boldsymbol{A},\boldsymbol{B}$ 有相同的特征多项式. ∎

注意，定理 4.1 的逆定理是不成立的，即特征多项式相同的矩阵不一定是相似矩阵.

例如：设矩阵 $\boldsymbol{A}=\begin{pmatrix}1 & 0\\ 0 & 1\end{pmatrix}$， $\boldsymbol{B}=\begin{pmatrix}1 & 1\\ 0 & 1\end{pmatrix}$. 它们的特征多项式

$$|\lambda\boldsymbol{E}-\boldsymbol{A}|=\begin{vmatrix}\lambda-1 & 0\\ 0 & \lambda-1\end{vmatrix}=(\lambda-1)^2,$$

$$|\lambda\boldsymbol{E}-\boldsymbol{B}|=\begin{vmatrix}\lambda-1 & -1\\ 0 & \lambda-1\end{vmatrix}=(\lambda-1)^2$$

相同，但 $\boldsymbol{A}$ 与 $\boldsymbol{B}$ 是不相似的. 因为 $\boldsymbol{A}$ 是单位矩阵，它只能与自身相似(对任何可逆矩阵 $\boldsymbol{X}$，$\boldsymbol{X}^{-1}\boldsymbol{E}\boldsymbol{X}=\boldsymbol{E}$)，故 $\boldsymbol{A}$ 不相似于 $\boldsymbol{B}$.

由定理 4.1 立即可得

定理 4.2 相似矩阵有相同的特征值.

现在开始讨论第 2 个问题，即矩阵可对角化的条件. 首先，我们讨论这样一个问题：在例 4.2 中，分别属于不同的特征值 $1,-2$ 的特征向量 $\boldsymbol{\xi}_1,\boldsymbol{\xi}_2$ 线性无关. 一般地，如果我们求得方阵 $\mathbf{A}$ 的 m 个不同的特征值 $\lambda_1,\lambda_2,\cdots,\lambda_m$，以及分别属于各特征值的 m 个特征向量 $\boldsymbol{\xi}_1,\boldsymbol{\xi}_2,\cdots,\boldsymbol{\xi}_m$，那么这 m 个特征向量合在一起线性无关吗？ 下面的定理给予了肯定的回答.

定理 4.3 设 $\lambda_1,\lambda_2,\cdots,\lambda_m$ 是方阵 $\mathbf{A}$ 的两两不同的特征值，$\boldsymbol{\xi}_1,\boldsymbol{\xi}_2,\cdots,\boldsymbol{\xi}_m$ 分别是属于 $\lambda_1,\lambda_2,\cdots,\lambda_m$ 的特征向量，则 $\boldsymbol{\xi}_1,\boldsymbol{\xi}_2,\cdots,\boldsymbol{\xi}_m$ 线性无关，即属于不同特征值的特征向量是线性无关的.

证 对特征值的个数 m 用数学归纳法.

$m=1$ 时，因为 $\boldsymbol{\xi}_1$ 是 $\mathbf{A}$ 的特征向量，$\boldsymbol{\xi}_1\neq\mathbf{0}$，所以 $\boldsymbol{\xi}_1$ 线性无关.

假设定理对 $m=k$ 时成立，即假设属于 k 个不同特征值的特征向量线性无关，现在证明对 $m=k+1$ 时定理也成立，也就是要证明属于 $k+1$ 个不同特征值 $\lambda_1,\lambda_2,\cdots,\lambda_{k+1}$ 的特征向量 $\boldsymbol{\xi}_1,\boldsymbol{\xi}_2,\cdots,\boldsymbol{\xi}_{k+1}$ 也线性无关. 设

$$a_1\boldsymbol{\xi}_1+a_2\boldsymbol{\xi}_2+\cdots+a_k\boldsymbol{\xi}_k+a_{k+1}\boldsymbol{\xi}_{k+1}=\mathbf{0}. \tag{3.1}$$

用 $\mathbf{A}$ 作用(3.1) 两边，得

$$a_1\mathbf{A}\boldsymbol{\xi}_1+a_2\mathbf{A}\boldsymbol{\xi}_2+\cdots+a_k\mathbf{A}\boldsymbol{\xi}_k+a_{k+1}\mathbf{A}\boldsymbol{\xi}_{k+1}=\mathbf{0}.$$

由于 $\mathbf{A}\boldsymbol{\xi}_i=\lambda_i\boldsymbol{\xi}_i\,(i=1,2,\cdots,k+1)$，于是

$$a_1\lambda_1\boldsymbol{\xi}_1+a_2\lambda_2\boldsymbol{\xi}_2+\cdots+a_k\lambda_k\boldsymbol{\xi}_k+a_{k+1}\lambda_{k+1}\boldsymbol{\xi}_{k+1}=\mathbf{0}. \tag{3.2}$$

以 λ_{k+1} 乘(3.1) 后，再减去(3.2)，得

$$a_1(\lambda_{k+1}-\lambda_1)\boldsymbol{\xi}_1+a_2(\lambda_{k+1}-\lambda_2)\boldsymbol{\xi}_2+\cdots+a_k(\lambda_{k+1}-\lambda_k)\boldsymbol{\xi}_k=\mathbf{0}. \tag{3.3}$$

据归纳法假设，$\boldsymbol{\xi}_1,\boldsymbol{\xi}_2,\cdots,\boldsymbol{\xi}_k$ 线性无关，于是(3.3) 成立当且仅当

$$a_1(\lambda_{k+1}-\lambda_1)=a_2(\lambda_{k+1}-\lambda_2)=\cdots=a_k(\lambda_{k+1}-\lambda_k)=0.$$

但 $\lambda_1,\lambda_2,\cdots,\lambda_k,\lambda_{k+1}$ 两两不同，即 $\lambda_{k+1}-\lambda_1\neq0$，$\lambda_{k+1}-\lambda_2\neq0$，$\cdots$，$\lambda_{k+1}-\lambda_k\neq0$，故必有

$$a_1=a_2=\cdots=a_k=0.$$

这时(3.1) 变成 $a_{k+1}\boldsymbol{\xi}_{k+1}=\mathbf{0}$. 又因 $\boldsymbol{\xi}_{k+1}\neq\mathbf{0}$ ($\boldsymbol{\xi}_{k+1}$ 为特征向量)，所以

$$a_{k+1}=0.$$

于是 $a_i=0\ (i=1,2,\cdots,k,k+1)$，故 $\boldsymbol{\xi}_1,\boldsymbol{\xi}_2,\cdots,\boldsymbol{\xi}_k,\boldsymbol{\xi}_{k+1}$ 线性无关. ∎

现在我们把定理 4.2 再加以推广. 由于在求方阵 $\mathbf{A}$ 的属于某一个特征值 λ_i 的全部特征向量时，我们先要求出齐次线性方程组

$$(\lambda_i \boldsymbol{E}-\boldsymbol{A})\begin{pmatrix}x_1\\x_2\\\vdots\\x_n\end{pmatrix}=\begin{pmatrix}0\\0\\\vdots\\0\end{pmatrix}$$

的一个基础解系，即$\boldsymbol{A}$的属于特征值λ_i的全部特征向量的一个极大线性无关组. 那么，把$\boldsymbol{A}$的属于不同特征值的线性无关的特征向量合在一起，仍线性无关吗？用类似于定理4.3的证明方法可以证明

定理4.4 若$\lambda_1,\lambda_2,\cdots,\lambda_m$是方阵$\boldsymbol{A}$的不同特征值，而$\boldsymbol{\alpha}_{i1},\boldsymbol{\alpha}_{i2},\cdots,\boldsymbol{\alpha}_{ir_i}$是属于特征值$\lambda_i$的线性无关的特征向量$(i=1,2,\cdots,m)$，那么向量组$\boldsymbol{\alpha}_{11},\cdots,\boldsymbol{\alpha}_{1r_1},\boldsymbol{\alpha}_{21},\cdots,\boldsymbol{\alpha}_{2r_2},\cdots,\boldsymbol{\alpha}_{m1},\cdots,\boldsymbol{\alpha}_{mr_m}$也线性无关.

证 设

$$\sum_{j=1}^{r_1}a_{1j}\boldsymbol{\alpha}_{1j}+\sum_{j=1}^{r_2}a_{2j}\boldsymbol{\alpha}_{2j}+\cdots+\sum_{j=1}^{r_m}a_{mj}\boldsymbol{\alpha}_{mj}=\boldsymbol{0},$$

且记$\boldsymbol{\xi}_i=\sum_{j=1}^{r_i}a_{ij}\boldsymbol{\alpha}_{ij}\,(i=1,2,\cdots,m)$，则上式即为

$$\boldsymbol{\xi}_1+\boldsymbol{\xi}_2+\cdots+\boldsymbol{\xi}_m=\boldsymbol{0}.$$

由此可知$\boldsymbol{\xi}_1,\boldsymbol{\xi}_2,\cdots,\boldsymbol{\xi}_m$全为零向量(否则其中不为零的$\boldsymbol{\xi}_i$是属于$\lambda_i$的特征向量，它们是$\boldsymbol{A}$的属于不同特征值的特征向量，由定理4.3知，它们是线性无关的，这与$\boldsymbol{\xi}_1+\boldsymbol{\xi}_2+\cdots+\boldsymbol{\xi}_m=\boldsymbol{0}$矛盾). 由

$$\sum_{j=1}^{r_i}a_{ij}\boldsymbol{\alpha}_{ij}=\boldsymbol{0}\quad(i=1,2,\cdots,m),$$

及$\boldsymbol{\alpha}_{i1},\boldsymbol{\alpha}_{i2},\cdots,\boldsymbol{\alpha}_{ir_i}$线性无关，得

$$a_{i1}=a_{i2}=\cdots=a_{ir_i}=0\quad(i=1,2,\cdots,m),$$

这就证明了$\boldsymbol{\alpha}_{11},\cdots,\boldsymbol{\alpha}_{1r_1},\boldsymbol{\alpha}_{21},\cdots,\boldsymbol{\alpha}_{2r_2},\cdots,\boldsymbol{\alpha}_{m1},\cdots,\boldsymbol{\alpha}_{mr_m}$线性无关. ■

由定理4.4，我们可知道4.2节例4.3中属于$\lambda=-1$的线性无关的特征向量$\boldsymbol{\xi}_1,\boldsymbol{\xi}_2$与属于$\lambda=5$的线性无关的特征向量$\boldsymbol{\xi}_3$所组成的向量组$\boldsymbol{\xi}_1,\boldsymbol{\xi}_2,\boldsymbol{\xi}_3$也必线性无关.

由(1.4)和(1.5)可以给出n阶矩阵$\boldsymbol{A}$可对角化的必要条件. 下面我们将给出n阶矩阵可对角化的充分必要条件.

定理4.5 n阶矩阵$\boldsymbol{A}$可对角化的充分必要条件是$\boldsymbol{A}$有n个线性无关的特征向量.

证 必要性 如果$\boldsymbol{A}$可对角化，则存在可逆矩阵$\boldsymbol{T}=(\boldsymbol{t}_1,\boldsymbol{t}_2,\cdots,\boldsymbol{t}_n)$，使

$$T^{-1}AT=D=\begin{pmatrix}\lambda_1 & & & \\ & \lambda_2 & & \\ & & \ddots & \\ & & & \lambda_n\end{pmatrix},$$

所以

$$At_j=\lambda_j t_j \quad (j=1,2,\cdots,n). \tag{3.4}$$

因为T可逆，所以$|T|\neq 0$且$\mathrm{r}(T)=n$，从而列向量组$t_1,t_2,\cdots,t_n$线性无关，且均不为零向量. 由(3.4)知，$t_1,t_2,\cdots,t_n$分别为属于特征值$\lambda_1,\lambda_2,\cdots,\lambda_n$的线性无关的特征向量，故$A$有$n$个线性无关的特征向量.

充分性　设A有n个线性无关的特征向量$t_1,t_2,\cdots,t_n$，它们所对应的特征值依次为$\lambda_1,\lambda_2,\cdots,\lambda_n$，于是

$$At_j=\lambda_j t_j \quad (j=1,2,\cdots,n).$$

令$T=(t_1,t_2,\cdots,t_n)$，因为$t_1,t_2,\cdots,t_n$线性无关，所以$\mathrm{r}(T)=n$，$|T|\neq 0$，即T可逆. 由于

$$AT=A(t_1,t_2,\cdots,t_n)=(At_1,At_2,\cdots,At_n)=(\lambda_1 t_1,\lambda_2 t_2,\cdots,\lambda_n t_n)$$

$$=(t_1,t_2,\cdots,t_n)\begin{pmatrix}\lambda_1 & & & \\ & \lambda_2 & & \\ & & \ddots & \\ & & & \lambda_n\end{pmatrix}=T\begin{pmatrix}\lambda_1 & & & \\ & \lambda_2 & & \\ & & \ddots & \\ & & & \lambda_n\end{pmatrix},$$

所以

$$T^{-1}AT=\begin{pmatrix}\lambda_1 & & & \\ & \lambda_2 & & \\ & & \ddots & \\ & & & \lambda_n\end{pmatrix},$$

即矩阵A与对角矩阵相似，也就是说，矩阵A可对角化. ∎

推论　若n阶矩阵A有n个不同的特征值，则A可对角化.

事实上，若A有n个不同的特征值，取属于这n个不同特征值的n个特征向量，由定理4.3，它们必线性无关，再由定理4.5，A可对角化.

注意，推论中的条件(n阶矩阵A有n个不同的特征值)充分但不必要. 例如：单位矩阵

$$E=\begin{pmatrix}1 & & & \\ & 1 & & \\ & & \ddots & \\ & & & 1\end{pmatrix}$$

有n重特征值$\lambda=1$，但E可对角化，因单位矩阵E是对角矩阵.

综上所述，给定 n 阶矩阵 $\boldsymbol{A}$，判断它是否可对角化，其步骤可归纳如下：

1） 求 $\boldsymbol{A}$ 的所有不同的特征值.

2） 对 $\boldsymbol{A}$ 的每一个特征值 λ，求齐次线性方程组

$$(\lambda \boldsymbol{E}-\boldsymbol{A})\begin{pmatrix}x_1\\x_2\\\vdots\\x_n\end{pmatrix}=\begin{pmatrix}0\\0\\\vdots\\0\end{pmatrix}$$

的一个基础解系，从而得到属于 λ 的一组线性无关的特征向量.

3） 把各组线性无关的特征向量合并起来，据定理 4.4，合并后的向量组仍是线性无关的. 如果合并后的向量组所含向量的个数等于 n，则按定理 4.5，$\boldsymbol{A}$ 可对角化. 若合并后的向量组中向量个数小于 n，则 $\boldsymbol{A}$ 不可对角化.

4） 若 $\boldsymbol{A}$ 可对角化，即矩阵 $\boldsymbol{A}$ 与对角矩阵相似，则存在一个可逆矩阵 $\boldsymbol{T}$，使 $\boldsymbol{T}^{-1}\boldsymbol{AT}$ 为对角矩阵，其中 $\boldsymbol{T}$ 可由下面方法求得：按 2）求得的各组线性无关的特征向量，其总数必为 n 个，以这 n 个线性无关的特征向量为列向量作成的矩阵就是所求之矩阵 $\boldsymbol{T}$.

在 4.1 节的引例（即第 3 章例 3.13）中，容易求得 $\boldsymbol{P}=\begin{pmatrix}0.8 & 0.4\\0.2 & 0.6\end{pmatrix}$ 的特征多项式为

$$|\lambda \boldsymbol{E}-\boldsymbol{P}|=\lambda^2-1.4\lambda+0.4,$$

它有两个互不相同的特征值 $\lambda_1=1$，$\lambda_2=0.4$，其对应的特征向量分别为

$$\boldsymbol{\alpha}_1=\begin{pmatrix}2\\1\end{pmatrix},\quad \boldsymbol{\alpha}_2=\begin{pmatrix}-1\\1\end{pmatrix}. \tag{3.5}$$

取 $\boldsymbol{T}=\begin{pmatrix}2 & -1\\1 & 1\end{pmatrix}$，则有

$$\boldsymbol{T}^{-1}\boldsymbol{PT}=\begin{pmatrix}1 & 0\\0 & 0.4\end{pmatrix}.$$

注意，与 $\boldsymbol{P}$ 相似的对角矩阵不一定唯一. 设 $\boldsymbol{T}_1=\begin{pmatrix}-1 & 2\\1 & 1\end{pmatrix}$（即将 $\boldsymbol{T}$ 的第 1 列与第 2 列交换），则有

$$\boldsymbol{T}_1^{-1}\boldsymbol{PT}_1=\begin{pmatrix}0.4 & 0\\0 & 1\end{pmatrix}.$$

一般地，如果一个 n 阶矩阵 $\boldsymbol{A}$ 相似于一个对角矩阵 $\boldsymbol{D}$，那么 $\boldsymbol{A}$ 和 $\boldsymbol{D}$ 有相同的特征值，因而对角矩阵 $\boldsymbol{D}$ 主对角线上的元素都是 $\boldsymbol{A}$ 的特征值. 如果不计特征值在对角矩阵主对角线上的排列次序，那么相似于 $\boldsymbol{A}$ 的对角矩阵 $\boldsymbol{D}$ 是唯一确定的.

例 4.4 设矩阵 $\boldsymbol{A}=\begin{pmatrix}1&2&2\\2&1&2\\2&2&1\end{pmatrix}$.

1) 问：$\boldsymbol{A}$ 是否可对角化？

2) 在可对角化的情况下，求出使 $\boldsymbol{T}^{-1}\boldsymbol{AT}$ 为对角矩阵的可逆矩阵 $\boldsymbol{T}$.

解 1) 由例 4.3 知，$\boldsymbol{A}$ 有 3 个线性无关的特征向量：

$$\boldsymbol{\xi}_1=\begin{pmatrix}1\\0\\-1\end{pmatrix},\quad \boldsymbol{\xi}_2=\begin{pmatrix}0\\1\\-1\end{pmatrix},\quad \boldsymbol{\xi}_3=\begin{pmatrix}1\\1\\1\end{pmatrix}$$

（对应的特征值分别为 $-1,-1,5$），其个数刚好等于 $\boldsymbol{A}$ 的阶数，所以 $\boldsymbol{A}$ 可对角化.

2) 以 $\boldsymbol{\xi}_1,\boldsymbol{\xi}_2,\boldsymbol{\xi}_3$ 作为 $\boldsymbol{T}$ 的列向量，得可逆矩阵

$$\boldsymbol{T}=\begin{pmatrix}1&0&0\\0&1&1\\-1&-1&1\end{pmatrix},$$

且必有 $\boldsymbol{T}^{-1}\boldsymbol{AT}=\begin{pmatrix}-1&&\\&-1&\\&&5\end{pmatrix}$.

这个例子说明 $\boldsymbol{A}$ 的特征值不全相异时，也可能化成对角矩阵.

例 4.5 已知矩阵

$$\boldsymbol{B}=\begin{pmatrix}3&1&0\\-4&-1&0\\4&-8&-2\end{pmatrix}.$$

由例 4.2 知，$\boldsymbol{B}$ 的特征多项式为

$$|\lambda\boldsymbol{E}-\boldsymbol{B}|=(\lambda-1)^2(\lambda+2),$$

$\boldsymbol{B}$ 的特征值为 $\lambda=1$（二重），$\lambda=-2$，属于 $\lambda=1$ 的极大线性无关的特征向量组 $\boldsymbol{\xi}_1$ 与属于 $\lambda=-2$ 的极大线性无关的特征向量组 $\boldsymbol{\xi}_2$ 合并后，得到的向量组 $\boldsymbol{\xi}_1,\boldsymbol{\xi}_2$，其向量个数为 2，小于 3，所以 $\boldsymbol{B}$ 不可对角化.

习题 4.3

1. 设 λ_1,λ_2 是方阵 $\boldsymbol{A}$ 的两个不同的特征值，$\boldsymbol{\alpha}_1,\boldsymbol{\alpha}_2$ 分别是属于 λ_1,λ_2 的特征向量，证明：$\boldsymbol{\alpha}_1+\boldsymbol{\alpha}_2$ 不是 $\boldsymbol{A}$ 的特征向量.

2. 已知矩阵 $\boldsymbol{A}=\begin{pmatrix}3&2&-1\\-2&-2&2\\3&6&-1\end{pmatrix}$，问：$\boldsymbol{A}$ 是否可对角化？ 若可对角化，求矩阵 $\boldsymbol{T}$，

使 $T^{-1}AT$ 为对角矩阵.

3. 习题 4.2 第 1 题中各矩阵能否对角化？ 若能，试求可逆矩阵 T，使 $T^{-1}AT$ 为对角矩阵.

4. 设对角矩阵 $D=\begin{pmatrix}1&&\\&1&\\&&2\end{pmatrix}$. 判断下列哪个矩阵与 D 相似？ 为什么？

1) $\begin{pmatrix}1&&\\&2&\\&&1\end{pmatrix}$；　　2) $\begin{pmatrix}1&1&\\&1&\\&&2\end{pmatrix}$；　　3) $\begin{pmatrix}1&&\\&1&1\\&&2\end{pmatrix}$.

4.4　实对称矩阵

本章前三节的内容实际上在复数范围内也同样适用，但本节内容只适用于实数范围，所以用“实对称矩阵”这一标题来强调它的使用范围.

在上一节的讨论中，我们看到，并不是每一个 n 阶矩阵都能对角化，但是，有一类矩阵却是必可对角化的，这就是实对称矩阵. 在经济管理等许多领域的定量分析模型中，我们经常会遇到实对称矩阵，需要研究它的特征值和特征向量，以及对角化问题，以便对这些模型加以计算和分析，为科学、合理的决策提供依据. 我们先看一个实际例子.

例 4.6　工业发展时常伴有环境污染，为了定量分析污染与工业发展水平的关系，有人提出了以下的工业增长模型：设 x_0 是某地区目前的污染程度，y_0 是目前的工业发展水平，x_1 和 y_1 分别是 5 年以后的污染程度和工业发展水平，它们之间的关系是

$$\begin{cases}x_1=x_0+2y_0,\\ y_1=2x_0+y_0,\end{cases}$$

即

$$\begin{pmatrix}x_1\\y_1\end{pmatrix}=A\begin{pmatrix}x_0\\y_0\end{pmatrix},$$

其中 $A=\begin{pmatrix}1&2\\2&1\end{pmatrix}$.

设 x_n,y_n 分别表示第 n 个 5 年以后的污染程度和工业发展水平，那么

$$\begin{pmatrix}x_n\\y_n\end{pmatrix}=A\begin{pmatrix}x_{n-1}\\y_{n-1}\end{pmatrix}=\cdots=A^n\begin{pmatrix}x_0\\y_0\end{pmatrix}\quad(n=1,2,\cdots).$$

我们的问题是要预测若干年后的污染程度与工业发展水平. 为此，我们

需要计算矩阵 $\boldsymbol{A}$ 的特征值和特征向量.

由计算可得，$\boldsymbol{A}$ 的特征值为 $\lambda_1=3$，$\lambda_2=-1$；$\boldsymbol{\alpha}_1=\begin{pmatrix}1\\1\end{pmatrix}$ 是属于 $\lambda_1=3$ 的特征向量，$\boldsymbol{\alpha}_2=\begin{pmatrix}1\\-1\end{pmatrix}$ 是属于 $\lambda_2=-1$ 的特征向量.

如果以一类适当的指标组成的单位来度量(例如：污染程度以空气或河湖水质的某种污染指数为测量单位，工业发展水平以某种工业发展指数为测算单位)，某地区目前的污染程度和工业发展水平都是 1，即 $\begin{pmatrix}x_0\\y_0\end{pmatrix}=\begin{pmatrix}1\\1\end{pmatrix}$，则 $\begin{pmatrix}x_0\\y_0\end{pmatrix}=\boldsymbol{\alpha}_1$，故有

$$\begin{pmatrix}x_n\\y_n\end{pmatrix}=\boldsymbol{A}^n\begin{pmatrix}x_0\\y_0\end{pmatrix}=\boldsymbol{A}^n\boldsymbol{\alpha}_1=\lambda_1^n\boldsymbol{\alpha}_1=3^n\begin{pmatrix}1\\1\end{pmatrix}\quad(n=1,2,\cdots).$$

这表明，当 x_0,y_0 的取值都是1时，污染程度和工业水平同时以每5年3倍的速度发展，人们必须在发展工业的同时，注意减轻污染、治理污染，否则将会造成严重的后果.

对于特征值 $\lambda_2=-1$ 和属于特征值 -1 的特征向量 $\boldsymbol{\alpha}_2=\begin{pmatrix}1\\-1\end{pmatrix}$，由于 $\boldsymbol{\alpha}_2$ 的第 2 个分量为 -1 (<0)，与实际情形不符，所以不予考虑.

在上述例子中，我们看到，矩阵 $\boldsymbol{A}$ 是实对称矩阵，它的特征值都是实数，如果把它的两个特征向量 $\boldsymbol{\alpha}_1=\begin{pmatrix}1\\1\end{pmatrix}$ 和 $\boldsymbol{\alpha}_2=\begin{pmatrix}1\\-1\end{pmatrix}$ 都看做 2 维几何空间中的向量，计算内积(也称数量积)，则有

$$\boldsymbol{\alpha}_1\cdot\boldsymbol{\alpha}_2=1\times1+1\times(-1)=0,$$

这表明，向量 $\boldsymbol{\alpha}_1$ 和 $\boldsymbol{\alpha}_2$ 的夹角为 $\frac{\pi}{2}$，即 $\boldsymbol{\alpha}_1$ 与 $\boldsymbol{\alpha}_2$ 正交.

一般地，实对称矩阵的特征值和特征向量都具有上述的特殊性质，对此本节将进一步加以研究. 在讨论之前，我们首先要把 2 维或 3 维几何空间的内积运算推广到 n 维实向量空间 $\mathbf{R}^n$ 中.

4.4.1 向量内积与正交矩阵

在 2.2 节中，我们引进了 n 维向量空间的概念及其线性运算，看到了 n 维向量空间是通常 3 维几何空间概念的推广，它们有很广泛的应用. 在解析几何中还有向量的长度和两个向量的夹角等度量概念，这些度量概念在很多问题中也相当有用. 因此，有必要在 n 维实向量空间 $\mathbf{R}^n$ 中再引入内积的概念.

在通常 3 维几何空间中，向量的长度、夹角作为直观的概念，各以某些

“单位”来度量，而内积(也称数量积)定义为

$$(\boldsymbol{\alpha},\boldsymbol{\beta})=|\boldsymbol{\alpha}||\boldsymbol{\beta}|\cos\langle\boldsymbol{\alpha},\boldsymbol{\beta}\rangle, \tag{4.1}$$

其中$\langle\boldsymbol{\alpha},\boldsymbol{\beta}\rangle$为向量$\boldsymbol{\alpha}$与$\boldsymbol{\beta}$的夹角，$|\boldsymbol{\alpha}|$，$|\boldsymbol{\beta}|$分别表示向量$\boldsymbol{\alpha},\boldsymbol{\beta}$的长度(这里将$\boldsymbol{\alpha}\cdot\boldsymbol{\beta}$改记为$(\boldsymbol{\alpha},\boldsymbol{\beta})$).

现在考虑解析几何中向量长度、夹角与内积的关系. 在(4.1)中，取$\boldsymbol{\beta}=\boldsymbol{\alpha}$时，有

$$(\boldsymbol{\alpha},\boldsymbol{\alpha})=|\boldsymbol{\alpha}||\boldsymbol{\alpha}|=|\boldsymbol{\alpha}|^2.$$

由此可得

$$|\boldsymbol{\alpha}|=\sqrt{(\boldsymbol{\alpha},\boldsymbol{\alpha})}. \tag{4.2}$$

当$\boldsymbol{\alpha},\boldsymbol{\beta}$不是零向量时，由(4.1)得

$$\cos\langle\boldsymbol{\alpha},\boldsymbol{\beta}\rangle=\frac{(\boldsymbol{\alpha},\boldsymbol{\beta})}{|\boldsymbol{\alpha}||\boldsymbol{\beta}|} \quad 或 \quad \langle\boldsymbol{\alpha},\boldsymbol{\beta}\rangle=\arccos\frac{(\boldsymbol{\alpha},\boldsymbol{\beta})}{|\boldsymbol{\alpha}||\boldsymbol{\beta}|}. \tag{4.3}$$

在空间直角坐标系中，设$\boldsymbol{\alpha}=(a_1,a_2,a_3)$，$\boldsymbol{\beta}=(b_1,b_2,b_3)$，则可以用向量的坐标来计算内积，

$$(\boldsymbol{\alpha},\boldsymbol{\beta})=a_1b_1+a_2b_2+a_3b_3. \tag{4.4}$$

从(4.2)，(4.3)看到，向量的长度与夹角可通过内积表示出来，而内积又可通过它们的坐标由(4.4)表示出来. 在一般的实向量空间$\mathbf{R}^n$中，我们将借助(4.4)，并加以推广，用n维向量的分量(相当于“坐标”)来定义内积，从而再给出$\mathbf{R}^n$中向量长度、夹角的概念.

定义 4.4 在$\mathbf{R}^n$中，设$\boldsymbol{\alpha}=(a_1,a_2,\cdots,a_n)$，$\boldsymbol{\beta}=(b_1,b_2,\cdots,b_n)$，实数

$$a_1b_1+a_2b_2+\cdots+a_nb_n$$

称为$\boldsymbol{\alpha}$与$\boldsymbol{\beta}$的**内积**，记为$(\boldsymbol{\alpha},\boldsymbol{\beta})$.

注意，由于n维行向量可以看成$1\times n$矩阵，n维列向量可以看成$n\times 1$矩阵，所以内积可用矩阵乘法来计算：

$$(\boldsymbol{\alpha},\boldsymbol{\beta})=(a_1,a_2,\cdots,a_n)\begin{pmatrix}b_1\\b_2\\\vdots\\b_n\end{pmatrix}=\left(\sum_{i=1}^{n}a_ib_i\right)=\sum_{i=1}^{n}a_ib_i,$$

在上式中，我们将1阶矩阵看做一个数，这样，$(\boldsymbol{\alpha},\boldsymbol{\beta})$也可以用$\boldsymbol{\alpha}\boldsymbol{\beta}^{\mathrm{T}}$来表示.

例如：设$\boldsymbol{\alpha}=(1,-1,0,2)$，$\boldsymbol{\beta}=(3,1,1,0)$，则$\boldsymbol{\alpha}$和$\boldsymbol{\beta}$的内积为

$$(\boldsymbol{\alpha},\boldsymbol{\beta})=(1,-1,0,2)\begin{pmatrix}3\\1\\1\\0\end{pmatrix}=1\times3+(-1)\times1+0\times1+2\times0=2.$$

用矩阵运算法则不难验证内积运算具有以下性质(这些性质在3维几何

空间中都是人们所熟知的)：

1° $(\boldsymbol{\alpha},\boldsymbol{\beta})=(\boldsymbol{\beta},\boldsymbol{\alpha})$； (对称性)

2° $(k\boldsymbol{\alpha},\boldsymbol{\beta})=k(\boldsymbol{\alpha},\boldsymbol{\beta})$；

3° $(\boldsymbol{\alpha}+\boldsymbol{\beta},\boldsymbol{\gamma})=(\boldsymbol{\alpha},\boldsymbol{\gamma})+(\boldsymbol{\beta},\boldsymbol{\gamma})$； (线性性)

4° $(\boldsymbol{\alpha},\boldsymbol{\alpha})\geqslant 0$，当且仅当 $\boldsymbol{\alpha}=\boldsymbol{0}$ 时，$(\boldsymbol{\alpha},\boldsymbol{\alpha})=0$； (正定性)

这里 $\boldsymbol{\alpha},\boldsymbol{\beta},\boldsymbol{\gamma}$ 是 $\mathbf{R}^n$ 中任意向量，k 是实数.

由性质 4° 知，对任意一个向量 $\boldsymbol{\alpha}$，都有 $(\boldsymbol{\alpha},\boldsymbol{\alpha})\geqslant 0$，所以 $\sqrt{(\boldsymbol{\alpha},\boldsymbol{\alpha})}$ 有意义. 据此引进

定义 4.5 非负实数 $\sqrt{(\boldsymbol{\alpha},\boldsymbol{\alpha})}$ 称为向量 $\boldsymbol{\alpha}$ 的**长度**，记为 $\|\boldsymbol{\alpha}\|$.

显然，向量的长度一般是正数，只有零向量的长度才是零.

长度为1的向量称为**单位向量**. 例如：$\boldsymbol{\alpha}=\left(-\frac{1}{3},\frac{2}{3},\frac{2}{3}\right)$ 是一个3维单位向量，这是因为 $\|\boldsymbol{\alpha}\|=1$. 又如在 $\mathbf{R}^n$ 中 n 维单位向量组

$$\boldsymbol{\varepsilon}_1=(1,0,\cdots,0),\ \boldsymbol{\varepsilon}_2=(0,1,\cdots,0),\ \cdots,\ \boldsymbol{\varepsilon}_n=(0,0,\cdots,1)$$

中每个向量都是单位向量.

向量的长度具有如下性质：

1° $\|k\boldsymbol{\alpha}\|=|k|\,\|\boldsymbol{\alpha}\|$.

因为 $\|k\boldsymbol{\alpha}\|=\sqrt{(k\boldsymbol{\alpha},k\boldsymbol{\alpha})}=\sqrt{k^2(\boldsymbol{\alpha},\boldsymbol{\alpha})}=\sqrt{k^2\|\boldsymbol{\alpha}\|^2}=|k|\,\|\boldsymbol{\alpha}\|$.

2° 若 $\boldsymbol{\alpha}\neq\boldsymbol{0}$，则 $\frac{1}{\|\boldsymbol{\alpha}\|}\boldsymbol{\alpha}$ 为单位向量.

事实上，由性质 1°，

$$\left\|\frac{1}{\|\boldsymbol{\alpha}\|}\boldsymbol{\alpha}\right\|=\frac{1}{\|\boldsymbol{\alpha}\|}\|\boldsymbol{\alpha}\|=1.$$

把非零向量 $\boldsymbol{\alpha}$ 除以其长度 $\|\boldsymbol{\alpha}\|$，得到一个单位向量 $\frac{1}{\|\boldsymbol{\alpha}\|}\boldsymbol{\alpha}$，这种做法通常称为把 $\boldsymbol{\alpha}$ **单位化**.

我们把两个向量 $\boldsymbol{\alpha},\boldsymbol{\beta}$ 的夹角记为 $\langle\boldsymbol{\alpha},\boldsymbol{\beta}\rangle$，据3维几何空间的结论，应该规定为

$$\langle\boldsymbol{\alpha},\boldsymbol{\beta}\rangle=\arccos\frac{(\boldsymbol{\alpha},\boldsymbol{\beta})}{\|\boldsymbol{\alpha}\|\,\|\boldsymbol{\beta}\|}.$$

但必须考虑到 $|\cos\langle\boldsymbol{\alpha},\boldsymbol{\beta}\rangle|\leqslant 1$，也即必须有

$$\left|\frac{(\boldsymbol{\alpha},\boldsymbol{\beta})}{\|\boldsymbol{\alpha}\|\,\|\boldsymbol{\beta}\|}\right|\leqslant 1$$

时，按上述方式定义夹角才有意义.

为此先证一个不等式.

定理4.6（柯西-布涅柯夫斯基（Cauchy-Буфняковский）不等式） 对 $\mathbf{R}^n$ 中任何两个向量 $\boldsymbol{\alpha},\boldsymbol{\beta}$，有

$$|(\boldsymbol{\alpha},\boldsymbol{\beta})| \leqslant \|\boldsymbol{\alpha}\| \, \|\boldsymbol{\beta}\|, \tag{4.5}$$

等号成立当且仅当 $\boldsymbol{\alpha},\boldsymbol{\beta}$ 线性相关.

证 分两步进行.

1) 若 $\boldsymbol{\alpha}$ 与 $\boldsymbol{\beta}$ 线性相关，那么 $\boldsymbol{\alpha}$ 和 $\boldsymbol{\beta}$ 中，总有一个向量可由另一个向量线性表示（不妨设 $\boldsymbol{\alpha}=k\boldsymbol{\beta}$，$k\in\mathbf{R}$）.

由于

$$|(\boldsymbol{\alpha},\boldsymbol{\beta})| = |(k\boldsymbol{\beta},\boldsymbol{\beta})| = |k(\boldsymbol{\beta},\boldsymbol{\beta})| = |k|\,\|\boldsymbol{\beta}\|^2,$$
$$\|\boldsymbol{\alpha}\|\,\|\boldsymbol{\beta}\| = \|k\boldsymbol{\beta}\|\,\|\boldsymbol{\beta}\| = |k|\,\|\boldsymbol{\beta}\|^2,$$

所以 $|(\boldsymbol{\alpha},\boldsymbol{\beta})| = \|\boldsymbol{\alpha}\|\,\|\boldsymbol{\beta}\|$.

2) 设 $\boldsymbol{\alpha}$ 与 $\boldsymbol{\beta}$ 线性无关，要证 $|(\boldsymbol{\alpha},\boldsymbol{\beta})| < \|\boldsymbol{\alpha}\|\,\|\boldsymbol{\beta}\|$，即证 $(\boldsymbol{\alpha},\boldsymbol{\beta})^2 < (\boldsymbol{\alpha},\boldsymbol{\alpha})(\boldsymbol{\beta},\boldsymbol{\beta})$，也即

$$(\boldsymbol{\alpha},\boldsymbol{\beta})^2 - (\boldsymbol{\alpha},\boldsymbol{\alpha})(\boldsymbol{\beta},\boldsymbol{\beta}) < 0.$$

而 $(\boldsymbol{\alpha},\boldsymbol{\beta})^2 - (\boldsymbol{\alpha},\boldsymbol{\alpha})(\boldsymbol{\beta},\boldsymbol{\beta})$ 是未知量为 t 的一元二次方程

$$(\boldsymbol{\beta},\boldsymbol{\beta})t^2 + 2(\boldsymbol{\alpha},\boldsymbol{\beta})t + (\boldsymbol{\alpha},\boldsymbol{\alpha}) = 0 \tag{4.6}$$

的判别式. 由于 $\boldsymbol{\alpha}$ 与 $\boldsymbol{\beta}$ 线性无关，所以无论 t 取什么实数值都有 $\boldsymbol{\alpha}+t\boldsymbol{\beta}\neq\mathbf{0}$，因而

$$(\boldsymbol{\beta},\boldsymbol{\beta})t^2 + 2(\boldsymbol{\alpha},\boldsymbol{\beta})t + (\boldsymbol{\alpha},\boldsymbol{\alpha}) = (\boldsymbol{\alpha}+t\boldsymbol{\beta},\boldsymbol{\alpha}+t\boldsymbol{\beta}) > 0,$$
$$\text{对任意的 } t\in\mathbf{R}.$$

由于 $(\boldsymbol{\beta},\boldsymbol{\beta})>0$，一元二次方程(4.6)没有实根，故必须它的判别式

$$(\boldsymbol{\alpha},\boldsymbol{\beta})^2 - (\boldsymbol{\alpha},\boldsymbol{\alpha})(\boldsymbol{\beta},\boldsymbol{\beta}) < 0.$$

由1),2)可知，无论 $\boldsymbol{\alpha}$ 与 $\boldsymbol{\beta}$ 线性相关或线性无关，(4.5)总成立，并且当且仅当 $\boldsymbol{\alpha},\boldsymbol{\beta}$ 线性相关时等号成立. ∎

如果 $\boldsymbol{\alpha}=(a_1,a_2,\cdots,a_n)$，$\boldsymbol{\beta}=(b_1,b_2,\cdots,b_n)$，

$$(\boldsymbol{\alpha},\boldsymbol{\beta}) = a_1b_1 + a_2b_2 + \cdots + a_nb_n,$$

则柯西-布涅柯夫斯基不等式可写为

$$|a_1b_1 + a_2b_2 + \cdots + a_nb_n|$$
$$\leqslant \sqrt{a_1^2 + a_2^2 + \cdots + a_n^2} \cdot \sqrt{b_1^2 + b_2^2 + \cdots + b_n^2}.$$

有了柯西-布涅柯夫斯基不等式后，我们来引入两个向量夹角的定义.

定义 4.6 在 $\mathbf{R}^n$ 中，非零向量 $\boldsymbol{\alpha},\boldsymbol{\beta}$ 的**夹角** $\langle\boldsymbol{\alpha},\boldsymbol{\beta}\rangle$ 规定为

$$\langle\boldsymbol{\alpha},\boldsymbol{\beta}\rangle = \arccos\frac{(\boldsymbol{\alpha},\boldsymbol{\beta})}{\|\boldsymbol{\alpha}\|\,\|\boldsymbol{\beta}\|}, \quad 0\leqslant\langle\boldsymbol{\alpha},\boldsymbol{\beta}\rangle\leqslant\pi.$$

由定理 4.6，不等式 $-1 \leqslant \dfrac{(\boldsymbol{\alpha},\boldsymbol{\beta})}{\|\boldsymbol{\alpha}\|\|\boldsymbol{\beta}\|} \leqslant 1$ 成立，故上面夹角的定义是可行的.

例 4.7 在 $\mathbf{R}^4$ 中，$\boldsymbol{\alpha}=(1,2,2,3)$，$\boldsymbol{\beta}=(3,1,5,1)$，求夹角$\langle\boldsymbol{\alpha},\boldsymbol{\beta}\rangle$.

解 因为

$$(\boldsymbol{\alpha},\boldsymbol{\beta})=1\times 3+2\times 1+2\times 5+3\times 1=18,$$
$$(\boldsymbol{\alpha},\boldsymbol{\alpha})=1^2+2^2+2^2+3^2=18,$$
$$(\boldsymbol{\beta},\boldsymbol{\beta})=3^2+1^2+5^2+1^2=36,$$

所以

$$\cos\langle\boldsymbol{\alpha},\boldsymbol{\beta}\rangle=\frac{(\boldsymbol{\alpha},\boldsymbol{\beta})}{\|\boldsymbol{\alpha}\|\|\boldsymbol{\beta}\|}=\frac{18}{\sqrt{18}\cdot\sqrt{36}}=\frac{\sqrt{2}}{2},$$

故$\langle\boldsymbol{\alpha},\boldsymbol{\beta}\rangle=\dfrac{\pi}{4}$.

如果 $\mathbf{R}^n$ 中两个非零向量$\boldsymbol{\alpha},\boldsymbol{\beta}$ 的夹角为$\dfrac{\pi}{2}$，很自然地会称向量$\boldsymbol{\alpha},\boldsymbol{\beta}$ 正交. 下面我们给出两个向量正交的定义.

定义 4.7 如果 $\mathbf{R}^n$ 中两个向量$\boldsymbol{\alpha}$ 与$\boldsymbol{\beta}$ 的内积等于零，即

$$(\boldsymbol{\alpha},\boldsymbol{\beta})=0,$$

则称向量$\boldsymbol{\alpha}$ 与$\boldsymbol{\beta}$ **正交**(或**垂直**)，记为$\boldsymbol{\alpha}\perp\boldsymbol{\beta}$.

由向量正交的定义可知，零向量与任何向量$\boldsymbol{\alpha}$ 正交(因为$(\mathbf{0},\boldsymbol{\alpha})=0$). 又由非负性可得

$\boldsymbol{\alpha}$ 与自身正交的充分必要条件为$\boldsymbol{\alpha}=\mathbf{0}$，即只有零向量与自身正交.

例 4.8 $\mathbf{R}^n$ 中 n 维单位向量组$\boldsymbol{\varepsilon}_1,\boldsymbol{\varepsilon}_2,\cdots,\boldsymbol{\varepsilon}_n$ 是两两正交的，这是因为

$$(\boldsymbol{\varepsilon}_i,\boldsymbol{\varepsilon}_j)=0\quad(i\neq j).$$

一般地，可引入

定义 4.8 如果 $\mathbf{R}^n$ 中的非零向量组$\boldsymbol{\alpha}_1,\boldsymbol{\alpha}_2,\cdots,\boldsymbol{\alpha}_m$ 两两正交，即

$$(\boldsymbol{\alpha}_i,\boldsymbol{\alpha}_j)=0\quad(i\neq j;\ i,j=1,2,\cdots,m),$$

则称$\boldsymbol{\alpha}_1,\boldsymbol{\alpha}_2,\cdots,\boldsymbol{\alpha}_m$ 为一**正交向量组**.

特别地，由一个非零向量组成的向量组也认为是正交组.

例 4.9 向量组$\boldsymbol{\alpha}_1=(0,1,0)$，$\boldsymbol{\alpha}_2=(1,0,1)$，$\boldsymbol{\alpha}_3=(1,0,-1)$是一个正交向量组. 这是因为

$$(\boldsymbol{\alpha}_1,\boldsymbol{\alpha}_2)=(\boldsymbol{\alpha}_1,\boldsymbol{\alpha}_3)=(\boldsymbol{\alpha}_2,\boldsymbol{\alpha}_3)=0,$$

且$\boldsymbol{\alpha}_i\neq\mathbf{0}\ (i=1,2,3)$.

我们容易看到，例 4.9 的向量组是线性无关的. 一般地，在 3 维几何空间 $\mathbf{R}^3$ 中，如果$\boldsymbol{\alpha}_1,\boldsymbol{\alpha}_2,\boldsymbol{\alpha}_3$ 是一个正交组，则它们必线性无关(不然的话，若它们

线性相关，则必有一向量能表示为其余两个向量的线性组合，这表明，3个向量$\boldsymbol{\alpha}_1,\boldsymbol{\alpha}_2,\boldsymbol{\alpha}_3$共面，与它们两两垂直矛盾）. 这个结论对$\mathbf{R}^n$也成立，我们有下面的定理.

定理4.7 $\mathbf{R}^n$中的正交向量组$\boldsymbol{\alpha}_1,\boldsymbol{\alpha}_2,\cdots,\boldsymbol{\alpha}_m$线性无关，且$m\leqslant n$.

证 设有$k_1,k_2,\cdots,k_m\in\mathbf{R}$，使

$$k_1\boldsymbol{\alpha}_1+k_2\boldsymbol{\alpha}_2+\cdots+k_m\boldsymbol{\alpha}_m=\mathbf{0}. \tag{4.7}$$

令i是$1,2,\cdots,m$中的任一数，用$\boldsymbol{\alpha}_i$与(4.7)的两边作内积，得到

$$(k_1\boldsymbol{\alpha}_1+k_2\boldsymbol{\alpha}_2+\cdots+k_m\boldsymbol{\alpha}_m,\boldsymbol{\alpha}_i)=(\mathbf{0},\boldsymbol{\alpha}_i).$$

因$(\boldsymbol{\alpha}_i,\boldsymbol{\alpha}_j)=0\ (i\neq j)$，$(\mathbf{0},\boldsymbol{\alpha}_i)=0$，所以有

$$k_i(\boldsymbol{\alpha}_i,\boldsymbol{\alpha}_i)=0.$$

而$(\boldsymbol{\alpha}_i,\boldsymbol{\alpha}_i)>0$（因$\boldsymbol{\alpha}_i\neq\mathbf{0}$，$i=1,2,\cdots,m$），所以$k_i=0\ (i=1,2,\cdots,m)$. 故$\boldsymbol{\alpha}_1,\boldsymbol{\alpha}_2,\cdots,\boldsymbol{\alpha}_m$线性无关.

现在有m个n维向量线性无关，据定理2.4的推论3知，必有$m\leqslant n$. ∎

由定理4.7，我们看到正交向量组必线性无关. 现在反过来，如果已知$\mathbf{R}^n$中一个线性无关向量组$\boldsymbol{\alpha}_1,\boldsymbol{\alpha}_2,\cdots,\boldsymbol{\alpha}_s$，能否由它们作出一个正交向量组$\boldsymbol{\beta}_1,\boldsymbol{\beta}_2,\cdots,\boldsymbol{\beta}_s$，使$\boldsymbol{\alpha}_1,\boldsymbol{\alpha}_2,\cdots,\boldsymbol{\alpha}_k$与$\boldsymbol{\beta}_1,\boldsymbol{\beta}_2,\cdots,\boldsymbol{\beta}_k$等价$(k=1,2,\cdots,s)$?

在给出有关定理之前，先看3维几何空间中，怎样从3个不在同一平面上的向量（3个线性无关向量）$\boldsymbol{\alpha}_1,\boldsymbol{\alpha}_2,\boldsymbol{\alpha}_3$找出3个两两垂直的向量的过程，从中看出思想方法.

最简单的方法就是先作由$\boldsymbol{\alpha}_1,\boldsymbol{\alpha}_2$所决定的平面$\pi$，然后在平面$\pi$内过$O$点作向量$\boldsymbol{\beta}_2\perp\boldsymbol{\alpha}_1$，再过$O$点作垂直于平面$\pi$的向量$\boldsymbol{\beta}_3$，那么3个向量$\boldsymbol{\alpha}_1=\boldsymbol{\beta}_1,\boldsymbol{\beta}_2,\boldsymbol{\beta}_3$就是两两垂直的了（如图4-1）. 因此我们先令$\boldsymbol{\beta}_1=\boldsymbol{\alpha}_1$，再在平面$\pi$上过$O$点作$\boldsymbol{\beta}_2\perp\boldsymbol{\beta}_1$. 因为$\boldsymbol{\beta}_2$在$\pi$上，所以$\boldsymbol{\beta}_2$可写为$\boldsymbol{\alpha}_2$与$\boldsymbol{\alpha}_1=\boldsymbol{\beta}_1$的线性组合，又因为$\boldsymbol{\beta}_2$的长可以任意，故在线性组合中，可以令$\boldsymbol{\alpha}_2$的系数等于1，即

$$\boldsymbol{\beta}_2=\boldsymbol{\alpha}_2+k\boldsymbol{\beta}_1. \tag{4.8}$$

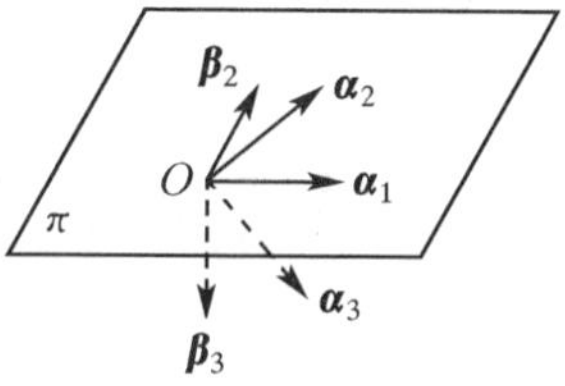

图 4-1

再因$\boldsymbol{\beta}_1,\boldsymbol{\beta}_2,\boldsymbol{\alpha}_3$不共面，而$\boldsymbol{\beta}_3$的长度可任意，所以由空间向量基本定理，$\boldsymbol{\beta}_3$可写为

$$\boldsymbol{\beta}_3=\boldsymbol{\alpha}_3+k_1\boldsymbol{\beta}_1+k_2\boldsymbol{\beta}_2. \tag{4.9}$$

(4.8)，(4.9)中的k,k_1,k_2是待定系数. 因为$\boldsymbol{\beta}_1=\boldsymbol{\alpha}_1$，故$\boldsymbol{\beta}_1\neq\mathbf{0}$，用$\boldsymbol{\beta}_1$对(4.8)作内积，得

$$(\boldsymbol{\beta}_2,\boldsymbol{\beta}_1)=(\boldsymbol{\alpha}_2,\boldsymbol{\beta}_1)+k(\boldsymbol{\beta}_1,\boldsymbol{\beta}_1).$$

因为$\boldsymbol{\beta}_1\perp\boldsymbol{\beta}_2$，所以

$$(\boldsymbol{\alpha}_2,\boldsymbol{\beta}_1)+k(\boldsymbol{\beta}_1,\boldsymbol{\beta}_1)=0,$$

于是，

$$k=-\frac{(\boldsymbol{\alpha}_2,\boldsymbol{\beta}_1)}{(\boldsymbol{\beta}_1,\boldsymbol{\beta}_1)},\quad \boldsymbol{\beta}_2=\boldsymbol{\alpha}_2-\frac{(\boldsymbol{\alpha}_2,\boldsymbol{\beta}_1)}{(\boldsymbol{\beta}_1,\boldsymbol{\beta}_1)}\boldsymbol{\beta}_1.$$

因为 $\boldsymbol{\beta}_1(\boldsymbol{\beta}_1=\boldsymbol{\alpha}_1),\boldsymbol{\alpha}_2$ 线性无关，所以 $\boldsymbol{\beta}_2\neq\mathbf{0}$. 分别以 $\boldsymbol{\beta}_1,\boldsymbol{\beta}_2$ 对(4.9) 两边作内积，得

$$(\boldsymbol{\beta}_3,\boldsymbol{\beta}_1)=(\boldsymbol{\alpha}_3,\boldsymbol{\beta}_1)+k_1(\boldsymbol{\beta}_1,\boldsymbol{\beta}_1)+k_2(\boldsymbol{\beta}_2,\boldsymbol{\beta}_1),$$
$$(\boldsymbol{\beta}_3,\boldsymbol{\beta}_2)=(\boldsymbol{\alpha}_3,\boldsymbol{\beta}_2)+k_1(\boldsymbol{\beta}_1,\boldsymbol{\beta}_2)+k_2(\boldsymbol{\beta}_2,\boldsymbol{\beta}_2).$$

由于$(\boldsymbol{\beta}_3,\boldsymbol{\beta}_1)=0$，$(\boldsymbol{\beta}_2,\boldsymbol{\beta}_1)=0$，$(\boldsymbol{\beta}_3,\boldsymbol{\beta}_2)=0$，$(\boldsymbol{\beta}_1,\boldsymbol{\beta}_2)=0$，所以

$$k_1=-\frac{(\boldsymbol{\alpha}_3,\boldsymbol{\beta}_1)}{(\boldsymbol{\beta}_1,\boldsymbol{\beta}_1)},\quad k_2=-\frac{(\boldsymbol{\alpha}_3,\boldsymbol{\beta}_2)}{(\boldsymbol{\beta}_2,\boldsymbol{\beta}_2)}.$$

于是，

$$\boldsymbol{\beta}_3=\boldsymbol{\alpha}_3-\frac{(\boldsymbol{\alpha}_3,\boldsymbol{\beta}_1)}{(\boldsymbol{\beta}_1,\boldsymbol{\beta}_1)}\boldsymbol{\beta}_1-\frac{(\boldsymbol{\alpha}_3,\boldsymbol{\beta}_2)}{(\boldsymbol{\beta}_2,\boldsymbol{\beta}_2)}\boldsymbol{\beta}_2.$$

这里$(\boldsymbol{\beta}_1,\boldsymbol{\beta}_2)=0$，$(\boldsymbol{\beta}_1,\boldsymbol{\beta}_3)=0$，$(\boldsymbol{\beta}_2,\boldsymbol{\beta}_3)=0$，即 $\boldsymbol{\beta}_1,\boldsymbol{\beta}_2,\boldsymbol{\beta}_3$ 两两垂直. 由此得到正交向量组 $\boldsymbol{\beta}_1,\boldsymbol{\beta}_2,\boldsymbol{\beta}_3$.

在构造 $\boldsymbol{\beta}_1,\boldsymbol{\beta}_2,\boldsymbol{\beta}_3$ 的过程中，也可以看出

$$\{\boldsymbol{\alpha}_1\}\sim\{\boldsymbol{\beta}_1\},\quad \{\boldsymbol{\alpha}_1,\boldsymbol{\alpha}_2\}\sim\{\boldsymbol{\beta}_1,\boldsymbol{\beta}_2\},\quad \{\boldsymbol{\alpha}_1,\boldsymbol{\alpha}_2,\boldsymbol{\alpha}_3\}\sim\{\boldsymbol{\beta}_1,\boldsymbol{\beta}_2,\boldsymbol{\beta}_3\}.$$

下面的定理给出一般的从一个线性无关向量组出发，构造一个与之等价的正交向量组的方法，称为**施密特**(Schmidt) **正交化方法**.

定理4.8 设 $\boldsymbol{\alpha}_1,\boldsymbol{\alpha}_2,\cdots,\boldsymbol{\alpha}_s\ (s\geqslant 2)$ 是 $\mathbf{R}^n$ 中的一个线性无关的向量组，令

$$\left.\begin{aligned}
&\boldsymbol{\beta}_1=\boldsymbol{\alpha}_1,\\
&\boldsymbol{\beta}_2=\boldsymbol{\alpha}_2-\frac{(\boldsymbol{\alpha}_2,\boldsymbol{\beta}_1)}{(\boldsymbol{\beta}_1,\boldsymbol{\beta}_1)}\boldsymbol{\beta}_1,\\
&\boldsymbol{\beta}_3=\boldsymbol{\alpha}_3-\frac{(\boldsymbol{\alpha}_3,\boldsymbol{\beta}_1)}{(\boldsymbol{\beta}_1,\boldsymbol{\beta}_1)}\boldsymbol{\beta}_1-\frac{(\boldsymbol{\alpha}_3,\boldsymbol{\beta}_2)}{(\boldsymbol{\beta}_2,\boldsymbol{\beta}_2)}\boldsymbol{\beta}_2,\\
&\quad\cdots,\\
&\boldsymbol{\beta}_s=\boldsymbol{\alpha}_s-\frac{(\boldsymbol{\alpha}_s,\boldsymbol{\beta}_1)}{(\boldsymbol{\beta}_1,\boldsymbol{\beta}_1)}\boldsymbol{\beta}_1-\frac{(\boldsymbol{\alpha}_s,\boldsymbol{\beta}_2)}{(\boldsymbol{\beta}_2,\boldsymbol{\beta}_2)}\boldsymbol{\beta}_2-\cdots-\frac{(\boldsymbol{\alpha}_s,\boldsymbol{\beta}_{s-1})}{(\boldsymbol{\beta}_{s-1},\boldsymbol{\beta}_{s-1})}\boldsymbol{\beta}_{s-1},
\end{aligned}\right\}\tag{4.10}$$

则 $\boldsymbol{\beta}_1,\boldsymbol{\beta}_2,\cdots,\boldsymbol{\beta}_s$ 是一个正交向量组，且

$$\{\boldsymbol{\alpha}_1,\boldsymbol{\alpha}_2,\cdots,\boldsymbol{\alpha}_k\}\sim\{\boldsymbol{\beta}_1,\boldsymbol{\beta}_2,\cdots,\boldsymbol{\beta}_k\}\quad(k=1,2,\cdots,s).$$

证 由(4.10) 可以看出，显然有

$$\{\boldsymbol{\alpha}_1,\boldsymbol{\alpha}_2,\cdots,\boldsymbol{\alpha}_k\}\sim\{\boldsymbol{\beta}_1,\boldsymbol{\beta}_2,\cdots,\boldsymbol{\beta}_k\}\quad(k=1,2,\cdots,s).$$

只要再证 $\boldsymbol{\beta}_1,\boldsymbol{\beta}_2,\cdots,\boldsymbol{\beta}_s$ 是一个正交向量组. 为此，对向量的个数 s 用数学归纳法.

当 $s=2$ 时，

$$(\boldsymbol{\beta}_1,\boldsymbol{\beta}_2)=\left(\boldsymbol{\beta}_1,\boldsymbol{\alpha}_2-\frac{(\boldsymbol{\alpha}_2,\boldsymbol{\beta}_1)}{(\boldsymbol{\beta}_1,\boldsymbol{\beta}_1)}\boldsymbol{\beta}_1\right)=(\boldsymbol{\beta}_1,\boldsymbol{\alpha}_2)-\frac{(\boldsymbol{\alpha}_2,\boldsymbol{\beta}_1)}{(\boldsymbol{\beta}_1,\boldsymbol{\beta}_1)}(\boldsymbol{\beta}_1,\boldsymbol{\beta}_1)=0,$$

所以向量组 $\boldsymbol{\beta}_1,\boldsymbol{\beta}_2$ 是一个正交向量组.

假设 $s=k$ 时结论成立，即按(4.10)构造的向量组 $\boldsymbol{\beta}_1,\boldsymbol{\beta}_2,\cdots,\boldsymbol{\beta}_k$ 是一个正交向量组. 现只要再证 $\boldsymbol{\beta}_1,\boldsymbol{\beta}_2,\cdots,\boldsymbol{\beta}_k$ 中的任意一个向量都与

$$\boldsymbol{\beta}_{k+1}=\boldsymbol{\alpha}_{k+1}-\sum_{i=1}^{k}\frac{(\boldsymbol{\alpha}_{k+1},\boldsymbol{\beta}_i)}{(\boldsymbol{\beta}_i,\boldsymbol{\beta}_i)}\boldsymbol{\beta}_i$$

正交即可. 用 $\boldsymbol{\beta}_j(1\leqslant j\leqslant k)$ 与上式两边作内积，得

$$\begin{aligned}(\boldsymbol{\beta}_j,\boldsymbol{\beta}_{k+1})&=(\boldsymbol{\beta}_j,\boldsymbol{\alpha}_{k+1})-\sum_{i=1}^{k}\frac{(\boldsymbol{\alpha}_{k+1},\boldsymbol{\beta}_i)}{(\boldsymbol{\beta}_i,\boldsymbol{\beta}_i)}(\boldsymbol{\beta}_j,\boldsymbol{\beta}_i)\\&=(\boldsymbol{\beta}_j,\boldsymbol{\alpha}_{k+1})-\frac{(\boldsymbol{\alpha}_{k+1},\boldsymbol{\beta}_j)}{(\boldsymbol{\beta}_j,\boldsymbol{\beta}_j)}(\boldsymbol{\beta}_j,\boldsymbol{\beta}_j)\\&=0,\end{aligned}$$

所以 $\boldsymbol{\beta}_1,\boldsymbol{\beta}_2,\cdots,\boldsymbol{\beta}_k$ 都与 $\boldsymbol{\beta}_{k+1}$ 正交. 因此，$\boldsymbol{\beta}_1,\boldsymbol{\beta}_2,\cdots,\boldsymbol{\beta}_{k+1}$ 也是一个正交向量组. ■

如果把定理 4.8 所得的正交向量组 $\boldsymbol{\beta}_1,\boldsymbol{\beta}_2,\cdots,\boldsymbol{\beta}_s$ 单位化：

$$\boldsymbol{\gamma}_1=\frac{1}{\|\boldsymbol{\beta}_1\|}\boldsymbol{\beta}_1,\ \boldsymbol{\gamma}_2=\frac{1}{\|\boldsymbol{\beta}_2\|}\boldsymbol{\beta}_2,\ \cdots,\ \boldsymbol{\gamma}_s=\frac{1}{\|\boldsymbol{\beta}_s\|}\boldsymbol{\beta}_s,$$

得到的 $\boldsymbol{\gamma}_1,\boldsymbol{\gamma}_2,\cdots,\boldsymbol{\gamma}_s$ 就是与 $\boldsymbol{\alpha}_1,\boldsymbol{\alpha}_2,\cdots,\boldsymbol{\alpha}_s$ 等价的正交单位向量组.

求与 $\boldsymbol{\alpha}_1,\boldsymbol{\alpha}_2,\cdots,\boldsymbol{\alpha}_s$ 等价的正交单位向量组，可以按定理 4.8，先求出正交向量组 $\boldsymbol{\beta}_1,\boldsymbol{\beta}_2,\cdots,\boldsymbol{\beta}_s$，然后再将它们单位化. 当然，也可在每求得一 $\boldsymbol{\beta}_i$ 时，就对 $\boldsymbol{\beta}_i$ 进行单位化($i=1,2,\cdots,s$).

例 4.10 求与向量组

$$\boldsymbol{\alpha}_1=(1,1,1),\quad \boldsymbol{\alpha}_2=(0,1,2),\quad \boldsymbol{\alpha}_3=(2,0,3)$$

等价的正交单位向量组.

解 取 $\boldsymbol{\gamma}_1=\dfrac{1}{\|\boldsymbol{\alpha}_1\|}\boldsymbol{\alpha}_1=\dfrac{1}{\sqrt{3}}(1,1,1)=\left(\dfrac{1}{\sqrt{3}},\dfrac{1}{\sqrt{3}},\dfrac{1}{\sqrt{3}}\right)$. 令

$$\boldsymbol{\beta}_2=\boldsymbol{\alpha}_2-(\boldsymbol{\alpha}_2,\boldsymbol{\gamma}_1)\boldsymbol{\gamma}_1=(0,1,2)-\sqrt{3}\left(\frac{1}{\sqrt{3}},\frac{1}{\sqrt{3}},\frac{1}{\sqrt{3}}\right)=(-1,0,1).$$

取 $\boldsymbol{\gamma}_2=\dfrac{1}{\|\boldsymbol{\beta}_2\|}\boldsymbol{\beta}_2=\dfrac{1}{\sqrt{2}}(-1,0,1)=\left(-\dfrac{1}{\sqrt{2}},0,\dfrac{1}{\sqrt{2}}\right)$. 令

$$\begin{aligned}\boldsymbol{\beta}_3&=\boldsymbol{\alpha}_3-(\boldsymbol{\alpha}_3,\boldsymbol{\gamma}_1)\boldsymbol{\gamma}_1-(\boldsymbol{\alpha}_3,\boldsymbol{\gamma}_2)\boldsymbol{\gamma}_2\\&=(2,0,3)-\frac{5}{\sqrt{3}}\left(\frac{1}{\sqrt{3}},\frac{1}{\sqrt{3}},\frac{1}{\sqrt{3}}\right)-\frac{1}{\sqrt{2}}\left(-\frac{1}{\sqrt{2}},0,\frac{1}{\sqrt{2}}\right)\\&=\left(\frac{5}{6},-\frac{5}{3},\frac{5}{6}\right).\end{aligned}$$

取 $\boldsymbol{\gamma}_3=\frac{1}{\|\boldsymbol{\beta}_3\|}\boldsymbol{\beta}_3=\left(\frac{1}{\sqrt{6}},-\frac{2}{\sqrt{6}},\frac{1}{\sqrt{6}}\right)$，则

$$\boldsymbol{\gamma}_1=\left(\frac{1}{\sqrt{3}},\frac{1}{\sqrt{3}},\frac{1}{\sqrt{3}}\right),\quad \boldsymbol{\gamma}_2=\left(-\frac{1}{\sqrt{2}},0,\frac{1}{\sqrt{2}}\right),\quad \boldsymbol{\gamma}_3=\left(\frac{1}{\sqrt{6}},-\frac{2}{\sqrt{6}},\frac{1}{\sqrt{6}}\right)$$

即为所求的正交单位向量组.

下面我们仍以例 4.6 来说明引入正交单位向量组的好处. 将例 4.6 中对称矩阵 $\boldsymbol{A}=\begin{pmatrix}1&2\\2&1\end{pmatrix}$ 的两个正交的特征向量 $\boldsymbol{\alpha}_1=\begin{pmatrix}1\\1\end{pmatrix}$ 和 $\boldsymbol{\alpha}_2=\begin{pmatrix}1\\-1\end{pmatrix}$ 单位化，得

$$\boldsymbol{\gamma}_1=\frac{1}{\|\boldsymbol{\alpha}_1\|}\boldsymbol{\alpha}_1=\begin{pmatrix}\frac{1}{\sqrt{2}}\\ \frac{1}{\sqrt{2}}\end{pmatrix},\quad \boldsymbol{\gamma}_2=\frac{1}{\|\boldsymbol{\alpha}_2\|}\boldsymbol{\alpha}_2=\begin{pmatrix}\frac{1}{\sqrt{2}}\\ -\frac{1}{\sqrt{2}}\end{pmatrix}.$$

$\boldsymbol{\gamma}_1,\boldsymbol{\gamma}_2$ 是一个正交单位向量组，且仍是 $\boldsymbol{A}$ 的一组线性无关的特征向量，所以以这两个向量为列向量作成的矩阵 $\boldsymbol{T}=(\boldsymbol{\gamma}_1,\boldsymbol{\gamma}_2)$，可使 $\boldsymbol{T}^{-1}\boldsymbol{AT}$ 为对角矩阵. 矩阵 $\boldsymbol{T}$ 有什么特点呢? 容易验证

$$\boldsymbol{T}^{\mathrm{T}}\boldsymbol{T}=\begin{pmatrix}\frac{1}{\sqrt{2}}&\frac{1}{\sqrt{2}}\\ \frac{1}{\sqrt{2}}&-\frac{1}{\sqrt{2}}\end{pmatrix}\begin{pmatrix}\frac{1}{\sqrt{2}}&\frac{1}{\sqrt{2}}\\ \frac{1}{\sqrt{2}}&-\frac{1}{\sqrt{2}}\end{pmatrix}=\boldsymbol{E}.$$

于是，我们有 $\boldsymbol{T}^{-1}=\boldsymbol{T}^{\mathrm{T}}$，这将给 $\boldsymbol{A}$ 的对角化计算带来很大的方便. 为此，我们引入正交矩阵的概念，并对这类矩阵进一步加以研究.

定义 4.9 设 $\boldsymbol{A}$ 为 n 阶实矩阵，且满足

$$\boldsymbol{A}^{\mathrm{T}}\boldsymbol{A}=\boldsymbol{E},$$

则称 $\boldsymbol{A}$ 为**正交矩阵**.

设 $\boldsymbol{A}$ 为 n 阶实矩阵，$\boldsymbol{A}=(a_{ij})_{n\times n}$，则以下条件等价：

1） $\boldsymbol{A}$ 为正交矩阵(即 $\boldsymbol{A}^{\mathrm{T}}\boldsymbol{A}=\boldsymbol{E}$)；

2） $\boldsymbol{A}\boldsymbol{A}^{\mathrm{T}}=\boldsymbol{E}$；

3） $\boldsymbol{A}^{\mathrm{T}}=\boldsymbol{A}^{-1}$(即 $\boldsymbol{A}$ 的逆矩阵就等于 $\boldsymbol{A}$ 的转置矩阵，由此，求正交矩阵的逆矩阵特别方便)；

4） $a_{1i}a_{1j}+a_{2i}a_{2j}+\cdots+a_{ni}a_{nj}=\sum_{k=1}^{n}a_{ki}a_{kj}=\begin{cases}1, & 当\ i=j;\\ 0, & 当\ i\neq j;\end{cases}$

5） $a_{i1}a_{j1}+a_{i2}a_{j2}+\cdots+a_{in}a_{jn}=\sum_{k=1}^{n}a_{ik}a_{jk}=\begin{cases}1, & 当\ i=j;\\ 0, & 当\ i\neq j.\end{cases}$

证 利用定理 3.2 的推论，易证 1) ⇔ 2) ⇔ 3).

下面证 1) ⇔ 4).

因为 $\boldsymbol{A}^{\mathrm{T}}$ 的第 i 行元素(即为 $\boldsymbol{A}$ 的第 i 列元素) 为

$$a_{1i}, a_{2i}, \cdots, a_{ni},$$

$\boldsymbol{A}$ 的第 j 列元素为

$$a_{1j}, a_{2j}, \cdots, a_{nj},$$

故得到 $\boldsymbol{A}^{\mathrm{T}}\boldsymbol{A}$ 的第 i 行、第 j 列位置上的元素为

$$a_{1i}a_{1j} + a_{2i}a_{2j} + \cdots + a_{ni}a_{nj} = \sum_{k=1}^{n} a_{ki}a_{kj},$$

所以

$$\boldsymbol{A}^{\mathrm{T}}\boldsymbol{A} = \boldsymbol{E} \Leftrightarrow \sum_{k=1}^{n} a_{ki}a_{kj} = \begin{cases} 1, & \text{当 } i = j; \\ 0, & \text{当 } i \neq j. \end{cases}$$

同理可证：2) ⇔ 5). ■

由 4),5) 可知，正交矩阵的各个列向量为单位向量，且列向量两两正交；正交矩阵的各个行向量也为单位向量，且行向量两两正交，即正交矩阵的列(行) 向量组是正交单位向量组. 反之，若一个 n 阶实矩阵的列(行) 向量组是正交单位向量组，则它必为正交矩阵.

例 4.11

$$\boldsymbol{A} = \begin{pmatrix} \frac{2}{3} & -\frac{2}{3} & -\frac{1}{3} \\ \frac{2}{3} & \frac{1}{3} & \frac{2}{3} \\ \frac{1}{3} & \frac{2}{3} & -\frac{2}{3} \end{pmatrix}$$

是正交矩阵. 由 4) 或 5) 验证，只要看 $\boldsymbol{A}$ 的每个行(列) 向量是否单位向量，每两行(列) 向量是否两两正交(内积是否为零).

正交矩阵还具有如下性质：

1° 正交矩阵的行列式等于 1 或 -1.

事实上，如果矩阵 $\boldsymbol{A}$ 是正交矩阵，则 $\boldsymbol{A}^{\mathrm{T}}\boldsymbol{A} = \boldsymbol{E}$. 由于

$$|\boldsymbol{A}^{\mathrm{T}}\boldsymbol{A}| = |\boldsymbol{A}^{\mathrm{T}}||\boldsymbol{A}| = |\boldsymbol{A}|^2,$$

而 $|\boldsymbol{E}| = 1$，所以 $|\boldsymbol{A}|^2 = 1$. 因此，$|\boldsymbol{A}| = \pm 1$.

2° 若 $\boldsymbol{A}$ 是正交矩阵，则 $\boldsymbol{A}^{-1}$ 也是正交矩阵.

因为

$$(\boldsymbol{A}^{-1})^{\mathrm{T}}\boldsymbol{A}^{-1} = (\boldsymbol{A}^{\mathrm{T}})^{-1}\boldsymbol{A}^{-1} = (\boldsymbol{A}\boldsymbol{A}^{\mathrm{T}})^{-1} = \boldsymbol{E}^{-1} = \boldsymbol{E},$$

所以 $\boldsymbol{A}^{-1}$ 是正交矩阵.

3° 如果 $\boldsymbol{A},\boldsymbol{B}$ 是同阶正交矩阵，则乘积 $\boldsymbol{AB}$ 也是正交矩阵.

因为 $\boldsymbol{A},\boldsymbol{B}$ 是正交矩阵，所以 $\boldsymbol{A}^{\mathrm{T}}\boldsymbol{A}=\boldsymbol{E}$，$\boldsymbol{B}^{\mathrm{T}}\boldsymbol{B}=\boldsymbol{E}$. 于是

$$\begin{aligned}(\boldsymbol{AB})^{\mathrm{T}}(\boldsymbol{AB})&=(\boldsymbol{B}^{\mathrm{T}}\boldsymbol{A}^{\mathrm{T}})(\boldsymbol{AB})=\boldsymbol{B}^{\mathrm{T}}(\boldsymbol{A}^{\mathrm{T}}\boldsymbol{A})\boldsymbol{B}\\&=\boldsymbol{B}^{\mathrm{T}}\boldsymbol{E}\boldsymbol{B}=\boldsymbol{B}^{\mathrm{T}}\boldsymbol{B}=\boldsymbol{E},\end{aligned}$$

所以 $\boldsymbol{AB}$ 也是正交矩阵.

4.4.2 实对称矩阵的对角化

有了 4.4.1 节的准备知识，我们现在可以证明，实对称矩阵必可对角化，并且一定存在正交矩阵 $\boldsymbol{T}$，使 $\boldsymbol{T}^{-1}\boldsymbol{AT}$ 为对角矩阵. 我们先来讨论由例 4.6 看到的实对称矩阵的特征值和特征向量所具有的特殊性质.

定理 4.9 实对称矩阵的特征值是实数.

证明需在复数范围内进行，故留到下一节再加以证明.

定理 4.10 实对称矩阵的属于不同特征值的特征向量正交.

证 设 λ_1,λ_2 是实对称矩阵 $\boldsymbol{A}$ 的两个不同的特征值，$\boldsymbol{\alpha}_1,\boldsymbol{\alpha}_2$ 分别为 $\boldsymbol{A}$ 的属于特征值 λ_1,λ_2 的特征向量，即

$$\boldsymbol{A\alpha}_1=\lambda_1\boldsymbol{\alpha}_1\quad(\boldsymbol{\alpha}_1\neq\boldsymbol{0}),\qquad \boldsymbol{A\alpha}_2=\lambda_2\boldsymbol{\alpha}_2\quad(\boldsymbol{\alpha}_2\neq\boldsymbol{0}).$$

在上面第 1 式两边左乘 $\boldsymbol{\alpha}_2^{\mathrm{T}}$，得

$$\boldsymbol{\alpha}_2^{\mathrm{T}}\boldsymbol{A\alpha}_1=\lambda_1\boldsymbol{\alpha}_2^{\mathrm{T}}\boldsymbol{\alpha}_1.$$

另一方面，

$$\boldsymbol{\alpha}_2^{\mathrm{T}}\boldsymbol{A\alpha}_1=(\boldsymbol{A}^{\mathrm{T}}\boldsymbol{\alpha}_2)^{\mathrm{T}}\boldsymbol{\alpha}_1=(\boldsymbol{A\alpha}_2)^{\mathrm{T}}\boldsymbol{\alpha}_1=\lambda_2\boldsymbol{\alpha}_2^{\mathrm{T}}\boldsymbol{\alpha}_1,$$

所以 $\lambda_1\boldsymbol{\alpha}_2^{\mathrm{T}}\boldsymbol{\alpha}_1=\lambda_2\boldsymbol{\alpha}_2^{\mathrm{T}}\boldsymbol{\alpha}_1$，即

$$(\lambda_1-\lambda_2)\boldsymbol{\alpha}_2^{\mathrm{T}}\boldsymbol{\alpha}_1=0.$$

因为 $\lambda_1\neq\lambda_2$，所以 $\boldsymbol{\alpha}_2^{\mathrm{T}}\boldsymbol{\alpha}_1=0$，即 $\boldsymbol{\alpha}_1$ 与 $\boldsymbol{\alpha}_2$ 正交. ∎

定理 4.11 设 $\boldsymbol{A}$ 为 n 阶实对称矩阵，则存在正交矩阵 $\boldsymbol{T}$，使 $\boldsymbol{T}^{-1}\boldsymbol{AT}$ 为对角矩阵.

证 对 $\boldsymbol{A}$ 的阶数 n 用数学归纳法.

当 $n=1$ 时，$\boldsymbol{A}$ 已是对角矩阵，结论成立.

假设对 $n-1$ 阶实对称矩阵，结论成立. 下面证明，对 n 阶实对称矩阵 $\boldsymbol{A}$，结论也成立.

设 λ_1 是 $\boldsymbol{A}$ 的一个特征值，$\boldsymbol{\alpha}$ 是 $\boldsymbol{A}$ 的属于特征值 λ_1 的特征向量，将 $\boldsymbol{\alpha}$ 单位化：

$$\boldsymbol{\alpha}_1=\frac{1}{\|\boldsymbol{\alpha}\|}\boldsymbol{\alpha}.$$

$\boldsymbol{\alpha}_1$ 仍是 $\boldsymbol{A}$ 的属于特征值 λ_1 的特征向量，故有

$$\boldsymbol{A}\boldsymbol{\alpha}_1=\lambda_1\boldsymbol{\alpha}_1.$$

以 $\boldsymbol{\alpha}_1$ 为第1列作一个正交矩阵 $\boldsymbol{T}_1=(\boldsymbol{\alpha}_1,\boldsymbol{S})$，其中 $\boldsymbol{S}$ 为 $n\times(n-1)$ 矩阵(这是可行的，不妨设 $\boldsymbol{\alpha}_1$ 中第1个分量不为零，那么向量组 $\boldsymbol{\alpha}_1$，$\boldsymbol{\varepsilon}_2^{\mathrm{T}}=(0,1,0,\cdots,0)^{\mathrm{T}}$，$\cdots$，$\boldsymbol{\varepsilon}_n^{\mathrm{T}}=(0,0,\cdots,1)^{\mathrm{T}}$ 线性无关，由定理4.8，可构造一个正交单位向量组，其中第1个向量仍是 $\boldsymbol{\alpha}_1$，将此正交单位向量组的向量作为列向量，构成一个矩阵，即为所求)．因为 $\boldsymbol{A}^{\mathrm{T}}=\boldsymbol{A}$，$\boldsymbol{T}_1^{\mathrm{T}}=\boldsymbol{T}_1^{-1}$，所以

$$\boldsymbol{T}_1^{-1}\boldsymbol{A}\boldsymbol{T}_1=\boldsymbol{T}_1^{\mathrm{T}}\boldsymbol{A}\boldsymbol{T}_1=\begin{pmatrix}\boldsymbol{\alpha}_1^{\mathrm{T}}\\ \boldsymbol{S}^{\mathrm{T}}\end{pmatrix}\boldsymbol{A}(\boldsymbol{\alpha}_1,\boldsymbol{S})=\begin{pmatrix}\boldsymbol{\alpha}_1^{\mathrm{T}}\boldsymbol{A}\boldsymbol{\alpha}_1 & \boldsymbol{\alpha}_1^{\mathrm{T}}\boldsymbol{A}\boldsymbol{S}\\ \boldsymbol{S}^{\mathrm{T}}\boldsymbol{A}\boldsymbol{\alpha}_1 & \boldsymbol{S}^{\mathrm{T}}\boldsymbol{A}\boldsymbol{S}\end{pmatrix}.$$

因为 $\boldsymbol{\alpha}_1^{\mathrm{T}}\boldsymbol{A}\boldsymbol{\alpha}_1=\lambda_1\boldsymbol{\alpha}_1^{\mathrm{T}}\boldsymbol{\alpha}_1=\lambda_1$，$\boldsymbol{S}^{\mathrm{T}}\boldsymbol{A}\boldsymbol{\alpha}_1=\lambda_1\boldsymbol{S}^{\mathrm{T}}\boldsymbol{\alpha}_1=\boldsymbol{0}$ (因为 $\boldsymbol{\alpha}_1$ 与 $\boldsymbol{S}$ 的各列向量都正交)，$\boldsymbol{\alpha}_1^{\mathrm{T}}\boldsymbol{A}\boldsymbol{S}=(\boldsymbol{S}^{\mathrm{T}}\boldsymbol{A}\boldsymbol{\alpha}_1)^{\mathrm{T}}=\boldsymbol{0}$，所以

$$\boldsymbol{T}_1^{-1}\boldsymbol{A}\boldsymbol{T}_1=\begin{pmatrix}\lambda_1 & \boldsymbol{0}\\ \boldsymbol{0} & \boldsymbol{A}_1\end{pmatrix},$$

其中 $\boldsymbol{A}_1=\boldsymbol{S}^{\mathrm{T}}\boldsymbol{A}\boldsymbol{S}$．由于

$$\boldsymbol{A}_1^{\mathrm{T}}=(\boldsymbol{S}^{\mathrm{T}}\boldsymbol{A}\boldsymbol{S})^{\mathrm{T}}=\boldsymbol{S}^{\mathrm{T}}\boldsymbol{A}\boldsymbol{S}=\boldsymbol{A}_1$$

是 $n-1$ 阶实对称矩阵，据归纳法假设，存在 $n-1$ 阶正交矩阵 $\boldsymbol{T}_2$，使

$$\boldsymbol{T}_2^{-1}\boldsymbol{A}_1\boldsymbol{T}_2=\begin{pmatrix}\lambda_2 & & & \\ & \lambda_3 & & \\ & & \ddots & \\ & & & \lambda_n\end{pmatrix}.$$

取 n 阶正交矩阵 $\boldsymbol{T}_3=\begin{pmatrix}1 & \\ & \boldsymbol{T}_2\end{pmatrix}$，则有

$$\boldsymbol{T}_3^{-1}(\boldsymbol{T}_1^{-1}\boldsymbol{A}\boldsymbol{T}_1)\boldsymbol{T}_3=\begin{pmatrix}1 & \\ & \boldsymbol{T}_2\end{pmatrix}^{-1}\begin{pmatrix}\lambda_1 & \\ & \boldsymbol{A}_1\end{pmatrix}\begin{pmatrix}1 & \\ & \boldsymbol{T}_2\end{pmatrix}$$

$$=\begin{pmatrix}\lambda_1 & \\ & \boldsymbol{T}_2^{-1}\boldsymbol{A}_1\boldsymbol{T}_2\end{pmatrix}=\begin{pmatrix}\lambda_1 & & & \\ & \lambda_2 & & \\ & & \ddots & \\ & & & \lambda_n\end{pmatrix}.$$

令 $\boldsymbol{T}=\boldsymbol{T}_1\boldsymbol{T}_3$，则有

$$\boldsymbol{T}^{-1}\boldsymbol{A}\boldsymbol{T}=\begin{pmatrix}\lambda_1 & & & \\ & \lambda_2 & & \\ & & \ddots & \\ & & & \lambda_n\end{pmatrix}.$$

根据数学归纳法原理，定理成立. ∎

给定 n 阶实对称矩阵$\boldsymbol{A}$，如何找正交矩阵$\boldsymbol{T}$，使$\boldsymbol{T}^{-1}\boldsymbol{AT}$为对角矩阵呢？

定理4.11证明了$\boldsymbol{A}$必可对角化，再由定理4.5知，$\boldsymbol{A}$有n个线性无关的特征向量. 将这n个特征向量按所属的特征值进行分组，然后对$\boldsymbol{A}$的每一个特征值λ，将属于它的一组线性无关的特征向量正交化、单位化，可得到一个保持等价且属于同一特征值λ的正交单位特征向量组. 由于$\boldsymbol{A}$的对应于不同特征值的特征向量相互正交，把各个正交单位特征向量组合并起来，合并后的向量组仍是正交单位特征向量组，且所含向量总个数仍为n. 以这n个相互正交的单位特征向量为列向量作成的矩阵就是所求的正交矩阵$\boldsymbol{T}$.

例4.12 设实对称矩阵$\boldsymbol{A}=\begin{pmatrix}2&0&4\\0&6&0\\4&0&2\end{pmatrix}$，求正交矩阵$\boldsymbol{T}$，使$\boldsymbol{T}^{-1}\boldsymbol{AT}$为对角矩阵.

解 矩阵$\boldsymbol{A}$的特征多项式为

$$|\lambda\boldsymbol{E}-\boldsymbol{A}|=\begin{vmatrix}\lambda-2&0&-4\\0&\lambda-6&0\\-4&0&\lambda-2\end{vmatrix}=(\lambda-6)^2(\lambda+2),$$

所以$\boldsymbol{A}$的全部特征值为$\lambda=6$（二重），$\lambda=-2$.

当$\lambda=6$时，相应的齐次线性方程组为

$$\begin{cases}4x_1-4x_3=0,\\0=0,\\-4x_1+4x_3=0,\end{cases}$$

其基础解系为$\boldsymbol{\eta}_1=(1,0,1)^{\mathrm{T}}$，$\boldsymbol{\eta}_2=(0,1,0)^{\mathrm{T}}$. 把它们正交化、单位化，得属于特征值6的2个正交的单位特征向量：

$$\boldsymbol{\alpha}_1=\begin{pmatrix}\frac{1}{\sqrt{2}}\\0\\\frac{1}{\sqrt{2}}\end{pmatrix},\quad \boldsymbol{\alpha}_2=\begin{pmatrix}0\\1\\0\end{pmatrix}.$$

当$\lambda=-2$时，相应的齐次线性方程组为

$$\begin{cases}-4x_1-4x_3=0,\\-8x_2=0,\\-4x_1-4x_3=0,\end{cases}$$

其基础解系为$\boldsymbol{\eta}_3=(1,0,-1)^{\mathrm{T}}$. 单位化后得

$$\boldsymbol{\alpha}_3=\begin{pmatrix}\frac{1}{\sqrt{2}}\\0\\-\frac{1}{\sqrt{2}}\end{pmatrix}.$$

$\boldsymbol{\alpha}_1,\boldsymbol{\alpha}_2,\boldsymbol{\alpha}_3$ 为正交单位特征向量组，所以

$$\boldsymbol{T}=(\boldsymbol{\alpha}_1,\boldsymbol{\alpha}_2,\boldsymbol{\alpha}_3)=\begin{pmatrix}\frac{1}{\sqrt{2}}&0&\frac{1}{\sqrt{2}}\\0&1&0\\\frac{1}{\sqrt{2}}&0&-\frac{1}{\sqrt{2}}\end{pmatrix}$$

为所求正交矩阵，且有 $\boldsymbol{T}^{-1}\boldsymbol{AT}=\begin{pmatrix}6&&\\&6&\\&&-2\end{pmatrix}$.

求正交矩阵 $\boldsymbol{T}$ 使实对称矩阵 $\boldsymbol{A}$ 演化为对角矩阵的问题(即矩阵可正交对角化问题)是解析几何中在化简直角坐标系下二次曲线、二次曲面的方程时所提出的矩阵论问题，这几何问题的背景将在下一章中再进一步说明. 就这矩阵论问题而言，不仅在经济分析等实际问题中经常用到，而且它在理论上也是十分重要的.

思考题 问：定理 4.11 的逆定理是否成立？ 也就是问："n 阶实矩阵 $\boldsymbol{A}$ 可正交对角化的充分必要条件是 $\boldsymbol{A}$ 为对称矩阵"成立吗？

习题 4.4

1. 求向量 $\boldsymbol{\alpha}$ 与 $\boldsymbol{\beta}$ 的内积：

1） $\boldsymbol{\alpha}=(1,1,1,2)$，$\boldsymbol{\beta}=(3,1,-1,0)$；

2） $\boldsymbol{\alpha}=(1,-1,-1,1)$，$\boldsymbol{\beta}=(-1,-1,1,1)$.

2. 求下列向量的长度：

1） $\boldsymbol{\alpha}=(1,-1,1)$；　　2） $\boldsymbol{\beta}=\left(-\frac{\sqrt{3}}{3},\frac{\sqrt{3}}{3},-\frac{\sqrt{3}}{3}\right)$.

3. 求向量 $\boldsymbol{\alpha}$ 与 $\boldsymbol{\beta}$ 的夹角：

1） $\boldsymbol{\alpha}=(1,1,1,2)$，$\boldsymbol{\beta}=(3,1,-1,0)$；2） $\boldsymbol{\alpha}=(2,1,3,2)$，$\boldsymbol{\beta}=(1,2,-2,1)$.

4. 将下列向量单位化：

1） $\boldsymbol{\alpha}=(1,-1,1)$；　　2） $\boldsymbol{\beta}=(4,0,-3)$.

5. 在 $\mathbf{R}^4$ 中求一单位向量与 $(1,1,-1,1)$，$(1,-1,-1,1)$，$(2,1,1,3)$ 正交.

6. 设向量 $\boldsymbol{\alpha}$ 与向量组 $\boldsymbol{\beta}_1,\boldsymbol{\beta}_2,\cdots,\boldsymbol{\beta}_r$ 中每一个向量正交. 证明: $\boldsymbol{\alpha}$ 与 $\boldsymbol{\beta}_1,\boldsymbol{\beta}_2,\cdots,\boldsymbol{\beta}_r$ 的任一线性组合都正交.

7. 求与向量组 $\boldsymbol{\alpha}_1=(1,1,0,0)$, $\boldsymbol{\alpha}_2=(1,0,1,0)$, $\boldsymbol{\alpha}_3=(-1,0,0,1)$ 等价的正交单位向量组.

8. 判断下列矩阵是否正交矩阵:

1) $\begin{pmatrix} \frac{1}{\sqrt{2}} & -\frac{1}{\sqrt{2}} \\ \frac{1}{\sqrt{2}} & \frac{1}{\sqrt{2}} \end{pmatrix}$; 2) $\begin{pmatrix} \frac{1}{3} & -\frac{2}{\sqrt{5}} & \frac{2}{3\sqrt{5}} \\ \frac{2}{3} & \frac{1}{\sqrt{5}} & \frac{4}{3\sqrt{5}} \\ -\frac{2}{3} & 0 & \frac{5}{3\sqrt{5}} \end{pmatrix}$.

9. 设 $\boldsymbol{A}=(a_{ij})$ 为正交矩阵, 且 $|\boldsymbol{A}|=1$. 证明: $a_{ij}=A_{ij}$, 其中 A_{ij} 为 a_{ij} 的代数余子式.

10. 求正交矩阵 $\boldsymbol{T}$, 使 $\boldsymbol{T}^{-1}\boldsymbol{AT}$ 成对角矩阵:

1) $\boldsymbol{A}=\begin{pmatrix} 1 & -2 & 2 \\ -2 & -2 & 4 \\ 2 & 4 & -2 \end{pmatrix}$; 2) $\boldsymbol{A}=\begin{pmatrix} 3 & 0 & 6 \\ 0 & 9 & 0 \\ 6 & 0 & 3 \end{pmatrix}$;

3) $\boldsymbol{A}=\begin{pmatrix} 1 & -1 & 3 & -2 \\ -1 & 1 & -2 & 3 \\ 3 & -2 & 1 & -1 \\ -2 & 3 & -1 & 1 \end{pmatrix}$.

4.5 若尔当标准形介绍

在 4.3 节的讨论中, 我们看到了并非每一个 n 阶实矩阵都是可以对角化的. 本节把数扩大到复数范围内进行讨论, 将介绍 n 阶复矩阵一定相似于一个特殊的准对角矩阵 —— 若尔当标准形. 若尔当标准形中许多元素为零, 相当简单, 它仍将给各种计算带来很大方便.

4.5.1 复数特征值

设 $\boldsymbol{A}$ 是 n 阶矩阵, 特征多项式 $|\lambda \boldsymbol{E}-\boldsymbol{A}|$ 是关于 λ 的 n 次多项式. 由代数基本定理知, 在复数范围内, 一个 n 次多项式必有 n 个根. 因此, n 阶矩阵 $\boldsymbol{A}$ 有 n 个特征值. 现在的问题在于, 即使 $\boldsymbol{A}$ 是实矩阵, 特征多项式的根可能不全是实数, 有可能出现复数特征值.

例 4.13 矩阵 $\boldsymbol{A}=\begin{pmatrix} 2 & 1 \\ -5 & -2 \end{pmatrix}$ 的特征多项式为

$$|\lambda \boldsymbol{E}-\boldsymbol{A}|=\lambda^2+1,$$

所以 $\lambda_1=\mathrm{i}$，$\lambda_2=-\mathrm{i}$ 是矩阵 $\boldsymbol{A}$ 的特征值. 通过解齐次线性方程组

$$(\lambda_i \boldsymbol{E}-\boldsymbol{A})\begin{pmatrix}x_1\\x_2\end{pmatrix}=\mathbf{0} \quad (i=1,2),$$

求出基础解系后，可得在复数范围内，$\boldsymbol{A}$ 有 2 个线性无关的特征向量

$$\boldsymbol{\alpha}_1=\begin{pmatrix}1\\-2+i\end{pmatrix},\quad \boldsymbol{\alpha}_2=\begin{pmatrix}1\\-2-i\end{pmatrix},$$

分别属于特征值 $\lambda_1=\mathrm{i}$，$\lambda_2=-\mathrm{i}$. 以 $\boldsymbol{\alpha}_1,\boldsymbol{\alpha}_2$ 为列组成可逆矩阵

$$\boldsymbol{T}=\begin{pmatrix}1 & 1\\-2+\mathrm{i} & -2-\mathrm{i}\end{pmatrix},$$

使 $\boldsymbol{T}^{-1}\boldsymbol{A}\boldsymbol{T}=\begin{pmatrix}\mathrm{i} & \\ & -\mathrm{i}\end{pmatrix}$，即 $\boldsymbol{A}\sim\begin{pmatrix}\mathrm{i} & \\ & -\mathrm{i}\end{pmatrix}$.

例 4.13 说明，当 n 阶矩阵 $\boldsymbol{A}$ 有复数特征值时，属于它的特征向量是复的特征向量，对角化问题就较特殊，即使 $\boldsymbol{A}$ 是实矩阵且可对角化，它的对角化矩阵却是复矩阵. 因此，讨论一般的矩阵相似关系必须扩大到复数范围内进行(在 4.5.2 节中加以介绍). 同样，要证定理 4.9（实对称矩阵的特征值是实数)，即证 n 阶实对称矩阵 $\boldsymbol{A}$ 的特征多项式在复数范围内的 n 个根全是实数，也必须扩大到复数范围内进行讨论.

定理 4.9 的证明 设 $\boldsymbol{A}$ 是 n 阶实对称矩阵，λ_0 是 $\boldsymbol{A}$ 的特征值，

$$\boldsymbol{\alpha}=\begin{pmatrix}c_1\\c_2\\\vdots\\c_n\end{pmatrix}$$

是 $\boldsymbol{A}$ 的属于特征值 λ_0 的特征向量(这里 $c_1,c_2,\cdots,c_n$ 是不全为零的复数)，因而有

$$\boldsymbol{A}\begin{pmatrix}c_1\\c_2\\\vdots\\c_n\end{pmatrix}=\lambda_0\begin{pmatrix}c_1\\c_2\\\vdots\\c_n\end{pmatrix}. \tag{5.1}$$

令 $\overline{c_i}$ 表示 c_i 的共轭复数($i=1,2,\cdots,n$)，用 $1\times n$ 矩阵($\overline{c_1},\overline{c_2},\cdots,\overline{c_n}$) 左乘 (5.1) 两边，得

$$(\overline{c_1},\overline{c_2},\cdots,\overline{c_n})\boldsymbol{A}\begin{pmatrix}c_1\\c_2\\\vdots\\c_n\end{pmatrix}=\lambda_0(\overline{c_1},\overline{c_2},\cdots,\overline{c_n})\begin{pmatrix}c_1\\c_2\\\vdots\\c_n\end{pmatrix}. \tag{5.2}$$

再在(5.2) 两边求转置共轭(对于 $\boldsymbol{A}=(a_{ij})_{n\times n}$，设 $\overline{\boldsymbol{A}}=(\overline{a_{ij}})_{n\times n}$)，得

$$(\overline{c_1},\overline{c_2},\cdots,\overline{c_n})\overline{\boldsymbol{A}}^{\mathrm{T}}\begin{pmatrix}c_1\\c_2\\\vdots\\c_n\end{pmatrix}=\overline{\lambda_0}(\overline{c_1},\overline{c_2},\cdots,\overline{c_n})\begin{pmatrix}c_1\\c_2\\\vdots\\c_n\end{pmatrix}. \tag{5.3}$$

由于 $\boldsymbol{A}$ 是实对称矩阵，$\overline{\boldsymbol{A}}^{\mathrm{T}}=\boldsymbol{A}$，所以(5.3) 为

$$(\overline{c_1},\overline{c_2},\cdots,\overline{c_n})\boldsymbol{A}\begin{pmatrix}c_1\\c_2\\\vdots\\c_n\end{pmatrix}=\overline{\lambda_0}(\overline{c_1},\overline{c_2},\cdots,\overline{c_n})\begin{pmatrix}c_1\\c_2\\\vdots\\c_n\end{pmatrix}. \tag{5.4}$$

由(5.2),(5.4)，得

$$\lambda_0(\overline{c_1},\overline{c_2},\cdots,\overline{c_n})\begin{pmatrix}c_1\\c_2\\\vdots\\c_n\end{pmatrix}=\overline{\lambda_0}(\overline{c_1},\overline{c_2},\cdots,\overline{c_n})\begin{pmatrix}c_1\\c_2\\\vdots\\c_n\end{pmatrix},$$

即 $(\lambda_0-\overline{\lambda_0})(\overline{c_1},\overline{c_2},\cdots,\overline{c_n})\begin{pmatrix}c_1\\c_2\\\vdots\\c_n\end{pmatrix}=0$. 因为

$$(\overline{c_1},\overline{c_2},\cdots,\overline{c_n})\begin{pmatrix}c_1\\c_2\\\vdots\\c_n\end{pmatrix}=\overline{c_1}c_1+\overline{c_2}c_2+\cdots+\overline{c_n}c_n\neq 0,$$

所以 $\lambda_0-\overline{\lambda_0}=0$，即 $\lambda_0=\overline{\lambda_0}$，故 λ_0 为实数. ■

在经济分析中，常常用到的是实对称矩阵，它们都具有实数特征值. 至于复数特征值在经济分析中也有其意义和应用，这里就不再详述了.

4.5.2 若尔当标准形与哈密顿-凯莱定理

先介绍若尔当块及若尔当标准形的概念.

定义 4.10 设 λ_0 为一复数，具有如下形式的 $k\times k$ 矩阵

$$\boldsymbol{J}_0=\begin{pmatrix}\lambda_0 & 1 & & & \\ & \lambda_0 & 1 & & \\ & & \ddots & \ddots & \\ & & & \lambda_0 & 1\\ & & & & \lambda_0\end{pmatrix}_{k\times k}$$

称为**若尔当**(Jordan) **块**.

$\boldsymbol{J}_0$ 中主对角线上元素均为同一个数 λ_0，而紧靠主对角线上方的上对角线元素都是 1，其余位置的元素都是 0.

例如：

$$(4),\quad \begin{pmatrix}2 & 1\\0 & 2\end{pmatrix},\quad \begin{pmatrix}-\mathrm{i} & 1 & 0\\0 & -\mathrm{i} & 1\\0 & 0 & -\mathrm{i}\end{pmatrix},\quad \begin{pmatrix}0 & 1 & 0 & 0\\0 & 0 & 1 & 0\\0 & 0 & 0 & 1\\0 & 0 & 0 & 0\end{pmatrix}$$

分别是 1 阶、2 阶、3 阶和 4 阶若尔当块.

1 阶矩阵都是 1 阶若尔当块.

定义 4.11 设 $\boldsymbol{J}$ 为准对角矩阵，如果 $\boldsymbol{J}$ 中主对角线上的子块都是若尔当块，则称 $\boldsymbol{J}$ 为**若尔当矩阵**.

例如：

$$\boldsymbol{J}=\begin{pmatrix}2 & 1 & 0 & 0 & 0 & 0\\0 & 2 & 0 & 0 & 0 & 0\\0 & 0 & 4 & 0 & 0 & 0\\0 & 0 & 0 & -\mathrm{i} & 1 & 0\\0 & 0 & 0 & 0 & -\mathrm{i} & 1\\0 & 0 & 0 & 0 & 0 & -\mathrm{i}\end{pmatrix}=\begin{pmatrix}\boldsymbol{A}_1 & & \\ & \boldsymbol{A}_2 & \\ & & \boldsymbol{A}_3\end{pmatrix},$$

其中主对角线上子块

$$\boldsymbol{A}_1=\begin{pmatrix}2 & 1\\0 & 2\end{pmatrix},\quad \boldsymbol{A}_2=(4),\quad \boldsymbol{A}_3=\begin{pmatrix}-\mathrm{i} & 1 & 0\\0 & -\mathrm{i} & 1\\0 & 0 & -\mathrm{i}\end{pmatrix}$$

都是若尔当块，因而 $\boldsymbol{J}$ 是若尔当矩阵.

对角矩阵

$$\begin{pmatrix}2 & 0 & 0 & 0\\0 & 4 & 0 & 0\\0 & 0 & -\mathrm{i} & 0\\0 & 0 & 0 & 0\end{pmatrix}$$

也是若尔当矩阵，其所包含的若尔当块(2)，(4)，(−i)，(0) 都是 1 阶的. 对角矩阵是若尔当矩阵的特殊情况.

在这一节中要介绍的主要结果是

定理4.12 任一 n 阶复矩阵 $\boldsymbol{A}$ 都与一个若尔当矩阵 $\boldsymbol{J}$ 相似，即存在 n 阶复可逆矩阵 $\boldsymbol{T}$，使得 $\boldsymbol{T}^{-1}\boldsymbol{A}\boldsymbol{T}=\boldsymbol{J}$. 这个若尔当矩阵 $\boldsymbol{J}$ 除去其中若尔当块的排列

次序不计外，是被矩阵 $\boldsymbol{A}$ 唯一决定的，称 $\boldsymbol{J}$ 为 $\boldsymbol{A}$ 的**若尔当标准形.**[①]

证明将在7.7节中用若尔当基直接给出(在9.5节中用λ-矩阵给出另一种证法).

对于一个给定的 n 阶复矩阵 $\boldsymbol{A}$，我们可以具体地求出它的若尔当标准形 $\boldsymbol{J}$. 详细的方法将在第7章阅读与思考"广义特征向量的直接求法"(或9.5节)中给出.

最后再介绍一些若尔当标准形的性质及其应用.

设 n 阶复矩阵 $\boldsymbol{A}$ 与若尔当标准形 $\boldsymbol{J}$ 相似，则 $\boldsymbol{A}$ 与 $\boldsymbol{J}$ 有相同的特征多项式，也就有相同的特征值. 因为若尔当标准形 $\boldsymbol{J}$ 是上三角方阵，所以不难算出，$\boldsymbol{J}$ 的主对角线上元素就是 $\boldsymbol{A}$ 的全部特征值. 由此我们可以证明矩阵的特征多项式的一个重要性质——哈密顿-凯莱定理.

设

$$\boldsymbol{D}=\begin{pmatrix} d_1 & 0 & \cdots & 0 \\ 0 & d_2 & \cdots & 0 \\ \vdots & \vdots & \ddots & \vdots \\ 0 & 0 & \cdots & d_n \end{pmatrix}$$

是对角矩阵，其特征多项式

$$f(\lambda)=|\lambda\boldsymbol{E}-\boldsymbol{D}|=(\lambda-d_1)(\lambda-d_2)\cdots(\lambda-d_n),$$

那么

$$\begin{aligned} f(\boldsymbol{D}) &= (\boldsymbol{D}-d_1\boldsymbol{E})(\boldsymbol{D}-d_2\boldsymbol{E})\cdots(\boldsymbol{D}-d_n\boldsymbol{E}) \\ &= \begin{pmatrix} 0 & & & \\ & d_2-d_1 & & \\ & & \ddots & \\ & & & d_n-d_1 \end{pmatrix}\begin{pmatrix} d_1-d_2 & & & \\ & 0 & & \\ & & \ddots & \\ & & & d_n-d_2 \end{pmatrix}\cdots \\ &\quad \begin{pmatrix} d_1-d_n & & & \\ & d_2-d_n & & \\ & & \ddots & \\ & & & 0 \end{pmatrix} \end{aligned}$$

---

① 法国数学家若尔当(Camille Jordan，1838—1922)主要研究代数及其在几何方面的应用，他研究群论，并用于研究对称性(在晶体结构中)，在1870年出版的他最重要的著作中，总结了群论与有关的代数概念，引入了"标准形"(现称若尔当标准形)，但是他是在有限域上而不是在复数域上引入这个概念的. 后来，德国数学家弗罗贝尼乌斯(Ferdinand Frobenius，1849—1917)用现代的数学语言解释了若尔当标准形的概念.

$$=\begin{pmatrix}0 & & & \\ & 0 & & \\ & & \ddots & \\ & & & 0\end{pmatrix}.$$

上式表明，对于对角矩阵 $\boldsymbol{D}$，其特征多项式 $f(\lambda)$ 在 $\boldsymbol{D}$ 处的矩阵多项式的值恰为零.

又如：设 $\boldsymbol{A}=\begin{pmatrix}a & b\\ c & d\end{pmatrix}$，则

$$f(\lambda)=|\lambda\boldsymbol{E}-\boldsymbol{A}|=\begin{vmatrix}\lambda-a & -b\\ -c & \lambda-d\end{vmatrix}$$

$$=\lambda^2-(a+d)\lambda+(ad-bc),$$

$$f(\boldsymbol{A})=\begin{pmatrix}a & b\\ c & d\end{pmatrix}^2-(a+d)\begin{pmatrix}a & b\\ c & d\end{pmatrix}+(ad-bc)\begin{pmatrix}1 & 0\\ 0 & 1\end{pmatrix}$$

$$=\begin{pmatrix}a^2+bc & ab+bd\\ ac+cd & bc+d^2\end{pmatrix}-\begin{pmatrix}a^2+ad & ab+bd\\ ac+cd & ad+d^2\end{pmatrix}$$

$$+\begin{pmatrix}ad-bc & 0\\ 0 & ad-bc\end{pmatrix}$$

$$=\begin{pmatrix}0 & 0\\ 0 & 0\end{pmatrix}.$$

对于一般的 n 阶矩阵 $\boldsymbol{A}$，设 $f(\lambda)$ 是它的特征多项式，是否都有 $f(\boldsymbol{A})=\boldsymbol{O}$ 呢？回答是肯定的. 这就是下述的

定理 4.13（哈密顿 - 凯莱（Hamilton-Caylay）定理[①]） 设

$$f(\lambda)=|\lambda\boldsymbol{E}-\boldsymbol{A}|=\lambda^n+a_1\lambda^{n-1}+\cdots+a_{n-1}\lambda+a_n$$

是 n 阶矩阵 $\boldsymbol{A}$ 的特征多项式，则

$$f(\boldsymbol{A})=\boldsymbol{A}^n+a_1\boldsymbol{A}^{n-1}+\cdots+a_{n-1}\boldsymbol{A}+a_n\boldsymbol{E}=\boldsymbol{O}.$$

证 由定理 4.12 知，存在 n 阶复可逆矩阵 $\boldsymbol{T}$，使得 $\boldsymbol{T}^{-1}\boldsymbol{AT}=\boldsymbol{J}$ 是上三角方阵，其中 $\boldsymbol{J}$ 的主对角线上元素就是 $\boldsymbol{A}$ 的全部特征值 $\lambda_1,\lambda_2,\cdots,\lambda_n$. 设

---

① 爱尔兰数学家、物理学家哈密顿（W. R. Hamilton，1805—1865）在他所著的《四元数讲义》一书中，涉及线性变换满足它的特征多项式的问题，凯莱在 1858 年的一篇文章中，对 $n=3$ 的情形验证了此定理，但认为没有必要进一步证明. 1878 年，德国数学家弗罗贝尼乌斯（F.G.Frobenius，1849—1917）证明了哈密顿 - 凯莱定理，还引入了矩阵的秩、正交矩阵和最小多项式的概念，他在 λ- 矩阵的不变因子和初等因子等方面，也做了很多工作.

$$J=\begin{pmatrix}\lambda_1 & \boldsymbol{x}\\ \boldsymbol{0} & J_1\end{pmatrix},$$

其中 $\boldsymbol{x}$ 和 $\boldsymbol{0}$ 分别是 $1\times(n-1)$ 矩阵和 $(n-1)\times 1$ 矩阵，$\boldsymbol{J}_1$ 是 $n-1$ 阶主对角线上元素为 $\lambda_2,\lambda_3,\cdots,\lambda_n$ 的上三角方阵. 由于

$$f(\lambda)=|\lambda\boldsymbol{E}-\boldsymbol{A}|=|\lambda\boldsymbol{E}-\boldsymbol{J}|=\prod_{i=1}^{n}(\lambda-\lambda_i),$$

$$f(\boldsymbol{A})=\boldsymbol{T}\boldsymbol{J}^n\boldsymbol{T}^{-1}+a_1\boldsymbol{T}\boldsymbol{J}^{n-1}\boldsymbol{T}^{-1}+\cdots+a_n\boldsymbol{E}=\boldsymbol{T}f(\boldsymbol{J})\boldsymbol{T}^{-1},$$

故要证 $f(\boldsymbol{A})=\boldsymbol{O}$，只要证 $f(\boldsymbol{J})=\prod_{i=1}^{n}(\boldsymbol{J}-\lambda_i\boldsymbol{E})=\boldsymbol{O}$.

用分块矩阵的乘法，得

$$(\boldsymbol{J}-\lambda_1\boldsymbol{E})(\boldsymbol{J}-\lambda_2\boldsymbol{E})=\begin{pmatrix}0 & \boldsymbol{x}\\ \boldsymbol{0} & \boldsymbol{J}_1-\lambda_1\boldsymbol{E}_{n-1}\end{pmatrix}\begin{pmatrix}\lambda_1-\lambda_2 & \boldsymbol{x}\\ \boldsymbol{0} & \boldsymbol{J}_1-\lambda_2\boldsymbol{E}_{n-1}\end{pmatrix}$$
$$=\begin{pmatrix}0 & \boldsymbol{x}(\boldsymbol{J}_1-\lambda_2\boldsymbol{E}_{n-1})\\ \boldsymbol{0} & (\boldsymbol{J}_1-\lambda_1\boldsymbol{E}_{n-1})(\boldsymbol{J}_1-\lambda_2\boldsymbol{E}_{n-1})\end{pmatrix},$$

$$(\boldsymbol{J}-\lambda_1\boldsymbol{E})(\boldsymbol{J}-\lambda_2\boldsymbol{E})(\boldsymbol{J}-\lambda_3\boldsymbol{E})$$
$$=\begin{pmatrix}0 & \boldsymbol{x}(\boldsymbol{J}_1-\lambda_2\boldsymbol{E}_{n-1})\\ \boldsymbol{0} & (\boldsymbol{J}_1-\lambda_1\boldsymbol{E}_{n-1})(\boldsymbol{J}_1-\lambda_2\boldsymbol{E}_{n-1})\end{pmatrix}\begin{pmatrix}\lambda_1-\lambda_3 & \boldsymbol{x}\\ \boldsymbol{0} & \boldsymbol{J}_1-\lambda_3\boldsymbol{E}_{n-1}\end{pmatrix}$$
$$=\begin{pmatrix}0 & \boldsymbol{x}(\boldsymbol{J}_1-\lambda_2\boldsymbol{E}_{n-1})(\boldsymbol{J}_1-\lambda_3\boldsymbol{E}_{n-1})\\ \boldsymbol{0} & (\boldsymbol{J}_1-\lambda_1\boldsymbol{E}_{n-1})(\boldsymbol{J}_1-\lambda_2\boldsymbol{E}_{n-1})(\boldsymbol{J}_1-\lambda_3\boldsymbol{E}_{n-1})\end{pmatrix}.$$

一般地，有

$$\prod_{i=1}^{n}(\boldsymbol{J}-\lambda_i\boldsymbol{E})=\begin{pmatrix}0 & \boldsymbol{x}\prod_{i=2}^{n}(\boldsymbol{J}_1-\lambda_i\boldsymbol{E}_{n-1})\\ \boldsymbol{0} & \prod_{i=1}^{n}(\boldsymbol{J}_1-\lambda_i\boldsymbol{E}_{n-1})\end{pmatrix}. \tag{5.5}$$

对 n 用归纳法，假定对阶数小于 n 的上三角方阵定理成立，则有

$$\prod_{i=2}^{n}(\boldsymbol{J}_1-\lambda_i\boldsymbol{E}_{n-1})=\boldsymbol{O},$$

于是，由(5.5)得，$\prod_{i=1}^{n}(\boldsymbol{J}-\lambda_i\boldsymbol{E})=\boldsymbol{O}$，定理得证. ∎

习题 4.5

1. 已知矩阵 $\boldsymbol{A}=\begin{pmatrix}0 & -1 & 1\\ -1 & -1 & 0\\ -3 & -4 & 1\end{pmatrix}$. 问：$\boldsymbol{A}$ 在实数范围内是否可对角化？ 在复数范围

内，若可对角化，求矩阵 $\boldsymbol{T}$，使 $\boldsymbol{T}^{-1}\boldsymbol{AT}$ 为对角矩阵.

2. 设矩阵 $\boldsymbol{A}=\begin{pmatrix}2 & & \\ & 1 & 1\\ & & 1\end{pmatrix}$. 判断下列哪个矩阵与 $\boldsymbol{A}$ 相似，为什么？

1) $\begin{pmatrix}1 & & \\ & 2 & \\ & & 1\end{pmatrix}$；　2) $\begin{pmatrix}2 & 1 & \\ & 2 & \\ & & 1\end{pmatrix}$；　3) $\begin{pmatrix}1 & & 1\\ & 2 & \\ & & 1\end{pmatrix}$；　4) $\begin{pmatrix}1 & 1 & \\ & 1 & \\ & & 2\end{pmatrix}$.

3. 利用哈密顿-凯莱定理，求

1) $\boldsymbol{A}=\begin{pmatrix}1 & 2\\ -4 & 3\end{pmatrix}$ 的逆矩阵 $\boldsymbol{A}^{-1}$；

2) $\boldsymbol{A}=\begin{pmatrix}2 & 5\\ 1 & -2\end{pmatrix}$ 的乘幂 $\boldsymbol{A}^{735}$.

阅读材料

严格对角占优矩阵

在实际问题中常遇到一些线性方程组，其系数矩阵的对角元素占优势.

设 n 阶矩阵 $\boldsymbol{A}=(a_{ij})$，如果每一行的非对角元素的绝对值之和都小于这一行的对角元素的绝对值，即

$$|a_{ii}|>\sum_{j=1,\ j\neq i}^{n}|a_{ij}|,\quad 对\ i=1,2,\cdots,n,$$

那么称 $\boldsymbol{A}$ 为**严格对角占优矩阵**. 例如：n 阶矩阵$(n>1)$

$$\boldsymbol{A}=\begin{pmatrix}n & 1 & 1 & \cdots & 1\\ 1 & n & 1 & \cdots & 1\\ 1 & 1 & n & \cdots & 1\\ \vdots & \vdots & \vdots & \ddots & \vdots\\ 1 & 1 & 1 & \cdots & n\end{pmatrix} \qquad ①$$

是一个严格对角占优矩阵.

在[13] 中课题 38 求样条函数的实际问题中，我们会遇到系数矩阵为三对角矩阵

$$\boldsymbol{A}_n=\begin{pmatrix}4 & 1 & & & & \\ 1 & 4 & 1 & & & \\ & 1 & 4 & 1 & & \\ & & \ddots & \ddots & \ddots & \\ & & & 1 & 4 & 1\end{pmatrix} \qquad ②$$

的线性方程组，$\boldsymbol{A}_n$ 也是一个严格对角占优矩阵.

我们发现，矩阵 ① 的行列式为

$$|\boldsymbol{A}|=(2n-1)\begin{vmatrix}1&1&1&\cdots&1\\1&n&1&\cdots&1\\1&1&n&\cdots&1\\\vdots&\vdots&\vdots&\ddots&\vdots\\1&1&1&\cdots&n\end{vmatrix}$$

$$=(2n-1)\begin{vmatrix}1&1&1&\cdots&1\\0&n-1&0&\cdots&0\\0&0&n-1&\cdots&0\\\vdots&\vdots&\vdots&\ddots&\vdots\\0&0&0&\cdots&n-1\end{vmatrix}$$

$$=(2n-1)(n-1)^{n-1}\neq 0\quad(n>1),$$

故 $\boldsymbol{A}$ 是可逆矩阵；同时将矩阵 ② 的行列式 $|\boldsymbol{A}_n|$ 按第 1 列展开，得

$$|\boldsymbol{A}_n|=4|\boldsymbol{A}_{n-1}|-|\boldsymbol{A}_{n-2}|. \tag{③}$$

由 ③，用数学归纳法容易证明

$$|\boldsymbol{A}_n|\geqslant 3|\boldsymbol{A}_{n-1}|,\quad n=2,3,\cdots,$$

而 $|\boldsymbol{A}_1|=4$，故 $|\boldsymbol{A}_n|>0$，即 $\boldsymbol{A}_n$ 都是可逆的.

1900 年德国数学家闵可夫斯基(H. Minkowski，1864—1909) 发现所有的严格对角占优矩阵都是可逆的.

事实上，设 $\boldsymbol{A}=(a_{ij})_{n\times n}$ 是严格对角占优矩阵，要证 $\boldsymbol{A}$ 是可逆矩阵，只要证 $\boldsymbol{A}$ 的行列式 $|\boldsymbol{A}|\neq 0$. 而要证 $|\boldsymbol{A}|\neq 0$，只要证齐次线性方程组 $\boldsymbol{Ax}=\boldsymbol{0}$ 只有零解. 下面用反证法证明. 如果存在一个非零向量 $\boldsymbol{x}$ ($\neq\boldsymbol{0}$) 使得 $\boldsymbol{Ax}=\boldsymbol{0}$，即方程组 $\boldsymbol{Ax}=\boldsymbol{0}$ 有非零解 $\boldsymbol{x}=(x_1,x_2,\cdots,x_n)^{\mathrm{T}}$，设 x_k 是 $\boldsymbol{x}$ 的分量中绝对值最大的一个分量，则 $\boldsymbol{Ax}$ 的第 k 个分量 $\sum\limits_{j=1}^{n}a_{kj}x_j$ 等于零，即有

$$a_{kk}x_k=-\sum_{j=1,\ j\neq k}^{n}a_{kj}x_j, \tag{④}$$

且有 $|x_j|\leqslant|x_k|$，对 $j=1,2,\cdots,n$. 由 ④ 得

$$|a_{kk}||x_k|=\Big|\sum_{j=1,\ j\neq k}^{n}a_{kj}x_j\Big|\leqslant\sum_{j=1,\ j\neq k}^{n}|a_{kj}x_j|=\sum_{j=1,\ j\neq k}^{n}|a_{kj}||x_j|$$

$$\leqslant\Big(\sum_{j=1,\ j\neq k}^{n}|a_{kj}|\Big)|x_k|. \tag{⑤}$$

由于 $\boldsymbol{x}\neq\boldsymbol{0}$，故 $x_k\neq 0$，因而由 ⑤ 得

$$|a_{kk}|\leqslant\sum_{j=1,\ j\neq k}^{n}|a_{kj}|.$$

这与 $\boldsymbol{A}$ 为严格对角占优矩阵矛盾，因此，方程组 $\boldsymbol{A}\boldsymbol{x}=\boldsymbol{0}$ 没有非零解，即 $|\boldsymbol{A}|\neq 0$，从而 $\boldsymbol{A}$ 是可逆的.

设 n 阶矩阵 $\boldsymbol{A}$ 的 n 个特征值为 $\lambda_1,\lambda_2,\cdots,\lambda_n$，则 $\boldsymbol{A}$ 的行列式

$$|\boldsymbol{A}|=\lambda_1\lambda_2\cdots\lambda_n.$$

如果我们能够证明，严格对角占优矩阵 $\boldsymbol{A}$ 的特征值全不为零，那么 $|\boldsymbol{A}|\neq 0$，因而 $\boldsymbol{A}$ 是可逆的. 这样，我们就用严格对角占优矩阵的特征值的非零性给出它的可逆性的又一个证法.

下面我们将给出一个有关特征值范围的结论 —— 格许戈林(Gerschgorin)圆定理. 为此，我们先引入格许戈林圆盘的概念.

设 $\boldsymbol{A}=(a_{ij})$ 是一个 n 阶矩阵(实矩阵或复矩阵). 对每个 $1\leqslant i\leqslant n$，定义

$$D_i=\{z\in\mathbf{C}\mid |z-a_{ii}|\leqslant r_i\},$$

其中

$$r_i=\sum_{j=1,\ j\neq i}^{n}|a_{ij}|,$$

$\mathbf{C}$ 为复数域. 我们把 D_i 称为**格许戈林圆盘**，并把它们的并集

$$D_{\boldsymbol{A}}=\bigcup_{i=1}^{n}D_i\subset\mathbf{C}$$

称为**格许戈林区域**. 实际上，第 i 个格许戈林圆盘就是在复平面 $\mathbf{C}$ 上以第 i 个对角元素 a_{ii} 为圆心，以 $\boldsymbol{A}$ 的第 i 行非对角元素的绝对值之和 r_i 为半径的圆. 例如：矩阵

$$\boldsymbol{A}=\begin{pmatrix}2&-1&0\\1&4&-1\\-1&-1&-3\end{pmatrix}$$

的格许戈林圆盘为

$$D_1=\{|z-2|\leqslant 1\},\quad D_2=\{|z-4|\leqslant 2\},\quad D_3=\{|z+3|\leqslant 2\},$$

如图 4-2 所示.

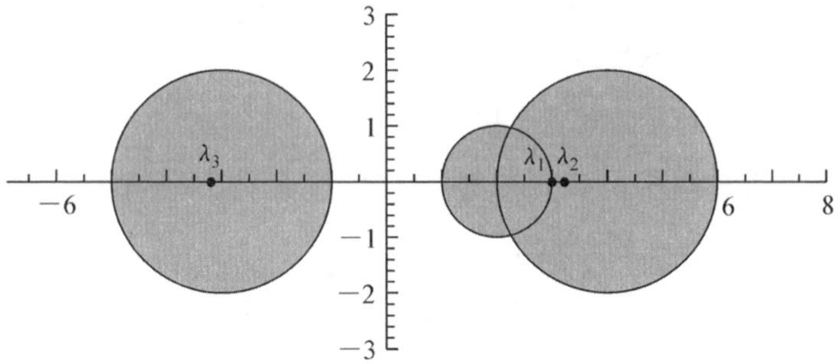

图 4-2

由于 $\boldsymbol{A}$ 的特征多项式

$$|\lambda \boldsymbol{E}-\boldsymbol{A}|=\begin{vmatrix}\lambda-2 & 1 & 0\\ -1 & \lambda-4 & 1\\ 1 & 1 & \lambda+3\end{vmatrix}=\lambda^3-3\lambda^2-10\lambda+30$$

$$=(\lambda-3)(\lambda-\sqrt{10})(\lambda+\sqrt{10}),$$

故 $\boldsymbol{A}$ 的特征值为

$$\lambda_1=3,\quad \lambda_2=\sqrt{10}=3.162\,3\cdots,\quad \lambda_3=-\sqrt{10}=-3.162\,3\cdots.$$

由图 4-2 可见，$\lambda_1\in D_1$，$\lambda_2\in D_2$，$\lambda_3\in D_3$，而 $\boldsymbol{A}$ 的所有 3 个特征值属于格许戈林区域 $D_{\boldsymbol{A}}=D_1\cup D_2\cup D_3$.

一般地，我们可以得到下面的**格许戈林圆定理**：

定理 4.14 设 $\boldsymbol{A}=(a_{ij})$ 是一个 n 阶矩阵，则 $\boldsymbol{A}$ 的所有特征值必属于它的格许戈林区域 $D_{\boldsymbol{A}}=\bigcup\limits_{i=1}^{n}D_i$ 之中.

证 设 λ 为 $\boldsymbol{A}$ 的任意一个特征值，$\boldsymbol{x}=(x_1,x_2,\cdots,x_n)^{\mathrm{T}}$ 为对应的特征向量，再设 $|x_k|=\max\limits_{1\leqslant j\leqslant n}|x_j|$，则 $x_k\neq 0$，$\left|\dfrac{x_j}{x_k}\right|\leqslant 1$，$j=1,2,\cdots,n$，且由 $\boldsymbol{A}\boldsymbol{x}=\lambda\boldsymbol{x}$，得 $\sum\limits_{j=1}^{n}a_{kj}x_j=\lambda x_k$，即

$$\sum_{j=1,\ j\neq k}^{n}a_{kj}\frac{x_j}{x_k}=\lambda-a_{kk}.$$

因而

$$|\lambda-a_{kk}|=\left|\sum_{j\neq k}a_{kj}\frac{x_j}{x_k}\right|\leqslant\sum_{j\neq k}|a_{kj}|\left|\frac{x_j}{x_k}\right|\leqslant\sum_{j\neq k}|a_{kj}|=r_k,$$

即 $\lambda\in D_k\subseteq D_{\boldsymbol{A}}$. 定理得证. ∎

由格许戈林圆定理可以得到对矩阵特征值范围的估计，同时定理的证明还指出，如果一个特征向量的第 k 个分量的绝对值最大，则对应的特征值一定属于第 k 个格许戈林圆盘 D_k 中.

下面我们利用格许戈林圆定理证明：

严格对角占优矩阵 $\boldsymbol{A}=(a_{ij})$ 是可逆的.

事实上，由严格对角占优矩阵的定义知，

$$|a_{ii}|>\sum_{j=1,\ j\neq i}^{n}|a_{ij}|=r_i,\quad i=1,2,\cdots,n,$$

故 $0\notin D_i=\{z\in\mathbf{C}\mid |z-a_{ii}|\leqslant r_i\}$，$i=1,2,\cdots,n$（这是因为 $|0-a_{ii}|=$

$|a_{ii}|>r_i$). 因此，$\boldsymbol{A}$ 的特征值全不为零. 于是，$\boldsymbol{A}$ 是可逆的.

系数矩阵为严格对角占优矩阵的线性方程组不仅由于系数矩阵可逆总是有解的，而且解这类方程组的雅可比迭代法和高斯－赛德尔迭代法也总是收敛的(详见[13]中课题 35).

练　习

1. 设 n 阶矩阵 $\boldsymbol{A}$ 和 $\boldsymbol{A}^{\mathrm{T}}$ 的格许戈林区域分别为 $D_{\boldsymbol{A}}$ 和 $D_{\boldsymbol{A}^{\mathrm{T}}}$. 问：

1) $\boldsymbol{A}$ 和 $\boldsymbol{A}^{\mathrm{T}}$ 的格许戈林区域是否相同(即是否 $D_{\boldsymbol{A}^{\mathrm{T}}}=D_{\boldsymbol{A}}$)?

2) $\boldsymbol{A}$ 的所有特征值是否既属于 $D_{\boldsymbol{A}}$ 又属于 $D_{\boldsymbol{A}^{\mathrm{T}}}$(即属于加细格许戈林区域 $D_{\boldsymbol{A}}^{*}=D_{\boldsymbol{A}}\cap D_{\boldsymbol{A}^{\mathrm{T}}}$)?

2. 求下列矩阵的格许戈林区域和加细格许戈林区域，并求所有特征值，检验第 1 题的结论.

1) $\begin{pmatrix}1 & -2\\ -2 & 1\end{pmatrix}$；　2) $\begin{pmatrix}2 & 3\\ -1 & 0\end{pmatrix}$；　3) $\begin{pmatrix}0 & 1 & 0\\ 0 & 1 & 1\\ 0 & -1 & 1\end{pmatrix}$.

阅读与思考

离散线性动态系统

在第 3 章例 3.13 的市场营销调查预测问题中，我们建立了如下的数学模型：

$$\boldsymbol{x}^{(k+1)}=\boldsymbol{P}\boldsymbol{x}^{(k)}\quad(k=0,1,2,\cdots),\qquad ①$$

其中 $\boldsymbol{x}^{(0)}=(x_1^{(0)},x_2^{(0)})^{\mathrm{T}}=(0.4,0.6)^{\mathrm{T}}$ 是已知的初始时刻 $t=0$ 时的状态向量，

$$\boldsymbol{P}=\begin{pmatrix}p_{11} & p_{12}\\ p_{21} & p_{22}\end{pmatrix}=\begin{pmatrix}0.8 & 0.4\\ 0.2 & 0.6\end{pmatrix}$$

为状态转移矩阵(也是已知的)，当时的问题是求 $t=k$ 时的状态向量 $\boldsymbol{x}^{(k)}=(x_1^{(k)},x_2^{(k)})^{\mathrm{T}}(k=1,2,\cdots)$，并分析当 k 增大时 $\boldsymbol{x}^{(k)}$ 的变化趋势. 下面我们以特征值和特征向量为工具对 $\{\boldsymbol{x}^{(k)}\}$ 的变化趋势展开讨论.

由(3.5)知，$\boldsymbol{P}$ 有两个特征值 $\lambda_1=1$，$\lambda_2=0.4$，与它们分别对应的线性无关的特征向量分别为

$$\boldsymbol{\alpha}_1=\begin{pmatrix}2\\1\end{pmatrix},\quad \boldsymbol{\alpha}_2=\begin{pmatrix}-1\\1\end{pmatrix},$$

因而 $\boldsymbol{x}^{(0)}$ 可以写成 $\boldsymbol{\alpha}_1$ 和 $\boldsymbol{\alpha}_2$ 的线性组合：

$$\boldsymbol{x}^{(0)}=\begin{pmatrix}0.4\\0.6\end{pmatrix}=\frac{1}{3}\begin{pmatrix}2\\1\end{pmatrix}+\frac{4}{15}\begin{pmatrix}-1\\1\end{pmatrix}.\qquad ②$$

由 ① 和 ②，得

$$\begin{aligned}\boldsymbol{x}^{(k)}&=\boldsymbol{P}^{k}\boldsymbol{x}^{(0)}=\boldsymbol{P}^{k}\left(\frac{1}{3}\boldsymbol{\alpha}_1+\frac{4}{15}\boldsymbol{\alpha}_2\right)\\&=\frac{1}{3}(1)^k\boldsymbol{\alpha}_1+\frac{4}{15}(0.4)^k\boldsymbol{\alpha}_2=\frac{1}{3}\boldsymbol{\alpha}_1+\frac{4}{15}(0.4)^k\boldsymbol{\alpha}_2\\&=\begin{pmatrix}\dfrac{2}{3}-\dfrac{4}{15}(0.4)^k\\ \dfrac{1}{3}+\dfrac{4}{15}(0.4)^k\end{pmatrix}.\end{aligned} \tag{③}$$

由 ③ 可以看出，随着 k 值的无限增大(即时间的不断增大)，$\frac{4}{15}(0.4)^k$ 趋近于0. 于是，$\boldsymbol{x}^{(k)}$ 趋近于向量$\left(\frac{2}{3},\frac{1}{3}\right)^{\mathrm{T}}$，说明 A 厂、B 厂的市场占有率分别趋近于$\frac{2}{3}$ 和$\frac{1}{3}$.

下面用极限的语言来表述. 如果每个分量列$\{x_i^{(k)}\}$ 都有极限，即

$$\lim_{k\to\infty}x_i^{(k)}=x_i^{*}\quad(i=1,2),$$

则称向量 $\boldsymbol{x}^{*}=\begin{pmatrix}x_1^{*}\\x_2^{*}\end{pmatrix}$ 为**向量列$\{\boldsymbol{x}^{(k)}\}$ 的极限**.

由 ③ 得，向量列$\{\boldsymbol{x}^{(k)}\}$ 有一个极限向量 $\boldsymbol{x}^{*}=\left(\frac{2}{3},\frac{1}{3}\right)^{\mathrm{T}}$，使得

$$\lim_{k\to\infty}\boldsymbol{x}^{(k)}=\boldsymbol{x}^{*}.$$

如同 ① 式，由初始向量 $\boldsymbol{x}^{(0)}$ 和递推关系式

$$\boldsymbol{x}^{(k+1)}=\boldsymbol{A}\boldsymbol{x}^{(k)},\quad k=0,1,2,\cdots \tag{④}$$

定义的向量列 $\boldsymbol{x}^{(k)}$，$k=0,1,2,\cdots$ 称为一个**离散线性动态系统**，其中 $\boldsymbol{A}$ 是一个给定的方阵，称为这系统的**转移矩阵**.

对于离散线性动态系统 ④，我们将主要研究下面 3 个问题：

1) 寻找用初始向量 $\boldsymbol{x}^{(0)}$ 来表示 $\boldsymbol{x}^{(k)}$ 的求解公式；

2) 对于给定的初始向量 $\boldsymbol{x}^{(0)}$，是否存在一个 n 维向量 $\boldsymbol{x}^{*}$ 使得

$$\lim_{k\to\infty}\boldsymbol{x}^{(k)}=\boldsymbol{x}^{*}?$$

3) 假如 n 维向量列$\{\boldsymbol{x}^{(k)}\}$ 有一个极限向量 $\boldsymbol{x}^{*}$，如何求出 $\boldsymbol{x}^{*}$？

通过以上问题的讨论，我们就可以了解向量列$\{\boldsymbol{x}^{(k)}\}$ 的变化趋势.

下面讨论离散线性动态系统 ④ 的向量列$\{\boldsymbol{x}^{(k)}\}$ 的长期趋势是由什么决定的，我们先观察几个例子.

1) 设离散线性动态系统 $\boldsymbol{x}^{(k+1)}=\boldsymbol{A}\boldsymbol{x}^{(k)}$ 的转移矩阵为

$$\boldsymbol{A}=\begin{pmatrix}0.80&0\\0&0.64\end{pmatrix}, \tag{⑤}$$

则 $\boldsymbol{A}$ 的特征值为 0.8 和 0.64，$\boldsymbol{v}_1=\begin{pmatrix}1\\0\end{pmatrix}$ 和 $\boldsymbol{v}_2=\begin{pmatrix}0\\1\end{pmatrix}$ 分别为对应的特征向量. 设初始向量 $\boldsymbol{x}^{(0)}=\begin{pmatrix}c_1\\c_2\end{pmatrix}=c_1\boldsymbol{v}_1+c_2\boldsymbol{v}_2$，则

$$\boldsymbol{x}^{(k)}=\boldsymbol{A}^k\boldsymbol{x}^{(0)}=c_1(0.8)^k\begin{pmatrix}1\\0\end{pmatrix}+c_2(0.64)^k\begin{pmatrix}0\\1\end{pmatrix}. \quad ⑥$$

当 $k\to\infty$ 时，$(0.8)^k\to 0$，$(0.64)^k\to 0$，故 $\boldsymbol{x}^{(k)}\to\boldsymbol{0}$，$\{\boldsymbol{x}^{(k)}\}$ 是收敛的，收敛于 $\boldsymbol{0}$，即 $\boldsymbol{x}^*=\lim\limits_{k\to\infty}\boldsymbol{x}^{(k)}=\boldsymbol{0}$. 我们把 $\boldsymbol{x}^{(0)},\boldsymbol{x}^{(1)},\boldsymbol{x}^{(2)},\cdots$ 的图像称为**离散动态系统的轨线**. 图 4-3 画出了几条起始点 $\boldsymbol{x}^{(0)}$ 在角点为 $(\pm3,\pm3)$ 的正方形边界上的轨线的前几个点，并把它们用曲线连接起来，很清楚，这些轨线都趋向于 $\boldsymbol{0}$.

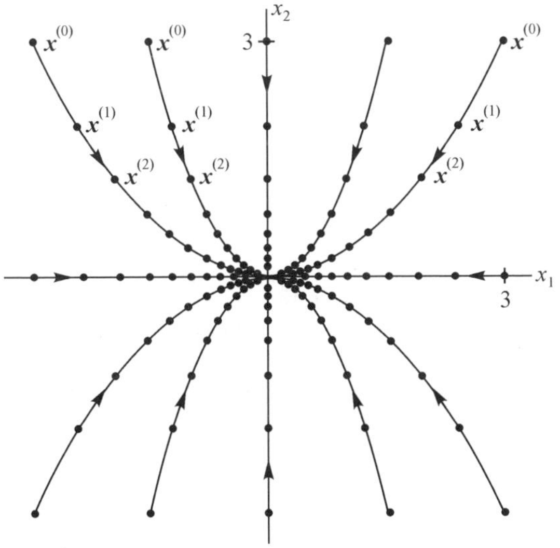

图 4-3

2） 设离散线性动态系统 $\boldsymbol{x}^{(k+1)}=\boldsymbol{A}\boldsymbol{x}^{(k)}$ 的转移矩阵为

$$\boldsymbol{A}=\begin{pmatrix}1.44 & 0\\ 0 & 1.2\end{pmatrix}, \quad ⑦$$

则 $\boldsymbol{A}$ 的特征值为 1.44 和 1.2，$\boldsymbol{v}_1=\begin{pmatrix}1\\0\end{pmatrix}$ 和 $\boldsymbol{v}_2=\begin{pmatrix}0\\1\end{pmatrix}$ 分别为对应的特征向量. 设 $\boldsymbol{x}^{(0)}=\begin{pmatrix}c_1\\c_2\end{pmatrix}$，则

$$\boldsymbol{x}^{(k)}=c_1(1.44)^k\begin{pmatrix}1\\0\end{pmatrix}+c_2(1.2)^k\begin{pmatrix}0\\1\end{pmatrix}. \quad ⑧$$

当 $k\to\infty$ 时，$(1.44)^k\to+\infty$，$(1.2)^k\to+\infty$，故 $\boldsymbol{x}^{(k)}$ 的两项都在增长，且第1项增长得较快，$\{\boldsymbol{x}^{(k)}\}$ 是发散的. 图 4-4 画出了几条起始点 $\boldsymbol{x}^{(0)}$ 在 $\mathbf{0}$ 点附近的轨线，它们都越来越远离 $\mathbf{0}$ 点，$\{\boldsymbol{x}^{(k)}\}$ 是无界的.

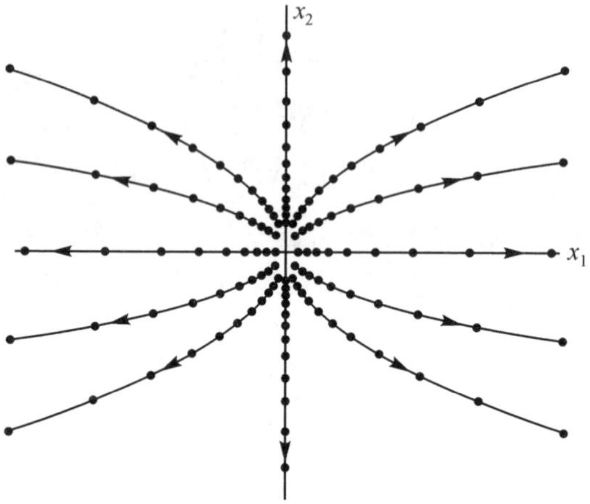

图 4-4

3） 设离散线性动态系统 $\boldsymbol{x}^{(k+1)}=\boldsymbol{A}\boldsymbol{x}^{(k)}$ 的转移矩阵为

$$\boldsymbol{A}=\begin{pmatrix}2.0 & 0\\ 0 & 0.5\end{pmatrix} \qquad ⑨$$

则 $\boldsymbol{A}$ 的特征值为 2.0 和 0.5，$\boldsymbol{v}_1=\begin{pmatrix}1\\0\end{pmatrix}$ 和 $\boldsymbol{v}_2=\begin{pmatrix}0\\1\end{pmatrix}$ 分别为对应的特征向量. 设

$\boldsymbol{x}^{(0)}=\begin{pmatrix}c_1\\c_2\end{pmatrix}$，则

$$\boldsymbol{x}^{(k)}=c_1 2^k\begin{pmatrix}1\\0\end{pmatrix}+c_2(0.5)^k\begin{pmatrix}0\\1\end{pmatrix}. \qquad ⑩$$

当 $k\to\infty$ 时，$2^k\to+\infty$，$(0.5)^k\to 0$，故若 $\boldsymbol{x}^{(0)}$ 在 x_2 轴上，则 $c_1=0$，因而当 $k\to\infty$ 时，$\boldsymbol{x}^{(k)}\to\mathbf{0}$；若 $\boldsymbol{x}^{(0)}$ 不在 x_2 轴上，则 $\boldsymbol{x}^{(k)}$ 的第 1 项可以任意增长，因而$\{\boldsymbol{x}^{(k)}\}$ 是无界的. 图 4-5 画出了几条 $\boldsymbol{x}^{(0)}$ 在 x_2 轴上或在 x_2 轴附近的轨线.

4） 设离散线性动态系统 $\boldsymbol{x}^{(k+1)}=\boldsymbol{A}\boldsymbol{x}^{(k)}$ 的转移矩阵为

$$\boldsymbol{A}=\begin{pmatrix}0.8 & 0.5\\ -0.1 & 1.0\end{pmatrix}, \qquad ⑪$$

则 $\boldsymbol{A}$ 的特征值为 $0.9+0.2\mathrm{i}$ 和 $0.9-0.2\mathrm{i}$，可以求得 $\boldsymbol{v}_1=\begin{pmatrix}1-2\mathrm{i}\\1\end{pmatrix}$ 和 $\boldsymbol{v}_2=$

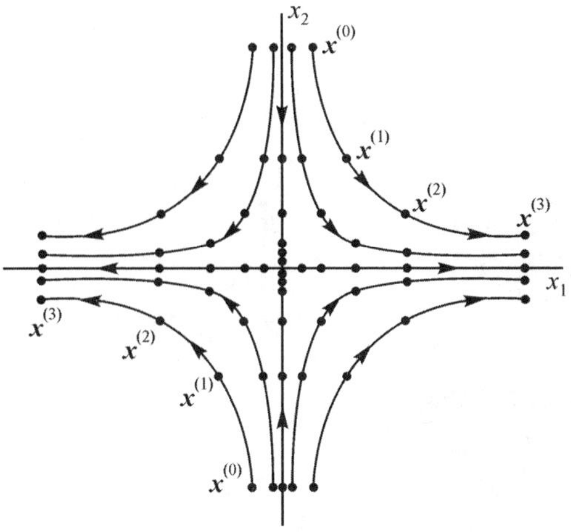

图 4-5

$\begin{pmatrix}1+2\mathrm{i}\\1\end{pmatrix}$分别为对应的特征向量. 因为 $\boldsymbol{v}_1,\boldsymbol{v}_2$ 线性无关，所以任一 $\boldsymbol{x}^{(0)}\in\mathbf{R}^2$ 可以写成它们的线性组合：$\boldsymbol{x}^{(0)}=c_1\boldsymbol{v}_1+c_2\boldsymbol{v}_2$（其中 $c_1,c_2\in\mathbf{C}$），因此，

$$\boldsymbol{x}^{(k)}=c_1(0.9+0.2\mathrm{i})^k\begin{pmatrix}1-2\mathrm{i}\\1\end{pmatrix}+c_2(0.9-0.2\mathrm{i})^k\begin{pmatrix}1+2\mathrm{i}\\1\end{pmatrix}.$$

由于 $\boldsymbol{x}^{(0)}\in\mathbf{R}^2$，$\mathbf{A}\in\mathbf{R}^{2\times2}$，故 $\boldsymbol{x}^{(k)}\in\mathbf{R}^2$，$k=1,2,\cdots$，且因

$$|0.9\pm0.2\mathrm{i}|=\sqrt{0.9^2+0.2^2}=\sqrt{0.85}<1,$$

故当 $k\to\infty$ 时，$(0.9+0.2\mathrm{i})^k\to0$，$(0.9-0.2\mathrm{i})^k\to0$，因而 $\boldsymbol{x}^{(k)}\to\mathbf{0}$，是收敛的. 图 4-6 画出了 $\boldsymbol{x}^{(0)}=\begin{pmatrix}0\\2.5\end{pmatrix},\begin{pmatrix}3\\0\end{pmatrix},\begin{pmatrix}0\\-2.5\end{pmatrix}$的 3 条轨线，都趋向于 $\mathbf{0}$.

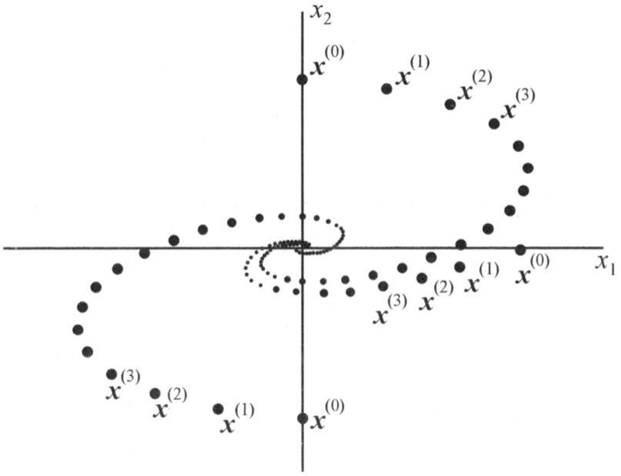

图 4-6

思考 从以上4个离散线性动态系统 ⑤,⑦,⑨ 和 ⑪ 的计算中，你能发现什么规律？

例 4.14 在美国加利福尼亚的红杉林深处，暗黑色的林鼠(见图 4-7)为斑点猫头鹰(是该种林鼠的主要捕食者)提供了80%以上的食物. 下面用离散线性动态系统来建立关于猫头鹰和林鼠总数的生态模型. 设

图 4-7

$$\boldsymbol{x}^{(k)}=\begin{pmatrix}O_k\\R_k\end{pmatrix}$$

表示时间 k (单位为月) 猫头鹰和林鼠的总数，其中 O_k 表示所研究的区域内猫头鹰的总数，R_k 表示林鼠的总数(单位为千). 假设

$$\left.\begin{aligned}O_{k+1}&=0.5O_k+0.4R_k,\\R_{k+1}&=-pO_k+1.1R_k,\end{aligned}\right\} \tag{⑫}$$

其中 p 是给定的正参数. 第1个方程中的 $0.5O_k$ 表示如果没有林鼠作为食物，那么每月只有50%的猫头鹰可以存活下来，第2个方程中的 $1.1R_k$ 表示如果没有猫头鹰来捕食，那么林鼠的总数每月增长10%. 如果林鼠很多，将使猫头鹰的总数增加 $0.4R_k$，而 $-pO_k$ 表示由于猫头鹰的捕食，林鼠死亡的个数(确切地说，1 000 p 是一只猫头鹰在一个月内所吃掉的林鼠的平均数). 试给出当捕食参数 $p=0.104, 0.2$ 时对给定的 $\boldsymbol{x}^{(0)}$，计算 $\boldsymbol{x}^{(k)}(k=1,2,\cdots)$ 的公式，并说出该动态系统的长期变化趋势.

解 由 ⑫ 得，转移矩阵为 $\boldsymbol{A}=\begin{pmatrix}0.5&0.4\\-p&1.1\end{pmatrix}$.

当 $p=0.104$ 时，$\boldsymbol{A}$ 具有特征值 $\lambda_1=1.02$ 和 $\lambda_2=0.58$，对应的特征向量

$$\boldsymbol{v}_1=\begin{pmatrix}10\\13\end{pmatrix},\quad \boldsymbol{v}_2=\begin{pmatrix}5\\1\end{pmatrix}.$$

设初始向量 $\boldsymbol{x}^{(0)}=c_1\boldsymbol{v}_1+c_2\boldsymbol{v}_2$，得计算 $\boldsymbol{x}^{(k)}$ 的公式：

$$\begin{aligned}\boldsymbol{x}^{(k)}&=c_1(1.02)^k\boldsymbol{v}_1+c_2(0.58)^k\boldsymbol{v}_2\\&=c_1(1.02)^k\begin{pmatrix}10\\13\end{pmatrix}+c_2(0.58)^k\begin{pmatrix}5\\1\end{pmatrix},\end{aligned}$$

上式中当 $k\to\infty$ 时 $(0.58)^k\to 0$. 假设 $c_1>0$，则对所有的足够大的 k，有

$$\boldsymbol{x}^{(k)}\approx c_1(1.02)^k\begin{pmatrix}10\\13\end{pmatrix}. \tag{⑬}$$

由 ⑬，得

$$x^{(k+1)} \approx c_1(1.02)^{k+1}\begin{pmatrix}10\\13\end{pmatrix}=(1.02)c_1(1.02)^k\begin{pmatrix}10\\13\end{pmatrix}\approx 1.02x^{(k)}. \qquad ⑭$$

由 ⑭ 可见，最终 $x^{(k)}$ 的两个分量(即猫头鹰总数和林鼠总数)同时以每月 2% 的增长率增长，而由 ⑬ 可见，$x^{(k)}$ 近似于 $\begin{pmatrix}10\\13\end{pmatrix}$ 的一个倍数，因而猫头鹰总数和林鼠总数之比近似于 10∶13，相当于每 10 只猫头鹰约有 13 000 只林鼠存在.

当 $p=0.2$ 时，A 具有特征值 $\lambda_1=0.9$ 和 $\lambda_2=0.7$，对应的特征向量

$$v_1=\begin{pmatrix}1\\1\end{pmatrix},\quad v_2=\begin{pmatrix}2\\1\end{pmatrix}.$$

设初始向量 $x^{(0)}=c_1v_1+c_2v_2$，得计算 $x^{(k)}$ 的公式：

$$x^{(k)}=c_1(0.9)^kv_1+c_2(0.7)^kv_2=c_1(0.9)^k\begin{pmatrix}1\\1\end{pmatrix}+c_2(0.7)^k\begin{pmatrix}2\\1\end{pmatrix},$$

由上式得，$\lim\limits_{k\to\infty}x^{(k)}=\mathbf{0}$，即猫头鹰和林鼠最终将都会灭绝.

思考 写出离散线性动态系统 ⑫ 当捕食参数 $p=0.125$ 时 $x^{(k)}$ 的公式，并说出该动态系统的长期变化趋势. 如果一个离散线性动态系统 $\{x^{(k)}\}$ 是收敛的，当 $k\to\infty$ 时 $x^{(k)}$ 趋近于一个常数向量，趋于平衡状态，但是当该动态系统的某些常数(例如：林鼠的出生率，捕食参数 p 等) 有微小的变化时，它的长期性态会发生很大的变化，那么我们就称该动态系统趋于不稳定的平衡状态. 你认为 p 取什么值时，动态系统 ⑫ 趋于不稳定的平衡状态，当林鼠的出生率有微小的变化时，情况又如何?

练　习

1990 年关于太平洋西北部斑点猫头鹰的生态环境问题引起了一场争论. 环境保护论者认为继续砍伐猫头鹰赖以生存的原始森林(树龄都在 200 年以上)，将有导致猫头鹰灭绝的危险，而伐木行业认为猫头鹰还不属于濒危物种，如果限制伐木，预期将失去 30 000 ～ 100 000 个工作岗位. 这场争论引起了数学生态学家的注意，要建立猫头鹰总数的离散动态系统.

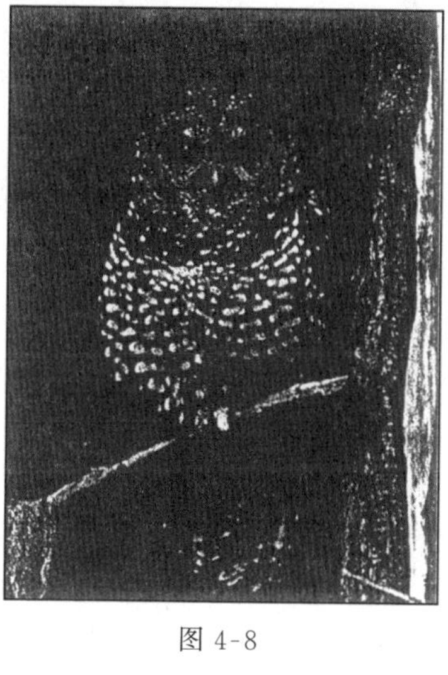

图 4-8

斑点猫头鹰(图 4-8) 的生命周期分成 3 个阶段：雏鸟阶段(直到 1 岁)，接近成熟的阶段(1 岁到 2 岁) 和已成熟阶段(2 岁以

上). 处在未成熟阶段的猫头鹰在进行交配，开始繁殖后进入已成熟阶段，它们可以存活 20 年. 每对猫头鹰需要约 1 000 公顷的森林作为领地. 雏鸟离开原来的鸟巢是它们一生中最关键的时刻，要存活下来，变成一个接近成熟的猫头鹰，必须成功地找到一个新的自己的领地(通常与配偶在一起).

以年为单位($k=0,1,2,\cdots$) 来研究猫头鹰总数的动态变化. 通常假设在每个阶段公的和母的比率都是 1∶1，故我们仅对母的加以计数. 设 j_k,s_k 和 a_k 分别表示在雏鸟、接近成熟和已成熟阶段母的猫头鹰总数，$\boldsymbol{x}^{(k)}=(j_k,s_k,a_k)^{\mathrm{T}}$. 在[18]中，根据统计资料建立了猫头鹰总数的数学模型：

$$\begin{pmatrix} j_{k+1} \\ s_{k+1} \\ a_{k+1} \end{pmatrix}=\begin{pmatrix} 0 & 0 & 0.33 \\ 0.18 & 0 & 0 \\ 0 & 0.71 & 0.94 \end{pmatrix}\begin{pmatrix} j_k \\ s_k \\ a_k \end{pmatrix}, \tag{⑮}$$

即 $\boldsymbol{x}^{(k+1)}=\boldsymbol{A}\boldsymbol{x}^{(k)}$，这是一个离散线性动态系统，其中第 $k+1$ 年雏鹰的总数是第 k 年已成熟的母猫头鹰总数的 0.33 倍(这是基于每对猫头鹰的平均出生率)，而 18% 的雏鹰来年成为接近成熟的猫头鹰(实际上，正常地有 60% 的雏鹰能活下来离开原鸟巢，而仅有 30% 的接近成熟的猫头鹰能在离开原鸟巢后找到新的领地，其余的在搜寻新领地的过程中死亡，因而这 18% 的存活率与可利用的森林面积有关)，71% 的接近成熟的和 94% 的成熟的猫头鹰来年仍作为成熟的猫头鹰存活着. 写出离散线性动态系统 ⑮ 对给定的 $\boldsymbol{x}^{(0)}$，计算 $\boldsymbol{x}^{(k)}$ 的公式，并说出该动态系统的长期变化趋势(提示：可以用 MATLAB 或三次方程求根公式(参见第 8 章章课题) 求转移矩阵的特征值的近似值).

探究与发现　特征值与特征向量的直接求法

对于一个 n 阶矩阵 $\boldsymbol{A}$，我们可以通过求解特征方程 $|\lambda\boldsymbol{E}-\boldsymbol{A}|=0$ 与齐次线性方程组 $(\lambda_i\boldsymbol{E}-\boldsymbol{A})\boldsymbol{x}=\boldsymbol{0}$ 来求它的特征值和特征向量. 下面我们探讨不用求解特征方程，直接求特征值和特征向量的新方法(详见[8]).

探究　设 $\boldsymbol{A}$ 是一个 n 阶矩阵，$\boldsymbol{u}\in\mathbf{R}^n$ 是任一非零向量. 观察向量序列 $\{\boldsymbol{u},\boldsymbol{A}\boldsymbol{u},\boldsymbol{A}^2\boldsymbol{u},\cdots\}$，你有什么发现?

依定理 2.4 的推论 3 知，由 $n+1$ 个 n 维向量构成的向量组必线性相关，故该序列的前 $n+1$ 个向量 $\boldsymbol{u},\boldsymbol{A}\boldsymbol{u},\boldsymbol{A}^2\boldsymbol{u},\cdots,\boldsymbol{A}^n\boldsymbol{u}$ 线性相关.

设 k 是使 $\boldsymbol{u},\boldsymbol{A}\boldsymbol{u},\cdots,\boldsymbol{A}^k\boldsymbol{u}$ 线性相关的最小正整数，则存在 $a_0,a_1,\cdots,a_k\in\mathbf{R}$ 使

$$a_0\boldsymbol{u}+a_1\boldsymbol{A}\boldsymbol{u}+\cdots+a_k\boldsymbol{A}^k\boldsymbol{u}=\boldsymbol{0}. \tag{①}$$

设多项式

$$f(\lambda)=a_0+a_1\lambda+\cdots+a_k\lambda^k, \tag{②}$$

λ_0 是 $f(\lambda)$ 的一个根，由第 8 章定理 8.10 知，存在一个多项式 $q(\lambda)$，使得

$$f(\lambda)=(\lambda-\lambda_0)q(\lambda).$$

于是，由 ① 式可得

$$f(\boldsymbol{A})\boldsymbol{u}=(\boldsymbol{A}-\lambda_0\boldsymbol{E})q(\boldsymbol{A})\boldsymbol{u}=\boldsymbol{0},$$

即

$$\boldsymbol{A}(q(\boldsymbol{A})\boldsymbol{u})=\lambda_0(q(\boldsymbol{A})\boldsymbol{u}).$$

由 k 的最小性得，$q(\boldsymbol{A})\boldsymbol{u}\neq\boldsymbol{0}$，因此，$q(\boldsymbol{A})\boldsymbol{u}$ 是 $\boldsymbol{A}$ 的属于特征值 λ_0 的一个特征向量.

我们将上述的向量 $\boldsymbol{u}$ 称为种子向量，$\boldsymbol{A}\boldsymbol{u},\boldsymbol{A}^2\boldsymbol{u},\cdots$ 称为由 $\boldsymbol{u}$ 生成的向量.

下面考查一个实例：

例 4.15 设

$$\boldsymbol{A}=\begin{pmatrix}3&-1&-6&1\\-1&3&4&-1\\1&-1&-2&1\\-1&1&4&1\end{pmatrix}, \qquad ③$$

不用求解特征方程，试直接求 $\boldsymbol{A}$ 的特征值与特征向量.

设 $\boldsymbol{u}=\begin{pmatrix}1\\0\\0\\0\end{pmatrix}$，则 $\boldsymbol{A}\boldsymbol{u}=\begin{pmatrix}3\\-1\\1\\-1\end{pmatrix}$，$\boldsymbol{A}^2\boldsymbol{u}=\begin{pmatrix}3\\-1\\1\\-1\end{pmatrix}$，故

$$\boldsymbol{A}^2\boldsymbol{u}-\boldsymbol{A}\boldsymbol{u}=\boldsymbol{0}. \qquad ④$$

设 $f(\lambda)=\lambda^2-\lambda$，则 $\lambda=0,1$ 是它的根. 于是，由

$$(\boldsymbol{A}^2-\boldsymbol{A})\boldsymbol{u}=(\boldsymbol{A}-1\cdot\boldsymbol{E})(\boldsymbol{A}\boldsymbol{u})=\boldsymbol{0},$$

得 $\boldsymbol{A}\boldsymbol{u}=\begin{pmatrix}3\\-1\\1\\-1\end{pmatrix}$ 是 $\boldsymbol{A}$ 的属于特征值 1 的特征向量. 同样，由

$$(\boldsymbol{A}^2-\boldsymbol{A})\boldsymbol{u}=(\boldsymbol{A}-0\cdot\boldsymbol{E})[(\boldsymbol{A}-1\cdot\boldsymbol{E})\boldsymbol{u}]=\boldsymbol{0},$$

得 $\boldsymbol{A}\boldsymbol{u}-\boldsymbol{u}=\begin{pmatrix}2\\-1\\1\\-1\end{pmatrix}$ 是 $\boldsymbol{A}$ 的属于特征值 0 的特征向量.

探究 如何进一步求得 $\boldsymbol{A}$ 的其他特征值和特征向量呢？

我们很自然地会想到，另取一个种子向量 $\boldsymbol{v}\in\mathbf{R}^4$，使 $\boldsymbol{u},\boldsymbol{A}\boldsymbol{u},\boldsymbol{v}$ 线性无关. 由于 $\boldsymbol{u},\boldsymbol{A}\boldsymbol{u},\boldsymbol{v},\boldsymbol{A}\boldsymbol{v},\boldsymbol{A}^2\boldsymbol{v}$ 必线性相关，同样可利用这些向量之间的线性关系式

寻求新的特征值和特征向量.

取 $\boldsymbol{v}=\begin{pmatrix}0\\1\\0\\0\end{pmatrix}$，则 $\boldsymbol{u},\boldsymbol{Au},\boldsymbol{v}$ 线性无关，故 $\boldsymbol{v}$ 可作为种子向量. 由 $\boldsymbol{Av}=\begin{pmatrix}-1\\3\\-1\\1\end{pmatrix}$

可得

$$\boldsymbol{Av}-2\boldsymbol{v}+\boldsymbol{Au}-2\boldsymbol{u}=\boldsymbol{0}, \quad ⑤$$

即 $(\boldsymbol{A}-2\boldsymbol{E})(\boldsymbol{v}+\boldsymbol{u})=\boldsymbol{0}$，也就是说，$\boldsymbol{v}+\boldsymbol{u}=\begin{pmatrix}1\\1\\0\\0\end{pmatrix}$ 是 $\boldsymbol{A}$ 的属于特征值 2 的特征向量.

思考 你能从以上由新的种子向量 $\boldsymbol{v}$ 来寻求新的特征值和特征向量的过程中，总结出什么规律吗?

一般地，设 $\boldsymbol{v}\in\mathbf{R}^n$ 是新的种子向量，它使得 $\boldsymbol{u},\boldsymbol{Au},\cdots,\boldsymbol{A}^{k-1}\boldsymbol{u},\boldsymbol{v},\boldsymbol{Av},\cdots,\boldsymbol{A}^{l-1}\boldsymbol{v}$ 线性无关，而 $\boldsymbol{u},\boldsymbol{Au},\cdots,\boldsymbol{A}^{k-1}\boldsymbol{u},\boldsymbol{v},\boldsymbol{Av},\cdots,\boldsymbol{A}^{l}\boldsymbol{v}$ 线性相关. 类似于 ① 式，存在线性关系式

$$a'_0\boldsymbol{u}+a'_1\boldsymbol{Au}+\cdots+a'_{k-1}\boldsymbol{A}^{k-1}\boldsymbol{u}+b_0\boldsymbol{v}+b_1\boldsymbol{Av}+\cdots+b_l\boldsymbol{A}^l\boldsymbol{v}=\boldsymbol{0},$$

即

$$(a'_0\boldsymbol{E}+a'_1\boldsymbol{A}+\cdots+a'_{k-1}\boldsymbol{A}^{k-1})\boldsymbol{u}+(b_0\boldsymbol{E}+b_1\boldsymbol{A}+\cdots+b_l\boldsymbol{A}^l)\boldsymbol{v}=\boldsymbol{0}. \quad ⑥$$

由 ① 式知，$(a_0\boldsymbol{E}+a_1\boldsymbol{A}+\cdots+a_k\boldsymbol{A}^k)\boldsymbol{u}=f(\boldsymbol{A})\boldsymbol{u}=\boldsymbol{0}$，故用 $f(\boldsymbol{A})$ 左乘 ⑥ 式的两边，可得

$$f(\boldsymbol{A})(b_0\boldsymbol{E}+b_1\boldsymbol{A}+\cdots+b_l\boldsymbol{A}^l)\boldsymbol{v}=\boldsymbol{0}. \quad ⑦$$

如果多项式 $b_0\boldsymbol{E}+b_1\boldsymbol{A}+\cdots+b_l\boldsymbol{A}^l$ 存在一次因式 $\boldsymbol{A}-\lambda'_0\boldsymbol{E}$，则由 ⑦ 式，就可能求得 $\boldsymbol{A}$ 的属于特征值 λ'_0 的特征向量. 设

$$g(\lambda)=b_0+b_1\lambda+\cdots+b_l\lambda^l=(\lambda-\lambda'_0)q(\lambda),$$

如果 $f(\boldsymbol{A})q(\boldsymbol{A})\boldsymbol{v}\neq 0$，则它就是属于 λ'_0 的新的特征向量.

探究 以上我们已经解得了 ③ 式中的矩阵 $\boldsymbol{A}$ 的分别属于特征值 0,1,2 的线性无关的特征向量，由于 $\mathbf{R}^4$ 是 4 维向量空间，故还可能存在新的特征值与特征向量，怎么办呢?

再取新的种子向量 $\boldsymbol{w}=\begin{pmatrix}0\\0\\1\\0\end{pmatrix}$，则 $\boldsymbol{u},\boldsymbol{Au},\boldsymbol{v},\boldsymbol{w}$ 线性无关. 由 $\boldsymbol{Aw}=\begin{pmatrix}-6\\4\\-2\\4\end{pmatrix}$ 可

得

$$\boldsymbol{A}\boldsymbol{w}-2\boldsymbol{w}+4\boldsymbol{A}\boldsymbol{u}-6\boldsymbol{u}=\boldsymbol{0}, \quad ⑧$$

即

$$(\boldsymbol{A}-2\boldsymbol{E})\boldsymbol{w}+4\boldsymbol{A}\boldsymbol{u}-6\boldsymbol{u}=\boldsymbol{0}. \quad ⑨$$

类似于⑥式，由⑨式可知，$\lambda=2$ 是 $\boldsymbol{A}$ 的另一个特征值. 那么，如何来求属于它的特征向量呢?

如果从 $4\boldsymbol{A}\boldsymbol{u}-6\boldsymbol{u}$ 中可以分解出因子 $\boldsymbol{A}-2\boldsymbol{E}$，即写成

$$4\boldsymbol{A}\boldsymbol{u}-6\boldsymbol{u}=(\boldsymbol{A}-2\boldsymbol{E})(x\boldsymbol{A}\boldsymbol{u}+y\boldsymbol{u}), \quad ⑩$$

则由⑨式得

$$(\boldsymbol{A}-2\boldsymbol{E})(\boldsymbol{w}+x\boldsymbol{A}\boldsymbol{u}+y\boldsymbol{u})=\boldsymbol{0},$$

于是，$\boldsymbol{w}+x\boldsymbol{A}\boldsymbol{u}+y\boldsymbol{u}$ 是 $\boldsymbol{A}$ 的属于特征值 2 的特征向量.

用待定系数法，由⑩式，可解得 $x=-1$，$y=3$，即

$$4\boldsymbol{A}\boldsymbol{u}-6\boldsymbol{u}=(\boldsymbol{A}-2\boldsymbol{E})(-\boldsymbol{A}\boldsymbol{u}+3\boldsymbol{u}),$$

因此，$\boldsymbol{w}-\boldsymbol{A}\boldsymbol{u}+3\boldsymbol{u}=\begin{pmatrix}0\\1\\0\\1\end{pmatrix}$ 是 $\boldsymbol{A}$ 的属于特征值 2 的特征向量.

注意：1) $\boldsymbol{A}$ 的属于 $\lambda=2$ 的特征向量 $\boldsymbol{v}+\boldsymbol{u}$ 也可以由⑦式求得，由于 $(\boldsymbol{A}^2-\boldsymbol{A})(\boldsymbol{A}-2\boldsymbol{E})\boldsymbol{v}=\boldsymbol{0}$，故

$$(\boldsymbol{A}^2-\boldsymbol{A})\boldsymbol{v}=\boldsymbol{A}(\boldsymbol{A}-\boldsymbol{E})\boldsymbol{v}=\begin{pmatrix}2\\2\\0\\0\end{pmatrix}$$

是 $\boldsymbol{A}$ 的属于 $\lambda=2$ 的特征向量(它与 $\boldsymbol{v}+\boldsymbol{u}$ 仅相差一个常数因子).

2) 对于第 3 个种子向量 $\boldsymbol{w}$，一般地，也可通过类似于⑥式的关于 $\boldsymbol{u},\boldsymbol{v},\boldsymbol{w}$ 及其生成向量的线性关系式

$$(a''_0\boldsymbol{E}+a''_1\boldsymbol{A}+\cdots+a''_{k-1}\boldsymbol{A}^{k-1})\boldsymbol{u}+(b'_0\boldsymbol{E}+b'_1\boldsymbol{A}+\cdots+b'_{l-1}\boldsymbol{A}^{l-1})\boldsymbol{v}$$
$$+(c_0\boldsymbol{E}+c_1\boldsymbol{A}+\cdots+c_m\boldsymbol{A}^m)\boldsymbol{w}=\boldsymbol{0}, \quad ⑪$$

及由多项式 $h(\lambda)=c_0+c_1\lambda+\cdots+c_m\lambda^m$ 解得新的特征值 λ''_0，和由类似于⑦式的关系式

$$f(\boldsymbol{A})g(\boldsymbol{A})(c_0\boldsymbol{E}+c_1\boldsymbol{A}+\cdots+c_m\boldsymbol{A}^m)\boldsymbol{w}=\boldsymbol{0},$$

解得属于 λ''_0 的特征向量. 如果需要的话，以上过程还可以继续做下去，直到求得 $\boldsymbol{A}$ 的所有特征向量的一个极大线性无关组为止(在第 7 章阅读与思考“广义特征向量的直接求法”和[8]中用“向量式”给出了证明及其求法)，这时也求得了 $\boldsymbol{A}$ 的所有的特征值.

探究 在例 4.1 中，$A=\begin{pmatrix}3&3&2\\1&1&-2\\-3&-1&0\end{pmatrix}$ 的特征多项式为

$$|\lambda E-A|=(\lambda-4)(\lambda^2+4),$$

在实数范围内，它只有一个根 $\lambda=4$，因而 A 在实数范围内不可对角化. 试在复数范围内用种子向量的方法求矩阵 A 的特征值及特征向量，并讨论它的可对角化问题. 你发现属于实矩阵 A 的共轭的复特征值的复特征向量有什么特性？

练　习

试用种子向量的方法求例 4.3 和习题 4.2 第 1 题各矩阵的特征值及特征向量.

章课题　马尔可夫链的稳定性

在阅读与思考“离散线性动态系统”中，① 式给出的离散线性动态系统的转移矩阵

$$P=\begin{pmatrix}p_{11}&p_{12}\\p_{21}&p_{22}\end{pmatrix}=\begin{pmatrix}0.8&0.4\\0.2&0.6\end{pmatrix} \qquad ①$$

的各列元素之和皆为 1，且 $0\leqslant p_{ij}\leqslant 1$，$i,j=1,2$.

一般地，我们把由离散线性动态系统

$$x^{(k+1)}=Ax^{(k)},\ k=0,1,2,\cdots,\quad x^{(0)}=a \qquad ②$$

确定的状态向量列 $\{x^{(k)}\}$ 称为**马尔可夫链**①，其中状态转移矩阵 A 的元素 a_{ij} 表示在 $t=k$ 时处于状态 j，到下一时刻 $t=k+1$ 时转移到状态 i 的比率，且有

$$\sum_{i=1}^{2}a_{ij}=1\ (j=1,2),\quad 0\leqslant a_{ij}\leqslant 1\ (i,j=1,2). \qquad ③$$

更一般地，当 ① 式中的状态向量 $x^{(k)}$ 为 n 维向量，且 n 阶转移矩阵

$$A=\begin{pmatrix}a_{11}&a_{12}&\cdots&a_{1n}\\a_{21}&a_{22}&\cdots&a_{2n}\\\vdots&\vdots&\ddots&\vdots\\a_{n1}&a_{n2}&\cdots&a_{nn}\end{pmatrix}$$

---

① 马尔可夫链是随机过程的一个最简单的例子，以马尔可夫命名是为了纪念俄罗斯数学家马尔可夫(Andrei Markov，1856—1922) 在 20 世纪初在随机过程方面的开拓性工作. 马尔可夫链在理论物理、化学、生物学、经济学和运筹学等方面都有应用.

满足条件：

1） $a_{ij} \geqslant 0\ (i,j=1,2,\cdots,n)$；

2） 每一列的各元素之和为 1，即 $\sum_{i=1}^{n} a_{ij}=1\ (j=1,2,\cdots,n)$

时，我们称状态向量列 $\{\boldsymbol{x}^{(k)}\}$ 为 n 维**马尔可夫链**.

由于马尔可夫链是一类特殊的离散线性动态系统，它必有一些特殊的性质，本课题将讨论它的长期性态的稳定性.

由例 3.13 知，当马尔可夫链

$$\boldsymbol{x}^{(k+1)}=\boldsymbol{P}\boldsymbol{x}^{(k)},\quad k=0,1,2,\cdots \qquad ④$$

（其中 $\boldsymbol{P}$ 为 ① 式）的初始状态向量 $\boldsymbol{x}^{(0)}=\begin{pmatrix}0.4\\0.6\end{pmatrix}$ 时，由 ④ 式可得

$$\boldsymbol{x}^{(1)}=\begin{pmatrix}0.56\\0.44\end{pmatrix},\quad \boldsymbol{x}^{(2)}=\begin{pmatrix}0.624\\0.376\end{pmatrix},\quad \boldsymbol{x}^{(3)}=\begin{pmatrix}0.649\ 6\\0.350\ 4\end{pmatrix},$$

继续计算下去可得 $\boldsymbol{x}^{(20)}\approx\begin{pmatrix}0.666\ 67\\0.333\ 33\end{pmatrix}$.

如果初始状态向量 $\boldsymbol{x}^{(0)}$ 改为 $\boldsymbol{x}^{(0)}=(1,0)^{\mathrm{T}}$（即初始时刻所有的顾客都购买 A 种产品）或者 $\boldsymbol{x}^{(0)}=(0,1)^{\mathrm{T}}$（即初始时刻所有的顾客都购买 B 种产品），$k$ 年后的状态分布(即 $\boldsymbol{x}^{(k)}$）如何变化呢？

当 $\boldsymbol{x}^{(0)}=\begin{pmatrix}1\\0\end{pmatrix}$ 时，由 ④ 式可得

$$\boldsymbol{x}^{(1)}=\begin{pmatrix}0.8\\0.2\end{pmatrix},\quad \boldsymbol{x}^{(2)}=\begin{pmatrix}0.72\\0.28\end{pmatrix},\quad \boldsymbol{x}^{(3)}=\begin{pmatrix}0.688\\0.312\end{pmatrix},$$

继续计算下去，可得 $\boldsymbol{x}^{(20)}$ 的近似值：$\boldsymbol{x}^{(20)}\approx\begin{pmatrix}0.666\ 67\\0.333\ 33\end{pmatrix}$.

当 $\boldsymbol{x}^{(0)}=\begin{pmatrix}0\\1\end{pmatrix}$ 时，有

$$\boldsymbol{x}^{(1)}=\begin{pmatrix}0.4\\0.6\end{pmatrix},\quad \boldsymbol{x}^{(2)}=\begin{pmatrix}0.56\\0.44\end{pmatrix},\quad \boldsymbol{x}^{(3)}=\begin{pmatrix}0.624\\0.376\end{pmatrix},$$

继续计算下去，可得 $\boldsymbol{x}^{(20)}$ 的近似值：$\boldsymbol{x}^{(20)}\approx\begin{pmatrix}0.666\ 67\\0.333\ 33\end{pmatrix}$.

问题 1　在上述例子中，为什么不同的初始状态向量 $\boldsymbol{x}^{(0)}=(1,0)^{\mathrm{T}}$，$(0.4,0.6)^{\mathrm{T}}$，$(0,1)^{\mathrm{T}}$，在 20 年后，会趋于相同的状态分布呢？计算中你发现了什么？

设 $\{\boldsymbol{x}^{(k)}\}$ 是一个马尔可夫链，如果对任一初始状态向量 $\boldsymbol{x}^{(0)}$，状态分布

最终都会趋于相同的稳定分布，那么称该马尔可夫链为**稳定的**.

问题 2 问：是否所有的只有两处状态的马尔可夫链都是稳定的，即对任一 2 阶状态转移矩阵 $\boldsymbol{A}$，是否对任意给定的初始状态向量 $\boldsymbol{x}^{(0)}$，都存在同一个 2 维极限向量 $\boldsymbol{x}^*$，使得 $\lim\limits_{k\to\infty}\boldsymbol{x}^{(k)}=\boldsymbol{x}^*$？

对于一般的具有 n 种状态的马尔可夫链不一定都有稳定分布. 那么，在什么条件下，一个马尔可夫链存在稳定分布呢？ 为此，先引入正则状态转移矩阵的概念.

如果一个状态转移矩阵 $\boldsymbol{A}=(a_{ij})_{n\times n}$ 的某次幂 $\boldsymbol{A}^k$ 中的各元素均大于零，则称该矩阵为**正则状态转移矩阵**. 特别地，如果 $\boldsymbol{A}$ 本身的各元素均大于零，则 $\boldsymbol{A}$ **是正则的**.

例如：设 $\boldsymbol{A}=\begin{pmatrix}0 & 0.6\\1 & 0.4\end{pmatrix}$，则 $\boldsymbol{A}^2=\begin{pmatrix}0.6 & 0.24\\0.4 & 0.76\end{pmatrix}$，故 $\boldsymbol{A}$ 是正则的. 又如：设

$$\boldsymbol{A}=\begin{pmatrix}1 & b\\0 & 1-b\end{pmatrix}\quad(\text{其中 } 0\leqslant b\leqslant 1),$$

因上三角方阵的任意次幂都是上三角方阵，故 $\boldsymbol{A}$ 不是正则的.

问题 3 问：如果状态转移矩阵 $\boldsymbol{A}$ 是正则的且可对角化，那么是否存在唯一的属于特征值 1 的特征向量 $\boldsymbol{x}^*=(x_1^*,x_2^*,\cdots,x_n^*)^{\mathrm{T}}$（其中 $0\leqslant x_i^*\leqslant 1,\ i=1,2,\cdots,n,\ \sum\limits_{i=1}^{n}x_i^*=1$），使得对任一初始状态向量 $\boldsymbol{x}^{(0)}$，其马尔可夫链收敛于 $\boldsymbol{x}^*$（即 $\lim\limits_{k\to\infty}\boldsymbol{x}^{(k)}=\boldsymbol{x}^*$）？

在[17] 中还证明了即使状态转移矩阵 $\boldsymbol{A}$ 不可对角化，只要它是正则的，其马尔可夫链是稳定的. 在实际应用中，这个判定马尔可夫链存在稳定分布的充分条件已够用了.

马尔可夫链在遗传学方面也有应用，详见[13] 中课题 33.

复 习 题

A 组

1. 填空题

1) 设 $\boldsymbol{A}=\begin{pmatrix}0 & -1 & 0\\1 & 0 & 0\\0 & 0 & -1\end{pmatrix}$，$\boldsymbol{B}=\boldsymbol{P}^{-1}\boldsymbol{A}\boldsymbol{P}$，其中 $\boldsymbol{P}$ 为 3 阶可逆矩阵，则

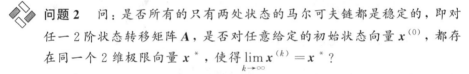

$B^{2012}-2A^2=$________.

2) 若4阶矩阵A与B相似，矩阵A的特征值为$\frac{1}{2},\frac{1}{3},\frac{1}{4},\frac{1}{5}$，则行列式$|B^{-1}-E|=$________.

3) 设A是n阶可逆矩阵，若矩阵A有一个特征值为λ，则伴随矩阵A^*有一个特征值为________.

4) 设矩阵$A\sim B$，其中$A=\begin{pmatrix}2&-2&0\\-2&1&-2\\0&-2&0\end{pmatrix}$，$B=\begin{pmatrix}-2&0&0\\0&1&0\\0&0&a\end{pmatrix}$，则$a=$________.

5) 设3阶矩阵$A=\begin{pmatrix}1&2&-2\\2&1&2\\3&0&4\end{pmatrix}$，3维列向量$\boldsymbol{\alpha}=\begin{pmatrix}a\\1\\1\end{pmatrix}$. 已知$A\boldsymbol{\alpha}$与$\boldsymbol{\alpha}$线性相关，则$a=$________.

6) 设A是3阶矩阵，且矩阵A的各行元素之和均为4，则矩阵A必有特征值________.

7) 设$A=(a_{ij})_{3\times3}$是实正交矩阵，且$a_{11}=1$，$\boldsymbol{b}=(1,0,0)^{\mathrm{T}}$，则线性方程组$A\boldsymbol{x}=\boldsymbol{b}$的解是________.

8) 设A是3阶实对称矩阵，$\mathrm{r}(A)=2$，若$A^2=A$，则A的特征值是________.

2.选择题

1) 与矩阵$A=\begin{pmatrix}1&2\\0&3\end{pmatrix}$不相似的矩阵是(　　).

(A) $\begin{pmatrix}1&0\\2&3\end{pmatrix}$　　(B) $\begin{pmatrix}3&5\\0&1\end{pmatrix}$　　(C) $\begin{pmatrix}1&1\\3&3\end{pmatrix}$　　(D) $\begin{pmatrix}2&1\\1&2\end{pmatrix}$

2) 已知n维列向量$\boldsymbol{\alpha}$是n阶实对称矩阵A的属于特征值λ的特征向量，P是n阶可逆矩阵，则矩阵$(P^{-1}AP)^{\mathrm{T}}$有属于特征值λ的特征向量(　　).

(A) $P^{-1}\boldsymbol{\alpha}$　　(B) $P^{\mathrm{T}}\boldsymbol{\alpha}$　　(C) $P\boldsymbol{\alpha}$　　(D) $(P^{-1})^{\mathrm{T}}\boldsymbol{\alpha}$

3) 设A是3阶矩阵，且有特征值$2,-3,6$，下列矩阵中为满秩的是(　　).

(A) $2E-A$　　(B) $3E+A$　　(C) $2A-6E$　　(D) $A-6E$

4) 设矩阵$B=\begin{pmatrix}0&0&1\\0&1&0\\1&0&0\end{pmatrix}$，已知矩阵$A$相似于$B$，则$\mathrm{r}(A-2E)$与$\mathrm{r}(A-E)$之和等于(　　).

(A) 2 (B) 3 (C) 4 (D) 5

5) n 阶矩阵 $\boldsymbol{A}\sim\boldsymbol{B}$ 的充分条件是(　　).

(A) $\boldsymbol{A}^2$ 与 $\boldsymbol{B}^2$ 相似 (B) $\boldsymbol{A}$ 与 $\boldsymbol{B}$ 有相同的特征值

(C) $\boldsymbol{A}$ 与 $\boldsymbol{B}$ 有相同的特征向量 (D) $\boldsymbol{A}$ 与 $\boldsymbol{B}$ 均和对角矩阵 $\boldsymbol{\Lambda}$ 相似

6) 下列矩阵中，不可对角化的矩阵是(　　).

(A) $\begin{pmatrix}1&2&1\\0&3&0\\0&0&0\end{pmatrix}$ (B) $\begin{pmatrix}1&2&1\\0&1&0\\0&0&3\end{pmatrix}$

(C) $\begin{pmatrix}1&1&1\\2&2&2\\3&3&3\end{pmatrix}$ (D) $\begin{pmatrix}1&2&3\\2&3&4\\3&4&5\end{pmatrix}$

3. 设 n 阶矩阵 $\boldsymbol{A}=(a_{ij})_{n\times n}$ 的 n 个特征值为 $\lambda_1,\lambda_2,\cdots,\lambda_n$，证明：

1) $\lambda_1+\lambda_2+\cdots+\lambda_n=\mathrm{tr}\boldsymbol{A}$，其中 $\mathrm{tr}\boldsymbol{A}$ 为 $\boldsymbol{A}$ 的主对角线上所有元素的和，称为矩阵 $\boldsymbol{A}$ 的**迹**，有 $\mathrm{tr}\boldsymbol{A}=a_{11}+a_{22}+\cdots+a_{nn}$；

2) $\lambda_1\lambda_2\cdots\lambda_n=|\boldsymbol{A}|$.

(提示：分别比较 $|\lambda\boldsymbol{E}-\boldsymbol{A}|=(\lambda-\lambda_1)(\lambda-\lambda_2)\cdots(\lambda-\lambda_n)$ 两边 λ^{n-1} 项和常数项的系数.)

4. 设 $\boldsymbol{A}$ 是 n 阶矩阵，$\lambda=2,4,\cdots,2n$ 是 $\boldsymbol{A}$ 的 n 个特征值. 求 $|\boldsymbol{A}-3\boldsymbol{E}|$.

5. 设 $f(x)=a_mx^m+a_{m-1}x^{m-1}+\cdots+a_0$ 为 x 的 m 次多项式，$f(\boldsymbol{A})=a_m\boldsymbol{A}^m+a_{m-1}\boldsymbol{A}^{m-1}+\cdots+a_0\boldsymbol{E}$ 为方阵 $\boldsymbol{A}$ 的多项式. 证明：若 λ 是 $\boldsymbol{A}$ 的特征值，则 $f(\lambda)$ 是 $f(\boldsymbol{A})$ 的特征值.

6. 设矩阵 $\boldsymbol{A}=\begin{pmatrix}3&2&2\\2&3&2\\2&2&3\end{pmatrix}$，$\boldsymbol{P}=\begin{pmatrix}0&1&0\\1&0&1\\0&0&1\end{pmatrix}$，$\boldsymbol{B}=\boldsymbol{P}^{-1}\boldsymbol{A}^*\boldsymbol{P}$，求 $\boldsymbol{B}+2\boldsymbol{E}$ 的特征值与特征向量，其中 $\boldsymbol{A}^*$ 为 $\boldsymbol{A}$ 的伴随矩阵.

7. 设矩阵 $\boldsymbol{A}=\begin{pmatrix}1&2&-3\\-1&4&-3\\1&a&5\end{pmatrix}$ 的特征方程有一个二重根，求 a 的值，并讨论 $\boldsymbol{A}$ 是否可对角化.

8. 设2阶实对称矩阵 $\boldsymbol{A}$ 的一个特征值为1，$\boldsymbol{A}$ 的属于特征值1的特征向量为 $(1,-1)^{\mathrm{T}}$. 如果 $|\boldsymbol{A}|=-2$，求 $\boldsymbol{A}$.

9. 如果矩阵 $\boldsymbol{A}$ 与 $\boldsymbol{B}$ 相似，那么 $\boldsymbol{A},\boldsymbol{B}$ 的特征多项式相等.

1) 举一个2阶矩阵的例子说明上述定理的逆命题不成立.

2) 当 $\boldsymbol{A},\boldsymbol{B}$ 均为实对称矩阵时，试证上述定理的逆命题成立.

10. 设 $\boldsymbol{\alpha}$ 是 $\mathbf{R}^n$ 中单位列向量，n 阶矩阵 $\boldsymbol{A}=\boldsymbol{E}-2\boldsymbol{\alpha}\boldsymbol{\alpha}^{\mathrm{T}}$. 证明：$\boldsymbol{A}$ 是对称

的正交矩阵.

B 组

1. 设 $\boldsymbol{\alpha}$ 是 $\mathbf{R}^n$ 中单位列向量，n 阶矩阵 $\boldsymbol{A}=\boldsymbol{E}-\boldsymbol{\alpha}\boldsymbol{\alpha}^{\mathrm{T}}$. 证明：$|\boldsymbol{A}|=0$.

2. 设对称矩阵 $\boldsymbol{A}=\begin{pmatrix} a & 1 & 1 \\ 1 & a & -1 \\ 1 & -1 & a \end{pmatrix}$，求可逆矩阵 $\boldsymbol{P}$，使 $\boldsymbol{P}^{-1}\boldsymbol{A}\boldsymbol{P}$ 为对角矩阵，并计算行列式 $|\boldsymbol{A}-\boldsymbol{E}|$ 的值.

3. 若矩阵 $\boldsymbol{A}=\begin{pmatrix} 2 & 2 & 0 \\ 8 & 2 & a \\ 0 & 0 & 6 \end{pmatrix}$ 相似于对角矩阵 $\boldsymbol{\Lambda}$，试确定常数 a 的值，并求可逆矩阵 $\boldsymbol{P}$ 使 $\boldsymbol{P}^{-1}\boldsymbol{A}\boldsymbol{P}=\boldsymbol{\Lambda}$.

4. 设矩阵 $\boldsymbol{A}=\begin{pmatrix} 2 & 1 & 1 \\ 1 & 2 & 1 \\ 1 & 1 & a \end{pmatrix}$ 可逆，向量 $\boldsymbol{\alpha}=\begin{pmatrix} 1 \\ b \\ 1 \end{pmatrix}$ 是矩阵 $\boldsymbol{A}^*$ 的一个特征向量，λ 是 $\boldsymbol{\alpha}$ 对应的特征值，其中 $\boldsymbol{A}^*$ 是 $\boldsymbol{A}$ 的伴随矩阵. 试求 a，b 和 λ 的值.

5. 设 3 阶实对称矩阵 $\boldsymbol{A}$ 的秩为 2，$\lambda_1=\lambda_2=6$ 是 $\boldsymbol{A}$ 的二重特征值. 若 $\boldsymbol{\alpha}_1=(1,1,0)^{\mathrm{T}}$，$\boldsymbol{\alpha}_2=(2,1,1)^{\mathrm{T}}$，$\boldsymbol{\alpha}_3=(-1,2,-3)^{\mathrm{T}}$ 都是 $\boldsymbol{A}$ 的属于特征值 6 的特征向量，

1） 求 $\boldsymbol{A}$ 的另一特征值和对应的特征向量；

2） 求矩阵 $\boldsymbol{A}$.

6. 设矩阵 $\boldsymbol{A}=\begin{pmatrix} 1 & 1 & a \\ 1 & a & 1 \\ a & 1 & 1 \end{pmatrix}$，$\boldsymbol{\beta}=\begin{pmatrix} 1 \\ 1 \\ -2 \end{pmatrix}$. 已知线性方程组 $\boldsymbol{A}\boldsymbol{x}=\boldsymbol{\beta}$ 有解但不唯一. 试求：1） a 的值；2） 正交矩阵 $\boldsymbol{Q}$，使 $\boldsymbol{Q}^{\mathrm{T}}\boldsymbol{A}\boldsymbol{Q}$ 为对角矩阵.

7. 已知 $\lambda=2$ 是矩阵 $\boldsymbol{A}=\begin{pmatrix} 4 & 2 & 2 \\ 2 & 4 & a \\ 2 & a & a+2 \end{pmatrix}$ 的二重特征值，求 a 的值并求正交矩阵 $\boldsymbol{Q}$ 使 $\boldsymbol{Q}^{-1}\boldsymbol{A}\boldsymbol{Q}$ 为对角矩阵.

8. 设 $\boldsymbol{A}$ 是 n 阶矩阵，$\boldsymbol{A}\neq\boldsymbol{O}$，但 $\boldsymbol{A}^3=\boldsymbol{O}$. 证明：$\boldsymbol{A}$ 不可对角化.

9. 设 $\boldsymbol{\beta}=(b_1,b_2,\cdots,b_n)^{\mathrm{T}}$ 是实系数齐次线性方程组

$$\begin{cases} a_{11}x_1+a_{12}x_2+\cdots+a_{1n}x_n=0, \\ a_{21}x_1+a_{22}x_2+\cdots+a_{2n}x_n=0, \\ \cdots\cdots\cdots\cdots\cdots\cdots\cdots\cdots\cdots\cdots \\ a_{m1}x_1+a_{m2}x_2+\cdots+a_{mn}x_n=0 \end{cases}$$

的一个非零解. 令 $\boldsymbol{\alpha}_1=(a_{11},a_{12},\cdots,a_{1n})^{\mathrm{T}}$, $\boldsymbol{\alpha}_2=(a_{21},a_{22},\cdots,a_{2n})^{\mathrm{T}}$, $\cdots$, $\boldsymbol{\alpha}_m=(a_{m1},a_{m2},\cdots,a_{mn})^{\mathrm{T}}$. 设 $m<n$, 且 $\boldsymbol{\alpha}_1,\boldsymbol{\alpha}_2,\cdots,\boldsymbol{\alpha}_m$ 线性无关. 证明: $\boldsymbol{\alpha}_1,\boldsymbol{\alpha}_2,\cdots,\boldsymbol{\alpha}_m,\boldsymbol{\beta}$ 线性无关.

探究题

1. 设 $\boldsymbol{A}=\begin{pmatrix}1&1\\1&0\end{pmatrix}$.

1) 求 $\boldsymbol{A}^n$.

2) 设 $u_1=u_2=1$, $u_k=u_{k-1}+u_{k-2}(k>2)$, 数列 $\{u_n\}$ 称为斐波那契数列. 利用 1) 的结果, 求斐波那契数列的通项公式.

2. 设 $\boldsymbol{A}=(a_{ij})_{n\times n}$ 是 n 阶矩阵, 则行列式 $|\lambda\boldsymbol{E}+\boldsymbol{A}|$ 的展开式是一个关于 λ 的 n 次多项式, 记为 $f_n(\lambda)$.

1) 当 $n=2,3$ 时, 展开行列式 $|\lambda\boldsymbol{E}+\boldsymbol{A}|$, 观察多项式 $f_n(\lambda)$ 的各系数, 你有什么发现?

2) 子式

$$\begin{pmatrix}a_{i_1i_1}&a_{i_1i_2}&\cdots&a_{i_1i_k}\\a_{i_2i_1}&a_{i_2i_2}&\cdots&a_{i_2i_k}\\\vdots&\vdots&\ddots&\vdots\\a_{i_ki_1}&a_{i_ki_2}&\cdots&a_{i_ki_k}\end{pmatrix}\quad(1\leqslant i_1<i_2<\cdots<i_k\leqslant n)$$

称为 $\boldsymbol{A}$ 的一个 k 阶主子式($k=1,2,\cdots,n$). 证明:

$$f_n(\lambda)=|\lambda\boldsymbol{E}+\boldsymbol{A}|=\lambda^n+a_1\lambda^{n-1}+\cdots+a_{n-1}\lambda+a_n,$$

其中 a_k 等于 $\boldsymbol{A}$ 的全部 k 阶主子式之和.

3) 利用 2) 的结果, 写出特征多项式 $|\lambda\boldsymbol{E}-\boldsymbol{A}|$ 的展开式.

第5章　二　次　型

二次型理论起源于解析几何中化二次曲线、二次曲面为标准形问题. 我们知道，在平面直角坐标系中，以原点为中心的二次曲线的一般方程为

$$ax^2+2bxy+cy^2=d.$$

如果施行适当的坐标旋转变换

$$\begin{cases}x=x'\cos\theta-y'\sin\theta,\\ y=x'\sin\theta+y'\cos\theta,\end{cases}$$

其中 θ 适合 $\cot 2\theta=\dfrac{a-c}{2b}$，则可把上述方程化简为标准形

$$a'x'^2+b'y'^2=d.$$

由此可以方便地判别曲线的类型.

在科学技术和经济管理等许多领域，也经常遇到类似的问题，需要把 n 元二次齐次多项式通过变量的非退化线性替换，化为平方项和的形式. 这就是本章的中心内容 —— 二次型化为标准形的问题. 本章引入数域的概念，从而将在任一数域 $\mathbf{F}$ 上展开讨论，二次型化为标准形的问题也不限于实二次型，还可以是复二次型. 对于实二次型，我们还将讨论一类非常重要的二次型 —— 正定二次型，它们也有很广泛的应用.

5.1　数　　域

为何要引进数域这个概念呢？ 在中学代数里已经知道，多项式的因式分解问题与所讨论的多项式的系数的范围有关. 在有理数的范围内，把 x^4-4 分解为

$$(x^2-2)(x^2+2)$$

的形式就不能再分了，但在实数的范围内，就可以进一步分解成

$$(x-\sqrt{2})(x+\sqrt{2})(x^2+2),$$

而在复数的范围内，还可以更进一步分解成

$$(x-\sqrt{2})(x+\sqrt{2})(x-\sqrt{2}\mathrm{i})(x+\sqrt{2}\mathrm{i}).$$

又如：在 4.5 节例 4.13 中，我们看到，矩阵

$$\mathbf{A}=\begin{pmatrix}2 & 1\\ -5 & -2\end{pmatrix}$$

的特征多项式为λ^2+1，在实数范围内，矩阵 **A** 不能对角化，但在复数范围内，

$$\mathbf{A}\sim\begin{pmatrix}\mathrm{i} & \\ & -\mathrm{i}\end{pmatrix},$$

可以对角化.

由此可见，同一问题在不同的数的范围内可能有不同的结论. 这说明对一些数学问题的研究，首先必须明确所考虑的数的范围. 我们常遇到的数的范围，例如：全体有理数、全体实数以及全体复数等，虽然它们都具有一些不同的性质，但是也有很多共同的性质. 大家知道，在这 3 个数的集合中都能进行加、减、乘、除 4 种运算. 在线性代数里用到的主要是能进行四则运算的数的集合，因此把具有这些共性的数的集合统一起来给予专门的名称是必要的.

定义 5.1 设 **F** 是由一些复数组成的一个集合，其中包含 0 与 1. 如果 **F** 中任意两个数(这两个数也可以相同) 的和、差、积、商(除数不能为零) 仍在 **F** 中，那么 **F** 就称为一个**数域**.

按此定义，全体有理数组成的集合、全体实数组成的集合和全体复数组成的集合都是数域，分别称为**有理数域**、**实数域**和**复数域**. 这 3 个数域我们分别用字母 **Q**,**R** 和 **C** 来表示. 全体整数组成的集合不是数域，因为不是任意两个整数的商都是整数. 通常我们把定义 5.1 中“对于 **F** 中任意两个数的和(或差、积、商) 仍在 **F** 中”的性质称为 **F** 关于加法(或减法、乘法、除法) **运算的封闭性**. 例如：全体整数的集合关于加法、减法和乘法都是封闭的，但是关于除法却不封闭. 要验证一个数的集合是否构成一个数域，必须验证所有 4 种运算的封闭性.

下面来看一些例子.

例 5.1 所有具有形式

$$a+b\sqrt{2}$$

的数(其中 a,b 是任何有理数) 的全体记为 $\mathbf{Q}(\sqrt{2})$. $\mathbf{Q}(\sqrt{2})$ 是一个数域.

证 首先，因为

$$0=0+0\sqrt{2},\quad 1=1+0\sqrt{2},$$

所以 0 和 1 都在 $\mathbf{Q}(\sqrt{2})$ 中.

任取 $\mathbf{Q}(\sqrt{2})$ 中两个数 $a+b\sqrt{2}$，$c+d\sqrt{2}$ (a,b,c,d 都是有理数)，则由于

$$(a+b\sqrt{2})\pm(c+d\sqrt{2})=(a\pm c)+(b\pm d)\sqrt{2},$$

$$(a+b\sqrt{2})\cdot(c+d\sqrt{2})=(ac+2bd)+(ad+bc)\sqrt{2},$$

而且 $a\pm c, b\pm d, ac+2bd, ad+bc$ 都是有理数，这说明 $a+b\sqrt{2}, c+d\sqrt{2}$ 的和、差、积仍在 $\mathbf{Q}(\sqrt{2})$ 中，所以 $\mathbf{Q}(\sqrt{2})$ 对于加法、减法和乘法都是封闭的. 只要再证，当 $c+d\sqrt{2}\neq 0$ 时，这两个数的商 $\dfrac{a+b\sqrt{2}}{c+d\sqrt{2}}$ 也在 $\mathbf{Q}(\sqrt{2})$ 中即可. 因为 $c+d\sqrt{2}\neq 0$，所以 c,d 不全为 0，因此 $c-d\sqrt{2}\neq 0$ 且 $c^2-2d^2=(c+d\sqrt{2})\cdot(c-d\sqrt{2})\neq 0$. 于是

$$\begin{aligned}\frac{a+b\sqrt{2}}{c+d\sqrt{2}}&=\frac{(a+b\sqrt{2})(c-d\sqrt{2})}{(c+d\sqrt{2})(c-d\sqrt{2})}\\&=\frac{ac-2bd}{c^2-2d^2}+\frac{bc-ad}{c^2-2d^2}\sqrt{2},\end{aligned}$$

而且其中 $\dfrac{ac-2bd}{c^2-2d^2}, \dfrac{bc-ad}{c^2-2d^2}$ 也都是有理数，因而 $\dfrac{a+b\sqrt{2}}{c+d\sqrt{2}}$ 也在 $\mathbf{Q}(\sqrt{2})$ 中，这就证明了 $\mathbf{Q}(\sqrt{2})$ 对于除法的封闭性. 于是我们证明了 $\mathbf{Q}(\sqrt{2})$ 是一个数域.

例 5.2　证明：任一数域 $\mathbf{F}$ 必含有一切有理数.

证　由定义知，$\mathbf{F}$ 包含 0 和 1. 由于

$$1+1=2,\quad 2+1=3,\quad \cdots,\quad (n-1)+1=n,\quad \cdots,$$

故所有的正整数全在 $\mathbf{F}$ 中. 再由 $0-n=-n$ 知，$\mathbf{F}$ 包含全体整数. 最后，由于任何一个有理数都可以表示成两个整数的商，根据 $\mathbf{F}$ 对除法的封闭性，它也必须含于 $\mathbf{F}$ 中，即一切有理数都含在数域 $\mathbf{F}$ 之中.

例 5.2 说明数域有一个重要性质：所有的数域都包含有理数域作为它的一部分. 虽然我们可以给出许多不同的数域，但是由于它们具有许多共同的性质，我们可以进行统一的讨论. 例如：讨论系数在数域 $\mathbf{F}$ 上的线性方程组的结论，对于具体的有理数域、实数域和复数域都成立. 这给我们的讨论带来很大的方便，可以避免许多重复.

在前 3 章中，我们可以看到，由于有关行列式、矩阵和线性方程组的计算只涉及加、减、乘、除 4 种运算，所以前 3 章的概念可以在任一数域 $\mathbf{F}$ 上讨论，其结论在 $\mathbf{F}$ 上也都成立. 对于第 4 章，我们看到，特征值和特征向量涉及特征方程的根，与所考虑的数域有关. 虽然在该章中，重点讨论实数域的情形，但在复数域上，结果毕竟不同，这在 4.5 节中已给予介绍. 另一方面，由向量的内积所引入的向量的长度与夹角，涉及开平方运算和反三角函数等，必须在实数域上进行，因此，在 4.4 节中，我们强调有关方法和结论仅对实数域才有意义. 在本章 5.3 节中的惯性定理只能在实数域上成立，而对于复二次型就不需要正、负惯性指数的概念. 在 5.4 节中，正定二次型的定义中的恒正

性要求，涉及实数的序关系“>”，也只能在实数域上进行讨论.

习题 5.1

1. 验证下列数集是不是数域：

1) $\mathbf{F}=\{a+b\mathrm{i}\mid a,b$ 是有理数$\}$；

2) $\mathbf{F}=\{a+b\sqrt{3}\mid a,b$ 是有理数$\}$；

3) 全体偶数；

4) 全体正实数.

2. 设 $\mathbf{F}_1$ 和 $\mathbf{F}_2$ 都是数域. 问 $\mathbf{F}_1$ 和 $\mathbf{F}_2$ 的交集 $\mathbf{F}_1\cap\mathbf{F}_2$ 是不是数域？ 说明理由.

5.2 二次型及其矩阵表示

定义 5.2 设 $\mathbf{F}$ 是一数域，一个系数在数域 $\mathbf{F}$ 中的含有 n 个变量 x_1，$x_2,\cdots,x_n$ 的二次齐次多项式

$$\begin{aligned}f(x_1,x_2,\cdots,x_n)=&a_{11}x_1^2+2a_{12}x_1x_2+\cdots+2a_{1n}x_1x_n\\&+a_{22}x_2^2+2a_{23}x_2x_3+\cdots+2a_{2n}x_2x_n\\&+\cdots+a_{nn}x_n^2\end{aligned}\tag{2.1}$$

称为数域 $\mathbf{F}$ 上的一个 n **元二次型**或简称**二次型**. 如果一个二次型仅含有平方项，则称为**标准形**.

如果二次型的系数 a_{ij} 为复数(或实数) 且各变量也只在复数域(或实数域) 中取值，则称 $f(x_1,x_2,\cdots,x_n)$ 为**复二次型**(或**实二次型**). 例如：

$$x_1^2-4x_1x_2+2x_1x_3+4x_2^2+2x_3^2$$

就是一个3元实二次型. 在(2.1) 中，我们把 $x_ix_j\,(i<j)$ 的系数写成 $2a_{ij}$ 而不简单地写成 a_{ij}，是为了将它写成对称的形式. 只要令 $a_{ij}=a_{ji}\,(1\leqslant i<j\leqslant n)$，由于 $x_ix_j=x_jx_i$，则(2.1) 可以改写成

$$\begin{aligned}f(x_1,x_2,\cdots,x_n)=&a_{11}x_1^2+a_{12}x_1x_2+\cdots+a_{1n}x_1x_n\\&+a_{21}x_2x_1+a_{22}x_2^2+\cdots+a_{2n}x_2x_n\\&+\cdots\\&+a_{n1}x_nx_1+a_{n2}x_nx_2+\cdots+a_{nn}x_n^2\\=&\sum_{i=1}^{n}\sum_{j=1}^{n}a_{ij}x_ix_j.\end{aligned}\tag{2.2}$$

把(2.2) 的系数排成一个 n 阶矩阵

$$\boldsymbol{A}=\begin{pmatrix} a_{11} & a_{12} & \cdots & a_{1n} \\ a_{21} & a_{22} & \cdots & a_{2n} \\ \vdots & \vdots & \ddots & \vdots \\ a_{n1} & a_{n2} & \cdots & a_{nn} \end{pmatrix}, \tag{2.3}$$

称它为**二次型** $f(x_1,x_2,\cdots,x_n)$ **的矩阵**. 因为 $a_{ij}=a_{ji}(i,j=1,2,\cdots,n)$, 所以二次型的矩阵为对称矩阵(即 $\boldsymbol{A}^{\mathrm{T}}=\boldsymbol{A}$).

再令 $\boldsymbol{x}=\begin{pmatrix} x_1 \\ x_2 \\ \vdots \\ x_n \end{pmatrix}$, 则二次型 $f(x_1,x_2,\cdots,x_n)$ 可写成矩阵的形式:

$$f(x_1,x_2,\cdots,x_n)=\boldsymbol{x}^{\mathrm{T}}\boldsymbol{A}\boldsymbol{x}. \tag{2.4}$$

事实上,

$$\begin{aligned} \boldsymbol{x}^{\mathrm{T}}\boldsymbol{A}\boldsymbol{x} &= (x_1,x_2,\cdots,x_n)\begin{pmatrix} a_{11} & a_{12} & \cdots & a_{1n} \\ a_{21} & a_{22} & \cdots & a_{2n} \\ \vdots & \vdots & \ddots & \vdots \\ a_{n1} & a_{n2} & \cdots & a_{nn} \end{pmatrix}\begin{pmatrix} x_1 \\ x_2 \\ \vdots \\ x_n \end{pmatrix} \\ &= (x_1,x_2,\cdots,x_n)\begin{pmatrix} a_{11}x_1+a_{12}x_2+\cdots+a_{1n}x_n \\ a_{21}x_1+a_{22}x_2+\cdots+a_{2n}x_n \\ \vdots \\ a_{n1}x_1+a_{n2}x_2+\cdots+a_{nn}x_n \end{pmatrix} \\ &= \sum_{i=1}^{n}\sum_{j=1}^{n}a_{ij}x_ix_j. \end{aligned}$$

例如: 二次型 $f(x_1,x_2,x_3)=x_1^2-4x_1x_2+2x_1x_3+4x_2^2+2x_3^2$ 的矩阵为

$$\boldsymbol{A}=\begin{pmatrix} 1 & -2 & 1 \\ -2 & 4 & 0 \\ 1 & 0 & 2 \end{pmatrix},$$

而 $f(x_1,x_2,x_3)$ 的矩阵形式为

$$f(x_1,x_2,x_3)=(x_1,x_2,x_3)\begin{pmatrix} 1 & -2 & 1 \\ -2 & 4 & 0 \\ 1 & 0 & 2 \end{pmatrix}\begin{pmatrix} x_1 \\ x_2 \\ x_3 \end{pmatrix}.$$

容易看到, 若给定一个 n 阶对称矩阵 $\boldsymbol{A}$, 由(2.4)可以唯一地确定一个二次型 $f(x_1,x_2,\cdots,x_n)$, 使它的矩阵是 $\boldsymbol{A}$. 反之, 二次型(2.1)的矩阵 $\boldsymbol{A}$ 的元

素 $a_{ij}=a_{ji}$ $(i<j)$ 正是它的 x_ix_j 项的系数的一半，而 **A** 的元素 a_{ii} 是它的 x_i^2 项的系数，因此，二次型(2.1)的矩阵也是由它的二次型所完全确定的.

和本章初的解析几何问题一样，我们也希望用变量的线性替换来简化有关的二次型. 为此，我们引入

定义 5.3 系数在数域 **F** 中的关系式

$$\begin{cases}x_1=c_{11}y_1+c_{12}y_2+\cdots+c_{1n}y_n,\\ x_2=c_{21}y_1+c_{22}y_2+\cdots+c_{2n}y_n,\\ \cdots\cdots\cdots\cdots\cdots\cdots\cdots\cdots\cdots\cdots\cdots\cdots\\ x_n=c_{n1}y_1+c_{n2}y_2+\cdots+c_{nn}y_n\end{cases} \tag{2.5}$$

称为**由变量 $x_1,x_2,\cdots,x_n$ 到变量 $y_1,y_2,\cdots,y_n$ 的一个线性替换**，简称**线性替换**. 如果矩阵 $(c_{ij})_{n\times n}$ 是非奇异的(即行列式 $|(c_{ij})_{n\times n}|\neq 0$)，则称线性替换(2.5)是**非退化的**.

将(2.5)代入 n 元二次型(2.1)中，我们得到 $y_1,y_2,\cdots,y_n$ 的二次齐次多项式，也就是说，线性替换(2.5)把二次型仍变成二次型. 如果把平面直角坐标系中的坐标旋转变换

$$\begin{cases}x=x'\cos\theta-y'\sin\theta,\\ y=x'\sin\theta+y'\cos\theta,\end{cases} \tag{2.6}$$

看做由 x,y 到 x',y' 的一个线性替换，因为

$$\begin{vmatrix}\cos\theta & -\sin\theta\\ \sin\theta & \cos\theta\end{vmatrix}=1\neq 0,$$

所以它是非退化的. 因此，将方程

$$ax^2+2bxy+cy^2=d$$

化成标准方程的实质，就是用变量的非退化线性替换(2.6)把二次型

$$ax^2+2bxy+cy^2$$

化为平方项和 $a'x'^2+b'y'^2$.

一般地，用非退化线性替换将二次型(2.1)化成二次型中最简单的一种，即只含有平方项的标准形

$$d_1y_1^2+d_2y_2^2+\cdots+d_ny_n^2 \tag{2.7}$$

的问题就是用非退化线性替换化二次型为标准形的问题. 二次型能否经过非退化线性替换化为标准形？ 在下一节中将给予一个肯定的回答.

下面我们用矩阵的语言来表述二次型化标准形的问题. 令

$$\boldsymbol{C}=\begin{pmatrix}c_{11} & c_{12} & \cdots & c_{1n}\\ c_{21} & c_{22} & \cdots & c_{2n}\\ \vdots & \vdots & \ddots & \vdots\\ c_{n1} & c_{n2} & \cdots & c_{nn}\end{pmatrix},\quad \boldsymbol{y}=\begin{pmatrix}y_1\\ y_2\\ \vdots\\ y_n\end{pmatrix},$$

于是，线性替换(2.5) 可以写成

$$\begin{pmatrix} x_1 \\ x_2 \\ \vdots \\ x_n \end{pmatrix} = \begin{pmatrix} c_{11} & c_{12} & \cdots & c_{1n} \\ c_{21} & c_{22} & \cdots & c_{2n} \\ \vdots & \vdots & \ddots & \vdots \\ c_{n1} & c_{n2} & \cdots & c_{nn} \end{pmatrix} \begin{pmatrix} y_1 \\ y_2 \\ \vdots \\ y_n \end{pmatrix},$$

或者

$$\boldsymbol{x} = \boldsymbol{C}\boldsymbol{y}.$$

设

$$f(x_1, x_2, \cdots, x_n) = \boldsymbol{x}^{\mathrm{T}} \boldsymbol{A} \boldsymbol{x} \quad (\text{其中 } \boldsymbol{A} = \boldsymbol{A}^{\mathrm{T}}) \tag{2.8}$$

是一个二次型. 作非退化线性替换

$$\boldsymbol{x} = \boldsymbol{C}\boldsymbol{y}, \tag{2.9}$$

我们得到一个 $y_1, y_2, \cdots, y_n$ 的二次型 $\boldsymbol{y}^{\mathrm{T}}\boldsymbol{B}\boldsymbol{y}$. 现在来看对称矩阵 $\boldsymbol{B}$ 与 $\boldsymbol{A}$ 的关系. 把(2.9) 代入(2.8) 得

$$\begin{aligned} f(x_1, x_2, \cdots, x_n) &= (\boldsymbol{C}\boldsymbol{y})^{\mathrm{T}} \boldsymbol{A} (\boldsymbol{C}\boldsymbol{y}) = \boldsymbol{y}^{\mathrm{T}} \boldsymbol{C}^{\mathrm{T}} \boldsymbol{A} \boldsymbol{C} \boldsymbol{y} \\ &= \boldsymbol{y}^{\mathrm{T}} (\boldsymbol{C}^{\mathrm{T}} \boldsymbol{A} \boldsymbol{C}) \boldsymbol{y} = \boldsymbol{y}^{\mathrm{T}} \boldsymbol{B} \boldsymbol{y}. \end{aligned} \tag{2.10}$$

由于

$$(\boldsymbol{C}^{\mathrm{T}} \boldsymbol{A} \boldsymbol{C})^{\mathrm{T}} = \boldsymbol{C}^{\mathrm{T}} \boldsymbol{A} (\boldsymbol{C}^{\mathrm{T}})^{\mathrm{T}} = \boldsymbol{C}^{\mathrm{T}} \boldsymbol{A} \boldsymbol{C},$$

所以矩阵 $\boldsymbol{C}^{\mathrm{T}}\boldsymbol{A}\boldsymbol{C}$ 也是对称矩阵，由(2.10) 知，它也是二次型 $\boldsymbol{y}^{\mathrm{T}}\boldsymbol{B}\boldsymbol{y}$ 的矩阵，故必须有

$$\boldsymbol{B} = \boldsymbol{C}^{\mathrm{T}} \boldsymbol{A} \boldsymbol{C},$$

这就是替换前后两个二次型的矩阵之间的关系. 由此我们引入矩阵合同的概念.

定义 5.4 设 $\boldsymbol{A}, \boldsymbol{B}$ 是数域 $\mathbf{F}$ 上的两个 n 阶矩阵. 若存在一个数域 $\mathbf{F}$ 上的 n 阶可逆矩阵 $\boldsymbol{C}$，使

$$\boldsymbol{B} = \boldsymbol{C}^{\mathrm{T}} \boldsymbol{A} \boldsymbol{C},$$

那么我们称矩阵 $\boldsymbol{A}, \boldsymbol{B}$ 为**合同的**.

这样，上面的结果可以叙述为：一个二次型经非退化线性替换后，新二次型的矩阵与原二次型的矩阵是合同的. 反过来，若两个 n 阶对称矩阵 $\boldsymbol{A}$ 与 $\boldsymbol{B}$ 合同，设 $\boldsymbol{B} = \boldsymbol{C}^{\mathrm{T}}\boldsymbol{A}\boldsymbol{C}$，其中 $\boldsymbol{C}$ 是 n 阶可逆矩阵，那么经过非退化线性替换 $\boldsymbol{x} = \boldsymbol{C}\boldsymbol{y}$，二次型 $\boldsymbol{x}^{\mathrm{T}}\boldsymbol{A}\boldsymbol{x}$ 化为

$$(\boldsymbol{C}\boldsymbol{y})^{\mathrm{T}} \boldsymbol{A} (\boldsymbol{C}\boldsymbol{y}) = \boldsymbol{y}^{\mathrm{T}} (\boldsymbol{C}^{\mathrm{T}} \boldsymbol{A} \boldsymbol{C}) \boldsymbol{y} = \boldsymbol{y}^{\mathrm{T}} \boldsymbol{B} \boldsymbol{y}.$$

至此，我们已经证明了下述定理.

定理 5.1 若 $\boldsymbol{A}, \boldsymbol{B}$ 是 n 阶对称矩阵，则 $\boldsymbol{A}, \boldsymbol{B}$ 合同的充分必要条件是 n 元二次型 $\boldsymbol{x}^{\mathrm{T}}\boldsymbol{A}\boldsymbol{x}$ 可经非退化线性替换化为 $\boldsymbol{y}^{\mathrm{T}}\boldsymbol{B}\boldsymbol{y}$.

由定理5.1可以看出，二次型化标准形的问题，用矩阵的语言来说，就是将对称矩阵合同于一个对角矩阵的问题. 于是，矩阵的理论为以下讨论提供了有力的工具.

如同矩阵的相似关系，矩阵的合同关系具有下列性质：

1° **反身性** $\boldsymbol{A}=\boldsymbol{E}^{\mathrm{T}}\boldsymbol{A}\boldsymbol{E}$，即 n 阶矩阵 $\boldsymbol{A}$ 与自己合同.

2° **对称性** 如果 $\boldsymbol{A}$ 与 $\boldsymbol{B}$ 合同，那么 $\boldsymbol{B}$ 也与 $\boldsymbol{A}$ 合同.

这是因为，由 $\boldsymbol{B}=\boldsymbol{C}^{\mathrm{T}}\boldsymbol{A}\boldsymbol{C}$ 可以得出

$$(\boldsymbol{C}^{-1})^{\mathrm{T}}\boldsymbol{B}\boldsymbol{C}^{-1}=(\boldsymbol{C}^{\mathrm{T}})^{-1}\boldsymbol{B}\boldsymbol{C}^{-1}=(\boldsymbol{C}^{\mathrm{T}})^{-1}\boldsymbol{C}^{\mathrm{T}}\boldsymbol{A}\boldsymbol{C}\boldsymbol{C}^{-1}=\boldsymbol{A}.$$

3° **传递性** 如果 $\boldsymbol{A}_1$ 与 $\boldsymbol{A}_2$ 合同，$\boldsymbol{A}_2$ 与 $\boldsymbol{A}_3$ 合同，那么 $\boldsymbol{A}_1$ 与 $\boldsymbol{A}_3$ 也合同.

这是因为，由 $\boldsymbol{A}_2=\boldsymbol{C}_1^{\mathrm{T}}\boldsymbol{A}_1\boldsymbol{C}_1$ 和 $\boldsymbol{A}_3=\boldsymbol{C}_2^{\mathrm{T}}\boldsymbol{A}_2\boldsymbol{C}_2$ 可推出

$$\boldsymbol{A}_3=(\boldsymbol{C}_1\boldsymbol{C}_2)^{\mathrm{T}}\boldsymbol{A}_1(\boldsymbol{C}_1\boldsymbol{C}_2).$$

但是，必须注意，矩阵的合同关系与相似关系是两个不相同的概念. 一般来说，合同的矩阵不一定是相似的. 例如：设

$$\boldsymbol{A}=\begin{pmatrix}1&0\\0&0\end{pmatrix},\quad \boldsymbol{B}=\begin{pmatrix}1&1\\1&1\end{pmatrix},$$

则有 $\boldsymbol{A}$ 与 $\boldsymbol{B}$ 合同，而 $\boldsymbol{A}$ 与 $\boldsymbol{B}$ 不相似. 事实上，若取

$$\boldsymbol{C}=\begin{pmatrix}1&1\\0&1\end{pmatrix},$$

则有 $\boldsymbol{C}^{\mathrm{T}}\boldsymbol{A}\boldsymbol{C}=\boldsymbol{B}$，故 $\boldsymbol{A}$ 与 $\boldsymbol{B}$ 是合同的. 但是，$\boldsymbol{A}$ 和 $\boldsymbol{B}$ 的特征多项式分别为 $\lambda(\lambda-1)$ 和 $\lambda(\lambda-2)$，是不相同的，故 $\boldsymbol{A}$ 与 $\boldsymbol{B}$ 不相似.

反之，相似的矩阵也不一定是合同的. 例如：设

$$\boldsymbol{A}=\begin{pmatrix}1&0\\0&0\end{pmatrix},\quad \boldsymbol{B}=\begin{pmatrix}1&1\\0&0\end{pmatrix},\quad \boldsymbol{C}=\begin{pmatrix}1&1\\0&1\end{pmatrix},$$

则有 $\boldsymbol{C}^{-1}\boldsymbol{A}\boldsymbol{C}=\boldsymbol{B}$，故 $\boldsymbol{A}$ 与 $\boldsymbol{B}$ 相似，但是，$\boldsymbol{A}$ 与 $\boldsymbol{B}$ 并不合同. 这是因为，与对称矩阵合同的矩阵仍是对称矩阵(事实上，设 $\boldsymbol{M}$ 是对称矩阵，若 $\boldsymbol{N}$ 与 $\boldsymbol{M}$ 合同，可设

$$\boldsymbol{N}=\boldsymbol{P}^{\mathrm{T}}\boldsymbol{M}\boldsymbol{P}\quad(\text{其中 }\boldsymbol{P}\text{ 是可逆矩阵}),$$

则

$$\boldsymbol{N}^{\mathrm{T}}=(\boldsymbol{P}^{\mathrm{T}}\boldsymbol{M}\boldsymbol{P})^{\mathrm{T}}=\boldsymbol{P}^{\mathrm{T}}\boldsymbol{M}\boldsymbol{P}=\boldsymbol{N},$$

故 $\boldsymbol{N}$ 也是对称矩阵)，而现在 $\boldsymbol{A}$ 是对称矩阵，$\boldsymbol{B}$ 不是对称矩阵，故 $\boldsymbol{A}$,$\boldsymbol{B}$ 必不合同.

思考题 是否存在既合同又相似的矩阵？

例 5.3 证明:

$$\begin{pmatrix}\lambda_1 & & & \\ & \lambda_2 & & \\ & & \ddots & \\ & & & \lambda_n\end{pmatrix} \text{ 与 } \begin{pmatrix}\lambda_{i1} & & & \\ & \lambda_{i2} & & \\ & & \ddots & \\ & & & \lambda_{in}\end{pmatrix}$$

合同，其中 $i_1,i_2,\cdots,i_n$ 是 $1,2,\cdots,n$ 的一个排列.

证 设这两个矩阵分别为 $\boldsymbol{A},\boldsymbol{B}$，与它们相应的二次型分别为

$$f_{\boldsymbol{A}}(x_1,x_2,\cdots,x_n)=\lambda_1x_1^2+\lambda_2x_2^2+\cdots+\lambda_nx_n^2,$$

$$f_{\boldsymbol{B}}(y_1,y_2,\cdots,y_n)=\lambda_{i1}y_1^2+\lambda_{i2}y_2^2+\cdots+\lambda_{in}y_n^2.$$

作线性替换

$$y_k=x_{ik}\quad (k=1,2,\cdots,n),$$

易见其系数行列式 $\neq 0$，故是非退化的，所以 $f_{\boldsymbol{B}}(y_1,y_2,\cdots,y_n)$ 可以经过一个非退化的线性替换化为 $f_{\boldsymbol{A}}(x_1,x_2,\cdots,x_n)$，由定理 5.1 得，$\boldsymbol{B}$ 与 $\boldsymbol{A}$ 合同. 据合同的对称性可知，$\boldsymbol{A}$ 与 $\boldsymbol{B}$ 也合同.

习题 5.2

1. 求下列二次型的矩阵:

1) $f(x_1,x_2,x_3)=2x_1^2+x_3^2-4x_1x_2+3x_2x_3$;

2) $f(x_1,x_2,x_3)=(x_1+x_2+x_3)^2$;

3) $f(x_1,x_2,x_3,x_4)=3x_2^2-x_1x_3-2x_2x_3$.

2. 设 $\boldsymbol{A}$ 是一个可逆对称矩阵. 证明: $\boldsymbol{A}^{-1}$ 与 $\boldsymbol{A}$ 合同.

3. 试问: 合同的矩阵的秩是否相等?

5.3 二次型的标准形

本节讨论用非退化线性替换化二次型为标准形的问题. 具体的方法有配方法和初等变换法，这两种方法都可以解决化二次型为标准形的存在性问题. 对于复数域和实数域上的二次型，我们还要研究它们在规范形意义下的唯一性. 最后，介绍正交替换法，用于解决实二次型的主轴问题.

5.3.1 配方法

我们先利用配方法来证明

定理 5.2 数域 **F** 上任意一个二次型都可以经过非退化的线性替换变成标准形(即平方项和的形式).

证 不妨假设二次型 $f(x_1,x_2,\cdots,x_n)\neq 0$，否则，$f(x_1,x_2,\cdots,x_n)=0$ 已是标准形了. 下面对 n 用数学归纳法.

对于 $n=1$，$f(x_1)=a_{11}x_1^2$ 已为平方项和. 假定对 $n-1$ 元的二次型定理成立，现证对 n 元的二次型定理也成立.

设

$$f(x_1,x_2,\cdots,x_n)=\sum_{i=1}^{n}\sum_{j=1}^{n}a_{ij}x_ix_j \quad (a_{ij}=a_{ji}).$$

分两种情形来讨论：

1) 若 $f(x_1,x_2,\cdots,x_n)$ 含有平方项，即有某个 $a_{ii}\neq 0$，不妨设 $a_{11}\neq 0$. 我们可采用配方法，把含 x_1 的项集中一起进行配方.

$$\begin{aligned}
f(x_1,x_2,\cdots,x_n)&=a_{11}x_1^2+2a_{12}x_1x_2+\cdots+2a_{1n}x_1x_n+\sum_{i=2}^{n}\sum_{j=2}^{n}a_{ij}x_ix_j\\
&=\frac{1}{a_{11}}(a_{11}^2x_1^2+2a_{11}a_{12}x_1x_2+\cdots+2a_{11}a_{1n}x_1x_n)\\
&\quad+\sum_{i=2}^{n}\sum_{j=2}^{n}a_{ij}x_ix_j\\
&=\frac{1}{a_{11}}(a_{11}x_1+a_{12}x_2+\cdots+a_{1n}x_n)^2\\
&\quad-\frac{1}{a_{11}}(a_{12}x_2+\cdots+a_{1n}x_n)^2+\sum_{i=2}^{n}\sum_{j=2}^{n}a_{ij}x_ix_j\\
&=\frac{1}{a_{11}}\left(\sum_{i=1}^{n}a_{1i}x_i\right)^2+\sum_{i=2}^{n}\sum_{j=2}^{n}b_{ij}x_ix_j,
\end{aligned}$$

其中

$$\sum_{i=2}^{n}\sum_{j=2}^{n}b_{ij}x_ix_j=-\frac{1}{a_{11}}(a_{12}x_2+\cdots+a_{1n}x_n)^2+\sum_{i=2}^{n}\sum_{j=2}^{n}a_{ij}x_ix_j$$

是一个 $n-1$ 元 $x_2,x_3,\cdots,x_n$ 的二次型. 令

$$\begin{cases}
y_1=a_{11}x_1+a_{12}x_2+\cdots+a_{1n}x_n,\\
y_2=\qquad\qquad x_2,\\
\cdots\cdots\cdots\cdots\cdots\cdots\cdots\cdots\\
y_n=\qquad\qquad\qquad\qquad x_n,
\end{cases}$$

即经线性替换

$$\begin{cases}
x_1=\dfrac{1}{a_{11}}y_1-\dfrac{a_{12}}{a_{11}}y_2-\cdots-\dfrac{a_{1n}}{a_{11}}y_n,\\
x_2=\qquad\qquad y_2,\\
\cdots\cdots\cdots\cdots\cdots\cdots\cdots\cdots\\
x_n=\qquad\qquad\qquad\qquad y_n
\end{cases}\tag{3.1}$$

（它是非退化的）后得

$$f(x_1,x_2,\cdots,x_n)=\frac{1}{a_{11}}y_1^2+\sum_{i=2}^{n}\sum_{j=2}^{n}b_{ij}y_iy_j.$$

由归纳法假定，对 $\sum_{i=2}^{n}\sum_{j=2}^{n}b_{ij}y_iy_j$ 有非退化线性替换

$$\begin{cases}y_2=c_{22}z_2+c_{23}z_3+\cdots+c_{2n}z_n,\\ y_3=c_{32}z_2+c_{33}z_3+\cdots+c_{3n}z_n,\\ \cdots\cdots\cdots\cdots\cdots\cdots\cdots\cdots\cdots\cdots\\ y_n=c_{n2}z_2+c_{n3}z_3+\cdots+c_{nn}z_n,\end{cases}$$

能使它变成平方项和

$$d_2z_2^2+d_3z_3^2+\cdots+d_nz_n^2.$$

于是，经非退化线性替换

$$\begin{cases}y_1=z_1,\\ y_2=c_{22}z_2+c_{23}z_3+\cdots+c_{2n}z_n,\\ \cdots\cdots\cdots\cdots\cdots\cdots\cdots\cdots\cdots\cdots\\ y_n=c_{n2}z_2+c_{n3}z_3+\cdots+c_{nn}z_n,\end{cases}\tag{3.2}$$

就能使 $f(x_1,x_2,\cdots,x_n)$ 变成标准形

$$f(x_1,x_2,\cdots,x_n)=\frac{1}{a_{11}}z_1^2+d_2z_2^2+\cdots+d_nz_n^2.$$

根据归纳法，故结论成立.

2）若 $f(x_1,x_2,\cdots,x_n)$ 不含平方项(即 $a_{ii}=0$，$i=1,2,\cdots,n$)，但至少有一个 $a_{ij}\neq 0\ (i\neq j)$，不妨设 $a_{12}\neq 0$，这时作非退化线性替换

$$\begin{cases}x_1=z_1+z_2,\\ x_2=z_1-z_2,\\ x_3=z_3,\\ \cdots\cdots\cdots\\ x_n=z_n,\end{cases}$$

则

$$\begin{aligned}f(x_1,x_2,\cdots,x_n)&=2a_{12}x_1x_2+\cdots\\&=2a_{12}(z_1+z_2)(z_1-z_2)+\cdots\\&=2a_{12}z_1^2-2a_{12}z_2^2+\cdots.\end{aligned}$$

这时上式右边是 $z_1,z_2,\cdots,z_n$ 的二次型，它的第1项 $2a_{12}z_1^2$ 不会与后面的项抵消，也就是说，它的 z_1^2 项的系数不为零，属于第1种情况，定理成立. ■

例 5.4 化二次型

$$f(x_1,x_2,x_3)=x_1^2-4x_1x_2+2x_1x_3+4x_2^2+2x_3^2$$

为标准形.

解 $f(x_1,x_2,x_3)=(x_1^2-4x_1x_2+2x_1x_3)+4x_2^2+2x_3^2$

$$=(x_1-2x_2+x_3)^2-4x_2^2+4x_2x_3-x_3^2+4x_2^2+2x_3^2$$

$$=(x_1-2x_2+x_3)^2+4x_2x_3+x_3^2.$$

令

$$\begin{cases}y_1=x_1-2x_2+x_3,\\ y_2=\qquad\quad x_2,\\ y_3=\qquad\qquad\quad x_3,\end{cases}$$

即经非退化线性替换

$$\begin{cases}x_1=y_1+2y_2-y_3,\\ x_2=\qquad\quad y_2,\\ x_3=\qquad\qquad\quad y_3,\end{cases}\tag{3.3}$$

得

$$f(x_1,x_2,x_3)=y_1^2+4y_2y_3+y_3^2=y_1^2+(y_3+2y_2)^2-4y_2^2.$$

再令

$$\begin{cases}z_1=y_1,\\ z_2=2y_2+y_3,\\ z_3=y_2,\end{cases}$$

即再经非退化线性替换

$$\begin{cases}y_1=z_1,\\ y_2=z_3,\\ y_3=z_2-2z_3,\end{cases}\tag{3.4}$$

最后得

$$f(x_1,x_2,x_3)=z_1^2+z_2^2-4z_3^2.$$

上述连续两次线性替换(3.3)和(3.4)的结果相当于作一个总的线性替换(它可通过将(3.4)代入(3.3)而得):

$$\begin{cases}x_1=y_1+2y_2-y_3=z_1+2z_3-(z_2-2z_3)=z_1-z_2+4z_3,\\ x_2=y_2=z_3,\\ x_3=y_3=z_2-2z_3.\end{cases}$$

可以验证，利用它，能直接将 $f(x_1,x_2,x_3)$ 化为标准形

$$z_1^2+z_2^2-4z_3^2.$$

例 5.5 化二次型 $f(x_1,x_2,x_3)=x_1x_2+x_2x_3+x_3x_1$ 为标准形，并求所作的非退化线性替换.

解 由于 $f(x_1,x_2,x_3)$ 不含平方项，先作非退化线性替换

$$\begin{cases}x_1=y_1+y_2,\\x_2=y_1-y_2,\\x_3=y_3,\end{cases}\tag{3.5}$$

使二次型化为

$$\begin{aligned}f(x_1,x_2,x_3)&=(y_1+y_2)(y_1-y_2)+(y_1-y_2)y_3+y_3(y_1+y_2)\\&=y_1^2-y_2^2+2y_1y_3\\&=(y_1^2+2y_1y_3+y_3^2)-y_3^2-y_2^2\\&=(y_1+y_3)^2-y_2^2-y_3^2.\end{aligned}$$

再令

$$\begin{cases}z_1=y_1+y_3,\\z_2=y_2,\\z_3=y_3,\end{cases}$$

即

$$\begin{cases}y_1=z_1-z_3,\\y_2=z_2,\\y_3=z_3,\end{cases}\tag{3.6}$$

得 $f(x_1,x_2,x_3)=z_1^2-z_2^2-z_3^2$.

所作的非退化线性替换是(3.5) 和(3.6) 合成的结果：

$$\begin{cases}x_1=z_1+z_2-z_3,\\x_2=z_1-z_2-z_3,\\x_3=z_3.\end{cases}$$

下面我们用矩阵合同的语言来叙述定理 5.2 的结果. 由定理 5.2 知，任一 n 元二次型 $f(x_1,x_2,\cdots,x_n)=\boldsymbol{x}^{\mathrm{T}}\boldsymbol{A}\boldsymbol{x}$ 都可经非退化线性替换 $\boldsymbol{x}=\boldsymbol{C}\boldsymbol{y}$ 化为标准形

$$d_1y_1^2+d_2y_2^2+\cdots+d_ny_n^2=(y_1,y_2,\cdots,y_n)\begin{pmatrix}d_1&0&\cdots&0\\0&d_2&\cdots&0\\\vdots&\vdots&\ddots&\vdots\\0&0&\cdots&d_n\end{pmatrix}\begin{pmatrix}y_1\\y_2\\\vdots\\y_n\end{pmatrix}=\boldsymbol{y}^{\mathrm{T}}\boldsymbol{B}\boldsymbol{y},$$

其中

$$\boldsymbol{B}=\begin{pmatrix}d_1&0&\cdots&0\\0&d_2&\cdots&0\\\vdots&\vdots&\ddots&\vdots\\0&0&\cdots&d_n\end{pmatrix}$$

是对角矩阵. 再由定理 5.1，$\boldsymbol{A}$ 与 $\boldsymbol{B}$ 是合同的且 $\boldsymbol{B}=\boldsymbol{C}^{\mathrm{T}}\boldsymbol{A}\boldsymbol{C}$. 因此，对任意一个对称矩阵 $\boldsymbol{A}$ 都可以找到一个可逆矩阵 $\boldsymbol{C}$ 使 $\boldsymbol{C}^{\mathrm{T}}\boldsymbol{A}\boldsymbol{C}$ 成对角矩阵. 于是，我们得到下面的定理：

定理 5.3 在数域 F 上，任一对称矩阵必能合同于对角矩阵.

配方法在二次型理论中是一个重要的方法，不仅在化二次型为标准形时用到它，而且在 5.4 节中判别二次型正定性的顺序主子式判别法(定理 5.8)的证明中，也要用到它. 但是，它有缺点，不能在化标准形的同时找出非退化线性替换. 若要找出非退化线性替换，还得经过多次方阵的乘法运算. 有时计算量较大. 下面将介绍把二次型化为标准形或者把对称矩阵合同于一个对角矩阵的第 2 种方法 —— 初等变换法.

5.3.2* 初等变换法

据定理 5.3，对任意一个对称矩阵 $\boldsymbol{A}$，一定存在可逆矩阵 $\boldsymbol{C}$ 使 $\boldsymbol{C}^{\mathrm{T}}\boldsymbol{A}\boldsymbol{C}$ 为对角矩阵. 由定理 3.5 的推论 2 知，可逆矩阵可表示为若干初等矩阵的乘积，所以存在初等矩阵 $\boldsymbol{P}_1,\boldsymbol{P}_2,\cdots,\boldsymbol{P}_s$，使

$$\boldsymbol{C}=\boldsymbol{P}_1\boldsymbol{P}_2\cdots\boldsymbol{P}_s.$$

将上式代入 $\boldsymbol{C}^{\mathrm{T}}\boldsymbol{A}\boldsymbol{C}$，得

$$\boldsymbol{C}^{\mathrm{T}}\boldsymbol{A}\boldsymbol{C}=\boldsymbol{P}_s^{\mathrm{T}}\cdots\boldsymbol{P}_2^{\mathrm{T}}\boldsymbol{P}_1^{\mathrm{T}}\boldsymbol{A}\boldsymbol{P}_1\boldsymbol{P}_2\cdots\boldsymbol{P}_s \tag{3.7}$$

是对角矩阵. 由于对任意一个初等矩阵 $\boldsymbol{P}_i$，$\boldsymbol{P}_i^{\mathrm{T}}$ 仍为同种初等矩阵(这是因为 $(\boldsymbol{P}(i,j))^{\mathrm{T}}=\boldsymbol{P}(i,j)$，$(\boldsymbol{P}(i(k)))^{\mathrm{T}}=\boldsymbol{P}(i(k))$，$(\boldsymbol{P}(i,j(k)))^{\mathrm{T}}=\boldsymbol{P}(j,i(k))$)，而且在矩阵的左(右)边乘以一个初等矩阵，相当于对该矩阵进行相应的行(列)初等变换，所以由(3.7)可见，对于对称矩阵 $\boldsymbol{A}$ 相继施以相应于右乘 $\boldsymbol{P}_1,\boldsymbol{P}_2,\cdots,\boldsymbol{P}_s$ 的列初等变换，同时施以相应于左乘 $\boldsymbol{P}_1^{\mathrm{T}},\boldsymbol{P}_2^{\mathrm{T}},\cdots,\boldsymbol{P}_s^{\mathrm{T}}$ 的行初等变换，矩阵 $\boldsymbol{A}$ 就变为对角矩阵. 由此得到将二次型化为标准形的初等变换法：对 $2n\times n$ 矩阵 $\begin{pmatrix}\boldsymbol{A}\\\boldsymbol{E}\end{pmatrix}$ 施以相应于右乘 $\boldsymbol{P}_1,\boldsymbol{P}_2,\cdots,\boldsymbol{P}_s$ 的列初等变换，再对 $\boldsymbol{A}$ 施以相应于左乘 $\boldsymbol{P}_1^{\mathrm{T}},\boldsymbol{P}_2^{\mathrm{T}},\cdots,\boldsymbol{P}_s^{\mathrm{T}}$ 的行初等变换，矩阵 $\boldsymbol{A}$ 就变为对角矩阵，同时单位矩阵 $\boldsymbol{E}$ 就变为可逆矩阵 $\boldsymbol{C}$，即

$$\begin{pmatrix}\boldsymbol{A}\\\boldsymbol{E}\end{pmatrix}\xrightarrow[\text{对}\,\boldsymbol{A}\,\text{施以相应的行初等变换}]{\text{对}\begin{pmatrix}\boldsymbol{A}\\\boldsymbol{E}\end{pmatrix}\text{施以上述的列初等变换}}\begin{pmatrix}\boldsymbol{P}_s^{\mathrm{T}}\cdots\boldsymbol{P}_2^{\mathrm{T}}\boldsymbol{P}_1^{\mathrm{T}}\boldsymbol{A}\boldsymbol{P}_1\boldsymbol{P}_2\cdots\boldsymbol{P}_s\\\boldsymbol{P}_1\boldsymbol{P}_2\cdots\boldsymbol{P}_s\end{pmatrix}.$$

由此得到可逆矩阵 $\boldsymbol{C}=\boldsymbol{P}_1\boldsymbol{P}_2\cdots\boldsymbol{P}_s$ 和对应的非退化线性替换 $\boldsymbol{x}=\boldsymbol{C}\boldsymbol{y}$，在此线性替换下，二次型 $\boldsymbol{x}^{\mathrm{T}}\boldsymbol{A}\boldsymbol{x}$ 化为标准形.

例 5.6 用初等变换法将二次型

$$f(x_1,x_2,x_3)=x_1x_2+x_2x_3+x_3x_1$$

化为标准形，并求所作的非退化线性替换.

解 $f(x_1,x_2,x_3)$ 的矩阵为

$$\boldsymbol{A}=\begin{pmatrix}0&\frac{1}{2}&\frac{1}{2}\\\frac{1}{2}&0&\frac{1}{2}\\\frac{1}{2}&\frac{1}{2}&0\end{pmatrix}.$$

$$\begin{pmatrix}\boldsymbol{A}\\\boldsymbol{E}\end{pmatrix}=\begin{pmatrix}0&\frac{1}{2}&\frac{1}{2}\\\frac{1}{2}&0&\frac{1}{2}\\\frac{1}{2}&\frac{1}{2}&0\\1&0&0\\0&1&0\\0&0&1\end{pmatrix}\xrightarrow[\text{(使 }\boldsymbol{A}\text{ 的(1,1) 位置上元素}\neq 0)]{\text{第 2 列加到第 1 列}}\begin{pmatrix}\frac{1}{2}&\frac{1}{2}&\frac{1}{2}\\\frac{1}{2}&0&\frac{1}{2}\\1&\frac{1}{2}&0\\1&0&0\\1&1&0\\0&0&1\end{pmatrix}$$

$$\xrightarrow[\text{(把 }\boldsymbol{A}\text{ 的第 2 行加到第 1 行上)}]{\text{对 }\boldsymbol{A}\text{ 作相应的行变换}}\begin{pmatrix}1&\frac{1}{2}&1\\\frac{1}{2}&0&\frac{1}{2}\\1&\frac{1}{2}&0\\1&0&0\\1&1&0\\0&0&1\end{pmatrix}$$

$$\xrightarrow[\text{(消去 }\boldsymbol{A}\text{ 的(1,2) 和(1,3) 位置上的元素)}]{\substack{\text{第 1 列乘以 }-\frac{1}{2}\text{ 加到第 2 列,}\\\text{第 1 列乘以 }-1\text{ 加到第 3 列}}}\begin{pmatrix}1&0&0\\\frac{1}{2}&-\frac{1}{4}&0\\1&0&-1\\1&-\frac{1}{2}&-1\\1&\frac{1}{2}&-1\\0&0&1\end{pmatrix}$$

$$\xrightarrow[\text{(把 }\boldsymbol{A}\text{ 的第 1 行乘以 }-\frac{1}{2}\text{ 加到第 2 行，乘以 }-1\text{ 加到第 3 行)}]{\text{作相应的行变换}}\begin{pmatrix}1 & 0 & 0\\ 0 & -\frac{1}{4} & 0\\ 0 & 0 & -1\\ 1 & -\frac{1}{2} & -1\\ 1 & \frac{1}{2} & -1\\ 0 & 0 & 1\end{pmatrix}=\begin{pmatrix}\boldsymbol{B}\\ \boldsymbol{P}\end{pmatrix},$$

所以

$$f(x_1,x_2,x_3)=\boldsymbol{x}^{\mathrm{T}}\boldsymbol{A}\boldsymbol{x}=\boldsymbol{y}^{\mathrm{T}}\boldsymbol{B}\boldsymbol{y}=y_1^2-\frac{1}{4}y_2^2-y_3^2,$$

所作的非退化线性替换为

$$\begin{pmatrix}x_1\\ x_2\\ x_3\end{pmatrix}=\boldsymbol{P}\boldsymbol{y}=\begin{pmatrix}1 & -\frac{1}{2} & -1\\ 1 & \frac{1}{2} & -1\\ 0 & 0 & 1\end{pmatrix}\begin{pmatrix}y_1\\ y_2\\ y_3\end{pmatrix}.$$

计算时必须注意：每当对 $\boldsymbol{A}$ 施行一对相应的初等变换时，对 $\boldsymbol{E}$ 仅施行一次相应的列初等变换，且对 $\boldsymbol{E}$ 的列初等变换一定要与对 $\boldsymbol{A}$ 的列初等变换相同.

5.3.3 复数域和实数域上的二次型

由例 5.5 和例 5.6 可见，所采用的配方法或初等变换法的过程可以不同，使得将二次型化为标准形的非退化线性替换也不同，因此，所得到的标准形也可以不同. 那么，对于同一个二次型来说，使用不同的方法或过程得到的标准形有什么关系呢？ 也就是说，我们需要研究一个二次型(或者二次型的矩阵)经过非退化线性替换后仍然保持不变的性质.

设两个 n 阶对称矩阵 $\boldsymbol{A}$ 与 $\boldsymbol{B}$ 合同，即存在一个可逆矩阵 $\boldsymbol{C}$，使

$$\boldsymbol{B}=\boldsymbol{C}^{\mathrm{T}}\boldsymbol{A}\boldsymbol{C}.$$

由 3.4 节(4.3) 得

$$\mathrm{r}(\boldsymbol{B})\leqslant\min\{\mathrm{r}(\boldsymbol{C}^{\mathrm{T}}),\mathrm{r}(\boldsymbol{A}),\mathrm{r}(\boldsymbol{C})\}=\min\{n,\mathrm{r}(\boldsymbol{A})\}=\mathrm{r}(\boldsymbol{A}).$$

由于合同关系的对称性，$\boldsymbol{B}$ 与 $\boldsymbol{A}$ 也合同，故有 $\mathrm{r}(\boldsymbol{A})\leqslant\mathrm{r}(\boldsymbol{B})$. 因此

$$\mathrm{r}(\boldsymbol{A})=\mathrm{r}(\boldsymbol{B}),$$

即合同的矩阵的秩相等(用矩阵等价的语言来说，合同的矩阵是等价的. 由 3.4 节定理 3.5 的推论 5 知，等价的矩阵有相同的秩，因而合同的矩阵的秩相等). 这表明，经过非退化线性替换之后，二次型矩阵的秩是不变的，这二次

型矩阵的秩就称为**二次型的秩**. 标准形的矩阵是对角矩阵，它的秩等于它对角线上不为零的元素个数. 因此，在一个二次型的标准形中，系数不为零的平方项的个数就是该二次型的秩，它是唯一确定的，与所作的非退化线性替换无关. 例如：二次型

$$f(x_1,x_2,x_3)=x_1x_2+x_2x_3+x_3x_1$$

经过例5.5和例5.6中不同的非退化线性替换分别化成不同的标准形，但它们的秩是相同的，都是3. 除了二次型的秩具有不变性外，下面我们进一步研究复数域和实数域上二次型的其他不变性质，由此解决其唯一性问题.

设 $f(x_1,x_2,\cdots,x_n)$ 是一个复二次型. 由定理5.2，它经过一个适当的非退化线性替换变为标准形

$$d_1y_1^2+d_2y_2^2+\cdots+d_ry_r^2,\quad d_i\neq 0\ (i=1,2,\cdots,r).$$

因为复数总可以开平方，我们再作一个非退化线性替换

$$\begin{cases} y_1=\dfrac{1}{\sqrt{d_1}}z_1, \\ \cdots\cdots\cdots\cdots \\ y_r=\dfrac{1}{\sqrt{d_r}}z_r, \\ y_{r+1}=z_{r+1}, \\ \cdots\cdots\cdots\cdots \\ y_n=z_n, \end{cases}$$

那么 $f(x_1,x_2,\cdots,x_n)$ 变为

$$z_1^2+z_2^2+\cdots+z_r^2.$$

这种系数皆为1的平方项和形式称为复二次型 $f(x_1,x_2,\cdots,x_n)$ 的**规范形**. 规范形中平方项的个数等于二次型的秩数，而二次型的秩数是唯一确定的，所以每一个复二次型可化为唯一的规范形.

定理5.4 任意一个复二次型，经过一适当的非退化线性替换总可以变成规范形，规范形是唯一的.

用矩阵的语言，定理5.4就是，任一复对称矩阵合同于一个形式为

$$\begin{pmatrix} 1 & & & & & \\ & \ddots & & & & \\ & & 1 & & & \\ & & & 0 & & \\ & & & & \ddots & \\ & & & & & 0 \end{pmatrix}$$

的对角矩阵. 由合同的对称性和传递性得，两个复对称矩阵合同的充分必要条件是它们的秩相等.

定理 5.2 说明了化二次型为标准形问题的解的存在性，定理 5.4 又说明了在规范形的意义下结果的唯一性，至此，复二次型化为标准形的问题已经完全解决. 下面将讨论限制在实数域内，研究实二次型的规范形及其唯一性问题.

设 $f(x_1,x_2,\cdots,x_n)$ 是一个实二次型. 由定理 5.2，它经过一个适当的非退化线性替换，再适当排列文字的次序(利用例 5.3)，可使 $f(x_1,x_2,\cdots,x_n)$ 变成标准形

$$d_1y_1^2+\cdots+d_py_p^2-d_{p+1}y_{p+1}^2-\cdots-d_ry_r^2, \tag{3.8}$$

其中 $d_i>0$, $i=1,2,\cdots,r$, r 是 $f(x_1,x_2,\cdots,x_n)$ 的秩.因为在实数范围内，正实数总可以开平方，所以再作一非退化线性替换

$$\begin{cases} y_1=\dfrac{1}{\sqrt{d_1}}z_1, \\ \cdots\cdots\cdots\cdots \\ y_r=\dfrac{1}{\sqrt{d_r}}z_r, \\ y_{r+1}=z_{r+1}, \\ \cdots\cdots\cdots \\ y_n=z_n, \end{cases}$$

(3.8) 就变成

$$z_1^2+\cdots+z_p^2-z_{p+1}^2-\cdots-z_r^2. \tag{3.9}$$

(3.9) 就称为实二次型 $f(x_1,x_2,\cdots,x_n)$ 的**规范形**. 显然，规范形完全被 r,p 这两个数所决定. 这里 r 是 $f(x_1,x_2,\cdots,x_n)$ 的秩，它被 $f(x_1,x_2,\cdots,x_n)$ 完全确定，惯性定理就是进一步证明 p 也是由 $f(x_1,x_2,\cdots,x_n)$ 完全确定的，由此我们就得到了实二次型的规范形的唯一性.

定理 5.5 (惯性定理) 任意一个实二次型，经过一适当的非退化线性替换总可以变成规范形；规范形是唯一的.

证 定理的前一半在上面已经证明. 以下证明唯一性，即若 n 元实二次型 $f(x_1,x_2,\cdots,x_n)$ 可以经过两个不同的非退化实线性替换 $\boldsymbol{x}=\boldsymbol{C}_1\boldsymbol{y}$ 和 $\boldsymbol{x}=\boldsymbol{C}_2\boldsymbol{z}$ 分别化成两个规范形：

$$\boldsymbol{y}^{\mathrm{T}}(\boldsymbol{C}_1^{\mathrm{T}}\boldsymbol{A}\boldsymbol{C}_1)\boldsymbol{y}=y_1^2+y_2^2+\cdots+y_p^2-y_{p+1}^2-\cdots-y_r^2, \tag{3.10}$$

$$\boldsymbol{z}^{\mathrm{T}}(\boldsymbol{C}_2^{\mathrm{T}}\boldsymbol{A}\boldsymbol{C}_2)\boldsymbol{z}=z_1^2+z_2^2+\cdots+z_q^2-z_{q+1}^2-\cdots-z_r^2, \tag{3.11}$$

则必有 $p=q$.

反证法. 假设 $p \neq q$，不妨设 $p > q$.

由 $\boldsymbol{x} = \boldsymbol{C}_2 \boldsymbol{z}$ 知，$\boldsymbol{z} = \boldsymbol{C}_2^{-1} \boldsymbol{x}$，又 $\boldsymbol{x} = \boldsymbol{C}_1 \boldsymbol{y}$，所以有 $\boldsymbol{z} = \boldsymbol{C}_2^{-1} \boldsymbol{C}_1 \boldsymbol{y}$. 设 $\boldsymbol{C}_2^{-1} \boldsymbol{C}_1 = \boldsymbol{C} = (c_{ij})_{n \times n}$，则 $\boldsymbol{z} = \boldsymbol{C} \boldsymbol{y}$ 可以写为

$$\begin{cases} z_1 = c_{11} y_1 + c_{12} y_2 + \cdots + c_{1n} y_n, \\ z_2 = c_{21} y_1 + c_{22} y_2 + \cdots + c_{2n} y_n, \\ \cdots\cdots\cdots\cdots\cdots\cdots\cdots\cdots\cdots\cdots \\ z_n = c_{n1} y_1 + c_{n2} y_2 + \cdots + c_{nn} y_n. \end{cases} \tag{3.12}$$

考查齐次线性方程组

$$\begin{cases} c_{11} y_1 + c_{12} y_2 + \cdots + c_{1n} y_n = 0, \\ \cdots\cdots\cdots\cdots\cdots\cdots\cdots\cdots\cdots\cdots \\ c_{q1} y_1 + c_{q2} y_2 + \cdots + c_{qn} y_n = 0, \\ y_{p+1} = 0, \\ \cdots\cdots\cdots \\ y_n = 0. \end{cases} \tag{3.13}$$

因为 $p > q$，所以(3.13) 的方程个数

$$q + (n - p) = n - (p - q)$$

小于未知量个数 n，方程组(3.13) 有非零解. 设

$$y_1 = k_1,\ y_2 = k_2,\ \cdots,\ y_p = k_p,\ y_{p+1} = k_{p+1},\ \cdots,\ y_n = k_n \tag{3.14}$$

是(3.13) 的一个非零解. 显然

$$k_{p+1} = \cdots = k_n = 0,$$

且 $k_1, k_2, \cdots, k_p$ 不全为零. 将(3.14) 代入(3.10)（设 $\boldsymbol{y}_0 = (k_1, k_2, \cdots, k_n)^{\mathrm{T}}$），得

$$\boldsymbol{y}_0^{\mathrm{T}} (\boldsymbol{C}_1^{\mathrm{T}} \boldsymbol{A} \boldsymbol{C}_1) \boldsymbol{y}_0 = k_1^2 + k_2^2 + \cdots + k_p^2 > 0. \tag{3.15}$$

将方程组(3.13) 的非零解(3.14) 代入(3.12)（设 $\boldsymbol{z}_0 = \boldsymbol{C} \boldsymbol{y}_0 = (\bar{z}_1, \bar{z}_2, \cdots, \bar{z}_n)^{\mathrm{T}}$），得到 $\bar{z}_1 = \bar{z}_2 = \cdots = \bar{z}_q = 0$. 再代入(3.11)，得

$$\boldsymbol{y}_0^{\mathrm{T}} (\boldsymbol{C}_1^{\mathrm{T}} \boldsymbol{A} \boldsymbol{C}_1) \boldsymbol{y}_0 = \boldsymbol{z}_0^{\mathrm{T}} (\boldsymbol{C}_2^{\mathrm{T}} \boldsymbol{A} \boldsymbol{C}_2) \boldsymbol{z}_0 = -\bar{z}_{q+1}^2 - \cdots - \bar{z}_r^2 \leqslant 0. \tag{3.16}$$

(3.15) 与(3.16) 矛盾，故 $p = q$. ∎

根据惯性定理，实二次型的任一标准形中，正、负系数的个数 p 与 $r - p$ 保持定值，与所用的非退化线性替换无关，所以定理 5.5 称为“惯性”定理. 这里 r 是二次型的秩，而 p 与 $r - p$ 分别是它的规范形中正、负平方项的个数.

定义 5.5 在实二次型 $f(x_1, x_2, \cdots, x_n)$ 的规范形中，正平方项的个数 p 称为 $f(x_1, x_2, \cdots, x_n)$ 的**正惯性指数**；负平方项的个数 $r - p$ 称为 $f(x_1, x_2, \cdots, x_n)$ 的**负惯性指数**；它们的差 $p - (r - p) = 2p - r$ 称为 $f(x_1, x_2, \cdots, x_n)$ 的**符号差**.

显然，标准形中正系数的平方项的个数与规范形中正平方项的个数是一

致的，都等于正惯性指数，同样，负系数的平方项的个数就等于负惯性指数. 于是，我们只要把实二次型化到标准形就能计算出它的正、负惯性指数.

例 5.7 把实二次型

$$f(x_1,x_2,\cdots,x_n)=x_1x_2+2x_3x_4+3x_5x_6+\cdots+nx_{2n-1}x_{2n}$$

化为规范形，并指出其正惯性指数和负惯性指数.

解 令

$$\begin{cases}x_1=y_1+y_2,\\ x_2=y_1-y_2,\\ x_3=\dfrac{\sqrt{2}}{2}(y_3+y_4),\\ x_4=\dfrac{\sqrt{2}}{2}(y_3-y_4),\\ \cdots\cdots\cdots\cdots\cdots\cdots\\ x_{2n-1}=\dfrac{\sqrt{n}}{n}(y_{2n-1}+y_{2n}),\\ x_{2n}=\dfrac{\sqrt{n}}{n}(y_{2n-1}-y_{2n}),\end{cases}$$

则

$$f(x_1,x_2,\cdots,x_{2n})=y_1^2-y_2^2+y_3^2-y_4^2+\cdots+y_{2n-1}^2-y_{2n}^2.$$

再令

$$y_i=\begin{cases}z_{\frac{i+1}{2}}, & \text{当 } i \text{ 为奇数；}\\ z_{n+\frac{i}{2}}, & \text{当 } i \text{ 为偶数，}\end{cases}$$

其中 $i=1,2,\cdots,2n$. 那么我们得到规范形

$$f(x_1,x_2,\cdots,x_{2n})=z_1^2+z_2^2+\cdots+z_n^2-z_{n+1}^2-z_{n+2}^2-\cdots-z_{2n}^2.$$

于是，$f(x_1,x_2,\cdots,x_{2n})$ 的正惯性指数为 n，负惯性指数也是 n.

用矩阵的语言，定理 5.5 也可叙述为：任一实对称矩阵 $\boldsymbol{A}$ 都合同于一个主对角线元素为 ±1 和 0 的对角矩阵

$$\begin{pmatrix}1 &&&&&&&\\ &\ddots&&&&&&\\ &&1&&&&&\\ &&&-1&&&&\\ &&&&\ddots&&&\\ &&&&&-1&&\\ &&&&&&0&&\\ &&&&&&&\ddots&\\ &&&&&&&&0\end{pmatrix}\begin{matrix}\left.\vphantom{\begin{matrix}1\\ \ddots\\ 1\end{matrix}}\right\}p\text{ 个}\\ \left.\vphantom{\begin{matrix}-1\\ \ddots\\ -1\end{matrix}}\right\}r-p\text{ 个}.\\ \vphantom{\begin{matrix}0\\ \ddots\\ 0\end{matrix}}\end{matrix}$$

实对称矩阵的阶数 n、秩 r 和正惯性指数 p 是它在合同关系下的不变量. 如果我们把相互合同的 n 阶实对称矩阵放在一起作为一个类，那么同一个类中的 n 阶实对称矩阵都有相同的秩和相同的正惯性指数，而有相同的秩和相同的正惯性指数的 n 阶实对称矩阵都属于同一个类.

5.3.4 正交替换法

在本章开始和5.2节中，我们讨论过化简二次曲线的问题. 以原点为中心的二次曲线

$$ax^2+2bxy+cy^2=d,$$

经过适当的坐标旋转变换(2.6)可以化简为标准方程

$$a'x^2+b'y^2=d.$$

如果把(2.6)看做一个线性替换，那么它的矩阵

$$\begin{pmatrix}\cos\theta & -\sin\theta \\ \sin\theta & \cos\theta\end{pmatrix}$$

是一个正交矩阵. 我们把这种线性替换叫做**正交的线性替换**. 现在将化简二次曲线的问题推广，更一般地讨论将一个 n 元实二次型

$$f(x_1,x_2,\cdots,x_n)=\boldsymbol{x}^{\mathrm{T}}\boldsymbol{A}\boldsymbol{x}$$

通过正交的线性替换 $\boldsymbol{x}=\boldsymbol{T}\boldsymbol{y}$ 化为标准形的问题，这个问题称为二次型的**主轴问题**，其中所谓**正交的线性替换**(简称**正交替换**)

$$\boldsymbol{x}=\boldsymbol{T}\boldsymbol{y}$$

就是指它的矩阵 $\boldsymbol{T}$ 是正交矩阵的线性替换. 由于正交矩阵 $\boldsymbol{T}$ 的行列式 $|\boldsymbol{T}|=\pm1\neq0$，故正交的线性替换一定是非退化的. 用矩阵的语言，主轴问题就是对给定的一个 n 阶实对称矩阵 $\boldsymbol{A}$，寻求一个 n 阶正交矩阵 $\boldsymbol{T}$，使 $\boldsymbol{T}^{\mathrm{T}}\boldsymbol{A}\boldsymbol{T}$ 成对角矩阵. 若这样的 $\boldsymbol{T}$ 存在，则称 $\boldsymbol{A}$ **可正交合同于对角矩阵**. 实质上这个问题在上一章中已经基本解决. 由4.4节定理4.11知，对上述的矩阵 $\boldsymbol{A}$，可以找到一个 n 阶正交矩阵 $\boldsymbol{T}$，使 $\boldsymbol{T}^{-1}\boldsymbol{A}\boldsymbol{T}$ 成对角矩阵而且主对角线上的元素就是 $\boldsymbol{A}$ 的全部特征值. 因正交矩阵 $\boldsymbol{T}$ 具有性质 $\boldsymbol{T}^{\mathrm{T}}=\boldsymbol{T}^{-1}$，故 $\boldsymbol{T}^{\mathrm{T}}\boldsymbol{A}\boldsymbol{T}=\boldsymbol{T}^{-1}\boldsymbol{A}\boldsymbol{T}$ 是对角矩阵，即实对称矩阵 $\boldsymbol{A}$ 可正交合同于对角矩阵. 用二次型的语言，我们有

定理5.6 任意一个实二次型

$$\sum_{i=1}^{n}\sum_{j=1}^{n}a_{ij}x_ix_j \quad (a_{ij}=a_{ji})$$

都可以经过正交的线性替换变成平方项和

$$\lambda_1y_1^2+\lambda_2y_2^2+\cdots+\lambda_ny_n^2,$$

其中平方项的系数 $\lambda_1,\lambda_2,\cdots,\lambda_n$ 就是矩阵 $\boldsymbol{A}=(a_{ij})_{n\times n}$ 的全部特征值.

由 4.4 节所述的方法，对于一个实二次型不仅可以从理论上将它通过正交的非退化线性替换化为标准形，而且还可以具体地写出这个标准形和所用的线性替换.

例 5.8 用正交线性替换把实二次型

$$f(x_1,x_2,x_3)=2x_1^2+6x_2^2+2x_3^2+8x_1x_3$$

化到主轴上去.

解 二次型的矩阵为 $\boldsymbol{A}=\begin{pmatrix}2&0&4\\0&6&0\\4&0&2\end{pmatrix}$，是实对称矩阵.

由例 4.12 知，存在正交矩阵

$$\boldsymbol{T}=\begin{pmatrix}\frac{1}{\sqrt{2}}&0&\frac{1}{\sqrt{2}}\\0&1&0\\\frac{1}{\sqrt{2}}&0&-\frac{1}{\sqrt{2}}\end{pmatrix},$$

使得

$$\boldsymbol{T}^{-1}\boldsymbol{A}\boldsymbol{T}=\boldsymbol{T}^{\mathrm{T}}\boldsymbol{A}\boldsymbol{T}=\begin{pmatrix}\lambda_1&&\\&\lambda_2&\\&&\lambda_3\end{pmatrix}=\begin{pmatrix}6&&\\&6&\\&&-2\end{pmatrix},$$

即存在正交线性替换

$$\begin{pmatrix}x_1\\x_2\\x_3\end{pmatrix}=\begin{pmatrix}\frac{1}{\sqrt{2}}&0&\frac{1}{\sqrt{2}}\\0&1&0\\\frac{1}{\sqrt{2}}&0&-\frac{1}{\sqrt{2}}\end{pmatrix}\begin{pmatrix}y_1\\y_2\\y_3\end{pmatrix},$$

使得 $f(x_1,x_2,x_3)$ 化成标准形 $6y_1^2+6y_2^2-2y_3^2$.

习题 5.3

1. 用非退化线性替换化下列二次型为标准形，并写出所作的线性替换：

1) $x_1^2+x_2^2+3x_3^2+4x_1x_2+2x_1x_3+2x_2x_3$；

2) $2x_1x_2-6x_2x_3+2x_1x_3$；

3) $\sum\limits_{1\leqslant i\leqslant j\leqslant 3}|i-j|x_ix_j$.

2. 求一可逆矩阵 $\boldsymbol{C}$，使

$$\boldsymbol{A}=\begin{pmatrix}1&1&0&-1\\1&1&-1&0\\0&-1&1&1\\-1&0&1&1\end{pmatrix}$$

合同于对角矩阵 $\boldsymbol{B}=\boldsymbol{C}^{\mathrm{T}}\boldsymbol{A}\boldsymbol{C}$.

3. 把实二次型

$$f(x_1,x_2,\cdots,x_n)=x_1x_{2n}+x_2x_{2n-1}+\cdots+x_nx_{n+1}$$

化为规范形，并指出其正、负惯性指数.

4. 证明：

1） 当 $\mathbf{F}$ 是实数域时，对称矩阵 $\begin{pmatrix}1&0\\0&1\end{pmatrix}$ 与 $\begin{pmatrix}1&0\\0&-1\end{pmatrix}$ 不是合同的；

2） 当 $\mathbf{F}$ 是复数域时，对称矩阵 $\begin{pmatrix}1&0\\0&1\end{pmatrix}$ 与 $\begin{pmatrix}1&0\\0&-1\end{pmatrix}$ 是合同的.

5. 已知实二次型 $f(x_1,x_2,\cdots,x_n)=\boldsymbol{x}^{\mathrm{T}}\boldsymbol{A}\boldsymbol{x}$ 的秩为 r，正惯性指数为 p. 证明：对任一组正实数 $a_1,a_2,\cdots,a_r$，$f(x_1,x_2,\cdots,x_n)$ 总可以表为标准形

$$f(x_1,x_2,\cdots,x_n)=a_1z_1^2+a_2z_2^2+\cdots+a_pz_p^2-a_{p+1}z_{p+1}^2-\cdots-a_rz_r^2.$$

6*. 证明：实二次型 $\sum_{i=1}^{n}\sum_{j=1}^{n}(ij\lambda+i+j)x_ix_j\ (n>1)$ 的秩和符号差与 λ 无关(提示：用初等变换法化为标准形).

7. 若实二次型 $f(x_1,x_2,\cdots,x_n)$ 可经非退化线性替换化为 $-f(x_1,x_2,\cdots,x_n)$，问其秩和符号差的特征是什么？

8. 如果把 n 元实二次型分类，即实二次型矩阵合同的为同一类，不合同的为不同类，问一共能分为几类？

9. 化二次型到主轴上(即用正交线性替换化二次型为标准形)：

1） $f(x_1,x_2)=ax_1^2+2bx_1x_2+ax_2^2$；

2） $f(x_1,x_2,x_3)=2x_1^2-2x_1x_2-2x_1x_3+2x_2^2-2x_2x_3+2x_3^2$；

3） $f(x_1,x_2,x_3,x_4)=5x_1^2-4x_1x_2+2x_2^2+5x_3^2-4x_3x_4+2x_4^2$.

10. 设 $\boldsymbol{A},\boldsymbol{B}$ 是两个 n 阶实对称矩阵. 试问：如果 $\boldsymbol{A},\boldsymbol{B}$ 的特征多项式的根全部相同，那么 $\boldsymbol{A}$ 是否一定能正交合同于 $\boldsymbol{B}$？

5.4 正定二次型

为了多变量实函数求极值等应用问题的需要，我们将实二次型及其矩阵进行分类，并特别对其中一类十分重要的实二次型即正定二次型做专门研究，给出它的定义以及常用的判别条件.

定义 5.6 设 $f(x_1,x_2,\cdots,x_n)$ 是一个实二次型. 如果对任意一组不全为零的实数 $c_1,c_2,\cdots,c_n$，恒有 $f(c_1,c_2,\cdots,c_n)>0$，那么二次型 $f(x_1,x_2,\cdots,x_n)$ 称为**正定的**.

例如：$f(x_1,x_2,\cdots,x_n)=x_1^2+x_2^2+\cdots+x_n^2$ 是正定的，因为只有在 c_1

$=c_2=\cdots=c_n=0$ 时，$c_1^2+c_2^2+\cdots+c_n^2$ 才为零. 但是，

$$g(x_1,x_2,\cdots,x_n)=x_1^2+x_2^2+\cdots+x_p^2-x_{p+1}^2-\cdots-x_r^2$$

(其中 $p<n$) 不是正定的. 事实上，我们只要取

$$c_1=c_2=\cdots=c_p=0,\quad c_{p+1}=c_{p+2}=\cdots=c_r=1,$$

就有 $g(c_1,c_2,\cdots,c_n)=-(r-p)\leqslant 0$.

倘若我们能证：非退化实线性替换保持正定二次型的正定性不变，那么我们可以利用它的规范形来判别它的正定性.

引理 如果实二次型 $f(x_1,x_2,\cdots,x_n)$ 经非退化实线性替换

$$\boldsymbol{x}=\boldsymbol{C}\boldsymbol{y} \tag{4.1}$$

化为实二次型 $g(y_1,y_2,\cdots,y_n)$，那么 $f(x_1,x_2,\cdots,x_n)$ 是正定的充分必要条件是 $g(y_1,y_2,\cdots,y_n)$ 是正定的.

证 必要性 如果 $f(x_1,x_2,\cdots,x_n)$ 是正定的，那么当 $x_1=c_1$，$x_2=c_2$，…，$x_n=c_n$ 是不全为零的实数时，$f(c_1,c_2,\cdots,c_n)>0$.

设 $y_1=k_1$，$y_2=k_2$，…，$y_n=k_n$ 是任意一组不全为零的实数，代入 (4.1) 得到 $x_1,x_2,\cdots,x_n$ 的一组值，即

$$\begin{cases}c_1=c_{11}k_1+c_{12}k_2+\cdots+c_{1n}k_n,\\ c_2=c_{21}k_1+c_{22}k_2+\cdots+c_{2n}k_n,\\ \cdots\cdots\cdots\cdots\cdots\cdots\cdots\cdots\cdots\cdots\\ c_n=c_{n1}k_1+c_{n2}k_2+\cdots+c_{nn}k_n.\end{cases} \tag{4.2}$$

如果 $c_1=c_2=\cdots=c_n=0$，因为线性替换(4.1) 是非退化的，所以 $|\boldsymbol{C}|=|(c_{ij})_{n\times n}|\neq 0$，由克拉默法则，$k_1=k_2=\cdots=k_n=0$，这与假设相矛盾. 因此，当 $k_1,k_2,\cdots,k_n$ 是一组不全为零的实数时，$c_1,c_2,\cdots,c_n$ 也是一组不全为零的实数. 于是，

$$g(k_1,k_2,\cdots,k_n)=f(c_1,c_2,\cdots,c_n)>0,$$

即 $g(y_1,y_2,\cdots,y_n)$ 是正定的.

充分性 因为二次型 $g(y_1,y_2,\cdots,y_n)$ 也可经非退化实线性替换

$$\boldsymbol{y}=\boldsymbol{C}^{-1}\boldsymbol{x}$$

变到二次型 $f(x_1,x_2,\cdots,x_n)$，所以按同样的理由，当 $g(y_1,y_2,\cdots,y_n)$ 正定时，$f(x_1,x_2,\cdots,x_n)$ 也正定. ∎

定理5.7 n 元实二次型 $f(x_1,x_2,\cdots,x_n)$ 是正定的充分必要条件是它的正惯性指数等于 n.

证 由引理知，$f(x_1,x_2,\cdots,x_n)$ 与它的规范形有相同的正定性. 设

$f(x_1,x_2,\cdots,x_n)$的规范形为

$$z_1^2+z_2^2+\cdots+z_p^2-z_{p+1}^2-\cdots-z_r^2. \tag{4.3}$$

显然，规范形(4.3)是正定的当且仅当它的正惯性指数p等于n，由此定理得证. ∎

例 5.9 判别二次型

$$f(x_1,x_2,\cdots,x_n)=\sum_{i=1}^{n}x_i^2+\sum_{i=1}^{n-1}x_ix_{i+1}$$

是否正定.

解 $f(x_1,x_2,\cdots,x_n)=\sum\limits_{i=1}^{n-1}\left[\frac{1}{2}(x_i+x_{i+1})^2\right]+\frac{1}{2}x_1^2+\frac{1}{2}x_n^2\geqslant 0$，其值为零当且仅当

$$\begin{cases}x_1=0,\\x_1+x_2=0,\\x_2+x_3=0,\\\cdots\cdots\cdots\cdots\cdots\cdots\\x_{n-1}+x_n=0,\\x_n=0,\end{cases}$$

即当且仅当$x_1=x_2=\cdots=x_n=0$时，等号成立，故对任一组不全为零的实数值$c_1,c_2,\cdots,c_n$，恒有$f(c_1,c_2,\cdots,c_n)>0$，因此，$f(x_1,x_2,\cdots,x_n)$是正定的.

从例5.9可以看到，有时我们可以先用配方法，将二次型化为平方项和(不一定化成标准形或规范形)，再由正定型的定义进行判别，看对任一组不全为零的实数$c_1,c_2,\cdots,c_n$是否恒有$f(c_1,c_2,\cdots,c_n)>0$.

在实际运用时，我们也常常直接从二次型的矩阵来判别一个实二次型是不是正定的，而不是通过它的规范形，下面我们介绍这个方法. 首先，我们讨论正定二次型的矩阵有什么特性.

定义 5.7 设$\boldsymbol{A}$是实对称矩阵，若二次型$\boldsymbol{x}^{\mathrm{T}}\boldsymbol{A}\boldsymbol{x}$是正定的，则称$\boldsymbol{A}$是正定的.

由定义5.7，正定二次型的矩阵是正定矩阵. 用矩阵的语言定理5.7可叙述为

推论 矩阵$\boldsymbol{A}$是正定的充分必要条件是$\boldsymbol{A}$与单位矩阵$\boldsymbol{E}$合同. 从而正定矩阵$\boldsymbol{A}$的行列式$|\boldsymbol{A}|>0$.

证 由定义5.7知，$\boldsymbol{A}$是正定的充分必要条件为二次型$\boldsymbol{x}^{\mathrm{T}}\boldsymbol{A}\boldsymbol{x}$是正定的.

由定理 5.7 知，$x^{\mathrm{T}}Ax$ 是正定的充分必要条件是它的规范形的矩阵是单位矩阵 E. 因此，一个实对称矩阵 A 是正定的充分必要条件为 A 与 E 合同.

设 A 是一正定矩阵，那么 A 与 E 合同，故有一可逆矩阵 C 使

$$A = C^{\mathrm{T}}EC = C^{\mathrm{T}}C.$$

两边取行列式，就有

$$|A| = |C^{\mathrm{T}}||C| = |C|^2 > 0.$$ ■

下面我们讨论直接从二次型的矩阵来判别二次型的正定性的问题. 设

$$f(x_1,x_2,\cdots,x_n) = \sum_{i=1}^{n}\sum_{j=1}^{n} a_{ij}x_ix_j \quad (a_{ij} = a_{ji})$$

是正定的. 若把上式中含 $x_{k+1},x_{k+2},\cdots,x_n$ 的项都去掉，可以得到一个 k 个文字 $x_1,x_2,\cdots,x_k$ 的二次型

$$f_k(x_1,x_2,\cdots,x_k) = \sum_{i=1}^{k}\sum_{j=1}^{k} a_{ij}x_ix_j \quad (1 \leqslant k \leqslant n), \tag{4.4}$$

则 $f_k(x_1,x_2,\cdots,x_k)$ 也是正定的. 事实上，对任意一组不全为零的实数 c_1，$c_2,\cdots,c_k$，由 $f(x_1,x_2,\cdots,x_n)$ 的正定性知

$$f_k(c_1,c_2,\cdots,c_k) = f(c_1,c_2,\cdots,c_k,0,\cdots,0) > 0,$$

所以 $f_k(x_1,x_2,\cdots,x_k)$ 是正定的，其中 $k=1,2,\cdots,n$. 因此，它们的矩阵都是正定的. 由定理 5.7 的推论知，这些正定矩阵的行列式都大于零，即

$$a_{11} > 0,\quad \begin{vmatrix} a_{11} & a_{12} \\ a_{21} & a_{22} \end{vmatrix} > 0,\quad \cdots,\quad \begin{vmatrix} a_{11} & a_{12} & \cdots & a_{1n} \\ a_{21} & a_{22} & \cdots & a_{2n} \\ \vdots & \vdots & \ddots & \vdots \\ a_{n1} & a_{n2} & \cdots & a_{nn} \end{vmatrix} > 0.$$

定义 5.8 子式

$$\begin{vmatrix} a_{11} & a_{12} & \cdots & a_{1k} \\ a_{21} & a_{22} & \cdots & a_{2k} \\ \vdots & \vdots & \ddots & \vdots \\ a_{k1} & a_{k2} & \cdots & a_{kk} \end{vmatrix} \quad (k=1,2,\cdots,n)$$

称为矩阵 $A=(a_{ij})_{n\times n}$ 的**顺序主子式**.

于是，我们已经证明了正定二次型的矩阵的顺序主子式全大于零.

定理 5.8 实二次型

$$f(x_1,x_2,\cdots,x_n) = \sum_{i=1}^{n}\sum_{j=1}^{n} a_{ij}x_ix_j = x^{\mathrm{T}}Ax \quad (\text{其中 } A^{\mathrm{T}} = A)$$

是正定的充分必要条件为矩阵 A 的顺序主子式全大于零.

证 定理的必要性在上面已经证明，下面来证充分性.

设 $f(x_1,x_2,\cdots,x_n)$ 的矩阵的所有顺序主子式皆大于零，对 n 用数学归纳法. 当 $n=1$ 时，$f(x_1)=a_{11}x_1^2$，由条件 $a_{11}>0$ 知，$f(x_1)$ 的正惯性指数为 1，因而是正定的. 假设对于 $n-1$ 元二次型充分性成立. 设 n 元实二次型

$$f(x_1,x_2,\cdots,x_n)=\sum_{i=1}^{n}\sum_{j=1}^{n}a_{ij}x_ix_j \quad (a_{ij}=a_{ji})$$

的矩阵 $\boldsymbol{A}=(a_{ij})_{n\times n}$ 的顺序主子式全大于零，我们设法将 $f(x_1,x_2,\cdots,x_n)$ 化成标准形，再利用定理 5.7 来判别它的正定性. 设

$$f_{n-1}(x_1,x_2,\cdots,x_{n-1})=\sum_{i=1}^{n-1}\sum_{j=1}^{n-1}a_{ij}x_ix_j,$$

则它的矩阵的顺序主子式全大于零，由归纳法假设，$f_{n-1}(x_1,x_2,\cdots,x_{n-1})$ 作为 $n-1$ 元实二次型是正定的. 设它可经非退化实线性替换

$$\begin{cases}x_1=g_{11}y_1+g_{12}y_2+\cdots+g_{1,n-1}y_{n-1},\\ x_2=g_{21}y_1+g_{22}y_2+\cdots+g_{2,n-1}y_{n-1},\\ \cdots\cdots\cdots\cdots\cdots\cdots\cdots\cdots\cdots\cdots\cdots\cdots\cdots\cdots\cdots\\ x_{n-1}=g_{n-1,1}y_1+g_{n-1,2}y_2+\cdots+g_{n-1,n-1}y_{n-1}\end{cases}$$

化为规范形

$$y_1^2+y_2^2+\cdots+y_{n-1}^2.$$

于是，实二次型

$$f(x_1,x_2,\cdots,x_n)=\sum_{i=1}^{n-1}\sum_{j=1}^{n-1}a_{ij}x_ix_j+2\sum_{i=1}^{n-1}a_{in}x_ix_n+a_{nn}x_n^2$$

经过非退化实线性替换

$$\begin{cases}x_1=g_{11}y_1+g_{12}y_2+\cdots+g_{1,n-1}y_{n-1},\\ x_2=g_{21}y_1+g_{22}y_2+\cdots+g_{2,n-1}y_{n-1},\\ \cdots\cdots\cdots\cdots\cdots\cdots\cdots\cdots\cdots\cdots\cdots\cdots\cdots\cdots\cdots\\ x_{n-1}=g_{n-1,1}y_1+g_{n-1,2}y_2+\cdots+g_{n-1,n-1}y_{n-1},\\ x_n=y_n\end{cases}$$

化成

$$\begin{aligned}f(x_1,x_2,\cdots,x_n)&=y_1^2+y_2^2+\cdots+y_{n-1}^2+2\sum_{i=1}^{n-1}b_{in}y_iy_n+a_{nn}y_n^2\\&=\sum_{i=1}^{n-1}(y_i^2+2b_{in}y_iy_n+b_{in}^2y_n^2)+\left(a_{nn}-\sum_{i=1}^{n-1}b_{in}^2\right)y_n^2\\&=\sum_{i=1}^{n-1}(y_i+b_{in}y_n)^2+\left(a_{nn}-\sum_{i=1}^{n-1}b_{in}^2\right)y_n^2.\end{aligned}$$

用配方法，令 $a = a_{nn} - \sum_{i=1}^{n-1} b_{in}^2$ 和

$$\begin{cases} z_i = y_i + b_{in} y_n, & i = 1,2,\cdots,n-1, \\ z_n = y_n, \end{cases}$$

或

$$\begin{cases} y_i = z_i - b_{in} z_n, & i = 1,2,\cdots,n-1, \\ y_n = z_n, \end{cases}$$

则

$$f(x_1, x_2, \cdots, x_n) = z_1^2 + z_2^2 + \cdots + z_{n-1}^2 + a z_n^2.$$

只要再证 $a > 0$，那么 $f(x_1, x_2, \cdots, x_n)$ 的正惯性指数为 n，故是正定的.

由于二次型 $z_1^2 + z_2^2 + \cdots + z_{n-1}^2 + a z_n^2$ 的矩阵

$$\boldsymbol{B} = \begin{pmatrix} 1 & & & & \\ & 1 & & & \\ & & \ddots & & \\ & & & 1 & \\ & & & & a \end{pmatrix}$$

与 $\boldsymbol{A}$ 合同，故存在可逆矩阵 $\boldsymbol{C}$ 使 $\boldsymbol{B} = \boldsymbol{C}^{\mathrm{T}} \boldsymbol{A} \boldsymbol{C}$. 由已知条件 $|\boldsymbol{A}| > 0$ 得

$$a = |\boldsymbol{B}| = |\boldsymbol{C}^{\mathrm{T}} \boldsymbol{A} \boldsymbol{C}| = |\boldsymbol{C}|^2 |\boldsymbol{A}| > 0.$$

根据归纳法原理，充分性得证. ∎

例 5.10 二次型

$$f(x_1, x_2, x_3) = 5x_1^2 + x_2^2 + 5x_3^2 + 4x_1x_2 - 8x_1x_3 - 4x_2x_3$$

的矩阵

$$\boldsymbol{A} = \begin{pmatrix} 5 & 2 & -4 \\ 2 & 1 & -2 \\ -4 & -2 & 5 \end{pmatrix}$$

的顺序主子式

$$5 > 0, \quad \begin{vmatrix} 5 & 2 \\ 2 & 1 \end{vmatrix} = 1 > 0, \quad \begin{vmatrix} 5 & 2 & -4 \\ 2 & 1 & -2 \\ -4 & -2 & 5 \end{vmatrix} = 1 > 0,$$

所以 $f(x_1, x_2, x_3)$ 为正定二次型.

推论 实对称矩阵 $\boldsymbol{A}$ 是正定的充分必要条件是 $\boldsymbol{A}$ 的所有主子式全大于零，所谓**主子式**就是行指标和列指标相同的子式.

证 充分性显然成立. 现证必要性.

设实二次型 $f(x_1, x_2, \cdots, x_n) = \boldsymbol{x}^{\mathrm{T}} \boldsymbol{A} \boldsymbol{x}$，其中 $\boldsymbol{A} = (a_{ij})_{n \times n}$ 为正定矩阵，

那么 $f(x_1,x_2,\cdots,x_n)$ 是正定的. 又设 $\boldsymbol{A}$ 的一个主子式为

$$\Delta_k=\begin{vmatrix} a_{i_1i_1} & a_{i_1i_2} & \cdots & a_{i_1i_k} \\ a_{i_2i_1} & a_{i_2i_2} & \cdots & a_{i_2i_k} \\ \vdots & \vdots & \ddots & \vdots \\ a_{i_ki_1} & a_{i_ki_2} & \cdots & a_{i_ki_k} \end{vmatrix},$$

其中 $i_1,i_2,\cdots,i_k$ 为 $1,2,\cdots,n$ 中某 k 个不同的数，且 $i_1<i_2<\cdots<i_k$. 在实二次型 $f(x_1,x_2,\cdots,x_n)$ 中，令 $x_j(j\neq i_1,i_2,\cdots,i_k)$ 为零，得 k 元实二次型 $f_k(x_{i_1},x_{i_2},\cdots,x_{i_k})$. 与定理 5.8 的必要性的证明相似，根据正定型的定义，由 $f(x_1,x_2,\cdots,x_n)$ 的正定性可以推得 $f_k(x_{i_1},x_{i_2},\cdots,x_{i_k})$ 为 k 元正定二次型，由定理 5.7 的推论知，$f_k(x_{i_1},x_{i_2},\cdots,x_{i_k})$ 的矩阵的行列式 $\Delta_k>0$. 必要性得证. ∎

至此，我们给出了判别实对称矩阵 $\boldsymbol{A}$ 是否正定矩阵的一系列方法，可以用它相应的二次型来推导，也可以用纯矩阵的方法，在讨论具体问题时，以视方法简捷为准.

例 5.11 证明：如果 $\boldsymbol{A}$ 是正定矩阵，那么 $\boldsymbol{A}^{-1}$ 也是正定矩阵.

证 因为 $\boldsymbol{A}$ 是正定的，由定理 5.7 的推论知，存在一可逆矩阵 $\boldsymbol{C}$，使 $\boldsymbol{C}^{\mathrm{T}}\boldsymbol{A}\boldsymbol{C}=\boldsymbol{E}$. 将两边求逆得

$$\boldsymbol{C}^{-1}\boldsymbol{A}^{-1}(\boldsymbol{C}^{\mathrm{T}})^{-1}=\boldsymbol{E}.$$

再设 $\boldsymbol{D}=(\boldsymbol{C}^{-1})^{\mathrm{T}}$，则 $\boldsymbol{D}$ 是可逆矩阵且

$$\boldsymbol{D}^{\mathrm{T}}\boldsymbol{A}^{-1}\boldsymbol{D}=\boldsymbol{E},$$

故 $\boldsymbol{A}^{-1}$ 为正定矩阵.

例 5.12 若 $\boldsymbol{A},\boldsymbol{B}$ 都是 n 阶正定矩阵，证明：$\boldsymbol{A}+\boldsymbol{B}$ 也是正定矩阵.

证 因为 $\boldsymbol{A},\boldsymbol{B}$ 为正定矩阵，故 $\boldsymbol{x}^{\mathrm{T}}\boldsymbol{A}\boldsymbol{x},\boldsymbol{x}^{\mathrm{T}}\boldsymbol{B}\boldsymbol{x}$ 都是正定二次型. 于是，对任何非零实向量 $\boldsymbol{x}$ 都有 $\boldsymbol{x}^{\mathrm{T}}\boldsymbol{A}\boldsymbol{x}>0$，$\boldsymbol{x}^{\mathrm{T}}\boldsymbol{B}\boldsymbol{x}>0$，所以

$$\boldsymbol{x}^{\mathrm{T}}(\boldsymbol{A}+\boldsymbol{B})\boldsymbol{x}=\boldsymbol{x}^{\mathrm{T}}\boldsymbol{A}\boldsymbol{x}+\boldsymbol{x}^{\mathrm{T}}\boldsymbol{B}\boldsymbol{x}>0.$$

从而 $\boldsymbol{x}^{\mathrm{T}}(\boldsymbol{A}+\boldsymbol{B})\boldsymbol{x}$ 是正定二次型，故 $\boldsymbol{A}+\boldsymbol{B}$ 是正定矩阵.

下面我们介绍一些与正定概念平行的概念.

定义 5.9 设 $f(x_1,x_2,\cdots,x_n)$ 是一实二次型. 对任意一组不全为零的实数 $c_1,c_2,\cdots,c_n$，如果都有 $f(c_1,c_2,\cdots,c_n)<0$，那么 $f(x_1,x_2,\cdots,x_n)$ 称为**负定的**；如果都有 $f(c_1,c_2,\cdots,c_n)\geqslant 0$，那么 $f(x_1,x_2,\cdots,x_n)$ 称为**半正定的**；如果都有 $f(c_1,c_2,\cdots,c_n)\leqslant 0$，那么 $f(x_1,x_2,\cdots,x_n)$ 称为**半负定的**；如果它既不是半正定又不是半负定的，那么 $f(x_1,x_2,\cdots,x_n)$ 就称为**不定的**. 它们的矩阵分别称为**负定矩阵**、**半正定矩阵**、**半负定矩阵**和**不定矩阵**.

思考题 试写出实二次型是半正定的充分必要条件.

习题 5.4

1. 判别下列二次型是否正定的：

1) $6x_1^2+5x_2^2+7x_3^2-4x_1x_2+4x_1x_3$;

2) $5x_1^2+2x_2^2+x_3^2+4x_1x_2+24x_1x_3-8x_2x_3$;

3) $4x_1^2+2x_2^2-2x_2x_3+6x_3^2-2x_3x_4-x_4^2$.

2. t 取什么值时，下列二次型是正定的：

1) $t(x_1^2+x_2^2+x_3^2)+2x_1x_2-2x_2x_3+2x_1x_3+x_4^2$;

2) $x_1^2+4x_2^2+x_3^2+2tx_1x_2+10x_1x_3+6x_2x_3$.

3. 证明：实对称矩阵 $\boldsymbol{A}$ 是正定的充分必要条件是 $\boldsymbol{A}=\boldsymbol{B}^{\mathrm{T}}\boldsymbol{B}$，其中 $\boldsymbol{B}$ 是实可逆矩阵.

4. 证明：实对称矩阵 $\boldsymbol{A}$ 是正定的充分必要条件是 $\boldsymbol{A}$ 的特征值全大于零.

5. 设 $\boldsymbol{A}$ 为 n 阶实矩阵且 $|\boldsymbol{A}|\neq 0$. 证明：$\boldsymbol{x}^{\mathrm{T}}\boldsymbol{A}^{\mathrm{T}}\boldsymbol{A}\boldsymbol{x}$ 是正定二次型.

6. 若把任意 $x_1\neq 0$，$x_2\neq 0$，…，$x_n\neq 0$ 代入实二次型 $f(x_1,x_2,\cdots,x_n)$，皆使 $f(x_1,x_2,\cdots,x_n)>0$，问 $f(x_1,x_2,\cdots,x_n)$ 是否正定的？

7. 设 $\boldsymbol{A}$ 是一个正定对称矩阵. 证明：存在一个正定对称矩阵 $\boldsymbol{S}$ 使得 $\boldsymbol{A}=\boldsymbol{S}^2$.

8. 证明：二次型

$$f(x_1,x_2,\cdots,x_n)=\sum_{i=1}^{n}\sum_{j=1}^{n}a_{ij}x_ix_j=\boldsymbol{x}^{\mathrm{T}}\boldsymbol{A}\boldsymbol{x}\quad(\text{其中 }\boldsymbol{A}^{\mathrm{T}}=\boldsymbol{A})$$

是负定的充分必要条件是

$$(-1)^k|\boldsymbol{A}_k|=(-1)^k\begin{vmatrix}a_{11}&a_{12}&\cdots&a_{1k}\\a_{21}&a_{22}&\cdots&a_{2k}\\\vdots&\vdots&\ddots&\vdots\\a_{k1}&a_{k2}&\cdots&a_{kk}\end{vmatrix}>0\quad(k=1,2,\cdots,n).$$

阅读材料

应用：最优化问题

在经济学等领域中，最常见的选择标准是最大化目标(如厂商利润最大化、消费者效用最大化等)或最小化目标(如在给定产出下使成本最小化等)，最大化问题和最小化问题统称最优化问题.

1. 多变量的目标函数的极值

下面两个例子介绍两产品厂商利润最大化问题，从中可以了解二次型在多变量的目标函数的极值问题中的一些应用.

例 5.13 设某市场上产品 1 和产品 2 的价格分别为 $P_{10}=12$ 和 $P_{20}=18$，那么两产品厂商的收益函数为

$$R=R(Q_1,Q_2)=P_{10}Q_1+P_{20}Q_2=12Q_1+18Q_2,$$

其中 Q_i 表示单位时间内产品 i 的产出水平. 假设这两种产品在生产上存在技术的相关性，厂商的成本函数是自变量 Q_1,Q_2 的二元函数

$$C=C(Q_1,Q_2)=2Q_1^2+Q_1Q_2+2Q_2^2, \tag{①}$$

那么厂商的利润函数为

$$\pi=R-C=12Q_1+18Q_2-2Q_1^2-Q_1Q_2-2Q_2^2. \tag{②}$$

现在的问题是求使 π 最大化的产出水平 $\overline{Q}_1$ 和 $\overline{Q}_2$ 的组合.

例 5.14 假设一个两产品厂商的两产品价格将随其产出水平(这里假设产出水平与销售水平一致，即供给等于需求，不考虑存货积压）的变化而变化，其中价格随产出水平变化的函数关系可以从对厂商两种产品的需求函数中求出.

假设对厂商产品的需求函数为

$$\begin{cases}Q_1=40-2P_1+P_2,\\ Q_2=15+\ \ P_1-P_2,\end{cases} \tag{③}$$

其中 P_i 是产品 i 的价格，且③式表明，一种产品价格的提高将提高对另一产品的需求，这两种产品在消费中存在着某种联系，具体地说，它们是替代品.

为了将 P_1 和 P_2 表示成 Q_1 和 Q_2 的函数，我们对方程组 ③ 用克拉默法则求解，得

$$\begin{cases}P_1=55-Q_1-\ \ Q_2,\\ P_2=70-Q_1-2Q_2.\end{cases} \tag{④}$$

因此，厂商的总收益函数为

$$\begin{aligned}R&=P_1Q_1+P_2Q_2\\ &=(55-Q_1-Q_2)Q_1+(70-Q_1-2Q_2)Q_2\\ &=55Q_1+70Q_2-2Q_1Q_2-Q_1^2-2Q_2^2.\end{aligned}$$

如果我们再假设总成本函数为

$$C=Q_1^2+Q_1Q_2+Q_2^2,$$

那么利润函数为

$$\pi=R-C=55Q_1+70Q_2-3Q_1Q_2-2Q_1^2-3Q_2^2. \tag{⑤}$$

这是一个有两个自变量的目标函数，一旦求出使利润 π 最大化的产出水平 $\overline{Q}_1$ 和 $\overline{Q}_2$，最优价格水平 $\overline{P}_1$ 和 $\overline{P}_2$ 也即刻可由 ④ 求出.

在例 5.13 和例 5.14 中，我们都已把实际问题归结成多元微积分中多元函数的极值问题. 在微积分中有如下的极值判定定理：

定理 5.9 设函数 $f(x,y)$ 在点 (x_0,y_0) 的某邻域内有直到 2 阶的连续偏导数，$f'_x(x_0,y_0)=0$，$f'_y(x_0,y_0)=0$. 令

$$A=f''_{xx}(x_0,y_0),\quad B=f''_{xy}(x_0,y_0),\quad C=f''_{yy}(x_0,y_0),$$

若 $AC-B^2>0$，则函数 $f(x,y)$ 在点 (x_0,y_0) 处取得极值，且当 $A>0$ 时是极小值，当 $A<0$ 时是极大值.

注意：定理 5.9 的条件 $AC-B^2>0$，$A>0$（或 $A<0$）实际上就是矩阵 $\begin{pmatrix}A & B\\ B & C\end{pmatrix}$ 是正定的（或负定的）.

对例 5.13，由定理 5.9 得，当单位时间的产出水平为 $\overline{Q}_1=2$，$\overline{Q}_2=4$ 时，可使单位时间的利润达到最大值 $\overline{\pi}=48$.

对例 5.14，由定理 5.9 得，当单位时间的产出水平为 $\overline{Q}_1=8$，$\overline{Q}_2=7\dfrac{2}{3}$ 时，单位时间的利润达到最大值 $\overline{\pi}=488\dfrac{1}{3}$. 由 ④ 式得，最优价格水平为 $\overline{P}_1=39\dfrac{1}{3}$，$\overline{P}_2=46\dfrac{2}{3}$.

由于 ②,⑤ 两式都是二元二次多项式，所以我们也可以用代数方法来求解（作为章课题进一步探讨）.

2. 具有约束方程的最优化问题

在实际问题中，我们还常常会遇到这样的最优化问题：求 $f(x,y)$ 在条件 $g(x,y)=0$ 下的极值. 这种需要满足约束条件的最优化问题称为**约束最优化问题**，而称前面的最优化问题为**无约束最优化问题**. 例如：在例 5.13 中，如果厂商还需要遵守形式为 $Q_1+Q_2=8$ 的约束（比如生产配额），那么厂商利润的最大化问题就成为求 $\pi(Q_1,Q_2)$ 在条件 $Q_1+Q_2=8$ 下的极大值问题. 在这种情况下，厂商利润最大化的产出水平 $\overline{Q}_1$ 和 $\overline{Q}_2$ 不仅同时确定，而且还相互关联（因为要维持在 8 的配额内，$\overline{Q}_1$ 提高，$\overline{Q}_2$ 便要相应降低）. 这个问题的求解还比较简单，直接从约束方程 $Q_1+Q_2=8$ 中解出 $Q_2=8-Q_1$，将它代入 ② 式，$\pi(Q_1,Q_2)$ 就变成了一元函数

$$\pi(Q_1,8-Q_1)=-3Q_1^2+18Q_1+16,$$

容易求出，它在极值点 $Q_1=\overline{Q}_1=3$ 处取得最大值. 由此得出，$\overline{Q}_2=8-\overline{Q}_1=5$，以及当单位时间的产出水平为 $(\overline{Q}_1,\overline{Q}_2)=(3,5)$ 时，可使单位时间的利润达到最大值 $\overline{\pi}=43$.

在一般情况下，如果不能由约束方程 $g(x,y)=0$ 解出显函数 $x=x(y)$ 或 $y=y(x)$，从而将二元函数的约束最优化问题化成一元函数的无约束最优

化问题，那么拉格朗日(Lagrange)乘数法将是求解这类约束最优化问题的有效方法，有兴趣的读者可以查阅微积分的有关书籍，这里就不再介绍了. 下面考虑如下的问题：

$$\max_{\boldsymbol{x}} f(\boldsymbol{x}), \quad \text{约束条件}: g(\boldsymbol{x})=0,$$

其中 $\boldsymbol{x} \in \mathbf{R}^n$，$f(\boldsymbol{x})$ 是二次型 $\boldsymbol{x}^{\mathrm{T}}\boldsymbol{A}\boldsymbol{x}$，$g(\boldsymbol{x})=\boldsymbol{x}^{\mathrm{T}}\boldsymbol{x}-1$.

对于这类问题可以使用拉格朗日乘数法求解，但是，由于 $f(\boldsymbol{x})$ 是二次型，我们可以采用更简单的纯代数的求解方法.

例 5.15 求 $f(\boldsymbol{x})=9x_1^2+4x_2^2+3x_3^2$ 在 $\boldsymbol{x}^{\mathrm{T}}\boldsymbol{x}=1$（即 $\boldsymbol{x}$ 是单位向量，$\|\boldsymbol{x}\|=x_1^2+x_2^2+x_3^2=1$）下的最大值与最小值.

解 因为 x_2^2 和 x_3^2 都是非负的，所以

$$4x_2^2 \leqslant 9x_2^2, \quad 3x_3^2 \leqslant 9x_3^2,$$

又因为 $x_1^2+x_2^2+x_3^2=1$，所以

$$f(\boldsymbol{x})=9x_1^2+4x_2^2+3x_3^2 \leqslant 9x_1^2+9x_2^2+9x_3^2=9(x_1^2+x_2^2+x_3^2)=9.$$

因此，在 $\boldsymbol{x}$ 是单位向量的条件下，$f(\boldsymbol{x})$ 的最大值不大于 9. 另一方面，对于 $\boldsymbol{e}_1=(1,0,0)^{\mathrm{T}}$，有 $f(\boldsymbol{e}_1)=9$. 因此，$f(\boldsymbol{x})$ 在 $\boldsymbol{x}=\boldsymbol{e}_1$ 处取得条件 $\|\boldsymbol{x}\|=1$ 下的最大值 9.

同样，当 $x_1^2+x_2^2+x_3^2=1$ 时，有

$$f(\boldsymbol{x}) \geqslant 3x_1^2+3x_2^2+3x_3^2=3(x_1^2+x_2^2+x_3^2)=3,$$

且当 $\boldsymbol{x}=\boldsymbol{e}_3=(0,0,1)^{\mathrm{T}}$ 时，$f(\boldsymbol{e}_3)=3$，因此，$f(\boldsymbol{x})$ 在 $\boldsymbol{x}=\boldsymbol{e}_3$ 处取得条件 $\|\boldsymbol{x}\|=1$ 下的最小值.

由上例我们可以看到，二次型 $f(\boldsymbol{x})=9x_1^2+4x_2^2+3x_3^2$ 的矩阵

$$\boldsymbol{A}=\begin{pmatrix} 9 & & \\ & 4 & \\ & & 3 \end{pmatrix}$$

的特征值为 9,4,3，其中最大特征值和最小特征值恰好分别等于 $f(\boldsymbol{x})$ 在条件 $\|\boldsymbol{x}\|=1$ 下的最大值和最小值. 从下面定理将看到这个结果对任一实对称矩阵 $\boldsymbol{A}$ 都成立.

定理 5.10 设 $\boldsymbol{A}$ 是 n 阶实对称矩阵，记

$$m=\min\{\boldsymbol{x}^{\mathrm{T}}\boldsymbol{A}\boldsymbol{x} \mid \|\boldsymbol{x}\|=1\}, \quad M=\max\{\boldsymbol{x}^{\mathrm{T}}\boldsymbol{A}\boldsymbol{x} \mid \|\boldsymbol{x}\|=1\},$$

那么 M 是 $\boldsymbol{A}$ 的最大的特征值，m 是 $\boldsymbol{A}$ 的最小的特征值. 设 $\boldsymbol{\xi}$ 是 $\boldsymbol{A}$ 的属于特征值 M 的单位特征向量，则 $\boldsymbol{\xi}^{\mathrm{T}}\boldsymbol{A}\boldsymbol{\xi}=M$. 设 $\boldsymbol{\eta}$ 是 $\boldsymbol{A}$ 的属于特征值 m 的单位特征向量，则 $\boldsymbol{\eta}^{\mathrm{T}}\boldsymbol{A}\boldsymbol{\eta}=m$.

证 利用定理 5.6 及 4.4 节定理 4.11 的证明，我们可以选择一个正交的线

性替换 $\boldsymbol{x}=\boldsymbol{T}\boldsymbol{y}$，把二次型 $\boldsymbol{x}^{\mathrm{T}}\boldsymbol{A}\boldsymbol{x}$ 变成平方项和

$$\lambda_1 y_1^2+\lambda_2 y_2^2+\cdots+\lambda_n y_n^2=\boldsymbol{y}^{\mathrm{T}}\boldsymbol{D}\boldsymbol{y},$$

其中

$$\boldsymbol{D}=\begin{pmatrix}\lambda_1 & & & \\ & \lambda_2 & & \\ & & \ddots & \\ & & & \lambda_n\end{pmatrix},$$

$\lambda_1,\lambda_2,\cdots,\lambda_n$ 就是矩阵 $\boldsymbol{A}$ 的全部特征值，且使得 $\boldsymbol{T}$ 的列向量 $\boldsymbol{\alpha}_1,\boldsymbol{\alpha}_2,\cdots,\boldsymbol{\alpha}_n$ 恰好就是 $\boldsymbol{A}$ 的分别属于特征值 $\lambda_1,\lambda_2,\cdots,\lambda_n$ 的单位特征向量.

由于 $\boldsymbol{T}$ 是正交矩阵，所以 $\boldsymbol{T}^{\mathrm{T}}\boldsymbol{T}=\boldsymbol{E}$，因此

$$\|\boldsymbol{T}\boldsymbol{y}\|^2=(\boldsymbol{T}\boldsymbol{y})^{\mathrm{T}}(\boldsymbol{T}\boldsymbol{y})=\boldsymbol{y}^{\mathrm{T}}\boldsymbol{T}^{\mathrm{T}}\boldsymbol{T}\boldsymbol{y}=\boldsymbol{y}^{\mathrm{T}}\boldsymbol{y}=\|\boldsymbol{y}\|^2.$$

又因为 $\boldsymbol{x}=\boldsymbol{T}\boldsymbol{y}$，所以

$$\|\boldsymbol{x}\|=\|\boldsymbol{T}\boldsymbol{y}\|=\|\boldsymbol{y}\|,\quad \forall\, \boldsymbol{y}\in\mathbf{R}^n.$$

于是，我们有

$$\|\boldsymbol{x}\|=1\Leftrightarrow\|\boldsymbol{y}\|=1.$$

因此，

$$M=\max\{\boldsymbol{x}^{\mathrm{T}}\boldsymbol{A}\boldsymbol{x}\mid\|\boldsymbol{x}\|=1\}=\max\{\boldsymbol{y}^{\mathrm{T}}\boldsymbol{D}\boldsymbol{y}\mid\|\boldsymbol{y}\|=1\}.$$

不妨设 $\lambda_1\geqslant\lambda_2\geqslant\cdots\geqslant\lambda_n$，那么对于 $\mathbf{R}^n$ 中任一单位向量 $\boldsymbol{y}=(y_1,y_2,\cdots,y_n)^{\mathrm{T}}$，有

$$\begin{aligned}\boldsymbol{y}^{\mathrm{T}}\boldsymbol{D}\boldsymbol{y}&=\lambda_1 y_1^2+\lambda_2 y_2^2+\cdots+\lambda_n y_n^2\\&\leqslant\lambda_1 y_1^2+\lambda_1 y_2^2+\cdots+\lambda_1 y_n^2\\&=\lambda_1(y_1^2+y_2^2+\cdots+y_n^2)\\&=\lambda_1\|\boldsymbol{y}\|^2=\lambda_1.\end{aligned}$$

因此，$M\leqslant\lambda_1$. 但是，对于 $\boldsymbol{e}_1=(1,0,\cdots,0)^{\mathrm{T}}$，有

$$\boldsymbol{e}_1^{\mathrm{T}}\boldsymbol{D}\boldsymbol{e}_1=\lambda_1,$$

因此，$M=\lambda_1$.

下面再证明 $\boldsymbol{A}$ 的属于特征值 $M=\lambda_1$ 的单位特征向量 $\boldsymbol{\alpha}_1$ 满足条件 $\boldsymbol{\alpha}_1^{\mathrm{T}}\boldsymbol{A}\boldsymbol{\alpha}_1=M$. 事实上，由于 $\boldsymbol{T}=(\boldsymbol{\alpha}_1,\boldsymbol{\alpha}_2,\cdots,\boldsymbol{\alpha}_n)$，所以

$$\boldsymbol{T}\boldsymbol{e}_1=(\boldsymbol{\alpha}_1,\boldsymbol{\alpha}_2,\cdots,\boldsymbol{\alpha}_n)\begin{pmatrix}1\\0\\\vdots\\0\end{pmatrix}=\boldsymbol{\alpha}_1,$$

因此，

$$\boldsymbol{\alpha}_1^{\mathrm{T}}\boldsymbol{A}\boldsymbol{\alpha}_1=(\boldsymbol{T}\boldsymbol{e}_1)^{\mathrm{T}}\boldsymbol{A}(\boldsymbol{T}\boldsymbol{e}_1)=\boldsymbol{e}_1^{\mathrm{T}}(\boldsymbol{T}^{\mathrm{T}}\boldsymbol{A}\boldsymbol{T})\boldsymbol{e}_1=\boldsymbol{e}_1^{\mathrm{T}}\boldsymbol{D}\boldsymbol{e}_1=\lambda_1=M.$$

同理可证，$m=\lambda_n$，且 $\boldsymbol{A}$ 的属于特征值 $m=\lambda_n$ 的单位特征向量 $\boldsymbol{\alpha}_n=\boldsymbol{T}\boldsymbol{e}_n=\boldsymbol{T}(0,0,\cdots,1)^{\mathrm{T}}$ 满足条件 $\boldsymbol{\alpha}_n^{\mathrm{T}}\boldsymbol{A}\boldsymbol{\alpha}_n=m$. ■

例 5.16 设 $\boldsymbol{A}=\begin{pmatrix}3&2&1\\2&3&1\\1&1&4\end{pmatrix}$，求 $M=\max\{\boldsymbol{x}^{\mathrm{T}}\boldsymbol{A}\boldsymbol{x}\mid\|\boldsymbol{x}\|=1\}$ 以及单位向量 $\boldsymbol{\xi}$ 使得 $\boldsymbol{\xi}^{\mathrm{T}}\boldsymbol{A}\boldsymbol{\xi}=M$.

解 $\boldsymbol{A}$ 的特征多项式为

$$\begin{aligned}|\lambda\boldsymbol{E}-\boldsymbol{A}|&=\lambda^3-10\lambda^2+27\lambda-18\\&=(\lambda-6)(\lambda-3)(\lambda-1),\end{aligned}$$

所以最大的特征数为 6，由定理 5.10，得

$$M=6.$$

解 $(6\boldsymbol{E}-\boldsymbol{A})\boldsymbol{x}=\boldsymbol{0}$，求得特征向量 $\begin{pmatrix}1\\1\\1\end{pmatrix}$，将它单位化得 $\boldsymbol{\xi}=\begin{pmatrix}1/\sqrt{3}\\1/\sqrt{3}\\1/\sqrt{3}\end{pmatrix}$.

例 5.17 某地区计划明年修建公路 x 百公里和创建工业园区 y 百公顷，假设收益函数为

$$f(x,y)=xy,$$

受所能提供的资源(包括资金、设备、劳动力等)的限制，x 和 y 需要满足约束条件

$$4x^2+9y^2\leqslant 36.$$

求使 $f(x,y)$ 达到最大值的计划数 x 和 y.

有时我们称满足约束条件的变量的一组值为**可行解**，而称约束最优化问题的解为**最优解**，最优解对应的目标函数值为最优值. 在两个变量的情形下，约束条件和目标函数都可以在坐标平面上清楚地表示出来.

在本例中，由于 $x\geqslant 0$，$y\geqslant 0$ 和约束条件为 $4x^2+9y^2\leqslant 36$，所以满足这些条件的点 (x,y) 在平面直角坐标系中构成一个区域，如图 5-1 中阴影所示. 我们将此区域称为**可行域**. 可行域中任一点的坐标都是一个可行解.

我们把使目标函数 $f(x,y)$ 取某定值的点 (x,y) 的集合称为**无差异曲线**. 如图 5-2 所示的 3 条曲线 $f(x,y)=2,3,4$ 都是无差异曲线，且每一条曲线上的一切点 (x,y) 都使目标函数取同一值 2（或 3，或 4）. 由于过可行域内任一点的无差异曲线必与可行域的边界线 $4x^2+9y^2=36$ 相交，

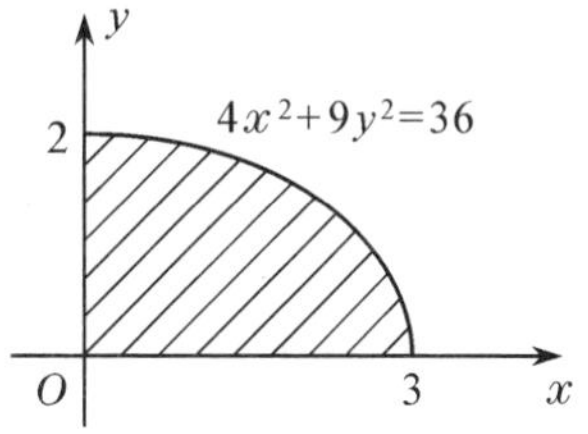

图 5-1

所以只须在边界线 $4x^2+9y^2=36$ 上寻求最优解. 于是，问题就归结为求 $f(x,y)$ 在条件 $4x^2+9y^2=36$ 下的最大值.

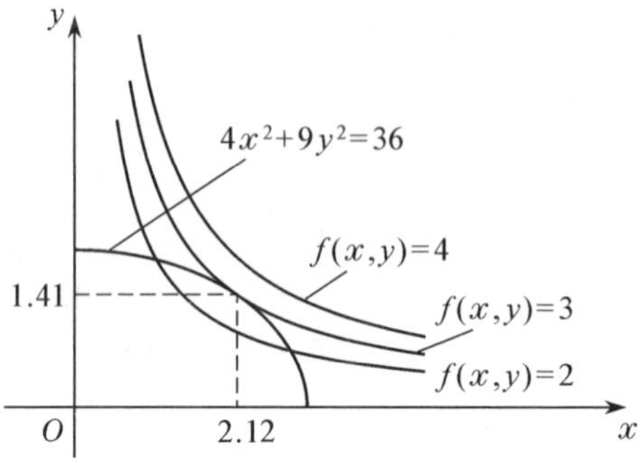

图 5-2

解 由于约束方程 $4x^2+9y^2=36$ 刻画的不是坐标平面上单位向量的集合，我们需要作变量替换. 将这个约束方程写成

$$\left(\frac{x}{3}\right)^2+\left(\frac{y}{2}\right)^2=1,$$

再设 $x_1=\frac{x}{3}$，$x_2=\frac{y}{2}$，即 $x=3x_1$，$y=2x_2$，则约束方程可以写成

$$x_1^2+x_2^2=1,$$

而目标函数变成

$$f(3x_1,2x_2)=(3x_1)(2x_2)=6x_1x_2.$$

现在的问题就成为求 $F(\boldsymbol{x})=6x_1x_2$ 在 $\boldsymbol{x}^{\mathrm{T}}\boldsymbol{x}=1$ 下的最大值，其中

$$\boldsymbol{x}=\begin{pmatrix}x_1\\x_2\end{pmatrix}.$$

设 $\boldsymbol{A}=\begin{pmatrix}0&3\\3&0\end{pmatrix}$，则

$$F(\boldsymbol{x})=\boldsymbol{x}^{\mathrm{T}}\boldsymbol{A}\boldsymbol{x},$$

$\boldsymbol{A}$ 的特征值是 ± 3. 属于 $\lambda_1=3$ 的单位特征向量是 $\begin{pmatrix}1/\sqrt{2}\\1/\sqrt{2}\end{pmatrix}$，由此得，当 $x_1=\frac{1}{\sqrt{2}}$，$x_2=\frac{1}{\sqrt{2}}$ 时，$F(\boldsymbol{x})$ 取得最大值 3，即当 $x=3x_1=\frac{3}{\sqrt{2}}\approx 2.12$ 百公里，$y=2x_2=\sqrt{2}\approx 1.41$ 百公顷时，收益函数 $f(x,y)$ 取得最大值 3.

在图 5-2 中，我们也可以看到，收益比 3 大的无差异曲线(例如 $f(x,y)=4$) 与可行域都不相交.

练　习

1. 如果将例 5.14 中两产品厂商的需求函数和成本函数改为如下：

$$\begin{cases} Q_1 = 24 - 2P_1 - P_2, \\ Q_2 = 22 - P_1 - P_2, \end{cases} \quad C = Q_1^2 + 2Q_2^2 + 10.$$

求满足利润最大化的产出水平 $\overline{Q}_1$ 和 $\overline{Q}_2$ 及其最大利润.

2. 某公司在生产中使用甲、乙两种原料，如果甲和乙两种原料分别使用 x 单位和 y 单位，那么可生产 Q 单位的产品，且

$$Q = Q(x,y) = 10xy + 20.2x + 30.3y - 10x^2 - 5y^2.$$

已知甲原料单价为 20 元 / 单位，乙原料单价为 30 元 / 单位，产品每单位售价为 100 元，产品固定成本为 1 000 元，求该公司的最大利润.

3. 求下列目标函数 $f(\boldsymbol{x})$ 在 $\boldsymbol{x}^{\mathrm{T}}\boldsymbol{x} = 1$ 下的最大值，以及使 $f(\boldsymbol{x})$ 取得最大值的单位向量 $\boldsymbol{\xi}$：

1) $f(\boldsymbol{x}) = 5x_1^2 + 6x_2^2 + 7x_3^2 + 4x_1x_2 - 4x_2x_3$；

2) $f(\boldsymbol{x}) = 3x_1^2 + 2x_2^2 + 2x_3^2 + 2x_1x_2 + 2x_1x_3 + 4x_2x_3$；

3) $f(\boldsymbol{x}) = 5x_1^2 + 5x_2^2 - 4x_1x_2$；

4) $f(\boldsymbol{x}) = 7x_1^2 + 3x_2^2 + 3x_1x_2$.

探究与发现　化 n 元二次型为标准形的一些问题

用非退化线性替换化下列实二次型为标准形：

1) $q_1(\boldsymbol{x}) = \sum\limits_{i,j=1}^{n} \min\{i,j\} x_i x_j$；

2) $q_2(\boldsymbol{x}) = \sum\limits_{i,j=1}^{n} \max\{i,j\} x_i x_j$；

3) $q_3(\boldsymbol{x}) = \sum\limits_{i,j=1}^{n} (i+j) x_i x_j$；

4) $q_4(\boldsymbol{x}) = \sum\limits_{i,j=1}^{n} |i-j| x_i x_j$.

探究　当 $n=4$ 时，这些二次型的矩阵分别为

$$\boldsymbol{A}_1 = \begin{pmatrix} 1 & 1 & 1 & 1 \\ 1 & 2 & 2 & 2 \\ 1 & 2 & 3 & 3 \\ 1 & 2 & 3 & 4 \end{pmatrix}, \quad \boldsymbol{A}_2 = \begin{pmatrix} 1 & 2 & 3 & 4 \\ 2 & 2 & 3 & 4 \\ 3 & 3 & 3 & 4 \\ 4 & 4 & 4 & 4 \end{pmatrix},$$

$$\boldsymbol{A}_3=\begin{pmatrix}2&3&4&5\\3&4&5&6\\4&5&6&7\\5&6&7&8\end{pmatrix},\quad \boldsymbol{A}_4=\begin{pmatrix}0&1&2&3\\1&0&1&2\\2&1&0&1\\3&2&1&0\end{pmatrix},$$

从中你能发现什么规律?

对于$\boldsymbol{A}_1$，容易看到，

$$\boldsymbol{A}_1=\begin{pmatrix}1&1&1&1\\1&2&2&2\\1&2&3&3\\1&2&3&4\end{pmatrix}$$

$$=\begin{pmatrix}1&1&1&1\\1&1&1&1\\1&1&1&1\\1&1&1&1\end{pmatrix}+\begin{pmatrix}0&0&0&0\\0&1&1&1\\0&1&2&2\\0&1&2&3\end{pmatrix}$$

$$=\begin{pmatrix}1&1&1&1\\1&1&1&1\\1&1&1&1\\1&1&1&1\end{pmatrix}+\begin{pmatrix}0&0&0&0\\0&1&1&1\\0&1&1&1\\0&1&1&1\end{pmatrix}+\begin{pmatrix}0&0&0&0\\0&0&0&0\\0&0&1&1\\0&0&1&1\end{pmatrix}$$

$$+\begin{pmatrix}0&0&0&0\\0&0&0&0\\0&0&0&0\\0&0&0&1\end{pmatrix}.$$

由此可得，

$$\begin{aligned}q_1(x_1,x_2,x_3,x_4)&=\sum_{i,j=1}^{4}\min\{i,j\}x_ix_j\\&=(x_1+x_2+x_3+x_4)^2+(x_2+x_3+x_4)^2\\&\quad+(x_3+x_4)^2+x_4^2.\end{aligned}$$

令

$$\begin{cases}y_1=x_1+x_2+x_3+x_4,\\y_2=\qquad x_2+x_3+x_4,\\y_3=\qquad\qquad x_3+x_4,\\y_4=\qquad\qquad\qquad x_4,\end{cases}$$

即经非退化线性替换

$$\begin{cases} x_1 = y_1 - y_2, \\ x_2 = \qquad y_2 - y_3, \\ x_3 = \qquad\qquad y_3 - y_4, \\ x_4 = \qquad\qquad\qquad y_4, \end{cases} \qquad ①$$

得 $q_1(x_1, x_2, x_3, x_4) = y_1^2 + y_2^2 + y_3^2 + y_4^2$.

可以猜测，对任一正整数 n，有

$$\begin{aligned} q_1(\boldsymbol{x}) &= \sum_{i,j=1}^{n} \min\{i, j\} x_i x_j \\ &= (x_1 + x_2 + \cdots + x_n)^2 + (x_2 + \cdots + x_n)^2 + \cdots \\ &\quad + (x_{n-1} + x_n)^2 + x_n^2, \end{aligned} \qquad ②$$

且 $q_1(\boldsymbol{x})$ 是正定的.

思考 验证 ② 式成立，并将结果推广到

$$q(\boldsymbol{x}) = \sum_{i,j=1}^{n} \min\{\lambda_i, \lambda_j\} x_i x_j,$$

其中 $0 < \lambda_1 \leqslant \lambda_2 \leqslant \cdots \leqslant \lambda_n$.

对于 $\boldsymbol{A}_2$，可以看到，

$$5 \cdot \begin{pmatrix} 1 & 1 & 1 & 1 \\ 1 & 1 & 1 & 1 \\ 1 & 1 & 1 & 1 \\ 1 & 1 & 1 & 1 \end{pmatrix} - \boldsymbol{A}_2 = \begin{pmatrix} 4 & 3 & 2 & 1 \\ 3 & 3 & 2 & 1 \\ 2 & 2 & 2 & 1 \\ 1 & 1 & 1 & 1 \end{pmatrix}. \qquad ③$$

将 ③ 式右边的矩阵记为 $\boldsymbol{A}'_1$，显然，它所确定的二次型为

$$\begin{aligned} q_1(x_4, x_3, x_2, x_1) = (x_4 + x_3 + x_2 + x_1)^2 + (x_3 + x_2 + x_1)^2 \\ + (x_2 + x_1)^2 + x_1^2. \end{aligned} \qquad ④$$

由 ③,④ 得

$$5(x_1 + x_2 + x_3 + x_4)^2 - q_2(x_1, x_2, x_3, x_4) = q_1(x_4, x_3, x_2, x_1),$$

故

$$\begin{aligned} q_2(x_1, x_2, x_3, x_4) &= 5(x_1 + x_2 + x_3 + x_4)^2 - q_1(x_4, x_3, x_2, x_1)^2 \\ &= 4(x_1 + x_2 + x_3 + x_4)^2 - (x_1 + x_2 + x_3)^2 \\ &\quad - (x_1 + x_2)^2 - x_1^2. \end{aligned}$$

令

$$\begin{cases} y_1 = x_1 + x_2 + x_3 + x_4, \\ y_2 = x_1 + x_2 + x_3, \\ y_3 = x_1 + x_2, \\ y_4 = x_1, \end{cases}$$

即经非退化线性替换

$$\begin{cases} x_1 = y_4, \\ x_2 = y_3 - y_4, \\ x_3 = y_2 - y_3, \\ x_4 = y_1 - y_2, \end{cases} \tag{⑤}$$

得

$$q_2(x_1, x_2, x_3, x_4) = 4y_1^2 - y_2^2 - y_3^2 - y_4^2.$$

可以猜测，对任一正整数 n，有

$$q_2(\boldsymbol{x}) = n(x_1 + x_2 + \cdots + x_n)^2 - (x_1 + x_2 + \cdots + x_{n-1})^2 - \cdots - (x_1 + x_2)^2 - x_1^2, \tag{⑥}$$

且 $q_2(\boldsymbol{x})$ 的秩为 n，符号差为 $1-(n-1)=2-n$.

思考 验证 ⑥ 式成立.

(提示：从最后一个变量开始配方.)

下面讨论 $q_3(\boldsymbol{x})$. 显然，$\boldsymbol{A}_3 = \boldsymbol{A}_1 + \boldsymbol{A}_2$. 由此可见，

$$q_3(\boldsymbol{x}) = q_1(\boldsymbol{x}) + q_2(\boldsymbol{x}).$$

思考 是否可以利用 $q_1(\boldsymbol{x})$ 和 $q_2(\boldsymbol{x})$ 的标准形，把它们相加，得到 $q_3(\boldsymbol{x})$ 的标准形呢?

回答是否定的. 例如：当 $n=4$ 时，将 $q_1(\boldsymbol{x})$ 和 $q_2(\boldsymbol{x})$ 化成标准形的两个非退化线性替换 ① 和 ⑤ 是不相同的，故不能直接相加. 下面我们利用等式

$$uv = \frac{1}{4}[(u+v)^2 - (u-v)^2],$$

将 $q_3(\boldsymbol{x})$ 通过等式变形，直接化成标准形.

由于 $\sum\limits_{i,j=1}^{n} ix_ix_j = \sum\limits_{i,j=1}^{n} jx_ix_j$，所以

$$q_3(\boldsymbol{x}) = \sum_{i,j=1}^{n}(i+j)x_ix_j = 2\sum_{i,j=1}^{n} ix_ix_j.$$

又因为

$$\begin{aligned}\sum_{i,j=1}^{n} ix_ix_j &= \left(\sum_{i=1}^{n} ix_i\right)\left(\sum_{j=1}^{n} x_j\right) \\ &= \frac{1}{4}\left[\left(\sum_{i=1}^{n} ix_i + \sum_{j=1}^{n} x_j\right)^2 - \left(\sum_{i=1}^{n} ix_i - \sum_{j=1}^{n} x_j\right)^2\right],\end{aligned}$$

所以

$$q_3(\boldsymbol{x}) = \frac{2}{4}\left[\left(\sum_{i=1}^{n} ix_i + \sum_{i=1}^{n} x_i\right)^2 - \left(\sum_{i=1}^{n} ix_i - \sum_{i=1}^{n} x_i\right)^2\right]$$

$$=\frac{1}{2}\Big[(2x_1+3x_2+\cdots+(n+1)x_n)^2$$

$$-(x_2+2x_3+\cdots+(n-1)x_n)^2\Big]. \qquad ⑦$$

令

$$\begin{cases} y_1=2x_1+3x_2+\cdots+(n+1)x_n, \\ y_2=x_2+2x_3+\cdots+(n-1)x_n, \\ y_3=x_3, \\ \cdots\cdots\cdots\cdots \\ y_n=x_n, \end{cases}$$

即经过非退化线性替换

$$\begin{cases} x_1=\frac{1}{2}[y_1-3y_2+2y_3+\cdots+(2n-4)y_n], \\ x_2=y_2-2y_3-\cdots-(n-1)y_n, \\ x_3=y_3, \\ \cdots\cdots\cdots\cdots \\ x_n=y_n, \end{cases}$$

得 $q_3(\boldsymbol{x})=\frac{1}{2}(y_1^2-y_2^2)$，且 $q_3(\boldsymbol{x})$ 的秩为 2，符号差为 0.

对于 $q_4(\boldsymbol{x})$，虽然可以写成 $q_4(\boldsymbol{x})=q_2(\boldsymbol{x})-q_1(\boldsymbol{x})$，但同样不能通过 $q_2(\boldsymbol{x})$ 和 $q_1(\boldsymbol{x})$ 的标准形相减来得出 $q_4(\boldsymbol{x})$ 的标准形. 由于 $q_2(\boldsymbol{x})=q_3(\boldsymbol{x})-q_1(\boldsymbol{x})$，所以

$$q_4(\boldsymbol{x})=q_3(\boldsymbol{x})-2q_1(\boldsymbol{x}). \qquad ⑧$$

令

$$y_i=x_i+x_{i+1}+\cdots+x_n \quad (1\leqslant i\leqslant n),$$

由 ⑦ 式得

$$\begin{aligned} q_3(\boldsymbol{x})&=2(x_1+2x_2+\cdots+nx_n)(x_1+x_2+\cdots+x_n) \\ &=2(y_1+y_2+\cdots+y_n)y_1. \end{aligned} \qquad ⑨$$

将 ②,⑨ 代入 ⑧，得

$$\begin{aligned} q_4(\boldsymbol{x})&=2y_1(y_1+y_2+\cdots+y_n)-2(y_1^2+y_2^2+\cdots+y_n^2) \\ &=2y_1(y_2+\cdots+y_n)-2(y_2^2+\cdots+y_n^2) \\ &=-2\sum_{i=2}^{n}\left[\left(\frac{y_1}{2}\right)^2-y_1y_i+y_i^2\right]+2(n-1)\left(\frac{y_1}{2}\right)^2 \\ &=\frac{n-1}{2}y_1^2-\frac{1}{2}\sum_{i=2}^{n}(y_1-2y_i)^2 \end{aligned}$$

$$=\frac{n-1}{2}(x_1+x_2+\cdots+x_n)^2-\frac{1}{2}(x_1-x_2-\cdots-x_n)^2$$
$$-\frac{1}{2}(x_1+x_2-x_3-\cdots-x_n)^2$$
$$-\frac{1}{2}(x_1+x_2+\cdots+x_{n-1}-x_n)^2.$$

由此可得，$q_4(\boldsymbol{x})$ 的秩为 n，符号差为 $2-n$.

练 习

用非退化线性替换化二次型 $x_1x_2+x_2x_3+\cdots+x_{n-1}x_n$ 为标准形.

（提示：用配方法先讨论 $n=3,4$ 的情况，进而找一般规律.）

章课题　多元二次函数的最值

如同经济学中的最大化问题和最小化问题(见例5.13和例5.14)，自然界中的许多规律可以用最小化原理来表述. 在科学和技术问题中也经常会遇到势能最小化原理，而其中的势能往往又可表示为一个多元二次函数(见[13]中课题19和课题20). 本课题将探讨用代数方法解多元二次函数的最值问题.

我们知道，可以利用配方法求一元二次函数的最值点和最值. 是否可以将配方法推广到求多元二次函数

$$p(\boldsymbol{x})=p(x_1,x_2,\cdots,x_n)=\sum_{i,j=1}^{n}k_{ij}x_ix_j-2\sum_{i=1}^{n}f_ix_i+c \qquad ①$$

(其中 $\boldsymbol{x}=(x_1,x_2,\cdots,x_n)^{\mathrm{T}}\in\mathbf{R}^n$，$k_{ij}=k_{ji}\in\mathbf{R}$，$f_i\in\mathbf{R}$，$i,j=1,2,\cdots,n$，$c\in\mathbf{R}$) 的最小(大) 值呢？ 如同二次型可以用矩阵表示一样，我们将 ① 写成矩阵形式

$$p(\boldsymbol{x})=\boldsymbol{x}^{\mathrm{T}}\boldsymbol{K}\boldsymbol{x}-2\boldsymbol{x}^{\mathrm{T}}\boldsymbol{f}+c, \qquad ②$$

其中 $\boldsymbol{K}=(k_{ij})$ 是 n 阶对称矩阵，$\boldsymbol{f}\in\mathbf{R}^n$ 是常数向量，c 是常数. 对一元二次函数 $p(x)$，我们是在二次项系数 a 是正数的条件下求得最小值的. 类似地，对多元二次函数 $p(\boldsymbol{x})$，我们先在假设二次系数矩阵 $\boldsymbol{K}$ 是正定的条件下，求它的最小值(对 $\boldsymbol{K}$ 的其他情况(如半正定矩阵等)，后面再进一步探讨).

问题 1　设 $\boldsymbol{K}$ 为正定矩阵，求二次函数 ② 的最小值.

问题 2　求二次函数

$$p(x,y,z)=x^2+2xy+xz+2y^2+yz+2z^2+6y-7z+5$$

的最小值.

问题 3 1) 问：当 b 分别取什么数时，对称矩阵 $\boldsymbol{K}=\begin{pmatrix}1 & b\\ b & 4\end{pmatrix}$ 分别为正定矩阵、半正定而非正定的矩阵或非半正定的矩阵？

2) 试按 1) 中 $\boldsymbol{K}$ 的 3 种情况分别讨论二次函数

$$p(x_1,x_2)=x_1^2+2bx_1x_2+4x_2^2-2f_1x_1-2f_2x_2+c$$

（即 $p(\boldsymbol{x})=\boldsymbol{x}^{\mathrm{T}}\boldsymbol{K}\boldsymbol{x}-2\boldsymbol{x}^{\mathrm{T}}\boldsymbol{f}+c$）的最小值问题.

问题 4 试讨论二元函数

$$p(\boldsymbol{x})=\boldsymbol{x}^{\mathrm{T}}\boldsymbol{K}\boldsymbol{x}-2\boldsymbol{x}^{\mathrm{T}}\boldsymbol{f}+c$$

的最小值问题以及最大值问题.

复 习 题

A 组

1. 填空题

1) 二次型 $f(x_1,x_2,x_3)=(x_1+x_2)^2+(x_2-x_3)^2+(x_3+x_1)^2$ 的秩为________.

2) 已知二次型 $f(x_1,x_2,x_3)=a(x_1^2+x_2^2+x_3^2)+4x_1x_2+4x_1x_3+4x_2x_3$ 经正交线性替换 $\boldsymbol{x}=\boldsymbol{P}\boldsymbol{y}$ 可化成标准形 $f=6y_1^2$，则 $a=$________.

3) 已知二次型 $\boldsymbol{x}^{\mathrm{T}}\boldsymbol{A}\boldsymbol{x}=x_1^2-5x_2^2+x_3^2+2ax_1x_2+2x_1x_3+2bx_2x_3$ 的秩为 2，$(2,1,2)^{\mathrm{T}}$ 是 $\boldsymbol{A}$ 的特征向量，那么经正交线性替换的标准形是________.

4) 设二次型 $f(x_1,x_2,x_3)=2x_1^2+3x_2^2+3x_3^2+2ax_2x_3$ 的矩阵有特征值 1，则二次型 f 的规范形为________.

5) 设二次型 $f(x_1,x_2,x_3)=5x_1^2+5x_2^2+cx_3^2-2x_1x_2+6x_1x_3-6x_2x_3$ 的秩为 2，则 $c=$________，符号差为________.

6) 设实对称矩阵 $\boldsymbol{A}$ 与 $\boldsymbol{B}=\begin{pmatrix}0 & 0 & 0\\ 0 & 2 & 1\\ 0 & 1 & 2\end{pmatrix}$ 合同，则二次型 $\boldsymbol{x}^{\mathrm{T}}\boldsymbol{A}\boldsymbol{x}$ 的规范形为________.

7) 当 t 满足________时，实对称矩阵 $\boldsymbol{A}=\begin{pmatrix}3 & 3t & 0\\ 3t & 4 & 1\\ 0 & 1 & 2\end{pmatrix}$ 正定.

8) 设 $\boldsymbol{A}$ 是 3 阶实对称矩阵，且满足 $\boldsymbol{A}^2+2\boldsymbol{A}=\boldsymbol{O}$. 若 $k\boldsymbol{A}+\boldsymbol{E}$ 是正定矩阵，则 $k=$________.

2. 选择题

1) 设 $\boldsymbol{A},\boldsymbol{B}$ 为 n 阶矩阵，下列命题中正确的是(　　).

(A) 若 $\boldsymbol{A}$ 与 $\boldsymbol{B}$ 合同，则 $\boldsymbol{A}\sim\boldsymbol{B}$

(B) 若 $\boldsymbol{A}\sim\boldsymbol{B}$，则 $\boldsymbol{A}$ 与 $\boldsymbol{B}$ 合同

(C) 若 $\boldsymbol{A}$ 与 $\boldsymbol{B}$ 合同，则 $\boldsymbol{A}$ 与 $\boldsymbol{B}$ 等价

(D) 若 $\boldsymbol{A}$ 与 $\boldsymbol{B}$ 等价，则 $\boldsymbol{A}$ 与 $\boldsymbol{B}$ 合同

2) 设

$$\boldsymbol{A}=\begin{pmatrix}1&1&1&1\\1&1&1&1\\1&1&1&1\\1&1&1&1\end{pmatrix},\quad \boldsymbol{B}=\begin{pmatrix}4&0&0&0\\0&0&0&0\\0&0&0&0\\0&0&0&0\end{pmatrix},$$

则 $\boldsymbol{A}$ 与 $\boldsymbol{B}$ (　　).

(A) 合同且相似　　(B) 合同但不相似

(C) 不合同但相似　　(D) 不合同且不相似

3) 设 $\boldsymbol{A},\boldsymbol{B}$ 均为 n 阶实对称矩阵，则 $\boldsymbol{A},\boldsymbol{B}$ 合同的充分必要条件是(　　).

(A) $\boldsymbol{A},\boldsymbol{B}$ 的秩相等　　(B) $\boldsymbol{A},\boldsymbol{B}$ 都合同于对角矩阵

(C) $\boldsymbol{A},\boldsymbol{B}$ 的特征值相等　　(D) $\boldsymbol{A},\boldsymbol{B}$ 的正、负惯性指数相同

4) 已知矩阵

$$\boldsymbol{A}=\begin{pmatrix}1&1&1\\1&1&1\\1&1&1\end{pmatrix},\quad \boldsymbol{B}=\begin{pmatrix}1&0&0\\0&0&0\\0&0&0\end{pmatrix},\quad \boldsymbol{C}=\begin{pmatrix}3&0&0\\0&0&0\\0&0&0\end{pmatrix},$$

则(　　).

(A) $\boldsymbol{A}\sim\boldsymbol{C}$，且 $\boldsymbol{A},\boldsymbol{B},\boldsymbol{C}$ 相互合同

(B) $\boldsymbol{A}\sim\boldsymbol{B}$，但 $\boldsymbol{A}$ 不与 $\boldsymbol{C}$ 合同

(C) $\boldsymbol{A}\sim\boldsymbol{C}$，但 $\boldsymbol{A}$ 不与 $\boldsymbol{B}$ 合同

(D) $\boldsymbol{B}\sim\boldsymbol{C}$，且 $\boldsymbol{A},\boldsymbol{B},\boldsymbol{C}$ 相互等价

5) 下列矩阵中，是正定矩阵的是(　　).

(A) $\begin{pmatrix}1&2&1\\2&5&0\\1&0&-3\end{pmatrix}$　　(B) $\begin{pmatrix}1&3&4\\3&9&2\\4&2&6\end{pmatrix}$

(C) $\begin{pmatrix}1&2&3\\2&5&7\\3&7&10\end{pmatrix}$　　(D) $\begin{pmatrix}2&-2&0\\-2&5&-1\\0&-1&2\end{pmatrix}$

6) 设二次型$f(x_1,x_2,\cdots,x_n)=\boldsymbol{x}^{\mathrm{T}}\boldsymbol{A}\boldsymbol{x}$，其中$\boldsymbol{A}^{\mathrm{T}}=\boldsymbol{A}$，$\boldsymbol{x}=(x_1,x_2,\cdots,x_n)^{\mathrm{T}}$，则$f$为正定二次型的充分必要条件是(　　).

(A) f的负惯性指数是0

(B) 存在正交矩阵$\boldsymbol{Q}$，使$\boldsymbol{Q}^{\mathrm{T}}\boldsymbol{A}\boldsymbol{Q}=\boldsymbol{E}$

(C) f的秩为n

(D) 存在可逆矩阵$\boldsymbol{C}$，使$\boldsymbol{A}=\boldsymbol{C}^{\mathrm{T}}\boldsymbol{C}$

3. 设$\boldsymbol{A},\boldsymbol{B}$为可逆矩阵，且$\boldsymbol{A}$与$\boldsymbol{B}$合同. 证明：$\boldsymbol{A}^{-1}$与$\boldsymbol{B}^{-1}$合同.

4. 证明：实二次型的秩r和符号差s一定同为奇数或者同为偶数，并且$-r\leqslant s\leqslant r$.

5. 设二次型$f(x_1,x_2,\cdots,x_n)=(a_1x_1+a_2x_2+\cdots+a_nx_n)^2$，其中$a_i$不全为零，求$f(x_1,x_2,\cdots,x_n)$的秩.

6. 设$f(x_1,x_2,\cdots,x_m)$为$x_1,x_2,\cdots,x_m$的实二次型，其秩为r，符号差为s；$g(x_{m+1},x_{m+2},\cdots,x_{m+n})$是$x_{m+1},x_{m+2},\cdots,x_{m+n}$的实二次型，其秩为$r'$，符号差为$s'$. 求$f(x_1,x_2,\cdots,x_m)+g(x_{m+1},x_{m+2},\cdots,x_{m+n})$的秩和符号差.

(提示：利用将f和g化成标准形的非退化线性替换构成将$f(x_1,x_2,\cdots,x_m)+g(x_{m+1},x_{m+2},\cdots,x_{m+n})$化成标准形的非退化线性替换，再计算秩和符号差.)

7. 求将下列实二次型化为标准形的正交线性替换，并写出标准形：

$$x_1^2+x_2^2+x_3^2+4x_1x_2+4x_2x_3+4x_3x_1.$$

8. 已知二次型$f(x_1,x_2,x_3)=2x_1^2+3x_2^2+3x_3^2+2ax_2x_3$，其中$a>0$，通过正交线性替换化为$y_1^2+2y_2^2+5y_3^2$. 求$a$的值，并写出所用的正交线性替换.

9. 设$\boldsymbol{A}$是n阶正定矩阵. 证明：$\boldsymbol{A}^m$和$\boldsymbol{A}^*$也是正定矩阵，其中m是正整数，$\boldsymbol{A}^*$是$\boldsymbol{A}$的伴随矩阵.

10. 设$\boldsymbol{A}$为n阶正定矩阵. 证明：$|\boldsymbol{A}+\boldsymbol{E}|>1$.

11. 设$\boldsymbol{A}$为实对称矩阵. 证明：存在实数k，使得$\boldsymbol{A}+k\boldsymbol{E}$是正定矩阵.

12. 已知$\boldsymbol{A}$与$\boldsymbol{A}-\boldsymbol{E}$均是$n$阶正定矩阵，证明：$\boldsymbol{E}-\boldsymbol{A}^{-1}$是正定矩阵.

13. 设实对称矩阵$\boldsymbol{A}=(a_{ij})_{n\times n}$是正定的，$b_1,b_2,\cdots,b_n$是任意$n$个不等于零的实数，证明：矩阵$\boldsymbol{B}=(a_{ij}b_ib_j)_{n\times n}$也是正定的.

14. 设$\boldsymbol{A},\boldsymbol{B}$都是$n$阶正定矩阵，又$k,l$是正数. 证明：$k\boldsymbol{A}+l\boldsymbol{B}$也是正定矩阵.

B 组

1. 证明：一个实二次型可分解成两个成比例的一次齐次多项式的乘积的充分必要条件是它的秩等于1.

2. 已知二次型 $f(x_1,x_2,x_3)=x_1^2+x_2^2+x_3^2-4x_1x_2-4x_1x_3+2a x_2x_3$ 通过正交线性替换 $\boldsymbol{x}=\boldsymbol{P}\boldsymbol{y}$ 化成标准形 $f=3y_1^2+3y_2^2+by_3^2$，求 a,b 的值及正交矩阵 $\boldsymbol{P}$.

3. 设二次型 $f(x_1,x_2,x_3)=\boldsymbol{x}^{\mathrm{T}}\boldsymbol{A}\boldsymbol{x}=ax_1^2+2x_2^2-2x_3^2+2bx_1x_3(b>0)$，其中二次型的矩阵 $\boldsymbol{A}$ 的特征值之和为 1，特征值之积为 -12.

1) 求 a,b 的值.

2) 利用正交线性替换将二次型 f 化为标准形，并写出所用的正交线性替换和对应的正交矩阵.

4. 设 $\boldsymbol{A}$ 为 n 阶实对称矩阵，$\mathrm{r}(\boldsymbol{A})=n$，$A_{ij}$ 是 $\boldsymbol{A}=(a_{ij})_{n\times n}$ 中元素 a_{ij} 的代数余子式$(i,j=1,2,\cdots,n)$，二次型

$$g(x_1,x_2,\cdots,x_n)=\sum_{i=1}^{n}\sum_{j=1}^{n}\frac{A_{ij}}{|\boldsymbol{A}|}x_ix_j.$$

1) 记 $\boldsymbol{x}=(x_1,x_2,\cdots,x_n)^{\mathrm{T}}$，把 $g(x_1,x_2,\cdots,x_n)$ 写成矩阵形式，并证明二次型 $g(\boldsymbol{x})$ 的矩阵为 $\boldsymbol{A}^{-1}$.

2) 二次型 $f(\boldsymbol{x})=\boldsymbol{x}^{\mathrm{T}}\boldsymbol{A}\boldsymbol{x}$ 与 $g(\boldsymbol{x})$ 的规范形是否相同?

5. 设 $\boldsymbol{A}$ 为 3 阶实对称矩阵，且满足条件 $\boldsymbol{A}^2+2\boldsymbol{A}=\boldsymbol{O}$，已知 $\boldsymbol{A}$ 的秩为 2.

1) 求 $\boldsymbol{A}$ 的全部特征值.

2) 当 k 为何值时，矩阵 $\boldsymbol{A}+k\boldsymbol{E}$ 为正定矩阵.

6. 设 $\boldsymbol{A},\boldsymbol{B}$ 是 n 阶正定矩阵. 证明：$\boldsymbol{AB}$ 正定的充分必要条件是 $\boldsymbol{AB}=\boldsymbol{BA}$.

7. 设 $\boldsymbol{A}$ 为 n 阶实反对称矩阵. 证明：$\boldsymbol{E}-\boldsymbol{A}^2$ 为正定矩阵.

探究题

设实二次型 $\sum\limits_{i=1}^{n}\sum\limits_{j=1}^{n}a_{ij}x_ix_j$(其中 $a_{ij}=a_{ji}$) 中，顺序主子式

$$\Delta_1=a_{11},\quad \Delta_2=\begin{pmatrix}a_{11}&a_{12}\\a_{21}&a_{22}\end{pmatrix},\quad\cdots,$$

$$\Delta_{n-1}=\begin{pmatrix}a_{11}&a_{12}&\cdots&a_{1,n-1}\\a_{21}&a_{22}&\cdots&a_{2,n-1}\\\vdots&\vdots&\ddots&\vdots\\a_{n-1,1}&a_{n-1,2}&\cdots&a_{n-1,n-1}\end{pmatrix}$$

都不等于零，证明：该二次型必可化为下面的标准形式：

$$\Delta_1y_1^2+\frac{\Delta_2}{\Delta_1}y_2^2+\cdots+\frac{\Delta_{n-1}}{\Delta_{n-2}}y_{n-1}^2+\frac{\Delta_n}{\Delta_{n-1}}y_n^2,$$

其中 $\Delta_n=|(a_{ij})_{n\times n}|$.

第6章 线性空间

在第2章中，我们把几何空间线性运算的概念推广到 n 元有序数组(n 维向量)，构成了实 n 维向量空间 $\mathbf{R}^n$，并对向量间线性关系加以研究，由此解决了线性方程组有解的判定和解的结构等理论问题. 随着数学及其应用的发展，向量概念的涵义已远不止是 n 元有序数组，得到了进一步的推广，这样就产生了线性空间(即向量空间)的概念，它更为抽象，但也更具有一般性，可以得到更加广泛的应用.

本章中另一个重要内容是线性空间上的函数，我们主要介绍单变量的一次齐次函数(即线性函数)以及双变量的线性函数(即双线性函数). 这些函数不仅在线性代数中十分重要，而且还出现在数学的其他分支中，例如：双线性函数与空间的度量有密切的关系.

6.1 线性空间的定义

为了说明一般线性空间的来源，我们先看几个例子.

例 6.1 在实 n 维向量空间 $\mathbf{R}^n$ 中有加法与数量乘法两种运算. 这两种运算满足如下8条基本运算规律：

1) 加法交换律 $\boldsymbol{\alpha}+\boldsymbol{\beta}=\boldsymbol{\beta}+\boldsymbol{\alpha}$；

2) 加法结合律 $(\boldsymbol{\alpha}+\boldsymbol{\beta})+\boldsymbol{\gamma}=\boldsymbol{\alpha}+(\boldsymbol{\beta}+\boldsymbol{\gamma})$；

3) 在 $\mathbf{R}^n$ 中有零向量 $\mathbf{0}$，对任意向量 $\boldsymbol{\alpha}\in\mathbf{R}^n$，有 $\boldsymbol{\alpha}+\mathbf{0}=\boldsymbol{\alpha}$；

4) 对每一向量 $\boldsymbol{\alpha}\in\mathbf{R}^n$，存在一个向量 $\boldsymbol{\beta}\in\mathbf{R}^n$，使 $\boldsymbol{\alpha}+\boldsymbol{\beta}=\mathbf{0}$；

5) $k(\boldsymbol{\alpha}+\boldsymbol{\beta})=k\boldsymbol{\alpha}+k\boldsymbol{\beta}$；

6) $(k+l)\boldsymbol{\alpha}=k\boldsymbol{\alpha}+l\boldsymbol{\alpha}$；

7) $(kl)\boldsymbol{\alpha}=k(l\boldsymbol{\alpha})$；

8) $1\cdot\boldsymbol{\alpha}=\boldsymbol{\alpha}$；

其中 $\boldsymbol{\alpha},\boldsymbol{\beta},\boldsymbol{\gamma}\in\mathbf{R}^n$，$k,l\in\mathbf{R}$.

例 6.2 设 $\mathbf{F}^n=\{(a_1,a_2,\cdots,a_n)\mid a_i\in\mathbf{F},\ i=1,2,\cdots,n\}$ 是数域 $\mathbf{F}$ 上的 n 维向量 $(a_1,a_2,\cdots,a_n)$ 全体组成的集合(根据需要，$\mathbf{F}^n$ 中所有的 n 维向

量也可全写成列向量的形式)，它是一个非空集合，且对 $\mathbf{F}^n$ 中的元素也有加法与数量乘法：

$$(a_1,a_2,\cdots,a_n)+(b_1,b_2,\cdots,b_n)=(a_1+b_1,a_2+b_2,\cdots,a_n+b_n),$$

$$k(a_1,a_2,\cdots,a_n)=(ka_1,ka_2,\cdots,ka_n),\quad k\in\mathbf{F}.$$

运算的结果仍然是 $\mathbf{F}^n$ 中的元素，且也满足上述 1) ～ 8) 条运算规律.

例 6.3 在解析几何中讨论过，平面上从坐标原点出发的向量全体组成一个非空的向量集合，记为 V_2，在 2.2.1 节中我们看到，在 V_2 中有加法与数量乘法两种运算，也满足上述 1) ～ 8) 条运算规律.

例 6.4 设 $C[a,b]$ 为区间 $[a,b]$ 上全体连续函数的集合，对于函数也有加法和实数与函数的乘法. 我们知道，连续函数的和仍为连续函数，连续函数与实数的乘积仍为连续函数，且关于这两种运算也有上述 1) ～ 8) 条运算规律.

从以上例子我们可以看到，在解析几何、线性代数和数学分析中，虽然所讨论的集合完全不同，但都有一个共同点，就是在这些集合中都具有加法和数量乘法这两种运算(当然，随着对象不同，这两种运算的含义是不同的)，而且都有运算规律 1) ～ 8). 事实上，具有以上共同点的是一类相当广泛的数学对象. 为了对这类对象用统一的方法加以研究，我们引入线性空间的概念.

定义 6.1 设 V 是一个非空的集合(记为 $V\neq\varnothing$)，它的元素用 $\alpha,\beta,\gamma,\cdots$ 表示，$\mathbf{F}$ 是一个数域，它的元素用 $k,l,\cdots$ 表示. 如果下面条件成立：

1) 在集合 V 的元素间规定了一种运算，叫做**加法**，也就是说，给出了一个法则，按照这一法则，对于 V 中任意两个元素 α 与 β，在 V 中都有唯一的一个元素 γ 与它们对应，称为 α 与 β 的**和**，记为 $\gamma=\alpha+\beta$；

2) 在数域 $\mathbf{F}$ 的数与集合 V 的元素之间规定了一个运算，叫做**数量乘法**，也就是说，对于数域 $\mathbf{F}$ 中任意一个数 k 与 V 中任一元素 α，在 V 中都有唯一的一个元素 δ 与它们对应，称为 k 与 α 的**数量乘积**，记为 $\delta=k\alpha$；

3) 这两个运算满足下述规律：

① $\alpha+\beta=\beta+\alpha$；

② $(\alpha+\beta)+\gamma=\alpha+(\beta+\gamma)$；

③ 在 V 中有一个元素 0，对 V 中任一元素 α，都有 $\alpha+0=\alpha$ (具有这个性质的元素 0，称为 V 的**零元素**)；

④ 对于 V 中每一元素 α，都有 V 中元素 β，使 $\alpha+\beta=0$ (β 称为 α 的**负元素**，记为 $-\alpha$，也即 $\alpha+(-\alpha)=0$)；

⑤ $k(\alpha+\beta)=k\alpha+k\beta$；

⑥ $(k+l)\alpha=k\alpha+l\alpha$；

⑦ $k(l\alpha)=(kl)\alpha$；

⑧ $1\cdot\alpha=\alpha$；

其中 $\alpha,\beta,\gamma\in V$，$k,l\in\mathbf{F}$，则称 V 为**数域 F 上的线性空间**（或**向量空间**），或简称**线性空间**（或称**向量空间**）①. 若 $\mathbf{F}$ 为实数域，则称 V 为**实线性空间**. 若 $\mathbf{F}$ 是复数域，则称 V 为**复线性空间**.

我们将以上 8 条运算规律作为公理. 下面将这 8 条公理的作用叙述一下：

① $\alpha+\beta=\beta+\alpha$ 称为加法运算的**交换律**，说明两个元素相加时，与这两个元素的先后次序无关. 例如：矩阵的加法是满足交换律的，但矩阵乘法不满足交换律. 因而，交换律是向量加法的一个特性.

② $(\alpha+\beta)+\gamma=\alpha+(\beta+\gamma)$ 称为**结合律**. 在定义加法运算时，我们只定义了两个元素的加法. 若要将 3 个元素 α,β,γ 相加，必须按两个元素相加的方式进行. 我们可以先将 α,β 相加得到一个元素 $\alpha+\beta$，再将 $\alpha+\beta$ 这个元素与 γ 相加，也可以将 β,γ 相加得到 $\beta+\gamma$ 再加到 α 上去. 结合律保证了这两种方式相加的结果相同，因而我们可以规定 3 个元素的加法

$$\alpha+\beta+\gamma=(\alpha+\beta)+\gamma \quad (\text{或}\ \alpha+\beta+\gamma=\alpha+(\beta+\gamma))$$

而不致产生歧义. 同样，我们还可以规定多个元素的加法

$$\alpha_1+\alpha_2+\cdots+\alpha_{s-1}+\alpha_s=(\alpha_1+\alpha_2+\cdots+\alpha_{s-1})+\alpha_s$$

而不产生歧义.

③ V 中存在一个零元素 0，即 0 是使得对于所有的元素 $\alpha\in V$，都有 $\alpha+0=\alpha$ 的元素（利用定义可以证明线性空间 V 中的零元素是唯一的）. 特别注意，数域 $\mathbf{F}$ 中记号 0 表示数零，而线性空间 V 中的记号 0 是表示 V 的零元素.

④ 利用零元素 0，给出了负元素的定义. 利用负元素，我们将可以定义减法，这说明线性空间中的加法运算是具有逆运算的.

⑤ $k(\alpha+\beta)=k\alpha+k\beta$ 是向量加法关于数乘的**分配律**.

⑥ $(k+l)\alpha=k\alpha+l\alpha$ 是数域 $\mathbf{F}$ 中加法关于数乘的**分配律**.

⑤ 与 ⑥ 说明加法与数乘密切相关，它们必须满足以上两种分配律.

⑦ $k(l\alpha)=(kl)\alpha$.

⑥ 和 ⑦ 说明了数域中数的运算与数乘的关系.

---

① 定义公理化向量空间的想法最初由德国数学家格拉斯曼（H. G. Grassmann，1809—1877）1844 年发表在《扩张的微积分》（现称外代数）上，但是写得难懂，影响很小，直到 1862 年，作了修订、简化，他的理论的独创性才逐渐为人所知. 受他启发，1888 年意大利数学家佩亚诺（G. Peano，1858—1932）在《几何的微积分》上给出了公理化向量空间（包括基和维数）的定义. 现在使用的定义是 1918 年德国数学家外尔（H. Weyl，1885—1955）导入的，他的成功之处还有在向量空间中使用了几何的思想方法.

⑧ $1\cdot\alpha=\alpha$. 利用⑧可以说明加法与数乘之间的又一联系，即V中同一个元素连加$\underbrace{\alpha+\alpha+\cdots+\alpha}_{n个}$是和正整数$n$与元素$\alpha$数乘一致的，也就是说

$$\underbrace{\alpha+\alpha+\cdots+\alpha}_{n个}=\underbrace{1\cdot\alpha+1\cdot\alpha+\cdots+1\cdot\alpha}_{n个}=(\underbrace{1+1+\cdots+1}_{n个})\alpha=n\alpha.$$

> **思考题** 问：线性空间定义中公理⑧是否能由其他 7 条公理推出？

前面例 6.1 ～ 例 6.4 都是线性空间的例子，下面再举几个例子.

例 6.5 数域 **F** 上 x 的多项式全体 $\mathbf{F}[x]$，按通常的多项式的加法和数与多项式的乘法，构成数域 **F** 上的线性空间. 事实上，数域 **F** 上任意两个多项式的和还是 **F** 上的多项式，**F** 中数与 $\mathbf{F}[x]$ 中任一多项式相乘仍然是 $\mathbf{F}[x]$ 中的元素，且对多项式的加法与数量乘法满足上述 ① ～ ⑧ 条运算规律.

若仅考虑 $\mathbf{F}[x]$ 中次数小于 n 的多项式和零多项式组成的集合，记为 $\mathbf{F}[x]_n$，它关于多项式的加法及数量乘法也构成 **F** 上的一个线性空间.

设 V 是次数等于 n $(n\geqslant 1)$ 的实系数多项式的全体，那么对于多项式的加法与数量乘法，它不构成实数域上的线性空间. 因为 $f(x)=x^n+1\in V$，$g(x)=-x^n+1\in V$，但 $f(x)+g(x)=2\notin V$.

从上面例子我们看到，当验证一个非空集合 V 对给定的运算构成 **F** 上一个线性空间时，需要按照定义逐条检验，而当验证 V 不是 **F** 上的线性空间时，只需指出不符合定义中某一个条件，并且只要通过具体例子说明就可以了.

例 6.6 由 3.1 节可知，数域 **F** 上的 $m\times n$ 矩阵全体，记为 $\mathbf{F}^{m\times n}$，它对于矩阵的加法和矩阵与数的乘法，构成数域 **F** 上的一个线性空间.

例 6.7 设 V 为实数域 **R**，**F** 为实数域 **R**，按照线性空间定义容易验证，对于实数的加法、实数与实数的乘法，$V=\mathbf{R}$ 构成 $\mathbf{F}=\mathbf{R}$ 上的线性空间. 这是因为两个实数相加是唯一确定的一个实数，实数与实数相乘也是唯一确定的一个实数，且满足 ① ～ ⑧ 条运算规律.

但若 $V=\mathbf{R}$，而 $\mathbf{F}=\mathbf{C}$（复数域），则对实数的加法及复数与实数的乘法，**R** 不构成 **C** 上的线性空间，因为 $\mathrm{i}\in\mathbf{C}$，$\alpha=2\in\mathbf{R}$，但 $2\mathrm{i}\notin\mathbf{R}$. 因而在给出一个线性空间时，必须说明它是什么数域上的线性空间.

例 6.8 系数在数域 **F** 中的齐次线性方程组

$$\begin{cases}a_{11}x_1+a_{12}x_2+\cdots+a_{1n}x_n=0,\\a_{21}x_1+a_{22}x_2+\cdots+a_{2n}x_n=0,\\\cdots\cdots\cdots\cdots\cdots\cdots\cdots\cdots\cdots\cdots\\a_{s1}x_1+a_{s2}x_2+\cdots+a_{sn}x_n=0\end{cases}$$

的解 $x_1=k_1$，$x_2=k_2$，…，$x_n=k_n$ 可以看做 $\mathbf{F}^n$ 中的一个 n 维向量$(k_1, k_2, \cdots, k_n)^{\mathrm{T}}$，称为**解向量**. 齐次线性方程组的解向量全体组成的集合，对于 n 维向量的加法和数量乘法也构成数域 $\mathbf{F}$ 上的线性空间，称之为**解空间**.

若一个线性空间 V 只含有一个元素 α，这时当然有 $\alpha+\alpha=\alpha$，对 $k\in\mathbf{F}$ 有 $k\alpha=\alpha$. 由于每个线性空间必含有一个零元素，因此元素 α 就是零元素 0. 这样的只含一个零元素的线性空间 $V=\{0\}$，称为**零空间**.

设 V 为数域 $\mathbf{F}$ 上的线性空间，以后我们把它的元素也称为**向量**(当然这里的向量，比几何中的向量的含义要广泛得多，例如：在例 6.5 中，数域 $\mathbf{F}$ 上线性空间 $\mathbf{F}[x]$ 中的向量是数域 $\mathbf{F}$ 上 x 的多项式；在例 6.6 中，数域 $\mathbf{F}$ 上线性空间 $\mathbf{F}^{m\times n}$ 中的向量是数域 $\mathbf{F}$ 上 $m\times n$ 矩阵). 把零元素也称为**零向量**，一个元素的负元素也称为一个向量的**负向量**.

利用负向量定义减法：

$$\alpha-\beta=\alpha+(-\beta).$$

例 6.9 证明：$k(\alpha-\beta)=k\alpha-k\beta$.

证 因为

$$\begin{aligned} k(\alpha-\beta)+k\beta &= k[(\alpha-\beta)+\beta] && \text{(用向量加法关于数乘的分配律)}\\ &= k\{[\alpha+(-\beta)]+\beta\} && \text{(用向量减法定义)}\\ &= k\{\alpha+[(-\beta)+\beta]\} && \text{(用加法结合律)}\\ &= k\alpha, \end{aligned}$$

在等式两边加 $-(k\beta)$，得

$$k(\alpha-\beta)=k\alpha+[-(k\beta)]=k\alpha-k\beta.$$

我们从线性空间的定义可直接推出线性空间的一些简单性质：

1° 零向量是唯一的.

证 设 $0_1, 0_2$ 是线性空间 V 的两个零向量，现要证 $0_1=0_2$.

一方面，据 0_1 是 V 的零向量，有

$$0_1+0_2=0_2.$$

另一方面，据 0_2 是零向量，有 $0_1+0_2=0_1$. 于是

$$0_2=0_1+0_2=0_1.$$

这就证明了零向量是唯一的. ∎

2° 向量 α 的负向量是唯一的.

证 设 β,γ 皆为 α 的负向量，则 $\alpha+\beta=0$，$\alpha+\gamma=0$，从而

$$\begin{aligned}\beta&=\beta+0=\beta+(\alpha+\gamma)=(\beta+\alpha)+\gamma\\ &=(\alpha+\beta)+\gamma=0+\gamma=\gamma.\end{aligned}$$ ∎

这个性质说明，适合条件 $\alpha+\beta=0$ 的向量 β 是由 α 唯一决定的.

3° $0\cdot\alpha=0$（注意，等号左边与 α 相乘的 0 表示数 0，而右边的 0 表示零向量）.

证 因为

$$0\cdot\alpha+\alpha=(0+1)\alpha=1\cdot\alpha=\alpha,$$

等式两边都加 $-\alpha$，得 $0\cdot\alpha=0$. ∎

4° $k\cdot 0=0$（注意，这里两边的 0 都是零向量）.

证 因为

$$k\cdot 0+k\alpha=k(0+\alpha)=k\alpha,$$

等式两边都加 $-(k\alpha)$，得 $k\cdot 0=0$. ∎

5° $(-1)\alpha=-\alpha$.

证 因为

$$(-1)\alpha+\alpha=(-1)\alpha+1\cdot\alpha=(-1+1)\alpha=0\cdot\alpha=0,$$

等式两边加 $-\alpha$，得 $(-1)\alpha=-\alpha$. ∎

此性质说明了数 -1 乘向量 α，等于向量 α 的负向量即 $-\alpha$.

6° 若 $k\alpha=0$，则 $k=0$ 或者 $\alpha=0$.

证 已知 $k\alpha=0$.

若 $k=0$，即证.

若 $k\neq 0$，则 $k^{-1}(k\alpha)=k^{-1}\cdot 0$，即 $\alpha=0$. ∎

上面我们从线性空间的两个运算的 8 条公理出发，又推出了 6 个性质，这 6 个性质以及今后各节再推导出来的结论，对于一切满足线性空间定义的具体集合来说，当然都是正确的. 因此研究抽象的线性空间的种种性质，可以代替研究许多各不相同的线性空间的具体模型. 这就是我们用公理化形式引入抽象的代数概念的优点.

习题 6.1

1. 若 $\mathbf{F}$ 为复数域 $\mathbf{C}$，问以实数为元素的一切 $n\times n$ 矩阵的集合 V 对矩阵的加法与数量乘法是否构成 $\mathbf{F}=\mathbf{C}$ 上的线性空间？ 若 $\mathbf{F}=\mathbf{R}$，有何结论？ 为什么？

2. 按数的加法和乘法，判断下列集合是否实数域 $\mathbf{R}$ 上的线性空间：

1） 整数集 $\mathbf{Z}$;

2） 有理数集 $\mathbf{Q}$;

3） 实数集 $\mathbf{R}$.

3. 检验以下集合对于所指的线性运算是否构成实数域上的线性空间：

1） 全体实对称（反对称，上三角）矩阵，对于矩阵的加法和数量乘法（主对角线下面元素全为零的方阵称为上三角矩阵）;

2) 平面上不平行于某一向量的全部向量所成的集合，对于向量的加法和数量乘法；

3) 全体正实数组成的集合记为 $\mathbf{R}^+$，加法与数量乘法分别定义为

$$a \oplus b = ab, \quad k \circ a = a^k.$$

4. 证明：数域 $\mathbf{F}$ 上一个线性空间如果有一个非零向量，那么它一定含有无限多个向量.

5. 在线性空间 V 中，证明：$(-k)\alpha = -k\alpha$.

6.2 基、维数和坐标

在 2.2.2 节中，我们讨论过 n 维向量的线性相关性，大家已熟知它在解决线性方程组的解的结构问题中起着非常重要的作用. 对一般线性空间，为了研究它的结构，向量的线性相关性同样是一个非常重要的概念. 这里要对一般线性空间中的向量，引入与 $\mathbf{R}^n$ 中相应的线性相关性的定义及基本性质. 实际上，只要把 2.2.2 节中所说的 n 维向量理解成数域 $\mathbf{F}$ 上的线性空间中的向量，把 $\mathbf{R}$ 中的数理解成数域 $\mathbf{F}$ 中的数，2.2.2 节中所有的定义、定理和推论及其证明，完全可以推广到数域 $\mathbf{F}$ 上的线性空间中.

定义 6.2 设 V 是数域 $\mathbf{F}$ 上的一个线性空间，$\alpha_1,\alpha_2,\cdots,\alpha_r(r \geqslant 1)$ 是 V 中一组向量，$k_1,k_2,\cdots,k_r$ 是数域 $\mathbf{F}$ 中的数，那么向量

$$\alpha = k_1\alpha_1 + k_2\alpha_2 + \cdots + k_r\alpha_r$$

称为向量组 $\alpha_1,\alpha_2,\cdots,\alpha_r$ 的一个**线性组合**，也称向量 α 可以用向量组 $\alpha_1,\alpha_2,\cdots,\alpha_r$ **线性表示**.

定义 6.3 设

$$\alpha_1,\alpha_2,\cdots,\alpha_r, \qquad (\text{I})$$

$$\beta_1,\beta_2,\cdots,\beta_s \qquad (\text{II})$$

是线性空间 V 的两组向量，若组(Ⅰ)中每一向量都可用组(Ⅱ)线性表示，则称向量组(Ⅰ)可用向量组(Ⅱ)**线性表示**. 若向量组(Ⅰ)可用向量组(Ⅱ)线性表示，同时向量组(Ⅱ)可用向量组(Ⅰ)线性表示，则称向量组(Ⅰ)与向量组(Ⅱ)**等价**.

定义 6.4 设 $\alpha_1,\alpha_2,\cdots,\alpha_r(r \geqslant 2)$ 是数域 $\mathbf{F}$ 上线性空间 V 的一组向量，如果其中有一个向量是其余向量的线性组合，则称 $\alpha_1,\alpha_2,\cdots,\alpha_r$ 是**线性相关的**，否则称 $\alpha_1,\alpha_2,\cdots,\alpha_r$ 是**线性无关的**.

对单个向量规定：由一个零向量 0 构成的单个向量的向量组为线性相关的，而由一个非零向量构成的单个向量的向量组称为线性无关的.

> **思考题** 1. 若$\alpha_1,\alpha_2,\cdots,\alpha_r$与$\beta_1,\beta_2,\cdots,\beta_r$均是线性相关的向量组，问向量组$\alpha_1+\beta_1,\alpha_2+\beta_2,\cdots,\alpha_r+\beta_r$是否一定线性相关？为什么？
>
> 2. 若$\alpha_1,\alpha_2,\cdots,\alpha_r$与$\beta_1,\beta_2,\cdots,\beta_r$均是线性无关的向量组，问向量组$\alpha_1,\alpha_2,\cdots,\alpha_r,\beta_1,\beta_2,\cdots,\beta_r$是否一定线性无关？为什么？

定义 6.5 设S是线性空间V中一部分向量所组成的集合，$\alpha_1,\alpha_2,\cdots,\alpha_r$是$S$中的一组向量. 如果

1) $\alpha_1,\alpha_2,\cdots,\alpha_r$线性无关；

2) 对S中任一向量β，都可由向量组$\alpha_1,\alpha_2,\cdots,\alpha_r$线性表示，

则称$\alpha_1,\alpha_2,\cdots,\alpha_r$是$S$的一个**极大线性无关组**.

例 6.10 设

$$V=\left\{\begin{pmatrix}a_{11} & a_{12}\\ a_{21} & a_{22}\end{pmatrix}\middle|\, a_{ij}\in\mathbf{R},\ i=1,2,\ j=1,2\right\},$$

$\mathbf{F}=\mathbf{R}$，那么V对于矩阵的加法与数量乘法构成$\mathbf{R}$上的线性空间.

$$\boldsymbol{\alpha}_1=\begin{pmatrix}1 & 0\\ 0 & 0\end{pmatrix},\ \boldsymbol{\alpha}_2=\begin{pmatrix}0 & 1\\ 0 & 0\end{pmatrix},\ \boldsymbol{\alpha}_3=\begin{pmatrix}0 & 0\\ 1 & 0\end{pmatrix},\ \boldsymbol{\alpha}_4=\begin{pmatrix}0 & 0\\ 0 & 1\end{pmatrix}$$

是V中的一组线性无关向量，且对任一向量$\boldsymbol{\alpha}=\begin{pmatrix}a_{11} & a_{12}\\ a_{21} & a_{22}\end{pmatrix}\in V$，有

$$\boldsymbol{\alpha}=a_{11}\boldsymbol{\alpha}_1+a_{12}\boldsymbol{\alpha}_2+a_{21}\boldsymbol{\alpha}_3+a_{22}\boldsymbol{\alpha}_4,$$

即$\boldsymbol{\alpha}$是$\boldsymbol{\alpha}_1,\boldsymbol{\alpha}_2,\boldsymbol{\alpha}_3,\boldsymbol{\alpha}_4$的一个线性组合，或说$\boldsymbol{\alpha}$可由$\boldsymbol{\alpha}_1,\boldsymbol{\alpha}_2,\boldsymbol{\alpha}_3,\boldsymbol{\alpha}_4$线性表示. 由极大线性无关组的定义，可知$\boldsymbol{\alpha}_1,\boldsymbol{\alpha}_2,\boldsymbol{\alpha}_3,\boldsymbol{\alpha}_4$是$V$的一个极大线性无关组.

用与2.2节定理2.3和定理2.4及其一系列推论完全相同的证明方法，我们可以证明下述定理和推论.

定理 6.1 向量组$\alpha_1,\alpha_2,\cdots,\alpha_r(r\geqslant 1)$线性相关的充分必要条件是存在一组不全为零的数$k_1,k_2,\cdots,k_r$，使得

$$k_1\alpha_1+k_2\alpha_2+\cdots+k_r\alpha_r=0.$$

推论 1 如果数域$\mathbf{F}$上线性空间V的向量组$\alpha_1,\alpha_2,\cdots,\alpha_r$线性无关，而向量组$\alpha_1,\alpha_2,\cdots,\alpha_r,\beta$线性相关，那么$\beta$可以由$\alpha_1,\alpha_2,\cdots,\alpha_r$线性表示，且表示法是唯一的.

推论 2 若一向量组有一个部分向量组线性相关，那么整个向量组也线性相关；若向量组线性无关，那么它的任一部分向量组也线性无关.

定理6.2 如果向量组 $\alpha_1,\alpha_2,\cdots,\alpha_s$ 可用向量组 $\beta_1,\beta_2,\cdots,\beta_t$ 线性表示，且 $s>t$，那么 $\alpha_1,\alpha_2,\cdots,\alpha_s$ 线性相关.

下面推论1、推论2的证明与定理2.4的推论1、推论2的证明相同，而推论3是推论2的直接结果.

推论1 如果向量组 $\alpha_1,\alpha_2,\cdots,\alpha_s$ 线性无关，而且可以由向量组 $\beta_1,\beta_2,\cdots,\beta_t$ 线性表示，那么 $s\leqslant t$.

推论2 若 $\alpha_1,\alpha_2,\cdots,\alpha_s$ 与 $\beta_1,\beta_2,\cdots,\beta_t$ 都线性无关，而且是等价的，那么 $s=t$.

推论3 若数域 $\mathbf{F}$ 上线性空间 V 的子集 S 有极大线性无关组 $\alpha_1,\alpha_2,\cdots,\alpha_r$，那么它的各个极大线性无关组中所含向量的个数都相等.

例 6.11 问 $\mathbf{F}[x]_4$ 中的向量组

$$f_1(x)=3x^3-x+2,\quad f_2(x)=x^2+4,$$
$$f_3(x)=x,\quad f_4(x)=5$$

是否线性相关?

解 设 $k_1f_1(x)+k_2f_2(x)+k_3f_3(x)+k_4f_4(x)=0$，即

$$k_1(3x^3-x+2)+k_2(x^2+4)+k_3x+5k_4=0.$$

整理后得

$$3k_1x^3+k_2x^2+(-k_1+k_3)x+2k_1+4k_2+5k_4=0.$$

因为零多项式的系数全为零，比较上式两边系数得

$$\begin{cases}3k_1=0,\\ k_2=0,\\ -k_1+k_3=0,\\ 2k_1+4k_2+5k_4=0.\end{cases}$$

解此线性方程组得 $k_1=k_2=k_3=k_4=0$. 由定理6.1，$f_1(x),f_2(x),f_3(x),f_4(x)$ 必线性无关.

定义 6.6 如果 $\alpha_1,\alpha_2,\cdots,\alpha_r$ 是向量组 S（这里 S 中可以有无穷多个向量，也可以有有限个向量）的一个极大线性无关组，则称 S 的**秩**为 r. 特别地，当 S 中只含零向量时，称 S 的秩为0.

与定理2.4的推论4类似，可证：等价的向量组的秩一定相等.

下面我们讨论一个线性空间的结构. 从前面的讨论我们看到，除了只有一个零元素组成的零空间外，任何数域上的线性空间都有无穷多个向量（参见习题6.1第4题）. 这无穷多个向量的内在联系如何呢？ 在通常的几何空间

中，取定一个坐标系后，每个向量皆可由各个坐标轴上单位向量构成的向量组唯一地线性表示出来，因而可由有序数组(向量的坐标)刻画，且向量的加法与数量乘法可由有序数组的加法与数量乘法来实现. 在一般线性空间中，是否也存在某些向量，使得空间中每一向量由它们唯一地线性表示，因而向量的运算可化为有序数组的运算？为此，我们引入线性空间的基、维数和坐标的概念. 在引入这些概念之前，我们仍然来看一个几何空间的例子：

在平面直角坐标系中，在 x 轴和 y 轴上分别取单位向量 $\boldsymbol{i}$ 和 $\boldsymbol{j}$. 我们知道 V_2 中任何两个不在同一直线上的向量线性无关，所以 $\boldsymbol{i}$ 和 $\boldsymbol{j}$ 线性无关，V_2 中的任意向量 $\boldsymbol{\alpha}$ 显然可写成

$$\boldsymbol{\alpha}=x\boldsymbol{i}+y\boldsymbol{j},$$

且这样的表示方法还是唯一的. 这时我们称向量 $\boldsymbol{i},\boldsymbol{j}$ 是线性空间 V_2 的一个基.

定义 6.7 设 V 是数域 $\mathbf{F}$ 上的线性空间. 如果 V 中存在有限个向量 $\varepsilon_1,\varepsilon_2,\cdots,\varepsilon_n$，满足

1) $\varepsilon_1,\varepsilon_2,\cdots,\varepsilon_n$ 线性无关；

2) V 中任一向量 α 可由 $\varepsilon_1,\varepsilon_2,\cdots,\varepsilon_n$ 线性表示，

则称 $\varepsilon_1,\varepsilon_2,\cdots,\varepsilon_n$ 为 V 的一个**基**(也称**基底**).

在定义 6.7 中，基 $\varepsilon_1,\varepsilon_2,\cdots,\varepsilon_n$ 是 V 的一个极大线性无关向量组，V 的极大线性无关组是不唯一的，因此线性空间 V 的基不唯一. 但一个线性空间的任何两个基必等价，从而它们必含有相同个数的向量. 我们称基中所含向量的个数 n 为线性空间 V 的**维数**，记为 $\dim V=n$，这时称 V 为 n **维线性空间**. 如果 V 存在这样的 n 个向量，则称 V 是 $\mathbf{F}$ 上的**有限维线性空间**. 我们约定：只含一个零向量的线性空间，即零向量空间 $\{0\}$，也是有限维线性空间，其维数为零. 零空间没有基，它是唯一没有基的有限维线性空间. 如果在数域 $\mathbf{F}$ 上的线性空间 V 中可以找到任意多个线性无关的向量，那么称之为**无限维**的. 在例 6.5 中，数域 $\mathbf{F}$ 上 x 的多项式全体 $\mathbf{F}[x]$ 是无限维的. 因为对任意正整数 N，总有 N 个线性无关的向量 $1,x,x^2,\cdots,x^{N-1}$. 无限维线性空间的进一步讨论已超出本书的范围，我们主要研究有限维线性空间.

由前面的讨论，我们可以看到线性空间的基是不唯一的，但维数是唯一确定的，即与基的选取无关. 同时也可看到，若能求得线性空间 V 的一个基，那么也就知道了 V 的维数. 因此求 V 的维数的关键是求出 V 的一个基.

例 6.12 在实数域 $\mathbf{R}$ 上，2 阶矩阵全体组成的线性空间 $\mathbf{R}^{2\times 2}$ 即

$$\mathbf{R}^{2\times 2}=\left\{\begin{pmatrix}a_{11} & a_{12}\\ a_{21} & a_{22}\end{pmatrix}\middle|\, a_{ij}\in\mathbf{R},\ i,j=1,2\right\}$$

中，极大线性无关向量组

$$E_{11}=\begin{pmatrix}1&0\\0&0\end{pmatrix},\ E_{12}=\begin{pmatrix}0&1\\0&0\end{pmatrix},\ E_{21}=\begin{pmatrix}0&0\\1&0\end{pmatrix},\ E_{22}=\begin{pmatrix}0&0\\0&1\end{pmatrix}$$

是 $\mathbf{R}^{2\times2}$ 的一个基，故 $\dim\mathbf{R}^{2\times2}=4$. 易知

$$\boldsymbol{\alpha}_{11}=\begin{pmatrix}1&0\\0&0\end{pmatrix},\ \boldsymbol{\alpha}_{12}=\begin{pmatrix}1&1\\0&0\end{pmatrix},\ \boldsymbol{\alpha}_{21}=\begin{pmatrix}1&1\\1&0\end{pmatrix},\ \boldsymbol{\alpha}_{22}=\begin{pmatrix}1&1\\1&1\end{pmatrix}$$

也是 $\mathbf{R}^{2\times2}$ 的一个基.

下面我们再举几个例子.

例 6.13 由 x 的次数小于 n 的实系数多项式及零多项式组成的线性空间 $\mathbf{R}[x]_n$ 中，$1,x,x^2,\cdots,x^{n-1}$ 为 $\mathbf{R}[x]_n$ 的一个基(参见习题 6.2 第 2 题)，所以 $\dim\mathbf{R}[x]_n=n$.

例 6.14 设 $V=\mathbf{F}^n=\{(a_1,a_2,\cdots,a_n)\mid a_i\in\mathbf{F},\ i=1,2,\cdots,n\}$，则

$$\boldsymbol{\varepsilon}_1=(1,0,\cdots,0),\ \boldsymbol{\varepsilon}_2=(0,1,\cdots,0),\ \cdots,\ \boldsymbol{\varepsilon}_n=(0,0,\cdots,1)$$

是 $\mathbf{F}^n$ 的一个基.

因为 $\boldsymbol{\varepsilon}_1,\boldsymbol{\varepsilon}_2,\cdots,\boldsymbol{\varepsilon}_n$ 线性无关，且对任一 $\boldsymbol{\alpha}=(a_1,a_2,\cdots,a_n)\in\mathbf{F}^n$，有

$$\boldsymbol{\alpha}=a_1\boldsymbol{\varepsilon}_1+a_2\boldsymbol{\varepsilon}_2+\cdots+a_n\boldsymbol{\varepsilon}_n,$$

所以 $\dim\mathbf{F}^n=n$. 同理我们也可验证

$$\boldsymbol{\varepsilon}_1'=(1,1,\cdots,1),\ \boldsymbol{\varepsilon}_2'=(0,1,\cdots,1),\ \cdots,\ \boldsymbol{\varepsilon}_n'=(0,0,\cdots,1)$$

也是 $\mathbf{F}^n$ 的一个基. 事实上，$\boldsymbol{\varepsilon}_1',\boldsymbol{\varepsilon}_2',\cdots,\boldsymbol{\varepsilon}_n'$ 是矩阵

$$\mathbf{A}=\begin{pmatrix}1&1&\cdots&1\\0&1&\cdots&1\\\vdots&\vdots&\ddots&\vdots\\0&0&\cdots&1\end{pmatrix}$$

的行向量组，因为 $|\mathbf{A}|\neq0$，所以矩阵 $\mathbf{A}$ 的秩为 n. 由 2.3 节定理 2.6 知，$\mathbf{A}$ 的行秩也为 n，因此 n 个行向量 $\boldsymbol{\varepsilon}_1',\boldsymbol{\varepsilon}_2',\cdots,\boldsymbol{\varepsilon}_n'$ 线性无关，且对任一向量 $\boldsymbol{\alpha}=(a_1,a_2,\cdots,a_n)\in\mathbf{F}^n$，我们可以证明 $\boldsymbol{\alpha}$ 可由 $\boldsymbol{\varepsilon}_1',\boldsymbol{\varepsilon}_2',\cdots,\boldsymbol{\varepsilon}_n'$ 线性表示. 因为设

$$\boldsymbol{\alpha}=k_1\boldsymbol{\varepsilon}_1'+k_2\boldsymbol{\varepsilon}_2'+\cdots+k_n\boldsymbol{\varepsilon}_n',$$

于是

$$(a_1,a_2,\cdots,a_n)=(k_1,k_1+k_2,\cdots,k_1+k_2+\cdots+k_n),$$

所以

$$\begin{cases}k_1=a_1,\\k_1+k_2=a_2,\\\cdots\cdots\cdots\cdots\\k_1+k_2+\cdots+k_n=a_n.\end{cases}$$

其解为

$$k_1=a_1,\ k_2=a_2-a_1,\ \cdots,\ k_n=a_n-a_{n-1},$$

故

$$\boldsymbol{\alpha}=a_1\boldsymbol{\varepsilon}_1'+(a_2-a_1)\boldsymbol{\varepsilon}_2'+\cdots+(a_n-a_{n-1})\boldsymbol{\varepsilon}_n'.$$

由此例可以看到，同一向量在不同基下的表示法可能不同.

例 6.15 复数域 **C** 对于复数的加法与乘法构成复数域 **C** 上的线性空间. 该空间的维数为 1.

因为 $\alpha=1\in \mathbf{C}$，$1\neq 0$，所以 $\alpha=1$ 线性无关，且对任意 $\beta\in\mathbf{C}$，有 $\beta=\beta\cdot 1$，即 β 可由 1 线性表示，故 $\alpha=1$ 是线性空间 **C** 的一个基. 因此复数域 **C** 上的线性空间 **C** 的维数为 1. 事实上，线性空间 **C** 中任何一个非零向量(复数)都是 **C** 的一个基.

我们也知道，复数域 **C** 对于复数的加法和实数与复数的乘法构成实数域 **R** 上的线性空间. 数 1,i 是该空间的一个基. 因为 $1,\mathrm{i}\in\mathbf{C}$，1,i 线性无关，且对任一 $\alpha\in\mathbf{C}$，$\alpha=a+b\mathrm{i}\ (a,b\in\mathbf{R})$，有

$$\alpha=a\cdot 1+b\cdot \mathrm{i},$$

即 α 可由 1,i 线性表示，所以 **R** 上线性空间 **C** 的维数为 2，基为 1,i.

由此例可看到，同一集合 **C**，作为不同数域上的线性空间，它们的维数不同，也就是说，维数与线性空间的数域有关.

设 $\varepsilon_1,\varepsilon_2,\cdots,\varepsilon_n$ 为线性空间 V 的一个基，则由定义 6.7 的条件 2)，V 中任一向量 α 可由 $\varepsilon_1,\varepsilon_2,\cdots,\varepsilon_n$ 线性表示，即有

$$\alpha=a_1\varepsilon_1+a_2\varepsilon_2+\cdots+a_n\varepsilon_n.$$

再由条件 1)，$\varepsilon_1,\varepsilon_2,\cdots,\varepsilon_n$ 线性无关，且由定理 6.1 的推论 1，每个向量 α 的表示法是唯一的. 我们沿用几何中所用的名称，称系数 $a_1,a_2,\cdots,a_n$ 为 α 在基 $\varepsilon_1,\varepsilon_2,\cdots,\varepsilon_n$ 下的**坐标**，记为$(a_1,a_2,\cdots,a_n)$.

由此，容易求出两个向量和的坐标，数与向量乘积的坐标.

设 V 为数域 **F** 上 n 维线性空间，$\alpha_1,\alpha_2,\cdots,\alpha_n$ 是 V 的一个基，$\beta,\gamma\in V$，β,γ 在基$\alpha_1,\alpha_2,\cdots,\alpha_n$ 下的坐标分别为$(b_1,b_2,\cdots,b_n)$，$(c_1,c_2,\cdots,c_n)$，于是

$$\beta=b_1\alpha_1+b_2\alpha_2+\cdots+b_n\alpha_n,$$
$$\gamma=c_1\alpha_1+c_2\alpha_2+\cdots+c_n\alpha_n.$$

从而

$$\beta+\gamma=(b_1+c_1)\alpha_1+(b_2+c_2)\alpha_2+\cdots+(b_n+c_n)\alpha_n,$$

即$(b_1+c_1,b_2+c_2,\cdots,b_n+c_n)$ 为 $\beta+\gamma$ 在基 $\alpha_1,\alpha_2,\cdots,\alpha_n$ 下的坐标. 而

$$k\beta=(kb_1)\alpha_1+(kb_2)\alpha_2+\cdots+(kb_n)\alpha_n,\quad k\in\mathbf{F},$$

所以$(kb_1,kb_2,\cdots,kb_n)$ 是 $k\beta$ 在基 $\alpha,\alpha_2,\cdots,\alpha_n$ 下的坐标.

这与几何中的性质是一致的，由此也可看到，引用坐标，线性空间中的向量运算可以用数量来处理，问题也就变得更具体了.

例 6.16 试求 $\mathbf{R}^3$ 中向量 $\boldsymbol{\alpha}=(1,2,1)$ 在基 $\boldsymbol{\alpha}_1=(1,1,1)$，$\boldsymbol{\alpha}_2=(1,1,-1)$，$\boldsymbol{\alpha}_3=(1,-1,-1)$ 下的坐标.

解 据坐标的定义，只要把 $\boldsymbol{\alpha}$ 用基 $\boldsymbol{\alpha}_1,\boldsymbol{\alpha}_2,\boldsymbol{\alpha}_3$ 线性表示出来，那么其系数就是所求的坐标. 设所求坐标为(a_1,a_2,a_3)，那么

$$\boldsymbol{\alpha}=a_1\boldsymbol{\alpha}_1+a_2\boldsymbol{\alpha}_2+a_3\boldsymbol{\alpha}_3,$$

即

$$(1,2,1)=(a_1+a_2+a_3,a_1+a_2-a_3,a_1-a_2-a_3).$$

于是

$$\begin{cases}a_1+a_2+a_3=1,\\ a_1+a_2-a_3=2,\\ a_1-a_2-a_3=1.\end{cases}$$

解此方程组得

$$a_1=1,\quad a_2=\frac{1}{2},\quad a_3=-\frac{1}{2}.$$

故 $\boldsymbol{\alpha}$ 在所给基下的坐标为$\left(1,\frac{1}{2},-\frac{1}{2}\right)$.

又如，例 6.12 中，$\boldsymbol{\alpha}=(a_{ij})_{2\times2}$ 在基 $\boldsymbol{E}_{11},\boldsymbol{E}_{12},\boldsymbol{E}_{21},\boldsymbol{E}_{22}$ 下的坐标为$(a_{11},a_{12},a_{21},a_{22})$；例 6.14 中，$\boldsymbol{\alpha}=(a_1,a_2,\cdots,a_n)$ 在基 $\boldsymbol{\varepsilon}_1,\boldsymbol{\varepsilon}_2,\cdots,\boldsymbol{\varepsilon}_n$ 下的坐标为$(a_1,a_2,\cdots,a_n)$，而在基 $\boldsymbol{\varepsilon}_1',\boldsymbol{\varepsilon}_2',\cdots,\boldsymbol{\varepsilon}_n'$ 下的坐标为$(a_1,a_2-a_1,\cdots,a_n-a_{n-1})$. 由例 6.14 也可看到，同一向量在不同基下的坐标一般是不相同的.

在例 6.14 中，基改变时同一向量的坐标常常不一样(当然也有特殊情况). 这与几何中一样，同一向量在不同坐标系下的坐标一般是不同的. 现在我们来讨论，随着基的改变，向量的坐标是怎样变化的，即要求出坐标的变换公式.

设 $\varepsilon_1,\varepsilon_2,\cdots,\varepsilon_n$ 和 $\alpha_1,\alpha_2,\cdots,\alpha_n$ 是 n 维线性空间 V 的两个基，那么 $\alpha_i(i=1,2,\cdots,n)$ 可由 $\varepsilon_1,\varepsilon_2,\cdots,\varepsilon_n$ 线性表示. 设为

$$\begin{cases}\alpha_1=a_{11}\varepsilon_1+a_{21}\varepsilon_2+\cdots+a_{n1}\varepsilon_n,\\ \alpha_2=a_{12}\varepsilon_1+a_{22}\varepsilon_2+\cdots+a_{n2}\varepsilon_n,\\ \cdots\cdots\cdots\cdots\cdots\cdots\cdots\cdots\cdots\cdots\cdots\cdots\\ \alpha_n=a_{1n}\varepsilon_1+a_{2n}\varepsilon_2+\cdots+a_{nn}\varepsilon_n.\end{cases}\tag{2.1}$$

以 $\alpha_i(i=1,2,\cdots,n)$ 在基 $\varepsilon_1,\varepsilon_2,\cdots,\varepsilon_n$ 下的坐标为列，作一个 n 阶矩阵

$$\boldsymbol{A}=\begin{pmatrix}a_{11}&a_{12}&\cdots&a_{1n}\\ a_{21}&a_{22}&\cdots&a_{2n}\\ \vdots&\vdots&\ddots&\vdots\\ a_{n1}&a_{n2}&\cdots&a_{nn}\end{pmatrix}.\tag{2.2}$$

定义 6.8 称上述矩阵 $\boldsymbol{A}$ 为由基 $\varepsilon_1,\varepsilon_2,\cdots,\varepsilon_n$ 到基 $\alpha_1,\alpha_2,\cdots,\alpha_n$ 的**过渡矩阵**.

例 6.17 $\boldsymbol{\varepsilon}_1=(1,0,\cdots,0)$, $\boldsymbol{\varepsilon}_2=(0,1,\cdots,0)$, $\cdots$, $\boldsymbol{\varepsilon}_n=(0,0,\cdots,1)$ 和 $\boldsymbol{\varepsilon}_1'=(1,1,\cdots,1)$, $\boldsymbol{\varepsilon}_2'=(0,1,\cdots,1)$, $\cdots$, $\boldsymbol{\varepsilon}_n'=(0,0,\cdots,1)$ 是线性空间 $\mathbf{F}^n$ 的两个基. 求由基 $\boldsymbol{\varepsilon}_1,\boldsymbol{\varepsilon}_2,\cdots,\boldsymbol{\varepsilon}_n$ 到基 $\boldsymbol{\varepsilon}_1',\boldsymbol{\varepsilon}_2',\cdots,\boldsymbol{\varepsilon}_n'$ 的过渡矩阵.

解 因为

$$\begin{cases}\boldsymbol{\varepsilon}_1'=\boldsymbol{\varepsilon}_1+\boldsymbol{\varepsilon}_2+\cdots+\boldsymbol{\varepsilon}_n,\\ \boldsymbol{\varepsilon}_2'=\qquad\boldsymbol{\varepsilon}_2+\cdots+\boldsymbol{\varepsilon}_n,\\ \cdots\cdots\cdots\cdots\cdots\cdots\cdots\cdots\\ \boldsymbol{\varepsilon}_n'=\qquad\qquad\qquad\boldsymbol{\varepsilon}_n,\end{cases}$$

故由基 $\boldsymbol{\varepsilon}_1,\boldsymbol{\varepsilon}_2,\cdots,\boldsymbol{\varepsilon}_n$ 到基 $\boldsymbol{\varepsilon}_1',\boldsymbol{\varepsilon}_2',\cdots,\boldsymbol{\varepsilon}_n'$ 的过渡矩阵为

$$\boldsymbol{A}=\begin{pmatrix}1 & 0 & \cdots & 0\\ 1 & 1 & \cdots & 0\\ \vdots & \vdots & \ddots & \vdots\\ 1 & 1 & \cdots & 1\end{pmatrix}.$$

为了便于书写，我们来介绍一种形式的记法，这就是把向量

$$\xi=x_1\varepsilon_1+x_2\varepsilon_2+\cdots+x_n\varepsilon_n$$

写成

$$\xi=(\varepsilon_1,\varepsilon_2,\cdots,\varepsilon_n)\begin{pmatrix}x_1\\ x_2\\ \vdots\\ x_n\end{pmatrix},$$

也就是把基写成一个 $1\times n$ 矩阵，把向量的坐标写成一个 $n\times 1$ 矩阵，而把向量 ξ 看成是这两个矩阵的乘积. 之所以说这个记法是“形式的”，是由于矩阵 $(\varepsilon_1,\varepsilon_2,\cdots,\varepsilon_n)$ 是以向量作为矩阵的元素，一般说来是没有意义的，因为本书前面的叙述中，矩阵的元素都是数. 不过在这种特殊的情况下，这种约定的用法是不会出问题的.

同样地，可将(2.1) 写成矩阵形式：

$$\begin{aligned}(\alpha_1,\alpha_2,\cdots,\alpha_n)&=(\varepsilon_1,\varepsilon_2,\cdots,\varepsilon_n)\begin{pmatrix}a_{11} & a_{12} & \cdots & a_{1n}\\ a_{21} & a_{22} & \cdots & a_{2n}\\ \vdots & \vdots & \ddots & \vdots\\ a_{n1} & a_{n2} & \cdots & a_{nn}\end{pmatrix}\\ &=(\varepsilon_1,\varepsilon_2,\cdots,\varepsilon_n)\boldsymbol{A}.\end{aligned}$$

利用上面的形式记法，我们很容易证明：过渡矩阵一定是可逆的矩阵.

因为若设

$$\varepsilon_1,\varepsilon_2,\cdots,\varepsilon_n, \tag{Ⅰ}$$

$$\alpha_1,\alpha_2,\cdots,\alpha_n \tag{Ⅱ}$$

为线性空间的两个基，则基(Ⅱ)可由基(Ⅰ)线性表示(如(2.1)). 用形式记法，(2.1)可写成

$$(\alpha_1,\alpha_2,\cdots,\alpha_n)=(\varepsilon_1,\varepsilon_2,\cdots,\varepsilon_n)\boldsymbol{A}. \tag{2.3}$$

同时，基(Ⅰ)也可由基(Ⅱ)线性表示，设

$$\begin{cases}\varepsilon_1=b_{11}\alpha_1+b_{21}\alpha_2+\cdots+b_{n1}\alpha_n,\\ \varepsilon_2=b_{12}\alpha_1+b_{22}\alpha_2+\cdots+b_{n2}\alpha_n,\\ \cdots\cdots\cdots\cdots\cdots\cdots\cdots\cdots\cdots\cdots\cdots\cdots\\ \varepsilon_n=b_{1n}\alpha_1+b_{2n}\alpha_2+\cdots+b_{nn}\alpha_n,\end{cases} \tag{2.4}$$

$$\boldsymbol{B}=\begin{pmatrix}b_{11}&b_{12}&\cdots&b_{1n}\\ b_{21}&b_{22}&\cdots&b_{2n}\\ \vdots&\vdots&\ddots&\vdots\\ b_{n1}&b_{n2}&\cdots&b_{nn}\end{pmatrix},$$

那么，我们有

$$(\varepsilon_1,\varepsilon_2,\cdots,\varepsilon_n)=(\alpha_1,\alpha_2,\cdots,\alpha_n)\boldsymbol{B}. \tag{2.5}$$

将(2.3)代入(2.5)，得

$$(\varepsilon_1,\varepsilon_2,\cdots,\varepsilon_n)=((\varepsilon_1,\varepsilon_2,\cdots,\varepsilon_n)\boldsymbol{A})\boldsymbol{B}=(\varepsilon_1,\varepsilon_2,\cdots,\varepsilon_n)\boldsymbol{AB}. \tag{2.6}$$

我们把矩阵 $\boldsymbol{AB}$ 的第 i 行第 j 列的元素记为 $\{\boldsymbol{AB}\}_{ij}$，由(2.6)得

$$\begin{cases}\varepsilon_1=\{\boldsymbol{AB}\}_{11}\varepsilon_1+\{\boldsymbol{AB}\}_{21}\varepsilon_2+\cdots+\{\boldsymbol{AB}\}_{n1}\varepsilon_n,\\ \varepsilon_2=\{\boldsymbol{AB}\}_{12}\varepsilon_1+\{\boldsymbol{AB}\}_{22}\varepsilon_2+\cdots+\{\boldsymbol{AB}\}_{n2}\varepsilon_n,\\ \cdots\cdots\cdots\cdots\cdots\cdots\cdots\cdots\cdots\cdots\cdots\cdots\cdots\cdots\cdots\\ \varepsilon_n=\{\boldsymbol{AB}\}_{1n}\varepsilon_1+\{\boldsymbol{AB}\}_{2n}\varepsilon_2+\cdots+\{\boldsymbol{AB}\}_{nn}\varepsilon_n.\end{cases}$$

于是

$$\{\boldsymbol{AB}\}_{ij}=\begin{cases}1, & \text{当 } i=j;\\ 0, & \text{当 } i\neq j,\end{cases}$$

即得 $\boldsymbol{AB}=\boldsymbol{E}$. 由此证得过渡矩阵 $\boldsymbol{A}$ 是可逆的.

> **思考题** 设 $\varepsilon_1,\varepsilon_2,\cdots,\varepsilon_n$ 是线性空间 V 的一个基，$\alpha_1,\alpha_2,\cdots,\alpha_n$ 是 V 中一组向量，且
>
> $$(\alpha_1,\alpha_2,\cdots,\alpha_n)=(\varepsilon_1,\varepsilon_2,\cdots,\varepsilon_n)\boldsymbol{A},$$
>
> 其中 $\boldsymbol{A}=(a_{ij})_{n\times n}$. 问：在什么条件下 $\alpha_1,\alpha_2,\cdots,\alpha_n$ 为 V 的一个基?

下面利用形式记法来讨论向量在不同基下的坐标变换公式.

设V为线性空间，$\varepsilon_1,\varepsilon_2,\cdots,\varepsilon_n$和$\alpha_1,\alpha_2,\cdots,\alpha_n$是$V$的两个基. $\boldsymbol{A}$是由基$\varepsilon_1,\varepsilon_2,\cdots,\varepsilon_n$到基$\alpha_1,\alpha_2,\cdots,\alpha_n$的过渡矩阵. 设$\xi\in V$，且

$$\xi=x_1\varepsilon_1+x_2\varepsilon_2+\cdots+x_n\varepsilon_n,$$
$$\xi=y_1\alpha_1+y_2\alpha_2+\cdots+y_n\alpha_n,$$

则

$$\begin{pmatrix}x_1\\x_2\\\vdots\\x_n\end{pmatrix}=\boldsymbol{A}\begin{pmatrix}y_1\\y_2\\\vdots\\y_n\end{pmatrix}.$$

事实上，由已知，

$$\xi=x_1\varepsilon_1+x_2\varepsilon_2+\cdots+x_n\varepsilon_n=(\varepsilon_1,\varepsilon_2,\cdots,\varepsilon_n)\begin{pmatrix}x_1\\x_2\\\vdots\\x_n\end{pmatrix},\tag{2.7}$$

$$\xi=y_1\alpha_1+y_2\alpha_2+\cdots+y_n\alpha_n=(\alpha_1,\alpha_2,\cdots,\alpha_n)\begin{pmatrix}y_1\\y_2\\\vdots\\y_n\end{pmatrix},$$

且$(\alpha_1,\alpha_2,\cdots,\alpha_n)=(\varepsilon_1,\varepsilon_2,\cdots,\varepsilon_n)\boldsymbol{A}$，所以

$$\xi=(\alpha_1,\alpha_2,\cdots,\alpha_n)\begin{pmatrix}y_1\\y_2\\\vdots\\y_n\end{pmatrix}=((\varepsilon_1,\varepsilon_2,\cdots,\varepsilon_n)\boldsymbol{A})\begin{pmatrix}y_1\\y_2\\\vdots\\y_n\end{pmatrix}$$

$$=(\varepsilon_1,\varepsilon_2,\cdots,\varepsilon_n)\left(\boldsymbol{A}\begin{pmatrix}y_1\\y_2\\\vdots\\y_n\end{pmatrix}\right).\tag{2.8}$$

因为向量ξ在基$\varepsilon_1,\varepsilon_2,\cdots,\varepsilon_n$下的坐标是唯一确定的，故由(2.7)，(2.8)两式得

$$\begin{pmatrix}x_1\\x_2\\\vdots\\x_n\end{pmatrix}=\boldsymbol{A}\begin{pmatrix}y_1\\y_2\\\vdots\\y_n\end{pmatrix}.\tag{2.9}$$

又由于$\boldsymbol{A}$是过渡矩阵，$\boldsymbol{A}$可逆，所以(2.9)也可写成

$$\begin{pmatrix} y_1 \\ y_2 \\ \vdots \\ y_n \end{pmatrix} = \boldsymbol{A}^{-1} \begin{pmatrix} x_1 \\ x_2 \\ \vdots \\ x_n \end{pmatrix}. \tag{2.10}$$

例 6.18 在例 6.17 中，我们求得由基 $\boldsymbol{\varepsilon}_1,\boldsymbol{\varepsilon}_2,\cdots,\boldsymbol{\varepsilon}_n$ 到基 $\boldsymbol{\varepsilon}_1',\boldsymbol{\varepsilon}_2',\cdots,\boldsymbol{\varepsilon}_n'$ 的过渡矩阵为

$$\boldsymbol{A} = \begin{pmatrix} 1 & 0 & \cdots & 0 \\ 1 & 1 & \cdots & 0 \\ \vdots & \vdots & \ddots & \vdots \\ 1 & 1 & \cdots & 1 \end{pmatrix}.$$

设 $\boldsymbol{\alpha} \in \mathbf{F}^n$，$\boldsymbol{\alpha}$ 在基 $\boldsymbol{\varepsilon}_1,\boldsymbol{\varepsilon}_2,\cdots,\boldsymbol{\varepsilon}_n$ 下的坐标为 $(a_1,a_2,\cdots,a_n)$，求 $\boldsymbol{\alpha}$ 在基 $\boldsymbol{\varepsilon}_1'$，$\boldsymbol{\varepsilon}'_2,\cdots,\boldsymbol{\varepsilon}_n'$ 下的坐标.

解 设 $\boldsymbol{\alpha} = y_1\boldsymbol{\varepsilon}_1' + y_2\boldsymbol{\varepsilon}_2' + \cdots + y_n\boldsymbol{\varepsilon}_n'$，由公式(2.10)，

$$\begin{pmatrix} y_1 \\ y_2 \\ y_3 \\ \vdots \\ y_n \end{pmatrix} = \boldsymbol{A}^{-1} \begin{pmatrix} a_1 \\ a_2 \\ a_3 \\ \vdots \\ a_n \end{pmatrix} = \begin{pmatrix} 1 & 0 & 0 & \cdots & 0 \\ -1 & 1 & 0 & \cdots & 0 \\ 0 & -1 & 1 & \cdots & 0 \\ \vdots & \vdots & \vdots & \ddots & \vdots \\ 0 & 0 & 0 & \cdots & 1 \end{pmatrix} \begin{pmatrix} a_1 \\ a_2 \\ a_3 \\ \vdots \\ a_n \end{pmatrix} = \begin{pmatrix} a_1 \\ a_2 - a_1 \\ a_3 - a_2 \\ \vdots \\ a_n - a_{n-1} \end{pmatrix}.$$

例 6.19 在 $\mathbf{R}^3$ 中，求向量 $\boldsymbol{\alpha} = (4,12,6)$ 关于基 $\boldsymbol{\alpha}_1 = (-2,1,3)$，$\boldsymbol{\alpha}_2 = (-1,0,1)$，$\boldsymbol{\alpha}_3 = (-2,-5,-1)$ 的坐标.

解 取 $\mathbf{R}^3$ 的基为

$$\boldsymbol{e}_1 = (1,0,0),\quad \boldsymbol{e}_2 = (0,1,0),\quad \boldsymbol{e}_3 = (0,0,1).$$

显然 $\boldsymbol{\alpha}$ 关于基 $\boldsymbol{e}_1,\boldsymbol{e}_2,\boldsymbol{e}_3$ 的坐标为 $(4,12,6)$. 又由于

$$\begin{aligned} \boldsymbol{\alpha}_1 &= -2\boldsymbol{e}_1 + \boldsymbol{e}_2 + 3\boldsymbol{e}_3, \\ \boldsymbol{\alpha}_2 &= -\boldsymbol{e}_1 + \boldsymbol{e}_3, \\ \boldsymbol{\alpha}_3 &= -2\boldsymbol{e}_1 - 5\boldsymbol{e}_2 - \boldsymbol{e}_3, \end{aligned}$$

所以由基 $\boldsymbol{e}_1,\boldsymbol{e}_2,\boldsymbol{e}_3$ 到基 $\boldsymbol{\alpha}_1,\boldsymbol{\alpha}_2,\boldsymbol{\alpha}_3$ 的过渡矩阵为

$$\boldsymbol{A} = \begin{pmatrix} -2 & -1 & -2 \\ 1 & 0 & -5 \\ 3 & 1 & -1 \end{pmatrix}.$$

于是，$\boldsymbol{\alpha}$ 关于基 $\boldsymbol{\alpha}_1,\boldsymbol{\alpha}_2,\boldsymbol{\alpha}_3$ 的坐标为

$$\begin{pmatrix} y_1 \\ y_2 \\ y_3 \end{pmatrix} = \boldsymbol{A}^{-1} \begin{pmatrix} x_1 \\ x_2 \\ x_3 \end{pmatrix} = \begin{pmatrix} \frac{5}{2} & -\frac{3}{2} & \frac{5}{2} \\ -7 & 4 & -6 \\ \frac{1}{2} & -\frac{1}{2} & \frac{1}{2} \end{pmatrix} \begin{pmatrix} 4 \\ 12 \\ 6 \end{pmatrix} = \begin{pmatrix} 7 \\ -16 \\ -1 \end{pmatrix}.$$

例 6.20 在 $\mathbf{R}^3$ 中，求由基 $\boldsymbol{\alpha}_1=(-3,1,-2)$，$\boldsymbol{\alpha}_2=(1,-1,1)$，$\boldsymbol{\alpha}_3=(2,3,-1)$ 到基 $\boldsymbol{\beta}_1=(1,1,1)$，$\boldsymbol{\beta}_2=(1,2,3)$，$\boldsymbol{\beta}_3=(2,0,1)$ 的过渡矩阵.

解 要求基 $\boldsymbol{\alpha}_1,\boldsymbol{\alpha}_2,\boldsymbol{\alpha}_3$ 到基 $\boldsymbol{\beta}_1,\boldsymbol{\beta}_2,\boldsymbol{\beta}_3$ 的过渡矩阵，就必须将每一个 $\boldsymbol{\beta}_i$ $(i=1,2,3)$ 表示成 $\boldsymbol{\alpha}_1,\boldsymbol{\alpha}_2,\boldsymbol{\alpha}_3$ 的线性组合，这是麻烦的. 为此我们利用由基 $\boldsymbol{e}_1=(1,0,0)$，$\boldsymbol{e}_2=(0,1,0)$，$\boldsymbol{e}_3=(0,0,1)$ 到这两个基的过渡矩阵 $\boldsymbol{A},\boldsymbol{B}$ 来计算. 基 $\boldsymbol{\alpha}_1,\boldsymbol{\alpha}_2,\boldsymbol{\alpha}_3$ 和基 $\boldsymbol{\beta}_1,\boldsymbol{\beta}_2,\boldsymbol{\beta}_3$ 分别用基 $\boldsymbol{e}_1,\boldsymbol{e}_2,\boldsymbol{e}_3$ 线性表示，得

$$\begin{cases}\boldsymbol{\alpha}_1=-3\boldsymbol{e}_1+\boldsymbol{e}_2-2\boldsymbol{e}_3,\\ \boldsymbol{\alpha}_2=\boldsymbol{e}_1-\boldsymbol{e}_2+\boldsymbol{e}_3,\\ \boldsymbol{\alpha}_3=2\boldsymbol{e}_1+3\boldsymbol{e}_2-\boldsymbol{e}_3;\end{cases}$$

$$\begin{cases}\boldsymbol{\beta}_1=\boldsymbol{e}_1+\boldsymbol{e}_2+\boldsymbol{e}_3,\\ \boldsymbol{\beta}_2=\boldsymbol{e}_1+2\boldsymbol{e}_2+3\boldsymbol{e}_3,\\ \boldsymbol{\beta}_3=2\boldsymbol{e}_1+\boldsymbol{e}_3.\end{cases}$$

因此

$$\boldsymbol{A}=\begin{pmatrix}-3&1&2\\1&-1&3\\-2&1&-1\end{pmatrix},\quad \boldsymbol{B}=\begin{pmatrix}1&1&2\\1&2&0\\1&3&1\end{pmatrix},$$

即有

$$(\boldsymbol{\alpha}_1,\boldsymbol{\alpha}_2,\boldsymbol{\alpha}_3)=(\boldsymbol{e}_1,\boldsymbol{e}_2,\boldsymbol{e}_3)\boldsymbol{A},\tag{2.11}$$

$$(\boldsymbol{\beta}_1,\boldsymbol{\beta}_2,\boldsymbol{\beta}_3)=(\boldsymbol{e}_1,\boldsymbol{e}_2,\boldsymbol{e}_3)\boldsymbol{B}.\tag{2.12}$$

$\boldsymbol{A}$ 是过渡矩阵，故 $\boldsymbol{A}$ 可逆. 由(2.11) 和(2.12) 得

$$(\boldsymbol{\beta}_1,\boldsymbol{\beta}_2,\boldsymbol{\beta}_3)=(\boldsymbol{\alpha}_1,\boldsymbol{\alpha}_2,\boldsymbol{\alpha}_3)\boldsymbol{A}^{-1}\boldsymbol{B}.$$

上式说明了，由基 $\boldsymbol{\alpha}_1,\boldsymbol{\alpha}_2,\boldsymbol{\alpha}_3$ 到基 $\boldsymbol{\beta}_1,\boldsymbol{\beta}_2,\boldsymbol{\beta}_3$ 的过渡矩阵为

$$\boldsymbol{A}^{-1}\boldsymbol{B}=\begin{pmatrix}2&-3&-5\\5&-7&-11\\1&-1&-2\end{pmatrix}\begin{pmatrix}1&1&2\\1&2&0\\1&3&1\end{pmatrix}=\begin{pmatrix}-6&-19&-1\\-13&-42&-1\\-2&-7&0\end{pmatrix}.$$

以上我们已经给出了基、维数和坐标的概念，有了这些概念，我们可以对有限维线性空间有一个统一的、具体的、本质的认识. 设 V 是数域 $\mathbf{F}$ 上 n 维线性空间，$\varepsilon_1,\varepsilon_2,\cdots,\varepsilon_n$ 是 V 的一个基，则 V 中向量

$$\alpha=a_1\varepsilon_1+a_2\varepsilon_2+\cdots+a_n\varepsilon_n$$

与 $\mathbf{F}^n$ 中向量$(a_1,a_2,\cdots,a_n)$ 一一对应，且这种对应保持线性运算，即如果 V 中向量

$$\beta=b_1\varepsilon_1+b_2\varepsilon_2+\cdots+b_n\varepsilon_n,$$

那么 β 在 $\mathbf{F}^n$ 中对应的向量是$(b_1,b_2,\cdots,b_n)$，且有

$$\alpha+\beta=(a_1+b_1)\varepsilon_1+(a_2+b_2)\varepsilon_2+\cdots+(a_n+b_n)\varepsilon_n$$

与 $\mathbf{F}^n$ 中向量$(a_1+b_1,a_2+b_2,\cdots,a_n+b_n)$对应；对任一数 $k\in\mathbf{F}$，又有

$$k\alpha=(ka_1)\alpha_1+(ka_2)\alpha_2+\cdots+(ka_n)\alpha_n$$

与 $\mathbf{F}^n$ 中向量$(ka_1,ka_2,\cdots,ka_n)=k(a_1,a_2,\cdots,a_n)$对应. 在 6.4 节中，我们把数域 $\mathbf{F}$ 上 n 维线性空间 V 与 $\mathbf{F}^n$ 的这种一一对应关系称为**同构**. 于是，数域 $\mathbf{F}$ 上任一 n 维线性空间 V 都与 $\mathbf{F}^n$ 同构，即数域 $\mathbf{F}$ 上 n 维线性空间 V 和 $\mathbf{F}^n$ 关于线性运算有完全相同的性质，构造完全一致，可以看成是一样的(关于线性空间的同构，我们将在 6.4 节进一步加以讨论). 因此，线性空间也常常被称为向量空间，而且对数域 $\mathbf{F}$ 上 n 维线性空间的研究，在固定一个基后，都可以通过坐标，转化为对具体的 $\mathbf{F}^n$ 的研究. 此外，我们还可以看到，每一个有限维线性空间的结构完全由它的维数所确定，维数刻画了它们的本质特性. 在以后的讨论中，维数也有重要的作用.

习题 6.2

1. 在实函数线性空间中，证明：1，$\cos^2 t$，$\cos 2t$ 是线性相关的.

2. 设 $\mathbf{F}[x]_n$ 为数域 $\mathbf{F}$ 上次数小于 n 的多项式及零多项式对于多项式的加法与数量乘法所成的线性空间，$1,x,x^2,\cdots,x^{n-1}\in\mathbf{F}[x]_n$，证明：

1) $1,x,x^2,\cdots,x^{n-1}$ 是线性无关的；

2) 对任一 $f(x)\in\mathbf{F}[x]_n$，都有 $1,x,x^2,\cdots,x^{n-1},f(x)$ 是线性相关的.

3. 设向量 β 可用 $\alpha_1,\alpha_2,\cdots,\alpha_r$ 线性表示，但 β 不能用 $\alpha_1,\alpha_2,\cdots,\alpha_{r-1}$ 线性表示，证明：向量组 $\alpha_1,\alpha_2,\cdots,\alpha_r$ 与向量组 $\alpha_1,\alpha_2,\cdots,\alpha_{r-1},\beta$ 等价.

4. 同一向量在不同基下的坐标是否可能相同？ 不同向量在同一基下的坐标是否可能相同？

5. 求由数域 $\mathbf{F}$ 上全体 3 阶对称矩阵(或上三角矩阵)所构成的线性空间的一个基和维数.

6. 在 $\mathbf{F}^4$ 中，求向量 $\boldsymbol{\xi}=(1,2,1,1)$ 在基 $\boldsymbol{\varepsilon}_1=(1,1,1,1)$，$\boldsymbol{\varepsilon}_2=(1,1,-1,-1)$，$\boldsymbol{\varepsilon}_3=(1,-1,1,-1)$，$\boldsymbol{\varepsilon}_4=(1,-1,-1,1)$ 下的坐标.

7. 在 $\mathbf{R}^4$ 中，求齐次线性方程组

$$\begin{cases}3x_1+2x_2-5x_3+4x_4=0,\\3x_1-x_2+3x_3-3x_4=0,\\3x_1+5x_2-13x_3+11x_4=0\end{cases}$$

的解空间的维数，并给出一个基.

8. 求 $\mathbf{R}^3$ 中向量 $\boldsymbol{\alpha}=(3,7,1)$ 在基 $\boldsymbol{\alpha}_1=(1,3,5)$，$\boldsymbol{\alpha}_2=(6,3,2)$，$\boldsymbol{\alpha}_3=(3,1,0)$ 下的坐标.

9. 设 V 为 n 维线性空间，$\varepsilon_1,\varepsilon_2,\cdots,\varepsilon_n$ 为 V 的一个基.

1） 证明：$\alpha_1=\varepsilon_1$，$\alpha_2=\varepsilon_1+\varepsilon_2$，$\cdots$，$\alpha_n=\varepsilon_1+\varepsilon_2+\cdots+\varepsilon_n$ 为 V 的一个基.

2） 求由基 $\varepsilon_1,\varepsilon_2,\cdots,\varepsilon_n$ 到基 $\alpha_1,\alpha_2,\cdots,\alpha_n$ 的过渡矩阵 $\mathbf{A}$.

3） 设 α 在基 $\varepsilon_1,\varepsilon_2,\cdots,\varepsilon_n$ 下的坐标为$(a_1,a_2,\cdots,a_n)$. 求 α 在基 $\alpha_1,\alpha_2,\cdots,\alpha_n$ 下的坐标.

4） 设 $\alpha_1,\alpha_2,\cdots,\alpha_n$ 是 V 中一组向量，且

$$\begin{cases}\alpha_1=a_{11}\varepsilon_1+a_{21}\varepsilon_2+\cdots+a_{n1}\varepsilon_n,\\ \alpha_2=a_{12}\varepsilon_1+a_{22}\varepsilon_2+\cdots+a_{n2}\varepsilon_n,\\ \cdots\cdots\cdots\cdots\cdots\cdots\cdots\cdots\cdots\cdots\cdots\\ \alpha_n=a_{1n}\varepsilon_1+a_{2n}\varepsilon_2+\cdots+a_{nn}\varepsilon_n.\end{cases}$$

证明：$\alpha_1,\alpha_2,\cdots,\alpha_n$ 为 V 的一个基的充分必要条件是

$$\begin{vmatrix}a_{11}&a_{12}&\cdots&a_{1n}\\ a_{21}&a_{22}&\cdots&a_{2n}\\ \vdots&\vdots&\ddots&\vdots\\ a_{n1}&a_{n2}&\cdots&a_{nn}\end{vmatrix}\neq 0.$$

10. 已知 $\mathbf{F}^4$ 的两个基：

$$\begin{cases}\boldsymbol{\varepsilon}_1=(1,2,-1,0),\\ \boldsymbol{\varepsilon}_2=(1,-1,1,1),\\ \boldsymbol{\varepsilon}_3=(-1,2,1,1),\\ \boldsymbol{\varepsilon}_4=(-1,-1,0,1),\end{cases}\qquad \begin{cases}\boldsymbol{\eta}_1=(2,1,0,1),\\ \boldsymbol{\eta}_2=(0,1,2,2),\\ \boldsymbol{\eta}_3=(-2,1,1,2),\\ \boldsymbol{\eta}_4=(1,3,1,2).\end{cases}$$

1） 求由基 $\boldsymbol{\varepsilon}_1,\boldsymbol{\varepsilon}_2,\boldsymbol{\varepsilon}_3,\boldsymbol{\varepsilon}_4$ 到基 $\boldsymbol{\eta}_1,\boldsymbol{\eta}_2,\boldsymbol{\eta}_3,\boldsymbol{\eta}_4$ 的过渡矩阵.

2） 求 $\boldsymbol{\xi}=(1,0,0,0)$ 在基 $\boldsymbol{\varepsilon}_1,\boldsymbol{\varepsilon}_2,\boldsymbol{\varepsilon}_3,\boldsymbol{\varepsilon}_4$ 下的坐标.

11. 已知 $\mathbf{F}^4$ 的两个基：

$$\begin{cases}\boldsymbol{\varepsilon}_1=(1,0,0,0),\\ \boldsymbol{\varepsilon}_2=(0,1,0,0),\\ \boldsymbol{\varepsilon}_3=(0,0,1,0),\\ \boldsymbol{\varepsilon}_4=(0,0,0,1),\end{cases}\qquad \begin{cases}\boldsymbol{\eta}_1=(2,1,-1,1),\\ \boldsymbol{\eta}_2=(0,3,1,0),\\ \boldsymbol{\eta}_3=(5,3,2,1),\\ \boldsymbol{\eta}_4=(6,6,1,3).\end{cases}$$

1） 求由基 $\boldsymbol{\varepsilon}_1,\boldsymbol{\varepsilon}_2,\boldsymbol{\varepsilon}_3,\boldsymbol{\varepsilon}_4$ 到基 $\boldsymbol{\eta}_1,\boldsymbol{\eta}_2,\boldsymbol{\eta}_3,\boldsymbol{\eta}_4$ 的过渡矩阵.

2） 求一非零向量 $\boldsymbol{\xi}$，使它在基 $\boldsymbol{\varepsilon}_1,\boldsymbol{\varepsilon}_2,\boldsymbol{\varepsilon}_3,\boldsymbol{\varepsilon}_4$ 与基 $\boldsymbol{\eta}_1,\boldsymbol{\eta}_2,\boldsymbol{\eta}_3,\boldsymbol{\eta}_4$ 下有相同的坐标.

6.3 线性子空间

线性空间的一个子集合有时也可能是一个线性空间，例如通常的 3 维几何空间 V_3 中，设 xOy 平面上的向量全体组成的集合为 V_2，显然 V_2 中的向量全体是 V_3 中的向量全体的一个子集合，且 V_2 对 V_3 的两种运算 —— 向量的加法及数与向量的乘法也构成一个线性空间. 事实上，对任意向量 $\boldsymbol{\alpha},\boldsymbol{\beta}\in V_2$，必有

$$\boldsymbol{\alpha}+\boldsymbol{\beta}\in V_2,\quad k\boldsymbol{\alpha}\in V_2\ (k\in\mathbf{R}),$$

且 8 条运算规律也满足. 这时我们称 V_2 是 V_3 的子空间.

定义 6.9 设 V 是数域 $\mathbf{F}$ 上的一个线性空间. 如果 V 的一个非空子集合 W 对于 V 的两种运算(加法与数量乘法)也构成一个线性空间，那么 W 就称为 V 的一个**线性子空间**，简称**子空间**.

判别线性空间 V 的一个非空子集合 W 是否子空间，若据定义去验证，显然是很麻烦的，因为必须验证 W 是否满足线性空间所需的全部条件. 事实上，对于 V 的子集 W，只需验证 W 关于 V 的加法与数量乘法是否封闭即可(见下面定理 6.3). 所谓封闭指的是：如果对 W 中任意两个向量 α,β，它们的和仍在 W 中，我们就说 W 关于加法封闭. 同样，若对数域 $\mathbf{F}$ 中任意一个数 k 及 W 中任一向量 α，有 $k\alpha$ 仍在 W 中，就说 W 对于数量乘法封闭.

定理 6.3 设 W 是数域 $\mathbf{F}$ 上线性空间 V 的一个非空子集合，若 W 对于 V 的加法及数量乘法封闭，则 W 为 V 的子空间.

证 由 W 关于 V 的加法、数量乘法封闭，可保证 W 有加法和数量乘法这两种运算，所以只要看它们是否满足向量空间的 8 条运算规律.

因为 $W\subseteq V$，且 W 的运算也是 V 的运算，显然有

① $\alpha+\beta=\beta+\alpha$，

② $(\alpha+\beta)+\gamma=\alpha+(\beta+\gamma)$，

⑤ $k(\alpha+\beta)=k\alpha+k\beta$，

⑥ $(k+l)\alpha=k\alpha+l\alpha$，

⑦ $(kl)\alpha=k(l\alpha)$，

⑧ $1\cdot\alpha=\alpha$，

其中 $\alpha,\beta,\gamma\in W$，$k,l\in\mathbf{F}$. 故要验证的只有 ③ 和 ④ 两条规律，即 W 中是否有零元素；W 中每一元素是否在 W 中有负元素.

由于 W 对于数量乘法封闭，取 $k=0$，$\alpha\in W$，有

$$k\alpha=0\cdot\alpha=0\in W,$$

也就是说 V 的零元素在 W 中，它也是 W 的零元素.

再由 W 关于数量乘法封闭，取 $k=-1$，对任意 $\alpha\in W$，有

$$k\alpha=(-1)\alpha=-\alpha\in W,$$

故 α 在 V 中的负元素 $-\alpha$ 也在 W 中，它也是 α 在 W 中的负元素.

故 W 关于 V 的两种运算构成线性空间，于是 W 是 V 的子空间. ∎

既然子空间也是线性空间，那么前面引入的如维数、基、坐标等概念当然也都可以搬到子空间上来. 由于子空间是原来空间的子集合，故任一子空间的维数不会超过整个空间的维数.

例 6.21 设V为数域$\mathbf{F}$上的线性空间，$W=\{0\}\subseteq V$是V的一个子空间，称为**零子空间**.

V本身也是V的一个子空间.

零子空间和线性空间V本身这两个子空间称为**平凡子空间**，而其他的子空间称为**非平凡的子空间**. 不同于V的子空间称为V的**真子空间**.

例 6.22 在通常的3维几何空间V_3中，z轴上的向量全体记为V_1，那么V_1是V_3的一个子空间. 事实上，过原点的任意一条直线上的向量全体均构成V_3的一个子空间.

例 6.23 $\mathbf{F}^n$中一切形如

$$(a_1,a_2,\cdots,a_{n-1},0)\quad (a_i\in\mathbf{F},\ i=1,2,\cdots,n-1)$$

的向量的集合W，构成$\mathbf{F}^n$的一个子空间.

因为$(0,0,\cdots,0,0)\in W$，且$W\subseteq\mathbf{F}^n$，所以W是$\mathbf{F}^n$的非空子集合. 设

$$\boldsymbol{\alpha}=(a_1,a_2,\cdots,a_{n-1},0)\in W,\quad a_i\in\mathbf{F}\ (i=1,2,\cdots,n-1),$$

$$\boldsymbol{\beta}=(b_1,b_2,\cdots,b_{n-1},0)\in W,\quad b_i\in\mathbf{F}\ (i=1,2,\cdots,n-1),$$

则必有$a_i+b_i\in\mathbf{F}\ (i=1,2,\cdots,n-1)$，故

$$\boldsymbol{\alpha}+\boldsymbol{\beta}=(a_1+b_1,a_2+b_2,\cdots,a_{n-1}+b_{n-1},0)\in W.$$

同时

$$k\boldsymbol{\alpha}=(ka_1,ka_2,\cdots,ka_{n-1},0)\in W,\quad k\in\mathbf{F}.$$

于是，W关于$\mathbf{F}^n$的加法、数量乘法封闭. 据定理6.3，W是$\mathbf{F}^n$的子空间.

例 6.24 判别

$$V=\left\{(a_1,a_2,\cdots,a_n)\,\middle|\,\sum_{i=1}^{n}a_i=1,\ a_i\in\mathbf{R},\ i=1,2,\cdots,n\right\}$$

是否构成$\mathbf{R}^n$的子空间.

解 设

$$\boldsymbol{\alpha}=(a_1,a_2,\cdots,a_n)\in V,\quad \sum_{i=1}^{n}a_i=1,$$

$$\boldsymbol{\beta}=(b_1,b_2,\cdots,b_n)\in V,\quad \sum_{i=1}^{n}b_i=1.$$

于是，$\boldsymbol{\alpha}+\boldsymbol{\beta}=(a_1+b_1,a_2+b_2,\cdots,a_n+b_n)$. 由于

$$\sum_{i=1}^{n}(a_i+b_i)=\sum_{i=1}^{n}a_i+\sum_{i=1}^{n}b_i=1+1=2,$$

故$\boldsymbol{\alpha}+\boldsymbol{\beta}\notin V$，所以$V$不构成$\mathbf{R}^n$的子空间.

例 6.25 $\mathbf{F}[x]_n$是线性空间$\mathbf{F}[x]$的子空间.

例 6.26 由6.1节的例6.8，数域$\mathbf{F}$上齐次线性方程组

$$\begin{cases}a_{11}x_1+a_{12}x_2+\cdots+a_{1n}x_n=0,\\a_{21}x_1+a_{22}x_2+\cdots+a_{2n}x_n=0,\\\cdots\cdots\cdots\cdots\cdots\cdots\cdots\cdots\cdots\cdots\\a_{s1}x_1+a_{s2}x_2+\cdots+a_{sn}x_n=0\end{cases}\tag{3.1}$$

的解向量全体构成数域 $\mathbf{F}$ 上的一个线性空间 V. 由于(3.1) 的每一个解向量都是一个以数域 $\mathbf{F}$ 中的数为分量的 n 维向量，所以 $V\subseteq\mathbf{F}^n$. 由于 $(0,0,\cdots,0)^{\mathrm{T}}\in V$, V 是 $\mathbf{F}^n$ 的非空子集合，且(3.1) 的任何两个解向量的和及 $\mathbf{F}$ 中任一数乘(3.1) 的任一解向量所得的 n 维向量仍为(3.1) 的解向量，所以 V 是 $\mathbf{F}^n$ 的子空间，称为(3.1) 的**解空间**.

设方程组(3.1) 的系数矩阵 $\mathbf{A}=(a_{ij})_{s\times n}$ 的秩为 r. 当 $r<n$ 时，(3.1) 的基础解系存在，它由 $n-r$ 个解向量构成，设为 $\boldsymbol{\eta}_1,\boldsymbol{\eta}_2,\cdots,\boldsymbol{\eta}_{n-r}$. 由基础解系的定义及性质，我们可知它们刚好是(3.1) 解空间 V 的基. 此时，因(3.1) 有非零解，所以 V 不是零子空间. 在(3.1) 中只要有一个系数不为零，那么 $r\neq 0$，这时(3.1) 不是恒等式，(3.1) 的解空间 $V\neq\mathbf{F}^n$. 因此，$0<r<n$ 时，(3.1) 的解空间是 $\mathbf{F}^n$ 的非平凡子空间，它的维数为 $n-r$.

现在我们来介绍一个构造子空间的一般方法，它对研究线性空间的结构也是有益的.

设 V 是数域 $\mathbf{F}$ 上的线性空间，$\alpha_1,\alpha_2,\cdots,\alpha_r$ 为 V 的一组向量，M 是 V 中向量

$$k_1\alpha_1+k_2\alpha_2+\cdots+k_r\alpha_r$$

所组成的集合，其中 $k_1,k_2,\cdots,k_r$ 是 $\mathbf{F}$ 中任意 r 个数，即

$$M=\{k_1\alpha_1+k_2\alpha_2+\cdots+k_r\alpha_r\mid k_i\in\mathbf{F},\ i=1,2,\cdots,r\},$$

那么，M 是 V 的一个子空间.

事实上，任取

$$\alpha=k_1\alpha_1+k_2\alpha_2+\cdots+k_r\alpha_r\in M,$$

$$\beta=l_1\alpha_1+l_2\alpha_2+\cdots+l_r\alpha_r\in M,$$

则

$$\alpha+\beta=(k_1+l_1)\alpha_1+(k_2+l_2)\alpha_2+\cdots+(k_r+l_r)\alpha_r\in M,$$

其中 $k_i+l_i\in\mathbf{F}\ (i=1,2,\cdots,r)$. 又当 $k\in\mathbf{F}$ 时，

$$k\alpha=kk_1\alpha_1+kk_2\alpha_2+\cdots+kk_r\alpha_r\in M,$$

其中 $kk_i\in\mathbf{F}\ (i=1,2,\cdots,r)$. 再因零向量 $0\in M$, M 是 V 的非空子集合，由定理 6.3, M 是 V 的子空间. 通常称 M 为由 $\alpha_1,\alpha_2,\cdots,\alpha_r$ **张成的子空间**，记为 $L(\alpha_1,\alpha_2,\cdots,\alpha_r)$. 称 $\alpha_1,\alpha_2,\cdots,\alpha_r$ 为子空间 $L(\alpha_1,\alpha_2,\cdots,\alpha_r)$ 的一组**生成元**或称**生成组**.

由子空间的定义可知，如果 V 的一个子空间包含向量 $\alpha_1,\alpha_2,\cdots,\alpha_r$，那

么就一定包含它们所有的线性组合. 这说明了，它一定包含 $L(\alpha_1,\alpha_2,\cdots,\alpha_r)$ 作为子空间，也就是说 $L(\alpha_1,\alpha_2,\cdots,\alpha_r)$ 是 V 中包含向量 $\alpha_1,\alpha_2,\cdots,\alpha_r$ 的最小子空间.

在有限维线性空间中，任何一个子空间都可以这样得到. 事实上，设 W 是有限维线性空间 V 的一个子空间，则 W 一定也是有限维的. 令 $\alpha_1,\alpha_2,\cdots,\alpha_r$ 是 W 的一个基，则 $W=L(\alpha_1,\alpha_2,\cdots,\alpha_r)$.

例 6.27 在 $\mathbf{F}^n$ 中，取 $\boldsymbol{e}_1=(1,0,\cdots,0)$，$\boldsymbol{e}_2=(0,1,\cdots,0)$，…，$\boldsymbol{e}_n=(0,0,\cdots,1)$，则 $\mathbf{F}^n=L(\boldsymbol{e}_1,\boldsymbol{e}_2,\cdots,\boldsymbol{e}_n)$.

例 6.28 考虑 $\mathbf{F}[x]_m$，

$$\mathbf{F}[x]_m=\{a_0+a_1x+\cdots+a_{m-1}x^{m-1}\mid a_i\in\mathbf{F},\ i=0,1,\cdots,m-1\}.$$

由于 $\mathbf{F}[x]_m=L(1,x,\cdots,x^{m-1})$，所以 $\mathbf{F}[x]_m$ 是由 $1,x,\cdots,x^{m-1}$ 张成的子空间.

一般来说，张成空间的生成组不止一组. 再看例 6.27，$\mathbf{F}^n$ 还可写成

$$\mathbf{F}^n=L(\boldsymbol{\gamma}_1,\boldsymbol{\gamma}_2,\cdots,\boldsymbol{\gamma}_n),$$

其中 $\boldsymbol{\gamma}_1=(1,1,\cdots,1)$，$\boldsymbol{\gamma}_2=(0,1,\cdots,1)$，…，$\boldsymbol{\gamma}_n=(0,0,\cdots,1)$.

关于子空间我们有以下常用的结果：

定理 6.4 1) 两个向量组张成相同子空间的充分必要条件是这两个向量组等价. 2) $L(\alpha_1,\alpha_2,\cdots,\alpha_r)$ 的维数等于向量组 $\alpha_1,\alpha_2,\cdots,\alpha_r$ 的秩.

证 1) 设两个向量组为

$$\alpha_1,\alpha_2,\cdots,\alpha_r, \tag{Ⅰ}$$

$$\beta_1,\beta_2,\cdots,\beta_s. \tag{Ⅱ}$$

必要性 已知 $L(\alpha_1,\alpha_2,\cdots,\alpha_r)=L(\beta_1,\beta_2,\cdots,\beta_s)$，要证向量组（Ⅰ）与向量组（Ⅱ）等价.

由已知，每个向量 $\alpha_i(i=1,2,\cdots,r)$ 作为 $L(\beta_1,\beta_2,\cdots,\beta_s)$ 中的向量，都可用 $\beta_1,\beta_2,\cdots,\beta_s$ 线性表示. 同样 $\beta_j(j=1,2,\cdots,s)$ 作为 $L(\alpha_1,\alpha_2,\cdots,\alpha_r)$ 中的向量也都可用 $\alpha_1,\alpha_2,\cdots,\alpha_r$ 线性表示，所以向量组(Ⅰ) 与向量组(Ⅱ) 等价.

充分性 已知向量组（Ⅰ）与向量组（Ⅱ）等价，要证

$$L(\alpha_1,\alpha_2,\cdots,\alpha_r)=L(\beta_1,\beta_2,\cdots,\beta_s).$$

对任意的 $\xi\in L(\alpha_1,\alpha_2,\cdots,\alpha_r)$，有 $\xi=\sum\limits_{i=1}^{r}k_i\alpha_i$. 由已知，向量组（Ⅰ）可由（Ⅱ）线性表示，则据线性表示的传递性，ξ 可由向量组（Ⅱ）线性表示，于是 $\xi\in L(\beta_1,\beta_2,\cdots,\beta_s)$. 因此

$$L(\alpha_1,\alpha_2,\cdots,\alpha_r)\subseteq L(\beta_1,\beta_2,\cdots,\beta_s).$$

同理可证

$$L(\alpha_1,\alpha_2,\cdots,\alpha_r)\supseteq L(\beta_1,\beta_2,\cdots,\beta_s).$$

所以 $L(\alpha_1,\alpha_2,\cdots,\alpha_r)=L(\beta_1,\beta_2,\cdots,\beta_s)$.

2) 设向量组 $\alpha_1,\alpha_2,\cdots,\alpha_r$ 的秩为 s，要证 $L(\alpha_1,\alpha_2,\cdots,\alpha_r)$ 的维数 $=s$.

若

$$\alpha_{i1},\alpha_{i2},\cdots,\alpha_{i_s}\quad(s\leqslant r)\tag{Ⅲ}$$

是向量组

$$\alpha_1,\alpha_2,\cdots,\alpha_r\tag{Ⅰ}$$

的一个极大线性无关组，则向量组(Ⅲ)与(Ⅰ)等价. 由 1) 得

$$L(\alpha_1,\alpha_2,\cdots,\alpha_r)=L(\alpha_{i1},\alpha_{i2},\cdots,\alpha_{i_s}).$$

由 6.2 节的定义 6.7，$\alpha_{i1},\alpha_{i2},\cdots,\alpha_{i_s}$ 是 $L(\alpha_1,\alpha_2,\cdots,\alpha_r)$ 的一个基，因而 $L(\alpha_1,\alpha_2,\cdots,\alpha_r)$ 的维数为 s. ■

例 6.29 在 $\mathbf{F}^4$ 中，求向量 $\boldsymbol{\alpha}_1=(2,1,3,1)$，$\boldsymbol{\alpha}_2=(1,2,0,1)$，$\boldsymbol{\alpha}_3=(-1,1,-3,0)$，$\boldsymbol{\alpha}_4=(1,1,1,1)$ 张成的子空间的基与维数.

解 因为 $\boldsymbol{\alpha}_1,\boldsymbol{\alpha}_2,\boldsymbol{\alpha}_3,\boldsymbol{\alpha}_4$ 的一个极大线性无关组为 $\boldsymbol{\alpha}_1,\boldsymbol{\alpha}_2,\boldsymbol{\alpha}_4$. 它也是 $L(\boldsymbol{\alpha}_1,\boldsymbol{\alpha}_2,\boldsymbol{\alpha}_3,\boldsymbol{\alpha}_4)$ 的一个极大线性无关组. 所以 $L(\boldsymbol{\alpha}_1,\boldsymbol{\alpha}_2,\boldsymbol{\alpha}_3,\boldsymbol{\alpha}_4)$ 的维数为 3，基为 $\boldsymbol{\alpha}_1,\boldsymbol{\alpha}_2,\boldsymbol{\alpha}_4$.

对于线性空间及其子空间来说，都可以用基来刻画它们的结构. 那么线性空间的基与其子空间的基之间有什么联系呢？ 由第 2 章复习题 B 组第 10 题知，一个向量组的任何一个线性无关组都可扩充成一个极大线性无关组，故线性空间 V 的一个子空间的任意一个基一定可扩充为 V 的一个基，此即下面的定理 6.5，它在以后很多的问题讨论中是有用的. 例如：定理 6.8 中计算两个子空间的和的维数时，就要用到它.

定理 6.5 设 V 为数域 $\mathbf{F}$ 上 n 维线性空间，W 为 V 的一个子空间，W 的维数为 m，又 $\alpha_1,\alpha_2,\cdots,\alpha_m$ 为 W 的一个基，则在 V 中可以找到 $n-m$ 个向量 $\alpha_{m+1},\cdots,\alpha_n$ 使 $\alpha_1,\alpha_2,\cdots,\alpha_m,\alpha_{m+1},\cdots,\alpha_n$ 为 V 的一个基.

证 当 $m=n$ 时，$\alpha_1,\alpha_2,\cdots,\alpha_m$ 就是 V 的一个基，此时 $W=V$.

当 $m<n$ 时，在 V 中存在向量 α_{m+1}，它不能由 $\alpha_1,\alpha_2,\cdots,\alpha_m$ 线性表示(否则，如果 V 中每一向量均可由 $\alpha_1,\alpha_2,\cdots,\alpha_m$ 线性表示，那么，$\alpha_1,\alpha_2,\cdots,\alpha_m$ 就是 V 的一个基. 这样 V 的维数为 m，与 $m<n$ 矛盾). 于是 $\alpha_1,\alpha_2,\cdots,\alpha_m,\alpha_{m+1}$ 是 V 中 $m+1$ 个线性无关向量.

若 $m+1=n$，则 $\alpha_1,\alpha_2,\cdots,\alpha_m,\alpha_{m+1}$ 就是 V 的一个基.

若 $m+1<n$，同样可知，V 中存在向量 α_{m+2}，使 $\alpha_1,\alpha_2,\cdots,\alpha_m,\alpha_{m+1}$，

α_{m+2} 为 V 中线性无关向量. 如此继续下去，直到得出 V 中 n 个线性无关向量 $\alpha_1,\alpha_2,\cdots,\alpha_m,\alpha_{m+1},\cdots,\alpha_n$，它就是 V 的一个基. ■

一个线性空间的两个子空间有两个重要的运算. 一个是子空间的交，另一个是子空间的和. 我们将证明它们都是子空间.

下面我们所指的 V 是数域 $\mathbf{F}$ 上的一个线性空间，W_1,W_2 是 V 的子空间.

定义 6.10 既属于 W_1 又属于 W_2 的全部向量组成的集合，称为 W_1 与 W_2 的**交**，记为 $W_1 \cap W_2$.

例 6.30 在 2 维几何空间 V_2 中，W_1,W_2 分别是从原点出发的 x 轴和 y 轴上向量全体，它们是 V_2 的两个子空间. 易知，$W_1 \cap W_2=\{\mathbf{0}\}$.

例 6.31 设

$$V=\left\{\begin{pmatrix} a_{11} & a_{12} \\ a_{21} & a_{22} \end{pmatrix} \middle| a_{ij} \in \mathbf{F},\ i,j=1,2\right\},$$

$$W_1=\left\{\begin{pmatrix} a & 0 \\ c & b \end{pmatrix} \middle| a,b,c \in \mathbf{F}\right\},\quad W_2=\left\{\begin{pmatrix} a & c \\ 0 & b \end{pmatrix} \middle| a,b,c \in \mathbf{F}\right\}.$$

据子空间的判定定理，不难验证 W_1,W_2 是 V 的子空间. 于是

$$W_1 \cap W_2=\left\{\begin{pmatrix} a & 0 \\ 0 & b \end{pmatrix} \middle| a,b \in \mathbf{F}\right\}.$$

上面两个例子中的 $W_1 \cap W_2$ 都是原线性空间的子空间. 下面我们就一般性问题证明此结论.

定理 6.6 一个线性空间 V 的两个子空间的交仍是 V 的子空间.

证 因为 $0 \in W_1$，$0 \in W_2$，所以 $0 \in W_1 \cap W_2$，$W_1 \cap W_2$ 是 V 的非空子集合. 若 $\alpha,\beta \in W_1 \cap W_2$，那么 $\alpha \in W_1$，$\beta \in W_1$ 且 $\alpha \in W_2$，$\beta \in W_2$. 于是 $\alpha+\beta \in W_1$，$\alpha+\beta \in W_2$，因此有

$$\alpha+\beta \in W_1 \cap W_2.$$

若 $\alpha \in W_1 \cap W_2$，即 $\alpha \in W_1$ 且 $\alpha \in W_2$. 对任一 $k \in \mathbf{F}$ 必有 $k\alpha \in W_1$，$k\alpha \in W_2$，因此有

$$k\alpha \in W_1 \cap W_2.$$

据子空间判定定理，$W_1 \cap W_2$ 是 V 的子空间. ■

由集合交的定义，可以看出子空间的交适合下列运算规律：

1） 交换律：$W_1 \cap W_2=W_2 \cap W_1$.

2） 结合律：$(W_1 \cap W_2) \cap W_3=W_1 \cap (W_2 \cap W_3)$.

由结合律，我们可以定义多个子空间的交：

$$W_1 \cap W_2 \cap \cdots \cap W_s = \bigcap_{i=1}^{s} W_i,$$

这也是 V 的子空间，其中 $W_1, W_2, \cdots, W_s$ 是 V 的子空间.

例 6.32 $W_1 = \{\boldsymbol{A} \in \mathbf{F}^{n \times n} \mid \boldsymbol{A} = \boldsymbol{A}^{\mathrm{T}}\}$，$W_2 = \{\boldsymbol{A} \in \mathbf{F}^{n \times n} \mid \boldsymbol{A}^{\mathrm{T}} = -\boldsymbol{A}\}$ 是 $\mathbf{F}^{n \times n}$ 的子空间. 证明：$W_1 \cap W_2 = \{\boldsymbol{O}\}$.

证 任取 $\boldsymbol{A} \in W_1 \cap W_2$，于是 $\boldsymbol{A} \in W_1$ 且 $\boldsymbol{A} \in W_2$. 因此

$$\boldsymbol{A} = \boldsymbol{A}^{\mathrm{T}}, \quad -\boldsymbol{A} = \boldsymbol{A}^{\mathrm{T}}.$$

即 $\boldsymbol{A} = -\boldsymbol{A}$，$2\boldsymbol{A} = \boldsymbol{O}$，所以 $\boldsymbol{A} = \boldsymbol{O}$. 故

$$W_1 \cap W_2 = \{\boldsymbol{O}\}.$$

我们容易知道，两个子空间的并集不一定还是原线性空间的子空间，例 6.30 中 W_1, W_2 是 V_2 的子空间，它们的并集 $W_1 \cup W_2$ 不是 V_2 的子空间. 因为若 $\boldsymbol{\alpha}_1 \in W_1 \cup W_2$，$\boldsymbol{\alpha}_2 \in W_1 \cup W_2$，但 $\boldsymbol{\alpha}_1 + \boldsymbol{\alpha}_2$ 不一定还是 $W_1 \cup W_2$ 中的向量. 例如取 $\boldsymbol{\alpha}_1 = (1,0) \in W_1$，$\boldsymbol{\alpha}_2 = (0,1) \in W_2$，$\boldsymbol{\alpha}_1 + \boldsymbol{\alpha}_2 = (1,1)$. 显见

$$(1,1) = \boldsymbol{\alpha}_1 + \boldsymbol{\alpha}_2 \notin W_1 \cup W_2.$$

为此，我们来定义两个子空间的和，并证明它们仍然是原空间的子空间.

定义 6.11 W_1 中任意向量 α 与 W_2 中任意向量 β 之和 $\alpha + \beta$ 所组成的集合就称为 W_1 与 W_2 的**和**，记为 $W_1 + W_2$，即

$$W_1 + W_2 = \{\alpha_1 + \alpha_2 \mid \alpha_1 \in W_1, \alpha_2 \in W_2\}.$$

定理 6.7 一个线性空间 V 的两个子空间 W_1, W_2 的和仍为 V 的子空间.

证 首先因为 $0 \in W_1$，$0 \in W_2$，$0 + 0 = 0 \in W_1 + W_2$，所以 $W_1 + W_2$ 是 V 的非空子集合.

设 $\alpha, \beta \in W_1 + W_2$，则据定义 6.11，有 $\alpha_1, \beta_1 \in W_1$，$\alpha_2, \beta_2 \in W_2$，使

$$\alpha = \alpha_1 + \alpha_2, \quad \beta = \beta_1 + \beta_2.$$

于是，

$$\alpha + \beta = (\alpha_1 + \alpha_2) + (\beta_1 + \beta_2) = (\alpha_1 + \beta_1) + (\alpha_2 + \beta_2).$$

又因为 W_1, W_2 是子空间，所以

$$\alpha_1 + \beta_1 \in W_1 \quad \alpha_2 + \beta_2 \in W_2.$$

故 $\alpha + \beta \in W_1 + W_2$.

当 $k \in \mathbf{F}$，$\alpha = \alpha_1 + \alpha_2 \in W_1 + W_2$，其中 $\alpha_1 \in W_1$，$\alpha_2 \in W_2$，那么

$$k\alpha = k\alpha_1 + k\alpha_2.$$

由于 $k\alpha_1 \in W_1$，$k\alpha_2 \in W_2$，故 $k\alpha \in W_1 + W_2$.

于是证得了 $W_1 + W_2$ 是 V 的子空间. ∎

不难证明，关于子空间的和有以下结论：

设 W_1, W_2, W 都是 V 的子空间，若 $W \supseteq W_1$ 与 $W \supseteq W_2$，则

$$W \supseteq W_1 + W_2 \supseteq W_1 \cup W_2.$$

这说明两个子空间的和 $W_1 + W_2$ 是包含这两个子空间的最小子空间.

由定义容易看出，子空间的和适合下列运算规律：

1） 交换律：$V_1 + V_2 = V_2 + V_1$.

2） 结合律：$(V_1 + V_2) + V_3 = V_1 + (V_2 + V_3)$.

由结合律，我们可以定义多个子空间的和：

$$V_1 + V_2 + \cdots + V_s = \sum_{i=1}^{s} V_i,$$

它是由所有向量

$$\alpha_1 + \alpha_2 + \cdots + \alpha_s, \quad \alpha_i \in V_i \ (i = 1, 2, \cdots, s)$$

所组成的子空间.

例 6.33 W_1, W_2 如例 6.30，则 $W_1 + W_2 = V_2$，它是 V_2 的一个平凡子空间.

例 6.34 在3维几何空间 V_3 中，W_1 表示通过原点的一条直线上从原点出发的向量全体，W_2 表示通过原点且与 W_1 垂直的一个平面上从原点出发的向量全体，那么必有

$$W_1 \cap W_2 = \{\mathbf{0}\}, \quad W_1 + W_2 = V_3.$$

因为 $W_1 + W_2 = \{\alpha_1 + \alpha_2 \mid \alpha_1 \in W_1, \alpha_2 \in W_2\} \subseteq V_3$，另一方面，对于 V_3 中任一向量 α，分别作到 W_1（直线）和 W_2（平面）上垂直投影，得到直线上的向量 α_1 及 W_2 上的向量 α_2. 按平行四边形法则相加，则有

$$\alpha = \alpha_1 + \alpha_2 \in W_1 + W_2,$$

即 $V_3 \subseteq W_1 + W_2$. 故

$$V_3 = W_1 + W_2.$$

例 6.35 在一个线性空间中，我们有

$$L(\alpha_1, \alpha_2, \cdots, \alpha_s) + L(\beta_1, \beta_2, \cdots, \beta_t) = L(\alpha_1, \alpha_2, \cdots, \alpha_s, \beta_1, \cdots, \beta_t).$$

证 设任一向量 $\xi \in L(\alpha_1, \alpha_2, \cdots, \alpha_s) + L(\beta_1, \beta_2, \cdots, \beta_t)$，那么

$$\begin{aligned}\xi &= (k_1\alpha_1 + k_2\alpha_2 + \cdots + k_s\alpha_s) + (l_1\beta_1 + l_2\beta_2 + \cdots + l_t\beta_t) \\ &= k_1\alpha_1 + k_2\alpha_2 + \cdots + k_s\alpha_s + l_1\beta_1 + l_2\beta_2 + \cdots + l_t\beta_t.\end{aligned}$$

于是，$\xi \in L(\alpha_1, \alpha_2, \cdots, \alpha_s, \beta_1, \cdots, \beta_t)$，因此

$$L(\alpha_1, \alpha_2, \cdots, \alpha_s) + L(\beta_1, \beta_2, \cdots, \beta_t) \subseteq L(\alpha_1, \alpha_2, \cdots, \alpha_s, \beta_1, \cdots, \beta_t).$$

另一方面，设 $\eta \in L(\alpha_1, \alpha_2, \cdots, \alpha_s, \beta_1, \cdots, \beta_t)$，则

$$\begin{aligned}\eta &= m_1\alpha_1 + m_2\alpha_2 + \cdots + m_s\alpha_s + n_1\beta_1 + \cdots + n_t\beta_t \\ &= (m_1\alpha_1 + m_2\alpha_2 + \cdots + m_s\alpha_s) + (n_1\beta_1 + \cdots + n_t\beta_t).\end{aligned}$$

所以 $\eta\in L(\alpha_1,\alpha_2,\cdots,\alpha_s)+L(\beta_1,\beta_2,\cdots,\beta_t)$，于是

$$L(\alpha_1,\alpha_2,\cdots,\alpha_s,\beta_1,\cdots,\beta_s)\subseteq L(\alpha_1,\alpha_2,\cdots,\alpha_s)+L(\beta_1,\beta_2,\cdots,\beta_s).$$

由前面讨论得

$$L(\alpha_1,\alpha_2,\cdots,\alpha_s)+L(\beta_1,\beta_2,\cdots,\beta_t)=L(\alpha_1,\alpha_2,\cdots,\alpha_s,\beta_1,\beta_2,\cdots,\beta_t).$$

例 6.36 设 V_3 为通常的 3 维几何空间，Π_1,Π_2 为通过原点的两个不同平面上从原点出发的向量构成的两个 V_3 的子空间，那么 $\Pi_1\cap\Pi_2=L$，L 为 Π_1,Π_2 的交线上向量构成的子空间，其维数为 1. 因为 $\Pi_1+\Pi_2=V_3$，所以 $\Pi_1+\Pi_2$ 的维数为 3，而 Π_1,Π_2 均为 2 维子空间，因此有

$$\dim\Pi_1+\dim\Pi_2=\dim(\Pi_1+\Pi_2)+\dim(\Pi_1\cap\Pi_2).$$

例 6.36 中的结论是具有一般性的，我们有下面定理.

定理 6.8（维数公式） 如果 W_1,W_2 是线性空间 V 的两个子空间，那么

$$\dim W_1+\dim W_2=\dim(W_1+W_2)+\dim(W_1\cap W_2).$$

证 设 $\dim W_1=n_1$，$\dim W_2=n_2$，$\dim(W_1\cap W_2)=m$. 要证：

$$\dim(W_1+W_2)=n_1+n_2-m.$$

在 $W_1\cap W_2$ 中取一个基：$\alpha_1,\alpha_2,\cdots,\alpha_m$. 由于 $W_1\cap W_2\subseteq W_1$，且 $W_1\cap W_2$ 是 W_1 的子空间，据定理 6.5，可将它的基扩充为 W_1 的一个基，设为

$$\alpha_1,\ \alpha_2,\ \cdots,\ \alpha_m,\ \beta_1,\ \beta_2,\ \cdots,\ \beta_{n1-m}.$$

又 $W_1\cap W_2\subseteq W_2$，且是 W_2 的子空间，所以也可将它的基扩充为 W_2 的一个基：

$$\alpha_1,\ \alpha_2,\ \cdots,\ \alpha_m,\ \gamma_1,\ \gamma_2,\ \cdots,\ \gamma_{n2-m}.$$

因此

$$W_1=L(\alpha_1,\alpha_2,\cdots,\alpha_m,\beta_1,\beta_2,\cdots,\beta_{n1-m}),$$
$$W_2=L(\alpha_1,\alpha_2,\cdots,\alpha_m,\gamma_1,\gamma_2,\cdots,\gamma_{n2-m}).$$

于是

$$W_1+W_2=L(\alpha_1,\alpha_2,\cdots,\alpha_m,\beta_1,\beta_2,\cdots,\beta_{n1-m},\gamma_1,\gamma_2,\cdots,\gamma_{n2-m}).$$

因为

$$\dim(W_1+W_2)=\text{秩}\{\alpha_1,\alpha_2,\cdots,\alpha_m,\beta_1,\beta_2,\cdots,\beta_{n1-m},\gamma_1,\gamma_2,\cdots,\gamma_{n2-m}\},$$

所以若能证明向量组

$$\alpha_1,\ \alpha_2,\ \cdots,\ \alpha_m,\ \beta_1,\ \beta_2,\ \cdots,\ \beta_{n1-m},\ \gamma_1,\ \gamma_2,\ \cdots,\ \gamma_{n2-m} \qquad (\text{IV})$$

线性无关，那么就有

$$\dim(W_1+W_2)=m+(n_1-m)+(n_2-m)=n_1+n_2-m.$$

现证向量组(Ⅳ)线性无关. 设有等式

$$k_1\alpha_1+k_2\alpha_2+\cdots+k_m\alpha_m+p_1\beta_1+p_2\beta_2+\cdots+p_{n1-m}\beta_{n1-m}$$
$$+q_1\gamma_1+q_2\gamma_2+\cdots+q_{n2-m}\gamma_{n2-m}=0. \qquad (3.2)$$

令

$$\alpha = k_1\alpha_1 + k_2\alpha_2 + \cdots + k_m\alpha_m + p_1\beta_1 + p_2\beta_2 + \cdots + p_{n_1-m}\beta_{n_1-m} \in W_1,$$

则有

$$\alpha = -q_1\gamma_1 - q_2\gamma_2 - \cdots - q_{n_2-m}\gamma_{n_2-m} \in W_2.$$

于是可知 $\alpha \in W_1 \cap W_2$. 因而 α 可由 $W_1 \cap W_2$ 的基线性表示：

$$\alpha = l_1\alpha_1 + l_2\alpha_2 + \cdots + l_m\alpha_m \tag{3.3}$$

由(3.2),(3.3)，得

$$l_1\alpha_1 + l_2\alpha_2 + \cdots + l_m\alpha_m + q_1\gamma_1 + q_2\gamma_2 + \cdots + q_{n_2-m}\gamma_{n_2-m} = 0.$$

因为 $\alpha_1,\alpha_2,\cdots,\alpha_m,\gamma_1,\gamma_2,\cdots,\gamma_{n_2-m}$ 是 W_2 的基，必线性无关，所以

$$l_1 = l_2 = \cdots = l_m = q_1 = q_2 = \cdots = q_{n_2-m} = 0.$$

由此(3.2) 化为

$$k_1\alpha_1 + k_2\alpha_2 + \cdots + k_m\alpha_m + p_1\beta_1 + p_2\beta_2 + \cdots + p_{n_1-m}\beta_{n_1-m} = 0.$$

又因为 $\alpha_1,\alpha_2,\cdots,\alpha_m,\beta_1,\beta_2,\cdots,\beta_{n_1-m}$ 是 W_1 的基，所以

$$k_1 = k_2 = \cdots = k_m = p_1 = p_2 = \cdots = p_{n_1-m} = 0,$$

即(3.2) 仅当所有的系数全为零时才成立，故

$$\alpha_1,\ \alpha_2,\ \cdots,\ \alpha_m,\ \beta_1,\ \beta_2,\ \cdots,\ \beta_{n_1-m},\ \gamma_1,\ \gamma_2,\ \cdots,\ \gamma_{n_2-m}$$

线性无关，其秩为 $n_1 + n_2 - m$. 所以

$$\dim(W_1+W_2) = n_1+n_2-m = \dim W_1 + \dim W_2 - \dim(W_1 \cap W_2),$$

即

$$\dim W_1 + \dim W_2 = \dim(W_1 + W_2) + \dim(W_1 \cap W_2).$$ ■

由维数公式，若已知 $W_1,W_2,W_1 \cap W_2,W_1 + W_2$ 中 3 个子空间的维数，就可知余下的一个子空间的维数，例如：

$$\dim(W_1 + W_2) = \dim W_1 + \dim W_2 - \dim(W_1 \cap W_2). \tag{3.4}$$

从上式也可以看到，和的维数一般要比维数的和小. 如例 6.36，在 3 维几何空间 V_3 中，$\Pi_1 + \Pi_2 = V_3$，而

$$\dim \Pi_1 + \dim \Pi_2 = 2 + 2 = 4.$$

由此说明 $\Pi_1 \cap \Pi_2$ 是 1 维的直线 L.

一般地，有

推论 如果 n 维线性空间 V 中两个子空间 W_1,W_2 的维数之和大于 n，则 W_1，W_2 必含有非零的公共向量.

证 设 $\dim W_1 = n_1$，$\dim W_2 = n_2$，且 $n_1 + n_2 > n$. 要证 W_1,W_2 必含有非零的公共向量，即证 $\dim(W_1 \cap W_2) > 0$.

由假设，

$$\dim(W_1 + W_2) + \dim(W_1 \cap W_2) = \dim W_1 + \dim W_2 > n,$$

但因 W_1+W_2 是 V 的子空间，于是有

$$\dim(W_1+W_2)\leqslant n,$$

所以

$$\dim(W_1\cap W_2)>0.$$

这就是说，$W_1\cap W_2$ 中含有非零的向量. ∎

由(3.4)也可以看到，当 $W_1\cap W_2=\{0\}$ 时，

$$\dim(W_1+W_2)=\dim W_1+\dim W_2.$$

此时子空间 W_1 与 W_2 的和是子空间和的一个重要特殊情况，这就是下面即将引入的子空间的直和的情况，借助于直和，可把高维线性空间化为低维线性空间来研究.

设 $W=W_1+W_2$，由子空间和的定义，W 中每一个向量 ξ 都可以表示成 W_1 中的一个向量 α 与 W_2 中的一个向量 β 之和，即 $\xi=\alpha+\beta$. 一般而言，这种表示方法不是唯一的，即可能另有一个 $\alpha'\in W_1$，$\beta'\in W_2$，使 $\xi=\alpha'+\beta'$. 例如在 $\mathbf{R}^3$ 中，设 $W_1=\mathbf{R}^3$，$W_2=\{(a_1,a_2,0)\mid a_1,a_2\in\mathbf{R}\}$. 取 $\boldsymbol{\xi}=(1,1,1)\in\mathbf{R}^3$，那么

$$\boldsymbol{\xi}=(1,1,1)=(-1,3,1)+(2,-2,0),$$

其中 $\boldsymbol{\alpha}=(-1,3,1)\in W_1$，$\boldsymbol{\beta}=(2,-2,0)\in W_2$. 又

$$\boldsymbol{\xi}=(1,1,1)=(2,2,1)+(-1,-1,0),$$

其中 $\boldsymbol{\alpha}'=(2,2,1)\in W_1$，$\boldsymbol{\beta}'=(-1,-1,0)\in W_2$.

但我们可以看到，在某些特殊情况下，这种表示法是唯一的. 例如在 $\mathbf{R}^3$ 中，设 $W_1=\{(0,0,a_3)\mid a_3\in\mathbf{R}\}$，$W_2=\{a_1,a_2,0\mid a_1,a_2\in\mathbf{R}\}$. 对任一向量 $\boldsymbol{\eta}=(a_1,a_2,a_3)\in\mathbf{R}^3$，$\boldsymbol{\eta}=\boldsymbol{\alpha}_1+\boldsymbol{\alpha}_2$（其中 $\boldsymbol{\alpha}_1=(0,0,a_3)\in W_1$，$\boldsymbol{\alpha}_2=(a_1,a_2,0)\in W_2$），这种表达式是唯一的.

定义 6.12 设 V 是数域 $\mathbf{F}$ 上线性空间，V_1,V_2 是 V 的子空间，$W=V_1+V_2$，如果 W 中的每一个向量 α 的分解式

$$\alpha=\alpha_1+\alpha_2\quad（其中\ \alpha_1\in V_1,\ \alpha_2\in V_2）$$

是唯一的，则称 W 为 V_1 与 V_2 的**直和**，记为 $W=V_1\oplus V_2$.

上面两个例子中，前者不是直和，后者为直和.

两个子空间的和是不是直和，如用定义来判别，往往是比较麻烦的，因为它必须要验证 W 中每一个向量的分解式唯一. 为此我们给出直和的判定条件.

设 V 为数域 $\mathbf{F}$ 上线性空间，V_1,V_2 是 V 的子空间.

定理6.9 和 V_1+V_2 是直和的充分必要条件是等式

$$\alpha_1+\alpha_2=0,\quad \alpha_i\in V_i\ (i=1,2)$$

只有在 $\alpha_1=\alpha_2=0$ 时成立，即零向量分解式唯一.

证 必要性 由直和定义，即得零向量分解式是唯一.

充分性 已知零向量的分解式唯一，要证 V_1+V_2 中每一个向量分解式唯一.

设 $\alpha\in V_1+V_2$，$\alpha=\alpha_1+\alpha_2$，其中 $\alpha_1\in V_1$，$\alpha_2\in V_2$. 若又有 $\alpha=\beta_1+\beta_2$，其中 $\beta_1\in V_1$，$\beta_2\in V_2$，现要证 $\alpha_1=\beta_1$，$\alpha_2=\beta_2$. 由假设可得

$$\alpha_1+\alpha_2=\beta_1+\beta_2,$$

因而有

$$(\alpha_1-\beta_1)+(\alpha_2-\beta_2)=0,$$

其中 $\alpha_1-\beta_1\in V_1$，$\alpha_2-\beta_2\in V_2$，据已知条件，零向量分解式是唯一的，于是

$$\alpha_1-\beta_1=0,\quad \alpha_2-\beta_2=0,$$

即得 $\alpha_1=\beta_1$，$\alpha_2=\beta_2$. 故 V_1+V_2 中每一个向量 α 的分解式唯一. 由直和定义，得到和 V_1+V_2 是直和. ∎

推论 和 V_1+V_2 为直和的充分必要条件是 $V_1\cap V_2=\{0\}$.

证 必要性 已知 V_1+V_2 是直和，要证 $V_1\cap V_2=\{0\}$.

设任一向量 $\alpha\in V_1\cap V_2$，于是 $\alpha\in V_1$，同时 $\alpha\in V_2$. 由于 V_2 是子空间，所以 $-\alpha\in V_2$，而 $\alpha+(-\alpha)=0$，其中 $\alpha\in V_1$，$-\alpha\in V_2$. 由已知 V_1+V_2 是直和，据定理 6.9，零向量分解式唯一，$\alpha=-\alpha=0$，因而

$$V_1\cap V_2=\{0\}.$$

充分性 已知 $V_1\cap V_2=\{0\}$，要证 V_1+V_2 是直和. 我们来证明零向量分解式唯一.

设有

$$0=\alpha_1+\alpha_2,\quad \alpha_1\in V_1,\ \alpha_2\in V_2,$$

因此 $\alpha_1=-\alpha_2$，又由 $\alpha_2\in V_2$，可知 $-\alpha_2\in V_2$. 由此推知 $\alpha_1\in V_2$，于是

$$\alpha_1\in V_1\cap V_2.$$

因为 $V_1\cap V_2=\{0\}$，所以 $\alpha_1=0$，从而 $\alpha_2=0$，即零向量的分解式唯一. 故和 V_1+V_2 是直和. ∎

定理 6.10 和 $W=V_1+V_2$ 是直和的充分必要条件是

$$\dim W=\dim V_1+\dim V_2.$$

证 由维数公式

$$\dim W+\dim(V_1\cap V_2)=\dim V_1+\dim V_2$$

及定理 6.9 的推论：V_1+V_2 是直和的充分必要条件为 $V_1\cap V_2=\{0\}$，也就是 $\dim(V_1\cap V_2)=0$，可证得 $W=V_1+V_2$ 是直和的充分必要条件是

$$\dim W=\dim V_1+\dim V_2.$$ ■

看例 6.33，W_1,W_2 是 2 维几何空间 V_2 的子空间，且 $V_2=W_1+W_2$，由于 $W_1\cap W_2=\{\mathbf{0}\}$，所以 $V_2=W_1\oplus W_2$. 而例 6.36 中的和 $\Pi_1+\Pi_2$ 不是直和，因为 $\Pi_1\cap\Pi_2$ 是 1 维空间.

例 6.37 设和 $W=V_1+V_2$ 是直和，$\varepsilon_1,\varepsilon_2,\cdots,\varepsilon_m$ 是 V_1 的一个基，$\varepsilon_{m+1},\varepsilon_{m+2},\cdots,\varepsilon_n$ 是 V_2 的一个基，则

$$\varepsilon_1,\ \varepsilon_2,\ \cdots,\ \varepsilon_m,\ \varepsilon_{m+1},\ \cdots,\ \varepsilon_n$$

是 W 的一个基.

证 因为 $V_1=L(\varepsilon_1,\varepsilon_2,\cdots,\varepsilon_m)$，且 $\dim V_1=m$，而 $V_2=L(\varepsilon_{m+1},\varepsilon_{m+2},\cdots,\varepsilon_n)$，$\dim V_2=n-m$. 由已知：$W=V_1+V_2$，所以

$$\begin{aligned}W&=L(\varepsilon_1,\varepsilon_2,\cdots,\varepsilon_m)+L(\varepsilon_{m+1},\varepsilon_{m+2},\cdots,\varepsilon_n)\\&=L(\varepsilon_1,\varepsilon_2,\cdots,\varepsilon_m,\varepsilon_{m+1},\cdots,\varepsilon_n).\end{aligned}\tag{3.5}$$

再因和 $W=V_1+V_2$ 是直和，故

$$\dim W=\dim V_1+\dim V_2=m+(n-m)=n.$$

据(3.5)，若能证明 W 的生成元 $\varepsilon_1,\varepsilon_2,\cdots,\varepsilon_n$ 线性无关，则结论就成立.

由定理 6.4 中 2)，W 的维数等于向量组 $\varepsilon_1,\varepsilon_2,\cdots,\varepsilon_n$ 的秩，所以秩$\{\varepsilon_1,\varepsilon_2,\cdots,\varepsilon_n\}=n$，即 $\varepsilon_1,\varepsilon_2,\cdots,\varepsilon_n$ 线性无关.

例 6.38 令 $\mathbf{F}^{n\times n}$ 表示数域 $\mathbf{F}$ 上一切 n 阶矩阵所成的线性空间，即

$$\mathbf{F}^{n\times n}=\{\boldsymbol{A}=(a_{ij})_{n\times n}\mid a_{ij}\in\mathbf{F},\ i,j=1,2,\cdots,n\}.$$

设 $S=\{\boldsymbol{B}\in\mathbf{F}^{n\times n}\mid\boldsymbol{B}=\boldsymbol{B}^{\mathrm{T}}\}$，$T=\{\boldsymbol{C}\in\mathbf{F}^{n\times n}\mid\boldsymbol{C}=-\boldsymbol{C}^{\mathrm{T}}\}$. 证明：

$$\mathbf{F}^{n\times n}=S\oplus T,\quad S\cap T=\{\boldsymbol{O}\}.$$

证 由直和定义，必须证明两条：首先证 $\mathbf{F}^{n\times n}=S+T$；然后再证和 $S+T$ 是直和.

显然，S,T 均为 $\mathbf{F}^{n\times n}$ 的子空间. 设 $\boldsymbol{A}\in\mathbf{F}^{n\times n}$，因为

$$\boldsymbol{A}=\frac{1}{2}(\boldsymbol{A}+\boldsymbol{A}^{\mathrm{T}})+\frac{1}{2}(\boldsymbol{A}-\boldsymbol{A}^{\mathrm{T}}),$$

而

$$\left(\frac{1}{2}(\boldsymbol{A}+\boldsymbol{A}^{\mathrm{T}})\right)^{\mathrm{T}}=\frac{1}{2}(\boldsymbol{A}^{\mathrm{T}}+(\boldsymbol{A}^{\mathrm{T}})^{\mathrm{T}})=\frac{1}{2}(\boldsymbol{A}^{\mathrm{T}}+\boldsymbol{A}),$$

所以$\frac{1}{2}(\boldsymbol{A}+\boldsymbol{A}^{\mathrm{T}})\in S$，又

$$\left(\frac{1}{2}(\boldsymbol{A}-\boldsymbol{A}^{\mathrm{T}})\right)^{\mathrm{T}}=\frac{1}{2}(\boldsymbol{A}^{\mathrm{T}}-\boldsymbol{A})=-\left(\frac{1}{2}(\boldsymbol{A}-\boldsymbol{A}^{\mathrm{T}})\right),$$

于是$\frac{1}{2}(\boldsymbol{A}-\boldsymbol{A}^{\mathrm{T}})\in T$，故 $\mathbf{F}^{n\times n}=S+T$.

用定理 6.10 来证明和 $S+T$ 是直和. 因为

$$\dim S=\frac{n(n+1)}{2},\quad \dim T=\frac{n(n-1)}{2},$$

而 $\dim \mathbf{F}^{n\times n}=n^2$，故有

$$\dim \mathbf{F}^{n\times n}=\dim S+\dim T.$$

因此有 $\mathbf{F}^{n\times n}=S\oplus T$，从而由定理 6.9 的推论得 $S\cap T=\{\boldsymbol{O}\}$.

定理6.11 设 U 是 n 维线性空间 V 的一个子空间，则存在 V 的子空间 W，使 $V=U\oplus W$. 称 W 为 U 的**补子空间**.

证 设 $\dim U=m$，在 U 中取一个基 $\alpha_1,\alpha_2,\cdots,\alpha_m$. 把子空间 U 的这个基扩充成 V 的基

$$\alpha_1,\ \alpha_2,\ \cdots,\ \alpha_m,\ \alpha_{m+1},\ \cdots,\ \alpha_n.$$

令 $W=L(\alpha_{m+1},\cdots,\alpha_n)$，则可证：$V=U\oplus W$. 事实上，因为

$$U=L(\alpha_1,\alpha_2,\cdots,\alpha_m),\quad W=L(\alpha_{m+1},\cdots,\alpha_n),$$

于是

$$\begin{aligned}W+U&=L(\alpha_1,\alpha_2,\cdots,\alpha_m)+L(\alpha_{m+1},\cdots,\alpha_n)\\&=L(\alpha_1,\alpha_2,\cdots,\alpha_m,\alpha_{m+1},\cdots,\alpha_n)=V.\end{aligned}$$

又因为 $\dim(U+W)=\dim V=n$，$\dim U=m$，$\dim W=n-m$，所以

$$\dim(U+W)=\dim U+\dim W.$$

据定理 6.10，即有 $V=U\oplus W$. ∎

注意，一个子空间的补子空间一般是不唯一的. 例如：V_3 是通常的 3 维几何空间，V_2 是通过原点的平面 Π 上的从原点出发的向量全体，V_2 是 V_3 的子空间. 我们可以看到，通过原点而不在平面 Π 上的任一直线上从原点出发的向量全体构成的 V_3 的子空间均为 V_2 的补子空间.

子空间的直和的概念可以推广到任意有限个子空间的情况.

定义 6.13 设 $V_1,V_2,\cdots,V_s$ 是线性空间 V 的子空间，$W=V_1+V_2+\cdots+V_s$，如果 W 中每个向量 α 的分解式

$$\alpha=\alpha_1+\alpha_2+\cdots+\alpha_s,\quad \alpha_i\in V_i\ (i=1,2,\cdots,s)$$

是唯一的，则称和 $W=V_1+V_2+\cdots+V_s$ 是**直和**，记

$$W=V_1\oplus V_2\oplus\cdots\oplus V_s.$$

与两个子空间的直和一样. 我们有如下构成直和的条件.

定理6.12 设 $V_1,V_2,\cdots,V_s$ 是 V 的子空间，$W=V_1+V_2+\cdots+V_s$，则下面的条件是等价的：

1) $W=V_1+V_2+\cdots+V_s$ 是直和，即 W 中每一向量的分解式唯一；

2) 零向量的分解式唯一，即 $0=0+0+\cdots+0$；

3） $V_i \cap \sum_{j \neq i} V_j = \{0\}$ $(i=1,2,\cdots,s)$；

4） $\dim W = \dim V_1 + \dim V_2 + \cdots + \dim V_s$.

证 1)⇒2） 由直和定义即可知零向量分解式唯一.

2)⇒3） 已知零向量分解式唯一，要证 $V_i \cap \sum_{i \neq j} V_j = \{0\}$，即设任一 $\alpha \in V_i$，且 $\alpha \in \sum_{j \neq i} V_j = V_1 + \cdots + V_{i-1} + V_{i+1} + \cdots + V_s$，要证 $\alpha = 0$.

因为 $\alpha \in \sum_{j \neq i} V_j$，所以

$$\alpha = \alpha_1 + \cdots + \alpha_{i-1} + \alpha_{i+1} + \cdots + \alpha_s,$$

其中 $\alpha_j \in V_j$ $(j=1,\cdots,i-1,i+1,\cdots,s)$. 移项得

$$\alpha_1 + \cdots + \alpha_{i-1} - \alpha + \alpha_{i+1} + \cdots + \alpha_s = 0,$$

其中 $\alpha \in V_i$，$\alpha_j \in V_j$ $(j \neq i)$. 已知零向量分解式唯一，所以 $-\alpha = 0$，于是 $\alpha = 0$. 因此

$$V_i \cap \sum_{j \neq i} V_j = \{0\} \quad (i=1,2,\cdots,s).$$

3)⇒4） 已知 $V_i \cap \sum_{j \neq i} V_j = \{0\}$ $(i=1,2,\cdots,s)$，要证：

$$\dim W = \sum_{j=1}^{s} \dim V_j.$$

对 s 用数学归纳法.

当 $s=2$ 时，$V_1 \cap V_2 = \{0\}$，由维数公式得

$$\dim W = \dim V_1 + \dim V_2.$$

假定对 $s-1$ 个子空间来说，结论成立，我们来讨论 s 个子空间的情况：

$$W = V_1 + V_2 + \cdots + V_{s-1} + V_s = \sum_{j=1}^{s-1} V_j + V_s,$$

由已知 $V_s \cap \sum_{j=1}^{s-1} V_j = \{0\}$，得

$$W = V_s \oplus \sum_{j=1}^{s-1} V_j, \quad \dim W = \dim V_s + \dim\left(\sum_{j=1}^{s-1} V_j\right).$$

设 $W_1 = \sum_{j=1}^{s-1} V_j = V_1 + V_2 + \cdots + V_{s-1}$，因为

$$V_i \cap \sum_{\substack{j=1 \\ j \neq i}}^{s-1} V_j \subseteq V_i \cap \sum_{\substack{j=1 \\ j \neq i}}^{s} V_j = \{0\} \quad (i=1,2,\cdots,s-1),$$

由归纳法假设

$$\dim W_1 = \dim V_1 + \dim V_2 + \cdots + \dim V_{s-1},$$

所以

$$\dim W=\dim V_1+\dim V_2+\cdots+\dim V_{s-1}+\dim V_s,$$

于是对 s，结论也成立.

4)⇒1) 设 $\dim W=\sum_{j=1}^{s}\dim V_j$，要证和 $W=V_1+V_2+\cdots+V_s$ 是直和(我们来证 W 中任一向量 α 的分解式是唯一的).

设 $\dim V_j=t_j\ (j=1,2,\cdots,s)$，取 V_1 的一个基为 $\alpha_1,\alpha_2,\cdots,\alpha_{t1}$，取 V_2 的一个基为 $\beta_1,\beta_2,\cdots,\beta_{t2}$ …… 取 V_s 的一个基为 $\gamma_1,\gamma_2,\cdots,\gamma_{t_s}$. 于是，

$$\begin{aligned}W&=L(\alpha_1,\alpha_2,\cdots,\alpha_{t1})+L(\beta_1,\beta_2,\cdots,\beta_{t2})+\cdots+L(\gamma_1,\gamma_2,\cdots,\gamma_{t_s})\\&=L(\alpha_1,\cdots,\alpha_{t1},\beta_1,\cdots,\beta_{t2},\cdots,\gamma_1,\cdots,\gamma_{t_s}).\end{aligned}$$

由于

$$\dim W=\text{秩}\{\alpha_1,\cdots,\alpha_{t1},\beta_1,\cdots,\beta_{t2},\cdots,\gamma_1,\cdots,\gamma_{t_s}\},$$

而 $\dim W=t_1+t_2+\cdots+t_s$，可得

$$\text{秩}\{\alpha_1,\cdots,\alpha_{t1},\beta_1,\cdots,\beta_{t2},\cdots,\gamma_1,\cdots,\gamma_{t_s}\}=t_1+t_2+\cdots+t_s.$$

故 $\alpha_1,\cdots,\alpha_{t1},\beta_1,\cdots,\beta_{t2},\cdots,\gamma_1,\cdots,\gamma_{t_s}$ 线性无关.

设任意 $\alpha\in V$，它有如下分解式：

$$\alpha=\xi_1+\xi_2+\cdots+\xi_s,\quad \xi_j\in V_j\ (j=1,2,\cdots,s),$$

$$\alpha=\eta_1+\eta_2+\cdots+\eta_s,\quad \eta_j\in V_j\ (j=1,2,\cdots,s).$$

我们来证明：$\xi_j=\eta_j\ (j=1,2,\cdots,s)$. 由上面两个表示式，得

$$(\xi_1-\eta_1)+(\xi_2-\eta_2)+\cdots+(\xi_s-\eta_s)=0,$$

其中 $\xi_j-\eta_j\in V_j\ (j=1,2,\cdots,s)$，它可由 V_j 的基线性表示. 设

$$\begin{aligned}\xi_1-\eta_1&=k_1\alpha_1+k_2\alpha_2+\cdots+k_{t1}\alpha_{t1},\\\xi_2-\eta_2&=l_1\beta_1+l_2\beta_2+\cdots+l_{t2}\beta_{t2},\\&\cdots,\\\xi_s-\eta_s&=m_1\gamma_1+m_2\gamma_2+\cdots+m_{t_s}\gamma_{ts},\end{aligned}$$

则有

$$\begin{aligned}&k_1\alpha_1+k_2\alpha_2+\cdots+k_{t1}\alpha_{t1}+l_1\beta_1+l_1\beta_2+\cdots+l_{t2}\beta_{t2}+\cdots\\&+m_1\gamma_1+m_2\gamma_2+\cdots+m_{t_s}\gamma_{ts}=\sum_{j=1}^{s}(\xi_j-\eta_j)=0,\end{aligned}$$

因为 $\alpha_1,\alpha_2,\cdots,\alpha_{t1},\beta_1,\beta_2,\cdots,\beta_{t2},\cdots,\gamma_1,\gamma_2,\cdots,\gamma_{t_s}$ 线性无关，所以

$$\begin{aligned}k_1&=k_2=\cdots=k_{t1}=l_1=l_2=\cdots=l_{t2}=\cdots\\&=m_1=m_2=\cdots=m_{t_s}=0,\end{aligned}$$

于是

$$\xi_j-\eta_j=0,\ \xi_j=\eta_j\quad (j=1,2,\cdots,s),$$

即 α 的分解式唯一，和 $W=V_1+V_2+\cdots+V_s$ 是直和. ∎

例 6.39 证明：如果 $V=V_1\oplus V_2$，$V_1=V_{11}\oplus V_{12}$，那么

$$V=V_{11}\oplus V_{12}\oplus V_2.$$

证 先证 $V=V_{11}+V_{12}+V_2$.

设 $\alpha\in V$，由 $V=V_1\oplus V_2$，所以 $\alpha=\alpha_1+\alpha_2$，其中 $\alpha_1\in V_1$，$\alpha_2\in V_2$. 再因 $V_1=V_{11}\oplus V_{12}$，故 $\alpha_1=\alpha_{11}+\alpha_{12}$，其中 $\alpha_{11}\in V_{11}$，$\alpha_{12}\in V_{12}$，于是

$$\alpha=\alpha_1+\alpha_2=\alpha_{11}+\alpha_{12}+\alpha_2,$$

因此有 $V=V_{11}+V_{12}+V_2$.

其次证明和 $V=V_{11}+V_{12}+V_2$ 是直和.

因为 $V=V_1\oplus V_2$，所以 $\dim V=\dim V_1+\dim V_2$，而 $V_1=V_{11}\oplus V_{12}$，故有 $\dim V_1=\dim V_{11}+\dim V_{12}$，于是

$$\dim V=\dim V_{11}+\dim V_{12}+\dim V_2.$$

据定理 6.12，$V=V_{11}\oplus V_{12}\oplus V_2$.

思考题 证明：和 $\sum_{i=1}^{s}V_i$ 是直和的充要条件是

$$V_i\cap\sum_{j=1}^{i-1}V_j=\{0\}\quad(i=2,3,\cdots,s).$$

习题 6.3

1. 判断 $\mathbf{R}^n$ 的下列子集是否构成子空间：

1） $V_1=\{(a_1,0,\cdots,0,a_n)\mid a_1,a_n\in\mathbf{R}\}$；

2） $V_2=\left\{(a_1,a_2,\cdots,a_n)\,\middle|\,\sum_{i=1}^{n}a_i=0,\ a_i\in\mathbf{R},\ i=1,2,\cdots,n\right\}$.

2. 设 V_1,V_2 都是线性空间 V 的子空间，且 $V_1\subseteq V_2$. 证明：如果 V_1 的维数与 V_2 的维数相等，那么 $V_1=V_2$.

3. 设 $\mathbf{A}\in\mathbf{F}^{n\times n}$. 证明：全体与 $\mathbf{A}$ 可交换的矩阵组成 $\mathbf{F}^{n\times n}$ 的一个子空间(记为 $C(\mathbf{A})$).

4. 在立体解析几何中，所有自原点出发的向量添加一个零向量后构成一个 3 维向量空间 V_3.

1） 问所有终点都在一个不经过原点的平面上的向量全体是否构成 V_3 的子空间？

2） 在一个过原点的平面上的所有向量是否构成 V_3 的子空间？ 其维数是几？

5. 在 $\mathbf{F}^4$ 中，求由向量

$$\boldsymbol{\alpha}_1=(2,1,3,-1),\quad \boldsymbol{\alpha}_2=(-1,1,-3,1),$$
$$\boldsymbol{\alpha}_3=(4,5,3,-1),\quad \boldsymbol{\alpha}_4=(1,5,-3,1)$$

张成的子空间的基与维数.

6. 如果 $c_1\alpha+c_2\beta+c_3\gamma=0$，且 $c_1c_3\neq 0$，证明：$L(\alpha,\beta)=L(\beta,\gamma)$.

7. 在 $\mathbf{F}^4$ 中求习题 2.4 第 6 题 1),2) 的齐次线性方程组的解空间及其维数.

8. 求由向量组 $\boldsymbol{\alpha}_1=(1,1,0,0)$, $\boldsymbol{\alpha}_2=(1,0,1,1)$ 与向量组 $\boldsymbol{\beta}_1=(0,0,1,1)$, $\boldsymbol{\beta}_2=(0,1,1,0)$ 张成的子空间的交的基与维数.

9. 证明：每一个 n 维向量空间都可以表示成 n 个 1 维子空间的直和.

10. 设 V_1 与 V_2 分别是齐次方程组 $x_1+x_2+\cdots+x_n=0$ 与齐次方程组 $x_1=x_2=\cdots=x_n$ 的解空间，证明：$\mathbf{F}^n=V_1\oplus V_2$.

6.4 映射 线性空间的同构

设 V 是数域 $\mathbf{F}$ 上的 n 维线性空间，我们知道，$\mathbf{F}^n$ 也是 $\mathbf{F}$ 上的 n 维线性空间. 在本章前几节中，我们看到，$\mathbf{F}^n$ 中的许多概念和结论都可以引入到 V 中来，说明它们之间必定存在着非常密切的联系，这就是本节将要讨论的“同构”概念.

在本节中，我们可以看到同构是一种特殊的映射，在下一章中，我们将看到线性变换也是一种特殊的映射，为此我们先引入映射的概念.

我们知道，一元函数 $y=f(x)$ 是实数集 $\mathbf{R}$ 的一个非空子集 M（即定义域）到 $\mathbf{R}$ 的一个对应法则，按照此对应法则，对于 M 中每一个实数 x，总有唯一一个确定的实数 y 与之对应.

把函数概念一般化，我们引进映射的定义.

定义 6.14 设 M 与 N 是两个集合，若对于 M 中的每一个元素 a，都有 N 中的唯一一个确定的元素 a' 与之对应，则称此对应法则为集合 M 到集合 N 的一个**映射**. 常用希腊字母 $\sigma,\tau,\varphi,\psi,\cdots$ 表示映射.

设 σ 是集合 M 到 N 的一个映射，$a\in M$，a 在映射 σ 下的对应元素为 $a'\in N$，就记 $\sigma: a\longmapsto a'$ 或 $\sigma(a)=a'$. a' 称为 a 在映射 σ 下的**像**，而 a 称为 a' 在映射 σ 下的**原像**. 集合 M 到自身的映射，有时也称为 M 到自身的**变换**.

下面看几个例子.

例 6.40 设集合 $M=N=\{0,\pm 1,\pm 2,\cdots\}$，即全体整数构成的集合，定义对应法则

$$\sigma: M\to N,\quad n\longmapsto 2n,\ n\in M.$$

σ 是 M 到自身的一个映射.

例 6.41 设集合 $M=\{0,\pm 1,\pm 2,\cdots\}$，$N=\{n^2 \mid n=0,1,1,2,\cdots\}$，定义对应法则

$$\sigma: M\to N,\quad n\longmapsto n^2,\ n\in M.$$

σ 是 M 到 N 的一个映射.

例 6.42　设 $M=\{0,\pm 1,\pm 2,\pm 3,\cdots\}$, $N=\{0,\pm 2,\pm 4,\pm 6,\cdots\}$. 定义对应法则

$$\sigma: M\to N,\quad n\mapsto 2n,\ n\in M$$

(或 $\sigma(n)=2n$, $\forall n\in M$). σ 是 M 到 N 的一个映射.

例 6.43　设 $M=N=\mathbf{R}$, 定义

$$\sigma(x)=\sin x,\quad \forall x\in\mathbf{R},$$

σ 是 M 到 N 的一个映射(如图 6-1).

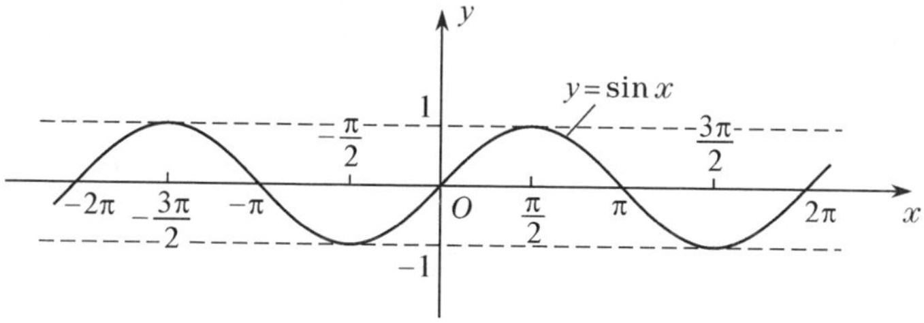

图 6-1

例 6.44　设 $M=\left[-\frac{\pi}{2},\frac{\pi}{2}\right]$, $N=[-1,1]$, 定义

$$\sigma(x)=\sin x,\quad \forall x\in\left[-\frac{\pi}{2},\frac{\pi}{2}\right],$$

σ 是 M 到 N 的一个映射(如图 6-2).

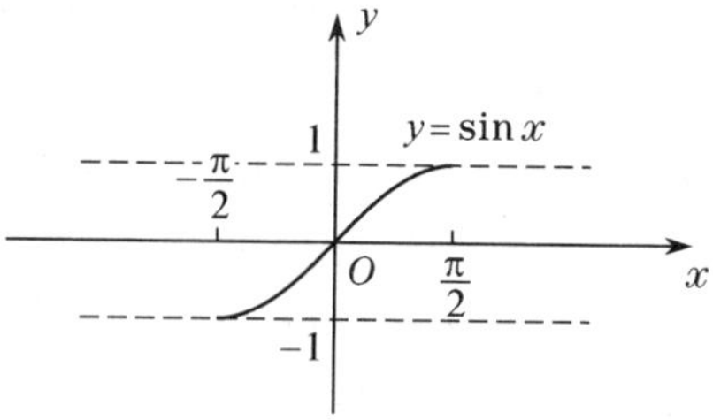

图 6-2

例 6.45　设 $M=\left\{\begin{pmatrix}a&0\\0&a\end{pmatrix}\middle|\, a\in\mathbf{R}\right\}$, $N=\mathbf{R}$. 对应法则

$$\sigma: M\to N,\quad \boldsymbol{\alpha}=\begin{pmatrix}a&0\\0&a\end{pmatrix}\mapsto a,\ \boldsymbol{\alpha}\in M.$$

σ 是 M 到 N 的映射.

例 6.46　设 M 是一个集合, 对应法则是

$$\sigma: M\to M,\quad a\mapsto a,\ a\in M,$$

即 $\sigma(a)=a$，$a\in M$. σ 是 M 到自身的一个映射，称为集合 M 的一个**恒等映射**或**单位映射**，记为 1_M.

设 σ 是集合 M 到 N 的映射，我们用 $\sigma(M)$ 表示 M 在映射 σ 下像的全体，称为映射 σ 的像集，显然

$$\sigma(M)\subseteq N.$$

由以上例子可以看到不同的映射具有不同特性的对应法则和不同特性的像集. 下面介绍几种加了条件的特殊的映射.

定义 6.15 设 σ 为集合 M 到集合 N 的映射，如果 N 中每一个元素，通过 σ 在 M 中都有原像，即 $\sigma(M)=N$，则称映射 σ 为 M 到 N 的**满射**.

如例 6.41、例 6.42、例 6.44 ~ 例 6.46.

定义 6.16 设 σ 是 M 到 N 的一个映射，如果 M 中任意两个不同的元素，在 σ 下的像也不同，即由 $a_1\neq a_2$，一定有 $\sigma(a_1)\neq\sigma(a_2)$，则称 σ 是 M 到 N 的一个**单射**.

如例 6.40、例 6.42、例 6.44 ~ 例 6.46.

定义 6.17 设 σ 为 M 到 N 的映射，如果 N 中每一个元素通过 σ 在 M 中都有原像，并且 M 中任何不同的两个元素，在 σ 下的像也不同，即 σ 既是满射，又是单射，则称映射 σ 为 M 到 N 的**一一对应**，或称**双射**.

如例 6.42、例 6.44 ~ 例 6.46.

若 σ 是 M 到 N 的一一对应，那么因为 σ 是满射，所以对 N 中任一个元素 a' 必在 M 中能找到一个原像 a，使 $\sigma(a)=a'$. 可以进一步证明这个 a 是由 a' 唯一确定的. 事实上，若另有 $a_1\in M$，使 $\sigma(a_1)=a'$，则必须 $a_1=a$. 否则若 $a_1\neq a$，则由于 σ 是单射，故有 $\sigma(a_1)\neq\sigma(a)$，即 $a'\neq a'$，由此产生矛盾. 因此对任一 $a'\in N$，必有唯一的 $a\in M$ 与之对应，于是按照这个 N 到 M 找原像的法则，可定义一个 N 到 M 的映射，记为 σ^{-1}. 我们有

$$\sigma^{-1}(a')=a,\quad \text{当 } \sigma(a)=a' \text{ 时}.$$

我们将 σ^{-1} 称为 σ 的**逆映射**，并将一个具有逆映射的映射称为**可逆映射**.

注意，任意一个 M 到 N 的一一对应 σ，都能唯一地确定一个逆映射 σ^{-1}，故一一对应都是可逆的映射.

例如：在例 6.45 中，σ 是 M 到 N 的一一对应，其逆映射为

$$\sigma^{-1}:a\longmapsto\begin{pmatrix}a&0\\0&a\end{pmatrix},\ a\in\mathbf{R}.$$

不难看出，一个 M 到 N 的一一对应 σ 的逆映射 σ^{-1} 是 N 到 M 的一一对应，而且 σ^{-1} 的逆映射 $(\sigma^{-1})^{-1}$ 恰为 M 到 N 的一一对应，即 $(\sigma^{-1})^{-1}=\sigma$，因而 σ 和 σ^{-1} 是互为逆映射.

又如：在例 6.44 中，σ 是 M 到 N 的一一对应，其逆映射为

$$\sigma^{-1}(x)=\arcsin x, \quad \forall x \in [-1,1],$$

它是反正弦函数，是正弦函数 $\sigma(x)=\sin x$ 的反函数.

下面我们来讨论映射的乘法. 在此前，先给出两个映射相等的概念.

定义 6.18 设 σ_1,σ_2 都是 M 到 N 的映射，对于 M 中任一元素 a，都有 $\sigma_1(a)=\sigma_2(a)$，则称 σ_1 与 σ_2 是**相等的**，记为 $\sigma_1=\sigma_2$.

定义 6.19 设有 3 个集合 M,M',M'' 及映射

$$\sigma: M \to M', \quad a \mapsto \sigma(a),\ a \in M,$$

$$\tau: M' \to M'', \quad a' \mapsto \tau(a'),\ a' \in M',$$

由 σ,τ 确定的 M 到 M'' 的映射

$$\tau\sigma: M \to M'', \quad a \mapsto \tau(\sigma(a)),\ a \in M$$

称为映射 τ 与 σ 的**乘积**，记为 $\mu=\tau\sigma$，即

$$\mu(a)=(\tau\sigma)(a)=\tau(\sigma(a)).$$

应当注意，映射的乘法与映射的次序有关，而在表示时，把第 1 个映射 σ 写在右边，第 2 个映射 τ 写在左边. 映射的乘法还可以用图形表示：其中三角形的顶点表示集合，有箭头的线段表示映射. 由始点集合 M 到终点集合 M'' 经历的各线段组成的映射乘积相等. 图 6-3 说明 $\mu=\tau\sigma$，此时也说图是交换的.

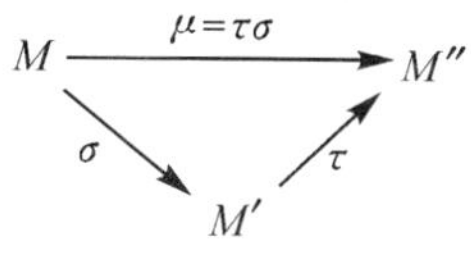

图 6-3

例 6.47 设映射 σ,τ 分别为

$$\sigma: \mathbf{R} \to \mathbf{R}, \quad x \mapsto x^2,\ x \in \mathbf{R},$$

$$\tau: \mathbf{R} \to \mathbf{R}, \quad x \mapsto \sin x,\ x \in \mathbf{R},$$

那么

$$\sigma\tau(x)=\sigma(\tau(x))=\sigma(\sin x)=(\sin x)^2,$$

$$\tau\sigma(x)=\tau(\sigma(x))=\tau(x^2)=\sin x^2.$$

由此可知映射的乘法是不满足交换律的.

但我们可以证明：映射的乘法是满足结合律的.

设 σ,τ,ρ 分别为集合 M 到 M'，M' 到 M''，M'' 到 M''' 的映射，则

$$\rho(\tau\sigma)=(\rho\tau)\sigma.$$

事实上，$\rho(\tau\sigma)$ 是 M 到 M''' 的映射，而 $(\rho\tau)\sigma$ 也是 M 到 M''' 的映射，且对任意 $a \in M$，

$$(\rho\tau)\sigma(a)=(\rho\tau)(\sigma(a))=\rho(\tau(\sigma(a))),$$

$$\rho(\tau\sigma)(a)=\rho(\tau\sigma(a))=\rho(\tau(\sigma(a))).$$

由映射相等的定义即得

$$(\rho\tau)\sigma=\rho(\tau\sigma).$$

对于一一对应的乘积有下面结论：

如果 σ,τ 分别是 M 到 M'，M' 到 M'' 的一一对应，那么乘积 $\tau\sigma$ 就是 M 到 M'' 的一一对应.（证明留作习题）

若 σ 是 M 到 N 的一一对应，容易看到

$$\sigma^{-1}\sigma=1_M,\quad \sigma\sigma^{-1}=1_N.$$

思考题 证明：

（1）对于一个映射 $\sigma: M\to M'$，如果存在一个映射 $\tau: M'\to M$，满足 $\tau\sigma=1_M$，$\sigma\tau=1_{M'}$，则映射 σ 是可逆映射，且映射 τ 是映射 σ 的逆映射；

（2）一个映射的逆映射存在，则一定是唯一的.

在介绍线性空间同构的概念之前，先看一例.

例 6.48 设

$$V=\left\{\begin{pmatrix}a_1 & a_2\\ a_3 & a_4\end{pmatrix}\middle|\, a_i\in\mathbf{R},\ i=1,2,3,4\right\},$$

它关于矩阵的加法与数量乘法构成 $\mathbf{R}$ 上的线性空间，

$$V'=\{(a_1,a_2,a_3,a_4)\mid a_i\in\mathbf{R},\ i=1,2,3,4\}$$

对于 n 维向量的加法与数量乘法也构成 $\mathbf{R}$ 上线性空间. 作 V 到 V' 的映射

$$\tau: V\to V',\quad \mathbf{A}=\begin{pmatrix}a_1 & a_2\\ a_3 & a_4\end{pmatrix}\mapsto \alpha=(a_1,a_2,a_3,a_4),\ \mathbf{A}\in V,$$

易知，τ 到 V 到 V' 的满射，也是单射. 也就是说，τ 到 V 到 V' 的一个一一对应，且映射 τ 保持了加法与数量乘法. 事实上，设

$$\mathbf{A}=\begin{pmatrix}a_1 & a_2\\ a_3 & a_4\end{pmatrix}\in V,\quad \mathbf{B}=\begin{pmatrix}b_1 & b_2\\ b_3 & b_4\end{pmatrix}\in V.$$

据映射 τ 的定义，有 $\tau(\mathbf{A})=(a_1,a_2,a_3,a_4)$，$\tau(\mathbf{B})=(b_1,b_2,b_3,b_4)$. 于是

$$\begin{aligned}\tau(\mathbf{A}+\mathbf{B})&=(a_1+b_1,a_2+b_2,a_3+b_3,a_4+b_4)\\&=(a_1,a_2,a_3,a_4)+(b_1,b_2,b_3,b_4)\\&=\tau(\mathbf{A})+\tau(\mathbf{B}),\\ \tau(k\mathbf{A})&=(ka_1,ka_2,ka_3,ka_4)\\&=k(a_1,a_2,a_3,a_4)\\&=k\tau(\mathbf{A}),\quad k\in\mathbf{R}.\end{aligned}$$

由此看到：和的像等于像的和，数量乘积的像等于像的数量乘积. 这时就说，映射 τ 保持加法与数量乘法.

例 6.48 中的 τ 是一一对应，保持加法与数量乘法，这时我们称映射 τ 是 V 到 V' 的一个同构映射，同时称 V 与 V' 同构.

线性空间同构的一般定义如下：

定义 6.20　设 V 与 V' 都是数域 $\mathbf{F}$ 上的线性空间，σ 为 V 到 V' 的一个一一对应，如果

1） $\sigma(\alpha+\beta)=\sigma(\alpha)+\sigma(\beta)$；

2） $\sigma(k\alpha)=k\sigma(\alpha)$，

其中 α,β 是 V 中任意向量，k 是 $\mathbf{F}$ 中任意数，这样的映射 σ 称为从 V 到 V' 的一个**同构映射**. 如果存在着从 V 到 V' 的同构映射，则称 V 与 V' **同构**，记为

$$V\cong V'.$$

注意：1） V 与 V' 是同一数域 $\mathbf{F}$ 上的线性空间.

2） 定义 6.20 中 1），2）的等号左边出现的运算是 V 中向量的运算，而右边则是 V' 中的向量的运算.

在 6.2 节中，我们已经看到，数域 $\mathbf{F}$ 上任意一个 n 维线性空间 V 都与 $\mathbf{F}^n$ 同构，下面按定义 6.26 来加以证明.

因为，在 V 中取定一个基 $\varepsilon_1,\varepsilon_2,\cdots,\varepsilon_n$，这样 V 中每一元素 α 可表示为

$$\alpha=a_1\varepsilon_1+a_2\varepsilon_2+\cdots+a_n\varepsilon_n,\quad a_i\in\mathbf{F}\ (i=1,2,\cdots,n),$$

且表示法唯一.

作映射 $\sigma:V\to\mathbf{F}^n$，

$$\alpha=a_1\varepsilon_1+a_2\varepsilon_2+\cdots+a_n\varepsilon_n\mapsto(a_1,a_2,\cdots,a_n),\quad \alpha\in V.$$

易知，σ 为一一对应，且可证明 σ 保持运算(设

$$\alpha=a_1\varepsilon_1+a_2\varepsilon_2+\cdots+a_n\varepsilon_n\in V,\quad a_i\in\mathbf{F}\ (i=1,2,\cdots,n),$$

$$\beta=b_1\varepsilon_1+b_2\varepsilon_2+\cdots+b_n\varepsilon_n\in V,\quad b_i\in\mathbf{F}\ (i=1,2,\cdots,n),$$

则

$$\alpha+\beta=(a_1+b_1)\varepsilon_1+(a_2+b_2)\varepsilon_2+\cdots+(a_n+b_n)\varepsilon_n,$$
$$a_i+b_i\in\mathbf{F}\ (i=1,2,\cdots,n).$$
$$k\alpha=(ka_1)\varepsilon_1+(ka_2)\varepsilon_2+\cdots+(ka_n)\varepsilon_n,$$
$$ka_i\in\mathbf{F}\ (i=1,2,\cdots,n).$$

据 σ 的定义，有 $\sigma(\alpha)=(a_1,a_2,\cdots,a_n)$，$\sigma(\beta)=(b_1,b_2,\cdots,b_n)$，而

$$\begin{aligned}\sigma(\alpha+\beta)&=(a_1+b_1,a_2+b_2,\cdots,a_n+b_n)\\&=(a_1,a_2,\cdots,a_n)+(b_1,b_2,\cdots,b_n)\\&=\sigma(\alpha)+\sigma(\beta),\end{aligned}$$

$$\sigma(k\alpha)=(ka_1,ka_2,\cdots,ka_n)=k(a_1,a_2,\cdots,a_n)=k\sigma(\alpha)),$$

所以 σ 是从 V 到 $\mathbf{F}^n$ 的一个同构映射，$V\cong\mathbf{F}^n$.

设 σ 为从数域 $\mathbf{F}$ 上线性空间 V 到数域 $\mathbf{F}$ 上线性空间 V' 的一个同构映射.

同构映射具有下列基本性质：

1° $\sigma(0)=0$, $\sigma(-\alpha)=-\sigma(\alpha)$.

证 $\sigma(0)=\sigma(0\cdot\alpha)=0\cdot\sigma(\alpha)=0.$

$$\sigma(-\alpha)=\sigma(-1\cdot\alpha)=-1\cdot\sigma(\alpha)=-\sigma(\alpha).$$ ∎

2° 同构映射保持线性关系，即

$$\sigma(k\alpha_1+k_2\alpha_2+\cdots+k_r\alpha_r)=k_1\sigma(\alpha_1)+k_2\sigma(\alpha_2)+\cdots+k_r\sigma(\alpha_r),$$

其中 $\alpha_1,\alpha_2,\cdots,\alpha_r\in V$, $k_1,k_2,\cdots,k_r\in \mathbf{F}$.

事实上，当 $r=2$ 时，有

$$\begin{aligned}\sigma(k_1\alpha_1+k_2\alpha_2)&=\sigma(k_1\alpha_1)+\sigma(k_2\alpha_2)\\&=k_1\sigma(\alpha_1)+k_2\sigma(\alpha_2).\end{aligned}$$

归纳假设 $r-1$ 个向量时等式成立，看 r 个向量的情况，于是，

$$\begin{aligned}&\sigma(k_1\alpha_1+k_2\alpha_2+\cdots+k_r\alpha_r)\\&=\sigma[(k_1\alpha_1+k_2\alpha_2+\cdots+k_{r-1}\alpha_{r-1})+k_r\alpha_r]\\&=\sigma(k_1\alpha_1+k_2\alpha_2+\cdots+k_{r-1}\alpha_{r-1})+\sigma(k_r\alpha_r)\\&=k_1\sigma(\alpha_1)+k_2\sigma(\alpha_2)+\cdots+k_{r-1}\sigma(\alpha_{r-1})+k_r\sigma(\alpha_r).\end{aligned}$$

3° 同构映射保持向量组的线性相关性，即设 $\alpha_1,\alpha_2,\cdots,\alpha_r\in V$，则有

$\alpha_1,\alpha_2,\cdots,\alpha_r$ 线性相关 $\Leftrightarrow$ $\sigma(\alpha_1),\sigma(\alpha_2),\cdots,\sigma(\alpha_r)$ 线性相关.

证 必要性　设 $\alpha_1,\alpha_2,\cdots,\alpha_r$ 线性相关，则在 $\mathbf{F}$ 中存在不全为零的数 $k_1,k_2,\cdots,k_r$，使

$$k_1\alpha_1+k_2\alpha_2+\cdots+k_r\alpha_r=0.$$

于是，$\sigma(k_1\alpha_1+k_2\alpha_2+\cdots+k_r\alpha_r)=\sigma(0)$，即

$$k_1\sigma(\alpha_1)+k_2\sigma(\alpha_2)+\cdots+k_r\sigma(\alpha_r)=0,$$

从而证得 $\sigma(\alpha_1),\sigma(\alpha_2),\cdots,\sigma(\alpha_r)$ 线性相关.

充分性　设 $\sigma(\alpha_1),\sigma(\alpha_2),\cdots,\sigma(\alpha_r)$ 线性相关，则存在不全为零的数 $k_1,k_2,\cdots,k_r$，使

$$k_1\sigma(\alpha_1)+k_2\sigma(\alpha_2)+\cdots+k_r\sigma(\alpha_r)=0,$$

于是有 $\sigma(k_1\alpha_1)+\sigma(k_2\alpha_2)+\cdots+\sigma(k_r\alpha_r)=0$，即

$$\sigma(k_1\alpha_1+k_2\alpha_2+\cdots+k_r\alpha_r)=0.$$

由于 $\sigma(0)=0$，且 σ 是单射，所以

$$k_1\alpha_1+k_2\alpha_2+\cdots+k_r\alpha_r=0.$$

因为 $k_1,k_2,\cdots,k_r$ 不全为零，故 $\alpha_1,\alpha_2,\cdots,\alpha_r$ 线性相关.

因为线性空间的维数就是该空间中线性无关向量的最大个数，所以由同构映射的性质可以推知：同构的线性空间有相同的维数.

4° 两个同构映射的乘积还是同构映射.

事实上，设 σ 为从 V 到 V' 的同构映射，τ 为从 V' 到 V'' 的同构映射，易知 $\tau\sigma$ 是从 V 到 V'' 的一一对应，且

1) 设 α,β 是 V 中任意两个向量，那么 $\alpha+\beta\in V$,

$$\begin{aligned}\tau\sigma(\alpha+\beta)&=\tau(\sigma(\alpha+\beta))=\tau(\sigma(\alpha)+\sigma(\beta))\\&=\tau(\sigma(\alpha))+\tau(\sigma(\beta))=\tau\sigma(\alpha)+\tau\sigma(\beta).\end{aligned}$$

2) 又设任意 $k\in\mathbf{F}$，则 $k\alpha\in V$,

$$\begin{aligned}\tau\sigma(k\alpha)&=\tau(\sigma(k\alpha))=\tau(k\sigma(\alpha))\\&=k\tau(\sigma(\alpha))=k((\tau\sigma)(\alpha)),\end{aligned}$$

所以 $\tau\sigma$ 是 V 到 V'' 的同构映射.

5° 一个同构映射的逆映射仍是同构映射.

证 设 σ 为从 V 到 V' 的一个同构映射，因此 σ 是 V 到 V' 的一个一一对应，于是可知它的逆映射 σ^{-1} 存在，σ^{-1} 是 V' 到 V 的一个一一对应. 下面我们来证明 σ^{-1} 保持运算：

1) 设 α',β' 为 V' 中任意两个向量，那么 $\alpha'+\beta'\in V'$,

$$\begin{aligned}\sigma\sigma^{-1}(\alpha'+\beta')&=\alpha'+\beta'=\sigma\sigma^{-1}(\alpha')+\sigma\sigma^{-1}(\beta')\\&=\sigma(\sigma^{-1}(\alpha'))+\sigma(\sigma^{-1}(\beta'))\\&=\sigma(\sigma^{-1}(\alpha')+\sigma^{-1}(\beta')).\end{aligned}$$

用 σ^{-1} 作用上式两边，

$$\sigma^{-1}(\sigma\sigma^{-1}(\alpha'+\beta'))=\sigma^{-1}\sigma(\sigma^{-1}(\alpha')+\sigma^{-1}(\beta')).$$

由于 $\sigma^{-1}\sigma=1_V$，而 $1_V(\xi)=\xi$, $\xi\in V$，于是得

$$\sigma^{-1}(\alpha'+\beta')=\sigma^{-1}(\alpha')+\sigma^{-1}(\beta').$$

2) 又设任意 $k\in\mathbf{F}$，那么 $k\alpha'\in V'$,

$$\sigma\sigma^{-1}(k\alpha')=k\alpha'=k(\sigma\sigma^{-1}(\alpha'))=k\sigma(\sigma^{-1}(\alpha'))=\sigma(k\sigma^{-1}(\alpha')).$$

两边用 σ^{-1} 作用，得

$$\sigma^{-1}(k\alpha')=k\sigma^{-1}(\alpha'),$$

所以 σ^{-1} 为从 V' 到 V 的同构映射.

同构作为线性空间之间的一种关系，它具有如下的性质：

设 V,V',V'' 是数域 $\mathbf{F}$ 上的线性空间.

1) 反身性：$V\cong V$.

因为恒等映射是 V 到 V 的一个同构映射.

2) 对称性：若 $V\cong V'$，则 $V'\cong V$.

因为若 σ 是 V 到 V' 的同构映射，则由前面性质 5°，σ^{-1} 为从 V' 到 V 的

同构映射.

3) 传递性：若 $V\cong V'$，$V'\cong V''$，则 $V\cong V''$.

因为若 σ 是由 V 到 V' 的同构映射，τ 是 V' 到 V'' 的同构映射，则据性质 $4°$，$\tau\sigma$ 是 V 到 V'' 的同构映射.

如前所述，如果数域 $\mathbf{F}$ 上两个线性空间同构，则它们有相同的维数. 事实上，这个条件也是充分的.

定理 6.13 设 V,V' 是数域 $\mathbf{F}$ 上有限维线性空间，则有

$$V\cong V' \Leftrightarrow \dim V=\dim V'.$$

证 必要性在前面已证明，现在来证明充分性.

设 $\dim V=\dim V'=n$，那么必有 $V\cong \mathbf{F}^n$，$V'\cong \mathbf{F}^n$，由同构映射的对称性得 $\mathbf{F}^n\cong V'$，再由传递性 $V\cong V'$. ∎

以前我们讨论过各种不同的有限维线性空间，由定理 6.13 只要它们的数域 $\mathbf{F}$ 相同，维数相同，那么它们是同构的. 例如

$$\mathbf{R}^{2\times 2}=\left\{\begin{pmatrix}a_1 & a_2\\ a_3 & a_4\end{pmatrix}\middle|\, a_1\in\mathbf{R},\ i=1,2,3,4\right\}$$

与 $\mathbf{R}[x]_4$ 是同构的，由于同构映射保持运算，当数域 $\mathbf{F}$ 上两个线性空间同构时，不但它们的元素之间可建立一一对应，且关于运算下的代数性质(例如线性相关、线性无关）也是相同的. 从这个观点来看，同构的线性空间具有相同的代数结构，可以不加区别. 由此我们得到以下结果：

1) 维数是有限维线性空间的本质特征.

2) 因为数域 $\mathbf{F}$ 上的 n 维线性空间都与 $\mathbf{F}^n$ 同构，因此在第 2 章中所得的关于 n 维向量的一些结论，在一般的数域 $\mathbf{F}$ 上的 n 维线性空间 V 中皆成立. 因此，一般线性空间中的有关结论就可以不再重新论证.

习题 6.4

1. $f: x\longmapsto \dfrac{1}{x}$，是不是全体实数集到自身的映射？

2. 设 $\mathbf{R}$ 为实数集，$\mathbf{R}^+$ 表示正实数集，举出 $\mathbf{R}$ 到 $\mathbf{R}^+$ 的一个映射，使其有逆映射并求出这个逆映射.

3. 证明：如果 σ,τ 分别是 M 到 M'，M' 到 M'' 的一一对应，那么乘积 $\tau\sigma$ 就是 M 到 M'' 的一一对应.

4. 设 $\mathbf{R}$ 为实数域在它自身上的线性空间，$\mathbf{R}^+$ 为习题 6.1 第 3 题 3) 中的线性空间. 试用两种方法证明：$\mathbf{R}\cong\mathbf{R}^+$.

5. 试给出数域 $\mathbf{F}$ 上由 n 阶对称矩阵组成的线性空间 V_1 到由 n 阶上三角矩阵组成的线

性空间 V_2 之间的一个同构映射.

6.5 线性空间上的函数

双线性函数是今后数学中常用的一个概念，它是向量空间 $\mathbf{R}^n$ 中内积概念的推广，也是二次型概念的推广. 在给出它的定义之前，我们先给出线性函数的定义.

定义 6.21 设 V 是数域 $\mathbf{F}$ 上的一个线性空间. 如果一个 V 到 $\mathbf{F}$ 的一元函数 f 满足下列条件：

1) $f(\alpha+\beta)=f(\alpha)+f(\beta)$，$\alpha,\beta\in V$；

2) $f(k\alpha)=kf(\alpha)$，$k\in\mathbf{F}$，$\alpha\in V$，

则称 f 为 V 上的**线性函数**.

由定义 6.21 不难推出线性函数的下列简单性质：

1° $f\left(\sum\limits_{i=1}^{r}k_i\alpha_i\right)=\sum\limits_{i=1}^{r}k_if(\alpha_i)$，$k_i\in\mathbf{F}$，$\alpha_i\in V$，$i=1,2,\cdots,r$；

2° $f(0)=0$（在定义 6.21 的条件 2）中取 $k=0$ 即得）；

3° $f(-\alpha)=-f(\alpha)$（在定义 6.21 的条件 2）中取 $k=-1$ 即得）.

例 6.49 对 $\mathbf{F}^n$ 中的任一向量 $\boldsymbol{\alpha}=(x_1,x_2,\cdots,x_n)$，定义

$$f(\boldsymbol{\alpha})=x_1,$$

显然这是一个线性函数.

设 V 是数域 $\mathbf{F}$ 上的一个 n 维线性空间，$\varepsilon_1,\varepsilon_2,\cdots,\varepsilon_n$ 是 V 的一个基. 设 f 是 V 上的一个线性函数，由性质 1°，若 $\alpha=x_1\varepsilon_1+x_2\varepsilon_2+\cdots+x_n\varepsilon_n$，则

$$\begin{aligned}f(\alpha)&=f(x_1\varepsilon_1+x_2\varepsilon_2+\cdots+x_n\varepsilon_n)\\&=x_1f(\varepsilon_1)+x_2f(\varepsilon_2)+\cdots+x_nf(\varepsilon_n).\end{aligned}$$

上式说明线性函数 $f(\alpha)$ 完全由它在一个基上的函数值所决定. 反过来，在 $\mathbf{F}$ 中任取 n 个数 $b_1,b_2,\cdots,b_n$，对于向量 $\alpha=x_1\varepsilon_1+x_2\varepsilon_2+\cdots+x_n\varepsilon_n$，定义

$$f(\alpha)=b_1x_1+b_2x_2+\cdots+b_nx_n,$$

由坐标的性质不难看出，f 是一个线性函数，而且

$$f(\varepsilon_i)=b_i,\quad i=1,2,\cdots,n.$$

下面我们定义线性空间 V 上关于每一个变量都是线性的双线性函数.

定义 6.22 设 V 是数域 $\mathbf{F}$ 上一个 n 维线性空间. 如果对于 V 中任意两个向量 α,β，都有 $\mathbf{F}$ 中一个确定的数 $f(\alpha,\beta)$ 与之对应，即在 V 中定义了一个二

元函数 f，并且 f 满足下列条件：

1) $f(\alpha_1+\alpha_2,\beta)=f(\alpha_1,\beta)+f(\alpha_2,\beta)$；

2) $f(\alpha,\beta_1+\beta_2)=f(\alpha,\beta_1)+f(\alpha,\beta_2)$；

3) $f(k\alpha,\beta)=f(\alpha,k\beta)=kf(\alpha,\beta)$，

其中 $\alpha,\alpha_1,\alpha_2,\beta,\beta_1,\beta_2$ 是 V 中任意向量，k 是 $\mathbf{F}$ 中任意数，则 f 称为 V 上的**双线性函数**.

在 $f(\alpha,\beta)$ 中，如果我们固定第2个变量 β，那么 f 可以看做 V 到 $\mathbf{F}$ 的一个一元函数，为了区别起见，将它记为 f_1，由定义6.22的条件1)和3)得

$$f_1(\alpha_1+\alpha_2)=f(\alpha_1+\alpha_2,\beta)=f(\alpha_1,\beta)+f(\alpha_2,\beta)$$
$$=f_1(\alpha_1)+f_1(\alpha_2),$$
$$f_1(k\alpha)=f(k\alpha,\beta)=kf(\alpha,\beta)=kf_1(\alpha),$$

其中 $\alpha,\alpha_1,\alpha_2,\beta\in V$，$k\in\mathbf{F}$，故 f_1 是一个 V 上的线性函数. 同样，若固定第1个变量 α，那么 f 也可以看做 V 到 $\mathbf{F}$ 的一个一元函数，记为 f_2，显然 f_2 也是一个 V 上的线性函数. 因此，将 f 称为 V 上的双线性函数.

例 6.50 由4.4节定义4.4，n 维向量空间 $\mathbf{R}^n$ 的内积 (α,β) 是一个双线性函数. 实际上，当 $\mathbf{F}=\mathbf{R}$ 时，双线性函数是 $\mathbf{R}^n$ 中的内积的推广，它保留了线性性而放弃了内积中的对称性和正定性条件.

例 6.51 设 $\mathbf{F}$ 是一个数域. 对于2维线性空间 $\mathbf{F}^2$ 的每一对向量

$$\boldsymbol{\alpha}=\begin{pmatrix}x_1\\x_2\end{pmatrix},\quad \boldsymbol{\beta}=\begin{pmatrix}y_1\\y_2\end{pmatrix}$$

定义

$$f(\boldsymbol{\alpha},\boldsymbol{\beta})=x_1y_1+x_1y_2-x_2y_1-x_2y_2.$$

容易验证，f 是 $\mathbf{F}^2$ 上的一个双线性函数.

设 f 是线性空间 V 上的一个双线性函数，由定义6.22条件1),2),3)容易推出

$$f\left(\sum_{i=1}^m a_i\alpha_i,\sum_{j=1}^n b_j\beta_j\right)=\sum_{i=1}^m\sum_{j=1}^n a_ib_jf(\alpha_i,\beta_j),\tag{5.1}$$

其中 $a_i,b_j\in\mathbf{F}$，$\alpha_i,\beta_j\in V$ $(1\leqslant i\leqslant m,\ 1\leqslant j\leqslant n)$.

设 V 是 $\mathbf{F}$ 上一个 n 维线性空间，$\varepsilon_1,\varepsilon_2,\cdots,\varepsilon_n$ 是 V 的一个基. 如果 $\alpha=\sum_{i=1}^n x_i\varepsilon_i$，$\beta=\sum_{j=1}^n y_j\varepsilon_j$ 是 V 中任意两个向量，由(5.1)得

$$f(\alpha,\beta)=\sum_{i=1}^n\sum_{j=1}^n x_iy_jf(\varepsilon_i,\varepsilon_j).\tag{5.2}$$

于是，双线性函数 f 完全由它在基 $\varepsilon_1,\varepsilon_2,\cdots,\varepsilon_n$ 上的值 $f(\varepsilon_i,\varepsilon_j)$ $(i,j=1,2,\cdots,n)$ 所确定. 令

$$a_{ij}=f(\varepsilon_i,\varepsilon_j),\quad 1\leqslant i,j\leqslant n. \tag{5.3}$$

将这 n^2 个数写成 $\mathbf{F}$ 上一个 $n\times n$ 矩阵

$$\boldsymbol{A}=\begin{pmatrix} a_{11} & a_{12} & \cdots & a_{1n} \\ a_{21} & a_{22} & \cdots & a_{2n} \\ \vdots & \vdots & \ddots & \vdots \\ a_{n1} & a_{n2} & \cdots & a_{nn} \end{pmatrix}.$$

矩阵 $\boldsymbol{A}$ 称为**双线性函数 f 关于基 $\varepsilon_1,\varepsilon_2,\cdots,\varepsilon_n$ 的矩阵**.

固定 V 的一个基 $\varepsilon_1,\varepsilon_2,\cdots,\varepsilon_n$，对于每个双线性函数 f，由(5.3)，可以确定一个 n 阶矩阵 $\boldsymbol{A}$. 利用矩阵的乘法，双线性函数(5.2)也可以写成矩阵形式：

$$f(\alpha,\beta)=(x_1,x_2,\cdots,x_n)\boldsymbol{A}\begin{pmatrix} y_1 \\ y_2 \\ \vdots \\ y_n \end{pmatrix}. \tag{5.4}$$

双线性函数 f 的矩阵与基的选取有关. 当选取不同的基时，所对应的 f 的矩阵可能也不相同. 下面我们讨论，基改变时，f 的矩阵怎样改变.

设 $\{\eta_1,\eta_2,\cdots,\eta_n\}$ 是 V 的另一个基，而 $\boldsymbol{B}=(b_{ij})$ 是 f 关于这个基的矩阵. 又设 $\boldsymbol{C}=(c_{ij})$ 是由基 $\varepsilon_1,\varepsilon_2,\cdots,\varepsilon_n$ 到基 $\eta_1,\eta_2,\cdots,\eta_n$ 的过渡矩阵，即

$$\eta_k=\sum_{i=1}^{n}c_{ik}\varepsilon_i,\quad 1\leqslant k\leqslant n.$$

那么

$$\begin{aligned} b_{kl}=f(\eta_k,\eta_l)&=f\left(\sum_{i=1}^{n}c_{ik}\varepsilon_i,\sum_{j=1}^{n}c_{jl}\varepsilon_j\right) \\ &=\sum_{i=1}^{n}\sum_{j=1}^{n}c_{ik}c_{jl}f(\varepsilon_i,\varepsilon_j)=\sum_{i=1}^{n}\sum_{j=1}^{n}c_{ik}a_{ij}c_{jl}, \end{aligned}$$

最后一个等式右边正是矩阵 $\boldsymbol{C}^{\mathrm{T}}\boldsymbol{A}\boldsymbol{C}$ 的第 k 行第 l 列位置的元素.于是，我们有

$$\boldsymbol{B}=\boldsymbol{C}^{\mathrm{T}}\boldsymbol{A}\boldsymbol{C}. \tag{5.5}$$

因此，一个双线性函数关于 V 的两个基的两个矩阵是合同的.

我们以下主要用到的是所谓对称双线性函数.

定义 6.23 设 f 是线性空间 V 上的一个双线性函数，如果对于所有的 $\alpha,\beta\in V$，都有

$$f(\alpha,\beta)=f(\beta,\alpha),$$

则称 f 是**对称的**.

例如：向量空间 $\mathbf{R}^n$ 的内积就是一个对称双线性函数.

若双线性函数 f 是对称的，则 f 关于 V 的任一个基 $\varepsilon_1,\varepsilon_2,\cdots,\varepsilon_n$ 的矩阵

$\boldsymbol{A}=(a_{ij})$ 都是对称的. 这是因为

$$a_{ij}=f(\varepsilon_i,\varepsilon_j)=f(\varepsilon_j,\varepsilon_i)=a_{ji},\quad i,j=1,2,\cdots,n.$$

反过来，给了$\mathbf{F}$上任意一个 $n\times n$ 矩阵$\boldsymbol{A}=(a_{ij})$，那么公式(5.4) 定义了 V 上一个双线性函数 f，并且当 $\boldsymbol{A}$ 是对称矩阵时，f 是对称双线性函数.

现在设 $\mathbf{F}$ 上的对称矩阵 $\boldsymbol{A}$ 是 V 上对称双线性函数 f 关于给定基$\varepsilon_1,\varepsilon_2,\cdots,\varepsilon_n$ 的矩阵，由5.3节定理5.3知，$\boldsymbol{A}$ 可以合同于一个对角矩阵，设可逆矩阵 $\boldsymbol{C}=(c_{ij})$ 使 $\boldsymbol{C}^{\mathrm{T}}\boldsymbol{AC}$ 成对角矩阵

$$\boldsymbol{B}=\begin{pmatrix} b_1 & & & \\ & b_2 & & \\ & & \ddots & \\ & & & b_n \end{pmatrix},\tag{5.6}$$

再设 $\boldsymbol{C}$ 是基$\varepsilon_1,\varepsilon_2,\cdots,\varepsilon_n$ 到基 $\eta_1,\eta_2,\cdots,\eta_n$ 的过渡矩阵. 由(5.5) 知，f 关于基 $\eta_1,\eta_2,\cdots,\eta_n$ 的矩阵是对角矩阵(5.6). 这样，我们就证明了对称双线性函数的一个主要结果：

定理6.14 设 f 是线性空间 V 上的一个对称双线性函数，那么可以适当选择 V 的基 $\eta_1,\eta_2,\cdots,\eta_n$，使得 f 在这个基下的矩阵是对角形的，即

$$f(\eta_i,\eta_j)=0,\quad 对\ i\neq j.$$

定理 6.14 说明，对于每一个对称双线性函数 $f(\alpha,\beta)$，都存在一个适当的基 $\eta_1,\eta_2,\cdots,\eta_n$，使它可以写成如下形式：

$$f(\alpha,\beta)=b_1x_1y_1+b_2x_2y_2+\cdots+b_nx_ny_n,$$

其中 $\alpha=\sum\limits_{i=1}^{n}x_i\eta_i$，$\beta=\sum\limits_{i=1}^{n}y_i\eta_i$.

对称双线性函数和二次型之间有着密切的联系. 设 f 是线性空间 V 上一个对称双线性函数，对于 V 中的每一个向量α，定义

$$q(\alpha)=f(\alpha,\alpha).$$

于是，就得到一个映射 $q: V\rightarrow\mathbf{F}$.

定义 6.24 设 f 是数域 $\mathbf{F}$ 上线性空间 V 上的一个对称双线性函数. 由等式

$$q(\alpha)=f(\alpha,\alpha)$$

所定义的映射 $q: V\rightarrow\mathbf{F}$ 称为与 f 关联的**二次型函数**.

由定义 6.24，给定一个 V 上对称双线性函数 f，就完全确定了一个与 f 关联的二次型函数 q.

取定 V 的一个基$\varepsilon_1,\varepsilon_2,\cdots,\varepsilon_n$. 设 V 上对称双线性函数 f 关于这个基的矩阵是 $\boldsymbol{A}=(f(\varepsilon_i,\varepsilon_j))_{n\times n}$，由(5.4)，与 f 关联的二次型函数 q 可以写成矩阵形式：

$$q(\alpha)=\boldsymbol{x}^{\mathrm{T}}\boldsymbol{A}\boldsymbol{x},\quad \forall\,\alpha=\sum_{i=1}^{n}x_i\varepsilon_i\in V,\tag{5.7}$$

其中 $\boldsymbol{A}^{\mathrm{T}}=\boldsymbol{A}$，$\boldsymbol{x}^{\mathrm{T}}=(x_1,x_2,\cdots,x_n)$.

(5.7) 右边是数域 $\mathbf{F}$ 上 $x_1,x_2,\cdots,x_n$ 的一个 n 元二次型. 这样，取定 V 的一个基，对 V 上每一个对称双线性函数 f，与 f 关联的二次型函数 q 关于这个基的表示式(5.7) 是一个 n 元二次型，它的矩阵 $\boldsymbol{A}=(f(\varepsilon_i,\varepsilon_j))$ 就是对称双线性函数 f 关于基 $\varepsilon_1,\varepsilon_2,\cdots,\varepsilon_n$ 的矩阵. 反过来，给定一个 $\mathbf{F}$ 上的 n 元二次型 $\boldsymbol{x}^{\mathrm{T}}\boldsymbol{A}\boldsymbol{x}$，取定 V 的一个基 $\varepsilon_1,\varepsilon_2,\cdots,\varepsilon_n$，那么利用(5.4) 可由对称矩阵 $\boldsymbol{A}$ 定义一个 V 上对称双线性函数 $f(\alpha,\beta)=\boldsymbol{x}^{\mathrm{T}}\boldsymbol{A}\boldsymbol{y}$，其中

$$\alpha=\sum_{i=1}^{n}x_i\varepsilon_i,\quad \beta=\sum_{i=1}^{n}y_i\varepsilon_i,$$

$$\boldsymbol{x}^{\mathrm{T}}=(x_1,x_2,\cdots,x_n),\quad \boldsymbol{y}=(y_1,y_2,\cdots,y_n)^{\mathrm{T}},\quad \boldsymbol{A}=(f(\varepsilon_i,\varepsilon_j)).$$

因此，在固定的基 $\varepsilon_1,\varepsilon_2,\cdots,\varepsilon_n$ 下，二次型 $\boldsymbol{x}^{\mathrm{T}}\boldsymbol{A}\boldsymbol{x}$ 和对称双线性函数 $f(\alpha,\beta)=\boldsymbol{x}^{\mathrm{T}}\boldsymbol{A}\boldsymbol{y}$ 也是互相唯一确定的.

习题 6.5

1. 设 V 是区间$[-1,1]$ 上全体连续实函数所组成的线性空间. 证明：

$$f: V\to\mathbf{R},\quad f(x)\longmapsto\int_{-1}^{1}f(x)\mathrm{d}x$$

是 V 上的一个线性函数.

2. 设 V 是数域 $\mathbf{F}$ 上的一个 3 维线性空间，η_1,η_2,η_3 是它的一个基，f 是 V 上的一个线性函数，且 $f(\eta_1-2\eta_2+\eta_3)=2$，$f(\eta_1+\eta_3)=2$，$f(-\eta_1+\eta_2+\eta_3)=-1$. 求 $f(x_1\eta_1+x_2\eta_2+x_3\eta_3)$.

3. 设 $\boldsymbol{\alpha}=\begin{pmatrix}x_1\\x_2\end{pmatrix}$ 和 $\boldsymbol{\beta}=\begin{pmatrix}y_1\\y_2\end{pmatrix}$. 判别下面在 $\mathbf{F}^2$ 上定义的二元函数是否是 $\mathbf{F}^2$ 上的双线性函数：

1) $f(\boldsymbol{\alpha},\boldsymbol{\beta})=2x_1y_2-3x_2y_1$；　　2) $f(\boldsymbol{\alpha},\boldsymbol{\beta})=x_1x_2+y_1y_2$；

3) $f(\boldsymbol{\alpha},\boldsymbol{\beta})=x_1+y_1$；　　4) $f(\boldsymbol{\alpha},\boldsymbol{\beta})=1$；

5) $f(\boldsymbol{\alpha},\boldsymbol{\beta})=3x_2y_2$；　　6) $f(\boldsymbol{\alpha},\boldsymbol{\beta})=0$.

4. 设 V 是数域 $\mathbf{F}$ 上线性空间，f_1 和 f_2 是 V 上两个线性函数. 证明：$f(\alpha,\beta)=f_1(\alpha)f_2(\beta)$ 是 V 上的一个双线性函数.

5. 设 $V=\mathbf{F}^4$，如下定义 V 的二元函数 f：

$$f(\boldsymbol{\alpha},\boldsymbol{\beta})=x_1y_1+x_2y_2-x_3y_3-x_4y_4,$$

其中 $\boldsymbol{\alpha}=(x_1,x_2,x_3,x_4)$，$\boldsymbol{\beta}=(y_1,y_2,y_3,y_4)$.

1) 证明：f 是 V 上的一个双线性函数.

2) 求 f 在基 $\boldsymbol{\eta}_1=(2,1,-1,1)$，$\boldsymbol{\eta}_2=(0,2,1,0)$，$\boldsymbol{\eta}_3=(1,1,-2,1)$，$\boldsymbol{\eta}_4=$

(0,0,1,2) 下的度量矩阵.

3) 找出一个满足 $f(\boldsymbol{\alpha},\boldsymbol{\alpha})=0$ 的向量 $\boldsymbol{\alpha}\neq\mathbf{0}$.

6.6* 对偶空间

设 V 是数域 $\mathbf{F}$ 上的一个 n 维线性空间，V^* 是 V 上所有的线性函数组成的集合. 类似于在多元实函数中可以定义函数的加法和数量乘法，对于 V^* 中的线性函数也同样可以定义加法和数量乘法. 设 $f,g\in V^*$，$k\in\mathbf{F}$，定义

$$(f+g)(\alpha)=f(\alpha)+g(\alpha),\quad \alpha\in V,\tag{6.1}$$

$$(kf)(\alpha)=kf(\alpha),\quad \alpha\in V.\tag{6.2}$$

显然 $f+g$ 和 kf 都是 V 上的线性函数，即 $f+g\in V^*$，$kf\in V^*$.

V^* 对于 V 上的线性函数的加法和数量乘法是否构成 $\mathbf{F}$ 上的线性空间？若是，它的维数是多少？ 对于线性空间 V，取定一个基 $\varepsilon_1,\varepsilon_2,\cdots,\varepsilon_n$，能否相应地找出 V^* 的一个基呢？

容易证明，V^* 对于线性函数的加法和数乘是 $\mathbf{F}$ 上的一个线性空间. 下面来找 V^* 的一个基，以此确定它的维数.

我们知道，一个线性函数完全由它在一个基上的函数值所决定. 对于基 $\varepsilon_1,\varepsilon_2,\cdots,\varepsilon_n$，我们可以如下定义 n 个线性函数 $f_1,f_2,\cdots,f_n$：

$$f_i(\varepsilon_j)=\delta_{ij},\quad i,j=1,2,\cdots,n,\tag{6.3}$$

其中

$$\delta_{ij}=\begin{cases}1, & 若\ i=j;\\ 0, & 若\ i\neq j,\end{cases}$$

也就是说，如果 $\alpha=\sum\limits_{j=1}^{n}x_j\varepsilon_j$，那么

$$f_i(\alpha)=f_i\left(\sum_{j=1}^{n}x_j\varepsilon_j\right)=\sum_{j=1}^{n}x_jf_i(\varepsilon_j)=x_i,\quad i=1,2,\cdots,n,$$

故线性函数 f_i 相当于取出向量 $\alpha=\sum\limits_{j=1}^{n}x_j\varepsilon_j$ 的第 i 个坐标，所以也称 f_i 为第 i 个坐标函数，于是，向量 α 也可表示成

$$\alpha=\sum_{i=1}^{n}f_i(\alpha)\varepsilon_i.\tag{6.4}$$

下面我们要问 $f_1,f_2,\cdots,f_n\in V^*$ 是否构成对偶空间 V^* 的一个基呢？

首先，我们证明任一线性函数 $f\in V^*$ 都可以用 $f_1,f_2,\cdots,f_n$ 线性表示，即 $f\in L(f_1,f_2,\cdots,f_n)$. 事实上，由(6.4) 知，对任一 $\alpha\in V$，都有

$$f(\alpha)=f\left(\sum_{i=1}^{n}f_i(\alpha)\varepsilon_i\right)=\sum_{i=1}^{n}f_i(\alpha)f(\varepsilon_i)$$
$$=\sum_{i=1}^{n}f(\varepsilon_i)f_i(\alpha)=\left(\sum_{i=1}^{n}f(\varepsilon_i)f_i\right)(\alpha),$$

即

$$f=\sum_{i=1}^{n}f(\varepsilon_i)f_i,$$

故 $f\in L(f_1,f_2,\cdots,f_n)$. 只要再证 $f_1,f_2,\cdots,f_n$ 线性无关，则 $f_1,f_2,\cdots,f_n$ 构成 V^* 的一个基，且 $\dim V^*=n$. 事实上，若

$$k_1f_1+k_2f_2+\cdots+k_nf_n=0,$$

则对 $\varepsilon_j\ (j=1,2,\cdots,n)$，都有

$$(k_1f_1+k_2f_2+\cdots+k_nf_n)(\varepsilon_j)$$
$$=k_1f_1(\varepsilon_j)+k_2f_2(\varepsilon_j)+\cdots+k_nf_n(\varepsilon_j)=0,$$

再由(6.3)得 $k_jf_j(\varepsilon_j)=k_j=0$，于是，

$$k_1=k_2=\cdots=k_n=0,$$

故 $f_1,f_2,\cdots,f_n$ 线性无关.

这样，我们已经证明了 $V^*=L(f_1,f_2,\cdots,f_n)$ 是 $\mathbf{F}$ 上的 n 维线性空间，$f_1,f_2,\cdots,f_n$ 是它的一个基. 我们把 V^* 称为 V 的**对偶空间**①，把 V^* 的基 $f_1,f_2,\cdots,f_n$ 称为 V 的基 $\varepsilon_1,\varepsilon_2,\cdots,\varepsilon_n$ 的**对偶基**. 对偶空间是代数学中的一个重要概念，特别它在模论中发挥了很大的作用.

习题 6.6

1. 求 $\mathbf{F}^3$ 的基 $\boldsymbol{\alpha}_1=(1,-1,3)$，$\boldsymbol{\alpha}_2=(0,1,-1)$，$\boldsymbol{\alpha}_3=(0,3,-2)$ 的对偶基.

2. 次数小于 n 的实系数多项式和零多项式构成 $\mathbf{R}$ 上的 n 维线性空间 $V=\mathbf{R}[x]_n$，对任意取定的 n 个不同实数 $a_1,a_2,\cdots,a_n$，根据拉格朗日插值公式，得到 n 个多项式

$$p_i(x)=\frac{(x-a_1)\cdots(x-a_{i-1})\ (x-a_{i+1})\cdots(x-a_n)}{(a_i-a_1)\cdots(a_i-a_{i-1})(a_i-a_{i+1})\cdots(a_i-a_n)},\quad i=1,2,\cdots,n.$$

---

① 所谓 V 和 V^* 之间的对偶关系是由于 V^* 中的线性函数的运算与 V 中的向量的运算之间存在某种对称关系. 如果把 V 上的线性函数 f 表示成如下的形式：

$$\langle\alpha,f\rangle=f(\alpha),\quad \alpha\in V,\ f\in V^*,$$

则(6.1),(6.2)可以写成

$$\langle\alpha,f+g\rangle=\langle\alpha,f\rangle+\langle\alpha,g\rangle,\quad \langle\alpha,kf\rangle=k\langle\alpha,f\rangle.$$

另一方面，对于 $\alpha,\beta\in V$，有

$$\langle\alpha+\beta,f\rangle=f(\alpha+\beta)=f(\alpha)+f(\beta)=\langle\alpha,f\rangle+\langle\beta,f\rangle,$$
$$\langle k\alpha,f\rangle=f(k\alpha)=k\langle\alpha,f\rangle.$$

比较上面的两组等式，就可以发现这种对称关系.

证明：

1） $p_1(x),p_2(x),\cdots,p_n(x)$ 是 V 的一个基；

2） 设 $L_i \in V^*$ $(i=1,2,\cdots,n)$ 是在 a_i 点的取值函数：

$$L_i(f(x))=f(a_i),\quad \forall f(x)\in V,$$

则 $L_1,L_2,\cdots,L_n$ 是 $p_1(x),p_2(x),\cdots,p_n(x)$ 的对偶基.

阅读材料

等价关系

在 3.4 节中，我们曾经提到，将同阶矩阵按“矩阵等价”或按相似关系或合同关系等进行分类而加以研究的方法是线性代数中相当重要的一种思想方法. 以上矩阵的各种分类虽在形式上不同，但从集合论的观点来看，实质上是有共性的，都是按“等价关系”进行分类的. 下面介绍对集合进行分类的一般原则 —— 等价关系.

我们知道，集合的一个分类就是将一个集合表示为若干非空互不相交的子集之并，也就是说，设 A 为一非空集合，$\mathscr{A}$是集合 A 的一些子集的集合：

$$\mathscr{A}=\{A_i\subseteq A\mid i\in I\},$$

其中 I 是一个指标集合. 如果

1） $A_i\neq\varnothing$，$\forall i\in I$；

2） $A_i\cap A_j=\varnothing$，$\forall i,j\in I$，且 $i\neq j$；

3） $A=\bigcup\limits_{i\in I}A_i$，

则称 $\mathscr{A}=\{A_i\subseteq A\mid i\in I\}$ 是集合 A 的一个分类，每个子集 $A_i\in\mathscr{A}$叫做在分类 $\mathscr{A}$之下的一个类.

例 6.52 设 $\mathbf{Z}$ 为整数集. 令

$$\bar{0}=\{5k\mid k\in\mathbf{Z}\}=\{\cdots,-10,-5,0,5,10,\cdots\},$$

$$\bar{1}=\{5k+1\mid k\in\mathbf{Z}\}=\{\cdots,-9,-4,1,6,11,\cdots\},$$

$$\bar{2}=\{5k+2\mid k\in\mathbf{Z}\}=\{\cdots,-8,-3,2,7,12,\cdots\},$$

$$\bar{3}=\{5k+3\mid k\in\mathbf{Z}\}=\{\cdots,-7,-2,3,8,13,\cdots\},$$

$$\bar{4}=\{5k+4\mid k\in\mathbf{Z}\}=\{\cdots,-6,-1,4,9,14,\cdots\},$$

则 $\mathbf{Z}$ 恰好被分解成 5 个两两不相交的非空子集的并，其中每个子集 $\bar{i}$ $(i=0,1,2,3,4)$ 恰好是由除以 5 余数相同的整数组成的.

例 6.53 设 A 是由所有的 n 阶实对称矩阵组成的集合.令

$$A_{r,p}=\{(a_{ij})\in A\mid (a_{ij})_{n\times n}\text{ 的秩}=r\text{，正惯性指数}=p\},$$

则 $\mathscr{A}=\{A_{r,p}\mid 0\leqslant p\leqslant r\leqslant n\}$ 是 A 的一个分类. 这个分类 $\mathscr{A}$就是把 n 阶实

对称矩阵按合同关系加以分类：两个 n 阶实对称矩阵分在同一个类中当且仅当它们合同于相同的规范形矩阵(即主对角线元素为 ± 1 和 0 的对角矩阵).

从例 6.52 和例 6.53 可以看到，对每一个分类来说，同类元素都有某种关系，不同类元素一定没有这种关系. 例如：在例 6.52 中，在同一类中的任二整数 a 与 b 都具有这样的关系：a 与 b 的差被 5 整除，不在同一类的任意两整数 a 与 b 一定不具有这种关系，即 a 与 b 的差不被 5 整除；在例 6.53 中，同类的两个 n 阶实对称矩阵是合同的，不同类的则必不合同.

一般来说，集合的任何一个分类都是利用元素间的某种关系得到的. 那么什么样的关系可以确定一个分类呢？

所谓一个集合 A 中两个元素之间的一种关系，记为 R，是指对任意两个元素 $a,b \in A$，都能判定：a 与 b 有这种关系 R，记为 aRb；要么 a 与 b 没有这种关系 R，记为 $a\overline{R}b$. 但是，并非集合 A 上的任一关系 R 都能用下述规则给 A 确定一个分类：

$$a \text{ 与 } b \text{ 分在同一个类} \Leftrightarrow aRb.$$

例如：设整数集 $\mathbf{Z}$ 上的关系 R 是通常的大于关系，则它就不能给 $\mathbf{Z}$ 确定一个分类. 这是因为对于任意两个整数 a,b 来说，如果 $a > b$，即 aRb，则 a 与 b 分在同一个类中，但此时又有 b 不大于 a，即 $b\overline{R}a$，故 b 与 a 又不能分在同一个类中，于是，不能用关系 R（即“$>$”）给 $\mathbf{Z}$ 确定一个分类. 如同例 6.52 和例6.53，能够给集合确定一个分类的关系还要具有许多特殊性质. 下面引入的等价关系就是一种具有特殊性质的关系.

所谓集合 A 的元素之间的一个关系 R 是一个等价关系，如果 R 满足下述性质：

1） 反身性，即对每一个 $a \in A$，均有 aRa；

2） 对称性，即如果 aRb，则必有 bRa，其中 $a,b \in A$；

3） 传递性，即如果 aRb，bRc，则必有 aRc，其中 $a,b,c \in A$.

通常用记号 $\sim$ 表示等价关系. 当 $a \sim b$ 时，就称 a 与 b 是等价的.

容易看到，在例 6.52 中，由

$$a \sim b \Leftrightarrow \text{除以 } 5,\ a \text{ 与 } b \text{ 的余数相同}$$

定义的整数集 $\mathbf{Z}$ 上的关系 $\sim$ 是等价关系，用它可以确定 $\mathbf{Z}$ 的一个分类：

$$\{\overline{0},\overline{1},\overline{2},\overline{3},\overline{4}\}.$$

在例 6.53 中，n 阶实对称矩阵集合 A 上的合同关系是一个等价关系，用它可产生分类 $\mathscr{A}=\{A_{r,p} \mid 0 \leqslant p \leqslant r \leqslant n\}$.

反之，整数集 $\mathbf{Z}$ 上的关系“$>$”虽满足传递性，但不满足反身性和对称性，故它不是等价关系.

下面的定理将进一步地反映了等价关系与集合的分类之间的内在联系.

定理 6.15 集合 A 的任意一个等价关系都确定 A 的一个分类；反之，A 的任意一个分类也都给出 A 的一个等价关系.

证 设 $\sim$ 是集合 A 的一个等价关系. 设

$$\overline{a}=\{x \in A \mid x \sim a\}, \quad \forall a \in A,$$

则 $\overline{a}$ 均不空. 若 $\overline{a} \neq \overline{b}$，要证 $\overline{a} \cap \overline{b}=\varnothing$，用反证法. 假设 $\overline{a} \cap \overline{b} \neq \varnothing$，则存在元素 $c \in \overline{a} \cap \overline{b}$，即 $c \in \overline{a}$ 且 $c \in \overline{b}$，从而

$$\begin{aligned} c \sim a,\ c \sim b &\Rightarrow a \sim c,\ c \sim b \Rightarrow a \sim b \\ &\Rightarrow a \in \overline{b} \Rightarrow \overline{a} \subseteq \overline{b}. \end{aligned}$$

同理可证 $\overline{b} \subseteq \overline{a}$，故 $\overline{a}=\overline{b}$，这与 $\overline{a} \neq \overline{b}$ 矛盾. 因此，$\overline{a} \cap \overline{b}=\varnothing$. 显然，$A=\bigcup\limits_{a \in A} \overline{a}$，故 $\mathscr{A}=\{\overline{a} \mid a \in A\}$ 就是 A 的一个分类.

反之，设 $\mathscr{A}=\{A_i \subseteq A \mid i \in I\}$ 是集合 A 的一个分类. 由

$$a \sim b \Leftrightarrow a \text{ 与 } b \text{ 分在同一个类}$$

定义了 A 上的一个关系. 下面证明，$\sim$ 具有等价关系的 3 个性质：

1） 反身性：因为对任一元素 $a \in A$，必有 $i \in I$，使 $a \in A_i$，故有 $a \sim a$.

2） 对称性：对任意的 $a, b \in A$，若 $a \sim b$，则有 $i \in I$，使 $a, b \in A_i$，从而必有 $b \sim a$.

3） 传递性：对任意的 $a, b, c \in A$，若 $a \sim b$，$b \sim c$，则有 $i, j \in I$，使 $a, b \in A_i$，$b, c \in A_j$，从而 $b \in A_i \cap A_j$，故 $A_i=A_j$，即 $a, c \in A_i$，因此 $a \sim c$.

这就证明了 $\sim$ 是 A 上的一个等价关系，定理得证. ∎

由定理 6.15 的证明知，对集合 A 的一个等价关系 $\sim$，可以确定 A 的一个分类

$$\mathscr{A}=\{\overline{a} \mid a \in A\},$$

其中 $\overline{a}$ 恰好是所有互相等价的元素组成的 A 的子集，我们称 $\overline{a}$ 为 A 的一个等价类，a 叫做 $\overline{a}$ 的代表元素. 由于对任一 $b \in \overline{a}$，均有 $\overline{b}=\overline{a}$，这表明对等价类 $\overline{a}$ 来说，其中任何元素均可作为该类的代表元素. 但是，在具体的问题中，一般总是在一个等价类中选取一个典型的代表元素，这样可便于讨论. 例如：设 A 是由数域 $\mathbf{F}$ 上所有的有限维线性空间组成的集合，则同构关系“$\cong$”是 A 上的一个等价关系，所有的维数为 n 的线性空间组成一个等价类，它的代表元素是 $\mathbf{F}^n\ (n=0,1,2,\cdots)$.

练　习

设集合 $A=\{a, b, c\}$. 试找出 A 所有的等价关系.

探究与发现 关于2阶矩阵的特征向量的一个简单性质

设矩阵 $\boldsymbol{A}=\begin{pmatrix}5&2\\3&6\end{pmatrix}$，我们可以用第4章“探究与发现”所介绍的直接求法，来求 $\boldsymbol{A}$ 的特征向量.

取种子向量 $\boldsymbol{u}=\begin{pmatrix}1\\0\end{pmatrix}$，则 $\boldsymbol{Au}=\begin{pmatrix}5\\3\end{pmatrix}$，$\boldsymbol{A}^2\boldsymbol{u}=\begin{pmatrix}31\\33\end{pmatrix}$. 由此得

$$\boldsymbol{A}^2\boldsymbol{u}-11\boldsymbol{Au}+24\boldsymbol{u}=\boldsymbol{0},$$

即

$$(\boldsymbol{A}-3\boldsymbol{E})(\boldsymbol{A}-8\boldsymbol{E})\boldsymbol{u}=\boldsymbol{0},$$

于是，得到 $\boldsymbol{A}$ 的属于特征值 $\lambda_1=3$ 的特征向量

$$(\boldsymbol{A}-8\boldsymbol{E})\boldsymbol{u}=\begin{pmatrix}-3&2\\3&-2\end{pmatrix}\begin{pmatrix}1\\0\end{pmatrix}=\begin{pmatrix}-3\\3\end{pmatrix},\qquad ①$$

A 的属于特征值 $\lambda_2=8$ 的特征向量

$$(\boldsymbol{A}-3\boldsymbol{E})\boldsymbol{u}=\begin{pmatrix}2&2\\3&3\end{pmatrix}\begin{pmatrix}1\\0\end{pmatrix}=\begin{pmatrix}2\\3\end{pmatrix}.\qquad ②$$

探究 从以上计算对2阶矩阵的特征向量你有什么发现吗?

可以另取一种子向量再计算一次. 设 $\boldsymbol{v}=\begin{pmatrix}0\\1\end{pmatrix}$，则 $\boldsymbol{Av}=\begin{pmatrix}2\\6\end{pmatrix}$，$\boldsymbol{A}^2\boldsymbol{v}=\begin{pmatrix}22\\42\end{pmatrix}$，由此得

$$\boldsymbol{A}^2\boldsymbol{v}-11\boldsymbol{Av}+24\boldsymbol{v}=\boldsymbol{0},$$

即

$$(\boldsymbol{A}-3\boldsymbol{E})(\boldsymbol{A}-8\boldsymbol{E})\boldsymbol{v}=\boldsymbol{0},$$

于是，得到 $\boldsymbol{A}$ 的属于特征值 $\lambda_1=3$ 的特征向量

$$(\boldsymbol{A}-8\boldsymbol{E})\boldsymbol{v}=\begin{pmatrix}-3&2\\3&-2\end{pmatrix}\begin{pmatrix}0\\1\end{pmatrix}=\begin{pmatrix}2\\-2\end{pmatrix},\qquad ③$$

$\boldsymbol{A}$ 的属于特征值 $\lambda_2=8$ 的特征向量

$$(\boldsymbol{A}-3\boldsymbol{E})\boldsymbol{v}=\begin{pmatrix}2&2\\3&3\end{pmatrix}\begin{pmatrix}0\\1\end{pmatrix}=\begin{pmatrix}2\\3\end{pmatrix}.\qquad ④$$

由①,③式，我们发现，矩阵

$$\boldsymbol{A}-8\boldsymbol{E}=\begin{pmatrix}-3&2\\3&-2\end{pmatrix}$$

的两个列向量都是 $\boldsymbol{A}$ 的属于 $\lambda_1=3$ 的特征向量，设由矩阵 $\boldsymbol{A}-8\boldsymbol{E}$ 的列向量张

成的 $\mathbf{R}^2$ 的子空间为 W_1，由于 $|\boldsymbol{A}-8\boldsymbol{E}|=0$，故 $\boldsymbol{A}-8\boldsymbol{E}$ 的两个列向量是线性相关的，所以 $\dim W_1=1$.

同样，由②,④式，我们可以发现，矩阵 $\boldsymbol{A}-\lambda_1\boldsymbol{E}$ 的两个列向量都是 $\boldsymbol{A}$ 的属于 $\lambda_2=8$ 的特征向量，且它们是线性相关的，即由它们张成的子空间是 1 维的.

于是，我们猜测

命题 设 2 阶矩阵 $\boldsymbol{A}$ 有 2 个不相同的特征值 λ_1 和 λ_2，且 $\boldsymbol{v}_1$ 和 $\boldsymbol{v}_2$ 分别是属于它们的特征向量，则 $\boldsymbol{A}-\lambda_1\boldsymbol{E}$ 的两个列向量都是 $\boldsymbol{v}_2$ 的数量倍，$\boldsymbol{A}-\lambda_2\boldsymbol{E}$ 的两个列向量都是 $\boldsymbol{v}_1$ 的数量倍.

思考 你能证明上述命题成立吗?

证明上述命题的关键是要找到 $\boldsymbol{v}_2$ 与矩阵 $\boldsymbol{A}-\lambda_1\boldsymbol{E}$ 的列向量之间的关系. 由 $\lambda_1\neq\lambda_2$ 和

$$(\boldsymbol{A}-\lambda_1\boldsymbol{E})\boldsymbol{v}_2=\boldsymbol{A}\boldsymbol{v}_2-\lambda_1\boldsymbol{v}_2=\lambda_2\boldsymbol{v}_2-\lambda_1\boldsymbol{v}_2=(\lambda_2-\lambda_1)\boldsymbol{v}_2,$$

我们容易得出，$\boldsymbol{v}_2$ 的一个非零的数量倍 $(\lambda_2-\lambda_1)\boldsymbol{v}_2$ 是 $\boldsymbol{A}-\lambda_1\boldsymbol{E}$ 的列向量的一个线性组合(这是因为若设 $\boldsymbol{A}-\lambda_1\boldsymbol{E}$ 的列向量组为 $\boldsymbol{\alpha}_1,\boldsymbol{\alpha}_2$，$\boldsymbol{v}_2=\begin{pmatrix}a_1\\a_2\end{pmatrix}$，则

$$(\boldsymbol{A}-\lambda_1\boldsymbol{E})\boldsymbol{v}_2=(\boldsymbol{\alpha}_1,\boldsymbol{\alpha}_2)\begin{pmatrix}a_1\\a_2\end{pmatrix}=a_1\boldsymbol{\alpha}_1+a_2\boldsymbol{\alpha}_2),$$

故 $(\lambda_2-\lambda_1)v_2\in L(\boldsymbol{\alpha}_1,\boldsymbol{\alpha}_2)$，从而 $\boldsymbol{v}_2$ 是 $\boldsymbol{A}-\lambda_1\boldsymbol{E}$ 的列向量的一个线性组合. 由于 $|\boldsymbol{A}-\lambda_1\boldsymbol{E}|=0$，所以 $\dim L(\boldsymbol{\alpha}_1,\boldsymbol{\alpha}_2)=1$，即 $L(\boldsymbol{v}_2)=L(\boldsymbol{\alpha}_1,\boldsymbol{\alpha}_2)$，从而 $\boldsymbol{A}-\lambda_1\boldsymbol{E}$ 的两个列向量都是 $\boldsymbol{v}_2$ 的数量倍. 同理可证，$\boldsymbol{A}-\lambda_2\boldsymbol{E}$ 的两个列向量都是 $\boldsymbol{v}_1$ 的数量倍，命题得证.

如何把上述命题推广到 n 阶矩阵中去呢?

探究 设 n 阶矩阵 $\boldsymbol{A}$ 有 n 个线性无关的特征向量 $\boldsymbol{v}_1,\boldsymbol{v}_2,\cdots,\boldsymbol{v}_n$，$\lambda$ 是 $\boldsymbol{A}$ 的一个特征值，问在集合 $S=\{\boldsymbol{v}_1,\boldsymbol{v}_2,\cdots,\boldsymbol{v}_n\}$ 中不属于特征值 λ 的特征向量与由 $\boldsymbol{A}-\lambda\boldsymbol{E}$ 的列向量张成的子空间之间有什么关系?

练　习

1. 即上述探究题.
2. 求下列矩阵的特征值和特征向量:

1) $\begin{pmatrix}0.8&0.2\\0.4&0.6\end{pmatrix}$;　　2) $\begin{pmatrix}1&2\\2&1\end{pmatrix}$.

章课题　半幻方矩阵与幻方矩阵

如果一个 n 阶矩阵的每行上各元素之和以及每列上各元素之和都相等，那么称它为**半幻方矩阵**. 如果一个半幻方矩阵的主对角线上各元素之和以及反对角线(从右上角到左下角)上各元素之和也与它的一行(或列)上各元素之和相等，那么称它为**幻方矩阵**.

我国古代传说，大禹治水(约公元前 22 世纪)在一个龟甲背上发现一个图形(图 6-4 (1))，被称为洛书，把它写成数字的形式(图 6-4 (2))，就是一个 3 阶幻方，这是人们发现最早的一个幻方.

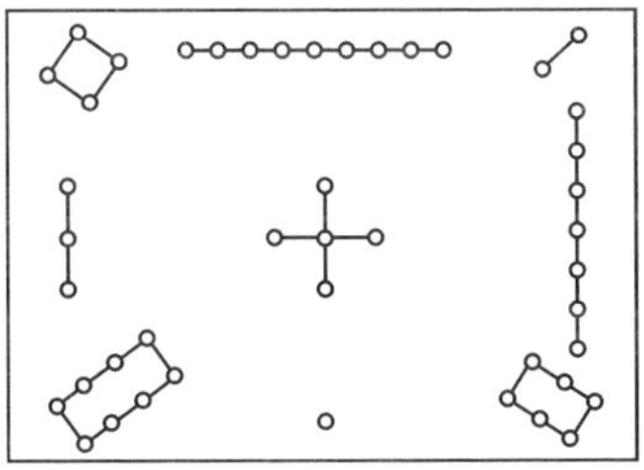

(1)

4	9	2
3	5	7
8	1	6

(2)

图 6-4

本课题所定义的幻方矩阵比图 6-4 所给出的 3 阶幻方更具一般性. 一般地，一个 n 阶幻方是用 $1,2,\cdots,n^2$ 这 n^2 个数填在 n 阶矩阵的各个位置上，使得每行、每列、主对角线或者反对角线上各元素之和相等，都是

$$\frac{1+2+\cdots+n^2}{n}=\frac{n(n^2+1)}{2}.$$

但是，一个 n 阶幻方矩阵中的元素可以在数域 $\mathbf{F}$ 中适当选取，因而每行、每列、主对角线或者反对角线上各元素之和不一定恰好是$\frac{n(n^2+1)}{2}$. 例如：

$$\boldsymbol{A}=\begin{pmatrix} a & a & \cdots & a \\ a & a & \cdots & a \\ \vdots & \vdots & \ddots & \vdots \\ a & a & \cdots & a \end{pmatrix}$$

是一个 n 阶幻方矩阵，其每行、每列、主对角线或者反对角线上各元素之和都为 na，其中 $a\in\mathbf{F}$.

本课题将探讨半幻方矩阵与幻方矩阵的特征.

我们把数域 $\mathbf{F}$ 上 n 阶半幻方矩阵全体构成的 $\mathbf{F}^{n\times n}$ 的一个子集记为 S_n.

问题 1 1) 问：集合 $S_n \subseteq \mathbf{F}^{n\times n}$ 具有什么样的代数结构？

2) 求所有的 3 阶半幻方矩阵(即所有 S_3 的元素).

3) 求所有的 4 阶半幻方矩阵(即所有 S_4 的元素).

我们把 $\mathbf{F}^{n\times n}$ 中 n 阶幻方矩阵全体构成的子集记为 M_n.

问题 2 1) 问：M_n 是不是线性空间？

2) 写出表示所有的 3 阶幻方矩阵的公式.

复 习 题

A 组

1. 填空题

1) 从 $\mathbf{R}^2$ 的基 $\boldsymbol{\alpha}_1=\begin{pmatrix}1\\0\end{pmatrix}$，$\boldsymbol{\alpha}_2=\begin{pmatrix}1\\-1\end{pmatrix}$ 到基 $\boldsymbol{\beta}_1=\begin{pmatrix}1\\1\end{pmatrix}$，$\boldsymbol{\beta}_2=\begin{pmatrix}1\\2\end{pmatrix}$ 的过渡矩阵为________.

2) 已知3维线性空间的一个基为 $\boldsymbol{\alpha}_1=(1,1,0)$，$\boldsymbol{\alpha}_2=(1,0,1)$，$\boldsymbol{\alpha}_3=(0,1,1)$，则向量 $\boldsymbol{\alpha}=(2,0,0)$ 在这个基下的坐标是________.

3) 已知 $\boldsymbol{\alpha}_1=(1,2,1)^{\mathrm{T}}$，$\boldsymbol{\alpha}_2=(2,3,3)^{\mathrm{T}}$，$\boldsymbol{\alpha}_3=(3,7,1)^{\mathrm{T}}$ 与 $\boldsymbol{\beta}_1=(2,1,1)^{\mathrm{T}}$，$\boldsymbol{\beta}_2=(5,2,2)^{\mathrm{T}}$，$\boldsymbol{\beta}_3=(1,3,4)^{\mathrm{T}}$ 是 $\mathbf{R}^3$ 的两个基，那么在这两个基下有相同坐标的向量是________.

4) 已知向量组 $\boldsymbol{\alpha}_1=(3,1,a)$，$\boldsymbol{\alpha}_2=(4,a,0)$，$\boldsymbol{\alpha}_3=(1,0,a)$ 线性相关，则 $a=$________.

5) 已知向量组 $\boldsymbol{\alpha}_1=(1,2,-1,1)$，$\boldsymbol{\alpha}_2=(2,0,a,0)$，$\boldsymbol{\alpha}_3=(0,-4,5,-2)$ 的秩为 2，则 $a=$________.

6) 向量组 $\boldsymbol{\alpha}_1=(1,4,2)^{\mathrm{T}}$，$\boldsymbol{\alpha}_2=(2,7,3)^{\mathrm{T}}$，$\boldsymbol{\alpha}_3=(0,1,a)^{\mathrm{T}}$ 可以表示任意一个 3 维向量，则 a 的取值为________.

2. 选择题

1) 已知 $\boldsymbol{\alpha}_1,\boldsymbol{\alpha}_2,\boldsymbol{\alpha}_3$ 是线性空间 $\mathbf{R}^3$ 的一个基，则选项中也为 $\mathbf{R}^3$ 的一个基的是(　　).

(A) $\boldsymbol{\alpha}_1-\boldsymbol{\alpha}_2,\boldsymbol{\alpha}_2-\boldsymbol{\alpha}_3,\boldsymbol{\alpha}_3-\boldsymbol{\alpha}_1$　　(B) $\boldsymbol{\alpha}_1-\boldsymbol{\alpha}_2,2\boldsymbol{\alpha}_2+3\boldsymbol{\alpha}_3,\boldsymbol{\alpha}_1+\boldsymbol{\alpha}_3$

(C) $\boldsymbol{\alpha}_1-\boldsymbol{\alpha}_2,2\boldsymbol{\alpha}_2+\boldsymbol{\alpha}_3,\boldsymbol{\alpha}_1+\boldsymbol{\alpha}_2+\boldsymbol{\alpha}_3$　(D) $\boldsymbol{\alpha}_1+\boldsymbol{\alpha}_2,2\boldsymbol{\alpha}_1+3\boldsymbol{\alpha}_2,5\boldsymbol{\alpha}_1+8\boldsymbol{\alpha}_2$

2) 设向量组 $\alpha_1,\alpha_2,\alpha_3$ 线性无关，向量 β_1 可由 $\alpha_1,\alpha_2,\alpha_3$ 线性表示，而向量 β_2 不能由 $\alpha_1,\alpha_2,\alpha_3$ 线性表示，则对任意常数 k，必有(　　).

(A) $\alpha_1,\alpha_2,\alpha_3,k\beta_1+\beta_2$ 线性无关 (B) $\alpha_1,\alpha_2,\alpha_3,k\beta_1+\beta_2$ 线性相关

(C) $\alpha_1,\alpha_2,\alpha_3,\beta_1+k\beta_2$ 线性无关 (D) $\alpha_1,\alpha_2,\alpha_3,\beta_1+k\beta_2$ 线性相关

3) $W=\{(a,b,c,d)\mid a,b,c,d\in\mathbf{R},\ d=a+b,\ c=a-b\}$ 是 $\mathbf{R}^4$ 的子空间，则维$(W)=($　　$)$.

(A) 1　　(B) 2　　(C) 3　　(D) 4

4) 由 $\boldsymbol{\alpha}_1=(1,1,0)$，$\boldsymbol{\alpha}_2=(1,0,0)$，$\boldsymbol{\alpha}_3=(0,1,0)$，$\boldsymbol{\alpha}_4=(0,0,1)$ 张成的 $\mathbf{F}^3$ 的子空间的维数是(　　).

(A) 1　　(B) 2　　(C) 3　　(D) 4

3. 设 $V=\{(a,b)\mid a,b\in\mathbf{R}\}$，规定

$$(a_1,b_1)\oplus(a_2,b_2)=(a_1+a_2,b_1+b_2+a_1a_2),$$

$$k\circ(a_1,b_1)=\left(ka_1,kb_1+\frac{1}{2}k(k-1)a_1^2\right).$$

证明：V 是实数域 $\mathbf{R}$ 上的线性空间.

4. 平面上全体向量构成的集合 V，对于通常的向量加法和如下规定的数量乘法

$$k\circ\boldsymbol{\alpha}=\boldsymbol{\alpha},$$

其中 $\boldsymbol{\alpha}$ 是集合 V 中任一向量，$k\in\mathbf{R}$. 问该集合是否是实数域 $\mathbf{R}$ 上的线性空间?

5. 在 $\mathbf{F}^3$ 中，求由基 $\begin{cases}\boldsymbol{\varepsilon}_1=(1,1,1),\\ \boldsymbol{\varepsilon}_2=(1,1,-1),\\ \boldsymbol{\varepsilon}_3=(1,-1,1)\end{cases}$ 到基 $\begin{cases}\boldsymbol{\eta}_1=(1,1,0),\\ \boldsymbol{\eta}_2=(2,1,3),\\ \boldsymbol{\eta}_3=(0,1,-1)\end{cases}$ 的过渡矩阵，并求向量 $\boldsymbol{\xi}=(3,5,0)$ 在基 $\boldsymbol{\eta}_1,\boldsymbol{\eta}_2,\boldsymbol{\eta}_3$ 下的坐标.

6. 设 $\mathbf{A}$ 是 $\mathbf{F}^{n\times n}$ 中一个确定的 n 阶矩阵，

$$S(\mathbf{A})=\{\mathbf{B}\mid \mathbf{AB}=\mathbf{O},\ \mathbf{B}\in\mathbf{F}^{n\times n}\}.$$

证明：$S(\mathbf{A})$ 是 $\mathbf{F}^{n\times n}$ 的子空间.

7. 设 W_1,W_2 是 n 维线性空间 V 的两个子空间，且满足

$$\dim(W_1+W_2)=\dim(W_1\cap W_2)+1,$$

证明：$W_1\subseteq W_2$ 或 $W_2\subseteq W_1$.

8. 求 $L(\boldsymbol{\alpha}_1,\boldsymbol{\alpha}_2)$ 与 $L(\boldsymbol{\beta}_1,\boldsymbol{\beta}_2)$ 的交的维数及一个基，其中

$$\begin{cases}\boldsymbol{\alpha}_1=(1,2,1,0),\\ \boldsymbol{\alpha}_2=(-1,1,1,1),\end{cases}\qquad \begin{cases}\boldsymbol{\beta}_1=(2,-1,0,1),\\ \boldsymbol{\beta}_2=(1,-1,3,7).\end{cases}$$

9. 设 W_1,W_2 都是线性空间 V 的子空间，证明下列条件是等价的：

1) $W_1\subseteq W_2$；　　2) $W_1\cap W_2=W_1$；

3) $W_1+W_2=W_2$.

10. 设 $V=\mathbf{F}^3$，$\boldsymbol{\alpha}=(x_1,x_2,x_3)$，$\boldsymbol{\beta}=(y_1,y_2,y_3)$，判断下列二元函数 f 是否为 V 上的双线性函数：

1） $f(\boldsymbol{\alpha},\boldsymbol{\beta})=2x_1y_1+x_1y_2-3x_2y_1+x_2y_2$；

2） $f(\boldsymbol{\alpha},\boldsymbol{\beta})=(x_1-y_2)^2+x_2y_1$；

3） $f(\boldsymbol{\alpha},\boldsymbol{\beta})=c$，$c\in\mathbf{F}$；

4） $f(\boldsymbol{\alpha},\boldsymbol{\beta})=(2x_1+x_2-3x_3)(y_1-y_2+y_3)$.

B 组

1. 设4元齐次线性方程组(Ⅰ)为

$$\begin{cases}2x_1+3x_2-x_3 & =0,\\ x_1+2x_2+x_3-x_4=0,\end{cases}$$

且已知另一4元齐次线性方程组(Ⅱ)的一个基础解系为

$$\boldsymbol{\alpha}_1=(2,-1,a+2,1)^{\mathrm{T}},\quad \boldsymbol{\alpha}_2=(-1,2,4,a+8)^{\mathrm{T}}.$$

1） 求方程组(Ⅰ)的一个基础解系.

2） 当 a 为何值时，方程组(Ⅰ)与(Ⅱ)有非零公共解？在有非零公共解时，求出全部非零公共解.

3） 设方程组(Ⅰ)和(Ⅱ)的解空间分别为 W_1 和 W_2，求 $W_1\cap W_2$ 的基与维数.

2. 证明：n 维线性空间 V 的每个真子空间都是若干 $n-1$ 维子空间的交.

3. 设 V_1,V_2 是线性空间 V 的两个非平凡子空间，证明：在 V 中存在 α，使 $\alpha\notin V_1$，$\alpha\notin V_2$ 同时成立.

4. 设 $V_1,V_2,\cdots,V_s$ 是线性空间 V 的 s 个非平凡子空间. 证明：在 V 中存在 α，使 $\alpha\notin V_i$，$i=1,2,\cdots,s$.

5. 设 f 为 n 维线性空间 V 上的双线性函数. 令

$$W_1=\{\alpha\in V\mid f(\alpha,\beta)=0,\ \forall\beta\in V\},$$

$$W_2=\{\alpha\in V\mid f(\beta,\alpha)=0,\ \forall\beta\in V\}.$$

证明：W_1 与 W_2 都是 V 的线性子空间，且 $\dim W_1=\dim W_2$.

探究题

写出线性空间 V 的 s $(s\geqslant 2)$ 个有限维子空间 $W_1,W_2,\cdots,W_s$ 的相应的维数公式，并予以证明.

第7章　线性变换

在上一章已经系统地讨论了线性空间的一般理论. 本章将着重研究一个线性空间到自身的一个映射(即变换), 特别是其中最简单的、也是最基本的线性变换. 线性变换是线性代数的重要概念. 它也是平面几何(或立体几何)中的旋转变换、反射变换、伸缩变换等变换, 解析几何中的某些坐标变换, 泛函分析中的线性算子, 以及其他数学分支中某些类似的变换的抽象、概括与推广. 研究线性变换的重要方法是借助于线性变换与矩阵的关系, 并利用矩阵这个工具.

7.1　线性变换的定义

本节我们主要介绍线性变换的定义及一些简单性质.

在引入线性变换的概念之前, 我们先来看一个例子.

设 V_2 是平面上从原点出发的向量全体构成的集合. 它对于几何向量的加法及数乘构成实数域 $\mathbf{R}$ 上的 2 维线性空间. 定义 V_2 到自身的一个映射

$$\tau_\theta: \boldsymbol{\alpha} \mapsto \boldsymbol{\alpha}' = \tau_\theta(\boldsymbol{\alpha}),$$

其中 $\boldsymbol{\alpha}'$ 是 $\boldsymbol{\alpha}$ 绕坐标原点按逆时针方向旋转 θ 角所得的向量(见图 7-1). 这个映射具有如下性质:

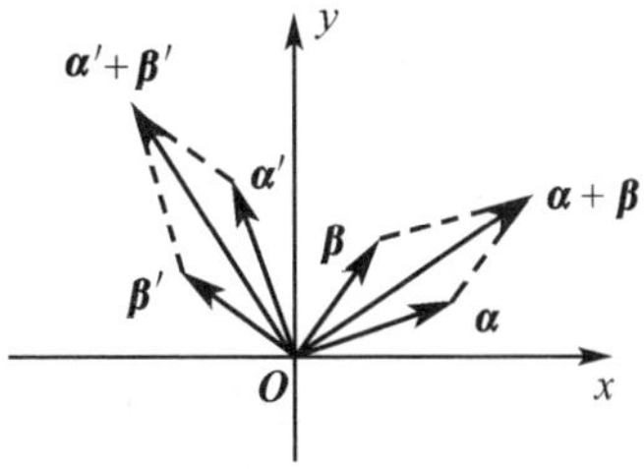

图 7-1

1) $\tau_\theta(\boldsymbol{\alpha}+\boldsymbol{\beta}) = \boldsymbol{\alpha}'+\boldsymbol{\beta}' = \tau_\theta(\boldsymbol{\alpha}) + \tau_\theta(\boldsymbol{\beta})$, 对任意 $\boldsymbol{\alpha}, \boldsymbol{\beta} \in V_2$;

2) $\tau_\theta(k\boldsymbol{\alpha}) = k\boldsymbol{\alpha}' = k\tau_\theta(\boldsymbol{\alpha})$, 对任意数 $k \in \mathbf{R}$, 任意向量 $\boldsymbol{\alpha} \in V_2$.

又如在 $\mathbf{R}^3$ 中, 把向量 $\boldsymbol{\alpha} = (a, b, c)$ 向坐标面 xOy 投影得到向量 $\boldsymbol{\alpha}' = (a, b, 0)$. 这种投影是线性空间 $\mathbf{R}^3$ 到自身的一个变换, 设为 σ (见图 7-2). 这时它也有两个性质:

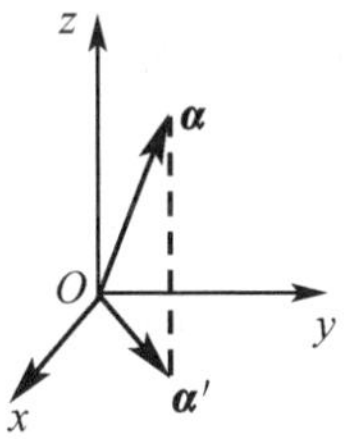

图 7-2

1） $\sigma(\boldsymbol{\alpha}+\boldsymbol{\beta})=\boldsymbol{\alpha}'+\boldsymbol{\beta}'=\sigma(\boldsymbol{\alpha})+\sigma(\boldsymbol{\beta})$，对任意 $\boldsymbol{\alpha},\boldsymbol{\beta}\in\mathbf{R}^3$；

2） $\sigma(k\boldsymbol{\alpha})=k\boldsymbol{\alpha}'=k\sigma(\boldsymbol{\alpha})$，对任意 $\boldsymbol{\alpha}\in\mathbf{R}^3$，$k\in\mathbf{R}$.

可见 τ_θ 与 σ 都保持向量的加法与数量乘法，即两个向量和的像等于向量像的和，数与向量乘积的像等于数与向量像的乘积. 这样的变换与线性空间的运算相适应，是线性空间的重要变换. 我们称之为线性变换.

一般地，给出线性变换的定义如下：

定义 7.1 设 V 是数域 $\mathbf{F}$ 上的线性空间，$\mathscr{A}$ 为 V 的一个变换. 如果对于 V 中任意的元素 α,β 和数域 $\mathbf{F}$ 中任意数 k，有

1） $\mathscr{A}(\alpha+\beta)=\mathscr{A}\alpha+\mathscr{A}\beta$；

2） $\mathscr{A}(k\alpha)=k\mathscr{A}\alpha$，

则称变换 $\mathscr{A}$ 是 V 的一个**线性变换**.

对条件 1)，2) 通常也说，线性变换保持向量的加法与数量乘法. 以后我们一般用花体大写英文字母 $\mathscr{A},\mathscr{B},\cdots$ 代表 V 的变换，$\mathscr{A}(\alpha)$ 或 $\mathscr{A}\alpha$ 代表元素 α 在变换 $\mathscr{A}$ 下的像.

例 7.1 线性空间 V 的变换 $\mathscr{E}$：

$$\mathscr{E}\alpha=\alpha\quad(\alpha\in V)$$

（即每一个向量的像是它自己），对任何 $\alpha,\beta\in V$，$k\in\mathbf{F}$（数域），有

$$\mathscr{E}(\alpha+\beta)=\alpha+\beta=\mathscr{E}\alpha+\mathscr{E}\beta,$$
$$\mathscr{E}(k\alpha)=k\alpha=k\mathscr{E}\alpha,$$

所以 $\mathscr{E}$ 是线性变换，称它为**恒等变换**（或**单位变换**）.

例 7.2 线性空间 V 的变换 $\mathscr{O}$：

$$\mathscr{O}\alpha=0\quad(\alpha\in V)$$

（即每一个向量的像是零向量），对任何 $\alpha,\beta\in V$，$k\in\mathbf{F}$，有

$$\mathscr{O}(\alpha+\beta)=0=0+0=\mathscr{O}\alpha+\mathscr{O}\beta,$$
$$\mathscr{O}(k\alpha)=0=k\cdot 0=k\mathscr{O}\alpha,$$

所以 $\mathscr{O}$ 是线性变换，称之为**零变换**.

例 7.3 设 V 是数域 $\mathbf{F}$ 上的线性空间，k 是 $\mathbf{F}$ 中某一固定的数，定义 V 的变换 $\mathscr{K}$ 如下：

$$\mathscr{K}\alpha=k\alpha\quad(\alpha\in V).$$

因为对任意 $\alpha,\beta\in V$，$l\in\mathbf{F}$，有

$$\mathscr{K}(\alpha+\beta)=k(\alpha+\beta)=k\alpha+k\beta=\mathscr{K}\alpha+\mathscr{K}\beta,$$
$$\mathscr{K}(l\alpha)=k(l\alpha)=l(k\alpha)=l\mathscr{K}\alpha,$$

所以变换 $\mathscr{K}$ 是线性变换. 当 $k=1$ 时，便得恒等变换. 当 $k=0$ 时，便得零变换.

例 7.4 在线性空间 $\mathbf{F}[x]$（$\mathbf{F}[x]_n$）中，变换 $\mathscr{D}$ 是求导运算，即

$$\mathscr{D}(f(x))=f'(x),$$

其中

$$f(x)=a_m x^m + a_{m-1}x^{m-1}+\cdots+a_1 x+a_0 \in \mathbf{F}[x],$$

$$f'(x)=ma_m x^{m-1}+(m-1)a_{m-1}x^{m-2}+\cdots+a_1.$$

因为对任意 $f(x), g(x) \in \mathbf{F}[x]$，$k \in \mathbf{F}$，

$$\begin{aligned}\mathscr{D}(f(x)+g(x))&=(f(x)+g(x))'=f'(x)+g'(x)\\&=\mathscr{D}(f(x))+\mathscr{D}(g(x)),\end{aligned}$$

$$\mathscr{D}(kf(x))=(kf(x))'=kf'(x)=k\mathscr{D}(f(x)),$$

所以变换 $\mathscr{D}$ 是线性变换.

例 7.5 取定矩阵 $\mathbf{A} \in \mathbf{F}^{n\times n}$，定义 $\mathbf{F}^n$ 的变换 $\mathscr{A}$：

$$\mathscr{A}\boldsymbol{x}=\mathbf{A}\boldsymbol{x} \quad (\boldsymbol{x} \in \mathbf{F}^n),$$

则 $\mathscr{A}$ 是一个线性变换. 这是因为

$$\mathscr{A}(\boldsymbol{x}+\boldsymbol{y})=\mathbf{A}(\boldsymbol{x}+\boldsymbol{y})=\mathbf{A}\boldsymbol{x}+\mathbf{A}\boldsymbol{y}=\mathscr{A}\boldsymbol{x}+\mathscr{A}\boldsymbol{y},$$

$$\mathscr{A}(k\boldsymbol{x})=\mathbf{A}(k\boldsymbol{x})=k(\mathbf{A}\boldsymbol{x})=k\mathscr{A}\boldsymbol{x}.$$

例 7.6 在 $\mathbf{F}^3$ 中，对任意向量 $\boldsymbol{\alpha}=(x_1,x_2,x_3)$ 定义变换 $\mathscr{A}$ 如下：

$$\mathscr{A}\boldsymbol{\alpha}=(x_1^2,x_2^2,x_3^2).$$

因为对任意 $\boldsymbol{\alpha}=(x_1,x_2,x_3)$，$\boldsymbol{\beta}=(y_1,y_2,y_3) \in \mathbf{F}^3$，

$$\begin{aligned}\mathscr{A}(\boldsymbol{\alpha}+\boldsymbol{\beta})&=\mathscr{A}(x_1+y_1,x_2+y_2,x_3+y_3)\\&=((x_1+y_1)^2,(x_2+y_2)^2,(x_3+y_3)^2),\end{aligned}$$

$$\begin{aligned}\mathscr{A}\boldsymbol{\alpha}+\mathscr{A}\boldsymbol{\beta}&=(x_1^2,x_2^2,x_3^2)+(y_1^2,y_2^2,y_3^2)\\&=(x_1^2+y_1^2,x_2^2+y_2^2,x_3^2+y_3^2),\end{aligned}$$

一般地，$\mathscr{A}(\boldsymbol{\alpha}+\boldsymbol{\beta}) \neq \mathscr{A}\boldsymbol{\alpha}+\mathscr{A}\boldsymbol{\beta}$，所以 $\mathscr{A}$ 不是 $\mathbf{F}^3$ 的一个线性变换.

定理 7.1 设 $\mathscr{A}$ 是线性空间 V 的一个变换. $\mathscr{A}$ 是线性变换当且仅当

$$\mathscr{A}(k_1\alpha_1+k_2\alpha_2)=k_1\mathscr{A}\alpha_1+k_2\mathscr{A}\alpha_2,$$

对任意 $\alpha_1,\alpha_2 \in V$，$k_1,k_2 \in \mathbf{F}$.

证 必要性 设 $\mathscr{A}$ 是 V 的线性变换，则

$$\mathscr{A}(k_1\alpha_1+k_2\alpha_2)=\mathscr{A}(k_1\alpha_1)+\mathscr{A}(k_2\alpha_2)=k_1\mathscr{A}\alpha_1+k_2\mathscr{A}\alpha_2.$$

充分性 令 $k_1=1$，$k_2=1$，由 $\mathscr{A}(k_1\alpha_1+k_2\alpha_2)=k_1\mathscr{A}\alpha_1+k_2\mathscr{A}\alpha_2$，得

$$\mathscr{A}(\alpha_1+\alpha_2)=\mathscr{A}\alpha_1+\mathscr{A}\alpha_2.$$

令 $k_2=0$，得 $\mathscr{A}(k_1\alpha_1)=k_1\mathscr{A}\alpha_1$. 所以 $\mathscr{A}$ 是线性变换. ■

推论 若 $\mathscr{A}$ 是线性空间 V 的线性变换，则有

$$\mathscr{A}(k_1\alpha_1+k_2\alpha_2+\cdots+k_s\alpha_s)=k_1\mathscr{A}\alpha_1+k_2\mathscr{A}\alpha_2+\cdots+k_s\mathscr{A}\alpha_s.$$

对 s 用数学归纳法就可证明上述等式.

从定义可直接推出线性变换具有以下简单性质：

1° 设 $\mathscr{A}$ 是 V 的线性变换，则 $\mathscr{A}0=0$，$\mathscr{A}(-\alpha)=-\mathscr{A}\alpha$.

这只要在定义 7.1 的条件 2) 中取 $k=0,-1$ 即得.

2° 线性变换保持线性组合与线性关系式不变. 这就是说，如果 β 是 α_1, $\alpha_2,\cdots,\alpha_s$ 的线性组合

$$\beta=k_1\alpha_1+k_2\alpha_2+\cdots+k_s\alpha_s,$$

经过线性变换 $\mathscr{A}$ 之后，$\mathscr{A}\beta$ 是 $\mathscr{A}\alpha_1,\mathscr{A}\alpha_2,\cdots,\mathscr{A}\alpha_s$ 的同样系数的线性组合

$$\mathscr{A}\beta=k_1\mathscr{A}\alpha_1+k_2\mathscr{A}\alpha_2+\cdots+k_s\mathscr{A}\alpha_s.$$

由推论立刻可得出这一点.

3° 线性变换将线性相关的向量组变成线性相关的向量组. 也就是说，若 $\alpha_1,\alpha_2,\cdots,\alpha_r$ 线性相关，$\mathscr{A}$ 是线性变换，则 $\mathscr{A}\alpha_1,\mathscr{A}\alpha_2,\cdots,\mathscr{A}\alpha_r$ 线性相关.

证 已知 $\alpha_1,\alpha_2,\cdots,\alpha_r$ 线性相关，即存在不全为零的数 $k_1,k_2,\cdots,k_r$，使

$$k_1\alpha_1+k_2\alpha_2+\cdots+k_r\alpha_r=0. \tag{1.1}$$

于是 $\mathscr{A}(k_1\alpha_1+k_2\alpha_2+\cdots+k_r\alpha_r)=\mathscr{A}0$，即

$$k_1\mathscr{A}\alpha_1+k_2\mathscr{A}\alpha_2+\cdots+k_r\mathscr{A}\alpha_r=0. \tag{1.2}$$

故得 $\mathscr{A}\alpha_1,\mathscr{A}\alpha_2,\cdots,\mathscr{A}\alpha_r$ 线性相关. ∎

注意，3° 的逆是不成立的，线性无关的向量组经过线性变换后也可能变成线性相关的向量组. 例如零变换 $\mathscr{O}$，在 V 中取线性无关的向量组 $\alpha_1,\alpha_2,\cdots,\alpha_r$，而 $\mathscr{O}\alpha_1,\mathscr{O}\alpha_2,\cdots,\mathscr{O}\alpha_r$ 都是零向量，所以变换后的向量组线性相关.

一般而言，由于在定义线性变换时，只要求它是线性空间到自身的一个映射，且保持加法与数量乘法，并没有要求它是一一对应，因此零向量的原像不一定是零向量，故由(1.2) 不一定能得到(1.1).

习题 7.1

1. 判别下面所定义的变换，哪些是线性的，哪些不是：

1) 在线性空间 V 中，$\mathscr{A}\xi=\xi+\alpha$，其中 $\alpha\in V$ 是一个固定的向量；

2) 在线性空间 V 中，$\mathscr{A}\xi=\alpha$，其中 $\alpha\in V$ 是一个固定的向量；

3) 在 $\mathbf{F}^3$ 中，$\mathscr{A}(x_1,x_2,x_3)=(x_1^2,x_2+x_3,x_3^2)$；

4) 在 $\mathbf{F}^3$ 中，$\mathscr{A}(x_1,x_2,x_3)=(2x_1-x_2,x_2+x_3,x_1)$；

5) 设 V 是定义在闭区间$[a,b]$上的所有连续函数组成的 $\mathbf{R}$ 上的线性空间，在 V 中，

$$\mathscr{A}f(x)=\int_a^x f(t)\mathrm{d}t.$$

2. 已知 $\boldsymbol{B},\boldsymbol{C}\in\mathbf{F}^{n\times n}$ 是两个固定的矩阵，$\boldsymbol{X}$ 是 $\mathbf{F}^{n\times n}$ 中任一矩阵. 证明：变换 $\mathscr{A}(\boldsymbol{X})=\boldsymbol{BXC}$ 是线性变换.

3. 证明：$\mathbf{R}^2$ 中平移变换 $\mathscr{A}$，即 $\mathscr{A}(x_1,x_2)=(x_1+a,x_2+b)$，其中 a,b 不全为零，不是线性变换.

4. 设 V 是数域 $\mathbf{F}$ 上的 1 维线性空间，证明：V 的一个变换 $\mathscr{A}$ 是线性变换的充分必要条件是：对任何 $\alpha \in V$，都有 $\mathscr{A}(\alpha)=a\alpha$，其中 a 是 $\mathbf{F}$ 中一个固定数.

7.2 线性变换的矩阵

要想具体地描述一个线性变换 $\mathscr{A}$，必须对每一个向量 α 都能具体地说出它的像 $\mathscr{A}\alpha$ 是什么，或者能找到一个规律，使按这个规律，从 α 就能具体地找出 $\mathscr{A}\alpha$. 在有限维线性空间中，这个问题很容易得到解决. 因为在 n 维线性空间中，任何向量都可以表示为 n 个基向量的线性组合，所以就没有必要去表述线性变换 $\mathscr{A}$ 对每一个向量的作用，只要表述 $\mathscr{A}$ 对这 n 个基向量的作用就可以了，由此，我们可以利用定理 7.1 的推论，立即得到 $\mathscr{A}$ 对任意向量的作用.

设 V 是数域 $\mathbf{F}$ 上一个 n 维线性空间，$\varepsilon_1,\varepsilon_2,\cdots,\varepsilon_n$ 是 V 的一个基，$\mathscr{A}$ 是 V 的一个线性变换. 空间 V 中任意一个向量 ξ 都可由基 $\varepsilon_1,\varepsilon_2,\cdots,\varepsilon_n$ 线性表示：

$$\xi=x_1\varepsilon_1+x_2\varepsilon_2+\cdots+x_n\varepsilon_n,$$

其中系数 $x_1,x_2,\cdots,x_n$ 是唯一确定的，它们就是 ξ 在这个基下的坐标. 由于线性变换保持线性关系不变，因而在 ξ 的像 $\mathscr{A}\xi$ 与基向量组的像 $\mathscr{A}\varepsilon_1,\mathscr{A}\varepsilon_2,\cdots,\mathscr{A}\varepsilon_n$ 之间也有相同的关系：

$$\begin{aligned}\mathscr{A}\xi&=\mathscr{A}(x_1\varepsilon_1+x_2\varepsilon_2+\cdots+x_n\varepsilon_n)\\&=x_1\mathscr{A}\varepsilon_1+x_2\mathscr{A}\varepsilon_2+\cdots+x_n\mathscr{A}\varepsilon_n.\end{aligned}$$

此式表明，只要知道基向量的像 $\mathscr{A}\varepsilon_1,\mathscr{A}\varepsilon_2,\cdots,\mathscr{A}\varepsilon_n$，那么线性空间中任意一个向量 ξ 的像也就可以知道了. 也就是说，要想具体地描述 $\mathscr{A}$，我们只要知道 $\mathscr{A}\varepsilon_1,\mathscr{A}\varepsilon_2,\cdots,\mathscr{A}\varepsilon_n$ 就可以了.

定理 7.2 设 $\mathscr{A}$ 是 n 维线性空间 V 的一个线性变换，$\varepsilon_1,\varepsilon_2,\cdots,\varepsilon_n$ 是 V 的一个基，则 V 中任一向量 α 的像 $\mathscr{A}\alpha$ 由基 $\varepsilon_1,\varepsilon_2,\cdots,\varepsilon_n$ 的像 $\mathscr{A}\varepsilon_1,\mathscr{A}\varepsilon_2,\cdots,\mathscr{A}\varepsilon_n$ 完全确定.

事实上，如果 V 的线性变换 $\mathscr{B}$ 在这个基下与 $\mathscr{A}$ 的像相同，即

$$\mathscr{A}\varepsilon_i=\mathscr{B}\varepsilon_i\quad(i=1,2,\cdots,n),$$

那么对任意 $\xi\in V$，$\xi=x_1\varepsilon_1+x_2\varepsilon_2+\cdots+x_n\varepsilon_n$，其中 $x_i\in\mathbf{F}\ (i=1,2,\cdots,n)$，有

$$\begin{aligned}\mathscr{A}\xi&=x_1\mathscr{A}\varepsilon_1+x_2\mathscr{A}\varepsilon_2+\cdots+x_n\mathscr{A}\varepsilon_n\\&=x_1\mathscr{B}\varepsilon_1+x_2\mathscr{B}\varepsilon_2+\cdots+x_n\mathscr{B}\varepsilon_n=\mathscr{B}\xi.\end{aligned}\tag{2.1}$$

与映射相等的概念一样，我们也有线性变换相等的概念.

设 $\mathscr{C},\mathscr{D}$ 是 V 的两个线性变换. 如果对任意元素 $\alpha\in V$，皆有

$$\mathscr{C}\alpha=\mathscr{D}\alpha,$$

就说 $\mathscr{C}$ 与 $\mathscr{D}$ 是**相等的**，记为 $\mathscr{C}=\mathscr{D}$.

因此，由(2.1)可知，$\mathscr{A}=\mathscr{B}$. 这就说明一个线性变换完全被它在一个基上的作用(即基向量的像 $\mathscr{A}\varepsilon_1,\mathscr{A}\varepsilon_2,\cdots,\mathscr{A}\varepsilon_n$) 所唯一决定.

有了以上讨论，我们来建立线性变换与矩阵的联系.

定义 7.2 设 $\varepsilon_1,\varepsilon_2,\cdots,\varepsilon_n$ 是数域 $\mathbf{F}$ 上 n 维线性空间 V 的一个基，$\mathscr{A}$ 是 V 的一个线性变换，基向量的像 $\mathscr{A}\varepsilon_1,\mathscr{A}\varepsilon_2,\cdots,\mathscr{A}\varepsilon_n$ 由基线性表示如下：

$$\begin{cases}\mathscr{A}\varepsilon_1=a_{11}\varepsilon_1+a_{21}\varepsilon_2+\cdots+a_{n1}\varepsilon_n,\\ \mathscr{A}\varepsilon_2=a_{12}\varepsilon_1+a_{22}\varepsilon_2+\cdots+a_{n2}\varepsilon_n,\\ \cdots\cdots\cdots\cdots\cdots\cdots\cdots\cdots\cdots\cdots\cdots\cdots\\ \mathscr{A}\varepsilon_n=a_{1n}\varepsilon_1+a_{2n}\varepsilon_2+\cdots+a_{nn}\varepsilon_n,\end{cases}\tag{2.2}$$

则称矩阵

$$\mathbf{A}=\begin{pmatrix}a_{11}&a_{12}&\cdots&a_{1n}\\ a_{21}&a_{22}&\cdots&a_{2n}\\ \vdots&\vdots&\ddots&\vdots\\ a_{n1}&a_{n2}&\cdots&a_{nn}\end{pmatrix}$$

为线性变换 $\mathscr{A}$ 在基 $\varepsilon_1,\varepsilon_2,\cdots,\varepsilon_n$ 下的**矩阵**.

注意，$\mathscr{A}$ 在基 $\varepsilon_1,\varepsilon_2,\cdots,\varepsilon_n$ 下的矩阵 $\mathbf{A}$ 是(2.2)中系数矩阵的转置，矩阵 $\mathbf{A}$ 的第 j 列向量是 $\mathscr{A}\varepsilon_j$ 在基 $\varepsilon_1,\varepsilon_2,\cdots,\varepsilon_n$ 下的坐标向量.

有了线性变换在某一个基下矩阵的概念后，(2.2) 可用矩阵 $\mathbf{A}$ 表示出来：

$$\mathscr{A}(\varepsilon_1,\varepsilon_2,\cdots,\varepsilon_n)=(\mathscr{A}\varepsilon_1,\mathscr{A}\varepsilon_2,\cdots,\mathscr{A}\varepsilon_n)=(\varepsilon_1,\varepsilon_2,\cdots,\varepsilon_n)\mathbf{A}.\tag{2.3}$$

反之，由(2.3)可得(2.2)，且 $\mathbf{A}$ 为线性变换 $\mathscr{A}$ 在基 $\varepsilon_1,\varepsilon_2,\cdots,\varepsilon_n$ 下的矩阵.

例 7.7 线性空间 V 的数乘变换 $\mathscr{K}$ 在任意一个基 $\varepsilon_1,\varepsilon_2,\cdots,\varepsilon_n$ 下的矩阵是数量矩阵.

因为

$$\begin{cases}\mathscr{K}\varepsilon_1=k\varepsilon_1,\\ \mathscr{K}\varepsilon_2=\qquad k\varepsilon_2,\\ \cdots\cdots\cdots\cdots\cdots\cdots\\ \mathscr{K}\varepsilon_n=\qquad\qquad k\varepsilon_n,\end{cases}\qquad (k\in\mathbf{F},\ k\text{ 固定})$$

所以 $\mathscr{K}$ 在基 $\varepsilon_1,\varepsilon_2,\cdots,\varepsilon_n$ 下的矩阵为数量矩阵：

$$k\boldsymbol{E}=\begin{pmatrix}k&0&\cdots&0\\0&k&\cdots&0\\\vdots&\vdots&\ddots&\vdots\\0&0&\cdots&k\end{pmatrix}.$$

易知零变换的矩阵是零矩阵，恒等变换的矩阵是单位矩阵.

例 7.8 在 $\mathbf{F}^{2\times2}$ 中定义线性变换

$$\mathscr{A}\boldsymbol{X}=\begin{pmatrix}a&b\\c&d\end{pmatrix}\boldsymbol{X},$$

求 $\mathscr{A}$ 在基

$$\boldsymbol{E}_{11}=\begin{pmatrix}1&0\\0&0\end{pmatrix},\ \boldsymbol{E}_{12}=\begin{pmatrix}0&1\\0&0\end{pmatrix},\ \boldsymbol{E}_{21}=\begin{pmatrix}0&0\\1&0\end{pmatrix},\ \boldsymbol{E}_{22}=\begin{pmatrix}0&0\\0&1\end{pmatrix}$$

下的矩阵.

解 因为

$$\mathscr{A}\boldsymbol{E}_{11}=\begin{pmatrix}a&b\\c&d\end{pmatrix}\begin{pmatrix}1&0\\0&0\end{pmatrix}=\begin{pmatrix}a&0\\c&0\end{pmatrix}=a\boldsymbol{E}_{11}+c\boldsymbol{E}_{21},$$

$$\mathscr{A}\boldsymbol{E}_{12}=\begin{pmatrix}a&b\\c&d\end{pmatrix}\begin{pmatrix}0&1\\0&0\end{pmatrix}=\begin{pmatrix}0&a\\0&c\end{pmatrix}=a\boldsymbol{E}_{12}+c\boldsymbol{E}_{22},$$

$$\mathscr{A}\boldsymbol{E}_{21}=\begin{pmatrix}a&b\\c&d\end{pmatrix}\begin{pmatrix}0&0\\1&0\end{pmatrix}=\begin{pmatrix}b&0\\d&0\end{pmatrix}=b\boldsymbol{E}_{11}+d\boldsymbol{E}_{21},$$

$$\mathscr{A}\boldsymbol{E}_{22}=\begin{pmatrix}a&b\\c&d\end{pmatrix}\begin{pmatrix}0&0\\0&1\end{pmatrix}=\begin{pmatrix}0&b\\0&d\end{pmatrix}=b\boldsymbol{E}_{12}+d\boldsymbol{E}_{22},$$

所以 $\mathscr{A}$ 在 $\boldsymbol{E}_{11},\boldsymbol{E}_{12},\boldsymbol{E}_{21},\boldsymbol{E}_{22}$ 下的矩阵为

$$\mathbf{A}=\begin{pmatrix}a&0&b&0\\0&a&0&b\\c&0&d&0\\0&c&0&d\end{pmatrix}.$$

例 7.9 在 $\mathbf{F}[x]_n$ 中取定一个基

$$\varepsilon_1=1,\ \varepsilon_2=x,\ \varepsilon_3=x^2,\ \cdots,\ \varepsilon_n=x^{n-1},$$

求求导变换 $\mathscr{D}$：$\mathscr{D}(f(x))=f'(x)$ 在这个基下的矩阵.

解 因为

$$\mathscr{D}(1)=0=0\cdot1+0\cdot x+0\cdot x^2+\cdots+0\cdot x^{n-2}+0\cdot x^{n-1},$$

$$\mathscr{D}(x)=1=1\cdot1+0\cdot x+0\cdot x^2+\cdots+0\cdot x^{n-2}+0\cdot x^{n-1},$$

$$\mathscr{D}(x^2)=2x=0\cdot1+2\cdot x+0\cdot x^2+\cdots+0\cdot x^{n-2}+0\cdot x^{n-1},$$

$$\cdots,$$

$$\mathscr{D}(x^{n-1})=(n-1)x^{n-2}$$
$$=0\cdot 1+0\cdot x+0\cdot x^2+\cdots+(n-1)x^{n-2}+0\cdot x^{n-1},$$

所以 $\mathscr{D}$ 在这个基下的矩阵为

$$\boldsymbol{A}=\begin{pmatrix}0&1&0&\cdots&0\\0&0&2&\cdots&0\\\vdots&\vdots&\vdots&&\vdots\\0&0&0&\cdots&n-1\\0&0&0&\cdots&0\end{pmatrix}.$$

如果在 $\mathbf{F}[x]_n$ 中另取一个基

$$\alpha_1=1,\ \alpha_2=x,\ \alpha_3=\frac{x^2}{2!},\ \cdots,\ \alpha_n=\frac{x^{n-1}}{(n-1)!},$$

则用同样的方法容易求得 $\mathscr{D}$ 在此基下的矩阵

$$\boldsymbol{B}=\begin{pmatrix}0&1&0&\cdots&0\\0&0&1&\cdots&0\\\vdots&\vdots&\vdots&&\vdots\\0&0&0&\cdots&1\\0&0&0&\cdots&0\end{pmatrix}.$$

由此例我们可以看到：同一个线性变换在不同基下的矩阵一般是不同的，即线性变换的矩阵与所取的基有关.

下面我们讨论在给定的一个基下，如何利用线性变换的矩阵来表示线性变换的像 $\mathscr{A}\alpha$ 与原像 α 的坐标之间的关系.

设 V 是数域 $\mathbf{F}$ 上 n 维线性空间，$\varepsilon_1,\varepsilon_2,\cdots,\varepsilon_n$ 是 V 的一个基. 设 V 的线性变换 $\mathscr{A}$ 在这个基下的矩阵为 $\boldsymbol{A}$，V 的向量 ξ 在这个基下的坐标为 $(x_1,x_2,\cdots,x_n)$，$\mathscr{A}\xi$ 在这个基下的坐标为 $(y_1,y_2,\cdots,y_n)$，则有

$$\mathscr{A}\xi=y_1\varepsilon_1+y_2\varepsilon_2+\cdots+y_n\varepsilon_n=(\varepsilon_1,\varepsilon_2,\cdots,\varepsilon_n)\begin{pmatrix}y_1\\y_2\\\vdots\\y_n\end{pmatrix}.\qquad(2.4)$$

另一方面，由于 $\xi=x_1\varepsilon_1+x_2\varepsilon_2+\cdots+x_n\varepsilon_n$ 及(2.3)，可得

$$\mathscr{A}\xi=x_1\mathscr{A}\varepsilon_1+x_2\mathscr{A}\varepsilon_2+\cdots+x_n\mathscr{A}\varepsilon_n$$
$$=(\mathscr{A}\varepsilon_1,\mathscr{A}\varepsilon_2,\cdots,\mathscr{A}\varepsilon_n)\begin{pmatrix}x_1\\x_2\\\vdots\\x_n\end{pmatrix}=(\mathscr{A}(\varepsilon_1,\varepsilon_2,\cdots,\varepsilon_n))\begin{pmatrix}x_1\\x_2\\\vdots\\x_n\end{pmatrix}.$$

$$=((\varepsilon_1,\varepsilon_2,\cdots,\varepsilon_n)\boldsymbol{A})\begin{pmatrix}x_1\\x_2\\\vdots\\x_n\end{pmatrix}=(\varepsilon_1,\varepsilon_2,\cdots,\varepsilon_n)\left(\boldsymbol{A}\begin{pmatrix}x_1\\x_2\\\vdots\\x_n\end{pmatrix}\right). \quad (2.5)$$

因为同一向量在同一个基下的坐标是唯一的，由(2.4)和(2.5)得

$$\begin{pmatrix}y_1\\y_2\\\vdots\\y_n\end{pmatrix}=\boldsymbol{A}\begin{pmatrix}x_1\\x_2\\\vdots\\x_n\end{pmatrix}.$$

这样，我们已经证明了下面的定理：

定理7.3 设$\varepsilon_1,\varepsilon_2,\cdots,\varepsilon_n$是$n$维线性空间$V$的一个基，$V$的线性变换$\mathscr{A}$在这个基下的矩阵为$\boldsymbol{A}$. 如果$V$中向量$\xi$和$\mathscr{A}\xi$在基$\varepsilon_1,\varepsilon_2,\cdots,\varepsilon_n$下的坐标分别为$(x_1,x_2,\cdots,x_n)$和$(y_1,y_2,\cdots,y_n)$，则

$$\begin{pmatrix}y_1\\y_2\\\vdots\\y_n\end{pmatrix}=\boldsymbol{A}\begin{pmatrix}x_1\\x_2\\\vdots\\x_n\end{pmatrix}. \quad (2.6)$$

应注意公式(2.6)即变换前后向量的坐标关系式，它与6.2节中同一向量在不同基下的坐标变换公式是有区别的.

利用(2.6)，线性变换$\mathscr{A}$对向量$\alpha\in V$的作用就转化为在某个基下它的矩阵$\boldsymbol{A}$与向量α的坐标$(x_1,x_2,\cdots,x_n)^{\mathrm{T}}$的乘积. 这样，要研究线性变换$\mathscr{A}$的特征和性质，可以通过研究对应的矩阵$\boldsymbol{A}$的特征和性质来实现. 以后，在7.3节中，线性变换的运算都可以转化为对应的矩阵的运算. 在7.5节中，求线性变换$\mathscr{A}$的特征值和特征向量就是通过计算矩阵$\boldsymbol{A}$的特征值和特征向量得到的.

由例7.9可知，与一个线性变换对应的矩阵是依赖于基的选择的. 同一个线性变换在不同基下的矩阵一般是不相同的. 下面我们进一步讨论一下，一个线性变换在两个不同基下的矩阵间的关系.

定理7.4 设V是数域$\mathbf{F}$上的n维线性空间，V的线性变换$\mathscr{A}$在基$\varepsilon_1,\varepsilon_2,\cdots,\varepsilon_n$下的矩阵是$\boldsymbol{A}$，在基$\eta_1,\eta_2,\cdots,\eta_n$下的矩阵是$\boldsymbol{B}$. 由基$\varepsilon_1,\varepsilon_2,\cdots,\varepsilon_n$到$\eta_1,\eta_2,\cdots,\eta_n$的过渡矩阵为$\boldsymbol{X}$，则有

$$\boldsymbol{B}=\boldsymbol{X}^{-1}\boldsymbol{A}\boldsymbol{X}. \quad (2.7)$$

证 已知

$$\mathscr{A}(\varepsilon_1,\varepsilon_2,\cdots,\varepsilon_n)=(\varepsilon_1,\varepsilon_2,\cdots,\varepsilon_n)\boldsymbol{A},$$
$$\mathscr{A}(\eta_1,\eta_2,\cdots,\eta_n)=(\eta_1,\eta_2,\cdots,\eta_n)\boldsymbol{B},$$
$$(\eta_1,\eta_2,\cdots,\eta_n)=(\varepsilon_1,\varepsilon_2,\cdots,\varepsilon_n)\boldsymbol{X}.$$

因为过渡矩阵 $\boldsymbol{X}$ 是可逆矩阵，所以

$$(\varepsilon_1,\varepsilon_2,\cdots,\varepsilon_n)=(\eta_1,\eta_2,\cdots,\eta_n)\boldsymbol{X}^{-1}.$$

于是，

$$\begin{aligned}\mathscr{A}(\eta_1,\eta_2,\cdots,\eta_n)&=\mathscr{A}((\varepsilon_1,\varepsilon_2,\cdots,\varepsilon_n)\boldsymbol{X})=(\mathscr{A}(\varepsilon_1,\varepsilon_2,\cdots,\varepsilon_n))\boldsymbol{X}\\&=((\varepsilon_1,\varepsilon_2,\cdots,\varepsilon_n)\boldsymbol{A})\boldsymbol{X}=(\varepsilon_1,\varepsilon_2,\cdots,\varepsilon_n)\boldsymbol{A}\boldsymbol{X}\\&=((\eta_1,\eta_2,\cdots,\eta_n)\boldsymbol{X}^{-1})\boldsymbol{A}\boldsymbol{X}\\&=(\eta_1,\eta_2,\cdots,\eta_n)\boldsymbol{X}^{-1}\boldsymbol{A}\boldsymbol{X}.\end{aligned}$$

此即 $\mathscr{A}$ 在基 $\eta_1,\eta_2,\cdots,\eta_n$ 下的矩阵为 $\boldsymbol{B}=\boldsymbol{X}^{-1}\boldsymbol{A}\boldsymbol{X}$. ∎

(2.7) 表明，同一个线性变换在两个基下的矩阵是相似的，其中矩阵 $\boldsymbol{X}$ 是一个基到另一个基的过渡矩阵. 从定理 7.4 中也可反映出相似矩阵概念的更深刻的背景.

例 7.10 在例 7.9 中，求出了 $\mathbf{F}[x]_n$ 的线性变换 $\mathscr{D}$ 在基 $1,x,x^2,\cdots,x^{n-1}$ 下的矩阵为

$$\boldsymbol{A}=\begin{pmatrix}0&1&0&\cdots&0\\0&0&2&\cdots&0\\\vdots&\vdots&\vdots&&\vdots\\0&0&0&\cdots&n-1\\0&0&0&\cdots&0\end{pmatrix},$$

而在基 $1,x,\dfrac{x^2}{2!},\cdots,\dfrac{x^{n-1}}{(n-1)!}$ 下的矩阵为

$$\boldsymbol{B}=\begin{pmatrix}0&1&0&\cdots&0\\0&0&1&\cdots&0\\\vdots&\vdots&\vdots&&\vdots\\0&0&0&\cdots&1\\0&0&0&\cdots&0\end{pmatrix}.$$

由定理 7.3 可知，矩阵 $\boldsymbol{A}$ 与 $\boldsymbol{B}$ 相似，且过渡矩阵

$$\boldsymbol{X}=\begin{pmatrix}1&0&0&\cdots&0\\0&1&0&\cdots&0\\0&0&\dfrac{1}{2!}&\cdots&0\\\vdots&\vdots&\vdots&\ddots&\vdots\\0&0&0&\cdots&\dfrac{1}{(n-1)!}\end{pmatrix}.$$

容易验证 $B=X^{-1}AX$.

由定理 7.4 可知，同一线性变换在不同基下的矩阵是相似的. 那么就产生这样的问题：如何选择适当的基，使线性变换的矩阵具有较简单的形式——对角形、准对角形，从而使线性变换的操作较方便？ 如果我们还能证明，任意两个相似的矩阵都可看做同一线性变换在不同基下的矩阵，那么上述问题就转化为在相似的条件下找一个较简单的矩阵(如对角矩阵、准对角矩阵)的问题，即矩阵的对角化问题. 而这个问题已在第 4 章中，通过寻求矩阵可对角化条件和介绍若尔当标准形，给出了结论. 关于线性变换的对角化问题将在 7.5 节中详细介绍，关于若尔当标准形的结论将在 7.7 节中给出.

定理 7.5 1) 线性变换在不同基下的矩阵是相似的. 2) 如果 n 阶矩阵 $A\sim B$，则它们可看做一个线性变换 $\mathscr{A}$ 在不同基下的矩阵.

证 1) 已由定理 7.4 证明.

2) 设 $A\sim B$，即存在可逆矩阵 X，使 $B=X^{-1}AX$，且 n 阶矩阵 A 可以看做 n 维线性空间 V 中取定一个基 $\varepsilon_1,\varepsilon_2,\cdots,\varepsilon_n$ 后，线性变换 $\mathscr{A}$ 在此基下的矩阵，即

$$\mathscr{A}(\varepsilon_1,\varepsilon_2,\cdots,\varepsilon_n)=(\varepsilon_1,\varepsilon_2,\cdots,\varepsilon_n)A.$$

现要选一个基，使线性变换 $\mathscr{A}$ 在这个基下的矩阵为 B. 令

$$(\eta_1,\eta_2,\cdots,\eta_n)=(\varepsilon_1,\varepsilon_2,\cdots,\varepsilon_n)X.$$

因为 X 是 n 阶可逆矩阵，于是 $\eta_1,\eta_2,\cdots,\eta_n$ 线性无关，故 $\eta_1,\eta_2,\cdots,\eta_n$ 可取为线性空间 V 的一个基，并且由基 $\varepsilon_1,\varepsilon_2,\cdots,\varepsilon_n$ 到 $\eta_1,\eta_2,\cdots,\eta_n$ 的过渡矩阵为 X. 由定理 7.4 知，$\mathscr{A}$ 在基 $\eta_1,\eta_2,\cdots,\eta_n$ 下的矩阵为

$$B=X^{-1}AX.$$ ■

由定理 7.5 中 2) 的证明可以看到，如果线性变换 $\mathscr{A}$ 在基 $\varepsilon_1,\varepsilon_2,\cdots,\varepsilon_n$ 下的矩阵为 A，而且对于矩阵 A 可按第 4 章的方法，找到一个可逆矩阵 X，使 $B=X^{-1}AX$ 成为对角矩阵(或准对角矩阵)，那么只要令

$$(\eta_1,\eta_2,\cdots,\eta_n)=(\varepsilon_1,\varepsilon_2,\cdots,\varepsilon_n)X,$$

$\eta_1,\eta_2,\cdots,\eta_n$ 便是我们要找的一个基，$\mathscr{A}$ 在这个基下的矩阵为 B，已取得简单的形式，从而问题得到了解决.

习题 7.2

1. 在 $\mathbf{F}^3$ 中定义线性变换：

$$\mathscr{A}(x_1,x_2,x_3)=(2x_1-x_2,x_2+x_3,x_1),$$

求 $\mathscr{A}$ 在基 $e_1=(1,0,0)$, $e_2=(0,1,0)$, $e_3=(0,0,1)$ 下的矩阵.

2. 设 $\mathbf{R}^3$ 的线性变换 $\mathscr{A}$ 把基 $\alpha=(1,0,1)$, $\beta=(0,1,0)$, $\gamma=(0,0,1)$ 变为基 $(1,0,2)$,

$(-1,2,-1),(1,0,0)$，试求 $\mathscr{A}$在基 $\boldsymbol{\alpha},\boldsymbol{\beta},\boldsymbol{\gamma}$ 及在基

$$\boldsymbol{\alpha}'=(1,0,0),\quad \boldsymbol{\beta}'=(0,1,0),\quad \boldsymbol{\gamma}'=(0,0,1)$$

下的矩阵.

3. 在 $\mathbf{F}^{2\times 2}$ 中定义线性变换 $\mathscr{A}(\boldsymbol{X})=\begin{pmatrix} a & b \\ c & d \end{pmatrix}\boldsymbol{X}\begin{pmatrix} a & b \\ c & d \end{pmatrix}$. 求 $\mathscr{A}$在基

$$\boldsymbol{E}_{11}=\begin{pmatrix} 1 & 0 \\ 0 & 0 \end{pmatrix},\ \boldsymbol{E}_{12}=\begin{pmatrix} 0 & 1 \\ 0 & 0 \end{pmatrix},\ \boldsymbol{E}_{21}=\begin{pmatrix} 0 & 0 \\ 1 & 0 \end{pmatrix},\ \boldsymbol{E}_{22}=\begin{pmatrix} 0 & 0 \\ 0 & 1 \end{pmatrix}$$

下的矩阵.

4. 在 $\mathbf{F}^3$ 中，$\mathscr{A}$定义如下：

$$\begin{cases} \mathscr{A}\boldsymbol{\eta}_1=(-5,0,3), \\ \mathscr{A}\boldsymbol{\eta}_2=(0,-1,6), \\ \mathscr{A}\boldsymbol{\eta}_3=(-5,-1,9), \end{cases}\qquad \text{其中}\begin{cases} \boldsymbol{\eta}_1=(-1,0,2), \\ \boldsymbol{\eta}_2=(0,1,1), \\ \boldsymbol{\eta}_3=(3,-1,0). \end{cases}$$

求 $\mathscr{A}$在基 $\boldsymbol{\varepsilon}_1=(1,0,0)$，$\boldsymbol{\varepsilon}_2=(0,1,0)$，$\boldsymbol{\varepsilon}_3=(0,0,1)$ 下的矩阵.

5. 设 3 维线性空间 V 上的线性变换 $\mathscr{A}$在基 $\varepsilon_1,\varepsilon_2,\varepsilon_3$ 下的矩阵为

$$\mathbf{A}=\begin{pmatrix} a_{11} & a_{12} & a_{13} \\ a_{21} & a_{22} & a_{23} \\ a_{31} & a_{32} & a_{33} \end{pmatrix}.$$

1） 求 $\mathscr{A}$在基 $\varepsilon_3,\varepsilon_2,\varepsilon_1$ 下的矩阵；

2） 求 $\mathscr{A}$在基 $\varepsilon_1,k\varepsilon_2,\varepsilon_3$ 下的矩阵，其中 $k\in\mathbf{F}$，且 $k\neq 0$；

3） 求 $\mathscr{A}$在基 $\varepsilon_1+\varepsilon_2,\varepsilon_2,\varepsilon_3$ 下的矩阵.

6. 证明：假如线性空间的线性变换 $\mathscr{A}$对任一基的矩阵都相同，那么 $\mathscr{A}$是数乘变换.

7.3 线性变换的运算

我们用 $L(V)$ 表示线性空间 V 的一切线性变换所成的集合.

下面定义在 $L(V)$ 中的线性变换的运算，并讨论线性变换的运算与矩阵运算之间的关系.

定义 7.3 设 $\mathscr{A},\mathscr{B}\in L(V)$，定义它们的和 $\mathscr{A}+\mathscr{B}$ 为

$$(\mathscr{A}+\mathscr{B})(\alpha)=\mathscr{A}\alpha+\mathscr{B}\alpha\quad(\alpha\in V).$$

线性变换的和也是一个线性变换. 事实上，线性变换的和是变换，且对任意 $\alpha,\beta\in V$，$k\in\mathbf{F}$，有

1） $$\begin{aligned}(\mathscr{A}+\mathscr{B})(\alpha+\beta)&=\mathscr{A}(\alpha+\beta)+\mathscr{B}(\alpha+\beta)=\mathscr{A}\alpha+\mathscr{A}\beta+\mathscr{B}\alpha+\mathscr{B}\beta\\&=(\mathscr{A}\alpha+\mathscr{B}\alpha)+(\mathscr{A}\beta+\mathscr{B}\beta)\\&=(\mathscr{A}+\mathscr{B})(\alpha)+(\mathscr{A}+\mathscr{B})(\beta);\end{aligned}$$

2） $(\mathscr{A}+\mathscr{B})(k\alpha)=\mathscr{A}(k\alpha)+\mathscr{B}(k\alpha)=k\mathscr{A}\alpha+k\mathscr{B}\alpha$

$$=k(\mathscr{A}\alpha+\mathscr{B}\alpha)=k(\mathscr{A}+\mathscr{B})(\alpha).$$

这说明了 $\mathscr{A}+\mathscr{B}$ 是线性变换.

设 $\mathscr{A},\mathscr{B},\mathscr{C}$ 是线性空间 V 的线性变换，$\mathscr{O}$ 是 V 的零变换，则线性变换的加法适合以下运算规律：

1° 结合律：$(\mathscr{A}+\mathscr{B})+\mathscr{C}=\mathscr{A}+(\mathscr{B}+\mathscr{C})$.

2° 交换律：$\mathscr{A}+\mathscr{B}=\mathscr{B}+\mathscr{A}$.

3° $\mathscr{A}+\mathscr{O}=\mathscr{A}$.

对于每一个线性变换 $\mathscr{A}$，我们可以定义它的负变换 $-\mathscr{A}$：

$$(-\mathscr{A})(\alpha)=-\mathscr{A}\alpha \quad (\alpha\in V),$$

即 $-\mathscr{A}$ 作用于向量 α，等于 $\mathscr{A}\alpha$ 的负向量.

据线性变换的定义，容易验证负变换 $-\mathscr{A}$ 也是线性空间 V 的线性变换（读者自证）.

4° $\mathscr{A}+(-\mathscr{A})=\mathscr{O}$.

有了负变换的概念后，我们可以定义两个线性变换的**减法**：

$$\mathscr{A}-\mathscr{B}=\mathscr{A}+(-\mathscr{B}).$$

定义 7.4 设 $\mathscr{A}\in L(V)$，$k\in\mathbf{F}$，定义数 k 与线性变换 $\mathscr{A}$ 的**数量乘积** $k\mathscr{A}$ 为

$$(k\mathscr{A})(\alpha)=k\mathscr{A}\alpha \quad (\alpha\in V).$$

易证，$k\mathscr{A}$ 也是 V 的一个线性变换. 事实上，

$$(k\mathscr{A})(\alpha+\beta)=k(\mathscr{A}(\alpha+\beta))=k(\mathscr{A}\alpha+\mathscr{A}\beta)=k\mathscr{A}\alpha+k\mathscr{A}\beta$$
$$=(k\mathscr{A})(\alpha)+(k\mathscr{A})(\beta),$$
$$(k\mathscr{A})(l\alpha)=k\mathscr{A}(l\alpha)=k(l\mathscr{A}\alpha)=l(k\mathscr{A}\alpha)=l(k\mathscr{A})\alpha,$$

对任意 $\alpha,\beta\in V$，$l\in\mathbf{F}$. 容易验证，数量乘法有以下规律：

$$k(\mathscr{A}+\mathscr{B})=k\mathscr{A}+k\mathscr{B}; \quad (k+l)\mathscr{A}=k\mathscr{A}+l\mathscr{A};$$
$$(kl)\mathscr{A}=k(l\mathscr{A}); \quad 1\cdot\mathscr{A}=\mathscr{A},$$

其中 $\mathscr{A},\mathscr{B}\in L(V)$，$k,l\in\mathbf{F}$.

由线性变换的加法、数量乘法的性质可知：

线性空间 V 的所有线性变换的集合 $L(V)$，对于线性变换的加法与数量乘法也构成数域 $\mathbf{F}$ 上的一个线性空间.

下面我们讨论在线性空间 V 上连续作两次线性变换的合成. 设 $\mathscr{A},\mathscr{B}\in L(V)$，将 V 中每个向量 α 先用线性变换 $\mathscr{B}$ 变到 $\alpha'(=\mathscr{B}\alpha)$，再用 $\mathscr{A}$ 将 α' 变到 α''，则将 α 变到 $\alpha''(=\mathscr{A}(\mathscr{B}\alpha))$ 也是 V 上的一个变换. 下面我们用这个合成的变换作为乘积来定义线性变换的乘法.

定义 7.5 设 $\mathscr{A},\mathscr{B}\in L(V)$，定义它们的**乘积** $\mathscr{A}\mathscr{B}$ 为

$$(\mathscr{A}\mathscr{B})(\alpha)=\mathscr{A}(\mathscr{B}\alpha)\quad(\alpha\in V).$$

线性变换的乘积也是线性变换. 因为 $\mathscr{A}\mathscr{B}$ 是 V 的变换，且对任意 $\alpha,\beta\in V$，$k\in\mathbf{F}$，有

1) $(\mathscr{A}\mathscr{B})(\alpha+\beta)=\mathscr{A}(\mathscr{B}(\alpha+\beta))=\mathscr{A}(\mathscr{B}\alpha+\mathscr{B}\beta)$
$=\mathscr{A}(\mathscr{B}\alpha)+\mathscr{A}(\mathscr{B}\beta)=(\mathscr{A}\mathscr{B})(\alpha)+(\mathscr{A}\mathscr{B})(\beta)$；

2) $(\mathscr{A}\mathscr{B})(k\alpha)=\mathscr{A}(\mathscr{B}(k\alpha))=\mathscr{A}(k\mathscr{B}\alpha)$
$=k\mathscr{A}(\mathscr{B}\alpha)=k(\mathscr{A}\mathscr{B})(\alpha)$，

故 $\mathscr{A}\mathscr{B}$ 是线性变换.

线性变换的乘法，以及联系到加法、数量乘法，有如下规律：

$$(\mathscr{A}\mathscr{B})\mathscr{C}=\mathscr{A}(\mathscr{B}\mathscr{C});$$
$$\mathscr{E}\mathscr{A}=\mathscr{A}\mathscr{E}=\mathscr{A}\quad(\mathscr{E}\text{ 为恒等变换});$$
$$\mathscr{A}(\mathscr{B}+\mathscr{C})=\mathscr{A}\mathscr{B}+\mathscr{A}\mathscr{C};$$
$$(\mathscr{B}+\mathscr{C})\mathscr{A}=\mathscr{B}\mathscr{A}+\mathscr{C}\mathscr{A};$$
$$k(\mathscr{A}\mathscr{B})=(k\mathscr{A})\mathscr{B}=\mathscr{A}(k\mathscr{B}),$$

其中 $\mathscr{A},\mathscr{B},\mathscr{C}\in L(V)$，$k\in\mathbf{F}$. 这些性质与矩阵的性质类似，这里不再证明.

相对于矩阵中的逆矩阵，下面再引入线性变换的逆变换的概念.

设 τ_θ 是 7.1 节开始所引入的 V_2 的线性变换(即绕坐标原点按逆时针方向旋转 θ 角的旋转变换). 容易看到，τ_θ 与绕原点旋转角为 $-\theta$ 的旋转变换 $\tau_{-\theta}$ 的效果正好相互抵消，也就是说，

若 $\tau_\theta:\boldsymbol{\alpha}\mapsto\tau_\theta(\boldsymbol{\alpha})$，则 $\tau_{-\theta}:\tau_\theta(\boldsymbol{\alpha})\mapsto\boldsymbol{\alpha}$；

若 $\tau_{-\theta}:\boldsymbol{\beta}\mapsto\tau_{-\theta}(\boldsymbol{\beta})$，则 $\tau_\theta:\tau_{-\theta}(\boldsymbol{\beta})\mapsto\boldsymbol{\beta}$.

用定义 7.5 线性变换乘积的语言来说，由于对任意一个 $\boldsymbol{\alpha}\in V_2$，都有 τ_θ 将 $\boldsymbol{\alpha}$ 变到 $\tau_\theta(\boldsymbol{\alpha})$，$\tau_{-\theta}$ 又将 $\tau_\theta(\boldsymbol{\alpha})$ 变回 $\boldsymbol{\alpha}$，所以有

$$(\tau_{-\theta}\tau_\theta)(\boldsymbol{\alpha})=\tau_{-\theta}(\tau_\theta(\boldsymbol{\alpha}))=\boldsymbol{\alpha},$$

即 $\tau_{-\theta}$ 与 τ_θ 的乘积是恒等变换：$\tau_{-\theta}\tau_\theta=\mathscr{E}$.

反过来，对任意一个 $\boldsymbol{\beta}\in V_2$，也都有

$$(\tau_\theta\tau_{-\theta})(\boldsymbol{\beta})=\tau_\theta(\tau_{-\theta}(\boldsymbol{\beta}))=\boldsymbol{\beta},$$

即 $\tau_\theta\tau_{-\theta}=\mathscr{E}$.

下面我们给出逆变换的一般定义.

定义 7.6 对线性空间 V 的线性变换 $\mathscr{A}$，如果有 V 的线性变换 $\mathscr{B}$，使

$$\mathscr{A}\mathscr{B}=\mathscr{B}\mathscr{A}=\mathscr{E}\quad(\mathscr{E}\text{ 为恒等变换}),$$

则称变换 $\mathscr{A}$ 是**可逆的**，称 $\mathscr{B}$ 为 $\mathscr{A}$ 的**逆变换**，记为 $\mathscr{A}^{-1}$，即有

$$\mathscr{A}\mathscr{A}^{-1}=\mathscr{A}^{-1}\mathscr{A}=\mathscr{E}.$$

若 $\mathscr{A}$ 的逆变换存在，则逆变换是唯一的(与逆矩阵唯一性的证法相同).

由定义 7.6 可知，τ_θ 的逆变换 $\tau_\theta^{-1}=\tau_{-\theta}$，这与几何直观定义也是一致的.

> **思考题** 设$\mathscr{A}$是线性空间V的一个线性变换，若$\mathscr{A}$是可逆的，则$\mathscr{A}$作为集合的映射是不是一个集合V到自身的可逆映射？若是，则它的逆映射是什么？反之，若$\mathscr{A}$是可逆映射，则$\mathscr{A}$是否一定是可逆的？

现在我们来讨论线性变换的运算与矩阵的运算之间的对应关系.

定理7.6 设V为数域$\mathbf{F}$上n维线性空间，$\varepsilon_1,\varepsilon_2,\cdots,\varepsilon_n$是$V$的一个基，$\mathscr{A},\mathscr{B}\in L(V)$，$k\in\mathbf{F}$，$\mathscr{A},\mathscr{B}$在基$\varepsilon_1,\varepsilon_2,\cdots,\varepsilon_n$下的矩阵分别为$\boldsymbol{A},\boldsymbol{B}$，则在基$\varepsilon_1,\varepsilon_2,\cdots,\varepsilon_n$下，

1) $\mathscr{A}+\mathscr{B}$的矩阵为$\boldsymbol{A}+\boldsymbol{B}$；

2) $\mathscr{A}\mathscr{B}$的矩阵为$\boldsymbol{AB}$；

3) $k\mathscr{A}$的矩阵为$k\boldsymbol{A}$；

4) 若$\mathscr{A}$可逆，则$\boldsymbol{A}$可逆，且$\mathscr{A}^{-1}$在基$\varepsilon_1,\varepsilon_2,\cdots,\varepsilon_n$下的矩阵为$\boldsymbol{A}^{-1}$.

证 已知 $\mathscr{A}(\varepsilon_1,\varepsilon_2,\cdots,\varepsilon_n)=(\varepsilon_1,\varepsilon_2,\cdots,\varepsilon_n)\boldsymbol{A}$,

$$\mathscr{B}(\varepsilon_1,\varepsilon_2,\cdots,\varepsilon_n)=(\varepsilon_1,\varepsilon_2,\cdots,\varepsilon_n)\boldsymbol{B}.$$

1)
$$\begin{aligned}&(\mathscr{A}+\mathscr{B})(\varepsilon_1,\varepsilon_2,\cdots,\varepsilon_n)\\&=((\mathscr{A}+\mathscr{B})(\varepsilon_1),(\mathscr{A}+\mathscr{B})(\varepsilon_2),\cdots,(\mathscr{A}+\mathscr{B})(\varepsilon_n))\\&=(\mathscr{A}\varepsilon_1,\mathscr{A}\varepsilon_2,\cdots,\mathscr{A}\varepsilon_n)+(\mathscr{B}\varepsilon_1,\mathscr{B}\varepsilon_2,\cdots,\mathscr{B}\varepsilon_n)\\&=(\varepsilon_1,\varepsilon_2,\cdots,\varepsilon_n)\boldsymbol{A}+(\varepsilon_1,\varepsilon_2,\cdots,\varepsilon_n)\boldsymbol{B}\\&=(\varepsilon_1,\varepsilon_2,\cdots,\varepsilon_n)(\boldsymbol{A}+\boldsymbol{B}),\end{aligned}$$

即$\mathscr{A}+\mathscr{B}$在基$\varepsilon_1,\varepsilon_2,\cdots,\varepsilon_n$下的矩阵是$\boldsymbol{A}+\boldsymbol{B}$.

2)
$$\begin{aligned}&(\mathscr{A}\mathscr{B})(\varepsilon_1,\varepsilon_2,\cdots,\varepsilon_n)\\&=\mathscr{A}(\mathscr{B}(\varepsilon_1,\varepsilon_2,\cdots,\varepsilon_n))=\mathscr{A}((\varepsilon_1,\varepsilon_2,\cdots,\varepsilon_n)\boldsymbol{B})\\&=(\mathscr{A}(\varepsilon_1,\varepsilon_2,\cdots,\varepsilon_n))\boldsymbol{B}=((\varepsilon_1,\varepsilon_2,\cdots,\varepsilon_n)\boldsymbol{A})\boldsymbol{B}\\&=(\varepsilon_1,\varepsilon_2,\cdots,\varepsilon_n)(\boldsymbol{AB}).\end{aligned}$$

3) 由例7.3和例7.7，数乘变换$\mathscr{K}$的矩阵是数量矩阵$k\boldsymbol{E}$. 又由2)，$\mathscr{K}\mathscr{A}$的矩阵是$(k\boldsymbol{E})\boldsymbol{A}=k\boldsymbol{A}$. 而$k\mathscr{A}=\mathscr{K}\mathscr{A}$，所以$k\mathscr{A}$在基$\varepsilon_1,\varepsilon_2,\cdots,\varepsilon_n$下的矩阵是$k\boldsymbol{A}$.

4) 设$\mathscr{A}$可逆，即存在线性变换$\mathscr{B}\ (=\mathscr{A}^{-1})$，使

$$\mathscr{A}\mathscr{B}=\mathscr{B}\mathscr{A}=\mathscr{E}. \tag{3.1}$$

若

$$\mathscr{A}(\varepsilon_1,\varepsilon_2,\cdots,\varepsilon_n)=(\varepsilon_1,\varepsilon_2,\cdots,\varepsilon_n)\boldsymbol{A},$$
$$\mathscr{B}(\varepsilon_1,\varepsilon_2,\cdots,\varepsilon_n)=(\varepsilon_1,\varepsilon_2,\cdots,\varepsilon_n)\boldsymbol{B},$$

据2)，则有

$$(\mathscr{A}\mathscr{B})(\varepsilon_1,\varepsilon_2,\cdots,\varepsilon_n)=(\varepsilon_1,\varepsilon_2,\cdots,\varepsilon_n)\boldsymbol{AB},$$

$$(\mathscr{B}\mathscr{A})(\varepsilon_1,\varepsilon_2,\cdots,\varepsilon_n)=(\varepsilon_1,\varepsilon_2,\cdots,\varepsilon_n)\boldsymbol{BA}.$$

而 $\mathscr{E}(\varepsilon_1,\varepsilon_2,\cdots,\varepsilon_n)=(\varepsilon_1,\varepsilon_2,\cdots,\varepsilon_n)\boldsymbol{E}$，由(3.1)可得

$$\boldsymbol{AB}=\boldsymbol{BA}=\boldsymbol{E}.$$

于是 $\boldsymbol{A}$ 可逆，且 $\boldsymbol{A}^{-1}=\boldsymbol{B}$，即 $\mathscr{A}^{-1}=\mathscr{B}$ 在基 $\varepsilon_1,\varepsilon_2,\cdots,\varepsilon_n$ 下的矩阵是 $\boldsymbol{A}^{-1}$. ■

设 V 是数域 $\mathbf{F}$ 上的 n 维线性空间，我们取定 V 的一个基 $\varepsilon_1,\varepsilon_2,\cdots,\varepsilon_n$ 后，在6.4节中，通过坐标，建立了 V 与 $\mathbf{F}^n$ 之间的同构关系，从而将对 V 的研究转化为对具体的 $\mathbf{F}^n$ 的研究. 同样，在确定基之后，我们也可以建立 n 维线性空间的线性变换的集合 $L(V)$ 与 n 阶矩阵的集合 $\mathbf{F}^{n\times n}$ 之间的一一对应. 事实上，在 V 上取定一个基 $\varepsilon_1,\varepsilon_2,\cdots,\varepsilon_n$ 后，V 的每一线性变换 $\mathscr{A}$ 都对应着唯一一个确定的 n 阶矩阵 $\boldsymbol{A}$，即 $\mathscr{A}$ 在这个基下的矩阵. 现在考虑反过来的问题：对任意一个给定的 n 阶矩阵 $\boldsymbol{A}=(a_{ij})_{n\times n}$，是否也有唯一的 V 的线性变换 $\mathscr{A}$ 以 $\boldsymbol{A}$ 作为它在这个基下的矩阵？ 回答是肯定的. 只要 $\mathscr{A}\varepsilon_1,\mathscr{A}\varepsilon_2,\cdots,\mathscr{A}\varepsilon_n$ 为由(2.2)即

$$\begin{cases}\mathscr{A}\varepsilon_1=a_{11}\varepsilon_1+a_{21}\varepsilon_2+\cdots+a_{n1}\varepsilon_n,\\ \mathscr{A}\varepsilon_2=a_{12}\varepsilon_1+a_{22}\varepsilon_2+\cdots+a_{n2}\varepsilon_n,\\ \cdots\cdots\cdots\cdots\cdots\cdots\cdots\cdots\cdots\cdots\\ \mathscr{A}\varepsilon_n=a_{1n}\varepsilon_1+a_{2n}\varepsilon_2+\cdots+a_{nn}\varepsilon_n\end{cases}$$

给出的向量，那么对 V 中任一向量 $\xi=x_1\varepsilon_1+x_2\varepsilon_2+\cdots+x_n\varepsilon_n$，可以定义 V 的一个变换为

$$\mathscr{A}\xi=x_1\mathscr{A}(\varepsilon_1)+x_2\mathscr{A}(\varepsilon_2)+\cdots+x_n\mathscr{A}(\varepsilon_n).$$

容易验证 $\mathscr{A}$ 是 V 的一个线性变换，而它在基 $\varepsilon_1,\varepsilon_2,\cdots,\varepsilon_n$ 下的矩阵是 $\boldsymbol{A}$. 这样就建立了 $L(V)$ 与 $\mathbf{F}^{n\times n}$ 之间的一个满射. 下面再证以 $\boldsymbol{A}$ 作为在基 $\varepsilon_1,\varepsilon_2,\cdots,\varepsilon_n$ 下的矩阵的线性变换是唯一的，即再证明这个满射还是单射，故是一一对应的.

如果 V 有两个线性变换 $\mathscr{A}$ 与 $\mathscr{B}$ 都以 $\boldsymbol{A}$ 作为在基 $\varepsilon_1,\varepsilon_2,\cdots,\varepsilon_n$ 下的矩阵，即有

$$\mathscr{A}(\varepsilon_1,\varepsilon_2,\cdots,\varepsilon_n)=(\varepsilon_1,\varepsilon_2,\cdots,\varepsilon_n)\boldsymbol{A},$$

$$\mathscr{B}(\varepsilon_1,\varepsilon_2,\cdots,\varepsilon_n)=(\varepsilon_1,\varepsilon_2,\cdots,\varepsilon_n)\boldsymbol{A},$$

于是，$(\mathscr{A}\varepsilon_1,\mathscr{A}\varepsilon_2,\cdots,\mathscr{A}\varepsilon_n)=(\mathscr{B}\varepsilon_1,\mathscr{B}\varepsilon_2,\cdots,\mathscr{B}\varepsilon_n)$，即

$$\mathscr{A}\varepsilon_i=\mathscr{B}\varepsilon_i,\quad i=1,2,\cdots,n.$$

由定理7.2知，$\mathscr{A}=\mathscr{B}$.

以上说明存在唯一的线性变换 $\mathscr{A}$ 以 $\boldsymbol{A}$ 作为它在基 $\varepsilon_1,\varepsilon_2,\cdots,\varepsilon_n$ 下的矩阵. 这样，我们就建立了 $L(V)$ 与 $\mathbf{F}^{n\times n}$ 之间的一一对应. 再由定理7.6可知，这个

一一对应还保持线性运算和乘法运算的对应关系(这也表明，如果仅考虑线性运算,不考虑乘法运算,作为线性空间，$L(V)$ 与 $\mathbf{F}^{n\times n}$ 是同构的)，于是，$L(V)$ 与 $\mathbf{F}^{n\times n}$ 关于线性运算和乘法运算有完全相同的性质. 例如：矩阵乘法不满足交换律，所以线性变换的乘法也不满足交换律. 又如：线性交换 $\mathscr{A}$ 可逆当且仅当它在某个基下的矩阵 $\mathbf{A}$ 可逆(如果 $\mathbf{A}$ 可逆，那么以 $\mathbf{A}^{-1}$ 作为在该基下的矩阵的线性变换就是 $\mathscr{A}^{-1}$). 因此，我们可以用矩阵来刻画线性变换，充分利用矩阵既具体又方便的优点.

类似于矩阵的乘幂与矩阵的多项式，我们也可以定义线性变换的乘幂及线性变换多项式.

设 $\mathscr{A}\in L(V)$. 由于线性变换的乘法满足结合律，因而任意取定正整数 n，乘积

$$\underbrace{\mathscr{A}\cdot\mathscr{A}\cdot\cdots\cdot\mathscr{A}}_{n\text{个}}$$

是一个确定的线性变换，称为 $\mathscr{A}$ 的 n **次幂**，记为 $\mathscr{A}^n$. 特别地，对任一线性变换 $\mathscr{A}$，我们规定：

$$\mathscr{A}^0=\mathscr{E}\quad(\mathscr{E}\text{为单位变换}).$$

根据线性变换幂的定义，可以推出指数法则：

$$\mathscr{A}^{m+n}=\mathscr{A}^m\cdot\mathscr{A}^n,\quad(\mathscr{A}^m)^n=\mathscr{A}^{mn}\quad(m,n\geqslant 0).$$

注意，由于线性变换的乘法不满足交换律，所以关于乘法的指数法则不成立. 一般地，

$$(\mathscr{A}\mathscr{B})^n\neq\mathscr{A}^n\mathscr{B}^n.$$

设

$$f(x)=a_mx^m+a_{m-1}x^{m-1}+\cdots+a.$$

是 $\mathbf{F}[x]$ 中一多项式，$\mathscr{A}$ 是 V 的一个线性变换，我们定义

$$f(\mathscr{A})=a_m\mathscr{A}^m+a_{m-1}\mathscr{A}^{m-1}+\cdots+a_0\mathscr{E},$$

易知 $f(\mathscr{A})$ 也是 V 的一个线性变换，称它为**线性变换 $\mathscr{A}$ 的多项式**.

习题 7.3

1. 试证：$\mathscr{A}_1(x_1,x_2)=(x_2,-x_1)$，$\mathscr{A}_2(x_1,x_2)=(x_1,-x_2)$ 是 $\mathbf{R}^2$ 的两个线性变换，并求 $\mathscr{A}_1+\mathscr{A}_2,\mathscr{A}_1\mathscr{A}_2,\mathscr{A}_2\mathscr{A}_1$.

2. 设 α_1,α_2 是 2 维线性空间 V 的基，$\mathscr{A}_1,\mathscr{A}_2$ 是 V 的线性变换. $\mathscr{A}_1(\alpha_1)=\beta_1$，$\mathscr{A}_1(\alpha_2)=\beta_2$，如果 $\mathscr{A}_2(\alpha_1+\alpha_2)=\beta_1+\beta_2$，$\mathscr{A}_2(\alpha_1-\alpha_2)=\beta_1-\beta_2$. 证明：$\mathscr{A}_1=\mathscr{A}_2$.

3. 若 $\mathscr{A}$ 是 $\mathbf{R}^2$ 中绕原点向反时针方向旋转 θ 的旋转，$-\mathscr{A},\mathscr{A}^{-1}$ 是怎样的旋转？两者能否一致？

4. 在 $\mathbf{F}[x]$ 中，定义 $\mathscr{A}(f(x))=f'(x)$，$\mathscr{B}(f(x))=xf(x)$. 证明：

$$\mathscr{A}\mathscr{B}-\mathscr{B}\mathscr{A}=\mathscr{E}.$$

5. 设 $\mathscr{A}_1,\mathscr{A}_2$ 是线性变换，如果 $\mathscr{A}_1\mathscr{A}_2-\mathscr{A}_2\mathscr{A}_1=\mathscr{E}$，证明：

$$\mathscr{A}_1^k\mathscr{A}_2-\mathscr{A}_2\mathscr{A}_1^k=k\mathscr{A}_1^{k-1}\quad(k>1).$$

6*. 设 $\mathscr{A}$，$\mathscr{B}$ 是线性变换，且 $\mathscr{A}^2=\mathscr{A}$，$\mathscr{B}^2=\mathscr{B}$，证明：

1) 若$(\mathscr{A}+\mathscr{B})^2=\mathscr{A}+\mathscr{B}$，则 $\mathscr{A}\mathscr{B}=\mathscr{O}$（$\mathscr{O}$是零变换）；

2) 若 $\mathscr{A}\mathscr{B}=\mathscr{B}\mathscr{A}$，则$(\mathscr{A}+\mathscr{B}-\mathscr{A}\mathscr{B})^2=\mathscr{A}+\mathscr{B}-\mathscr{A}\mathscr{B}$.

7. 设 $\mathscr{A}$是线性空间 V 的一个线性变换，$\varepsilon_1,\varepsilon_2,\cdots,\varepsilon_n$ 是 V 的一个基. 证明：$\mathscr{A}$可逆当且仅当 $\mathscr{A}\varepsilon_1,\mathscr{A}\varepsilon_2,\cdots,\mathscr{A}\varepsilon_n$ 线性无关.

7.4 线性变换的值域与核

我们知道，为了研究一个一元实函数的反函数的存在性，必须对该函数的值域及其原像进行分析. 同样，为了进一步研究一个线性变换的逆变换存在性，我们也需要引入线性变换的值域与核（即零向量的原像）的概念.

定义 7.7 设 $\mathscr{A}$是数域 $\mathbf{F}$ 上线性空间 V 的线性变换，V 中所有向量在线性变换 $\mathscr{A}$下的像的全体所构成的集合

$$\mathscr{A}(V)=\{\mathscr{A}\xi\mid\xi\in V\}$$

称为线性变换 $\mathscr{A}$的**值域**（或**像空间**）；V 中所有被 $\mathscr{A}$变成零向量的向量全体所构成的集合

$$\mathscr{A}^{-1}(0)=\{\xi\in V\mid\mathscr{A}\xi=0\}$$

称为线性变换 $\mathscr{A}$的**核**.

易证线性变换 $\mathscr{A}$的值域和核都是 V 的子空间.

先证：$\mathscr{A}(V)$ 是 V 的子空间.

事实上，因为 V 是非空的，所以 $\mathscr{A}(V)$ 也是非空的，且设 $\xi,\eta\in\mathscr{A}(V)$，则存在 $\alpha,\beta\in V$，使 $\mathscr{A}\alpha=\xi$，$\mathscr{A}\beta=\eta$，于是

$$\xi+\eta=\mathscr{A}\alpha+\mathscr{A}\beta=\mathscr{A}(\alpha+\beta)\in\mathscr{A}(V)\quad(\text{因 }\alpha+\beta\in V);$$

又设 $k\in\mathbf{F}$，则

$$k\xi=k\mathscr{A}\alpha=\mathscr{A}(k\alpha)\in\mathscr{A}(V)\quad(\text{因 }k\alpha\in V),$$

故 $\mathscr{A}(V)$ 为 V 的子空间.

同样可证：$\mathscr{A}^{-1}(0)$ 是 V 的子空间.

因为 $\mathscr{A}0=0$，于是 $0\in\mathscr{A}^{-1}(0)$，所以 $\mathscr{A}^{-1}(0)$ 是非空的. 设 $\xi,\eta\in\mathscr{A}^{-1}(0)$，即 $\mathscr{A}\xi=0$，$\mathscr{A}\eta=0$，于是

$$\mathscr{A}(\xi+\eta)=\mathscr{A}\xi+\mathscr{A}\eta=0+0=0,$$

即 $\xi+\eta\in\mathscr{A}^{-1}(0)$. 又设 $k\in\mathbf{F}$，

$$\mathscr{A}(k\xi)=k\mathscr{A}\xi=k\cdot 0=0,$$

即 $k\xi \in \mathscr{A}^{-1}(0)$. 所以 $\mathscr{A}^{-1}(0)$ 是 V 的子空间.

$\mathscr{A}$的值域与核是V的子空间，因此它们有确定的维数. 我们称 $\mathscr{A}(V)$ 的维数为 $\mathscr{A}$的**秩**，核 $\mathscr{A}^{-1}(0)$ 的维数为线性变换 $\mathscr{A}$的**零度**.

例 7.11 设线性空间 $V=\mathbf{F}[x]_n$，线性变换 $\mathscr{D}$ 是求导运算，即

$$\mathscr{D}f(x)=f'(x),\quad \forall f(x)\in \mathbf{F}[x]_n,$$

那么 $\mathscr{D}$ 的值域为 $\mathscr{D}(V)=\mathbf{F}[x]_{n-1}$，$\mathscr{D}$ 的核 $\mathscr{D}^{-1}(0)=\mathbf{F}$（数域）. $\mathscr{D}$ 的秩为 $n-1$，零度为 1（数域 $\mathbf{F}$ 是 $\mathbf{F}$ 上的向量空间，其维数为 1）.

由上例我们看到，关于 V，$\mathscr{D}(V)$ 和 $\mathscr{D}^{-1}(0)$ 的维数有下面简单的关系：

$$\dim V=\dim \mathscr{D}(V)+\dim \mathscr{D}^{-1}(0).$$

下面我们证明这个维数关系式对任一 V 的线性变换都成立.

定理7.7 设 $\mathscr{A}$为 n 维线性空间 V 的线性变换，则

$$\dim V=\dim \mathscr{A}(V)+\dim \mathscr{A}^{-1}(0),$$

即 $n=\mathscr{A}$的秩 $+$ $\mathscr{A}$的零度.

证 设 $\dim \mathscr{A}(V)=r$，$\dim \mathscr{A}^{-1}(0)=k$，要证 $n=r+k$. 令 $\xi_1,\xi_2,\cdots,\xi_r$ 是 $\mathscr{A}(V)$ 的一个基，$\alpha_1,\alpha_2,\cdots,\alpha_k$ 是 $\mathscr{A}^{-1}(0)$ 的一个基(不妨设 $\mathscr{A}^{-1}(0)\neq\{0\}$，如果 $\mathscr{A}^{-1}(0)=\{0\}$，那么 $k=0$，用同样的方法可证 $n=r$).

因为 $\xi_i\in\mathscr{A}(V)$，所以存在某个 $\beta_i\in V$ 使得

$$\mathscr{A}(\beta_i)=\xi_i,\quad i=1,2,\cdots,r.$$

只要能证 $\beta_1,\beta_2,\cdots,\beta_r,\alpha_1,\alpha_2,\cdots,\alpha_k$ 构成 V 的一个基，则定理得证.

先证：V 中任一向量都可由 $\beta_1,\beta_2,\cdots,\beta_r,\alpha_1,\alpha_2,\cdots,\alpha_k$ 线性表示.

设 η 是V中任一向量. 因为$\xi_1,\xi_2,\cdots,\xi_r$ 是 $\mathscr{A}(V)$ 的一个基，所以存在一组数 $a_1,a_2,\cdots,a_r$ 使得

$$\mathscr{A}(\eta)=a_1\xi_1+a_2\xi_2+\cdots+a_r\xi_r,$$

从而有

$$\mathscr{A}(\eta)=a_1\mathscr{A}(\beta_1)+a_2\mathscr{A}(\beta_2)+\cdots+a_r\mathscr{A}(\beta_r)=\mathscr{A}\left(\sum_{i=1}^{r}a_i\beta_i\right).$$

由上式可得

$$\mathscr{A}\left(\eta-\sum_{i=1}^{r}a_i\beta_i\right)=\mathscr{A}(\eta)-\mathscr{A}\left(\sum_{i=1}^{r}a_i\beta_i\right)=0.$$

此式表明，$\eta-\sum\limits_{i=1}^{r}a_i\beta_i\in\mathscr{A}^{-1}(0)$. 又因为 $\alpha_1,\alpha_2,\cdots,\alpha_k$ 是 $\mathscr{A}^{-1}(0)$ 的一个基，所以存在一组数 $b_1,b_2,\cdots,b_k$ 使得

$$\eta-\sum_{i=1}^{r}a_i\beta_i=\sum_{j=1}^{k}b_j\alpha_j.$$

因此，有

$$\eta=\sum_{i=1}^{r}a_i\beta_i+\sum_{j=1}^{k}b_j\alpha_j.$$

故 V 中任一向量 η 可由 $\beta_1,\beta_2,\cdots,\beta_r,\alpha_1,\alpha_2,\cdots,\alpha_k$ 线性表示.

再证：$\beta_1,\beta_2,\cdots,\beta_r,\alpha_1,\alpha_2,\cdots,\alpha_k$ 线性无关.

如果存在一组数 $c_1,c_2,\cdots,c_r,d_1,d_2,\cdots,d_k$ 使得

$$\sum_{i=1}^{r}c_i\beta_i+\sum_{j=1}^{k}d_j\alpha_j=0. \tag{4.1}$$

我们要证，这些数全为0.

将 $\mathscr{A}$ 作用在(4.1)两边，有

$$\mathscr{A}\left(\sum_{i=1}^{r}c_i\beta_i+\sum_{j=1}^{k}d_j\alpha_j\right)=\sum_{i=1}^{r}c_i\mathscr{A}(\beta_i)+\sum_{j=1}^{k}d_j\mathscr{A}(\alpha_j)=0.$$

由于 $\alpha_j\in\mathscr{A}^{-1}(0)$，所以 $\mathscr{A}(\alpha_j)=0$，因此，上式变为

$$\sum_{i=1}^{r}c_i\mathscr{A}(\beta_i)=\sum_{i=1}^{r}c_i\xi_i=0. \tag{4.2}$$

由于 $\xi_1,\xi_2,\cdots,\xi_r$ 是 $\mathscr{A}(V)$ 的一个基，是线性无关的，由(4.2)得

$$c_1=c_2=\cdots=c_r=0. \tag{4.3}$$

将(4.3)代入(4.1)，得

$$\sum_{j=1}^{k}d_j\alpha_j=0.$$

再由于 $\alpha_1,\alpha_2,\cdots,\alpha_k$ 是 $\mathscr{A}^{-1}(0)$ 的一个基，也是线性无关的，则

$$d_1=d_2=\cdots=d_k=0.$$

这就证明了 $\beta_1,\beta_2,\cdots,\beta_r,\alpha_1,\alpha_2,\cdots,\alpha_k$ 线性无关，且构成了 V 的一个基. 因此，$n=r+k$. ∎

> **思考题** 设 $\mathscr{A}$ 是 n 维线性空间 V 的线性变换，证明：$\mathscr{A}$ 是可逆的充分必要条件是 $\mathscr{A}$ 是满射.

根据线性变换与其矩阵的对应关系，线性变换的秩和零度在其矩阵中也应有相对应的概念.

首先讨论线性变换的秩. 设 $\mathscr{A}$ 为数域 $\mathbf{F}$ 上 n 维线性空间 V 的线性变换，$\varepsilon_1,\varepsilon_2,\cdots,\varepsilon_n$ 是 V 的一个基，$\mathscr{A}$ 在此基下的矩阵为 $\mathbf{A}$.

我们容易证明：

$$\mathscr{A}(V)=L(\mathscr{A}\varepsilon_1,\mathscr{A}\varepsilon_2,\cdots,\mathscr{A}\varepsilon_n). \tag{4.4}$$

事实上，设 ξ 为 V 中任一向量，那么 ξ 可表示成基 $\varepsilon_1,\varepsilon_2,\cdots,\varepsilon_n$ 的线性组

合：$\xi = x_1\varepsilon_1 + x_2\varepsilon_2 + \cdots + x_n\varepsilon_n$，于是

$$\mathscr{A}\xi = x_1\mathscr{A}\varepsilon_1 + x_2\mathscr{A}\varepsilon_2 + \cdots + x_n\mathscr{A}\varepsilon_n.$$

上式说明了 $\mathscr{A}\xi \in L(\mathscr{A}\varepsilon_1, \mathscr{A}\varepsilon_2, \cdots, \mathscr{A}\varepsilon_n)$，因此

$$\mathscr{A}(V) \subseteq L(\mathscr{A}\varepsilon_1, \mathscr{A}\varepsilon_2, \cdots, \mathscr{A}\varepsilon_n).$$

反之，对任一 $\eta \in L(\mathscr{A}\varepsilon_1, \mathscr{A}\varepsilon_2, \cdots, \mathscr{A}\varepsilon_n)$，设

$$\eta = k_1\mathscr{A}\varepsilon_1 + k_2\mathscr{A}\varepsilon_2 + \cdots + k_n\mathscr{A}\varepsilon_n,$$

因为 $\mathscr{A}\varepsilon_i \in \mathscr{A}(V)$ $(i=1,2,\cdots,n)$，故 $\eta \in \mathscr{A}(V)$，于是

$$L(\mathscr{A}\varepsilon_1, \mathscr{A}\varepsilon_2, \cdots, \mathscr{A}\varepsilon_n) \subseteq \mathscr{A}(V).$$

这样，$\mathscr{A}(V) = L(\mathscr{A}\varepsilon_1, \mathscr{A}\varepsilon_2, \cdots, \mathscr{A}\varepsilon_n)$.

由(4.4)可以看到，$\mathscr{A}$的秩实际上就是向量组 $\mathscr{A}\varepsilon_1, \mathscr{A}\varepsilon_2, \cdots, \mathscr{A}\varepsilon_n$ 的秩.

由(2.3)知，

$$(\mathscr{A}\varepsilon_1, \mathscr{A}\varepsilon_2, \cdots, \mathscr{A}\varepsilon_n) = (\varepsilon_1, \varepsilon_2, \cdots, \varepsilon_n)\boldsymbol{A},$$

所以在基 $\varepsilon_1, \varepsilon_2, \cdots, \varepsilon_n$ 下，$\mathscr{A}\varepsilon_i$ 的坐标恰好是 $\boldsymbol{A}$ 的第 i 列，因此，求到 $\boldsymbol{A}$ 的列向量组的极大线性无关组后，以它们为坐标的向量组就是 $\mathscr{A}\varepsilon_1, \mathscr{A}\varepsilon_2, \cdots, \mathscr{A}\varepsilon_n$ 的一个极大线性无关组. 于是，向量组 $\mathscr{A}\varepsilon_1, \mathscr{A}\varepsilon_2, \cdots, \mathscr{A}\varepsilon_n$ 的秩就是 $\boldsymbol{A}$ 的秩，即

$$\mathscr{A}\text{的秩} = \boldsymbol{A}\text{ 的秩}. \tag{4.5}$$

这样，就建立了线性变换的秩与其矩阵的秩之间的联系，证明了它们是相等的. 同时，(4.4)和(4.5)还给出了线性变换 $\mathscr{A}$的值域的求法，即由 $\mathscr{A}\varepsilon_1$，$\mathscr{A}\varepsilon_2, \cdots, \mathscr{A}\varepsilon_n$ 的一个极大线性无关组就可张成 $\mathscr{A}$的值域.

下面讨论线性变换的零度. 设 V 的线性变换 $\mathscr{A}$在 V 的一个基 $\varepsilon_1, \varepsilon_2, \cdots, \varepsilon_n$ 下的矩阵为 $\boldsymbol{A}$，矩阵 $\boldsymbol{A}$ 的秩为 r. 我们先来求 $\mathscr{A}$的核 $\mathscr{A}^{-1}(0)$.

V 中任一向量都可表示成 $\varepsilon_1, \varepsilon_2, \cdots, \varepsilon_n$ 的线性组合：

$$\xi = x_1\varepsilon_1 + x_2\varepsilon_2 + \cdots + x_n\varepsilon_n,$$

由定理 7.3 得

$$\xi \in \mathscr{A}^{-1}(0) \Leftrightarrow \mathscr{A}\xi = 0 \Leftrightarrow \xi \text{ 的坐标 } x_1, x_2, \cdots, x_n \text{ 满足 } \boldsymbol{A}\begin{pmatrix} x_1 \\ x_2 \\ \vdots \\ x_n \end{pmatrix} = \begin{pmatrix} 0 \\ 0 \\ \vdots \\ 0 \end{pmatrix}. \tag{4.6}$$

由此可见，$\mathscr{A}^{-1}(0)$ 的所有向量的坐标的集合恰好是齐次线性方程组(4.6)的解空间. 于是，以方程组(4.6)的基础解系为坐标的向量组构成 $\mathscr{A}^{-1}(0)$ 的一个基. 由定理 2.10 知，方程组(4.6)的基础解系中所含向量的个数(即解空间的维数)为 $n-r$. 另一方面，由定理 7.7 得

$$\mathscr{A}\text{的零度} = n - r.$$

因此，$\mathscr{A}$的零度就是系数矩阵为 $\boldsymbol{A}$ 的齐次线性方程组的解空间的维数.

例 7.12 设 $\varepsilon_1,\varepsilon_2,\varepsilon_3,\varepsilon_4$ 是 4 维线性空间 V 的一个基，已知线性变换 $\mathscr{A}$ 在这个基下的矩阵为

$$\boldsymbol{A}=\begin{pmatrix}1&0&2&1\\-1&2&1&3\\1&2&5&5\\2&-2&1&-2\end{pmatrix},$$

试求 $\mathscr{A}$的核与值域.

解 先求 $\mathscr{A}$的核 $\mathscr{A}^{-1}(0)$. 设 $\xi\in\mathscr{A}^{-1}(0)$，$\xi=x_1\varepsilon_1+x_2\varepsilon_2+x_3\varepsilon_3+x_4\varepsilon_4$，则

$$\boldsymbol{A}\begin{pmatrix}x_1\\x_2\\x_3\\x_4\end{pmatrix}=\boldsymbol{0},$$

即

$$\begin{pmatrix}1&0&2&1\\-1&2&1&3\\1&2&5&5\\2&-2&1&-2\end{pmatrix}\begin{pmatrix}x_1\\x_2\\x_3\\x_4\end{pmatrix}=\begin{pmatrix}0\\0\\0\\0\end{pmatrix}.$$

通过计算可知 $\mathrm{r}(\boldsymbol{A})=2$，又 $\boldsymbol{A}$ 的 2 阶子式 $\begin{vmatrix}1&0\\-1&2\end{vmatrix}\neq 0$，所以只需解前两个方程

$$\begin{cases}x_1\qquad\quad+2x_3+\ x_4=0,\\-x_1+2x_2+\ x_3+3x_4=0.\end{cases}$$

解得基础解系：

$$\boldsymbol{\alpha}_1=\begin{pmatrix}-2\\-\dfrac{3}{2}\\1\\0\end{pmatrix},\quad \boldsymbol{\alpha}_2=\begin{pmatrix}-1\\-2\\0\\1\end{pmatrix}.$$

因此

$$\xi_1=-2\varepsilon_1-\frac{3}{2}\varepsilon_2+\varepsilon_3,\quad \xi_2=-\varepsilon_1-2\varepsilon_2+\varepsilon_4$$

是 $\mathscr{A}^{-1}(0)$ 的一个基，所以 $\mathscr{A}^{-1}(0)=L(\xi_1,\xi_2)$.

求 $\mathscr{A}(V)$. 由于 $\mathscr{A}$在基 $\varepsilon_1,\varepsilon_2,\varepsilon_3,\varepsilon_4$ 下的矩阵为 $\boldsymbol{A}$，因此

$$\mathscr{A}\varepsilon_1=\varepsilon_1-\varepsilon_2+\varepsilon_3+2\varepsilon_4,$$
$$\mathscr{A}\varepsilon_2=2\varepsilon_2+2\varepsilon_3-2\varepsilon_4,$$
$$\mathscr{A}\varepsilon_3=2\varepsilon_1+\varepsilon_2+5\varepsilon_3+\varepsilon_4,$$
$$\mathscr{A}\varepsilon_4=\varepsilon_1+3\varepsilon_2+5\varepsilon_3-2\varepsilon_4.$$

据(4.5)，$\dim\mathscr{A}(V)=\mathscr{A}$的秩$=\mathbf{A}$的秩$=2$，而$\mathscr{A}(V)=L(\mathscr{A}\varepsilon_1,\mathscr{A}\varepsilon_2,\mathscr{A}\varepsilon_3,\mathscr{A}\varepsilon_4)$中向量$\mathscr{A}\varepsilon_1,\mathscr{A}\varepsilon_2$线性无关，所以它们组成$\mathscr{A}(V)$的一个基，从而

$$\mathscr{A}(V)=L(\mathscr{A}\varepsilon_1,\mathscr{A}\varepsilon_2).$$

由定理 7.7 和(4.5) 立即可得

n 维线性空间 V 的线性变换 $\mathscr{A}$ 可逆的充分必要条件是 $\mathscr{A}^{-1}(0)=\{0\}$.

这是因为

$$\begin{aligned}\mathscr{A}^{-1}(0)=\{0\}&\Leftrightarrow \mathscr{A}\text{的零度为 }0\Leftrightarrow \mathscr{A}\text{的秩为 }n\\&\Leftrightarrow \mathbf{A}\text{ 的秩为 }n\Leftrightarrow \mathbf{A}\text{ 为满秩}\\&\Leftrightarrow \mathbf{A}\text{ 是可逆的}\Leftrightarrow \mathscr{A}\text{是可逆的}.\end{aligned}$$

利用核是$\{0\}$来判断线性变换是否可逆较为方便，也是常用的方法. 如例 7.11 中，因为$\mathscr{D}^{-1}(0)=\mathbf{F}$，所以$\mathscr{D}$不是可逆的线性变换.

对于矩阵，我们也能相应地引入值域和核的概念，利用它们，可以对线性方程组解的判定和解的结构展开更深入的讨论.

给定矩阵$\mathbf{A}\in\mathbf{F}^{n\times n}$，按例 7.5 定义$\mathbf{F}^n$的线性变换$\mathscr{A}$：

$$\mathscr{A}\boldsymbol{x}=\mathbf{A}\boldsymbol{x}\quad(\boldsymbol{x}\in\mathbf{F}^n).\tag{4.7}$$

由(4.7) 得，$\mathscr{A}$的核为

$$\mathscr{A}^{-1}(\mathbf{0})=\{\boldsymbol{x}\in\mathbf{F}^n\mid\mathbf{A}\boldsymbol{x}=\mathbf{0}\},$$

它是$\mathbf{F}^n$的一个子空间. 我们把$\mathbf{F}^n$的子空间$\{\boldsymbol{x}\in\mathbf{F}^n\mid\mathbf{A}\boldsymbol{x}=\mathbf{0}\}$称为**矩阵 $\mathbf{A}$ 的核**(或 **$\mathbf{A}$ 的零空间**)，记为$\mathscr{N}(\mathbf{A})$，实际上，它就是齐次线性方程组$\mathbf{A}\boldsymbol{x}=\mathbf{0}$的解空间. 另一方面，我们可以看到，$\mathscr{A}$的值域为

$$\mathscr{A}(\mathbf{F}^n)=\{\mathbf{A}\boldsymbol{y}\mid\boldsymbol{y}\in\mathbf{F}^n\},$$

也是$\mathbf{F}^n$的一个子空间. 我们把子空间$\{\mathbf{A}\boldsymbol{y}\mid\boldsymbol{y}\in\mathbf{F}^n\}$称为矩阵$\mathbf{A}$的**值域**，记为$\mathscr{R}(\mathbf{A})$. 设$\mathbf{A}=(\boldsymbol{a}_1,\boldsymbol{a}_2,\cdots,\boldsymbol{a}_n)$，$\boldsymbol{a}_i$是$\mathbf{A}$的第$i$列向量($i=1,2,\cdots,n$)，则由(4.4) 和(4.7) 得，在$\mathbf{F}^n$的基$\boldsymbol{e}_1=(1,0,\cdots,0)^{\mathrm{T}}$，$\boldsymbol{e}_2=(0,1,\cdots,0)^{\mathrm{T}}$，$\cdots$，$\boldsymbol{e}_n=(0,0,\cdots,1)^{\mathrm{T}}$下，

$$\begin{aligned}\mathscr{R}(\mathbf{A})=\mathscr{A}(\mathbf{F}^n)&=L(\mathscr{A}\boldsymbol{e}_1,\mathscr{A}\boldsymbol{e}_2,\cdots,\mathscr{A}\boldsymbol{e}_n)\\&=L(\mathbf{A}\boldsymbol{e}_1,\mathbf{A}\boldsymbol{e}_2,\cdots,\mathbf{A}\boldsymbol{e}_n)=L(\boldsymbol{a}_1,\boldsymbol{a}_2,\cdots,\boldsymbol{a}_n).\end{aligned}$$

因此，$\mathscr{R}(\mathbf{A})$是由矩阵$\mathbf{A}$的列向量张成的子空间，也称**列空间**.

容易看到：

线性方程组

$$\boldsymbol{A}\boldsymbol{x} = \boldsymbol{y} \tag{4.8}$$

有解的充分必要条件是 $\boldsymbol{y} \in \mathscr{R}(\boldsymbol{A})$（即 $\boldsymbol{y}$ 是某个向量 $\boldsymbol{x} \in \mathbf{F}^n$ 在 $\mathscr{A}$ 作用(也就是矩阵 $\boldsymbol{A}$ 左乘)下的像).

这个结论与定理 2.9（线性方程组有解判定定理）是一致的. 这是因为判定条件"方程组的系数矩阵 $\boldsymbol{A}$ 和增广矩阵 $\widetilde{\boldsymbol{A}}$ 有相同的秩"，实质上就是增广矩阵 $\widetilde{\boldsymbol{A}}$ 所添加的常数列 $\boldsymbol{y}$ 可以由系数矩阵 $\boldsymbol{A}$ 的列向量组线性表示，即 $\boldsymbol{y} \in \mathscr{R}(\boldsymbol{A}) = L(\boldsymbol{a}_1, \boldsymbol{a}_2, \cdots, \boldsymbol{a}_n)$，而条件 $\boldsymbol{y} \in \mathscr{R}(\boldsymbol{A})$ 还更明确地说明了使方程组 $\boldsymbol{A}\boldsymbol{x} = \boldsymbol{y}$ 有解的 $\boldsymbol{y}$ 的范围就是 $\mathscr{R}(\boldsymbol{A})$.

现在再来看方程组(4.8) 的解的结构.

我们已经知道，方程组(4.8) 的导出组

$$\boldsymbol{A}\boldsymbol{x} = \boldsymbol{0}$$

的解空间就是 $\mathscr{N}(\boldsymbol{A})$. 设 $\boldsymbol{\gamma}_0$ 是方程组(4.8) 的一个特解，由定理 2.11 知，方程组(4.8) 的解集为

$$\{\boldsymbol{\gamma}_0 + \boldsymbol{\eta} \mid \boldsymbol{\eta} \in \mathscr{N}(\boldsymbol{A})\}. \tag{4.9}$$

对于非齐次线性方程组 $\boldsymbol{A}\boldsymbol{x} = \boldsymbol{y}$（其中 $\boldsymbol{y} \neq \boldsymbol{0}$），上述解集不能构成 $\mathbf{F}^n$ 的子空间(这是因为 $\boldsymbol{0} \notin \{\boldsymbol{\gamma}_0 + \boldsymbol{\eta} \mid \boldsymbol{\eta} \in \mathscr{N}(\boldsymbol{A})\}$).

为了便于叙述，我们引入一个记号. 设 W 是线性空间 V 的一个子空间，γ 是 V 中一个向量，我们用 $\gamma + W$ 表示集合

$$\{\gamma + \eta \mid \eta \in W\},$$

称 $\gamma + W$ 是子空间 W 在线性空间 V 中的一个**陪集**.

这样，方程组(4.8) 的解集 $\{\boldsymbol{\gamma}_0 + \boldsymbol{\eta} \mid \boldsymbol{\eta} \in \mathscr{N}(\boldsymbol{A})\}$ 就是子空间 $\mathscr{N}(\boldsymbol{A})$ 在 $\mathbf{F}^n$ 中的一个陪集 $\boldsymbol{\gamma}_0 + \mathscr{N}(\boldsymbol{A})$，它相当于把 $\mathscr{N}(\boldsymbol{A})$ 中的每一个向量都加上同一个特解 $\boldsymbol{\gamma}_0$ 作"平移"而得到的集合.

本节中 n 维线性空间 V 的线性变换的概念可以推广为 n 维线性空间 V 到 m 维线性空间 W 的线性映射，相应地，线性映射的矩阵就由 n 阶矩阵改变为 $m \times n$ 矩阵. 有兴趣的读者还可以进一步把 n 阶矩阵的值域和核的概念推广到 $m \times n$ 矩阵，以及把上述关于线性方程组 $\boldsymbol{A}\boldsymbol{x} = \boldsymbol{y}$ 的讨论从 $\boldsymbol{A}$ 是 n 阶矩阵推广到 $m \times n$ 矩阵.

习题 7.4

1. 设 $\mathscr{A}$ 是线性空间 $\mathbf{R}^4 = \{(a_1, a_2, a_3, a_4) \mid a_i \in \mathbf{R},\ i = 1,2,3,4\}$ 的线性变换：

$$\mathscr{A}(x_1, x_2, x_3, x_4) = (x_1 + x_2 - 3x_3 - x_4, 3x_1 - x_2 - 3x_3 + 4x_4, 0, 0),$$

求 $\mathscr{A}$ 的秩与零度.

2. 设 $\mathscr{A}$ 是 $\mathbf{R}^3 = \{(a_1, a_2, a_3) \mid a_i \in \mathbf{R},\ i = 1,2,3\}$ 的线性变换，$\mathscr{A}$ 对于某基的矩阵

是 $\mathbf{A}=\begin{pmatrix}1 & 2 & 0\\ 2 & 2 & -2\\ 1 & 2 & 0\end{pmatrix}$，求 $\mathscr{A}$ 的核.

7.5 线性变换的特征值与特征向量

7.5.1 特征值与特征向量

设 $\sigma: M \to M$ 是集合 M 到自身的一个变换. 如果存在 $x^* \in M$，使得

$$\sigma(x^*)=x^*,$$

则称 x^* 是变换 σ 的一个**不动点**.

在许多数学问题和实际问题中，经常需要研究"不动点"的问题. 例如：经济分析中常用的布劳威尔(Brouwer) 不动点定理在求解市场均衡点等问题中都有应用. 对于一元实函数的特殊情形，布劳威尔不动点定理说明了：将闭区间$[a,b]$映射到$[a,b]$的连续函数 f 在区间$[a,b]$中至少存在一个不动点，即必存在$x^* \in [a,b]$，使得

$$f(x^*)=x^*$$

(对于上述1维的特殊情形，利用连续函数的介值定理就可加以证明，而该定理的一般情形要涉及有关拓扑理论的知识①，这里就不再介绍了).

对任一集合上的任一变换是否都有不动点呢？ 如果平面上的一个平移变换不是恒等变换(恒等变换下每一点都是不动点)，那么它没有不动点.

对于线性空间 V 的一个线性变换 $\mathscr{A}$ 呢？ 由线性变换的简单性质可知，

$$\mathscr{A}0=0,$$

所以 $0 \in V$ 是 $\mathscr{A}$ 的一个不动点，它是平凡的，我们不去研究它. 在实际问题中，我们需要研究非平凡(非零) 的不动点，或者研究线性变换更一般的不变的特征. 下面介绍的线性变换的特征向量就是线性变换的一种重要的不变量.

定义 7.8 设 $\mathscr{A}$ 是数域 $\mathbf{F}$ 上线性空间 V 的线性变换. 对于 $\mathbf{F}$ 中的数 λ_0，如果存在一个非零向量 ξ，使得

$$\mathscr{A}\xi=\lambda_0\xi,$$

则称 λ_0 为 $\mathscr{A}$ 的一个**特征值**，而称 ξ 为 $\mathscr{A}$ 的属于特征值 λ_0 的一个**特征向量**.

例如：设 $\mathscr{K}$ 为数域 $\mathbf{F}$ 上线性空间 V 的数乘变换，k 是 $\mathbf{F}$ 中某一个数，且

---

① **布劳威尔不动点定理** 令 $f: X \to X$ 是一个将紧凸集 X 映射到 X 的连续函数，则 f 在 X 中存在一个不动点，即至少存在一点 $x^* \in X$ 使得 $f(x^*)=x^*$.

$\mathscr{K}\alpha=k\alpha$ ($\alpha\in V$)，那么V中任一非零向量α均为$\mathscr{K}$的属于特征值k的特征向量.

又如：若线性空间V的线性变换$\mathscr{A}$有非零不动点$\xi\in V$，则$\mathscr{A}\xi=\xi$ ($\xi\neq 0$)，故ξ就是$\mathscr{A}$的属于特征值$\lambda_0=1$的特征向量.

从几何直观上来看(如图7-3)，特征向量经过线性变换后，所得向量$\mathscr{A}\boldsymbol{\xi}$仍在$\boldsymbol{\xi}$所在直线上，当$\lambda_0>0$时，$\boldsymbol{\xi}$与$\mathscr{A}\boldsymbol{\xi}$方向相同；当$\lambda_0<0$时，方向相反；当$\lambda_0=0$时，则$\mathscr{A}\boldsymbol{\xi}=\mathbf{0}$. 因此，$\mathscr{A}$的特征向量是经变换后“伸长”或“缩短”或“反向伸长”、“反向缩短”或变为零的一个向量，也就是说，在线性变换$\mathscr{A}$下，特征向量的确具有“不变性”：它们变成了与其自身共线的向量(即其自身的某个常数倍)，而当$\lambda_0\neq 0$时，它们所在的直线在$\mathscr{A}$的作用下保持不变.

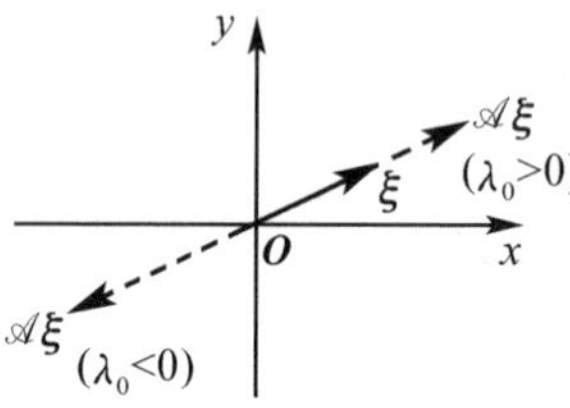

图 7-3

容易证明，如果ξ是属于特征值λ_0的特征向量，那么对任意不为零的数$k\in\mathbf{F}$（数域），$k\xi$也是属于λ_0的特征向量. 因为由$\mathscr{A}\xi=\lambda_0\xi$ ($\xi\neq 0$)，可知

$$\mathscr{A}(k\xi)=k(\mathscr{A}\xi)=k(\lambda_0\xi)=\lambda_0(k\xi),\quad k\xi\neq 0,$$

即$k\xi$也为属于λ_0的特征向量. 由此也可知特征向量不是被特征值所唯一决定的. 从几何直观上来看，如果$\boldsymbol{\xi}$是$\mathscr{A}$的属于λ_0的特征向量，那么与向量$\boldsymbol{\xi}$共线的所有非零向量都是$\mathscr{A}$的属于同一特征值λ_0的特征向量.

反之，对于一个特征向量，它只能属于一个特征值. 因为对于$\xi\in V$，$\mathscr{A}\xi\in V$是唯一确定的向量，因此特征值被特征向量唯一确定.

例 7.13 设V表示定义在全体实数上的可微分任意次的实函数所组成的线性空间，$\mathscr{D}f(x)=f'(x)$是求导运算，$\mathscr{D}$是无限维线性空间V的一个线性变换. 对每一个实数λ，我们有

$$\mathscr{D}(\mathrm{e}^{\lambda x})=\lambda\mathrm{e}^{\lambda x},$$

所以任何实数λ都是$\mathscr{D}$的特征值，而$\mathrm{e}^{\lambda x}$是属于λ的一个特征向量.

例 7.14 设V_2是平面上所有从原点出发的向量构成的$\mathbf{R}$上2维线性空间，τ_θ是把平面上向量绕坐标原点按逆时针方向旋转θ角的V_2的一个线性变换. 问τ_θ是否有特征向量？ 从几何上看，当$\theta\neq k\pi$时(k是整数)，τ_θ无特征向量，因为$\boldsymbol{\xi}$与$\tau_\theta(\boldsymbol{\xi})$不在同一直线上. 当$\theta=k\pi$时($k$是整数)，$\tau_\theta$有特征向量.

如何求一个线性变换的特征值与特征向量呢？

在有限维线性空间中取定一个基后，向量由它的坐标来刻画，而线性变换由它的矩阵刻画. 于是，求线性变换的特征值、特征向量的问题很容易转

化为求矩阵的特征值、特征向量的问题.

设 V 为数域 $\mathbf{F}$ 上 n 维线性空间，$\mathscr{A}$是 V 的线性变换，λ_0 是 $\mathscr{A}$的一个特征值($\lambda_0 \in \mathbf{F}$)，ξ 为属于特征值λ_0 的一个特征向量，即

$$\mathscr{A}\xi = \lambda_0 \xi \quad (\xi \neq 0). \tag{5.1}$$

在 V 中取基$\varepsilon_1, \varepsilon_2, \cdots, \varepsilon_n$. 设 $\mathscr{A}$在此基下的矩阵为 $\mathbf{A} = (a_{ij})_{n\times n}$，特征向量 ξ 在这个基下的坐标为 $x_{01}, x_{02}, \cdots, x_{0n}$，那么

$$\xi = x_{01}\varepsilon_1 + x_{02}\varepsilon_2 + \cdots + x_{0n}\varepsilon_n.$$

于是向量 $\mathscr{A}\xi, \lambda_0\xi$ 的坐标分别为

$$\mathbf{A}\begin{pmatrix} x_{01} \\ x_{02} \\ \vdots \\ x_{0n} \end{pmatrix} \quad 与 \quad \lambda_0 \begin{pmatrix} x_{01} \\ x_{02} \\ \vdots \\ x_{0n} \end{pmatrix}.$$

由等式(5.1)，得

$$\mathbf{A}\begin{pmatrix} x_{01} \\ x_{02} \\ \vdots \\ x_{0n} \end{pmatrix} = \lambda_0 \begin{pmatrix} x_{01} \\ x_{02} \\ \vdots \\ x_{0n} \end{pmatrix}. \tag{5.2}$$

由定义 4.2 和(5.2) 可知，λ_0 是矩阵 $\mathbf{A}$ 的一个特征值，非零向量$(x_{01}, x_{02}, \cdots, x_{0n})^{\mathrm{T}}$ 是矩阵 $\mathbf{A}$ 属于特征值λ_0 的一个特征向量.

由上面分析可知，如果 λ_0 是线性变换 $\mathscr{A}$的一个特征值，而

$$\xi = x_{01}\varepsilon_1 + x_{02}\varepsilon_2 + \cdots + x_{0n}\varepsilon_n$$

是属于 λ_0 的一个特征向量，则 λ_0 是矩阵 $\mathbf{A}$ 的一个特征值，且$(x_{01}, x_{02}, \cdots, x_{0n})^{\mathrm{T}}$ 是矩阵 $\mathbf{A}$ 属于λ_0 的一个特征向量.

反之，如果λ_0 是矩阵$\mathbf{A}$ 的一个特征值，而$(x_{01}, x_{02}, \cdots, x_{0n})^{\mathrm{T}}$ 是矩阵$\mathbf{A}$ 属于特征值 λ_0 的一个特征向量，那么(5.2) 成立. 令

$$\xi = x_{01}\varepsilon_1 + x_{02}\varepsilon_2 + \cdots + x_{0n}\varepsilon_n, \tag{5.3}$$

则有 $\xi \neq 0$，且 $\mathscr{A}\xi = \lambda_0\xi$，即$\lambda_0$ 为 $\mathscr{A}$的特征值，ξ 为属于特征值λ_0 的特征向量.

于是，得到求解线性变换特征值与特征向量的步骤如下：

1） 在线性空间 V 中取一个基 $\varepsilon_1, \varepsilon_2, \cdots, \varepsilon_n$，求出 $\mathscr{A}$在这个基下的矩阵 $\mathbf{A}$.

2） 求出 $\mathbf{A}$ 的特征多项式 $|\lambda \mathbf{E} - \mathbf{A}|$ 在 $\mathbf{F}$ 中的全部根，它们就是 $\mathscr{A}$的全部特征值，设为 $\lambda_1, \lambda_2, \cdots, \lambda_t (t \leqslant n)$.

3） 对每一个 $\lambda_i (i = 1, 2, \cdots, t)$，解齐次线性方程组

$$(\lambda_i \mathbf{E} - \mathbf{A})\begin{pmatrix} x_1 \\ x_2 \\ \vdots \\ x_n \end{pmatrix} = \begin{pmatrix} 0 \\ 0 \\ \vdots \\ 0 \end{pmatrix},$$

求出基础解系，将以基础解系中每个解向量为坐标的向量 ξ 合起来，就构成属于特征值λ_i $(i=1,2,\cdots,t)$ 的一组线性无关的特征向量. 它是属于 λ_i 的所有特征向量的一个极大线性无关组，由此可得出属于 λ_i 的全部特征向量.

例 7.15 在 $\mathbf{F}^3$ 中，对任意向量 $\boldsymbol{\alpha}=(x_1,x_2,x_3)^{\mathrm{T}}$ 定义线性变换 $\mathscr{A}$如下：

$$\mathscr{A}\boldsymbol{\alpha}=(x_1+2x_2+2x_3,2x_1+x_2+2x_3,2x_1+2x_2+x_3)^{\mathrm{T}}.$$

求 $\mathscr{A}$的特征值与特征向量.

解 在 $\mathbf{F}^3$ 中取一个基为 3 维单位向量组

$$\boldsymbol{e}_1=(1,0,0)^{\mathrm{T}},\quad \boldsymbol{e}_2=(0,1,0)^{\mathrm{T}},\quad \boldsymbol{e}_3=(0,0,1)^{\mathrm{T}},$$

则有

$$\begin{cases}\mathscr{A}\boldsymbol{e}_1=(1,2,2)^{\mathrm{T}}=\boldsymbol{e}_1+2\boldsymbol{e}_2+2\boldsymbol{e}_3,\\ \mathscr{A}\boldsymbol{e}_2=(2,1,2)^{\mathrm{T}}=2\boldsymbol{e}_1+\boldsymbol{e}_2+2\boldsymbol{e}_3,\\ \mathscr{A}\boldsymbol{e}_3=(2,2,1)^{\mathrm{T}}=2\boldsymbol{e}_1+2\boldsymbol{e}_2+\boldsymbol{e}_3,\end{cases}$$

所以线性变换 $\mathscr{A}$在基 $\boldsymbol{e}_1,\boldsymbol{e}_2,\boldsymbol{e}_3$ 下的矩阵为

$$\mathbf{A}=\begin{pmatrix}1&2&2\\2&1&2\\2&2&1\end{pmatrix}.$$

由 4.2 节例 4.3 得，矩阵 $\mathbf{A}$ 的特征值为$\lambda_1=-1$（二重），$\lambda_2=5$，属于$\lambda_1=-1$ 的两个线性无关的特征向量为

$$\begin{pmatrix}1\\0\\-1\end{pmatrix},\quad \begin{pmatrix}0\\1\\-1\end{pmatrix},$$

属于 $\lambda_2=5$ 的一个线性无关的特征向量为

$$\begin{pmatrix}1\\1\\1\end{pmatrix}.$$

因此，线性变换 $\mathscr{A}$的特征值为 $\lambda_1=-1$（二重），$\lambda_2=5$. 由(5.3)得，属于 $\lambda_1=-1$ 的两个线性无关的特征向量为

$$\boldsymbol{\xi}_1=\boldsymbol{e}_1-\boldsymbol{e}_3=\begin{pmatrix}1\\0\\-1\end{pmatrix},\quad \boldsymbol{\xi}_2=\boldsymbol{e}_2-\boldsymbol{e}_3=\begin{pmatrix}0\\1\\-1\end{pmatrix},\tag{5.4}$$

而属于$\lambda_1=1$的所有特征向量为$k_1\boldsymbol{\xi}_1+k_2\boldsymbol{\xi}_2$($k_1,k_2$ 为不全为零的常数)；属于 $\lambda_2=5$ 的一个线性无关的特征向量为

$$\boldsymbol{\xi}_3=\boldsymbol{e}_1+\boldsymbol{e}_2+\boldsymbol{e}_3=\begin{pmatrix}1\\1\\1\end{pmatrix},\tag{5.5}$$

而属于 $\lambda_2=5$ 的全部特征向量为 $k_3\boldsymbol{\xi}_3$(k_3 为非零常数).

在(5.4)和(5.5)中可以看到，由于取 $\mathbf{F}^3$ 中 3 维单位向量组为基，当求得矩阵 $\mathbf{A}$ 属于特征值 $\lambda_0(=-1,5)$ 的一个特征向量 $(x_{01},x_{02},x_{03})^{\mathrm{T}}$ 时，由(5.3)可得线性变换 $\mathscr{A}$ 的属于 λ_0 的特征向量为

$$\boldsymbol{\xi}=x_{01}\boldsymbol{e}_1+x_{02}\boldsymbol{e}_2+x_{03}\boldsymbol{e}_3=x_{01}\begin{pmatrix}1\\0\\0\end{pmatrix}+x_{02}\begin{pmatrix}0\\1\\0\end{pmatrix}+x_{03}\begin{pmatrix}0\\0\\1\end{pmatrix}$$

$$=(x_{01},x_{02},x_{03})^{\mathrm{T}},$$

此时，线性变换 $\mathscr{A}$ 与矩阵 $\mathbf{A}$ 的特征向量完全一致. 一般地，当取 $\mathbf{F}^n$ 中 n 维单位向量组 $(1,0,\cdots,0)^{\mathrm{T}},(0,1,\cdots,0)^{\mathrm{T}},\cdots,(0,0,\cdots,1)^{\mathrm{T}}$ 为基时，求 $\mathbf{F}^n$ 的线性变换 $\mathscr{A}$ 的特征向量，同样可以通过直接求它的矩阵 $\mathbf{A}$ 的特征向量而得，比取其他基时的计算简单.

以上我们在求有限维线性空间 V 的一个线性变换 $\mathscr{A}$ 的特征值时，先在 V 中任取一个基，然后再写出 $\mathscr{A}$ 在这个基下的矩阵 $\mathbf{A}$，那么 $\mathscr{A}$ 的特征值就是矩阵 $\mathbf{A}$ 的特征多项式的根. 但我们知道随着基的选取的不同，线性变换的矩阵一般是不同的，这里就产生了一个问题：这些矩阵的特征多项式的根是否相同呢？ 实际上，由定理 7.5 可知，这些矩阵都是相似的，再由定理 4.1 和定理 4.2 得，相似矩阵有相同的特征多项式和相同的特征值. 由此可知，线性变换的矩阵的特征多项式与基的选择无关，它是由线性变换所决定的. 因此，以后将线性变换 $\mathscr{A}$ 的矩阵的特征多项式称为**线性变换的特征多项式**. 利用哈密顿 - 凯莱定理(定理 4.13)，我们可以得到它的一个性质：

定理 7.8 设 $\mathscr{A}$ 为 n 维线性空间 V 的线性变换，$f(\lambda)$ 是 $\mathscr{A}$ 的特征多项式，则

$$f(\mathscr{A})=\mathscr{O}.$$

证 在 V 中取一个基 $\varepsilon_1,\varepsilon_2,\cdots,\varepsilon_n$. 设 $\mathscr{A}$ 在此基下的矩阵为 $\mathbf{A}$.

$\mathscr{A}$ 的特征多项式即 $\mathbf{A}$ 的特征多项式，它为

$$f(\lambda)=|\lambda\boldsymbol{E}-\mathbf{A}|=\lambda^n+a_1\lambda^{n-1}+\cdots+a_{n-1}\lambda+a_n.$$

据哈密顿 - 凯莱定理

$$f(\mathbf{A})=\mathbf{A}^n+a_1\mathbf{A}^{n-1}+\cdots+a_{n-1}\mathbf{A}+a_n\mathbf{E}=\mathbf{O}.$$

取对应的线性变换，得到

$$\mathscr{A}^n+a_1\mathscr{A}^{n-1}+\cdots+a_{n-1}\mathscr{A}+a_n\mathscr{E}=\mathscr{O}.$$

因此 $f(\mathscr{A})=\mathscr{O}$. ∎

7.5.2 线性变换的可对角化条件

下面我们再用线性变换的特征值与特征向量的语言来表述线性变换可对

角化的条件.

如果线性变换 $\mathscr{A}$ 在某一基下的矩阵具有对角形式

$$\boldsymbol{A}=\begin{pmatrix}\lambda_1 & & & \\ & \lambda_2 & & \\ & & \ddots & \\ & & & \lambda_n\end{pmatrix},$$

就称 $\mathscr{A}$ **可对角化**.

与定理 4.5（关于矩阵可对角化的定理）相对应，我们可以得到有关线性变换 $\mathscr{A}$ 可对角化的定理.

定理 7.9 设 $\mathscr{A}$ 是 n 维线性空间 V 的线性变换，那么 $\mathscr{A}$ 可对角化的充分必要条件是 $\mathscr{A}$ 有 n 个线性无关的特征向量.

证 必要性 设 $\mathscr{A}$ 在基 $\varepsilon_1,\varepsilon_2,\cdots,\varepsilon_n$ 下的矩阵为对角矩阵

$$\boldsymbol{A}=\begin{pmatrix}\lambda_1 & & & \\ & \lambda_2 & & \\ & & \ddots & \\ & & & \lambda_n\end{pmatrix}.$$

据线性变换的矩阵的定义，有

$$\mathscr{A}(\varepsilon_1,\varepsilon_2,\cdots,\varepsilon_n)=(\varepsilon_1,\varepsilon_2,\cdots,\varepsilon_n)\boldsymbol{A}.$$

于是，

$$\begin{cases}\mathscr{A}\varepsilon_1=\lambda_1\varepsilon_1, \\ \mathscr{A}\varepsilon_2=\lambda_2\varepsilon_2, \\ \cdots\cdots\cdots\cdots\cdots \\ \mathscr{A}\varepsilon_n=\lambda_n\varepsilon_n.\end{cases} \tag{5.6}$$

因为 $\varepsilon_1,\varepsilon_2,\cdots,\varepsilon_n$ 是 V 的基，$\varepsilon_1,\varepsilon_2,\cdots,\varepsilon_n$ 必线性无关，且均不为零向量，由 (5.6) 即可知 $\varepsilon_1,\varepsilon_2,\cdots,\varepsilon_n$ 分别为属于特征值 $\lambda_1,\lambda_2,\cdots,\lambda_n$ 的线性无关的特征向量，故 $\mathscr{A}$ 有 n 个线性无关的特征向量.

充分性 设 $\mathscr{A}$ 有 n 个线性无关的特征向量 $\xi_1,\xi_2,\cdots,\xi_n$. 于是

$$\begin{cases}\mathscr{A}\xi_1=\lambda_1\xi_1, \\ \mathscr{A}\xi_2=\qquad\lambda_2\xi_2, \\ \cdots\cdots\cdots\cdots\cdots\cdots\cdots\cdots \\ \mathscr{A}\xi_n=\qquad\qquad\lambda_n\xi_n.\end{cases}$$

因为 $\xi_1,\xi_2,\cdots,\xi_n$ 线性无关，将 $\xi_1,\xi_2,\cdots,\xi_n$ 取为 V 的基，则 $\mathscr{A}$ 在此基下的矩阵为对角矩阵

$$A=\begin{pmatrix}\lambda_1&&&\\&\lambda_2&&\\&&\ddots&\\&&&\lambda_n\end{pmatrix},$$

即 $\mathscr{A}$ 可对角化. ■

例 7.16 已知线性变换 $\mathscr{A}$ 在基 $\varepsilon_1,\varepsilon_2,\varepsilon_3$ 下的矩阵为

$$A=\begin{pmatrix}3&2&-1\\-2&-2&2\\3&6&-1\end{pmatrix},$$

1) 问：$\mathscr{A}$ 是否可对角化？ 2) 在可对角化的情况下，写出相应的基变换的过渡矩阵 $\boldsymbol{T}$.

解 1) 由矩阵 **A** 可以求得，其特征值为 $\lambda_1=-4$，$\lambda_2=\lambda_3=2$，属于 $\lambda_1=-4$ 的一个线性无关的特征向量为

$$\begin{pmatrix}\frac{1}{3}\\-\frac{2}{3}\\1\end{pmatrix},$$

属于 $\lambda_2=\lambda_3=2$ 的两个线性无关的特征向量为

$$\begin{pmatrix}-2\\1\\0\end{pmatrix},\ \begin{pmatrix}1\\0\\1\end{pmatrix}.$$

由(5.3)得，线性变换 $\mathscr{A}$ 的属于特征值 $\lambda_1=-4$ 的一线性无关的特征向量为

$$\xi_1=\frac{1}{3}\varepsilon_1-\frac{2}{3}\varepsilon_2+\varepsilon_3,\tag{5.7}$$

属于特征值 $\lambda_2=\lambda_3=2$ 的两个线性无关特征向量为

$$\xi_2=-2\varepsilon_1+\varepsilon_2,\quad \xi_3=\varepsilon_1+\varepsilon_3.\tag{5.8}$$

于是得到 3 个线性无关的特征向量 ξ_1,ξ_2,ξ_3. 其个数刚好等于空间的维数，所以 $\mathscr{A}$ 可对角化.

取 ξ_1,ξ_2,ξ_3 为基，则因为它们是 $\mathscr{A}$ 的特征向量，故

$$\mathscr{A}(\xi_1)=\lambda_1\xi_1=-4\xi_1,$$
$$\mathscr{A}(\xi_2)=\lambda_2\xi_2=2\xi_2,$$
$$\mathscr{A}(\xi_3)=\lambda_3\xi_3=2\xi_3.$$

所以 $\mathscr{A}$ 在基 ξ_1,ξ_2,ξ_3 下的矩阵为对角矩阵 $\boldsymbol{B}=\begin{pmatrix}-4&&\\&2&\\&&2\end{pmatrix}$.

2） 从基 $\varepsilon_1,\varepsilon_2,\varepsilon_3$ 到基 ξ_1,ξ_2,ξ_3 的过渡矩阵为

$$T=\begin{pmatrix}\frac{1}{3} & -2 & 1\\ -\frac{2}{3} & 1 & 0\\ 1 & 0 & 1\end{pmatrix}$$

（也可从(5.7)，(5.8)看出），且必有 $T^{-1}AT=B$.

习题 7.5

1. 设 $\varepsilon_1,\varepsilon_2,\varepsilon_3$ 是3维线性空间 V 的一个基，线性变换 $\mathscr{A}$ 在这个基下的矩阵为

$$A=\begin{pmatrix}3 & -2 & 2\\ 3 & -2 & 3\\ 2 & -2 & 3\end{pmatrix}.$$

1） 求 $\mathscr{A}$ 在基 $\eta_1=\varepsilon_1+2\varepsilon_2+\varepsilon_3$，$\eta_2=2\varepsilon_1+3\varepsilon_2+\varepsilon_3$，$\eta_3=\varepsilon_3$ 下的矩阵；

2） 求 $\mathscr{A}$ 的特征值与特征向量；

3） 求一可逆矩阵 T，使 $T^{-1}AT$ 成对角矩阵.

7.6 线性变换的不变子空间

在前一节中，我们解决了线性变换可对角化的问题，且得到了以下结果：数域 $\mathbf{F}$ 上 n 维线性空间 V 的线性变换，$\mathscr{A}$ 可对角化的充分必要条件是 $\mathscr{A}$ 有 n 个线性无关的特征向量. 由此我们知道，若 $\mathscr{A}$ 的线性无关的特征向量的个数小于 n，则 $\mathscr{A}$ 就不能对角化，也即在 V 中不存在这样的基，使 $\mathscr{A}$ 在此基下的矩阵为对角矩阵. 因此我们自然会想到，是否存在 V 的基，使线性变换 $\mathscr{A}$ 在此基下的矩阵为形状较简单的准对角矩阵

$$A=\begin{pmatrix}A_1 & & & \\ & A_2 & & \\ & & \ddots & \\ & & & A_s\end{pmatrix},$$

其中 A_i 为 n_i 阶矩阵，$\sum\limits_{i=1}^{s}n_i=n$.

这个问题是与把空间 V 分解为线性变换 $\mathscr{A}$ 的不变子空间的直和有关的，所以我们在这一节要介绍 $\mathscr{A}$ 的不变子空间的概念，并说明它与化简线性变换矩阵之间的关系.

在给出不变子空间的概念之前，我们先来看一个例子.

设λ_0是线性空间V的线性变换$\mathscr{A}$的一个特征值，下面我们来考虑属于λ_0的所有特征向量再添加一个零向量所构成的集合，记为V_{λ_0}，即

$$V_{\lambda_0}=\{\xi \in V \mid \mathscr{A}(\xi)=\lambda_0\xi\}.$$

显然，V_{λ_0}构成V的一个子空间. 我们称V_{λ_0}为$\mathscr{A}$的一个(属于特征值λ_0的)**特征子空间**. 线性变换$\mathscr{A}$的特征子空间V_{λ_0}有一个特性，就是V_{λ_0}中的任意一个向量在$\mathscr{A}$作用下的像都是原向量的倍数，从而仍然是V_{λ_0}中的向量，即$\mathscr{A}(V_{\lambda_0})\subseteq V_{\lambda_0}$(也就是说$V_{\lambda_0}$关于$\mathscr{A}$的作用是"不变的"). 未必$V$的所有的子空间$W$都具有性质"$\mathscr{A}(W)\subseteq W$"，我们把具有这种性质的子空间叫做$\mathscr{A}$的不变子空间.

定义 7.9 设$\mathscr{A}$是数域$\mathbf{F}$上线性空间V的线性变换，W是V的子空间. 如果对于W中任一向量ξ，都有$\mathscr{A}(\xi)\in W$，则称W为$\mathscr{A}$的一个**不变子空间**，简称$\mathscr{A}$-**子空间**.

例如：线性变换$\mathscr{A}$的值域$\mathbf{A}(V)$与核$\mathscr{A}^{-1}(0)$是$\mathscr{A}$-子空间，$\mathscr{A}$的属于特征值λ_0的特征子空间V_{λ_0}也是$\mathscr{A}$-子空间.

例 7.17 线性空间V及零子空间$\{0\}$对任何线性变换$\mathscr{A}$，都是$\mathscr{A}$-子空间. 称为$\mathscr{A}$的**平凡不变子空间**.

因为对任一$\xi\in V$，$\mathscr{A}(\xi)\in V$，所以V是$\mathscr{A}$-子空间.

又由$0\in\{0\}$，$\mathscr{A}(0)=0\in\{0\}$，可知$\{0\}$为$\mathscr{A}$-子空间.

例 7.18 V的任何一个子空间都是数乘变换$\mathscr{K}$的不变子空间.

设W是V的子空间，$\forall\xi\in W\subseteq V$，由例7.3知，$\mathscr{K}(\xi)=k\xi\in W$，故$W$为$\mathscr{K}$-子空间.

例 7.19 设V中向量$\alpha_1,\alpha_2,\cdots,\alpha_s$都是$V$的线性变换$\mathscr{A}$的特征向量，那么$L(\alpha_1,\alpha_2,\cdots,\alpha_s)$是$\mathscr{A}$-子空间.

因为 $\forall\xi\in L(\alpha_1,\alpha_2,\cdots,\alpha_s)$，

$$\xi=k_1\alpha_1+k_2\alpha_2+\cdots+k_s\alpha_s,\quad k_i\in\mathbf{F}\ (i=1,2,\cdots,s),$$

设α_i对应的特征值是$\lambda_i(i=1,2,\cdots,s)$，则

$$\begin{aligned}\mathscr{A}(k_1\alpha_1+k_2\alpha_2+\cdots+k_s\alpha_s)&=k_1\mathscr{A}(\alpha_1)+k_2\mathscr{A}(\alpha_2)+\cdots+k_s\mathscr{A}(\alpha_s)\\&=k_1\lambda_1\alpha_1+k_2\lambda_2\alpha_2+\cdots+k_s\lambda_s\alpha_s\\&\in L(\alpha_1,\alpha_2,\cdots,\alpha_s),\end{aligned}$$

故$L(\alpha_1,\alpha_2,\cdots,\alpha_s)$是$\mathscr{A}$-子空间.

特别地，每一个特征向量都生成一个1维不变子空间. 我们有

W是1维$\mathscr{A}$-子空间$\Leftrightarrow W=L(\xi)$，ξ为$\mathscr{A}$的一个特征向量.

这是因为若W是1维$\mathscr{A}$-子空间，那么$W=L(\xi)$，其中$\xi\in W$，$\xi\neq 0$，且$\mathscr{A}(\xi)\in W$，所以$\mathscr{A}(\xi)=\lambda_0\xi$，$\lambda_0\in\mathbf{F}$，$\xi\neq 0$. 故$\xi$是$\mathscr{A}$的一个特征向量.

反之，设$W=L(\xi)$，ξ为$\mathscr{A}$的一个特征向量，则W是1维$\mathscr{A}$-子空间. 这

是例 7.19 的特殊情况.

不难证明，如果线性空间 V 的子空间 W 是由向量组 $\alpha_1,\alpha_2,\cdots,\alpha_s$ 张成，即 $W=L(\alpha_1,\alpha_2,\cdots,\alpha_s)$，则

$$W \text{ 是 } \mathscr{A}\text{- 子空间} \Leftrightarrow A(\alpha_1),A(\alpha_2),\cdots,A(\alpha_s)\in W.$$

必要性是显然的，因为 W 是 $\mathscr{A}$- 子空间，而 $\alpha_1,\alpha_2,\cdots,\alpha_s\in W$，于是必有 $\mathscr{A}(\alpha_1),\mathscr{A}(\alpha_2),\cdots,\mathscr{A}(\alpha_s)\in W$. 下面来证充分性. 设 $\mathscr{A}(\alpha_1),\mathscr{A}(\alpha_2),\cdots,\mathscr{A}(\alpha_s)\in W$. $\forall\xi\in W$，$\xi=k_1\alpha_1+k_2\alpha_2+\cdots+k_s\alpha_s$，于是

$$\mathscr{A}(\xi)=k_1\mathscr{A}(\alpha_1)+k_2\mathscr{A}(\alpha_2)+\cdots+k_s\mathscr{A}(\alpha_s)\in W,$$

故 W 是 $\mathscr{A}$- 子空间.

我们指出：$\mathscr{A}$的不变子空间的和与交还是 $\mathscr{A}$的不变子空间. 证明作为习题，留给读者.

设 W 是线性变换 $\mathscr{A}$的一个不变子空间. 我们只考虑 $\mathscr{A}$在 W 上的作用，就得到了空间 W 的一个线性变换，称它为 $\mathscr{A}$在不变子空间 W 上的**限制**，记为 $\mathscr{A}\big|_W$. 这样，对于任意 $\xi\in W$，

$$\mathscr{A}\big|_W(\xi)=\mathscr{A}(\xi).$$

然而如果 $\xi\notin W$，那么 $\mathscr{A}\big|_W(\xi)$ 没有意义.

例如：特征子空间 V_{λ_0} 是 $\mathscr{A}$- 子空间，所以

$$\mathscr{A}\big|_{V_{\lambda_0}}(\xi)=\lambda_0\xi \quad (\xi\in V_{\lambda_0}).$$

因此 $\mathscr{A}\big|_{V_{\lambda_0}}$ 为数乘变换.

下面来讨论不变子空间与线性变换的矩阵化简之间的关系.

设 V 是数域 $\mathbf{F}$ 上一个 n 维线性空间，$\mathscr{A}$是 V 的一个线性变换，W 是 $\mathscr{A}$的一个非平凡不变子空间. 在 W 中取一个基 $\varepsilon_1,\varepsilon_2,\cdots,\varepsilon_m(1\leqslant m<n)$，把它扩充成 V 的一个基

$$\varepsilon_1,\ \varepsilon_2,\ \cdots,\ \varepsilon_m,\ \varepsilon_{m+1},\ \cdots,\ \varepsilon_n.$$

由于 W 是 $\mathscr{A}$- 子空间，所以 $\mathscr{A}(\varepsilon_i)\in W(i=1,2,\cdots,m)$. 因而可由 W 的基 $\varepsilon_1,\varepsilon_2,\cdots,\varepsilon_m$ 线性表示. 我们有

$$\begin{aligned}
\mathscr{A}(\varepsilon_1)&=a_{11}\varepsilon_1+a_{21}\varepsilon_2+\cdots+a_{m1}\varepsilon_m,\\
\mathscr{A}(\varepsilon_2)&=a_{12}\varepsilon_1+a_{22}\varepsilon_2+\cdots+a_{m2}\varepsilon_m,\\
&\cdots,\\
\mathscr{A}(\varepsilon_m)&=a_{1m}\varepsilon_1+a_{2m}\varepsilon_2+\cdots+a_{mm}\varepsilon_m,\\
\mathscr{A}(\varepsilon_{m+1})&=a_{1,m+1}\varepsilon_1+a_{2,m+1}\varepsilon_2+\cdots+a_{m,m+1}\varepsilon_m\\
&\quad+a_{m+1,m+1}\varepsilon_{m+1}+\cdots+a_{n,m+1}\varepsilon_n,\\
&\cdots,
\end{aligned}$$

$$A(\varepsilon_n)=a_{1n}\varepsilon_1+a_{2n}\varepsilon_2+\cdots+a_{mn}\varepsilon_m+a_{m+1,n}\varepsilon_{m+1}+\cdots+a_{nn}\varepsilon_n.$$

因此 $\mathscr{A}$ 关于这个基的矩阵为

$$\boldsymbol{A}=\begin{pmatrix} a_{11} & a_{12} & \cdots & a_{1m} & a_{1,m+1} & \cdots & a_{1n} \\ a_{21} & a_{22} & \cdots & a_{2m} & a_{2,m+1} & \cdots & a_{2n} \\ \vdots & \vdots & \ddots & \vdots & \vdots & & \vdots \\ a_{m1} & a_{m2} & \cdots & a_{mm} & a_{m,m+1} & \cdots & a_{mn} \\ 0 & 0 & \cdots & 0 & a_{m+1,m+1} & \cdots & a_{m+1,n} \\ \vdots & \vdots & & \vdots & \vdots & \ddots & \vdots \\ 0 & 0 & \cdots & 0 & a_{n,m+1} & \cdots & a_{nn} \end{pmatrix}.$$

把 $\boldsymbol{A}$ 写成分块矩阵，则

$$\boldsymbol{A}=\begin{pmatrix} \boldsymbol{A}_1 & \boldsymbol{A}_2 \\ \boldsymbol{O} & \boldsymbol{A}_3 \end{pmatrix}, \tag{6.1}$$

其中 $\boldsymbol{A}_1$ 为 m 阶矩阵，$\boldsymbol{A}_2$ 为 $m\times(n-m)$ 矩阵，$\boldsymbol{A}_3$ 为 $n-m$ 阶矩阵. 因为 W 是 $\mathscr{A}$- 子空间，所以可将 $\mathscr{A}$ 限制于 W，得到 $\mathscr{A}\big|_W$，$\boldsymbol{A}_1$ 是 $\mathscr{A}\big|_W$ 在基 $\varepsilon_1,\varepsilon_2,\cdots,\varepsilon_m$ 下的矩阵.

反之，如果 $\mathscr{A}$ 在基 $\varepsilon_1,\varepsilon_2,\cdots,\varepsilon_m,\varepsilon_{m+1},\cdots,\varepsilon_n$ 下的矩阵具有(6.1) 的形式，则因为 $\mathscr{A}(\varepsilon_1),\cdots,\mathscr{A}(\varepsilon_m)\in W$，由前面讨论可知 $W=L(\varepsilon_1,\varepsilon_2,\cdots,\varepsilon_m)$ 是 $\mathscr{A}$- 子空间.

由此可见，如果线性变换 $\mathscr{A}$ 有一个非平凡不变子空间，那么，适当选取 V 的基，可以使 $\mathscr{A}$ 在此基下的矩阵中出现一些零元素. 特别 V 可以写成两个非平凡的 $\mathscr{A}$- 子空间 W_1 与 W_2 的直和时，即

$$V=W_1\oplus W_2,$$

那么选取 W_1 的一个基 $\varepsilon_1,\varepsilon_2,\cdots,\varepsilon_m$ 和 W_2 的一个基 $\varepsilon_{m+1},\cdots,\varepsilon_n$，把它们合并起来成为 V 的一个基(见 6.3 节例 6.37)

$$\varepsilon_1,\ \varepsilon_2,\ \cdots,\ \varepsilon_m,\ \varepsilon_{m+1},\ \cdots,\ \varepsilon_n. \tag{6.2}$$

由于 W_1,W_2 是 $\mathscr{A}$- 子空间，$\mathscr{A}\varepsilon_1,\cdots,\mathscr{A}\varepsilon_m\in W_1$，因此它们可由 $\varepsilon_1,\varepsilon_2,\cdots,\varepsilon_m$ 线性表示，而 $\mathscr{A}\varepsilon_{m+1},\cdots,\mathscr{A}\varepsilon_n\in W_2$，它们可由 $\varepsilon_{m+1},\cdots,\varepsilon_n$ 线性表示，所以 $\mathscr{A}$ 在基(6.2) 下的矩阵为准对角矩阵：

$$\boldsymbol{A}=\begin{pmatrix} \boldsymbol{A}_1 & \boldsymbol{O} \\ \boldsymbol{O} & \boldsymbol{A}_2 \end{pmatrix}, \tag{6.3}$$

其中 $\boldsymbol{A}_1$ 是一个 m 阶矩阵，它是 $\mathscr{A}\big|_{W_1}$ 在基 $\varepsilon_1,\varepsilon_2,\cdots,\varepsilon_m$ 下的矩阵，而 $\boldsymbol{A}_2$ 是一个 $n-m$ 阶矩阵，它是 $\mathscr{A}\big|_{W_2}$ 在基 $\varepsilon_{m+1},\cdots,\varepsilon_n$ 下的矩阵.

反之，如果 $\mathscr{A}$ 在基(6.2) 下的矩阵是准对角形(6.3)，其中 $\boldsymbol{A}_1,\boldsymbol{A}_2$ 分别是

m 阶与 $n-m$ 阶矩阵. 那么由 $\varepsilon_1,\varepsilon_2,\cdots,\varepsilon_m$ 和 $\varepsilon_{m+1},\cdots,\varepsilon_n$ 张成的子空间 W_1 与 W_2 是 $\mathscr{A}$的不变子空间，而且 V 是它们的直和.

一般地，如果 V 可以分解成若干 $\mathscr{A}$- 子空间的直和：

$$V=W_1\oplus W_2\oplus\cdots\oplus W_s,\tag{6.4}$$

在每个 $\mathscr{A}$- 子空间 W_i 中取基

$$\varepsilon_{i1},\ \varepsilon_{i2},\ \cdots,\ \varepsilon_{in_i}\quad(i=1,2,\cdots,s)\tag{6.5}$$

将它们合并起来得到 V 的一个基

$$\varepsilon_{11},\ \varepsilon_{12},\ \cdots,\ \varepsilon_{1n_1},\ \varepsilon_{21},\ \varepsilon_{22},\ \cdots,\ \varepsilon_{2n_2},\ \cdots,\ \varepsilon_{s1},\ \varepsilon_{s2},\ \cdots,\ s_{sn_s}.\tag{6.6}$$

由于

$$\begin{cases}\mathscr{A}\varepsilon_{i1}=a_{11}^{(i)}\varepsilon_{i1}+a_{21}^{(i)}\varepsilon_{i2}+\cdots+a_{n_i1}^{(i)}\varepsilon_{in_i},\\ \mathscr{A}\varepsilon_{i2}=a_{12}^{(i)}\varepsilon_{i1}+a_{22}^{(i)}\varepsilon_{i2}+\cdots+a_{n_i2}^{(i)}\varepsilon_{in_i},\\ \cdots\cdots\cdots\cdots\cdots\cdots\cdots\cdots\cdots\cdots\cdots\cdots\cdots\cdots\\ \mathscr{A}\varepsilon_{in_i}=a_{1n_i}^{(i)}\varepsilon_{i1}+a_{2n_i}^{(i)}\varepsilon_{i2}+\cdots+a_{n_in_i}^{(i)}\varepsilon_{in_i}\end{cases}\quad(i=1,2,\cdots,s).$$

可知 $\mathscr{A}$在基(6.6) 下的矩阵为准对角矩阵

$$\begin{pmatrix}\boldsymbol{A}_1&&&\\&\boldsymbol{A}_2&&\\&&\ddots&\\&&&\boldsymbol{A}_s\end{pmatrix},\tag{6.7}$$

其中 $\boldsymbol{A}_i=(a_{kl}^{(i)})_{n_i\times n_i}$，它是 $\mathscr{A}\Big|_{W_i}$ 在基 $\varepsilon_{i1},\varepsilon_{i2},\cdots,\varepsilon_{in_i}$ 下的矩阵.

反之，如果 $\mathscr{A}$在基(6.6) 下的矩阵是准对角形(6.7)，其中 $\boldsymbol{A}_i(i=1,2,\cdots,s)$ 是 n_i 阶矩阵，那么由(6.5) 张成的子空间 $W_i(i=1,2,\cdots,s)$ 是 $\mathscr{A}$- 子空间，而且 V 是它们的直和.

因此，给了 n 维线性空间 V 的一个线性变换，只要能将 V 分解成一些对 $\mathscr{A}$不变的子空间的直和，那么就可以适当地选取 V 的基，使 $\mathscr{A}$在这个基下的矩阵具有准对角形的形式. 若能把直和分解得越细，即直和中每个不变子空间的维数越小，则矩阵的形状就越简单. 特别地，如果能将 V 分解成 n 个 1 维 $\mathscr{A}$- 子空间的直和，即当(6.4) 中每一个 W_i 都是 1 维不变子空间时，那么一定 $s=n$，而且(6.7) 中的每一 $\boldsymbol{A}_i$ 都是 1 阶矩阵. 这时(6.7) 就成为对角矩阵

$$\boldsymbol{A}=\begin{pmatrix}\lambda_1&&&\\&\lambda_2&&\\&&\ddots&\\&&&\lambda_n\end{pmatrix}.$$

因为 1 维不变子空间 $W_i(i=1,2,\cdots,s)$ 为由 $\mathscr{A}$的特征向量 ξ_i 张成的，即 $W_i=L(\xi_i)$，于是 W_i 的基向量为 $\mathscr{A}$的特征向量. 由此我们也可得到前面已

有的结论：

$$\mathscr{A} \text{ 可对角化} \Leftrightarrow \mathscr{A} \text{有 } n \text{ 个线性无关的特征向量.}$$

> **思考题** 1. 设 $\mathscr{A}$ 是 n 维线性空间 V 的线性变换，则 $\mathscr{A}(V)$ 与 $\mathscr{A}^{-1}(0)$ 都是 $\mathscr{A}$- 子空间，且 $\dim \mathscr{A}(V) + \dim \mathscr{A}^{-1}(0) = n$，问 $V = \mathscr{A}(V) \oplus \mathscr{A}^{-1}(0)$ 是否一定成立？
>
> 2. 设 $\mathscr{A}(V) = L(\varepsilon_1, \varepsilon_2, \cdots, \varepsilon_s)$，其中 $\varepsilon_1, \varepsilon_2, \cdots, \varepsilon_s$ 线性无关，ε_i 的原像为 α_i，即 $\mathscr{A}(\alpha_i) = \varepsilon_i$ $(i = 1, 2, \cdots, s)$，$W = L(\alpha_1, \alpha_2, \cdots, \alpha_s)$. 证明：
>
> $$V = W \oplus \mathscr{A}^{-1}(0).$$

习题 7.6

1. 证明：线性变换 $\mathscr{A}$ 的不变子空间的和与交都是 $\mathscr{A}$ 的不变子空间.

2. 设 $\mathscr{A}$ 是有限维线性空间 V 的一个线性变换，而 W 是 $\mathscr{A}$ 的一个不变子空间，如果 $\mathscr{A}$ 有逆变换，证明：W 也是 $\mathscr{A}^{-1}$ 的不变子空间.

3. 证明：若线性变换 $\mathscr{A}$ 与 $\mathscr{B}$ 是可交换的，即 $\mathscr{A}\mathscr{B} = \mathscr{B}\mathscr{A}$，则 $\mathscr{B}(V)$ 与 $\mathscr{B}^{-1}(0)$ 均为 $\mathscr{A}$- 子空间(同样地 $\mathscr{A}(V)$ 与 $\mathscr{A}^{-1}(0)$ 均为 $\mathscr{B}$- 子空间).

7.7 若尔当基定理

本节将用若尔当基来构造 n 阶复矩阵的若尔当标准形，从而证明 4.5 节定理 4.12.

设矩阵

$$\boldsymbol{A} = \begin{pmatrix} -1 & 1 & 1 \\ -2 & -2 & -2 \\ 1 & -1 & -1 \end{pmatrix},$$

我们可以用第 4 章探究与发现“特征值与特征向量的直接求法”的方法来求 $\boldsymbol{A}$ 的特征值与特征向量.

设 $\boldsymbol{u} = (1, 0, 0)^{\mathrm{T}}$，则

$$\boldsymbol{A}\boldsymbol{u} = \begin{pmatrix} -1 \\ -2 \\ 1 \end{pmatrix}, \ \boldsymbol{A}^2\boldsymbol{u} = \begin{pmatrix} -1 & 1 & 1 \\ -2 & -2 & -2 \\ 1 & -1 & -1 \end{pmatrix}\begin{pmatrix} -1 \\ -2 \\ 1 \end{pmatrix} = \begin{pmatrix} 0 \\ 4 \\ 0 \end{pmatrix}, \ \boldsymbol{A}^3\boldsymbol{u} = \begin{pmatrix} 4 \\ -8 \\ -4 \end{pmatrix},$$

故有 $\boldsymbol{A}^3\boldsymbol{u} + 4\boldsymbol{A}^2\boldsymbol{u} + 4\boldsymbol{A}\boldsymbol{u} = \boldsymbol{0}$，即

$$\boldsymbol{A}(\boldsymbol{A} + 2\boldsymbol{E})^2\boldsymbol{u} = \boldsymbol{0}. \tag{7.1}$$

由(7.1)可得 $\boldsymbol{A}$ 的属于特征值 $\lambda_1=0$ 的一个特征向量

$$\boldsymbol{v}_1=(\boldsymbol{A}+2\boldsymbol{E})^2\boldsymbol{u}=(\boldsymbol{A}^2+4\boldsymbol{A}+4\boldsymbol{E})\boldsymbol{u}=\begin{pmatrix}0\\-4\\4\end{pmatrix},$$

以及 $\boldsymbol{A}$ 的属于 $\lambda_2=-2$ 的一个特征向量

$$\boldsymbol{v}_2=\boldsymbol{A}(\boldsymbol{A}+2\boldsymbol{E})\boldsymbol{u}=\begin{pmatrix}-2\\0\\2\end{pmatrix}\tag{7.2}$$

(这是因为 $(\boldsymbol{A}+2\boldsymbol{E})\boldsymbol{v}_2=\boldsymbol{A}(\boldsymbol{A}+2\boldsymbol{E})^2\boldsymbol{u}=\boldsymbol{0}$，故有 $\boldsymbol{A}\boldsymbol{v}_2=-2\boldsymbol{v}$).

由于 $\lambda=-2$ 是多项式 $\lambda(\lambda+2)^2$ 的二重根，故我们无法由(7.1)求出 $\boldsymbol{A}$ 的属于 $\lambda_2=-2$ 的与 $\boldsymbol{v}_2$ 线性无关的特征向量. 实际上，当 $\lambda=-2$ 时，齐次线性方程组

$$(\lambda\boldsymbol{E}-\boldsymbol{A})\begin{pmatrix}x_1\\x_2\\x_3\end{pmatrix}=\begin{pmatrix}-1&-1&-1\\2&0&2\\-1&1&-1\end{pmatrix}\begin{pmatrix}x_1\\x_2\\x_3\end{pmatrix}=\begin{pmatrix}0\\0\\0\end{pmatrix}$$

的系数矩阵 $-2\boldsymbol{E}-\boldsymbol{A}$ 的秩为 2，故其基础解系为 $\begin{pmatrix}-2\\0\\2\end{pmatrix}$，因而属于 $\lambda=-2$ 的全部特征向量为 $k\begin{pmatrix}-2\\0\\2\end{pmatrix}$ (k 为非零常数)，所以不存在 $\boldsymbol{A}$ 的属于 $\lambda=-2$ 的与 $\boldsymbol{v}_2$ 线性无关的特征向量. 但是，由(7.1)可得

$$(\boldsymbol{A}+2\boldsymbol{E})^2(\boldsymbol{A}\boldsymbol{u})=\boldsymbol{0},\tag{7.3}$$

设 $\boldsymbol{v}_3=\boldsymbol{A}\boldsymbol{u}+\begin{pmatrix}-1\\-2\\1\end{pmatrix}$，则由(7.3)，得

$$(\boldsymbol{A}+2\boldsymbol{E})^2\boldsymbol{v}_3=\boldsymbol{0}.\tag{7.4}$$

定义 7.10 设 $\boldsymbol{A}$ 是 n 阶矩阵，如果存在一个数 λ 及非零向量 $\boldsymbol{\alpha}$，使得

$$(\boldsymbol{A}-\lambda\boldsymbol{E})^{k-1}\boldsymbol{\alpha}\neq\boldsymbol{0},\quad(\boldsymbol{A}-\lambda\boldsymbol{E})^k\boldsymbol{\alpha}=\boldsymbol{0},$$

则称 $\boldsymbol{\alpha}$ 为矩阵 $\boldsymbol{A}$ 的属于特征值 λ 的 k **次广义特征向量**. 特别地，当 $k=1$ 时，有 $(\boldsymbol{A}-\lambda\boldsymbol{E})\boldsymbol{\alpha}=\boldsymbol{0}$，$\boldsymbol{\alpha}$ 就是通常的特征向量，故广义特征向量概念是特征向量概念的推广①.

---

① 如果 λ 不是 $\boldsymbol{A}$ 的特征值，则 $\boldsymbol{A}-\lambda\boldsymbol{E}$ 是非奇异的，它的幂 $(\boldsymbol{A}-\lambda\boldsymbol{E})^k$ 也是非奇异的，因而若 $(\boldsymbol{A}-\lambda\boldsymbol{E})^k\boldsymbol{\alpha}=\boldsymbol{0}$，则必有 $\boldsymbol{\alpha}=\boldsymbol{0}$. 因此，$\boldsymbol{A}$ 的广义特征向量仅当 λ 是 $\boldsymbol{A}$ 的特征值时才存在，不必再引入另外的“广义特征值”.

由(7.2)，知

$$(\boldsymbol{A}+2\boldsymbol{E})\boldsymbol{v}_3=(\boldsymbol{A}+2\boldsymbol{E})\boldsymbol{A}\boldsymbol{u}=\boldsymbol{v}_2\neq\boldsymbol{0},\tag{7.5}$$

又由(7.4)，知

$$(\boldsymbol{A}+2\boldsymbol{E})^2\boldsymbol{v}_3=\boldsymbol{0},$$

故 $\boldsymbol{v}_3$ 是 $\boldsymbol{A}$ 的属于特征值 -2 的 2 次广义特征向量.

由(7.2) 和(7.5)，知

$$\boldsymbol{A}\boldsymbol{v}_2=-2\boldsymbol{v}_2,\quad \boldsymbol{A}\boldsymbol{v}_3=-2\boldsymbol{v}_3+\boldsymbol{v}_2.\tag{7.6}$$

定义 7.11 设 λ 是 n 阶矩阵 $\boldsymbol{A}$ 的一个特征值，则我们把满足条件

$$\boldsymbol{A}\boldsymbol{w}_1=\lambda\boldsymbol{w}_1,\quad \boldsymbol{A}\boldsymbol{w}_i=\lambda\boldsymbol{w}_i+\boldsymbol{w}_{i-1}\quad(i=2,3,\cdots,j)$$

的非零向量列 $\boldsymbol{w}_1,\boldsymbol{w}_2,\cdots,\boldsymbol{w}_j\in\mathbf{C}^n$ 称为矩阵 $\boldsymbol{A}$ 的属于特征值 λ 的长度为 j 的**若尔当链**，其中 $\boldsymbol{w}_1$ 称为**起始向量**.

由(7.6) 知，$\boldsymbol{v}_2,\boldsymbol{v}_3$ 是 $\boldsymbol{A}$ 的属于特征值 -2 的长度为 2 的若尔当链.

定义 7.12 如果 n 阶矩阵 $\boldsymbol{A}$ 的一个或若干若尔当链由 n 个互不相同的向量组成，且构成 $\mathbf{C}^n$（或 $\mathbf{R}^n$）的一个基，则称它为矩阵 $\boldsymbol{A}$ 的**若尔当基**.

对于矩阵

$$\boldsymbol{A}=\begin{pmatrix}-1&1&1\\-2&-2&-2\\1&-1&-1\end{pmatrix},$$

属于特征值 $\lambda_1=0$ 的特征向量 $\boldsymbol{v}_1$ 是 $\boldsymbol{A}$ 的属于特征值 0 的长度为 1 的若尔当链，$\boldsymbol{v}_2,\boldsymbol{v}_3$ 是 $\boldsymbol{A}$ 的属于特征值 -2 的长度为 2 的若尔当链，由这两个若尔当链构成的 $\mathbf{R}^3$ 的一个基 $\boldsymbol{v}_1,\boldsymbol{v}_2,\boldsymbol{v}_3$ 就是 $\boldsymbol{A}$ 的一个若尔当基. 将 $\boldsymbol{A}$ 作用在该若尔当基上，有

$$\boldsymbol{A}\boldsymbol{v}_1=\boldsymbol{0},\quad \boldsymbol{A}\boldsymbol{v}_2=-2\boldsymbol{v}_2,\quad \boldsymbol{A}\boldsymbol{v}_3=-2\boldsymbol{v}_3+\boldsymbol{v}_2,$$

将上式合起来写成矩阵形式，得

$$\begin{aligned}\boldsymbol{A}(\boldsymbol{v}_1,\boldsymbol{v}_2,\boldsymbol{v}_3)&=(\boldsymbol{0},-2\boldsymbol{v}_2,-2\boldsymbol{v}_3+\boldsymbol{v}_2)\\&=(\boldsymbol{v}_1,\boldsymbol{v}_2,\boldsymbol{v}_3)\begin{pmatrix}0&0&0\\0&-2&1\\0&0&-2\end{pmatrix}.\end{aligned}\tag{7.7}$$

由于 $\boldsymbol{v}_1,\boldsymbol{v}_2,\boldsymbol{v}_3$ 线性无关，故

$$\boldsymbol{S}=(\boldsymbol{v}_1,\boldsymbol{v}_2,\boldsymbol{v}_3)=\begin{pmatrix}0&-2&-1\\-4&0&-2\\4&2&1\end{pmatrix}$$

是可逆矩阵，且由(7.7)，得

$$\boldsymbol{S}^{-1}\boldsymbol{A}\boldsymbol{S}=\begin{pmatrix}0&0&0\\0&-2&1\\0&0&-2\end{pmatrix},$$

其中

$$\boldsymbol{J}=\begin{pmatrix}0&0&0\\0&-2&1\\0&0&-2\end{pmatrix}$$

是若尔当矩阵，于是，以 $\boldsymbol{A}$ 的若尔当基 $\boldsymbol{v}_1,\boldsymbol{v}_2,\boldsymbol{v}_3$ 为列向量的矩阵 $\boldsymbol{S}$，可使 $\boldsymbol{S}^{-1}\boldsymbol{AS}=\boldsymbol{J}$，从而得出 $\boldsymbol{A}$ 的若尔当标准形 $\boldsymbol{J}$.

容易看到，一般地，如果 n 阶矩阵 $\boldsymbol{A}$ 的 t 个若尔当链

$$\begin{aligned}&\boldsymbol{w}_{\lambda_1,1},\ \boldsymbol{w}_{\lambda_1,2},\ \cdots,\ \boldsymbol{w}_{\lambda_1,n_1},\\&\boldsymbol{w}_{\lambda_2,1},\ \boldsymbol{w}_{\lambda_2,2},\ \cdots,\ \boldsymbol{w}_{\lambda_2,n_2},\\&\cdots,\\&\boldsymbol{w}_{\lambda_t,1},\ \boldsymbol{w}_{\lambda_t,2},\ \cdots,\ \boldsymbol{w}_{\lambda_t,n_t}\end{aligned}$$

（满足 $\boldsymbol{Aw}_{\lambda_i,1}=\lambda_i\boldsymbol{w}_{\lambda_i,1}$，$\boldsymbol{Aw}_{\lambda_i,j}=\lambda_i\boldsymbol{w}_{\lambda_i,j}+\boldsymbol{w}_{\lambda_i,j-1}$，$i=1,2,\cdots,t$，$j=2,3,\cdots,n_i$）构成 $\boldsymbol{A}$ 的一个若尔当基，那么以它们为列向量的矩阵 $\boldsymbol{S}$ 就是使得 $\boldsymbol{S}^{-1}\boldsymbol{AS}=\boldsymbol{J}$（$\boldsymbol{A}$ 的若尔当标准形）的过渡矩阵，其中

$$\boldsymbol{J}=\begin{pmatrix}\boldsymbol{J}_1&&&\\&\boldsymbol{J}_2&&\\&&\ddots&\\&&&\boldsymbol{J}_t\end{pmatrix},$$

且每一个若尔当链 $\boldsymbol{w}_{\lambda_i,1},\boldsymbol{w}_{\lambda_i,2},\cdots,\boldsymbol{w}_{\lambda_i,n_i}$ 对应一个若尔当子块

$$\boldsymbol{J}_i=\begin{pmatrix}\lambda_i&1&&&\\&\lambda_i&1&&\\&&\ddots&\ddots&\\&&&\lambda_i&1\\&&&&\lambda_i\end{pmatrix},\quad i=1,2,\cdots,t.$$

因此，求一个 n 阶矩阵 $\boldsymbol{A}$ 的若尔当标准形 $\boldsymbol{J}$ 及过渡矩阵 $\boldsymbol{S}$ 的问题就归结为求 $\boldsymbol{A}$ 的若尔当基的问题. 为此，我们必须对若尔当链和若尔当基的结构要有更多的了解. 设 $\boldsymbol{A}$ 是 n 阶矩阵，则它的若尔当链具有下列性质：

1° 设 j 个非零向量 $\boldsymbol{w}_1,\boldsymbol{w}_2,\cdots,\boldsymbol{w}_j\in\mathbf{C}^n$ 满足

$$\boldsymbol{Aw}_1=\lambda\boldsymbol{w}_1,\quad \boldsymbol{Aw}_i=\lambda\boldsymbol{w}_i+\boldsymbol{w}_{i-1}\ (i=2,3,\cdots,j),$$

是 n 阶矩阵 $\boldsymbol{A}$ 的属于特征值 λ 的长度为 j 的若尔当链，则 $\boldsymbol{w}_i$ 是 $\boldsymbol{A}$ 的属于特征值 λ 的 i 次广义特征向量，$i=1,2,\cdots,j$，且 $\boldsymbol{w}_1,\boldsymbol{w}_2,\cdots,\boldsymbol{w}_j$ 线性无关.

这是因为由若尔当链的定义得

$$(\boldsymbol{A}-\lambda\boldsymbol{E})\boldsymbol{w}_1=\boldsymbol{0},$$

故 $\boldsymbol{w}_1$ 是 1 次广义特征向量(即起始向量总是特征向量);

$$(\boldsymbol{A}-\lambda\boldsymbol{E})\boldsymbol{w}_2=\boldsymbol{w}_1,$$

故$(\boldsymbol{A}-\lambda\boldsymbol{E})^2\boldsymbol{w}_2=(\boldsymbol{A}-\lambda\boldsymbol{E})\boldsymbol{w}_1=\boldsymbol{0}$，$\boldsymbol{w}_2$ 是 2 次广义特征向量，用数学归纳法容易证明，

$$(\boldsymbol{A}-\lambda\boldsymbol{E})^{j-1}\boldsymbol{w}_j=\boldsymbol{w}_1\neq\boldsymbol{0},\quad 且(\boldsymbol{A}-\lambda\boldsymbol{E})^j\boldsymbol{w}_j=\boldsymbol{0},$$

故 $\boldsymbol{w}_j$ 是 j 次广义特征向量. 下面再证 $\boldsymbol{w}_1,\boldsymbol{w}_2,\cdots,\boldsymbol{w}_j$ 线性无关. 如果

$$\sum_{i=1}^{j}k_i\boldsymbol{w}_i=\boldsymbol{0},\tag{7.8}$$

则用$(\boldsymbol{A}-\lambda\boldsymbol{E})^{j-1}$ 左乘(7.8) 两边，得

$$(\boldsymbol{A}-\lambda\boldsymbol{E})^{j-1}\sum_{i=1}^{j}k_i\boldsymbol{w}_i=k_j(\boldsymbol{A}-\lambda\boldsymbol{E})^{j-1}\boldsymbol{w}_j=k_j\boldsymbol{w}_1=\boldsymbol{0},$$

故 $k_j=0$. 再用$(\boldsymbol{A}-\lambda\boldsymbol{E})^{j-2}$ 左乘(7.8) 两边，同样可得 $k_{j-1}=0$. 继续做下去，得 $k_i=0$，$i=1,2,\cdots,j$. 因此，任一若尔当链中的向量线性无关.

2° 设 λ_1,λ_2 是 $\boldsymbol{A}$ 的两个特征值(不一定是不同的)，$\{\boldsymbol{\alpha}_1,\boldsymbol{\alpha}_2,\cdots,\boldsymbol{\alpha}_p\}$ 和 $\{\boldsymbol{\beta}_1,\boldsymbol{\beta}_2,\cdots,\boldsymbol{\beta}_q\}$ 分别是属于 λ_1 和 λ_2 的若尔当链，其中 $\boldsymbol{\alpha}_1$ 和 $\boldsymbol{\beta}_1$ 是 $\boldsymbol{A}$ 的线性无关的特征向量，则向量组 $\boldsymbol{\alpha}_1,\boldsymbol{\alpha}_2,\cdots,\boldsymbol{\alpha}_p,\boldsymbol{\beta}_1,\boldsymbol{\beta}_2,\cdots,\boldsymbol{\beta}_q$ 线性无关.

事实上，若 $\lambda_1\neq\lambda_2$，则只要证明：如果

$$\sum_{i=1}^{p}a_i\boldsymbol{\alpha}_i+\sum_{j=1}^{q}b_j\boldsymbol{\beta}_j=\boldsymbol{0},\tag{7.9}$$

那么 $a_i=0$，$i=1,2,\cdots,p$，$b_j=0$，$j=1,2,\cdots,q$.

用$(\boldsymbol{A}-\lambda_1\boldsymbol{E})^p$ 左乘(7.9) 两边，得

$$(\boldsymbol{A}-\lambda_1\boldsymbol{E})^p\sum_{j=1}^{q}b_j\boldsymbol{\beta}_j=\boldsymbol{0}.\tag{7.10}$$

再用$(\boldsymbol{A}-\lambda_2\boldsymbol{E})^{q-1}$ 左乘(7.10) 两边，得

$$b_q(\boldsymbol{A}-\lambda_1\boldsymbol{E})^p(\boldsymbol{A}-\lambda_2\boldsymbol{E})^{q-1}\boldsymbol{\beta}_q=b_q(\boldsymbol{A}-\lambda_1\boldsymbol{E})^p\boldsymbol{\beta}_1=b_q(\lambda_2-\lambda_1)^p\boldsymbol{\beta}_1=\boldsymbol{0},$$

由此得 $b_q=0$. 再用$(\boldsymbol{A}-\lambda_2\boldsymbol{E})^{q-2}$ 左乘(7.10) 两边，可得 $b_{q-1}=0$. 继续做下去，可得 $b_j=0$，$j=1,2,\cdots,q$. 代入(7.9)，得

$$\sum_{i=1}^{p}a_i\boldsymbol{\alpha}_i=\boldsymbol{0},$$

又因 $\boldsymbol{\alpha}_1,\boldsymbol{\alpha}_2,\cdots,\boldsymbol{\alpha}_p$ 线性无关，故有 $a_i=0$，$i=1,2,\cdots,p$. 因此，$\boldsymbol{\alpha}_1,\boldsymbol{\alpha}_2,\cdots,\boldsymbol{\alpha}_p,\boldsymbol{\beta}_1,\boldsymbol{\beta}_2,\cdots,\boldsymbol{\beta}_q$ 线性无关.

若 $\lambda_1=\lambda_2=\lambda$，不妨设 $q\geqslant p$. 假设

$$\sum_{i=1}^{p}a_i\boldsymbol{\alpha}_i+\sum_{j=1}^{q}b_j\boldsymbol{\beta}_j=\boldsymbol{0},\tag{7.11}$$

用$(\boldsymbol{A}-\lambda\boldsymbol{E})^{q-1}$左乘(7.11)两边，得

$$a_p(\boldsymbol{A}-\lambda\boldsymbol{E})^{q-1}\boldsymbol{\alpha}_p+b_q(\boldsymbol{A}-\lambda\boldsymbol{E})^{q-1}\boldsymbol{\beta}_q=\boldsymbol{0}. \tag{7.12}$$

如果$q=p$，则由(7.12)，得

$$a_p\boldsymbol{\alpha}_1+b_q\boldsymbol{\beta}_1=\boldsymbol{0},$$

由于$\boldsymbol{\alpha}_1$和$\boldsymbol{\beta}_1$线性无关，则$b_q=0$和$a_q=0$. 如果$q>p$，则由(7.12)，得$b_q\boldsymbol{\beta}_1=\boldsymbol{0}$，故也有$b_q=0$.

再用$(\boldsymbol{A}-\lambda\boldsymbol{E})^{q-2}$左乘(7.11)两边，可得$b_{q-1}=0$，继续做下去，可得$b_j=0$，$j=1,2,\cdots,q$，$a_i=0$，$i=1,2,\cdots,p$. 因此，$\boldsymbol{\alpha}_1,\boldsymbol{\alpha}_2,\cdots,\boldsymbol{\alpha}_p,\boldsymbol{\beta}_1,\boldsymbol{\beta}_2,\cdots,\boldsymbol{\beta}_q$线性无关.

3° 对于有限多个若尔当链$\{\boldsymbol{\alpha}_1,\boldsymbol{\alpha}_2,\cdots,\boldsymbol{\alpha}_p\}$，$\{\boldsymbol{\beta}_1,\boldsymbol{\beta}_2,\cdots,\boldsymbol{\beta}_q\}$，$\{\boldsymbol{\gamma}_1,\boldsymbol{\gamma}_2,\cdots,\boldsymbol{\gamma}_r\}$，$\cdots$，如果$\boldsymbol{\alpha}_1,\boldsymbol{\beta}_1,\boldsymbol{\gamma}_1,\cdots$是$\boldsymbol{A}$的线性无关的特征向量，则$\boldsymbol{\alpha}_1,\boldsymbol{\alpha}_2,\cdots,\boldsymbol{\alpha}_p,\boldsymbol{\beta}_1,\boldsymbol{\beta}_2,\cdots,\boldsymbol{\beta}_q,\boldsymbol{\gamma}_1,\boldsymbol{\gamma}_2,\cdots,\boldsymbol{\gamma}_r,\cdots$线性无关.

证法与2°相同.

对给定的$\boldsymbol{A}$的属于特征值λ的特征向量$\boldsymbol{w}_1$，我们可以以它为起始向量，生成一个若尔当链. 先求解线性方程组

$$(\boldsymbol{A}-\lambda\boldsymbol{E})\boldsymbol{w}=\boldsymbol{w}_1,$$

得特解$\boldsymbol{w}_2$和通解$\boldsymbol{w}_2+\mathcal{N}(\boldsymbol{A}-\lambda\boldsymbol{E})$. 通解中的任一解向量$\boldsymbol{w}_2+\boldsymbol{n}$（其中$\boldsymbol{n}\in\mathcal{N}(\boldsymbol{A}-\lambda\boldsymbol{E})$）都可以作为所求的若尔当链的第2个向量，这是因为

$$(\boldsymbol{A}-\lambda\boldsymbol{E})(\boldsymbol{w}_2+\boldsymbol{n})=\boldsymbol{w}_1,\quad 且(\boldsymbol{A}-\lambda\boldsymbol{E})^2(\boldsymbol{w}_2+\boldsymbol{n})=\boldsymbol{0}.$$

不妨取$\boldsymbol{n}=\boldsymbol{0}$，即设特解$\boldsymbol{w}_2$为该链第2个向量，再求解线性方程组

$$(\boldsymbol{A}-\lambda\boldsymbol{E})\boldsymbol{w}=\boldsymbol{w}_2,$$

同样可以求得特解$\boldsymbol{w}_3$，作为该链第3个向量. 继续做下去，必存在某个正整数j，使得方程组

$$(\boldsymbol{A}-\lambda\boldsymbol{E})\boldsymbol{w}=\boldsymbol{w}_{j-1}$$

有解，可得特解$\boldsymbol{w}_j$，而方程组$(\boldsymbol{A}-\lambda\boldsymbol{E})\boldsymbol{w}=\boldsymbol{w}_j$无解(这是因为由1°知，这样求得的$\boldsymbol{w}_1,\boldsymbol{w}_2,\cdots,\boldsymbol{w}_j$是线性无关的，故$j\leqslant n$，因此，求若尔当链的过程，必然到某一步会中断). 这样，就由起始向量$\boldsymbol{w}_1$导出了长度为j的属于特征值λ的若尔当链$\boldsymbol{w}_1,\boldsymbol{w}_2,\cdots,\boldsymbol{w}_j$.

例 7.20 求下列矩阵的若尔当基、若尔当标准形与过渡矩阵：

$$\boldsymbol{A}=\begin{pmatrix}-1&0&1&0&0\\-2&2&-4&1&1\\-1&0&-3&0&0\\-4&-1&3&1&0\\4&0&2&-1&0\end{pmatrix}.$$

解 $\boldsymbol{A}$ 的特征多项式为

$$
\begin{aligned}
|\lambda \boldsymbol{E}-\boldsymbol{A}| &= \lambda^5+\lambda^4-5\lambda^3-\lambda^2+8\lambda-4 \\
&= (\lambda-1)^3(\lambda+2)^2=0,
\end{aligned}
$$

故 $\boldsymbol{A}$ 有特征值 $\lambda_1=1$（三重根），$\lambda_2=-2$（二重根）.

解齐次线性方程组 $(\boldsymbol{A}-\lambda_1\boldsymbol{E})\boldsymbol{v}=\boldsymbol{0}$ 得，除了常数因子外，仅有一个属于 $\lambda_1=1$ 的特征向量

$$\boldsymbol{v}_1=(0,0,0,-1,1)^{\mathrm{T}}.$$

解齐次线性方程组 $(\boldsymbol{A}-\lambda_2\boldsymbol{E})\boldsymbol{v}=\boldsymbol{0}$ 得，除了常数因子外，仅有一个属于 $\lambda_2=-2$ 的特征向量

$$\boldsymbol{v}_4=(-1,1,1,-2,0)^{\mathrm{T}}.$$

我们先用特征向量 $\boldsymbol{v}_1$ 来构成属于 $\lambda_1=1$ 的若尔当链. 解线性方程组

$$(\boldsymbol{A}-\boldsymbol{E})\boldsymbol{w}=\boldsymbol{v}_1,$$

可得特解

$$\boldsymbol{v}_2=(0,1,0,0,-1)^{\mathrm{T}},$$

再解线性方程组

$$(\boldsymbol{A}-\boldsymbol{E})\boldsymbol{w}=\boldsymbol{v}_2,$$

可得特解

$$\boldsymbol{v}_3=(0,0,0,1,0)^{\mathrm{T}}.$$

由于特征值 $\lambda_1=1$ 的重数为 3，故只有 3 个线性无关的属于 λ_1 的广义特征向量，不存在属于 λ_1 的 4 次广义特征向量，因而 $\boldsymbol{v}_1,\boldsymbol{v}_2,\boldsymbol{v}_3$ 是属于 $\lambda_1=1$ 的若尔当链，其长度为 3.

同样，解齐次线性方程组

$$(\boldsymbol{A}+2\boldsymbol{E})\boldsymbol{w}=\boldsymbol{v}_4,$$

可得特解

$$\boldsymbol{v}_5=(-1,0,0,-2,1)^{\mathrm{T}},$$

因而 $\boldsymbol{v}_4,\boldsymbol{v}_5$ 是属于 $\lambda_2=-2$ 的长度为 2 的若尔当链.

这两个若尔当链合在一起，构成 $\mathbf{C}^5$ 的一个基

$$\boldsymbol{v}_1=\begin{pmatrix}0\\0\\0\\-1\\1\end{pmatrix},\ \boldsymbol{v}_2=\begin{pmatrix}0\\1\\0\\0\\-1\end{pmatrix},\ \boldsymbol{v}_3=\begin{pmatrix}0\\0\\0\\1\\0\end{pmatrix},\ \boldsymbol{v}_4=\begin{pmatrix}-1\\1\\1\\-2\\0\end{pmatrix},\ \boldsymbol{v}_5=\begin{pmatrix}-1\\0\\0\\-2\\1\end{pmatrix}, \tag{7.13}$$

它就是矩阵 $\boldsymbol{A}$ 的若尔当基，且有

$$\left.\begin{array}{l}\boldsymbol{A}\boldsymbol{v}_1=\boldsymbol{v}_1,\quad \boldsymbol{A}\boldsymbol{v}_2=\boldsymbol{v}_2+\boldsymbol{v}_1,\quad \boldsymbol{A}\boldsymbol{v}_3=\boldsymbol{v}_3+\boldsymbol{v}_2,\\ \boldsymbol{A}\boldsymbol{v}_4=-2\boldsymbol{v}_4,\quad \boldsymbol{A}\boldsymbol{v}_5=-2\boldsymbol{v}_5+\boldsymbol{v}_4.\end{array}\right\}\tag{7.14}$$

由(7.13)和(7.14)得过渡矩阵和若尔当标准形：

$$\boldsymbol{S}=\begin{pmatrix}0&0&0&-1&-1\\0&1&0&1&0\\0&0&0&1&0\\-1&0&1&-2&-2\\1&-1&0&0&1\end{pmatrix},$$

$$\boldsymbol{J}=\boldsymbol{S}^{-1}\boldsymbol{A}\boldsymbol{S}=\begin{pmatrix}1&1&0&0&0\\0&1&1&0&0\\0&0&1&0&0\\0&0&0&-2&1\\0&0&0&0&-2\end{pmatrix}.$$

由以上讨论我们可以看到，如果 n 阶矩阵 $\boldsymbol{A}$ 具有若尔当基，那么先求出 $\boldsymbol{A}$ 的所有特征向量的极大线性无关组(设含 t 个向量)，然后再由这 t 个线性无关的特征向量分别生成 t 个若尔当链，将它们合在一起，就得到 $\boldsymbol{A}$ 的一个若尔当基. 现在的问题是任一 n 阶矩阵是否必有若尔当基呢？ 回答是肯定的，这就是**若尔当基定理**：

定理 7.10 任一 n 阶复矩阵 $\boldsymbol{A}$ 必具有一个 $\mathbf{C}^n$ 的若尔当基，其中所有的若尔当链的起始向量构成 $\boldsymbol{A}$ 的特征向量的极大线性无关组，以及属于特征值 λ 的若尔当链的长度之和(即它们所含的广义特征向量的个数)等于特征值 λ 的重数.

在证明定理 7.10 之前，我们对线性变换也引入广义特征向量、若尔当链和若尔当基的概念.

定义 7.13 设 $\mathscr{A}$ 是 $\mathbf{C}$ 上 n 维线性空间 V 的线性变换，如果存在一个数 λ 及非零向量 α，使得

$$(\mathscr{A}-\lambda\mathscr{E})^{k-1}\alpha\neq 0,\quad (\mathscr{A}-\lambda\mathscr{E})^{k}\alpha=0,$$

则称 α 为线性变换 $\mathscr{A}$ 的属于特征值 λ 的 k **次广义特征向量**(也称**根向量**). 特别地，当 $k=1$ 时，有 $(\mathscr{A}-\lambda\mathscr{E})\alpha=0$，$\alpha$ 就是通常的特征向量.

定义 7.14 设 λ 是 $\mathbf{C}$ 上 n 维线性空间 V 的线性变换 $\mathscr{A}$ 的一个特征值，则我们把满足条件

$$\mathscr{A}w_1=\lambda w_1,\quad \mathscr{A}w_i=\lambda w_i+w_{i-1}\quad (i=2,3,\cdots,j)$$

的非零向量列 $w_1,w_2,\cdots,w_j\in V$ 称为线性变换 $\mathscr{A}$ 的属于特征值 λ 的长度为 j 的**若尔当链**，其中 w_1 称为**起始向量**.

定义 7.15 如果$\mathbf{C}$上n维线性空间V的线性变换$\mathscr{A}$的一个或若干若尔当链由n个互不相同的向量组成且构成V的一个基，则它为线性变换$\mathscr{A}$的**若尔当基**.

用线性变换的语言来叙述，定理 7.10 就是

定理 7.11 任一$\mathbf{C}$上n维线性空间V的线性变换$\mathscr{A}$必具有一个V的若尔当基，其中所有的若尔当链的起始向量构成$\mathscr{A}$的特征向量的极大线性无关组，以及属于特征值λ的若尔当链的长度之和(即它们所含的广义特征向量的个数)等于特征值λ的重数.

这是因为在V中任取一个基$\varepsilon_1,\varepsilon_2,\cdots,\varepsilon_n$，令$\mathscr{A}$在这个基下的矩阵是$\boldsymbol{A}$，则由定理 7.10，存在$\boldsymbol{A}$的一个若尔当基$\boldsymbol{w}_1,\boldsymbol{w}_2,\cdots,\boldsymbol{w}_n\in\mathbf{C}^n$，设$\boldsymbol{S}=(\boldsymbol{w}_1,\boldsymbol{w}_2,\cdots,\boldsymbol{w}_n)$，则$\boldsymbol{S}^{-1}\boldsymbol{A}\boldsymbol{S}$是$\boldsymbol{A}$的若尔当标准形. 设

$$\boldsymbol{w}_i=(w_{1i},w_{2i},\cdots,w_{ni})^{\mathrm{T}},\ w_i=\sum_{j=1}^{n}w_{ji}\varepsilon_j,\quad i=1,2,\cdots,n,$$

则$w_1,w_2,\cdots,w_n$也是V的一个基，且由基$\varepsilon_1,\varepsilon_2,\cdots,\varepsilon_n$到$w_1,w_2,\cdots,w_n$的过渡矩阵为$\boldsymbol{S}$. 由定理 7.4 知，$\mathscr{A}$在基$w_1,w_2,\cdots,w_n$下的矩阵是若尔当矩阵$\boldsymbol{S}^{-1}\boldsymbol{A}\boldsymbol{S}$，因此，$w_1,w_2,\cdots,w_n$是所求的若尔当基.

下面分两步证明定理 7.10 (定理 7.11)：

1） 将求n阶矩阵$\boldsymbol{A}$的若尔当基的问题化归为求n阶奇异矩阵$\boldsymbol{B}$的若尔当基的问题；

2） 对任一n阶奇异矩阵$\boldsymbol{B}$，证明它的若尔当基的存在性.

引理 1 如果$\boldsymbol{v}_1,\boldsymbol{v}_2,\cdots,\boldsymbol{v}_n$是$n$阶矩阵$\boldsymbol{A}$的若尔当基，那么它也是$\boldsymbol{B}=\boldsymbol{A}-c\boldsymbol{E}$($c$为任一常数)的若尔当基.

证 设$\boldsymbol{A}$的特征值为$\lambda_1,\lambda_2,\cdots,\lambda_n$，则由于

$$|\lambda\boldsymbol{E}-\boldsymbol{A}|=|(\lambda-c)\boldsymbol{E}-\boldsymbol{A}+c\boldsymbol{E}|=|(\lambda-c)\boldsymbol{E}-\boldsymbol{B}|,$$

故$\boldsymbol{B}$的特征值为$\lambda_1-c,\lambda_2-c,\cdots,\lambda_n-c$. 设$\boldsymbol{w}_1,\boldsymbol{w}_2,\cdots,\boldsymbol{w}_j$为$\boldsymbol{A}$的一个属于特征值$\lambda$的若尔当链，则有

$$\boldsymbol{B}\boldsymbol{w}_1=(\lambda-c)\boldsymbol{w}_1,\quad \boldsymbol{B}\boldsymbol{w}_i=(\lambda-c)\boldsymbol{w}_i+\boldsymbol{w}_{i-1},\ i=1,2,\cdots,j,$$

所以$\boldsymbol{w}_1,\boldsymbol{w}_2,\cdots,\boldsymbol{w}_j$也是$\boldsymbol{B}$的属于特征值$\lambda-c$的若尔当链. 因此，如果$\boldsymbol{v}_1,\boldsymbol{v}_2,\cdots,\boldsymbol{v}_n$是$\boldsymbol{A}$的若尔当基，那么它也是$\boldsymbol{B}$的若尔当基. ∎

由于任一n阶矩阵$\boldsymbol{A}$至少存在一个复特征值，设为λ_1，故可设$\boldsymbol{B}=\boldsymbol{A}-\lambda_1\boldsymbol{E}$，使得 0 是$\boldsymbol{B}$的特征值，因而$|\boldsymbol{B}|=0$，即$\boldsymbol{B}$是奇异的，由引理 1 知，$\boldsymbol{A}$与$\boldsymbol{B}$有相同的若尔当基，这样，就把求$\boldsymbol{A}$的若尔当基的问题转化为求奇异矩阵

B 的若尔当基的问题.

引理2 任一 n 阶奇异矩阵 B 必具有一个 $\mathbf{C}^n$ 的若尔当基，其中所有的若尔当链的起始向量构成 B 的特征向量的极大线性无关组，以及属于特征值 λ 的若尔当链的长度之和(即它们所含的广义特征向量的个数)等于特征值 λ 的重数.

证 对矩阵的阶数 n 用数学归纳法. 当 $n=1$ 时，由于 $\mathbf{C}$ 中任一非零数都是 1 阶矩阵的若尔当基，故结论成立. 假设矩阵阶数 $\leqslant n-1$ 时结论成立. 设 B 是 n 阶奇异矩阵，则 $\mathcal{N}(B)\neq\{\mathbf{0}\}$，且 B 的秩 $r<n$. 设 $W=\mathcal{R}(B)\subset\mathbf{C}^n$，则 $\dim W=r<n$，且

$$Bw\in W,\quad 对任一\ w\in W.$$

设 $\mathscr{B}$: $\mathbf{C}^n\to\mathbf{C}^n$，$x\mapsto Bx$，是 $\mathbf{C}^n$ 上的一个线性变换，将它限制在不变子空间 W 上，得到 W 的线性变换 $\mathscr{B}\big|_W$: $W\to W$，$x\mapsto Bx$. 由于 $\dim W=r<n$，根据归纳法的假设，线性变换 $\mathscr{B}|_W$(即 B 在子空间 W 上的左乘作用)具有一个 W 的若尔当基 $w_1,w_2,\cdots,w_r\in W\subset\mathbf{C}^n$. 下面再在这个 W 的基上添加两类向量，使它们构成 B 的若尔当基.

假设这个 W 的基 $w_1,w_2,\cdots,w_r$ 中包含 k 个属于特征值 0 的若尔当链，其中每个属于特征值 0 的若尔当链(设为 $w_1,w_2,\cdots,w_j\in W$)满足

$$Bw_1=\mathbf{0},\ Bw_2=w_1,\ \cdots,\ Bw_j=w_{j-1}.$$

显然，属于 0 的若尔当链的个数 k 等于 B 的属于特征值 0 的且又含于 $W=\mathcal{R}(B)$ 之内的线性无关的特征向量的个数，即

$$k=\dim(\mathcal{N}(B)\cap\mathcal{R}(B)).$$

对于每个属于特征值 0 的若尔当链 $w_1,w_2,\cdots,w_j\in W$，因为 $w_j\in W=\mathcal{R}(B)$，故存在 $w_{j+1}\in\mathbf{C}^n$，使得 $Bw_{j+1}=w_j$，从而导出一个 B 的属于特征值 0 的长度为 $j+1$ 的若尔当链 $w_1,w_2,\cdots,w_{j+1}\in\mathbf{C}^n$. 将 W 中 k 个属于特征数 0 的若尔当链的每一个都如上加长一个向量，就得到 $\mathbf{C}^n$ 中 k 个 B 的属于特征值 0 的若尔当链，将这 k 个"加长"的向量与 $w_1,w_2,\cdots,w_j\in W$ 合在一起，共得 $r+k$ 个线性无关的 B 的广义特征向量.

为了构成 $\mathbf{C}^n$ 的一个基，我们还需添加 $n-r-k$ 个向量. 由于 $\mathcal{N}(B)$ 中的非零向量都是 B 的属于特征值 0 的特征向量，因而 $\mathcal{N}(B)$ 中有 $\dim\mathcal{N}(B)=n-r$ 个线性无关的属于 0 的特征向量，除去该 k 个属于特征数 0 的若尔当链中特征向量(设为 $z_1,z_2,\cdots,z_k\in\mathcal{N}(B)\cap\mathcal{R}(B)$)外，我们还能从 $\mathcal{N}(B)\backslash\mathcal{R}(B)$ 中找到 $n-r-k$ 个线性无关的特征向量 $z_{k+1},z_{k+2},\cdots,z_{n-r}$. 因为 $Bz_i=\mathbf{0}$，故每个 z_i $(i=k+1,k+2,\cdots,n-r)$ 构成 B 的属于特征值 0 的

长度为 1 的若尔当链. 由若尔当链的性质 2° 和 3° 知，这 $n-r-k$ 个长度为 1 的若尔当链 $z_{k+1}, z_{k+2}, \cdots, z_{n-r}$，与 k 个加长的属于特征值 0 的若尔当链，以及 W 中属于非零特征值的若尔当链共含有 n 个向量，它们是线性无关的，构成 $\boldsymbol{B}$ 的一个若尔当基，从而结论成立. ∎

> **思考题** 设 V 为 $\mathbf{C}$ 上 n 维线性空间，$\mathscr{A}$ 为 V 的一个线性变换，λ 为 $\mathscr{A}$ 的一个特征值，W_λ 为属于 λ 的所有广义特征向量(即根向量) 再添加一个零向量所成的集合，即
>
> $$W_\lambda = \{\xi \in V \mid 存在某个正整数 k, 使 (\mathscr{A}-\lambda\mathscr{E})^k\xi = 0\},$$
>
> 则 W_λ 构成 V 的一个子空间，称为 $\mathscr{A}$ 的属于特征值 λ 的**根子空间**. 证明：$\mathscr{A}$ 的根子空间是 $\mathscr{A}$- 子空间，且 V 可以分解为 $\mathscr{A}$ 的属于不同特征值的根子空间的直和.

习题 7.7

1. 求下列矩阵的若尔当基、若尔当标准形和过渡矩阵：

1) $\begin{pmatrix} 2 & 3 \\ 0 & 2 \end{pmatrix}$；

2) $\begin{pmatrix} 1 & 1 & 1 \\ 0 & 1 & 1 \\ 0 & 0 & 1 \end{pmatrix}$；

3) $\begin{pmatrix} -1 & 1 & 1 \\ -2 & -2 & -2 \\ 1 & -1 & -1 \end{pmatrix}$；

4) $\begin{pmatrix} 1 & 1 & 0 & 0 & 0 \\ 0 & 1 & 1 & 0 & 0 \\ 0 & 0 & 1 & 0 & 0 \\ 0 & 0 & 0 & -2 & 1 \\ 0 & 0 & 0 & 0 & -2 \end{pmatrix}$；

5) $\begin{pmatrix} 3 & -1 & 0 & 0 \\ 1 & 1 & 0 & 0 \\ 3 & 0 & 5 & -3 \\ 4 & -1 & 3 & -1 \end{pmatrix}$；

6) $\begin{pmatrix} 4 & -1 & -1 & 0 \\ -1 & 4 & 0 & -1 \\ 1 & 0 & 2 & -1 \\ 0 & 1 & -1 & 2 \end{pmatrix}$.

阅读材料 应用：动画制作中的图形变换

在动画设计中，从应用角度讲，图形变换分为两种，即几何变换和视像变换.

几何变换是在坐标系不变的情况下，由形体的几何位置或者比例改变引起的变换；视像变换也称观察变换，是将形体从原坐标系变换到便于观察的

另一坐标系，是两个坐标系之间的变换.

下面我们介绍几何变换中的平面图形变换，而平面图形变换又包括基本图形变换(旋转变换、伸缩变换和平移变换)和特殊图形变换(各种对称变换、错切变换)，由于基本图形变换是图形变换的基础，其他图形变换都是在此基础上实现的，所以下面主要介绍基本图形变换.

先看两个实例.

例 7.21 画一朵十二瓣花.

先用绘图工具画出其中一片花瓣的一半(图 7-4 (1))，再作图 7-4 (1) 关于直线 l 的对称变换，复制原图，得图 7-4 (2). 将图 7-4 (2) 绕点 O 旋转 $\frac{2\pi}{12}=\frac{\pi}{6}$，复制原图，得到图 7-4 (3)，这里进行的是旋转变换，继续进行旋转变换，最后画出整个图案.

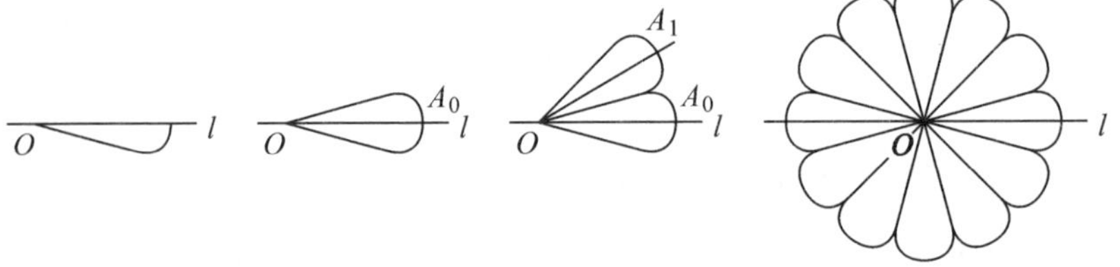

(1) (2) (3) (4)

图 7-4

例 7.22 某神话中有一个怪物，它可以由一个庞然大物逐渐缩小，最后能钻进小瓶里. 可以设计一个程序让计算机作出这个动画. 这里只用了一种基本图形变换 —— 伸缩变换. 如图 7-5 (1)，用一系列的伸缩变换将点 A_0 逐

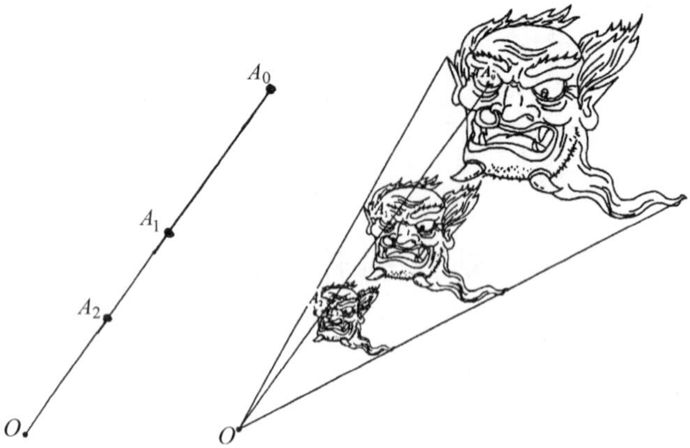

(1) (2)

图 7-5

步变成 $A_1, A_2, \cdots$. 如果对图 7-5 (2) 中怪物取足够多的代表性的点进行这种变换，就可以制作这幅动画. 代表性的点取得越多，作出的图形就越精细.

下面先讨论如何实现例 7.21 中旋转 $\pi/6$ 的旋转变换. 由 7.1 节初的引例知，设 V_2 是平面上从原点出发的向量全体构成的集合，则按逆时针方向旋转 θ 角的旋转变换 $\tau_\theta: V_2 \to V_2$ 是线性空间 V_2 的一个线性变换. 要实现所需的旋转变换的关键是求出相应的线性变换的矩阵. 在直角坐标平面内，我们把与 x 轴 (或 y 轴) 正半轴同方向的单位向量记为 $\boldsymbol{i}$ (或 $\boldsymbol{j}$)，那么 $\boldsymbol{i}, \boldsymbol{j}$ 是 V_2 的一个基，在这个基下，图 7-6 中向量 $\boldsymbol{\alpha} = \overrightarrow{OP}$ 和 $\boldsymbol{\alpha}' = \overrightarrow{OP'}$ 的坐标分别为

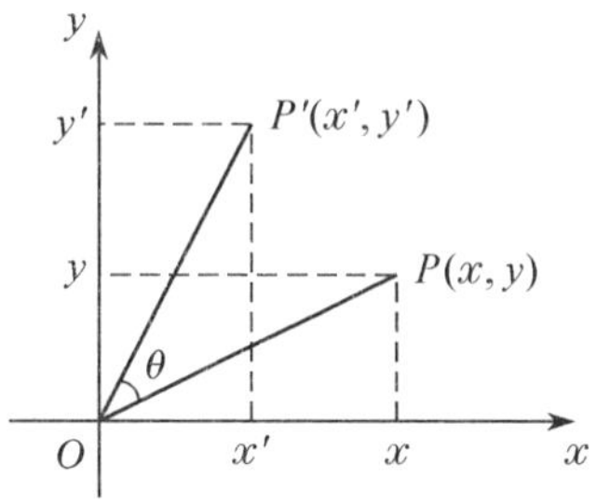

图 7-6

$$\begin{pmatrix} x \\ y \end{pmatrix}, \begin{pmatrix} x' \\ y' \end{pmatrix},$$

$\tau_\theta(\boldsymbol{\alpha}) = \boldsymbol{\alpha}'$ 可以写成

$$\begin{pmatrix} x' \\ y' \end{pmatrix} = \begin{pmatrix} \cos\theta & -\sin\theta \\ \sin\theta & \cos\theta \end{pmatrix} \begin{pmatrix} x \\ y \end{pmatrix}, \quad ①$$

其中矩阵

$$\boldsymbol{R}_\theta = \begin{pmatrix} \cos\theta & -\sin\theta \\ \sin\theta & \cos\theta \end{pmatrix} \quad ②$$

是逆时针方向旋转 θ 角的旋转变换 τ_θ 的矩阵，当赋值 $\theta = \dfrac{\pi}{6}$ 时，就得到所需的旋转 $\pi/6$ 的旋转变换的矩阵. 设所画第 1 个花瓣上点 A_0(图 7-4 (2)) 的坐标为 $\begin{pmatrix} 1 \\ 0 \end{pmatrix}$，将它输入计算机，计算机完成如下运算：

$$\begin{pmatrix} x' \\ y' \end{pmatrix} = \begin{pmatrix} \cos\dfrac{\pi}{6} & -\sin\dfrac{\pi}{6} \\ \sin\dfrac{\pi}{6} & \cos\dfrac{\pi}{6} \end{pmatrix} \begin{pmatrix} 1 \\ 0 \end{pmatrix} = \begin{pmatrix} 0.866\,0 \\ 0.500\,0 \end{pmatrix},$$

这就得到点 A_0 的像点 A_1 的坐标 $\begin{pmatrix} 0.866\,0 \\ 0.500\,0 \end{pmatrix}$ (图 7-4(3)). 如果在图 7-4 (2) 的花瓣上取足够多的点，在计算机分别完成如上运算后，就画出了第 2 个花瓣.

例 7.22 中对原点 O 的伸缩变换(也叫做位似变换) 可以通过施行 V_2 的线性变换

$$\mathscr{K}: V_2 \to V_2, \quad \boldsymbol{\alpha} \longmapsto k\boldsymbol{\alpha}$$

(其中 k 是伸缩比(或位似比)) 来实现. 设在伸缩变换 $\mathscr{K}$ 下，点 P, P' 为一一对

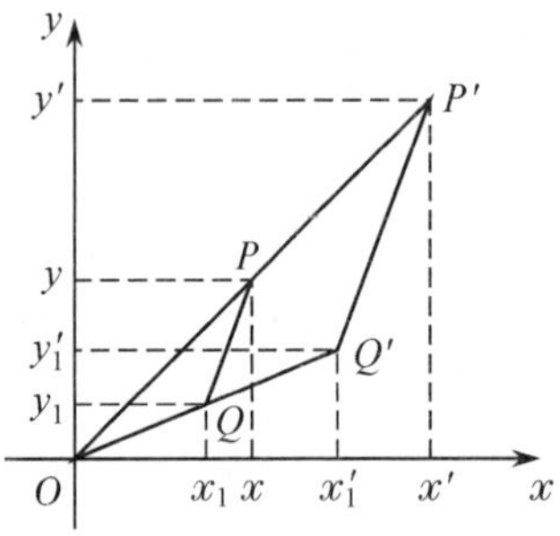

图 7-7

应点(图 7-7)，$\boldsymbol{\alpha}=\overrightarrow{OP}$ 和 $\boldsymbol{\alpha}'=\overrightarrow{OP'}$ 的坐标分别为 $\begin{pmatrix}x\\y\end{pmatrix}$，$\begin{pmatrix}x'\\y'\end{pmatrix}$，则 $\mathscr{K}(\boldsymbol{\alpha})=\boldsymbol{\alpha}'$ 可以写成

$$\begin{pmatrix}x'\\y'\end{pmatrix}=\begin{pmatrix}k & 0\\0 & k\end{pmatrix}\begin{pmatrix}x\\y\end{pmatrix}, \qquad ③$$

其中矩阵

$$\mathbf{K}=\begin{pmatrix}k & 0\\0 & k\end{pmatrix} \qquad ④$$

是对原点的伸缩变换 $\mathscr{K}$ 的矩阵.

采用 2 阶矩阵 ② 和 ④ 可以进行平面图形的变换，但是平移变换

$$\mathscr{T}_{\boldsymbol{\delta}}: V_2 \to V_2, \quad \boldsymbol{\alpha} \mapsto \boldsymbol{\alpha}+\boldsymbol{\delta}$$

(即把平面上每一点都沿向量 $\boldsymbol{\delta}$ 的方向移动 $|\boldsymbol{\delta}|$ 的距离)当向量 $\boldsymbol{\delta}\neq\mathbf{0}$ 时，没有不动点，而原点是任意线性变换的不动点，所以 $\boldsymbol{\delta}\neq\mathbf{0}$ 的平移变换不是线性变换. 为能用矩阵描述平面图形变换的各种情况，我们改变图形坐标表示法，采用齐次坐标来表示坐标位置，也就是说，把一个 2 维的坐标位置点 (x,y) 用 3 维的齐次坐标 (xh,yh,h) 来表示，其中齐次参数 h 可取任何非零值，这样，每个坐标点 (x,y) 可由无数多个等价的齐次坐标点 (xh,yh,h) 来表达 $(h\neq 0)$，在图形系统中，齐次参数 h 通常取值为 1，即每个 2 维位置都可用齐次坐标 $(x,y,1)$ 来表示. 设 $\boldsymbol{\delta}$ 的坐标为 $\begin{pmatrix}\Delta x\\\Delta y\end{pmatrix}$，则 $\mathscr{T}_{\boldsymbol{\delta}}(\boldsymbol{\alpha})=\boldsymbol{\alpha}'=\boldsymbol{\alpha}+\boldsymbol{\delta}$ (即 $x'=x+\Delta x$，$y'=y+\Delta y$) 可以写成

$$\begin{pmatrix}x'\\y'\\1\end{pmatrix}=\begin{pmatrix}1 & 0 & \Delta x\\0 & 1 & \Delta y\\0 & 0 & 1\end{pmatrix}\begin{pmatrix}x\\y\\1\end{pmatrix},$$

其中平移变换 $\mathscr{T}_{\boldsymbol{\delta}}$ 的齐次坐标变换矩阵为

$$\boldsymbol{T}=\begin{pmatrix}1 & 0 & \Delta x\\0 & 1 & \Delta y\\0 & 0 & 1\end{pmatrix}.$$

采用齐次坐标，① 和 ③ 分别可以改写为

$$\begin{pmatrix}x'\\y'\\1\end{pmatrix}=\begin{pmatrix}\cos\theta & -\sin\theta & 0\\\sin\theta & \cos\theta & 0\\0 & 0 & 1\end{pmatrix}\begin{pmatrix}x\\y\\1\end{pmatrix},$$

$$\begin{pmatrix}x'\\y'\\1\end{pmatrix}=\begin{pmatrix}k & 0 & 0\\0 & k & 0\\0 & 0 & 1\end{pmatrix}\begin{pmatrix}x\\y\\1\end{pmatrix}.$$

将各种基本图形变换的矩阵统一表示成 3 阶矩阵后，变换的合成就可以通过 3 阶矩阵的乘法运算来实现. 例如：平面图形绕任意点 $C(x_C, y_C)$ 的旋转变换可由下列 3 个基本图形变换合成：平移变换 $\mathscr{T}_1$：将坐标原点平移到 C 点处，它的矩阵为

$$\boldsymbol{T}_1=\begin{pmatrix}1 & 0 & -x_C\\ 0 & 1 & -y_C\\ 0 & 0 & 1\end{pmatrix};$$

旋转变换 τ_θ：绕新原点 C 逆时针方向旋转 θ 角，它的矩阵为

$$\boldsymbol{R}_\theta=\begin{pmatrix}\cos\theta & -\sin\theta & 0\\ \sin\theta & \cos\theta & 0\\ 0 & 0 & 1\end{pmatrix};$$

平移变换 $\mathscr{T}_2$：将坐标原点平移到原来位置，它的矩阵为

$$\boldsymbol{T}_2=\begin{pmatrix}1 & 0 & x_C\\ 0 & 1 & y_C\\ 0 & 0 & 1\end{pmatrix},$$

故平面图形绕任意点 $C(x_C, y_C)$ 的旋转变换可写成 $\mathscr{T}_2\tau_\theta\mathscr{T}_1$，它的矩阵为

$$\boldsymbol{R}_C=\boldsymbol{T}_2\boldsymbol{R}_\theta\boldsymbol{T}_1=\begin{pmatrix}\cos\theta & -\sin\theta & -x_C\cos\theta+y_C\sin\theta+x_C\\ \sin\theta & \cos\theta & -x_C\sin\theta-y_C\cos\theta+y_C\\ 0 & 0 & 1\end{pmatrix}.$$

阅读与思考

广义特征向量的直接求法

对任一 n 阶实矩阵 $\boldsymbol{A}$，是否必能用第 4 章探究与发现"特征值与特征向量的直接求法"，求得它的所有特征向量的一个极大线性无关组呢？ 为此，我们引入向量式的概念，用向量式还可直接求广义特征向量，从而求得若尔当基.

设 $\boldsymbol{A}\in\mathbf{R}^{n\times n}$，任取一个非零向量 $\boldsymbol{v}_1\in\mathbf{R}^n$（称为**种子向量**）. 考虑由 $\boldsymbol{v}_1$ 生成的向量 $\boldsymbol{v}_1, \boldsymbol{v}_2(=\boldsymbol{A}\boldsymbol{v}_1), \cdots, \boldsymbol{v}_k(=\boldsymbol{A}\boldsymbol{v}_{k-1})$，把它们称为**生成向量**. 如果 $\boldsymbol{v}_k$ 不是 $\boldsymbol{v}_1, \boldsymbol{v}_2, \cdots, \boldsymbol{v}_{k-1}$ 的线性组合，则设 $\boldsymbol{v}_{k+1}=\boldsymbol{A}\boldsymbol{v}_k$（它也是生成向量）. 如果 $\boldsymbol{v}_k$ 是 $\boldsymbol{v}_1, \boldsymbol{v}_2, \cdots, \boldsymbol{v}_{k-1}$ 的线性组合，则记下该线性组合，并取 $\boldsymbol{v}_{k+1}$ 为不能构成 $\boldsymbol{v}_1, \boldsymbol{v}_2, \cdots, \boldsymbol{v}_{k-1}$ 的线性组合的 $\mathbf{R}^n$ 中的任一向量（若这样的向量存在），也称为**种子向量**. 按这算法继续做下去，由于以上两种情况（$\boldsymbol{v}_k$ 是或者不是 $\boldsymbol{v}_1, \boldsymbol{v}_2, \cdots, \boldsymbol{v}_{k-1}$ 的线性组合）的每种情况至多出现 n 次，所以这过程到某一步必然中断，

最后产生一个生成向量列，设为 $\boldsymbol{v}_1,\boldsymbol{v}_2,\cdots,\boldsymbol{v}_t$，其中线性无关的生成向量称为**无关生成向量**，它们共有 n 个，构成 $\mathbf{R}^n$ 的一个基，而其他的生成向量称为**相关生成向量**，假设共有 m 个，设 $\boldsymbol{v}_k$ 是其中之一，则 $\boldsymbol{v}_k$ 可以写成 $\boldsymbol{v}_1,\boldsymbol{v}_2,\cdots,\boldsymbol{v}_{k-1}$ 中无关生成向量的线性组合.

在例 4.15 中，种子向量 $\boldsymbol{u},\boldsymbol{v},\boldsymbol{w}$ 生成的生成向量列为

$$\boldsymbol{u},\boldsymbol{A}\boldsymbol{u},\boldsymbol{A}^2\boldsymbol{u},\boldsymbol{v},\boldsymbol{A}\boldsymbol{v},\boldsymbol{w},\boldsymbol{A}\boldsymbol{w}, \qquad ①$$

其中 $\boldsymbol{u},\boldsymbol{A}\boldsymbol{u},\boldsymbol{v},\boldsymbol{w}$ 是无关生成向量，它们构成 $\mathbf{R}^4$ 的一个基，而其他的生成向量 $\boldsymbol{A}^2\boldsymbol{u},\boldsymbol{A}\boldsymbol{v},\boldsymbol{A}\boldsymbol{w}$ 是相关生成向量，共有 3 个，每一个都可以写成无关生成向量的线性组合.

由于例 4.15 所求得的特征向量都是这些生成向量的线性组合(例如：$\boldsymbol{A}$ 的属于特征值 1 的特征向量 $\boldsymbol{A}\boldsymbol{u}-\boldsymbol{u}$ 是生成向量列 ① 的线性组合)，所以我们要对生成向量列 ① 的线性组合加以研究. 下面我们把生成向量 $\boldsymbol{u},\boldsymbol{A}\boldsymbol{u},\boldsymbol{A}^2\boldsymbol{u},\boldsymbol{v},\boldsymbol{A}\boldsymbol{v},\boldsymbol{w},\boldsymbol{A}\boldsymbol{w}$ 都看做多项式的变量，称由这 7 个生成向量(看做变量) 的线性组合为**向量式**(也可看做七元一次多项式)，将所有向量式的全体记为 V，如同多项式的加法和数乘，定义向量式的加法和数乘，那么 V 构成一个 7 维向量空间.

一般地，如果 $\boldsymbol{A}\in\mathbf{R}^{n\times n}$ 具有生成向量列 $\boldsymbol{v}_1,\boldsymbol{v}_2,\cdots,\boldsymbol{v}_l$，则所有向量式($\boldsymbol{v}_1,\boldsymbol{v}_2,\cdots,\boldsymbol{v}_l$(看做变量) 的线性组合) 的全体构成一个 l 维向量空间，其中 $l=n+m$，n 是无关生成向量(看做向量式) 的个数，m 是相关生成向量(看做向量式) 的个数. m 也是种子向量的个数.

对一个 V 中的向量式，可以用 $\mathbf{R}^n$ 中的向量代入，赋值后得到 $\mathbf{R}^n$ 中的一个向量，称为该**向量式的值**. 例如：例 4.15 中对向量式 $\boldsymbol{A}\boldsymbol{u}-\boldsymbol{u}$，用 $\boldsymbol{A}\boldsymbol{u}=(3,-1,1,-1)^{\mathrm{T}}$ 和 $\boldsymbol{u}=(1,0,0,0)^{\mathrm{T}}$ 代入后，就得到向量式 $\boldsymbol{A}\boldsymbol{u}-\boldsymbol{u}$ 的值 $(2,-1,1,-1)^{\mathrm{T}}\in\mathbf{R}^4$.

由例 4.15 的 ④,⑤,⑧ 三式，即

$$\boldsymbol{A}^2\boldsymbol{u}-\boldsymbol{A}\boldsymbol{u}=\boldsymbol{0},$$
$$\boldsymbol{A}\boldsymbol{v}-2\boldsymbol{v}+\boldsymbol{A}\boldsymbol{u}-2\boldsymbol{u}=\boldsymbol{0},$$
$$\boldsymbol{A}\boldsymbol{w}-2\boldsymbol{w}+4\boldsymbol{A}\boldsymbol{u}-6\boldsymbol{u}=\boldsymbol{0}$$

知，作为向量式，$\boldsymbol{A}^2\boldsymbol{u}-\boldsymbol{A}\boldsymbol{u},\boldsymbol{A}\boldsymbol{v}-2\boldsymbol{v}+\boldsymbol{A}\boldsymbol{u}-2\boldsymbol{u}$ 和 $\boldsymbol{A}\boldsymbol{w}-2\boldsymbol{w}+4\boldsymbol{A}\boldsymbol{u}-6\boldsymbol{u}$ 都是值为 $\mathbf{R}^4$ 中的零向量的向量式，我们把它们称为**零化向量式**. 我们看到，$\boldsymbol{A}$ 的分别属于特征值 1,0,2,2 的特征向量 $\boldsymbol{A}\boldsymbol{u},\boldsymbol{A}\boldsymbol{u}-\boldsymbol{u},\boldsymbol{v}+\boldsymbol{u},\boldsymbol{w}-\boldsymbol{A}\boldsymbol{u}+3\boldsymbol{u}$ 都是从这 3 个零化向量式导出的，因而我们必须对零化向量式加以研究.

一般地，设 V 是 $\boldsymbol{A}\in\mathbf{R}^{n\times n}$ 的由生成向量列 $\boldsymbol{v}_1,\boldsymbol{v}_2,\cdots,\boldsymbol{v}_l$(看做向量式) 张成的向量空间，则其中值为 n 维零向量的向量式称为**零化向量式**. 我们把仅由无关生成向量(看做向量式) 的线性组合构成的向量式称为**简洁向量式**. 显

然，所有简洁向量式的全体构成 V 的一个 n 维子空间，记为 V_1，生成向量列中 n 个无关生成向量(看做向量式)构成了它的一个基. 显然，V 中零化向量式的全体也构成一个子空间，记为 V_2. 我们要问，V_2 的维数是多少呢？

按如下方法由 m 个相关生成向量可以得到 m 个零化向量式：设 $\boldsymbol{v}_k$ 为相关生成向量，则它可以写成 $\boldsymbol{v}_1,\boldsymbol{v}_2,\cdots,\boldsymbol{v}_{k-1}$ 的线性组合，也可以写成其中的无关生成向量的线性组合，设为

$$\boldsymbol{v}_k=\sum_{i=1}^{k-1}a_i\boldsymbol{v}_i$$

(其中 $\boldsymbol{v}_1,\boldsymbol{v}_2,\cdots,\boldsymbol{v}_{k-1}$ 中相关生成向量的系数为零)，于是，

$$\boldsymbol{v}_k-\sum_{i=1}^{k-1}a_i\boldsymbol{v}_i=\boldsymbol{0}\in\mathbf{R}^n. \tag{②}$$

上式左边的 $\boldsymbol{v}_k-\sum\limits_{i=1}^{k-1}a_i\boldsymbol{v}_i$ 看做向量式，就是一个零化向量式，且②中相关生成向量的系数中只有 $\boldsymbol{v}_k$ 的系数不等于零，而其他的均为零. 这样，由 m 个相关生成向量可以导出线性无关的 m 个零化向量式. 因此，$\dim V_2\geqslant m$. 另一方面，由于没有一个非零的简洁向量式有 $\mathbf{R}^n$ 中的零向量作为它的值，所以非零的简洁向量式都不是零化向量式，也就是说，

$$V_1\cap V_2=\{\boldsymbol{0}\}\quad(\text{其中 }\boldsymbol{0}\text{ 是零向量式}),$$

故 $V_1+V_2=V_1\oplus V_2$ 是直和，所以

$$\dim V\geqslant\dim V_1\oplus V_2\geqslant n+m=l,$$

这迫使 $V=V_1\oplus V_2$ 及 $\dim V_2=m$.

设 $\boldsymbol{g}_1,\boldsymbol{g}_2,\cdots,\boldsymbol{g}_n$ 是生成向量列 $\boldsymbol{v}_1,\boldsymbol{v}_2,\cdots,\boldsymbol{v}_l$ 中无关生成向量，将

$$(\boldsymbol{A}-\lambda\boldsymbol{E})\boldsymbol{g}_i=\boldsymbol{A}\boldsymbol{g}_i-\lambda\boldsymbol{g}_i,\quad i=1,2,\cdots,n$$

(其中 $\lambda\in\mathbf{R}$)都看做向量式，它们是 V 中线性无关的向量式(这是因为 $\boldsymbol{g}_i$ 是无关生成向量，故 $\boldsymbol{A}\boldsymbol{g}_i$ 仍是生成向量(也是非种子向量)，且 $\boldsymbol{A}\boldsymbol{g}_i$ 在 $(\boldsymbol{A}-\lambda\boldsymbol{E})\boldsymbol{g}_i$ 中的系数为1，而在 $(\boldsymbol{A}-\lambda\boldsymbol{E})\boldsymbol{g}_j\,(j<i)$ 中的系数为零). 设 $\boldsymbol{s}_1,\boldsymbol{s}_2,\cdots,\boldsymbol{s}_m$ 是种子向量，并看做向量式，则

$$\{(\boldsymbol{A}-\lambda\boldsymbol{E})\boldsymbol{g}_1,(\boldsymbol{A}-\lambda\boldsymbol{E})\boldsymbol{g}_2,\cdots,(\boldsymbol{A}-\lambda\boldsymbol{E})\boldsymbol{g}_n,\boldsymbol{s}_1,\boldsymbol{s}_2,\cdots,\boldsymbol{s}_m\}$$

构成 V 的一个基(这是因为，如果

$$\sum_{i=1}^{n}a_i(\boldsymbol{A}-\lambda\boldsymbol{E})\boldsymbol{g}_i+\sum_{j=1}^{m}b_j\boldsymbol{s}_j=\boldsymbol{0},$$

则有

$$\sum_{i=1}^{n}a_i(\boldsymbol{A}-\lambda\boldsymbol{E})\boldsymbol{g}_i=-\sum_{j=1}^{m}b_j\boldsymbol{s}_j,$$

而任意一个 $(\boldsymbol{A}-\lambda\boldsymbol{E})\boldsymbol{g}_1,(\boldsymbol{A}-\lambda\boldsymbol{E})\boldsymbol{g}_2,\cdots,(\boldsymbol{A}-\lambda\boldsymbol{E})\boldsymbol{g}_n$ 的非零的线性组合总有

一个非种子向量的生成向量，它的系数不等于零，这迫使上式两边都为零向量式，因而$(\boldsymbol{A}-\lambda\boldsymbol{E})\boldsymbol{g}_1,(\boldsymbol{A}-\lambda\boldsymbol{E})\boldsymbol{g}_2,\cdots,(\boldsymbol{A}-\lambda\boldsymbol{E})\boldsymbol{g}_n,\boldsymbol{s}_1,\boldsymbol{s}_2,\cdots,\boldsymbol{s}_m$ 线性无关). 因此，V 中任一向量式 $\boldsymbol{x}$ 都可以写成商-余式的形式；

$$\boldsymbol{x}=(\boldsymbol{A}-\lambda\boldsymbol{E})\boldsymbol{q}+\boldsymbol{r},$$

其中 $\boldsymbol{q}$ 是向量式$\boldsymbol{g}_1,\boldsymbol{g}_2,\cdots,\boldsymbol{g}_n$ 的线性组合，而 $\boldsymbol{r}$ 是种子向量(看做向量式)的线性组合.

由于任意一个属于特征值λ 的特征向量都能唯一地表示成n 个无关生成向量的线性组合，把它看做向量式，则它是一个简洁向量式(设为 $\boldsymbol{x}$). 由于 $\boldsymbol{x}$ 的值是属于 λ 的特征向量，故$(\boldsymbol{A}-\lambda\boldsymbol{E})\boldsymbol{x}$ 是零化向量式. 下面将利用这种形式的零化向量式求特征值为 λ 的特征子空间的一个基.

首先，我们证明，一组简洁向量式是线性无关的当且仅当它们分别用 $\boldsymbol{A}-\lambda\boldsymbol{E}$ 左乘后仍是线性无关的.

假设 $\boldsymbol{v}_1,\boldsymbol{v}_2,\cdots,\boldsymbol{v}_p$ 是线性无关的简洁向量式，$\sum\limits_{i=1}^{p}a_i(\boldsymbol{A}-\lambda\boldsymbol{E})\boldsymbol{v}_i$ 是零向量式，其中 $a_1,a_2,\cdots,a_p$ 不全为零，则$(\boldsymbol{A}-\lambda\boldsymbol{E})\sum\limits_{i=1}^{p}a_i\boldsymbol{v}_i$ 是零向量式，$\sum\limits_{i=1}^{p}a_i\boldsymbol{v}_i$ 是简洁向量式. 因此，$\sum\limits_{i=1}^{p}a_i\boldsymbol{v}_i$ 是零向量式(这是因为，若 $\boldsymbol{v}$ 是一个非零的简洁向量式，设 $\boldsymbol{g}_i$ 是 $\boldsymbol{v}$ 中最后一个系数非零的无关生成向量(看做向量式)，则$(\boldsymbol{A}-\lambda\boldsymbol{E})\boldsymbol{v}$ 是一个$\boldsymbol{A}\boldsymbol{g}_i$ 的系数为非零的向量式. 因此，如果$\sum\limits_{i=1}^{p}a_i\boldsymbol{v}_i$ 是非零的，则因它又是简洁向量式，故$(\boldsymbol{A}-\lambda\boldsymbol{E})\sum\limits_{i=1}^{p}a_i\boldsymbol{v}_i$ 是非零的向量式，这与它是零向量式矛盾)，这与 $\boldsymbol{v}_1,\boldsymbol{v}_2,\cdots,\boldsymbol{v}_p$ 是线性无关的相矛盾. 因此，

$$(\boldsymbol{A}-\lambda\boldsymbol{E})\boldsymbol{v}_1,(\boldsymbol{A}-\lambda\boldsymbol{E})\boldsymbol{v}_2,\cdots,(\boldsymbol{A}-\lambda\boldsymbol{E})\boldsymbol{v}_p$$

是线性无关的. 反之，假设$(\boldsymbol{A}-\lambda\boldsymbol{E})\boldsymbol{v}_1,(\boldsymbol{A}-\lambda\boldsymbol{E})\boldsymbol{v}_2,\cdots,(\boldsymbol{A}-\lambda\boldsymbol{E})\boldsymbol{v}_p$ 是线性无关的向量式，其中$\boldsymbol{v}_1,\boldsymbol{v}_2,\cdots,\boldsymbol{v}_p$ 是简洁向量式，要证如果$\sum\limits_{i=1}^{p}a_i\boldsymbol{v}_i$ 是零向量式(其中 $a_1,a_2,\cdots,a_p$ 不全为零)，则将产生矛盾. 事实上，这时由于

$$(\boldsymbol{A}-\lambda\boldsymbol{E})\sum_{i=1}^{p}a_i\boldsymbol{v}_i=\sum_{i=1}^{p}a_i(\boldsymbol{A}-\lambda\boldsymbol{E})\boldsymbol{v}_i$$

是零向量式，而与向量式$(\boldsymbol{A}-\lambda\boldsymbol{E})\boldsymbol{v}_1,(\boldsymbol{A}-\lambda\boldsymbol{E})\boldsymbol{v}_2,\cdots,(\boldsymbol{A}-\lambda\boldsymbol{E})\boldsymbol{v}_p$ 线性无关相矛盾. 因此，一组简洁向量式是线性无关的当且仅当它们分别用$\boldsymbol{A}-\lambda\boldsymbol{E}$ 左乘后仍是线性无关的. 于是，要求特征值为 λ 的特征子空间 V_λ 的一个基，只要找所有形如$(\boldsymbol{A}-\lambda\boldsymbol{E})\boldsymbol{z}$ (其中 $\boldsymbol{z}$ 是简洁向量式) 的零化向量式全体构成的

V_2 的子空间(记为V_3)的一个基，然后因式分解出向量式$\boldsymbol{z}$，就可以得到形如$(\boldsymbol{A}-\lambda\boldsymbol{E})\boldsymbol{z}$ 的一个基，把它们左边的因式$\boldsymbol{A}-\lambda\boldsymbol{E}$ 都去掉，就得到一组线性无关的简洁向量式，再对它们取值就可以得到特征值λ 的特征子空间 V_λ 的一个基.

下面来求子空间V_3 的基. 设$\boldsymbol{x}_1,\boldsymbol{x}_2,\cdots,\boldsymbol{x}_m$ 是由m 个相关生成向量所导出的零化向量式，它们构成子空间V_2 的一个基，将它们写成商 - 余式的形式

$$\boldsymbol{x}_j=(\boldsymbol{A}-\lambda\boldsymbol{E})\boldsymbol{q}_j+\boldsymbol{r}_j,$$

其中$\boldsymbol{q}_j$ 是无关生成向量(看做向量式)的线性组合，$\boldsymbol{r}_j$ 是种子向量(看做向量式)的线性组合，$j=1,2,\cdots,m$. 那么要求V_3 的一个基，就可以通过求所有满足条件$\sum\limits_{j=1}^{m}c_j\boldsymbol{r}_j=\boldsymbol{0}$(零向量式)的$m$ 维向量$(c_1,c_2,\cdots,c_m)$的全体所构成的$\mathbf{R}^m$ 的子空间的一个基来得到.

设$\boldsymbol{x}_i=(\boldsymbol{A}-\lambda\boldsymbol{E})\boldsymbol{q}_i$ $(i=m+1,m+2,\cdots,k)$是由形如$(\boldsymbol{A}-\lambda\boldsymbol{E})\boldsymbol{z}$ 的零化向量式构成的子空间V_3 的一个基，那么向量式$\boldsymbol{q}_{m+1},\boldsymbol{q}_{m+2},\cdots,\boldsymbol{q}_k$ 的值就构成了特征值λ 的特征子空间V_λ 的一个基.

例如：在例 4.15 中，由相关生成向量$\boldsymbol{A}^2\boldsymbol{u},\boldsymbol{A}\boldsymbol{v},\boldsymbol{A}\boldsymbol{w}$ 得到了 3 个零化向量式：

$$\begin{cases}\boldsymbol{x}_1=\boldsymbol{A}^2\boldsymbol{u}-\boldsymbol{A}\boldsymbol{u},\\ \boldsymbol{x}_2=\boldsymbol{A}\boldsymbol{v}-2\boldsymbol{v}+\boldsymbol{A}\boldsymbol{u}-2\boldsymbol{u},\\ \boldsymbol{x}_3=\boldsymbol{A}\boldsymbol{w}-2\boldsymbol{w}+4\boldsymbol{A}\boldsymbol{u}-6\boldsymbol{u},\end{cases} \tag{③}$$

它们构成了零化向量式的子空间V_2 的一个基. 设$\lambda=2$，则由③可得它们的商 - 余式形式：

$$\begin{cases}\boldsymbol{x}_1=(\boldsymbol{A}-2\boldsymbol{E})(\boldsymbol{A}\boldsymbol{u}+\boldsymbol{u})+2\boldsymbol{u} \quad (\text{其中 } \boldsymbol{r}_1=2\boldsymbol{u}),\\ \boldsymbol{x}_2=(\boldsymbol{A}-2\boldsymbol{E})(\boldsymbol{u}+\boldsymbol{v}) \quad (\text{其中 } \boldsymbol{r}_2=\boldsymbol{0}),\\ \boldsymbol{x}_3=(\boldsymbol{A}-2\boldsymbol{E})(\boldsymbol{w}+4\boldsymbol{u})+2\boldsymbol{u} \quad (\text{其中 } \boldsymbol{r}_3=2\boldsymbol{u}),\end{cases}$$

因而

$$\sum_{j=1}^{3}c_j\boldsymbol{r}_j=c_1(2\boldsymbol{u})+c_3(2\boldsymbol{u}).$$

显然，$\{(0,1,0),(1,0,-1)\}$ 为所有满足条件$\sum\limits_{j=1}^{3}c_j\boldsymbol{r}_j=\boldsymbol{0}$ 的 3 维向量(c_1,c_2,c_3)的全体所构成的$\mathbf{R}^3$ 的子空间的一个基. 在V_3 中对应的基为$\{\boldsymbol{x}_2,\boldsymbol{x}_1-\boldsymbol{x}_3\}$，即

$$\{(\boldsymbol{A}-2\boldsymbol{E})(\boldsymbol{u}+\boldsymbol{v}),(\boldsymbol{A}-2\boldsymbol{E})(\boldsymbol{A}\boldsymbol{u}-3\boldsymbol{u}-\boldsymbol{w})\}.$$

由此可得，一组线性无关的简洁向量式$\boldsymbol{u}+\boldsymbol{v},\boldsymbol{A}\boldsymbol{u}-3\boldsymbol{u}-\boldsymbol{w}$，将$\boldsymbol{u}=(1,0,0,0)^{\mathrm{T}}$，

$\boldsymbol{v}=(0,1,0,0)^{\mathrm{T}}$，$\boldsymbol{w}=(0,0,1,0)^{\mathrm{T}}$，$\boldsymbol{Au}=(3,-1,1,-1)^{\mathrm{T}}$ 代入取值后，就得到特征值 $\lambda=2$ 的特征子空间 V_λ 的一个基：

$$(1,1,0,0)^{\mathrm{T}},\ (0,-1,0,-1)^{\mathrm{T}}.$$

以上我们利用由 m 个相关生成向量导出的零化向量式，直接求得了特征值 λ 的特征子空间 V_λ 的基，还没有说明特征值 λ 是如何求得的. 下面将探讨如何利用由相关生成向量导出的零化向量式直接求特征值的问题.

我们先对例 4.15 加以观察，然后再讨论一般性的情况. 由 ③ 可见，在由相关生成向量 $\boldsymbol{Av}$ 导出的零化向量式

$$\boldsymbol{x}_2=\boldsymbol{Av}-2\boldsymbol{v}+\boldsymbol{Au}-2\boldsymbol{u}$$

的各项中，$\boldsymbol{v}$ 是最后一个种子向量(在 $\boldsymbol{A}$ 的生成向量列中，种子向量的先后次序是 $\boldsymbol{u},\boldsymbol{v},\boldsymbol{w}$)，将 $\boldsymbol{x}_2$ 中由 $\boldsymbol{v}$ 产生的生成向量 $\boldsymbol{v},\boldsymbol{Av}$ 的项合在一起，得到形如 $P(\boldsymbol{A})\boldsymbol{v}$ 的向量式

$$\boldsymbol{Av}-2\boldsymbol{v}=(\boldsymbol{A}-2\boldsymbol{E})\boldsymbol{v},$$

其中 $P(x)=x-2$. 我们看到，$P(x)=x-2$ 的根 $x=2$ 是 $\boldsymbol{A}$ 的一个特征值. 同样，在由 $\boldsymbol{Aw}$ 导出的零化向量式

$$\boldsymbol{x}_3=\boldsymbol{Aw}-2\boldsymbol{w}+4\boldsymbol{Au}-6\boldsymbol{u}$$

的各项中，$\boldsymbol{w}$ 是最后一个种子向量，$\boldsymbol{x}_3$ 中由 $\boldsymbol{w}$ 产生的生成向量 $\boldsymbol{w},\boldsymbol{Aw}$ 的项合在一起，得到向量式

$$P(\boldsymbol{A})=\boldsymbol{Aw}-2\boldsymbol{w},$$

其中 $P(x)=x-2$，它的根 $x=2$ 也是 $\boldsymbol{A}$ 的一个特征值. 对于由 $\boldsymbol{A}^2\boldsymbol{u}$ 导出的零化向量式 $\boldsymbol{x}_1=\boldsymbol{A}^2\boldsymbol{u}-\boldsymbol{Au}$，有

$$\boldsymbol{x}_1=P(\boldsymbol{A})\boldsymbol{u},$$

其中 $P(x)=x^2-x$，它的根 0 和 1 都是 $\boldsymbol{A}$ 的特征值.

我们看到，$\boldsymbol{A}$ 的特征值 2,0 和 1 都是从由相关生成向量导出的零化向量式得到的某些多项式的根.

思考 设 $\boldsymbol{d}$ 是由 n 阶实矩阵 $\boldsymbol{A}$ 的某个相关生成向量导出的零化向量式，$\boldsymbol{s}$ 是使得对某个 i，生成向量 $\boldsymbol{A}^i\boldsymbol{s}$ 在 $\boldsymbol{d}$ 中有非零系数的最后一个种子向量，将 $\boldsymbol{d}$ 中所有形如 $\boldsymbol{A}^j\boldsymbol{s}$ 的项合并，记为 $P(\boldsymbol{A})\boldsymbol{s}$，其中 $P(x)$ 是一个非零的实系数多项式. 由 m 个相关生成向量 $\boldsymbol{x}_1,\boldsymbol{x}_2,\cdots,\boldsymbol{x}_m$ 导出的零化向量式 $\boldsymbol{d}_1,\boldsymbol{d}_2,\cdots,\boldsymbol{d}_m$，可以产生 m 个这样的实系数多项式 $P_1(x)$，$P_2(x)$，$\cdots$，$P_m(x)$，问：由它们的根是否可得 $\boldsymbol{A}$ 的所有不同的特征值?

通过以上讨论，对任意给定的 n 阶实矩阵 A，我们找到了用向量式直接求它的所有特征向量的一个极大线性无关组(设它的向量个数为 t) 的方法

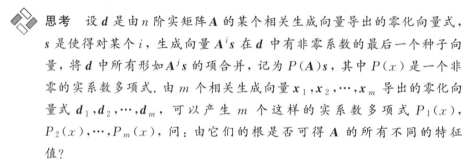

(该方法对 n 阶复矩阵也同样适用). 当 $\boldsymbol{A}$ 可对角化时, $t=n$, 否则, $t<n$. 在 $t<n$ 的情况下, $\boldsymbol{A}$ 不可对角化, 由此产生了广义特征向量的概念.

下面我们以例 4.2 的矩阵 $\boldsymbol{B}$ 为例, 来探讨用向量式求广义特征向量的方法.

在例 4.2 中, $\boldsymbol{B}=\begin{pmatrix}3&1&0\\-4&-1&0\\4&-8&-2\end{pmatrix}$.

设 $\boldsymbol{u}=\begin{pmatrix}1\\0\\0\end{pmatrix}$, 则 $\boldsymbol{B}\boldsymbol{u}=\begin{pmatrix}3\\-4\\4\end{pmatrix}$, $\boldsymbol{B}^2\boldsymbol{u}=\begin{pmatrix}5\\-8\\36\end{pmatrix}$, $\boldsymbol{B}^3\boldsymbol{u}=\begin{pmatrix}7\\-12\\12\end{pmatrix}$, 故有

$$\boldsymbol{B}^3\boldsymbol{u}-3\boldsymbol{B}\boldsymbol{u}+2\boldsymbol{u}=\boldsymbol{0}. \tag{④}$$

设 $f(\lambda)=\lambda^3-3\lambda+2$, 则

$$f(\lambda)=(\lambda+2)(\lambda-1)^2.$$

由此可得, $\boldsymbol{B}$ 的属于 $\lambda_1=-2$ 的一个特征向量

$$(\boldsymbol{B}-\boldsymbol{E})^2\boldsymbol{u}=\boldsymbol{B}^2\boldsymbol{u}-2\boldsymbol{B}\boldsymbol{u}+\boldsymbol{u}=\begin{pmatrix}0\\0\\28\end{pmatrix}=28\begin{pmatrix}0\\0\\1\end{pmatrix};$$

$\boldsymbol{B}$ 的属于 $\lambda_2=1$ 的一个特征向量

$$(\boldsymbol{B}+2\boldsymbol{E})(\boldsymbol{B}-\boldsymbol{E})\boldsymbol{u}=\boldsymbol{B}^2\boldsymbol{u}+\boldsymbol{B}\boldsymbol{u}-2\boldsymbol{u}=\begin{pmatrix}6\\-12\\40\end{pmatrix}. \tag{⑤}$$

设 $\boldsymbol{\alpha}_1=\begin{pmatrix}6\\-12\\40\end{pmatrix}$. 由于 $\lambda=1$ 是二重根, 故我们无法由 ④ 式求出 $\boldsymbol{B}$ 的属于 $\lambda_3=1$ 的与 $\boldsymbol{\alpha}_1$ 线性无关的特征向量. 但是, 由 ④ 式可得

$$(\boldsymbol{B}-\boldsymbol{E})^2[(\boldsymbol{B}+2\boldsymbol{E})\boldsymbol{u}]=\boldsymbol{0}. \tag{⑥}$$

设 $\boldsymbol{\alpha}_2=(\boldsymbol{B}+2\boldsymbol{E})\boldsymbol{u}=\boldsymbol{B}\boldsymbol{u}+2\boldsymbol{u}=\begin{pmatrix}5\\-4\\4\end{pmatrix}$, 则由 ⑥ 式得

$$(\boldsymbol{B}-\boldsymbol{E})^2\boldsymbol{\alpha}_2=\boldsymbol{0}. \tag{⑦}$$

由 ⑤ 式知,

$$(\boldsymbol{B}-\boldsymbol{E})\boldsymbol{\alpha}_2=(\boldsymbol{B}-\boldsymbol{E})(\boldsymbol{B}+2\boldsymbol{E})\boldsymbol{u}=\boldsymbol{\alpha}_1\neq\boldsymbol{0},$$

故由 ⑦ 式和定义 7.10 知, $\boldsymbol{\alpha}_2$ 是矩阵 $\boldsymbol{B}$ 属于 $\lambda=1$ 的 2 次广义特征向量.

下面用向量式来求 $\boldsymbol{B}$ 的广义特征向量. 我们先将求 $\boldsymbol{B}$ 的相关生成向量导

出的零化向量式的过程列成一个表：

$$
\begin{array}{c}
\boldsymbol{B} \\
\begin{pmatrix} 3 & 1 & 0 \\ -4 & -1 & 0 \\ 4 & -8 & -2 \end{pmatrix}
\end{array}
\qquad
\begin{array}{cccc|}
\boldsymbol{u} & \boldsymbol{Bu} & \boldsymbol{B}^2\boldsymbol{u} & \boldsymbol{B}^3\boldsymbol{u} \\
1 & 3 & 5 & 7 \\
0 & -4 & -8 & -12 \\
0 & 4 & 36 & 12 \\
\hline
2 & -3 & & 1
\end{array}
$$

上表的左边是矩阵 $\boldsymbol{B}$，$\boldsymbol{B}$ 的右边是生成向量列 $\boldsymbol{u},\boldsymbol{Bu},\boldsymbol{B}^2\boldsymbol{u},\boldsymbol{B}^3\boldsymbol{u}$，各生成向量的值分别写在它们的下方. 一个直角的竖线表示左边由种子向量 $\boldsymbol{u}$ 生成的向量是线性相关的，而横线下方的一行数字表示它们之间的线性关系，即

$$\boldsymbol{B}^3\boldsymbol{u}-3\boldsymbol{Bu}+2\boldsymbol{u}=\boldsymbol{0}.$$

生成向量 $\boldsymbol{u},\boldsymbol{Bu},\boldsymbol{B}^2\boldsymbol{u}$ 是无关生成向量，$\boldsymbol{B}^3\boldsymbol{u}$ 是相关生成向量，由 $\boldsymbol{B}^3\boldsymbol{u}$ 导出了零化向量式

$$\begin{aligned}\boldsymbol{x}_1&=\boldsymbol{B}^3\boldsymbol{u}-3\boldsymbol{Bu}+2\boldsymbol{u}=(\boldsymbol{B}^3-3\boldsymbol{B}+2\boldsymbol{E})\boldsymbol{u}\\&=(\boldsymbol{B}+2\boldsymbol{E})(\boldsymbol{B}-\boldsymbol{E})^2\boldsymbol{u}.\end{aligned}\tag{⑧}$$

将 ⑧ 中由种子向量 $\boldsymbol{u}$ 产生的生成向量 $\boldsymbol{u},\boldsymbol{Bu},\boldsymbol{B}^2\boldsymbol{u},\boldsymbol{B}^3\boldsymbol{u}$ 的项合并，得

$$P_1(\boldsymbol{B})\boldsymbol{u}=(\boldsymbol{B}^3-3\boldsymbol{B}+2\boldsymbol{E})\boldsymbol{u},$$

其中

$$P_1(x)=x^3-3x+2=(x+2)(x-1)^2.$$

由此可得，$\boldsymbol{B}$ 的特征值为 -2 和 1.

对于特征值 $\lambda_1=-2$，用 $\boldsymbol{B}+2\boldsymbol{E}$ 除 $\boldsymbol{x}_1$，可得商 - 余式形式：

$$\boldsymbol{x}_1=(\boldsymbol{B}+2\boldsymbol{E})\boldsymbol{q}_1+\boldsymbol{r}_1=(\boldsymbol{B}+2\boldsymbol{E})[(\boldsymbol{B}-\boldsymbol{E})^2\boldsymbol{u}]+\boldsymbol{0},$$

由此可得，商 $\boldsymbol{q}_1=(\boldsymbol{B}-\boldsymbol{E})^2\boldsymbol{u}$ 的值 $\boldsymbol{\alpha}_3=\begin{pmatrix}0\\0\\28\end{pmatrix}$ 是属于特征值 -2 的特征向量.

对于特征值 $\lambda_2=1$，用 $\boldsymbol{B}-\boldsymbol{E}$ 除 $\boldsymbol{x}_1$，可得商 - 余式形式：

$$\boldsymbol{x}_1=(\boldsymbol{B}-\boldsymbol{E})\boldsymbol{q}_2+\boldsymbol{r}_2=(\boldsymbol{B}-\boldsymbol{E})[(\boldsymbol{B}-\boldsymbol{E})(\boldsymbol{B}+2\boldsymbol{E})\boldsymbol{u}]+\boldsymbol{0},$$

由此可得，商 $\boldsymbol{q}_2=(\boldsymbol{B}-\boldsymbol{E})(\boldsymbol{B}+2\boldsymbol{E})\boldsymbol{u}$ 的值 $\boldsymbol{\alpha}_1=\begin{pmatrix}6\\-12\\40\end{pmatrix}$ 是属于特征值 1 的特征向量.

于是，我们得到了 $\boldsymbol{B}$ 的 2 个线性无关的特征向量 $\boldsymbol{\alpha}_3$ 和 $\boldsymbol{\alpha}_1$. 由于 $\boldsymbol{B}$ 的线性无关的特征向量的极大个数 $2<3$，故还存在次数大于 1 的广义特征向量.

我们知道，如果 $\boldsymbol{\alpha}$ 是矩阵 $\boldsymbol{B}$ 的属于特征值 λ 的 k 次广义特征向量，则

$$(\boldsymbol{B}-\lambda\boldsymbol{E})^{k-1}\boldsymbol{\alpha}\neq\boldsymbol{0},\quad(\boldsymbol{B}-\lambda\boldsymbol{E})^k\boldsymbol{\alpha}=\boldsymbol{0},$$

因而$(\boldsymbol{B}-\lambda\boldsymbol{E})\boldsymbol{\alpha}$是$\boldsymbol{B}$的属于特征值$\lambda$的$k-1$次广义特征向量. 如果已知$k-1$次广义特征向量$\boldsymbol{\gamma}$，我们就可以通过解方程$(\boldsymbol{B}-\lambda\boldsymbol{E})\boldsymbol{z}=\boldsymbol{\gamma}$来求$\boldsymbol{B}$的属于特征值$\lambda$的$k$次广义特征向量.

由于向量式$\boldsymbol{q}_2=(\boldsymbol{B}-\boldsymbol{E})(\boldsymbol{B}+2\boldsymbol{E})\boldsymbol{u}$还能分解出因式$\boldsymbol{B}-\boldsymbol{E}$，使得

$$\boldsymbol{q}_2=(\boldsymbol{B}-\boldsymbol{E})\boldsymbol{q}_3=(\boldsymbol{B}-\boldsymbol{E})[(\boldsymbol{B}+2\boldsymbol{E})\boldsymbol{u}], \tag{⑨}$$

在 ⑨ 的两边取值后，得

$$\boldsymbol{\alpha}_1=(\boldsymbol{B}-\boldsymbol{E})\boldsymbol{\alpha}_2, \tag{⑩}$$

其中$\boldsymbol{\alpha}_2$是商$\boldsymbol{q}_3=(\boldsymbol{B}+2\boldsymbol{E})\boldsymbol{u}$的值$\begin{pmatrix}5\\-4\\4\end{pmatrix}$. 由 ⑩ 知，$\boldsymbol{\alpha}_2$是$\boldsymbol{B}$的属于特征值1的2次广义特征向量(向量式$\boldsymbol{q}_1=(\boldsymbol{B}-\boldsymbol{E})^2\boldsymbol{u}$不能再分解出因式$\boldsymbol{B}+2\boldsymbol{E}$，$\boldsymbol{B}$也不存在属于特征值$-2$的2次广义特征向量). $\boldsymbol{\alpha}_1,\boldsymbol{\alpha}_2,\boldsymbol{\alpha}_3$构成了$\mathbf{C}^3$的一个基，它是$\boldsymbol{B}$的所有广义特征向量全体的一个极大线性无关组，由此我们也得到了线性变换$\mathscr{B}$：$\boldsymbol{x}\longmapsto\boldsymbol{B}\boldsymbol{x}$ ($\boldsymbol{x}\in\mathbf{C}^3$)的根子空间分解$L(\boldsymbol{\alpha}_1,\boldsymbol{\alpha}_2)\oplus L(\boldsymbol{\alpha}_3)$.

例 7.23 用向量式求如下 7 阶矩阵$\boldsymbol{A}$的广义特征向量：

$$\boldsymbol{A}=\begin{pmatrix}5&1&-28&1&-17&34&39\\1&6&-29&-1&-45&66&61\\5&-2&-33&3&51&-32&-1\\4&-2&-26&3&49&-37&-8\\2&-1&-13&2&23&-13&-2\\-2&1&13&0&-26&23&5\\6&-3&-39&3&71&-52&-9\end{pmatrix}.$$

解 将求$\boldsymbol{A}$的相关生成向量导出的零化向量式的过程列成一个表：

$\boldsymbol{u}$	$\boldsymbol{Au}$	$\boldsymbol{A}^2\boldsymbol{u}$	$\boldsymbol{v}$	$\boldsymbol{Av}$	$\boldsymbol{A}^2\boldsymbol{v}$	$\boldsymbol{w}$	$\boldsymbol{Aw}$	$\boldsymbol{A}^2\boldsymbol{w}$	$\boldsymbol{A}^3\boldsymbol{w}$
1	5	22	0	1	−1	0	1	6	11
0	1	6	1	6	25	0	−1	−2	−21
0	5	30	0	−2	−27	0	3	16	65
0	4	24	0	−2	−24	1	3	11	44
0	2	12	0	−1	−12	0	2	10	39
0	−2	−12	0	1	12	0	0	−1	−9
0	6	36	0	−3	−36	0	3	16	69
8	−6	1							
−8	3		8	−6	1				
3	1		−10	5		−8	12	−6	1

由上表中的最后3行得，由相关生成向量$\boldsymbol{A}^2\boldsymbol{u}$，$\boldsymbol{A}^2\boldsymbol{v}$和$\boldsymbol{A}^3\boldsymbol{w}$导出的零化向量式为

$$\begin{cases}\boldsymbol{x}_1=\boldsymbol{A}^2\boldsymbol{u}-6\boldsymbol{A}\boldsymbol{u}+8\boldsymbol{u},\\ \boldsymbol{x}_2=\boldsymbol{A}^2\boldsymbol{v}-6\boldsymbol{A}\boldsymbol{v}+8\boldsymbol{v}+3\boldsymbol{A}\boldsymbol{u}-8\boldsymbol{u},\\ \boldsymbol{x}_3=\boldsymbol{A}^3\boldsymbol{w}-6\boldsymbol{A}^2\boldsymbol{w}+12\boldsymbol{A}\boldsymbol{w}-8\boldsymbol{w}+5\boldsymbol{A}\boldsymbol{v}-10\boldsymbol{v}+\boldsymbol{A}\boldsymbol{u}+3\boldsymbol{u}.\end{cases}\tag{11}$$

由 ⑪ 可得多项式

$$\begin{cases}P_1(x)=x^2-6x+8=(x-4)(x-2),\\ P_2(x)=x^2-6x+8=(x-4)(x-2),\\ P_3(x)=x^3-6x^2+12x-8=(x-2)^3.\end{cases}\tag{12}$$

由 ⑫ 知，$\boldsymbol{A}$ 的特征值是 4 和 2.

先求 $\boldsymbol{A}$ 的属于特征值$\lambda_1=4$ 的特征向量. 将 $\boldsymbol{x}_i$ 写成商-余式形式 $\boldsymbol{x}_i=(\boldsymbol{A}-4\boldsymbol{E})\boldsymbol{q}_i+\boldsymbol{r}_i$，$i=1,2,3$，得

$$\boldsymbol{x}_1=(\boldsymbol{A}-4\boldsymbol{E})(\boldsymbol{A}\boldsymbol{u}-2\boldsymbol{u})+\boldsymbol{0},\tag{13}$$

$$\boldsymbol{x}_2=(\boldsymbol{A}-4\boldsymbol{E})(\boldsymbol{A}\boldsymbol{v}-2\boldsymbol{v}+3\boldsymbol{u})+4\boldsymbol{u},\tag{14}$$

$$\boldsymbol{x}_3=(\boldsymbol{A}-4\boldsymbol{E})(\boldsymbol{A}^2\boldsymbol{w}-2\boldsymbol{A}\boldsymbol{w}+4\boldsymbol{w}+5\boldsymbol{v}+\boldsymbol{u})+8\boldsymbol{w}+10\boldsymbol{v}+7\boldsymbol{u}.\tag{15}$$

由于 ⑬ 中的余式 $\boldsymbol{r}_1=\boldsymbol{0}$，故用 $\boldsymbol{A}-4\boldsymbol{E}$ 除 $\boldsymbol{x}_1$ 所得的商 $\boldsymbol{q}_1=\boldsymbol{A}\boldsymbol{u}-2\boldsymbol{u}$ 的值是一个属于 $\lambda_1=4$ 的特征向量. 在 ⑭ 中余式 $\boldsymbol{r}_2=4\boldsymbol{u}$ 不是前一个余式 $\boldsymbol{r}_1$ 的线性组合，在 ⑮ 中余式 $\boldsymbol{r}_3=8\boldsymbol{w}+10\boldsymbol{v}+7\boldsymbol{u}$ 也不是前两个余式 $\boldsymbol{r}_1$ 和 $\boldsymbol{r}_2$ 的线性组合. 因此，$\boldsymbol{A}$ 的特征值$\lambda_1=4$ 的特征子空间 V_{λ_1} 是 1 维的，$\boldsymbol{q}_1=\boldsymbol{A}\boldsymbol{u}-2\boldsymbol{u}$ 的值$(3,1,5,4,2,-2,6)^{\mathrm{T}}$ 构成它的一个基.

下面求 $\boldsymbol{A}$ 的属于$\lambda_1=4$ 的 2 次广义特征向量. 先将向量式 $\boldsymbol{x}_4=\boldsymbol{q}_1$ 写成商-余式形式

$$\boldsymbol{x}_4=(\boldsymbol{A}-4\boldsymbol{E})\boldsymbol{q}_4+\boldsymbol{r}_4.$$

如果 $\boldsymbol{r}_4=\boldsymbol{0}$，则 $\boldsymbol{q}_4$ 的值就是 2 次广义特征向量. 但现在

$$\boldsymbol{x}_4=\boldsymbol{q}_1=\boldsymbol{A}\boldsymbol{u}-2\boldsymbol{u}=(\boldsymbol{A}-4\boldsymbol{E})\boldsymbol{u}+2\boldsymbol{u},$$

其中 $\boldsymbol{r}_4=2\boldsymbol{u}\neq\boldsymbol{0}$，故 $\boldsymbol{q}_4=\boldsymbol{u}$ 的值还不是 2 次广义特征向量. 与求特征向量的方法类似，我们检验 $\boldsymbol{r}_4$ 是否前 3 个余式 $\boldsymbol{r}_1$，$\boldsymbol{r}_2$ 和 $\boldsymbol{r}_3$ 的线性组合. 显然 $2\boldsymbol{r}_4-\boldsymbol{r}_2=\boldsymbol{0}$，所以对应的 $\boldsymbol{x}_2$ 和 $\boldsymbol{x}_4$ 的线性组合 $2\boldsymbol{x}_4-\boldsymbol{x}_2$ 有$(\boldsymbol{A}-4\boldsymbol{E})\boldsymbol{z}$ 的形式，且用 $\boldsymbol{A}-4\boldsymbol{E}$ 除 $2\boldsymbol{x}_4-\boldsymbol{x}_2$ 所得的商为

$$2\boldsymbol{q}_4-\boldsymbol{q}_2=2\boldsymbol{u}-(\boldsymbol{A}\boldsymbol{v}-2\boldsymbol{v}+3\boldsymbol{u})=-\boldsymbol{A}\boldsymbol{v}+2\boldsymbol{v}-\boldsymbol{u},$$

它的值是属于 $\lambda_1=4$ 的 2 次广义特征向量(这是因为 $\boldsymbol{x}_2$ 是零化向量式，故向量式

$$(\boldsymbol{A}-4\boldsymbol{E})(2\boldsymbol{q}_4-\boldsymbol{q}_2)=2\boldsymbol{x}_4-\boldsymbol{x}_2=2\boldsymbol{q}_1-\boldsymbol{x}_2$$

的值就是 $2\boldsymbol{q}_1=2(\boldsymbol{A}\boldsymbol{u}-2\boldsymbol{u})$ 的值，是属于 $\lambda_1=4$ 的特征向量，且

$$\begin{aligned}(\boldsymbol{A}-4\boldsymbol{E})^2(2\boldsymbol{q}_4-\boldsymbol{q}_2)&=(\boldsymbol{A}-4\boldsymbol{E})(2\boldsymbol{x}_4-\boldsymbol{x}_2)\\&=2(\boldsymbol{A}-4\boldsymbol{E})\boldsymbol{q}_1-(\boldsymbol{A}-4\boldsymbol{E})\boldsymbol{x}_2\\&=2\boldsymbol{x}_1-(\boldsymbol{A}-4\boldsymbol{E})\boldsymbol{x}_2\end{aligned}$$

是零化向量式，它的值为 $\mathbf{0}$).

是否还有 $\boldsymbol{A}$ 的属于 $\lambda_1=4$ 的 3 次广义特征向量呢？ 再计算向量式 $\boldsymbol{x}_5=2\boldsymbol{q}_4-\boldsymbol{q}_2=-\boldsymbol{A}\boldsymbol{v}+2\boldsymbol{v}-\boldsymbol{u}$ 除以 $\boldsymbol{A}-4\boldsymbol{E}$ 的商 $\boldsymbol{q}_5$ 和余式 $\boldsymbol{r}_5$，得

$$\boldsymbol{q}_5=-\boldsymbol{v},\quad \boldsymbol{r}_5=-2\boldsymbol{v}-\boldsymbol{u}.$$

显然，$\boldsymbol{r}_5$ 不是 $\boldsymbol{r}_1,\boldsymbol{r}_2,\boldsymbol{r}_3,\boldsymbol{r}_4$ 的线性组合，故不存在 $\boldsymbol{x}_5$ 和 $\boldsymbol{x}_1,\boldsymbol{x}_2,\boldsymbol{x}_3,\boldsymbol{x}_4$ 的线性组合再能分解出因式 $\boldsymbol{A}-4\boldsymbol{E}$，因而不存在 $\boldsymbol{A}$ 的属于 $\lambda_1=4$ 的 3 次广义特征向量. 因此，特征向量 $\boldsymbol{A}\boldsymbol{u}-2\boldsymbol{u}=(3,1,5,4,2,-2,6)^{\mathrm{T}}$ 和 2 次广义特征向量

$$-\boldsymbol{A}\boldsymbol{v}+2\boldsymbol{v}-\boldsymbol{u}=-(2,4,-2,-2,-1,1,-3)^{\mathrm{T}}$$

构成线性变换 $\mathscr{A}$: $\boldsymbol{x}\longmapsto\boldsymbol{A}\boldsymbol{x}$ ($\boldsymbol{x}\in\mathbf{C}^7$) 的属于特征值 $\lambda_1=4$ 的根子空间 W_{λ_1} 的一个基.

求特征值 $\lambda_2=2$ 的广义特征向量的算法是与 $\lambda_1=4$ 时相同的，我们采用相同的记号.

由于特征值 λ_2 的根子空间 W_{λ_2} 的维数为 $7-2=5$，故计算量要稍大一些，其计算过程可用下表概述：

$\boldsymbol{x}_j$		$\boldsymbol{q}_j$	$\boldsymbol{r}_j$
$\boldsymbol{x}_1$	$=\boldsymbol{A}^2\boldsymbol{u}-6\boldsymbol{A}\boldsymbol{u}+8\boldsymbol{u}$	$\boldsymbol{A}\boldsymbol{u}-4\boldsymbol{u}$	$\mathbf{0}$
$\boldsymbol{x}_2$	$=\boldsymbol{A}^2\boldsymbol{v}-6\boldsymbol{A}\boldsymbol{v}+8\boldsymbol{v}+3\boldsymbol{A}\boldsymbol{u}-8\boldsymbol{u}$	$\boldsymbol{A}\boldsymbol{v}-4\boldsymbol{v}+3\boldsymbol{u}$	$-2\boldsymbol{u}$
$\boldsymbol{x}_3$	$=\boldsymbol{A}^3\boldsymbol{w}-6\boldsymbol{A}^2\boldsymbol{w}+12\boldsymbol{A}\boldsymbol{w}-8\boldsymbol{w}+5\boldsymbol{A}\boldsymbol{v}-10\boldsymbol{v}+\boldsymbol{A}\boldsymbol{u}+3\boldsymbol{u}$	$\boldsymbol{A}^2\boldsymbol{w}-4\boldsymbol{A}\boldsymbol{w}+4\boldsymbol{w}+5\boldsymbol{v}+\boldsymbol{u}$	$5\boldsymbol{u}$
$\boldsymbol{x}_4=\boldsymbol{q}_1$	$=\boldsymbol{A}\boldsymbol{u}-4\boldsymbol{u}$	$\boldsymbol{u}$	$-2\boldsymbol{u}$
$\boldsymbol{x}_5=2\boldsymbol{q}_3+5\boldsymbol{q}_2$	$=2\boldsymbol{A}^2\boldsymbol{w}-8\boldsymbol{A}\boldsymbol{w}+8\boldsymbol{w}+5\boldsymbol{A}\boldsymbol{v}-10\boldsymbol{v}+17\boldsymbol{u}$	$2\boldsymbol{A}\boldsymbol{w}-4\boldsymbol{w}+5\boldsymbol{v}$	$17\boldsymbol{u}$
$\boldsymbol{x}_6=\boldsymbol{q}_2-\boldsymbol{q}_4$	$=-\boldsymbol{A}\boldsymbol{v}-4\boldsymbol{v}+2\boldsymbol{u}$	$\boldsymbol{v}$	$-2\boldsymbol{v}+2\boldsymbol{u}$
$\boldsymbol{x}_7=2\boldsymbol{q}_5+17\boldsymbol{q}_2$	$=4\boldsymbol{A}\boldsymbol{w}-8\boldsymbol{w}+17\boldsymbol{A}\boldsymbol{v}-58\boldsymbol{v}+51\boldsymbol{u}$	$4\boldsymbol{w}+17\boldsymbol{v}$	$-24\boldsymbol{v}+51\boldsymbol{u}$
$\boldsymbol{x}_8=2\boldsymbol{q}_7-24\boldsymbol{q}_6+27\boldsymbol{q}_2$	$=8\boldsymbol{w}+27\boldsymbol{A}\boldsymbol{v}-98\boldsymbol{v}+81\boldsymbol{u}$	$27\boldsymbol{v}$	$8\boldsymbol{w}-44\boldsymbol{v}+81\boldsymbol{u}$

上表第 j 行中包含向量式 $\boldsymbol{x}_j$，以及用 $\boldsymbol{A}-2\boldsymbol{E}$ 除所得的商 $\boldsymbol{q}_j$ 和余式 $\boldsymbol{r}_j$. 表中第 1 条和第 2 条横线之间的 $\boldsymbol{x}_1,\boldsymbol{x}_2,\boldsymbol{x}_3$ 及其商和余式是由 ⑪ 所给出的. 第 2 条和第 3 条横线之间的 $\boldsymbol{x}_4,\boldsymbol{x}_5$ 是第 2 条横线上方的商 $\boldsymbol{q}_1,\boldsymbol{q}_2,\boldsymbol{q}_3$ 的线性组

合，由于 $\boldsymbol{r}_1=\boldsymbol{0}$ 和 $2\boldsymbol{r}_3+5\boldsymbol{r}_2=\boldsymbol{0}$，所以 $\boldsymbol{x}_4=\boldsymbol{q}_1$ 和 $\boldsymbol{x}_5=2\boldsymbol{q}_3+5\boldsymbol{q}_2$ 的值就是属于 $\lambda_2=2$ 的 2 个线性无关的特征向量. 第 3 条和第 4 条横线之间的 $\boldsymbol{x}_6,\boldsymbol{x}_7$ 是前面的商的线性组合：

$$\boldsymbol{x}_6=\boldsymbol{q}_2-\boldsymbol{q}_4,\quad \boldsymbol{x}_7=2\boldsymbol{q}_5+17\boldsymbol{q}_2,$$

由于 $\boldsymbol{r}_2-\boldsymbol{r}_4=\boldsymbol{0}$，$2\boldsymbol{r}_5+17\boldsymbol{r}_2=\boldsymbol{0}$，故它们的值是属于 $\lambda_2=2$ 的 2 个线性无关的 2 次广义特征向量. 由于 $2\boldsymbol{r}_7-24\boldsymbol{r}_6+27\boldsymbol{r}_2=\boldsymbol{0}$，故最后一行的

$$\boldsymbol{x}_8=2\boldsymbol{q}_7-24\boldsymbol{q}_6+27\boldsymbol{q}_2=8\boldsymbol{w}+27\boldsymbol{A}\boldsymbol{v}-98\boldsymbol{v}+81\boldsymbol{u}$$

的值就是属于 $\lambda_2=2$ 的 3 次广义特征向量. 用 $\boldsymbol{A}-2\boldsymbol{E}$ 除 $\boldsymbol{x}_8$，得

$$\boldsymbol{x}_8=(\boldsymbol{A}-2\boldsymbol{E})\boldsymbol{q}_8+\boldsymbol{r}_8=(\boldsymbol{A}-2\boldsymbol{E})(27\boldsymbol{v})+8\boldsymbol{w}-44\boldsymbol{v}+81\boldsymbol{u},$$

其中 $\boldsymbol{r}_8=8\boldsymbol{w}-44\boldsymbol{v}+81\boldsymbol{u}$ 不再是其他余式 $\boldsymbol{r}_1,\boldsymbol{r}_2,\cdots,\boldsymbol{r}_7$ 的线性组合，因而就不再存在 4 次广义特征向量. 实际上，向量式 $\boldsymbol{x}_4,\boldsymbol{x}_5,\boldsymbol{x}_6,\boldsymbol{x}_7,\boldsymbol{x}_8$ 的值

$$\boldsymbol{x}_4=(1,1,5,4,2,-2,6)^{\mathrm{T}},$$

$$\boldsymbol{x}_5=(2,4,-2,-2,-1,1,-3)^{\mathrm{T}},$$

$$\boldsymbol{x}_6=(3,2,-2,-2,-1,1,-3)^{\mathrm{T}},$$

$$\boldsymbol{x}_7=(72,40,-22,-30,-9,17,-39)^{\mathrm{T}},$$

$$\boldsymbol{x}_8=(108,64,-54,-46,-27,27,-81)^{\mathrm{T}}$$

是 $\mathscr{A}$ 的属于特征值 λ_2 的根子空间 W_{λ_2} 的 5 个线性无关的广义特征向量，已经构成了 W_{λ_2} 的一个基. 将根子空间 W_{λ_1} 和 W_{λ_2} 的基拼起来就得到了 $\mathbf{C}^7=W_{\lambda_1}\oplus W_{\lambda_2}$ 的一个基.

思考 问：例 7.23 的矩阵 $\boldsymbol{A}$（或线性变换 $\mathscr{A}$: $\boldsymbol{x}\longmapsto\boldsymbol{A}\boldsymbol{x}$ ($\boldsymbol{x}\in\mathbf{C}^7$)）的若尔当基含有几个若尔当链，它们的长度各为多少？试用上述的 W_{λ_1} 和 W_{λ_2} 的基求 $\boldsymbol{A}$ 的若尔当基.

一般地，我们都可以利用 $\boldsymbol{A}\in\mathbf{C}^{n\times n}$ 的相关生成向量导出的零化向量式，来求它的属于特征值 λ 的根子空间

$$W_\lambda=\{\boldsymbol{x}\in\mathbf{C}^n\mid 存在某个正整数\,k，使(\boldsymbol{A}-\lambda\boldsymbol{E})^k\boldsymbol{x}=\boldsymbol{0}\}$$

的基. 设 $\boldsymbol{x}_1,\boldsymbol{x}_2,\cdots,\boldsymbol{x}_m$ 是由 $\boldsymbol{A}$ 的相关生成向量导出的零化向量式. 首先，求所有的具有形式$(\boldsymbol{A}-\lambda\boldsymbol{E})\boldsymbol{z}$ 的 $\boldsymbol{x}_1,\boldsymbol{x}_2,\cdots,\boldsymbol{x}_m$ 的线性组合全体的一个基. 设 $\boldsymbol{x}_{m+1},\boldsymbol{x}_{m+2},\cdots,\boldsymbol{x}_k$ 是从该基除以 $\boldsymbol{A}-\lambda\boldsymbol{E}$ 所得的商，它们的值(是 n 维向量)构成特征值 λ 的特征子空间的一个基. $\boldsymbol{x}_1,\boldsymbol{x}_2,\cdots,\boldsymbol{x}_k$ 作为向量式是线性无关的(这是因为没有一个非零的简洁向量式是零化向量式). 其次，求所有的具有形式$(\boldsymbol{A}-\lambda\boldsymbol{E})\boldsymbol{z}$ 的 $\boldsymbol{x}_1,\boldsymbol{x}_2,\cdots,\boldsymbol{x}_k$ 的线性组合全体的一个基(它包含前面已求得的基). 设 $\boldsymbol{x}_{k+1},\boldsymbol{x}_{k+2},\cdots,\boldsymbol{x}_r$ 是从该基除以 $\boldsymbol{A}-\lambda\boldsymbol{E}$ 所得的新出现的商(假如它们存在). 向量式 $\boldsymbol{x}_1,\boldsymbol{x}_2,\cdots,\boldsymbol{x}_r$ 是线性无关的(这是因为由相关生成向量

式导出的零化向量式是线性无关的，值为广义特征向量的简洁向量式是线性无关的，以及没有一个非零的简洁向量式是零化向量式)．继续做下去，直到不再有新的向量式 $\boldsymbol{x}_j$ 产生为止．假设最后得到 p 个向量式 $\boldsymbol{x}_1,\boldsymbol{x}_2,\cdots,\boldsymbol{x}_p$，那么其中向量式 $\boldsymbol{x}_{m+1},\boldsymbol{x}_{m+2},\cdots,\boldsymbol{x}_p$ 的值构成根子空间 W_λ 的一个基．

利用 $\boldsymbol{A}$ 的各个根子空间的由各次广义特征向量构成的基，可以求它的若尔当基．

设 $\boldsymbol{w}_1,\boldsymbol{w}_2,\cdots,\boldsymbol{w}_j\in\mathbf{C}^n$ 为 $\boldsymbol{A}$ 的属于特征值 λ 的长度为 j 的若尔当链，则由定义 7.11 知，

$$\boldsymbol{A}\boldsymbol{w}_1=\lambda\boldsymbol{w}_1,\quad \boldsymbol{A}\boldsymbol{w}_i=\lambda\boldsymbol{w}_i+\boldsymbol{w}_{i-1}\quad(i=2,3,\cdots,j),\tag{16}$$

其中起始向量 $\boldsymbol{w}_1$ 是特征向量，$\boldsymbol{w}_j$ 是最高次广义向量．由 ⑯ 知，

$$(\boldsymbol{A}-\lambda\boldsymbol{E})\boldsymbol{w}_j=\boldsymbol{w}_{j-1},\ (\boldsymbol{A}-\lambda\boldsymbol{E})^2\boldsymbol{w}_j=\boldsymbol{w}_{j-2},\ \cdots,\ (\boldsymbol{A}-\lambda\boldsymbol{E})^{j-1}\boldsymbol{w}_j=\boldsymbol{w}_1.$$

因此，该若尔当链也可以看成由最高次广义向量 $\boldsymbol{w}_j$ 连续左乘 $\boldsymbol{A}-\lambda\boldsymbol{E}$ 所生成．

设 $\boldsymbol{A}$ 的属于 λ 的特征子空间为 V_λ，$\dim V_\lambda=t$，属于 λ 的根子空间为 W_λ，$\dim W_\lambda=m$．由定理 7.10 知，我们要寻找由 t 个广义特征向量所生成的 t 个若尔当链，使得这些链中所含的 t 个特征向量(即 1 次广义向量)是线性无关的．由于 $\boldsymbol{A}$ 的属于 λ 的若尔当链的长度都不大于 m，故 $\boldsymbol{A}$ 的属于 λ 的广义特征向量的次数 $\leqslant m$，设 p 是最高次数．令

$$V_\lambda^{(k)}=\{\boldsymbol{x}\in\mathbf{C}^n\mid(\boldsymbol{A}-\lambda\boldsymbol{E})^k\boldsymbol{x}=\boldsymbol{0}\},\quad k=p,p-1,\cdots,1,$$

则 $V_\lambda^{(k)}$ 都是 $\mathbf{C}^n$ 的子空间，且

$$W_\lambda=V_\lambda^{(p)}\supseteq V_\lambda^{(p-1)}\supseteq\cdots\supseteq V_\lambda^{(1)}=V_\lambda.\tag{17}$$

显然，$\boldsymbol{A}$ 的属于 λ 的所有广义特征向量都属于 $V_\lambda^{(p)}$，次数不大于 $p-1$ 的广义特征向量都属于 $V_\lambda^{(p-1)}$……次数为 1 的广义特征向量(即特征向量)都属于 $V_\lambda^{(1)}=V_\lambda$．

令 $(\boldsymbol{A}-\lambda\boldsymbol{E})^jV_\lambda^{(k)}=\{(\boldsymbol{A}-\lambda\boldsymbol{E})^j\boldsymbol{x}\mid\boldsymbol{x}\in V_\lambda^{(k)}\}$，则它也是 $\mathbf{C}^n$ 的子空间，且有

$$\begin{aligned}&(\boldsymbol{A}-\lambda\boldsymbol{E})V_\lambda^{(p)}\subseteq V_\lambda^{(p-1)},\\&(\boldsymbol{A}-\lambda\boldsymbol{E})^2V_\lambda^{(p)}\subseteq(\boldsymbol{A}-\lambda\boldsymbol{E})V_\lambda^{(p-1)}\subseteq V_\lambda^{(p-2)},\\&\cdots,\\&(\boldsymbol{A}-\lambda\boldsymbol{E})^{p-1}V_\lambda^{(p)}\subseteq(\boldsymbol{A}-\lambda\boldsymbol{E})^{p-2}V_\lambda^{(p-1)}\subseteq\cdots\subseteq V_\lambda^{(1)}=V_\lambda.\end{aligned}\tag{18}$$

显然，由 p 次广义特征向量(设为 $\boldsymbol{\alpha}_p$)生成的若尔当链中的特征向量($(\boldsymbol{A}-\lambda\boldsymbol{E})^{p-1}\boldsymbol{\alpha}_p$)都落在子空间 $(\boldsymbol{A}-\lambda\boldsymbol{E})^{p-1}V_\lambda^{(p)}$ 中，同样，由 $p-1$ 次广义特征向量(设为 $\boldsymbol{\alpha}_{p-1}$)生成的特征向量($(\boldsymbol{A}-\lambda\boldsymbol{E})^{p-2}\boldsymbol{\alpha}_{p-1}$)都落在子空间 $(\boldsymbol{A}-\lambda\boldsymbol{E})^{p-2}V_\lambda^{(p-1)}$ 中……由 2 次广义特征向量(设为 $\boldsymbol{\alpha}_2$)生成的特征向量($(\boldsymbol{A}-\lambda\boldsymbol{E})\boldsymbol{\alpha}_2$)都落在子空间 $(\boldsymbol{A}-\lambda\boldsymbol{E})V_\lambda^{(2)}$ 中．

下面我们将利用⑰和⑱，在 $V_\lambda^{(p)}$ 中寻找 t 个生成元，使它们生成 t 个线性无关的特征向量是 V_λ 的基，这样就能得到我们所需的 t 个若尔当链.

将 $W_\lambda=V_\lambda^{(p)}$ 的由各次广义特征向量构成的基中的向量按次数由低向高排列. 具体地说，由⑰，可先由 V_λ 的一个基 $\boldsymbol{\varepsilon}_1,\boldsymbol{\varepsilon}_2,\cdots,\boldsymbol{\varepsilon}_{m_1}$（都是 $\boldsymbol{A}$ 的特征向量），再添上 2 次广义特征向量 $\boldsymbol{\varepsilon}_{m_1+1},\boldsymbol{\varepsilon}_{m_1+2},\cdots,\boldsymbol{\varepsilon}_{m_2}$ 构成 $V_\lambda^{(2)}$ 的一个基……再添上 p 次广义特征向量 $\boldsymbol{\varepsilon}_{m_{p-1}+1},\boldsymbol{\varepsilon}_{m_{p-1}+2},\cdots,\boldsymbol{\varepsilon}_{m_p}$ 构成 $V_\lambda^{(p)}$ 的一个基. 虽然这样得到的 $V_\lambda^{(p)}$ 的基中的 $m=m_p$ 个向量线性无关，但是，由它们生成的 m_p 个特征向量

$(\boldsymbol{A}-\lambda\boldsymbol{E})^{p-1}\boldsymbol{\varepsilon}_{m_{p-1}+1}$，…，$(\boldsymbol{A}-\lambda\boldsymbol{E})^{p-1}\boldsymbol{\varepsilon}_{m_p}$（$\in(\boldsymbol{A}-\lambda\boldsymbol{E})^{p-1}V_\lambda^{(p)}$）；

$(\boldsymbol{A}-\lambda\boldsymbol{E})^{p-2}\boldsymbol{\varepsilon}_{m_{p-2}+1}$，…，$(\boldsymbol{A}-\lambda\boldsymbol{E})^{p-2}\boldsymbol{\varepsilon}_{m_{p-1}}$（$\in(\boldsymbol{A}-\lambda\boldsymbol{E})^{p-2}V_\lambda^{(p-1)}$）；

…；

$\boldsymbol{\varepsilon}_1,\boldsymbol{\varepsilon}_2,\cdots,\boldsymbol{\varepsilon}_{m_1}$（$\in V_\lambda$）

不一定线性无关(这是因为 $(\boldsymbol{A}-\lambda\boldsymbol{E})^k$ $(k=1,2,\cdots,p-1)$ 都有特征值 0，故都是非满秩的)，它们只是张成 $\mathbf{C}^n$ 的子空间 V_λ，然而利用⑱，我们可以从它们中间选出一个极大线性无关组，得到我们所需的 V_λ 的基. 具体地说，令 $\dim(\boldsymbol{A}-\lambda\boldsymbol{E})^{p-1}V_\lambda^{(p)}=t_1$，故在向量组

$$\{(\boldsymbol{A}-\lambda\boldsymbol{E})^{p-1}\boldsymbol{\varepsilon}_{m_{p-1}+1},\cdots,(\boldsymbol{A}-\lambda\boldsymbol{E})^{p-1}\boldsymbol{\varepsilon}_{m_p}\}$$

中可以找到 t_1 个向量构成的极大线性无关组(即 $(\boldsymbol{A}-\lambda\boldsymbol{E})^{p-1}V_\lambda^{(p)}$ 的基)，设为

$$(\boldsymbol{A}-\lambda\boldsymbol{E})^{p-1}\boldsymbol{\varepsilon}'_1,\ (\boldsymbol{A}-\lambda\boldsymbol{E})^{p-1}\boldsymbol{\varepsilon}'_2,\ \cdots,\ (\boldsymbol{A}-\lambda\boldsymbol{E})^{p-1}\boldsymbol{\varepsilon}'_{t_1},\qquad (\text{I})$$

由此可得由 t_1 个 p 次广义特征向量 $\boldsymbol{\varepsilon}'_1,\boldsymbol{\varepsilon}'_2,\cdots,\boldsymbol{\varepsilon}'_{t_1}$ 生成的 t_1 个长度为 p 的若尔当链，产生 t_1p 个属于我们所需的线性无关的广义特征向量.

令 $\dim(\boldsymbol{A}-\lambda\boldsymbol{E})^{p-2}V_\lambda^{(p-1)}=t_2$，由⑱，我们可以从向量组

$$\{(\boldsymbol{A}-\lambda\boldsymbol{E})^{p-2}\boldsymbol{\varepsilon}_{m_{p-2}+1},\cdots,(\boldsymbol{A}-\lambda\boldsymbol{E})^{p-2}\boldsymbol{\varepsilon}_{m_{p-1}}\}$$

中取出 t_2-t_1 个向量，设为

$$(\boldsymbol{A}-\lambda\boldsymbol{E})^{p-2}\boldsymbol{\varepsilon}'_{t_1+1},\ (\boldsymbol{A}-\lambda\boldsymbol{E})^{p-2}\boldsymbol{\varepsilon}'_{t_1+2},\ \cdots,\ (\boldsymbol{A}-\lambda\boldsymbol{E})^{p-2}\boldsymbol{\varepsilon}'_{t_2},\qquad (\text{II})$$

使得向量组(Ⅱ)添加到向量组(Ⅰ)中，构成 $(\boldsymbol{A}-\lambda\boldsymbol{E})^{p-2}V_\lambda^{(p-1)}$ 的基，于是得到由 t_2-t_1 个 $p-1$ 次广义特征向量 $\boldsymbol{\varepsilon}'_{t_1+1},\boldsymbol{\varepsilon}'_{t_1+2},\cdots,\boldsymbol{\varepsilon}'_{t_2}$ 生成的 t_2-t_1 个长度为 $p-1$ 的若尔当链，它们又产生了 $(t_2-t_1)(p-1)$ 个属于我们所需的广义特征向量……继续做下去，将向量组(Ⅰ)添加向量组(Ⅱ)……最后扩充为 V_λ 的基，从而得到所需的 t 个若尔当链，它们共含 m 个广义特征向量，且由于这 t 个链中的特征向量线性无关，故所得到的 m 个广义特征向量也线性无关. 这样，我们就得到了 t 个 $\boldsymbol{A}$ 的属于特征值 λ 的若尔当链. 把求得的属于不同特征值的所有若尔当链拼起来，就得到了 $\boldsymbol{A}$ 的若尔当基.

练 习

1. 试利用求广义特征向量的直接算法，求下列矩阵 $\boldsymbol{A}$ 的若尔当基，以及它的若尔当标准形 $\boldsymbol{J}$ 和过渡矩阵 $\boldsymbol{T}$：

1) $\begin{pmatrix} 0 & 0 & 0 & -1 \\ 1 & 0 & 0 & -4 \\ 0 & 1 & 0 & -6 \\ 0 & 0 & 1 & -4 \end{pmatrix}$；　　2) $\begin{pmatrix} 0 & 0 & 0 & 0 & 4 \\ 1 & 0 & 0 & 0 & -16 \\ 0 & 1 & 0 & 0 & 25 \\ 0 & 0 & 1 & 0 & -19 \\ 0 & 0 & 0 & 1 & 7 \end{pmatrix}$.

章课题　矩阵的克罗内克(Kronecker)积

设 $\boldsymbol{A}=(a_{ij})_{m\times n}$ 是 $m\times n$ 矩阵，$\boldsymbol{B}=(b_{ij})_{p\times q}$ 是 $p\times q$ 矩阵，则称 $mp\times nq$ 矩阵

$$\begin{pmatrix} a_{11}\boldsymbol{B} & a_{12}\boldsymbol{B} & \cdots & a_{1n}\boldsymbol{B} \\ a_{21}\boldsymbol{B} & a_{22}\boldsymbol{B} & \cdots & a_{2n}\boldsymbol{B} \\ \vdots & \vdots & \ddots & \vdots \\ a_{m1}\boldsymbol{B} & a_{m2}\boldsymbol{B} & \cdots & a_{mn}\boldsymbol{B} \end{pmatrix}$$

为矩阵 $\boldsymbol{A}$ 和 $\boldsymbol{B}$ 的**克罗内克积**，记为 $\boldsymbol{A}\otimes\boldsymbol{B}$.

例如：设 $\boldsymbol{A}=\begin{pmatrix} 2 & 5 & 2 \\ 0 & 1 & -3 \end{pmatrix}$，$\boldsymbol{B}=\begin{pmatrix} 1 \\ -2 \\ 0 \end{pmatrix}$. 则

$$\boldsymbol{A}\otimes\boldsymbol{B}=\begin{pmatrix} 2\boldsymbol{B} & 5\boldsymbol{B} & 2\boldsymbol{B} \\ \boldsymbol{O} & \boldsymbol{B} & -3\boldsymbol{B} \end{pmatrix}=\begin{pmatrix} 2 & 5 & 2 \\ -4 & -10 & -4 \\ 0 & 0 & 0 \\ 0 & 1 & -3 \\ 0 & -2 & 6 \\ 0 & 0 & 0 \end{pmatrix},$$

$$\boldsymbol{B}\otimes\boldsymbol{A}=\begin{pmatrix} \boldsymbol{A} \\ -2\boldsymbol{A} \\ \boldsymbol{O} \end{pmatrix}=\begin{pmatrix} 2 & 5 & 2 \\ 0 & 1 & -3 \\ -4 & -10 & -4 \\ 0 & -2 & 6 \\ 0 & 0 & 0 \\ 0 & 0 & 0 \end{pmatrix}.$$

又如设列向量 $\boldsymbol{A}=\begin{pmatrix}1\\2\\3\end{pmatrix}$，$\boldsymbol{B}=\begin{pmatrix}2\\-1\\3\\1\end{pmatrix}$，可以计算

$$\boldsymbol{A}\otimes\boldsymbol{B}^{\mathrm{T}}=\begin{pmatrix}\boldsymbol{B}^{\mathrm{T}}\\2\boldsymbol{B}^{\mathrm{T}}\\3\boldsymbol{B}^{\mathrm{T}}\end{pmatrix}_{3\times4}=\boldsymbol{A}\boldsymbol{B}^{\mathrm{T}}=(2\boldsymbol{A},-\boldsymbol{A},3\boldsymbol{A},\boldsymbol{A})_{3\times4}=\boldsymbol{B}^{\mathrm{T}}\otimes\boldsymbol{A}.$$

由此可知，克罗内克积 $\boldsymbol{A}\otimes\boldsymbol{B}$ 实际上就是以 $a_{ij}\boldsymbol{B}$ 为子块的分块矩阵，一般情况下，$\boldsymbol{A}\otimes\boldsymbol{B}\neq\boldsymbol{B}\otimes\boldsymbol{A}$，但当 $\boldsymbol{A},\boldsymbol{B}$ 均为列向量时，克罗内克积满足这样的交换律：$\boldsymbol{A}\otimes\boldsymbol{B}^{\mathrm{T}}=\boldsymbol{B}^{\mathrm{T}}\otimes\boldsymbol{A}$. 矩阵的克罗内克积在多重线性代数中的张量代数、线性矩阵方程求解、统计的正交设计等许多领域都有应用.

本课题将探讨矩阵的克罗内克积的可对角化问题.

任何一种运算，只有具备了良好的运算律，才能得以广泛的应用. 下面我们先研讨克罗内克积的运算性质.

问题 1 证明克罗内克积具有下列运算性质：

1) $\boldsymbol{A}\otimes\boldsymbol{O}=\boldsymbol{O}\otimes\boldsymbol{A}=\boldsymbol{O}$;

2) $(\boldsymbol{A}_1+\boldsymbol{A}_2)\otimes\boldsymbol{B}=\boldsymbol{A}_1\otimes\boldsymbol{B}+\boldsymbol{A}_2\otimes\boldsymbol{B}$，这里 $\boldsymbol{A}_1,\boldsymbol{A}_2$ 具有相同的行列数；

3) $\boldsymbol{A}\otimes(\boldsymbol{B}_1+\boldsymbol{B}_2)=\boldsymbol{A}\otimes\boldsymbol{B}_1+\boldsymbol{A}\otimes\boldsymbol{B}_2$，这里 $\boldsymbol{B}_1,\boldsymbol{B}_2$ 具有相同的行列数；

4) 若 λ,μ 为常数，则 $(\lambda\boldsymbol{A})\otimes\boldsymbol{B}=\boldsymbol{A}\otimes(\lambda\boldsymbol{B})=\lambda(\boldsymbol{A}\otimes\boldsymbol{B})$，

$$(\lambda\boldsymbol{A})\otimes(\mu\boldsymbol{B})=\lambda\mu(\boldsymbol{A}\otimes\boldsymbol{B});$$

5) $\lambda\otimes\boldsymbol{A}=\lambda\boldsymbol{A}=\boldsymbol{A}\lambda=\boldsymbol{A}\otimes\lambda$;

6) $(\boldsymbol{A}\otimes\boldsymbol{B})\otimes\boldsymbol{C}=\boldsymbol{A}\otimes(\boldsymbol{B}\otimes\boldsymbol{C})$.

7) $(\boldsymbol{A}\otimes\boldsymbol{B})(\boldsymbol{C}\otimes\boldsymbol{D})=\boldsymbol{AC}\otimes\boldsymbol{BD}$;

8) $(\boldsymbol{A}\otimes\boldsymbol{b})\boldsymbol{B}=(\boldsymbol{AB})\otimes\boldsymbol{b}$，这里 $\boldsymbol{b}$ 为列向量，$\boldsymbol{A},\boldsymbol{B}$ 可乘；

9) $(\boldsymbol{A}\otimes\boldsymbol{B})^{\mathrm{T}}=\boldsymbol{A}^{\mathrm{T}}\otimes\boldsymbol{B}^{\mathrm{T}}$;

10) $(\boldsymbol{A}\otimes\boldsymbol{B})^{-1}=\boldsymbol{A}^{-1}\otimes\boldsymbol{B}^{-1}$.

下面我们研讨克罗内克积矩阵的特征值、特征向量和可对角化问题.

问题 2 1) 设 $\boldsymbol{A},\boldsymbol{B}$ 分别为 m 阶、n 阶矩阵，它们分别具有特征值 $\lambda_1,\cdots,\lambda_m$ 和 $\mu_1,\cdots,\mu_n$. 那么，克罗内克积 $\boldsymbol{A}\otimes\boldsymbol{B}$ 的特征值是什么？

2) 如果已知 $\boldsymbol{A},\boldsymbol{B}$ 的两个特征向量分别是 $\boldsymbol{\alpha}$ 和 $\boldsymbol{\beta}$，那么 $\boldsymbol{\alpha}\otimes\boldsymbol{\beta}$ 是否 $\boldsymbol{A}\otimes\boldsymbol{B}$ 的特征向量？并且研究克罗内克积矩阵 $\boldsymbol{A}\otimes\boldsymbol{B}$ 的特征向量是否都由矩阵 $\boldsymbol{A}$ 和 $\boldsymbol{B}$ 的特征向量的克罗内克积组成.

问题 3 由问题2知，设$\boldsymbol{A}$,$\boldsymbol{B}$分别为m阶、n阶矩阵，则$\boldsymbol{A}\otimes\boldsymbol{B}$的特征向量不一定都能由矩阵$\boldsymbol{A}$和$\boldsymbol{B}$的特征向量的克罗内克积组成. 现条件改为$\boldsymbol{A}$和$\boldsymbol{B}$都是可对角化矩阵，情况如何，此时$\boldsymbol{A}\otimes\boldsymbol{B}$能否对角化？

由习题7.1第2题知，如果$\boldsymbol{B}$和$\boldsymbol{C}$是两个固定n阶矩阵，$\boldsymbol{X}$是任一n阶矩阵，定义一个矩阵变换为$\mathscr{A}(\boldsymbol{X})=\boldsymbol{BXC}$，则$\mathscr{A}$是一个线性变换，我们可以考虑下列问题：

问题 4 设$\boldsymbol{B},\boldsymbol{C}\in\mathbf{F}^{n\times n}$是两个固定的$n$阶矩阵，$\boldsymbol{X}$是$\mathbf{F}^{n\times n}$中的任意一个$n$阶矩阵，线性变换$\mathscr{A}$: $\mathbf{F}^{n\times n}\to\mathbf{F}^{n\times n}$，$\boldsymbol{X}\mapsto\boldsymbol{BXC}$.

1) 若设$\boldsymbol{E}_{11},\boldsymbol{E}_{21},\cdots,\boldsymbol{E}_{n1},\boldsymbol{E}_{12},\boldsymbol{E}_{22},\cdots,\boldsymbol{E}_{n2},\cdots,\boldsymbol{E}_{1n},\boldsymbol{E}_{2n},\cdots,\boldsymbol{E}_{nn}$为$\mathbf{F}^{n\times n}$的一组基，试求$\mathscr{A}$在这组基下的矩阵，其中$\boldsymbol{E}_{ij}$表示$n$阶中第$i$行第$j$列元素为1其余元素均为0的矩阵. 由此你可得到什么结论？线性变换$\mathscr{A}$的矩阵与克罗内克积有何关系？

2) 问：线性变换$\mathscr{A}$的矩阵何时能够对角化？

复 习 题

A 组

1. 填空题

1) 设$\boldsymbol{\varepsilon}_1=(1,0,0,0)$，$\boldsymbol{\varepsilon}_2=(0,1,0,0)$，$\boldsymbol{\varepsilon}_3=(0,0,1,0)$，$\boldsymbol{\varepsilon}_4=(0,0,0,1)$与$\boldsymbol{\eta}_1=(1,2,3,4)$，$\boldsymbol{\eta}_2=(2,0,0,0)$，$\boldsymbol{\eta}_3=(3,1,1,0)$，$\boldsymbol{\eta}_4=(0,2,4,5)$是线性空间$\mathbf{F}^4$的两个基，由$\boldsymbol{\varepsilon}_1,\boldsymbol{\varepsilon}_2,\boldsymbol{\varepsilon}_3,\boldsymbol{\varepsilon}_4$到基$\boldsymbol{\eta}_1,\boldsymbol{\eta}_2,\boldsymbol{\eta}_3,\boldsymbol{\eta}_4$的基变换矩阵(过渡矩阵)记为$\boldsymbol{A}$，$\boldsymbol{A}$在基$\boldsymbol{\varepsilon}_1,\boldsymbol{\varepsilon}_2,\boldsymbol{\varepsilon}_3,\boldsymbol{\varepsilon}_4$下确定的一个线性变换$\mathscr{A}$，向量$\boldsymbol{\alpha}=(0,2,0,2)$，则$\boldsymbol{A}=$________，$\mathscr{A}(\boldsymbol{\alpha})=$________.

2) 设$\mathscr{A}$是n维实线性空间V上的线性变换，又$\mathscr{A}$的任一个基下的矩阵都相同，写出$\mathscr{A}$的矩阵形状：________.

3) 设2维线性空间中，线性变换$\mathscr{A}_1$对基$\boldsymbol{\alpha}_1=(1,2)$，$\boldsymbol{\alpha}_2=(2,1)$的矩阵$\begin{pmatrix}1 & 2\\ 2 & 3\end{pmatrix}$. 线性变换$\mathscr{A}_2$对基$\boldsymbol{\beta}_1=(1,1)$，$\boldsymbol{\beta}_2=(1,2)$的矩阵是$\begin{pmatrix}3 & 3\\ 2 & 4\end{pmatrix}$，则变换$\mathscr{A}_1+\mathscr{A}_2$在$\boldsymbol{\beta}_1,\boldsymbol{\beta}_2$下的矩阵为________，$\mathscr{A}_1\mathscr{A}_2$在$\boldsymbol{\alpha}_1,\boldsymbol{\alpha}_2$下的矩阵为________.

4) 有限维线性空间V的线性变换$\mathscr{A}$是满射(即$\mathscr{A}V=V$)的充分必要条件为它的核$\mathscr{A}^{-1}(0)=$________.

2. 选择题

1) 在3维线性空间 $\mathbf{F}^3=\{(x_1,x_2,x_3)\mid x_i\in\mathbf{F},\ i=1,2,3\}$ 中，变换 $\mathscr{A}$ 为线性变换的是(　　).

(A) $\mathscr{A}(x_1,x_2,x_3)=(x_1,0,0)$

(B) $\mathscr{A}(x_1,x_2,x_3)=(0,0,1)$

(C) $\mathscr{A}(x_1,x_2,x_3)=(x_1^2,x_2^2,x_3^2)$

(D) $\mathscr{A}(x_1,x_2,x_3)=(x_1+x_2,0,1)$

2) 设3维线性空间 V 的线性变换 $\mathscr{A}$ 在基 $\alpha_1,\alpha_2,\alpha_3$ 下的矩阵是

$$\begin{pmatrix}1&0&0\\0&3&1\\2&1&2\end{pmatrix},$$

则 $\mathscr{A}$ 在基 $\alpha_3,\alpha_1,\alpha_2$ 下的矩阵是(　　).

(A) $\begin{pmatrix}2&1&2\\1&0&0\\0&3&1\end{pmatrix}$　　(B) $\begin{pmatrix}2&2&1\\0&1&0\\1&0&3\end{pmatrix}$

(C) $\begin{pmatrix}2&1&2\\0&1&1\\1&3&0\end{pmatrix}$　　(D) $\begin{pmatrix}1&2&2\\0&0&1\\3&1&0\end{pmatrix}$

3) 设 $\mathscr{A}$ 是 n 维线性空间 V 的可逆线性变换，则选项中成立的是(　　).

(A) 值域 $\mathscr{A}(V)$ 为零维子空间

(B) 值域 $\mathscr{A}(V)$ 是小于 n 维的子空间

(C) 核 $\mathscr{A}^{-1}(0)$ 为零维子空间

(D) 核 $\mathscr{A}^{-1}(0)$ 为 n 维子空间

4) 设 V 是 n 维线性空间，$\mathscr{A}$ 是 V 的线性变换，则不成立的命题是(　　).

(A) 如果对每个非零向量 $\alpha\in V$，有 $\mathscr{A}(\alpha)\neq 0$，那么 $\mathscr{A}$ 是单射

(B) 如果对某个非零向量 α，有 $\mathscr{A}(\alpha)=0$，那么 $\mathscr{A}$ 不是满射

(C) 如果 $\mathscr{A}$ 是单射，那么 $\mathscr{A}$ 一定是满射

(D) 如果 $\mathscr{A}$ 是满射，那么 $\mathscr{A}$ 可能不是单射

5) 设 $\mathscr{A}$ 是 n 维线性空间的一个线性变换，α_1 与 α_2 是 $\mathscr{A}$ 的分别属于特征值 λ_1 与 λ_2 的特征向量，$\lambda_1\neq\lambda_2$. 则也是 $\mathscr{A}$ 的特征向量是向量(　　).

(A) $k\alpha_1$(k 是非零的数)　　(B) $\alpha_1+\alpha_2$

(C) $\alpha_1-\alpha_2$　　(D) $k\alpha_1+1\cdot\alpha_2$

3. 设 V 是数域 $\mathbf{F}$ 上 n 维线性空间，$\mathscr{A}$ 是 V 的线性变换，$\xi\in V$. 若 $\mathscr{A}^{n-1}(\xi)\neq 0$，但 $\mathscr{A}^n(\xi)=0$，证明：

1) $\xi,\mathscr{A}(\xi),\cdots,\mathscr{A}^{n-1}(\xi)$ 线性无关；

2) 在 V 中存在一个基，使 $\mathscr{A}$ 在此基下的矩阵为

$$\boldsymbol{B}=\begin{pmatrix}0&0&\cdots&0&0\\1&0&\cdots&0&0\\0&1&\cdots&0&0\\\vdots&\vdots&\ddots&\vdots&\vdots\\0&0&\cdots&1&0\end{pmatrix}.$$

4. 设 $\mathscr{A}$ 是 $\mathbf{R}^3$ 的线性变换，$\mathscr{A}(x,y,z)=(0,x,y)$，求 $\mathscr{A}^2$ 的值域和核.

5. 设 $\mathscr{A},\mathscr{B}$ 是线性空间 V 的两个线性变换，试证：

1) 如果 $\mathscr{A}\mathscr{B}=\mathscr{B},\mathscr{B}\mathscr{A}=\mathscr{A}$，则 $\mathscr{A}$ 与 $\mathscr{B}$ 有相同的值域；

2) 如果 $\mathscr{A}\mathscr{B}=\mathscr{A},\mathscr{B}\mathscr{A}=\mathscr{B}$，则 $\mathscr{A}$ 与 $\mathscr{B}$ 有相同的核.

6. 设 $\mathscr{A}$ 是线性空间 V 的可逆线性变换. 证明：

1) $\mathscr{A}$ 的特征值一定不为 0；

2) 如果 λ 是 $\mathscr{A}$ 的特征值，则 λ^{-1} 是 $\mathscr{A}^{-1}$ 的特征值.

7. 设 $\mathbf{R}[x]_n=\{a_0+a_1x+\cdots+a_{n-1}x^{n-1}\mid a_i\in\mathbf{R},\ i=0,1,\cdots,n-1\}$. 对于 $f(x)\in\mathbf{R}[x]_n$，定义 $\mathscr{D}f(x)=f'(x)$. 证明：$\mathscr{E}-\mathscr{D}$ 为可逆的线性变换，其中 $\mathscr{E}$ 表示恒等变换，并求出线性变换 $\mathscr{D}$ 的全部不变子空间.

8. 设实线性空间 V 的一个基为

$$\varepsilon_1=\mathrm{e}^x,\quad \varepsilon_2=x\mathrm{e}^x,\quad \varepsilon_3=x^2\mathrm{e}^x,\quad \varepsilon_4=\mathrm{e}^{2x},$$

对于 $f(x)\in V$，定义 $\mathscr{D}f(x)=f'(x)$.

1) 求 $\mathscr{D}$ 在基 $\varepsilon_1,\varepsilon_2,\varepsilon_3,\varepsilon_4$ 下的矩阵 $\mathbf{D}$.

2) 求 $\mathscr{D}$ 的特征值与特征向量.

3) $\mathscr{D}$ 是否可对角化？

9. 设 V 是复数域上的 n 维线性空间，$\mathscr{A},\mathscr{B}$ 是 V 的线性变换，且 $\mathscr{A}\mathscr{B}=\mathscr{B}\mathscr{A}$. 证明：

1) 如果 λ_0 是 $\mathscr{A}$ 的一个特征值，那么 V_{λ_0} 是 $\mathscr{B}$ 的不变子空间；

2) $\mathscr{A},\mathscr{B}$ 至少有一个公共的特征向量.

10. 证明：任意矩阵与它的转置矩阵有相同的特征多项式及最小多项式.

B 组

1. 设 W 是 n 维线性空间 V 的一个子空间，证明：一定有 V 的一个线性变换 $\mathscr{A}_1$ 以 W 为值域，又有 V 的一个线性变换 $\mathscr{A}_2$ 以 W 为核.

2. 设 V 是数域 $\mathbf{F}$ 上 n 维线性空间，$\mathscr{A}\in L(V)$，W_1,W_2 是 V 的子空间，$V=W_1\oplus W_2$. 证明：$\mathscr{A}$ 是可逆线性变换的充分必要条件是

$$V=\mathscr{A}(W_1)\oplus\mathscr{A}(W_2).$$

3. 设 $\boldsymbol{A}$ 是一个 n 阶矩阵，$\boldsymbol{A}^2=\boldsymbol{A}$. 证明：$\boldsymbol{A}$ 相似于一个对角矩阵

$$\begin{pmatrix} 1 & & & & & & \\ & 1 & & & & & \\ & & \ddots & & & & \\ & & & 1 & & & \\ & & & & 0 & & \\ & & & & & \ddots & \\ & & & & & & 0 \end{pmatrix}.$$

4. 证明：

$$\begin{pmatrix} 1 & 1 & \cdots & 1 \\ 1 & 1 & \cdots & 1 \\ \vdots & \vdots & \ddots & \vdots \\ 1 & 1 & \cdots & 1 \end{pmatrix}_{n\times n} \sim \begin{pmatrix} n & 0 & \cdots & 0 \\ 0 & 0 & \cdots & 0 \\ \vdots & \vdots & \ddots & \vdots \\ 0 & 0 & \cdots & 0 \end{pmatrix}.$$

探究题

1. 设 λ 和 μ 是2阶矩阵 $\boldsymbol{A}=\begin{pmatrix} a & b \\ c & d \end{pmatrix}$ 的特征值. 试求用 λ,μ 和 $\boldsymbol{A}$ 表示的矩阵 $\boldsymbol{A}$ 的乘幂 $\boldsymbol{A}^n$（n 为正整数）的公式.

（提示：利用哈密顿－凯莱定理. 例如：当 $\lambda=\mu$ 时，由 $(\boldsymbol{A}-\lambda\boldsymbol{E})^2=\boldsymbol{O}$ 可设 $\boldsymbol{Z}=\boldsymbol{A}-\lambda\boldsymbol{E}$，于是可以证明：

$$\boldsymbol{A}^n=(\lambda\boldsymbol{E}+\boldsymbol{Z})^n=\lambda^{n-1}[n\boldsymbol{A}-(n-1)\lambda\boldsymbol{E}].$$

此外，还需讨论 $\lambda\neq\mu$ 时的情况.）

2. 写出求非奇异若尔当块的逆矩阵的公式.

第8章　多　项　式

多项式是高等代数的研究对象之一，在线性代数(特别是第 9 章)，代数后继课程以及其他数学分支中常要用到它. 我们主要介绍数域上一元多项式的因式分解理论及其有关的多项式求根问题. 下面我们总是预先给定一个数域 $\mathbf{F}$，然后才在数域 $\mathbf{F}$ 上讨论一元多项式或多元多项式.

8.1　一元多项式

本节介绍一元多项式的一些概念及其运算.

定义 8.1　设 x 是一个文字(也称不定元)，n 是一个非负整数，形如

$$a_nx^n + a_{n-1}x^{n-1} + \cdots + a_1x + a_0, \tag{1.1}$$

的表达式，其中 $a_n, a_{n-1}, \cdots, a_1, a_0$ 全是数域 $\mathbf{F}$ 中的数，称为数域 $\mathbf{F}$ 上的一个**一元多项式**.

在一元多项式(1.1) 中，a_ix^i 称为 i **次项**，a_i 称为 i 次项的**系数**，a_0 称为**常数项**. 当 $a_n \neq 0$ 时，a_nx^n 称为**首项**，此时把 n 称为一元多项式(1.1) 的**次数**，称(1.1) 为 n **次一元多项式**. 数域 $\mathbf{F}$ 上的一元多项式实际上是系数在数域 $\mathbf{F}$ 中的只包含一个文字的多项式. 在本章中，除去 8.9 节外，都只讨论一元多项式. 为了简单起见，我们将一元多项式简称为**多项式**. 以后常用 $f(x)$，$g(x)$，$\cdots$ 或者简单地用 $f, g, \cdots$ 来表示多项式.

各项系数全为零的多项式称为**零多项式**，记为 0；对零多项式我们不规定次数. 它是唯一的不定义次数的多项式. 以后在谈到多项式 $f(x)$ 的次数时，总假定是 $f(x) \neq 0$ (这里0是指零多项式). 为了书写方便用 $\deg f(x)$ 表示 $f(x)$ 的次数.

零次多项式是指不等于 0 的常数. 因为 $x^0 = 1$，所以对于非零常数 a 有 $a = ax^0$，即非零常数 a 的次数为 0，故称为**零次多项式**.

为了研究多项式的性质，我们必须讨论它的运算. 为此先引入相等以及和、积等概念. 设

$$f(x) = a_nx^n + a_{n-1}x^{n-1} + \cdots + a_0,$$

$$g(x)=b_m x^m+b_{m-1}x^{m-1}+\cdots+b_0,$$

其中 $a_i, b_j\in \mathbf{F}(i=1,2,\cdots,n;\ j=1,2,\cdots,m)$.

定义 8.2 在多项式 $f(x)$ 与 $g(x)$ 中，如果它们同次项的系数全相等，则称 $f(x)$ 与 $g(x)$ 是**相等的**，记为 $f(x)=g(x)$.

当 $f(x)=g(x)$ 时，显然 $\deg f(x)=\deg g(x)$. 反之，当 $\deg f(x)\neq \deg g(x)$ 时，显然 $f(x)\neq g(x)$.

定义 8.3 假定 $m\leqslant n$，不妨令 $b_n=b_{n-1}=\cdots=b_{m+1}=0$，这时

$$g(x)=b_m x^m+b_{m-1}x^{m-1}+\cdots+b_0=b_n x^n+b_{n-1}x^{n-1}+\cdots+b_0.$$

我们称多项式

$$h(x)=(a_n+b_n)x^n+(a_{n-1}+b_{n-1})x^{n-1}+\cdots+(a_0+b_0)$$

为 $f(x)$ 和 $g(x)$ 的**和**，并记为 $h(x)=f(x)+g(x)$. 求两个多项式的和的运算称为**加法**.

定义 8.4 多项式

$$\begin{aligned}l(x)=&a_n b_m x^{n+m}+(a_n b_{m-1}+a_{n-1}b_m)x^{n+m-1}+\cdots\\&+(a_i b_0+a_{i-1}b_1+\cdots+a_0 b_i)x^i+\cdots\\&+(a_1 b_0+a_0 b_1)x+a_0 b_0\end{aligned}$$

(其中，当 $k>n$ 时，令 $a_k=0$；当 $k>m$ 时，令 $b_k=0$) 称为 $f(x)$ 与 $g(x)$ 的**积**，记为 $l(x)=f(x)g(x)$，求两个多项式的积的运算称为**乘法**.

同数的运算相似，我们容易由定义直接验证多项式的加法与乘法也满足下面的一些运算规律(这些规律可以用来简化计算)：

1° 加法交换律：$f(x)+g(x)=g(x)+f(x)$.

2° 加法结合律：$(f(x)+g(x))+h(x)=f(x)+(g(x)+h(x))$.

3° 乘法交换律：$f(x)g(x)=g(x)f(x)$.

4° 乘法结合律：$(f(x)g(x))h(x)=f(x)(g(x)h(x))$.

5° 乘法对加法的分配律：$f(x)(g(x)+h(x))=f(x)g(x)+f(x)h(x)$.

6° 乘法消去律：如果 $f(x)g(x)=f(x)h(x)$，且 $f(x)\neq 0$，则

$$g(x)=h(x).$$

下面我们只证明乘法消去律，在证明之前，我们先证明和与积的次数的一些性质：

1° $\deg(f(x)+g(x))\leqslant \max(\deg f(x),\deg g(x))$①. (1.2)

---

① $\max(n,m)$ 代表 n,m 中较大的一个数. 例如：$\max(3,4)=4$.

2° 若 $f(x)\neq 0$ 和 $g(x)\neq 0$，则

$$\deg(f(x)g(x))=\deg f(x)+\deg g(x). \tag{1.3}$$

由定义 8.3 不难看出(1.2) 成立. (1.2) 也可以推广到减法的情况. 若把 $g(x)$ 的每一项系数都变号所得的多项式记为 $-g(x)$，则我们将多项式

$$f(x)+(-g(x))$$

称为多项式 $f(x)$ 与 $g(x)$ 的**差**，记为 $f(x)-g(x)$. 由于 $\deg g(x)=\deg(-g(x))$，由(1.2) 可得

$$\deg(f(x)-g(x))\leqslant \max(f(x),g(x)).$$

下面证明(1.3) 成立. 设(1.3) 中 $f(x)$ 和 $g(x)$ 的首项系数分别为 a_n 和 b_m，故 $\deg f(x)=n$，$\deg g(x)=m$. 由于 $f(x)\neq 0$ 和 $g(x)\neq 0$，故 $a_n\neq 0$，$b_m\neq 0$ 且 $a_nb_m\neq 0$. 从乘法公式知 $f(x)g(x)$ 的首项为 $a_nb_mx^{n+m}$，因此

$$\deg(f(x)g(x))=n+m=\deg f(x)+\deg g(x).$$

在(1.3) 的证明中可以看到，如果 $f(x)$ 与 $g(x)$ 都不为 0，那么 $f(x)\cdot g(x)$ 也不为 0. 于是，它的逆否命题也成立：如果 $f(x)g(x)=0$，那么必有 $f(x)$ 或 $g(x)=0$.

现在证明乘法消去律. 由 $f(x)g(x)=f(x)h(x)$ 可得

$$f(x)(g(x)-h(x))=0.$$

因为 $f(x)\neq 0$，所以 $g(x)-h(x)=0$，即 $g(x)=h(x)$，于是运算规律 6° 成立.

以后我们把数域 $\mathbf{F}$ 上一元多项式的全体组成的集合记为 $\mathbf{F}[x]$，称它为数域 $\mathbf{F}$ 上的**一元多项式环**.

习题 8.1

1. 计算多项式 x^7+2x^4+3x+1 与 $3x^5+2x^2+4$ 的乘积.
2. 计算$(x^3+ax-b)(x^2-1)+(x^3-ax+b)(x^2-1)$.
3. 设 $f(x)=3x^2-5x+3$，$g(x)=ax(x-1)+b(x+2)(x-1)+cx(x+2)$. 试确定数 a,b,c，使 $f(x)=g(x)$.
4. 验证多项式的乘法结合律和乘法对加法满足分配律.
5. 设多项式 $f(x)$ 和 $g(x)$ 都不为 0. 问 $f(x),g(x)$ 的系数满足什么条件时，和的次数公式

$$\deg(f(x)+g(x))\leqslant \max(\deg f(x),\deg g(x))$$

中等号成立？ 满足什么条件时，小于号成立？

8.2　整除的概念

由上一节知道，多项式作加、减和乘三种运算后仍得到多项式，本节指

出多项式相除未必仍能得到多项式，即用 $g(x)$ $(g(x)\neq 0)$ 去除 $f(x)$，并不是总能除得尽的. 为此在 8.2.1 节中首先给出判断多项式 $g(x)$ 是否能除得尽多项式 $f(x)$ 的一个切实可行的方法——带余除法. 在8.2.2 节中再给出整除的概念并进一步讨论整除的性质.

8.2.1 带余除法

我们知道，两个整数相除，其商不一定是整数，此时用带余除法，可以求得商和余数. 类似地，我们也可以用一个多项式去除另一个多项式，求得商式和余式，例如：设

$$f(x)=2x^4-3x^3+4x^2-5x+6,$$
$$g(x)=x^2-3x+1.$$

求以 $g(x)$ 除 $f(x)$ 的商式和余式.

我们可以按下面的格式来作除法

$$\begin{array}{r|l}
2x^4-3x^3+4x^2-\ \ 5x+6 & x^2-3x+1 \\ \cline{2-2}
2x^4-6x^3+2x^2\qquad\qquad & 2x^2+3x+11 \\ \hline
3x^3+2x^2-\ \ 5x+6 & \\
3x^3-9x^2+\ \ 3x\quad\ \ & \\ \hline
11x^2-\ \ 8x+6 & \\
11x^2-33x+11 & \\ \hline
25x-5, &
\end{array}$$

于是求得商式 $q(x)=2x^2+3x+11$，余式 $r(x)=25x-5$. 由 $r(x)\neq 0$，说明 $g(x)$ 不能除尽 $f(x)$. 所得结果可以写成

$$\begin{aligned}f(x)&=q(x)g(x)+r(x)\\&=(2x^2+3x+11)(x^2-3x+1)+(25x-5),\end{aligned}$$

其中 $\deg r(x)=1<\deg g(x)=2$.

这个求法实际上具有一般性，我们由这个例子可以得到关于多项式的一个基本性质：

定理8.1 (带余除法) 设 $f(x),g(x)\in\mathbf{F}[x]$ 是两个多项式，且 $g(x)\neq 0$，则存在 $\mathbf{F}[x]$ 中两个多项式 $q(x)$ 与 $r(x)$ 使

$$f(x)=q(x)g(x)+r(x), \tag{2.1}$$

其中或者 $r(x)=0$，或者 $\deg r(x)<\deg g(x)$. 满足以上条件的多项式 $q(x)$ 与 $r(x)$ 只有一对.

证 (2.1) 中 $q(x)$ 和 $r(x)$ 的存在性可以由上面例子所说的除法直接得

出. 下面用数学归纳法来表述.

若 $f(x)=0$ 或 $f(x)$ 的次数小于 $g(x)$ 的次数，则取 $q(x)=0$，$r(x)=f(x)$ 即可.

现在假定 $\deg f(x)\geqslant\deg g(x)$，我们对 $\deg f(x)$ 作归纳. 设

$$f(x)=a_nx^n+a_{n-1}x^{n-1}+\cdots+a_1x+a_0,\quad a_n\neq 0,$$

$$g(x)=b_mx^m+b_{m-1}x^{m-1}+\cdots+b_1x+b_0,\quad b_m\neq 0,$$

且 $n\geqslant m$. 当 $\deg f(x)=n=0$ 时，$f(x)=a_0\neq 0$，此时 $g(x)=b_0\neq 0$. 于是，取

$$q(x)=a_0b_0^{-1},\quad r(x)=0$$

即可. 当 $n>0$ 时，因 $n\geqslant m$ 且 $b_m\neq 0$，所以 $a_nb_m{}^{-1}x^{n-m}$ 也是 **F** 上的一个多项式. 自 $f(x)$ 减去 $g(x)$ 与 $a_nb_m^{-1}x^{n-m}$ 的积，那么 $f(x)$ 的首项被消去，而我们得到 **F** 上的一个多项式 $f_1(x)$：

$$f_1(x)=f(x)-a_nb_m^{-1}x^{n-m}g(x).$$

$f_1(x)$ 有性质：或者 $f_1(x)=0$，或者 $\deg f_1(x)<\deg f(x)=n$. 若 $f_1(x)=0$ 或 $\deg f_1(x)<\deg g(x)$，则取

$$q(x)=a_nb_m^{-1}x^{n-m},\quad r(x)=f_1(x)$$

即可；若 $\deg f_1(x)\geqslant\deg g(x)$，则因 $\deg f_1(x)<n$，由归纳法假设，必存在 **F** 上的两个多项式 $q_1(x),r_1(x)$，使得

$$f_1(x)=q_1(x)g(x)+r_1(x),$$

其中 $r_1(x)=0$ 或者 $\deg r_1(x)<\deg g(x)$. 取

$$q(x)=a_nb_m^{-1}x^{n-m}+q_1(x),\quad r(x)=r_1(x)$$

即可.

再证唯一性. 假定还有另一对 **F** 上多项式 $q_1(x)$ 和 $r_1(x)$ 也使

$$f(x)=q_1(x)g(x)+r_1(x)\tag{2.2}$$

并且或者 $r_1(x)=0$，或者 $\deg r_1(x)<\deg g(x)$. 我们要证明必须 $q(x)=q_1(x)$ 和 $r(x)=r_1(x)$. 现在由 $f(x)$ 的两个等式(2.1)和(2.2)得

$$q(x)g(x)+r(x)=q_1(x)g(x)+r_1(x).$$

因此

$$(q(x)-q_1(x))g(x)=r_1(x)-r(x).\tag{2.3}$$

假若 $r_1(x)-r(x)\neq 0$，那么 $q(x)-q_1(x)$ 也不能等于 0. (2.3) 左边的次数

$$\begin{aligned}\deg\big((q(x)-q_1(x))g(x)\big)&=\deg(q(x)-q_1(x))+\deg g(x)\\&\geqslant\deg g(x),\end{aligned}$$

而(2.3) 右边的次数

$$\deg(r_1(x)-r(x))\leqslant\max(\deg r_1(x),\deg r(x))<\deg g(x),$$

这是不可能的，因此必须有

$$r_1(x)-r(x)=0,$$

亦即 $r(x)=r_1(x)$. 将它代入(2.3)，由于 $g(x)\neq 0$，必有

$$q(x)-q_1(x)=0,$$

亦即 $q(x)=q_1(x)$. ∎

上述对于已给多项式 $f(x)$ 与 $g(x)$，求 $q(x)$ 与 $r(x)$ 的方法称为**带余除法**. 多项式 $q(x)$ 与 $r(x)$ 分别称为以 $g(x)$ 除 $f(x)$ 所得的**商式**和**余式**.

在做带余除法时，得到的余式 $r(x)$（如果 $r(x)\neq 0$）的次数必须小于 $g(x)$ 的次数，否则除法还须继续做下去.

8.2.2 整除的概念与性质

用带余除法将非零多项式 $g(x)$ 去除多项式 $f(x)$，可以得到一个商式及一个余式，余式一般不等于 0，当余式等于 0 的时候，我们就得到了整除的概念：

定义 8.5 设 $f(x)$ 与 $g(x)$ 是数域 **F** 上的两个多项式. 如果有一个 **F** 上的多项式 $q(x)$ 使得

$$f(x)=q(x)g(x),$$

就称 $g(x)$ **整除** $f(x)$，记为"$g(x)\mid f(x)$". 否则就说 $g(x)$ 不能整除 $f(x)$，用"$g(x)\nmid f(x)$"来表示.

当 $g(x)\mid f(x)$ 时，称 $g(x)$ 是 $f(x)$ 的一个**因式**，而 $f(x)$ 称为 $g(x)$ 的**倍式**.

注意：在定义 8.5 中，我们并不要求 $g(x)\neq 0$，但是从定义立即可见，零多项式的倍式一定是零多项式，且由于对任一个 **F** 上的多项式 $q(x)$ 都有 $0=q(x)\cdot 0$，此时定义 8.5 中的 $q(x)$ 并非唯一. 当 $g(x)\mid f(x)$ 且 $g(x)\neq 0$ 时，用 $g(x)$ 除 $f(x)$ 所得的商式 $q(x)$ 是唯一的，我们用 $\dfrac{f(x)}{g(x)}$ 来表示.

带余除法给出了整除性的一个判别法.

定理 8.2 对于数域 **F** 上的任意两个多项式 $f(x)$，$g(x)$，其中 $g(x)\neq 0$，$g(x)\mid f(x)$ 的充分必要条件是 $g(x)$ 除 $f(x)$ 的余式为零.

证 如果(2.1)中余式 $r(x)=0$，那么 $f(x)=q(x)g(x)$，即

$$g(x)\mid f(x).$$

反之，如果 $g(x)\mid f(x)$，则有一个 **F** 上的多项式使

$$f(x)=q(x)g(x) \quad 或 \quad f(x)=q(x)g(x)+0.$$

由带余除法中余式的唯一性得，余式 $r(x)=0$. ∎

类似于整数的整除，利用多项式整除的定义，可以直接推出关于多项式整除的一些基本性质：

1° 任一多项式 $f(x)$ 一定整除它自身.

这是因为 $f(x)=1\cdot f(x)$.

2° 零次多项式(即非零常数)是任何多项式的因式，而零次多项式的因式只有零次多项式.

这是因为当 $a\neq 0$ 时 $f(x)=a(a^{-1}f(x))$，所以 $a\mid f(x)$. 又因为非零多项式不能以零多项式作为因式，而且因式的次数不能大于倍式的次数，所以零次多项式的因式只有零次多项式.

3° 若 $f(x)\mid g(x)$，$g(x)\mid h(x)$，则 $f(x)\mid h(x)$.

事实上，由 $f(x)\mid g(x)$ 得 $g(x)=g_1(x)f(x)$. 由 $g(x)\mid h(x)$ 得 $h(x)=h_1(x)g(x)$. 因此

$$h(x)=(g_1(x)h_1(x))f(x),$$

即 $f(x)\mid h(x)$.

性质 3° 说明整除的传递性.

4° $f(x)\mid g(x)$，$g(x)\mid f(x)$ 当且仅当 $f(x)=cg(x)$，式中 c 是 $\mathbf{F}$ 中的一个非零常数.

事实上，如果 $f(x)=cg(x)$，即 $g(x)\mid f(x)$，又有 $g(x)=c^{-1}f(x)$，即

$$f(x)\mid g(x).$$

反之，若 $f(x)\mid g(x)$，$g(x)\mid f(x)$，则有 $g(x)=g_1(x)f(x)$ 和 $f(x)=f_1(x)g(x)$. 于是

$$f(x)=f_1(x)g_1(x)f(x). \tag{2.4}$$

如果 $f(x)=0$，那么零多项式 $f(x)$ 的倍式一定是零多项式. 现在 $f(x)\mid g(x)$，即 $g(x)$ 是 $f(x)$ 的倍式，故 $g(x)=0$，结论显然成立. 如果 $f(x)\neq 0$，利用 8.1 节的乘法消去律，从(2.4) 可得

$$f_1(x)g_1(x)=1,$$

从而 $\deg g_1(x)+\deg f_1(x)=0$，由此推得

$$\deg g_1(x)=\deg f_1(x)=0,$$

这就是说 $f_1(x)$ 是一个非零常数 c，于是 $f(x)=cg(x)$.

5° 如果 $f(x)\mid g_i(x)$，$i=1,2,\cdots,r$，那么对于 $\mathbf{F}$ 上任意多项式 $u_1(x)$，$u_2(x),\cdots,u_r(x)$ 都有

$$f(x)\mid(u_1(x)g_1(x)+u_2(x)g_2(x)+\cdots+u_r(x)g_r(x)).$$

事实上，由假设，有多项式 $q_1(x),q_2(x),\cdots,q_r(x)$ 使得

$$g_1(x)=q_1(x)f(x),$$
$$g_2(x)=q_2(x)f(x),$$
$$\cdots,$$
$$g_r(x)=q_r(x)f(x).$$

于是，

$$u_1(x)g_1(x)+u_2(x)g_2(x)+\cdots+u_r(x)g_r(x)$$
$$=(u_1(x)q_1(x)+u_2(x)q_2(x)+\cdots+u_r(x)q_r(x))f(x),$$

即

$$f(x)\mid(u_1(x)g_1(x)+u_2(x)g_2(x)+\cdots+u_r(x)g_r(x)).$$

通常称 $u_1(x)g_1(x)+u_2(x)g_2(x)+\cdots+u_r(x)g_r(x)$ 为多项式 $g_1(x),g_2(x),\cdots,g_r(x)$ 的一个**组合**，所以性质 5° 也即"如果 $f(x)$ 能整除 $g_1(x),g_2(x),\cdots,g_r(x)$，那么 $f(x)$ 能整除 $g_1(x),g_2(x),\cdots,g_r(x)$ 的任何一个组合".

例 8.1 1) 证明：如果 $h(x)\mid f(x)$，$h(x)\nmid g(x)$，则

$$h(x)\nmid(f(x)+g(x)).$$

2) 问：若 $h(x)\nmid f(x)$，$h(x)\nmid g(x)$，是否能推出

$$h(x)\nmid(f(x)+g(x))?$$

证 1) 用反证法. 倘若 $h(x)\mid(f(x)+g(x))$，则由假设 $h(x)\mid f(x)$ 及性质 5° 得

$$h(x)\mid[1\cdot(f(x)+g(x))+(-1)f(x)],$$

即 $h(x)\mid g(x)$，与假设矛盾. 故必须 $h(x)\nmid(f(x)+g(x))$.

2) 答：不一定. 例如：设 $h(x)=x$，$f(x)=x-1$，$g(x)=x+1$，则

$$h(x)\mid(f(x)+g(x)).$$

习题 8.2

1. 用 $g(x)$ 除 $f(x)$，求商式 $q(x)$ 与余式 $r(x)$：

1) $f(x)=x^3-3x^2-x-1$，$g(x)=3x^2-2x+1$；

2) $f(x)=x^4-2x+5$，$g(x)=x^2-x+2$.

2. m,p,q 适合什么条件时，有

1) $(x^2+mx+1)\mid(x^3+px+q)$；

2) $(x^2+mx+1)\mid(x^4+px^2+q)$.

3. 证明：如果 $g(x)\mid(f_1(x)+f_2(x))$，$g(x)\mid(f_1(x)-f_2(x))$，那么 $g(x)\mid f_1(x)$，$g(x)\mid f_2(x)$.

4. 证明：若在多项式 $f_1(x),f_2(x),\cdots,f_s(x)$ 中，只有一个多项式 $f_i(x)$（i 是 1,

2,…,s 中的某一数) 不能被 $g(x)$ 整除，那么，$f_1(x)+f_2(x)+\cdots+f_s(x)$ 一定不能被 $g(x)$ 整除.

5. 判断下列结论是否正确：

1) 如果 $f(x)\mid(g(x)+h(x))$，那么 $f(x)\mid g(x)$ 且 $f(x)\mid h(x)$；

2) 如果 $f(x)\mid(g(x)h(x))$，那么 $f(x)\mid g(x)$ 或 $f(x)\mid h(x)$.

8.3 最大公因式

如果多项式 $\varphi(x)$ 既是 $f(x)$ 的因式，又是 $g(x)$ 的因式，那么 $\varphi(x)$ 就称为 $f(x)$ 与 $g(x)$ 的一个**公因式**. 两个多项式 $f(x)$ 与 $g(x)$ 的公因式总是存在的，因为至少每一非零常数，即零次多项式，都是 $f(x)$ 与 $g(x)$ 的公因式. 一般说来，$f(x)$ 与 $g(x)$ 还会有其他的公因式. 在公因式中占有特殊重要地位的是所谓最大公因式.

定义 8.6 设 $f(x)$,$g(x)$ 是数域 **F** 上两个多项式. 如果 **F** 上多项式 $d(x)$ 满足下面两个条件：

1) $d(x)$ 是 $f(x)$ 与 $g(x)$ 的公因式；

2) $f(x)$ 与 $g(x)$ 的任何公因式都是 $d(x)$ 的因式，

则称 $d(x)$ 是 $f(x)$ 与 $g(x)$ 的一个**最大公因式**.

本节将给出最大公因式的具体求法和它的一些重要性质，并给出互素的概念和性质，最后则将最大公因式与互素的概念推广到多个多项式的情况. 下面先证一个引理，它是用辗转相除法求最大公因式的基础.

引理 如果有等式

$$f(x)=q(x)g(x)+r(x) \tag{3.1}$$

成立，那么 $f(x)$,$g(x)$ 和 $g(x)$,$r(x)$ 有相同的公因式.

证 若 $d(x)$ 是 $g(x)$ 和 $r(x)$ 的一个公因式，即

$$d(x)\mid g(x),\quad d(x)\mid r(x).$$

那么 $d(x)$ 也整除 $g(x)$,$r(x)$ 的一个组合. 由(3.1)知，$f(x)$ 是 $g(x)$,$r(x)$ 的一个组合，故 $d(x)\mid f(x)$，也就是说，$d(x)$ 也是 $f(x)$ 与 $g(x)$ 的一个公因式.

反之，若 $d(x)$ 是 $f(x)$ 和 $g(x)$ 的一个公因式，即

$$d(x)\mid f(x),\quad d(x)\mid g(x).$$

由 $r(x)=f(x)-q(x)g(x)$，同样可得

$$d(x)\mid r(x),$$

就是说 $d(x)$ 也是 $g(x),r(x)$ 的一个公因式. 因此, $f(x),g(x)$ 和 $g(x)$, $r(x)$ 有相同的公因式. ∎

由引理可见, 如果 $g(x),r(x)$ 有一个最大公因式 $d(x)$, 那么 $d(x)$ 也就是 $f(x),g(x)$ 的一个最大公因式. 这样, 求 $f(x),g(x)$ 的最大公因式的问题就化为求 $g(x),r(x)$ 的最大公因式的问题. 在引理中, 虽然并不要求 $r(x)$ 的次数比 $g(x)$ 的次数低, 但是当我们取 $r(x)$ 是 $f(x)$ 被 $g(x)$ 除所得的余式时, $r(x)$ 的次数总比 $g(x)$ 的次数低. 于是, 求 $f(x),g(x)$ 的最大公因式的问题归结为求次数低一些的一对多项式的最大公因式. 如果对 $g(x)$ 与 $r(x)$ 再作带余除法, 经过类似的处理, 多项式的次数将再降低, 如此下去, 最终求得 $f(x)$ 与 $g(x)$ 的最大公因式. 这就是下面辗转相除法的思想.

定理8.3 数域 $\mathbf{F}$ 上任意两个多项式 $f(x)$ 与 $g(x)$ 一定有一个最大公因式 $d(x)$, 且 $d(x)$ 一定可以表示成 $f(x)$ 与 $g(x)$ 的组合, 即可以找到 $u(x),v(x)\in\mathbf{F}[x]$, 使得

$$d(x)=u(x)f(x)+v(x)g(x).$$

证 先证明定理的前一部分, 即最大公因式的存在性.

若 $f(x)=g(x)=0$, 根据定义, 两个零多项式的最大公因式就是 0.

假定 $f(x)$ 与 $g(x)$ 不全等于 0, 不妨设 $g(x)\neq 0$, 应用带余除法, 以 $g(x)$ 去除 $f(x)$, 得商式 $q_1(x)$ 及余式 $r_1(x)$. 如果 $r_1(x)\neq 0$, 那么, 再以 $r_1(x)$ 除 $g(x)$, 得商式 $q_2(x)$ 及余式 $r_2(x)$. 如果 $r_2(x)\neq 0$, 再以 $r_2(x)$ 除 $r_1(x)$, 如此继续辗转相除下去. 因为余式的次数不断降低, 即

$$\deg g(x)>\deg r_1(x)>\deg r_2(x)>\cdots,$$

因此在有限次之后, 必然有余式为 0. 于是, 我们得到一串等式:

$$\left.\begin{aligned}
f(x)&=q_1(x)g(x)+r_1(x),\\
g(x)&=q_2(x)r_1(x)+r_2(x),\\
r_1(x)&=q_3(x)r_2(x)+r_3(x),\\
&\cdots,\\
r_{s-3}(x)&=q_{s-1}(x)r_{s-2}(x)+r_{s-1}(x),\\
r_{s-2}(x)&=q_s(x)r_{s-1}(x)+r_s(x),\\
r_{s-1}(x)&=q_{s+1}(x)r_s(x)+0.
\end{aligned}\right\}\tag{3.2}$$

由引理可得, $f(x),g(x);g(x),r_1(x);\cdots;r_{s-2}(x),r_{s-1}(x);r_{s-1}(x),r_s(x)$ 各对多项式有相同的公因式. 现在 $r_s(x)\mid r_{s-1}(x)$, 由定义 8.6, $r_s(x)$ 就是 $r_{s-1}(x)$ 与 $r_s(x)$ 的最大公因式, 从而 $r_s(x)$ 也是 $f(x)$ 与 $g(x)$ 的最大公因式.

再证定理的后一部分. 当 $f(x)=g(x)=0$ 时, $d(x)=0$ 且对任何 $\mathbf{F}$ 上多项式 $u(x),v(x)$ 都有

$$0=u(x)\cdot 0+v(x)\cdot 0.$$

当 $f(x),g(x)$ 不全为零多项式时, 不妨设 $g(x)\neq 0$, 则由(3.2)得

$$\left.\begin{aligned}r_s(x)&=-q_s(x)r_{s-1}(x)+r_{s-2}(x),\\ r_{s-1}(x)&=-q_{s-1}(x)r_{s-2}(x)+r_{s-3}(x),\\ r_{s-2}(x)&=-q_{s-2}(x)r_{s-3}(x)+r_{s-4}(x),\\ &\cdots,\\ r_2(x)&=-q_2(x)r_1(x)+g(x),\\ r_1(x)&=-q_1(x)g(x)+f(x).\end{aligned}\right\}\tag{3.3}$$

在(3.3)中, 第 1 个等式表明 $r_s(x)$ 是 $r_{s-1}(x)$ 与 $r_{s-2}(x)$ 的组合. 现在将第 2 个等式中的 $r_{s-1}(x)$ 代入第 1 个等式, 消去 $r_{s-1}(x)$, 便将 $r_s(x)$ 表示成 $r_{s-2}(x)$ 与 $r_{s-3}(x)$ 的组合. 再将第 3 个等式中的 $r_{s-2}(x)$ 代入, 消去 $r_{s-2}(x)$, $r_s(x)$ 就可表示成 $r_{s-3}(x)$ 与 $r_{s-4}(x)$ 的组合. 依次做下去, 逐步消去 $r_{s-3}(x),\cdots,r_1(x)$, 最后可将 $r_s(x)$ 表示成 $f(x)$ 与 $g(x)$ 的组合:

$$r_s(x)=u(x)f(x)+v(x)g(x),$$

其中 $u(x),v(x)\in\mathbf{F}[x]$. ∎

由最大公因式的定义容易看到, 如果 $d_1(x),d_2(x)$ 是 $f(x)$ 与 $g(x)$ 的两个最大公因式, 则一定有 $d_1(x)\mid d_2(x)$ 与 $d_2(x)\mid d_1(x)$, 由 8.2.2 节性质 4° 知,

$$d_1(x)=cd_2(x),\quad c\in\mathbf{F}\text{ 且 }c\neq 0.$$

因此, 除相差一个零次因式外, $f(x)$ 与 $g(x)$ 的最大公因式是唯一确定的.

定理 8.3 (最大公因式存在定理) 也给出了一个求两个多项式的最大公因式的实际方法. 这种方法叫做**辗转相除法**. 从定理 8.3 的证明中同时可以看到, 当 $f(x)$ 与 $g(x)$ 不全为零时, 它们的最大公因式 $d(x)$ 总是一个非零多项式(例如: $d(x)$ 取(3.2) 中的 $r_s(x)$, 此时 $r_s(x)\neq 0$), 且 $f(x)$ 与 $g(x)$ 的全部最大公因式就是 $cd(x)$, 其中 c 可以是任意非零常数. 在这些最大公因式之中, 有一个且仅有一个, 其首项系数是 1. 我们用 $(f(x),g(x))$ 表示 $f(x)$ 与 $g(x)$ 的那个首项系数是 1 的最大公因式. 如果 $f(x)$ 与 $g(x)$ 都是零多项式, 这时它们的最大公因式就只有一个零多项式, 记为 $(0,0)=0$.

例 8.2 设

$$f(x)=x^5-5x^3+5x+1,\quad g(x)=x^3-2x-1,$$

求 $(f(x),g(x))$.

解 按如下格式作辗转相除法:

② $q_2(x)=x+1$	$g(x)=x^3\quad -2x-1$	$f(x)=x^5-5x^3\quad +5x+1$	$q_1(x)=x^2-3$ ①
	x^3-x^2-2x	$x^5-2x^3-x^2$	
	$x^2\quad -1$	$-3x^3+x^2+5x+1$	
	$x^2-\ x-2$	$-3x^3\quad +6x+3$	
	$r_2(x)=x+1$	$r_1(x)=x^2-\ x-2$	$q_3(x)=x-2$ ③
		$x^2+\ x$	
		$-2x-2$	
		$-2x-2$	
		$r_3(x)=0$	

① 第1步：用 $g(x)$ 除 $f(x)$，得商式 $q_1(x)$，余式 $r_1(x)\neq 0$.

② 第2步：用 $r_1(x)$ 除 $g(x)$，得商式 $q_2(x)$，余式 $r_2(x)\neq 0$.

③ 第3步：用 $r_2(x)$ 除 $r_1(x)$，得商式 $q_3(x)$，余式 $r_3(x)=0$，即

$$r_2(x)\mid r_1(x),$$

所以 $r_2(x)=x+1$ 就是 $f(x)$ 与 $g(x)$ 的最大公因式且首项系数为1，故

$$(f(x),g(x))=x+1.$$

例 8.3 设

$$f(x)=x^5+2x^4-7x^3-8x-2,$$
$$g(x)=2x^4-2x^3+5x^2-2x+3,$$

求$(f(x),g(x))$，并求 $u(x),v(x)$ 使

$$(f(x),g(x))=u(x)f(x)+v(x)g(x).$$

解

	$g(x)=$	$f(x)=$	
$q_2(x)=-\frac{4}{13}x+\frac{8}{13}$	$2x^4-2x^3+5x^2-2x+3$	$x^5+2x^4-\ 7x^3\quad -\ 8x-2$	$q_1(x)=\frac{1}{2}x+\frac{3}{2}$
	$2x^4+2x^3+2x^2+2x$	$x^5-\ x^4+\frac{5}{2}x^3-\ x^2+\frac{3}{2}x$	
	$-4x^3+3x^2-4x+3$	$3x^4-\frac{19}{2}x^3+\ x^2-\frac{19}{2}x-2$	
	$-4x^3-4x^2-4x-4$	$3x^4-3x^3+\frac{15}{2}x^2-3x+\frac{9}{2}$	
	$r_2(x)=7x^2\quad +7$	$r_1(x)=-\frac{13}{2}x^3-\frac{13}{2}x^2-\frac{13}{2}x-\frac{13}{2}$	$q_3(x)=-\frac{13}{14}x-\frac{13}{14}$
		$-\frac{13}{2}x^3\quad -\frac{13}{2}x$	
		$-\frac{13}{2}x^2\quad -\frac{13}{2}$	
		$-\frac{13}{2}x^2\quad -\frac{13}{2}$	
		$r_3(x)=0$	

所以 $r_2(x)=7x^2+7$ 是 $f(x)$ 与 $g(x)$ 的最大公因式且

$$(f(x),g(x))=x^2+1.$$

由(3.3)得

$$\begin{aligned}
r_2(x)&=-q_2(x)r_1(x)+g(x)\\
&=-q_2(x)(-q_1(x)g(x)+f(x))+g(x)\\
&=-q_2(x)f(x)+(q_2(x)q_1(x)+1)g(x)\\
&=-\left(-\frac{4}{13}x+\frac{8}{13}\right)f(x)+\left[\left(-\frac{4}{13}x+\frac{8}{13}\right)\left(\frac{1}{2}x+\frac{3}{2}\right)+1\right]g(x)\\
&=\left(\frac{4}{13}x-\frac{8}{13}\right)f(x)+\left(-\frac{2}{13}x^2-\frac{2}{13}x+1\frac{12}{13}\right)g(x).
\end{aligned}$$

设

$$u(x)=\frac{4}{91}x-\frac{8}{91},\quad v(x)=-\frac{2}{91}x^2-\frac{2}{91}x+\frac{25}{91},$$

那么

$$\begin{aligned}
(f(x),g(x))&=u(x)f(x)+v(x)g(x)\\
&=\left(\frac{4}{91}x-\frac{8}{91}\right)f(x)+\left(-\frac{2}{91}x^2-\frac{2}{91}x+\frac{25}{91}\right)g(x).
\end{aligned}$$

定义 8.7 如果多项式 $f(x)$ 与 $g(x)$ 的最大公因式是零次多项式，即 $(f(x),g(x))=1$，那么就称 $f(x)$ 与 $g(x)$ 是**互素的**.

从定义可以看出，两个多项式互素当且仅当它们的公因式仅为零次多项式，而零次多项式与任意多项式互素.

利用定理 8.3，我们可以得到下述的互素判定定理.

定理8.4 **F** 上两个多项式 $f(x),g(x)$ 互素的充分必要条件是：存在 **F** 上两个多项式 $u(x),v(x)$ 使得

$$u(x)f(x)+v(x)g(x)=1.$$

证 必要性 如果 $f(x)$ 与 $g(x)$ 互素，那么

$$(f(x),g(x))=1.$$

由定理 8.3 知，存在 **F** 上多项式 $u(x)$ 与 $v(x)$ 使得

$$u(x)f(x)+v(x)g(x)=1.$$

充分性 如果 $v(x)f(x)+v(x)g(x)=1$. 令 $d(x)$ 是 $f(x)$ 与 $g(x)$ 的最大公因式，于是

$$d(x)\mid f(x),\quad d(x)\mid g(x),$$

从而 $d(x)\mid 1$，由 8.2.2 节性质 2° 知，$d(x)$ 必为零次多项式，所以 $f(x)$ 与 $g(x)$ 互素. ∎

从定理 8.4 可以推出关于互素多项式的一些重要性质：

1° 若 $f(x)\mid(g(x)h(x))$，且$(f(x),g(x))=1$，则 $f(x)\mid h(x)$.

事实上，由于$(f(x),g(x))=1$，所以存在 $u(x)$ 与 $v(x)$ 使

$$u(x)f(x)+v(x)g(x)=1.$$

等式两边乘以 $h(x)$ 得

$$u(x)f(x)h(x)+v(x)g(x)h(x)=h(x).$$

因为 $f(x)\mid f(x)$ 和 $f(x)\mid(g(x)h(x))$，所以 $f(x)$ 整除等式的左边，即 $f(x)$ 也能整除 $h(x)$.

2° 若 $f_1(x)\mid g(x)$，$f_2(x)\mid g(x)$，且$(f_1(x),f_2(x))=1$，则

$$(f_1(x)\cdot f_2(x))\mid g(x).$$

事实上，由 $f_1(x)\mid g(x)$ 可得

$$g(x)=f_1(x)h_1(x).$$

因为 $f_2(x)\mid g(x)$，亦即

$$f_2(x)\mid(f_1(x)h_1(x)),$$

又因为$(f_1(x),f_2(x))=1$，由性质 1°得，$f_2(x)\mid h_1(x)$. 因此

$$(f_1(x)f_2(x))\mid(f_1(x)h_1(x)),$$

亦即$(f_1(x)f_2(x))\mid g(x)$.

以上最大公因式及互素的概念都是对两个多项式来说的，我们可以很自然地把这些概念推广到任意多个多项式 $f_1(x),f_2(x),\cdots,f_s(x)$ $(s\geqslant 2)$ 的情况.

定义 8.8 设 $f_1(x),f_2(x),\cdots,f_s(x)$ $(s\geqslant 2)$ 是数域 **F** 上的多项式. 如果 **F** 上多项式 $d(x)$ 满足下面两个条件：

1) $d(x)\mid f_i(x)$，$i=1,2,\cdots,s$，即 $d(x)$ 是 $f_1(x),f_2(x),\cdots,f_s(x)$ 的公因式；

2) $f_1(x),f_2(x),\cdots,f_s(x)$ 的任何公因式都是 $d(x)$ 的因式，

则称 $d(x)$ 是 $f_1(x),f_2(x),\cdots,f_s(x)$ 的**最大公因式**.

如果 $f_1(x),f_2(x),\cdots,f_s(x)$ 全等于 0，那么它们的最大公因式等于 0. 如果 $f_1(x),f_2(x),\cdots,f_s(x)$ 不全为 0，那么它们的最大公因式不等于 0. 与 $s=2$ 时的情况一样，由定义 8.8 的条件 2) 可以推得，$f_1(x),f_2(x),\cdots,f_s(x)$ 的任意两个最大公因式都只能相差一个零次因式，且 $f_1(x),f_2(x),\cdots,f_s(x)$ 的任一最大公因式都可以写成 $cd(x)$，其中 c 是 **F** 中一个非零常数. 我们仍用 $(f_1(x),f_2(x),\cdots,f_s(x))$ 表示 $f_1(x),f_2(x),\cdots,f_s(x)$ 的首项系数为 1 的最大公因式. 下述定理给出了一个求 n 个多项式的最大公因式的方法.

定理8.5 $(f_1(x),f_2(x),\cdots,f_s(x))=((f_1(x),\cdots,f_{s-1}(x)),f_s(x))$.

证 令

$$d_1(x)=(f_1(x),f_2(x),\cdots,f_{s-1}(x)), \tag{3.4}$$

那么 $d_1(x)$ 与 $f_s(x)$ 的最大公因式存在，设

$$d(x)=(d_1(x),f_s(x)). \tag{3.5}$$

只要证明 $d(x)=(f_1(x),f_2(x),\cdots,f_s(x))$. 由(3.4) 和(3.5) 两式得

$$d(x)\mid f_i(x)\quad (i=1,2,\cdots,s).$$

又设 $\varphi(x)$ 是 $f_1(x),f_2(x),\cdots,f_s(x)$ 的任一公因式，由(3.4) 得

$$\varphi(x)\mid d_1(x).$$

于是，$\varphi(x)$ 成为 $d_1(x)$ 与 $f_s(x)$ 的一个公因式，再由(3.5) 得

$$\varphi(x)\mid d(x),$$

且 $d(x)$ 的首项系数等于 1，所以 $d(x)=(f_1(x),f_2(x),\cdots,f_s(x))$. ∎

若$(f_1(x),f_2(x),\cdots,f_3(x))=1$，则称 $f_1(x),f_2(x),\cdots,f_s(x)$ 是**互素的**. 若 $f_1(x),f_2(x),\cdots,f_s(x)$ 中任意两个都互素，那么称它们是**两两互素的**. 当 $f_1(x),f_2(x),\cdots,f_s(x)$ 是两两互素时，那么这 s 个多项式一定是互素的. 事实上，若 $d(x)$ 是这 s 个多项式的公因式，则 $d(x)$ 一定是 $f_1(x)$，$f_2(x)$ 的公因式，而 $f_1(x)$ 与 $f_2(x)$ 互素，故 $d(x)$ 只能是零次因式，因此

$$(f_1(x),f_2(x),\cdots,f_s(x))=1.$$

反之，若 $f_1(x),f_2(x),\cdots,f_s(x)$ $(s>2)$ 互素时，并不一定两两互素. 例如 $x+1,x-1,(x+1)(x-1)$ 是互素的，但是这 3 个多项式不是两两互素的.

最后，我们指出：两个多项式间的整除关系不因系数域的扩大而改变. 几个多项式的最大公因式也不因系数域的扩大而改变. 事实上，如设 **K** 是包含 **F** 的一个较大的数域，**F** 上的两个多项式 $f(x),g(x)\in \mathbf{F}[x]$ 也可以看做 **K** 上的多项式. 从带余除法可以看出不论把 $f(x),g(x)$ 看成是 **F** 上的多项式还是 **K** 上的多项式，用 $g(x)$ 去除 $f(x)$ 所得的商式及余式都是一样的，而整除的充分必要条件是余式为 0，因此，如果在 **F** 上 $g(x)\mid f(x)$ (或 $g(x)\nmid f(x)$)，那么在 **K** 上也有 $g(x)\mid f(x)$ (或 $g(x)\nmid f(x)$). 对于最大公因式，我们知道可以用辗转相除法求出，而辗转相除法又是作一系列的带余除法，因而由辗转相除法所求得的最大公因式也不随系数域的扩大而改变. 例如：

$$f(x)=x^3-3x^2-2x+6=(x^2-2)(x-3),$$

$$g(x)=x^3+x^2-2x-2=(x^2-2)(x+1),$$

这两个多项式既可以看做 $\boldsymbol{Q}[x]$ 中的多项式，又可以看做 $\mathbf{R}[x]$ 中的多项式. 不论在哪个数域上总有

$$(f(x),g(x))=x^2-2.$$

但是，随着系数域的扩大，两个多项式的公因式可能不完全相同. $f(x)$ 和 $g(x)$ 在 $\mathbf{Q}[x]$ 中没有一次公因式，但是，在 $\mathbf{R}[x]$ 中有一次公因式 $x-\sqrt{2}$ 和 $x+\sqrt{2}$.

习题 8.3

1. 求$(f(x),g(x))$，并求 $u(x),v(x)$ 使$(f(x),g(x))=u(x)f(x)+v(x)g(x)$：

1) $f(x)=x^4+2x^3-x^2-4x-2$, $g(x)=x^4+x^3-x^2-2x-2$;

2) $f(x)=4x^4-2x^3-16x^2+5x+9$, $g(x)=2x^3-x^2-5x+4$;

3) $f(x)=x^4-x^3-4x^2+4x+1$, $g(x)=x^2-x-1$.

2. 求$(f(x),g(x))$：

1) $f(x)=x^4+x^3-3x^2-4x-1$, $g(x)=x^3+x^2-x-1$;

2) $f(x)=x^4-4x^3+1$, $g(x)=x^3-3x^2+1$.

3. 证明：如果 $d(x)\mid f(x)$，$d(x)\mid g(x)$，且 $d(x)$ 为 $f(x)$ 与 $g(x)$ 的一个组合，那么 $d(x)$ 是 $f(x)$ 与 $g(x)$ 的一个最大公因式.

4. 证明：$f(x),g(x)$ 互素的充分必要条件是对任意多项式 $\varphi(x)$，都有 $u(x),v(x)$ 使 $u(x)f(x)+v(x)g(x)=\varphi(x)$.

5. 证明：$(f(x)h(x),g(x)h(x))=(f(x),g(x))h(x)$（其中 $h(x)$ 的首项系数为 1).

6. 证明：若$(f(x),g(x))=1$，$(f(x),h(x))=1$，则$(f(x),g(x)h(x))=1$.

7. 设 $f(x)=q(x)g(x)+r(x)$，问以下结论是否成立：

1) $(f(x),g(x))=(g(x),r(x))$;

2) $(f(x),g(x))=(f(x),r(x))$.

8. 判断下列结论是否正确：

1) 若 $f(x)\mid g(x)h(x)$，且$(g(x),h(x))=1$，则 $f(x)\mid g(x)$，$f(x)\mid h(x)$；

2) 若 $f_i(x)\mid g(x)$，$i=1,2,3$，且$(f_1(x),f_2(x),f_3(x))=1$，则

$$(f_1(x)f_2(x)f_3(x))\mid g(x).$$

9. 证明：若 $f(x)$ 与 $g(x)$ 互素，则 $f(x^m)$ 与 $g(x^m)$ 也互素(其中整数 $m>1$).

8.4 多项式的因式分解

我们知道，多项式的因式分解与系数域 $\mathbf{F}$ 有关，必须明确系数域后才能讨论因式分解问题. 因此，在这一节中，我们仍然取定一个数域 $\mathbf{F}$ 作为系数域，讨论 $\mathbf{F}[x]$ 中的多项式的因式分解问题.

8.4.1 不可约多项式

正如整数可以分解为素数的乘积一样，在中学代数里，多项式也可以分

解成不能再分的因式的乘积. 为了把"不能再分"这个概念表述得更确切，我们引入下述定义.

定义 8.9 设 $p(x)$ 是数域 $\mathbf{F}$ 上次数 $\geqslant 1$ 的多项式，如果 $p(x)$ 不能表示成(等于)两个次数比 $p(x)$ 低的 $\mathbf{F}$ 上多项式的乘积，则称 $p(x)$ 为数域 $\mathbf{F}$ 上的**不可约多项式**；否则，称 $p(x)$ 为在 $\mathbf{F}$ 上的**可约多项式**.

任意一个多项式 $f(x)$ 总有以下两类明显的因式：非零常数 c 及 $f(x)$ 的非零常数倍 $cf(x)$. 按照定义，$\mathbf{F}$ 上不可约多项式 $p(x)$ 在 $\mathbf{F}[x]$ 中的因式只有不等于零的常数 c $(c \neq 0)$ 和它自身与 c 的乘积 $cp(x)$ $(c \neq 0)$，此外再没有别的了. 由定义还可见，多项式的可约与不可约性是在一个明确的数域 $\mathbf{F}$ 上讨论的. 例如：x^2-2 在 $\mathbf{Q}$ 上是不可约的，而在 $\mathbf{R}$ 上

$$x^2-2=(x-\sqrt{2})(x+\sqrt{2})$$

就是可约的，这说明多项式的可约性这一概念与以前的整除、最大公因式等概念不同，它是依赖于系数域的. 又由定义，任何数域上的一次多项式总是不可约多项式.

与整数的情况相似，$\mathbf{F}[x]$ 中的多项式可分成以下 4 类：1) 零多项式，2) 零次多项式，3) 不可约多项式，4) 可约多项式. 按照定义，由于零多项式与零次多项式都不是次数 $\geqslant 1$ 的多项式，因此，既不能说它们是不可约的，也不能说它们是可约的. 它们与整数中的 0 与 ± 1 占有相同的地位，因为 0 与 ± 1 既不算素数，也不算合数.

不可约多项式有下述重要性质：

定理 8.6 设 $p(x)$ 是一个不可约多项式. 那么

1) 对于任意的 $f(x) \in \mathbf{F}[x]$，有 $p(x) \mid f(x)$，或

$$(p(x), f(x))=1;$$

2) 对于任意的 $f(x), g(x) \in \mathbf{F}[x]$，若 $p(x) \mid (f(x)g(x))$，则有 $p(x) \mid f(x)$ 或 $p(x) \mid g(x)$.

证 1) 设 $(p(x), f(x))=d(x)$，则由 $d(x) \mid p(x)$ 得 $d(x)=1$ 或 $cp(x)$ $(c \neq 0$，$cp(x)$ 的首项系数是 1). 如果 $d(x)=1$，那么 $(p(x), f(x))=1$；如果 $d(x)=cp(x)$，那么 $p(x) \mid f(x)$.

2) 如果 $p(x) \mid f(x)$，那么结论已经成立. 如果 $p(x) \nmid f(x)$，那么由 1) 得 $(p(x), f(x))=1$. 再由 8.3 节互素多项式的性质 1° 得 $p(x) \mid g(x)$. ∎

定理 8.6 中 1) 表明，不可约多项式对任一多项式的关系只有两种：或是它的因式或与它互素. 定理 8.6 中 2) 表明，一个不可约多项式若能整除两个多项式的乘积则必能整除其中之一. 利用数学归纳法还可将它推广，得到下

述推论.

推论 设 $p(x)$ 是不可约的. 若 $p(x)\mid(f_1(x)f_2(x)\cdots f_s(x))$，则 $p(x)$ 一定能整除某个 $f_i(x)$ $(1\leqslant i\leqslant s)$.

证 对 s 进行数学归纳法.

当 $s=2$ 时，就是定理 8.6 中 2) 的情况，结论成立.

假设 $s=k$ 时结论成立. 我们来证明 $s=k+1$ 时结论也成立. 设 $p(x)\mid(f_1(x)f_2(x)\cdots f_{k+1}(x))$ 和 $g(x)=f_1(x)f_2(x)\cdots f_k(x)$. 那么

$$p(x)\mid(g(x)f_{k+1}(x)).$$

由定理 8.6 中 2) 得 $p(x)\mid g(x)$ 或 $p(x)\mid f_{k+1}(x)$. 如果 $p(x)\mid f_{k+1}(x)$，那么结论已经成立. 如果 $p(x)\mid g(x)$，即 $p(x)\mid(f_1(x)\cdots f_k(x))$，由归纳法假设，$p(x)$ 必能整除某一 $f_i(x)$ $(1\leqslant i\leqslant k)$. 因此 $p(x)$ 总能整除 $f_1(x),f_2(x),\cdots,f_{k+1}(x)$ 中的一个. ∎

例 8.4 设 $f(x)$ 是 $\mathbf{F}[x]$ 中一个次数 $\geqslant 1$ 的多项式. 证明：$f(x)$ 的除零次以外的次数最小的因式必是不可约的.

证 设 $d(x)$ 为 $f(x)$ 的次数 >0 的因式中次数最小者. 若 $d(x)$ 是可约多项式，则 $d(x)=d_1(x)d_2(x)$ 且 $0<\deg d_i(x)<\deg d(x)$ $(i=1,2)$，而 $d_1(x)$ 也是 $f(x)$ 的因式，这与 $d(x)$ 为除零次以外的次数最小的因式矛盾. 因此，$d(x)$ 必须是不可约的.

例 8.5 设 $p(x)$ 是 $\mathbf{F}[x]$ 中次数 $\geqslant 1$ 的多项式. 如果对 $\mathbf{F}[x]$ 中任意两个多项式 $f(x),g(x)$，由 $p(x)\mid(f(x)g(x))$，必得 $p(x)\mid f(x)$ 或 $p(x)\mid g(x)$，那么 $p(x)$ 是 $\mathbf{F}[x]$ 中的一个不可约多项式.

证 用反证法. 倘若 $p(x)$ 是可约多项式，设 $p(x)=p_1(x)\cdot p_2(x)$ 且

$$0<\deg p_i(x)<\deg p(x)\quad (i=1,2).$$

取 $f(x)=p_1(x)$，$g(x)=p_2(x)$，我们不能从 $p(x)\mid(p_1(x)p_2(x))$ 推出 $p(x)\mid p_1(x)$ 或 $p(x)\mid p_2(x)$，这与题设矛盾，因此，$p(x)$ 是不可约的.

∎

我们必须注意，互素多项式与不可约多项式是两个不相同的概念. 互素多项式是指 $\mathbf{F}[x]$ 中两个多项式之间的关系，与整数中两个整数互素的概念相类似，而不可约多项式是指某一个多项式本身的一种特性，与自然数中的素数的概念相类似. 正如每个大于 1 的自然数都能分解为素数的乘积，下面我们将看到，每个次数 $\geqslant 1$ 的 $\mathbf{F}[x]$ 中的多项式都能分解为 $\mathbf{F}[x]$ 中不可约多项式的乘积，因而不可约多项式在多项式的因式分解中也起着重大的作用.

8.4.2 因式分解定理

多项式的因式分解问题是多项式理论的重要组成部分. 下面讨论多项式

的因式分解定理，它是本章的主要定理之一.

设 $f(x)\in\mathbf{F}[x]$. 如果 $f(x)$ 不可约，那就不能再进行分解. 如果 $f(x)$ 可约，那么 $f(x)$ 可以分解为两个次数低于 $f(x)$ 的多项式的乘积：

$$f(x)=f_1(x)f_2(x).$$

如果 $f_1(x),f_2(x)$ 都不可约，那么 $f(x)$ 就表示成了两个不可约多项式的乘积. 如果 $f_1(x)$ 或 $f_2(x)$ 可约，可对 $f_1(x)$ 或 $f_2(x)$ 再进行分解. 由于 $f(x)$ 的次数有限，且每一次分解都会使某个因式的次数减少，因此经过有限步的分解，最后总能把 $f(x)$ 表示成一些不可约多项式的乘积. 下面我们从理论上给出把一个多项式分解为**不可约因式**之积的可能性和唯一性的证明.

定理8.7（因式分解存在唯一性定理） 数域 $\mathbf{F}$ 上每一个次数 $\geqslant 1$ 的多项式 $f(x)$ 都可以唯一地分解成数域 $\mathbf{F}$ 上的不可约多项式 $p_i(x)$ $(i=1,2,\cdots,s)$ 的乘积，即

$$f(x)=p_1(x)p_2(x)\cdots p_s(x),\tag{4.1}$$

并且如果

$$f(x)=q_1(x)q_2(x)\cdots q_t(x),$$

其中 $q_j(x)$ $(j=1,2,\cdots,t)$ 是数域 $\mathbf{F}$ 上的不可约多项式，则 $s=t$，且适当排列 $q_j(x)$ 的次序后有

$$p_i(x)=c_iq_i(x),\quad i=1,2,\cdots,s,$$

其中 $c_i(i=1,2,\cdots,s)$ 是一些非零常数.

证 先证分解式(4.1) 成立. 对 $f(x)$ 的次数用数学归纳法.

因为一次多项式都是不可约的，所以 $n=1$ 时结论成立.

假设结论对于次数低于 n 的多项式成立.

设 $f(x)$ 是一个 n 次多项式. 如果 $f(x)$ 是不可约的，结论显然成立. 若 $f(x)$ 是可约的，即有

$$f(x)=f_1(x)f_2(x),$$

其中 $f_1(x),f_2(x)$ 的次数都低于 n. 由归纳法假设知，$f_1(x),f_2(x)$ 都可以分解成数域 $\mathbf{F}$ 上一些不可约多项式的乘积. 把 $f_1(x)$ 和 $f_2(x)$ 的分解式相乘，就得到 $f(x)$ 的一个分解式.

由归纳法原理，结论普遍成立.

再证唯一性. 设 $f(x)$ 可用两种方法表示成不可约多项式的乘积

$$f(x)=p_1(x)p_2(x)\cdots p_s(x)=q_1(x)q_2(x)\cdots q_t(x).\tag{4.2}$$

对 s 用数学归纳法.当 $s=1$ 时，$f(x)$ 为不可约多项式，由定义必有 $s=t=1$，且

$$f(x)=p_1(x)=q_1(x).$$

现设定理对不可约因式的个数为 $s-1$ 时唯一性已成立. 由(4.2),

$$p_1(x) \mid (q_1(x)q_2(x)\cdots q_t(x)),$$

由定理 8.6 的推论知, $p_1(x)$ 必能整除 $q_1(x),q_2(x),\cdots,q_t(x)$ 中的一个, 不妨设 $p_1(x) \mid q_1(x)$. 由于 $q_1(x)$ 也是不可约多项式, 故有

$$p_1(x)=c_1q_1(x).$$

上式代入(4.2),再从两边消去 $q_1(x)$ 得

$$c_1p_2(x)\cdots p_s(x)=q_2(x)\cdots q_t(x).$$

由归纳法假设, 从上式可得 $s-1=t-1$, 即

$$s=t, \tag{4.3}$$

且适当调换次序有

$$c_1p_2(x)=c'_2q_2(x),\ p_i(x)=c_iq_i(x),\quad i=3,4,\cdots,s.$$

令 $c_2=c_1^{-1}c'_2$, 便得

$$p_i(x)=c_iq_i(x),\quad i=1,2,\cdots,s. \tag{4.4}$$

(4.3) 和(4.4) 合起来, 就证明了分解的唯一性. ■

因式分解定理从理论上证明了把一个多项式分解为不可约因式的乘积是可能的, 而且在不计常数因子及因子的排列顺序的情况下分解式是唯一的. 它是多项式理论中的一个重要定理, 但是它并没有给出一个具体的分解多项式的方法. 在一般情况下, 普遍可行的分解多项式的方法是不存在的, 事实上, 即使要判断一个多项式是否可约也是很困难的.

从多项式 $f(x)$ 的分解式(4.1), 我们可以引入一个标准分解式的概念. 在 $f(x)$ 的分解式中, 可以把每一个不可约因式的首项系数提到前面, 使它们成为首项系数为 1 的多项式, 再把相同的不可约因式合并, 写成方幂的形式. 于是, $f(x)$ 的分解式成为

$$f(x)=cp_1^{r_1}(x)p_2^{r_2}(x)\cdots p_s^{r_s}(x), \tag{4.5}$$

其中 c 是 $f(x)$ 的首项系数, $p_1(x),p_2(x),\cdots,p_s(x)$ 是不同的首项系数为 1 的不可约多项式, 而 $r_1,r_2,\cdots,r_s$ 是正整数. 这种分解式称为**标准分解式**.

标准分解式在多项式的整除理论和最大公因式理论中有其应用. 下面我们将逐步体会它在多项式的理论推导上的作用.

设 $f(x)$ 有标准分解式(4.5). 那么多项式 $g(x)$ 是 $f(x)$ 的因式当且仅当

$$g(x)=dp_1^{l_1}(x)p_2^{l_2}(x)\cdots p_s^{l_s}(x), \tag{4.6}$$

其中 d 为 $g(x)$ 的首项系数, $0\leqslant l_i\leqslant r_i\ (i=1,2,\cdots,s)$.

事实上, 充分性是明显的. 现在证明必要性, 假设 $g(x)$ 是 $f(x)$ 的因式, 即

$$f(x)=g(x)h(x).$$

于是, 把 $g(x)$ 与 $h(x)$ 的分解式结合在一起就是 $f(x)$ 的分解式. 由于分解

的唯一性，在 $g(x)$ 的分解式中不会出现 $p_1(x),p_2(x),\cdots,p_s(x)$ 以外的不可约因式，而且其中含有 $p_i(x)$ 的个数也不会大于 r_i，因此，$g(x)$ 可以表示成(4.6).

如果知道了 $f(x)$ 与 $g(x)$ 的标准分解式，根据以上分析，可以直接写出它们的最大公因式. 若一个不可约多项式不在某个多项式的分解中出现，只要把这个不可约多项式的方幂的指数取为 0，就可把它也写进该分解中. 这样，对于两个多项式 $f(x)$ 和 $g(x)$，总可把它们的分解式改写为

$$\left.\begin{aligned} f(x)&=cp_1^{r_1}(x)p_2^{r_2}(x)\cdots p_t^{r_t}(x),\\ g(x)&=dp_1^{l_1}(x)p_2^{l_2}(x)\cdots p_t^{l_t}(x),\end{aligned}\right\} \tag{4.7}$$

其中 $r_i\geqslant 0$，$l_i\geqslant 0$，$i=1,2,\cdots,t$. 它们的最大公因式为

$$(f(x),g(x))=p_1^{m_1}(x)p_2^{m_2}(x)\cdots p_t^{m_t}(x), \tag{4.8}$$

其中 $m_i=\min(r_i,l_i)$①，$i=1,2,\cdots,t$.

由(4.8)可见，$f(x)$ 与 $g(x)$ 互素当且仅当 $f(x)$ 与 $g(x)$ 的标准分解式中没有相同的不可约因式.

由上述讨论可以看到，两个多项式之间的整除关系、最大公因式和互素关系都可以用它们的标准分解式来描述. 于是，我们可以利用标准分解式来讨论有关整除，互素及最大公因式的一些问题.

例 8.6 证明：$(f(x)h(x),g(x)h(x))=(f(x),g(x))h(x)$ （$h(x)$ 的首项系数为 1）.

证 我们可以把 $f(x),g(x),h(x)$ 的标准分解式改写为

$$f(x)=cp_1^{l_1}(x)p_2^{l_2}(x)\cdots p_t^{l_t}(x),$$

$$g(x)=dp_1^{m_1}(x)p_2^{m_2}(x)\cdots p_t^{m_t}(x),$$

$$h(x)=p_1^{n_1}(x)p_2^{n_2}(x)\cdots p_t^{n_t}(x),$$

其中 $l_i\geqslant 0$，$m_i\geqslant 0$，$n_i\geqslant 0$，$i=1,2,\cdots,t$. 若分解式中某个不可约多项式的方幂的指数为 0，表示该不可约多项式在这分解式中不出现. 于是，

$$\begin{aligned}&(f(x)h(x),g(x)h(x))\\ &=(p_1(x))^{\min(l_1+n_1,m_1+n_1)}(p_2(x))^{\min(l_2+n_2,m_2+n_2)}\cdots(p_t(x))^{\min(l_t+n_t,m_t+n_t)}\\ &=(p_1(x))^{\min(l_1,m_1)+n_1}(p_2(x))^{\min(l_2,m_2)+n_2}\cdots(p_t(x))^{\min(l_t,m_t)+n_t}\\ &=(f(x),g(x))h(x).\end{aligned}$$

例 8.7 证明：若 $(f(x),g(x))=1$，$(f(x),h(x))=1$，则

$$(f(x),g(x)h(x))=1.$$

---

① $\min(r,l)$ 表示 r,l 中较小的一个数.

证 由于$(f(x),g(x))=1$和$(f(x),h(x))=1$，故$f(x)$与$g(x)$或$h(x)$的标准分解式中都没有相同的不可约因式，那么$f(x)$与$g(x)h(x)$的标准分解式中也没有相同的不可约因式，即

$$(f(x),g(x)h(x))=1.$$

以上两例都可以利用定理8.3和定理8.4来证明，其中例8.6、例8.7分别是习题8.3第5,6题. 现在利用标准分解式来证明，论证时不用写出具体的标准分解式，思路十分简明. 在理论研讨中，标准分解式是很有用的，在下节中将能进一步体会到它的价值.

注意，虽然在两个多项式的标准分解式都知道的情况下，利用标准分解式可以求最大公因式，但是，在一般情况下，我们没有将一个多项式分解为不可约因式的乘积的实际方法，因此，这种方法还是不能代替辗转相除法.

最后再给出最小公倍式的定义.

定义 8.10 设$f(x),g(x)$是数域$\mathbf{F}$上两个多项式. 如果$\mathbf{F}$上多项式$m(x)$满足下面两个条件：

1) $m(x)$是$f(x)$与$g(x)$的公倍式，即$f(x)\mid m(x)$，$g(x)\mid m(x)$；

2) $f(x)$与$g(x)$的任何公倍式都是$m(x)$的倍式，

则称$m(x)$是$f(x)$与$g(x)$的一个**最小公倍式**. 我们把$f(x),g(x)$的最小公倍式中的首项系数为1的多项式记为$[f(x),g(x)]$.

类似于(4.8)，设$f(x),g(x)$的分解式为(4.7)，则它们的最小公倍式为

$$[f(x),g(x)]=p_1^{\max(r_1,l_1)}(x)p_2^{\max(r_2,l_2)}(x)\cdots p_t^{\max(r_t,l_t)}(x).$$

习题 8.4

1. 设系数域分别为有理数域，实数域或复数域，求x^3-2x^2-2x+1的标准分解式.

2. 设$p(x)$是$\mathbf{F}[x]$中一个次数$\geqslant 1$的多项式. 如果对于$\mathbf{F}[x]$中任意多项式$f(x)$，都有$p(x)\mid f(x)$或$(p(x),f(x))=1$. 证明：$p(x)$是数域$\mathbf{F}$上的不可约多项式.

3. 证明：$g^2(x)\mid f^2(x)\Leftrightarrow g(x)\mid f(x)$（其中$g(x)\neq 0$）.

4. 证明：$(f(x),g(x))^m=(f^m(x),g^m(x))$，其中$m$为正整数.

5. 设$f(x),g(x)$是数域$\mathbf{F}$上首项系数为1的两个多项式，证明：

$$[f(x),g(x)]=\frac{f(x)g(x)}{(f(x),g(x))}.$$

8.5 重 因 式

为了进一步讨论数域$\mathbf{F}$上多项式的因式分解问题，我们引入重因式的概念，它对于今后研究多项式的根也是非常重要的.

定义 8.11 设 $p(x)$ 为不可约多项式. 如果 $p^k(x) \mid f(x)$，而 $p^{k+1}(x) \nmid f(x)$，则称 $p(x)$ 是 $f(x)$ 的 k **重因式**.

如果 $k=0$，那么 $p(x)$ 根本不是 $f(x)$ 的不可约因式；如果 $k=1$，则称 $p(x)$ 是 $f(x)$ 的**单因式**；如果 $k>1$，则称 $p(x)$ 是 $f(x)$ 的**重因式**.

例 8.8 $f(x)=-8(x+1)^3(x-2)^2(x+4)^2(x-1)$.

$x+1$ 是 $f(x)$ 的 3 重因式；$x-2$ 和 $x+4$ 都是 $f(x)$ 的 2 重因式；$x-1$ 是 $f(x)$ 的单因式.

若已知 $f(x)$ 的标准分解式为

$$f(x)=c\,p_1^{r_1}(x)p_2^{r_2}(x)\cdots p_s^{r_s}(x),$$

则 $p_1(x),p_2(x),\cdots,p_s(x)$ 分别是 $f(x)$ 的 r_1 重，r_2 重，…，r_s 重因式. 但是，由于对给定的多项式 $f(x)$ 没有一个求标准分解式的一般方法，所以需要用另外的方法来解决判别多项式有无重因式的问题. 为此，先引入多项式的导数的概念.

定义 8.12 若

$$f(x)=a_nx^n+a_{n-1}x^{n-1}+\cdots+a_1x+a_0$$

是 $\mathbf{F}$ 上的多项式，则规定如下的 $n-1$ 次多项式

$$f'(x)=na_nx^{n-1}+(n-1)a_{n-1}x^{n-2}+\cdots+a_1$$

为**多项式 $f(x)$ 的导数或 1 阶导数**.

这种规定来自于数学分析，但这里是一个形式的定义，数学分析中的导数定义涉及极限的概念，不能把它简单地移用于任意数域上的多项式.

通过直接验证，可以得出关于多项式的导数的基本公式：

$$(f(x)+g(x))'=f'(x)+g'(x) \quad \text{（和的运算法则）}, \tag{5.1}$$

$$(cf(x))'=cf'(x) \quad (c\in\mathbf{F}) \quad \text{（数乘的运算法则）}, \tag{5.2}$$

$$(f(x)g(x))'=f'(x)g(x)+f(x)g'(x) \quad \text{（乘积的运算法则）}, \tag{5.3}$$

$$(f^m(x))'=m(f^{m-1}(x)f'(x)) \quad \text{（乘幂的运算法则）}. \tag{5.4}$$

同样可以定义高阶导数的概念. 1 阶导数 $f'(x)$ 的导数称为 $f(x)$ 的 2 阶导数，记为 $f''(x)$. $f''(x)$ 的导数称为 $f(x)$ 的 3 阶导数，记为 $f'''(x)$. 归纳地，$f(x)$ 的 k 阶导数定义为 $f(x)$ 的 $k-1$ 阶导数(记为 $f^{(k-1)}(x)$) 的导数 $(f^{(k-1)}(x))'$，记为 $f^{(k)}(x)$.

本节将利用导数来判定一个多项式 $f(x)$ 是否有重因式，并在有重因式的时候，把 $f(x)$ 中的重因式去掉，得到一个与 $f(x)$ 有完全相同的不可约因式但没有重因式的多项式，这个多项式次数比 $f(x)$ 的次数低，这样，就把次数较高的多项式 $f(x)$ 的因式分解问题化为次数较低的多项式的因式分解问题，问题就简化了.

定理8.8 如果不可约多项式 $p(x)$ 是 $f(x)$ 的 k 重因式($k\geqslant 1$)，那么它是导数 $f'(x)$ 的 $k-1$ 重因式.

证 因为 $p(x)$ 是 $f(x)$ 的 k 重因式，所以可设

$$f(x)=p^k(x)g(x),$$

其中 $p(x)\nmid g(x)$. 利用乘积和乘幂的导数公式(5.3)和(5.4)，求 $f(x)$ 的导数得

$$\begin{aligned}f'(x)&=(p^k(x))'g(x)+p^k(x)g'(x)\\&=p^{k-1}(x)(kp'(x)g(x)+p(x)g'(x)).\end{aligned}$$

这说明 $p^{k-1}(x)\mid f'(x)$. 现在证明

$$p(x)\nmid(kp'(x)g(x)+p(x)g'(x)).$$

事实上，$kp'(x)$ 的次数低于 $p(x)$ 的次数，所以 $p(x)\nmid kp'(x)$；又因为 $p(x)\nmid g(x)$，故 $p(x)$ 不能整除乘积 $kp'(x)g(x)$，但 $p(x)$ 能整除第2项 $p(x)g'(x)$，因此 $p(x)\nmid(kp'(x)g(x)+p(x)g'(x))$. 这就证明了 $p(x)$ 是 $f'(x)$ 的 $k-1$ 重因式. ∎

推论1 如果不可约因式 $p(x)$ 是 $f(x)$ 的 k ($k\geqslant 1$) 重因式，那么 $p(x)$ 分别是 $f'(x),f''(x),\cdots,f^{(k-1)}(x)$ 的 $k-1,k-2,\cdots,1$ 重因式，而不是 $f^{(k)}(x)$ 的因式. 特别地，$f(x)$ 的单因式不再是 $f'(x)$ 的因式.

证 根据定理8.8，对导数阶数 k 用数学归纳法证明即得. ∎

推论1表明，若不可约因式 $p(x)$ 是 $f(x)$ 的单因式，则 $p(x)$ 不是 $f'(x)$ 的因式.

推论2 不可约多项式 $p(x)$ 是 $f(x)$ 的重因式的充分必要条件为 $p(x)$ 是 $f(x)$ 与 $f'(x)$ 的公因式.

证 如果不可约多项式 $p(x)$ 是 $f(x)$ 的重因式，那么 $p(x)$ 一定是 $f'(x)$ 的因式，因而是 $f(x)$ 与 $f'(x)$ 的公因式. 反之，由推论1，$f(x)$ 与 $f'(x)$ 的不可约公因式是 $f'(x)$ 的一个因式，故决不会是 $f(x)$ 的单因式. ∎

由推论2即刻可得

推论3 多项式 $f(x)$ 没有重因式的充分必要条件是 $f(x)$ 与 $f'(x)$ 互素.

推论3给出一个判断多项式有无重因式的实际方法：通过初等的代数运算——辗转相除法计算 $(f(x),f'(x))$ 来判断有无重因式的问题.

例8.9 证明：有理系数多项式

$$f(x)=1+x+\frac{x^2}{2!}+\cdots+\frac{x^n}{n!}$$

没有重因式.

证 $$f'(x)=1+x+\frac{x^2}{2!}+\cdots+\frac{x^{n-1}}{(n-1)!},$$

由 $f(x)-f'(x)=\dfrac{x^n}{n!}$ 知

$$(f(x),f'(x))=(f(x),f(x)-f'(x))=1,$$

所以 $f(x)$ 没有重因式.

利用辗转相除法求出 $(f(x),f'(x))$，不仅可以判断 $f(x)$ 有无重因式，还可以得到一个去除多项式中的重因式的方法. 假设 $f(x)$ 的标准分解式为

$$f(x)=cp_1^{r_1}(x)p_2^{r_2}(x)\cdots p_s^{r_s}(x),$$

则由定理 8.8 知

$$(f(x),f'(x))=p_1^{r_1-1}(x)p_2^{r_2-1}(x)\cdots p_s^{r_s-1}(x). \tag{5.5}$$

因此，

$$\frac{f(x)}{(f(x),f'(x))}=cp_1(x)p_2(x)\cdots p_s(x). \tag{5.6}$$

(5.6) 说明 $g(x)=\dfrac{f(x)}{(f(x),f'(x))}$ 是一个没有重因式的且与 $f(x)$ 具有完全相同的不可约因式的多项式. 这种多项式很有用，在计算数学里，多项式求根的近似解法中，有些解法只对无重根的多项式才适用. 这种多项式给因式分解问题也带来很大方便，可以将求 $f(x)$ 的标准分解式问题转化为求两个次数较 $f(x)$ 的次数更低的多项式 $g(x)$ 与 $(f(x),f'(x))$ 的标准分解式问题. 虽然仍未能彻底解决问题，但是，一旦 $g(x)$ 的标准分解式可以求出时，用带余除法将 $g(x)$ 的不可约因式逐次除 $(f(x),f'(x))$，可以确定 $(f(x),f'(x))$ 中各不可约因式的重数，从而得出 $f(x)$ 的标准分解式.

例 8.10 求 $f(x)=x^4+x^3-3x^2-5x-2$ 的重因式和标准分解式.

解 $f'(x)=4x^3+3x^2-6x-5$. 用辗转相除法，求得

$$(f(x),f'(x))=x^2+2x+1=(x+1)^2.$$

再计算

$$g(x)=\frac{f(x)}{(f(x),f'(x))}=x^2-x-2=(x+1)(x-2).$$

于是，$f(x)$ 的标准分解式为

$$f(x)=(f(x),f'(x))g(x)=(x+1)^3(x-2).$$

因此，$f(x)$ 具有 3 重因式 $x+1$ 和单因式 $x-2$.

最后指出，由于两个多项式 $f(x)$ 和 $f'(x)$ 是否互素，不因系数域的扩

大而改变，所以一个多项式有无重因式，也不因系数域的扩大而改变.

习题 8.5

1. 证明下列关于多项式的导数的公式：

1） $(f(x)+g(x))'=f'(x)+g'(x)$；

2） $(f(x)g(x))'=f'(x)g(x)+f(x)g'(x)$.

2. 判断下列多项式有无重因式，若有，则求出重因式：

1） $f(x)=x^5-10x^3-20x^2-15x-4$；

2） $f(x)=x^5-5x^4+7x^3-2x^2+4x-8$.

3. 问 a,b 应满足什么条件，多项式 $x^4+4ax+b$ 有重因式？

4. 求 $f(x)=x^5+3x^4-x^3-7x^2+4$ 在 $\mathbf{Q}$ 上的标准分解式.

5. 设不可约多项式 $p(x)$ 是 $f'(x)$ 的 $k-1$ 重因式($k\geqslant 2$). 证明：$p(x)$ 是 $f(x)$ 的 k 重因式的充分必要条件是 $p(x)\mid f(x)$.

6. 问：如果 $p(x)$ 是 $f'(x)$ 的 k 重因式，那么 $p(x)$ 是否一定是 $f(x)$ 的 $k+1$ 重因式？

8.6 多项式的根

到目前为止，我们始终是纯形式地讨论多项式，也就是把多项式看做文字 x 的形式的表达式. 本节将多项式 $f(x)$ 看做自变量 x 的函数，从函数的观点来考察多项式. 我们将介绍多项式根的概念和基本性质. 多项式的根与多项式的整除理论有密切的联系，它是多项式理论中一个主要的讨论对象，并且在实际问题中也有广泛的应用.

8.6.1 多项式函数

设 $f(x)$ 为数域 $\mathbf{F}$ 上的一个多项式

$$f(x)=a_nx^n+a_{n-1}x^{n-1}+\cdots+a_0,$$

c 是 $\mathbf{F}$ 中的一个数. 那么在 $f(x)$ 的表示式中用 c 来代替 x，就得到 $\mathbf{F}$ 中的一个数

$$a_nc^n+a_{n-1}c^{n-1}+\cdots+a_0. \tag{6.1}$$

这个数称为当 $x=c$ 时 $f(x)$ 的值，并用 $f(c)$ 来表示. 这样一来，多项式 $f(x)$ 就定义了数域 $\mathbf{F}$ 上的一个函数，也就是说，由多项式 $f(x)$ 可以确定一个 $\mathbf{F}$ 到 $\mathbf{F}$ 的映射，它将每个 $\mathbf{F}$ 中的数 c，对应一个唯一确定的 $\mathbf{F}$ 中的数 $f(c)$. 由 $\mathbf{F}[x]$ 中的一个多项式所确定的函数，称为数域 $\mathbf{F}$ 上的**多项式函数**. 特别，当 $\mathbf{F}$ 是实数域时，这就是数学分析中的多项式函数.

显然，零多项式的值，不论 x 为 $\mathbf{F}$ 中什么数，它总等于零；而零次多项式

$f(x)=a\ (a\in\mathbf{F},\ a\neq 0)$ 的值，不论 x 为 $\mathbf{F}$ 中什么数，总等于 a.

由多项式运算的定义和多项式的值的定义(见(6.1))，容易验证：

设 $f(x),g(x)\in\mathbf{F}[x]$，如果

$$u(x)=f(x)+g(x),\quad v(x)=f(x)g(x),$$

那么，对所有的 $c\in\mathbf{F}$，恒有

$$u(c)=f(c)+g(c),\quad v(c)=f(c)g(c).$$

实际上，由加法和乘法而得到的 $\mathbf{F}[x]$ 中多项式之间的任一关系式在用 $\mathbf{F}$ 中的数 c 代替 x 后都仍成立.

为了求 $f(x)$ 当 $x=c$ 的值 $f(c)$，可以利用下面的定理，它的证明依赖于带余除法.

定理8.9（**余数定理**） 用一次多项式 $x-c$ 去除多项式 $f(x)$，所得的余式就是常数 $f(c)$.

证 根据带余除法，用 $x-c$ 去除 $f(x)$，所得的余式或者是一个零次多项式或者等于零. 因此，在任何情况下余式总是数域 $\mathbf{F}$ 中的一个数，设为 r. 令商式为 $q(x)$. 于是，

$$f(x)=(x-c)q(x)+r.$$

在上式中，用 c 代替 x 得

$$f(c)=(c-c)q(c)+r=r.$$ ∎

8.6.2 多项式的根

多项式的研究和方程的研究有密切的关系. 例如：由中学代数知道，求二次方程 $ax^2+bx+c=0$ 的根和二次多项式 ax^2+bx+c 的因式分解基本上是同一个问题. 因此，我们把方程 $f(x)=0$ 的根也叫做多项式 $f(x)$ 的根，确切地说，我们有以下定义.

定义 8.13 设 $f(x)$ 是 $\mathbf{F}$ 上的一个多项式，c 是 $\mathbf{F}$ 中的一个数. 若 $x=c$ 时 $f(x)$ 的值 $f(c)$ 等于零，c 就称为 $f(x)$ 的一个**根**或**零点**.

由余数定理我们得到根与一次因式的关系：

定理8.10 数 c 是多项式 $f(x)$ 的根的充分必要条件是 $(x-c)\mid f(x)$.

这样，求多项式在数域 $\mathbf{F}$ 中的根相当于求它的形如 $x-c$ 的一次因式. 由于每一个一次多项式都是不可约的，所以若 $x-c$ 是 $f(x)$ 的一个因式，则它一定出现在 $f(x)$ 的标准分解式中.

当 $x-c$ 是 $f(x)$ 的 k 重因式时，c 称为 $f(x)$ 的 k **重根**，而 $k=1$ 时，c

称为**单根**，$k>1$ 时，c 称为**重根**.

利用多项式的根与它的一次因式间的关系，容易推出，一个多项式在数域 **F** 中最多有多少根.

定理8.11 $\mathbf{F}[x]$ 中每个 n 次多项式在数域 **F** 内最多有 n 个根，其中 k 重根按 k 个计算.

证 $n=0$ 时定理显然成立，因为零次多项式 $f(x)$ 的根的个数等于零.

设 $n>0$，令 $c_1,c_2,\cdots,c_s$ 是 n 次多项式 $f(x)$ 在 **F** 中所有的不同的根，且它们的重数分别是 $k_1,k_2,\cdots,k_s$. 要证

$$k_1+k_2+\cdots+k_s\leqslant n,$$

即重根按重数计算，$f(x)$ 在 **F** 中的根不可能多于 n 个.

由于 c_i 是 $f(x)$ 在 **F** 中的 k_i 重根，因此 $x-c_i$ 是 $f(x)$ 的 k_i 重因式，$i=1,2,\cdots,s$. 于是，它们都出现在 $f(x)$ 的标准分解式中，可设

$$f(x)=(x-c_1)^{k_1}(x-c_2)^{k_2}\cdots(x-c_s)^{k_s}g(x),$$

其中 $g(x)$ 是 $f(x)$ 的标准分解式中其他不可约因式的乘积. 比较等式两边的次数，得 $k_1+k_2+\cdots+k_s\leqslant n$，于是，定理得到证明. ■

这一定理对零多项式不能应用，因为零多项式没有次数. 事实上，数域 **F** 中每一个数都是零多项式的根. 对 **F** 上任何一个 n 次多项式 $f(x)$，定理 8.11 只指出，其根的个数不能超过它的次数 n，未必一定有 n 个根. 例如：有理系数多项式 x^4-4 在 **Q** 中就没有根. 如果把它看做 $\mathbf{R}[x]$ 中的多项式，那么它在 **R** 中有 2 个根 $\pm\sqrt{2}$，根的个数仍小于它的次数 4. 在复数域 **C** 中恰好有 4 个根 $\pm\sqrt{2}$，$\pm\sqrt{2}\mathrm{i}$.

最后，我们讨论多项式相同与多项式函数恒等之间的关系. 我们已经看到，$\mathbf{F}[x]$ 中每一个多项式都可以确定一个 **F** 上的多项式函数. 如果 $f(x)=g(x)$，即它们有完全相同的项，那么 $f(x)$ 和 $g(x)$ 所确定的函数相等(也称为**两函数恒等**)，即对 **F** 中任何数 c 都有

$$f(c)=g(c).$$

反之，若多项式 $f(x)$ 和 $g(x)$ 所确定的函数恒等，是否作为多项式有 $f(x)=g(x)$? 下述定理将给予一个肯定的回答.

定理8.12 如果 $\mathbf{F}[x]$ 中的两个多项式 $f(x)$，$g(x)$ 的次数都不超过 n，而它们对 $n+1$ 个不同的数 $a_1,a_2,\cdots,a_{n+1}$ 都有相同的值，即

$$f(a_i)=g(a_i),\quad i=1,2,\cdots,n+1,$$

那么 $f(x)=g(x)$.

证 令

$$u(x)=f(x)-g(x).$$

若 $f(x)\neq g(x)$，也就是说，$u(x)\neq 0$，那么 $u(x)$ 是一个次数不超过 n 的多项式，但是，据定理的条件，有

$$u(a_i)=f(a_i)-g(a_i)=0,\quad i=1,2,\cdots,n+1.$$

于是，$u(x)$ 在 $\mathbf{F}$ 中有 $n+1$ 个或更多的根，这与定理 8.11 矛盾. ∎

由于数域 $\mathbf{F}$ 中有无穷多个数，若多项式 $f(x)$ 和 $g(x)$ 所确定的函数恒等，那么，有无穷多个数 $c\in\mathbf{F}$，使 $f(c)=g(c)$，因而由定理 8.12 得

$$f(x)=g(x),$$

即作为多项式，$f(x)$ 与 $g(x)$ 是相等的.

由上面讨论表明，对于数域 $\mathbf{F}$ 上多项式相等与多项式函数恒等实际上是一致的. 在必要时，多项式也可以看成多项式函数，便于运用数学分析的方法来讨论问题.

习题 8.6

1. 判断 5 是不是多项式

$$f(x)=3x^5-224x^3+742x^2+5x+50$$

的根. 如果是的话，求其重数.

2. a 与 b 是什么数时，$f(x)=x^4-3x^3+6x^2+ax+b$ 被 x^2-1 整除？

3. 求 a 的值，使 -1 是多项式

$$f(x)=x^5-ax^2-ax+1$$

的二重或三重以上的重根.

4. 证明：c 是 $f(x)$ 的 k 重根($k>1$) 的充分必要条件是

$$f(c)=f'(c)=f''(c)=\cdots=f^{(k-1)}(c)=0,\quad f^{(k)}(c)\neq 0.$$

5. 证明：$\sin x$ 不是 x 的多项式.

6. 求一个 2 次多项式，使它在 $x=0,\ \pi/2,\ \pi$ 处与函数 $\sin x$ 有相同的值.

7. 设 $f(x)$ 是数域 $\mathbf{F}$ 上 2 次或 3 次的可约多项式. 试问：$f(x)$ 在 $\mathbf{F}$ 中是否一定有根？

8.7 复系数与实系数多项式的因式分解

以上我们讨论了在一般数域上多项式的因式分解问题. 在复数域与实数域上，多项式因式分解的情况怎样呢？ 我们可以得到进一步的结果.

我们先讨论复数域上的多项式.

给了任意数域 $\mathbf{F}$ 上的一个 n $(n>0)$ 次多项式 $f(x)$，那么 $f(x)$ 在 $\mathbf{F}$ 中未

必有根. 但是，对于复数域 **C** 上的多项式来说，我们有重要的**代数基本定理**①：

定理8.13 每个次数 $\geqslant 1$ 的复系数多项式在复数域中至少有一个根.

这个定理的各种证明或多或少都需用到分析工具，将来利用复变函数论中的结论，可以很简单地证明. 我们不在这里给出这一定理的证明.

代数基本定理的一个直接结果是

定理8.14（复系数多项式因式分解唯一定理） 每个次数 $\geqslant 1$ 的复系数多项式在复数域上都可以唯一地分解成一次因式的乘积.

证 根据根与一次因式的关系(定理 8.10)，从代数基本定理可得，每个次数 $\geqslant 1$ 的复系数多项式，在复数域上一定有一个一次因式.

由此可知，在复数域上，任一次数大于 1 的多项式都是可约的. 换句话说，复系数不可约多项式只有一次多项式. 将因式分解定理(定理 8.7) 应用到复数域上，定理得证. ∎

因此，复系数多项式具有标准分解式

$$f(x)=c(x-\alpha_1)^{r_1}(x-\alpha_2)^{r_2}\cdots(x-\alpha_s)^{r_s},$$

其中 $\alpha_1,\alpha_2,\cdots,\alpha_s$ 是不同的复数，$r_1,r_2,\cdots,r_s$ 是正整数且

$$r_1+r_2+\cdots+r_s=\deg f(x).$$

标准分解式说明了每个 n 次复系数多项式恰有 n 个复根(重根按重数计算).

例 8.11 求复系数多项式 $f(x)=x^8-1$ 的标准分解式.

解 $f(x)=(x^4+1)(x^4-1)=(x^2+\mathrm{i})(x^2-\mathrm{i})(x^2-1)(x^2+1)$

$$=\left(x+\frac{\sqrt{2}}{2}-\frac{\sqrt{2}}{2}\mathrm{i}\right)\left(x-\frac{\sqrt{2}}{2}+\frac{\sqrt{2}}{2}\mathrm{i}\right)\left(x+\frac{\sqrt{2}}{2}+\frac{\sqrt{2}}{2}\mathrm{i}\right)$$

$$\cdot\left(x-\frac{\sqrt{2}}{2}-\frac{\sqrt{2}}{2}\mathrm{i}\right)(x+1)(x-1)(x+\mathrm{i})(x-\mathrm{i}).$$

---

① 在 19 世纪以前，古典代数学研究的核心问题是解代数方程及求其根的分布. 代数基本定理最早是由荷兰数学家吉拉德(A. Girard) 于 1629 年发表的论文《代数中的新发现》中提出的，他借助代数方程根与系数间的关系，推测并断言：“n 次多项式有 n 个根”，但未能予以证明. 1742 年瑞士数学家欧拉(L.Euler，1707—1783) 给出了与代数基本定理等价的命题：任意实系数的多项式总能分解成实系数的一次和二次的因式的乘积，亦未给出证明. 直到 1746 年，法国数学家达朗贝尔(J.L.R.d'Alembert，1717—1783) 才第 1 个给出了证明，但他的证明有一点不严密. 1797 年德国数学家高斯(C.F.Gauss，1777—1855) 在其博士论文(发表于 1799 年) 中第 1 次给出了实质性的证明，但是该证明在逻辑上仍不完美，其中用到了与连续函数和代数曲线连续性有关的事实而未作证明，因而他后来又给出了另外 3 个不同的证明，其中第 4 个证明发表于 1850 年，和第 1 个证明的发表相隔整整半个世纪.

下面讨论实系数多项式的因式分解问题. 我们首先证明实系数多项式的根的一个重要性质:

定理 8.15 设 $f(x)$ 是一个实系数多项式. 如果复数 α 是 $f(x)$ 的一个根, 那么 α 的共轭复数 $\overline{\alpha}$ 也是 $f(x)$ 的一个根.

证 设

$$f(x)=a_nx^n+a_{n-1}x^{n-1}+\cdots+a_0,$$

其中系数 $a_n,a_{n-1},\cdots,a_0$ 都是实数. 因为 α 是 $f(\alpha)$ 的一个根, 所以

$$f(\alpha)=a_n\alpha^n+a_{n-1}\alpha^{n-1}+\cdots+a_0=0.$$

对上式两边同时取共轭复数, 得

$$\overline{a_n\alpha^n+a_{n-1}\alpha^{n-1}+\cdots+a_0}=\overline{0}=0.$$

由于 $a_n,a_{n-1},\cdots,a_0$ 都是实数, 根据共轭复数的性质, 我们有

$$a_n\overline{\alpha}^n+a_{n-1}\overline{\alpha}^{n-1}+\cdots+a_0=0,$$

这就是说, $f(\overline{\alpha})=0$, 故 $\overline{\alpha}$ 也是 $f(x)$ 的一个根. ∎

如果 α 不是实数而是虚数, 那么 $\overline{\alpha}\neq\alpha$, 而

$$(x-\alpha)(x-\overline{\alpha})=x^2-(\alpha+\overline{\alpha})x+\alpha\overline{\alpha}$$

是一个实系数二次多项式且在实数域上是不可约的. 记

$$p=-(\alpha+\overline{\alpha}),\quad q=\alpha\overline{\alpha},$$

那么 $p,q\in\mathbf{R}$, 且 $p^2-4q<0$.

现在我们可以证明

定理 8.16 (实系数多项式因式分解唯一定理) 每个次数 $\geqslant 1$ 的实系数多项式在实数域上都可以唯一地分解成一次与二次不可约因式的乘积.

证 根据因式分解定理, 只要证明实系数不可约多项式都是一次或二次的即可.

设 $f(x)$ 是 $\mathbf{R}[x]$ 中的一个不可约多项式. 把 $f(x)$ 看成复系数的多项式, 由代数基本定理知, $f(x)$ 有一个复根 α. 如果 α 是实数, 由定理 8.10 得, $x-\alpha$ 是 $f(x)$ 的一个因式. 由于 $f(x)$ 是不可约的, 故得

$$f(x)=c(x-\alpha),$$

即 $f(x)$ 是一次的.

如果 α 是一个虚数, 那么 $\overline{\alpha}$ 也是 $f(x)$ 的一个根, 且 $\alpha\neq\overline{\alpha}$. 于是, $(x-\alpha)(x-\overline{\alpha})$ 是一个实系数不可约二次多项式, 而且

$$[(x-\alpha)(x-\overline{\alpha})]\mid f(x),$$

再根据 $f(x)$ 是不可约多项式, 得

$$f(x)=c(x-\alpha)(x-\overline{\alpha})=cx^2-c(\alpha+\overline{\alpha})x+c\alpha\overline{\alpha},$$

即 $f(x)$ 是二次的. ■

因此，实系数多项式的标准分解式为

$$f(x)=c(x-\alpha_1)^{l_1}(x-\alpha_2)^{l_2}\cdots(x-\alpha_s)^{l_s}(x^2+p_1x+q_1)^{k_1}$$
$$\cdot(x^2+p_2x+q_2)^{k_2}\cdots(x^2+p_tx+q_t)^{k_t},$$

其中 $\alpha_1,\alpha_2,\cdots,\alpha_s,p_1,q_1,p_2,q_2,\cdots p_t,q_t$ 都是实数，$l_1,l_2,\cdots,l_s,k_1,k_2,\cdots,k_t$ 都是正整数，

$$l_1+l_2+\cdots+l_s+2k_1+2k_2+\cdots+2k_t=\deg f(x),$$

而且因为 $x^2+p_ix+q_i$ 都是不可约的，所以 p_i,q_i 满足

$$p_i^2<4q_i\quad(i=1,2,\cdots,t).$$

标准分解式说明了如果虚数 α 是实系数多项式 $f(x)$ 的一个根，那么 $\overline{\alpha}$ 也是 $f(x)$ 的根，并且 α 与 $\overline{\alpha}$ 有同一重数. 换句话说，实系数多项式的虚根是两两成对的.

例 8.12 求一个次数尽可能低的实系数多项式以 2,i,1+i 为根，其中以 2,i 为二重根.

解 由定理 8.16，这个多项式必须以 2，±i，1±i 为根且以 2，±i 为二重根. 故所求的多项式为

$$(x-2)^2(x^2+1)^2(x^2-2x+2).$$

由代数基本定理我们虽然知道，任何一个 n ($n>0$) 次实系数多项式 $f(x)$ 在复数域内有 n 个根，但是，现有的这个定理的任何一个证明都没有给出这些根的具体求法. 因此，找出实际求根的方法是一个需要进一步研究的问题.

对于一次、二次的实系数多项式都有求根公式. 例如：求二次多项式 ax^2+bx+c 的根可以应用公式

$$x=\frac{-b\pm\sqrt{b^2-4ac}}{2a},$$

这里它们是由系数经过有限次的加、减、乘、除和开方运算来表达的. 一般地，如果一个多项式的根可由多项式的系数经过有限次加、减、乘、除和开方运算来表示，那么就说这个多项式能用根式解. 因此，一次、二次多项式都能用根式解. 进而我们自然会想到，对于次数大于 2 的高次多项式是否也能用根式解呢？

关于这个问题我们有以下结果.

对于 3 次、4 次多项式在 16 世纪分别由意大利数学家塔塔利亚 (N. Fontana，1499(？)—1557) 和费拉里(L. Ferrari，1522—1565) 找到了用根号表示根的一般公式，因此，3 次、4 次多项式能用根式解(在章课题中我

们将利用轮换矩阵给出它们的统一解法).

关于5次及5次以上多项式的根式解问题，欧拉、范德蒙德和拉格朗日等许多数学家都作了种种努力，但结果无效. 直到19世纪才得到解决，结果和2,3,4次多项式的情况相反，1824年，年仅22岁的挪威数学家阿贝尔(N. H. Abel，1802—1829)证明：5次及5次以上的一般形式的高次方程不能用根式求解，即不存在用根号表示根的一般公式，那么，对于一个具体的数字系数的一元高次方程是否可以用根式求解呢？ 法国数学家伽罗瓦(E.Galois，1811—1832)在1829—1831年间完成的几篇论文中，用群论方法得出了方程可用根式解的充分必要条件，圆满地解决了这个问题. 享年不足21岁的伽罗瓦的工作是一个十分重要的代数创造，他引进了群、伽罗瓦扩张等概念，揭开了全新的代数领域，推动了近代代数理论的发展，产生了极其深远的影响. 利用伽罗瓦理论还很容易解决古希腊三大著名几何问题，证明三等分任意角、倍立方体、化圆为方等三大作图问题只利用圆规和直尺都是不可能作出的. 关于伽罗瓦理论和根式解问题的详细讨论已超出本课程的范围. 我们这里仅将有关的历史作以上的简要介绍.

高次多项式求根的问题在应用上占有重要地位. 实践中有许多问题，常常需要求出一个次数相当高的实系数多项式的实根，而且在实际应用上往往只需要求在某种精确度内的根的近似值. 所有这些，正是今后计算数学课程中的一个主要内容.

习题 8.7

1. 求多项式 $f(x)=x^5-3x^4+4x^3-4x^2+3x-1$ 在复数域和实数域上的标准分解式.

2. 求一个次数尽可能低的实系数多项式，以 $0,-1,1,\mathrm{i},2-\mathrm{i}$ 为根，其中以 i 为二重根.

3. 试问：1) 奇数次实系数多项式是否有实根？ 2) 无实根的实系数多项式 $f(x)$ 的次数是奇数还是偶数？

4. 给出4次实系数多项式在实数域上所有不同类型的典型分解式.

5. 分别求多项式 $f(x)=x^n-1$ 在复数域和实数域上的标准分解式.

8.8 有理数域上多项式

关于有理数域上的多项式，我们讨论以下两个问题：

1) 有理数域上多项式的可约性；

2) 有理数域上多项式的有理根.

根据因式分解定理，每个次数 $\geqslant 1$ 的有理系数多项式都能唯一地分解成不可约的有理系数多项式的乘积. 但是，对于任意一个给定的多项式，要具体地作出它的分解式却是一个很复杂的问题，对于有理数域还有一个比在复数域和实数域的情况下更为困难的问题，就是判别一个有理系数多项式是否可约的问题. 在复数域上只有一次多项式才是不可约的，在实数域上不可约多项式只有一次的和某些二次的. 但是，在有理数域上，情况要复杂得多，在下面的讨论中，可以看到，对于任何正整数 n，都有 n 次不可约有理系数多项式.

关于问题 1) $\mathbf{Q}$ 上多项式的可约性，我们证明两个问题：

(1) 有理系数多项式的因式分解问题可以归结为整系数多项式的因式分解问题；

(2) 给出一个判断整系数多项式在有理数域上不可约的充分条件，并进而证明：在 $\mathbf{Q}[x]$ 中有任意次数的不可约多项式.

我们先引入本原多项式的概念，利用它就便于把讨论有理系数多项式的可约性问题转化为讨论整系数多项式的可约性问题.

设

$$f(x)=a_n x^n+a_{n-1} x^{n-1}+\cdots+a_0$$

是一个有理系数多项式. 选取适当的整数 c 乘 $f(x)$，总可以使 $cf(x)$ 是一个整系数多项式. 例如：若 $f(x)$ 的系数不全为整数，那么以 $f(x)$ 的系数的分母的一个公倍数 c 乘 $f(x)$，就得到一个整系数多项式 $cf(x)$. 如果 $cf(x)$ 的各项系数的最大公因数是 d，那么把 d 提出来，得到 $cf(x)=dg(x)$，即

$$f(x)=\frac{d}{c} g(x), \tag{8.1}$$

这里 $g(x)$ 是一个整系数多项式，而且它的各项系数除了 ± 1 以外没有其他公因数.

定义 8.14 若一个非零的整系数多项式 $f(x)$ 的系数互素，那么 $f(x)$ 就称为一个**本原多项式**.

(8.1) 说明：每个有理系数多项式都可以表示成一个有理数与一个本原多项式的乘积. 例如：设

$$f(x)=\frac{7}{3} x^4-14 x^3-\frac{7}{4} x+7.$$

将 $f(x)$ 乘上 12，得

$$\begin{aligned} 12 f(x) & =28 x^4-168 x^3-21 x+84 \\ & =7\left(4 x^4-24 x^3-3 x+12\right). \end{aligned}$$

于是，

$$f(x)=\frac{7}{12}(4x^4-24x^3-3x+12),$$

其中 $4x^4-24x^3-3x+12$ 是一个本原多项式.

根据本原多项式的定义，$f(x)$ 的表示法(8.1) 除了相差一个正负号外是唯一的，即如果

$$f(x)=r_1g_1(x)=r_2g_2(x),$$

其中 r_1,r_2 都是有理数，$g_1(x)$ 与 $g_2(x)$ 都是本原多项式，那么必有

$$r_1=\pm r_2,\quad g_1(x)=\pm g_2(x)$$

(这是因为设 $r_1=\dfrac{c_1}{d_1}$，$r_2=\dfrac{c_2}{d_2}$，则 $c_1d_2g_1(x)=c_2d_1g_2(x)$，于是 $c_1d_2g_1(x),c_2d_1g_2(x)$ 的系数的最大公因数分别是 c_1d_2 和 c_2d_1，故 $c_1d_2=\pm c_2d_1$，即 $r_1=\pm r_2$).

关于本原多项式，有一个重要的性质：

引理(高斯引理)　*两个本原多项式的乘积还是本原多项式.*

证　设

$$f(x)=a_nx^n+a_{n-1}x^{n-1}+\cdots+a_0,$$
$$g(x)=b_mx^m+b_{m-1}x^{m-1}+\cdots+b_0$$

是两个本原多项式，并且设

$$f(x)g(x)=c_{m+n}x^{m+n}+c_{m+n-1}x^{m+n-1}+\cdots+c_0.$$

我们用反证法. 如果 $f(x)g(x)$ 不是本原多项式，也就是说，$f(x)g(x)$ 的系数 $c_{m+n},c_{m+n-1},\cdots,c_0$ 有一异于 ±1 的公因子，那么就有一个素数 p 能整除所有系数 $c_{m+n},c_{m+n-1},\cdots,c_0$. 因为 $f(x)$ 是本原的，所以 p 不能同时整除 $f(x)$ 的所有系数. 令 a_i 是第 1 个不能被 p 整除的系数，即

$$p\mid a_0,\ \cdots,\ p\mid a_{i-1},\ p\nmid a_i.$$

同样地，$g(x)$ 也是本原的，令 b_j 是第 1 个不能被 p 整除的系数，即

$$p\mid b_0,\ \cdots,\ p\mid b_{j-1},\ p\nmid b_j.$$

我们考察 $f(x)g(x)$ 的系数 c_{i+j}. 由乘积定义，我们有

$$\begin{aligned}c_{i+j}&=a_ib_j+a_{i+1}b_{j-1}+a_{i+2}b_{j-2}+\cdots+a_{i+j}b_0\\&\quad+a_{i-1}b_{j+1}+a_{i-2}b_{j+2}+\cdots+a_0b_{i+j}.\end{aligned}$$

其中，当 $k>n$ 时令 $a_k=0$，当 $k>m$ 时令 $b_k=0$.

由上面的假设，p 整除等式左边的 c_{i+j}. 根据选择 a_i 和 b_j 的条件，所有系数 $a_0,\cdots,a_{i-1}$ 以及 $b_0,\cdots,b_{j-1}$ 都能被 p 整除，因而等式右边除 a_ib_j 这一项外，其他每一项也都能被 p 整除. 这样，乘积 a_ib_j 就必须被 p 整除. 但 p 是

一个素数，而且 $p\nmid a_i$，$p\nmid b_j$，所以 $p\nmid a_ib_j$，由此产生矛盾. 这就证明了 $f(x)g(x)$ 一定是本原多项式. ∎

因为在(8.1)中 $f(x)$ 与 $g(x)$ 只差一个常数倍，所以有理系数多项式 $f(x)$ 的因式分解问题，可以归结为本原多项式 $g(x)$ 的因式分解问题. 下面我们讨论比本原多项式更一般的整系数多项式在有理数域上的因式分解问题.

利用高斯引理，我们可以证明下述定理.

定理 8.17 如果非零整系数多项式能够分解成两个次数较低的有理系数多项式的乘积，那么它一定能够分解成两个次数较低的整系数多项式的乘积.

证 设整系数 n 次多项式 $f(x)$ 在有理数域上可约：

$$f(x)=g(x)h(x),$$

其中 $g(x),h(x)\in \mathbf{Q}[x]$ 且次数都小于 n. 再按(8.1)将 $f(x),g(x),h(x)$ 都写成有理数与本原多项式的乘积. 设

$$f(x)=af_1(x),\quad g(x)=bg_1(x),\quad h(x)=ch_1(x),$$

其中 $f_1(x),g_1(x),h_1(x)$ 都是本原多项式，a 是 $f(x)$ 的各系数的最大公因数(它是整数)和 $b,c\in \mathbf{Q}$. 于是，

$$f(x)=af_1(x)=bcg_1(x)h_1(x). \tag{8.2}$$

由高斯引理，$g_1(x)h_1(x)$ 仍是本原多项式. 因此，在(8.2)所给出的 $f(x)$ 的两个表示法中，我们有

$$bc=\pm a,\quad f_1(x)=\pm g_1(x)h_1(x).$$

这就是说，bc 是一个整数. 因为

$$f(x)=(bcg_1(x))h_1(x),$$

所以，$f(x)$ 是两个次数小于 n 的整系数多项式 $bcg_1(x)$ 和 $h_1(x)$ 的乘积. ∎

利用定理 8.17，我们就可以解决刚才提出的问题 1)(1). 设 $f(x)$ 是有理系数多项式. 若 $f(x)$ 的系数不全是整数，那么以 $f(x)$ 的系数的分母的一个公倍数 k 乘 $f(x)$，就得到一个整系数多项式 $kf(x)$. 显然，多项式 $f(x)$ 与 $kf(x)$ 在有理数域上同时可约或同时不可约. 这样，讨论有理数域上多项式的可约性问题，只需讨论整系数多项式在有理数域上的可约性问题(在上述讨论中，我们还进一步归结到只需讨论本原多项式在有理数域上是否可约的问题). 我们把全体整数的集合称为**整数环**. 定理 8.17 证明了，若非零的整系数多项式 $f(x)$ 在有理数域上可约，则它在整数环上也可约(即能够分解成两个次数较低的整系数多项式的乘积). 反之，若 $f(x)$ 在整数环上可约，那当然 $f(x)$ 在有理数域上可约. 这样，我们把有理系数多项式在有理数域上是否可约的问题归结到整系数多项式在整数环上是否可约的问题.

下面讨论问题 1)(2)，我们将介绍一个简单易行的判断整系数多项式为不可约的方法.

定理 8.18（艾森斯坦因(Eisenstein)判别法） 设

$$f(x)=a_nx^n+a_{n-1}x^{n-1}+\cdots+a_0$$

是一个整系数多项式. 如果能够找到一个素数 p，使

1) 首项系数 a_n 不能被 p 整除；

2) 其余各项的系数都能被 p 整除；

3) 常数项 a_0 不能被 p^2 整除，

那么 $f(x)$ 在有理数域上是不可约的.

证 如果 $f(x)$ 在有理数域上可约，那么由定理 8.17，$f(x)$ 可以分解成两个次数较低的整系数多项式的乘积

$$f(x)=(b_lx^l+b_{l-1}x^{l-1}+\cdots+b_0)(c_mx^m+c_{m-1}x^{m-1}+\cdots+c_0)$$
$$(l,m<n,\ l+m=n).$$

因此，

$$a_n=b_lc_m,\quad a_0=b_0c_0.$$

因为 $p\mid a_0$，而 p 是一个素数，所以 p 能整除 b_0 或 c_0. 但是，$p^2\nmid a_0$，所以 p 不能同时整除 b_0 与 c_0. 不妨假定 $p\mid b_0$，但 $p\nmid c_0$. 另一方面，因为 $p\nmid a_n$，所以 $p\nmid b_l$，即 $b_0,b_1,\cdots,b_l$ 不能全被 p 整除，设其中第 1 个不能被 p 整除的是 $b_k(k\leqslant l<n)$. 比较 $f(x)$ 中 x^k 的系数，得等式

$$a_k=b_kc_0+b_{k-1}c_1+\cdots+b_0c_k,$$

其中，当 $i>m$ 时，令 $c_i=0$. 上式中 $a_k,b_{k-1},\cdots,b_0$ 都能被 p 整除，所以 b_kc_0 也必须能被 p 整除. 但是，p 是一个素数，所以 b_k 与 c_0 中至少有一个被 p 整除，这是一个矛盾. ∎

例 8.13 证明

$$f(x)=2x^4+3x^3-9x^2-3x+6$$

在有理数域上不可约.

证 $a_4=2$，$a_3=3$，$a_2=-9$，$a_1=-3$，$a_0=6$. 取素数 $p=3$，则

$$3\nmid a_4,\ 3\mid a_3,\ 3\mid a_2,\ 3\mid a_1,\ 3\mid a_0,$$

但 $3^2\nmid a_0$，由艾森斯坦因判别法，$f(x)$ 在有理数域上不可约.

应用艾森斯坦因判别法很容易证明以下事实：

有理数域上，存在任意次数的不可约多项式.

事实上，对于任意给定的正整数 n，我们很容易写出满足定理 8.18 的条件的不可约多项式. 例如：$f(x)=x^n+2$ 就是这样的一个多项式，其中取

$p=2$.

以上讨论我们又解决了关于有理系数多项式可约性的问题 1)(2),与实数域和复数域的情况不同,我们可以给出任意高次数的不可约有理系数多项式.

在使用艾森斯坦因判别法时,我们要注意到,它不是对于所有的整系数多项式都能够直接的应用,因为满足判别法中的条件的素数不总存在.若是对于某一多项式 $f(x)$ 找不到这样的素数 p,那么 $f(x)$ 可能是不可约的,也可能是可约的.例如:对于多项式 x^2+1 与 x^2+3x+2 来说,都不存在满足判别法中条件的素数,但显然前一个多项式是不可约的,而后一个多项式是可约的.

例 8.14 证明:$f(x)=x^6+x^3+1$ 在有理数域上不可约.

分析 直接利用艾森斯坦因判别法,不一定能得出判断.但若令 $x=y+1$,将 $f(x)$ 稍加变形,问题就可以解决.

证 令 $x=y+1$ 得 y 的多项式

$$\begin{aligned} g(y)&=f(y+1)=(y+1)^6+(y+1)^3+1 \\ &=y^6+6y^5+15y^4+21y^3+18y^2+9y+3. \end{aligned}$$

令 $p=3$,显然 $p\nmid a_6$,$p\mid a_i$,$i=5,4,3,2,1,0$,但 $p^2\nmid a_0$,故 $g(y)$ 在有理数域上不可约.因而 $f(x)$ 也在有理数域上不可约,这是因为,若 $f(x)$ 可约,设 $f(x)=f_1(x)f_2(x)$,其中 $0<\deg f_i(x)<6$,$i=1,2$.将 $x=y+1$ 代入得

$$g(y)=f(y+1)=f_1(y+1)f_2(y+1).$$

于是,$g(y)$ 也可约,产生矛盾.因此,$f(x)$ 必须是不可约的.

在上例中,将多项式进行变换后,再使用艾森斯坦因判别法,这就扩大了判别法的应用范围.再举一个例子.

例 8.15 证明:$f(x)=x^{p-1}+x^{p-2}+\cdots+1$($p$ 为素数)在 $\mathbf{Q}$ 上不可约.

证 令 $x=y+1$ 得

$$\begin{aligned} g(y)=f(y+1)&=\frac{(y+1)^p-1}{(y+1)-1} \\ &=\frac{y^p+C_p^1y^{p-1}+\cdots+C_p^{p-1}y}{y} \\ &=y^{p-1}+C_p^1y^{p-2}+\cdots+C_p^{p-1}. \end{aligned}$$

在 $C_p^i=\dfrac{p(p-1)\cdots(p-i+1)}{i!}$ 中($i<p$),分子能被 p 整除,而分母与 p 互素,所以 p 能整除 C_p^i,对于 $i<p$.但是,$C_p^{p-1}=p$ 不能被 p^2 整除.由艾森斯坦因判别法知,$f(y+1)$ 在 $\mathbf{Q}$ 上不可约,因而 $f(x)$ 在 $\mathbf{Q}$ 上也不可约.

最后，我们讨论问题 2)，即有理系数多项式的有理根问题. 我们知道，并没有一般的方法，来求多项式的实根或复根(指精确根)，但是，我们能够较简单地求出有理系数多项式的有理根.

在讨论有理数域上多项式 $f(x)$ 的有理根的求法时，与讨论可约性一样，因为 $f(x)$ 与 $cf(x)$ 有相同的根，我们可以不妨设 $f(x)$ 是整系数多项式. 在给出求整系数多项式的全部有理根的方法之前，利用定理 8.17 的证明方法先证一个引理.

引理 如果整系数多项式 $f(x)$ 分解成

$$f(x)=g(x)h(x),$$

其中 $g(x)$ 是本原多项式，$h(x)$ 是有理系数多项式，那么 $h(x)$ 一定是整系数多项式.

证 将 $f(x),h(x)$ 都写成有理数与本原多项式的乘积：

$$f(x)=af_1(x), \quad h(x)=ch_1(x),$$

其中 a 是整数(因为 $f(x)$ 是整系数多项式). 于是，

$$f(x)=af_1(x)=cg(x)h_1(x).$$

由于 $g(x)$ 和 $h_1(x)$ 都是本原的，由高斯引理，$g(x)h_1(x)$ 也是本原的，从而 $c=\pm a$ 是一个整数，因此 $h(x)=ch_1(x)$ 是一个整系数多项式. ∎

定理8.19 设

$$f(x)=a_nx^n+a_{n-1}x^{n-1}+\cdots+a_1x+a_0$$

是一个整系数多项式，如果它有一个有理根 $\frac{r}{s}$，其中 r,s 是互素的整数，那么必有 $s\mid a_n$，$r\mid a_0$. 特别地，如果 $f(x)$ 的首项系数 $a_n=1$，那么 $f(x)$ 的有理根都是整根，而且是 a_0 的因子.

证 把 $f(x)$ 看成有理系数多项式. 因为 $\frac{r}{s}$ 是 $f(x)$ 的有理根，据定理 8.10 知，在有理数域上，$\left(x-\frac{r}{s}\right)\Big| f(x)$，即 $(sx-r)\mid f(x)$. 设

$$f(x)=(sx-r)(b_{n-1}x^{n-1}+b_{n-2}x^{n-2}+\cdots+b_1x+b_0), \tag{8.3}$$

其中 $b_{n-1},b_{n-2},\cdots,b_0$ 都是有理数. 因为 r,s 互素，所以 $sx-r$ 是一个本原多项式，由上述引理可知，$b_{n-1},b_{n-2},\cdots,b_0$ 都是整数. 计算(8.3)右边乘积中 x^n 的系数和常数项得

$$a_n=sb_{n-1}, \quad a_0=-rb_0,$$

所以 $s\mid a_n$，$r\mid a_0$.

如果 $a_n=1$，那么显然有 $s=\pm1$，$\frac{r}{s}=\pm r$ 是一个整数，而且是 a_0 的因子. ∎

定理 8.19 可以用来讨论有理系数多项式的可约性，判断它是否具有一次因式.

例 8.16 证明：$f(x)=x^3+2x^2+x+1$ 在有理数域上不可约.

分析 由于找不到适当的素数 p，所以不能使用艾森斯坦因判别法. 由于 $f(x)$ 是三次的，所以若 $f(x)$ 在有理数域上可约，它至少有一个一次因子，即 $f(x)$ 至少有一个有理根. 于是，我们利用定理 8.19 来验证它是否有有理根，从而判断它是否可约.

证 若 3 次的有理系数多项式 $f(x)$ 可约，则 $f(x)$ 至少有一个一次因式，即 $f(x)$ 至少有一个有理根. 由定理 8.19，$f(x)$ 的有理根只可能是 ±1. 但是，

$$f(1)=5,\quad f(-1)=1,$$

所以 ±1 都不是根，故 $f(x)$ 在有理数域上不可约.

关于定理 8.19 更重要的是它给出了一个求有理系数多项式的所有的有理根的方法. 给定一个整系数多项式 $f(x)$，设它的首项系数 a_n 的因子为 s_1，$s_2,\cdots,s_k$，它的常数项 a_0 的因子为 $r_1,r_2,\cdots,r_l$，于是，我们得到有限个有理数 $\frac{r_i}{s_j}$，$i=1,2,\cdots,l$，$j=1,2,\cdots,k$. 根据定理 8.19，如果 $f(x)$ 存在有理根，则它们必在这些有理数之中，因此，只需要对这些有理数逐个试验，就可以得到 $f(x)$ 的全部有理根.

例 8.17 求整系数多项式

$$f(x)=3x^4+5x^3+x^2+5x-2$$

的全部有理根.

解 $a_n=3$，$a_0=-2$. 3 的因子有 $1,-1,3,-3$；-2 的因子有 $1,-1,2,-2$. $f(x)$ 的有理根只能是

$$1,\ -1,\ \frac{1}{3},\ -\frac{1}{3},\ 2,\ -2,\ \frac{2}{3},\ -\frac{2}{3},$$

计算 x 分别取这些数时 $f(x)$ 的值：

$$f(1)=12,\quad f(-1)=-8,\quad f\left(\frac{1}{3}\right)=0,\quad f\left(-\frac{1}{3}\right)=-\frac{100}{27},$$

$$f(2)=100,\quad f(-2)=0,\quad f\left(\frac{2}{3}\right)=\frac{104}{27},\quad f\left(-\frac{2}{3}\right)=-\frac{156}{27},$$

所以 $f(x)$ 共有两个有理根：$\frac{1}{3}$ 与 -2.

习题 8.8

1. 判断下列多项式在有理数域上是否不可约：

1） $x^4-8x^3+12x^2+2$；　　2） $x^3-6x^2+15x-14$；

3） $2x^5+18x^4+6x^2+6$；　　4） x^4+1；

5） x^n-p（p 是素数）.

2. 求下列多项式的有理根：

1） $4x^3-4x^2-5x-1$；

2） $3x^4-\frac{1}{2}x^3+\frac{5}{2}x^2-\frac{1}{2}x-\frac{1}{2}$.

3. 利用艾森斯坦因判别法证明：如果 $p_1,p_2,\cdots,p_l$ 是 l 个不相同的素数而 n 是一个大于 1 的整数，那么 $\sqrt[n]{p_1p_2\cdots p_l}$ 是一个无理数.

8.9　多元多项式

前面讨论了一元多项式，但是，有些问题还涉及多元多项式. 例如：第 5 章中的二次型就是某种多元多项式. 本节将介绍多元多项式的概念和对称多项式的概念及其应用.

8.9.1　多元多项式及其运算

设 $\mathbf{F}$ 是一个数域，$x_1,x_2,\cdots,x_n$ 是 n 个文字(也可称为变量)，形式为

$$ax_1^{k_1}x_2^{k_2}\cdots x_n^{k_n}$$

的式子(其中 a 是 $\mathbf{F}$ 中的数，$k_1,k_2,\cdots,k_n$ 是非负整数）称为 $\mathbf{F}$ 上的一个 n **元单项式**，其中 a 称为该单项式的**系数**，$k_1+k_2+\cdots+k_n$ 称为该单项式的**次数**.如果两个单项式中相同文字的幂都一样，那么它们就称为**同类项**. 一些单项式的和

$$\sum_{k_1,k_2,\cdots,k_n} a_{k_1,k_2,\cdots,k_n}x_1^{k_1}x_2^{k_2}\cdots x_n^{k_n}$$

称为 $\mathbf{F}$ 上的一个 n **元多项式**. 在不会发生混淆的情况下，也可简称为**多项式**. 我们用 $f(x_1,x_2,\cdots,x_n),g(x_1,x_2,\cdots,x_n)$ 等表示 n 元多项式，或者简单地记为 f,g 等.

和一元多项式一样，可定义 n 元多项式相等及 n 元多项式的相加、相减和相乘等运算. 例如：

$$\begin{aligned}&(5x_1^3x_2x_3^2+4x_1^2x_2^2x_3)+(x_1^3x_2x_3^2-4x_1x_2x_3^2+x_2^2x_3)\\&=6x_1^3x_2x_3^2+4x_1^2x_2^2x_3-4x_1x_2x_3^2+x_2^2x_3,\end{aligned}$$

$$(5x_1^3x_2x_3^2+4x_1^2x_2^2x_3)-(x_1^3x_2x_3^2-4x_1x_2x_3^2+x_2^2x_3)$$
$$=4x_1^3x_2x_3^2+4x_1^2x_2^2x_3+4x_1x_2x_3^2-x_2^2x_3,$$
$$(5x_1^3x_2x_3^2+4x_1^2x_2^2x_3)(x_1^3x_2x_3^2-4x_1x_2x_3^2+x_2^2x_3)$$
$$=(5x_1^6x_2^2x_3^4+4x_1^5x_2^3x_3^3)+(-20x_1^4x_2^2x_3^4-16x_1^3x_2^3x_3^3)$$
$$+(5x_1^3x_2^3x_3^3+4x_1^2x_2^4x_3^2)$$
$$=5x_1^6x_2^2x_3^4+4x_1^5x_2^3x_3^3-20x_1^4x_2^2x_3^4-11x_1^3x_2^3x_3^3+4x_1^2x_2^4x_3^2.$$

n 元多项式的加法和乘法具有与一元多项式相同的性质. 我们把数域 **F** 上以 $x_1,x_2,\cdots,x_n$ 为变量的 n 元多项式全体组成的集合记为 $\mathbf{F}[x_1,x_2,\cdots,x_n]$，称它为数域 **F** 上的 n **元多项式环**.

当一个多项式表成一些不同类的单项式的和之后，其中系数不为零的单项式的最高次数就称为这个多项式的**次数**. 例如：在

$$f(x_1,x_2,x_3)=x_1^3x_2x_3^2-4x_1^3x_2^2x_3+x_1^4x_3^2+x_3^7 \qquad (9.1)$$

中，第 1 项的次数等于 6，第 2 项的次数也等于 6，第 3 项的次数等于 6，第 4 项的次数等于 7，所以 $f(x_1,x_2,x_3)$ 的次数等于 7.

我们看到，一元多项式有两种自然的书写方法，一种是从次数较高的项写起，依次写出次数较低的项，即所谓降幂写法；另一种是从次数较低的项写起，依次写出次数较高的项，即所谓升幂写法. 但是，这种自然书写方法对多元多项式则不适用，这是因为，不同类的单项式可能有相同的次数. 例如：在(9.1) 中，$x_1^3x_2x_3^2, x_1^3x_2^2x_3, x_1^4x_3^2$ 的次数都等于 6，仅按次数就不能区别它们的先后次序. 下面介绍一种排列排序的方法，这一方法是模仿字典中字的排列原则而得出的，故称为**字典排列法**. 它能给多元多项式中的单项式以唯一确定的排列顺序.

我们先用具体例子来说明一下字典排列法的排列原则. 在(9.1) 中 $f(x)$ 共有 4 个项. 首先，比较 x_1 的幂次是哪一项高？ 第 3 项 $x_1^4x_3^2$ 的 x_1 的幂次是 4 比其他各项高，因此，将 $x_1^4x_3^2$ 排在最前面. 其次，第 1 项 $x_1^3x_2x_3^2$ 和第 2 项 $-4x_1^3x_2^2x_3$ 的 x_1 的幂次都是 3，为了决定这两项中哪一项排在前面，我们再观察它们的 x_2 的幂次是哪一项高. 由于第 2 项的 x_2 的幂次是 2，因此 $-4x_1^3x_2^2x_3$ 排在 $x_1^3x_2x_3^2$ 前面. 第 4 项的 x_1 和 x_2 的幂次都是 0，因此，排在最后面. 这样，$f(x_1,x_2,x_3)$ 各项的排法是

$$f(x_1,x_2,x_3)=x_1^4x_3^2-4x_1^3x_2^2x_3+x_1^3x_2x_3^2+x_3^7.$$

我们看到，把一个多项式按字典排列写出后，次数较高的项，并不见得一定排在前面.

用严格的数学语言来说，字典排列法是这样的，对于任意单项式

$$ax_1^{k_1}x_2^{k_2}\cdots x_n^{k_n}$$

都唯一地确定一个 n 元数组

$$(k_1,k_2,\cdots,k_n),$$

其中 $k_1,k_2,\cdots,k_n$ 是非负整数. 显然，不同类的单项式所对应的 n 元数组也不同. 因此，只要能够对 n 元数组安排一个适当的先后次序，相应地就能对任意两单项式排列先后次序.

设 $(k_1,k_2,\cdots,k_n)$ 与 $(l_1,l_2,\cdots,l_n)$ 为两个不同的 n 元数组. 如果存在这样的一个 i $(1\leqslant i\leqslant n)$ 使得

$$k_1=l_1,\ k_2=l_2,\ \cdots,\ k_{i-1}=l_{i-1},\ k_i>l_i,$$

即

$$k_1-l_1=0,\ k_2-l_2=0,\ \cdots,\ k_{i-1}-l_{i-1}=0,\ k_i-l_i>0,$$

我们就说，$(k_1,k_2,\cdots,k_n)$ 先于 $(l_1,l_2,\cdots,l_n)$，记为

$$(k_1,k_2,\cdots,k_n)>(l_1,l_2,\cdots,l_n).$$

例如：$(3,4,1,0)>(3,4,0,5)$.

由定义可以看出，对于任意两个 n 元数组 $(k_1,k_2,\cdots,k_n)$ 与 $(l_1,l_2,\cdots,l_n)$，以下 3 种关系有且仅有一个成立：

$$(k_1,k_2,\cdots,k_n)=(l_1,l_2,\cdots,l_n)$$

(即这两个 n 元数组是相同的，对于 $i=1,2,\cdots,n$，有 $k_i=l_i$)，

$$(k_1,k_2,\cdots,k_n)>(l_1,l_2,\cdots,l_n),$$

$$(l_1,l_2,\cdots,l_n)>(k_1,k_2,\cdots,k_n).$$

于是，对于任意两个不同的 n 元数组，其中总有一个先于另一个. 这样，在两个不同类的单项式之间也就有了一个先后顺序. 当 n 元数组的个数多于 2 个时，我们希望能通过两两比较而排出一个总的次序来. 但是，在比较时，是否会产生下述的情况？ 设 $(m_1,m_2,\cdots,m_n)$ 是第 3 个 n 元数组，而且有

$$(k_1,k_2,\cdots,k_n)>(l_1,l_2,\cdots,l_n),$$

$$(l_1,l_2,\cdots,l_n)>(m_1,m_2,\cdots,m_n),$$

但是，

$$(m_1,m_2,\cdots,m_n)>(k_1,k_2,\cdots,k_n).$$

倘若这样的情况发生，在这 3 个 n 元数组中就无法排出一个先后顺序了. 下面我们证明这种情况不会发生，即字典排列法所规定的先后次序是满足传递性的. 所谓传递性指的是下述性质：若

$$(k_1,k_2,\cdots,k_n)>(l_1,l_2,\cdots,l_n),$$

$$(l_1,l_2,\cdots,l_n)>(m_1,m_2,\cdots,m_n),$$

则 $(k_1,k_2,\cdots,k_n)>(m_1,m_2,\cdots,m_n)$.

事实上，设

$$k_1-l_1=k_2-l_2=\cdots=k_{s-1}-l_{s-1}=0,\quad k_s-l_s>0,$$

$$l_1-m_1=l_2-m_2=\cdots=l_{t-1}-m_{t-1}=0,\quad l_t-m_t>0,$$

其中 $1\leqslant s\leqslant n$，$1\leqslant t\leqslant n$. 令 $r=\min\{s,t\}$，则因

$$k_i-m_i=(k_i-l_i)+(l_i-m_i),$$

故有

$$k_1-m_1=k_2-m_2=\cdots=k_{r-1}-m_{r-1}=0,\quad k_r-m_r>0,$$

所以$(k_1,k_2,\cdots,k_n)>(m_1,m_2,\cdots,m_n)$.

由于上述定义的关系"$>$"具有传递性，所以在 n 元数组中就给出了一个顺序. 相应地，单项式之间也就有了一个先后顺序，n 元多项式就有了一个确定的写法. 这给许多问题的讨论都带来了方便.

按字典排列法写出来的第1个不为零的单项式称为多项式的**首项**. 例如：多项式

$$3x_1x_2^4x_3^7+x_1x_2^5-5x_2^8x_3^6$$

按字典排列法写出来就是

$$x_1x_2^5+3x_1x_2^4x_3^7-5x_2^8x_3^6.$$

它的首项就是 $x_1x_2^5$. 必须注意，对于多元多项式来说，首项不一定具有最大的次数. 当 $n=1$ 时，一元多项式的字典排列法与以前的降幂写法是一致的.

在讨论一元多项式时，我们曾经证明过，两个非零多项式乘积的首项等于两个因式的首项的乘积，因此，乘积的次数等于两个因式的次数之和. 特别地，如果 $f(x)\neq 0$，$g(x)\neq 0$，那么 $f(x)g(x)\neq 0$. 这是一个非常有用的事实. 现在，我们利用字典排列法把这些结论推广到多元多项式中去.

定理8.20 如果

$$f(x_1,x_2,\cdots,x_n)\neq 0,\quad g(x_1,x_2,\cdots,x_n)\neq 0,$$

那么 $f(x_1,x_2,\cdots,x_n)g(x_1,x_2,\cdots,x_n)$ 的首项等于 $f(x_1,x_2,\cdots,x_n)$ 的首项与 $g(x_1,x_2,\cdots,x_n)$ 的首项的乘积，从而

$$f(x_1,x_2,\cdots,x_n)g(x_1,x_2,\cdots,x_n)\neq 0.$$

证 设

$$ax_1^{k_1}x_2^{k_2}\cdots x_n^{k_n},\quad a\neq 0$$

为 $f(x_1,x_2,\cdots,x_n)$ 的首项，

$$bx_1^{l_1}x_2^{l_2}\cdots x_n^{l_n},\quad b\neq 0$$

为 $g(x_1,x_2,\cdots,x_n)$ 的首项. 再设

$$c_{p_1,p_2,\cdots,p_n}x_1^{p_1}x_2^{p_2}\cdots x_n^{p_n},\quad d_{q_1,q_2,\cdots,q_n}x_1^{q_1}x_2^{q_2}\cdots x_n^{q_n}$$

分别是 f 与 g 的任一其他单项式，其中

$$(k_1,k_2,\cdots,k_n)>(p_1,p_2,\cdots,p_n),$$
$$(l_1,l_2,\cdots,l_n)>(q_1,q_2,\cdots,q_n).$$

容易看到，能在乘积 $f(x_1,x_2,\cdots,x_n)g(x_1,x_2,\cdots,x_n)$ 中出现的单项式必是下列 4 种类型之一：

1） f 的首项与 g 的首项的乘积
$$abx_1^{k_1+l_1}x_2^{k_2+l_2}\cdots x_n^{k_n+l_n};\tag{9.2}$$

2） f 的首项与 g 的非首项的乘积
$$ad_{q_1,q_2,\cdots,q_n}x_1^{k_1+q_1}x_2^{k_2+q_2}\cdots x_n^{k_n+q_n};\tag{9.3}$$

3） f 的非首项与 g 的首项的乘积
$$c_{p_1,p_2,\cdots,p_n}bx_1^{p_1+l_1}x_2^{p_2+l_2}\cdots x_n^{p_n+l_n};\tag{9.4}$$

4） f 的非首项与 g 的非首项的乘积
$$c_{p_1,p_2,\cdots,p_n}d_{q_1,q_2,\cdots,q_n}x_1^{p_1+q_1}x_2^{p_2+q_2}\cdots x_n^{p_n+q_n}.\tag{9.5}$$

要证明单项式(9.2)是 fg 的首项，只要证明，它先于其他 3 种类型的单项式，即证明单项式(9.2) 对应的 n 元数组
$$(k_1+l_1,k_2+l_2,\cdots,k_n+l_n)\tag{9.6}$$
先于其他 3 种类型的单项式(9.3)，(9.4)，(9.5) 所分别对应的 n 元数组
$$(k_1+q_1,k_2+q_2,\cdots,k_n+q_n),\tag{9.7}$$
$$(p_1+l_1,p_2+l_2,\cdots,p_n+l_n),\tag{9.8}$$
$$(p_1+q_1,p_2+q_2,\cdots,p_n+q_n).\tag{9.9}$$
显然 n 元数组(9.6) 先于 n 元数组(9.7) 和(9.8). 由于 n 元数组(9.6) 先于(9.7)，而 n 元数组(9.7) 又先于(9.9)，由传递性得，n 元数组(9.6) 先于(9.9). 这就证明了 $abx_1^{k_1+l_1}x_2^{k_2+l_2}\cdots x_n^{k_n+l_n}$ 先于乘积fg 中其他各项，当然也不可能与其他项同类而相消，所以它是 fg 的首项. ■

用数学归纳法立即得出

推论 如果 $f_i(x_1,x_2,\cdots,x_n)\neq 0\ (i=1,2,\cdots,m)$，那么
$$f_1(x_1,x_2,\cdots,x_n)f_2(x_1,x_2,\cdots,x_n)\cdots f_m(x_1,x_2,\cdots,x_n)\neq 0,$$
而且它的首项等于每个 $f_i(x_1,x_2,\cdots,x_n)$ 的首项的乘积.

下面我们介绍齐次多项式的概念.

定义 8.15 如果多元多项式 $f(x_1,x_2,\cdots,x_n)$ 的所有的单项式都是 m 次的，则称 $f(x_1,x_2,\cdots,x_n)$ 为 m **次齐次多项式**.

例如：$x_1^4+2x_1^3x_2+3x_1^3x_3-x_1^2x_2^2+8x_1^2x_2x_3-5x_3^4$ 是一个 4 次齐次多项式. $x_1^2+2x_1x_2+2x_2^2+4x_2x_3+4x_3^2$ 是一个 2 次齐次多项式. 在齐次多项式中，2 次齐次多项式(即二次型) 具有特殊的重要性，我们已在第 5 章中

对它进行了专门讨论.

任何一个n元多项式都可以唯一地表示为若干齐次多项式之和. 事实上，这只要把所有次数相同的单项式集合在一起就能得出所需要的表示式：

$$f(x_1,x_2,\cdots,x_n)=\sum_{i=0}^{m}f_i(x_1,x_2,\cdots,x_n),$$

其中$f_i(x_1,x_2,\cdots,x_n)$是i次齐次多项式，我们称它为$f(x_1,x_2,\cdots,x_n)$的i**次齐次分量**.

利用齐次多项式，我们可以将一元多项式的乘法次数公式加以推广. 下面证明：对于多元多项式，乘积的次数也等于因式的次数之和. 事实上，对于齐次多项式，从乘法的定义容易看出，两个齐次多项式的乘积仍是齐次多项式，它的次数就等于这两个多项式的次数之和. 对于一般的n元多项式，设f与g的次数分别为m和l，先将f与g表示为齐次多项式之和：

$$f(x_1,x_2,\cdots,x_n)=\sum_{i=0}^{m}f_i(x_1,x_2,\cdots,x_n),$$

$$g(x_1,x_2,\cdots,x_n)=\sum_{j=0}^{l}g_j(x_1,x_2,\cdots,x_n),$$

其中f_i是f的i次齐次分量和g_j是g的j次齐次分量. 于是，乘积

$$h(x_1,x_2,\cdots,x_n)=f(x_1,x_2,\cdots,x_n)g(x_1,x_2,\cdots,x_n)$$

的k次齐次分量$h_k(x_1,x_2,\cdots,x_n)$为

$$h_k(x_1,x_2,\cdots,x_n)=\sum_{i+j=k}f_i(x_1,x_2,\cdots,x_n)g_j(x_1,x_2,\cdots,x_n)$$

(其中连加号表示适合条件$i+j=k$的f_ig_j相加). 特别地，$h(x_1,x_2,\cdots,x_n)$的最高次齐次分量为

$$h_{m+l}(x_1,x_2,\cdots,x_n)=f_m(x_1,x_2,\cdots,x_n)g_l(x_1,x_2,\cdots,x_n),$$

所以$f(x_1,x_2,\cdots,x_n)g(x_1,x_2,\cdots,x_n)$的次数为$m+l$，即$f$与$g$的次数之和.

最后我们指出，与一元多项式一样，多元多项式也可以看做函数的表达式. 设

$$f(x_1,x_2,\cdots,x_n)=\sum_{k_1,k_2,\cdots,k_n}a_{k_1,k_2,\cdots,k_n}x_1^{k_1}x_2^{k_2}\cdots x_n^{k_n},$$

而$c_1,c_2,\cdots,c_n$是数域$\mathbf{F}$中的数，我们称

$$f(c_1,c_2,\cdots,c_n)=\sum_{k_1,k_2,\cdots,k_n}a_{k_1,k_2,\cdots,k_n}c_1^{k_1}c_2^{k_2}\cdots c_n^{k_n}$$

为$f(x_1,x_2,\cdots,x_n)$在$x_1=c_1$，$x_2=c_2$，…，$x_n=c_n$处的值.

特别地，满足$f(c_1,c_2,\cdots,c_n)=0$的$(c_1,c_2,\cdots,c_n)$称为多项式$f(x_1,x_2,\cdots,x_n)$的零点.

鉴于多元多项式的复杂性，关于多元多项式的整除理论，以及零点的存

在及求零点方面的有关理论，这里就不再介绍了.

8.9.2 对称多项式

对称多项式是多元多项式中常见的一种特殊类型的多项式.

定义 8.16 设 $f(x_1,x_2,\cdots,x_n)$ 为一个 n 元多项式，如果对于任意的 i，j $(1\leqslant i\leqslant j\leqslant n)$，都有

$$f(x_1,\cdots,x_i,\cdots,x_j,\cdots,x_n)=f(x_1,\cdots,x_j,\cdots,x_i,\cdots,x_n),$$

即在 $f(x_1,x_2,\cdots,x_n)$ 中交换任意两个文字的位置后这个多项式不变，则称 $f(x_1,x_2,\cdots,x_n)$ 为**对称多项式**.

例如：$x_1^3+x_1x_2+x_2^3$ 是一个二元对称多项式. 但 $x_1^3+x_1x_2+2x_2^3$ 是非对称多项式，这是因为交换 x_1 与 x_2 的位置后得到的多项式

$$x_2^3+x_2x_1+2x_1^3=2x_1^3+x_1x_2+x_2^3$$

与原多项式不相等.

对称多项式的来源之一是一元多项式根的研究. 设

$$f(x)=x^n+a_1x^{n-1}+\cdots+a_n \tag{9.10}$$

是 $\mathbf{F}[x]$ 中的一个多项式. 如果 $f(x)$ 在数域 $\mathbf{F}$ 中有 n 个根 $\alpha_1,\alpha_2,\cdots,\alpha_n$，那么 $f(x)$ 就可以分解成

$$f(x)=(x-\alpha_1)(x-\alpha_2)\cdots(x-\alpha_n). \tag{9.11}$$

把(9.11)展开，与(9.10)比较，即得**根与系数的关系**如下：

$$\begin{cases}-a_1=\alpha_1+\alpha_2+\cdots+\alpha_n,\\ \quad a_2=(\alpha_1\alpha_2+\alpha_1\alpha_3+\cdots+\alpha_1\alpha_n)+(\alpha_2\alpha_3+\alpha_2\alpha_4+\cdots+\alpha_2\alpha_n)\\ \qquad\quad+\cdots+\alpha_{n-1}\alpha_n,\\ \cdots\cdots\cdots\cdots\cdots\cdots\cdots\cdots\\ (-1)^ia_i=\sum\alpha_{k1}\alpha_{k2}\cdots\alpha_{ki}\quad(\text{所有可能的 } i \text{ 个不同的 } \alpha_{kj} \text{ 的乘积之和}),\\ \cdots\cdots\cdots\cdots\cdots\cdots\cdots\cdots\\ (-1)^na_n=\alpha_1\alpha_2\cdots\alpha_n.\end{cases} \tag{9.12}$$

由此看出，系数是对称地依赖于多项式的根. 若将 $\alpha_1,\alpha_2,\cdots,\alpha_n$ 看做 n 个文字，那么(9.12)中各个等式的右边都可看做对称多项式. 于是，我们从一元多项式的根与系数的关系中得到了下述的 n 个 n 元对称多项式：

$$\begin{cases}\sigma_1=x_1+x_2+\cdots+x_n,\\ \sigma_2=(x_1x_2+x_1x_3+\cdots+x_1x_n)\\ \qquad+(x_2x_3+x_2x_4+\cdots+x_2x_n)+\cdots+x_{n-1}x_n,\\ \cdots,\\ \sigma_n=x_1x_2\cdots x_n,\end{cases} \tag{9.13}$$

它们称为**初等对称多项式**.

根据定义，对称多项式的和与积仍是对称多项式. 于是，对称多项式的多项式也还是对称多项式，这就是说，如果 $f_1,f_2,\cdots,f_m$ 都是n元对称多项式，而 $g(y_1,y_2,\cdots,y_m)$ 是任一多项式，那么

$$g(f_1,f_2,\cdots,f_m)=h(x_1,x_2,\cdots,x_n)$$

是关于 $x_1,x_2,\cdots,x_n$ 的n元对称多项式. 特别地，初等对称多项式的多项式还是对称多项式.

现在我们要问：上述结论的逆是否成立？是否每一对称多项式都可写成初等对称多项式的多项式？

定理8.21 对于数域**F**上的任意一个n元对称多项式$f(x_1,x_2,\cdots,x_n)$都有一个**F**上的n元多项式$\varphi(y_1,y_2,\cdots,y_n)$，使得

$$f(x_1,x_2,\cdots,x_n)=\varphi(\sigma_1,\sigma_2,\cdots,\sigma_n), \tag{9.14}$$

其中$\sigma_1,\sigma_2,\cdots,\sigma_n$为(9.13)所述的初等对称多项式.

证 设对称多项式 $f(x_1,x_2,\cdots,x_n)$ 的首项(按字典排列法)为

$$ax_1^{l_1}x_2^{l_2}\cdots x_n^{l_n}, \quad a\neq 0. \tag{9.15}$$

我们指出，(9.15) 作为对称多项式的首项，必有

$$l_1\geqslant l_2\geqslant\cdots\geqslant l_n\geqslant 0.$$

否则，设有 $l_i<l_{i+1}$. 由于 $f(x_1,x_2,\cdots,x_n)$ 是对称的，所以 $f(x_1,x_2,\cdots,x_n)$ 在包含(9.15) 的同时必包含

$$ax_1^{l_1}\cdots x_{i+1}^{l_i}x_i^{l_{i+1}}\cdots x_n^{l_n}=ax_1^{l_1}\cdots x_i^{l_{i+1}}x_{i+1}^{l_i}\cdots x_n^{l_n}.$$

这一项显然先于(9.15)，与首项的要求不符.

下面我们构造一个由初等对称多项式构成的单项式φ_1，它与f有相同的首项. 设

$$\varphi_1=a\sigma_1^{l_1-l_2}\sigma_2^{l_2-l_3}\cdots\sigma_n^{l_n}, \tag{9.16}$$

它是初等对称多项式的单项式，所以仍是对称多项式. 又因为$\sigma_1,\sigma_2,\cdots,\sigma_n$ 的首项分别是 $x_1,x_1x_2,\cdots,x_1x_2\cdots x_n$，于是，将(9.16) 展开之后，$\varphi_1$ 的首项为

$$ax_1^{l_1-l_2}(x_1x_2)^{l_2-l_3}\cdots(x_1x_2\cdots x_n)^{l_n}=ax_1^{l_1}x_2^{l_2}\cdots x_n^{l_n},$$

所以 f 与 φ_1 有相同的首项. 然后，设

$$f_1=f-\varphi_1.$$

那么 f_1 仍是**F**上的对称多项式. 由于 f 和 φ_1 的首项相减后消去，所以 f_1 的首项后于 f 的首项(即 f 的首项先于 f_1 的首项).

对 f_1 重复施行上述做法，并且继续做下去，就得到了一系列**F**上的对称多项式

$$f_0=f,\ f_1=f_0-\varphi_1,\ f_2=f_1-\varphi_2,\ f_3=f_2-\varphi_3,\ \cdots,\tag{9.17}$$

其中每一个 φ_i 都是形如(9.16)的 $\sigma_1,\sigma_2,\cdots,\sigma_n$ 的单项式，而且 f_i 的首项后于 f_{i-1} 的首项($i=1,2,\cdots$).

设 $bx_1^{p_1}x_2^{p_2}\cdots x_n^{p_n}$ 是(9.17)中任一对称多项式 $f_i(i>1)$ 的首项，则因它后于 f 的首项(9.15)，故有

$$l_1\geqslant p_1\geqslant p_2\geqslant\cdots\geqslant p_n\geqslant 0.$$

因为 l_1 是一个确定的非负整数，所以满足上述条件的 n 元数组$(p_1,p_2,\cdots,p_n)$只能有有限多个，所以多项式 f_i 不能无限地构造下去，即存在正整数 s，使得 $f_s=0$. 这样，我们得到一串等式：

$$\begin{cases}f=f_0,\\ f_1=f_0-\varphi_1,\\ f_2=f_1-\varphi_2,\\ \cdots\cdots\cdots\cdots\cdots\cdots\\ f_{s-1}=f_{s-2}-\varphi_{s-1},\\ 0=f_{s-1}-\varphi_s.\end{cases}\tag{9.18}$$

由(9.18)得，

$$f=f_0=\varphi_1+f_1=\varphi_1+\varphi_2+f_2=\cdots=\varphi_1+\varphi_2+\cdots+\varphi_s,$$

其中每个 φ_i 都形如(9.16)，故可将 f 表示为 $\sigma_1,\sigma_2,\cdots,\sigma_n$ 的一个多项式

$$f=\varphi(\sigma_1,\sigma_2,\cdots,\sigma_n),$$

$\varphi(y_1,y_2,\cdots,y_n)$即为所求的使(9.14)成立的 **F** 上的一个多项式. ∎

定理 8.21 证明了对称多项式用初等对称多项式的多项式表示的存在性. 实际上，还可以证明，定理中的多项式 $\varphi(y_1,y_2,\cdots,y_n)$ 是被对称多项式 $f(x_1,x_2,\cdots,x_n)$ 唯一确定的. 这两个结果合在一起通常称为 **对称多项式基本定理**. 由于定理 8.21 所给的存在性证明是构造性的，我们可以用来具体地将一个对称多项式表示成初等对称多项式的多项式.

例 8.18 把 3 元对称多项式 $x_1^3+x_2^3+x_3^3$ 表为 $\sigma_1,\sigma_2,\sigma_3$ 的多项式.

解 $x_1^3+x_2^3+x_3^3$ 的首项为 x_1^3，对应的 3 元数组为(3,0,0)，按(9.16)，作

$$\varphi_1=\sigma_0^{3-0}\sigma_2^{0-0}\sigma_3^0=\sigma_1^3.$$

于是，

$$\begin{aligned}f_1=f-\varphi_1&=x_1^3+x_2^3+x_3^3-(x_1+x_2+x_3)^3\\&=-3(x_1^2x_2+x_1x_2^2+x_1^2x_3+x_1x_3^2+x_2^2x_3+x_2x_3^2)-6x_1x_2x_3.\end{aligned}$$

f_1 的首项 $-3x_1^2x_2$ 对应的 3 元数组为(2,1,0)，作

$$\varphi_2=-3\sigma_1^{2-1}\sigma_2^{1-0}\sigma_3^0=-3\sigma_1\sigma_2,$$

故

$$\begin{aligned}f_2&=f_1-\varphi_2=f_1+3\sigma_1\sigma_2\\&=f_1+3(x_1+x_2+x_3)(x_1x_2+x_2x_3+x_3x_1)\\&=f_1+3(x_1^2x_2+x_1x_2^2+x_1^2x_3+x_1x_3^2+x_2^2x_3+x_2x_3^2)+9x_1x_2x_3\\&=3x_1x_2x_3.\end{aligned}$$

再作

$$\varphi_3=3\sigma_1^{1-1}\sigma_2^{1-1}\sigma_3^1=3\sigma_3.$$

于是，$f_3=f_2-\varphi_3=0$. 故

$$x_1^2+x_2^3+x_3^3=\varphi_1+\varphi_2+\varphi_3=\sigma_1^3-3\sigma_1\sigma_2+3\sigma_3.$$

例 8.19 求 3 次多项式

$$f(x)=x^3+a_1x^2+a_2x+a_3$$

的 3 个根的立方和.

解 设 x_1,x_2,x_3 为 $f(x)$ 的 3 个根，由例 8.18 知

$$x_1^3+x_2^3+x_3^3=\sigma_1^3-3\sigma_1\sigma_2+3\sigma_3.$$

根据根与系数的关系(9.12)，

$$\sigma_1=x_1+x_2+x_3=-a_1,$$

$$\sigma_2=x_1x_2+x_1x_3+x_2x_3=a_2,$$

$$\sigma_3=x_1x_2x_3=-a_3,$$

所以 $x_1^3+x_2^3+x_3^3=-a_1^3+3a_1a_2-3a_3$.

作为对称多项式的一个应用，下面介绍 n 次多项式的判别式的概念.

设复数域上的一元多项式

$$f(x)=x^n+a_1x^{n-1}+\cdots+a_{n-1}x+a_n$$

的 n 个根为 $x_1,x_2,\cdots,x_n$. 作差积的平方

$$\begin{aligned}D=(x_1-x_2)^2\,(x_1-x_3)^2&\cdots(x_1-x_n)^2\\(x_2-x_3)^2&\cdots(x_2-x_n)^2\\&\cdots\\&(x_{n-1}-x_n)^2.\end{aligned}$$

显然，$f(x)$ 有重根的充分必要条件是 $D=0$. 如何利用 $f(x)$ 的系数 a_1, $a_2,\cdots,a_n$ 来计算 D 的值呢？ 我们把 D 看成 n 个文字 $x_1,x_2,\cdots,x_n$ 的多项式，易见它是一个对称多项式. 按对称多项式基本定理，D 可以表示成 σ_1, $\sigma_2,\cdots,\sigma_n$ 的多项式 $\varphi(\sigma_1,\sigma_2,\cdots,\sigma_n)$. 由根与系数的关系式(9.12) 知

$$D=\varphi(\sigma_1,\sigma_2,\cdots,\sigma_n)=\varphi(-a_1,a_2,\cdots,(-1)^na_n).$$

设

$$D(a_1,a_2,\cdots,a_n)=\varphi(-a_1,a_2,\cdots,(-1)^na_n),$$

我们称 $D(a_1,a_2,\cdots,a_n)$ 为一元多项式 $f(x)$ 的**判别式**，于是，$f(x)$ 在复数

域中有重根的充分必要条件是它的判别式等于零.

例 8.20 求多项式 $f(x)=x^2+a_1x+a_2$ 的判别式.

解 设 $f(x)$ 在复数域上的两个根为 x_1,x_2，则

$$D=(x_1-x_2)^2=x_1^2-2x_1x_2+x_2^2$$

的首项为 x_1^2，作 $\varphi_1=\sigma_1^{2-0}\sigma_2^0=\sigma_1^2$，

$$f_1=f-\varphi_1=-4x_1x_2=-4\sigma_2,$$

所以 $f(x)$ 的判别式 $D=\sigma_1^2-4\sigma_2=a_1^2-4a_2$.

按上面的方法直接计算即得，3 次多项式 $x^3+a_1x^2+a_2x+a_3$ 的判别式为

$$D=a_1^2a_2^2-4a_1^3a_3-4a_2^3+18a_1a_2a_3-27a_3^2.$$

习题 8.9

1. 按字典排列法排出下列多项式：

1） $6x_1x_3^4-x_1x_2+x_1^2x_3-x_2x_3^5+7x_3^2+8x_1x_3-9x_2x_3^7+10x_1x_2x_3$；

2） $5x_4^5x_3x_1+x_5x_2^3-x_1^2x_4^5+x_2x_1^2+x_3^6$.

2. 按字典排列法的次序，写出关于 x_1,x_2,x_3 的全部可能的 3 次单项式(不考虑单项式的系数).

3. 写出一个关于 x_1,x_2,x_3 的 3 次齐次的对称多项式.

4. 将下列对称多项式用初等对称多项式表示出来：

1） $f(x_1,x_2,x_3)=(x_1+x_2)(x_2+x_3)(x_3+x_1)$；

2） $f(x_1,x_2,x_3)=x_1^2x_2+x_1x_2^2+x_1^2x_3+x_1x_3^2+x_2^2x_3+x_2x_3^2$.

阅读与思考

三等分角问题

早在公元前 5 世纪，古希腊学者就提出了许多几何作图问题，其中包括尺规作图①的三大几何难题，即：

三等分角问题：将一个任意给定的角分成 3 个相等的角；

倍立方体问题：求作一立方体的边，使得该立方体的体积等于给定的立方体体积的两倍；

化圆为方问题：求作一正方形，使得该正方形的面积等于给定的圆面积.

前两个问题于 1837 年由法国数学家万策尔(P.L.Wantzel，1814—1848)

---

① 所谓尺规作图就是只使用圆规和没有刻度的直尺，并且要求每次作图时用且只能用一种作图工具(直尺或圆规)，根据已知条件经过有限次的作图步骤，作符合要求的几何图形.

解决，第 3 个问题于 1882 年由德国数学家林德曼(F.Lindenmann，1852—1936)解决，答案都是不可能. 1895 年，德国数学家克莱茵(F.Klein，1849—1925)在总结前人工作的基础上，给出了三大作图问题尺规作图不可能的简捷证明.

1. 三等分任意角问题

任意给定一个角 $\angle AOB$，用尺规求作一射线 OP，使得 $\angle POB=\frac{1}{3}\angle AOB$（如图 8-1）.

要证明“不能用尺规三等分任意角”，只需证明“不能用尺规三等分 60° 角”.

如图 8-2，能否用尺规三等分 $\angle AOB=60^\circ$，也就是能否作出点 P，使 $\angle POB=20^\circ$. 下面我们逐步将这几何问题转化为代数问题来解决.

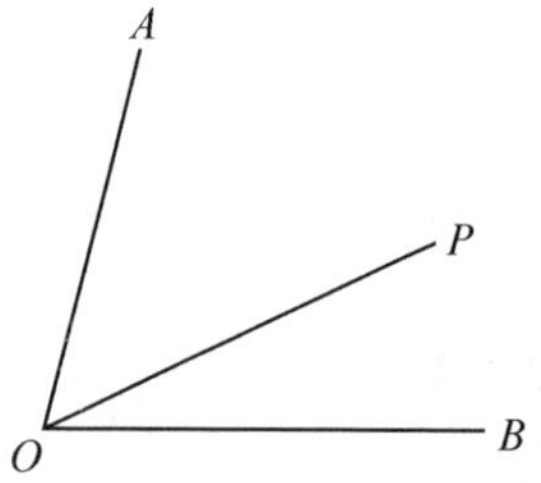

图 8-1

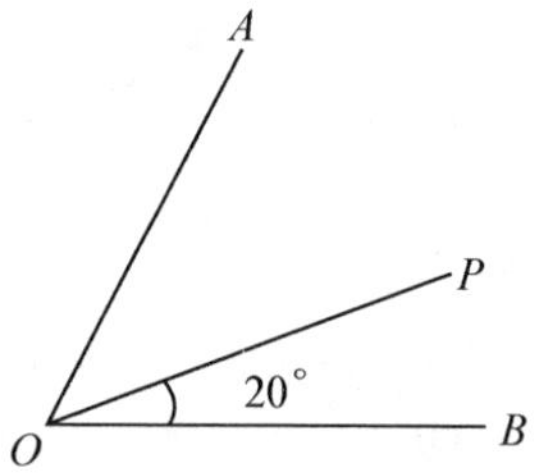

图 8-2

如图 8-3 (1) 所示，建立平面直角坐标系(可以任意指定一条线段，以其长度作为单位)，在单位圆 ⊙O 内，如果已知 $\angle POB=20^\circ$，则点 P 的横坐标为 $x=\cos 20^\circ$. 反之，如果已知线段 OB 的端点 B 的坐标$(\cos 20^\circ,0)$，那么过 B 点作 x 轴的垂线，交单位圆 ⊙O 于点 P，连接 OP，则 $\angle POB=20^\circ$，如图 8-3 (2). 这样，用尺规不能三等分角 60° 的问题，就转化为不能用长度为 1 的线段(即单位圆的半径)尺规作长度为 $\cos 20^\circ$ 的线段的问题，也就是说，三等

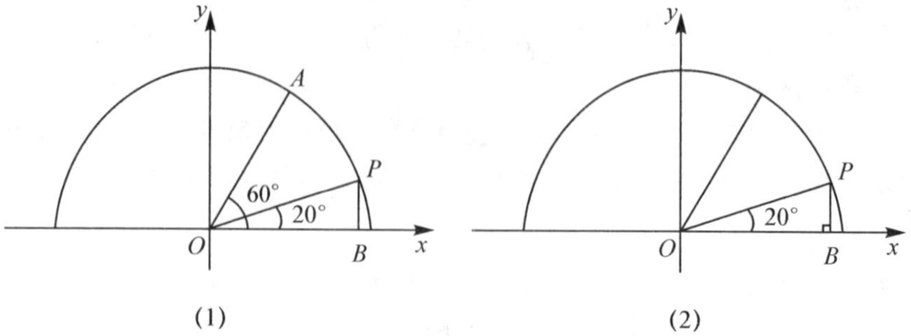

图 8-3

分 60° 角的问题已归结为已知实数 1，求作实数 cos 20° 的问题（这里我们对“数 a”和长度为 a 的“线段 a”不加区别，并使用同一个符号）.

由三角函数的三倍角公式[①]知

$$\cos 60^\circ = \cos(3\times 20^\circ) = 4\cos^3 20^\circ - 3\cos 20^\circ. \quad ①$$

设 $\cos 20^\circ = y$. 因为 $\cos 60^\circ = \frac{1}{2}$，所以由 ① 式得 $\frac{1}{2} = 4y^3 - 3y$，即

$$8y^3 - 6y - 1 = 0. \quad ②$$

令 $x = 2y$，则 ② 式可化为

$$x^3 - 3x - 1 = 0. \quad ③$$

于是，问题又归结为：已知 1 和 $\cos 60^\circ = \frac{1}{2}$，证明不能用尺规作方程 ③ 的根. 于是，我们首先必须搞清尺规究竟能作出什么样的线段.

2. 尺规能作的线段

思考 已知线段 a，b，如何用尺规作线段 $a+b$，$a-b$ $(a>b)$，$a\cdot b$，$\frac{a}{b}$ 和 $\sqrt{a}$？

具体作法如图 8-4 所示.

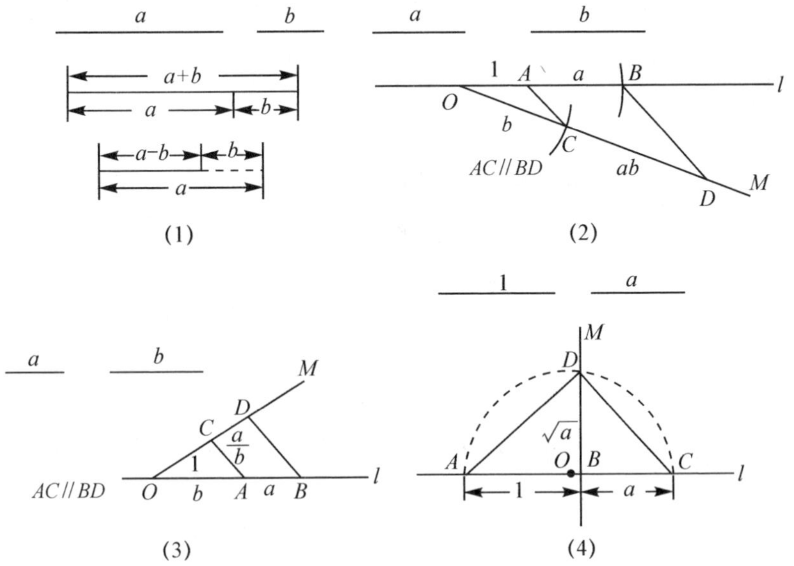

图 8-4

① $\cos 3\alpha = \cos(2\alpha+\alpha) = \cos 2\alpha\cos\alpha - \sin 2\alpha\sin\alpha = (2\cos^2\alpha - 1)\cos\alpha - 2\sin^2\alpha\cos\alpha = 2\cos^3\alpha - \cos\alpha - 2(1-\cos^2\alpha)\cos\alpha = 4\cos^3\alpha - 3\cos\alpha$.

在作线段的积、商和开平方时，我们都用到了单位长度的线段，但这条件并不是实质性的，我们可以任意指定一条线段为单位线段.

通过上面的讨论，我们知道，尺规可作已知线段的和、差、积、商和开平方，为了解决三等分角的尺规作图问题，还要知道尺规不能作什么线段，即尺规只能作什么线段.

在尺规作图过程中，要作直线(或线段)需要已知直线上的某两个点(或线段的两个端点)，要作圆需要已知圆心和半径(半径是线段，而线段又归结为已知两个端点). 由于任何几何图形都是由一些点所确定的(例如：一个三角形由它的3个顶点所确定)，所以一般的几何作图问题，也可以看做是已知一些点，求作另外一些新点，因而整个作图的过程是点生点的过程. 由此可见，对尺规作图而言，分析什么样的线段能够作，可以归结为什么样的点能够作. 前者用几何方式分析较方便，而后者可用代数方式来分析. 下面我们用代数方式来分析. 我们知道，尺规作图时，新点只能通过求作直线的交点，直线与圆的交点，圆与圆的交点来产生. 我们来分析，建立平面直角坐标系后，在这3种作图形式的点生点的过程中，由已知点只能生成什么样的点，从而得出尺规只能作出什么样的线段.

1) 直线的交点

在平面上建立了直角坐标系后，设 $P_1(a_1,b_1)$, $P_2(a_2,b_2)$ 是两个已知点，那么可以用直尺作经过这两点的直线(图 8-5)，这条直线的方程为

$$ax+by+c=0,$$

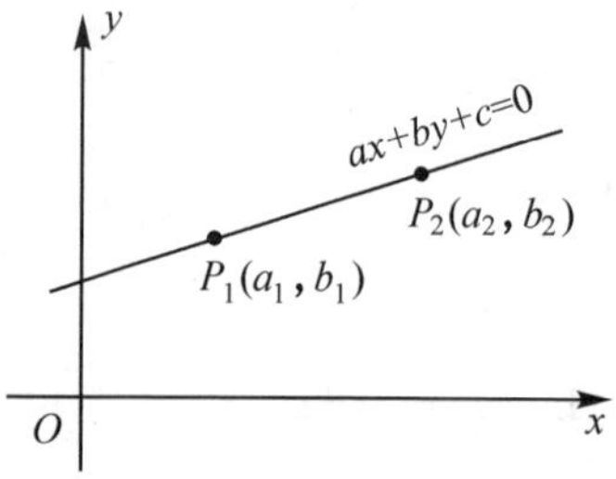

图 8-5

其中 $a=b_1-b_2$, $b=a_2-a_1$,

$$c=a_1b_2-a_2b_1,$$

即这条直线方程的系数 a,b,c 可由已知点坐标 a_1,a_2,b_1,b_2 经过有限次加、减、乘、除运算得到.

如果已知两条直线

$$a_1x+b_1y+c_1=0,$$

$$a_2x+b_2y+c_2=0$$

相交(即 $a_1b_2-a_2b_1\neq 0$)，设交点 P 的坐标是(x_0,y_0)，则解方程组

$$\begin{cases}a_1x+b_1y+c_1=0,\\ a_2x+b_2y+c_2=0,\end{cases}$$

可得交点坐标为

$$x_0=\frac{b_1c_2-b_2c_1}{a_1b_2-a_2b_1},\quad y_0=\frac{c_1a_2-c_2a_1}{a_1b_2-a_2b_1},$$

即交点 P 的坐标可由 a_1,a_2,b_1,b_2,c_1,c_2 经过有限次加、减、乘、除运算得

到，而两条直线方程的系数都可以由已知点的坐标经过有限次加、减、乘、除运算得到. 因此，交点 P 的坐标(x_0, y_0)可以由已知点的坐标经过有限次加、减、乘、除运算得到.

2） 直线与圆的交点

已知圆心 $P(x_0, y_0)$ 和线段 r，以点 P 为圆心，r 为半径作圆(图 8-6)，则该圆的方程为

$$x^2 + y^2 + dx + ey + f = 0,$$

其中 $d = -2x_0$，$e = -2y_0$，

$$f = x_0^2 + y_0^2 - r^2,$$

即圆的方程的系数可由已知的 3 个数 x_0，y_0，r 经过有限次加、减、乘、除运算得到.

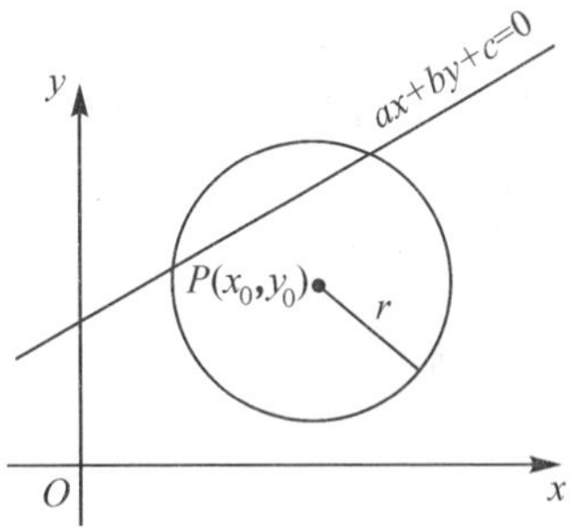

图 8-6

设有一条已知直线 $ax + by + c = 0$，即其系数都是已知数，如果这条直线与已知圆 $x^2 + y^2 + dx + ey + f = 0$ 有交点(相交或相切)，则交点的坐标可以通过解方程组

$$\begin{cases} x^2 + y^2 + dx + ey + f = 0, \\ ax + by + c = 0 \end{cases}$$

求得，显然，交点的坐标可以由已知数 a, b, c, d, e, f 经过有限次加、减、乘、除和开平方运算得到.

3） 圆与圆的交点

已知圆 $x^2 + y^2 + d_1x + e_1y + f_1 = 0$ 和圆 $x^2 + y^2 + d_2x + e_2y + f_2 = 0$. 如果它们有交点，则可通过下列方程组解出：

$$\begin{cases} x^2 + y^2 + d_1x + e_1y + f_1 = 0, \\ x^2 + y^2 + d_2x + e_2y + f_2 = 0. \end{cases}$$

两个方程相减，可得到如下的同解方程组：

$$\begin{cases} x^2 + y^2 + d_1x + e_1y + f_1 = 0, \\ (d_1 - d_2)x + (e_1 - e_2)y + (f_1 - f_2) = 0. \end{cases}$$

这样，求两个圆的交点的问题就化为求一条直线与圆的交点的问题，这个问题在 2) 中已经解决.

使用尺规，我们只能作直线(线段)、圆(圆弧)、直线与直线的交点、直线与圆的交点、圆与圆的交点. 于是，由以上讨论可知，尺规作图的点生点过程，在代数上就是通过已知点的坐标，经过有限次加、减、乘、除和开平方运算得到新点坐标的过程，也就是说，根据已知点，使用尺规所作的新点坐标，一定可以由已知点的坐标经过有限次的加、减、乘、除和开平方运算得到.

注意，对于任意两个已知点，可以认为，它们之间的距离 d 也是已知的. 这是因为若设它们的坐标分别是(x_1,y_1)，(x_2,y_2)，则

$$d=\sqrt{(x_2-x_1)^2+(y_2-y_1)^2}$$

也是由已知点坐标 x_1,y_1,x_2,y_2 经过加、减、乘、开平方运算得出的. 同样，由尺规所作的新点坐标也相应地给出了由尺规所作的线段的长度.

思考 证明：已知一条线段两个端点的坐标，那么该线段的垂直平分线方程的系数可由端点的坐标经过有限次加、减、乘、除和开平方运算得到.

由以上讨论，三等分任意角问题可归结为证明：从 1 和 $\cos 60°=\frac{1}{2}$ 出发，经过有限次加、减、乘、除和开平方运算不能得到数 $\cos 20°$（或方程 ③ 的根）. 下面我们用数域扩张的知识来解决这个问题，为此先介绍扩域的概念.

3. 扩域与尺规作图

我们知道，将 1 与自己相加得到 2，再不断加 1 可以得到所有的正整数，正整数作除法可以得出所有的正有理数. 作减法可以得到 0 和所有的负有理数. 总之，仅从一个数 1 出发，只经过有限次加、减、乘、除四则运算就能得到全体有理数. 因为 1 和 $\cos 60°=\frac{1}{2}$ 都是有理数，所以我们不妨从有理数域 $\mathbf{Q}$ 出发，来探索经过有限次加、减、乘、除和开平方运算，能不能作出新的数 $\cos 20°$.

由前面的分析可知，我们能用尺规作出所有的有理数，还能作出数$\sqrt{2}$，进而就能作出所有形如 $a+b\sqrt{2}$ 的数，其中 a,b 是有理数. 由 5.1 节例 5.1 知

$$\mathbf{Q}(\sqrt{2})=\{a+b\sqrt{2}\mid a,b\in\mathbf{Q}\}$$

是一个数域且 $\mathbf{Q}(\sqrt{2})$ 包含 $\mathbf{Q}$（即 $\mathbf{Q}\subset\mathbf{Q}(\sqrt{2})$）.

如果数域 $\mathbf{F}_2$ 包含数域 $\mathbf{F}_1$，即 $\mathbf{F}_1\subset\mathbf{F}_2$，则称数域 $\mathbf{F}_2$ 是数域 $\mathbf{F}_1$ 的一个扩域，或称数域 $\mathbf{F}_1$ 是数域 $\mathbf{F}_2$ 的一个子域.

为了解决尺规作图问题，我们只需要讨论一种特殊类型的数域扩域，也就是通过添加一个平方根到原来数域中所得到的扩域. 例如：数域 $\mathbf{Q}(\sqrt{2})$ 就是由 $\mathbf{Q}$ 添加$\sqrt{2}$ 所得到的 $\mathbf{Q}$ 的扩域.

一般地，设 $\mathbf{F}$ 是一个数域且 $\mathbf{F}\subset\mathbf{R}$. 如果存在数 $u\in\mathbf{F}$ 使得 $u>0$，$\sqrt{u}\notin\mathbf{F}$，那么 $\mathbf{F}$ 的扩域 $\mathbf{F}(\sqrt{u})=\{a+b\sqrt{u}\mid a,b\in\mathbf{F}\}$ 称为二次扩域，这是因为这个扩域是通过添加一个平方（二次）根得到的.

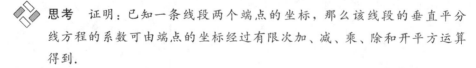

现在我们从有理数域 $\mathbf{Q}=\mathbf{F}_0$ 出发，作一系列的二次扩域. 设 $u_0\in\mathbf{Q}$，$u_0>0$，$\sqrt{u_0}\notin\mathbf{Q}$，把 $\sqrt{u_0}$ 添加到 $\mathbf{F}_0$ 中，得到 $\mathbf{F}_0$ 的一个二次扩域 $\mathbf{F}_1=\mathbf{F}_0(\sqrt{u_0})$；如果还有 $u_1\in\mathbf{F}_1$，$u_1>0$，$\sqrt{u_1}\notin\mathbf{F}_1$，把 $\sqrt{u_1}$ 添加到 $\mathbf{F}_1$ 中，可得 $\mathbf{F}_1$ 的一个二次扩域 $\mathbf{F}_2=\mathbf{F}_1(\sqrt{u_1})$；依此类推，可以得到

$$\mathbf{F}_0\subset\mathbf{F}_1\subset\mathbf{F}_2\subset\cdots\subset\mathbf{F}_k,$$

其中 $\mathbf{F}_i=\mathbf{F}_{i-1}(\sqrt{u_{i-1}})=\{a+b\sqrt{u_{i-1}}\mid a,b\in\mathbf{F}_{i-1}\}$，$u_{i-1}\in\mathbf{F}_{i-1}$，$u_{i-1}>0$，$\sqrt{u_{i-1}}\notin\mathbf{F}_{i-1}$，$i=1,2,\cdots,k$.

不难看出，以上从有理数域，经过有限次添加新的数所得到的数域中的数都可以用尺规作出；反之，用尺规可以作出的数也一定包含在有理数域的一个有限次二次扩域中.

现在我们已经把三等分任意角的几何问题转化为如下的代数问题：证明数 $\cos 20^\circ$ 不能从有理数域出发，经过有限次二次扩域得到.

4. 尺规不能三等分任意角

思考 为解决三等分角问题，我们只需再讨论两个问题：

1) $\cos 20^\circ$ 是否属于有理数域？

2) 是否可以找到一个有理数域 $\mathbf{Q}=\mathbf{F}_0$ 的二次扩域“列”

$$\mathbf{F}_0\subset\mathbf{F}_1\subset\mathbf{F}_2\subset\cdots\subset\mathbf{F}_k,$$

使得 $\cos 20^\circ\in\mathbf{F}_k$？

由 ②,③ 知，$2\cos 20^\circ$ 是一元三次方程

$$x^3-3x-1=0 \tag{④}$$

的根. 于是，问题 1) 可转化为方程 ④ 是否有有理根的问题. 由于 ± 1 都不是 $f(x)=x^3-3x-1$ 的有理根，由定理 8.19 知，$f(x)$ 没有有理根(注意，也可用艾森斯坦因判别法来证明 $f(x)$ 在 $\mathbf{Q}$ 上不可约，从而推出方程 ④ 无有理根).

下面讨论问题 2). 设 x_1 是方程 ④ 的根，由问题 1) 的讨论知，$x_1\notin\mathbf{Q}$. 倘若能找到一个有理数域 $\mathbf{Q}=\mathbf{F}_0$ 的二次扩域“列”

$$\mathbf{F}_0\subset\mathbf{F}_1\subset\mathbf{F}_2\subset\cdots\subset\mathbf{F}_k,$$

使得 $x_1\in\mathbf{F}_k$，不妨设 k 是使得 $x_1\notin\mathbf{F}_{k-1}$，$x_1\in\mathbf{F}_k$ 的最小正整数. 设 $\mathbf{F}_k=\mathbf{F}_{k-1}(\sqrt{u})=\{a+b\sqrt{u}\mid a,b\in\mathbf{F}_{k-1}\}$，$u\in\mathbf{F}_{k-1}$，$u>0$，$\sqrt{u}\notin\mathbf{F}_{k-1}$，则可设

$$x_1=a+b\sqrt{u},\quad a,b\in\mathbf{F}_{k-1}.$$

可以直接验证 $\overline{x}_1=a-b\sqrt{u}$ 也是方程 ④ 的根(证明留作练习).

假设 x_3 是方程 $x^3-3x-1=0$ 的第3个根，由8.9.2节根与系数的关系(9.12)得

$$x_1+\overline{x}_1+x_3=0\in \mathbf{F}_0,$$

而 $x_1+\overline{x}_1=2a\in \mathbf{F}_{k-1}$，所以

$$x_3=-2a\in \mathbf{F}_{k-1}.$$

由于 $x_3\notin \mathbf{F}_0$，故存在 $1\leqslant j\leqslant k-1$ 使得 $x_3\notin \mathbf{F}_{j-1}$，$x_3\in \mathbf{F}_j$.

设 $\mathbf{F}_j=\mathbf{F}_{j-1}(\sqrt{v})=\{p+q\sqrt{v}\mid p,q\in \mathbf{F}_{j-1}\}$，$v\in \mathbf{F}_{j-1}$，$v>0$，$\sqrt{v}\notin \mathbf{F}_{j-1}$，则可设

$$x_3=p+q\sqrt{v},\quad p,q\in \mathbf{F}_{j-1}.$$

同样可以验证，$\overline{x}_3=p-q\sqrt{v}\in \mathbf{F}_j$ 也是方程 $x^3-3x-1=0$ 的根. 显然 $x_3\neq \overline{x}_3$，故必有 $x_1=\overline{x}_3$ 或 $\overline{x}_1=\overline{x}_3$. 于是有 $x_1\in \mathbf{F}_j\subseteq \mathbf{F}_{k-1}$ 或 $\overline{x}_1\in \mathbf{F}_j\subseteq \mathbf{F}_{k-1}$，故有 $\sqrt{u}\in \mathbf{F}_{k-1}$，这与对 $\sqrt{u}$ 的假设 $\sqrt{u}\notin \mathbf{F}_{k-1}$ 矛盾. 这说明方程④的根不能从有理数域出发，经过有限次二次扩域得到，故问题2)的答案也是否定的，从而证明了尺规不能三等分60°角，也即证明了尺规不能三等分任意角.

练 习

1. 设 $x_1=a+b\sqrt{u}$ 是方程 $x^3-3x-1=0$ 的一个根，证明：$\overline{x}_1=a-b\sqrt{u}$ 也是该方程的一个根.

2. 证明：倍立方体问题不可能由尺规作图作出.

章课题　多项式方程的轮换矩阵解法

形如

$$\mathbf{C}=\begin{pmatrix} c_0 & c_1 & c_2 & \cdots & c_{n-1} \\ c_{n-1} & c_0 & c_1 & \cdots & c_{n-2} \\ c_{n-2} & c_{n-1} & c_0 & \cdots & c_{n-3} \\ \vdots & \vdots & \vdots & \ddots & \vdots \\ c_1 & c_2 & c_3 & \cdots & c_0 \end{pmatrix} \qquad ①$$

的 n 阶矩阵(其中每个后续行的元素是由前一行的元素向右移过一位，而最后一个元素移到最前面而得到的) 称为 n 阶**轮换矩阵**. 例如：由第1行元素 (a,b,c) 可以产生3阶轮换矩阵

$$\mathbf{C}=\begin{pmatrix} a & b & c \\ c & a & b \\ b & c & a \end{pmatrix}.$$

容易看到，轮换矩阵的每条平行于主对角线的向上(或向下)对角线上的元素皆相等.

轮换矩阵具有许多有趣的性质，它在其他方面也有重要的应用(如离散傅里叶变换，见[13]中课题40和课题39). 对本课题来说，我们最关心的是求轮换矩阵的特征多项式与特征值，并探讨对一个给定的多项式 $p(x)$，如何寻找一个轮换矩阵 $\boldsymbol{C}$，使得它的特征多项式 $|\lambda\boldsymbol{E}-\boldsymbol{C}|=p(\lambda)$，从而它的特征值就是 $p(\lambda)$ 的根，由此给出低次多项式方程的统一解法.

设 $\boldsymbol{W}$ 是第1行为(0,1,0,…,0)的轮换矩阵：

$$\boldsymbol{W}=\begin{pmatrix}\boldsymbol{0} & \boldsymbol{E}_{n-1}\\ 1 & \boldsymbol{0}\end{pmatrix}. \qquad ②$$

实际上，它就是将 n 阶单位矩阵 $\boldsymbol{E}$ 的第1行移到最底下一行而得到的矩阵，是一个置换矩阵(见第3章阅读与思考“矩阵的三角分解”). 我们先求这个简单的轮换矩阵的特征值，然后再推广到一般的情况.

问题 1 设 $\boldsymbol{W}$ 为由②式给出的 n 阶轮换矩阵.

1) 求 $\boldsymbol{W}$ 的特征值.

2) 求 $\boldsymbol{W}$ 的幂 $\boldsymbol{W}^2,\boldsymbol{W}^3,\cdots$.

3) 求由①式给出的轮换矩阵 $\mathbf{C}$ 的特征值.

问题 2 求下列轮换矩阵 $\mathbf{C}$ 的特征值与特征多项式：

1) $\begin{pmatrix}1&2&1&3\\3&1&2&1\\1&3&1&2\\2&1&3&1\end{pmatrix}$； 2) $\begin{pmatrix}1&\sqrt[3]{2}&\sqrt[3]{4}\\\sqrt[3]{4}&1&\sqrt[3]{2}\\\sqrt[3]{2}&\sqrt[3]{4}&1\end{pmatrix}$.

由以上讨论可以看到，由一个 n 阶轮换矩阵 $\boldsymbol{C}$ 可以同时给出一个多项式 $p(\lambda)$ 的系数和根，其中 $p(\lambda)$ 是 $\boldsymbol{C}$ 的特征多项式，它的系数可以从

$$p(\lambda)=|\lambda\boldsymbol{E}-\boldsymbol{C}|=\prod_{k=0}^{n-1}(\lambda-\lambda_k)$$

得出，而它的根就是它的特征值. 反过来，任给一个 n 次多项式 $p(\lambda)$，我们只要能找到一个对应的轮换矩阵 $\boldsymbol{C}$，使得它的特征多项式就是 $p(\lambda)$，那么它的特征值就是 $p(\lambda)$ 的根，从而可以利用轮换矩阵 $\mathbf{C}$ 来求多项式 $p(\lambda)$ 的根.

一个 n 阶轮换矩阵

$$\boldsymbol{C}=\begin{pmatrix}c_0&c_1&c_2&\cdots&c_{n-1}\\c_{n-1}&c_0&c_1&\cdots&c_{n-2}\\c_{n-2}&c_{n-1}&c_0&\cdots&c_{n-3}\\\vdots&\vdots&\vdots&\ddots&\vdots\\c_1&c_2&c_3&\cdots&c_0\end{pmatrix}$$

是由 n 个参数 $c_0, c_1, \cdots, c_{n-1}$ 所确定的，而且它的迹 $\mathrm{tr}\boldsymbol{C}=nc_0$ 是它的特征多项式

$$p(\lambda)=|\lambda\boldsymbol{E}-\boldsymbol{C}|=\lambda^n+\alpha_{n-1}\lambda^{n-1}+\cdots+\alpha_0$$

的 $n-1$ 次项的系数的相反数 $-\alpha_{n-1}$，故有

$$c_0=-\frac{\alpha_{n-1}}{n}. \tag{③}$$

我们知道，n 次多项式 $p(\lambda)=\lambda^n+\alpha_{n-1}\lambda^{n-1}+\cdots+\alpha_0$ 可以通过变量代换

$$\mu=\lambda-\frac{\alpha_{n-1}}{n}$$

消去 $n-1$ 次项，因而求 n 次多项式的根可以转化为求 $n-1$ 次项为零的 n 次多项式的根，而求特征多项式为 $p(\lambda)=\lambda^n+\alpha_{n-1}\lambda^{n-1}+\cdots+\alpha_0$（其中 $\alpha_{n-1}=0$）的轮换矩阵 $\boldsymbol{C}$，只需确定它的 $n-1$ 个参数 $c_1, c_2, \cdots, c_{n-1}$（由 ③ 知，其中 $c_0=0$）. 我们把这种迹为零（即 $c_0=0$）的轮换矩阵称为**无迹轮换矩阵**.

下面利用无迹轮换矩阵来探讨次数不大于 4 的多项式的求根问题.

问题 3 试用轮换矩阵给出下列多项式的求根方法：

1） $p(\lambda)=\lambda^2+\alpha\lambda+\beta$；

2） $p(\lambda)=\lambda^3+\beta\lambda+\gamma$；

3） $p(\lambda)=\lambda^4+\beta\lambda^2+\gamma\lambda+\delta$.

复 习 题

A 组

1. 填空题

1） 若 $(f(x), g(x))=1$，$h(x)=a_nx^n+a_{n-1}x^{n-1}+\cdots+a_0$ 为 n 次多项式，那么 $(f(x)h(x), g(x)h(x))=$ ________.

2） 当 $k=$ ________ 时，多项式 $f(x)=x^3-3x+k$ 有重根.

3） 设 $f(x)=x^4+ax^3+2x^2+bx-2$，当 $a=$ ________ 和 $b=$ ________ 时，$f(x)$ 能被 x^2-x-2 整除.

4） 复数域上的不可约多项式只能是 ________ 多项式，实数域上的不可约多项式只能是 ________ 多项式，有理数域上的不可约多项式可以是 ________ 多项式.

2. 选择题

1） 如果多项式 $f(x), g(x), u(x), v(x)\in\mathbf{F}[x]$ 满足 $u(x)f(x)+$

$v(x)g(x)=1$，则(　　).

(A) $u(x),f(x)$ 互素　　(B) $v(x),g(x)$ 互素

(C) $u(x),v(x)$ 互素　　(D) $f(x),g(x)$ 不互素

2) 多项式 $f(x)$ 能被 $x+1$ 整除的充分必要条件是(　　).

(A) $f(x)$ 的系数正负相间

(B) $f(x)$ 的常数项为零

(C) $f(x)$ 奇次项系数之和等于偶次项系数之和

(D) $f(x)$ 的各项系数之和等于零

3) 多项式 $p(x)$ 是 $f'(x)$ 的 $k-1$ 重因式，由 $p(x)$ 为 $f(x)$ 的 k 重因式的条件是(　　).

(A) $p(x)$ 不可约　　(B) $p(x)\mid f(x)$

(C) $p(x)$ 为任意多项式　　(D) $p(x)$ 不可约且 $p(x)\mid f(x)$

4) 设 $f(x)=a_nx^n+\cdots+a_1x+a_0$ 是一个整系数多项式，而 $\frac{r}{s}$ 是它的一个有理根，其中 $(s,r)=1$，则(　　).

(A) $s\mid a_0$，$r\mid a_n$　　(B) $s\nmid a_0$，$r\mid a_n$

(C) $s\mid a_0$，$r\nmid a_n$　　(D) $s\mid a_n$，$r\mid a_0$

3. 求 a,b，使 $(x-1)^2\mid(ax^4+bx^3+1)$.

4. 设 $f(x)=x^5+3x^4+x^3+x^2+3x+1$，$g(x)=x^4+2x^3+x+2$，求 $(f(x),g(x))$，并求 $u(x),v(x)$ 使

$$(f(x),g(x))=u(x)f(x)+v(x)g(x).$$

5. 设 $f_1(x)=af(x)+bg(x)$，$g_1(x)=cf(x)+dg(x)$，且 $ad-bc\neq 0$. 证明：$(f(x),g(x))=(f_1(x),g_1(x))$.

6. 设多项式 $f_1(x),f_2(x),\cdots,f_s(x)$；$g_1(x),g_2(x),\cdots,g_t(x)$ 满足

$$(f_i(x),g_j(x))=1\quad(i=1,2,\cdots,s;\ j=1,2,\cdots,t).$$

证明：$(f_1(x)f_2(x)\cdots f_s(x),g_1(x)g_2(x)\cdots g_t(x))=1$.

7. 证明：次数大于零的多项式 $f(x)$ 是一个不可约多项式的方幂的充分必要条件是：对任意多项式 $g(x)$ 必有 $(f(x),g(x))=1$ 或者对于某一正整数 m，$f(x)\mid g^m(x)$.

8. 设 $f(x),g(x)$ 是不全为零的多项式. 证明：

$$(f(x),g(x))=(f(x)+g(x),g(x)).$$

9. 证明：如果 $(x-1)\mid f(x^n)$，那么 $(x^n-1)\mid f(x^n)$.

10. 判断多项式 $f(x)=x^4-x^3+x^2-3x+2$ 有无重因式. 如果有，试求出其重数.

11. 若存在一个非零复数 c，使 $f(x)=f(x-c)$. 证明：复系数多项式

$f(x)$ 为一常数.

12. 证明：实系数多项式 $x^3-3x^2+3x+a^2$ 没有重因式.

13. 求一个次数 $\leqslant 3$ 的多项式 $f(x)$，它适合条件：

$$f(0)=1,\quad f(1)=3,\quad f(2)=11,\quad f(3)=61.$$

14. 若 $p(x)$ 为实数域上的不可约多项式，$f(x)$ 为实数域上任意多项式，并设 $f(x)$ 与 $p(x)$ 在复数域上有公共根 α，证明：$p(x)\mid f(x)$.

15. 判断多项式 $f(x)=x^4+4kx+1$（k 是整数）在有理数域上是否可约？

16. 解方程：$4x^4-7x^2-5x-1=0$.

17. 试作次数最低的数域 $\mathbf{F}$ 上的多项式 $f(x)$ 使它具有以下的根：$-3,0,-\mathrm{i},1+2\mathrm{i}$，并以 $-\mathrm{i}$ 为二重根，其中系数域 $\mathbf{F}$ 为

1） 复数域； 2） 实数域.

18. 设 $\alpha_1,\alpha_2,\alpha_3$ 是实系数多项式 $x^3+a_1x^2+a_2x+a_3$ 的根，计算 $\sum_{i=1}^{3}\alpha_i^2$.

19. 证明：三次方程 $x^3+a_1x^2+a_2x+a_3=0$ 的 3 个根成等差数列的充分必要条件是 $2a_1^3-9a_1a_2+27a_3=0$.

B 组

1. 设 $f(x),g(x)$ 和 $h(x)$ 都是实系数多项式，证明：如果

$$f^2(x)=xg^2(x)+xh^2(x),$$

那么 $f(x)=g(x)=h(x)=0$.

2. 设 k 是正整数，证明：$f(x)\mid g(x)$ 当且仅当 $f^k(x)\mid g^k(x)$.

3. 证明：次数大于零的多项式 $f(x)$ 是某一个不可约多项式的方幂的充分必要条件是：对任意多项式 $g(x),h(x)$，由 $f(x)\mid(g(x)h(x))$ 可以推出：$f(x)\mid g(x)$，或者 $f(x)\mid h^m(x)$（m 为某一正整数）.

4. 设 $f(x)$ 是一个 n 次多项式，$n>0$，$f'(x)\mid f(x)$. 证明 $f(x)$ 有 n 重根.

（提示：利用下列性质：$\dfrac{f(x)}{(f(x),f'(x))}$ 是与 $f(x)$ 有完全相同的不可约因式且没有重因式的多项式.）

5. 设 $f(x)$ 是一个整系数多项式，证明：如果 $f(0)$ 和 $f(1)$ 都是奇数，则 $f(x)$ 无整数根.

6. 设 $a_1,a_2,\cdots,a_n$ 为互不相同的整数，证明：多项式

$$f(x)=(x-a_1)(x-a_2)\cdots(x-a_n)-1$$

在 $\mathbf{Q}$ 上不可约.

探究题

化圆为方问题：不妨取已知的圆的半径为单位长度，则该问题就是求作一个正方形，使其面积等于半径为1的单位圆的面积. 设求作的正方形的边长为 x，则正方形面积为 $x^2=\pi$. 于是，问题又归结为已知1，求作方程 $x^2=\pi$ 的正根 $x_0=\sqrt{\pi}$. 这个问题的解需要用到"π 是超越数"这个事实.

超越数的概念是18世纪才出现的，法国数学家勒让德(A.M.Legendre，1752—1833)曾猜测 π 可能不是任何有理系数方程的根，这促使数学家们将无理数区分为代数数和超越数. 如果一个数是某一个有理系数多项式方程的根，则称该数为代数数(例如：全体有理数、$\sqrt{2}$、$\mathrm{i}=\sqrt{-1}$ 等)，否则称为超越数.

实际上，e 与 π 都是超越数. 但是要证明它们的超越性非常困难，直到1873年和1882年，法国数学家埃尔米特(C.Hermire，1822—1901)和德国数学家林德曼才分别证明了 e 和 π 是超越数.

我们知道，从1出发用尺规作图可作出二次方程的根，但不能作出在 $\mathbf{Q}$ 上不可约的三次多项式方程的根 $\cos 20°$ 和 $\sqrt[3]{2}$（见本章"阅读与思考"及其练习第2题）. π 是超越数，它能不能用尺规作图作出来呢？ 只要证明 $\mathbf{Q}$ 的任意一个有限次二次扩域中的数一定都是代数数，而 π 是超越数，这就说明 π 不能从1出发用尺规作图作出，即化圆为方问题也是不能用尺规作图解决的. 于是，还留下的问题是：

证明：如果 $\mathbf{F}_0\subset\mathbf{F}_1\subset\mathbf{F}_2\subset\cdots\subset\mathbf{F}_k$ 是有理数域 $\mathbf{Q}=\mathbf{F}_0$ 的二次扩域"列"，其中 k 为正整数，那么 $\mathbf{F}_k$ 中的数必定都是代数数.

（提示：先讨论一个特例. 设 a,b,c 是正有理数，$\alpha=\sqrt{a+\sqrt{c}}+\sqrt{b+\sqrt{c}}$，则 α 是由有理数经过三次开平方而得. 证明：α 是代数数. 再按这个例子的思路对一般情形作出证明.）

第 9 章* λ-矩阵

本章引入 λ-矩阵的概念和性质，用以导出两个数字矩阵相似的充分必要条件，由此获得数字矩阵相似的不变量：不变因子，初等因子. 最后，在复数域上用这些不变量构造出与原矩阵相似的具有最简形式的矩阵——若尔当标准形，从而证明关于复矩阵的若尔当标准形的主要定理(4.5 节定理 4.12).

9.1 λ-矩阵及其标准形

在第 4 章和第 7 章中，我们已经讨论过相似矩阵的一些性质. 例如：相似矩阵有相同的特征多项式. 但是，特征多项式相同只是矩阵相似的必要条件，还不是充分条件，所以我们还需要进一步研究矩阵相似的特征性质(即充分必要条件).

对于一个 n 阶矩阵 $\boldsymbol{A}$，我们在计算特征多项式 $|\lambda\boldsymbol{E}-\boldsymbol{A}|$ 时，出现过矩阵 $\lambda\boldsymbol{E}-\boldsymbol{A}$，我们把它称为 $\boldsymbol{A}$ 的**特征矩阵**. 本章的中心主题(矩阵相似的充分必要条件，复矩阵的若尔当标准形)都是环绕着特征矩阵展开的，在讨论之前我们介绍 λ-矩阵的概念及其性质以作准备.

$\boldsymbol{A}$ 的特征矩阵

$$\lambda\boldsymbol{E}-\boldsymbol{A}=\begin{pmatrix}\lambda-a_{11} & -a_{12} & \cdots & -a_{1n}\\ -a_{21} & \lambda-a_{22} & \cdots & -a_{2n}\\ \vdots & \vdots & \ddots & \vdots\\ -a_{n1} & -a_{n2} & \cdots & \lambda-a_{nn}\end{pmatrix}$$

是一个以 λ 的多项式为元素的矩阵. 一般地，设 $\mathbf{F}$ 是一个数域，λ 是一个变量，以 $\mathbf{F}[\lambda]$ 中多项式为元素的矩阵称为λ-**矩阵**. 以下用 $\boldsymbol{A}(\lambda),\boldsymbol{B}(\lambda),\cdots$ 来表示 λ-矩阵. 为了与 λ-矩阵相区别，有时我们把以数域 $\mathbf{F}$ 中的数为元素的矩阵称为**数字矩阵**.

对于 λ-矩阵，我们可以将它改写成 λ 的多项式，其“系数”为数字矩阵. 例如：

$$
\begin{aligned}
\boldsymbol{M}(\lambda) &= \begin{pmatrix} \lambda^3+\lambda+1 & \lambda^2+3 \\ \lambda-1 & \lambda^3+\lambda^2+2 \end{pmatrix} \\
&= \begin{pmatrix} \lambda^3+0\cdot\lambda^2+\lambda+1 & 0\cdot\lambda^3+\lambda^2+0\cdot\lambda+3 \\ 0\cdot\lambda^3+0\cdot\lambda^2+\lambda-1 & \lambda^3+\lambda^2+0\cdot\lambda+2 \end{pmatrix} \\
&= \begin{pmatrix} \lambda^3 & 0 \\ 0 & \lambda^3 \end{pmatrix} + \begin{pmatrix} 0 & \lambda^2 \\ 0 & \lambda^2 \end{pmatrix} + \begin{pmatrix} \lambda & 0 \\ \lambda & 0 \end{pmatrix} + \begin{pmatrix} 1 & 3 \\ -1 & 2 \end{pmatrix} \\
&= \lambda^3\begin{pmatrix} 1 & 0 \\ 0 & 1 \end{pmatrix} + \lambda^2\begin{pmatrix} 0 & 1 \\ 0 & 1 \end{pmatrix} + \lambda\begin{pmatrix} 1 & 0 \\ 1 & 0 \end{pmatrix} + \begin{pmatrix} 1 & 3 \\ -1 & 2 \end{pmatrix} \\
&= \lambda^3\boldsymbol{M}_0 + \lambda^2\boldsymbol{M}_1 + \lambda\boldsymbol{M}_2 + \boldsymbol{M}_3,
\end{aligned}
$$

其中

$$
\boldsymbol{M}_0 = \begin{pmatrix} 1 & 0 \\ 0 & 1 \end{pmatrix},\ \boldsymbol{M}_1 = \begin{pmatrix} 0 & 1 \\ 0 & 1 \end{pmatrix},\ \boldsymbol{M}_2 = \begin{pmatrix} 1 & 0 \\ 1 & 0 \end{pmatrix},\ \boldsymbol{M}_3 = \begin{pmatrix} 1 & 3 \\ -1 & 2 \end{pmatrix}.
$$

数字矩阵是λ- 矩阵的特殊情况，λ- 矩阵是数字矩阵概念的推广. 由于$\mathbf{F}[x]$中的多项式的加、减、乘法具有与数的加、减、乘法相同的运算性质，因此我们可以同样定义λ- 矩阵的加法、λ 的多项式与λ- 矩阵的标量乘法和乘法运算，而且具有与数字矩阵相同的运算性质.

由于行列式的定义只用到其中元素的加法和乘法，所以对一个 $n\times n$ 的λ- 矩阵同样可以定义行列式、子式. 一般地，λ- 矩阵的行列式是λ 的一个多项式，它也具有与数字矩阵的行列式相同的运算性质. 例如：两个 $n\times n$ 的λ- 矩阵乘积的行列式等于行列式的乘积.

我们知道，数字矩阵的秩、可逆矩阵和初等变换在研究矩阵时，起着很重要的作用，下面我们将这些概念推广到λ- 矩阵.

定义 9.1　$m\times n$ 的λ- 矩阵$\boldsymbol{A}(\lambda)$中不等于零多项式的子式的最大阶数r称为$\boldsymbol{A}(\lambda)$的**秩**. 零矩阵的秩为 0.

定义 9.2　设$\boldsymbol{A}(\lambda)$为$n\times n$ 的λ- 矩阵，如果存在$n\times n$ 的λ- 矩阵$\boldsymbol{B}(\lambda)$使

$$\boldsymbol{A}(\lambda)\boldsymbol{B}(\lambda)=\boldsymbol{B}(\lambda)\boldsymbol{A}(\lambda)=\boldsymbol{E}, \tag{1.1}$$

其中$\boldsymbol{E}$是n 阶单位矩阵，则称$\boldsymbol{A}(\lambda)$为**可逆的**. 满足(1.1)的λ- 矩阵$\boldsymbol{B}(\lambda)$（容易证明，它是唯一的）称为$\boldsymbol{A}(\lambda)$的**逆矩阵**，记为$\boldsymbol{A}^{-1}(\lambda)$.

由于多项式不能做除法，所以行列式不等于零的λ- 矩阵不一定可逆. 关于λ- 矩阵可逆有如下的条件：

定理 9.1　*$n\times n$ 的λ- 矩阵$\boldsymbol{A}(\lambda)$可逆的充分必要条件是它的行列式$|\boldsymbol{A}(\lambda)|$是一个非零常数.*

证　充分性　若$|\boldsymbol{A}(\lambda)|=c\in\boldsymbol{F}$，$c\neq 0$. 令$\boldsymbol{A}^*(\lambda)$为$\boldsymbol{A}(\lambda)$的伴随矩阵，

则$\frac{1}{c}\boldsymbol{A}^*(\lambda)$也是一个λ-矩阵，且有

$$\boldsymbol{A}(\lambda)\left(\frac{1}{c}\boldsymbol{A}^*(\lambda)\right)=\left(\frac{1}{c}\boldsymbol{A}^*(\lambda)\right)\boldsymbol{A}(\lambda)=\boldsymbol{E},$$

所以$\boldsymbol{A}(\lambda)$可逆.

必要性 如果$\boldsymbol{A}(\lambda)$可逆，有逆矩阵$\boldsymbol{B}(\lambda)$，则对等式$\boldsymbol{A}(\lambda)\boldsymbol{B}(\lambda)=\boldsymbol{E}$取行列式，得

$$|\boldsymbol{A}(\lambda)|\,|\boldsymbol{B}(\lambda)|=|\boldsymbol{E}|=1.$$

因为$|\boldsymbol{A}(\lambda)|$和$|\boldsymbol{B}(\lambda)|$都是$\lambda$的多项式，且它们的乘积是零次多项式1，所以由8.2.2节整除性质2°知，它们都是零次多项式，即都是非零常数. ∎

定义 9.3 下面3种类型的变换称为λ-**矩阵的初等变换**：

1) 交换λ-矩阵的两行(列)；

2) 以一个非零的数k乘λ-矩阵的某一行(列)；

3) 把λ-矩阵某一行(列)的$f(\lambda)$倍加到另一行(列)上去，其中$f(\lambda)\in \mathbf{F}[\lambda]$.

在数字矩阵中，对数字矩阵$\boldsymbol{A}$施行行(列)初等变换，可用相应的初等矩阵左乘(右乘)$\boldsymbol{A}$来实现. 对于λ-矩阵也有类似的结论，只是第3类初等变换略有不同.

定义 9.4 对单位矩阵施行一次初等变换后得到的λ-矩阵称为**初等λ-矩阵**.

采用3.3节的记号，初等λ-矩阵有以下3种形式：

$\boldsymbol{P}(i,j)$表示i,j行(列)交换位置；

$\boldsymbol{P}(i(k))$表示用非零的数k乘第i行(列)；

$\boldsymbol{P}(i,j(f(\lambda)))$表示把第$j$行(列)的$f(\lambda)$倍加到第$i$行(列).

容易看到，初等λ-矩阵的行列式都是非零常数，因而是可逆的，而且初等λ-矩阵的逆矩阵也是同类的初等λ-矩阵.

由于对$\boldsymbol{A}(\lambda)$施行行(列)初等变换相当于在$\boldsymbol{A}(\lambda)$的左(右)边乘上一个初等λ-矩阵，反复施行行(列)初等变换相当于在$\boldsymbol{A}(\lambda)$两边乘以一系列初等λ-矩阵，而初等λ-矩阵是可逆的，它们的乘积仍是可逆的. 我们可把数字矩阵的等价关系推广为λ-矩阵的等价关系.

定义 9.5 若$m\times n$的λ-矩阵$\boldsymbol{A}(\lambda)$可以通过一系列初等变换变到$m\times n$的λ-矩阵$\boldsymbol{B}(\lambda)$，则称$\boldsymbol{A}(\lambda)$与$\boldsymbol{B}(\lambda)$**等价**.

等价是同阶的λ-矩阵之间的一种关系，显然这关系具有下列3个性质：

1° 反身性 $\boldsymbol{A}(\lambda)$与$\boldsymbol{A}(\lambda)$等价.

2° 对称性 若$\boldsymbol{A}(\lambda)$与$\boldsymbol{B}(\lambda)$等价，则$\boldsymbol{B}(\lambda)$与$\boldsymbol{A}(\lambda)$也等价.

3° 传递性 若 $\boldsymbol{A}(\lambda)$ 与 $\boldsymbol{B}(\lambda)$ 等价且 $\boldsymbol{B}(\lambda)$ 与 $\boldsymbol{C}(\lambda)$ 等价，则 $\boldsymbol{A}(\lambda)$ 与 $\boldsymbol{C}(\lambda)$ 也等价.

对于 $m\times n$ 的数字矩阵的全体，我们曾按矩阵的等价性来分类，在每一类中都有一个典型代表矩阵(见 3.3 节定理 3.5)，即标准形 $\boldsymbol{I}_r$. 对于 $m\times n$ 的 λ- 矩阵的全体，我们也可以按定义 9.5 的等价性来分类，下面我们要在每一个类中寻找称为标准形的 λ- 矩阵，类似于定理 3.5，我们要证明任意一个 λ- 矩阵可以经过初等变换化为某种对角形矩阵，为此，我们先建立一个引理.

引理 设 λ- 矩阵 $\boldsymbol{A}(\lambda)$ 的左上角元素 $a_{11}(\lambda)\neq 0$，并且 $\boldsymbol{A}(\lambda)$ 中至少有一个元素不能被它整除，那么一定可以找到一个与 $\boldsymbol{A}(\lambda)$ 等价的矩阵 $\boldsymbol{B}(\lambda)$，它的左上角元素也不为零，但是次数比 $a_{11}(\lambda)$ 的次数低.

证 设

$$\boldsymbol{A}(\lambda)=\begin{pmatrix} a_{11}(\lambda) & a_{12}(\lambda) & \cdots & a_{1n}(\lambda) \\ a_{21}(\lambda) & a_{22}(\lambda) & \cdots & a_{2n}(\lambda) \\ \vdots & \vdots & & \vdots \\ a_{m1}(\lambda) & a_{m2}(\lambda) & \cdots & a_{mn}(\lambda) \end{pmatrix}.$$

根据 $\boldsymbol{A}(\lambda)$ 中不能被 $a_{11}(\lambda)$ 除尽的元素所在的位置，分 3 种情形讨论：

1) 若在 $\boldsymbol{A}(\lambda)$ 的第 1 列中有一个元素 $a_{i1}(\lambda)$ 不能被 $a_{11}(\lambda)$ 整除，作带余除法(见 8.2.1 节) 得

$$a_{i1}(\lambda)=a_{11}(\lambda)q(\lambda)+r(\lambda),$$

其中余式 $r(\lambda)\neq 0$ 且次数比 $a_{11}(\lambda)$ 的次数低.

对 $\boldsymbol{A}(\lambda)$ 作下列行初等变换：

$$\boldsymbol{A}(\lambda)=\begin{pmatrix} a_{11}(\lambda) & \cdots \\ \vdots & \\ a_{i1}(\lambda) & \cdots \\ \vdots & \end{pmatrix}\xrightarrow{\text{第 } i \text{ 行减去第 1 行的 } q(\lambda) \text{ 倍}}\begin{pmatrix} a_{11}(\lambda) & \cdots \\ \vdots & \\ r(\lambda) & \cdots \\ \vdots & \end{pmatrix}$$

$$\xrightarrow{\text{交换第 1 行与第 } i \text{ 行}}\begin{pmatrix} r(\lambda) & \cdots \\ \vdots & \\ a_{11}(\lambda) & \cdots \\ \vdots & \end{pmatrix}=\boldsymbol{B}(\lambda).$$

$\boldsymbol{B}(\lambda)$ 的左上角元素 $r(\lambda)$ 符合引理的要求，故 $\boldsymbol{B}(\lambda)$ 即为所求的矩阵.

2) 若在 $\boldsymbol{A}(\lambda)$ 的第 1 行中有一个元素 $a_{1j}(\lambda)$ 不能被 $a_{11}(\lambda)$ 整除，证明与 1) 类似，只要作相应的列初等变换.

3) $\boldsymbol{A}(\lambda)$ 的第 1 行与第 1 列中的元素都可以被 $a_{11}(\lambda)$ 整除，但 $A(\lambda)$ 中

有另一个元素 $a_{ij}(\lambda)$ $(i>1,\ j>1)$ 不能被 $a_{11}(\lambda)$ 整除. 设 $a_{i1}(\lambda)=a_{11}(\lambda)q(\lambda)$，对 $\boldsymbol{A}(\lambda)$ 作下列行初等变换：

$$\boldsymbol{A}(\lambda)=\begin{pmatrix} a_{11}(\lambda) & \cdots & a_{1j}(\lambda) & \cdots \\ \vdots & & \vdots & \\ a_{i1}(\lambda) & \cdots & a_{ij}(\lambda) & \cdots \\ \vdots & & \vdots & \end{pmatrix} \xrightarrow{\text{第 } i \text{ 行减去第 1 行的 } q(\lambda) \text{ 倍}}$$

$$\begin{pmatrix} a_{11}(\lambda) & \cdots & a_{1j}(\lambda) & \cdots \\ \vdots & & \vdots & \\ 0 & \cdots & a_{ij}(\lambda)-a_{1j}(\lambda)q(\lambda) & \cdots \\ \vdots & & \vdots & \end{pmatrix} \xrightarrow{\text{第 } i \text{ 行加到第 1 行}}$$

$$\begin{pmatrix} a_{11}(\lambda) & \cdots & a_{ij}(\lambda)+(1-q(\lambda))a_{1j}(\lambda) & \cdots \\ \vdots & & \vdots & \\ 0 & \cdots & a_{ij}(\lambda)-a_{1j}(\lambda)q(\lambda) & \cdots \\ \vdots & & \vdots & \end{pmatrix}$$

$$=\boldsymbol{A}_1(\lambda).$$

矩阵 $\boldsymbol{A}_1(\lambda)$ 的第1行中有一个元素 $a_{ij}(\lambda)+(1-q(\lambda))a_{1j}(\lambda)$ 不能被左上角元素 $a_{11}(\lambda)$ 整除，这就化为已经证明了的情况 2). ■

定理9.2 任意一个 $m\times n$ 的 λ-矩阵 $\boldsymbol{A}(\lambda)$ 都可等价于一个对角形 λ-矩阵

$$\begin{pmatrix} d_1(\lambda) & & & & & & \\ & d_2(\lambda) & & & & & \\ & & \ddots & & & & \\ & & & d_r(\lambda) & & & \\ & & & & 0 & & \\ & & & & & \ddots & \\ & & & & & & 0 \end{pmatrix},$$

其中 $d_i(\lambda)$ 是首项系数为 1 的多项式，$i=1,2,\cdots,r$，且

$$d_i(\lambda)\mid d_{i+1}(\lambda),\quad i=1,2,\cdots,r-1.$$

这种形式的矩阵称为 $\boldsymbol{A}(\lambda)$ 的**标准形**.

证 若 $\boldsymbol{A}(\lambda)=\boldsymbol{O}$，则 $r=0$，$\boldsymbol{A}(\lambda)$ 显然为满足要求的对角形 λ-矩阵.

不妨设 $\boldsymbol{A}(\lambda)\neq\boldsymbol{O}$，如果 $a_{11}(\lambda)=0$，则必有某个 $a_{ij}(\lambda)\neq 0$，那么可以经过交换 $\boldsymbol{A}(\lambda)$ 的行或列，把 $a_{ij}(\lambda)$ 调换到第 1 行第 1 列的位置，因此可设 $a_{11}(\lambda)\neq 0$. 由引理，可以找到与 $\boldsymbol{A}(\lambda)$ 等价的 $\boldsymbol{B}_1(\lambda)$，它的左上角元素 $b_1(\lambda)\neq 0$，并且次数比 $a_{11}(\lambda)$ 的低；如果 $b_1(\lambda)$ 还不能整除 $\boldsymbol{B}_1(\lambda)$ 的全部

元素，由引理，又可以找到与 $\boldsymbol{B}_1(\lambda)$ 等价的 $\boldsymbol{B}_2(\lambda)$，它的左上角元素 $b_2(\lambda)\neq 0$，并且次数比 $b_1(\lambda)$ 的低. 如此继续下去，将得到一系列彼此等价的λ- 矩阵 $\boldsymbol{A}(\lambda),\boldsymbol{B}_1(\lambda),\boldsymbol{B}_2(\lambda),\cdots$. 它们的左上角元素皆不为零，而且次数越来越低，但次数是非负整数，不可能无止境地降低. 因此在有限步以后，将终止于一个λ- 矩阵 $\boldsymbol{B}_s(\lambda)$，它的左上角元素 $\boldsymbol{b}_s(\lambda)\neq 0$，而且可以整除 $\boldsymbol{B}_s(\lambda)$ 的全部元素，即

$$b_{ij}(\lambda)=b_s(\lambda)q_{ij}(\lambda),$$

对 $\boldsymbol{B}_s(\lambda)$ 作初等变换

$$\boldsymbol{B}_s(\lambda)=\begin{pmatrix} b_s(\lambda) & \cdots & b_{1j}(\lambda) & \cdots \\ \vdots & & \vdots & \\ b_{i1}(\lambda) & \cdots & b_{ij}(\lambda) & \cdots \\ \vdots & & \vdots & \end{pmatrix}$$

$$\xrightarrow[\text{第 } j \text{ 列减去第 1 列的 } q_{1j}(\lambda) \text{ 倍}, j=2,3,\cdots,n]{\text{第 } i \text{ 行减去第 1 行的 } q_{i1}(\lambda) \text{ 倍}, i=2,3,\cdots,m} \begin{pmatrix} b_s(\lambda) & 0 & \cdots & 0 \\ 0 & & & \\ \vdots & & \boldsymbol{A}_1(\lambda) & \\ 0 & & & \end{pmatrix}.$$

在右下角的λ- 矩阵 $\boldsymbol{A}_1(\lambda)$ 中，全部元素都可以被 $b_s(\lambda)$ 整除，因为它们都是 $\boldsymbol{B}_s(\lambda)$ 中元素的组合(多项式的组合的概念参见 8.3 节定理 8.3).

如果 $\boldsymbol{A}_1(\lambda)\neq\boldsymbol{O}$，则对于 $A_1(\lambda)$ 可以重复上述过程，进而把矩阵化成

$$\begin{pmatrix} d_1(\lambda) & 0 & \cdots & 0 \\ 0 & d_2(\lambda) & \cdots & 0 \\ 0 & 0 & & \\ \vdots & \vdots & \boldsymbol{A}_2(\lambda) & \\ 0 & 0 & & \end{pmatrix},$$

其中 $d_1(\lambda)$ 与 $d_2(\lambda)$ 都是首项系数为 1 的多项式($d_1(\lambda)$ 与 $b_s(\lambda)$ 至多相差一个常数倍数)，而且 $d_1(\lambda)\mid d_2(\lambda)$，$d_2(\lambda)$ 能整除 $\boldsymbol{A}_2(\lambda)$ 的全部元素.

如此下去，$\boldsymbol{A}(\lambda)$ 最后能化成所要求的形式. ∎

定理的证明给出了把一个λ- 矩阵化为标准形的具体方法.

例 9.1 设矩阵

$$\boldsymbol{A}=\begin{pmatrix} -1 & -2 & 6 \\ -1 & 0 & 3 \\ -1 & -1 & 4 \end{pmatrix},$$

求 $\boldsymbol{A}$ 的特征矩阵 $\lambda\boldsymbol{E}-\boldsymbol{A}$ 的标准形.

解 用初等变换化λ- 矩阵 $\lambda\boldsymbol{E}-\boldsymbol{A}$ 为标准形：

$$
\lambda\boldsymbol{E}-\boldsymbol{A}=\begin{pmatrix}\lambda+1 & 2 & -6\\ 1 & \lambda & -3\\ 1 & 1 & \lambda-4\end{pmatrix}
$$

$$
\xrightarrow{\text{交换第 1 行与第 3 行}}\begin{pmatrix}1 & 1 & \lambda-4\\ 1 & \lambda & -3\\ \lambda+1 & 2 & -6\end{pmatrix}
$$

$$
\xrightarrow[\text{第 3 行减去第 1 行的 }\lambda+1\text{ 倍}]{\text{第 2 行减去第 1 行}}\begin{pmatrix}1 & 1 & \lambda-4\\ 0 & \lambda-1 & -\lambda+1\\ 0 & -\lambda+1 & -\lambda^2+3\lambda-2\end{pmatrix}
$$

$$
\xrightarrow[\text{第 3 列减去第 1 列的 }\lambda-4\text{ 倍}]{\text{第 2 列减去第 1 列}}\begin{pmatrix}1 & 0 & 0\\ 0 & \lambda-1 & -\lambda+1\\ 0 & -\lambda+1 & -\lambda^2+3\lambda-2\end{pmatrix}
$$

$$
\xrightarrow{\text{第 3 行加上第 2 行}}\begin{pmatrix}1 & 0 & 0\\ 0 & \lambda-1 & -\lambda+1\\ 0 & 0 & -\lambda^2+2\lambda-1\end{pmatrix}
$$

$$
\xrightarrow[\text{第 3 行乘以}(-1)]{\text{第 3 列加上第 2 列}}\begin{pmatrix}1 & & \\ & \lambda-1 & \\ & & (\lambda-1)^2\end{pmatrix}.
$$

习题 9.1

1. 下列 λ- 矩阵中，哪些是可逆的？ 若可逆试求其逆.

1) $\begin{pmatrix}\lambda+1 & \lambda-1\\ \lambda+3 & \lambda+1\end{pmatrix}$；　　2) $\begin{pmatrix}\lambda^2-2 & \lambda^2-\lambda\\ \lambda+2 & \lambda+1\end{pmatrix}$；

3) $\begin{pmatrix}1-\lambda & -\lambda & -\lambda^2\\ -\lambda+2 & -\lambda+1 & -\lambda^2\\ -1+\lambda & \lambda & \lambda^2+1\end{pmatrix}$；　　4) $\begin{pmatrix}\lambda-1 & \lambda^2 & \lambda\\ \lambda & -\lambda & \lambda\\ \lambda^2+1 & \lambda^2 & \lambda^2-1\end{pmatrix}$.

2. 求下列 λ- 矩阵的标准形：

1) $\begin{pmatrix}\lambda+1 & \lambda\\ \lambda-1 & \lambda-1\end{pmatrix}$；　　2) $\begin{pmatrix}\lambda-1 & \lambda-1\\ \lambda-1 & \lambda^2-2\lambda+1\end{pmatrix}$；

3) $\begin{pmatrix}-2\lambda^3+2\lambda^2 & -2\lambda^4 & -2\lambda-2\\ \lambda^2-\lambda & \lambda^3 & 1\\ \lambda^2-\lambda & \lambda^3-\lambda & -\lambda+1\end{pmatrix}$；　　4) $\begin{pmatrix}1-\lambda & 2\lambda-1 & \lambda\\ \lambda & \lambda^2 & -\lambda\\ 1+\lambda^2 & \lambda^3+\lambda-1 & -\lambda^2\end{pmatrix}$；

5) $\begin{pmatrix}\lambda+2 & 0 & 0\\ -1 & \lambda+2 & 0\\ 0 & -1 & \lambda+2\end{pmatrix}$；　　6) $\begin{pmatrix}0 & 0 & \lambda(\lambda-1)\\ 0 & \lambda^2-1 & 0\\ \lambda(\lambda-1)^2 & 0 & 0\end{pmatrix}$.

9.2 不变因子

定理9.2证明了λ-矩阵都能等价于标准形，但是一个λ-矩阵的标准形是否唯一？答案是肯定的. 为证唯一性，我们引入λ-矩阵的行列式因子的概念.

定义 9.6 设λ-矩阵$\boldsymbol{A}(\lambda)$的秩为r，对于正整数k，$1 \leqslant k \leqslant r$，$\boldsymbol{A}(\lambda)$中必有非零的$k$阶子式，$\boldsymbol{A}(\lambda)$的所有$k$阶子式的最大公因式（首项系数为1）$D_k(\lambda)$称为$\boldsymbol{A}(\lambda)$的$k$**阶行列式因子**.

由定义可知，对于秩为r的λ-矩阵，行列式因子一共有r个，且根据行列式的按行或列的展开定理，k阶行列式可以分解为它的$k-1$阶子式的组合，因此有$D_{k-1}(\lambda) \mid D_k(\lambda)$，即低阶行列式因子能整除高阶行列式因子.

对于数字矩阵而言，行列式因子都等于1，因此行列式因子这个概念对于数字矩阵无太大的意义，而对于λ-矩阵来说，行列式因子的意义就在于，它在初等变换下是不变的. 据此将可证明，λ-矩阵的标准形是唯一的.

定理 9.3 *初等变换不会改变λ-矩阵的行列式因子.*

证 只需证明经过一次初等变换不会改变λ-矩阵的行列式因子. 我们只证明第3类行初等变换的情形，其余两种以及列初等变换留给读者作为练习.

设把$\boldsymbol{A}(\lambda)$的第j行的$f(\lambda)$倍加到第i行上得到$\boldsymbol{B}(\lambda)$. 分别记$\boldsymbol{A}(\lambda)$与$\boldsymbol{B}(\lambda)$的k阶行列式因子为$D_k(\lambda)$与$\Delta_k(\lambda)$. 在$\boldsymbol{B}(\lambda)$中，凡同时包含它的第i行与第j行的那些k阶子式，以及那些不包含第i行的k阶子式都等于$\boldsymbol{A}(\lambda)$中对应的k阶子式；$\boldsymbol{B}(\lambda)$中那些包含第i行但不包含它的第j行的k阶子式可按第i行拆成$\boldsymbol{A}(\lambda)$的一个k阶子式与$\pm f(\lambda)$乘以$\boldsymbol{A}(\lambda)$的另一个k阶子式之和，因此$D_k(\lambda)$是$\boldsymbol{B}(\lambda)$的k阶子式的公因式，从而

$$D_k(\lambda) \mid \Delta_k(\lambda).$$

反之，由于初等变换的可逆性，$\boldsymbol{B}(\lambda)$也可通过第3类初等变换化为$\boldsymbol{A}(\lambda)$，故也有$\Delta_k(\lambda) \mid D_k(\lambda)$，从而$D_k(\lambda)$与$\Delta_k(\lambda)$之间至多相差一个常数因子，又由于它们的首项系数都是1，故$D_k(\lambda)=\Delta(\lambda)$. ∎

为利用行列式因子来证明λ-矩阵的标准形的唯一性，我们先计算标准形矩阵的行列式因子.

例 9.2 设

$$\begin{pmatrix} d_1(\lambda) & & & & & & \\ & d_2(\lambda) & & & & & \\ & & \ddots & & & & \\ & & & d_r(\lambda) & & & \\ & & & & 0 & & \\ & & & & & \ddots & \\ & & & & & & 0 \end{pmatrix} \tag{2.1}$$

是标准形矩阵，其中 $d_1(\lambda), d_2(\lambda), \cdots, d_r(\lambda)$ 是首项系数为 1 的多项式，且 $d_i(\lambda) \mid d_{i+1}(\lambda)$ $(i=1,2,\cdots,r-1)$. 不难计算它的行列式因子

$$D_k(\lambda) = d_1(\lambda)d_2(\lambda)\cdots d_k(\lambda), \quad k=1,2,\cdots,r. \tag{2.2}$$

反之，从例 9.2 可以看出，由标准形的行列式因子也完全确定了这个矩阵的非零的主对角线元素

$$d_1(\lambda) = D_1(\lambda), \quad d_k(\lambda) = \frac{D_k(\lambda)}{D_{k-1}(\lambda)}, \ k=2,3,\cdots,r. \tag{2.3}$$

定理 9.4 λ-矩阵的标准形是唯一的.

证 设 λ-矩阵 $\mathbf{A}(\lambda)$ 有两个标准形：(2.1) 及下式

$$\begin{pmatrix} \overline{d}_1(\lambda) & & & & & \\ & \ddots & & & & \\ & & \overline{d}_r(\lambda) & & & \\ & & & 0 & & \\ & & & & \ddots & \\ & & & & & 0 \end{pmatrix}. \tag{2.4}$$

由定理 9.3 知，标准形(2.1) 和(2.4) 有相同的行列式因子：

$$\begin{aligned} D_k(\lambda) &= d_1(\lambda)d_2(\lambda)\cdots d_k(\lambda) \\ &= \overline{d}_1(\lambda)\overline{d}_2(\lambda)\cdots\overline{d}_k(\lambda), \quad k=1,2,\cdots,r, \end{aligned}$$

其中 r 是 $\mathbf{A}(\lambda)$ 的秩，再由(2.3) 得

$$d_1(\lambda) = \overline{d}_1(\lambda), \ d_2(\lambda) = \overline{d}_2(\lambda), \ \cdots, \ d_r(\lambda) = \overline{d}_r(\lambda),$$

因此标准形是唯一的. ∎

定义 9.7 λ-矩阵 $\mathbf{A}(\lambda)$ 的标准形的主对角线上非零元素 $d_1(\lambda), d_2(\lambda), \cdots, d_r(\lambda)$ 称为 $\mathbf{A}(\lambda)$ 的**不变因子**.

定理 9.5 两个 λ-矩阵等价的充分必要条件是它们有相同的行列式因子，或者它们有相同的不变因子.

证 据定理 9.3，等价的 λ- 矩阵一定有相同的行列式因子，因而也有相同的不变因子. 反之，如果两个 λ- 矩阵有相同的行列式因子，也即有相同的不变因子，从而有相同的标准形，利用等价关系的对称性与传递性可以推出这两个 λ- 矩阵等价. ■

在计算 λ- 矩阵的行列式因子时，往往先计算最高阶的行列式因子，这样，由于 $D_{k-1}(\lambda) \mid D_k(\lambda)$，我们可以对低阶的行列式因子有个大致的范围. 例如：设 $\boldsymbol{A}(\lambda)$ 为一个 $n\times n$ 的可逆矩阵，由定理 9.1 知，$|\boldsymbol{A}(\lambda)|$ 是一个非零常数，故它的 n 阶行列式因子 $D_n(\lambda)=1$，从而所有低阶的行列式因子也都等于 1，因此，可逆 λ- 矩阵的标准形是单位矩阵 $\boldsymbol{E}$. 反之，与单位矩阵 $\boldsymbol{E}$ 等价的 λ- 矩阵一定是可逆的(这是因为它的行列式是一个非零常数). 这样就证明了下述定理：

定理 9.6 n 阶 λ- 矩阵可逆的充分必要条件是它与单位矩阵等价.

推论 1 $\boldsymbol{A}(\lambda)$ 可逆的充分必要条件是 $\boldsymbol{A}(\lambda)$ 可表为若干初等 λ- 矩阵的乘积.

推论 2 两个 $m\times n$ 的 λ- 矩阵 $\boldsymbol{A}(\lambda)$ 与 $\boldsymbol{B}(\lambda)$ 等价的充分必要条件是存在 m 阶可逆 λ- 矩阵 $\boldsymbol{P}(\lambda)$ 与 n 阶可逆 λ- 矩阵 $\boldsymbol{Q}(\lambda)$，使

$$\boldsymbol{B}(\lambda)=\boldsymbol{P}(\lambda)\boldsymbol{A}(\lambda)\boldsymbol{Q}(\lambda).$$

这两个推论的证明留给读者作为练习.

例 9.3 求 λ- 矩阵

$$\boldsymbol{J}(\lambda)=\begin{pmatrix} \lambda-a & -1 & & & \\ & \lambda-a & -1 & & \\ & & \ddots & \ddots & \\ & & & \lambda-a & -1 \\ & & & & \lambda-a \end{pmatrix}_{n\times n}$$

的不变因子与标准形.

解 $\boldsymbol{J}(\lambda)$ 的 n 阶行列式因子 $D_n(\lambda)=(\lambda-a)^n$. $\boldsymbol{J}(\lambda)$ 中去掉第 1 列与第 n 行后所得的 $n-1$ 阶子式为

$$\begin{vmatrix} -1 & & & \\ \lambda-a & -1 & & \\ & \ddots & \ddots & \\ & & \lambda-a & -1 \end{vmatrix}=(-1)^{n-1},$$

而 $D_{n-1}(\lambda) \mid (-1)^{n-1}$，故 $D_{n-1}(\lambda)=1$，从而

$$D_1(\lambda)=D_2(\lambda)=\cdots=D_{n-1}(\lambda)=1,\quad D_n(\lambda)=(\lambda-a)^n,$$

所以 $\boldsymbol{J}(\lambda)$ 的不变因子为$\underbrace{1,1,\cdots,1}_{n-1个},(\lambda-a)^n$，因此 $\boldsymbol{J}(\lambda)$ 的标准形为

$$\begin{pmatrix} 1 & & & \\ & \ddots & & \\ & & 1 & \\ & & & (\lambda-a)^n \end{pmatrix}.$$

习题 9.2

1. 求下列矩阵的不变因子与标准形：

1) $\begin{pmatrix} \lambda+1 & \lambda+2 & 0 \\ 0 & \lambda+3 & \lambda \\ 0 & 0 & \lambda-1 \end{pmatrix}$；

2) $\begin{pmatrix} \lambda+\alpha & \beta & 1 & 0 \\ -\beta & \lambda+\alpha & 0 & 1 \\ 0 & 0 & \lambda+\alpha & \beta \\ 0 & 0 & -\beta & \lambda+\alpha \end{pmatrix}$；

3) $\begin{pmatrix} \lambda-\alpha & \beta & \beta & \cdots & \beta \\ 0 & \lambda-\alpha & \beta & \cdots & \beta \\ 0 & 0 & \lambda-\alpha & \cdots & \beta \\ \vdots & \vdots & \vdots & & \vdots \\ 0 & 0 & 0 & \cdots & \lambda-\alpha \end{pmatrix}_{n\times n}$；

4) $\begin{pmatrix} \lambda & 0 & 0 & \cdots & 0 & a_n \\ -1 & \lambda & 0 & \cdots & 0 & a_{n-1} \\ 0 & -1 & \lambda & \cdots & 0 & a_{n-2} \\ \vdots & \vdots & \vdots & \cdots & \vdots & \vdots \\ 0 & 0 & 0 & \cdots & -1 & \lambda+a_1 \end{pmatrix}$.

2. 设 $D_k(\lambda)(k=1,2,\cdots,r)$ 为 $\boldsymbol{A}(\lambda)$ 的行列式因子，证明：

$$D_k^2(\lambda) \mid D_{k-1}(\lambda)D_{k+1}(\lambda), \quad k=2,3,\cdots,r-1.$$

3. 设 $\boldsymbol{A}(\lambda)$ 为 n 阶方阵，证明：$\boldsymbol{A}(\lambda)$ 与 $\boldsymbol{A}^{\mathrm{T}}(\lambda)$ 等价.

9.3 矩阵相似的条件

本节的主要结果是证明两个数字矩阵 $\boldsymbol{A}$ 和 $\boldsymbol{B}$ 相似的充分必要条件是它们的特征矩阵 $\lambda\boldsymbol{E}-\boldsymbol{A}$ 和 $\lambda\boldsymbol{E}-\boldsymbol{B}$ 等价，其中必要性是容易证明的，主要是要证充分性，为此，先要作些准备.

引理1 如果有 n 阶数字矩阵 $\boldsymbol{P},\boldsymbol{Q}$ 使得

$$\lambda \boldsymbol{E}-\boldsymbol{A}=\boldsymbol{P}(\lambda \boldsymbol{E}-\boldsymbol{B})\boldsymbol{Q}, \tag{3.1}$$

则 $\boldsymbol{A}$ 与 $\boldsymbol{B}$ 相似.

证 等式右边展开后得 $\lambda \boldsymbol{PQ}-\boldsymbol{PBQ}$，与等式左边比较后得 $\boldsymbol{PQ}=\boldsymbol{E}$，$\boldsymbol{PBQ}=\boldsymbol{A}$，故 $\boldsymbol{P}=\boldsymbol{Q}^{-1}$，$\boldsymbol{A}=\boldsymbol{Q}^{-1}\boldsymbol{BQ}$，即 $\boldsymbol{A}$ 与 $\boldsymbol{B}$ 相似. ■

但是，据定理 9.6 的推论 2，两个特征矩阵 $\lambda \boldsymbol{E}-\boldsymbol{A}$ 和 $\lambda \boldsymbol{E}-\boldsymbol{B}$ 一般是通过左乘一个 λ- 矩阵和右乘一个 λ- 矩阵而等价的，即

$$\lambda \boldsymbol{E}-\boldsymbol{A}=\boldsymbol{P}(\lambda)(\lambda \boldsymbol{E}-\boldsymbol{B})\boldsymbol{Q}(\lambda) \tag{3.2}$$

如何将(3.2) 中的 λ- 矩阵 $\boldsymbol{P}(\lambda)$ 和 $\boldsymbol{Q}(\lambda)$ 用数字矩阵来替代，从而可以运用引理 1 呢?

由余数定理(8.6.1 节定理 8.9) 知，当用 $x-a$ 去除一元多项式 $f(x)$ 时，有

$$f(x)=(x-a)q(x)+r, \tag{3.3}$$

其中商式 $q(x)$ 和余式 r 唯一，且 $q(x)$ 的次数比 $f(x)$ 的次数低一次，$r=f(a)$ 是常数. 现在我们要把(3.3) 推广到 λ- 矩阵，只是所谓"用 $\lambda \boldsymbol{E}-\boldsymbol{A}$ 去除 $\boldsymbol{P}(\lambda)$"的说法就不确切了. 因为矩阵的乘法不满足交换律，故要谈"除法"，必须要分清"左除"和"右除"，也就是说，"余式"将有"左余式"和"右余式"之分.

引理2 设

$$\boldsymbol{P}(\lambda)=\boldsymbol{C}_0\lambda^m+\boldsymbol{C}_1\lambda^{m-1}+\cdots+\boldsymbol{C}_m$$

为一个 $n\times n$ 的 λ- 矩阵，其中 $\boldsymbol{C}_0,\boldsymbol{C}_1,\cdots,\boldsymbol{C}_m$ 都是 n 阶数字矩阵，$\boldsymbol{A}$ 是一个 n 阶数字矩阵，则存在 $n\times n$ 的 λ- 矩阵 $\boldsymbol{Q}_L(L),\boldsymbol{Q}_R(\lambda)$ 以及 n 阶数字矩阵 $\boldsymbol{R}_L,\boldsymbol{R}_R$，使得

$$\boldsymbol{P}(\lambda)=(\lambda \boldsymbol{E}-\boldsymbol{A})\boldsymbol{Q}_L(\lambda)+\boldsymbol{R}_L, \tag{3.4}$$

$$\boldsymbol{P}(\lambda)=\boldsymbol{Q}_R(\lambda)(\lambda \boldsymbol{E}-\boldsymbol{A})+\boldsymbol{R}_R. \tag{3.5}$$

证 如果 $m=0$，则令 $\boldsymbol{Q}_L(\lambda)=\boldsymbol{Q}_R(\lambda)=\boldsymbol{O}$，及 $\boldsymbol{R}_L=\boldsymbol{R}_R=\boldsymbol{C}_m$，引理得证.

设 $m>0$，令

$$\boldsymbol{Q}_L(\lambda)=\boldsymbol{Q}_0\lambda^{m-1}+\boldsymbol{Q}_1\lambda^{m-2}+\cdots+\boldsymbol{Q}_{m-2}\lambda+\boldsymbol{Q}_{m-1},$$

其中 $\boldsymbol{Q}_i$ 都是待定的数字矩阵. 下面用待定系数法来求得 $\boldsymbol{Q}_L(\lambda)$ 和 $\boldsymbol{R}_L$：

$$\begin{aligned}(\lambda \boldsymbol{E}-\boldsymbol{A})\boldsymbol{Q}_L(\lambda)=&\boldsymbol{Q}_0\lambda^m+(\boldsymbol{Q}_1-\boldsymbol{AQ}_0)\lambda^{m-1}+\cdots+(\boldsymbol{Q}_k-\boldsymbol{AQ}_{k-1})\lambda^{m-k}\\&+\cdots+(\boldsymbol{Q}_{m-1}-\boldsymbol{AQ}_{m-2})\lambda-\boldsymbol{AQ}_{m-1},\end{aligned}$$

代入(3.4) 的右边，再比较(3.4) 两边的 λ 的同次幂的系数，得

$$Q_0 = C_0,\quad Q_1 = C_1 + AQ_0,\quad \cdots,\quad Q_k = C_k + AQ_{k-1},\quad \cdots,$$
$$Q_{m-1} = C_{m-1} + AQ_{m-2},\quad R_L = C_m + AQ_{m-1}.$$

用完全相同的方法也可以求得(3.5)中的 $Q_R(\lambda)$ 和 R_R. ■

定理9.7 设 A, B 是数域 F 上两个 n 阶矩阵. A 与 B 相似的充分必要条件是它们的特征矩阵 $\lambda E - A$ 与 $\lambda E - B$ 等价.

证 必要性 设 A 与 B 相似, 则有可逆矩阵 P, 使得 $B = P^{-1}AP$, 从而有
$$P^{-1}(\lambda E - A)P = \lambda E - B,$$
由定理 9.6 的推论 2 知, $\lambda E - A$ 与 $\lambda E - B$ 等价.

充分性 设 $\lambda E - A$ 与 $\lambda E - B$ 等价, 则有可逆 λ- 矩阵 $P(\lambda)$ 与 $Q(\lambda)$, 使
$$P(\lambda)(\lambda E - A)Q(\lambda) = \lambda E - B, \tag{3.6}$$
即
$$(\lambda E - A)Q(\lambda) = P(\lambda)^{-1}(\lambda E - B). \tag{3.7}$$

对 $Q(\lambda)$ 用引理 2, 存在 λ- 矩阵 $Q_R(\lambda)$ 和数字矩阵 Q_0, 使得
$$Q(\lambda) = Q_R(\lambda)(\lambda E - B) + Q_0,$$
代入(3.7), 整理后得
$$(\lambda E - A)Q_0 = [-(\lambda E - A)Q_R(\lambda) + P(\lambda)^{-1}](\lambda E - B). \tag{3.8}$$

上式左边的 λ 的次数 $\leqslant 1$, 因而右边的方括号内的因子必须是数字矩阵, 再比较两边的 λ 的系数, 可得
$$Q_0 = -(\lambda E - A)Q_R(\lambda) + P(\lambda)^{-1}, \tag{3.9}$$
上式两边左乘 $P(\lambda)$ 后, 移项后得
$$P(\lambda)Q_0 + P(\lambda)(\lambda E - A)Q_R(\lambda) = E. \tag{3.10}$$

对 $P(\lambda)$ 用引理 2, 存在 λ- 矩阵 $P_L(\lambda)$ 和数字矩阵 P_0, 使得
$$P(\lambda) = (\lambda E - B)P_L(\lambda) + P_0, \tag{3.11}$$
由(3.6)又可得
$$P(\lambda)(\lambda E - A) = (\lambda E - B)Q(\lambda)^{-1}. \tag{3.12}$$
将(3.11),(3.12)代入(3.10), 得
$$P_0Q_0 + (\lambda E - B)(P_L(\lambda)Q_0 + Q(\lambda)^{-1}Q_R(\lambda)) = E. \tag{3.13}$$
由于上式右边是 0 次的, 因而左边 λ 的系数必须等于零, 即
$$P_L(\lambda)Q_0 + Q(\lambda)^{-1}Q_R(\lambda) = O. \tag{3.14}$$
将(3.14)代入(3.13)得
$$P_0Q_0 = E,$$
故 Q_0 是可逆矩阵. 另一方面, 把(3.9)代入(3.8)的右边, 得
$$(\lambda E - A)Q_0 = Q_0(\lambda E - B),$$
即

$$\lambda \boldsymbol{E}-\boldsymbol{A}=\boldsymbol{Q}_0(\lambda \boldsymbol{E}-\boldsymbol{B})\boldsymbol{Q}_0^{-1},$$

再由引理 1 得矩阵 $\boldsymbol{A}$ 与 $\boldsymbol{B}$ 相似. ∎

由定理 9.7 和定理 9.5 得

推论 矩阵 $\boldsymbol{A}$ 与 $\boldsymbol{B}$ 相似的充分必要条件是 $\lambda\boldsymbol{E}-\boldsymbol{A}$ 与 $\lambda\boldsymbol{E}-\boldsymbol{B}$ 有相同的不变因子.

以后，我们把特征矩阵 $\lambda\boldsymbol{E}-\boldsymbol{A}$ 的不变因子，也称为数字矩阵 $\boldsymbol{A}$ 的不变因子. 因此，不变因子是矩阵的相似不变量，由此我们也可以定义线性变换的不变因子.

因为 n 阶矩阵 $\boldsymbol{A}$ 的特征矩阵 $\lambda\boldsymbol{E}-\boldsymbol{A}$ 的行列式 $|\lambda\boldsymbol{E}-\boldsymbol{A}|$ 就是 $\boldsymbol{A}$ 的特征多项式，它总是一个非零多项式，由定义 9.1，$\lambda\boldsymbol{E}-\boldsymbol{A}$ 的秩是 n. 由于 $\lambda\boldsymbol{E}-\boldsymbol{A}$ 的行列式因子 $D_n(\lambda)=|\lambda\boldsymbol{E}-\boldsymbol{A}|$，由(2.2) 知，

$$|\lambda\boldsymbol{E}-\boldsymbol{A}|=D_n(\lambda)=d_1(\lambda)d_2(\lambda)\cdots d_n(\lambda),$$

故 n 阶矩阵 $\boldsymbol{A}$ 的所有不变因子的乘积等于 $\boldsymbol{A}$ 的特征多项式.

习题 9.3

1. 判断下列矩阵是否相似?

1) $\boldsymbol{A}=\begin{pmatrix}3&2&-5\\2&6&-10\\1&2&-3\end{pmatrix}$, $\boldsymbol{B}=\begin{pmatrix}6&20&-34\\6&32&-51\\4&20&-32\end{pmatrix}$;

2) $\boldsymbol{A}=\begin{pmatrix}6&6&-15\\1&5&-5\\1&2&-2\end{pmatrix}$, $\boldsymbol{B}=\begin{pmatrix}37&-20&-4\\34&-17&-4\\119&-70&-11\end{pmatrix}$;

3) $\boldsymbol{A}=\begin{pmatrix}2&-2&1\\1&-1&1\\1&-2&2\end{pmatrix}$, $\boldsymbol{B}=\begin{pmatrix}1&-3&3\\-2&-6&13\\-1&-4&8\end{pmatrix}$.

2. 证明：任何 n 阶矩阵 $\boldsymbol{A}$ 与其转置矩阵 $\boldsymbol{A}^{\mathrm{T}}$ 相似.

9.4 初 等 因 子

在这一节与下一节中，我们约定数域 $\mathbf{F}$ 是复数域 $\mathbf{C}$，这样，每个一元多项式都可以唯一地分解成一次因式的乘积(见 8.7 节定理 8.14).

从上两节已经看到，不变因子是矩阵的相似不变量. 为得到若尔当标准形，还需要把不变因子分得再细一些，我们利用多项式的因式分解，把不变因子分解成不可约多项式的乘积.

定义 9.8 把n阶矩阵$\mathbf{A}$（或线性变换$\mathscr{A}$）的每个次数大于零的不变因子分解成互不相同的一次因式方幂的乘积，所有这些一次因式方幂（相同的必须按出现的次数计算）称为矩阵$\mathbf{A}$（或线性变换$\mathscr{A}$）的**初等因子**.

例 9.4 设 12 阶矩阵$\mathbf{A}$的不变因子是

$$\underbrace{1,1,\cdots,1}_{8个},\lambda,\lambda(\lambda-1),\lambda^2(\lambda^2-1),\lambda^2(\lambda^2-1)(\lambda+1),$$

则$\mathbf{A}$的初等因子是

$$\lambda,\lambda,\lambda^2,\lambda^2,\lambda-1,\lambda-1,\lambda-1,\lambda+1,(\lambda+1)^2.$$

例 9.5 已知矩阵$\mathbf{A}$的初等因子是

$$\lambda,\lambda,\lambda^2,\lambda^2,\lambda-1,\lambda-1,\lambda-1,\lambda+1,(\lambda+1)^2,$$

求$\mathbf{A}$的不变因子.

解 首先确定矩阵$\mathbf{A}$的阶n. 由于n等于所有不变因子的次数之和，也即所有初等因子的次数之和，故$n=12$. 然后确定不变因子$d_{12}(\lambda)$. 由于不变因子是具有不同不可约多项式因式的初等因子的乘积，而且$d_{12}(\lambda)$被其他不变因子整除，所以它应该是每个不可约多项式因式的最高次方幂的乘积，即

$$d_{12}(\lambda)=\lambda^2(\lambda-1)(\lambda+1)^2.$$

类似地，在剩下的初等因子中取出每个不可约多项式的最高次方幂，相乘后得

$$d_{11}(\lambda)=\lambda^2(\lambda-1)(\lambda+1),$$
$$d_{10}(\lambda)=\lambda(\lambda-1),$$
$$d_9(\lambda)=\lambda,$$

由于初等因子已用完，剩下的不变因子都是 1：

$$d_8(\lambda)=d_7(\lambda)=\cdots=d_1(\lambda)=1.$$

例 9.5 的方法可以推广到一般情形. 如果已知矩阵$\mathbf{A}$的初等因子. 首先可以确定阶数n，它等于各初等因子的次数之和. 然后把初等因子根据不同的不可约因式排成下表：

$$\begin{matrix}(\lambda-\lambda_1)^{k_{11}} & (\lambda-\lambda_2)^{k_{21}} & \cdots & (\lambda-\lambda_s)^{k_{s1}}\\ (\lambda-\lambda_1)^{k_{12}} & (\lambda-\lambda_2)^{k_{22}} & \cdots & (\lambda-\lambda_s)^{k_{s2}}\\ \vdots & \vdots & & \vdots\\ (\lambda-\lambda_1)^{k_{1n}} & (\lambda-\lambda_2)^{k_{2n}} & \cdots & (\lambda-\lambda_s)^{k_{sn}}\end{matrix} \tag{4.1}$$

其中$k_{i1}\geqslant k_{i2}\geqslant\cdots\geqslant k_{in}\geqslant 0$，$i=1,2,\cdots,s$，在全部初等因子中将同一个一次因式$(\lambda-\lambda_j)$ $(j=1,2,\cdots,s)$的方幂的那些初等因子按降幂排列，而当这些初等因子的个数不是n时，就在后面补上适当个数的 1（即$(\lambda-\lambda_j)^0$），使得凑成n个. 令

$$d_{n+1-j}(\lambda)=(\lambda-\lambda_1)^{k_{1j}}(\lambda-\lambda_2)^{k_{2j}}\cdots(\lambda-\lambda_s)^{k_{sj}},\quad j=1,2,\cdots,n,\tag{4.2}$$

则 $d_1(\lambda), d_2(\lambda), \cdots, d_n(\lambda)$ 就是 $\boldsymbol{A}$ 的不变因子.

上述讨论说明，如果两个同阶的矩阵有相同的初等因子，则它们就有相同的不变因子，因而它们相似. 反之，如果两个矩阵相似，则它们有相同的不变因子，因而它们有相同的初等因子. 综上所述，即得

定理 9.8 两个同阶矩阵相似的充分必要条件是它们有相同的初等因子.

初等因子和不变因子都是矩阵的相似不变量. 但是初等因子有个求法可以比不变因子的求法更方便一些. 在介绍直接求初等因子的方法之前，首先证明关于多项式的最大公因式(见 8.3 节) 的一个性质：

引理 1 如果多项式 $f_1(\lambda), f_2(\lambda)$ 都与 $g_1(\lambda), g_2(\lambda)$ 互素，则

$$(f_1(\lambda)g_1(\lambda), f_2(\lambda)g_2(\lambda)) = (f_1(\lambda), f_2(\lambda)) \cdot (g_1(\lambda), g_2(\lambda)).$$

证 令

$$(f_1(\lambda)g_1(\lambda), f_2(\lambda)g_2(\lambda)) = d(\lambda),$$
$$(f_1(\lambda), f_2(\lambda)) = d_1(\lambda),$$
$$(g_1(\lambda), g_2(\lambda)) = d_2(\lambda),$$

则 $d_1(\lambda) \mid d(\lambda)$，$d_2(\lambda) \mid d(\lambda)$. 由于 $(f_1(\lambda), g_1(\lambda)) = 1$，有 $(d_1(\lambda), d_2(\lambda)) = 1$，因而由 8.3 节互素多项式的性质 2° 知，

$$d_1(\lambda)d_2(\lambda) \mid d(\lambda). \tag{4.3}$$

另一方面，由于 $d(\lambda) \mid f_1(\lambda)g_1(\lambda)$，可令 $d(\lambda) = f(\lambda)g(\lambda)$，其中

$$f(\lambda) \mid f_1(\lambda), \quad g(\lambda) \mid g_1(\lambda).$$

由于 $(f_1(\lambda), g_2(\lambda)) = 1$，故 $(f(\lambda), g_2(\lambda)) = 1$，又由于 $f(\lambda) \mid f_2(\lambda)g_2(\lambda)$，故 $f(\lambda) \mid f_2(\lambda)$，因而 $f(\lambda) \mid d_1(\lambda)$. 同理，$g(\lambda) \mid d_2(\lambda)$，所以

$$d(\lambda) \mid d_1(\lambda)d_2(\lambda). \tag{4.4}$$

由(4.3),(4.4)，得 $d(\lambda) = d_1(\lambda)d_2(\lambda)$. ■

由引理 1，立即可得对角形 λ- 矩阵的下述性质，用它可简化求初等因子的计算.

引理 2 设

$$\boldsymbol{A}(\lambda) = \begin{pmatrix} f_1(\lambda)g_1(\lambda) & 0 \\ 0 & f_2(\lambda)g_2(\lambda) \end{pmatrix},$$

$$\boldsymbol{B}(\lambda) = \begin{pmatrix} f_2(\lambda)g_1(\lambda) & 0 \\ 0 & f_1(\lambda)g_2(\lambda) \end{pmatrix},$$

如果多项式 $f_1(\lambda), f_2(\lambda)$ 都与 $g_1(\lambda), g_2(\lambda)$ 互素，则 $\boldsymbol{A}(\lambda)$ 与 $\boldsymbol{B}(\lambda)$ 等价.

证 显然，$\boldsymbol{A}(\lambda)$ 和 $\boldsymbol{B}(\lambda)$ 有相同的2阶行列式因子，而 $\boldsymbol{A}(\lambda)$ 和 $\boldsymbol{B}(\lambda)$ 的1阶行列式因子分别为

$$D_1(\lambda)=(f_1(\lambda)g_1(\lambda),f_2(\lambda)g_2(\lambda)),$$
$$\Delta_1(\lambda)=(f_2(\lambda)g_1(\lambda),f_1(\lambda)g_2(\lambda)).$$

由引理1知，$D_1(\lambda)=\Delta_1(\lambda)$，因而 $\boldsymbol{A}(\lambda)$ 和 $\boldsymbol{B}(\lambda)$ 也有相同的1阶行列式因子，所以 $\boldsymbol{A}(\lambda)$ 与 $\boldsymbol{B}(\lambda)$ 等价. ■

下面的定理给出了一个求初等因子的方法，它不必事先知道不变因子.

定理9.9 首先用初等变换化特征矩阵 $\lambda\boldsymbol{E}-\boldsymbol{A}$ 为对角形，然后将主对角线上的元素分解成互不相同的一次因式方幂的乘积，则所有这些一次因式的方幂(相同的按出现的次数计算)就是 $\boldsymbol{A}$ 的全部初等因子.

证 设 $\lambda\boldsymbol{E}-\boldsymbol{A}$ 已用初等变换化为对角形

$$\boldsymbol{D}(\lambda)=\begin{pmatrix}h_1(\lambda)&&&\\&h_2(\lambda)&&\\&&\ddots&\\&&&h_n(\lambda)\end{pmatrix},$$

其中每个 $h_i(\lambda)$ 的最高项系数都为1. 将 $h_i(\lambda)$ 分解成互不相同的一次因式方幂的乘积：

$$h_i(\lambda)=(\lambda-\lambda_1)^{k_{i1}}(\lambda-\lambda_2)^{k_{i2}}\cdots(\lambda-\lambda_s)^{k_{is}},\quad i=1,2,\cdots,n.$$

我们要证明，对每个相同的一次因式的方幂

$$(\lambda-\lambda_j)^{k_{1j}},\ (\lambda-\lambda_j)^{k_{2j}},\ \cdots,\ (\lambda-\lambda_j)^{k_{nj}}\quad (j=1,2,\cdots,s)$$

在 $\boldsymbol{D}(\lambda)$ 的主对角线上按升幂次序重新排列后，得到的新对角矩阵 $\overline{\boldsymbol{D}}(\lambda)$ 与 $\boldsymbol{D}(\lambda)$ 等价. 此时 $\overline{\boldsymbol{D}}(\lambda)$ 就是 $\lambda\boldsymbol{E}-\boldsymbol{A}$ 的标准形，而且所有不为1的 $(\lambda-\lambda_j)^{k_{ij}}$ 就是 $\boldsymbol{A}$ 的全部初等因子.

我们先对 $\lambda-\lambda_1$ 的方幂进行讨论. 令

$$g_i(\lambda)=(\lambda-\lambda_2)^{k_{i2}}(\lambda-\lambda_3)^{k_{i3}}\cdots(\lambda-\lambda_s)^{k_{is}},\quad i=1,2,\cdots,n.$$

于是

$$h_i(\lambda)=(\lambda-\lambda_1)^{k_{i1}}g_i(\lambda),\quad i=1,2,\cdots,n,$$

而且每个 $(\lambda-\lambda_1)^{k_{i1}}$ 都与 $g_j(\lambda)$ $(j=1,2,\cdots,n)$ 互素. 如果有相邻的一对指数 $k_{i1}>k_{i+1,1}$，则在 $\boldsymbol{D}(\lambda)$ 中将 $(\lambda-\lambda_1)^{k_{i1}}$ 与 $(\lambda-\lambda_1)^{k_{i+1,1}}$ 对调位置，而其余因式保持不变. 根据引理2，

$$\begin{pmatrix}(\lambda-\lambda_1)^{k_{i1}}g_i(\lambda)&0\\0&(\lambda-\lambda_1)^{k_{i+1,1}}g_{i+1}(\lambda)\end{pmatrix}$$

与

$$\begin{pmatrix} (\lambda-\lambda_1)^{k_{i+1,1}}g_i(\lambda) & 0 \\ 0 & (\lambda-\lambda_1)^{k_{i1}}g_{i+1}(\lambda) \end{pmatrix}$$

等价，从而 $\boldsymbol{D}(\lambda)$ 与对角矩阵

$$\widetilde{\boldsymbol{D}}(\lambda)=\begin{pmatrix} (\lambda-\lambda_1)^{k_{11}}g_1(\lambda) & & & & & \\ & \ddots & & & & \\ & & (\lambda-\lambda_1)^{k_{i+1,1}}g_i(\lambda) & & & \\ & & & (\lambda-\lambda_1)^{k_{i1}}g_{i+1}(\lambda) & & \\ & & & & \ddots & \\ & & & & & (\lambda-\lambda_1)^{k_{n1}}g_n(\lambda) \end{pmatrix}$$

等价，然后对 $\widetilde{\boldsymbol{D}}(\lambda)$ 再作如上的讨论，如此继续进行下去，直到对角线上元素所含 $(\lambda-\lambda_1)$ 的方幂是按升幂次序排列为止. 依次对 $\lambda-\lambda_2,\lambda-\lambda_3,\cdots,\lambda-\lambda_s$ 作同样处理，最后便得到与 $\boldsymbol{D}(\lambda)$ 等价的对角矩阵 $\overline{\boldsymbol{D}}(\lambda)$，它的主对角线上所含每个相同的一次因式的方幂，都是按升幂次序排列的. ■

由定理 9.9 立即可得下面的推论：

推论 分块对角矩阵的所有初等因子就是每个对角块矩阵的所有初等因子的合并(不去掉重复的因子).

习题 9.4

1. 求下列矩阵的初等因子：

1) $\begin{pmatrix} 4 & 2 & -5 \\ 6 & 4 & -9 \\ 5 & 3 & -7 \end{pmatrix}$； 2) $\begin{pmatrix} 2 & 0 & 0 \\ 1 & 1 & 1 \\ 1 & -1 & 3 \end{pmatrix}$；

3) $\begin{pmatrix} -1 & 1 & 1 \\ -5 & 21 & 17 \\ 6 & -26 & -21 \end{pmatrix}$； 4) $\begin{pmatrix} 2 & -3 & 0 & 0 \\ 3 & 2 & 0 & 0 \\ 0 & 1 & 2 & -3 \\ 0 & 0 & 3 & 2 \end{pmatrix}$.

2. 求对角矩阵 $\boldsymbol{A}=\begin{pmatrix} \lambda_1 & & & \\ & \lambda_2 & & \\ & & \ddots & \\ & & & \lambda_n \end{pmatrix}$ 的初等因子.

9.5 若尔当标准形与矩阵的最小多项式

本节将利用初等因子来解决若尔当标准形问题(即证明定理 4.12)，以及求矩阵的最小多项式. 据定理 9.8，判定两个矩阵是否相似只要看它们的初等

因子是否完全相同，而由例 9.3 知，对每一初等因子$(\lambda-\lambda_0)^k$ 都容易找到一个若尔当块

$$\boldsymbol{J}_0=\begin{pmatrix}\lambda_0 & 1 & & & \\ & \lambda_0 & 1 & & \\ & & \ddots & \ddots & \\ & & & \lambda_0 & 1 \\ & & & & \lambda_0\end{pmatrix}_{k\times k},$$

使得$\boldsymbol{J}_0$ 的初等因子恰好就是$(\lambda-\lambda_0)^k$. 这样，如果矩阵$\boldsymbol{A}$ 的全部初等因子已经求得，则由例 9.3 能找到它们所对应的若尔当块，由这些若尔当块构成的若尔当形矩阵$\boldsymbol{J}$ 必定与$\boldsymbol{A}$ 相似，从而解决若尔当标准形问题.

定理9.10 任一n 阶复矩阵$\boldsymbol{A}$ 都与一个若尔当形矩阵相似，这个若尔当形矩阵除去其中若尔当块的排列次序外，被矩阵$\boldsymbol{A}$ 唯一确定.

证 设n 阶矩阵$\boldsymbol{A}$ 的初等因子为

$$(\lambda-\lambda_1)^{k_1},\ (\lambda-\lambda_2)^{k_2},\ \cdots,\ (\lambda-\lambda_s)^{k_s} \tag{5.1}$$

(其中的初等因子可能有相同)，每一个初等因子$(\lambda-\lambda_i)^{k_i}$ 对应于一个若尔当块

$$\boldsymbol{J}_i=\begin{pmatrix}\lambda_i & 1 & & & \\ & \lambda_i & 1 & & \\ & & \ddots & \ddots & \\ & & & \lambda_i & 1 \\ & & & & \lambda_i\end{pmatrix},\quad i=1,2,\cdots,s.$$

这些若尔当块构成若尔当形矩阵

$$\boldsymbol{J}=\begin{pmatrix}\boldsymbol{J}_1 & & & \\ & \boldsymbol{J}_2 & & \\ & & \ddots & \\ & & & \boldsymbol{J}_s\end{pmatrix}.$$

由例 9.3 和定理 9.9 的推论知，$\boldsymbol{J}$ 的初等因子是(5.1). 因为$\boldsymbol{J}$ 与$\boldsymbol{A}$ 有相同的初等因子，由定理 9.8 知，$\boldsymbol{A}$ 与$\boldsymbol{J}$ 相似.

如果$\boldsymbol{A}$ 又与另一个若尔当矩阵$\boldsymbol{J}_1$ 相似，则$\boldsymbol{J}_1$ 与$\boldsymbol{J}$ 有相同的初等因子，因而有相同的若尔当块，它们之间的差别只是块的排列次序不同，由此即得唯一性. ∎

例 9.6 求矩阵

$$\boldsymbol{B}=\begin{pmatrix}3&1&0\\-4&-1&0\\4&-8&-2\end{pmatrix}$$

(见 4.2 节例 4.2) 的若尔当标准形.

解 先求 $\lambda\boldsymbol{E}-\boldsymbol{B}$ 的初等因子.

$$\lambda\boldsymbol{E}-\boldsymbol{B}=\begin{pmatrix}\lambda-3&-1&0\\4&\lambda+1&0\\-4&8&\lambda+2\end{pmatrix}$$

$$\xrightarrow[\text{与第 1 列交换}]{\text{第 2 列乘以}(-1)\text{后,}}\begin{pmatrix}1&\lambda-3&0\\-\lambda-1&4&0\\-8&-4&\lambda+2\end{pmatrix}$$

$$\xrightarrow[\text{第 3 行加上第 1 行的 8 倍}]{\text{第 2 行加上第 1 行的}(\lambda+1)\text{倍}}\begin{pmatrix}1&\lambda-3&0\\0&\lambda^2-2\lambda+1&0\\0&8\lambda-28&\lambda+2\end{pmatrix}$$

$$\xrightarrow[\text{第 2 列减去第 3 列的 8 倍}]{\text{第 2 列减去第 1 列的}(\lambda-3)\text{倍}}\begin{pmatrix}1&0&0\\0&(\lambda-1)^2&0\\0&-44&\lambda+2\end{pmatrix}$$

$$\xrightarrow[\text{第 3 行乘以}\left(-\frac{1}{44}\right)]{\text{第 2 行加上第 3 行的}\frac{1}{44}(\lambda-1)^2\text{倍}}\begin{pmatrix}1&0&0\\0&0&\frac{1}{44}(\lambda+2)(\lambda-1)^2\\0&1&-\frac{1}{44}(\lambda+2)\end{pmatrix}$$

$$\xrightarrow[\text{第 2 行乘以 44, 变换第 2 行与第 3 行}]{\text{第 3 列加上第 2 列的}\frac{1}{44}(\lambda+2)\text{倍}}\begin{pmatrix}1&0&0\\0&1&0\\0&0&(\lambda+2)(\lambda-1)^2\end{pmatrix}.$$

因此 $\boldsymbol{B}$ 的初等因子是 $\lambda+2$, $(\lambda-1)^2$, $\boldsymbol{B}$ 的若尔当标准形是

$$\begin{pmatrix}-2&0&0\\0&1&1\\0&0&1\end{pmatrix}.$$

用线性变换的语言来叙述, 定理 9.10 就是

定理 9.11 设 $\mathscr{A}$ 是复数域上 n 维线性空间 V 的线性变换, 则在 V 中必存在一个基, 使 $\mathscr{A}$ 在这个基下的矩阵是若尔当标准形, 并且这个若尔当标准形除去其中若尔当块的排列次序外是被 $\mathscr{A}$ 唯一决定的.

证 在 V 中任取一个基 $\varepsilon_1,\varepsilon_2,\cdots,\varepsilon_n$, 令 $\mathscr{A}$ 在这个基下的矩阵是 $\boldsymbol{A}$, 则由

定理 9.10，存在可逆矩阵 $\boldsymbol{P}$，使 $\boldsymbol{P}^{-1}\boldsymbol{AP}$ 为若尔当标准形，于是在由

$$(\eta_1,\eta_2,\cdots,\eta_n)=(\varepsilon_1,\varepsilon_2,\cdots,\varepsilon_n)\boldsymbol{P}$$

确定的基 $\eta_1,\eta_2,\cdots,\eta_n$ 下，线性变换 $\mathscr{A}$ 的矩阵就是 $\boldsymbol{P}^{-1}\boldsymbol{AP}$. 由定理 9.10 唯一性是显然的. ∎

> **思考题** 假设 n 阶复矩阵 $\boldsymbol{A}$ 与对角矩阵相似，试问 $\boldsymbol{A}$ 的初等因子有什么特征？

下面我们先引入 $\boldsymbol{A}$ 的零化多项式和最小多项式的定义及其性质，然后利用若尔当标准形给出一个求矩阵 $\boldsymbol{A}$ 的最小多项式 $m_{\boldsymbol{A}}(\lambda)$ 的有效方法.

由哈密顿-凯莱定理，我们看到，对于任何一个 n 阶矩阵 $\boldsymbol{A}$，总有一个多项式 $f(\lambda)$ 存在，它满足 $f(\boldsymbol{A})=\boldsymbol{O}$. 如果多项式 $f(\lambda)\in\boldsymbol{F}[\lambda]$ 使得 $f(\boldsymbol{A})=\boldsymbol{O}$，则称 $f(\lambda)$ 是 $\boldsymbol{A}$ 的**零化多项式**.

易知，对任意 n 阶矩阵 $\boldsymbol{A}$，它的零化多项式有无限多个. 事实上，它的特征多项式 $f(\lambda)$ 的任一倍式都是它的零化多项式. 当我们对 $\boldsymbol{A}$ 的零化多项式加上一些限制后，就可以得到"最小多项式"，它是唯一的.

定义 9.9 我们把以 n 阶矩阵 $\boldsymbol{A}$ 的首项系数为 1，次数最低的零化多项式 $\varphi(\lambda)$ 称为 $\boldsymbol{A}$ 的一个**最小多项式**.

$\boldsymbol{A}$ 的最小多项式由 $\boldsymbol{A}$ 唯一确定. 事实上，设 $\varphi_1(\lambda),\varphi_2(\lambda)$ 均为 $\boldsymbol{A}$ 的最小多项式，则 $\varphi_1(\lambda)$ 的次数 $=\varphi_2(\lambda)$ 的次数，令 $g(\lambda)=\varphi_1(\lambda)-\varphi_2(\lambda)$，若 $g(\lambda)\neq 0$，则 $g(\lambda)$ 的次数 $<\varphi_1(\lambda)$ 的次数，且

$$g(\boldsymbol{A})=\varphi_1(\boldsymbol{A})-\varphi_2(\boldsymbol{A})=\boldsymbol{O}-\boldsymbol{O}=\boldsymbol{O},$$

这与 $\varphi_1(\lambda)$ 为 $\boldsymbol{A}$ 的最小多项式矛盾，所以 $g(\lambda)=0$，于是 $\varphi_1(\lambda)=\varphi_2(\lambda)$.

定理 9.12 *设方阵 $\boldsymbol{A}$ 的最小多项式为 $\varphi(\lambda)$，$f(\lambda)$ 为多项式，则 $f(\boldsymbol{A})=\boldsymbol{O}$ 的充分必要条件是 $\varphi(\lambda)\mid f(\lambda)$.*

证 作带余除法，用 $\varphi(\lambda)$ 除 $f(\lambda)$，命其商式为 $q(\lambda)$，余式为 $r(\lambda)$. 我们有

$$f(\lambda)=q(\lambda)\varphi(\lambda)+r(\lambda),\tag{5.2}$$

这里 $r(\lambda)$ 或者等于零，或者次数小于 $\varphi(\lambda)$ 的次数. 于是

$$f(\boldsymbol{A})=q(\boldsymbol{A})\varphi(\boldsymbol{A})+r(\boldsymbol{A})\tag{5.3}$$

必要性 设 $f(\boldsymbol{A})=\boldsymbol{O}$，由于 $\boldsymbol{A}$ 的最小多项式为 $\varphi(\lambda)$，所以 $\varphi(\boldsymbol{A})=\boldsymbol{O}$，故由(5.3)得 $f(\boldsymbol{A})=r(\boldsymbol{A})$. 因 $f(\boldsymbol{A})=\boldsymbol{O}$，所以 $r(\boldsymbol{A})=\boldsymbol{O}$. 由此我们可以证明(5.2)中 $r(\lambda)=0$. 若 $r(\lambda)\neq 0$，我们就会有一个多项式 $r(\lambda)$ 以 $\boldsymbol{A}$ 为零点，且 $r(\lambda)$ 的次数小于 $\varphi(\lambda)$ 的次数. 这与 $\varphi(\lambda)$ 是 $\boldsymbol{A}$ 的最小多项式矛盾. 故

$r(\lambda)=0$，因而 $\varphi(\lambda)\mid f(\lambda)$.

充分性　设 $\varphi(\lambda)\mid f(\lambda)$，即 $f(\lambda)=q(\lambda)\varphi(\lambda)$，因为 $\varphi(\boldsymbol{A})=\boldsymbol{O}$，所以

$$f(\boldsymbol{A})=q(\boldsymbol{A})\varphi(\boldsymbol{A})=\boldsymbol{O}.$$ ■

定理说明了 $\boldsymbol{A}$ 的最小多项式能整除 $\boldsymbol{A}$ 的任意零化多项式.

由定理 9.12 与哈密顿 - 凯莱定理，即得

推论　若 $\boldsymbol{A}$ 的最小多项式与特征多项式分别为 $\varphi(\lambda)$ 与 $f(\lambda)$，则 $\varphi(\lambda)\mid f(\lambda)$.

这是因为 $f(\boldsymbol{A})=\boldsymbol{O}$，而 $\varphi(\lambda)$ 是 $\boldsymbol{A}$ 的最小多项式，于是由定理 9.12，即证得 $\varphi(\lambda)\mid f(\lambda)$.

定理 9.13　相似矩阵有相同的最小多项式.

证　设矩阵 $\boldsymbol{A}$ 与矩阵 $\boldsymbol{B}$ 相似，即存在可逆矩阵 $\boldsymbol{P}$，使 $\boldsymbol{A}=\boldsymbol{P}^{-1}\boldsymbol{B}\boldsymbol{P}$. 又设 $\boldsymbol{B}$ 的最小多项式

$$\varphi(\lambda)=\lambda^m+b_1\lambda^{m-1}+\cdots+b_m.$$

对任一自然数 r，

$$\boldsymbol{A}^r=(\boldsymbol{P}^{-1}\boldsymbol{B}\boldsymbol{P})^r=\boldsymbol{P}^{-1}\boldsymbol{B}\boldsymbol{P}\cdot\boldsymbol{P}^{-1}\boldsymbol{B}\boldsymbol{P}\cdot\cdots\cdot\boldsymbol{P}^{-1}\boldsymbol{B}\boldsymbol{P}=\boldsymbol{P}^{-1}\boldsymbol{B}^r\boldsymbol{P},$$

故

$$\begin{aligned}\varphi(\boldsymbol{A})&=\boldsymbol{A}^m+b_1\boldsymbol{A}^{m-1}+\cdots+b_m\boldsymbol{E}\\&=\boldsymbol{P}^{-1}\boldsymbol{B}^m\boldsymbol{P}+b_1\boldsymbol{P}^{-1}\boldsymbol{B}^{m-1}\boldsymbol{P}+\cdots+b_m\boldsymbol{P}^{-1}\boldsymbol{E}\boldsymbol{P}\\&=\boldsymbol{P}^{-1}(\boldsymbol{B}^m+b_1\boldsymbol{B}^{m-1}+\cdots+b_m\boldsymbol{E})\boldsymbol{P}=\boldsymbol{P}^{-1}\varphi(\boldsymbol{B})\boldsymbol{P}\\&=\boldsymbol{O}.\end{aligned}$$

因此，若 $\boldsymbol{A}$ 的最小多项式是 $\varphi_1(\lambda)$，则

$$\varphi_1(\lambda)\mid\varphi(\lambda).$$

由于 $\boldsymbol{A}=\boldsymbol{P}^{-1}\boldsymbol{B}\boldsymbol{P}$，则 $\boldsymbol{B}=\boldsymbol{P}\boldsymbol{A}\boldsymbol{P}^{-1}$，故用同样方法可以证得 $\varphi(\lambda)\mid\varphi_1(\lambda)$，且 $\varphi(\lambda),\varphi_1(\lambda)$ 首项系数相同，皆为 1，所以 $\varphi(\lambda)=\varphi_1(\lambda)$. ■

要注意的是，上面定理之逆不成立. 最小多项式相同是矩阵相似的必要条件，但不是充分条件. 例如

$$\boldsymbol{A}=\begin{pmatrix}2&0&0\\0&3&0\\0&0&3\end{pmatrix},\quad \boldsymbol{B}=\begin{pmatrix}2&0&0\\0&2&0\\0&0&3\end{pmatrix},$$

它们的特征多项式分别为

$$f_1(\lambda)=(\lambda-2)(\lambda-3)^2,\quad f_2(\lambda)=(\lambda-2)^2(\lambda-3).$$

但它们的最小多项式都是 $(\lambda-2)(\lambda-3)$. 可是 $\boldsymbol{A}$ 与 $\boldsymbol{B}$ 不相似.

例 9.7 求矩阵 $\boldsymbol{A}=\begin{pmatrix}7&4&-1\\4&7&-1\\-4&-4&4\end{pmatrix}$ 的最小多项式.

解 $\boldsymbol{A}$ 的特征多项式

$$f(\lambda)=|\lambda\boldsymbol{E}-\boldsymbol{A}|=\begin{vmatrix}\lambda-7&-4&1\\-4&\lambda-7&1\\4&4&\lambda-4\end{vmatrix}=(\lambda-3)^2(\lambda-12).$$

因为最小多项式 $\varphi(\lambda)$ 能整除 $f(\lambda)$，以及

$$(\boldsymbol{A}-3\boldsymbol{E})(\boldsymbol{A}-12\boldsymbol{E})=\begin{pmatrix}4&4&-1\\4&4&-1\\-4&-4&1\end{pmatrix}\begin{pmatrix}-5&4&-1\\4&-5&-1\\-4&-4&-8\end{pmatrix}=\boldsymbol{O},$$

且 $\boldsymbol{A}-3\boldsymbol{E}\neq\boldsymbol{O}$ 及 $\boldsymbol{A}-12\boldsymbol{E}\neq\boldsymbol{O}$，所以

$$\varphi(\lambda)=(\lambda-3)(\lambda-12)$$

是 $\boldsymbol{A}$ 的最小多项式，而 $\lambda-3$ 与 $\lambda-12$ 皆非最小多项式.

从上例可以看到，由于最小多项式整除特征多项式，因此最小多项式的次数不会超过其特征多项式的次数，而且我们可以对特征多项式的各个因式加以验证，总可得到最小多项式. 下面讨论计算最小多项式的一般方法和进一步的性质.

由定理 9.13 知，相似矩阵有相同的最小多项式，所以我们可以通过求 $\boldsymbol{A}$ 的若尔当标准形 $\boldsymbol{J}$ 的最小多项式 $m_{\boldsymbol{J}}(\lambda)$ 来求 $m_{\boldsymbol{A}}(\lambda)$. 由于 $\boldsymbol{J}$ 是一个分块对角矩阵，所以我们先讨论分块对角矩阵的特性.

引理 分块对角矩阵的最小多项式是每个对角块的最小多项式的最小公倍式.

证 设矩阵

$$\boldsymbol{A}=\begin{pmatrix}\boldsymbol{A}_1&&&\\&\boldsymbol{A}_2&&\\&&\ddots&\\&&&\boldsymbol{A}_s\end{pmatrix}$$

是一个分块对角矩阵. 对于任意的多项式 $f(\lambda)\in\mathbf{C}[\lambda]$，有

$$f(\boldsymbol{A})=\begin{pmatrix}f(\boldsymbol{A}_1)&&&\\&f(\boldsymbol{A}_2)&&\\&&\ddots&\\&&&f(\boldsymbol{A}_s)\end{pmatrix}.$$

把 $\boldsymbol{A}_i$ 的最小多项式记为 $m_i(\lambda)$. 由

$$O=m_{\boldsymbol{A}}(\boldsymbol{A})=\begin{pmatrix} m_{\boldsymbol{A}}(\boldsymbol{A}_1) & & & \\ & m_{\boldsymbol{A}}(\boldsymbol{A}_2) & & \\ & & \ddots & \\ & & & m_{\boldsymbol{A}}(\boldsymbol{A}_s)\end{pmatrix}$$

得

$$m_{\boldsymbol{A}}(\boldsymbol{A}_i)=\boldsymbol{O},\quad i=1,2,\cdots,s. \tag{5.4}$$

由(5.4)与定理 9.12 知，$m_i(\lambda)\mid m_{\boldsymbol{A}}(\lambda)$，$i=1,2,\cdots,s$. 因此最小公倍式

$$[m_1(\lambda),m_2(\lambda),\cdots,m_s(\lambda)]\mid m_{\boldsymbol{A}}(\lambda).$$

反之，设 $f(\lambda)=[m_1(\lambda),m_2(\lambda),\cdots,m_s(\lambda)]$，则对 $1\leqslant i\leqslant s$ 有 $f(\boldsymbol{A}_i)=\boldsymbol{O}$，从而 $f(\boldsymbol{A})=\boldsymbol{O}$. 由定理 9.12 又得 $m_{\boldsymbol{A}}(\lambda)\mid f(\lambda)$. 因此两个首项系数为 1 的多项式 $m_{\boldsymbol{A}}(\lambda)$ 和 $f(\lambda)$ 相等，即 $m_{\boldsymbol{A}}(\lambda)=[m_1(\lambda),m_2(\lambda),\cdots,m_s(\lambda)]$. ■

现在我们可以计算任意矩阵的最小多项式了.

定理 9.14 n 阶矩阵 $\boldsymbol{A}$ 的最小多项式 $m_{\boldsymbol{A}}(\lambda)$ 就是它的最后一个不变因子 $d_n(\lambda)$，也是 $\boldsymbol{A}$ 的初等因子的最小公倍式.

证 设 $\boldsymbol{A}$ 的全部初等因子为

$$(\lambda-\lambda_1)^{k_1},\ (\lambda-\lambda_2)^{k_2},\ \cdots,\ (\lambda-\lambda_t)^{k_t},$$

则 $\boldsymbol{A}$ 相似于若尔当标准形

$$\boldsymbol{J}=\begin{pmatrix} \boldsymbol{J}_1 & & & \\ & \boldsymbol{J}_2 & & \\ & & \ddots & \\ & & & \boldsymbol{J}_t\end{pmatrix},$$

其中每个若尔当块

$$\boldsymbol{J}_i=\begin{pmatrix} \lambda_i & 1 & & & \\ & \lambda_i & 1 & & \\ & & \ddots & \ddots & \\ & & & \lambda_i & 1 \\ & & & & \lambda_i\end{pmatrix}_{k_i\times k_i}$$

的初等因子恰好就是 $(\lambda-\lambda_i)^{k_i}$，$i=1,2,\cdots,t$. 令 $\boldsymbol{J}_i$ 的最小多项式为 $m_i(\lambda)$，下面验证 $m_i(\lambda)=(\lambda-\lambda_i)^{k_i}$. 由于

$$\boldsymbol{J}_i-\lambda_i\boldsymbol{E}_{k_i}=\begin{pmatrix} 0 & 1 & 0 & \cdots & 0 \\ 0 & 0 & 1 & \cdots & 0 \\ \vdots & \vdots & \vdots & & \vdots \\ 0 & 0 & 0 & \cdots & 1 \\ 0 & 0 & 0 & \cdots & 0\end{pmatrix},$$

不难验证，$(\boldsymbol{J}_i-\lambda_i\boldsymbol{E}_{k_i})^{k_i-1}\neq\boldsymbol{O}$，$(\boldsymbol{J}_i-\lambda_i\boldsymbol{E}_{k_i})^{k_i}=\boldsymbol{O}$，可见$(\lambda-\lambda_i)^{k_i}$是这个若尔当块的零化多项式，故$m_i(\lambda)\mid(\lambda-\lambda_i)^{k_i}$. 因此$m_i(\lambda)=(\lambda-\lambda_i)^l$，$l\leqslant k_i$，又因为$(\boldsymbol{J}_i-\lambda_i\boldsymbol{E}_{k_i})^{k_i-1}\neq\boldsymbol{O}$，故必有$l=k_i$，即$m_i(\lambda)=(\lambda-\lambda_i)^{k_i}$. 据引理，$\boldsymbol{J}$的最小多项式$m_{\boldsymbol{J}}(\lambda)$是每个若尔当块的最小多项式$m_i(\lambda)=(\lambda-\lambda_i)^{k_i}$的最小公倍式，故$\boldsymbol{A}$的最小多项式$m_{\boldsymbol{A}}(\lambda)=m_{\boldsymbol{J}}(\lambda)$是它的初等因子$(\lambda-\lambda_1)^{k_1},(\lambda-\lambda_2)^{k_2},\cdots,(\lambda-\lambda_t)^{k_t}$的最小公倍式. 将$\boldsymbol{A}$的所有初等因子按定理 9.8 的证明中(4.1) 排列，容易看到，$\boldsymbol{A}$的初等因子的最小公倍式恰好是不同的不可约因式的最高方幂的乘积，据(4.2)，这乘积就是$d_n(\lambda)$. ∎

由定理 9.14，我们容易得到下面的推论：

推论 n阶矩阵$\boldsymbol{A}$的最小多项式$m_{\boldsymbol{A}}(\lambda)$是特征多项式的因式，而且$m_{\boldsymbol{A}}(\lambda)$中包含了特征多项式中所有的不可约因式.

最后，我们指出，利用矩阵的最小多项式可以简化矩阵的多项式的计算. 例如：计算n阶矩阵$\boldsymbol{A}$的高次多项式$f(\boldsymbol{A})$，可用带余除法$f(\lambda)=m_{\boldsymbol{A}}(\lambda)q(\lambda)+r(\lambda)$和$m_{\boldsymbol{A}}(\boldsymbol{A})=\boldsymbol{O}$，将$f(\boldsymbol{A})$的计算简化为计算$r(\boldsymbol{A})$，而$r(\lambda)$的次数要比$m_{\boldsymbol{A}}(\lambda)$低，这对将来计算$\boldsymbol{A}$的矩阵函数是十分有用的.

习题 9.5

1. 求下列矩阵的若尔当标准形：

1) $\begin{pmatrix}1&-1&0\\0&-1&0\\-1&2&1\end{pmatrix}$；　2) $\begin{pmatrix}2&6&-15\\1&1&-5\\1&2&-6\end{pmatrix}$；

3) $\begin{pmatrix}13&16&14\\-6&-7&-6\\-6&-8&-7\end{pmatrix}$；　4) $\begin{pmatrix}3&1&-3\\-4&-2&6\\-1&-1&5\end{pmatrix}$；

5) $\begin{pmatrix}1&-3&3\\-2&-6&13\\-1&-4&8\end{pmatrix}$；　6) $\begin{pmatrix}1&-2&-1\\-2&4&2\\3&-6&-3\end{pmatrix}$；

7) $\begin{pmatrix}1&-1&1\\3&-3&3\\2&-2&2\end{pmatrix}$；　8) $\begin{pmatrix}0&0&0&-1\\1&0&0&-4\\0&1&0&-6\\0&0&1&-4\end{pmatrix}$；

9) $\begin{pmatrix}0&0&0&-4\\1&0&0&12\\0&1&0&-13\\0&0&1&6\end{pmatrix}$；　10) $\begin{pmatrix}1&2&3&\cdots&n\\0&1&2&\cdots&n-1\\0&0&1&\cdots&n-2\\\vdots&\vdots&\vdots&\ddots&\vdots\\0&0&0&\cdots&1\end{pmatrix}$.

2. 求下列矩阵的最小多项式：

1) $\begin{pmatrix} -1 & 1 & 0 \\ -4 & 3 & 0 \\ 1 & 0 & 2 \end{pmatrix}$； 2) $\begin{pmatrix} 1 & 0 & 0 & 0 \\ 0 & 2 & 0 & 0 \\ 0 & 0 & 2 & 0 \\ 0 & 0 & 1 & 2 \end{pmatrix}$；

3) $\begin{pmatrix} 1 & 2 & -3 \\ 1 & 1 & 2 \\ 1 & -1 & 4 \end{pmatrix}$； 4) $\begin{pmatrix} 2 & -5 & 2 \\ -1 & 5 & -3 \\ 1 & 0 & -1 \end{pmatrix}$；

5) $\begin{pmatrix} 3 & -1 & 3 & -1 \\ -1 & 3 & -1 & 3 \\ -3 & 1 & -3 & 1 \\ 1 & -3 & 1 & -3 \end{pmatrix}$； 6) $\begin{pmatrix} 1 & 2 & 0 & 0 \\ -2 & -3 & 0 & 0 \\ 0 & 0 & 0 & -1 \\ 0 & 0 & 1 & -2 \end{pmatrix}$.

探究与发现

在数域 C,R 上的幂么矩阵的分类

设 $\boldsymbol{A}$ 为 n 阶矩阵，若有正整数 k 使 $\boldsymbol{A}^k=\boldsymbol{E}$，$\boldsymbol{A}^i\neq\boldsymbol{E}$ $(1\leqslant i\leqslant k)$（即 k 是使 $\boldsymbol{A}^k=\boldsymbol{E}$ 成立的最小正整数），则称 $\boldsymbol{A}$ 为 k 次幂么矩阵（$k=2$ 时，特称为对合矩阵）. 讨论数域 **C**,**R** 上的有限次幂么矩阵的分类问题，就是要求将数域 **C**（或 **R**）上所有的有限次幂么矩阵按相似关系来进行分类.

我们从一些特殊情况出发进行探讨.

探究 设 $\boldsymbol{A}$ 为 3 阶复对合矩阵，求 $\boldsymbol{A}$ 的所有的若尔当标准形. 由此你对复数域上的有限次幂么矩阵的分类问题有什么猜测吗？

首先，求 $\boldsymbol{A}$ 的最小多项式 $m_{\boldsymbol{A}}(\lambda)$.

由于 $\boldsymbol{A}^2=\boldsymbol{E}$，故 λ^2-1 是 $\boldsymbol{A}$ 的零化多项式，从而 $m_{\boldsymbol{A}}(\lambda)\mid(\lambda^2-1)$，又因为

$$\lambda^2-1=(\lambda+1)(\lambda-1),$$

故 $m_{\boldsymbol{A}}(\lambda)$ 只可能是 $\lambda+1$，或 $\lambda-1$，或 $(\lambda+1)(\lambda-1)$.

接着，求 $\boldsymbol{A}$ 的初等因子.

由于 3 阶矩阵 $\boldsymbol{A}$ 的初等因子的次数之和为 3，故 $\boldsymbol{A}$ 的初等因子只可能是

$$\lambda+1,\lambda+1,\lambda+1;\lambda+1,\lambda+1,\lambda-1;\lambda+1,\lambda-1,\lambda-1;\lambda-1,\lambda-1,\lambda-1.$$

由于 $\boldsymbol{A}$ 的初等因子都是 1 次的，由定理 9.10 知，$\boldsymbol{A}$ 的若尔当形矩阵是下列对角矩阵之一：

$$\begin{pmatrix} -1 & & \\ & -1 & \\ & & -1 \end{pmatrix},\begin{pmatrix} -1 & & \\ & -1 & \\ & & 1 \end{pmatrix},\begin{pmatrix} -1 & & \\ & 1 & \\ & & 1 \end{pmatrix},$$

因此，3 阶复对合矩阵可以分成 3 类(注意，初等因子为 $\lambda-1,\lambda-1,\lambda-1$ 的矩阵是单位矩阵，不是对合矩阵).

可以猜测：

命题 1 设 $\boldsymbol{A}$ 是 n 阶复矩阵，$\boldsymbol{A}$ 是有限次幂么矩阵的充分必要条件是 $\boldsymbol{A}$ 相似于对角矩阵

$$\begin{pmatrix} \lambda_1 & & & \\ & \lambda_2 & & \\ & & \ddots & \\ & & & \lambda_n \end{pmatrix},$$

其中 λ_i 是单位根[①] $(i=1,2,\cdots,n)$，设使 $\lambda_i^m=1$ 的最小正整数 m 为 m_i，则 $\boldsymbol{A}$ 的次数 k 是 $m_1,m_2,\cdots,m_n$ 的最小公倍数.

证明留作练习.

由上述结果可知，对任意给定的 $k\geqslant 1$，皆有 n 阶的 k 次幂么矩阵存在.

下面我们讨论实数域 $\mathbf{R}$ 上的幂么矩阵的分类问题. 实数域的情形比复数域复杂. 在复数域上，λ^k-1 可以分解成一次因式的乘积

$$\lambda^k-1=(\lambda-1)(\lambda-\omega)\cdots(\lambda-\omega^{k-1}), \qquad ①$$

其中 $\omega=\cos\dfrac{2\pi}{k}+\mathrm{i}\sin\dfrac{2\pi}{k}$ 是 k 次单位根，而在实数域上，由 8.7 节定理 8.16 知，可把 ① 式中的共轭虚根 ω^j 和 ω^{k-j} 配对，构成 λ^k-1 的二次不可约因式

$$(\lambda-\omega^j)(\lambda-\omega^{k-j})=\lambda^2-\left(2\cos\frac{2\pi j}{k}\right)\lambda+1.$$

令

$$p_\theta=\lambda^2-(2\cos\theta)\lambda+1,\quad \theta_j=\frac{2\pi j}{k},$$

则在实数域上，λ^k-1 分解成一次与二次不可约因式的乘积

$$\lambda^k-1=\begin{cases}(\lambda-1)(\lambda+1)p_{\theta_1}\cdots p_{\theta_r}, & 若\ k=2r+2;\\ (\lambda-1)p_{\theta_1}\cdots p_{\theta_r}, & 若\ k=2r+1.\end{cases} \qquad ②$$

这样，n 阶矩阵 $\boldsymbol{A}$ 不一定有 n 个实数值的特征值，故不一定可对角化.

我们先讨论实数域上 2 阶有限次幂么矩阵的分类问题.

探究 由 5.3.4 节知，使坐标轴绕原点旋转 θ 角的坐标旋转变换的矩阵是

---

① 1 的 k 次方根称为 k 次单位根. 在复数域中，k 次单位根有 k 个，即 $1,\omega,\cdots,\omega^{k-1}$，其中 $\omega=\cos\dfrac{2\pi}{k}+\mathrm{i}\sin\dfrac{2\pi}{k}$.

$$A_\theta=\begin{pmatrix}\cos\theta & -\sin\theta\\ \sin\theta & \cos\theta\end{pmatrix},$$

容易看到，A_θ 是有限次幂么矩阵的充分必要条件是θ是2π的有理数倍. 如何利用坐标旋转变换的矩阵A_θ来解决2阶有限次幂么矩阵的分类问题呢?

经计算得，矩阵 A_θ 的特征多项式为

$$\chi_{A_\theta}(\lambda)=\lambda^2-(2\cos\theta)\lambda+1.$$

若 $0<\theta<\pi$，则 $\chi_{A_\theta}(\lambda)$ 在 $\mathbf{R}$ 上是不可约的(这是因为此时判别式 $\sqrt{(-2\cos\theta)^2-4}<0$)，而特征多项式又是 A_θ 的所有不变因子的乘积，故 A_θ 的不变因子为 $1,\lambda^2-(2\cos\theta)\lambda+1$，据定理 9.7 的推论，不变因子为 1，$\lambda^2-(2\cos\theta)\lambda+1$ 的 2 阶实矩阵都与 A_θ 相似.

下面利用 ② 式对 2 阶 k 次幂么矩阵A 的不变因子的可能情形进行分析，从而解决分类问题. 由于 A 的最小多项式 $m_A(\lambda)\mid(\lambda^k-1)$，且由定理 9.14 知，$m_A(\lambda)$ 就是 A 的最后一个不变因子 $d_2(\lambda)$，由 ② 式得：

当 $k=1$ 时，A 的不变因子只可能是$\lambda-1,\lambda-1$. 由此可得

$$A=E=\begin{pmatrix}\cos 0 & -\sin 0\\ \sin 0 & \cos 0\end{pmatrix}=A_0.$$

当$k=2$时，A 的不变因子可能是$\lambda+1,\lambda+1;1,(\lambda-1)(\lambda+1)$. 由此可得

$$A\sim\begin{pmatrix}-1 & 0\\ 0 & -1\end{pmatrix}=\begin{pmatrix}\cos\pi & -\sin\pi\\ \sin\pi & \cos\pi\end{pmatrix}=A_\pi \quad 或 \quad A\sim\begin{pmatrix}1 & 0\\ 0 & -1\end{pmatrix},$$

其中矩阵$\begin{pmatrix}1 & 0\\ 0 & -1\end{pmatrix}$也可看成平面直角坐标系中以 x 轴为轴的反射变换的矩阵.

当 $k\geqslant 3$ 时，A 的不变因子只可能是$1,p_\theta$，其中$\theta=\dfrac{2\pi j}{k}$，$1\leqslant j\leqslant r$，且 $k=2r+2$ 或 $2r+1$，即θ是 2π 的有理数倍且 $0<\theta<\pi$. 由此可得 $A\sim A_\theta$.

综上所述，即得

定理 9.15 设 A 是 2 阶实矩阵，A 是有限次幂么矩阵的充分必要条件是A 相似于坐标旋转变换矩阵$\begin{pmatrix}\cos\theta & -\sin\theta\\ \sin\theta & \cos\theta\end{pmatrix}$(其中$\theta$ $(0\leqslant\theta\leqslant\pi)$是$2\pi$的有理数倍)或相似于反射变换矩阵$\begin{pmatrix}1 & 0\\ 0 & -1\end{pmatrix}$.

由定理 9.15 知，在 $\mathbf{R}$ 上，对任意正整数 k，皆有 k 次幂么矩阵存在.

可以猜测：

命题 2 设 $\boldsymbol{A}$ 是 n 阶实矩阵，$\boldsymbol{A}$ 是有限次幂幺矩阵的充分必要条件是 $\boldsymbol{A}$ 相似于分块对角矩阵，其主对角线上的子块分别为

$$\boldsymbol{E}_{k_1},\ -\boldsymbol{E}_{k_2},\ \underbrace{\boldsymbol{A}_{\theta_1},\ \cdots,\ \boldsymbol{A}_{\theta_1}}_{d_1\text{个}},\ \cdots,\ \underbrace{\boldsymbol{A}_{\theta_r},\ \cdots,\ \boldsymbol{A}_{\theta_r}}_{d_r\text{个}},$$

其中 $k_1,k_2\geqslant 0$，$r\geqslant 0$，$d_1,\cdots,d_r\geqslant 1$，$0<\theta_1<\cdots<\theta_r<\pi$，每个 θ_i 都是 2π 的有理数倍，且

$$k_1+k_2+2(d_1+\cdots+d_r)=n.$$

令 $\theta_i=\dfrac{2\pi a_i}{b_i}$，其中 $\dfrac{a_i}{b_i}$ 是简约分数，则当 $k_2>0$（或 $k_2=0$）时，$\boldsymbol{A}$ 的次数分别是最小公倍数 $[2,b_1,\cdots,b_r]$（或 $[b_1,b_2,\cdots,b_r]$）.

证明留作练习.

接着，我们自然会问，如何对有理数域 $\mathbf{Q}$ 上的幂幺矩阵进行分类呢？

由 8.8 节知，在有理数域上多项式的因式分解要比在复数域和实数域的情况复杂得多. 但是对于多项式 x^k-1 在 $\mathbf{Q}$ 上的因式分解，可以利用初等数论中的分圆多项式加以解决，这里就不再详细讨论了，有兴趣的读者可以参阅[9]. 下面只简单介绍有关 2 阶有限次幂幺矩阵的分类的结果：

设 $\boldsymbol{A}$ 是有理数域上的 2 阶矩阵，$\boldsymbol{A}$ 是有限次幂幺矩阵的充分必要条件是 $\boldsymbol{A}$ 与下列矩阵之一相似：

$$\begin{pmatrix}1&0\\0&1\end{pmatrix},\begin{pmatrix}1&0\\0&-1\end{pmatrix},\begin{pmatrix}-1&0\\0&-1\end{pmatrix},\begin{pmatrix}0&-1\\1&-1\end{pmatrix},\begin{pmatrix}0&-1\\1&0\end{pmatrix},\begin{pmatrix}0&-1\\1&1\end{pmatrix}.$$

与复和实的情况不同，$\mathbf{Q}$ 上的 2 阶有限次幂幺矩阵的次数只能是 1,2,3,4,6，其中 $\begin{pmatrix}1&0\\0&1\end{pmatrix}$ 是 1 次的，$\begin{pmatrix}1&0\\0&-1\end{pmatrix}$ 和 $\begin{pmatrix}-1&0\\0&-1\end{pmatrix}$ 是 2 次的，$\begin{pmatrix}0&-1\\1&-1\end{pmatrix}$ 是 3 次的，$\begin{pmatrix}0&-1\\1&0\end{pmatrix}$ 是 4 次的，$\begin{pmatrix}0&-1\\1&1\end{pmatrix}$ 是 6 次的.

练　习

证明命题 1 和命题 2.

章课题　低秩矩阵的特征多项式和最小多项式

设 $\boldsymbol{A}=(a_{ij})$ 是 n 阶矩阵，由第 4 章探究题第 2 题 3) 知，$\boldsymbol{A}$ 的特征多项式为

$$|\lambda\boldsymbol{E}-\boldsymbol{A}|=\lambda^n-a_1\lambda^{n-1}+\cdots+(-1)^{n-1}a_{n-1}\lambda+(-1)^n a_n, \qquad ①$$

其中 a_k 等于 $\boldsymbol{A}$ 的全部 k 阶主子式之和. 设 $\boldsymbol{A}$ 的秩 $\mathrm{r}(\boldsymbol{A})=r$，则 $a_k=0$，$k=r+1,r+2,\cdots,n$，① 式又可写成

$$|\lambda\boldsymbol{E}-\boldsymbol{A}|=\lambda^n-a_1\lambda^{n-1}+\cdots+(-1)^r a_r\lambda^{n-r}. \qquad ②$$

由 ② 式可见，当 $r=n$ 或 $n-1$ 时，上式并未产生新的结果，但当 r 较小时，在低秩的情况下，$|\lambda\boldsymbol{E}-\boldsymbol{A}|$ 含有因式 λ^{n-r}，这个有趣的结果引起我们对它进一步地研究. 本课题将探讨用矩阵的满秩分解来求低秩矩阵的特征多项式和最小多项式.

由 3.3 节定理 3.5 知，n 阶矩阵 $\boldsymbol{A}$ 可经初等变换化为标准形

$$\boldsymbol{I}_r=\begin{pmatrix}\boldsymbol{E}_r & \boldsymbol{O}\\ \boldsymbol{O} & \boldsymbol{O}\end{pmatrix},$$

其中 $\boldsymbol{E}_r$ 是 r 阶单位矩阵，$r=\mathrm{r}(\boldsymbol{A})$，即存在 n 阶可逆矩阵 $\boldsymbol{P}$ 和 $\boldsymbol{Q}$，使 $\boldsymbol{PAQ}=\boldsymbol{I}_r$，即

$$\boldsymbol{A}=\boldsymbol{P}^{-1}\boldsymbol{I}_r\boldsymbol{Q}^{-1}=\boldsymbol{P}^{-1}\begin{pmatrix}\boldsymbol{E}_r & \boldsymbol{O}\\ \boldsymbol{O} & \boldsymbol{O}\end{pmatrix}\boldsymbol{Q}^{-1}. \qquad ③$$

由于 $\boldsymbol{I}_r$ 的分块矩阵中有 3 个子块为零矩阵，故在 ③ 式中可以对 $\boldsymbol{P}^{-1}$，$\boldsymbol{Q}^{-1}$ 也作相应的分块后，再将它们相乘. 令

$$\boldsymbol{P}^{-1}=(\boldsymbol{H},\boldsymbol{H}_1),\quad \boldsymbol{Q}^{-1}=\begin{pmatrix}\boldsymbol{L}\\ \boldsymbol{L}_1\end{pmatrix},$$

其中 $\boldsymbol{H}$ 与 $\boldsymbol{H}_1$ 分别是 $n\times r$ 矩阵与 $n\times(n-r)$ 矩阵，$\boldsymbol{L}$ 与 $\boldsymbol{L}_1$ 分别是 $r\times n$ 矩阵与 $(n-r)\times n$ 矩阵，将它们代入 ③ 式，得

$$\boldsymbol{A}=(\boldsymbol{H},\boldsymbol{H}_1)\begin{pmatrix}\boldsymbol{E}_r & \boldsymbol{O}\\ \boldsymbol{O} & \boldsymbol{O}\end{pmatrix}\begin{pmatrix}\boldsymbol{L}\\ \boldsymbol{L}_1\end{pmatrix}=(\boldsymbol{H},\boldsymbol{O})\begin{pmatrix}\boldsymbol{L}\\ \boldsymbol{L}_1\end{pmatrix}=\boldsymbol{HL}. \qquad ④$$

由于 $\boldsymbol{P}^{-1}$ 可逆，$\boldsymbol{P}^{-1}$ 的前 r 列线性无关，因此 $\mathrm{r}(\boldsymbol{H})=r$. 一般地，如果矩阵的秩等于它的列数(或行数)，则称此矩阵为列满秩矩阵(或行满秩矩阵). 由此可知，$\boldsymbol{H}$ 是列满秩矩阵. 同理可知，$\boldsymbol{L}$ 是行满秩矩阵. 这样，我们已经证明了以下定理.

定理 9.16　设 n 阶矩阵 $\boldsymbol{A}$ 的秩为 r，则存在 $n\times r$ 列满秩矩阵 $\boldsymbol{H}$ 和 $r\times n$ 行满秩矩阵 $\boldsymbol{L}$，使

$$\boldsymbol{A}=\boldsymbol{HL}. \qquad ⑤$$

上式称为 $\boldsymbol{A}$ 的满秩分解式，矩阵的满秩分解在计算低秩矩阵的特征多项式和最小多项式时会带来方便.

问题 1　1) 设 $\boldsymbol{H},\boldsymbol{L}$ 分别为 $n\times m$ 与 $m\times n$ $(n>m)$ 矩阵，由定理 3.5 知，存在 n 阶可逆矩阵 $\boldsymbol{P}$ 和 m 阶可逆矩阵 $\boldsymbol{Q}$，使

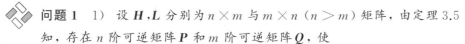

$$PHQ=\begin{pmatrix}E_r & O\\ O & O\end{pmatrix}_{n\times m},$$

其中 $r=\mathrm{r}(H)$. 令

$$Q^{-1}LP^{-1}=\begin{pmatrix}L_1 & L_2\\ L_3 & L_4\end{pmatrix}_{m\times n},$$

其中 L_1 是 r 阶矩阵. 计算矩阵 $PHLP^{-1}$ 和 $Q^{-1}LHQ$，并比较它们的特征多项式，你有什么发现?

2) 利用 1) 的结果，求 n 阶对称矩阵

$$A=\begin{pmatrix}0 & 1 & 1 & \cdots & 1\\ 1 & 0 & 1 & \cdots & 1\\ 1 & 1 & 0 & \cdots & 1\\ \vdots & \vdots & \vdots & \ddots & \vdots\\ 1 & 1 & 1 & \cdots & 0\end{pmatrix}$$

的特征多项式与 n 个特征值.

问题 2 1) 设秩为 r ($<n$) 的 n 阶矩阵 A 的满秩分解为

$$A=HL, \tag{⑥}$$

那么 $A=HL$ 的多项式 $f(A)$ 与 LH 的多项式 $f(LH)$ 有什么关系? 由此你能发现 A 的最小多项式与 $D=LH$ 的最小多项式之间的关系吗?

2) 利用 1) 的结果，求下列矩阵的特征多项式和最小多项式:

① $A=\begin{pmatrix}1 & 1 & \cdots & 1\\ 1 & 1 & \cdots & 1\\ \vdots & \vdots & \ddots & \vdots\\ 1 & 1 & \cdots & 1\end{pmatrix}_{n\times n}$; ② $A=\begin{pmatrix}1 & 2 & 3 & 4\\ 5 & 6 & 7 & 8\\ 3 & 2 & 1 & 0\\ 4 & 4 & 4 & 4\end{pmatrix}$;

③ $A=\begin{pmatrix}1 & 1 & 5 & 6\\ 4 & 0 & 12 & 20\\ 2 & 4 & 14 & 14\\ 4 & 1 & 14 & 21\end{pmatrix}$.

复 习 题

A 组

1. 填空题

1) 设 $A(\lambda)$ 是秩为 4 的 6 阶 λ- 矩阵，初等因子为 $\lambda,\lambda,\lambda^3,\lambda-1,\lambda-1$,

$\lambda+1,(\lambda+1)^2$，则 $\boldsymbol{A}(\lambda)$ 的标准形为________.

2) 设 $\boldsymbol{A}(\lambda)$ 是秩为 6 的 8 阶 λ- 矩阵，初等因子为 $\lambda,\lambda,\lambda^2,\lambda^3,\lambda-2,(\lambda-2)^3,(\lambda-2)^4$，则 $\boldsymbol{A}(\lambda)$ 的行列式因子为________.

3) 矩阵 $\boldsymbol{A}=\begin{pmatrix}2&1\\-1&0\end{pmatrix}$ 的若尔当标准形是________.

4) 设 $\boldsymbol{A}$ 为 n 阶矩阵，且 $\boldsymbol{A}^k=\boldsymbol{O}\ (k>0)$，则 $|\boldsymbol{A}+\boldsymbol{E}|=$________.

2. 选择题

1) 在下列矩阵中，与矩阵 $\begin{pmatrix}1&0&0\\0&2&0\\0&0&-1\end{pmatrix}$ 相似的是(　　).

(A) $\begin{pmatrix}1&-1&0\\-1&2&0\\0&0&2\end{pmatrix}$　　(B) $\begin{pmatrix}-2&0&0\\0&1&0\\0&0&1\end{pmatrix}$

(C) $\begin{pmatrix}2&0&0\\0&1&-1\\0&2&-1\end{pmatrix}$　　(D) $\begin{pmatrix}0&1&0\\1&0&0\\0&0&2\end{pmatrix}$

2) 在下列矩阵中，与矩阵 $\begin{pmatrix}a&&&\\&a&1&\\&&a&1\\&&&a\end{pmatrix}$ 相似的是(　　).

(A) $\begin{pmatrix}a&&&\\&a&&\\&&a&\\&&&a\end{pmatrix}$　　(B) $\begin{pmatrix}a&1&&\\&a&&\\&&a&1\\&&&a\end{pmatrix}$

(C) $\begin{pmatrix}a&1&&\\&a&1&\\&&a&\\&&&a\end{pmatrix}$　　(D) $\begin{pmatrix}a&1&&\\&a&1&\\&&a&1\\&&&a\end{pmatrix}$

3. 设有 6 阶矩阵

$$\boldsymbol{A}=\begin{pmatrix}a&-b&&&&\\b&a&1&&&\\&&a&-b&&\\&&b&a&1&\\&&&&a&-b\\&&&&b&a\end{pmatrix},$$

a,b 都是实数，且 $b\neq0$. 试求 $\lambda\boldsymbol{E}-\boldsymbol{A}$ 的不变因子，初等因子以及 $\boldsymbol{A}$ 的若尔

当标准形.

4. 设 n 阶复矩阵

$$\boldsymbol{A}=\begin{pmatrix}0&1&&&\\&0&1&&\\&&0&\ddots&\\&&&\ddots&1\\&&&&0\end{pmatrix},\quad \boldsymbol{B}=\begin{pmatrix}0&1&&&*\\&0&1&&\\&&0&\ddots&\\&&&\ddots&1\\&&&&0\end{pmatrix},$$

其中 $\boldsymbol{B}$ 的 * 处的元素可以是任意数. 证明: $\boldsymbol{A}$ 与 $\boldsymbol{B}$ 相似.

5. 如果 n 阶矩阵 $\boldsymbol{A}$, 满足 $\boldsymbol{A}^2=\boldsymbol{A}$, 则称 $\boldsymbol{A}$ 为幂等阵, 试求 3 阶幂等阵的所有若尔当标准形.

6. 若 n 阶复矩阵 $\boldsymbol{A}$, 满足 $\boldsymbol{A}^m=\boldsymbol{A}$ $(1<m\leqslant n)$, 证明: $\boldsymbol{A}$ 必与一个对角矩阵相似.

B 组

1. 证明: n 阶矩阵 $\boldsymbol{A}$ 的特征值全为零的充分必要条件是存在正整数 k, 使得 $\boldsymbol{A}^k=\boldsymbol{O}$.

2. 设 $\boldsymbol{A}$ 为 n 阶矩阵, $\boldsymbol{A}^k=\boldsymbol{O}$, 且 k 为满足 $\boldsymbol{A}^k=\boldsymbol{O}$ 的最小正整数, 称 $\boldsymbol{A}$ 为 k 次幂零矩阵. 证明: 所有 n 阶 $n-1$ 次幂零矩阵相似.

3. 设 $\boldsymbol{A}$ 为 n 阶复矩阵, $|\lambda\boldsymbol{E}-\boldsymbol{A}|=(\lambda-1)^n$, 证明: $\boldsymbol{A}$ 与 $\boldsymbol{A}^{-1}$ 相似.

4. 设 $\boldsymbol{A}$ 为 n 阶复矩阵, $|\lambda\boldsymbol{E}-\boldsymbol{A}|=(\lambda-1)^n$, 证明: $\boldsymbol{A}^k$ 与 $\boldsymbol{A}$ 相似, 其中 k $(\leqslant n)$ 为正整数.

探究题

设 $d(\lambda)=\lambda^n+a_1\lambda^{n-1}+\cdots+a_{n-1}\lambda+a_n$ 是数域 $\mathbf{F}$ 上的首项系数为 1 的多项式, 则矩阵

$$\boldsymbol{C}_{d(\lambda)}=\begin{pmatrix}0&0&\cdots&0&-a_n\\1&0&\cdots&0&-a_{n-1}\\0&1&\cdots&0&-a_{n-2}\\\vdots&\vdots&&\vdots&\vdots\\0&0&\cdots&1&-a_1\end{pmatrix}$$

称为多项式 $d(\lambda)$ 的友矩阵.

设数域 $\mathbf{F}$ 上 n 阶矩阵 $\boldsymbol{A}$ 的不变因子为

$$1,1,\cdots,1,d_1(\lambda),d_2(\lambda),\cdots,d_s(\lambda),$$

其中 $d_i(\lambda)$ 的次数 $\deg d_i(\lambda) \geqslant 1$，$i=1,2,\cdots,s$，且 $d_i(\lambda) \mid d_{i+1}(\lambda)$，则

$$\sum_{i=1}^{s} \deg d_i(\lambda) = n.$$

设 $C_1, C_2, \cdots, C_s$ 分别是 $d_1(\lambda), d_2(\lambda), \cdots, d_s(\lambda)$ 的友矩阵，则 C_i 是 $\deg d_i(\lambda)$ 阶矩阵，$i=1,2,\cdots,s$，称分块对角矩阵

$$\boldsymbol{C} = \begin{pmatrix} C_1 & & & \\ & C_2 & & \\ & & \ddots & \\ & & & C_s \end{pmatrix}$$

为矩阵 $\boldsymbol{A}$ 的有理标准形.

证明：数域 $\mathbf{F}$ 上的任意 n 阶矩阵 $\boldsymbol{A}$（在 $\mathbf{F}$ 上）必相似于它的有理标准形 $\boldsymbol{C}$.

第 10 章　欧几里得空间

在 4.4 节中，我们在 n 维实向量空间 $\mathbf{R}^n$ 中引入了内积的概念，从而给出了 $\mathbf{R}^n$ 中向量的长度、夹角的概念，由此解决了实对称矩阵的对角化问题和 5.3 节中二次型的主轴问题. 在第 6 章中，我们将 $\mathbf{R}^n$ 推广到线性空间，本章将在实线性空间上定义一个内积，使之成为具有度量性质的实线性空间，从而扩大线性空间理论的应用范围，使它在泛函分析、拓扑学、力学和物理学中都能得到广泛的应用. 由于这种具有度量性质的实线性空间是欧几里得几何空间(通常的二维几何空间 V_2 和三维几何空间 V_3) 的概念的推广，故把它称为欧几里得空间.

在本章中，我们引入"内积"的概念. 主要介绍欧几里得空间、酉空间的基本概念及基本性质，欧氏子空间，欧几里得空间的同构以及讨论若干特殊的线性变换(包括正交变换、对称变换和埃尔米特变换). 作为应用，我们还将介绍矩阵的奇异值分解与数字图像压缩技术.

10.1　欧几里得空间定义及基本性质

定义 10.1　设 V 是实数域 $\mathbf{R}$ 上的线性空间，在 V 中规定一个二元实函数，记为(α,β) (即对 V 中任意两个向量 α,β 有一个实数(α,β) 与之对应)，且满足以下条件：

1) $(\alpha,\beta)=(\beta,\alpha)$；(对称性)

2) $(k\alpha,\beta)=k(\alpha,\beta)$；

3) $(\alpha+\beta,\gamma)=(\alpha,\gamma)+(\beta,\gamma)$；

(2)、3) 线性性)

4) $(\alpha,\alpha)\geqslant 0$，当且仅当 $\alpha=0$ 时，$(\alpha,\alpha)=0$.(正定性)

这里 α,β,γ 是 V 中任意向量，k 是实数，则称 V 为**欧几里得空间**，简称**欧氏空间**，称(α,β) 为向量 α 与 β 的**内积**.

几何空间中向量的内积满足定义中的 4 个条件，所以几何空间 V_2(或 V_3) 是以向量的数量积为内积的欧几里得空间. $\mathbf{R}^n$ 按 4.4 节定义 4.4 定义的内积成为一个欧几里得空间.

例 10.1 实线性空间 $C[a,b]$（即定义在闭区间$[a,b]$上全体连续函数组成的实数域上的线性空间）中，对任意两个元素 $f(x),g(x)$，规定

$$(f(x),g(x))=\int_a^b f(x)g(x)\mathrm{d}x, \tag{1.1}$$

它是一个实数，且由定积分的性质，容易验证满足内积的 4 个条件. 于是 $C[a,b]$ 为欧几里得空间. 同样 $\mathbf{R}[x]$,$\mathbf{R}[x]_n$ 对(1.1) 也构成欧几里得空间.

现在我们来看欧几里得空间的一些基本性质.

由内积定义，可得$(0,\alpha)=0$. 事实上，

$$(0,\alpha)=(0\cdot\alpha,\alpha)=0\cdot(\alpha,\alpha)=0.$$

由于内积是对称的(即条件 1) $(\alpha,\beta)=(\beta,\alpha)$)，因此立即可得

1° $(\alpha,k\beta)=k(\alpha,\beta)$.

因为$(\alpha,k\beta)=(k\beta,\alpha)=k(\beta,\alpha)=k(\alpha,\beta)$.

2° $(\alpha,\beta+\gamma)=(\alpha,\beta)+(\alpha,\gamma)$.

这是因为$(\alpha,\beta+\gamma)=(\beta+\gamma,\alpha)=(\beta,\alpha)+(\gamma,\alpha)=(\alpha,\beta)+(\alpha,\gamma)$.

由条件 2),3) 与性质 1°,2° 可推知：

3° $\left(\sum_{i=1}^{s}k_i\alpha_i,\sum_{j=1}^{t}l_j\beta_j\right)=\sum_{i=1}^{s}\sum_{j=1}^{t}k_il_j(\alpha_i,\beta_j)$.

与 4.4 节在 $\mathbf{R}^n$ 中定义向量长度、夹角的概念(定义 4.5，定义 4.6) 完全一样，可以在欧里几得空间 V 中定义向量长度、夹角的概念，并得到相同的性质.

定义 10.2 非负实数$\sqrt{(\alpha,\alpha)}$ 称为向量 α 的**长度**，记为 $\|\alpha\|$.

显然，向量的长度一般是正数，只有零向量的长度才是零，且向量的长度具有如下性质：

1° $\|k\alpha\|=|k|\,\|\alpha\|$.

2° 若 $\alpha\neq0$，则$\dfrac{1}{\|\alpha\|}\alpha$ 为单位向量(长度为 1 的向量称为单位向量).

把非零向量 α 除以其长度 $\|\alpha\|$，得到一个单位向量$\dfrac{1}{\|\alpha\|}\alpha$，这种做法通常称为把 α **单位化**.

同样，4.4 节定理 4.6 在欧几里得空间中也成立，我们有

定理 10.1(柯西 - 布涅柯夫斯基不等式) 对欧几里得空间中任何两个向量 α,β，有

$$|(\alpha,\beta)|\leqslant\|\alpha\|\,\|\beta\|,\tag{1.2}$$

等号成立当且仅当 α,β 线性相关.

我们将柯西-布涅柯夫斯基不等式应用到各个欧几里得空间，就得出相应的一些不等式.

在 $\mathbf{R}^n$ 中，$\boldsymbol{\alpha}=(a_1,a_2,\cdots,a_n)$，$\boldsymbol{\beta}=(b_1,b_2,\cdots,b_n)$，

$$(\boldsymbol{\alpha},\boldsymbol{\beta})=a_1b_1+a_2b_2+\cdots+a_nb_n,$$

则柯西-布涅柯夫斯基不等式意味着

$$|a_1b_1+a_2b_2+\cdots+a_nb_n|\leqslant\sqrt{a_1^2+a_2^2+\cdots+a_n^2}\,\sqrt{b_1^2+b_2^2+\cdots+b_n^2}.$$

在例 10.1 中，$(f(x),g(x))=\int_a^b f(x)g(x)\mathrm{d}x$，这样柯西-布涅柯夫斯基不等式意味着

$$\left|\int_a^b f(x)g(x)\mathrm{d}x\right|\leqslant\sqrt{\int_a^b(f(x))^2\mathrm{d}x}\,\sqrt{\int_a^b(g(x))^2\mathrm{d}x}.$$

有了柯西-布涅柯夫斯基不等式后，我们同样可以引入两个向量夹角的定义.

定义 10.3 设 V 是欧几里得空间，α,β 为 V 中非零向量. α,β 的**夹角** $\langle\alpha,\beta\rangle$ 规定为

$$\langle\alpha,\beta\rangle=\arccos\frac{(\alpha,\beta)}{\|\alpha\|\,\|\beta\|},\quad 0\leqslant\langle\alpha,\beta\rangle\leqslant\pi.$$

我们也同样可以给出两个向量正交的定义.

定义 10.4 设 V 为欧几里得空间，$\alpha,\beta\in V$. 如果 $(\alpha,\beta)=0$，则称 α 与 β **正交(或垂直)**，记为 $\alpha\perp\beta$.

利用柯西-布涅柯夫斯基不等式和内积性质，可以得出向量长度的两个性质，它们有熟知的几何意义.

1° 设 V 为欧几里得空间，$\alpha,\beta\in V$，则有

$$\|\alpha+\beta\|\leqslant\|\alpha\|+\|\beta\|.\quad(\text{三角不等式})$$

证
$$\begin{aligned}\|\alpha+\beta\|^2&=(\alpha+\beta,\alpha+\beta)=(\alpha,\alpha)+2(\alpha,\beta)+(\beta,\beta)\\&\leqslant\|\alpha\|^2+2\|\alpha\|\,\|\beta\|+\|\beta\|^2\\&=(\|\alpha\|+\|\beta\|)^2.\end{aligned}$$

由于 $\|\alpha+\beta\|$，$\|\alpha\|+\|\beta\|$ 都是非负实数，故得

$$\|\alpha+\beta\|\leqslant\|\alpha\|+\|\beta\|.$$ ■

2° **勾股定理** 设 V 为欧几里得空间，$\alpha,\beta\in V$，如果 α,β 正交，则

$$\|\alpha+\beta\|^2=\|\alpha\|^2+\|\beta\|^2.$$

证 因为$(\alpha,\beta)=0$，所以

$$\begin{aligned}\|\alpha+\beta\|^2&=(\alpha+\beta,\alpha+\beta)=(\alpha,\alpha)+2(\alpha,\beta)+(\beta,\beta)\\&=\|\alpha\|^2+\|\beta\|^2.\end{aligned}$$ ■

推论 设$\alpha_1,\alpha_2,\cdots,\alpha_m\in V$，且$(\alpha_i,\alpha_j)=0\ (i\neq j;\ i,j=1,2,\cdots,m)$（即两两正交），则

$$\|\alpha_1+\alpha_2+\cdots+\alpha_m\|^2=\|\alpha_1\|^2+\|\alpha_2\|^2+\cdots+\|\alpha_m\|^2.$$

证明留作习题.

在一个欧几里得空间中，两个向量α,β的距离指的是$\alpha-\beta$的长度$\|\alpha-\beta\|$. 我们用符号$d(\alpha,\beta)$表示α与β的距离. 据内积定义及三角不等式，易证距离的下列性质：

1° 当$\alpha\neq\beta$时，$d(\alpha,\beta)>0$；

2° $d(\alpha,\beta)=d(\beta,\alpha)$；

3° $d(\alpha,\gamma)\leqslant d(\alpha,\beta)+d(\beta,\gamma)$，

这里α,β,γ是欧几里得空间的任意向量①.

性质3°证明如下：

证 $$\begin{aligned}d(\alpha,\gamma)&=\|\alpha-\gamma\|=\|(\alpha-\beta)-(\beta-\gamma)\|\\&\leqslant\|\alpha-\beta\|+\|\beta-\gamma\|=d(\alpha,\beta)+d(\beta,\gamma).\end{aligned}$$ ■

在以上的讨论中，对线性空间的维数未作限制，从现在开始，我们讨论有限维欧几里得空间. 在有限维线性空间中，选定一个基，向量由坐标刻画，线性变换由它在这基下的矩阵刻画. 在有限维欧几里得空间中，选定一个基后，我们将看到内积由基的度量矩阵刻画.

定义 10.5 设V为n维欧几里得空间，在V中取一个基$\varepsilon_1,\varepsilon_2,\cdots,\varepsilon_n$. 令

$$a_{ij}=(\varepsilon_i,\varepsilon_j)\quad(i,j=1,2,\cdots,n),$$

则称n阶矩阵

$$\boldsymbol{A}=(a_{ij})_{n\times n}=\begin{pmatrix}(\varepsilon_1,\varepsilon_1)&(\varepsilon_1,\varepsilon_2)&\cdots&(\varepsilon_1,\varepsilon_n)\\(\varepsilon_2,\varepsilon_1)&(\varepsilon_2,\varepsilon_2)&\cdots&(\varepsilon_2,\varepsilon_n)\\\vdots&\vdots&\ddots&\vdots\\(\varepsilon_n,\varepsilon_1)&(\varepsilon_n,\varepsilon_2)&\cdots&(\varepsilon_n,\varepsilon_n)\end{pmatrix}$$

为基$\varepsilon_1,\varepsilon_2,\cdots,\varepsilon_n$的**度量矩阵**.

度量矩阵完全确定了内积. 设V为n维欧几里得空间，$\varepsilon_1,\varepsilon_2,\cdots,\varepsilon_n$是$V$

---

① 由于在欧几里得空间上可以定义距离，故在泛函分析中，欧几里得空间是一个距离空间(即度量空间)，距离空间是泛函分析中重要的空间.

的一个基，此基的度量矩阵为 $\boldsymbol{A}=(a_{ij})_{n\times n}$，则我们可以求出 V 中任意两个向量的内积.

设

$$\alpha=x_1\varepsilon_1+x_2\varepsilon_2+\cdots+x_n\varepsilon_n,$$
$$\beta=y_1\varepsilon_1+y_2\varepsilon_2+\cdots+y_n\varepsilon_n,$$

则

$$(\alpha,\beta)=\left(\sum_{i=1}^{n}x_i\varepsilon_i,\sum_{j=1}^{n}y_j\varepsilon_j\right)=\sum_{i=1}^{n}\sum_{j=1}^{n}x_iy_j(\varepsilon_i,\varepsilon_j)=\sum_{i=1}^{n}\sum_{j=1}^{n}a_{ij}x_iy_j.$$

令

$$\boldsymbol{x}=\begin{pmatrix}x_1\\x_2\\\vdots\\x_n\end{pmatrix},\quad \boldsymbol{y}=\begin{pmatrix}y_1\\y_2\\\vdots\\y_n\end{pmatrix},$$

则

$$(\alpha,\beta)=\sum_{i=1}^{n}\sum_{j=1}^{n}a_{ij}x_iy_j=\boldsymbol{x}^{\mathrm{T}}\boldsymbol{A}\boldsymbol{y},\tag{1.3}$$

其中 $\boldsymbol{A}$ 为基 $\varepsilon_1,\varepsilon_2,\cdots,\varepsilon_n$ 的度量矩阵，$\boldsymbol{x},\boldsymbol{y}$ 分别为 α,β 在基 $\varepsilon_1,\varepsilon_2,\cdots,\varepsilon_n$ 下的坐标构成的列向量.

n 维欧几里得空间基 $\varepsilon_1,\varepsilon_2,\cdots,\varepsilon_n$ 的度量矩阵 $\boldsymbol{A}=(a_{ij})_{n\times n}$ 是对称矩阵，即 $\boldsymbol{A}=\boldsymbol{A}^{\mathrm{T}}$. 这是因为

$$a_{ji}=(\varepsilon_j,\varepsilon_i)=(\varepsilon_i,\varepsilon_j)=a_{ij}\quad(i,j=1,2,\cdots,n),$$

所以 $\boldsymbol{A}$ 为对称矩阵.

例 10.2 几何空间 V_3 的内积关于基 $\boldsymbol{i},\boldsymbol{j},\boldsymbol{k}$（即 $(1,0,0)^{\mathrm{T}},(0,1,0)^{\mathrm{T}},(0,0,1)^{\mathrm{T}}$）的度量矩阵是 3 阶单位矩阵 $\boldsymbol{E}_3$，因此几何空间 V_3 中列向量 $\boldsymbol{x},\boldsymbol{y}$ 的内积可以表示成 $\boldsymbol{x}^{\mathrm{T}}\boldsymbol{y}$.

从例 10.2 可以看到，由于基向量 $\boldsymbol{i},\boldsymbol{j},\boldsymbol{k}$ 互相正交，而且长度都是 1，所以基 $\boldsymbol{i},\boldsymbol{j},\boldsymbol{k}$ 的度量矩阵特别简单，是单位矩阵. 于是，我们在一般的 n 维欧几里得空间中也引入类似的基. 首先类似于 4.4 节定义 4.8 引入正交组的概念.

定义 10.6 如果欧几里得空间 V 中的非零向量 $\alpha_1,\alpha_2,\cdots,\alpha_m$ 两两正交，即

$$(\alpha_i,\alpha_j)=0\quad(i\neq j;\ i,j=1,2,\cdots,m),$$

则称 $\alpha_1,\alpha_2,\cdots,\alpha_m$ 为一**正交向量组**.

与定理 4.7 同样可以证明

定理 10.2 n 维欧几里得空间 V 中的正交向量组 $\alpha_1,\alpha_2,\cdots,\alpha_m$ 线性无关，且

$m \leqslant n$.

定义 10.7 设 V 为 n 维欧几里得空间.

1) 若 $\alpha_1,\alpha_2,\cdots,\alpha_n$ 为 V 的一个正交组，则它们构成 V 的一个基，称为**正交基**.

2) 若 $\alpha_1,\alpha_2,\cdots,\alpha_n$ 为 V 的一个正交基，且 $\alpha_i(i=1,2,\cdots,n)$ 为单位向量，则称 $\alpha_1,\alpha_2,\cdots,\alpha_n$ 为**标准正交基**.

显然，$\alpha_1,\alpha_2,\cdots,\alpha_n$ 为标准正交基当且仅当

$$(\alpha_i,\alpha_j)=\delta_{ij} \quad (i,j=1,2,\cdots,n), \tag{1.4}$$

其中

$$\delta_{ij}=\begin{cases}1, & \text{当 } i=j;\\ 0, & \text{当 } i\neq j.\end{cases}$$

由(1.4)可见，标准正交基的度量矩阵是单位矩阵. 反之亦然，由此可得

定理10.3 设 $\alpha_1,\alpha_2,\cdots,\alpha_n$ 为欧几里得空间 V 的一个基，则 $\alpha_1,\alpha_2,\cdots,\alpha_n$ 为标准正交基的充分必要条件是度量矩阵为单位矩阵.

证 设 $\alpha_1,\alpha_2,\cdots,\alpha_n$ 的度量矩阵为 $\boldsymbol{A}=(a_{ij})_{n\times n}$. 据定义，$a_{ij}=(\alpha_i,\alpha_j)$ $(i,j=1,2,\cdots,n)$，于是

$\alpha_1,\alpha_2,\cdots,\alpha_n$ 为标准正交基

$$\Leftrightarrow (\alpha_i,\alpha_j)=\begin{cases}1, & \text{当 } i=j;\\ 0, & \text{当 } i\neq j\end{cases} \Leftrightarrow a_{ij}=\begin{cases}1, & \text{当 } i=j;\\ 0, & \text{当 } i\neq j\end{cases}$$

$$\Leftrightarrow \boldsymbol{A}=\boldsymbol{E}.$$ ■

在标准正交基下计算内积特别简单. 如果 $\varepsilon_1,\varepsilon_2,\cdots,\varepsilon_n$ 为标准正交基，则由(1.3)和定理 10.3 知，两个向量的内积等于它们各个坐标对应乘积之和.

我们自然会产生这样的问题：在一个 n 维欧几里得空间中是否存在标准正交基，如何求标准正交基？ 我们可以用 4.4 节施密特正交化方法来求. 显然，定理 4.8 对欧几里得空间同样成立，于是我们有

定理10.4 设 $\alpha_1,\alpha_2,\cdots,\alpha_s(s\geqslant 2)$ 是 n 维欧几里得空间 V 中的一个线性无关的向量组，令

$$\left.\begin{aligned}&\beta_1=\alpha_1,\\ &\beta_{i+1}=\alpha_{i+1}-\sum_{k=1}^{i}\frac{(\alpha_{i+1},\beta_k)}{(\beta_k,\beta_k)}\beta_k, \quad i=1,2,\cdots,s-1,\end{aligned}\right\} \tag{1.5}$$

则 $\beta_1,\beta_2,\cdots,\beta_s$ 是一个正交向量组，且

$$L(\alpha_1,\alpha_2,\cdots,\alpha_k)=L(\beta_1,\beta_2,\cdots,\beta_k), \quad k=1,2,\cdots,s.$$

利用定理10.4，我们就可以从V的一个基出发，来构造一个标准正交基. 设$\alpha_1,\alpha_2,\cdots,\alpha_n$是$V$的任一个基，则由定理10.4，可构造正交基$\beta_1,\beta_2,\cdots,\beta_n$，再将该基单位化，即取$\gamma_i=\dfrac{\beta_i}{\|\beta_i\|}$，则$\gamma_1,\gamma_2,\cdots,\gamma_n$就是$V$的一个标准正交基. 于是，我们已经证明了下面的推论1.

推论1 每一n维欧几里得空间V必存在标准正交基(但并不一定唯一).

推论2 设V为n维欧几里得空间，$\alpha_1,\alpha_2,\cdots,\alpha_m$为$V$中一个正交向量组，则可将$\alpha_1,\alpha_2,\cdots,\alpha_m$扩充为$V$的一个正交基.

证 由定理10.2知，$\alpha_1,\alpha_2,\cdots,\alpha_m$线性无关，再由6.3节定理6.5，可扩充为$V$的一个基$\alpha_1,\alpha_2,\cdots,\alpha_m,\beta_{m+1},\cdots,\beta_n$，再由定理10.4，求得$\alpha_{m+1},\cdots,\alpha_n$，使得$\alpha_1,\alpha_2,\cdots,\alpha_m,\alpha_{m+1},\cdots,\alpha_n$是正交基. ■

由定理10.4及其推论1的证明知，标准正交基$\gamma_1,\gamma_2,\cdots,\gamma_n$中每一向量$\gamma_i$均可由$\alpha_1,\alpha_2,\cdots,\alpha_i$线性表示($i=1,2,\cdots,n$)，即有

$$\begin{cases}\gamma_1=k_{11}\alpha_1,\\ \gamma_2=k_{21}\alpha_1+k_{22}\alpha_2,\\ \cdots\cdots\cdots\cdots\cdots\cdots\cdots\cdots\\ \gamma_i=k_{i1}\alpha_1+k_{i2}\alpha_2+\cdots+k_{ii}\alpha_i,\\ \cdots\cdots\cdots\cdots\cdots\cdots\cdots\cdots\cdots\cdots\cdots\\ \gamma_n=k_{n1}\alpha_1+k_{n2}\alpha_2+\cdots+k_{nn}\alpha_n.\end{cases}$$

于是可知，由基$\alpha_1,\alpha_2,\cdots,\alpha_n$到$\gamma_1,\gamma_2,\cdots,\gamma_n$的过渡矩阵是

$$\boldsymbol{A}=\begin{pmatrix}k_{11}&k_{21}&\cdots&k_{n1}\\0&k_{22}&\cdots&k_{n2}\\\vdots&\vdots&\ddots&\vdots\\0&0&\cdots&k_{nn}\end{pmatrix}.$$

因此，由基$\alpha_1,\alpha_2,\cdots,\alpha_n$到标准正交基$\gamma_1,\gamma_2,\cdots,\gamma_n$的过渡矩阵是上三角矩阵.

> **思考题** 如果推论1中的$V=\mathbf{R}^n$，设由基$\alpha_1,\alpha_2,\cdots,\alpha_n$和标准正交基$\gamma_1,\gamma_2,\cdots,\gamma_n$作为列向量组分别构成$n$阶矩阵$\boldsymbol{B}$和$\boldsymbol{Q}$，两个基之间的过渡矩阵仍是$\boldsymbol{A}$. 问：矩阵$\boldsymbol{B},\boldsymbol{Q}$和$\boldsymbol{A}$之间有什么关系？利用这关系，你能给出一个解$n$元线性方程组$\boldsymbol{Bx}=\boldsymbol{b}$的新方法吗？

若$\varepsilon_1,\varepsilon_2,\cdots,\varepsilon_n$和$\eta_1,\eta_2,\cdots,\eta_n$是欧氏空间$V$的两个标准正交基，那么

它们的过渡矩阵有什么性质呢?

设它们之间的过渡矩阵是 $\boldsymbol{A}=(a_{ij})_{n\times n}$，即

$$(\eta_1,\eta_2,\cdots,\eta_n)=(\varepsilon_1,\varepsilon_2,\cdots,\varepsilon_n)\boldsymbol{A}, \tag{1.6}$$

由

$$\eta_i=a_{1i}\varepsilon_1+a_{2i}\varepsilon_2+\cdots+a_{ni}\varepsilon_n,$$
$$\eta_j=a_{1j}\varepsilon_1+a_{2j}\varepsilon_2+\cdots+a_{nj}\varepsilon_n$$

知

$$\begin{aligned}(\eta_i,\eta_j)&=a_{1i}a_{1j}+a_{2i}a_{2j}+\cdots+a_{ni}a_{nj}\\&=\begin{cases}1, & 当\ i=j;\\0, & 当\ i\neq j,\end{cases}\quad i,j=1,2,\cdots,n.\end{aligned} \tag{1.7}$$

由正交矩阵(4.4 节定义 4.9) 的等价条件知，上式相当于矩阵等式

$$\boldsymbol{A}\boldsymbol{A}^{\mathrm{T}}=\boldsymbol{E},$$

故 $\boldsymbol{A}$ 是正交矩阵. 因此，由标准正交基到标准正交基的过渡矩阵是正交矩阵. 反之，由(1.6) 和(1.7) 易见，如果第1个基是标准正交基，同时过渡矩阵是正交矩阵，那么第 2 个基一定也是标准正交基.

最后我们将证明两个维数相同的欧几里得空间是同构的，特别是 n 维欧几里得空间都与具有定义 4.4 的内积的欧几里得空间 $\mathbf{R}^n$ 同构. 首先介绍欧几里得空间同构的定义.

定义 10.8 设 V,V' 为欧几里得空间，如果存在由 V 到 V' 的一个一一对应 σ，且满足：

1) $\sigma(\alpha+\beta)=\sigma(\alpha)+\alpha(\beta)$;

2) $\sigma(k\alpha)=k\sigma(\alpha)$;

3) $(\sigma(\alpha),\sigma(\beta))=(\alpha,\beta)$,

其中 $\alpha,\beta\in V$，$k\in\mathbf{R}$，这样的映射 σ 称为 V 到 V' 的**同构映射**，且称欧几里得空间 V 与 V' **同构**.

由上述定义中的 1),2) 可知，欧几里得空间的同构首先是线性空间的同构，同时还要保持内积不变(定义中的 3)).

容易证明：若两个有限维欧几里得空间 V,V' 同构，则

$$\dim V=\dim V'.$$

(这是因为它们作为实数域上线性空间也是同构的.)

与线性空间的同构相类似，我们有

引理 每个 n 维欧几里得空间 V 均与欧几里得空间 $\mathbf{R}^n$ 同构.

证 在 V 中取一个标准正交基 $\varepsilon_1,\varepsilon_2,\cdots,\varepsilon_n$，对于 V 的每一个向量 α，它都可表示成

$$\alpha = a_1\varepsilon_1 + a_2\varepsilon_2 + \cdots + a_n\varepsilon_n,\quad a_i \in \mathbf{R}\ (i=1,2,\cdots,n).$$

作映射 σ：

$$\sigma(\alpha) = (a_1, a_2, \cdots, a_n),\quad \alpha \in V.$$

由 6.4 节知，σ 是线性空间 V 到 $\mathbf{R}^n$ 的一个同构映射. 因此在这里只要验证 σ 满足定义中条件 3) 就可以了.

设 $\alpha, \beta \in V$，

$$\alpha = a_1\varepsilon_1 + a_2\varepsilon_2 + \cdots + a_n\varepsilon_n,$$

$$\beta = b_1\varepsilon_1 + b_2\varepsilon_2 + \cdots + b_n\varepsilon_n.$$

因为 $\varepsilon_1, \varepsilon_2, \cdots, \varepsilon_n$ 是 V 的一个标准正交基，所以

$$(\alpha, \beta) = a_1b_1 + a_2b_2 + \cdots + a_nb_n.$$

由于 $\sigma(\alpha) = (a_1, a_2, \cdots, a_n)$，$\sigma(\beta) = (b_1, b_2, \cdots, b_n)$，根据 $\mathbf{R}^n$ 中内积的定义，

$$(\sigma(\alpha), \sigma(\beta)) = a_1b_1 + a_2b_2 + \cdots + a_nb_n.$$

于是得 $(\sigma(\alpha), \sigma(\beta)) = (\alpha, \beta)$. 所以欧几里得空间 V 与 $\mathbf{R}^n$ 同构.

欧几里得空间的同构关系具有：

1° *反身性　即欧几里得空间 V 与 V 自身同构. 因为恒等映射就是 V 到 V 的一个同构映射.*

2° *对称性　若欧几里得空间 V 与 V' 同构，则 V' 与 V 同构.*

事实上，因为 V 与 V' 同构，那么存在欧几里得空间 V 到 V' 的同构映射 σ，它也是线性空间 V 到 V' 的同构映射. 由 6.4 节知：σ 是可逆的，其逆映射 σ^{-1} 就是线性空间 V' 到 V 的同构映射. 如能证明 σ^{-1} 保持内积不变，则它为从欧几里得空间 V' 到 V 的同构映射，因而欧几里得空间 V' 与 V 同构.

因为对任意 $\alpha, \beta \in V'$，有 $\sigma^{-1}(\alpha), \sigma^{-1}(\beta) \in V$，又据已知条件 σ 是欧几里得空间 V 到 V' 的同构映射，故有

$$(\sigma(\sigma^{-1}(\alpha)), \sigma(\sigma^{-1}(\beta))) = (\sigma^{-1}(\alpha), \sigma^{-1}(\beta)),$$

此即 $(\alpha, \beta) = (\sigma^{-1}(\alpha), \sigma^{-1}(\beta))$. 所以 σ^{-1} 为从欧几里得空间 V' 到 V 的同构映射，于是欧几里得空间 V' 与 V 同构.

3° *传递性　若欧几里得空间 V 与 V' 同构，V' 与 V'' 同构，则 V 与 V'' 同构.*

由已知，存在欧几里得空间 V 到 V' 及欧几里得空间 V' 到 V'' 的同构映射 σ, τ. 它们也是实线性空间 V 到 V'，实线性空间 V' 到 V'' 的同构映射，据 6.4 节线性空间同构映射性质 4° 知：$\tau\sigma$ 为线性空间 V 到 V'' 的同构映射. 因此只要证明 $\tau\sigma$ 保持内积不变即可.

对任意 $\alpha, \beta \in V$，因为 τ，σ 是同构映射，所以

$$(\tau\sigma(\alpha), \tau\sigma(\beta)) = (\tau(\sigma(\alpha)), \tau(\sigma(\beta))) = (\sigma(\alpha), \sigma(\beta)) = (\alpha, \beta).$$

故 $\tau\sigma$ 是欧几里得空间 V 到 V'' 的同构映射.欧几里得空间 V 与 V'' 同构.

定理10.5 设 V,V' 为有限维欧几里得空间，则 V,V' 同构的充分必要条件为

$$\dim V=\dim V'.$$

证 必要性前面已证.

充分性 设 $\dim V=\dim V'=n$，则 V 与 $\mathbf{R}^n$ 同构，V' 也与 $\mathbf{R}^n$ 同构. 由同构的对称性，$\mathbf{R}^n$ 与 V' 同构. 再由传递性，V 与 V' 同构. ∎

这个定理说明了，从抽象观点看，欧几里得空间的结构完全由它的维数所决定.

习题 10.1

1. 在线性空间 $\mathbf{R}^2$ 中，对任意两个向量 $\boldsymbol{\alpha}=(a_1,a_2)$，$\boldsymbol{\beta}=(b_1,b_2)$，定义

$$(\boldsymbol{\alpha},\boldsymbol{\beta})=5a_1b_1+2a_1b_2+2a_2b_1+a_2b_2,$$

验证$(\boldsymbol{\alpha},\boldsymbol{\beta})$构成内积.

2. 在欧几里得空间 $\mathbf{R}^3$ 中，设 $\boldsymbol{\alpha}_1=(1,0,0)$，$\boldsymbol{\alpha}_2=(1,1,0)$，$\boldsymbol{\alpha}_3=(1,1,1)$，求由 $\boldsymbol{\alpha}_1,\boldsymbol{\alpha}_2,\boldsymbol{\alpha}_3$ 所构成的基的度量矩阵(内积为对应分量乘积之和).

3. 在 4 维欧几里得空间 V 中，设基 $\boldsymbol{\alpha}_1=(1,1,-1,-1)$，$\boldsymbol{\alpha}_2=(1,1,1,0)$，$\boldsymbol{\alpha}_3=(-1,1,1,1)$，$\boldsymbol{\alpha}_4=(1,0,0,-1)$ 的度量矩阵为

$$\boldsymbol{A}=\begin{pmatrix}2&1&0&0\\1&2&1&0\\0&1&2&1\\0&0&1&2\end{pmatrix}.$$

1） 求基 $\boldsymbol{\varepsilon}_1=(1,0,0,0),\boldsymbol{\varepsilon}_2=(0,1,0,0),\boldsymbol{\varepsilon}_3=(0,0,1,0),\boldsymbol{\varepsilon}_4=(0,0,0,1)$ 的度量矩阵.

2） 求向量 $\boldsymbol{\beta}_1=(1,-1,1,-1)$，$\boldsymbol{\beta}_2=(0,1,1,0)$ 的内积.

3） 求一单位向量与 $\boldsymbol{\alpha}_1,\boldsymbol{\alpha}_2,\boldsymbol{\alpha}_3$ 正交.

4. 设 $\alpha_1,\alpha_2,\cdots,\alpha_m$ 是欧几里得空间的 m 个向量，行列式

$$G(\alpha_1,\alpha_2,\cdots,\alpha_m)=\begin{vmatrix}(\alpha_1,\alpha_1)&(\alpha_1,\alpha_2)&\cdots&(\alpha_1,\alpha_m)\\(\alpha_2,\alpha_1)&(\alpha_2,\alpha_2)&\cdots&(\alpha_2,\alpha_m)\\\vdots&\vdots&\ddots&\vdots\\(\alpha_m,\alpha_1)&(\alpha_m,\alpha_2)&\cdots&(\alpha_m,\alpha_m)\end{vmatrix}$$

叫做 $\alpha_1,\alpha_2,\cdots,\alpha_m$ 的**格拉姆**(Gram)**行列式**. 证明：当且仅当 $G(\alpha_1,\alpha_2,\cdots,\alpha_m)\neq 0$ 时，$\alpha_1,\alpha_2,\cdots,\alpha_m$ 线性无关.

5. 设 $\alpha_1,\alpha_2,\cdots,\alpha_n$ 是欧几里得空间 V 的一个基，证明：

1） 如果 $\gamma\in V$，使$(\gamma,\alpha_i)=0$ $(i=1,2,\cdots,n)$，那么 $\gamma=0$；

2） 如果 $\gamma_1,\gamma_2\in V$，使对任一个 $\alpha\in V$，有$(\gamma_1,\alpha)=(\gamma_2,\alpha)$，那么 $\gamma_1=\gamma_2$.

6. 设 $\varepsilon_1,\varepsilon_2,\varepsilon_3$ 是三维欧几里得空间中一标准正交基，证明：

$$\alpha_1=\frac{1}{3}(2\varepsilon_1+2\varepsilon_2-\varepsilon_3),\quad \alpha_2=\frac{1}{3}(2\varepsilon_1-\varepsilon_2+2\varepsilon_3),\quad \alpha_3=\frac{1}{3}(\varepsilon_1-2\varepsilon_2-2\varepsilon_3)$$

也是一个标准正交基.

7. 在欧几里得空间 $\mathbf{R}^4$ 中，把基

$$\boldsymbol{\alpha}_1=(1,1,0,0),\ \boldsymbol{\alpha}_2=(1,0,1,0),\ \boldsymbol{\alpha}_3=(-1,0,0,1),\ \boldsymbol{\alpha}_4=(1,-1,-1,1)$$

化成标准正交基.

8. 求齐次线性方程组

$$\begin{cases}2x_1+x_2-x_3+x_4-3x_5=0,\\ x_1+x_2-x_3\qquad\ \ +x_5=0\end{cases}$$

的解空间的标准正交基.

9. 证明：在欧几里得空间 V 中，基 $\varepsilon_1,\varepsilon_2,\cdots,\varepsilon_n$ 是标准正交的充分必要条件是对 V 中任一向量 $\alpha=a_1\varepsilon_1+a_2\varepsilon_2+\cdots+a_n\varepsilon_n$，总有 $(\alpha,\varepsilon_i)=a_i\ (i=1,2,\cdots,n)$.

10. 设 $\varepsilon_1,\varepsilon_2,\varepsilon_3,\varepsilon_4,\varepsilon_5$ 是 5 维欧几里得空间 V 的标准正交基，$V_1=L(\alpha_1,\alpha_2,\alpha_3)$，其中

$$\alpha_1=\varepsilon_1+\varepsilon_5,\quad \alpha_2=\varepsilon_1-\varepsilon_2+\varepsilon_3,\quad \alpha_3=2\varepsilon_1+\varepsilon_2+\varepsilon_3.$$

求 V_1 的一个标准正交基.

11. 设 V 与 V' 是两个 n 维欧几里得空间，$\varepsilon_1,\varepsilon_2,\cdots,\varepsilon_n$ 是 V 的一个基，σ 是线性空间 V 到 V' 的同构映射. 证明：σ 是欧几里得空间 V 到 V' 的同构映射的充分必要条件是 $\varepsilon_1,\varepsilon_2,\cdots,\varepsilon_n$ 与 $\sigma(\varepsilon_1),\sigma(\varepsilon_2),\cdots,\sigma(\varepsilon_n)$ 的度量矩阵相同.

10.2 欧氏子空间 正交补

设 V 是欧几里得空间，W 是线性空间 V 的一个子空间，对于 W 中任意两个元素 α,β 来说，它们是 V 中元素，可按 V 中内积规定，得到二元实函数 (α,β). 显然，它也满足内积的 4 个条件，因此 W 也是一个欧几里得空间，称 W 为 V 的一个**欧氏子空间**，简称 W 为 V 的**子空间**.

例如：$W=\{(a,0,0)\mid a\in\mathbf{R}\}$ 是欧几里得空间 $\mathbf{R}^3$ 的子空间.

本节主要介绍子空间正交的概念及性质；欧氏子空间的正交补存在且唯一.

设 V_3 是通常的三维几何空间，H 为过原点 O 的一个平面. 它是 V_3 的一个子空间. $\boldsymbol{\alpha}$ 为从 O 点出发，垂直于平面 H 的一个向量(即 $\boldsymbol{\alpha}$ 垂直于平面 H 上通过原点 O 的所有直线). 它垂直于子空间 H 的所有向量(图 10-1). 这时我们称 $\boldsymbol{\alpha}$ 与子空间 H 正交. 记 $\boldsymbol{\alpha}\perp H$. 又设 l 为过原点 O 且垂直于平面 H 的直线，则 l 与 H 均为 V_3 的子空间. l 上每一向量皆与

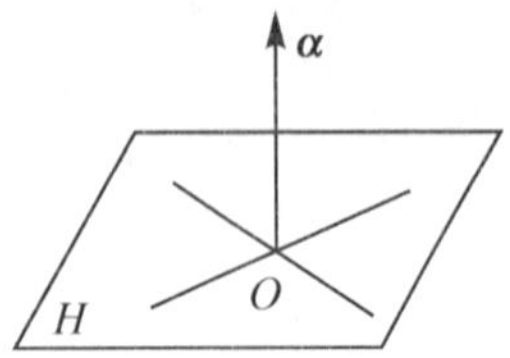

图 10-1

H 垂直(图 10-2)，也就是说 l 上每一向量与 H 上每一向量垂直，我们称子空间 l 与子空间 H 正交，记为 $l \perp H$.

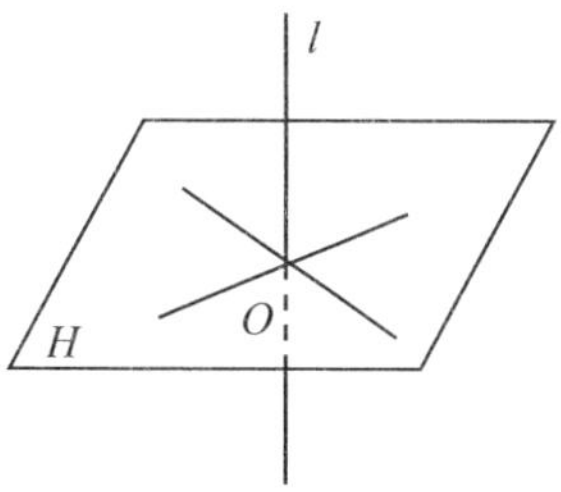

图 10-2

定义 10.9　设 V 为欧几里得空间，V_1, V_2 是 V 的子空间，α 是 V 中一个向量.

1)　如果对于任意的 $\beta \in V_1$，皆有 $(\alpha, \beta) = 0$，则称向量 α 与子空间 V_1 **正交**，记为 $\alpha \perp V_1$.

2)　如果对任意的 $\gamma \in V_1$，$\beta \in V_2$，恒有 $(\gamma, \beta) = 0$，则称 V_1, V_2 为**正交的**，记为 $V_1 \perp V_2$.

容易验证：若 $V_1 \perp V_2$，则必有 $V_1 \cap V_2 = \{0\}$（这是因为若有 $\alpha \in V_1 \cap V_2$，则 $\alpha \in V_1$ 且 $\alpha \in V_2$，而由 $V_1 \perp V_2$ 可得，$(\alpha, \alpha) = 0$，于是 $\alpha = 0$，因而 $V_1 \cap V_2 = \{0\}$）. 于是由 6.3 节定理 6.9 的推论知，两个正交子空间的和 $V_1 + V_2$ 必为直和 $V_1 \oplus V_2$.

关于正交子空间，一般地有

定理 10.6　设 V 是欧几里得空间，$V_1, V_2, \cdots, V_s$ 是 V 的子空间，

$$W = V_1 + V_2 + \cdots + V_s,$$

如果 $V_1, V_2, \cdots, V_s$ 两两正交，则

$$W = V_1 \oplus V_2 \oplus \cdots \oplus V_s.$$

证　由定理 6.12，只要证明零向量的分解式唯一. 设有

$$\alpha_1 + \alpha_2 + \cdots + \alpha_s = 0, \tag{2.1}$$

其中 $\alpha_i \in V_i$ $(i = 1, 2, \cdots, s)$，要证(2.1) 中 $\alpha_i = 0$ $(i = 1, 2, \cdots, s)$.

用 α_i 对(2.1) 两边作内积，

$$(\alpha_i, \alpha_1 + \cdots + \alpha_i + \cdots + \alpha_s) = (\alpha_i, 0),$$

得

$$(\alpha_i, \alpha_1) + \cdots + (\alpha_i, \alpha_i) + \cdots + (\alpha_i, \alpha_s) = 0.$$

因为$(\alpha_i, \alpha_j) = 0$ $(i \neq j;\ i, j = 1, 2, \cdots, s)$，所以$(\alpha_i, \alpha_i) = 0$，于是

$$\alpha_i = 0 \quad (i = 1, 2, \cdots, s).$$

即零向量分解式唯一，故 $W = V_1 \oplus V_2 \oplus \cdots \oplus V_s$. ■

在线性空间的讨论中，我们曾学过子空间的补子空间的概念，即设 V_1 是线性空间 V 的子空间，则存在 V 的子空间 V_2，使 $V = V_1 \oplus V_2$，称 V_2 是 V_1 的补子空间. 一般而言，V_1 的补子空间不唯一. 在欧几里得空间中，我们进一步讨论欧氏子空间的正交补，且可证明它是唯一的.

定义 10.10 设 V 是欧几里得空间，V_1,V_2 是 V 的子空间，如果 $V_1 \perp V_2$，且 $V=V_1+V_2$，则称 V_2 是 V_1 的**正交补**.

显然，如果 V_2 是 V_1 的正交补，那么 V_1 也是 V_2 的正交补.

例 10.3 在通常三维几何空间 V_3 中，设 V_1 是 xOy 平面，V_2 是 Oz 轴，则它们都是 V_3 的子空间，且有 $V_1 \perp V_2$，$V_1+V_2=V_3$. 所以 Oz 轴是 xOy 平面的正交补(即 V_2 是 V_1 的正交补)，xOy 平面也是 Oz 轴的正交补.

在 n 维线性空间中，每一子空间皆有补子空间，但不一定唯一. 如在上例中，任一通过 O 点而不在 xOy 平面上的直线均为 V_1(xOy 平面) 的补子空间，但对欧几里得空间，则有

定理 10.7 n 维欧几里得空间 V 的每一个子空间 V_1 都有唯一的正交补.

证 先证 V_1 的正交补存在.

如果 $V_1=\{0\}$，则取 $V_2=V$，有 $V=V_1+V_2$，$V_1 \perp V_2$. 这样 V_2 是 V_1 的正交补，且 V_1 的正交补是唯一的.

如果 $V_1 \neq \{0\}$，则 V_1 也是欧几里得空间. 在 V_1 中取一正交基 $\varepsilon_1,\varepsilon_2,\cdots,\varepsilon_m$，由定理 10.4 的推论 2，它可扩充为 V 的一个正交基

$$\varepsilon_1,\ \varepsilon_2,\ \cdots,\ \varepsilon_m,\ \varepsilon_{m+1},\ \cdots,\ \varepsilon_n.$$

取 $V_2=L(\varepsilon_{m+1},\cdots,\varepsilon_n)$. 则 V_2 是 V_1 的正交补. 事实上，对任意 $\alpha \in V$，

$$\begin{aligned}\alpha &= k_1\varepsilon_1+k_2\varepsilon_2+\cdots+k_m\varepsilon_m+k_{m+1}\varepsilon_{m+1}+\cdots+k_n\varepsilon_m\\&=(k_1\varepsilon_1+k_2\varepsilon_2+\cdots+k_m\varepsilon_m)+(k_{m+1}\varepsilon_{m+1}+\cdots+k_n\varepsilon_n)\\&=\alpha_1+\alpha_2,\end{aligned}$$

其中

$$\alpha_1=k_1\varepsilon_1+k_2\varepsilon_2+\cdots+k_m\varepsilon_m \in V_1,$$
$$\alpha_2=k_{m+1}\varepsilon_{m+1}+\cdots+k_n\varepsilon_n \in V_2,$$

所以 $V=V_1+V_2$. 又对任意 $\alpha_1 \in V_1$，$\alpha_2 \in V_2$，

$$\alpha_1=k_1\varepsilon_1+k_2\varepsilon_2+\cdots+k_m\varepsilon_m,$$
$$\alpha_2=k_{m+1}\varepsilon_{m+1}+\cdots+k_n\varepsilon_n.$$

$$(\alpha_1,\alpha_2)=\left(\sum_{i=1}^{m}k_i\varepsilon_i,\ \sum_{j=m+1}^{n}k_j\varepsilon_j\right)=\sum_{i=1}^{m}\sum_{j=m+1}^{n}k_ik_j(\varepsilon_i,\varepsilon_j).$$

因为$(\varepsilon_i,\varepsilon_j)=0$（当 $i \neq j$ 时)，所以$(\alpha_1,\alpha_2)=0$，即 $V_1 \perp V_2$，故 V_2 是 V_1 的正交补.

下面再证正交补是唯一的.

设 V_2,V_3 都是 V_1 的正交补，即有

$$V=V_1+V_2,\quad V_1 \perp V_2, \tag{2.2}$$

$$V = V_1 + V_3, \quad V_1 \perp V_3, \tag{2.3}$$

要证 $V_2 = V_3$（可证 $V_2 \subseteq V_3$，同时 $V_3 \subseteq V_2$）.

设 $\alpha \in V_2 \subseteq V$，由(2.3)，

$$\alpha = \alpha_1 + \alpha_3, \quad \alpha_1 \in V_1, \alpha_3 \in V_3 \tag{2.4}$$

且$(\alpha_1, \alpha_3) = 0$（若能证得 $\alpha_1 = 0$，则有 $\alpha = \alpha_3 \in V_3$. 于是有 $V_2 \subseteq V_3$）.

对(2.4) 两边用 α_1 作内积，得

$$(\alpha_1, \alpha) = (\alpha_1, \alpha_1) + (\alpha_1, \alpha_3).$$

因为 $V_1 \perp V_2$，$V_1 \perp V_3$，而 $\alpha \in V_2$，$\alpha_3 \in V_3$，那么有

$$(\alpha_1, \alpha) = 0, \quad (\alpha_1, \alpha_3) = 0,$$

于是有$(\alpha_1, \alpha_1) = 0$，所以 $\alpha_1 = 0$，从而得 $\alpha = \alpha_3 \in V_3$，故 $V_2 \subseteq V_3$.

同理可证 $V_3 \subseteq V_2$.

因此有 $V_2 = V_3$，即正交补是唯一的. ■

定理的证明说明了正交补是存在且唯一的，同时也给出了它的求法.

我们把 V_1 的正交补记为 $V_1^{\perp}$. 由正交补定义及定理 10.6，可得

$$V = V_1 \oplus V_1^{\perp},$$

从而由定理 6.12 得

$$\dim V_1 + \dim V_1^{\perp} = \dim V = n.$$

由 $V = V_1 \oplus V_1^{\perp}$，还可知 V 中任一向量 α 都可以唯一地分解为

$$\alpha = \alpha_1 + \alpha_2,$$

其中 $\alpha_1 \in V_1$，$\alpha_2 \in V_1^{\perp}$. 我们把 α_1 称为向量 α 在子空间 V_1 上的**正交射影**(或**内射影**).

例 10.4　设 V_3 为通常的三维几何空间，π 为 xOy 平面，l 为 z 轴，那么

$$V_3 = \pi \oplus l, \quad l \perp \pi.$$

对任一向量 $\overrightarrow{OP} \in V_3$，

$$\overrightarrow{OP} = \overrightarrow{OP_1} + \overrightarrow{OP_2}.$$

这里的 $\overrightarrow{OP}_1$ 是 $\overrightarrow{OP}$ 在子空间 π 上的正交射影（图 10-3）.

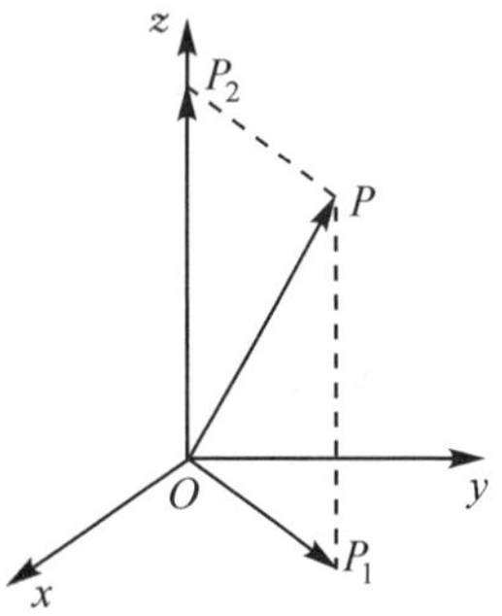

图 10-3

习题 10.2

1. 设 V 为欧几里得空间，V_1 是 V 的子空间，$V_1^{\perp}$ 是 V_1 的正交补，证明：$V_1^{\perp}$ 恰由所有与 V_1 正交的向量组成，即 $V_1^{\perp} = \{\alpha \in V \mid \alpha \perp V_1\}$.

2. 设 α 是 n 维欧几里得空间 V 中的一个非零向量，证明：V 中与 α 正交的一切向量的集合 W 为 V 的 $n-1$ 维子空间.

3. 设 $\boldsymbol{\alpha}_i=(a_{i1},a_{i2},\cdots,a_{in})$ $(i=1,2,\cdots,s)$ 是 s 个 n 维实向量，$W_1=L(\boldsymbol{\alpha}_1,\boldsymbol{\alpha}_2,\cdots,\boldsymbol{\alpha}_s)$，$W_2$ 是实系数线性方程组

$$\begin{cases}a_{11}x_1+a_{12}x_2+\cdots+a_{1n}x_n=0,\\a_{21}x_1+a_{22}x_2+\cdots+a_{2n}x_n=0,\\\cdots\cdots\cdots\cdots\cdots\cdots\cdots\cdots\cdots\cdots\\a_{s1}x_1+a_{s2}x_2+\cdots+a_{sn}x_n=0\end{cases}$$

的解空间，证明：W_2 是 W_1 的正交补.

4. 证明：实系数线性方程组

$$\sum_{j=1}^{n}a_{ij}x_j=b_i\quad(i=1,2,\cdots,n)$$

有解的充分必要条件是向量 $\boldsymbol{\beta}=(b_1,b_2,\cdots,b_n)^{\mathrm{T}}\in\mathbf{R}^n$ 与齐次线性方程组

$$\sum_{j=1}^{n}a_{ji}x_j=0\quad(i=1,2,\cdots,n)$$

的解空间正交.

5. 设 V 是一个 n 维欧几里得空间，V_1,V_2 都是 V 的子空间，证明：

1) $(V_1^{\perp})^{\perp}=V_1$；

2) $(V_1+V_2)^{\perp}=V_1^{\perp}\cap V_2^{\perp}$；

3) $(V_1\cap V_2)^{\perp}=V_1^{\perp}+V_2^{\perp}$；

4) 如果 $V_1\subseteq V_2$，则 $V_2^{\perp}\subseteq V_1^{\perp}$.

6. 设欧几里得空间 $\mathbf{R}^4$ 中的向量

$$\boldsymbol{\alpha}_1=(1,-1,-1,1),\quad\boldsymbol{\alpha}_2=(1,-1,0,1),\quad\boldsymbol{\alpha}_3=(1,-1,1,0),$$

张成线性子空间 $W=L(\boldsymbol{\alpha}_1,\boldsymbol{\alpha}_2,\boldsymbol{\alpha}_3)$，求向量 $\boldsymbol{\beta}=(2,4,1,2)$ 在 W 上的正交射影.

10.3 正交变换

在解析几何中，旋转或反射变换使一个向量变为另一个向量，都具有一个共同的特性，即保持向量的长度不变. 本节要在欧几里得空间中讨论类似的变换 —— 正交变换.

定义 10.11 设 V 是一个欧几里得空间，$\mathscr{A}$ 是 V 的一个线性变换，如果 $\mathscr{A}$ 保持任意向量的长度不变，即对任意 $\alpha\in V$，恒有

$$(\mathscr{A}(\alpha),\mathscr{A}(\alpha))=(\alpha,\alpha)\tag{3.1}$$

$$(\text{或 }\|\mathscr{A}(\alpha)\|=\|\alpha\|),$$

则称 $\mathscr{A}$ 为 V 的一个**正交变换**.

例 10.5 平面上，把每一个向量旋转一个角度 θ 的线性变换 $\mathscr{A}$ 是一个正交变换(参见图 10-4).

例 10.6 平面上，以 x 轴为对称轴的反射变换 $\mathscr{B}$ 是一个正交变换. 因为反射变换 $\mathscr{B}$ 使平面上每个向量的长度不变，即 $\|\mathscr{B}(\boldsymbol{\alpha})\| = \|\boldsymbol{\alpha}\|$，$\boldsymbol{\alpha} \in V_2$（参见图 10-5）.

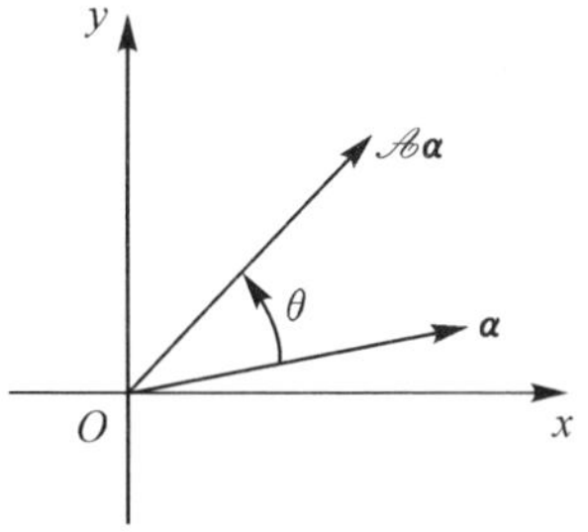

图 10-4

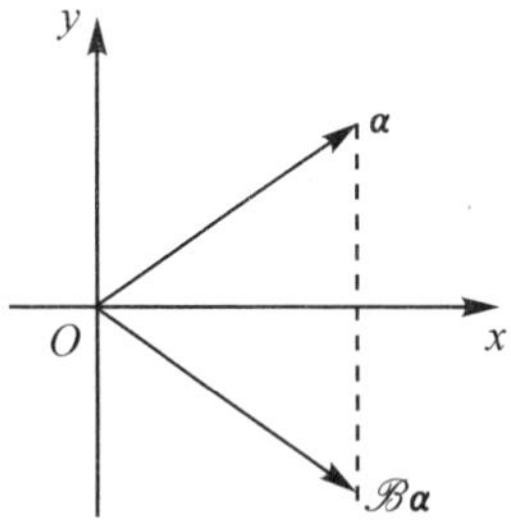

图 10-5

例 10.7 n 维欧几里得空间 V 的恒等变换 $\mathscr{E}$ 是正交变换.

因为对任意 $\alpha \in V$，$\mathscr{E}(\alpha)=\alpha$，有

$$(\mathscr{E}(\alpha),\mathscr{E}(\alpha))=(\alpha,\alpha).$$

下面我们来讨论正交变换的性质.

定理10.8 设 $\mathscr{A}$ 是欧几里得空间 V 的线性变换，则 $\mathscr{A}$ 是正交变换的充分必要条件是 $\mathscr{A}$ 保持内积不变，即对任意 $\alpha,\beta \in V$，恒有

$$(\mathscr{A}(\alpha),\mathscr{A}(\beta))=(\alpha,\beta). \tag{3.2}$$

证 充分性 令(3.2) 中 $\alpha=\beta$，就得(3.1)，由定义就证明了 $\mathscr{A}$ 是正交变换.

必要性 设 $\mathscr{A}$ 是正交变换，则对任意 $\alpha,\beta \in V$，恒有

$$(\mathscr{A}(\alpha+\beta),\mathscr{A}(\alpha+\beta))=(\alpha+\beta,\alpha+\beta). \tag{3.3}$$

对(3.3) 两边分别利用线性变换及内积的性质，得

$$(\alpha+\beta,\alpha+\beta)=(\alpha,\alpha)+2(\alpha,\beta)+(\beta,\beta)$$

及

$$\begin{aligned}&(\mathscr{A}(\alpha+\beta),\mathscr{A}(\alpha+\beta))\\&\quad=(\mathscr{A}(\alpha)+\mathscr{A}(\beta)\mathscr{A}(\alpha)+\mathscr{A}(\beta))\\&\quad=(\mathscr{A}(\alpha),\mathscr{A}(\alpha))+2(\mathscr{A}(\alpha),\mathscr{A}(\beta))+(\mathscr{A}(\beta),\mathscr{A}(\beta)).\end{aligned}$$

因为 $(\mathscr{A}(\alpha),\mathscr{A}(\alpha))=(\alpha,\alpha)$，$(\mathscr{A}(\beta),\mathscr{A}(\beta))=(\beta,\beta)$，所以

$$(\mathscr{A}(\alpha+\beta),\mathscr{A}(\alpha+\beta))=(\alpha,\alpha)+2(\mathscr{A}(\alpha),\mathscr{A}(\beta))+(\beta,\beta),$$

于是，$2(\mathscr{A}(\alpha),\mathscr{A}(\beta))=2(\alpha,\beta)$. 即

$$(\mathscr{A}(\alpha),\mathscr{A}(\beta))=(\alpha,\beta).$$ ∎

由于正交变换保持内积不变，保持向量长度不变，从而也保持向量夹角

不变，特别地保持了向量的正交性. 于是我们有

定理10.9 设$\mathscr{A}$是n维欧几里得空间的线性变换，则$\mathscr{A}$是正交变换的充分必要条件是$\mathscr{A}$把标准正交基变为标准正交基.

证 必要性 设$\mathscr{A}$为正交变换，$\alpha_1,\alpha_2,\cdots,\alpha_n$为标准正交基. 现要证$\mathscr{A}(\alpha_1),\mathscr{A}(\alpha_2),\cdots,\mathscr{A}(\alpha_n)$也是标准正交基. 由于

$$\|\mathscr{A}(\alpha_i)\|=\|\alpha_i\|=1\quad(i=1,2,\cdots,n),$$

$$(\mathscr{A}(\alpha_i),\mathscr{A}(\alpha_j))=(\alpha_i,\alpha_j)=0\quad(i\neq j;\ i,j=1,2,\cdots,n),$$

故$\mathscr{A}(\alpha_1),\mathscr{A}(\alpha_2),\cdots,\mathscr{A}(\alpha_n)$也是标准正交基.

充分性 设$\alpha_1,\alpha_2,\cdots,\alpha_n$及$\mathscr{A}(\alpha_1),\mathscr{A}(\alpha_2),\cdots,\mathscr{A}(\alpha_n)$都是标准正交基，$\mathscr{A}$是$V$的线性变换，对于$V$中任意两个向量

$$\alpha=a_1\alpha_1+a_2\alpha_2+\cdots+a_n\alpha_n,$$

$$\beta=b_1\alpha_1+b_2\alpha_2+\cdots+b_n\alpha_n,$$

有

$$\mathscr{A}(\alpha)=a_1\mathscr{A}(\alpha_1)+a_2\mathscr{A}(\alpha_2)+\cdots+a_n\mathscr{A}(\alpha_n),$$

$$\mathscr{A}(\beta)=b_1\mathscr{A}(\alpha_1)+b_2\mathscr{A}(\alpha_2)+\cdots+b_n\mathscr{A}(\alpha_n).$$

因为在标准正交基下的内积为对应坐标分量的乘积之和，所以得

$$(\mathscr{A}(\alpha),\mathscr{A}(\beta))=a_1b_1+a_2b_2+\cdots+a_nb_n=(\alpha,\beta).$$

据定理10.8，$\mathscr{A}$是正交变换. ■

在n维欧几里得空间中，正交变换在标准正交基下的矩阵有何特殊性呢?

定理10.10 设$\mathscr{A}$是n维欧几里得空间V的线性变换，$\mathscr{A}$为正交变换的充分必要条件是$\mathscr{A}$在标准正交基下的矩阵为正交矩阵.

证 必要性 设$\mathscr{A}$为正交变换，$\alpha_1,\alpha_2,\cdots,\alpha_n$为标准正交基，而$\mathscr{A}$关于此基的矩阵为$\mathbf{A}$，即

$$(\mathscr{A}(\alpha_1),\mathscr{A}(\alpha_2),\cdots,\mathscr{A}(\alpha_n))=(\alpha_1,\alpha_2,\cdots,\alpha_n)\mathbf{A},$$

据定理10.9，$\mathscr{A}(\alpha_1),\mathscr{A}(\alpha_2),\cdots,\mathscr{A}(\alpha_n)$也是标准正交基. 于是$\mathbf{A}$可以看做由标准正交基$\alpha_1,\alpha_2,\cdots,\alpha_n$到标准正交基$\mathscr{A}(\alpha_1),\mathscr{A}(\alpha_2),\cdots,\mathscr{A}(\alpha_n)$的过渡矩阵，由10.1节知，标准正交基到标准正交基的过渡矩阵为正交矩阵，所以$\mathbf{A}$是正交矩阵.

充分性 设$\mathscr{A}$在标准正交基$\alpha_1,\alpha_2,\cdots,\alpha_n$下的矩阵

$$\mathbf{A}=\begin{pmatrix}a_{11}&a_{12}&\cdots&a_{1n}\\a_{21}&a_{22}&\cdots&a_{2n}\\\vdots&\vdots&\ddots&\vdots\\a_{n1}&a_{n2}&\cdots&a_{nn}\end{pmatrix}$$

为正交矩阵，由于 $\mathscr{A}(\alpha_i)=\sum_{k=1}^{n}a_{ki}\alpha_k\ (i=1,2,\cdots,n)$，

$$(\mathscr{A}(\alpha_i),\mathscr{A}(\alpha_j))=\sum_{k=1}^{n}a_{ki}a_{kj},$$

而 $\boldsymbol{A}$ 为正交矩阵，所以

$$\sum_{k=1}^{n}a_{ki}a_{kj}=\delta_{ij}\quad(i,j=1,2,\cdots,n)$$

故得

$$(\mathscr{A}(\alpha_i),\mathscr{A}(\alpha_j))=\delta_{ij}\quad(i,j=1,2,\cdots,n).\tag{3.4}$$

对于 V 中任意一个向量 $\alpha=a_1\alpha_1+a_2\alpha_2+\cdots+a_n\alpha_n$，由(3.4)得

$$(\mathscr{A}(\alpha),\mathscr{A}(\alpha))=a_1a_1+\cdots+a_na_n=(\alpha,\alpha),$$

按定义，$\mathscr{A}$为正交变换. ∎

在 n 维欧几里得空间中，取定一个基 $\alpha_1,\alpha_2,\cdots,\alpha_n$，则 V 的线性变换与实数域上的一个 n 阶矩阵间有一一对应关系. 若在 V 中，取一个标准正交基 $\varepsilon_1,\varepsilon_2,\cdots,\varepsilon_n$，则 V 的正交变换与 n 阶正交矩阵有一一对应关系.

我们知道，正交矩阵的行列式等于 1 或 -1. 我们把对应正交矩阵的行列式等于 1 的正交变换称为**第一类正交变换**，行列式等于 -1 的正交变换称为**第二类正交变换**.

例 10.8 在通常的二维几何空间 V_2 中，将每一向量旋转一个 θ 角，它是一个正交变换，记为 $\mathscr{A}$. 设 $\boldsymbol{\varepsilon}_1,\boldsymbol{\varepsilon}_2$ 分别为 x 轴、y 轴上的单位向量，则它们构成 V_2 的一个标准正交基. 由

$$\mathscr{A}(\boldsymbol{\varepsilon}_1)=\cos\theta\cdot\boldsymbol{\varepsilon}_1+\sin\theta\cdot\boldsymbol{\varepsilon}_2,$$
$$\mathscr{A}(\boldsymbol{\varepsilon}_2)=-\sin\theta\cdot\boldsymbol{\varepsilon}_1+\cos\theta\cdot\boldsymbol{\varepsilon}_2$$

知，$\mathscr{A}$在标准正交基 $\boldsymbol{\varepsilon}_1,\boldsymbol{\varepsilon}_2$ 下的矩阵为

$$\boldsymbol{A}=\begin{pmatrix}\cos\theta & -\sin\theta\\ \sin\theta & \cos\theta\end{pmatrix}.$$

因为 $|\boldsymbol{A}|=1$，所以 $\mathscr{A}$是第一类正交变换.

例 10.9 在通常的二维几何空间 V_2 中，$\mathscr{A}$是以 x 轴为对称轴的反射变换，它是一个正交变换. 以 x 轴、y 轴上单位向量 $\boldsymbol{\varepsilon}_1,\boldsymbol{\varepsilon}_2$ 为 V_2 的基(标准正交基)，则因

$$\mathscr{A}(\boldsymbol{\varepsilon}_1)=\boldsymbol{\varepsilon}_1,\quad \mathscr{A}(\boldsymbol{\varepsilon}_2)=-\boldsymbol{\varepsilon}_2,$$

所以 $\mathscr{A}$在标准正交基 $\boldsymbol{\varepsilon}_1,\boldsymbol{\varepsilon}_2$ 下的矩阵为

$$\boldsymbol{A}=\begin{pmatrix}1 & 0\\ 0 & -1\end{pmatrix}.$$

因为 $|\boldsymbol{A}|=-1$，所以 $\mathscr{A}$是第二类正交变换.

最后，我们给出正交变换的特征值与特征向量的两个性质：

1° 正交变换 $\mathscr{A}$的特征值为 ± 1.

证 设 α 是 $\mathscr{A}$的属于特征值 λ 的特征向量，即

$$\mathscr{A}(\alpha)=\lambda\alpha \quad (\alpha \neq 0).$$

由于$(\mathscr{A}(\alpha),\mathscr{A}(\alpha))=(\alpha,\alpha)$，那么$(\lambda\alpha,\lambda\alpha)=(\alpha,\alpha)$，即

$$\lambda^2(\alpha,\alpha)=(\alpha,\alpha).$$

但因$(\alpha,\alpha)\neq 0$，于是 $\lambda^2=1$，故 $\lambda=\pm 1$. ∎

2° 正交变换 $\mathscr{A}$的属于不同特征值的特征向量正交.

证 由 1°，$\mathscr{A}$的特征值为± 1. 设 α 为 $\mathscr{A}$的属于特征值 1 的特征向量，β 为属于 -1 的特征向量，则

$$\mathscr{A}(\alpha)=\alpha\ (\alpha \neq 0), \quad \mathscr{A}(\beta)=-\beta\ (\beta \neq 0).$$

由于

$$(\alpha,\beta)=(\mathscr{A}(\alpha),\mathscr{A}(\beta))=(\alpha,-\beta)=-(\alpha,\beta),$$

所以$(\alpha,\beta)=0$，即 $\alpha \perp \beta$. ∎

习题 10.3

1. 证明：

1) 正交变换是可逆的；

2) 正交变换 $\mathscr{A}$是欧几里得空间 V 到自身的同构映射；

3) 正交变换的乘积与正交变换的逆变换还是正交变换.

2. 证明：

1) 奇数维欧几里得空间的第一类正交变换一定以 1 作为它的一个特征值；

2) 第二类正交变换一定以 -1 作为它的一个特征值.

3. 设 $\varepsilon_1,\varepsilon_2,\cdots,\varepsilon_m$ 与 $\alpha_1,\alpha_2,\cdots,\alpha_m$ 是欧几里得空间 V 的两个标准正交组，证明：存在一个正交变换 $\mathscr{A}$，使得

$$\mathscr{A}(\varepsilon_i)=\alpha_i, \quad i=1,2,\cdots,m.$$

4. 设 α,β 是欧几里得空间 V 中长度相同的非零向量，证明：必有正交变换 $\mathscr{A}$，使得 $\mathscr{A}(\alpha)=\beta$.

10.4 对称变换

欧几里得空间的另一类重要的线性变换就是对称变换，它在泛函分析中有重要的作用. 本节将讨论对称变换的可对角化问题及其与实对称矩阵的关系.

由 7.5 节知，如果 n 维线性空间 V 的线性变换 $\mathscr{A}$ 在某一基下的矩阵具有对角形式，则称 $\mathscr{A}$ **可对角化**. 现在的问题是，如果 $\mathscr{A}$ 是 n 维欧几里得空间 V 的一个线性变换，那么是否存在 V 的一个标准正交基，使 $\mathscr{A}$ 在这个基下的矩阵是对角形式？也就是说，$\mathscr{A}$ 满足什么条件才能使得 V 有一个由 $\mathscr{A}$ 的特征向量所组成的标准正交基？

如果 V 的一个线性变换 $\mathscr{A}$ 具有上述性质，即它的 n 个特征向量 $\alpha_1,\alpha_2,\cdots,\alpha_n$ 构成 V 的一个标准正交基，使得 $\mathscr{A}$ 在这个基下的矩阵是对角形式

$$\begin{pmatrix} \lambda_1 & & & \\ & \lambda_2 & & \\ & & \ddots & \\ & & & \lambda_n \end{pmatrix},$$

则有

$$\mathscr{A}\alpha_i = \lambda_i\alpha_i, \quad i = 1,2,\cdots,n.$$

设 $\xi = \sum\limits_{i=1}^{n} x_i\alpha_i$，$\eta = \sum\limits_{i=1}^{n} y_i\alpha_i$ 是 V 的任意两个向量，则

$$\begin{aligned}(\mathscr{A}(\xi),\eta) &= \left(\sum_{i=1}^{n} x_i\mathscr{A}(\alpha_i),\sum_{j=1}^{n} y_j\alpha_j\right) = \left(\sum_{i=1}^{n}\lambda_i x_i\alpha_i,\sum_{j=1}^{n} y_j\alpha_j\right)\\ &= \sum_{i=1}^{n}\sum_{j=1}^{n}\lambda_i x_i y_j(\alpha_i,\alpha_j) = \sum_{i=1}^{n}\lambda_i x_i y_i.\end{aligned}$$

由同样的计算可得

$$(\xi,\mathscr{A}(\eta)) = \sum_{i=1}^{n}\lambda_i x_i y_i.$$

因此，对任意的 $\xi,\eta\in V$，等式

$$(\mathscr{A}(\xi),\eta) = (\xi,\mathscr{A}(\eta)) \tag{4.1}$$

成立. 于是，问题转化为满足(4.1)的 V 的线性变换 $\mathscr{A}$ 是否必有一个由它的特征向量构成的 V 的标准正交基？而满足(4.1)的线性变换就是我们下面引入的对称变换.

定义 10.12 设 $\mathscr{A}$ 是欧几里得空间 V 的线性变换，若对 V 中任意两个向量 α,β，都有

$$(\mathscr{A}(\alpha),\beta) = (\alpha,\mathscr{A}(\beta)),$$

则称 $\mathscr{A}$ 为**对称变换**.

在 n 维欧几里得空间中，对称变换在标准正交基下的矩阵有何特殊性呢？

定理 10.11 设 V 是 n 维欧几里得空间，$\mathscr{A}$ 是 V 的线性变换，$\mathscr{A}$ 为对称变换的充分必要条件是 $\mathscr{A}$ 在标准正交基下的矩阵是实对称矩阵.

证 必要性 设$\mathscr{A}$为对称变换. $\alpha_1,\alpha_2,\cdots,\alpha_n$为$V$的标准正交基，$\mathscr{A}$在此基下的矩阵为$\boldsymbol{A}=(a_{ij})_{n\times n}$($a_{ij}$ 为实数，$i,j=1,2,\cdots,n$)，即

$$\mathscr{A}(\alpha_i)=\sum_{k=1}^{n}a_{ki}\alpha_k \quad (i=1,2,\cdots,n).$$

因为$\mathscr{A}$是对称变换，所以$(\mathscr{A}(\alpha_i),\alpha_j)=(\alpha_i,\mathscr{A}(\alpha_j))$. 于是有

$$(a_{1i}\alpha_1+a_{2i}\alpha_2+\cdots+a_{ni}\alpha_n,\alpha_j)=(\alpha_i,a_{1j}\alpha_1+a_{2j}\alpha_2+\cdots+a_{nj}\alpha_n).$$

利用内积的性质将上式两边展开，再由于$\alpha_1,\alpha_2,\cdots,\alpha_n$是标准正交基，

$$(\alpha_i,\alpha_j)=\begin{cases}1, & 当\ i=j;\\ 0, & 当\ i\neq j,\end{cases}$$

我们得$a_{ji}=a_{ij}$ $(i,j=1,2,\cdots,n)$，故$\boldsymbol{A}$为实对称矩阵.

充分性 设$\mathscr{A}$在标准正交基$\alpha_1,\alpha_2,\cdots,\alpha_n$下的矩阵为实对称矩阵$\boldsymbol{A}=(a_{ij})_{n\times n}$，则对于$V$中任意两个向量

$$\alpha=a_1\alpha_1+a_2\alpha_2+\cdots+a_n\alpha_n,$$
$$\beta=b_1\alpha_1+b_2\alpha_2+\cdots+b_n\alpha_n.$$

记它们的坐标分别为

$$\boldsymbol{x}=\begin{pmatrix}a_1\\a_2\\\vdots\\a_n\end{pmatrix},\quad \boldsymbol{y}=\begin{pmatrix}b_1\\b_2\\\vdots\\b_n\end{pmatrix},$$

那么，据向量α与$\mathscr{A}(\alpha)$的坐标间的关系，得$\mathscr{A}(\alpha),\mathscr{A}(\beta)$的坐标分别为$\boldsymbol{Ax}$，$\boldsymbol{Ay}$. 于是

$$\begin{aligned}(\mathscr{A}(\alpha),\beta)&=(\boldsymbol{Ax})^{\mathrm{T}}\boldsymbol{y}=(\boldsymbol{x}^{\mathrm{T}}\boldsymbol{A}^{\mathrm{T}})\boldsymbol{y}=\boldsymbol{x}^{\mathrm{T}}(\boldsymbol{A}^{\mathrm{T}}\boldsymbol{y})\\&=\boldsymbol{x}^{\mathrm{T}}(\boldsymbol{Ay})=(\alpha,\mathscr{A}(\beta)).\end{aligned}$$

故$\mathscr{A}$是对称变换. ∎

对称变换在标准正交基下的矩阵是实对称矩阵，而实对称矩阵可对角化，由此我们必定可以推出对称变换在某一标准正交基下也可对角化，即有

定理 10.12 *设V为n维欧几里得空间，$\mathscr{A}$是V的对称变换，则必存在V的一个标准正交基，使$\mathscr{A}$在此基下的矩阵是对角矩阵，它的主对角线上的元素就是$\mathscr{A}$的全部的特征值.*

证 在n维欧几里得空间V中取标准正交基$\varepsilon_1,\varepsilon_2,\cdots,\varepsilon_n$，设对称变换$\mathscr{A}$在基$\varepsilon_1,\varepsilon_2,\cdots,\varepsilon_n$下的矩阵为$\boldsymbol{A}$，由定理 10.11 知，$\boldsymbol{A}$为实对称矩阵. 由 4.4 节定理 4.11 知，存在正交矩阵$\boldsymbol{T}$，使$\boldsymbol{T}^{-1}\boldsymbol{AT}$为对角矩阵，且它的主对角线上的元素就是$\boldsymbol{A}$的全部特征值.

设

$$(\eta_1,\eta_2,\cdots,\eta_n)=(\varepsilon_1,\varepsilon_2,\cdots,\varepsilon_n)\boldsymbol{T},$$

因过渡矩阵 $\boldsymbol{T}$ 是正交矩阵，由(1.6),(1.7)知，$\eta_1,\eta_2,\cdots,\eta_n$ 也是标准正交基. 由 7.2 节定理 7.4 知，$\mathscr{A}$ 在标准正交基 $\eta_1,\eta_2,\cdots,\eta_n$ 下的矩阵是对角矩阵 $\boldsymbol{T}^{-1}\boldsymbol{AT}$，它的主对角线上的元素就是 $\mathscr{A}$(或 $\boldsymbol{A}$) 的全部特征值. ∎

习题 10.4

1. 证明：对称变换 $\mathscr{A}$ 的不变子空间 V_1 的正交补 $V_1^{\perp}$ 也是 $\mathscr{A}$ 的不变子空间.

2. 设 $\mathscr{A}$ 是 n 维欧几里得空间 V 的一个对称变换，证明：V 可以表示成 $\mathscr{A}$ 的 n 个两两正交的一维不变子空间的直和.

10.5* 酉 空 间

本章的前面几节讨论了欧几里得空间，它是定义了内积的实数域上的线性空间. 本节将介绍酉空间，酉变换和埃尔米特(Hermite)变换，它们在物理等学科中有广泛的应用. 酉空间的概念是欧几里得空间的概念在复数域上的推广. 它的讨论与欧几里得空间的讨论很相似，有一套平行的理论. 因此，我们只列举一些重要的结论，把证明留给有兴趣的读者.

定义 10.13 设 V 是复数域上线性空间，在 V 上定义了一个二元复函数，记为 (α,β)，它具有以下性质：

1) $(\alpha,\beta)=\overline{(\beta,\alpha)}$，这里 $\overline{(\beta,\alpha)}$ 是 (α,β) 的共轭复数；

2) $(k\alpha,\beta)=k(\alpha,\beta)$；

3) $(\alpha+\beta,\gamma)=(\alpha,\gamma)+(\beta,\gamma)$；

4) (α,α) 是非负实数，且 $(\alpha,\alpha)=0$ 当且仅当 $\alpha=0$

(其中 α,β,γ 是 V 中任意向量，k 为任意复数)，则称 (α,β) 为向量 α,β 的**内积**，称这样的线性空间 V 为**酉空间**.

注意，内积的条件 1) 保证了 (α,α) 是一实数(这是因为由条件 1) 可得 $(\alpha,\alpha)=\overline{(\alpha,\alpha)}$，故 (α,α) 为实数)，在条件 4) 中再进一步要求 (α,α) 是非负的，以后就可以引入向量长度的概念.

思考题 如果内积的条件 1) 改为 $(\alpha,\beta)=(\beta,\alpha)$ (即对称性)，则由条件 2) 和 3) 知，修改后的二元复函数 (α,β) 具有双线性. 问：对这修改后的二元复函数 (α,β) 是否再有可能满足条件 4)，即是否有可能"对于非零向量 $\alpha\in V$，都有 $(\alpha,\alpha)>0$"？ (提示：计算 $(\mathrm{i}\alpha,\mathrm{i}\alpha)$.)

例 10.10 在复数域 **C** 上的 n 维线性空间 $\mathbf{C}^n$ 中，对向量

$$\boldsymbol{\alpha}=(a_1,a_2,\cdots,a_n),\quad \boldsymbol{\beta}=(b_1,b_2,\cdots,b_n),$$

定义二元复函数

$$(\boldsymbol{\alpha},\boldsymbol{\beta})=a_1\bar{b}_1+a_2\bar{b}_2+\cdots+a_n\bar{b}_n,$$

容易验证它满足内积的 4 个条件，这样 $\mathbf{C}^n$ 构成一个酉空间.

由内积的定义可得如下性质：

1° $(\alpha,k\beta)=\bar{k}(\alpha,\beta)$，特别$(\alpha,0)=0$.

事实上，$(\alpha,k\beta)=\overline{(k\beta,\alpha)}=\overline{k(\beta,\alpha)}=\bar{k}\,\overline{(\beta,\alpha)}=\bar{k}(\alpha,\beta)$.

2° $(\alpha,\beta+\gamma)=(\alpha,\beta)+(\alpha,\gamma)$.

因为

$$\begin{aligned}(\alpha,\beta+\gamma)&=\overline{(\beta+\gamma,\alpha)}=\overline{(\beta,\alpha)+(\gamma,\alpha)}=\overline{(\beta,\alpha)}+\overline{(\gamma,\alpha)}\\&=(\alpha,\beta)+(\alpha,\gamma).\end{aligned}$$

注意，由内积的性质 1°,2° 可知，酉空间的内积对第 2 个变量是半线性的，即

$$(\alpha,k_1\beta_1+k_2\beta)=\overline{k_1}(\alpha,\beta_1)+\overline{k_2}(\alpha,\beta_2),$$

比双线性的要求弱.

在内积定义中，条件 4) $(\alpha,\alpha)\geqslant 0$，由此我们可同样定义向量 α 的**长度**：

$$\|\alpha\|=\sqrt{(\alpha,\alpha)}.$$

若 $\|\alpha\|=1$，称 α 为**单位向量**.

性质：

1° $\|k\alpha\|=|k|\,\|\alpha\|$.

因为$(k\alpha,k\alpha)=k\bar{k}(\alpha,\alpha)$，即 $\|k\alpha\|^2=|k|^2\|\alpha\|^2$，所以

$$\|k\alpha\|=|k|\,\|\alpha\|.$$

2° 若 $\alpha\neq 0$，则 $\dfrac{1}{\|\alpha\|}\alpha$ 为单位向量.

3° 柯西 - 布涅柯夫斯基不等式仍然成立. 即对任何 $\alpha,\beta\in V$，有

$$|(\alpha,\beta)|\leqslant\|\alpha\|\,\|\beta\|.$$

(这里 $|(\alpha,\beta)|$ 表示复数(α,β) 的模). 等号成立，当且仅当 α,β 线性相关.

有了这个不等式，对于非零向量 α,β 可定义它们的夹角$\langle\alpha,\beta\rangle$：

$$\langle\alpha,\beta\rangle=\arccos\frac{|(\alpha,\beta)|}{\|\alpha\|\,\|\beta\|},\quad 0\leqslant\langle\alpha,\beta\rangle\leqslant\pi.$$

若$(\alpha,\beta)=0$，那么$\langle\alpha,\beta\rangle=\dfrac{\pi}{2}$，这时称 α 与 β **正交**，记为 $\alpha\perp\beta$.

设V为n维酉空间，若$\alpha_1,\alpha_2,\cdots,\alpha_n$为$V$的一个正交向量组，则称它为一个**正交基**，若还有$\|\alpha_i\|=1$ $(i=1,2,\cdots,n)$，则称它为一个**标准正交基**，即若$\alpha_i\neq 0$ $(i=1,2,\cdots,n)$且满足

$$(\alpha_i,\alpha_j)=\begin{cases}1, & i=j;\\ 0, & i\neq j\end{cases}\quad (i,j=1,2,\cdots,n),$$

则称$\alpha_1,\alpha_2,\cdots,\alpha_n$为$V$的一个标准正交基.

施米特正交化标准化(单位化)方法在酉空间中仍然适用.

设在酉空间V中，$\alpha_1,\alpha_2,\cdots,\alpha_n$为$V$的一个标准正交基，$\alpha,\beta\in V$，

$$\alpha=a_1\alpha_1+a_2\alpha_2+\cdots+a_n\alpha_n,$$
$$\beta=b_1\alpha_1+b_2\alpha_2+\cdots+b_n\alpha_n,$$

则$(\alpha,\beta)=a_1\overline{b_1}+a_2\overline{b_2}+\cdots+a_n\overline{b_n}$.

设V为n维酉空间，V_1是它的子空间，则存在V的子空间V_2，使得$V=V_1+V_2$，且$V_1\perp V_2$. 具有此性质的子空间是唯一确定的，记为$V_1^{\perp}$，称为V_1的**正交补**.

同样，有限维酉空间同构的充要条件是它们的维数相等.

下面我们介绍酉矩阵、埃尔米特矩阵的概念，它们是正交矩阵和实对称矩阵概念的推广.

定义 10.14 设$\boldsymbol{A}$是复矩阵(即元素是复数的矩阵)，且满足$\overline{\boldsymbol{A}}^{\mathrm{T}}\boldsymbol{A}=\boldsymbol{E}$，则称$\boldsymbol{A}$为**酉矩阵**，其中$\overline{\boldsymbol{A}}$为$\boldsymbol{A}$的共轭矩阵.

例 10.11 $\boldsymbol{A}=\begin{pmatrix}\mathrm{i} & 0\\ 0 & -\mathrm{i}\end{pmatrix}$是酉矩阵，因为

$$\overline{\boldsymbol{A}}^{\mathrm{T}}\boldsymbol{A}=\begin{pmatrix}-\mathrm{i} & 0\\ 0 & \mathrm{i}\end{pmatrix}\begin{pmatrix}\mathrm{i} & 0\\ 0 & -\mathrm{i}\end{pmatrix}=\begin{pmatrix}1 & 0\\ 0 & 1\end{pmatrix}=\boldsymbol{E}.$$

与正交矩阵类似，也有如下等价命题：

1) $\boldsymbol{A}$是酉矩阵；

2) $\boldsymbol{A}^{-1}=\overline{\boldsymbol{A}}^{\mathrm{T}}$；

3) $\boldsymbol{A}\overline{\boldsymbol{A}}^{\mathrm{T}}=\boldsymbol{E}$；

4) $\displaystyle\sum_{k=1}^{n}\overline{a}_{ki}a_{kj}=\begin{cases}1, & \text{当 } i=j;\\ 0, & \text{当 } i\neq j;\end{cases}$

5) $\displaystyle\sum_{k=1}^{n}a_{ik}\overline{a}_{jk}=\begin{cases}1, & \text{当 } i=j;\\ 0, & \text{当 } i\neq j.\end{cases}$

4),5) 说明了酉矩阵的每列(行)元素的模的平方和等于1，而一列(行)元素与另一列(行)元素的共轭复数对应乘积之和等于零.

容易验证：

1° 两个同阶酉矩阵的乘积仍为酉矩阵.

2° 设 $\boldsymbol{A}$ 为酉矩阵，则 $\boldsymbol{A}^{-1}, \boldsymbol{A}^{\mathrm{T}}$ 也是酉矩阵.

3° 酉矩阵的行列式的模为 1.

4° 设 $\varepsilon_1, \varepsilon_2, \cdots, \varepsilon_n$ 是酉空间 V 的一个标准正交基，$\eta_1, \eta_2, \cdots, \eta_n$ 是 V 的另一个标准正交基，则由 $\varepsilon_1, \varepsilon_2, \cdots, \varepsilon_n$ 到 $\eta_1, \eta_2, \cdots, \eta_n$ 的过渡矩阵是酉矩阵.

定义 10.15 设 $\boldsymbol{A}$ 为 n 阶复矩阵，且满足 $\overline{\boldsymbol{A}}^{\mathrm{T}} = \boldsymbol{A}$，则称 $\boldsymbol{A}$ 为**埃尔米特矩阵**.

若 $\boldsymbol{A} = (a_{ij})_{n\times n}$ 是埃尔米特矩阵，则由 $\overline{\boldsymbol{A}}^{\mathrm{T}} = \boldsymbol{A}$，比较对应元素得

$$\overline{a}_{ji} = a_{ij} \quad (i, j = 1, 2, \cdots, n).$$

当 $i = j$ 时，$\overline{a}_{ij} = a_{ii}$，所以埃尔米特矩阵 $\boldsymbol{A}$ 的主对角线上元素为实数. 当 $i \neq j$ 时，$\overline{a}_{ji} = a_{ij}$，故埃尔米特矩阵 $\boldsymbol{A}$ 关于主对角线对称位置的元素互为共轭复数.

例 10.12 矩阵

$$\boldsymbol{A} = \begin{pmatrix} 1 & 1-\mathrm{i} \\ 1+\mathrm{i} & 0 \end{pmatrix}, \quad \boldsymbol{B} = \begin{pmatrix} \dfrac{1}{3} & -\dfrac{1}{3\sqrt{2}} & -\dfrac{\mathrm{i}}{\sqrt{6}} \\ -\dfrac{1}{3\sqrt{3}} & \dfrac{1}{6} & \dfrac{\mathrm{i}}{2\sqrt{3}} \\ \dfrac{\mathrm{i}}{\sqrt{6}} & -\dfrac{\mathrm{i}}{2\sqrt{3}} & \dfrac{1}{2} \end{pmatrix}$$

均为埃尔米特矩阵.

容易验证：

1° 两个同阶的埃尔米特矩阵的和仍为埃尔米特矩阵.

2° 一个实数和一个埃尔米特矩阵的数量乘积仍为埃尔米特矩阵.

3° 埃尔米特矩阵的行列式必为实数.

事实上，因为 $|\boldsymbol{A}| = |\overline{\boldsymbol{A}}^{\mathrm{T}}| = |\overline{\boldsymbol{A}}| = \overline{|\boldsymbol{A}|}$，所以 $|\boldsymbol{A}|$ 为实数.

下面介绍酉变换和埃尔米特变换.

定义 10.16 设 $\mathscr{A}$ 是酉空间 V 的线性变换，如果对任何 $\alpha \in V$，皆有

$$(\mathscr{A}(\alpha), \mathscr{A}(\alpha)) = (\alpha, \alpha)$$

或 $\|\mathscr{A}(\alpha)\| = \|\alpha\|$，即保持任何向量的长度不变，则称 $\mathscr{A}$ 为一个**酉变换**.

类似于欧几里得空间的正交变换，我们可以证明下列定理：

定理 10.13 设 $\mathscr{A}$ 为酉空间 V 的线性变换，$\mathscr{A}$ 为酉变换的充分必要条件是 $\mathscr{A}$ 保持任何两个向量的内积不变，即对任意向量 $\alpha, \beta \in V$，有

$$(\mathscr{A}(\alpha), \mathscr{A}(\beta)) = (\alpha, \beta).$$

定理10.14 设$\mathscr{A}$是酉空间V的线性变换.$\mathscr{A}$为酉变换的充分必要条件是$\mathscr{A}$把标准正交基$\alpha_1,\alpha_2,\cdots,\alpha_n$变为标准正交基$\mathscr{A}(\alpha_1),\mathscr{A}(\alpha_2),\cdots,\mathscr{A}(\alpha_n)$.

定理10.15 设$\mathscr{A}$是酉空间V的线性变换.$\mathscr{A}$为酉变换的充分必要条件是$\mathscr{A}$在标准正交基下的矩阵为酉矩阵.

定理10.16 酉变换$\mathscr{A}$的特征值的模为1.

定理10.17 酉变换$\mathscr{A}$的属于不同特征值的特征向量正交.

定义10.17 设$\mathscr{A}$是酉空间V的线性变换，对任意$\alpha,\beta\in V$，$\mathscr{A}$满足

$$(\mathscr{A}(\alpha),\beta)=(\alpha,\mathscr{A}(\beta)),$$

则称$\mathscr{A}$为**埃尔米特变换**.

类似于欧几里得空间的对称变换，由定义可推得以下事实：

1° 埃尔米特变换$\mathscr{A}$在标准正交基下的矩阵为埃尔米特矩阵.

2° 埃尔米特变换$\mathscr{A}$的特征值为实数.

3° 埃尔米特变换$\mathscr{A}$的属于不同特征值的特征向量正交.

定理10.18 n维酉空间V的每一个埃尔米特变换$\mathscr{A}$，必存在V的标准正交基，使$\mathscr{A}$在此基下的矩阵为对角矩阵.

定理10.19 每一个埃尔米特矩阵$\mathscr{A}$,必存在一个酉矩阵$\boldsymbol{T}$，使$\boldsymbol{T}^{-1}\boldsymbol{AT}$为对角矩阵.

习题10.5

1. 判别下列矩阵是不是酉矩阵：

$$\begin{pmatrix} \dfrac{4+3\mathrm{i}}{9} & \dfrac{4\mathrm{i}}{9} & \dfrac{-6-2\mathrm{i}}{9} \\ -\dfrac{4\mathrm{i}}{9} & \dfrac{4-3\mathrm{i}}{9} & \dfrac{-2-6\mathrm{i}}{9} \\ \dfrac{6+2\mathrm{i}}{9} & \dfrac{-2-6\mathrm{i}}{9} & \dfrac{1}{9} \end{pmatrix}.$$

2. 判别下列矩阵是否为埃尔米特矩阵：

1) $\boldsymbol{A}=\begin{pmatrix} 1 & 0 & 1 \\ 0 & \mathrm{i} & -1 \\ 1 & -1 & 2 \end{pmatrix}$；　　2) $\boldsymbol{B}=\begin{pmatrix} 1 & 1-\mathrm{i} & \mathrm{i} \\ 1+\mathrm{i} & -1 & 2+\mathrm{i} \\ -\mathrm{i} & 2-\mathrm{i} & 3 \end{pmatrix}$.

3. 证明下列三条件有两个成立时，另一个也成立：

1) $\boldsymbol{A}$是酉矩阵，　2) $\boldsymbol{A}$是埃尔米特矩阵，　3) $\boldsymbol{A}^2=\boldsymbol{E}$.

4. 证明：

1） n 维酉空间 V 的两个酉变换的乘积仍为酉变换；

2） 酉变换的逆变换仍为酉变换.

5. 证明：

1） n 维酉空间 V 的两个埃尔米特变换的和仍为埃尔米特变换；

2） 一个实数与一个埃尔米特变换的数量乘积仍为埃尔米特变换.

阅读与思考

矩阵的奇异值分解与数字图像压缩技术

矩阵分解就是将矩阵分解成较简单矩阵的乘积，例如：在第 3 章阅读与思考“矩阵的三角分解”中的三角分解，定理 9.16 的满秩分解等. 下面将引入矩阵的奇异值分解，并介绍它在数字图像压缩技术中的应用.

我们先引入矩阵的奇异值分解的概念.

设 $\boldsymbol{A}$ 是秩为 r $(r>0)$ 的 $m\times n$ 实矩阵，n 阶对称矩阵 $\boldsymbol{A}^{\mathrm{T}}\boldsymbol{A}$ 的特征值为 $\lambda_i(i=1,2,\cdots,n)$，且设

$$\lambda_1\geqslant\lambda_2\geqslant\cdots\geqslant\lambda_r>\lambda_{r+1}=\cdots=\lambda_n=0, \qquad ①$$

称 $\sigma_i=\sqrt{\lambda_i}$ $(i=1,2,\cdots,r)$ 为矩阵 $\boldsymbol{A}$ 的**奇异值**. 如果存在 m 阶正交矩阵 $\boldsymbol{U}$ 和 n 阶正交矩阵 $\boldsymbol{V}$，满足

$$\boldsymbol{A}=\boldsymbol{U}\boldsymbol{D}\boldsymbol{V}^{\mathrm{T}},$$

其中 $m\times n$ 矩阵 $\boldsymbol{D}$ 的分块形式为 $\boldsymbol{D}=\begin{pmatrix}\boldsymbol{\Sigma} & \boldsymbol{O}\\ \boldsymbol{O} & \boldsymbol{O}\end{pmatrix}$，且

$$\boldsymbol{\Sigma}=\begin{pmatrix}\sigma_1 & & & \\ & \sigma_2 & & \\ & & \ddots & \\ & & & \sigma_r\end{pmatrix},$$

$\sigma_i(i=1,2,\cdots,r)$ 为矩阵 $\boldsymbol{A}$ 的奇异值，那么矩阵的积分解式 $\boldsymbol{A}=\boldsymbol{U}\boldsymbol{D}\boldsymbol{V}^{\mathrm{T}}$ 称为矩阵 $\boldsymbol{A}$ 的**奇异值分解**.

在讨论矩阵的奇异值分解的存在性之前，我们首先讨论对任一秩为 r 的 $m\times n$ 实矩阵 $\boldsymbol{A}$，对称矩阵 $\boldsymbol{A}^{\mathrm{T}}\boldsymbol{A}$ 的特征值 $\lambda_1,\lambda_2,\cdots,\lambda_n$ 是否都满足 ① 式.

由于 $\boldsymbol{A}^{\mathrm{T}}\boldsymbol{A}$ 是一个实对称矩阵，故矩阵 $\boldsymbol{A}^{\mathrm{T}}\boldsymbol{A}$ 可对角化，$\boldsymbol{A}^{\mathrm{T}}\boldsymbol{A}$ 的每个特征值为一个实数 $\lambda_i(i=1,2,\cdots,n)$，且其中非零的个数为 $\mathrm{r}(\boldsymbol{A}^{\mathrm{T}}\boldsymbol{A})$. 设 $\boldsymbol{v}_i$ 为属于 λ_i 的特征向量$(i=1,2,\cdots,n)$，由 $\boldsymbol{A}^{\mathrm{T}}\boldsymbol{A}\boldsymbol{v}_i=\lambda_i\boldsymbol{v}_i$ 知 $\boldsymbol{v}_i^{\mathrm{T}}\boldsymbol{A}^{\mathrm{T}}\boldsymbol{A}\boldsymbol{v}_i=\lambda_i\boldsymbol{v}_i^{\mathrm{T}}\boldsymbol{v}_i$，即

$$(\boldsymbol{A}\boldsymbol{v}_i)^{\mathrm{T}}\boldsymbol{A}\boldsymbol{v}_i=\lambda_i\boldsymbol{v}_i^{\mathrm{T}}\boldsymbol{v}_i,$$

也即 $\|\boldsymbol{A}\boldsymbol{v}_i\|^2=\lambda_i\|\boldsymbol{v}_i\|^2$. 由于 $\|\boldsymbol{A}\boldsymbol{v}_i\|^2\geqslant 0$, $\|\boldsymbol{v}_i\|>0$, 故

$$\lambda_i=\frac{\|\boldsymbol{A}\boldsymbol{v}_i\|^2}{\|\boldsymbol{v}_i\|^2}\geqslant 0\quad (i=1,2,\cdots,n),$$

且其中非零的个数为 $\mathrm{r}(\boldsymbol{A}^{\mathrm{T}}\boldsymbol{A})$.

下面我们再证

$$\mathrm{r}(\boldsymbol{A}^{\mathrm{T}}\boldsymbol{A})=\mathrm{r}(\boldsymbol{A}), \tag{②}$$

即 $\boldsymbol{A}^{\mathrm{T}}\boldsymbol{A}$ 的非零特征值的个数是 $\mathrm{r}(\boldsymbol{A})$. 据 2.4 节定理 2.10，要证 ② 式，只要证齐次线性方程组 $\boldsymbol{A}^{\mathrm{T}}\boldsymbol{A}\boldsymbol{x}=\boldsymbol{0}$ 和 $\boldsymbol{A}\boldsymbol{x}=\boldsymbol{0}$ 同解. 事实上，若 $\boldsymbol{x}\in\mathbf{R}^n$ 满足 $\boldsymbol{A}\boldsymbol{x}=\boldsymbol{0}$，则 $\boldsymbol{x}$ 也必是方程组 $\boldsymbol{A}^{\mathrm{T}}\boldsymbol{A}\boldsymbol{x}=\boldsymbol{0}$ 的解向量；反之，若 $\boldsymbol{x}\in\mathbf{R}^n$ 满足 $\boldsymbol{A}^{\mathrm{T}}\boldsymbol{A}\boldsymbol{x}=\boldsymbol{0}$，则 $\boldsymbol{x}^{\mathrm{T}}\boldsymbol{A}^{\mathrm{T}}\boldsymbol{A}\boldsymbol{x}=\boldsymbol{0}$，故有 $\|\boldsymbol{A}\boldsymbol{x}\|^2=0$，即 $\|\boldsymbol{A}\boldsymbol{x}\|=0$，所以 $\boldsymbol{A}\boldsymbol{x}=\boldsymbol{0}$. 于是，② 式成立.

因此，如果 $\boldsymbol{A}$ 是秩为 r $(r>0)$ 的 $m\times n$ 实矩阵，且 n 阶对称矩阵 $\boldsymbol{A}^{\mathrm{T}}\boldsymbol{A}$ 的特征值为 $\lambda_i(i=1,2,\cdots,n)$，那么可设

$$\lambda_1\geqslant\lambda_2\geqslant\cdots\geqslant\lambda_r>\lambda_{r+1}=\cdots=\lambda_n=0,$$

于是 $\sigma_i=\sqrt{\lambda_i}$ $(i=1,2,\cdots,r)$ 为矩阵 $\boldsymbol{A}$ 的奇异值.

思考 设 $\boldsymbol{A}$ 是秩为 r $(r>0)$ 的 $m\times n$ 实矩阵，n 阶对称矩阵 $\boldsymbol{A}^{\mathrm{T}}\boldsymbol{A}$ 的特征值为 $\lambda_i(i=1,2,\cdots,n)$，$m$ 阶对称矩阵 $\boldsymbol{A}\boldsymbol{A}^{\mathrm{T}}$ 的特征值为 $\mu_i(i=1,2,\cdots,m)$. 设 $\lambda_1\geqslant\lambda_2\geqslant\cdots\geqslant\lambda_r>0$，$\mu_1\geqslant\mu_2\geqslant\cdots\geqslant\mu_m$，对于 $i=1,2,\cdots,r$ 是否都有 $\lambda_i=\mu_i$ 且 $\mu_{r+1}=\mu_{r+2}=\cdots=\mu_m=0$?

例 10.13 求下列矩阵的奇异值与奇异向量：

1) $\begin{pmatrix}3&5\\4&0\end{pmatrix}$；　　2) $\begin{pmatrix}2&1&0&-1\\0&-1&1&1\end{pmatrix}$；

3) $\begin{pmatrix}1&-1&0\\-1&2&-1\\0&-1&1\end{pmatrix}$.

解 1) $\boldsymbol{A}^{\mathrm{T}}\boldsymbol{A}=\begin{pmatrix}3&4\\5&0\end{pmatrix}\begin{pmatrix}3&5\\4&0\end{pmatrix}=\begin{pmatrix}25&15\\15&25\end{pmatrix}$ 的特征值为 $\lambda_1=40$，$\lambda_2=10$，对应的特征向量分别为

$$\boldsymbol{v}_1=\begin{pmatrix}1\\1\end{pmatrix},\quad \boldsymbol{v}_2=\begin{pmatrix}-1\\1\end{pmatrix}.$$

因此，$\boldsymbol{A}$ 的奇异值为 $\sigma_1=\sqrt{40}\approx 6.324\,6$，$\sigma_2=\sqrt{10}\approx 3.162\,3$，$\boldsymbol{v}_1,\boldsymbol{v}_2$ 为对应的奇异向量(注意，$\boldsymbol{A}$ 的特征值为

$$\mu_1=\frac{1}{2}(3+\sqrt{89})\approx 6.217\,0,\quad \mu_2=\frac{1}{2}(3-\sqrt{89})\approx -3.217\,0,$$

与它的奇异值不相同).

2) 经计算得, $\boldsymbol{v}_1=(-4,-3,1,3)^{\mathrm{T}}$, $\boldsymbol{v}_2=(2,-1,2,1)^{\mathrm{T}}$ 分别是矩阵

$$\boldsymbol{A}^{\mathrm{T}}\boldsymbol{A}=\begin{pmatrix}2&0\\1&-1\\0&1\\-1&1\end{pmatrix}\begin{pmatrix}2&1&0&-1\\0&-1&1&1\end{pmatrix}=\begin{pmatrix}4&2&0&-2\\2&2&-1&-2\\0&-1&1&1\\-2&-2&1&2\end{pmatrix}$$

的属于特征值 7,2 的特征向量, 故也是矩阵 $\boldsymbol{A}$ 的对应于奇异值$\sqrt{7}$,$\sqrt{2}$ 的奇异向量(由上述思考题知, $\boldsymbol{A}^{\mathrm{T}}\boldsymbol{A}$ 的非零特征值就是2阶矩阵$\boldsymbol{A}\boldsymbol{A}^{\mathrm{T}}$ 的非零特征值,计算后者比较方便).

3) 由于实对称矩阵

$$\boldsymbol{A}=\begin{pmatrix}1&-1&0\\-1&2&-1\\0&-1&1\end{pmatrix}$$

的特征值为 3,1,0, 故 $\boldsymbol{A}^{\mathrm{T}}\boldsymbol{A}=\boldsymbol{A}^2$ 的特征值为 9,1,0, 所以 $\boldsymbol{A}$ 的奇异值为 $\sigma_1=3$, $\sigma_2=1$, 且对应的奇异向量 $\boldsymbol{v}_1$, $\boldsymbol{v}_2$ 分别是 $\boldsymbol{A}^{\mathrm{T}}\boldsymbol{A}$ 的属于特征值 9,1 的特征向量, 也就是 $\boldsymbol{A}$ 的属于特征值 3,1 的特征向量.

容易求得, $\boldsymbol{v}_1=(1,-2,1)^{\mathrm{T}}$, $\boldsymbol{v}_2=(-1,0,1)^{\mathrm{T}}$ 分别是 $\boldsymbol{A}$ 的属于特征值 3, 1 的特征向量, 故也是对应奇异值 3,1 的奇异向量.

思考 设 $\boldsymbol{A}=\boldsymbol{A}^{\mathrm{T}}$ 是实对称矩阵, 问: $\boldsymbol{A}$ 的奇异值和奇异向量与它的特征值和特征向量之间有什么关系?

下面讨论矩阵的奇异值分解的存在性问题.

设 $\boldsymbol{A}$ 是秩为 r $(r>0)$ 的 $m\times n$ 实矩阵, 由于 $\boldsymbol{A}^{\mathrm{T}}\boldsymbol{A}$ 的特征值满足 ① 式, 故矩阵 $\boldsymbol{A}^{\mathrm{T}}\boldsymbol{A}$ 为 n 阶对称半正定或正定矩阵, 且秩$(\boldsymbol{A}^{\mathrm{T}}\boldsymbol{A})$=秩$(\boldsymbol{A})=r$, 从而存在 n 阶正交矩阵 $\boldsymbol{V}$, 满足

$$\boldsymbol{V}^{\mathrm{T}}(\boldsymbol{A}^{\mathrm{T}}\boldsymbol{A})\boldsymbol{V}=\boldsymbol{V}^{-1}(\boldsymbol{A}^{\mathrm{T}}\boldsymbol{A})\boldsymbol{V}=\begin{pmatrix}\lambda_1&&&&&\\&\ddots&&&&\\&&\lambda_r&&&\\&&&0&&\\&&&&\ddots&\\&&&&&0\end{pmatrix},\qquad ③$$

其中 $\lambda_i > 0$ $(i=1,2,\cdots,r)$. 设 $\boldsymbol{V}=(\boldsymbol{\alpha}_1,\boldsymbol{\alpha}_2,\cdots,\boldsymbol{\alpha}_r \vdots \boldsymbol{\alpha}_{r+1},\cdots,\boldsymbol{\alpha}_n)=(\boldsymbol{V}_1 \vdots \boldsymbol{V}_2)$, $\sigma_i=\sqrt{\lambda_i}$ $(i=1,2,\cdots,r)$,

$$\boldsymbol{\Sigma}=\begin{pmatrix}\sigma_1 & & & \\ & \sigma_2 & & \\ & & \ddots & \\ & & & \sigma_r\end{pmatrix},$$

将 $\boldsymbol{V}=(\boldsymbol{V}_1 \vdots \boldsymbol{V}_2)$ 代入 ③ 式可得 $\boldsymbol{V}_1^{\mathrm{T}}\boldsymbol{A}^{\mathrm{T}}\boldsymbol{A}\boldsymbol{V}_1=\boldsymbol{\Sigma}^2$，且 $\boldsymbol{V}_2^{\mathrm{T}}\boldsymbol{A}^{\mathrm{T}}\boldsymbol{A}\boldsymbol{V}_2=\boldsymbol{O}$，故

$$\boldsymbol{\Sigma}^{-1}\boldsymbol{V}_1^{\mathrm{T}}\boldsymbol{A}^{\mathrm{T}}\boldsymbol{A}\boldsymbol{V}_1\boldsymbol{\Sigma}^{-1}=\boldsymbol{E}_r.$$

现令 $\boldsymbol{U}_1=\boldsymbol{A}\boldsymbol{V}_1\boldsymbol{\Sigma}^{-1}$，则由矩阵 $\boldsymbol{\Sigma}$ 的对称性知 $\boldsymbol{U}_1^{\mathrm{T}}=\boldsymbol{\Sigma}^{-1}\boldsymbol{V}_1^{\mathrm{T}}\boldsymbol{A}^{\mathrm{T}}$. 于是

$$\boldsymbol{U}_1^{\mathrm{T}}\boldsymbol{U}_1=\boldsymbol{E}_r,$$

这表明 $\boldsymbol{U}_1$ 的列向量是单位正交向量组. 设 $m\times n$ 矩阵 $\boldsymbol{D}=\begin{pmatrix}\boldsymbol{\Sigma} & \boldsymbol{O}\\ \boldsymbol{O} & \boldsymbol{O}\end{pmatrix}$，利用定理 10.4 的推论 2，将 $\boldsymbol{U}_1$ 扩充成正交矩阵 $\boldsymbol{U}=(\boldsymbol{U}_1 \vdots \boldsymbol{U}_2)$，则有

$$\begin{aligned}\boldsymbol{U}\boldsymbol{D}\boldsymbol{V}^{\mathrm{T}}&=(\boldsymbol{U}_1 \vdots \boldsymbol{U}_2)\begin{pmatrix}\boldsymbol{\Sigma} & \boldsymbol{O}\\ \boldsymbol{O} & \boldsymbol{O}\end{pmatrix}\begin{pmatrix}\boldsymbol{V}_1^{\mathrm{T}}\\ \boldsymbol{V}_2^{\mathrm{T}}\end{pmatrix}=\boldsymbol{U}_1\boldsymbol{\Sigma}\boldsymbol{V}_1^{\mathrm{T}}\\ &=\boldsymbol{A}\boldsymbol{V}_1\boldsymbol{\Sigma}^{-1}\boldsymbol{\Sigma}\boldsymbol{V}_1^{\mathrm{T}}=\boldsymbol{A},\end{aligned}$$

且 $\boldsymbol{A}=\boldsymbol{U}\boldsymbol{D}\boldsymbol{V}^{\mathrm{T}}$ 就是 $\boldsymbol{A}$ 的奇异值分解，这证明了实矩阵 $\boldsymbol{A}$ 的奇异值分解的存在性. 由于这证明是构造性的，故对任一实矩阵 $\boldsymbol{A}$，都可求出它的奇异值分解.

例 10.14 求矩阵 $\boldsymbol{A}=\begin{pmatrix}1 & 0 & 1\\ 0 & 1 & 1\end{pmatrix}$ 的奇异值分解.

解 由

$$\boldsymbol{A}^{\mathrm{T}}\boldsymbol{A}=\begin{pmatrix}1 & 0\\ 0 & 1\\ 1 & 1\end{pmatrix}\begin{pmatrix}1 & 0 & 1\\ 0 & 1 & 1\end{pmatrix}=\begin{pmatrix}1 & 0 & 1\\ 0 & 1 & 1\\ 1 & 1 & 2\end{pmatrix}$$

知，矩阵 $\boldsymbol{A}^{\mathrm{T}}\boldsymbol{A}$ 的特征多项式为

$$|\lambda\boldsymbol{E}_3-\boldsymbol{A}^{\mathrm{T}}\boldsymbol{A}|=\begin{vmatrix}\lambda-1 & 0 & -1\\ 0 & \lambda-1 & -1\\ -1 & -1 & \lambda-2\end{vmatrix}=(\lambda-3)(\lambda-1)\lambda.$$

可得 $\boldsymbol{A}$ 的特征值为 $\lambda_1=3$，$\lambda_2=1$，$\lambda_3=0$.

对于特征值 $\lambda_1=3$，解方程组

$$\begin{pmatrix}2 & 0 & -1\\ 0 & 2 & -1\\ -1 & -1 & 1\end{pmatrix}\begin{pmatrix}x_1\\ x_2\\ x_3\end{pmatrix}=\boldsymbol{0},$$

得基础解系，即特征向量为 $\boldsymbol{\xi}_1=(1,1,2)^{\mathrm{T}}$.

同理，对于特征值 $\lambda_2=1$，对应的特征向量为 $\boldsymbol{\xi}_2=(-1,1,0)^{\mathrm{T}}$；对于特征值 $\lambda_3=0$，对应的特征向量为 $\boldsymbol{\xi}_3=(-1,-1,1)^{\mathrm{T}}$. 于是 $\boldsymbol{A}^{\mathrm{T}}\boldsymbol{A}$ 的一组单位正交特征向量分别为

$$\boldsymbol{\alpha}_1=\left(\frac{1}{\sqrt{6}},\frac{1}{\sqrt{6}},\frac{2}{\sqrt{6}}\right)^{\mathrm{T}},$$

$$\boldsymbol{\alpha}_2=\left(-\frac{1}{\sqrt{2}},\frac{1}{\sqrt{2}},0\right)^{\mathrm{T}},$$

$$\boldsymbol{\alpha}_3=\left(-\frac{1}{\sqrt{3}},-\frac{1}{\sqrt{3}},\frac{1}{\sqrt{3}}\right)^{\mathrm{T}}.$$

令 $\boldsymbol{V}=(\boldsymbol{\alpha}_1,\boldsymbol{\alpha}_2 \vdots \boldsymbol{\alpha}_3)=(\boldsymbol{V}_1 \vdots \boldsymbol{V}_2)$，则 $\boldsymbol{\Sigma}=\begin{pmatrix}\sqrt{3} & 0\\ 0 & 1\end{pmatrix}$，且

$$\boldsymbol{U}_1=\boldsymbol{A}\boldsymbol{V}_1\boldsymbol{\Sigma}^{-1}=\begin{pmatrix}1 & 0 & 1\\ 0 & 1 & 1\end{pmatrix}\begin{pmatrix}\frac{1}{\sqrt{6}} & -\frac{1}{\sqrt{2}}\\ \frac{1}{\sqrt{6}} & \frac{1}{\sqrt{2}}\\ \frac{2}{\sqrt{6}} & 0\end{pmatrix}\begin{pmatrix}\frac{1}{\sqrt{3}} & 0\\ 0 & 1\end{pmatrix}$$

$$=\begin{pmatrix}\frac{1}{\sqrt{2}} & -\frac{1}{\sqrt{2}}\\ \frac{1}{\sqrt{2}} & \frac{1}{\sqrt{2}}\end{pmatrix}.$$

由于 $\boldsymbol{U}_1$ 已是2阶正交矩阵，故 $\boldsymbol{U}=(\boldsymbol{U}_1 \vdots \boldsymbol{U}_2)=\boldsymbol{U}_1$. 令 2×3 矩阵 $\boldsymbol{D}=(\boldsymbol{\Sigma},\boldsymbol{O})$，可得 $\boldsymbol{A}$ 的奇异值分解为

$$\boldsymbol{A}=\boldsymbol{U}\boldsymbol{D}\boldsymbol{V}^{\mathrm{T}}=\begin{pmatrix}\frac{1}{\sqrt{2}} & -\frac{1}{\sqrt{2}}\\ \frac{1}{\sqrt{2}} & \frac{1}{\sqrt{2}}\end{pmatrix}\begin{pmatrix}\sqrt{3} & 0 & 0\\ 0 & 1 & 0\end{pmatrix}\begin{pmatrix}\frac{1}{\sqrt{6}} & \frac{1}{\sqrt{6}} & \frac{2}{\sqrt{6}}\\ -\frac{1}{\sqrt{2}} & \frac{1}{\sqrt{2}} & 0\\ -\frac{1}{\sqrt{3}} & -\frac{1}{\sqrt{3}} & \frac{1}{\sqrt{3}}\end{pmatrix}.$$

思考 我们知道，对于任意一个 n 阶对称实矩阵 $\boldsymbol{A}$，都有一个熟知的矩阵的乘积分解，即必有正交矩阵 $\boldsymbol{P}$，使

$$\boldsymbol{A}=\boldsymbol{P}\boldsymbol{\Lambda}\boldsymbol{P}^{-1}=\boldsymbol{P}\boldsymbol{\Lambda}\boldsymbol{P}^{\mathrm{T}},$$

其中矩阵 $\boldsymbol{\Lambda}$ 是以矩阵 $\boldsymbol{A}$ 的 n 个特征值为对角元素的对角矩阵. 这个分解

我们称之为对称矩阵 $\boldsymbol{A}$ 的**特征值分解**. 问：对称实矩阵 $\boldsymbol{A}$ 的奇异值分解和特征值分解之间有何联系与区别?

下面介绍矩阵的奇异值分解是如何应用到数字图像压缩技术中的.

假定一幅图像有 $m\times n$ 个像素，如果将这 mn 个数据一起传送，往往数据量会很大. 因此，我们会想办法在信息的发送端传送一些比较少的数据，并且在接收端利用这些传输数据对图像进行重构. 因此，压缩的数字图像为图像的存储与传输提供了便利. 图像压缩要求较高的压缩比，同时不产生失真. 矩阵的奇异值分解可以将任意一个矩阵和一个只包含几个(非零) 奇异值的矩阵对应. 把“大”的矩阵对应到“小”的矩阵，这就产生了“压缩”的思想，并且利用矩阵的计算可以恢复压缩前的数据. 不妨用 $m\times n$ 矩阵 $\boldsymbol{A}$ 表示要传送的原 $m\times n$ 个像素. 假定对矩阵 $\boldsymbol{A}$ 进行奇异值分解，便得到

$$\boldsymbol{A}=\boldsymbol{UDV}^{\mathrm{T}},$$

其中奇异值按照从大到小的顺序排列. 实际上，较小的奇异值对图像的贡献也较小. 如果从中选择 k 个大奇异值，以及这些奇异值对应的特征向量，共 $(m+n+1)k$ 个数值来代替原来的 mn 个图像数据. 这 $(m+n+1)k$ 个数值是矩阵 $\boldsymbol{A}$ 的前 k 个奇异值、$m\times m$ 矩阵 $\boldsymbol{U}$ 的前 k 列、$n\times n$ 矩阵 $\boldsymbol{V}$ 的前 k 列. 比率

$$\rho=\frac{mn}{(m+n+1)k}$$

称为**图像的压缩比**. 注意被选择的数 k 满足 $\rho>1$，即

$$k<\frac{mn}{m+n+1}.$$

因此，我们在传送数据的过程中，就不必传送 mn 个原始数据，而只需传送与奇异值和对应的特征向量有关的 $(m+n+1)k$ 个数据. 在接收端收到奇异值 $\sigma_1,\sigma_2,\cdots,\sigma_k$ 以及特征向量 $\boldsymbol{u}_1,\boldsymbol{u}_2,\cdots,\boldsymbol{u}_k$ 和 $\boldsymbol{v}_1,\boldsymbol{v}_2,\cdots,\boldsymbol{v}_k$ 后，通过公式：

$$\boldsymbol{A}_k=\sum_{i=1}^{k}\sigma_i\boldsymbol{u}_i\boldsymbol{v}_i^{\mathrm{T}}$$

(当 $k=r$ 时，$\boldsymbol{A}_r=\boldsymbol{A}=\boldsymbol{UDV}=\sum\limits_{i=1}^{r}\sigma_i\boldsymbol{u}_i\boldsymbol{v}_i^{\mathrm{T}}$) 重构出原图像就可以满足人的视觉要求. 容易理解：若数 k 越小，即压缩比 ρ 越大，则重构的图像质量不高. 反之，k 太大，则压缩比又太小，降低了图像传输效率. 因此，在实际应用中，我们应该根据需要，在兼顾传输效率和重构图像质量的同时选择合适的压缩比. 经过试验得出：在一般情况下，对于 $256\leqslant n\leqslant 2\,048$ 的图像，选取 $25\leqslant k\leqslant 100$ 时，都有较好的视觉效果.

图 10-6 (a) 是一张 512×512 像素的原始黑白图片. 每个像素表示一个灰度值(对于黑白图片，灰度值一般被系统定义为 $0\sim 1$ 之间的一个实数. 系统

还需要定义色谱，色谱也对应一些实数，即灰度值）. 这个原始图片是由 512×512 的像素组成的，所以我们可以用一个 512×512 矩阵来表示这张图片，其中的元素就是一些灰度值.

在图 10-6（b）中取 $k=2$，则压缩比

$$\rho=\frac{512 \times 512}{(512+512+1) \times 2}=127.8751,$$

但看不出是什么图形；在图 10-6（c）中取 $k=10$，则压缩比 $\rho=25.5750$，此时压缩比下降了很多，但我们已经可以看清图形的轮廓；在图 10-6（d）中取 $k=25$ 时，$\rho=10.2300$，此时图形还是有点模糊；当 $k=50$ 时，$\rho=5.1150$，此时图形已经接近原图了；当 $k=75$ 时，$\rho=3.4100$，此时图形已经很接近原图了，但图 10-6（f）与(e）的差别或改变已经不那么大了，而且原图所占空间却是图 10-6（f）所占空间的 3.41 倍.

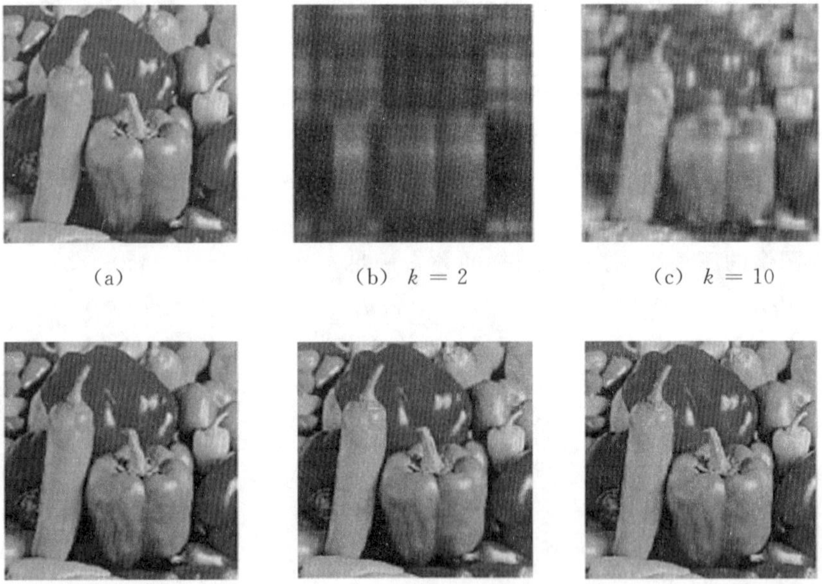

（a）　（b）$k=2$　（c）$k=10$

（d）$k=25$　（e）$k=50$　（f）$k=75$

图 10-6

矩阵的奇异值分解在曲面拟合问题和插值问题中也有应用，详见[14]中课题 38.

练　习

1. 求例 10.13 的矩阵的奇异值分解.
2. 求 $1 \times n$ 实矩阵和 $n \times 1$ 实矩阵的奇异值分解.

章课题　矩阵的上核与上值域

由[14]中课题38知，设 $\mathbf{A} \in \mathbf{R}^{m\times n}$ 的秩为 r，且它的奇异值分解式 $\mathbf{A} = \mathbf{U}\mathbf{D}\mathbf{V}^{\mathrm{T}}$ 中 $\mathbf{U} = (\mathbf{u}_1, \mathbf{u}_2, \cdots, \mathbf{u}_m)$，$\mathbf{V} = (\mathbf{v}_1, \mathbf{v}_2, \cdots, \mathbf{v}_n)$，则

1） $\mathbf{v}_{r+1}, \mathbf{v}_{r+2}, \cdots, \mathbf{v}_n$ 是 $\mathscr{N}(\mathbf{A})$ 的标准正交基；

2） $\mathbf{u}_1, \mathbf{u}_2, \cdots, \mathbf{u}_r$ 是 $\mathscr{R}(\mathbf{A})$ 的标准正交基；

3） $\mathbf{v}_1, \mathbf{v}_2, \cdots, \mathbf{v}_r$ 是 $\mathscr{R}(\mathbf{A}^{\mathrm{T}})$ 的标准正交基；

4） $\mathbf{u}_{r+1}, \mathbf{u}_{r+2}, \cdots, \mathbf{u}_m$ 是 $\mathscr{N}(\mathbf{A}^{\mathrm{T}})$ 的标准正交基.

例如：例10.14中 $\mathbf{A}$ 的秩为2，则 $\mathbf{V} = (\boldsymbol{\alpha}_1, \boldsymbol{\alpha}_2, \boldsymbol{\alpha}_3)$ 中 $\boldsymbol{\alpha}_3$ 是 $\mathscr{N}(\mathbf{A})$ 的标准正交基，$\boldsymbol{\alpha}_1, \boldsymbol{\alpha}_2$ 是 $\mathscr{R}(\mathbf{A}^{\mathrm{T}})$ 的标准正交基，设 $\mathbf{U} = \mathbf{U}_1 = (\mathbf{u}_1, \mathbf{u}_2)$，则

$$\mathbf{u}_1 = \left(\frac{1}{\sqrt{2}}, \frac{1}{\sqrt{2}}\right)^{\mathrm{T}}, \quad \mathbf{u}_2 = \left(-\frac{1}{\sqrt{2}}, \frac{1}{\sqrt{2}}\right)^{\mathrm{T}}$$

是 $\mathscr{R}(\mathbf{A})$ 的标准正交基. 一般地，每个 $m \times n$ 实矩阵 $\mathbf{A}$ 都有4个基本子空间，即 $\mathscr{N}(\mathbf{A}), \mathscr{R}(\mathbf{A}), \mathscr{N}(\mathbf{A}^{\mathrm{T}}), \mathscr{R}(\mathbf{A}^{\mathrm{T}})$，其中 $\mathbf{R}^n$ 的子空间 $\mathscr{N}(\mathbf{A})$ 是 $\mathbf{A}$ 的核，$\mathbf{R}^m$ 的子空间 $\mathscr{R}(\mathbf{A})$ 是 $\mathbf{A}$ 的值域，我们把 $\mathbf{R}^m$ 的子空间

$$\mathscr{N}(\mathbf{A}^{\mathrm{T}}) = \{\mathbf{u} \in \mathbf{R}^m \mid \mathbf{A}^{\mathrm{T}}\mathbf{u} = \mathbf{0}\}$$

和 $\mathbf{R}^n$ 的子空间

$$\mathscr{R}(\mathbf{A}^{\mathrm{T}}) = \{\mathbf{A}^{\mathrm{T}}\mathbf{v} \mid \mathbf{v} \in \mathbf{R}^m\}$$

分别称为矩阵 $\mathbf{A}$ 的**上核**和**上值域**. 本课题将探讨矩阵的上核与上值域的性质与应用.

设 $\mathbf{A} \in \mathbf{R}^{m\times n}$，$\mathbf{x} \in \mathscr{N}(\mathbf{A}) = \{\mathbf{x} \in \mathbf{R}^n \mid \mathbf{A}\mathbf{x} = \mathbf{0}\}$，则 $\mathbf{A}\mathbf{x} = \mathbf{0}$，故 $\mathbf{x}$ 与矩阵 $\mathbf{A}$ 的每个行向量正交，而 $\mathbf{A}$ 的行向量(即 $\mathbf{A}^{\mathrm{T}}$ 的列向量) 张成 $\mathbf{R}^n$ 的子空间 $\mathscr{R}(\mathbf{A}^{\mathrm{T}})$，所以在 $\mathscr{N}(\mathbf{A})$ 中的每个向量与 $\mathscr{R}(\mathbf{A}^{\mathrm{T}})$ 中的每个向量正交，即 $\mathbf{R}^n$ 中的两个子空间 $\mathscr{N}(\mathbf{A})$ 和 $\mathscr{R}(\mathbf{A}^{\mathrm{T}})$ 正交. 同理可证，$\mathbf{R}^m$ 中的两个子空间 $\mathscr{N}(\mathbf{A}^{\mathrm{T}})$ 和 $\mathscr{R}(\mathbf{A})$ 正交.

问题1　设 $\mathbf{A}$ 是一个 $m \times n$ 实矩阵，试进一步讨论 $\mathscr{N}(\mathbf{A}), \mathscr{N}(\mathbf{A}^{\mathrm{T}}), \mathscr{R}(\mathbf{A}), \mathscr{R}(\mathbf{A}^{\mathrm{T}})$ 之间的关系.

我们知道，线性方程组有解的充分必要条件是它的系数矩阵与增广矩阵有相同的秩. 是否可以利用问题1的结果来推出相容的实线性方程组的又一个特征？

问题2　证明：

1） 实线性方程组 $\mathbf{A}\mathbf{x} = \mathbf{b}$ 有解的充分必要条件是 $\mathbf{b}$ 与 $\mathbf{A}$ 的上核 $\mathscr{N}(\mathbf{A}^{\mathrm{T}})$ 正交；

2) 如果实线性方程组 $\boldsymbol{A}\boldsymbol{x}=\boldsymbol{b}$ 中 $\boldsymbol{b}\neq\boldsymbol{0}$，那么或者该方程组有解，或者齐次线性方程组 $\boldsymbol{A}^{\mathrm{T}}\boldsymbol{y}=\boldsymbol{0}$ 存在一个解 $\boldsymbol{y}$ 使得 $\boldsymbol{y}^{\mathrm{T}}\boldsymbol{b}\neq 0$.

在问题 2 中 1) 和 2) 两个定理是等价的，它们被命名为**弗雷德霍姆两者择一定理**. 19 世纪末，瑞典数学家弗雷德霍姆(Ivar Fredholm，1866— 1927)创造了一种优美的方法来处理某类特殊的积分方程(现称弗雷德霍姆方程)，这个方法揭示了积分方程与线性方程组之间的相似性，其解线性积分方程的相容性判定准则被认为是线性系统(包括线性方程组、线性微分方程和线性边值问题等)的一个一般的性质.

问题 3 试写出下列线性方程组的相容性条件：

$$\begin{cases} x_1-x_2+3x_3=b_1, \\ -x_1+2x_2-4x_3=b_2, \\ 2x_1+3x_2+x_3=b_3, \\ x_1+2x_3=b_4. \end{cases}$$

实矩阵的上核和上值域以及弗雷德霍姆两者择一定理在第 5 章章课题“多元二次函数的最值”和一些实际问题(如电网络和框架结构等)中也有应用(见[13] 中课题 19、课题 20 和课题 21). 在这些课题中还有一个求实线性方程组的长度最小的特解问题，即

问题 4 设 $\boldsymbol{A}$ 是 $m\times n$ 实矩阵，方程组 $\boldsymbol{A}\boldsymbol{x}=\boldsymbol{b}$ 有解，求它的解

$$\{\boldsymbol{\gamma}\in\mathbf{R}^n\,|\,\boldsymbol{\gamma}=\boldsymbol{\gamma}_0+\boldsymbol{\eta},\ \boldsymbol{\gamma}_0 \text{ 是特解},\ \boldsymbol{\eta}\in\mathcal{N}(\boldsymbol{A})\}$$

中长度 $\sqrt{(\boldsymbol{\gamma},\boldsymbol{\gamma})}$ 最小的特解.

问题 5 求下列线性方程组长度最小的特解：

1) $\begin{cases} x_1-x_2+2x_3-2x_4=-1, \\ x_2-2x_3+x_4=1, \\ x_1+3x_2-5x_3+2x_4=4, \\ 5x_1-x_2+9x_3-6x_4=6; \end{cases}$ 2) $\begin{cases} 6x-3y+9z=12, \\ 2x-y+3z=4. \end{cases}$

复 习 题

A 组

1. 填空题

1) 设 V 是一个欧几里得空间，V 的内积关于 V 的两个基 $\alpha_1,\alpha_2,\cdots,\alpha_n$

和$\beta_1,\beta_2,\cdots,\beta_n$的度量矩阵分别为$\boldsymbol{A}$和$\boldsymbol{B}$，又知$\boldsymbol{P}$是基$\alpha_1,\alpha_2,\cdots,\alpha_n$到基$\beta_1,\beta_2,\cdots,\beta_n$的过渡矩阵，则$\boldsymbol{A}$与$\boldsymbol{B}$之间有关系式：$\boldsymbol{B}=$________.

2) 设$\alpha_1,\alpha_2,\cdots,\alpha_n$为$n$维欧几里得空间$V$的一个正交基，$m<n$，则$\{\beta\in V\mid(\beta,\alpha_i)=0,\ i=1,2,\cdots,m\}=$________.

3) 设$\boldsymbol{\alpha}_1=\left(\frac{1}{\sqrt{2}},0,\frac{1}{\sqrt{2}}\right)$，$\boldsymbol{\alpha}_2=(0,1,0)$，$\boldsymbol{\alpha}_3=\left(\frac{1}{\sqrt{2}},0,-\frac{1}{\sqrt{2}}\right)$为欧几里得空间$\mathbf{R}^3$的一个标准正交基，则$\mathbf{R}^3$中向量$\boldsymbol{\xi}=(2,1,-2)$在$\boldsymbol{\alpha}_1,\boldsymbol{\alpha}_2,\boldsymbol{\alpha}_3$下的坐标为________.

4) 设W是n维欧几里得空间V的m维子空间，则$\dim W^{\perp}=$________.

2. 在欧几里得空间$\mathbf{R}^3$中，用施密特正交化方法，把基

$$\boldsymbol{\alpha}_1=(3,0,4),\quad \boldsymbol{\alpha}_2=(-1,0,7),\quad \boldsymbol{\alpha}_3=(2,9,11)$$

化成标准正交基.

3. 设$\alpha_1,\alpha_2,\cdots,\alpha_n$是欧几里得空间$V$的$n$个向量，$\varepsilon_1,\varepsilon_2,\cdots,\varepsilon_n$是$V$的标准正交基，证明：若

$$\alpha_i=a_{i1}\varepsilon_1+a_{i2}\varepsilon_2+\cdots+a_{in}\varepsilon_n\quad(i=1,2,\cdots,n),$$

则$\alpha_1,\alpha_2,\cdots,\alpha_n$的格拉姆行列式(见习题10.1第4题)

$$G(\alpha_1,\alpha_2,\cdots,\alpha_n)=\begin{vmatrix}a_{11}&a_{12}&\cdots&a_{1n}\\a_{21}&a_{22}&\cdots&a_{2n}\\\vdots&\vdots&\ddots&\vdots\\a_{n1}&a_{n2}&\cdots&a_{nn}\end{vmatrix}^2.$$

4. 证明：欧几里得空间V的线性变换$\mathscr{A}$为正交变换的充分必要条件是使任两点间的距离保持不变，即$d(\mathscr{A}(\alpha),\mathscr{A}(\beta))=d(\alpha,\beta)$，也即

$$\|\mathscr{A}(\alpha)-\mathscr{A}(\beta)\|=\|\alpha-\beta\|,\quad\forall\alpha,\beta\in V.$$

5. 证明：如果$\mathscr{A}$是正交变换，那么$\mathscr{A}$的不变子空间W的正交补$W^{\perp}$也是$\mathscr{A}$的不变子空间.

6. 设η是n维欧几里得空间V中一个单位向量，定义V的变换$\mathscr{A}$如下：

$$\mathscr{A}(\alpha)=\alpha-2(\eta,\alpha)\eta\quad(\alpha\in V).$$

证明：

1) $\mathscr{A}$是正交变换，这样的正交变换称为镜面反射；

2) $\mathscr{A}$是第二类的；

3) 如果n维欧几里得空间中，正交变换$\mathscr{A}$以-1作为一个特征值，且属于特征值1的特征子空间V_1的维数为$n-1$，那么$\mathscr{A}$是镜面反射.

7. 设$\mathscr{A}$为n维欧几里得空间V的一个线性变换，如果对于任意的$\alpha,\beta\in V$，有$(\mathscr{A}(\alpha),\beta)=-(\alpha,\mathscr{A}(\beta))$，则称$\mathscr{A}$为反对称的. 证明：

1) V的线性变换$\mathscr{A}$是反对称的充分必要条件是：$\mathscr{A}$在一标准正交基下

的矩阵 $\boldsymbol{A}$ 是反对称的(即 $\boldsymbol{A}=-\boldsymbol{A}^{\mathrm{T}}$);

2) 如果 W 是反对称变换 $\mathscr{A}$ 的不变子空间,那么 $W^{\perp}$ 也是 $\mathscr{A}$ 的不变子空间.

B 组

1. 设 $\mathscr{A}$ 是欧几里得空间 V 的一个变换,如果 $\mathscr{A}$ 保持内积不变,即对于 $\alpha,\beta\in V$,$(\mathscr{A}\alpha,\mathscr{A}\beta)=(\alpha,\beta)$. 证明:$\mathscr{A}$ 一定是线性变换,因而它是正交变换.

2. 设 V 是 n 维欧氏空间,内积记为 (α,β),设 $\mathscr{A}$ 是 V 的一个正交变换,记

$$V_1=\{\alpha \mid \mathscr{A}\alpha=\alpha\},\quad V_2=\{\alpha-\mathscr{A}\alpha \mid \alpha\in V\}.$$

显然 V_1 和 V_2 都是 $\mathscr{A}$- 子空间. 证明:$V=V_1\oplus V_2$.

3. 设 V_1 是有限维欧几里得空间 V 的子空间,$V_1^{\perp}$ 是 V_1 的正交补,即 $V=V_1\oplus V_1^{\perp}$,定义 V 到 V_1 的投影变换 $\mathscr{A}$ 如下:对任意 $\alpha\in V$,$\mathscr{A}\alpha=\alpha_1$,其中 $\alpha=\alpha_1+\alpha_2$,$\alpha_1\in V_1$,$\alpha_2\in V_1^{\perp}$. 证明:

1) $\mathscr{A}$ 是 V 上的线性变换;

2) $\mathscr{A}$ 是满足 $\mathscr{A}^2=\mathscr{A}$ 的对称变换.

4. 设 $\mathscr{A}$ 为 n 维欧几里得空间 V 的对称变换,证明:$\mathscr{A}V$ 是 $\mathscr{A}^{-1}(0)$ 的正交补.

探究题

通过对图 10-7 中平面内正方形以及几何空间内的立方体的观察,归纳出它们的顶点坐标的特征,从而推导出 n 维欧几里得空间的立方体的顶点个数公式. 再计算 4 维欧几里得空间中的立方体有多少个 3 维的侧面,多少个 2 维的侧面与 1 维的棱? 你能否把这些结果推广到 n 维欧几里得空间的情形?

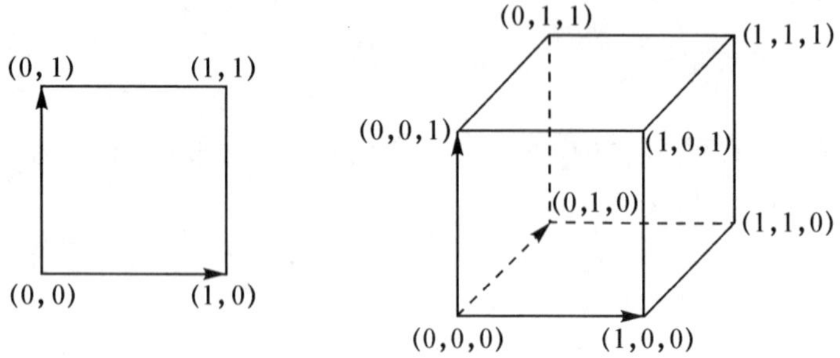

图 10-7

附　　录

MATLAB 使用简介

MATLAB 是矩阵实验室(Matrix Laboratory)的缩写，是一种应用相当广泛的科学计算工具，使用又十分方便，例如：MATLAB 7.0 支持多种计算机操作系统，比如支持 Windows 95/98/2000/XP 以及许多不同版本的 UNIX 操作系统. 本附录重点介绍 MATLAB 有关线性代数计算方面的一些基本操作命令.

打开 MATLAB，首先看到的是命令窗口，命令行就是紧接着 MATLAB 命令提示符“>>”右边的输入行. 可以用 MATLAB 作一些简单计算，例如：

```
>> 25 * 25 + 75
ans =
     700
```

由此立即得到答案 700. 如果在命令行后面键入分号“;”，屏幕上会显示出这一行，但不显示结果，并另起一行，例如：

```
>> 25 * 25 + 75;
>>
```

如果你打错命令，并得到一个错误信息，你可不必重打整行命令，而只需敲“↑”键，就会重复上一条命令，修改上一条命令后，敲回车键(即“return”键). 当敲回车键时，光标不必停在命令行后面. 如果连续敲“↑”键，会显示更前的命令行. 这样，当你想要重复以前的命令时，可以少打些字.

MATLAB 有附加帮助功能，键入 help 和帮助问题，可以得到特殊问题的帮助，例如：help plot 会提供 plot 命令的帮助. 命令 help 会列出所有帮助的类型.

下面介绍 MATLAB 有关矩阵的输入、RREF 命令、矩阵运算和矩阵函数等方面的一些基本操作命令.

1. 矩阵的输入

MATLAB 的基本数据结构是矩阵. 向量和标量都可看做是特殊的矩阵. 输入矩阵的方法很多，下面我们介绍一种用直接写出矩阵的元素的方法来输入矩阵. 例如：为了输入矩阵

$$\boldsymbol{A}=\begin{pmatrix} -1 & -1 & 2 \\ 1/5 & 0 & 1/3 \\ 1 & 16 & 1 \end{pmatrix},$$

可以在 MATLAB 提示符下键入

```
>> A=[-1 -1 2;1/5 0 1/3;1 16 1]
```

输入矩阵时，须用方括号[] 作矩阵的定界符，用分号分隔矩阵各行，用空格或逗号分隔各元素. 上述语句将 A 赋值为一个矩阵. 这样，A 就代表了一个矩阵整体，在计算时只需调用 A 即可.

当矩阵 A 显示时，分数都变成了小数. MATLAB 的缺省格式是每次碰到分数，都会转换成 4 位小数，这种数据格式称为“short” 格式. 如果你想使屏幕仍显示分数，可以键入

```
>> format rat
```

或者从“Options” 菜单中选“Numeric format”，然后选“Rat”. 用同样的方式，又可以回到“short” 格式.

下面请自己练习输入矩阵

$$\boldsymbol{B}=\begin{pmatrix} 1 & 2 & 1/3 & 0.4 \\ 15/3 & 3/17 & 0.007 & 8 \\ 9 & -10 & 11 & 12 \end{pmatrix},$$

并比较分别用“short”,“rat”,“long” 格式后，输出有什么不同.

如果上述矩阵 $\boldsymbol{B}$ 中元素 b_{23} 应是 0.008，而不是 0.007，要更正 b_{23}，只要键入

```
>> B(2,3)=0.008
```

练　习

将矩阵 $\boldsymbol{B}$ 中的元素 b_{12} 从 2 改为 2/3，所得矩阵起名为 $\boldsymbol{C}$.

2. RREF 命令

MATLAB 命令 rref(A) 用于通过行初等变换将矩阵 $\boldsymbol{A}$ 化成标准阶梯形矩阵(即阶梯形矩阵的每个非零行中由左往右数的第 1 个非零元素是 1).

例 1　求满足下列等式的常数 a_1,a_2,a_3 和 a_4：

$$1^3+2^3+3^3+\cdots+n^3=a_1n+a_2n^2+a_3n^3+a_4n^4.$$

解 将 $n=1$，$n=2$，$n=3$ 和 $n=4$ 代入上式，可得未知量为 a_1,a_2,a_3,a_4 的线性方程组

$$\begin{cases} a_1+a_2+a_3+a_4=1, & (n=1) \\ 2a_1+4a_2+8a_3+16a_4=9, & (n=2) \\ 3a_1+9a_2+27a_3+81a_4=36, & (n=3) \\ 4a_1+16a_2+64a_3+256a_4=100. & (n=4) \end{cases}$$

它的增广矩阵是

$$\boldsymbol{A}=\begin{pmatrix} 1 & 1 & 1 & 1 & 1 \\ 2 & 4 & 8 & 16 & 9 \\ 3 & 9 & 27 & 81 & 36 \\ 4 & 16 & 64 & 256 & 100 \end{pmatrix}.$$

我们用 MATLAB 命令 rref(A) 来解此线性方程组.

```
>> A=[1,1,1,1,1;2,4,8,16,9;3,9,27,81,36;4,16,64,256,100]
A=
    1     1     1     1     1
    2     4     8    16     9
    3     9    27    81    36
    4    16    64   256   100
>> C=rref(A)
C=
    1.0000         0         0         0         0
         0    1.0000         0         0    0.2500
         0         0    1.0000         0    0.5000
         0         0         0    1.0000    0.2500
>> C
C=
    1     0     0     0     0
    0     1     0     0   1/4
    0     0     1     0   1/2
    0     0     0     1   1/4
```

其中第1步输入增广矩阵 $\boldsymbol{A}$，然后显示 $\boldsymbol{A}$，第2步输入用行初等变换将矩阵化成阶梯形的命令 C=rref(A)，屏幕所显示的新矩阵 C 就是所求之解. 为了使 C 中元素由小数改写成分数，从子菜单“Numeric format”中，我们选择“Rat”并输入 C，得

$$C=\begin{pmatrix}1&0&0&0&0\\0&1&0&0&1/4\\0&0&1&0&1/2\\0&0&0&1&1/4\end{pmatrix}.$$

由此得

$$a_1=0,\quad a_2=\frac{1}{4},\quad a_3=\frac{1}{2},\quad a_4=\frac{1}{4}.$$

所以立方和公式为

$$1^3+2^3+3^3+\cdots+n^3=\frac{1}{4}n^2+\frac{1}{2}n^3+\frac{1}{4}n^4=\frac{n^2(n+1)^2}{4}.$$

例 2 解线性方程组

$$\begin{cases}x_1+2x_2+2x_3+x_4=3,\\2x_1+4x_2+3x_3+4x_4=6.\end{cases}$$

解 第 1 步输入增广矩阵 **A**.

```
>> A=[1 2 2 1 3;2 4 3 4 6]
A=
    1   2   2   1   3
    2   4   3   4   6
```

第 2 步用 rref 命令将 **A** 化成阶梯形.

```
>> B=rref(A)
B=
    1     2     0     5     3
    0     0     1    -2     0
```

由此可知，方程组有解，回到与原方程组同解的阶梯形方程组，得

$$\begin{cases}x_1+2x_2\qquad+5x_4=3,\\\qquad\qquad x_3-2x_4=0.\end{cases}$$

因此，我们得到原来方程组的解为

$$\begin{cases}x_1=3-2x_2-5x_4,\\x_3=\qquad\qquad 2x_4,\end{cases}$$

这里 x_2,x_4 为自由未知量.

练 习

用 rref 命令解习题 2.1 第 1 题中 1),2),3).

3. 矩阵运算

在 MATLAB 中的矩阵运算(包括加法、减法、数乘、乘法和求逆等)与

线性代数中所规定的是一致的，只是乘号不可省略且必须用星号“ * ”.

设 $\boldsymbol{A}$ 和 $\boldsymbol{B}$ 是行数和列数都相同的两个矩阵，s 是一个数. MATLAB 对于矩阵加法的命令是 A+B，对于数乘的命令是 s * A. 命令 A+s 表示 $\boldsymbol{A}$ 的每个元素分别都加上 s.

设 $\boldsymbol{A}$ 是 $m \times n$ 矩阵和 $\boldsymbol{B}$ 是 $n \times p$ 矩阵. 矩阵乘法的命令是 A * B.

设 $\boldsymbol{A}$ 是一个方阵，求矩阵 $\boldsymbol{A}$ 的 n 次幂的命令是 A^n，求 $\boldsymbol{A}$ 的逆矩阵的命令是 inv(A). 求逆是用消元法进行数值计算的. 如果 MATLAB 消元法程序怀疑 $\boldsymbol{A}$ 几乎是奇异的，那么将发出警告信息.

如果 $\boldsymbol{A}$ 是 n 阶非奇异矩阵和 $\boldsymbol{b}$ 是 $n \times 1$ 矩阵(即 n 维列向量)，那么 A\b 就是线性方程组 $\boldsymbol{Ax}=\boldsymbol{b}$ 的解，相当于 inv(A) * b.

在 MATLAB 中还有一类特殊的“点操作”——“.* ”，“./” 和“.^”(即在相应的矩阵运算符号前面分别添加一个点“.”) 表示对矩阵的每个元素分别计算，结果仍为同阶矩阵.

例 3 设 A=[1 2 3]，B=[4 5 6]，则

A.* B=[1×4 2×5 3×6]=[4 10 18]，

A./B=[1/4 2/5 3/6]=[0.25 0.4 0.5]，

A.^ B=[1^4 2^5 3^6]=[1 32 729].

矩阵的转置运算用“′” 表示.

例 4 输入 A=[1 2 3;4 5 6]，B=A′，则显示为

```
>> A=[1 2 3;4 5 6]
A=
    1  2  3
    4  5  6
>> B=A'
B=
    1  4
    2  5
    3  6
```

练　习

1. 用 MATLAB 解习题 3.1 第 1 题、第 3 题、第 5 题中的 1).
2. 用 MATLAB 中“\” 运算解习题 1.6 第 1 题中 3) 的线性方程组.
3. 用 MATLAB 中 inv 命令解上题.

4. 矩阵函数

MATLAB 中的矩阵函数是以矩阵整体作为输入，其输出的结果可能是

一个数，或者一个向量，或者是与原来的输入矩阵阶不同的矩阵. 下面介绍一些常用的矩阵函数.

设 **A** 是一个 n 阶矩阵，那么求 **A** 的行列式的命令是 det(A)，求 **A** 的特征值的命令是 eig(A)，求出的 n 个特征值构成一个列向量作为结果，求 **A** 的特征多项式的命令是 poly(A)，返回行向量($n+1$ 维) 表示多项式的系数.

设 **A** 是一个 $m \times n$ 矩阵，那么求 **A** 的秩的命令是 rank(A).

假设矩阵 **A** 的各列构成一个向量组，那么可以用 orth 函数来求与该向量组等价的正交单位向量组.

```
>> B=orth(A)
```

所得矩阵 **B** 的各列就是所求的正交单位向量组.

有关 MATLAB 更深入的内容，这里就不再详细介绍了，有兴趣的读者可以进一步阅读有关书籍.

练　习

用 MATLAB 解下列习题:

1. 习题 1.4 第 2 题中的 1),2),3).
2. 习题 2.3 第 2 题.
3. 习题 4.2 第 1 题矩阵 **A** 的特征多项式及特征值.
4. 习题 4.4 第 7 题.

习题答案与提示

习题 1.1

1. 1) -18;　2) 0;　3) 0;　4) $3abc-a^3-b^3-c^3$.

3. 1) $x=\frac{23}{57}$, $y=\frac{28}{57}$;　2) $x=a\cos\alpha+b\sin\alpha$, $y=b\cos\alpha-a\sin\alpha$;

3) $x_1=1$, $x_2=1$, $x_3=2$.

习题 1.2

1. 1) 14;　2) 15;　3) $\frac{n(n-1)}{2}$;　4) $n(2n+1)$.

2. 偶排列.

3. 1) $i=8$, $k=3$;　2) $i=3$, $k=6$.

4. 1) 偶排列;　2) 偶排列.

5. $\frac{n(n-1)}{2}-k$.

习题 1.3

1. 1) 正号;　2) 负号;　3) 负号;　4) 正号.

2. $a_{11}a_{23}a_{32}a_{44}$, $a_{12}a_{23}a_{34}a_{41}$, $a_{14}a_{23}a_{31}a_{42}$.

4. 1) $(-1)^{\frac{n(n-1)}{2}}n!$;　2) $(ah-bg)(cf-de)$;　3) 0;

4) $(ad-bc)(eh-fy)$;　5) x^5+y^5.

5. 1 或 -1.

习题 1.4

2. 1) 12;　2) 50;　3) 48;　4) $(a-a_1)(a-a_2)(a-a_3)$;　5) a^2b^2.

3. $[(n-1)b+a](a-b)^{n-1}$.

4. 1) $D_1=a_1+b_1$, $D_2=(a_1-a_2)(b_2-b_1)$, $D_n=0$ (其中 $n>2$);

2) $a_1a_2\cdots a_n\left(a_0-\sum_{i=1}^{n}\frac{1}{a_i}\right)$.

习题 1.5

1. $A_{11}=-1$, $A_{21}=1$, $A_{31}=2$, $A_{41}=2$.

2. $A_{11}=-1$, $A_{21}=1$, $A_{31}=2$, $A_{41}=2$; 故与第 1 题的一致.

3. 1) 1;　2) 40.

4. $D=665$.

5. 1) 6;　2) -4;　3) 0;　4) $(a^2-b^2)^3$.

习题 1.6

1. 1) 只有零解;　2) $x_1=2$, $x_2=-2$, $x_3=3$;

3) $x_1=1$, $x_2=0$, $x_3=0$, $x_4=2$, $x_5=3$.

3. $\lambda=1$ 或 2.

第 1 章阅读材料　练习

$\overline{P}_1=\frac{57}{17}$, $\overline{P}_2=\frac{59}{17}$, $\overline{Q}_1=\frac{194}{17}$, $\overline{Q}_2=\frac{143}{17}$.

第 1 章章课题

1. $D_1=1$, $D_2=2$, $D_3=3$, $D_4=5$, $D_5=8$, 令 $D_0=1$, 则有

$$D_n=D_{n-1}+D_{n-2},\quad n=2,3,\cdots.$$

2. $L_1=1$, $L_2=3$, $L_n=L_{n-1}+L_{n-2}$, $n\geqslant 3$.

3. 例如取$\begin{pmatrix}1 & q & 0 & \cdots & 0\\ p & 1 & q & \ddots & \vdots\\ 0 & p & 1 & \ddots & 0\\ \vdots & \ddots & \ddots & \ddots & q\\ 0 & \cdots & 0 & p & 1\end{pmatrix}$, $n=1,2,\cdots$, 其中 $pq=-1$.

第 1 章复习题

A 组

1. 1) -6, 3;　2) $8k$;　3) -28;　4) 3,5,7.

2. 1) D;　2) B;　3) D;　4) C.

3. $48x-6$.

4. 1) -136;　2) 0.

5. 1) $x_1=1$, $x_2=1$, $x_3=0$, $x_4=-1$;

2) $x_k=\dfrac{a_1a_2\cdots a_{k-1}a_{k+1}\cdots a_n}{(a_n-a_k)\cdots(a_{k+1}-a_k)(a_{k-1}-a_k)\cdots(a_1-a_k)}\quad (k=1,2,\cdots,n)$.

6. 1) $f(x)$ 有根 -3 及三重根 1;

2) $0,1,2,\cdots,n-2$ 是 $g(x)$ 的 $n-1$ 个根.

B 组

1. 1) 提示: 自第 2 行始, 每行都减去第 1 行, 立即得出三角形行列式.

3) 提示: 从第 1 行到第 n 行的每一行都减去第 $n+1$ 行得一三角形行列式.

4) 提示: 用归纳法. $n=1$ 时成立, 设 $k<n$ 时成立, 即 $D_k=\cos k\alpha$, 对 n 展开 D_n 最后一行, 得 $D_n=2\cos\alpha\cdot D_{n-1}-D_{n-2}$.

2. 1) $(-1)^{\frac{n(n-1)}{2}}[(n-1)a+x](x-a)^{n-1}$;　2) $(-1)^{n-1}\cdot 2^{n-2}(n-1)$.

3. 提示：对 n 用归纳法.

4. 1) $\dfrac{5^{n+1}-2^{n+1}}{3}$；　2) $\dfrac{y(x-z)^n-z(x-y)^n}{y-z}$；　3) $x^{n(n+1)}\left(1+\sum\limits_{i=1}^{n}\dfrac{1}{x^{2i}}\right)$.

探究题

1. 2^{n-1}.

2. $n!$.

习题 2.1

1. 1) 无解；　2) $\begin{cases}x_1=2x_2-x_3,\\x_4=1\end{cases}$ （x_2,x_3 是自由未知量）；

3) $x_1=1$, $x_2=2$, $x_3=-2$；

4) $\begin{cases}x_1=\dfrac{1+x_5}{3},\\x_2=\dfrac{-4+3x_3-3x_4+5x_5}{6}\end{cases}$ （x_3,x_4,x_5 是自由未知量）.

2. 当 $\lambda=5$ 时，方程组有解：$x_1=\dfrac{4-x_3-6x_4}{5}$，$x_2=\dfrac{3+3x_3-7x_4}{5}$（$x_3,x_4$ 是自由未知量）.

4. 1) 只有零解；

2) $\begin{cases}x_1=-\dfrac{3}{2}x_3-x_4,\\x_2=\dfrac{7}{2}x_3-2x_4\end{cases}$ （x_3,x_4 是自由未知量）.

5. 当 $a=0$，且 $b=2$ 时，方程组有解：

$$\begin{cases}x_1=-2+x_3+x_4+5x_5,\\x_2=3-2x_3-2x_4-6x_5\end{cases}\quad(x_3,x_4,x_5\text{ 是自由未知量}).$$

8. A,B,C,D 四种产品的单位成本分别为 10,5,3,2（千元 / 千克）.

9. A,B,C,D 四类商品的利润率分别为 10%,8%,5%,4%.

习题 2.2

1. 将原式移项得 $\boldsymbol{\alpha}=\dfrac{1}{2}\boldsymbol{\alpha}_1+\dfrac{1}{3}\boldsymbol{\alpha}_2-\dfrac{5}{6}\boldsymbol{\alpha}_3=(1,2,3,4)$.

3. 1) $\boldsymbol{\beta}=\boldsymbol{\alpha}_1+\dfrac{1}{2}\boldsymbol{\alpha}_2-\dfrac{1}{2}\boldsymbol{\alpha}_3$；　2) $\boldsymbol{\beta}=2\boldsymbol{\alpha}_1+\boldsymbol{\alpha}_2-\boldsymbol{\alpha}_3$.

4. $\boldsymbol{\beta}=\dfrac{5}{4}\boldsymbol{\alpha}_1+\dfrac{1}{4}\boldsymbol{\alpha}_2-\dfrac{1}{4}\boldsymbol{\alpha}_3-\dfrac{1}{4}\boldsymbol{\alpha}_4$.

5. 1) 线性无关；　2) 线性无关；　3) 线性相关；　4) 线性相关.

8. 1) 错；　2) 错；　3) 对；　4) 错.

9. 断言错误.

11. 系数不一定唯一，只有当 $\boldsymbol{\alpha}_1,\boldsymbol{\alpha}_2,\cdots,\boldsymbol{\alpha}_s$ 线性无关时，系数才唯一.

习题 2.3

1. 可以有等于零的 $r-1$ 阶子式，但所有 $r-1$ 阶子式不能全为零；也可以有等于零的 r 阶子式，但至少要有一个 r 阶子式不为零；不可能有不等于零的 $r+1$ 阶子式.

2. 1) 秩为 2； 2) 秩为 2； 3) 秩为 3； 4) 秩为 2； 5) 秩为 3.

3. 1) 当 $a_i(i=1,2,\cdots,n)$ 全为零或 $b_i(i=1,2,\cdots,n)$ 全为零时，秩为零. 当 $a_i(i=1,2,\cdots,n)$ 不全为零以及 $b_i(i=1,2,\cdots,n)$ 也不全为零时，秩是 1.

2) 当 $a=1$ 时秩为 1；当 $a\neq 1$，且 $a\neq \dfrac{1}{1-n}$ 时，秩为 n；当 $a\neq 1$，$a=\dfrac{1}{1-n}$ 时，秩为 $n-1$.

5. 秩为 2.

7. 1) $\alpha_1,\alpha_2,\alpha_3$； 2) $\alpha_1,\alpha_2,\alpha_3$； 3) $\alpha_1,\alpha_2,\alpha_4,\alpha_5$.

习题 2.4

5. 1) 当 $\lambda\neq 0$ 且 $\lambda\neq 1$ 时，方程组有唯一解：$x_1=\dfrac{\lambda-3}{\lambda-1}$，$x_2=\dfrac{\lambda+3}{\lambda-1}$，$x_3=\dfrac{-\lambda+3}{\lambda-1}$；

当 $\lambda=0$ 时，方程组有无穷多个解：$x_1=-x_3$，$x_2=x_3$（x_3 是自由未知量）；当 $\lambda=1$ 时，方程组无解.

2) 当 $b=\dfrac{1}{2}$ 时，方程组有无穷多个解：$x_1=2-x_3$，$x_2=2$（x_3 是自由未知量）；当 $b\neq\dfrac{1}{2}$ 时方程组无解.

3) 当 $a\neq 1$，$a\neq -2$ 时，方程组有唯一解；当 $a=1$ 或 $a=-2$ 时，原方程组无解.

6. 注意基础解系不唯一，这里只给出其中的一个.

1) $\boldsymbol{\eta}_1=(1,-2,1,0,0)^{\mathrm T}$，$\boldsymbol{\eta}_2=(1,-2,0,1,0)^{\mathrm T}$，$\boldsymbol{\eta}_3=(3,-4,0,0,1)^{\mathrm T}$.

2) $\boldsymbol{\eta}_1=\left(-\dfrac{1}{9},\dfrac{8}{3},1,0\right)^{\mathrm T}$，$\boldsymbol{\eta}_2=\left(\dfrac{2}{9},-\dfrac{7}{3},0,1\right)^{\mathrm T}$.

3) $\boldsymbol{\eta}_1=(-1,1,0,0,0)^{\mathrm T}$，$\boldsymbol{\eta}_2=(-1,0,1,0,0)^{\mathrm T}$，$\boldsymbol{\eta}_3=(-1,0,0,1,0)^{\mathrm T}$，$\boldsymbol{\eta}_4=(-1,0,0,0,1)^{\mathrm T}$.

4) $\boldsymbol{\eta}_1=(0,1,2,1)^{\mathrm T}$.

7. 1) $\boldsymbol{\gamma}=(1,0,1,0)^{\mathrm T}+k(-3,3,-1,2)^{\mathrm T}$ （k 为任意常数）.

2) $\boldsymbol{\gamma}=(1,0,0,0,0)^{\mathrm T}+k_1(-1,1,1,0,0)^{\mathrm T}+k_2\left(\dfrac{7}{6},\dfrac{5}{6},0,\dfrac{1}{3},1\right)^{\mathrm T}$

（k_1,k_2 为任意常数）.

第 2 章阅读与思考　练习

1. 1) $I_1=\dfrac{35}{13}$，$I_2=\dfrac{20}{13}$，$I_3=\dfrac{15}{13}$；

2) $I_1=\dfrac{7}{4}$，$I_2=\dfrac{1}{8}$，$I_3=\dfrac{15}{8}$，$I_4=\dfrac{13}{8}$，$I_5=\dfrac{27}{8}$.

第 2 章章课题

1. 可以证明：从矩阵 $\boldsymbol{A}$ 中删去一个额外的行向量，不改变矩阵的行秩和列秩.

2. 先证：既是行满秩又是列满秩的矩阵的行秩等于列秩(即行数等于列数)，然后利用问题 1 的结论.

3. 设行秩$(\boldsymbol{A})=$ 列秩$(\boldsymbol{A})=r$，找一个 r 阶的行满秩且列满秩的子矩阵.

第 2 章复习题

A 组

1. 1) $a\neq -4,0,4$； 2) $a=1$ 或 6； 3) $abc\neq 0$； 4) -2；

5) $k_1(2,1,0,0)^{\mathrm{T}}+k_2(-3,0,1,0)^{\mathrm{T}}+k_3(4,0,0,1)^{\mathrm{T}}$($k_1,k_2,k_3$ 为任意常数)；

6) 等于 n，小于 n； 7) 等价.

2. 1) D； 2) C； 3) B； 4) B； 5) A； 6) C； 7) C； 8) D.

3. 1) (a) 一般解为

$$\begin{cases}x_1=3-2x_3-2x_4,\\ x_2=-2+3x_3+3x_4\end{cases}\quad (x_3,x_4\text{ 是自由未知量}).$$

(b) 方程组的全部解是

$$\boldsymbol{\gamma}=(3,-2,0,0)^{\mathrm{T}}+k_1(-2,3,1,0)^{\mathrm{T}}+k_2(-2,3,0,1)^{\mathrm{T}},$$

其中 k_1,k_2 为任意常数.

2) (a) 一般解为

$$\begin{cases}x_1=-16+x_3+x_4+5x_5,\\ x_2=23-2x_3-2x_4-6x_5\end{cases}\quad (x_3,x_4,x_5\text{ 是自由未知量}).$$

(b) 全部解为

$$\boldsymbol{\gamma}=(-16,23,0,0,0)^{\mathrm{T}}+k_1(1,-2,1,0,0)^{\mathrm{T}}+k_2(1,-2,0,1,0)^{\mathrm{T}}+k_3(5,-6,0,0,1)^{\mathrm{T}},$$

其中 k_1,k_2,k_3 为任意常数.

6. $k=-3$.

7. 1) 当 $p\neq 1$ 且 $q\neq 0$ 时，方程组仅有零解.

2) 当 $p=1$，q 为任意数时，或者当 $q=0$，p 为任意数时，方程组的全部解为

$$\boldsymbol{\gamma}=\begin{pmatrix}x_1\\ x_2\\ x_3\end{pmatrix}=k_1\boldsymbol{\eta}_1=k_1\begin{pmatrix}-1\\ p-1\\ 1\end{pmatrix}\quad (k_1\text{ 为任意常数}).$$

B 组

1. 1) 能； 2) 不能.

6. 当 $a\neq -1$ 时，向量组(Ⅰ)与(Ⅱ)等价，当 $a=1$ 时，它们不等价.

7. 1) 当 $\lambda\neq \dfrac{1}{2}$ 时，方程组的全部解为

$$\boldsymbol{\gamma}=(1,-1,1,-1)^{\mathrm{T}}+k\left(-1,\frac{1}{2},-\frac{1}{2},1\right)^{\mathrm{T}},$$

其中 k 为任意常数. 当 $\lambda=\dfrac{1}{2}$ 时, 方程组的全部解为

$$\gamma=(1,-1,1,-1)^{\mathrm{T}}+k_1(1,-3,1,0)^{\mathrm{T}}+k_2\left(-\frac{1}{2},-1,0,1\right)^{\mathrm{T}},$$

其中 k_1,k_2 为任意常数.

2) 当 $\lambda\neq\dfrac{1}{2}$ 时, 满足 $x_2=x_3$ 的全部解为 $\gamma=(-1,0,0,1)^{\mathrm{T}}$. 当 $\lambda=\dfrac{1}{2}$ 时, 满足 $x_2=x_3$ 的全部解为

$$\begin{aligned}\gamma&=(1,-1,1,-1)^{\mathrm{T}}+k_1(1,-3,1,0)^{\mathrm{T}}+(-2-4k_1)\left(-\frac{1}{2},-1,0,1\right)^{\mathrm{T}}\\&=(2,1,1,-3)^{\mathrm{T}}+k_1(3,1,1,-4)^{\mathrm{T}},\end{aligned}$$

其中 k_1 为任意常数.

10. 设 $\boldsymbol{\alpha}_1,\boldsymbol{\alpha}_2,\cdots,\boldsymbol{\alpha}_r$ 是向量组(Ⅰ)的一个线性无关组, 当(Ⅰ)的每个向量都可由 $\boldsymbol{\alpha}_1,\boldsymbol{\alpha}_2,\cdots,\boldsymbol{\alpha}_r$ 线性表示时, 它就是极大线性无关组. 否则若(Ⅰ)中有向量不被 $\boldsymbol{\alpha}_1,\boldsymbol{\alpha}_2,\cdots,\boldsymbol{\alpha}_r$ 线性表示, 任取其中一个 $\boldsymbol{\alpha}_{r+1}$. 若 $\boldsymbol{\alpha}_1,\boldsymbol{\alpha}_2,\cdots,\boldsymbol{\alpha}_r,\boldsymbol{\alpha}_{r+1}$ 线性相关, 则由定理2.3推论1知 $\boldsymbol{\alpha}_{r+1}$ 可由 $\boldsymbol{\alpha}_1,\boldsymbol{\alpha}_2,\cdots,\boldsymbol{\alpha}_r$ 线性表示, 矛盾, 故只能 $\boldsymbol{\alpha}_1,\boldsymbol{\alpha}_2,\cdots,\boldsymbol{\alpha}_r,\boldsymbol{\alpha}_{r+1}$ 线性无关; 如果(Ⅰ)的每个向量都可由 $\boldsymbol{\alpha}_1,\boldsymbol{\alpha}_2,\cdots,\boldsymbol{\alpha}_r,\boldsymbol{\alpha}_{r+1}$ 线性表示, 则它就是极大线性无关组. 不然, 继续取 $\boldsymbol{\alpha}_{r+2}$ 添加进去, 如此一直做下去, 因 n 维向量空间至多有 n 个线性无关向量, 所以必到某一步终止, 所以每个线性无关组可扩充成极大线性无关组.

14. 提示: 方程组的系数行列式 $D=b^{n-1}\left(\sum\limits_{i=1}^{n}a_i+b\right)$. 分 3 种情形讨论:

1) $b\neq 0$, 且 $\sum\limits_{i=1}^{n}a_i+b\neq 0$; 2) $b=0$; 3) $b\neq 0$, 且 $\sum\limits_{i=1}^{n}a_i+b=0$.

习题 3.1

1. $\boldsymbol{A}+\boldsymbol{B}=\begin{pmatrix}5&2&-2\\4&-1&3\\-4&3&0\end{pmatrix}$; $2\boldsymbol{A}-3\boldsymbol{B}=\begin{pmatrix}-5&-1&6\\-7&8&1\\7&1&5\end{pmatrix}$.

2. $\boldsymbol{ab}=\begin{pmatrix}a_1b_1&a_1b_2&\cdots&a_1b_n\\a_2b_1&a_2b_2&\cdots&a_2b_n\\\vdots&\vdots&\ddots&\vdots\\a_nb_1&a_nb_2&\cdots&a_nb_n\end{pmatrix}$; $\boldsymbol{ba}=a_1b_1+a_2b_2+\cdots+a_nb_n$.

3. $\boldsymbol{AB}=\begin{pmatrix}7&6&5\\-7&-2&-7\end{pmatrix}$.

4. $\begin{cases}x_1=z_1+6z_2,\\x_2=z_1+3z_2-2z_3,\\x_3=6z_1+11z_2+2z_3.\end{cases}$

5. 1) $\begin{pmatrix}26&15&15\\30&16&15\\15&10&11\end{pmatrix}$; 2) $\begin{pmatrix}1&n&0\\0&1&0\\0&0&1\end{pmatrix}$; 3) $\begin{pmatrix}\cos n\theta&-\sin n\theta\\\sin n\theta&\cos n\theta\end{pmatrix}$.

6. $f(\boldsymbol{A})=\boldsymbol{O}$.

7. $\boldsymbol{B}=\begin{pmatrix} b_1 & b_2 & b_3 & b_4 \\ 0 & b_1 & b_2 & b_3 \\ 0 & 0 & b_1 & b_2 \\ 0 & 0 & 0 & b_1 \end{pmatrix}$，其中 b_1, b_2, b_3, b_4 为任意常数.

8. $\boldsymbol{A}=\begin{pmatrix} a & -\frac{a^2}{b} \\ b & -a \end{pmatrix}$或$\begin{pmatrix} a & b \\ -\frac{a^2}{b} & -a \end{pmatrix}$或$\begin{pmatrix} 0 & 0 \\ 0 & 0 \end{pmatrix}$，其中 a, b 为任意常数，且 $b\neq 0$.

9. $\boldsymbol{A}=\begin{pmatrix} a & \frac{1-a^2}{b} \\ b & -a \end{pmatrix}$或$\begin{pmatrix} a & b \\ \frac{1-a^2}{b} & -a \end{pmatrix}$ （a, b 为任意常数，且 $b\neq 0$），以及$\begin{pmatrix} 1 & 0 \\ 0 & \pm 1 \end{pmatrix}$或$\begin{pmatrix} -1 & 0 \\ 0 & \pm 1 \end{pmatrix}$.

习题 3.2

1. 1） $\boldsymbol{A}^{-1}=\begin{pmatrix} 5 & -2 \\ -2 & 1 \end{pmatrix}$；　2） $\boldsymbol{A}^{-1}=\begin{pmatrix} \frac{d}{ad-bc} & \frac{-b}{ad-bc} \\ \frac{-c}{ad-bc} & \frac{a}{ad-bc} \end{pmatrix}$；

3） $\boldsymbol{A}^{-1}=\begin{pmatrix} 1 & -2 & 7 \\ 0 & 1 & -2 \\ 0 & 0 & 1 \end{pmatrix}$；　4） $\boldsymbol{A}^{-1}=\begin{pmatrix} -1 & 2 & 0 \\ 2 & -\frac{7}{2} & \frac{1}{2} \\ -1 & \frac{5}{2} & -\frac{1}{2} \end{pmatrix}$.

2. 当 $a_1a_2\cdots a_n\neq 0$ 时，$\boldsymbol{A}$ 可逆，且 $\boldsymbol{A}^{-1}=\begin{pmatrix} a_1^{-1} & 0 & \cdots & 0 \\ 0 & a_2^{-1} & \cdots & 0 \\ \vdots & \vdots & \ddots & \vdots \\ 0 & 0 & \cdots & a_n^{-1} \end{pmatrix}$.

3. 1） $\boldsymbol{X}=\begin{pmatrix} 2 & -23 \\ 0 & 8 \end{pmatrix}$；　2） $\boldsymbol{X}=\begin{pmatrix} 18 & -32 \\ 5 & -8 \end{pmatrix}$；

3） $\boldsymbol{X}=\begin{pmatrix} a & b \\ 2-2a & 1-2b \end{pmatrix}$ （a, b 为任意常数）；

4） $\boldsymbol{X}=\begin{pmatrix} 2 & 9 & -5 \\ -2 & -8 & 6 \\ -4 & -14 & 9 \end{pmatrix}$.

习题 3.3

1. $\begin{pmatrix} 0 & 0 & 0 & 0 \\ 0 & 0 & 0 & 0 \\ 0 & 0 & 0 & 0 \end{pmatrix}$；$\begin{pmatrix} 1 & 0 & 0 & 0 \\ 0 & 0 & 0 & 0 \\ 0 & 0 & 0 & 0 \end{pmatrix}$；$\begin{pmatrix} 1 & 0 & 0 & 0 \\ 0 & 1 & 0 & 0 \\ 0 & 0 & 0 & 0 \end{pmatrix}$及$\begin{pmatrix} 1 & 0 & 0 & 0 \\ 0 & 1 & 0 & 0 \\ 0 & 0 & 1 & 0 \end{pmatrix}$.

2. 1） $\boldsymbol{A}$ 的标准形为 $\boldsymbol{B}=\begin{pmatrix}1&0&0\\0&1&0\\0&0&1\end{pmatrix}$，且有

$$\boldsymbol{P}(1,2(1))\cdot\boldsymbol{P}\left(3\left(\frac{1}{3}\right)\right)\cdot\boldsymbol{P}(2,1(2))\cdot\boldsymbol{A}\cdot\boldsymbol{P}(3,2(1))=\boldsymbol{B}.$$

2） $\boldsymbol{A}$ 的标准形为 $\boldsymbol{B}=\begin{pmatrix}1&0&0\\0&1&0\\0&0&1\\0&0&0\end{pmatrix}$，且有

$$\boldsymbol{P}(4,2(-3))\cdot\boldsymbol{P}(3,2(-2))\cdot\boldsymbol{P}(4,1(-1))\cdot\boldsymbol{P}(3,1(1))\cdot\boldsymbol{A}=\boldsymbol{B}.$$

3. 1） $\boldsymbol{A}^{-1}=\begin{pmatrix}0&2&-1\\\frac{1}{2}&-\frac{7}{2}&2\\-\frac{1}{2}&\frac{5}{2}&-1\end{pmatrix}$；　　2） $\boldsymbol{A}^{-1}=\begin{pmatrix}1&-3&11&-38\\0&1&-2&7\\0&0&1&-2\\0&0&0&1\end{pmatrix}$；

3） $\boldsymbol{A}^{-1}=\begin{pmatrix}1&1&-1&0&0\\0&1&1&-1&0\\0&0&1&1&-1\\0&0&0&1&1\\0&0&0&0&1\end{pmatrix}$；

4） $\boldsymbol{A}^{-1}=\begin{pmatrix}\frac{1}{2}&-\frac{1}{4}&\frac{1}{8}&-\frac{1}{16}&\frac{1}{32}\\0&\frac{1}{2}&-\frac{1}{4}&\frac{1}{8}&-\frac{1}{16}\\0&0&\frac{1}{2}&-\frac{1}{4}&\frac{1}{8}\\0&0&0&\frac{1}{2}&-\frac{1}{4}\\0&0&0&0&\frac{1}{2}\end{pmatrix}$；

5） $\boldsymbol{A}^{-1}=\begin{pmatrix}1&-1&\cdots&-1&1&-1\\0&1&\cdots&1&-1&1\\\vdots&\vdots&&\vdots&\vdots&\vdots\\0&0&\cdots&1&-1&1\\0&0&\cdots&0&1&-1\\0&0&\cdots&0&0&1\end{pmatrix}_{2n\times 2n}$.

4. 1） $\boldsymbol{X}=\begin{pmatrix}1&0&0&0\\2&0&0&0\\3&0&0&0\end{pmatrix}$；　　2） $\boldsymbol{X}=\begin{pmatrix}1&-1&-1&0&\cdots&0&0\\1&1&-1&-1&\cdots&0&0\\0&1&1&-1&\cdots&0&0\\\vdots&\vdots&\vdots&\vdots&&\vdots&\vdots\\0&0&0&0&\cdots&1&-1\\0&0&0&0&\cdots&1&2\end{pmatrix}_{n\times n}$.

习题 3.4

1. 共 4 个类：$\boldsymbol{O}$, $\begin{pmatrix}1&0&0&0\\0&0&0&0\\0&0&0&0\end{pmatrix}$, $\begin{pmatrix}1&0&0&0\\0&1&0&0\\0&0&0&0\end{pmatrix}$, $\begin{pmatrix}1&0&0&0\\0&1&0&0\\0&0&1&0\end{pmatrix}$.

习题 3.5

1. $\boldsymbol{AB}=\left(\begin{array}{cc:cc}1&0&3&2\\-1&0&-3&-2\\ \hdashline -6&11&19&14\end{array}\right)$.

2. $\boldsymbol{AB}=\begin{pmatrix}5\\4\\5\\10\\8\\5\end{pmatrix}$, $\boldsymbol{A}^{-1}=\begin{pmatrix}-\frac{1}{3}&\frac{2}{3}&0&0&0&0\\ \frac{2}{3}&-\frac{1}{3}&0&0&0&0\\ 0&0&\frac{3}{5}&-\frac{1}{5}&0&0\\ 0&0&-\frac{1}{5}&\frac{2}{5}&0&0\\ 0&0&0&0&-1&2\\ 0&0&0&0&2&-3\end{pmatrix}$.

3. $\boldsymbol{X}^{-1}=\begin{pmatrix}\boldsymbol{O}&\boldsymbol{C}^{-1}\\ \boldsymbol{A}^{-1}&\boldsymbol{O}\end{pmatrix}$.

4. $\boldsymbol{A}^{-1}=\begin{pmatrix}0&0&\frac{3}{5}&-\frac{1}{5}\\ 0&0&-\frac{1}{5}&\frac{2}{5}\\ -\frac{1}{3}&\frac{2}{3}&0&0\\ \frac{2}{3}&-\frac{1}{3}&0&0\end{pmatrix}$.

5. $\boldsymbol{X}^{-1}=\begin{pmatrix}0&0&\cdots&0&a_n^{-1}\\ a_1^{-1}&0&\cdots&0&0\\ 0&a_2^{-1}&\cdots&0&0\\ \vdots&\vdots&&\vdots&\vdots\\ 0&0&\cdots&a_{n-1}^{-1}&0\end{pmatrix}$.

8. 提示：设 $\boldsymbol{A}=(\boldsymbol{A}_1,\boldsymbol{A}_2,\cdots,\boldsymbol{A}_m)$，$\boldsymbol{B}=(\boldsymbol{B}_1,\boldsymbol{B}_2,\cdots,\boldsymbol{B}_n)$，$\boldsymbol{C}=(\boldsymbol{C}_1,\boldsymbol{C}_2,\cdots,\boldsymbol{C}_n)$，$\mathrm{r}(\boldsymbol{A})=r$，$\mathrm{r}(\boldsymbol{B})=s$，又设 $\boldsymbol{A}_{i1},\boldsymbol{A}_{i2},\cdots,\boldsymbol{A}_{ir}$ 与 $\boldsymbol{B}_{j1},\boldsymbol{B}_{j2},\cdots,\boldsymbol{B}_{js}$ 分别是 $\boldsymbol{A}$ 与 $\boldsymbol{B}$ 的列向量组的极大线性无关组. 证明：

$$\begin{pmatrix}\boldsymbol{A}_{i1}\\ \boldsymbol{O}\end{pmatrix},\begin{pmatrix}\boldsymbol{A}_{i2}\\ \boldsymbol{O}\end{pmatrix},\cdots,\begin{pmatrix}\boldsymbol{A}_{ir}\\ \boldsymbol{O}\end{pmatrix},\begin{pmatrix}\boldsymbol{C}_{j1}\\ \boldsymbol{B}_{j1}\end{pmatrix},\begin{pmatrix}\boldsymbol{C}_{j2}\\ \boldsymbol{B}_{j2}\end{pmatrix},\cdots,\begin{pmatrix}\boldsymbol{C}_{js}\\ \boldsymbol{B}_{js}\end{pmatrix}$$

是 $\boldsymbol{D}$ 的列向量组的一个线性无关向量组.

第 3 章阅读材料　练习

1. 1) $\begin{pmatrix} 0.6 & 0.25 \\ 0.4 & 0.75 \end{pmatrix}$.

2) $\boldsymbol{x}^{(1)}=(0.495,0.505)^{\mathrm{T}}$, $\boldsymbol{x}^{(2)}=(0.423\,25,0.576\,75)^{\mathrm{T}}$, $\boldsymbol{x}^{(3)}=(0.398\,137\,5,0.601\,862\,5)^{\mathrm{T}}$. 从上述计算结果可以预测，顾客的购买率在下降.

2. $\boldsymbol{x}^{(1)}=(0.29,0.37,0.34)^{\mathrm{T}}$, $\boldsymbol{x}^{(2)}=(0.282,0.351,0.367)^{\mathrm{T}}$, 可以预测，$B$ 牌牙膏销售量在下降，而 C 牌牙膏销售量在增加.

第 3 章阅读与思考　练习

1. 1) $\begin{pmatrix} 1 & 0 & 0 \\ 2 & 1 & 0 \\ -1 & -2 & 1 \end{pmatrix}\begin{pmatrix} 2 & 1 & 3 \\ 0 & -3 & -3 \\ 0 & 0 & 2 \end{pmatrix}$;　　2) $\begin{pmatrix} 1 & 0 & 0 \\ \frac{3}{2} & 1 & 0 \\ -\frac{1}{2} & 0 & 1 \end{pmatrix}\begin{pmatrix} 2 & -4 & 0 \\ 0 & 5 & 4 \\ 0 & 0 & 2 \end{pmatrix}$.

2. 1) $\begin{pmatrix} 0 & 1 & 0 \\ 1 & 0 & 0 \\ 0 & 0 & 1 \end{pmatrix}\begin{pmatrix} 1 & 0 & 0 \\ 0 & 1 & 0 \\ -1 & 5 & 1 \end{pmatrix}\begin{pmatrix} -1 & 2 & 1 \\ 0 & 1 & 4 \\ 0 & 0 & -16 \end{pmatrix}$;

2) $\begin{pmatrix} 1 & 0 & 0 \\ 0 & 0 & 1 \\ 0 & 1 & 0 \end{pmatrix}\begin{pmatrix} 1 & 0 & 0 \\ -1 & 1 & 0 \\ 3 & 0 & 1 \end{pmatrix}\begin{pmatrix} 1 & 2 & -1 \\ 0 & 3 & 3 \\ 0 & 0 & 5 \end{pmatrix}$.

第 3 章章课题

1. 对分块矩阵 $\boldsymbol{Z}=\begin{pmatrix} \boldsymbol{A} & \boldsymbol{B} \\ \boldsymbol{C} & \boldsymbol{D} \end{pmatrix}$ 作分块矩阵的“行初等变换”中的倍法变换(相当于左乘 $\begin{pmatrix} \boldsymbol{Q} & \boldsymbol{O} \\ \boldsymbol{O} & \boldsymbol{E}_n \end{pmatrix}$)，或消法变换(相当于左乘 $\begin{pmatrix} \boldsymbol{E}_m & \boldsymbol{O} \\ \boldsymbol{Q} & \boldsymbol{E}_n \end{pmatrix}$)，其中 $\boldsymbol{Q}$ 是 m 阶矩阵或 $n\times m$ 矩阵，可得

$$\begin{vmatrix} \boldsymbol{QA} & \boldsymbol{QB} \\ \boldsymbol{C} & \boldsymbol{D} \end{vmatrix}=|\boldsymbol{Q}|\begin{vmatrix} \boldsymbol{A} & \boldsymbol{B} \\ \boldsymbol{C} & \boldsymbol{D} \end{vmatrix},\quad \begin{vmatrix} \boldsymbol{A} & \boldsymbol{B} \\ \boldsymbol{C}+\boldsymbol{QA} & \boldsymbol{D}+\boldsymbol{QB} \end{vmatrix}=\begin{vmatrix} \boldsymbol{A} & \boldsymbol{B} \\ \boldsymbol{C} & \boldsymbol{D} \end{vmatrix}.$$

2. 1) 如果 $\boldsymbol{A}$ 是可逆的，那么 $|\boldsymbol{Z}|=|\boldsymbol{A}|\,|\boldsymbol{D}-\boldsymbol{CA}^{-1}\boldsymbol{B}|$；如果 $\boldsymbol{D}$ 是可逆的，那么

$$|\boldsymbol{Z}|=|\boldsymbol{D}|\,|\boldsymbol{A}-\boldsymbol{BD}^{-1}\boldsymbol{C}|.$$

2) 如果 $|\boldsymbol{A}|\neq 0$, 则 $\begin{vmatrix} \boldsymbol{A} & \boldsymbol{B} \\ \boldsymbol{C} & \boldsymbol{D} \end{vmatrix}=|\boldsymbol{AD}-\boldsymbol{CB}|$.

3) 例如：$\boldsymbol{Z}=\begin{pmatrix} \boldsymbol{O} & \boldsymbol{E}_m \\ \boldsymbol{E}_n & \boldsymbol{O} \end{pmatrix}$ 是满秩的.

3. $|\boldsymbol{S}|=\dfrac{|\boldsymbol{A}|}{|\boldsymbol{Z}|}$, $|\boldsymbol{P}|=\dfrac{|\boldsymbol{D}|}{|\boldsymbol{Z}|}$.

4. 1) $\begin{vmatrix} \boldsymbol{O} & \boldsymbol{B} \\ \boldsymbol{C} & \boldsymbol{O} \end{vmatrix}=(-1)^{mn}|\boldsymbol{B}|\,|\boldsymbol{C}|$;　　3) $|\boldsymbol{Z}|=0$;

6) $-|\boldsymbol{A}|(\boldsymbol{c}^{\mathrm{T}}\boldsymbol{A}^{-1}\boldsymbol{b})$;　　7) $(-1)^n|\boldsymbol{A}|\,|\boldsymbol{CA}^{-1}\boldsymbol{B}|$.

5. 1) $|\boldsymbol{E}_m-\boldsymbol{BC}|=|\boldsymbol{E}_n-\boldsymbol{CB}|$.

6. $\begin{vmatrix}\boldsymbol{A} & \boldsymbol{B}\\ \boldsymbol{B} & \boldsymbol{A}\end{vmatrix}=|\boldsymbol{A}+\boldsymbol{B}|\,|\boldsymbol{A}-\boldsymbol{B}|$.

第3章复习题

A组

1. 1) $\begin{pmatrix}8 & 4 & 0\\ 16 & 8 & 0\\ 8 & 4 & 0\end{pmatrix}$; 2) $\boldsymbol{O}$; 3) $\boldsymbol{O}$; 4) 3; 5) $\begin{pmatrix}1 & k\\ 0 & 1\end{pmatrix}$;

6) 不等于零，$\dfrac{1}{|\boldsymbol{A}|}\boldsymbol{A}^*$; 7) 等于，不大于; 8) $|\boldsymbol{A}|\boldsymbol{E}$;

9) $\begin{pmatrix}0 & \frac{1}{2}\\ -1 & -1\end{pmatrix}$; 10) $\dfrac{1}{2}(\boldsymbol{A}+2\boldsymbol{E})$; 11) $\begin{pmatrix}0 & 0 & 1\\ 0 & 1 & 0\\ 1 & 0 & 0\end{pmatrix}$;

12) $\begin{pmatrix}-2 & -1\\ -4 & -3\end{pmatrix}$; 13) $\dfrac{9}{4}$.

2. 1) C; 2) C; 3) D; 4) D; 5) D; 6) C.

3. $f(\boldsymbol{A})=\begin{pmatrix}3 & -1 & 1\\ 2 & 0 & -1\\ -4 & 3 & 0\end{pmatrix}$.

4. 1) $\boldsymbol{A}^2=\begin{pmatrix}4 & 0 & 0 & 0\\ 0 & 4 & 0 & 0\\ 0 & 0 & 4 & 0\\ 0 & 0 & 0 & 4\end{pmatrix}$；当$n$为偶数时，$\boldsymbol{A}^n=\begin{pmatrix}2^n & 0 & 0 & 0\\ 0 & 2^n & 0 & 0\\ 0 & 0 & 2^n & 0\\ 0 & 0 & 0 & 2^n\end{pmatrix}$；当$n$为奇数时，

$$\boldsymbol{A}^n=2^{n-1}\boldsymbol{A}=\begin{pmatrix}2^{n-1} & -2^{n-1} & -2^{n-1} & -2^{n-1}\\ -2^{n-1} & 2^{n-1} & -2^{n-1} & -2^{n-1}\\ -2^{n-1} & -2^{n-1} & 2^{n-1} & -2^{n-1}\\ -2^{n-1} & -2^{n-1} & -2^{n-1} & 2^{n-1}\end{pmatrix}.$$

2) $\boldsymbol{A}^n=\begin{pmatrix}\lambda^n & n\lambda^{n-1} & \frac{n(n-1)}{2}\lambda^{n-2}\\ 0 & \lambda^n & n\lambda^{n-1}\\ 0 & 0 & \lambda^n\end{pmatrix}$.

5. $\boldsymbol{X}=\begin{pmatrix}-13 & -75 & 30\\ 9 & 52 & -21\\ 21 & 120 & -47\end{pmatrix}$.

6. 1) $\boldsymbol{A}^{-1}=\begin{pmatrix}2 & -1 & 0 & 0\\ -3 & 2 & 0 & 0\\ -5 & 7 & -3 & -4\\ 2 & -2 & \frac{1}{2} & \frac{1}{2}\end{pmatrix}$;

2) $\boldsymbol{A}^{-1}=\begin{pmatrix}1&0&0&\cdots&0&0\\-1&1&0&\cdots&0&0\\0&-1&1&\cdots&0&0\\\vdots&\vdots&\vdots&\ddots&\vdots&\vdots\\0&0&0&\cdots&1&0\\0&0&0&\cdots&-1&1\end{pmatrix}$.

11. $\boldsymbol{A}^{\mathrm{T}}=\begin{pmatrix}\boldsymbol{A}_{11}^{\mathrm{T}}&\boldsymbol{A}_{21}^{\mathrm{T}}&\cdots&\boldsymbol{A}_{s1}^{\mathrm{T}}\\\boldsymbol{A}_{12}^{\mathrm{T}}&\boldsymbol{A}_{22}^{\mathrm{T}}&\cdots&\boldsymbol{A}_{s2}^{\mathrm{T}}\\\vdots&\vdots&&\vdots\\\boldsymbol{A}_{1r}^{\mathrm{T}}&\boldsymbol{A}_{2r}^{\mathrm{T}}&\cdots&\boldsymbol{A}_{sr}^{\mathrm{T}}\end{pmatrix}$.

B组

7. 1) 由 $\boldsymbol{A}\boldsymbol{A}^*=|\boldsymbol{A}|\boldsymbol{E}$ 知，$|\boldsymbol{A}||\boldsymbol{A}^*|=|\boldsymbol{A}|^n$，所以当 $\boldsymbol{A}$ 的秩为 n 时 $|\boldsymbol{A}|\neq 0$，因而 $|\boldsymbol{A}^*|\neq 0$，$\boldsymbol{A}^*$ 的秩为 n. 反之，当 $\boldsymbol{A}^*$ 的秩为 n，即 $|\boldsymbol{A}^*|\neq 0$ 时 $\boldsymbol{A}^*$ 可逆. 倘若 $|\boldsymbol{A}|=0$，则 $\boldsymbol{A}\boldsymbol{A}^*=\boldsymbol{O}$，两边乘 $(\boldsymbol{A}^*)^{-1}$ 有 $\boldsymbol{A}=\boldsymbol{O}$，此必 $\boldsymbol{A}^*$ 为零，与 $\boldsymbol{A}^*$ 的秩为 n 矛盾，所以 $|\boldsymbol{A}|\neq 0$，即 $\boldsymbol{A}$ 的秩为 n.

2) 当 $\mathrm{r}(\boldsymbol{A}^*)=1$ 时，$|\boldsymbol{A}^*|=0$. $|\boldsymbol{A}|^n=|\boldsymbol{A}||\boldsymbol{A}^*|=0$，所以 $|\boldsymbol{A}|=0$. 但 $\boldsymbol{A}^*$ 的秩为1，所以至少有一个 $\boldsymbol{A}$ 的 $n-1$ 阶子式不为零，因而 $\boldsymbol{A}$ 的秩为 $n-1$. 反之，当 $\boldsymbol{A}$ 的秩为 $n-1$ 时，由 $\boldsymbol{A}\boldsymbol{A}^*=|\boldsymbol{A}|\boldsymbol{E}=\boldsymbol{O}$，得

$$\mathrm{r}(\boldsymbol{A})+\mathrm{r}(\boldsymbol{A}^*)\leqslant n\quad(\text{B组第 5 题}).$$

于是 $\boldsymbol{A}^*$ 的秩最多为 1. 又 $\boldsymbol{A}$ 的秩为 $n-1$，所以至少有一个 $\boldsymbol{A}$ 的 $n-1$ 阶子式不为零，所以 $\boldsymbol{A}^*\neq\boldsymbol{O}$，因而 $\boldsymbol{A}^*$ 的秩为 1.

3) 当 $\mathrm{r}(\boldsymbol{A}^*)=0$，即 $\boldsymbol{A}^*=\boldsymbol{O}$ 时，$\boldsymbol{A}$ 的一切 $n-1$ 阶子式全为零，所以 $\boldsymbol{A}$ 的秩 $<n-1$. 反之，当 $\boldsymbol{A}$ 的秩 $<n-1$ 时，$\boldsymbol{A}$ 的一切 $n-1$ 阶子式为零，所以 $\boldsymbol{A}^*=\boldsymbol{O}$，即 $\boldsymbol{A}^*$ 的秩为 0.

探究题

1. 1) $\boldsymbol{A}^n=\boldsymbol{A}$; 2) $\boldsymbol{A}^n=\begin{pmatrix}1&na&\dfrac{n(n-1)}{2}a^2+nb\\0&1&na\\0&0&1\end{pmatrix}$.

2. 1) $\boldsymbol{A}=\begin{pmatrix}1&&&&\\1&1&&&\\1&1&1&&\\1&1&1&1&\\1&1&1&1&1\end{pmatrix}\begin{pmatrix}a&&&&\\&b-a&&&\\&&c-b&&\\&&&d-c&\\&&&&e-d\end{pmatrix}\begin{pmatrix}1&1&1&1&1\\&1&1&1&1\\&&1&1&1\\&&&1&1\\&&&&1\end{pmatrix}$;

2) $\boldsymbol{L}=(l_{ij})_{n\times n}$，其中 $l_{ij}=\begin{cases}1, & i\geqslant j;\\0, & i<j.\end{cases}$

习题 4.2

1. 1) 特征值为 $\lambda=7,\lambda=-2$. 属于 $\lambda=7$ 的线性无关的特征向量：$\boldsymbol{\xi}_1=(1,1)^{\mathrm{T}}$；属于 $\lambda=-2$ 的线性无关的特征向量：$\boldsymbol{\xi}_2=(4,-5)^{\mathrm{T}}$.

2) 特征值为 $\lambda_1=\lambda_2=1,\lambda_3=-1$. 属于 1 的线性无关的特征向量：$\boldsymbol{\xi}_1=(1,0,1)^{\mathrm{T}},\boldsymbol{\xi}_2=(0,1,0)^{\mathrm{T}}$；属于 -1 的线性无关的特征向量：$\boldsymbol{\xi}_3=(1,0,-1)^{\mathrm{T}}$.

3) 特征值为 $\lambda_1=\lambda_2=\lambda_3=-1$. 属于 -1 的线性无关的特征向量：$\boldsymbol{\xi}_1=(-1,-1,1)^{\mathrm{T}}$.

4) 特征值为 $\lambda_1=\lambda_2=\lambda_3=2,\lambda_4=-2$. 属于 2 的线性无关的特征向量：

$$\boldsymbol{\xi}_1=(1,1,0,0)^{\mathrm{T}},\quad \boldsymbol{\xi}_2=(1,0,1,0)^{\mathrm{T}},\quad \boldsymbol{\xi}_3=(1,0,0,1)^{\mathrm{T}};$$

属于 -2 的线性无关的特征向量：$\boldsymbol{\xi}_4=(1,-1,-1,-1)^{\mathrm{T}}$.

2. 1) $k\lambda_i(i=1,2,\cdots,n)$； 2) $\lambda_i+1(i=1,2,\cdots,n)$.

习题 4.3

2. $\boldsymbol{A}$ 可对角化，取 $\boldsymbol{T}=\begin{pmatrix}\frac{1}{3}&-2&1\\-\frac{2}{3}&1&0\\1&0&1\end{pmatrix}$，即得 $\boldsymbol{T}^{-1}\boldsymbol{A}\boldsymbol{T}=\begin{pmatrix}-4&&\\&2&\\&&2\end{pmatrix}$.

3. 1) $\boldsymbol{T}=\begin{pmatrix}1&4\\1&-5\end{pmatrix}$，$\boldsymbol{T}^{-1}\boldsymbol{A}\boldsymbol{T}=\begin{pmatrix}7&0\\0&-2\end{pmatrix}$；

2) $\boldsymbol{T}=\begin{pmatrix}1&0&1\\0&1&0\\1&0&-1\end{pmatrix}$，$\boldsymbol{T}^{-1}\boldsymbol{A}\boldsymbol{T}=\begin{pmatrix}1&&\\&1&\\&&-1\end{pmatrix}$；

3) 不能对角化；

4) $\boldsymbol{T}=\begin{pmatrix}1&1&1&1\\1&0&0&-1\\0&1&0&-1\\0&0&1&-1\end{pmatrix}$，$\boldsymbol{T}^{-1}\boldsymbol{A}\boldsymbol{T}=\begin{pmatrix}2&&&\\&2&&\\&&2&\\&&&-2\end{pmatrix}$.

4. 1)，3).

习题 4.4

1. 1) 3； 2) 0.

2. 1) $\sqrt{3}$； 2) 1.

3. 1) $\arccos\dfrac{3}{\sqrt{77}}$； 2) $\dfrac{\pi}{2}$.

4. 1) $\left(\dfrac{\sqrt{3}}{3},-\dfrac{\sqrt{3}}{3},\dfrac{\sqrt{3}}{3}\right)$； 2) $\left(\dfrac{4}{5},0,-\dfrac{3}{5}\right)$.

5. $\left(\dfrac{4}{\sqrt{26}},0,\dfrac{1}{\sqrt{26}},-\dfrac{3}{\sqrt{26}}\right)$.

7. $\left(\frac{1}{\sqrt{2}},\frac{1}{\sqrt{2}},0,0\right),\left(\frac{1}{\sqrt{6}},-\frac{1}{\sqrt{6}},\frac{2}{\sqrt{6}},0\right),\left(-\frac{1}{2\sqrt{3}},\frac{1}{2\sqrt{3}},\frac{1}{2\sqrt{3}},\frac{\sqrt{3}}{2}\right)$.

8. 1) 是； 2) 是.

10. 1) $\boldsymbol{T}=\begin{pmatrix}\frac{1}{3} & -\frac{2}{\sqrt{5}} & \frac{2}{3\sqrt{5}}\\ \frac{2}{3} & \frac{1}{\sqrt{5}} & \frac{4}{3\sqrt{5}}\\ -\frac{2}{3} & 0 & \frac{5}{3\sqrt{5}}\end{pmatrix}$, $\boldsymbol{T}^{-1}\boldsymbol{AT}=\begin{pmatrix}-7 & 0 & 0\\ 0 & 2 & 0\\ 0 & 0 & 2\end{pmatrix}$;

2) $\boldsymbol{T}=\begin{pmatrix}\frac{1}{\sqrt{2}} & 0 & \frac{1}{\sqrt{2}}\\ 0 & 1 & 0\\ \frac{1}{\sqrt{2}} & 0 & -\frac{1}{\sqrt{2}}\end{pmatrix}$, $\boldsymbol{T}^{-1}\boldsymbol{AT}=\begin{pmatrix}9 & 0 & 0\\ 0 & 9 & 0\\ 0 & 0 & -3\end{pmatrix}$;

3) $\boldsymbol{T}=\frac{1}{2}\begin{pmatrix}1 & -1 & -1 & 1\\ 1 & 1 & -1 & -1\\ 1 & -1 & 1 & -1\\ 1 & 1 & 1 & 1\end{pmatrix}$, $\boldsymbol{T}^{-1}\boldsymbol{AT}=\begin{pmatrix}1 & & & \\ & 7 & & \\ & & -1 & \\ & & & -3\end{pmatrix}$.

习题 4.5

1. $\boldsymbol{A}$ 在实数范围内不能对角化. 在复数范围内，可对角化，

设 $\boldsymbol{T}=\begin{pmatrix}1 & -1-\mathrm{i} & \mathrm{i}-1\\ -1 & 1 & 1\\ -1 & 2-\mathrm{i} & 2+\mathrm{i}\end{pmatrix}$，则 $\boldsymbol{T}^{-1}\boldsymbol{AT}=\begin{pmatrix}0 & & \\ & \mathrm{i} & \\ & & -\mathrm{i}\end{pmatrix}$.

2. 3)，4).

3. 1) $\boldsymbol{A}^{-1}=-\frac{1}{11}\boldsymbol{A}+\frac{4}{11}\boldsymbol{E}=\frac{1}{11}\begin{pmatrix}3 & -2\\ 4 & 1\end{pmatrix}$； 2) $\boldsymbol{A}^{735}=3^{734}\boldsymbol{A}$.

第 4 章阅读材料 练习

2. 1) $D_{\boldsymbol{A}}=D_{\boldsymbol{A}^{\mathrm{T}}}=\{z\in\mathbf{C}\mid |z-1|\leqslant 2\}$，特征值：$3,-1$；

2) $D_{\boldsymbol{A}}=\{|z-2|\leqslant 3\}\cup\{|z|\leqslant 1\}$，$D_{\boldsymbol{A}^{\mathrm{T}}}=\{|z-2|\leqslant 1\}\cup\{|z|\leqslant 3\}$，特征值：$1\pm\sqrt{2}\,\mathrm{i}$；

3) $D_{\boldsymbol{A}}=\{|z|\leqslant 1\}\cup\{|z-1|\leqslant 1\}$，$D_{\boldsymbol{A}^{\mathrm{T}}}=\{z=0\}\cup\{|z-1|\leqslant 2\}\cup\{|z-1|\leqslant 1\}$，特征值：$0,1\pm\mathrm{i}$.

第 4 章阅读与思考 练习

转移矩阵 $\boldsymbol{A}=\begin{pmatrix}0 & 0 & 0.33\\ 0.18 & 0 & 0\\ 0 & 0.71 & 0.94\end{pmatrix}$ 的 3 个特征值近似为

$$\lambda_1=0.98,\quad \lambda_2=-0.02+0.21\mathrm{i},\quad \lambda_3=-0.02-0.21\mathrm{i}.$$

当 $k\to\infty$ 时，$\boldsymbol{x}^{(k)}\to\mathbf{0}$. 由这生态模型可以预测这种斑点猫头鹰最终将会灭绝.

第 4 章章课题

1. 一般地，每个 n 阶状态转移矩阵 $\boldsymbol{A}$ 必有一个特征值为 1. 如果它是可对角化的，且仅有一个特征值为 1，其他的特征值都满足 $|\lambda_i| < 1$，那么无论初始状态向量 $\boldsymbol{x}^{(0)}$ 取什么向量，$\{\boldsymbol{x}^{(k)}\}$ 的极限向量总存在，且都收敛于同一个向量 $\boldsymbol{x}^*$，它是 $\boldsymbol{A}$ 的属于特征值 $\lambda_1 = 1$ 的特征向量.

2. 对 2 阶状态转移矩阵 $\boldsymbol{A} = \begin{pmatrix} 1-a & b \\ a & 1-b \end{pmatrix}$ (其中 $0 \leqslant a, b \leqslant 1$) 的特征值分 $\lambda_1 = \lambda_2 = 1$，$\lambda_1 \neq \lambda_2$ 且 $\lambda_2 = -1$，和 $\lambda_1 \neq \lambda_2$ 且 $|\lambda_2| < 1$ 三种情况讨论.

3. 设 $\boldsymbol{M} = \boldsymbol{A}^{\mathrm{T}}$，则 $\boldsymbol{M}$ 仍是正则的且可对角化. 由于 $\boldsymbol{M}$ 和 $\boldsymbol{A}$ 有相同的特征值，只要证明 $\boldsymbol{M}$ 的特征值满足条件 $\lambda_1 = 1$，$|\lambda_i| < 1$，$i = 2,3,\cdots,n$.

1) 证明 $\lambda_1 = 1$ 是 $\boldsymbol{M}$ 的单重特征值，即证 $\boldsymbol{M}$ 的属于特征值 1 的全部特征向量为 $k(1,1,\cdots,1)^{\mathrm{T}}$ (k 为非零实数).

2) 证明 $\boldsymbol{M}$ 的其他特征值的模皆小于 1 (利用格许戈林圆定理，即定理 4.13).

第 4 章复习题

A 组

1. 1) $\begin{pmatrix} 3 & & \\ & 3 & \\ & & -1 \end{pmatrix}$； 2) 24； 3) $\dfrac{|\boldsymbol{A}|}{\lambda}$； 4) 4； 5) -1；

6) 4； 7) $(1,0,0)^{\mathrm{T}}$； 8) 1,1,0.

2. 1) C； 2) B； 3) C； 4) C； 5) D； 6) B.

4. $|\boldsymbol{A} - 3\boldsymbol{E}| = -1 \cdot 1 \cdot 3 \cdot \cdots \cdot (2n-3)$.

6. $\boldsymbol{B} + 2\boldsymbol{E}$ 的特征值为 3,9,9. 属于特征值 3 的全部特征向量为 $k(0,1,1)^{\mathrm{T}}$ (k 为任意非零常数)，属于特征值 9 的全部特征向量为 $k_1(-1,1,0)^{\mathrm{T}} + k_2(1,1,-1)^{\mathrm{T}}$ (k_1, k_2 为任意不全为零的常数).

7. $a = -2$ 时，$\boldsymbol{A}$ 可对角化；$a = -\dfrac{2}{3}$ 时，$\boldsymbol{A}$ 不可对角化.

8. $\boldsymbol{A} = \begin{pmatrix} -\dfrac{1}{2} & -\dfrac{3}{2} \\ -\dfrac{3}{2} & -\dfrac{1}{2} \end{pmatrix}$.

B 组

2. $\boldsymbol{A}$ 的特征值为 $a+1, a+1, a-2$. $|\boldsymbol{A} - \boldsymbol{E}| = a \cdot a \cdot (a-3) = a^2(a-3)$.

3. $\boldsymbol{P} = \begin{pmatrix} 1 & 0 & 1 \\ 2 & 0 & -2 \\ 0 & 1 & 0 \end{pmatrix}$，$\boldsymbol{P}^{-1}\boldsymbol{A}\boldsymbol{P} = \begin{pmatrix} 6 & & \\ & 6 & \\ & & -2 \end{pmatrix}$.

4. $a = 2$，$b = 1$ 或 -2，当 $b = 1$ 时，$\lambda = 1$，当 $b = -2$ 时，$\lambda = 4$.

5. 1) $\boldsymbol{A}$ 的另一个特征值为 0. $\boldsymbol{A}$ 的属于特征值 0 的全部特征向量为 $k(-1,1,1)^{\mathrm{T}}$，k 为任意非零常数.

2) $\boldsymbol{A}=\begin{pmatrix}4 & 2 & 2\\ 2 & 4 & -2\\ 2 & -2 & 4\end{pmatrix}$.

6. 1) $a=-2$; 2) $\boldsymbol{Q}=\begin{pmatrix}\frac{1}{\sqrt{3}} & \frac{1}{\sqrt{2}} & \frac{1}{\sqrt{6}}\\ \frac{1}{\sqrt{3}} & 0 & -\frac{2}{\sqrt{6}}\\ \frac{1}{\sqrt{3}} & -\frac{1}{\sqrt{2}} & \frac{1}{\sqrt{6}}\end{pmatrix}$, $\boldsymbol{Q}^{\mathrm{T}}\boldsymbol{A}\boldsymbol{Q}=\boldsymbol{Q}^{-1}\boldsymbol{A}\boldsymbol{Q}=\begin{pmatrix}0 & & \\ & 3 & \\ & & -3\end{pmatrix}$.

7. $a=2$, $\boldsymbol{Q}=\begin{pmatrix}\frac{1}{\sqrt{3}} & -\frac{1}{\sqrt{2}} & -\frac{1}{\sqrt{6}}\\ \frac{1}{\sqrt{3}} & \frac{1}{\sqrt{2}} & -\frac{1}{\sqrt{6}}\\ \frac{1}{\sqrt{3}} & 0 & \frac{2}{\sqrt{6}}\end{pmatrix}$, $\boldsymbol{Q}^{-1}\boldsymbol{A}\boldsymbol{Q}=\begin{pmatrix}8 & & \\ & 2 & \\ & & 2\end{pmatrix}$.

9. 设

$$k_1\boldsymbol{\alpha}_1+k_2\boldsymbol{\alpha}_2+\cdots+k_m\boldsymbol{\alpha}_m+k\boldsymbol{\beta}=\boldsymbol{0}. \tag{1}$$

上式两边与 $\boldsymbol{\beta}$ 作内积，得$(k_1\boldsymbol{\alpha}_1+k_2\boldsymbol{\alpha}_2+\cdots+k_m\boldsymbol{\alpha}_m+k\boldsymbol{\beta},\boldsymbol{\beta})=0$，即

$$k_1(\boldsymbol{\alpha}_1,\boldsymbol{\beta})+k_2(\boldsymbol{\alpha}_2,\boldsymbol{\beta})+\cdots+k_m(\boldsymbol{\alpha}_m,\boldsymbol{\beta})+k(\boldsymbol{\beta},\boldsymbol{\beta})=0. \tag{2}$$

令 $\boldsymbol{x}=(x_1,x_2,\cdots,x_n)^{\mathrm{T}}$，则齐次线性方程组可以改写成

$$\begin{cases}(\boldsymbol{\alpha}_1,\boldsymbol{x})=0,\\ (\boldsymbol{\alpha}_2,\boldsymbol{x})=0,\\ \cdots\cdots\cdots\cdots\\ (\boldsymbol{\alpha}_m,\boldsymbol{x})=0.\end{cases}$$

由于 $\boldsymbol{\beta}$ 是齐次线性方程组的解，所以有

$$(\boldsymbol{\alpha}_1,\boldsymbol{\beta})=(\boldsymbol{\alpha}_2,\boldsymbol{\beta})=\cdots=(\boldsymbol{\alpha}_m,\boldsymbol{\beta})=0.$$

代入(2)式，得 $k(\boldsymbol{\beta},\boldsymbol{\beta})=0$. 又因为 $\boldsymbol{\beta}\neq\boldsymbol{0}$，故有 $k=0$. 代入(1)式，得

$$k_1\boldsymbol{\alpha}_1+k_2\boldsymbol{\alpha}_2+\cdots+k_m\boldsymbol{\alpha}_m=\boldsymbol{0}.$$

据已知条件，$\boldsymbol{\alpha}_1,\boldsymbol{\alpha}_2,\cdots,\boldsymbol{\alpha}_m$ 线性无关，故有 $k_1=k_2=\cdots=k_m=0$. 这就证明了 $\boldsymbol{\alpha}_1,\boldsymbol{\alpha}_2,\cdots,\boldsymbol{\alpha}_m,\boldsymbol{\beta}$ 线性无关.

探究题

1. 1) 令 $\alpha=\frac{1+\sqrt{5}}{2}$, $\beta=\frac{1-\sqrt{5}}{2}$, $\boldsymbol{A}^n=\frac{\sqrt{5}}{5}\begin{pmatrix}\alpha^{n+1}-\beta^{n+1} & \alpha^n-\beta^n\\ \alpha^n-\beta^n & \alpha^{n-1}-\beta^{n-1}\end{pmatrix}$;

2) $\frac{\sqrt{5}}{5}(\alpha^n-\beta^n)$.

2. 2) 提示：设 $\lambda\boldsymbol{E}=(\lambda\boldsymbol{\varepsilon}_1,\lambda\boldsymbol{\varepsilon}_2,\cdots,\lambda\boldsymbol{\varepsilon}_n)$，$\boldsymbol{A}=(\boldsymbol{\alpha}_1,\boldsymbol{\alpha}_2,\cdots,\boldsymbol{\alpha}_n)$，对 $|\lambda\boldsymbol{E}+\boldsymbol{A}|=|(\lambda\boldsymbol{\varepsilon}_1+\boldsymbol{\alpha}_1,\lambda\boldsymbol{\varepsilon}_2+\boldsymbol{\alpha}_2,\cdots,\lambda\boldsymbol{\varepsilon}_n+\boldsymbol{\alpha}_n)|$ 的列连续运用行列式的性质 1.3.

3） $|\lambda \boldsymbol{E}-\boldsymbol{A}|=\lambda^{n}-a_{1}\lambda^{n-1}+\cdots+(-1)^{n-1}a_{n-1}\lambda+(-1)^{n}a_{n}$.

习题 5.1

1. 1） 是； 2） 是； 3） 不是； 4） 不是.

习题 5.2

1. 1） $\begin{pmatrix} 2 & -2 & 0 \\ -2 & 0 & \frac{3}{2} \\ 0 & \frac{3}{2} & 1 \end{pmatrix}$； 2） $\begin{pmatrix} 1 & 1 & 1 \\ 1 & 1 & 1 \\ 1 & 1 & 1 \end{pmatrix}$； 3） $\begin{pmatrix} 0 & 0 & -\frac{1}{2} & 0 \\ 0 & 3 & -1 & 0 \\ -\frac{1}{2} & -1 & 0 & 0 \\ 0 & 0 & 0 & 0 \end{pmatrix}$.

习题 5.3

1. 本题的标准形及所作非退化线性替换都不是唯一的，答案作为参考.

1） 用非退化线性替换 $\begin{cases} x_1 = y_1 - 2y_2 - \frac{1}{3}y_3, \\ x_2 = y_2 - \frac{1}{3}y_3, \\ x_3 = y_3, \end{cases}$ 二次型化成标准形 $y_1^2 - 3y_2^2 + \frac{7}{3}y_3^2$.

2） 用非退化线性替换 $\begin{cases} x_1 = y_1 + y_2 + 3y_3, \\ x_2 = y_1 - y_2 - y_3, \\ x_3 = y_3, \end{cases}$ 二次型化成标准形 $2y_1^2 - 2y_2^2 + 6y_3^2$.

3） 二次型 $\sum\limits_{1\leqslant i\leqslant j\leqslant 3} |i-j|\, x_i x_j = x_1x_2 + 2x_1x_3 + x_2x_3$ 经过非退化线性替换

$$\begin{cases} x_1 = z_1 + z_2 - z_3, \\ x_2 = z_1 - z_2 - 2z_3, \\ x_3 = z_3, \end{cases}$$

化成标准形 $z_1^2 - z_2^2 - 2z_3^2$.

2. $\boldsymbol{B} = \begin{pmatrix} 1 & & & \\ & -1 & & \\ & & 1 & \\ & & & 3 \end{pmatrix}$, $\boldsymbol{C} = \begin{pmatrix} 1 & -1 & 0 & -1 \\ 0 & 1 & 0 & 2 \\ 0 & 1 & 1 & 1 \\ 0 & 0 & 0 & 1 \end{pmatrix}$.

3. 用配方法. 令

$$\begin{cases} x_1 = y_1 + y_{2n}, \\ x_{2n} = y_1 - y_{2n}, \\ x_2 = y_2 + y_{2n-1}, \\ x_{2n-1} = y_2 - y_{2n-1}, \\ \cdots\cdots\cdots\cdots\cdots\cdots \\ x_n = y_n + y_{n+1}, \\ x_{n+1} = y_n - y_{n+1} \end{cases}$$

(显然是非退化的)，则

$$f(x_1,x_2,\cdots,x_n)=y_1^2-y_{2n}^2+y_2^2-y_{2n-1}^2+\cdots+y_n^2-y_{n+1}^2=\sum_{i=1}^{n}y_i^2-\sum_{i=n+1}^{2n}y_i^2,$$

其正、负惯性指数都是 n.

7. 实二次型 $f(x_1,x_2,\cdots,x_n)$ 可经非退化线性替换化为 $-f(x_1,x_2,\cdots,x_n)$ 的充分必要条件是它们的正、负惯性指数分别相等，即 $p=r-p$，也即 $f(x_1,x_2,\cdots,x_n)$ 的符号差 $p-(r-p)=0$.

8. $\dfrac{(n+1)(n+2)}{2}$ 类.

9. 1) 用正交线性替换 $\begin{pmatrix}x_1\\x_2\end{pmatrix}=\begin{pmatrix}\frac{\sqrt{2}}{2}&\frac{\sqrt{2}}{2}\\\frac{\sqrt{2}}{2}&-\frac{\sqrt{2}}{2}\end{pmatrix}\begin{pmatrix}y_1\\y_2\end{pmatrix}$，$f(x_1,x_2)$ 化成 $(a+b)y_1^2+(a-b)y_2^2$.

2) 用正交线性替换

$$\begin{pmatrix}x_1\\x_2\\x_3\end{pmatrix}=\begin{pmatrix}\frac{\sqrt{3}}{3}&\frac{\sqrt{2}}{2}&\frac{\sqrt{6}}{6}\\\frac{\sqrt{3}}{3}&-\frac{\sqrt{2}}{2}&\frac{\sqrt{6}}{6}\\\frac{\sqrt{3}}{3}&0&-\frac{\sqrt{6}}{3}\end{pmatrix}\begin{pmatrix}y_1\\y_2\\y_3\end{pmatrix},$$

$f(x_1,x_2,x_3)$ 化成 $3y_2^2+3y_3^2$.

3) 用正交线性替换

$$\begin{pmatrix}x_1\\x_2\\x_3\\x_4\end{pmatrix}=\begin{pmatrix}\frac{\sqrt{5}}{5}&\frac{2\sqrt{5}}{5}&0&0\\\frac{2\sqrt{5}}{5}&-\frac{\sqrt{5}}{5}&0&0\\0&0&\frac{\sqrt{5}}{5}&\frac{2\sqrt{5}}{5}\\0&0&\frac{2\sqrt{5}}{5}&-\frac{\sqrt{5}}{5}\end{pmatrix}\begin{pmatrix}y_1\\y_2\\y_3\\y_4\end{pmatrix},$$

$f(x_1,x_2,x_3,x_4)$ 化成 $y_1^2+6y_2^2+y_3^2+6y_4^2$.

10. $\boldsymbol{A}$ 正交合同于 $\boldsymbol{B}$.

习题 5.4

1. 1) 正定的； 2) 不正定； 3) 不正定.

2. 1) $t>2$ 时二次型为正定的； 2) 不存在 t 使二次型为正定的.

8. 如果 $\boldsymbol{A}$ 是负定矩阵，则 $-\boldsymbol{A}$ 为正定矩阵. 因此，二次型 $\boldsymbol{x}^{\mathrm{T}}\boldsymbol{A}\boldsymbol{x}$ 是负定的(即 $\boldsymbol{A}$ 为负定矩阵) 的充分必要条件是 $(-1)^k|\boldsymbol{A}_k|>0\ (k=1,2,\cdots,n)$.

第 5 章阅读材料　练习

1. $\overline{Q}_1=2$，$\overline{Q}_2=3$，最大利润 22.

2. 16 000 元(甲和乙两种原料分别使用 5 和 8 单位).

3. 1) 9, $\left(\frac{1}{3},\frac{2}{3},-\frac{2}{3}\right)^{\mathrm{T}}$;　　2) 5, $\left(\frac{1}{\sqrt{3}},\frac{1}{\sqrt{3}},\frac{1}{\sqrt{3}}\right)^{\mathrm{T}}$;

3) 7, $\left(\frac{1}{\sqrt{2}},-\frac{1}{\sqrt{2}}\right)^{\mathrm{T}}$;　　4) $\frac{15}{2}$, $\left(\frac{3}{\sqrt{10}},\frac{1}{\sqrt{10}}\right)^{\mathrm{T}}$.

第 5 章探究与发现　练习

1. 当 $n=3$ 时，用配方法可得

$$\begin{aligned} x_1x_2+x_2x_3 &= (z_1+z_2)(z_1-z_2)+(z_1-z_2)z_3 \\ &= \left(z_1+\frac{1}{2}z_3\right)^2-\left(z_2+\frac{1}{2}z_3\right)^2 \\ &= y_1^2-y_2^2, \end{aligned}$$

令

$$\begin{cases} y_1=z_1+\frac{1}{2}z_3=\frac{x_1+x_2+x_3}{2}, \\ y_2=z_2+\frac{1}{2}z_3=\frac{x_1-x_2+x_3}{2}, \\ y_3=z_3=x_3, \end{cases}$$

则原二次型化成 $y_1^2-y_2^2$.

当 $n=4$ 时，用配方法可得

$$\begin{aligned} & x_1x_2+x_2x_3+x_3x_4 \\ &= (z_1+z_2)(z_1-z_2)+(z_1-z_2)(z_3+z_4)+(z_3+z_4)(z_3-z_4) \\ &= z_1^2+z_1z_3+z_1z_4-(z_2^2+z_2z_3+z_2z_4)+z_3^2-z_4^2 \\ &= \left[z_1+\frac{1}{2}(z_3+z_4)\right]^2-\left[z_2+\frac{1}{2}(z_3+z_4)\right]^2+z_3^2-z_4^2 \\ &= y_1^2-y_2^2+y_3^2-y_4^2, \end{aligned}$$

令

$$\begin{cases} y_1=z_1+\frac{1}{2}(z_3+z_4)=\frac{x_1+x_2+x_3}{2}, \\ y_2=z_2+\frac{1}{2}(z_3+z_4)=\frac{x_1-x_2+x_3}{2}, \\ y_3=z_3=\frac{x_3+x_4}{2}, \\ y_4=z_4=\frac{x_3-x_4}{2}, \end{cases}$$

则原二次型化成 $y_1^2-y_2^2+y_3^2-y_4^2$.

在一般情况下，当 n 为奇数时，令

$$\begin{cases} y_i=\frac{x_i+x_{i+1}+x_{i+2}}{2}, \\ y_{i+1}=\frac{x_i-x_{i+1}+x_{i+2}}{2}, \quad (i=1,3,5,\cdots,n-2), \\ y_n=x_n \end{cases}$$

则原二次型化成 $y_1^2-y_2^2+y_3^2-y_4^2+\cdots+y_{n-2}^2-y_{n-1}^2$.

当 n 为偶数时，令

$$\begin{cases} y_i=\dfrac{x_i+x_{i+1}+x_{i+2}}{2}, \\ y_{i+1}=\dfrac{x_i-x_{i+1}+x_{i+2}}{2}, \\ y_{n-1}=\dfrac{x_{n-1}+x_n}{2}, \\ y_n=\dfrac{x_{n-1}-x_n}{2} \end{cases}\quad (i=1,3,5,\cdots,n-3)$$

则原二次型化成 $y_1^2-y_2^2+y_3^2-y_4^2+\cdots+y_{n-1}^2-y_n^2$.

第 5 章章课题

1. 设 $\boldsymbol{x}^*=\boldsymbol{K}^{-1}\boldsymbol{f}$，利用 $\boldsymbol{f}=\boldsymbol{K}\boldsymbol{x}^*$，将一次项 $-2\boldsymbol{x}^{\mathrm{T}}\boldsymbol{f}=2\boldsymbol{x}^{\mathrm{T}}\boldsymbol{K}\boldsymbol{x}^*$ 并入平方项，进行配方得，当 $\boldsymbol{x}=\boldsymbol{x}^*$ 时，$p(\boldsymbol{x})$ 达到最小值 $p(\boldsymbol{x}^*)=c-(\boldsymbol{x}^*)^{\mathrm{T}}\boldsymbol{K}\boldsymbol{x}^*$.

2. 当 $x^*=2$，$y^*=-3$，$z^*=2$ 时，$p(x,y,z)$ 达到最小值

$$p(x^*,y^*,z^*)=p(2,-3,2)=-11.$$

3. 当 $|b|<2$ 时，$\boldsymbol{K}$ 是正定的，当

$$\boldsymbol{x}=\boldsymbol{x}^*=\boldsymbol{K}^{-1}\boldsymbol{f}=\frac{1}{4-b^2}\begin{pmatrix}4 & -b\\ -b & 1\end{pmatrix}\begin{pmatrix}f_1\\ f_2\end{pmatrix}$$

时，$p(x_1,x_2)$ 达到最小值 $p(\boldsymbol{x}^*)=p(x_1^*,x_2^*)$.

当 $b=\pm 2$ 时，$\boldsymbol{K}$ 是半正定而非正定的矩阵. 此时分两种情况加以讨论：秩$(\boldsymbol{K})=$秩$(\boldsymbol{K},\boldsymbol{f})$ 和秩$(\boldsymbol{K})\neq$秩$(\boldsymbol{K},\boldsymbol{f})$. 当秩$(\boldsymbol{K})\neq$秩$(\boldsymbol{K},\boldsymbol{f})$ 时，我们再分 $b=2$ 和 $b=-2$ 两种情况加以讨论. 当 $b=2$ 时，$\boldsymbol{K}=\begin{pmatrix}1 & 2\\ 2 & 4\end{pmatrix}$，由秩$(\boldsymbol{K})\neq$秩$(\boldsymbol{K},\boldsymbol{f})$ 得 $\boldsymbol{f}\notin L(\begin{pmatrix}1\\ 2\end{pmatrix})$. 设 $\boldsymbol{z}=\begin{pmatrix}2\\ -1\end{pmatrix}$，则 $\boldsymbol{z}^{\mathrm{T}}\boldsymbol{f}=(\boldsymbol{z},\boldsymbol{f})\neq 0$（也可以用第 10 章章课题“矩阵的上核与上值域”中的弗雷德霍姆两者择一定理直接证明使 $\boldsymbol{z}^{\mathrm{T}}\boldsymbol{f}\neq 0$ 的 $\boldsymbol{z}$ 的存在性）. 不妨设 $\boldsymbol{z}^{\mathrm{T}}\boldsymbol{f}>0$. 设 $\boldsymbol{x}=t\boldsymbol{z}$，其中 $t\in\mathbf{R}$，则

$$p(\boldsymbol{x})=p(t\boldsymbol{z})=t^2\boldsymbol{z}^{\mathrm{T}}\boldsymbol{K}\boldsymbol{z}-2t\boldsymbol{z}^{\mathrm{T}}\boldsymbol{f}+c=-2t\boldsymbol{z}^{\mathrm{T}}\boldsymbol{f}+c.$$

只要 t 是取得足够大的正数，就可使 $p(\boldsymbol{x})=p(t\boldsymbol{z})$ 比预先给定的任意小的负数还小，因此，$p(\boldsymbol{x})$ 无最小值. 同理可证，当 $b=-2$ 且秩$(\boldsymbol{K})\neq$秩$(\boldsymbol{K},\boldsymbol{f})$（即 $\boldsymbol{f}$ 不是向量 $\begin{pmatrix}1\\ -2\end{pmatrix}$ 的数量倍）时，$p(\boldsymbol{x})$ 无最小值.

当 $|b|>2$ 时，$\boldsymbol{K}$ 非半正定，故存在一个向量 $\boldsymbol{y}\in\mathbf{R}^2$，使得 $a=\boldsymbol{y}^{\mathrm{T}}\boldsymbol{K}\boldsymbol{y}<0$. 设 $\boldsymbol{x}=t\boldsymbol{y}$，其中 $t\in\mathbf{R}$，则

$$p(\boldsymbol{x})=p(t\boldsymbol{y})=at^2-2t\boldsymbol{y}^{\mathrm{T}}\boldsymbol{f}+c.$$

只要 t 是取得足够大的正数，就可使 $p(\boldsymbol{x})=p(t\boldsymbol{y})$ 比预先给定的任意小的负数还小，因此，当 $|b|>2$ 时，$p(x)$ 无最小值.

4. 关于最小值问题，当 $\boldsymbol{K}$ 为正定矩阵时，问题 1 已讨论；当 $\boldsymbol{K}$ 为半正定矩阵且秩$(\boldsymbol{K})=$秩$(\boldsymbol{K},\boldsymbol{f})$ 时，线性方程组 $\boldsymbol{K}\boldsymbol{x}=\boldsymbol{f}$ 有解，且其每个解 $\boldsymbol{x}^*$（不唯一）都可使 $p(\boldsymbol{x})$ 达

到最小值 $p(\boldsymbol{x}^*)$；在其他情况下，$p(\boldsymbol{x})$ 无最小值. 关于最大值问题，可按 $\boldsymbol{K}$ 为负定的或半负定的进行同样的讨论，也可将它归结为求 $-p(\boldsymbol{x})$ 的最小值问题.

第 5 章复习题

A 组

1. 1） 2； 2） 2； 3） $3y_1^2-6y_3^2$； 4） $y_1^2+y_2^2+y_3^2$；

5） 3,2； 6） $y_1^2+y_2^2$； 7） $-\sqrt{\frac{7}{6}}<t<\sqrt{\frac{7}{6}}$； 8） $k<\frac{1}{2}$.

2. 1） C； 2） A； 3） D； 4） A； 5） D； 6） D.

5. 秩为 1.

6. 秩为 $r+r'$，符号差为 $s+s'$.

7. $$\begin{pmatrix}x_1\\x_2\\x_3\end{pmatrix}=\begin{pmatrix}\frac{\sqrt{3}}{3}&\frac{\sqrt{6}}{6}&\frac{\sqrt{2}}{2}\\\frac{\sqrt{3}}{3}&\frac{\sqrt{6}}{6}&-\frac{\sqrt{2}}{2}\\\frac{\sqrt{3}}{3}&-\frac{\sqrt{6}}{3}&0\end{pmatrix}\begin{pmatrix}y_1\\y_2\\y_3\end{pmatrix},\quad 5y_1^2-y_2^2-y_3^2.$$

8. $$a=2,\ \begin{pmatrix}x_1\\x_2\\x_3\end{pmatrix}=\begin{pmatrix}0&1&0\\\frac{\sqrt{2}}{2}&0&\frac{\sqrt{2}}{2}\\-\frac{\sqrt{2}}{2}&0&\frac{\sqrt{2}}{2}\end{pmatrix}\begin{pmatrix}y_1\\y_2\\y_3\end{pmatrix}.$$

B 组

2. $$a=-2,\ b=-3,\ \boldsymbol{P}=\begin{pmatrix}-\frac{1}{\sqrt{2}}&-\frac{1}{\sqrt{6}}&\frac{1}{\sqrt{3}}\\\frac{1}{\sqrt{2}}&-\frac{1}{\sqrt{6}}&\frac{1}{\sqrt{3}}\\0&\frac{2}{\sqrt{6}}&\frac{1}{\sqrt{3}}\end{pmatrix}.$$

3. 1） $a=1$，$b=2$；

2） $$\boldsymbol{P}=\begin{pmatrix}\frac{2}{\sqrt{5}}&0&\frac{1}{\sqrt{5}}\\0&1&0\\\frac{1}{\sqrt{5}}&0&-\frac{2}{\sqrt{5}}\end{pmatrix}$$，经正交线性替换 $\boldsymbol{x}=\boldsymbol{P}\boldsymbol{y}$，二次型 $f(x_1,x_2,x_3)$ 化为标准形 $2y_1^2+2y_2^2-3y_3^2$.

5. 1） $\boldsymbol{A}$ 的全部特征值为 $-2,-2,0$； 2） 当 $k>2$ 时，$\boldsymbol{A}+k\boldsymbol{E}$ 为正定矩阵.

6. 必要性 如果 $\boldsymbol{AB}$ 为正定矩阵，则 $\boldsymbol{AB}$ 是对称矩阵，且 $\boldsymbol{AB}=(\boldsymbol{AB})^{\mathrm{T}}=\boldsymbol{B}^{\mathrm{T}}\boldsymbol{A}^{\mathrm{T}}=\boldsymbol{BA}$，即 $\boldsymbol{A},\boldsymbol{B}$ 可换.

充分性　由于 $\boldsymbol{AB}=\boldsymbol{BA}$，故 $(\boldsymbol{AB})^{\mathrm{T}}=\boldsymbol{B}^{\mathrm{T}}\boldsymbol{A}^{\mathrm{T}}=\boldsymbol{BA}=\boldsymbol{AB}$，即 $\boldsymbol{AB}$ 为对称矩阵. 再由 $\boldsymbol{A}$ 和 $\boldsymbol{B}$ 正定知，存在可逆矩阵 $\boldsymbol{C}$ 和 $\boldsymbol{D}$，使得 $\boldsymbol{A}=\boldsymbol{C}^{\mathrm{T}}\boldsymbol{C}$，$\boldsymbol{B}=\boldsymbol{D}^{\mathrm{T}}\boldsymbol{D}$. 于是，

$$\boldsymbol{AB}=\boldsymbol{C}^{\mathrm{T}}\boldsymbol{C}\boldsymbol{D}^{\mathrm{T}}\boldsymbol{D}.$$

两边分别左乘 $(\boldsymbol{C}^{\mathrm{T}})^{-1}$ 和右乘 $\boldsymbol{C}^{\mathrm{T}}$，得

$$(\boldsymbol{C}^{\mathrm{T}})^{-1}\boldsymbol{ABC}^{\mathrm{T}}=\boldsymbol{CD}^{\mathrm{T}}\boldsymbol{DC}^{\mathrm{T}}=(\boldsymbol{DC}^{\mathrm{T}})^{\mathrm{T}}(\boldsymbol{DC}^{\mathrm{T}}).$$

而矩阵 $\boldsymbol{DC}^{\mathrm{T}}$ 仍是可逆矩阵，故矩阵 $(\boldsymbol{C}^{\mathrm{T}})^{-1}\boldsymbol{ABC}^{\mathrm{T}}$ 为正定矩阵，其特征值全大于0. 又因为 $\boldsymbol{AB}$ 与 $(\boldsymbol{C}^{\mathrm{T}})^{-1}\boldsymbol{ABC}^{\mathrm{T}}$ 相似，它们有相同的特征值，故 $\boldsymbol{AB}$ 的特征值也全大于0，从而 $\boldsymbol{AB}$ 为正定矩阵.

探究题

1. 提示：用数学归纳法.

习题 6.1

1. 当 $\mathbf{F}=\mathbf{C}$ 时，V 不是线性空间. 当 $\mathbf{F}=\mathbf{R}$ 时，V 是线性空间.

2. 1）不是；　2）不是；　3）是.

3. 1）构成；　2）不构成；　3）构成.

习题 6.2

4. 同一向量在不同基下的坐标一般是不同的，但有时可能相同，例如：零向量在任何基下的坐标都是(0,0,…,0). 当基取定后，每一向量的坐标是唯一确定的，所以不同向量在同一基下的坐标不可能相同.

5. $\mathbf{F}^{3\times3}$ 中全体对称矩阵组成的空间设为 V_1，它的基为

$$\mathbf{F}_{11}=\begin{pmatrix}1&0&0\\0&0&0\\0&0&0\end{pmatrix},\quad \mathbf{F}_{12}=\begin{pmatrix}0&1&0\\1&0&0\\0&0&0\end{pmatrix},\quad \mathbf{F}_{13}=\begin{pmatrix}0&0&1\\0&0&0\\1&0&0\end{pmatrix},$$

$$\mathbf{F}_{22}=\begin{pmatrix}0&0&0\\0&1&0\\0&0&0\end{pmatrix},\quad \mathbf{F}_{23}=\begin{pmatrix}0&0&0\\0&0&1\\0&1&0\end{pmatrix},\quad \mathbf{F}_{33}=\begin{pmatrix}0&0&0\\0&0&0\\0&0&1\end{pmatrix}.$$

$\dim V_1=6$.

$\mathbf{F}^{3\times3}$ 中全体上三角矩阵组成的空间设为 V_2，其基为

$$\begin{pmatrix}1&0&0\\0&0&0\\0&0&0\end{pmatrix},\begin{pmatrix}0&1&0\\0&0&0\\0&0&0\end{pmatrix},\begin{pmatrix}0&0&1\\0&0&0\\0&0&0\end{pmatrix},\begin{pmatrix}0&0&0\\0&1&0\\0&0&0\end{pmatrix},\begin{pmatrix}0&0&0\\0&0&1\\0&0&0\end{pmatrix},\begin{pmatrix}0&0&0\\0&0&0\\0&0&1\end{pmatrix}.$$

$\dim V_2=6$.

6. $\left(\frac{5}{4},\frac{1}{4},-\frac{1}{4},-\frac{1}{4}\right)$.

7. 方程组的一个基础解系为 $\boldsymbol{\eta}_1=\left(-\frac{1}{9},\frac{8}{3},1,0\right)^{\mathrm{T}}$，$\boldsymbol{\eta}_2=\left(\frac{2}{9},-\frac{7}{3},0,1\right)^{\mathrm{T}}$. 它就是解空间的一个基. 解空间的维数为 2.

8. $(33,-82,154)$.

9. 2) $\boldsymbol{A}=\begin{pmatrix}1&1&\cdots&1\\0&1&\cdots&1\\\vdots&\vdots&\ddots&\vdots\\0&0&\cdots&1\end{pmatrix}$；　3) $(a_1-a_2,a_2-a_3,\cdots,a_{n-1}-a_n,a_n)$.

10. 1) $\begin{pmatrix}1&0&0&1\\1&1&0&1\\0&1&1&1\\0&0&1&0\end{pmatrix}$；　2) $\left(\frac{3}{13},\frac{5}{13},-\frac{2}{13},-\frac{3}{13}\right)$.

11. 1) $\begin{pmatrix}2&0&5&6\\1&3&3&6\\-1&1&2&1\\1&0&1&3\end{pmatrix}$；　2) $\boldsymbol{\xi}=(a,a,a,-a)$ (a 为任意非零常数).

习题 6.3

1. 1) 是；　2) 是.

4. 1) 不构成子空间；　2) 是,维数为 2.

5. $\dim(L(\boldsymbol{\alpha}_1,\boldsymbol{\alpha}_2,\boldsymbol{\alpha}_3,\boldsymbol{\alpha}_4))=2$, 且 $\boldsymbol{\alpha}_1,\boldsymbol{\alpha}_2$ 是张成子空间的一个基.

7. 1) $L((1,-2,1,0,0)^{\mathrm{T}},(1,-2,0,-1,0)^{\mathrm{T}},(3,-4,0,0,1)^{\mathrm{T}})$, 维数为 3；

2) $L\left(\left(-\frac{1}{9},\frac{8}{3},1,0\right)^{\mathrm{T}},\left(\frac{2}{9},-\frac{7}{3},0,1\right)^{\mathrm{T}}\right)$, 维数为 2.

8. $\dim(L(\boldsymbol{\alpha}_1,\boldsymbol{\alpha}_2)\cap L(\boldsymbol{\beta}_1,\boldsymbol{\beta}_2))=0$, 无基.

习题 6.4

1. f 不是 $\mathbf{R}$ 到自身的映射, 因为 $0\in\mathbf{R}$, 但 0 在 f 下没有像.

2. 例: $\sigma: x\to 10^x$, $\sigma^{-1}: x\to \lg x$.

习题 6.5

2. $\frac{3}{2}x_1+\frac{1}{2}x_3$.

3. 1) 是；　2) 否；　3) 否；　4) 否；　5) 是；　6) 是.

5. 2) $\begin{pmatrix}3&3&0&-1\\3&3&4&-1\\0&4&-3&0\\-1&-1&0&-5\end{pmatrix}$；　3) $\boldsymbol{\alpha}=(1,1,1,1)$.

习题 6.6

1. 对任一 $\boldsymbol{\alpha}=(x_1,x_2,x_3)\in\mathbf{F}^3$ 定义 $f_1(\boldsymbol{\alpha})=x_1$, $f_2(\boldsymbol{\alpha})=7x_1-2x_2-3x_3$, $f_3(\boldsymbol{\alpha})=-2x_1+x_2+x_3$, 则 f_1,f_2,f_3 是 $\boldsymbol{\alpha}_1,\boldsymbol{\alpha}_2,\boldsymbol{\alpha}_3$ 的对偶基.

第 6 章阅读材料　练习

1. 提示: A 的 5 个分类决定 A 上的 5 个等价关系.

第 6 章探究与发现　练习

1. 设 $\boldsymbol{A}$ 至少有两个不同的特征值，集合 S 中不属于特征值 λ 的特征向量构成由 $\boldsymbol{A}-\lambda\boldsymbol{E}$ 的列向量张成的子空间的一个基.

2. 1) $\begin{pmatrix} 0.2 \\ -0.4 \end{pmatrix}$ 和 $\begin{pmatrix} 0.4 \\ 0.4 \end{pmatrix}$ 分别是属于 $\lambda_1 = 0.4$ 和 $\lambda_2 = 1$ 的特征向量；

2) $\begin{pmatrix} 2 \\ -2 \end{pmatrix}$ 和 $\begin{pmatrix} 2 \\ 2 \end{pmatrix}$ 分别是属于 $\lambda_1 = -1$ 和 $\lambda_2 = 3$ 的特征向量.

第 6 章章课题

1. 1) S_n 是 $\mathbf{F}^{n\times n}$ 的子空间.

2) 通过求齐次线性方程组的解空间(或利用置换矩阵(见第 3 章阅读与思考“矩阵的三角分解”))求 S_3 的基与维数. $\dim S_3 = 5$.

3) 利用置换矩阵求 S_4 的基与维数. $\dim S_4 = 10$.

2. 1) 是.

2) 通过求解空间(或利用图 6-4 的 3 阶幻方)求 M_3 的基与维数. $\dim M_3 = 3$.

第 6 章复习题

A 组

1. 1) $\begin{pmatrix} 2 & 3 \\ -1 & -2 \end{pmatrix}$；　2) $(1,1,-1)$；　3) $(-7k,3k,k)^{\mathrm{T}}$(k 为任意常数)；

4) 0 或 2；　5) 3；　6) $a \neq 1$.

2. 1) B；　2) A；　3) B；　4) C.

4. 不构成线性空间.

5. 过渡矩阵为

$$\begin{pmatrix} \frac{1}{2} & 2 & 0 \\ \frac{1}{2} & -\frac{1}{2} & \frac{1}{2} \\ 0 & \frac{1}{2} & -\frac{1}{2} \end{pmatrix},$$

设 $\boldsymbol{\xi} = x_1\boldsymbol{\eta}_1 + x_2\boldsymbol{\eta}_2 + x_3\boldsymbol{\eta}_3$，则 $x_1 = 1$，$x_2 = 1$，$x_3 = 3$.

8. $\dim(L(\boldsymbol{\alpha}_1,\boldsymbol{\alpha}_2) \cap L(\boldsymbol{\beta}_1,\boldsymbol{\beta}_2)) = 1$，交空间的一个基为 $\boldsymbol{\gamma} = (-5,2,3,4)$.

10. 1) 是；　2) 否；　3) 当 $c \neq 0$ 时，否；当 $c = 0$ 时，是；　4) 是.

B 组

1. 1) 方程组(Ⅰ)的一个基础解系：$\boldsymbol{\xi}_1 = (1,0,2,3)^{\mathrm{T}}$，$\boldsymbol{\xi}_2 = (0,1,3,5)^{\mathrm{T}}$.

2) 当 $a = -1$ 时，方程组(Ⅰ)与(Ⅱ)有非零公共解为

$$\boldsymbol{\gamma} = c_1\boldsymbol{\alpha}_1 + c_2\boldsymbol{\alpha}_2 = c_1(2,-1,1,1)^{\mathrm{T}} + c_2(-1,2,4,7)^{\mathrm{T}},$$

其中 c_1, c_2 为不全为零的任意常数.

3) 当 $a \neq -1$ 时, $W_1 \cap W_2 = L(\boldsymbol{\xi}_1, \boldsymbol{\xi}_2) \cap L(\boldsymbol{\alpha}_1, \boldsymbol{\alpha}_2)$ 为零空间, 所以其维数为零, 无基. 当 $a = -1$ 时, $W_1 \cap W_2 = L(\boldsymbol{\xi}_1, \boldsymbol{\xi}_2) \cap L(\boldsymbol{\alpha}_1, \boldsymbol{\alpha}_2)$ 的维数为2, 故 $W_1 \cap W_2 = W_1 = W_2$, $\boldsymbol{\xi}_1 = (1,0,2,3)^{\mathrm{T}}$, $\boldsymbol{\xi}_2 = (0,1,3,5)^{\mathrm{T}}$ 是它的一个基, $\boldsymbol{\alpha}_1 = (2,-1,1,1)^{\mathrm{T}}$, $\boldsymbol{\alpha}_2 = (-1,2,4,7)^{\mathrm{T}}$ 也是它的基.

2. 设 W 为 V 的真子空间.若 $W = \{0\}$,设 $\alpha_1, \alpha_2, \cdots, \alpha_n$ 是 V 的一个基, 令

$$W_i = L(\alpha_1, \cdots, \alpha_{i-1}, \alpha_{i+1}, \cdots, \alpha_n), \quad i = 1,2,\cdots,n,$$

则 $W = \bigcap\limits_{i=1}^{n} W_i$. 若 $W \neq \{0\}$, 设 $\alpha_1, \alpha_2, \cdots, \alpha_m$ 为 W 的一个基, 扩充为 V 的基 $\alpha_1, \cdots, \alpha_m, \alpha_{m+1}, \cdots, \alpha_n$. 令 $W_1 = L(\alpha_1, \cdots, \alpha_m, \alpha_{m+2}, \cdots, \alpha_n)$, $W_2 = L(\alpha_1, \cdots, \alpha_m, \alpha_{m+1}, \alpha_{m+3}, \cdots, \alpha_n)$, $\cdots$, $W_{n-m} = L(\alpha_1, \cdots, \alpha_m, \alpha_{m+1}, \cdots, \alpha_{n-1})$, 则 $W = \bigcap\limits_{i=1}^{n-m} W_i$.

3. 因为 V_1, V_2 是非平凡子空间,故存在 V 中向量 $\alpha \notin V_1$, 如果 $\alpha \notin V_2$, 结论成立.若 $\alpha \in V_2$, 在 V 中必另外存在 $\beta \notin V_2$, 若 $\beta \notin V_1$, 则结论成立; 若 $\beta \in V_1$, 即

$$\alpha \notin V_1, \quad \alpha \in V_2, \quad \beta \in V_1, \quad \beta \notin V_2,$$

可证 $\alpha + \beta \notin V_1$, $\alpha + \beta \notin V_2$. 否则若 $\alpha + \beta \in V_1$, 又 $\beta \in V_1$, $\alpha = (\alpha + \beta) + (-\beta)$, 因此 $\alpha \in V_1$, 这与假设矛盾. 所以 $\alpha + \beta \notin V_1$. 同理 $\alpha + \beta \notin V_2$.

4. 对 s 用数学归纳法. 当 $s = 1$ 时, 结论显然成立. 假设 $s-1$ 时结论成立, 看 s 的情形. 由归纳假设知, 存在 $\alpha \notin V_i$, $i = 1,2,\cdots,s-1$. 若 $\alpha \notin V_s$, 则 α 即为所求. 若 $\alpha \in V_s$, 由 $V_s \neq V$ 知, 存在 $\beta \notin V_s$, 显然, $\forall k \in \mathbf{F}$, $\beta + k\alpha \notin V_s$. 容易证明, 对每个 V_i, $i = 1, 2, \cdots, s-1$, 至多有一个 k_i, 使 $\beta + k_i\alpha \in V_i$ (否则, 设 $l \neq k_i$, 使 $\beta + l\alpha \in V_i$, 则 $\alpha = \dfrac{1}{l-k_i}[(\beta + l\alpha) - (\beta + k_i\alpha)] \in V_i$, 这与 $\alpha \notin V_i$ 矛盾). 由于数域 $\mathbf{F}$ 含有无限多个数, 所以存在不同于上述 k_i 的 $l \in \mathbf{F}$, 于是 $\beta + l\alpha$ 即为所求.

5. 设双线性函数 f 关于 V 的基 $\varepsilon_1, \varepsilon_2, \cdots, \varepsilon_n$ 的矩阵为 $\mathbf{A}$, $\alpha = \sum\limits_{i=1}^{n} x_i\varepsilon_i$, $\beta = \sum\limits_{i=1}^{n} y_i\varepsilon_i$, 则

$$f(\alpha, \beta) = (x_1, x_2, \cdots, x_n)\mathbf{A}\begin{pmatrix} y_1 \\ y_2 \\ \vdots \\ y_n \end{pmatrix}.$$

$\forall \beta \in V$ 有 $f(\alpha, \beta) = 0$ 相当于对 ε_i 有 $f(\alpha, \varepsilon_i) = 0$, $i = 1,2,\cdots,n$, 也相当于

$$(x_1, x_2, \cdots, x_n)\mathbf{A}\begin{pmatrix} 1 & 0 & \cdots & 0 \\ 0 & 1 & \cdots & 0 \\ \vdots & \vdots & \ddots & \vdots \\ 0 & 0 & \cdots & 1 \end{pmatrix} = \mathbf{0},$$

即 $\mathbf{A}^{\mathrm{T}}\begin{pmatrix} x_1 \\ x_2 \\ \vdots \\ x_n \end{pmatrix} = \mathbf{0}$, 故 $\dim W_1 = n - \mathrm{r}(\mathbf{A}^{\mathrm{T}}) = n - \mathrm{r}(\mathbf{A})$. 同理可证, $\dim W_2 = n - \mathrm{r}(\mathbf{A})$.

因此 $\dim W_1 = \dim W_2$.

探究题

1. 用数学归纳法可以证明推广的维数公式为

$$\sum_{i=1}^{s}\dim W_i = \dim\left(\sum_{i=1}^{s}W_i\right) + \dim(W_1 \cap W_2) + \dim((W_1+W_2)\cap W_3) + \cdots + \dim((W_1+\cdots+W_{s-1})\cap W_s).$$

习题 7.1

1. 1) 当 $\alpha = 0$ 时，$\mathscr{A}$是线性变换；当 $\alpha \neq 0$ 时，$\mathscr{A}$不是线性变换；

2) 当 $\alpha = 0$ 时，$\mathscr{A}$是线性变换；当 $\alpha \neq 0$ 时，$\mathscr{A}$不是线性变换；

3) 不是；　4) 是；　5) 是.

习题 7.2

1. $\begin{pmatrix} 2 & -1 & 0 \\ 0 & 1 & 1 \\ 1 & 0 & 0 \end{pmatrix}$.

2. $\mathscr{A}$在基 $\boldsymbol{\alpha},\boldsymbol{\beta},\boldsymbol{\gamma}$ 下的矩阵是$\boldsymbol{A} = \begin{pmatrix} 1 & -1 & 1 \\ 0 & 2 & 0 \\ 1 & 0 & -1 \end{pmatrix}$，在基 $\boldsymbol{\alpha}',\boldsymbol{\beta}',\boldsymbol{\gamma}'$ 下的矩阵为

$$\boldsymbol{B} = \begin{pmatrix} 0 & -1 & 1 \\ 0 & 2 & 0 \\ 2 & -1 & 0 \end{pmatrix}.$$

3. $\boldsymbol{A} = \begin{pmatrix} a^2 & ac & ab & bc \\ ab & ad & b^2 & bd \\ ac & c^2 & ad & cd \\ bc & cd & bd & d^2 \end{pmatrix}$.

4. $\begin{pmatrix} -\frac{5}{7} & \frac{20}{7} & -\frac{20}{7} \\ -\frac{4}{7} & -\frac{5}{7} & -\frac{2}{7} \\ \frac{27}{7} & \frac{18}{7} & \frac{24}{7} \end{pmatrix}$.

5. 1) $\boldsymbol{A}_1 = \begin{pmatrix} a_{33} & a_{32} & a_{31} \\ a_{23} & a_{22} & a_{21} \\ a_{13} & a_{12} & a_{11} \end{pmatrix}$;　2) $\boldsymbol{A}_2 = \begin{pmatrix} a_{11} & ka_{12} & a_{13} \\ \frac{a_{21}}{k} & a_{22} & \frac{a_{23}}{k} \\ a_{31} & ka_{32} & a_{33} \end{pmatrix}$;

3) $\boldsymbol{A}_3 = \begin{pmatrix} a_{11}+a_{12} & a_{12} & a_{13} \\ a_{21}+a_{22}-a_{11}-a_{12} & a_{22}-a_{12} & a_{23}-a_{13} \\ a_{31}+a_{32} & a_{32} & a_{33} \end{pmatrix}$.

习题 7.3

1. $(\mathscr{A}_1+\mathscr{A}_2)(x_1,x_2) = (x_1+x_2, -x_1-x_2)$，$\mathscr{A}_1\mathscr{A}_2(x_1,x_2) = (-x_2,-x_1)$，$\mathscr{A}_2\mathscr{A}_1(x_1,x_2) = (x_2,x_1)$.

3. $-\mathscr{A}$是绕原点按反时针方向旋转$180°+\theta$的旋转，$\mathscr{A}^{-1}$是绕原点向顺时针方向旋转θ的旋转，两者不一致.

6. 1) 因为

$$(\mathscr{A}+\mathscr{B})^2=\mathscr{A}^2+\mathscr{A}\mathscr{B}+\mathscr{B}\mathscr{A}+\mathscr{B}^2=\mathscr{A}+\mathscr{A}\mathscr{B}+\mathscr{B}\mathscr{A}+\mathscr{B},$$

再由已知$(\mathscr{A}+\mathscr{B})^2=\mathscr{A}+\mathscr{B}$，故$\mathscr{A}\mathscr{B}+\mathscr{B}\mathscr{A}=\mathscr{O}$，即$\mathscr{A}\mathscr{B}=-\mathscr{B}\mathscr{A}$. 又

$$\begin{aligned}2\mathscr{A}\mathscr{B}&=\mathscr{A}\mathscr{B}+\mathscr{A}\mathscr{B}=\mathscr{A}\mathscr{B}-\mathscr{B}\mathscr{A}=\mathscr{A}^2\mathscr{B}-\mathscr{B}\mathscr{A}^2\\&=\mathscr{A}^2\mathscr{B}+(-\mathscr{B}\mathscr{A})\mathscr{A}=\mathscr{A}^2\mathscr{B}+\mathscr{A}\mathscr{B}\mathscr{A}\\&=\mathscr{A}(\mathscr{A}\mathscr{B}+\mathscr{B}\mathscr{A})=\mathscr{A}\mathscr{O}=\mathscr{O},\end{aligned}$$

所以$\mathscr{A}\mathscr{B}=\mathscr{O}$.

2) $$\begin{aligned}(\mathscr{A}+\mathscr{B}-\mathscr{A}\mathscr{B})^2&=\mathscr{A}^2+\mathscr{B}\mathscr{A}-\mathscr{A}\mathscr{B}\mathscr{A}+\mathscr{A}\mathscr{B}+\mathscr{B}^2-\mathscr{A}\mathscr{B}^2-\mathscr{A}^2\mathscr{B}-\mathscr{B}\mathscr{A}\mathscr{B}+\mathscr{A}\mathscr{B}\mathscr{A}\mathscr{B}\\&=\mathscr{A}+\mathscr{B}\mathscr{A}-\mathscr{A}\mathscr{B}\mathscr{A}+\mathscr{A}\mathscr{B}+\mathscr{B}-\mathscr{A}\mathscr{B}-\mathscr{A}\mathscr{B}-\mathscr{B}\mathscr{A}\mathscr{B}+\mathscr{A}\mathscr{B}\mathscr{A}\mathscr{B}\\&=\mathscr{A}+\mathscr{B}\mathscr{A}-\mathscr{B}\mathscr{A}^2+\mathscr{A}\mathscr{B}+\mathscr{B}-\mathscr{A}\mathscr{B}-\mathscr{A}\mathscr{B}-\mathscr{A}\mathscr{B}^2+\mathscr{A}^2\mathscr{B}^2\\&=\mathscr{A}+\mathscr{B}\mathscr{A}-\mathscr{B}\mathscr{A}+\mathscr{A}\mathscr{B}+\mathscr{B}-\mathscr{A}\mathscr{B}-\mathscr{A}\mathscr{B}-\mathscr{A}\mathscr{B}+\mathscr{A}\mathscr{B}\\&=\mathscr{A}+\mathscr{B}-\mathscr{A}\mathscr{B}.\end{aligned}$$

习题 7.4

1. $\mathscr{A}$的秩为 2,零度为 2.

2. $\boldsymbol{A}\begin{pmatrix}x_1\\x_2\\x_3\end{pmatrix}=\begin{pmatrix}0\\0\\0\end{pmatrix}$的基础解系为$\boldsymbol{\alpha}=(2,-1,1)^{\mathrm{T}}$，即为$\mathscr{A}$的核的基，故$\mathscr{A}^{-1}(\mathbf{0})=L(\boldsymbol{\alpha})$.

习题 7.5

1. 1) $\mathscr{A}$在基η_1,η_2,η_3下的矩阵为$\begin{pmatrix}1&0&0\\0&1&1\\0&0&2\end{pmatrix}$；

2) $\mathscr{A}$的特征值是$\lambda_1=\lambda_2=1$，$\lambda_3=2$. 属于特征值 1 的线性无关的特征向量：

$$\xi_1=\varepsilon_1+\varepsilon_2,\quad \xi_2=-\varepsilon_1+\varepsilon_3.$$

属于特征值 2 的线性无关的特征向量：$\xi_3=\varepsilon_1+\dfrac{3}{2}\varepsilon_2+\varepsilon_3$；

3) $\boldsymbol{T}=\begin{pmatrix}1&-1&1\\1&0&\frac{3}{2}\\0&1&1\end{pmatrix}$，$\boldsymbol{T}^{-1}\boldsymbol{A}\boldsymbol{T}=\begin{pmatrix}1&&\\&1&\\&&2\end{pmatrix}$.

习题 7.7

1. 1) $\boldsymbol{w}_1=\begin{pmatrix}1\\0\end{pmatrix}$，$\boldsymbol{w}_2=\begin{pmatrix}0\\\frac{1}{3}\end{pmatrix}$；$\begin{pmatrix}2&1\\0&2\end{pmatrix}$.

2) $\boldsymbol{w}_1=\begin{pmatrix}1\\0\\0\end{pmatrix}$，$\boldsymbol{w}_2=\begin{pmatrix}0\\1\\0\end{pmatrix}$，$\boldsymbol{w}_3=\begin{pmatrix}0\\-1\\1\end{pmatrix}$；$\begin{pmatrix}1&1&0\\0&1&0\\0&0&1\end{pmatrix}$.

3) $w_1 = \begin{pmatrix} -1 \\ 0 \\ 1 \end{pmatrix}$, $w_2 = \begin{pmatrix} 0 \\ -1 \\ 0 \end{pmatrix}$, $w_3 = \begin{pmatrix} 0 \\ -1 \\ 1 \end{pmatrix}$; $\begin{pmatrix} -2 & 1 & 0 \\ 0 & -2 & 0 \\ 0 & 0 & 0 \end{pmatrix}$.

4) $\boldsymbol{w}_1 = (1,0,0,0,0)^{\mathrm{T}}$, $\boldsymbol{w}_2 = (0,1,0,0,0)^{\mathrm{T}}$, $\cdots$, $\boldsymbol{w}_5 = (0,0,0,0,1)^{\mathrm{T}}$; 若尔当标准形为原矩阵.

5) $\boldsymbol{w}_1 = (1,1,3,4)^{\mathrm{T}}$, $\boldsymbol{w}_2 = (1,0,0,0)^{\mathrm{T}}$, $\boldsymbol{w}_3 = (0,0,3,3)^{\mathrm{T}}$, $\boldsymbol{w}_4 = (0,0,1,0)^{\mathrm{T}}$;

$$\begin{pmatrix} 2 & 1 & 0 & 0 \\ 0 & 2 & 0 & 0 \\ 0 & 0 & 2 & 1 \\ 0 & 0 & 0 & 2 \end{pmatrix}.$$

6) $\boldsymbol{w}_1 = (1,1,1,1)^{\mathrm{T}}$, $\boldsymbol{w}_2 = (1,1,0,0)^{\mathrm{T}}$, $\boldsymbol{w}_3 = (-1,1,-1,1)^{\mathrm{T}}$, $\boldsymbol{w}_4 = (-1,1,0,0)^{\mathrm{T}}$; $\begin{pmatrix} 2 & 1 & 0 & 0 \\ 0 & 2 & 0 & 0 \\ 0 & 0 & 4 & 1 \\ 0 & 0 & 0 & 4 \end{pmatrix}$.

第 7 章阅读与思考　练习

1. 1) 取 $\boldsymbol{u} = (1,0,0,0)^{\mathrm{T}}$, 可得 $(\boldsymbol{A}+\boldsymbol{E})^4\boldsymbol{u} = \boldsymbol{0}$. 由此可得, 属于特征值 -1 的长度为 4 的若尔当链

$$\{\boldsymbol{u}, (\boldsymbol{A}+\boldsymbol{E})\boldsymbol{u}, (\boldsymbol{A}+\boldsymbol{E})^2\boldsymbol{u}, (\boldsymbol{A}+\boldsymbol{E})^3\boldsymbol{u}\},$$

它也是 $\boldsymbol{A}$ 的一个若尔当基.

2) 取 $\boldsymbol{u} = (1,0,0,0,0)^{\mathrm{T}}$, 可得 $(\boldsymbol{A}-\boldsymbol{E})^3(\boldsymbol{A}-2\boldsymbol{E})^2\boldsymbol{u} = \boldsymbol{0}$. 由此可得, 属于特征值 1 的长度为 3 的若尔当链

$$\{(\boldsymbol{A}-2\boldsymbol{E})^2\boldsymbol{u}, (\boldsymbol{A}-\boldsymbol{E})(\boldsymbol{A}-2\boldsymbol{E})^2\boldsymbol{u}, (\boldsymbol{A}-\boldsymbol{E})^2(\boldsymbol{A}-2\boldsymbol{E})^2\boldsymbol{u}\}$$

和属于特征值 2 的长度为 2 的若尔当链

$$\{(\boldsymbol{A}-\boldsymbol{E})^3\boldsymbol{u}, (\boldsymbol{A}-2\boldsymbol{E})(\boldsymbol{A}-\boldsymbol{E})^3\boldsymbol{u}\},$$

它们构成 $\boldsymbol{A}$ 的一个若尔当基.

第 7 章章课题

2. 1) 由定理 7.10 可知, 对任意矩阵 $\boldsymbol{A}$ 和 $\boldsymbol{B}$ 都存在可逆矩阵 $\boldsymbol{P}$ 及 $\boldsymbol{Q}$, 使得

$$\boldsymbol{P}^{-1}\boldsymbol{A}\boldsymbol{P} = \boldsymbol{J}_1, \quad \boldsymbol{Q}^{-1}\boldsymbol{B}\boldsymbol{Q} = \boldsymbol{J}_2,$$

其中 $\boldsymbol{J}_1, \boldsymbol{J}_2$ 都是若尔当矩阵, 其对角线上的元素分别为矩阵 $\boldsymbol{A}$ 和 $\boldsymbol{B}$ 的特征值 $\lambda_1, \cdots, \lambda_m$ 和 $\mu_1, \cdots, \mu_m$. 由克罗内克积的定义直接计算可知, 上三角方阵的克罗内克积还是上三角方阵, 即 $\boldsymbol{J}_1 \otimes \boldsymbol{J}_2$ 为上三角方阵, 并且 $\boldsymbol{J}_1 \otimes \boldsymbol{J}_2$ 对角线上的元素恰好为 $\lambda_i\mu_j$ $(i = 1, \cdots, m;\ j = 1, \cdots, n)$. 利用问题 1 的 10) 和 7) 容易验证 $\boldsymbol{A} \otimes \boldsymbol{B}$ 与 $\boldsymbol{J}_1 \otimes \boldsymbol{J}_2$ 相似, 从而有相同的特征值.

2) 由问题 1 的 7) 可知, 两个矩阵 $\boldsymbol{A}, \boldsymbol{B}$ 的特征向量 $\boldsymbol{\alpha}, \boldsymbol{\beta}$ 的克罗内克积 $\boldsymbol{\alpha} \otimes \boldsymbol{\beta}$ 是这两个矩阵的克罗内克积 $\boldsymbol{A} \otimes \boldsymbol{B}$ 的特征向量.

但是, 矩阵 $\boldsymbol{A}, \boldsymbol{B}$ 的特征向量并不能完全决定它们的克罗内克积 $\boldsymbol{A} \otimes \boldsymbol{B}$ 的

特征向量. 例如: 设

$$\boldsymbol{A}=\boldsymbol{B}=\begin{pmatrix}0&1\\0&0\end{pmatrix},\quad \boldsymbol{e}_1=\begin{pmatrix}1\\0\end{pmatrix},\quad \boldsymbol{e}_2=\begin{pmatrix}0\\1\end{pmatrix},$$

显然, 矩阵 $\boldsymbol{A}$ 和 $\boldsymbol{B}$ 的特征值都是零, 它们的特征向量都只有 $k\boldsymbol{e}_1$, 其中 k 是任意非零常数. 矩阵 $\boldsymbol{A}$ 和 $\boldsymbol{B}$ 的克罗内克积 $\boldsymbol{A}\otimes\boldsymbol{B}$ 的 4 个特征值也都是零, 但 $\boldsymbol{A}\otimes\boldsymbol{B}$ 却有三个特征向量 $\boldsymbol{e}_1\otimes\boldsymbol{e}_1, \boldsymbol{e}_1\otimes\boldsymbol{e}_2, \boldsymbol{e}_2\otimes\boldsymbol{e}_1$, 后面两个都不是 $\boldsymbol{A}$ 和 $\boldsymbol{B}$ 的特征向量的克罗内克积.

3. 条件"$\boldsymbol{A}$ 和 $\boldsymbol{B}$ 都是可对角化矩阵"可以确保 $\boldsymbol{A}$ 和 $\boldsymbol{B}$ 分别有 m 个、n 个线性无关的特征向量, 再利用克罗内克积, 可以产生 mn 个 $\boldsymbol{A}\otimes\boldsymbol{B}$ 的线性无关的特征向量, 此时 $\boldsymbol{A}\otimes\boldsymbol{B}$ 可对角化.

4. 线性变换 $\mathscr{A}$ 在基

$$\boldsymbol{E}_{11},\boldsymbol{E}_{21},\cdots,\boldsymbol{E}_{n1},\boldsymbol{E}_{12},\boldsymbol{E}_{22},\cdots,\boldsymbol{E}_{n2},\cdots,\boldsymbol{E}_{1n},\boldsymbol{E}_{2n},\cdots,\boldsymbol{E}_{nn}$$

下的矩阵为 $\boldsymbol{C}^{\mathrm{T}}\otimes\boldsymbol{B}$, 只要矩阵 $\boldsymbol{B},\boldsymbol{C}$ 可对角化, 则线性变换 $\mathscr{A}$ 的矩阵 $\boldsymbol{C}^{\mathrm{T}}\otimes\boldsymbol{B}$ 也可对角化.

第 7 章复习题

A 组

1. 1) $\begin{pmatrix}1&2&3&0\\2&0&1&2\\3&0&1&4\\4&0&0&5\end{pmatrix}$, $\mathscr{A}\boldsymbol{\alpha}=(4,4,8,10)$; 2) $k\boldsymbol{E}_n$(k 为实数);

3) $\begin{pmatrix}8&9\\ \frac{4}{3}&3\end{pmatrix}$, $\begin{pmatrix}7&8\\13&14\end{pmatrix}$; 4) $\{0\}$.

2. 1) A; 2) B; 3) C; 4) D; 5) A.

4. $\mathscr{A}^2$ 的值域是 1 维子空间, $(0,0,1)$ 是它的一个基. $\mathscr{A}^2$ 的核是 2 维子空间, 它的一个基为 $(0,1,0),(0,0,1)$.

7. $\mathscr{D}$ 的全部不变子空间为 $\{0\}, L(1), L(1,x),\cdots,L(1,x,\cdots,x^{n-2}),\mathbf{R}[x]_n$, 共 $n+1$ 个.

8. 1) $D=\begin{pmatrix}1&1&0&0\\0&1&2&0\\0&0&1&0\\0&0&0&2\end{pmatrix}$;

2) 特征值为 1,1,1,2, 属于 1 的线性无关的特征向量: $(1,0,0,0)^{\mathrm{T}}$, 属于 2 的线性无关的特征向量: $(0,0,0,1)^{\mathrm{T}}$;

3) 不可对角化.

B 组

1. 如果 $W=\{0\}$, 则取 $\mathscr{A}_1=\mathscr{O}$, $\mathscr{A}_2=\mathscr{E}$. 如果 $W\neq\{0\}$, 取 W 的一个基 $\varepsilon_1,\varepsilon_2,\cdots,\varepsilon_m$, 将它扩充成 V 的一个基 $\varepsilon_1,\varepsilon_2,\cdots,\varepsilon_m,\varepsilon_{m+1},\cdots,\varepsilon_n$. 定义 V 的线性变换 $\mathscr{A}_1$ 为

$$\mathscr{A}_1(k_1\varepsilon_1+k_2\varepsilon_2+\cdots+k_m\varepsilon_m+k_{m+1}\varepsilon_{m+1}+\cdots+k_n\varepsilon_n)$$
$$=k_1\varepsilon_1+k_2\varepsilon_2+\cdots+k_m\varepsilon_m,$$

则 $\mathscr{A}_1$ 以 W 为值域. 再定义 V 的线性变换 $\mathscr{A}_2$ 为

$$\mathscr{A}_2(k_1\varepsilon_1+k_2\varepsilon_2+\cdots+k_m\varepsilon_m+k_{m+1}\varepsilon_{m+1}+\cdots+k_n\varepsilon_n)=k_{m+1}\varepsilon_{m+1}+\cdots+k_n\varepsilon_n,$$

则 $\mathscr{A}_2$ 以 W 为核.

2. 必要性　由 $\mathscr{A}$ 可逆知, $\mathscr{A}$ 必是满射, 即有 $\mathscr{A}(V)=V$. 于是, 对于任一 $\alpha\in V$, 一定存在 $\beta\in V$, 使得 $\mathscr{A}(\beta)=\alpha$.

由于 $V=W_1\oplus W_2$, 故有 $\beta=\beta_1+\beta_2$, $\beta_1\in W_1$, $\beta_2\in W_2$, 于是

$$\alpha=\mathscr{A}(\beta)=\mathscr{A}(\beta_1+\beta_2)=\mathscr{A}(\beta_1)+\mathscr{A}(\beta_2),\quad \mathscr{A}(\beta_1)\in\mathscr{A}W_1,\ \mathscr{A}\beta_2\in\mathscr{A}W_2.$$

因此有 $V=\mathscr{A}W_1+\mathscr{A}W_2$.

任取 $\alpha\in\mathscr{A}W_1\cap\mathscr{A}W_2$, 由 $\alpha\in\mathscr{A}W_1$, 则有 $\beta_1\in W_1$, 使得 $\mathscr{A}(\beta_1)=\alpha$. 又 $\alpha\in\mathscr{A}W_2$, 则存在 $\beta_2\in W_2$, 使得 $\mathscr{A}(\beta_2)=\alpha$, 于是有 $\mathscr{A}(\beta_1)=\mathscr{A}(\beta_2)$. 因 $\mathscr{A}$ 可逆, 用 $\mathscr{A}^{-1}$ 作用上式两边, 得 $\beta_1=\beta_2$. 于是 $\beta_1=\beta_2\in W_1\cap W_2=\{0\}$, 即 $\beta_1=0$. 又由 $\mathscr{A}(\beta_1)=\alpha$ 可得 $\alpha=0$, 故 $\mathscr{A}W_1\cap\mathscr{A}W_2=\{0\}$. 因此 $V=\mathscr{A}W_1\oplus\mathscr{A}W_2$.

充分性　任取 $\alpha\in V$, 由 $V=\mathscr{A}W_1\oplus\mathscr{A}W_2$, 有

$$\alpha=\mathscr{A}(\alpha_1)+\mathscr{A}(\alpha_2)=\mathscr{A}(\alpha_1+\alpha_2)\in\mathscr{A}V,\quad \alpha_i\in W_i\ (i=1,2).$$

于是 $V\subseteq\mathscr{A}V$, 而 $\mathscr{A}V\subseteq V$, 故 $V=\mathscr{A}V$. 所以 $\mathscr{A}$ 是满射, 即知 $\mathscr{A}$ 是单射, 所以 $\mathscr{A}$ 是可逆线性变换.

探究题

1. $$\boldsymbol{A}^n=\begin{cases}\lambda^n\left(\dfrac{\boldsymbol{A}-\mu\boldsymbol{E}}{\lambda-\mu}\right)+\mu^n\left(\dfrac{\boldsymbol{A}-\lambda\boldsymbol{E}}{\mu-\lambda}\right), & \lambda\neq\mu;\\ \lambda^{n-1}[n\boldsymbol{A}-(n-1)\lambda\boldsymbol{E}], & \lambda=\mu.\end{cases}$$

2. 计算低阶若尔当块的逆矩阵, 从中发现规律(也可从互逆线性变换的矩阵之间的互逆关系来求).

习题 8.1

1. $3x^{12}+8x^9+4x^7+13x^6+3x^5+8x^4+6x^3+2x^2+12x+4$.

2. $2x^5-2x^3$.

3. $a=4\dfrac{1}{6}$, $b=-\dfrac{3}{2}$, $c=\dfrac{1}{3}$.

5. 当 $f(x)$ 和 $g(x)$ 的次数相等且它们的首项系数之和等于 0 时, 和的次数公式中小于号成立; 否则, 等号成立.

习题 8.2

1. 1) $q(x)=\dfrac{1}{3}x-\dfrac{7}{9}$, $r(x)=-2\dfrac{8}{9}x-\dfrac{2}{9}$;

2) $q(x)=x^2+x-1$, $r(x)=-5x+7$.

2. 1) $p=1-m^2$, $q=-m$;　　2) $m=0$, $p=1+q$ 或 $q=1$, $p=2-m^2$.

5. 1) 不正确;　　2) 不正确.

习题 8.3

1. 1) $(f(x),g(x))=x^2-2$, $u(x)=-x-1$, $v(x)=x+2$;

2) $(f(x),g(x))=x-1$, $u(x)=-\frac{1}{3}x+\frac{1}{3}$, $v(x)=\frac{2}{3}x^2-\frac{2}{3}x-1$;

3) $(f(x),g(x))=1$, $u(x)=-x-1$, $v(x)=x^3+x^2-3x-2$.

2. 1) $x+1$; 2) 1.

7. 1) 成立; 2) 不成立.

8. 1) 不正确; 2) 不正确.

习题 8.4

1. 在 $\mathbf{Q}[x]$ 上，$(x+1)(x^2-3x+1)$.

在 $\mathbf{R}[x]$ 或 $\mathbf{C}[x]$ 上，$(x+1)\left(x-\frac{3+\sqrt{5}}{2}\right)\left(x-\frac{3-\sqrt{5}}{2}\right)$.

习题 8.5

2. 1) $x+1$ 是 $f(x)$ 的 4 重因式; 2) $x-2$ 是 $f(x)$ 的 3 重因式.

3. 当 $a=b=0$ 时有 4 重因式，当 $27a^4=b^3$ 且 $a\neq 0$ 时有 2 重因式 $3ax+b$.

4. $(x-1)^2(x+2)^2(x+1)$.

6. 不一定.

习题 8.6

1. 5 是 2 重根

2. $a=3$, $b=-7$.

3. $a=-5$ 使 -1 是 $f(x)$ 的二重根.

6. $f(x)=-\frac{4}{\pi^2}x^2+\frac{4}{\pi}x$.

7. $f(x)$ 在 $\mathbf{F}$ 中一定有根.

习题 8.7

1. 在复数域上，$(x-1)^3(x+\mathrm{i})(x-\mathrm{i})$，在实数域上，$(x-1)^3(x^2+1)$.

2. $x(x+1)(x-1)(x^2+1)^2(x^2-4x+5)$

3. 1) 有实根; 2) 是偶数.

4. $c(x-\alpha_1)(x-\alpha_2)(x-\alpha_3)(x-\alpha_4)$, $c(x-\alpha_1)^2(x-\alpha_2)(x-\alpha_3)$, $c(x-\alpha_1)^2(x-\alpha_2)^2$, $c(x-\alpha_1)^3(x-\alpha_2)$, $c(x-\alpha)^4$, $c(x-\alpha_1)(x-\alpha_2)(x^2+px+q)$, $c(x-\alpha)^2(x^2+px+q)$, $c(x^2+p_1x+q_1)(x^2+p_2x+q_2)$, $c(x^2+px+q)^2$.

5. 在复数域上的分解式：$\prod_{j=0}^{n-1}\left(x-\cos\frac{2\pi j}{n}-\mathrm{i}\sin\frac{2\pi j}{n}\right)$，在实数域上的分解式：

$$\begin{cases}(x-1)\prod_{j=1}^{\frac{n-1}{2}}\left(x^2-2x\cos\frac{2\pi j}{n}+1\right), & n\text{ 为奇数;}\\(x-1)(x+1)\prod_{j=1}^{\frac{n-2}{2}}\left(x^2-2x\cos\frac{2\pi j}{n}+1\right), & n\text{ 为偶数.}\end{cases}$$

习题 8.8

1. 1) 不可约； 2) 可约(具有一次因式 $x-2$)； 3) 不可约；
4) 不可约； 5) 不可约.

2. 1) 只有一个有理根 $-\frac{1}{2}$； 2) 有两个有理根：$\frac{1}{2}, -\frac{1}{3}$.

习题 8.9

1. 1) $x_1^2x_3+10x_1x_2x_3-x_1x_2+6x_1x_3^4+8x_1x_3-9x_2x_3^7-x_2x_3^5+7x_3^2$；
2) $x_1^2x_2-x_1^2x_4^5+5x_1x_3x_4^5+x_2^3x_5+x_3^6$.

2. x_1^3, $x_1^2x_2$, $x_1^2x_3$, $x_1x_2^2$, $x_1x_2x_3$, $x_1x_3^2$, x_2^3, $x_2^2x_3$, $x_2x_3^2$, x_3^3.

3. $a(x_1^3+x_2^3+x_3^3)+b(x_1^2x_2+x_1x_2^2+x_1^2x_3+x_1x_3^2+x_2^2x_3+x_2x_3^2)+cx_1x_2x_3$

4. 1) $\sigma_1\sigma_2-\sigma_3$； 2) $\sigma_1\sigma_2-3\sigma_3$.

第 8 章探究与发现　练习

2. 提示：设原立方体的边长为 1，要求作的立方体的边长为 x_0，那么它的体积为 x_0^3，且 $x_0^3=2$. 要证 x_0 不能从有理数域 $\boldsymbol{Q}$ 出发，经过尺规作图作出. 注意，一元三次方程 $x^3=2$ 只有一个实根.

第 8 章章课题

1. 1) 将行列式 $|\lambda\boldsymbol{E}-\boldsymbol{W}|$ 按第 1 列展开，得

$$|\lambda\boldsymbol{E}-\boldsymbol{W}|=\lambda^n+(-1)^{n+1}(-1)^n=\lambda^n-1,$$

故 $\boldsymbol{W}$ 的 n 个特征值恰好是 n 个 n 次单位根 $1,\zeta_n,\zeta_n^2,\cdots,\zeta_n^{n-1}$，其中

$$\zeta_n=\mathrm{e}^{2\pi\mathrm{i}/n}=\cos\frac{2\pi}{n}+\mathrm{i}\sin\frac{2\pi}{n}.$$

2) $\boldsymbol{W}$ 是置换矩阵，用 $\boldsymbol{W}$ 左乘 n 阶矩阵 $\boldsymbol{A}$ 相当于把 $\boldsymbol{A}$ 的第 1 行移到最后一行，而其他各行都向上移一行. 由此可得 $\boldsymbol{W},\boldsymbol{W}^2,\cdots,\boldsymbol{W}^{n-1}$ 分别是第 1 行为 $(0,1,0,\cdots,0),(0,0,1,\cdots,0),\cdots,(0,0,0,\cdots,1)$ 的轮换矩阵.

3) 设 $q(\lambda)=c_0+c_1\lambda+c_2\lambda^2+\cdots+c_{n-1}\lambda^{n-1}$，则

$$\boldsymbol{C}=q(\boldsymbol{W})=c_0\boldsymbol{E}+c_1\boldsymbol{W}+c_2\boldsymbol{W}^2+\cdots+c_{n-1}\boldsymbol{W}^{n-1}$$

是第 1 行为 $(c_0,c_1,c_2,\cdots,c_{n-1})$ 的轮换矩阵，其特征值为 $q(1),q(\zeta_n),q(\zeta_n^2),\cdots,q(\zeta_n^{n-1})$.

2. 1) 设 $q(\lambda)=1+2\lambda+\lambda^2+3\lambda^3$. 由于 4 次单位根 $\zeta_4=\cos\frac{2\pi}{4}+\mathrm{i}\sin\frac{2\pi}{4}=\mathrm{i}$，故 $\boldsymbol{C}$ 的特征值为 $q(1)=7$，$q(\mathrm{i})=-\mathrm{i}$，$q(-1)=-3$，$q(-\mathrm{i})=\mathrm{i}$，特征多项式为

$$|\lambda\boldsymbol{E}-\boldsymbol{C}|=(\lambda-7)(\lambda+\mathrm{i})(\lambda+3)(\lambda-\mathrm{i})=\lambda^4-4\lambda^3-20\lambda^2-4\lambda-21.$$

2) 设 $q(\lambda)=1+\sqrt[3]{2}\lambda+\sqrt[3]{4}\lambda^2$，则 $\boldsymbol{C}=q(\boldsymbol{W})$ 的特征值为 $q(1),q(\zeta_3),q(\zeta_3^2)$，其中 $\zeta_3=\frac{-1+\sqrt{3}\,\mathrm{i}}{2}$，$|\lambda\boldsymbol{E}-\boldsymbol{C}|=\lambda^3-3\lambda^2-3\lambda-1$.

3. 1) 设 2 阶轮换矩阵 $\boldsymbol{C}=\begin{pmatrix}a & b\\ b & a\end{pmatrix}$，则 $\boldsymbol{C}$ 的特征多项式为

$$|\lambda \boldsymbol{E}-\boldsymbol{C}|=\begin{vmatrix}\lambda-a & -b\\ -b & \lambda-a\end{vmatrix}=\lambda^2-2a\lambda+a^2-b^2.$$

用待定系数法可以求得 $a=-\frac{\alpha}{2}$, $b=\pm\sqrt{\frac{\alpha^2}{4}-\beta}$. 设

$$q(\lambda)=-\frac{\alpha}{2}+\lambda\sqrt{\frac{\alpha^2}{4}-\beta},$$

则 $\boldsymbol{C}=q(\boldsymbol{W})$，且由于 2 次的单位根为 $1,-1$，故

$$q(1)=-\frac{\alpha}{2}+\sqrt{\frac{\alpha^2}{4}-\beta},\quad q(-1)=-\frac{\alpha}{2}-\sqrt{\frac{\alpha^2}{4}-\beta}$$

就是 $p(\lambda)$ 的根.

2） 由于对应 $p(\lambda)=\lambda^3+\beta\lambda+\gamma$ 的轮换矩阵是无迹轮换矩阵，故设 3 阶无迹轮换矩阵 $\boldsymbol{C}=\begin{pmatrix}0 & b & c\\ c & 0 & b\\ b & c & 0\end{pmatrix}$. 由

$$p(\lambda)=|\lambda \boldsymbol{E}-\boldsymbol{C}|=\begin{vmatrix}\lambda & -b & -c\\ -c & \lambda & -b\\ -b & -c & \lambda\end{vmatrix}=\lambda^3-b^3-c^3-3bc\lambda,$$

得

$$\begin{cases}b^3+c^3=-\gamma,\\ 3bc=-\beta.\end{cases}$$

故 b^3 和 c^3 是一元二次方程 $x^2+\gamma x-\frac{\beta^3}{27}=0$ 的根，即

$$b=\left(\frac{-\gamma+\sqrt{\gamma^2+4\beta^3/27}}{2}\right)^{\frac{1}{3}},\quad c=\left(\frac{-\gamma-\sqrt{\gamma^2+4\beta^3/27}}{2}\right)^{\frac{1}{3}}.$$

设 $q(\lambda)=b\lambda+c\lambda^2$，则 $\boldsymbol{C}=q(\boldsymbol{W})$，将 3 次单位根 $1,\zeta_3,\overline{\zeta_3}(=\zeta_3^2)$ 代入 $q(\lambda)$ 即得 $p(\lambda)$ 的根

$$q(1)=b+c,\quad q(\zeta_3)=b\zeta_3+c\overline{\zeta_3},\quad q(\overline{\zeta_3})=b\overline{\zeta_3}+c\zeta_3.$$

由于 b 和 c 可以通过对 $p(\lambda)$ 的系数作加、减、乘、除和求平方根与立方根而得到，而 ζ_3 和 $\overline{\zeta_3}$ 也只是 1 的立方根，因而我们求得的 $p(\lambda)$ 的根 $q(1),q(\zeta_3)$, $q(\overline{\zeta_3})$ 是根式解.

3） 为了避免出现平凡的情况，假设 $p(\lambda)$ 的系数 β,γ 和 δ 不全为零. 下面求特征多项式为 $p(\lambda)$ 的轮换矩阵

$$\boldsymbol{C}=\begin{pmatrix}0 & b & c & d\\ d & 0 & b & c\\ c & d & 0 & b\\ b & c & d & 0\end{pmatrix}.$$

由 $p(\lambda)=|\lambda \boldsymbol{E}-\boldsymbol{C}|$，用待定系数法得

$$\begin{cases}4bd+2c^2=-\beta,\\4c(b^2+d^2)=-\gamma,\\c^4-b^4-d^4-4bdc^2+2b^2d^2=\delta.\end{cases} \quad ①$$

由 ① 的第 1,2 个方程，得

$$bd=\frac{-\beta-2c^2}{4},\quad b^2+d^2=-\frac{\gamma}{4c}, \quad ②$$

因而可将 ① 的第 3 个方程改写为

$$c^4-(b^2+d^2)^2+4(bd)^2-4bdc^2=\delta, \quad ③$$

并将 ② 代入 ③，得 $c^4-\frac{\gamma^2}{16c^2}+\frac{(\beta+2c^2)^2}{4}+(2c^2+\beta)c^2=\delta$，即

$$c^6+\frac{\beta}{2}c^4+\left(\frac{\beta^2}{16}-\frac{\delta}{4}\right)c^2-\frac{\gamma^2}{64}=0, \quad ④$$

这是一个未知数为 c^2 的一元三次方程. 可用根式求解，由于 β,γ,δ 不全为零，故可求得一个非零解 c，将它代入 ②，得 b,d. 设 $q(\lambda)=b\lambda+c\lambda^2+d\lambda^3$，由于 4 次单位根为 $\pm1,\pm\mathrm{i}$，故 $\boldsymbol{C}=q(\boldsymbol{W})$ 的特征值

$$q(1)=b+c+d,\quad q(-1)=-b+c-d,$$
$$q(\mathrm{i})=-c+\mathrm{i}(b-d),\quad q(-\mathrm{i})=-c-\mathrm{i}(b-d)$$

就是 $p(\lambda)$ 的根. 这样，我们就求得了 4 次多项式 $p(\lambda)$ 的根式解.

第 8 章复习题

A 组

1. 1) $\frac{1}{a_n}h(x)$;　2) ±2;　3) $a=-4,\ b=5$;

4) 一次，一次或二次，任意次的.

2. 1) C;　2) C;　3) D;　4) D.

3. $a=3,\ b=-4$.

4. $(f(x),g(x))=x^3+1,\ u(x)=-1,\ v(x)=x+1$.

10. 有重因式 $x-1$，重数为 2.

13. $f(x)=6x^3-15x^2+11x+1$.

15. 不可约.

16. 4 个根为 $-\frac{1}{2},-\frac{1}{2},\frac{1+\sqrt{5}}{2},\frac{1-\sqrt{5}}{2}$.

17. 1) $x(x+3)(x+\mathrm{i})^2(x-1-2\mathrm{i})$;　2) $x(x+3)(x^2+1)^2(x^2-2x+5)$.

18. $a_1^2-2a_2$.

B 组

1. 如果 $g(x)=h(x)=0$，那么 $f(x)=0$，命题成立. 如果 $g(x),h(x)$ 中至少有一个 $\neq0$，设

$$g(x)=b_mx^m+b_{m-1}x^{m-1}+\cdots+b_0,\quad h(x)=c_nx^n+c_{n-1}x^{n-1}+\cdots+c_0,$$

且不妨设 $b_m\neq0$，$m\geqslant n$（当 $c_n=0$ 时，也认为 $m\geqslant n$）. 因为 b_m,c_n 都是实数，所以当

$m>n$ 时有 $g^2(x)+h^2(x)$ 的首项 x^{2m} 的系数 $b_m^2\neq 0$；当 $m=n$ 时，有 $g^2(x)+h^2(x)$ 的首项 x^{2m} 的系数 $b_m^2+c_n^2\neq 0$，因此 $xg^2(x)+xh^2(x)$ 是奇数次多项式. 由 $f^2(x)=xg^2(x)+xh^2(x)$ 知，$f^2(x)\neq 0$，而 $f^2(x)$ 是一个偶数次多项式，矛盾，所以 $g(x)=h(x)=0$，因而 $f(x)=0$.

2. 提示：必要性显然成立. 充分性：利用标准分解式.

3. 提示：必要性　由 A 组第 7 题知，$f(x)$ 与 $h(x)$ 的关系只有两种可能：若 $(f(x),h(x))=1$，则由 $f(x)\mid(g(x)h(x))$ 可推出 $f(x)\mid g(x)$；若 $(f(x),h(x))\neq 1$，则必有某一正整数 m，使 $f(x)\mid h^m(x)$.

充分性　用反证法. 设 $f(x)$ 的标准分解式为

$$f(x)=ap_1^{k1}(x)p_2^{k2}(x)\cdots p_s^{ks}(x),\quad k_i>0\ (i=1,2,\cdots,s).$$

倘若 $s\geqslant 2$，取

$$h(x)=ap_1^{k1}(x),\quad g(x)=p_2^{k2}(x)\cdots p_s^{ks}(x),$$

则 $f(x)\mid(g(x)h(x))$，但 $f(x)\nmid g(x)$ 且对任何正整数 m，也必有 $f(x)\nmid h^m(x)$，与已知矛盾.

5. 用反证法，如果 $f(x)$ 有一个整数根 a，那么 $(x-a)\mid f(x)$，设

$$f(x)=(x-a)g(x),$$

其中 $g(x)$ 是整系数多项式，于是 $f(1)=(1-a)g(1)$，$f(0)=-ag(0)$. 所以 $(a-1)\mid f(1)$，$a\mid f(0)$，由假设 $f(1)$，$f(0)$ 都是奇数，故 a 与 $a-1$ 都是奇数，这与 a 与 $a-1$ 中必有一个是偶数矛盾. 因此 $f(x)$ 不可能有整数根.

6. 用反证法. 若 $f(x)=g(x)h(x)$，其中 $g(x),h(x)$ 都是次数大于零的整系数多项式，则有

$$g(a_i)h(a_i)=f(a_i)=-1\quad(i=1,2,\cdots,n).$$

由于 $g(a_i),h(a_i)$ 都是整数，所以 $g(a_i)$ 与 $h(a_i)$ 都只能等于 ± 1，且两者反号，即有

$$g(a_i)+h(a_i)=0\quad(i=1,2,\cdots,n).$$

令 $q(x)=g(x)+h(x)$，则 $\deg q(x)<n$，且 $q(a_i)=0\ (i=1,2,\cdots,n)$，故 $q(x)=0$，从而 $g(x)=-h(x)$，$f(x)=g(x)h(x)=-g^2(x)$，但 $f(x)$ 的首项系数为 1，这与 $-g^2(x)$ 的首项系数为负数矛盾. 因此 $f(x)$ 在整数环上不可约，故在 $\boldsymbol{Q}$ 上也不可约.

探究题

化圆为方问题　提示：设

$$\mathbf{F}_i=\{a+b\sqrt{u_i}\mid a,b\in\mathbf{F}_{i-1}\},\quad u_i\in\mathbf{F}_{i-1},\ u_i>0 \text{ 且 } \sqrt{u_i}\notin\mathbf{F}_{i-1},\ i=1,2,\cdots,k.$$

对 $j=0,1,2,\cdots,k$ 用数学归纳法，证明：$\mathbf{F}_k$ 中每一个数 α 都是某一个一元 2^j 次代数方程 $f_j(x)=0$ 的根，其系数都在 $\mathbf{F}_{k-j}$ 中，且首项系数为 1. 于是，结论对 $j=0,1,2,\cdots,k$ 都成立. 特别地，结论对 k 成立，这表明 α 是某个一元 2^k 次方程的根，且方程的系数都在 $\mathbf{F}_{k-k}=\mathbf{F}_0=\boldsymbol{Q}$ 中，即 α 是代数数.

习题 9.1

1. 1) $\dfrac{1}{4}\begin{pmatrix}\lambda+1 & -\lambda+1\\ -\lambda-3 & \lambda+1\end{pmatrix}$；　2) $-\dfrac{1}{2}\begin{pmatrix}\lambda+1 & -\lambda^2+\lambda\\ -\lambda-2 & \lambda^2-2\end{pmatrix}$；

3) $\begin{pmatrix} \lambda^2-\lambda+1 & \lambda & \lambda^2 \\ -\lambda^2+\lambda-2 & -\lambda+1 & -\lambda^2 \\ 1 & 0 & 1 \end{pmatrix}$； 4) 不可逆.

2. 1) $\begin{pmatrix} 1 & \\ & \lambda-1 \end{pmatrix}$； 2) $\begin{pmatrix} \lambda-1 & \\ & (\lambda-1)(\lambda-2) \end{pmatrix}$； 3) $\begin{pmatrix} 1 & & \\ & \lambda & \\ & & \lambda^2-\lambda \end{pmatrix}$；

4) $\begin{pmatrix} 1 & & \\ & \lambda & \\ & & \lambda^2+\lambda \end{pmatrix}$； 5) $\begin{pmatrix} 1 & & \\ & 1 & \\ & & (\lambda+2)^3 \end{pmatrix}$；

6) $\begin{pmatrix} \lambda-1 & & \\ & \lambda(\lambda-1) & \\ & & \lambda(\lambda-1)^2(\lambda+1) \end{pmatrix}$.

习题 9.2

1. 1) $1,1,(\lambda^2-1)(\lambda+3)$；

2) 当 $\beta\neq 0$ 时，$1,1,1,[(\lambda+\alpha)^2+\beta^2]^2$；当 $\beta=0$ 时，$1,1,(\lambda+\alpha)^2,(\lambda+\alpha)^2$；

3) 当 $\beta\neq 0$ 时，$1,1,\cdots,1,(\lambda-\alpha)^n$；当 $\beta=0$ 时，$\lambda-\alpha,\lambda-\alpha,\cdots,\lambda-\alpha$；

4) $1,1,\cdots,1,\lambda^n+a_1\lambda^{n-1}+\cdots+a_n$.

习题 9.3

1. 1) 是； 2) 是； 3) 否.

习题 9.4

1. 1) $\lambda^2,\ \lambda-1$； 2) $\lambda-2,\ (\lambda-2)^2$；

3) $\lambda^2,\ \lambda+1$； 4) $[(\lambda-2)+3\mathrm{i}]^2,\ [(\lambda-2)-3\mathrm{i}]^2$.

2. $\lambda-\lambda_1,\ \lambda-\lambda_2,\cdots,\lambda-\lambda_n$.

习题 9.5

1. 1) $\begin{pmatrix} -1 & 0 & 0 \\ 0 & 1 & 1 \\ 0 & 0 & 1 \end{pmatrix}$； 2) $\begin{pmatrix} -1 & 0 & 0 \\ 0 & -1 & 1 \\ 0 & 0 & -1 \end{pmatrix}$； 3) $\begin{pmatrix} 1 & 0 & 0 \\ 0 & -1 & 1 \\ 0 & 0 & -1 \end{pmatrix}$；

4) $\begin{pmatrix} 2 & & \\ & 2+\sqrt{6} & \\ & & 2-\sqrt{6} \end{pmatrix}$； 5) $\begin{pmatrix} 1 & 1 & 0 \\ 0 & 1 & 1 \\ 0 & 0 & 1 \end{pmatrix}$； 6) $\begin{pmatrix} 2 & & \\ & 0 & \\ & & 0 \end{pmatrix}$；

7) $\begin{pmatrix} 0 & 0 & 0 \\ 0 & 0 & 1 \\ 0 & 0 & 0 \end{pmatrix}$； 8) $\begin{pmatrix} -1 & 1 & 0 & 0 \\ 0 & -1 & 1 & 0 \\ 0 & 0 & -1 & 1 \\ 0 & 0 & 0 & -1 \end{pmatrix}$； 9) $\begin{pmatrix} 1 & 1 & 0 & 0 \\ 0 & 1 & 0 & 0 \\ 0 & 0 & 2 & 1 \\ 0 & 0 & 0 & 2 \end{pmatrix}$；

10) $\begin{pmatrix} 1 & 1 & 0 & \cdots & 0 \\ 0 & 1 & 1 & \cdots & 0 \\ \vdots & \vdots & \ddots & \ddots & \vdots \\ 0 & 0 & \cdots & 1 & 1 \\ 0 & 0 & \cdots & 0 & 1 \end{pmatrix}$.

2. 1) $(\lambda-1)^2(\lambda-2)$; 2) $(\lambda-1)(\lambda-2)^2$; 3) $(\lambda-2)^3$;
4) $\lambda^3-6\lambda^2-4\lambda$; 5) λ^2; 6) $(\lambda+1)^2$.

第 9 章章课题

1. 1) 由 $\boldsymbol{PHLP}^{-1}=\begin{pmatrix} \boldsymbol{L}_1 & \boldsymbol{L}_2 \\ \boldsymbol{O} & \boldsymbol{O} \end{pmatrix}$ 和 $\boldsymbol{Q}^{-1}\boldsymbol{LHQ}=\begin{pmatrix} \boldsymbol{L}_1 & \boldsymbol{O} \\ \boldsymbol{L}_3 & \boldsymbol{O} \end{pmatrix}$, 得

$$|\lambda \boldsymbol{E}_n-\boldsymbol{HL}|=\begin{vmatrix} \lambda \boldsymbol{E}_r-\boldsymbol{L}_1 & -\boldsymbol{L}_2 \\ \boldsymbol{O} & \lambda \boldsymbol{E}_{n-r} \end{vmatrix}=\lambda^{n-r}|\lambda \boldsymbol{E}_r-\boldsymbol{L}_1|=\lambda^{n-m}|\lambda \boldsymbol{E}_m-\boldsymbol{LH}|.$$

当 $\boldsymbol{A}=\boldsymbol{HL}$ 是 ⑤ 式的满秩分解时, 有

$$|\lambda \boldsymbol{E}_n-\boldsymbol{A}|=|\lambda \boldsymbol{E}_n-\boldsymbol{HL}|=\lambda^{n-r}|\lambda \boldsymbol{E}_r-\boldsymbol{LH}|,$$

这就是特征多项式的降阶公式.

2) $$|\lambda \boldsymbol{E}_n-\boldsymbol{A}|=\left|(\lambda+1)\boldsymbol{E}_n-\begin{pmatrix} 1 \\ 1 \\ \vdots \\ 1 \end{pmatrix}(1,1,\cdots,1)\right|$$

$$=(\lambda+1)^{n-1}\left|(\lambda+1)-(1,1,\cdots,1)\begin{pmatrix} 1 \\ 1 \\ \vdots \\ 1 \end{pmatrix}\right|$$

$$=(\lambda+1)^{n-1}(\lambda+1-n).$$

2. 1) 由 ⑥ 式可得, $\boldsymbol{A}f(\boldsymbol{A})=\boldsymbol{H}f(\boldsymbol{D})\boldsymbol{L}$. 因此, 若 $f(\boldsymbol{D})=\boldsymbol{O}$, 则必有 $\boldsymbol{A}f(\boldsymbol{A})=\boldsymbol{O}$.

设 $m_{\boldsymbol{D}}(\lambda)$ 和 $\chi_{\boldsymbol{D}}(\lambda)$ 分别表示 $\boldsymbol{D}$ 的最小多项式和特征多项式, $m_{\boldsymbol{A}}(\lambda)$ 和 $\chi_{\boldsymbol{A}}(\lambda)$ 分别表示 $\boldsymbol{A}$ 的最小多项式和特征多项式, 则有 $m_{\boldsymbol{A}}(\lambda)$ 整除 $\lambda m_{\boldsymbol{D}}(\lambda)$, $m_{\boldsymbol{D}}(\lambda)$ 整除 $\chi_{\boldsymbol{D}}(\lambda)$, 即 $m_{\boldsymbol{A}}(\lambda)\,|\,\lambda m_{\boldsymbol{D}}(\lambda)\,|\,\lambda\chi_{\boldsymbol{D}}(\lambda)$.

2) ① $\chi_{\boldsymbol{A}}(\lambda)=\lambda^{n-1}(\lambda-n)$, $m_{\boldsymbol{A}}(\lambda)=\lambda(\lambda-n)$.

② 用行初等变换把 $\boldsymbol{A}$ 化为简化阶梯形矩阵.

$$\boldsymbol{A}\to\begin{pmatrix} 1 & 2 & 3 & 4 \\ 0 & -4 & -8 & -12 \\ 0 & -4 & -8 & -12 \\ 0 & -4 & -8 & -12 \end{pmatrix}\to\begin{pmatrix} 1 & 2 & 3 & 4 \\ 0 & -4 & -8 & -12 \\ 0 & 0 & 0 & 0 \\ 0 & 0 & 0 & 0 \end{pmatrix}$$

$$\to\begin{pmatrix} 1 & 2 & 3 & 4 \\ 0 & 1 & 2 & 3 \\ 0 & 0 & 0 & 0 \\ 0 & 0 & 0 & 0 \end{pmatrix}\to\begin{pmatrix} 1 & 0 & -1 & -2 \\ 0 & 1 & 2 & 3 \\ 0 & 0 & 0 & 0 \\ 0 & 0 & 0 & 0 \end{pmatrix}.$$

$$\text{由此可得} \boldsymbol{A} = \boldsymbol{HL} = \begin{pmatrix} 1 & 2 \\ 5 & 6 \\ 3 & 2 \\ 4 & 4 \end{pmatrix} \begin{pmatrix} 1 & 0 & -1 & -2 \\ 0 & 1 & 2 & 3 \end{pmatrix},$$

$$\chi_{\boldsymbol{A}}(\lambda) = \lambda^4 - 12\lambda^3 - 36\lambda^2,$$

$$m_{\boldsymbol{A}}(\lambda) = \lambda m_{\boldsymbol{D}}(\lambda) = \lambda \chi_{\boldsymbol{D}}(\lambda) = \lambda^3 - 12\lambda^2 - 36\lambda.$$

③ $\chi_{\boldsymbol{A}}(\lambda) = \lambda^4 - 36\lambda^3 + 27\lambda^2$, $m_{\boldsymbol{A}}(\lambda) = \lambda^3 - 36\lambda^2 + 27\lambda$.

第 9 章复习题

A 组

1. 1) 标准形的主对角线上的元素为 $1, \lambda, \lambda(\lambda-1)(\lambda+1), \lambda^3(\lambda-1)(\lambda+1)^2, 0, 0$;

2) $1, 1, \lambda, \lambda^2(\lambda-2), \lambda^4(\lambda-2)^4, \lambda^7(\lambda-2)^8$;

3) $\begin{pmatrix} 1 & 1 \\ 0 & 1 \end{pmatrix}$;

4) 1.

2. 1) D; 2) C.

3. 不变因子：$1,1,1,1,1,[(\lambda-a)^2+b^2]^3$，初等因子：$(\lambda-a-b\mathrm{i})^3, (\lambda-a+b\mathrm{i})^3$.

5. $\begin{pmatrix} 0 & & \\ & 0 & \\ & & 0 \end{pmatrix}, \begin{pmatrix} 0 & & \\ & 0 & \\ & & 1 \end{pmatrix}, \begin{pmatrix} 0 & & \\ & 1 & \\ & & 1 \end{pmatrix}, \begin{pmatrix} 1 & & \\ & 1 & \\ & & 1 \end{pmatrix}$.

B 组

2. 设 $\boldsymbol{A}$ 满足

$$\boldsymbol{A}^{n-1} = \boldsymbol{O}, \quad \boldsymbol{A}^k \neq \boldsymbol{O}\ (1 \leqslant k < n-1),$$

则 $\boldsymbol{A}$ 的最小多项式为 λ^{n-1}，从而 $\boldsymbol{A}$ 的第 n 个不变因子为 $d_n(\lambda) = \lambda^{n-1}$，由于 $d_{n-1}(\lambda) \mid d_n(\lambda)$，以及 $d_1(\lambda)d_2(\lambda)\cdots d_n(\lambda)$ 的次数为 n，故 $d_{n-1}(\lambda) = \lambda$，这就是说，所有 n 阶 $n-1$ 次幂零矩阵的不变因子均为

$$d_1(\lambda) = d_2(\lambda) = \cdots = d_{n-2}(\lambda) = 1, \quad d_{n-1}(\lambda) = \lambda, \quad d_n(\lambda) = \lambda^{n-1},$$

从而有相同的不变因子，故彼此相似.

3,4. 提示：对 $\boldsymbol{A}$ 的若尔当标准形的每个若尔当块进行讨论，并利用第 2 题的结论.

探究题

1. 提示：利用行列式因子证明 $\boldsymbol{C}_{d(\lambda)}$ 的不变因子是 $1, \cdots, 1, d(\lambda)$.

习题 10.1

2. $\begin{pmatrix} 1 & 1 & 1 \\ 1 & 2 & 2 \\ 1 & 2 & 3 \end{pmatrix}$.

3. 1) $\begin{pmatrix} 6 & -\frac{1}{2} & -\frac{9}{2} & 9 \\ -\frac{1}{2} & 1 & \frac{1}{2} & -1 \\ -\frac{9}{2} & \frac{1}{2} & 4 & -7 \\ 9 & -1 & -7 & 14 \end{pmatrix}$; 2) 6; 3) $\pm\frac{1}{\sqrt{5}}(-4,1,0,3)$.

7. $\boldsymbol{\gamma}_1=\left(\frac{1}{\sqrt{2}},\frac{1}{\sqrt{2}},0,0\right)$, $\boldsymbol{\gamma}_2=\left(\frac{1}{\sqrt{6}},-\frac{1}{\sqrt{6}},\frac{2}{\sqrt{6}},0\right)$,

$\boldsymbol{\gamma}_3=\left(-\frac{1}{\sqrt{12}},\frac{1}{\sqrt{12}},\frac{1}{\sqrt{12}},\frac{3}{\sqrt{12}}\right)$, $\boldsymbol{\gamma}_4=\left(\frac{1}{2},-\frac{1}{2},-\frac{1}{2},\frac{1}{2}\right)$.

8. $\boldsymbol{\eta}_1=\frac{1}{3\sqrt{3}}(1,0,0,-5,-1)$, $\boldsymbol{\eta}_2=\frac{1}{3\sqrt{15}}(-7,9,0,-1,-2)$,

$\boldsymbol{\eta}_3=\frac{1}{3\sqrt{35}}(7,6,15,1,2)$.

10. $\boldsymbol{\eta}_1=\frac{1}{\sqrt{2}}(\varepsilon_1+\varepsilon_5)$, $\boldsymbol{\eta}_2=\frac{\sqrt{10}}{10}(\varepsilon_1-2\varepsilon_2+2\varepsilon_3-\varepsilon_5)$,

$\boldsymbol{\eta}_3=\frac{2\sqrt{10}}{15}\varepsilon_1+\frac{7\sqrt{10}}{30}\varepsilon_2+\frac{\sqrt{10}}{10}\varepsilon_3-\frac{2\sqrt{10}}{15}\varepsilon_5$.

习题 10.2

6. $(-1,1,1,2)$.

习题 10.5

1. 是酉矩阵.

2. 1) 不是; 2) 是.

第 10 章阅读与思考 练习

1. 1) $\begin{pmatrix} 3 & 5 \\ 4 & 0 \end{pmatrix}=\begin{pmatrix} \frac{2}{\sqrt{5}} & \frac{1}{\sqrt{5}} \\ \frac{1}{\sqrt{5}} & -\frac{2}{\sqrt{5}} \end{pmatrix}\begin{pmatrix} \sqrt{40} & 0 \\ 0 & \sqrt{10} \end{pmatrix}\begin{pmatrix} \frac{1}{\sqrt{2}} & \frac{1}{\sqrt{2}} \\ -\frac{1}{\sqrt{2}} & \frac{1}{\sqrt{2}} \end{pmatrix}$;

2) $\begin{pmatrix} 2 & 1 & 0 & -1 \\ 0 & -1 & 1 & 1 \end{pmatrix}=\begin{pmatrix} -\frac{2}{\sqrt{5}} & \frac{1}{\sqrt{5}} \\ \frac{1}{\sqrt{5}} & \frac{2}{\sqrt{5}} \end{pmatrix}\begin{pmatrix} \sqrt{7} & 0 & 0 & 0 \\ 0 & \sqrt{2} & 0 & 0 \end{pmatrix}$

$\cdot\begin{pmatrix} -\frac{4}{\sqrt{35}} & -\frac{3}{\sqrt{35}} & \frac{1}{\sqrt{35}} & \frac{3}{\sqrt{35}} \\ \frac{2}{\sqrt{10}} & -\frac{1}{\sqrt{10}} & \frac{2}{\sqrt{10}} & \frac{1}{\sqrt{10}} \\ -\frac{1}{3} & \frac{2}{3} & \frac{2}{3} & 0 \\ \frac{2}{3\sqrt{14}} & \frac{5}{3\sqrt{14}} & -\frac{4}{3\sqrt{14}} & \frac{3}{\sqrt{14}} \end{pmatrix}$;

3) $\begin{pmatrix} 1 & -1 & 0 \\ -1 & 2 & -1 \\ 0 & -1 & 1 \end{pmatrix} = \begin{pmatrix} \frac{1}{\sqrt{6}} & -\frac{1}{\sqrt{2}} & \frac{1}{\sqrt{3}} \\ -\frac{2}{\sqrt{6}} & 0 & \frac{1}{\sqrt{3}} \\ \frac{1}{\sqrt{6}} & \frac{1}{\sqrt{2}} & \frac{1}{\sqrt{3}} \end{pmatrix} \begin{pmatrix} 3 & 0 & 0 \\ 0 & 1 & 0 \\ 0 & 0 & 0 \end{pmatrix} \begin{pmatrix} \frac{1}{\sqrt{6}} & -\frac{2}{\sqrt{6}} & \frac{1}{\sqrt{6}} \\ -\frac{1}{\sqrt{2}} & 0 & \frac{1}{\sqrt{2}} \\ \frac{1}{\sqrt{3}} & \frac{1}{\sqrt{3}} & \frac{1}{\sqrt{3}} \end{pmatrix}.$

2. 设 $1\times n$ 矩阵 $\boldsymbol{A}=(a_1,a_2,\cdots,a_n)=\boldsymbol{v}_1$，则 $\boldsymbol{A}\boldsymbol{A}^{\mathrm{T}}=\sum_{i=1}^{n}a_i^2$，故当 $\boldsymbol{A}\neq\boldsymbol{O}$ 时，$\boldsymbol{A}$ 的奇异值为 $\sqrt{\sum_{i=1}^{n}a_i^2}=\|\boldsymbol{v}_1\|$. 将 $\frac{1}{\|\boldsymbol{v}_1\|}\boldsymbol{v}_1$ 扩充成 $\mathbf{R}^n$ 的一个标准正交基 $\frac{1}{\|\boldsymbol{v}_1\|}\boldsymbol{v}_1,\boldsymbol{v}_2,\cdots,\boldsymbol{v}_n$，则 $\boldsymbol{A}$ 的奇异值分解为

$$\boldsymbol{A}=\boldsymbol{U}\boldsymbol{D}\boldsymbol{V}^{\mathrm{T}}, \qquad ①$$

其中 $\boldsymbol{U}=(1)\in\mathbf{R}^{1\times 1}$，$\boldsymbol{D}=(\|\boldsymbol{v}_1\|,0,0,\cdots,0)$，$\boldsymbol{V}=\left(\frac{1}{\|\boldsymbol{v}_1\|}\boldsymbol{v}_1,\boldsymbol{v}_2,\cdots,\boldsymbol{v}_n\right)$. 将 ① 式两边转置，得 $n\times 1$ 矩阵的奇异值分解

$$(a_1,a_2,\cdots,a_n)^{\mathrm{T}}=\left(\frac{1}{\|\boldsymbol{v}_1\|}\boldsymbol{v}_1,\boldsymbol{v}_2,\cdots,\boldsymbol{v}_n\right)\boldsymbol{D}^{\mathrm{T}}(1).$$

第 10 章章课题

1. 可以证明：$\mathcal{N}(\boldsymbol{A})=\mathcal{R}(\boldsymbol{A}^{\mathrm{T}})^{\perp}$，

$$\mathbf{R}^n=\mathcal{R}(\boldsymbol{A}^{\mathrm{T}})\oplus\mathcal{R}(\boldsymbol{A}^{\mathrm{T}})^{\perp}=\mathcal{N}(\boldsymbol{A})\oplus\mathcal{R}(\boldsymbol{A}^{\mathrm{T}})$$

(即 $\mathbf{R}^n$ 的正交分解定理). 同理可证，$\mathcal{N}(\boldsymbol{A}^{\mathrm{T}})=\mathcal{R}(\boldsymbol{A})^{\perp}$，

$$\mathbf{R}^m=\mathcal{N}(\boldsymbol{A}^{\mathrm{T}})\oplus\mathcal{R}(\boldsymbol{A}) \quad (\text{即 } \mathbf{R}^m \text{ 的正交分解定理}).$$

2. 1) 由于线性方程组 $\boldsymbol{A}\boldsymbol{x}=\boldsymbol{b}$ 有解的充分必要条件是 $\boldsymbol{b}\in\mathcal{R}(\boldsymbol{A})$，而 $\mathcal{R}(\boldsymbol{A})=\mathcal{N}(\boldsymbol{A}^{\mathrm{T}})^{\perp}$，因此，实线性方程组 $\boldsymbol{A}\boldsymbol{x}=\boldsymbol{b}$ 有解的充分必要条件是 $\boldsymbol{b}\in\mathcal{N}(\boldsymbol{A}^{\mathrm{T}})^{\perp}$.

2) 对 $\boldsymbol{b}\,(\neq\boldsymbol{0})\in\mathbf{R}^m$，或者 $\boldsymbol{b}\in\mathcal{N}(\boldsymbol{A}^{\mathrm{T}})^{\perp}$，由 1) 知，方程组 $\boldsymbol{A}\boldsymbol{x}=\boldsymbol{b}$ 有解；或者 $\boldsymbol{b}\notin\mathcal{N}(\boldsymbol{A}^{\mathrm{T}})^{\perp}$，即存在向量 $\boldsymbol{y}\in\mathcal{N}(\boldsymbol{A}^{\mathrm{T}})\subseteq\mathbf{R}^m$，使得 $(\boldsymbol{y},\boldsymbol{b})\neq 0$，即方程组 $\boldsymbol{A}^{\mathrm{T}}\boldsymbol{y}=\boldsymbol{0}$ 存在一个解 $\boldsymbol{y}$ 使得 $\boldsymbol{y}^{\mathrm{T}}\boldsymbol{b}=(\boldsymbol{y},\boldsymbol{b})\neq 0$.

3. 先求得系数矩阵 $\boldsymbol{A}$ 的上核 $\mathcal{N}(\boldsymbol{A}^{\mathrm{T}})$ 的一个基：

$$\boldsymbol{\eta}_1=(-7,-5,1,0)^{\mathrm{T}}, \quad \boldsymbol{\eta}_2=(-2,-1,0,1)^{\mathrm{T}}.$$

因此，该方程组有解的充分必要条件是 $\boldsymbol{b}$ 与 $\mathcal{N}(\boldsymbol{A}^{\mathrm{T}})$ 的基向量 $\boldsymbol{\eta}_1,\boldsymbol{\eta}_2$ 分别正交，即

$$-7b_1-5b_2+b_3=0, \quad -2b_1-b_2+b_4=0.$$

4. 设 $\boldsymbol{\gamma}$ 是方程组 $\boldsymbol{A}\boldsymbol{x}=\boldsymbol{b}$ 的一个解，按 $\mathbf{R}^n$ 的正交分解定理，有

$$\boldsymbol{\gamma}=\boldsymbol{w}+\boldsymbol{z},$$

其中 $\boldsymbol{w}\in\mathcal{R}(\boldsymbol{A}^{\mathrm{T}})$，$\boldsymbol{z}\in\mathcal{N}(\boldsymbol{A})$. 可以证明，$\boldsymbol{w}$ 是方程组 $\boldsymbol{A}\boldsymbol{x}=\boldsymbol{b}$ 的所有解中唯一的属于 $\mathcal{R}(\boldsymbol{A}^{\mathrm{T}})$ 的特解，且长度最小.

5. 设 $\boldsymbol{A}$ 是秩为 r 的 $m\times n$ 实矩阵，$\boldsymbol{z}_1,\boldsymbol{z}_2,\cdots,\boldsymbol{z}_{n-r}$ 是齐次线性方程组 $\boldsymbol{A}\boldsymbol{x}=\boldsymbol{0}$ 的一个基础解系(即 $\mathcal{N}(\boldsymbol{A})$ 的一个基)，则

$$\boldsymbol{x}\in\mathcal{R}(\boldsymbol{A}^{\mathrm{T}})\Leftrightarrow(\boldsymbol{z}_i,\boldsymbol{x})=0,\ i=1,2,\cdots,n-r.$$

因此，方程组 $\boldsymbol{Ax}=\boldsymbol{b}$ 的长度最小的解 $\boldsymbol{x}=\boldsymbol{w}\in\mathscr{R}(\boldsymbol{A}^{\mathrm{T}})$ 就是线性方程组

$$\boldsymbol{Ax}=\boldsymbol{b},\ (\boldsymbol{z}_1,\boldsymbol{x})=0,\ (\boldsymbol{z}_2,\boldsymbol{x})=0,\ \cdots,\ (\boldsymbol{z}_{n-r},\boldsymbol{x})=0$$

的解.

1) $\boldsymbol{x}=\boldsymbol{w}=(1,2,1,1)^{\mathrm{T}}$； 2) $\boldsymbol{x}=\boldsymbol{w}=\left(\frac{4}{7},-\frac{2}{7},\frac{6}{7}\right)^{\mathrm{T}}$.

第 10 章复习题

A 组

1. 1) $\boldsymbol{P}^{\mathrm{T}}\boldsymbol{AP}$； 2) $L(\alpha_{m+1},\cdots,\alpha_n)$； 3) $(0,1,2\sqrt{2})$； 4) $n-m$.

2. $\boldsymbol{\eta}_1=\left(\frac{3}{5},0,\frac{4}{5}\right)$，$\boldsymbol{\eta}_2=\left(-\frac{4}{5},0,\frac{3}{5}\right)$，$\boldsymbol{\eta}_3=(0,1,0)$.

B 组

1. 提示：如能证明 $\mathscr{A}$ 是线性变换，那么再由已知条件：$\forall\alpha,\beta\in V$，$(\mathscr{A}(\alpha),\mathscr{A}(\beta))=(\alpha,\beta)$，则 $\mathscr{A}$ 一定是正交变换.

证明 $\mathscr{A}$ 是线性变换分两步：

1) 证$(\mathscr{A}(\alpha+\beta)-\mathscr{A}(\alpha)-\mathscr{A}(\beta),\ \mathscr{A}(\alpha+\beta)-\mathscr{A}(\alpha)-\mathscr{A}(\beta))=0$.

2) 证$(\mathscr{A}(k\alpha)-k\mathscr{A}(\alpha),\ \mathscr{A}(k\alpha)-k\mathscr{A}(\alpha))=0$.

2. 先证 $V_1\cap V_2=\{0\}$. 若 $\alpha\in V_1\cap V_2$，则 $\alpha\in V_1$，$\alpha\in V_2$，故 $\alpha=\mathscr{A}\alpha$，$\alpha=\beta-\mathscr{A}\beta$，对某个 $\beta\in V$，

$$(\alpha,\alpha)=(\alpha,\beta-\mathscr{A}\beta)=(\alpha,\beta)-(\alpha,\mathscr{A}\beta)=(\alpha,\beta)-(\mathscr{A}\alpha,\mathscr{A}\beta)=(\alpha,\beta)-(\alpha,\beta)=0,$$

所以 $\alpha=0$，即 $V_1\cap V_2=\{0\}$.

再证 $\dim V_1+\dim V_2=n$. 这是因为

$$V_1=\{\alpha\mid(\mathscr{E}-\mathscr{A})\alpha=0\}=(\mathscr{E}-\mathscr{A})^{-1}(0),$$

$$V_2=\{(\mathscr{E}-\mathscr{A})\alpha\mid\alpha\in V\}=(\mathscr{E}-\mathscr{A})V,$$

而 $\dim(\mathscr{E}-\mathscr{A})^{-1}(0)+\dim(\mathscr{E}-\mathscr{A})V=n$.

4. 取 $\mathscr{A}^{-1}(0)$ 的一个基 $\alpha_1,\alpha_2,\cdots,\alpha_m$. 任取 $\beta\in\mathscr{A}V$，则 $\beta=\mathscr{A}\alpha$，对某个 $\alpha\in V$，

$$(\beta,\alpha_i)=(\mathscr{A}\alpha,\alpha_i)=(\alpha,\mathscr{A}\alpha_i)=(\alpha,0)=0,\quad i=1,2,\cdots,m,$$

故 $\beta\perp\mathscr{A}^{-1}(0)$，即 $\beta\in(\mathscr{A}^{-1}(0))^{\perp}$，所以 $\mathscr{A}V\subseteq(\mathscr{A}^{-1}(0))^{\perp}$. 另一方面，

$$\dim\mathscr{A}V=n-\dim\mathscr{A}^{-1}(0),\quad \dim(\mathscr{A}^{-1}(0))^{\perp}=n-\dim\mathscr{A}^{-1}(0),$$

故 $\mathscr{A}V=(\mathscr{A}^{-1}(0))^{\perp}$.

探究题

1. 提示：设 n 维欧几里得空间的立方体的顶点全体组成的集合为$\{(a_1,a_2,\cdots,a_n)\mid a_i=0,1,\ i=1,2,\cdots,n\}$，将问题归结为组合问题.

索　引

六画

七画

八画

九画

十画

十一画

十三画

十四画

十六画

参考文献

[1] 北京大学数学系几何与代数教研室前代数小组. 高等代数[M]. 3版. 北京：高等教育出版社，2003.

[2] 邱森. 线性代数(经济管理专业)[M]. 武汉：武汉大学出版社，2007.

[3] 陈志杰主编. 高等代数与解析几何(上、下)[M]. 北京：高等教育出版社，2001.

[4] 杰恩，冈纳瓦德那. 线性代数(英文版)[M]. 北京：机械工业出版社，2003.

[5] 约翰逊·李·W，等. 线性代数引论(英文版)[M]. 北京：机械工业出版社，2004.

[6] CALL G S，VELLEMAN D J. Pascal's matrices. Amer. Math. Monthly，100，1993：372-376.

[7] AGGARWALA R，LAMOUREUX M P . Inverting the Pascal matrix plus one. Amer. Math. Monthly，109，2002：371-377.

[8] MCWORTER W A，MEYERS Jr L F. Computing eigenvalues and eigenvectors without determinants. Mathematics magazine，71，1998：24-33.

[9] KOO R. A classification of matrices of finite order over **C**，**R**，and **Q**. Mathematics magazine，76，2003：143-148.

[10] 宋兆基，徐流美，等. MATLAB 6.5 在科学计算中的应用[M]. 北京：清华大学出版社，2005.

[11] 苏金明，王永利. MATLAB 7.0 实用指南(上、下册)[M]. 北京：电子工业出版社，2004.

[12] 蔡燧林. 常微分方程[M]. 2版. 武汉：武汉大学出版社，2003.

[13] 邱森. 线性代数探究性课题精编[M]. 武汉：武汉大学出版社，2011.

[14] 邱森，朱林生，等. 高等代数探究性课题精编[M]. 武汉：武汉大学出版社，2012.

[15] 邱森. 微积分课题精编[M]. 北京：高等教育出版社，2010.

[16] 刘学质. 线性代数的数学思想方法[M]. 北京：中国铁道出版社，2006.

[17] BEHRENDS E. Introduction to Markov chains [M]. Vieweg, Braunschweig/Wiesbaden, Germany, 2000.

[18] LAMBERSON R H, MCKELVEY R, NOON B R, VOSS C. A dynamic analysis of the viability of the northern spotted owl in a fragmented forest environment [J]. Conservation Biology, 1992 (6): 505-512.

已出版书目

高等学校数学系列教材

书名	作者
复变函数（第二版） （普通高等教育“十一五”国家级规划教材）	路见可 钟寿国 刘士强
高等代数（第二版）	邱　森
抽象代数（第二版）	牛凤文
常微分方程（第二版）	蔡燧林
线性规划（第二版）	张干宗
积分方程论（第二版）	路见可 钟寿国
小波分析	樊启斌
解析函数边值问题教程	路见可